星光不问赶路人。岁月不负有心人。

中文版

Photoshop 2022 完全自学教程

李金明 李金蓉 编著

人民邮电出版社
北京

图书在版编目（CIP）数据

中文版Photoshop 2022完全自学教程 / 李金明，李金蓉编著. -- 北京 : 人民邮电出版社，2022.5（2023.10重印）
ISBN 978-7-115-58844-9

Ⅰ. ①中… Ⅱ. ①李… ②李… Ⅲ. ①图像处理软件—教材 Ⅳ. ①TP391.413

中国版本图书馆CIP数据核字(2022)第041967号

内容提要

本书是 Photoshop 经典自学教程，历经 150 次印刷，累计印刷超 1 000 000 册。全书共 21 章，从 Photoshop 2022 的下载和安装方法讲起，以循序渐进的方式讲解 Photoshop 2022 全部功能，并通过实战+PS 技术讲堂的形式深度解密图像合成、特效制作、抠图、人像修图、照片编辑、调色、矢量绘图等专业技术。书中配备了大量应用型实战案例，涵盖平面广告、UI 设计、网店装修、摄影后期、视频、动画、商业插画等领域，实战数量多达 331 个，并全部录制了教学视频。此外，书中还配备了详尽的索引，可以检索 Photoshop 中的每一个工具、面板和命令。

本书赠送了丰富的资源和学习资料，包括近千种画笔、形状、动作、渐变、图案和样式，以及“Photoshop 应用宝典”“Photoshop 2022 滤镜”“外挂滤镜使用手册”“Illustrator CC 自学教程”“UI 设计配色方案”“网店装修设计配色方案”“常用颜色色谱表”“CMYK 色卡”“色彩设计”“图形设计”“创意法则”等电子文档。

本书适合 Photoshop 初学者，以及从事设计和创意工作的人员使用，同时也适合高等院校相关专业的学生和各类培训班的学员阅读与参考。

◆ 编　著　李金明　李金蓉
责任编辑　张丹丹
责任印制　马振武
◆ 人民邮电出版社出版发行　北京市丰台区成寿寺路 11 号
邮编　100164　电子邮件　315@ptpress.com.cn
网址　https://www.ptpress.com.cn
涿州市般润文化传播有限公司印刷
◆ 开本：880×1092　1/16　彩插：8
印张：30　2022 年 5 月第 1 版
字数：1116 千字　2023 年 10 月河北第 10 次印刷

定价：119.90 元

读者服务热线：(010)81055410　印装质量热线：(010)81055316
反盗版热线：(010)81055315
广告经营许可证：京东市监广登字 20170147 号

前言

汪曾祺在《贴秋膘》一文中曾描写过烤肉的两种吃法：文吃和武吃。文吃简单，由服务员代烤了端上来吃就行了。武吃则是另一番景象——“北京烤肉是在‘炙子’上烤的……因为炙子颇高，只能站着烤，或一只脚踩在长凳上。大火烤着，外面的衣裳穿不住，大都脱得只穿一件衬衫。足蹬长凳，解衣磅礴，一边大口地吃肉，一边喝白酒，很有点剽悍豪霸之气。”

学Photoshop没有一定之规，就像吃烤肉一样，既可按部就班、中规中矩（文吃），也可不拘一格、自由洒脱（武吃）。

按部就班学习的好处在于：从Photoshop基础开始，由浅入深、从易到难，由单个工具的使用，逐渐过渡到多种功能协同作战，学习过程是层层递进的。照此下来，花的时间可能长一些，但学得最为扎实。

不拘一格适用于没有时间通读全书的读者，就是采用短期速成的方法，只学目录中有■标记的章节（封二还有不同行业从业者的学习建议）。这些都是笔者基于多年经验挑选出来的实用功能，能避免在非重要内容上耗费时间。

老话讲“授之以鱼，不如授之以渔”。笔者认为二者都很重要。“鱼”即方法，是书中的各种实战，能学到技能；“渔”则是原理，对应书中的“PS技术讲堂”和“技术看板”，可以帮助中、高级用户从原理层面理解Photoshop，进行深度探索（初学者可以暂时跳过，进阶时再看也不迟）。Photoshop有个特点——一种效果能用不同的方法做出来。方法层出不穷，是学不完的。而方法都从原理中演变而来，因此，搞懂原理，也就搞定了方法。只是原理不宜过早探求，原因在于各个功能相互交织、紧密关联，没有足够的知识积累不好理解，容易困在原地，走不出来。

最后，预祝大家学有所获，学有所成！

编者

2022年2月

本书学习项目

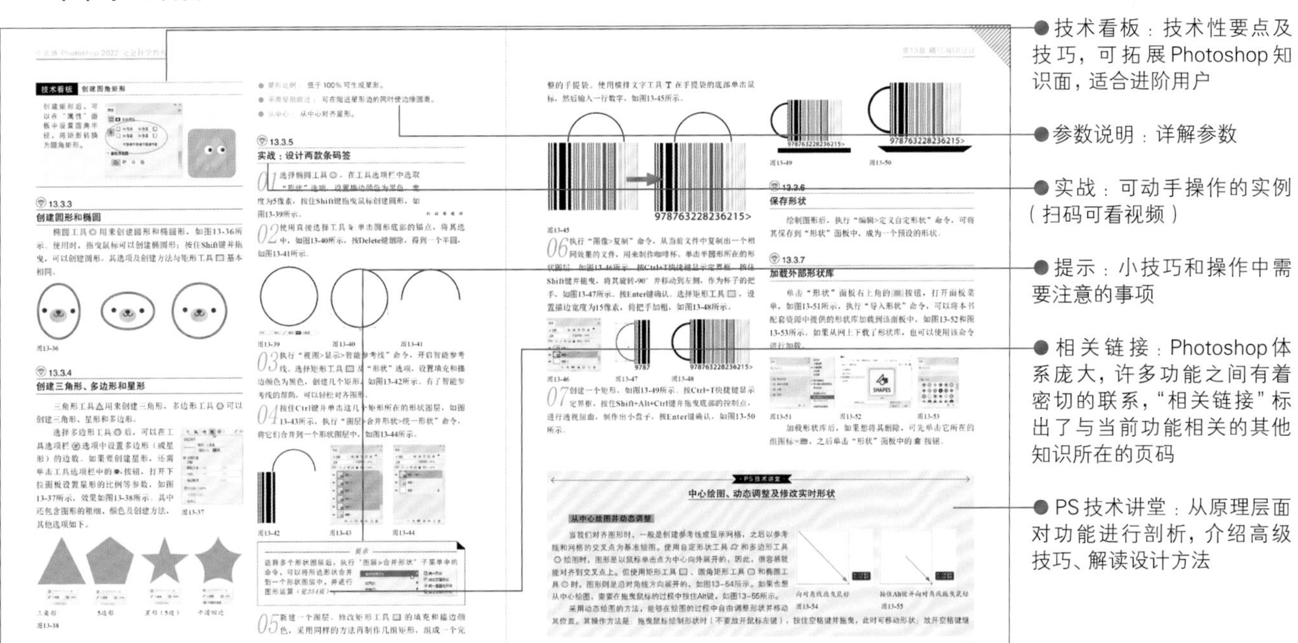

教学课件

将本书用作教材的老师，请扫右侧二维码获取教学课件。

视频、资源及后续服务

本书讲解了Photoshop 2022全部功能，并涵盖不同的应用领域，堪称一部Photoshop“百科全书”。其中仅实战就有331个。用手机或平板电脑扫书中实战右侧的二维码，即可观看实战视频。扫右侧二维码，根据提示操作，可以领取素材、资源和学习资料，还可与答疑老师交流，针对学习中遇到的问题在线提问。

下载本书学习资源和教学课件，请扫描上方二维码。

422页 文字创意海报
我们的
PS
世界
电子文档59页 制作梦幻光效气泡
A Whole New World
电子文档73页 创意风暴：菠萝城堡
164页 制作创意足球海报
260页 散景效果（“场景模糊”滤镜）
157页 神奇的放大镜
230页 调出霓虹光感（“渐变映射”命令）
151页 制作神奇的隐身图像
62页 制作玻璃字
Glass
432页 制作奔跑的人形轮廓字
131页 添加太阳光晕，呈现戏剧效果
电子文档102页 制作大景深效果
电子文档106页 制作练瑜伽的汪星人
156页 合成爱心水晶（从通道中生成蒙版）
电子文档114页 制作浪漫雪景
要幸福哦！
125页 绘制对称花纹
401页 抠婚纱（钢笔工具+通道）

70页 制作盗梦空间特效
454页 制作绚彩玻璃球
SALES
50% OFF
官方旗舰店限时5折
电子文档11页
制作商场促销单
（网页版、手机版）
初夏新品
Deep Forest
森林物语
电子文档18页 欢迎模块及新品发布设计
140页 瓶中夕阳好
460页 影像合成：CG风格插画
PS
I like it. I used it
Adobe
Photoshop 创意+想象
Photoshop是非常优秀的图像编辑软件，它的应用领域十分广泛，不论是平面设计、3D动画、数码艺术、网页设计、矢量绘画、多媒体制作还是桌面排版，Photoshop在每一个领域都发挥着不可替代的重要作用。
电子文档56页
79页 制作斑驳的墙面贴画效果
30页 制作七色彩虹（透明渐变）
365页

427页 文字面孔特效（段落文字及特效）
Photoshop
电子文档68页 制作牛奶裙（抠像）
电子文档110页 制作糖果字
Honey
电子文档118页 制作海底世界平面广告
59页 制作激光字（图案叠加效果）
CLEAN AIR
SILENCE
TOLERANCE
Tiny happiness is around you
Being easily contented makes your life in heaven
362页 拟物图标：玻璃质感卡通人
Coffee
56页 制作霓虹灯（外发光和内发光效果）
Classic
电子文档116页 制作运动主题海报
电子文档61页 制作有机玻璃字
358页 拟物图标：赛车游戏
AHERN
电子文档63页 用照片制作银质纪念币
MEMORIAL BRANDON SEPTEMBER
BIRTHDAY 7TH 2012
252页 Lomo照片，彰显个性和态度
PATH TEXT
432页 用路径文字制作图文混排效果
PLAY
355页 制作超酷打孔字（形状图层+形状运算）
247页 裁出超宽幅照片并自动补空（裁剪工具）

文档70页 将照片中的自己变成插画女郎

154页 超现实主义合成

169页 制作雨窗

206页 模拟HDR效果（"HDR色调"命令）

页 像素拉伸

页 解体消散效果（画笔工具）

457页 公益广告：拒绝象牙制品

53页 在笔记本上压印图像（斜面和浮雕效果）

136页 在照片中加入夜场灯光（渐变填充图层）

275页 修疤痕（仿制[illegible]内容识别填充）
311页 用“防抖”滤镜锐化

282页 让眼睛更有神采的修图技巧
295页 修图+磨皮+锐化全流程
292页 打造水润光泽、有质感的皮肤
270页 绘制唇彩

307页 用“智能锐化”滤镜锐化
194页 在阈值状态下增强对比度（“色阶”命令）
290页 强力祛斑+皮肤纹理再造
287页 保留皮肤细节的磨皮方法（增强版）
289页 通道磨皮
299页 修出瓜子脸
286页 保留皮肤细节的磨皮方法
皮肤纹理
汗毛
色斑
保留纹理
汗毛清晰可见
祛斑

本书精彩实例

电子文档124页 打造一款时尚彩妆

119页 美瞳及绘制眼影（颜色替换工具）

219页 肤色漂白（“色彩平衡”命令）

273页 修粉刺和暗疮（修复画笔工具+黑白调整图层）

263页 高速旋转效果（“旋转模糊”滤镜）

310页 用高反差保留方法锐化

220页 日式小清新（“可选颜色”命令）

303页 10分钟瘦身

278页 修眼袋和黑眼圈（修补工具+仿制图章工具）
272页 黑白照片快速上色（"Neural Filters"滤镜）
284页 妆容迁移
135页 制作发黄旧照片（纯色填充图层）
320页 彩与光效（径向渐变工具+滤镜）
电子文档100页 挽救闭眼照片
283页 牙齿美白与整形方法
451页 制作超震撼冰手特效
453页 制作铜手特效
352页 制作高科技发光外套
166页 用蒙版功能制作拼贴照片
电子文档38页 一键打造拼贴照片（加载外部动作）

172页 制作动感荧光字

76页 制作分形图案（再次变换）

165页 瞬间打造错位影像

121页 超炫气球字（混合器画笔工具）

96页 制作运动轨迹拖尾特效

31页 制作专色印刷图像（复制与删除通道 ）

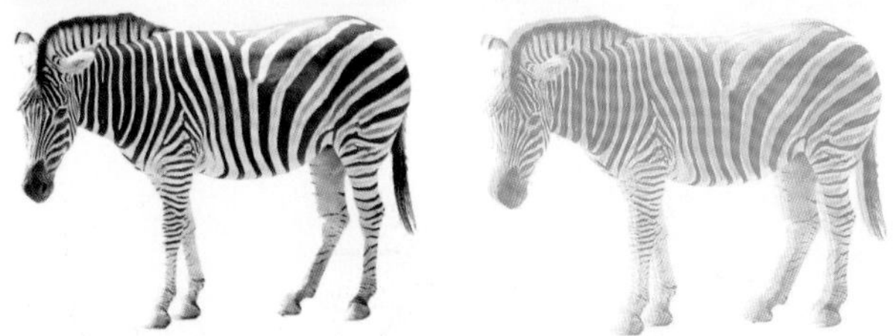

332页 制作邮票齿孔效果（自定形状工具+图框工具）

227页 秋意浓（“替换颜色”命令）

117页 让文字中显现人像（自定义笔尖）

87页 在保留细节的基础上放大图像

152页 多重曝光影像

92页 制作可更换图片的广告牌

448页 制作超可爱牛奶字
A Whole New World
FASTFOOD—Cheese Fun
milk
464页 动漫设计：绘制美少女
电子文档122页 制作商业插画
118页 可爱风，美女变萌猫（铅笔工具）
电子文档36页 ：制作雪花飘落动画
176页 用"滤镜库"制作抽丝效果照片
电子文档127页 创意合成：擎天柱重装上阵
电子文档121页 制作分形特效
电子文档98页 制作趣味换景照
115页 以假乱真，用照片制作素描画
242页 利用神经网络滤镜打造四时风光
电子文档109页 制作玻璃质感雷达图标
电子文档120页 制作表情漫画
电子文档112页 制作爱心云朵
177页 用智能滤镜制作网点照片
I U
I Will Always Love You
电子文档41页 人工降雨（加a载动作）

150页 梦幻柔光照
447页 将文字转换为图框
ALL YOU NEED IS LOVES FOR YOU IN A MY HEART
144页 制作镜片反射效果
30页 制作抖音效果（颜色通道）
263页 摇摆照片，展现流动美（“路径模糊”滤镜）
261页 虚化场景，绘制光斑（“光圈模糊”滤镜）
175页 制作夸张漫画效果
251页 制作哈哈镜效果大头照
电子文档67页 钢笔工具+“色彩范围”命令抠图
32页 给水杯添加投影
电子文档107页 给汪星人制作波波头
77页 使用变形网格为咖啡杯贴图
243页 替换天空
413页 抠抱宠物的女孩
（“选择并遮住”命令）
394页 抠大树（混合颜色带）
401页
抠酒杯和冰块（钢笔工具+“计算”命令）
392页
抠毛绒玩具（“焦点区域”命令）
396页 抠宠物狗
（背景橡皮擦工具）

389页 将汽车及阴影完美抠出（钢笔工具+通道）

405页 抠福字（混合颜色带）

406页 抠图标（“色彩范围”命令）

383页 抠信鸽（魔棒工具+选区修改命令）

398页 抠古代建筑（“应用图像”命令）

381页 抠熊猫摆件（磁性套索工具+多边形套索工具）

386页 抠竹篮（内容感知描摹工具）

387页 抠陶罐（弯度钢笔工具）

391页 用人工智能技术抠鹦鹉（“主体”命令）

388页 抠瓷器工艺品（钢笔工具）

411页 抠长发少女（通道抠图）

394页 抠变形金刚（魔术橡皮擦工具）

409页 用“色彩范围”命令抠像

415页 抠男孩图像（钢笔工具+“选择并遮住”命令）

421页 抠像并协调整体颜色（“Neural Filters”滤镜）

电子文档97页 透明冰雕抠图

73页 制作水面倒影

434页 制作萌宠脚印字（变形文字）

电子文档79页 VI设计：制作名片

电子文档24页 时尚女鞋网店设计

电子文档94页手机界面效果图展示设计

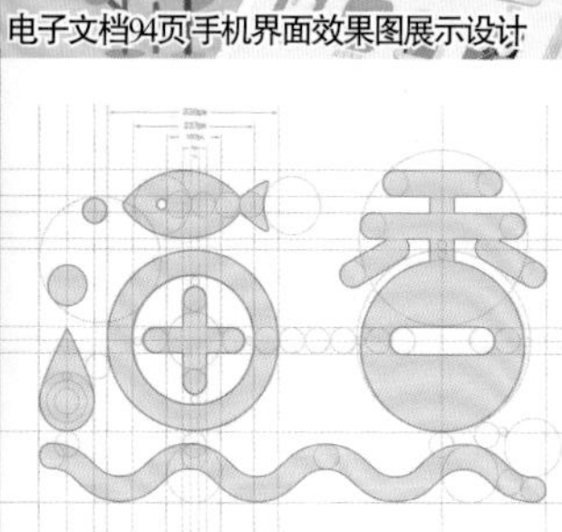

电子文档76页 VI设计：标志与标准色

338页 设计两款条码签

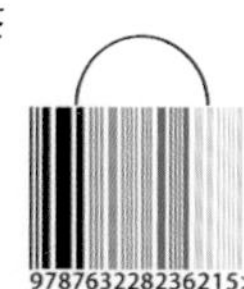

257页 制作全景深照片（“自动混合图层”命令）

137页 天气App界面设计（修改填充图层）

450页 制作球面极地特效

208页 制作人像图章（“阈值”命令）

67页 使用外部样式制作特效字

370页 女装电商应用：详情页设计

电子文档81页 扁平化图标：收音机

351页 制作花饰字（描边路径）

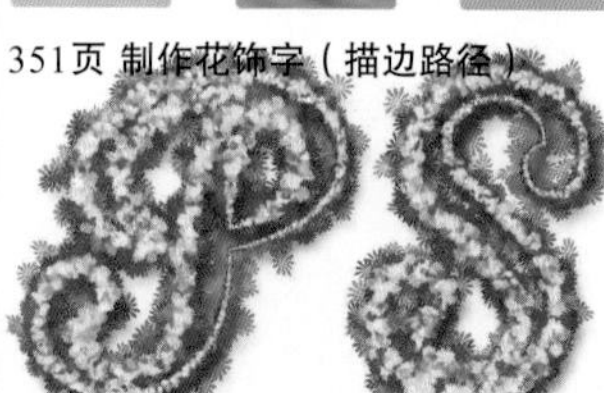

电子文档93页 卡片流式列表设计

电子文档21页欢迎模块及新年促销活动设计

目录

注：带有●标记的是Photoshop 2022版新增和增强功能。

注：带有■标记的是Photoshop的快速学习方案，适合时间不充裕的读者短期速成。

第15章 文字与版面设计........422

第16章 综合实例（1）........448

索引........468

附加章节（电子文档）

扫描封底"资源获取"二维码，可以得到"附加章节"的观看方式。

中文版
Photoshop 2022
完全自学教程

第1章 Photoshop操作基础

【本章简介】

Photoshop是一款功能多、用途广的软件，但门槛并不高，非常容易上手。本章介绍Photoshop入门基础知识，其中有很多实战练习，读者可以初步体验学习和探索Photoshop的乐趣。

【学习目标】

通过本章的学习，我们要熟悉Photoshop的工作界面，了解工具、面板和命令，知道文件的创建和保存方法，学习缩放视图、查看图像的方法，掌握撤销操作、恢复图像的方法。

【学习重点】

1.1 初识Photoshop

Adobe与Photoshop——一个卓越的公司与一款神奇的软件，它们有着怎样的故事呢？

·PS技术讲堂·

Photoshop的传奇故事

1946年2月14日，世界上第一台通用型电子计算机（ENIAC）在美国宾夕法尼亚大学诞生。众所周知，计算机的出现具有划时代的意义，而显示器中的计算结果又促成了另一个伟大发明——电子图像，它对社会的方方面面产生了前所未有的影响。Photoshop就是在这样的背景下诞生的。

1987年秋，美国密歇根大学计算机系博士生托马斯·诺尔（Thomas Knoll）为解决论文写作过程中遇到的麻烦，编写了一个可以在黑白显示器上显示灰度图像的程序，并将其命名为Display，他拿给哥哥约翰·诺尔（John Knoll）看。约翰当时在电影制造商乔治·卢卡斯（George Lucas）那里工作（制作《星球大战》《深渊》等电影的特效），他对Display产生了浓厚的兴趣，鼓励弟弟继续编写程序，还给了他一台苹果计算机，这样Display就能显示彩色图像了。在这之后，兄弟俩修改了Display代码，相继开发出羽化、色彩调整、颜色校正、画笔、支持滤镜插件和多种文件格式等功能，这就是Photoshop最初的蓝本。图1-1和图1-2所示为诺尔兄弟。

托马斯·诺尔

图1-1

约翰·诺尔

图1-2

约翰是一个很有商业头脑的人，他认为Photoshop蕴含着商机，于是开始寻找投资者。当时市面上已经有很多成熟的绘画和图像编辑软件，如SuperMac公司的PixelPaint和Letraset公司的ImageStudio等，名不见经传的Photoshop要想占有一席之地，难度非常大。事实也是如此，约翰联系了很多公司，但都没有回应。最终，一家小型扫描仪公司（Barneyscan）同意在其出售的扫描仪中将Photoshop作为赠品送给用户，这才让Photoshop得以面世（与Barneyscan XP扫描仪捆绑发行，版本为0.87）。但是与

Barneyscan的合作无法让Photoshop以独立软件的身份在市场上获得认可，于是兄弟俩继续为Photoshop寻找新东家。

1988年8月，Adobe公司业务拓展和战略规划部主管在Macword Expo博览会上看到了Photoshop这款软件并开始关注。9月的一天，约翰·诺尔受邀到Adobe公司做Photoshop功能演示，Adobe创始人约翰·沃诺克（John Warnock）对这款软件也很感兴趣，在他的协调下，Adobe公司获得了Photoshop的授权许可。7年之后（即1995年），Adobe公司以3450万美元的价格买下了Photoshop的所有权。

Adobe推出Photoshop 1.0是在1990年2月，当时它只能在苹果计算机上运行，销售状况也不甚理想——每个月几百套，很平庸。Adobe公司甚至曾将其当作Illustrator的子产品，以及用于PostScript的促销。那段时间Photoshop颇受冷遇，与在Barneyscan公司时的处境相比好不了太多。

1991年2月，Photoshop 2.0面世，这一版本引发了桌面印刷的革命。以此为契机，Adobe公司开发出Windows版本——Photoshop 2.5，从此以后，Photoshop开始顺风顺水并逐步走向巅峰。直到今天，Photoshop在图像编辑领域的地位仍无法撼动。图1-3所示为Photoshop不同时期的工具、启动画面和彩蛋。

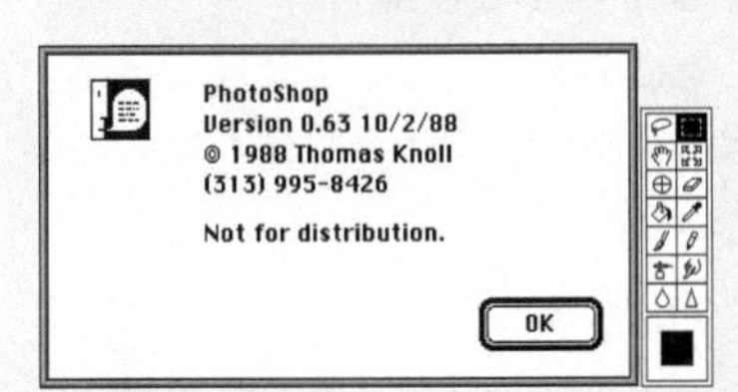

Photoshop 0.63

Photoshop 1.0.7

Photoshop 2.5

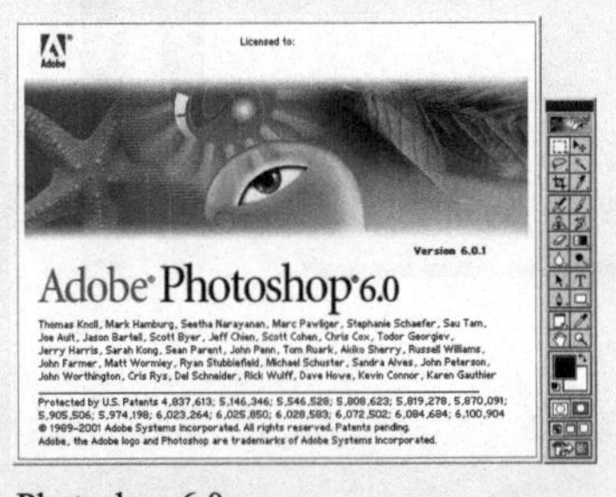

Photoshop 6.0

Photoshop 2022启动画面——作品来自Natasha Cunningham

按住Ctrl键，打开“帮助”菜单，执行“关于Photoshop”命令，即可显示Photoshop 2022彩蛋

图1-3

1990

1990年2月，Adobe推出了Photoshop 1.0。当时的Photoshop只能在苹果计算机上运行，功能上也只有“工具”面板和少量的滤镜。

1991

1991年2月，Adobe推出了Photoshop 2.0。新版本增加了路径功能，支持栅格化Illustrator文件，支持CMYK模式，最小分配内存也由原来的2MB增加到了4MB。该版本的发行引发了桌面印刷的革命。此后，Adobe公司还开发了一个Windows版本——Photoshop 2.5。

1995

1995年发布了Photoshop 3.0，增加了图层功能。

1996

1996年，Photoshop 4.0中增加了动作、调整图层、标明版权的水印图像等功能。

1998

1998年，Photoshop 5.0中增加了“历史记录”面板、图层样式、撤销功能、直排文字等。从5.02版本开始推出中文版Photoshop。在之后的Photoshop 5.5中，首次捆绑了ImageReady（Web功能）。

2000

2000年9月推出的Photoshop 6.0版本中增加了Web工具、矢量绘图工具，并增强了图层管理功能。

2002

2002年3月发布了Photoshop 7.0，增强了数字图像的编辑功能。

2003

2003年9月，Adobe公司将Photoshop与其他几个软件集成为Adobe Creative Suite套装，这一版本称为Photoshop CS，功能上增加了镜头模糊、镜头校正及智能调节不同区域亮度的数码照片编修功能。

2005

2005年推出了Photoshop CS2，增加了消失点、Bridge、智能对象、污点修复画笔工具和红眼工具等。

2007

2007年推出了Photoshop CS3，增加了智能滤镜、视频编辑功能和3D功能等，软件界面也进行了重新设计。

2008

2008年9月发布了Photoshop CS4，增加了旋转画布、绘制3D模型和GPU显卡加速等功能。

2010

2010年4月发布了Photoshop CS5，增加了混合器画笔工具、毛刷笔尖、操控变形和镜头校正等功能。

2012

2012年4月发布了Photoshop CS6，增加了内容识别工具、自适应广角和场景模糊等滤镜，增强和改进了3D、矢量工具和图层等功能，并启用了全新的黑色界面。

2013

2013年6月，Adobe公司推出了Photoshop CC。CC是指Creative Cloud，即云服务下的新软件平台，使用者可以把自己的工作结果存储在云端，随时随地在不同的平台上工作。云端存储也解决了数据丢失和同步的问题。

2014—2018

2014—2018年，Adobe加快了Photoshop CC 的升级频次，先后推出2014、2015、2016、2017、2018、2019版，增加了Typekit字体、搜索字体、路径模糊、旋转模糊、人脸识别液化、匹配字体、内容识别裁剪、替代字形、全面搜索、OpenType SVG 字体等功能。

2019

2019年10月，Adobe发布了Photoshop 2020和Photoshop Elements 2020（简化版的Photoshop）。

2021

2021年10月，Adobe发布了Photoshop 2022。

提示

1982年12月，约翰·沃诺克和查克·格施克——两位看起来更像艺术家的科学家，离开施乐公司PARC研究中心，在圣何塞市（硅谷）创立了Adobe公司。他们开发的PostScript语言解决了个人计算机与打印设备之间的通信问题，使文件在任何类型的机器上打印都能获得清晰、一致的文字和图像。这在当时是一项震撼业界的发明。史蒂夫·乔布斯曾为此专程到Adobe公司考察，并与其签订了第一份合同，他还说服二人放弃做一家硬件公司的想法，专做软件研发。两位科学家后来回忆："如果没有史蒂夫当时的高瞻远瞩和冒险精神，Adobe就没有今天。"专注于软件领域后，Adobe公司开发出Illustrator（1987年）、Acrobat（1993年）、PDF（便携文档格式）、InDesign（1999年）等革新性的技术和软件，此外，还通过收购其他公司，将Premiere、PageMaker、After Effects、Flash、Dreamweaver、Fireworks、FreeHand等纳入囊中，使Adobe建立了横跨媒介和显示设备的软件帝国，影响了无数人。

约翰·沃诺克

查克·格施克

·PS技术讲堂·

下载及安装Photoshop 2022试用版

注册Adobe ID

安装和运行Photoshop 2022的最低要求：Windows 10 64 位系统，macOS Catalina （Version 10.15）；支持64位的英特尔或AMD处理器；支持DirectX 12的GPU，1.5GB显存；内存不能低于8GB，最好16GB以上；4GB硬盘空间。

下面介绍Photoshop 2022试用版的下载和安装方法。首先打开Adobe公司中国官网，单击页面右上角的"登录"链接，如图1-4所示；切换到下一个页面，单击"创建账户"链接，如图1-5所示；进入下一个页面，如图1-6所示，输入姓名、邮箱、密码等信息，单击"创建账户"按钮，注册一个Adobe ID。完成注册后，可用账号和密码登录。

图1-4

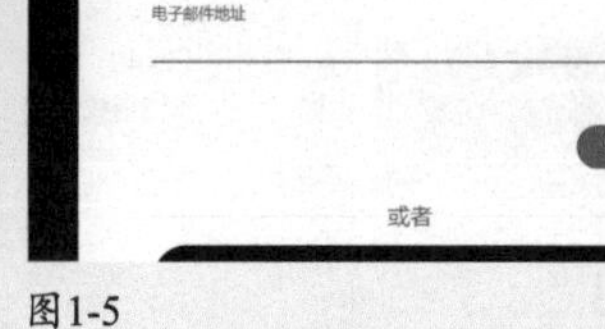

图1-5

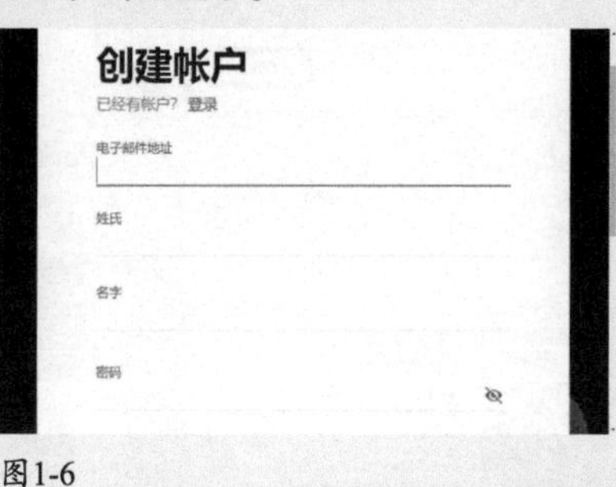

图1-6

下载桌面程序，安装Photoshop

登录Adobe ID后，单击"下载免费试用版"链接，如图1-7所示，切换到下一个页面，单击Photoshop图标，如图1-8所示，下载Creative Cloud桌面程序，之后使用该程序安装Photoshop试用版即可。从安装之日起，有7天的试用时间，过期之后，需要购买Photoshop正式版才能继续使用。

图1-7

图1-8

提示

通过Creative Cloud桌面程序，还可以更新Adobe应用程序、共享文件、在线查找字体和图片素材。

Photoshop 2022 工作界面

Photoshop工作界面非常友好，初学者可以轻松上手，而且Adobe公司的大部分软件的界面都是一致的，因此，学会使用Photoshop，操作其他Adobe软件也不在话下。

1.2.1 从主页观看Adobe官方教程

运行Photoshop 2022后，最先映入眼帘的是主页，如图1-9所示。在此可以创建和打开文件、了解Photoshop新增功能、搜索资源。

图1-9

单击“学习”选项卡，可以显示学习页面，如图1-10所示。这里有很多练习教程，单击一个，便可在Photoshop中打开相关素材和“发现”面板，按照“发现”面板中的提示去操作，可以学到Photoshop入门知识，完成一些简单的实例。单击视频则可链接到Adobe网站，在线观看视频。如果不使用主页，可以按Esc键将它关闭。当需要显示主页时，单击工具选项栏左端的🏠按钮即可。

图1-10

1.2.2 认识Photoshop工作界面

在主页中打开、新建文件，或者关闭主页之后，就会进入Photoshop工作界面。它由菜单栏、工具选项栏、图像编辑区（文档窗口）和各种面板等组成，如图1-11所示。

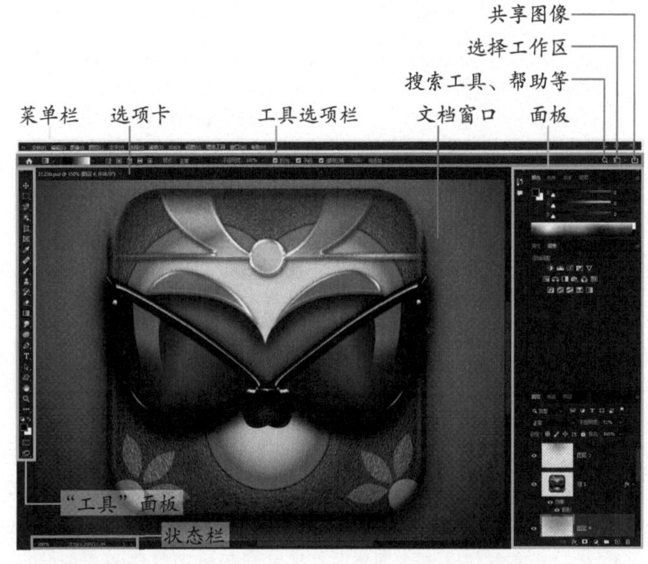

图1-11

默认的工作界面是黑色的，很炫酷，图像辨识度高，色彩感强，是现在流行的风格。

早期的Photoshop界面是灰色的，其优点是不会干扰图像色彩，进而影响我们的判断力（见210页）。如果想改变界面颜色，可以执行“编辑>首选项>界面”命令，打开“首选项”对话框进行设置，如图1-12所示。也可按Alt+Shift+F2（由深到浅）和Alt+Shift+F1（由浅到深）快捷键循环切换。

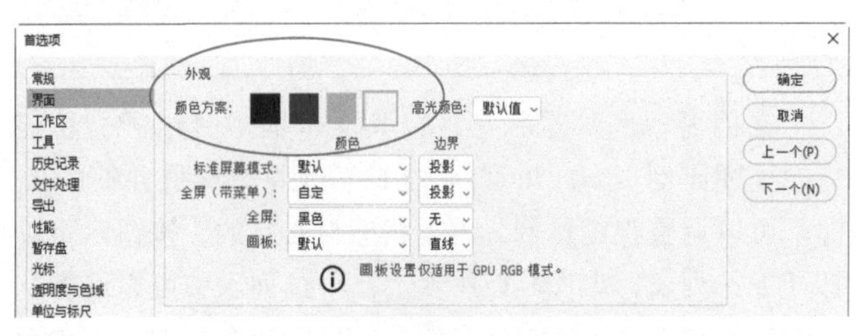

图1-12

1.2.3 实战：文档窗口的操作方法

扫码看视频

文档窗口是观察和编辑图像的区域，操作上与IE浏览器的窗口差别不大，既可以放在选项卡中，也可将其拖曳出来，使之成为浮动窗口，如图1-13和图1-14所示。浮动窗口更加灵活，可以移动位置、调整大小。

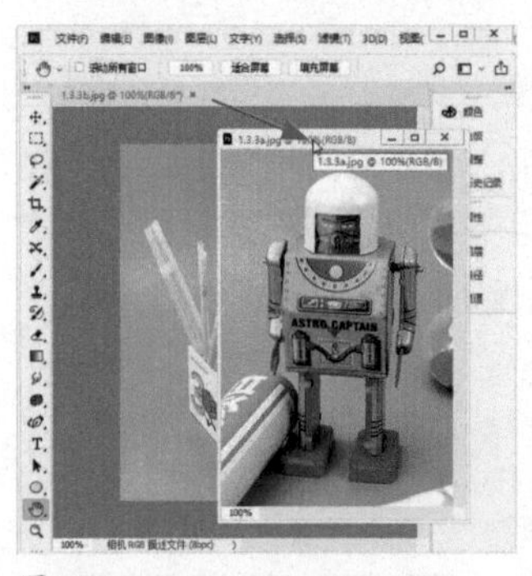
图1-13

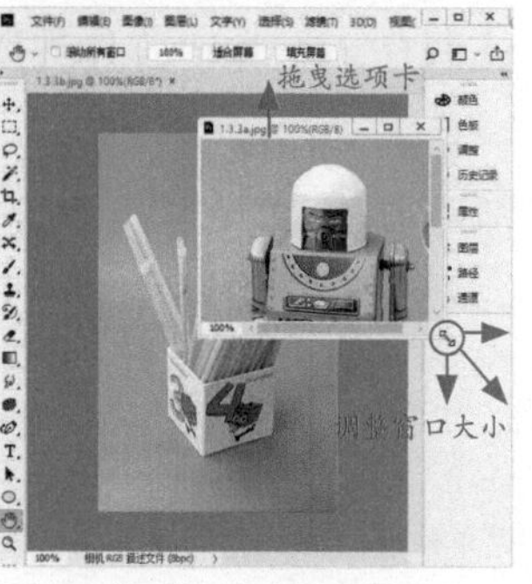

图1-14

提示

当打开了很多图像时，如果选项卡栏无法显示全部文件，可以打开“窗口”菜单，或者单击选项卡右端的 >> 按钮，打开下拉列表，这两种方法都能找到需要编辑的文件。也可以按Ctrl+Tab快捷键来切换窗口。

技术看板　从标题栏中可以获取哪些信息

文档窗口顶部的标题栏中显示了文件名、颜色模式和位深等信息。当文件包含多个图层时，还会显示当前工作图层的名称。除此之外，如果图像经过编辑但尚未保存，标题栏中会显示*符号；如果配置文件（见241页）丢失或不正确，则显示#符号。

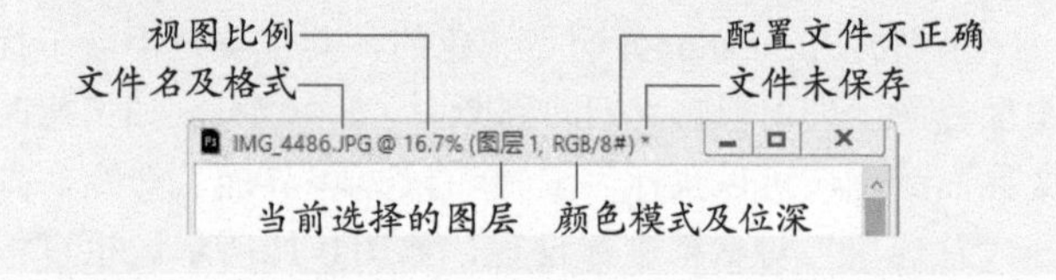

1.2.4 状态栏

文档窗口底部是状态栏，其文本框中显示了文档窗口的视图比例（见18、19页），在此输入百分比值并按Enter键，可以调整视图比例。单击状态栏右侧的 › 按钮，可以打开下拉列表，如图1-15所示，在下拉列表中可以选择状态栏显示的信息。其中“文档大小”“暂存盘大小”“效率”与Photoshop的工作效率和内存的使用情况有关（见随书电子文档51页）。其他选项如下。

图1-15

- **文档配置文件：** 显示图像使用的颜色配置文件。
- **文档尺寸：** 显示图像的尺寸。此外，在此处单击，可以显示通道和分辨率信息，如图1-16所示。如果按住Ctrl键不放，然后单击，则显示图像的拼贴宽度等信息，如图1-17所示。

宽度：4032 像素
高度：3024 像素
通道：3(RGB 颜色，8bpc)
分辨率：72 像素/英寸
文档:34.9M/34.9M

图1-16

拼贴宽度：1024 像素
拼贴高度：1024 像素
图像宽度：4 拼贴
图像高度：3 拼贴
文档:34.9M/34.9M

图1-17

- **测量比例：** 显示文档的比例。
- **计时：** 显示完成上一次操作所用的时间。
- **当前工具：** 显示当前使用的工具的名称。
- **32 位曝光：** 编辑32 位/通道高动态范围（HDR）图像时，可调整预览图像，以便在计算机显示器上查看其选项。
- **存储进度：** 保存文件时显示存储进度。
- **智能对象：** 显示文件中包含的智能对象（见90页）及状态。
- **图层计数：** 显示文件中包含多少个图层。

1.2.5 Photoshop 中的七大类“武器”

“工具”面板就像一个“武器库”，收纳了Photoshop中的所有“武器”，如图1-18所示。这些工具按用途分为7类，如图1-19所示。

当需要使用一个工具时，单击它即可，如图1-20所示。右下角有三角形图标的是工具组，在其上方按住鼠标左键，可以显示其中隐藏的工具，如图1-21所示；将鼠标指针移动到一个隐藏的工具上，然后放开鼠标左键，即可选择该工具，如图1-22所示。如果将鼠标指针停放在工具上方，则可显示工具的名称和快捷键，以及使用方法的简短视频，通过它可快速了解工具的用途，如图1-23所示。

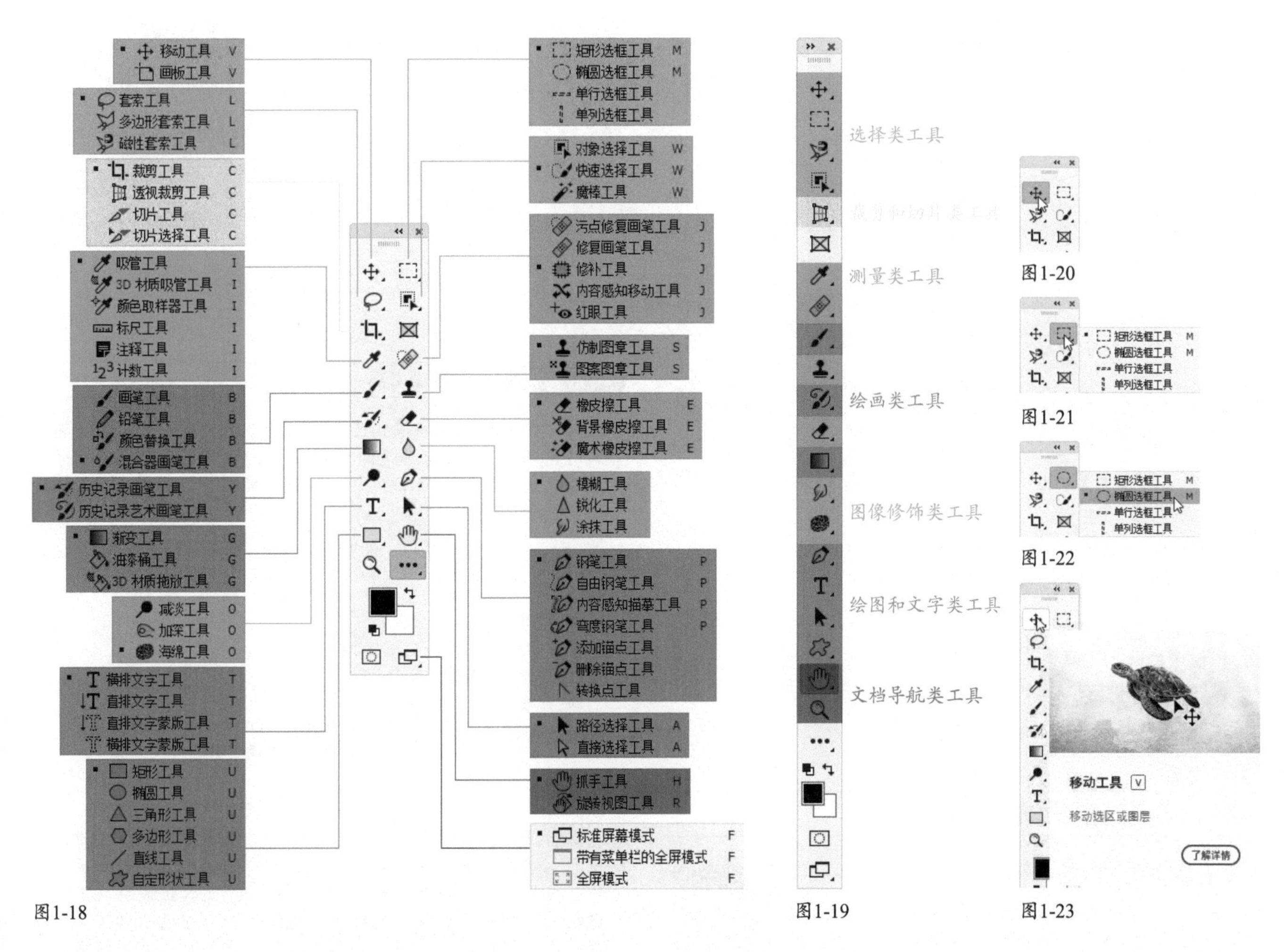

图1-18　图1-19　图1-20　图1-21　图1-22　图1-23

默认状态下，“工具”面板停放在文档窗口左侧。如果想将它摆放到其他位置，将鼠标指针移动到其顶部进行拖曳即可。单击“工具”面板顶部的 « （或 » ）按钮，则可将其切换为单排（或双排）显示。

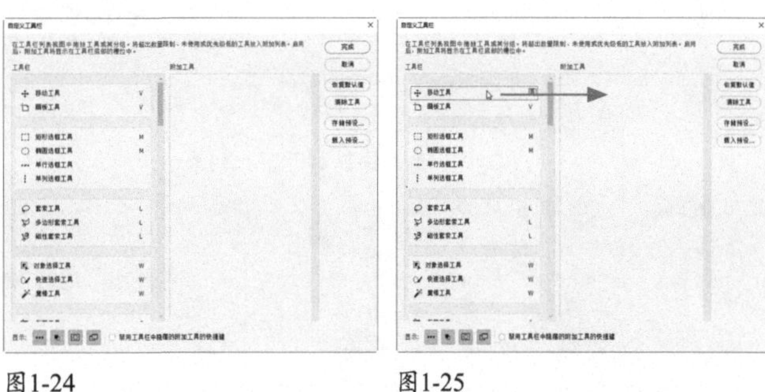

图1-24　图1-25

1.2.6

实战：重新配置“工具”面板

01 执行“编辑>工具栏”命令，或单击“工具”面板中的 ••• 按钮，在打开的下拉列表中选择“编辑工具栏”命令，打开“自定义工具栏”对话框，如图1-24所示。

02 对话框左侧列表是“工具”面板中包含的所有工具。将其中的一个工具拖曳到右侧列表中，如图1-25和图1-26所示，则“工具”面板中就没有该工具了，如图1-27所示。需要使用该工具时，再次单击 ••• 按钮才能找到它，如图1-28所示。想要取消隐藏也很简单，只需将其重新拖曳到左侧列表即可。

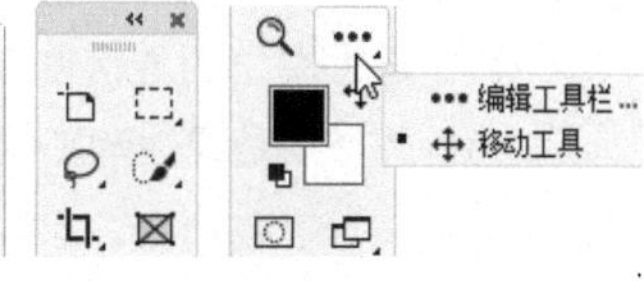

图1-26　图1-27　图1-28

03 在左侧列表中，每个窗格代表一个工具组，通过拖曳的方法可以重新配置工具组，如图1-29和图1-30所示。如果想创建新的工具组，可将工具拖曳到窗格外，如图1-31所示。Photoshop默认的分组一般无须变动，因为这是经过几代Photoshop版本检验过的、最适合使用的分组方式。

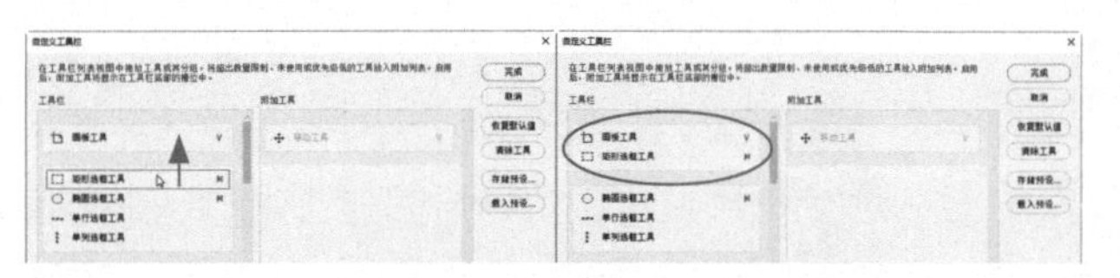

图1-29

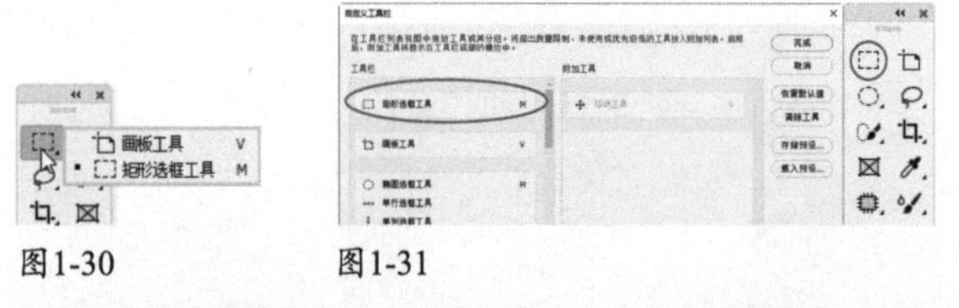

图1-30　图1-31

“自定义工具栏”对话框按钮

● 存储预设/载入预设：要存储自定义的工具栏，可单击“存储预设”按钮；要打开以前存储的自定义工具栏，可单击“载入预设”按钮。

● 恢复默认值：恢复为默认的工具栏。

● 清除工具：将所有工具移动到附加工具。

● •••/◧/◙/⧉：各个按钮依次为切换显示最后一个工具栏槽位中的附加工具，显示/隐藏前景色和背景色图标，显示/隐藏快速蒙版模式按钮，显示/隐藏屏幕模式按钮。

1.2.7

实战：工具选项栏操作技巧

01 选择一个工具，如渐变工具◼，可以在工具选项栏中设置它的参数和选项，如图1-32所示。

扫码看视频

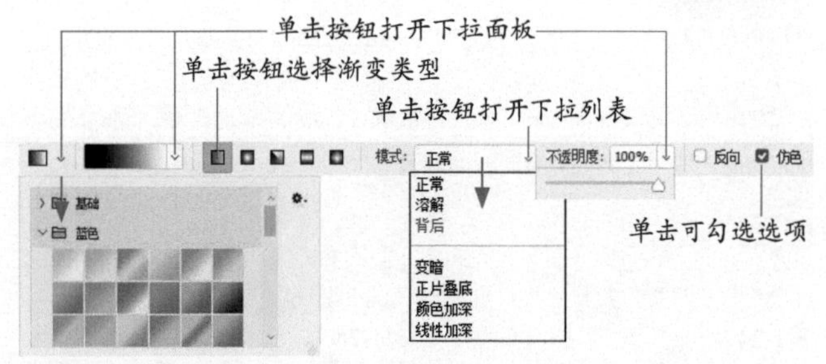

图1-32

02 按钮通过单击的方法使用。例如，单击◼按钮，表示当前选择的是线性渐变；单击⌄按钮，则可打开下拉面板或下拉列表。在复选框□上单击，可以勾选选项☑；需要取消勾选时，可在选项上再次单击。

03 如果想修改数值，可以通过4种方法操作。第1种方法是在数值上双击，将其选取，输入新数值并按Enter键确认，如图1-33所示；第2种方法是在文本框内单击，当出现闪烁的I形光标时，如图1-34所示，向前或向后滚动鼠标的滚轮，对数值作出动态调整；第3种方法是单击⌄按钮，显示下拉面板后，拖曳滑块来进行调整，如图1-35所示；第4种方法是将鼠标指针放在选项的名称上，如图1-36所示，向左或右侧拖曳鼠标，可以快速调整数值。

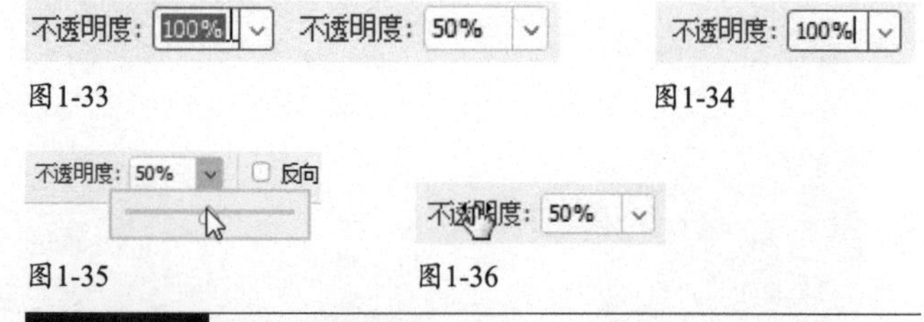

图1-33　图1-34

图1-35　图1-36

技术看板　使用预设工具

如果一个工具总是在某些选项设置状态下使用，可以考虑将其存储为一个预设。例如，处理文字时，如果黑体用得比较多，就选择横排文字工具 T，并选取黑体，之后单击“工具预设”面板中的⊞按钮进行保存。以后需要使用时，可在“工具预设”面板或单击工具选项栏左侧的⌄按钮，打开下拉面板，选取此预设工具，此时所有参数会自动设置好，无须调整。

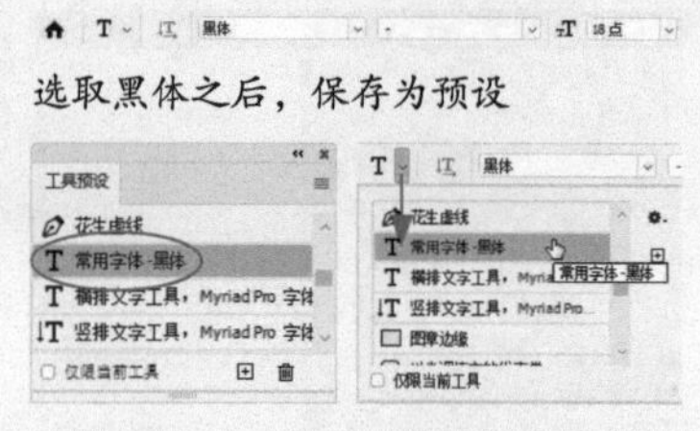

选取黑体之后，保存为预设

存储预设后，在“工具预设”面板和工具选项栏中都可以选取

工具预设多了以后，列表会变长，查找工具就比较麻烦。遇到这种情况，可以在“工具”面板中选择需要使用的工具，然后勾选“仅限当前工具”选项，这样面板中就只显示这一种工具的预设。有一点要注意，使用一个工具预设后，工具选项栏中会一直保存它的参数。也就是说，以后在“工具”面板中选择这一工具时，会自动应用这些参数。如果给操作带来不便，可单击“工具预设”面板右上角的≡按钮，打开面板菜单，选择“复位工具”命令，将工具预设清除。选择“复位所有工具”命令，则可清除所有工具的预设。

1.2.8

实战：调整面板组

Photoshop中的面板包含了用于创建和编辑图像、图稿、页面元素等的工具。除“工具”面板外，其他面板的功能与命令有些相似，甚至很多任务也可以通过命令来完成。例如，创建图层时，既可单击“图层”面板中的⊞按钮，也可执行“图层>新建”命令。但通过面板操作会更简单。打开一个面板或关闭一个面板后需要再次使用它时，可以在“窗口”菜单中将其打开。

扫码看视频

01 执行“窗口>工作区>绘画”命令，先将面板复位，如图1-37所示。可以看到，面板分成了几组，并停靠在文档窗口的右侧。每个组只显示一个面板。要使用其他面板时，

在其名称上单击即可，如图1-38所示。拖曳面板名称，可以调整面板的顺序，如图1-39所示。将一个面板拖曳至其他面板组中，当出现蓝色提示线时放开鼠标，可以将面板移到该面板组中，如图1-40和图1-41所示。

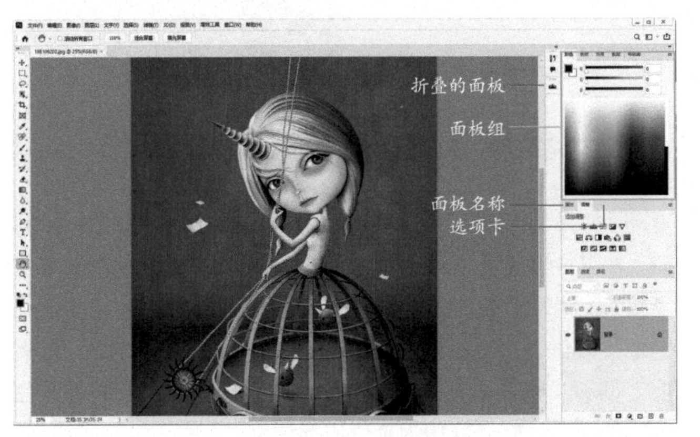

图1-37

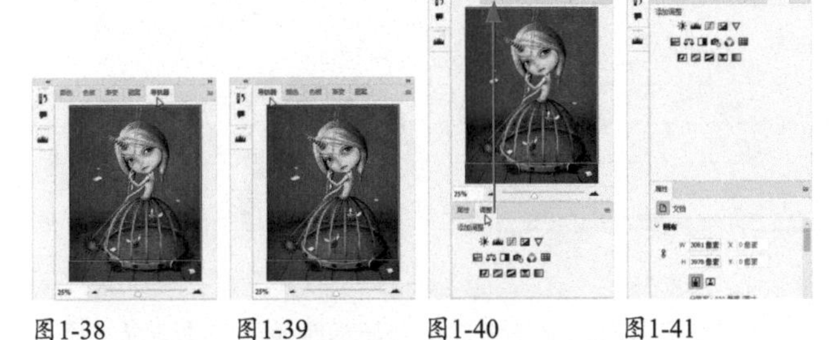

图1-38 图1-39 图1-40 图1-41

02 向下拖曳面板的底边并向左拖曳面板的左边，如图1-42所示，可将所有面板组拉长、拉宽。

03 单击最上方的面板组右上角的 按钮，可以将所有面板折叠，只显示图标，如图1-43所示。单击一个图标，可展开相应的面板，如图1-44所示。再次单击图标，可将其收起来。拖曳面板的左边界，可以调整面板组的宽度，让面板的名称显示出来，如图1-45所示。

图1-42 图1-43 图1-44 图1-45

04 在最上方的面板组中，单击右上角的 按钮，可将面板组重新展开。单击面板右上角的 按钮，可以打开面板菜单，如图1-46所示。在面板的选项卡上单击鼠标右键，可以显示快捷菜单，如图1-47所示。执行快捷菜单的“关闭”命令，可以关闭当前面板；执行“关闭选项卡组”命令，可关闭当前面板组。

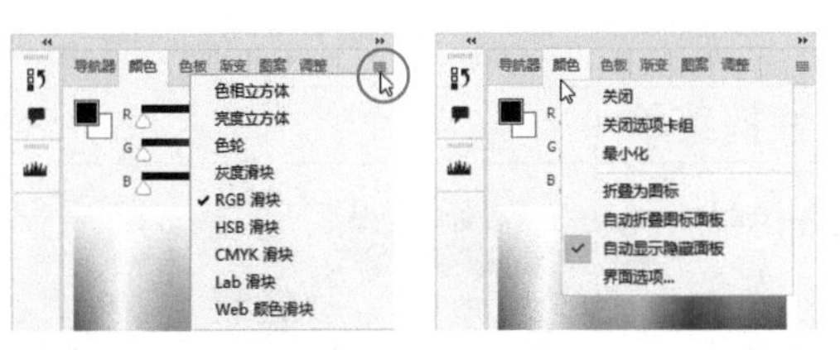

图1-46 图1-47

1.2.9 实战：重新配置面板

01 将鼠标指针放在面板的名称上，向外拖曳，如图1-48所示，可将其从组中拖出，成为浮动面板，如图1-49所示。浮动面板可以摆放在窗口中的任意位置，拖曳其左、下、右侧边框，可调整面板的大小，如图1-50所示。

扫码看视频

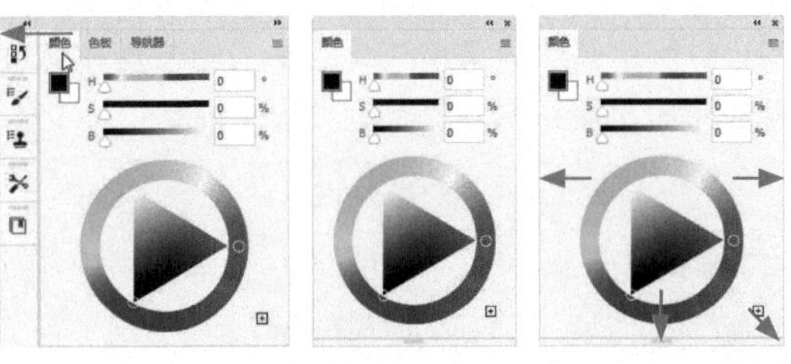

图1-48 图1-49 图1-50

> 提示
>
> 执行“窗口>工作区>锁定工作区”命令，面板组及“工具”面板就不能从停放区域中拖曳出来了。

02 将其他面板拖曳到该面板的选项卡上，可以将它们组成一个面板组。如果拖曳到面板下方，并出现蓝色提示线时，如图1-51所示，放开鼠标，则可将这两个面板连接在一起，如图1-52所示。

03 将鼠标指针放在面板名称上方，拖曳鼠标，可以同时移动连接的面板，如图1-53所示。在面板的名称上双击，可以将其折叠为图标状，如图1-54所示。如果要展开面板，则在其名称上单击即可。如果要关闭浮动面板，则单击其右上角的 按钮即可。

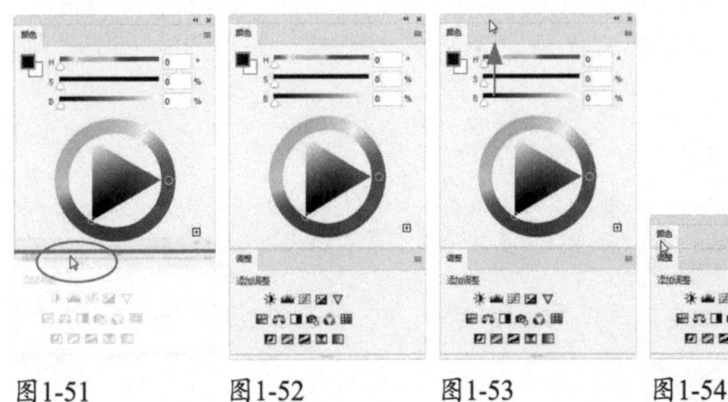

图1-51 图1-52 图1-53 图1-54

1.2.10 使用菜单和快捷菜单

Photoshop中有11个主菜单。菜单中不同用途的命令间用分隔线隔开。单击有黑色三角标记的命令，可以打开其子菜单，如图1-55所示。

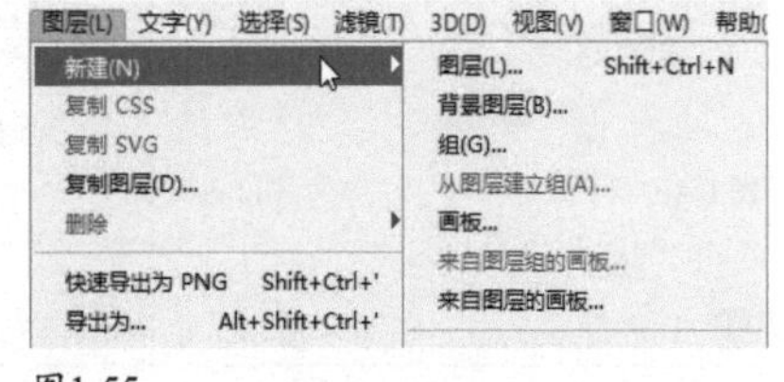

图1-55

选择菜单中的一个命令，即可执行该命令。如果命令是灰色的，则表示在当前状态下不能使用。例如，未创建选区时，“选择”菜单中的多数命令都无法使用。

Photoshop中还有一种快捷菜单，在文档窗口空白处、包含图像的区域或面板上单击鼠标右键即可显示，如图1-56和图1-57所示。快捷菜单包含的是与当前操作有关的命令，比在主菜单中选取这些命令要方便一些。

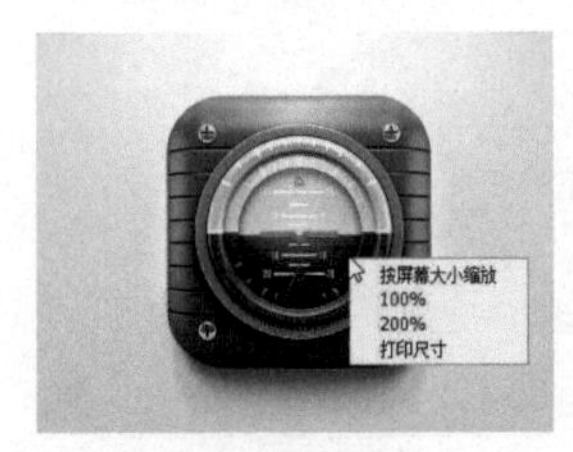

图1-56

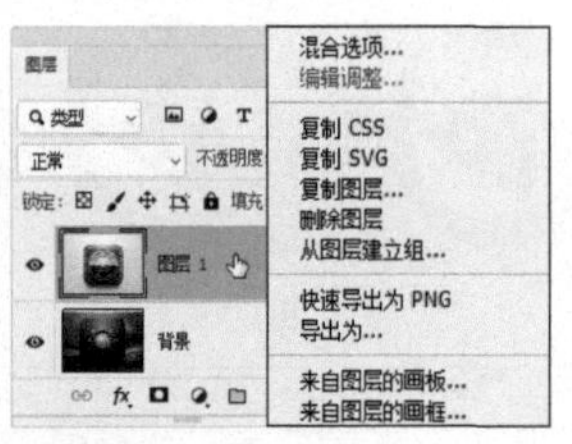

图1-57

1.2.11 实战：对话框使用技巧

在菜单中，右侧有“...”符号的命令在使用时会弹出对话框。对话框一般包含可设置的参数和选项。还有一种是警告对话框，提醒当前操作不正确或者应注意的事项。

扫 码 看 视 频

01 按Ctrl+O快捷键，打开本实战的素材（素材名与章节的名称一致），如图1-58所示。执行“图像>调整>色相/饱和度”命令，打开“色相/饱和度”对话框。可以看到，对话框中提供了文本框、滑块、“预览”选项和⌄按钮，如图1-59所示。

图1-58

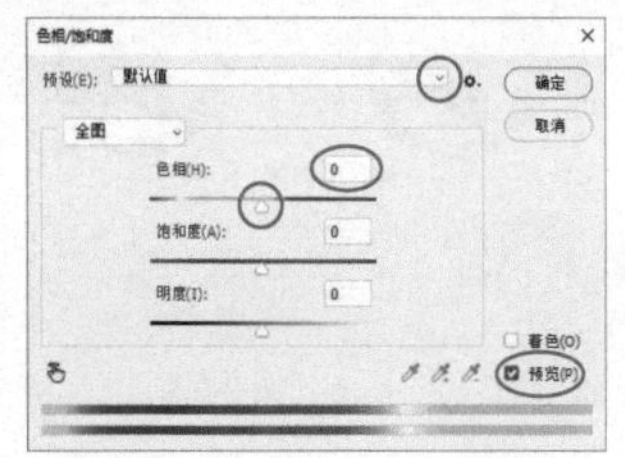
图1-59

02 单击⌄按钮，可以打开下拉列表，其中包含了预设的选项，可对图像进行调整，如图1-60和图1-61所示。

图1-60

图1-61

03 如果想手动调整参数，则可以拖曳滑块，如图1-62和图1-63所示，还可以在文本框中单击，之后输入数值（按Tab键可切换到下一选项）。如果需要多次尝试才能确定最终数值，可以这样操作：双击文本框将数值选中，然后按↑键和↓键，以1为单位增大或减小数值；如果同时按住Shift键操作，则会以10为单位进行调整。

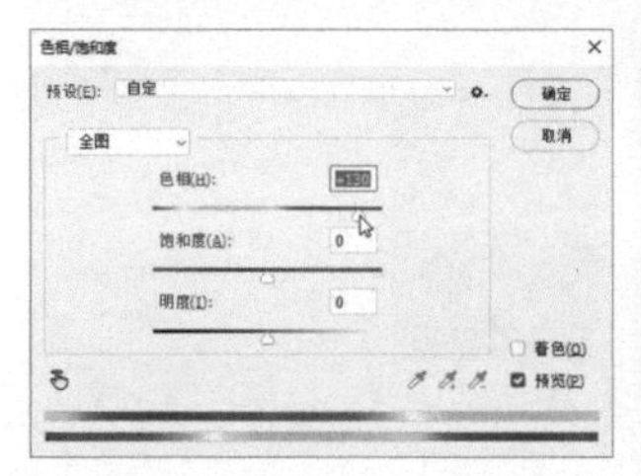
图1-62

图1-63

04 调整参数时，文档窗口中会显示图像的变化情况，这是由于“预览”选项被勾选了。如果想查看原图和修改效果，以便进行对比，则可以按P键来切换。需要注意的是，此快捷键在英文输入法状态下使用才有效。另外，当数值处于选取状态时，按P键不起作用，此时可先按Tab键，切换到非数值选项，之后再按P键。

05 修改参数后，如果想要恢复为默认值，可以按住Alt键（一直按住），此时“取消”按钮会变为“复位”按钮，如图1-64所示，单击“复位”按钮即可，如图1-65所示。

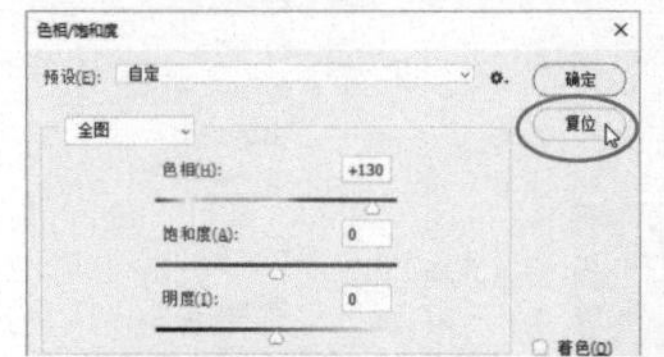
图1-64

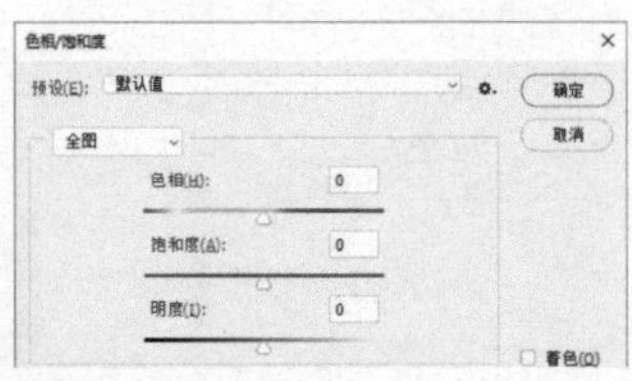
图1-65

提示

掌握复位参数这一技巧非常有用。例如，调整颜色时，如果对效果不满意，通过该方法便可将参数恢复到初始状态，之后重新调整即可。如果不会使用该技巧，则需手动复位参数，或者单击“取消”按钮放弃修改，再重新打开对话框。

设置工作区

使用Photoshop时，可以按照自己的习惯对工作区做出调整——将常用的面板打开，并放到使用方便的位置上，关闭不常用的面板。此外，命令和快捷键属于工作区的一部分，也可以修改。

1.3.1 切换工作区

如果进行的是照片处理、绘画、Web、动画等工作，则可以使用预设的工作区。例如，使用“摄影”工作区，窗口中只显示与修饰和调色有关的面板，如图1-66所示，省得我们手动调整了。预设工作区可以在“窗口>工作区”子菜单中选取，如图1-67所示。预设工作区中的面板可以移动和关闭，调整之后还可用“窗口>工作区>复位某工作区”命令恢复过来。

图1-66

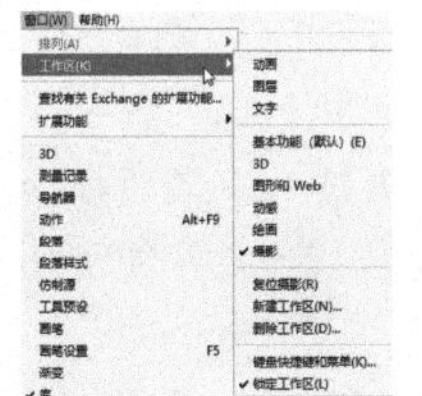

图1-67

1.3.2 实战：自定义工作区

Photoshop界面中只有菜单是固定的，文档窗口、面板、工具选项栏都可以移动和关闭。当重新配置面板和快捷键后，可以执行“窗口>工作区>新建工作区”命令，将其保存，如图1-68所示。这样以后不管是自己还是其他人修改了工作区，都可以在“窗口>工作区”菜单中找到该工作区并将其恢复为原状，如图1-69所示。

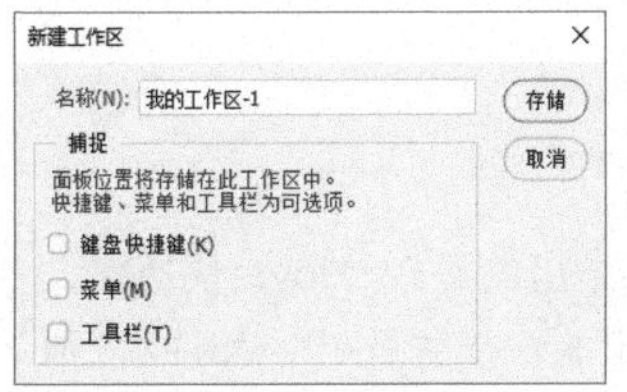

图1-68

图1-69

> **提示**
>
> 如果要删除自定义的工作区，可以执行“窗口>工作区>删除工作区”命令。如果要恢复为默认的工作区，可以执行“基本功能（默认）”命令。

1.3.3 实战：自定义命令

Photoshop中有很多命令只在某些特定领域使用。例如，“3D”菜单中的命令只用于制作和编辑3D文字及模型，如果从事照片编修工作，则这些命令基本用不上。

对于不使用的命令，可以执行“编辑>菜单”命令，打开“键盘快捷键和菜单”对话框，通过设置将其隐藏，这样可以让菜单变得简洁、清晰，查找命令时也更加方便。对于常用命令，则可为其刷上颜色，使其易于识别，如图1-70和图1-71所示。这些小技巧对于提高工作效率是很有帮助的。

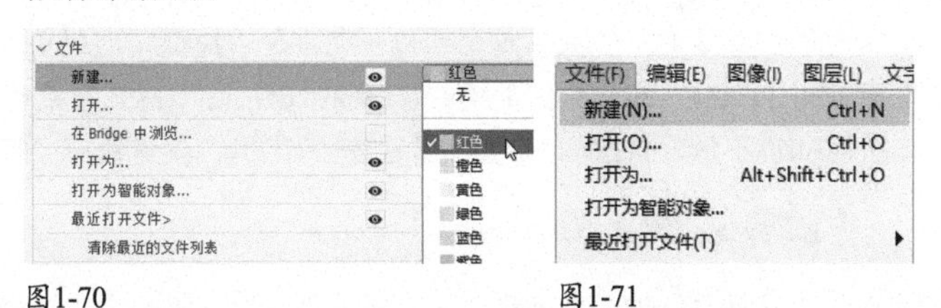

图1-70　　图1-71

> **提示**
>
> 命令被隐藏以后，需要使用时，按住Ctrl键单击菜单名称即可将其显示出来。

1.3.4 实战：自定义快捷键

由于每个人的习惯不一样，对快捷键也有自己的要求，所以如果想修改快捷键，可以执行“编辑>键盘快捷键”或“窗口>工作区>键盘快捷键和菜单”命令，打开“键盘快捷键和菜单”对话框进行操作，如图1-72所示。

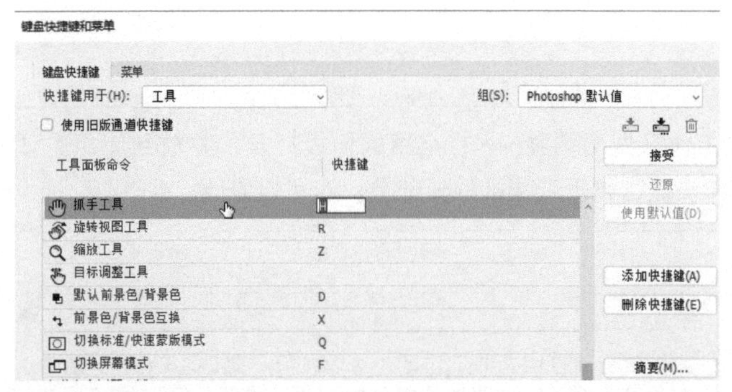

图1-72

技术看板　恢复为Photoshop默认的快捷键

自定义快捷键和菜单命令后，如果要恢复为Photoshop默认的快捷键，可在“键盘快捷键和菜单”对话框的“快捷键用于”下拉列表中选取需要恢复的项目，然后在“组”下拉列表中选择“Photoshop默认值”选项，之后单击“确定”按钮即可。

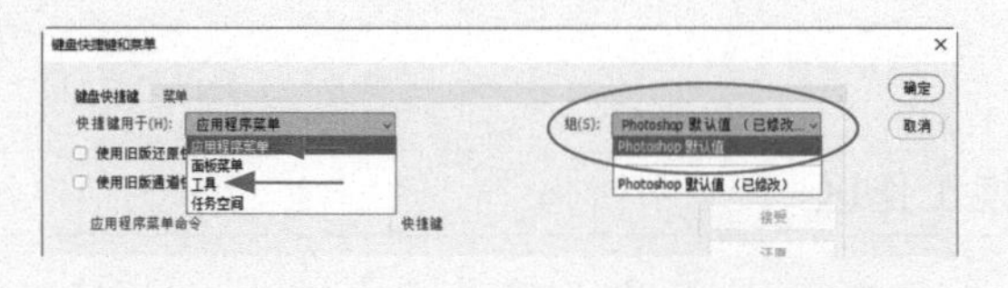

·PS技术讲堂·

用好快捷键，让工作效率倍增

扫码看视频

命令快捷键（Windows）

使用快捷键可以执行命令、选取工具和打开面板，这样就不用到菜单和面板中操作了，不仅能提高工作效率，而且能减轻频繁使用鼠标给手造成的疲劳感。需要注意的是：应先切换到英文输入法状态，之后才能使用快捷键。

Photoshop中的常用命令都配有快捷键（在命令的右侧）。例如，“选择>全部”命令的快捷键是Ctrl+A，如图1-73所示。使用快捷键的时候，先按住Ctrl键不放，之后按一下A键，便可执行这一命令。

如果快捷键是由3个按键组成的，则先按住前面两个键，再按一下最后那个键。例如，“选择>反选”命令的快捷键是Shift+Ctrl+I，就要这样操作：按住Shift键和Ctrl键不放，之后按一下 I 键。

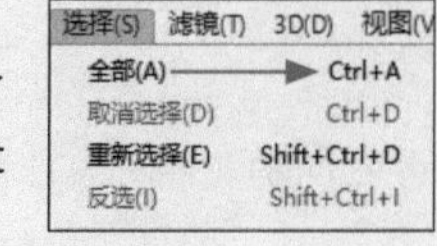

图1-73

图1-74

有些命令的右侧只有单个字母，它不是快捷键，但仍可以通过快捷方法操作，即先按住Alt键不放，再按主菜单右侧的字母按键（打开主菜单），然后按一下命令右侧的字母按键，便可执行该命令。例如，按住Alt键不放，再按一下L键，然后按一下D键，就可执行“复制图层”命令，如图1-74所示。

工具快捷键（Windows）

工具类快捷键分为两种情况。一种是只用于单个工具，如移动工具 ✥ 的快捷键是V，如图1-75所示，因此只要按一下V键，便可选取该工具。

另一种是用于工具组。例如，套索工具组中有3个工具，它们的快捷键都是L，如图1-76所示。当按L键时，将选择该组中当前显示的工具，想要选择被隐藏的工具，则需配合Shift键来操作，即按住Shift键不放，再按几次L键，便可在这3个工具中进行切换。也就是说，工具组中隐藏的工具需要通过Shift+工具快捷键来进行选取。

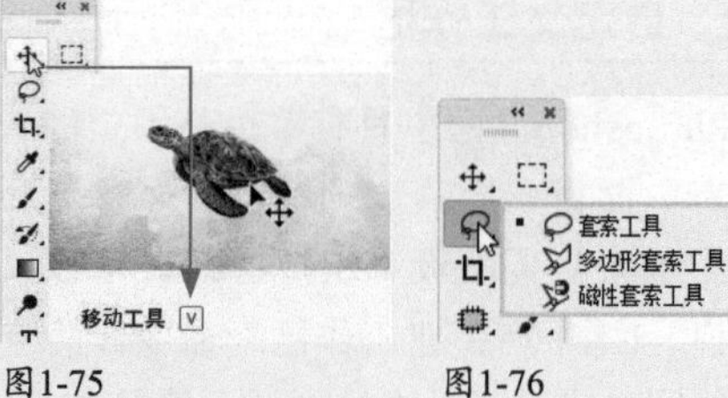

图1-75　图1-76

由此可见，单个字母作为快捷键主要分配给工具，组合按键则分配给命令，这样的配置方式是合理的，因为工具的使用频次高于命令。而面板只有少数有快捷键，这是由于宽屏显示器能放下足够多的面板。此外，面板可以进行折叠和组合，将屏幕空间让出来。

macOS快捷键

由于Windows系统和macOS系统的键盘按键有些区别，快捷键的用法也就不一样了。本书给出的是Windows快捷键，macOS用户需要进行转换——将Alt键转换为Opt键，Ctrl键转换为Cmd键。例如，如果书中给出的快捷键是Alt+Ctrl+Z，则macOS用户应使用Opt+Cmd+Z快捷键来操作。

文件操作

使用Photoshop编辑文件前，要先将其在Photoshop中打开，当然也可在Photoshop中创建一个空白文件，在此基础上进行创作。下面介绍与文件有关的操作。

1.4.1 实战：创建空白文件

扫 码 看 视 频

平面设计、移动设备、UI、网页、视频等不同行业、不同设计任务，对文件尺寸、分辨率、颜色模式的要求各不相同。初入此道的设计新人，很难记住那么多规范。在这方面，Photoshop中有非常贴心的安排，它为各个行业常用的文件项目提供了预设，可直接使用，这样我们就不用再费力去查各种要求，也能避免出错。

01 运行Photoshop。单击窗口左上角的“新建”按钮，如图1-77所示，或执行“文件>新建”命令（快捷键为Ctrl+N），打开“新建文档”对话框。最上方一排是选项卡，是按照设计项目进行分类的。例如，如果想做一个A4大小的海报，可单击 “打印”选项卡，在其下方选择A4预设，如图1-78所示，之后单击“创建”按钮即可。

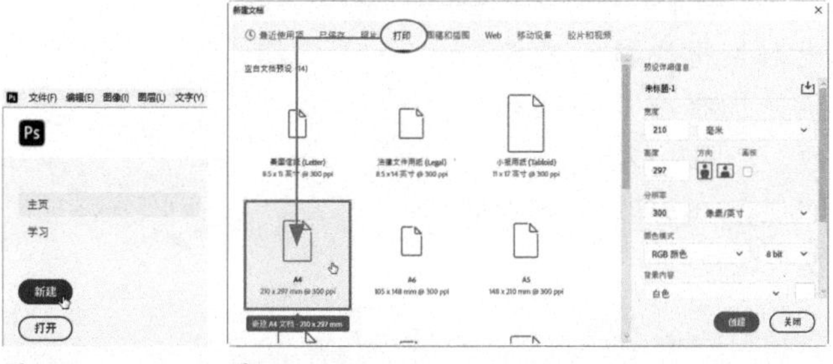

图1-77　图1-78

02 如果想按照自己需要的尺寸、分辨率和颜色模式创建文件，则可在对话框右侧的选项中进行设置。自定义参数的文件还可保存为预设，如图1-79~图1-81所示。以后需要创建相同的文件时，在“已保存”选项卡中选择保存的预设即可，这样就不必再设置选项了。

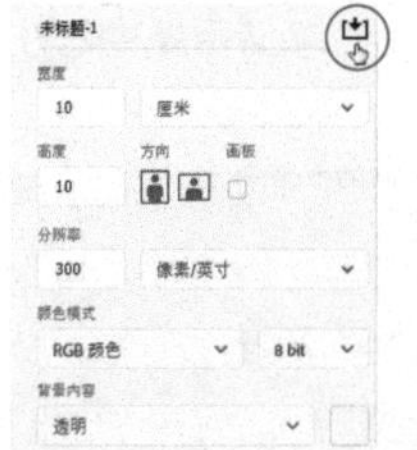

单击按钮

图1-79

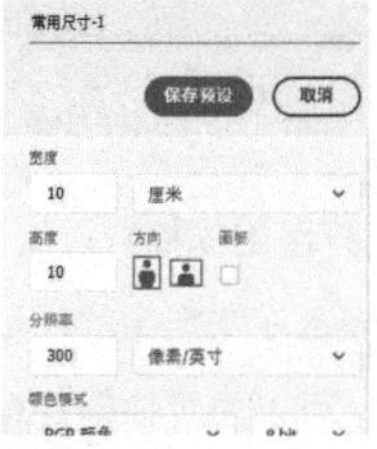

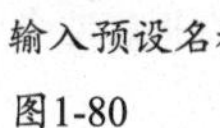

输入预设名称

图1-80

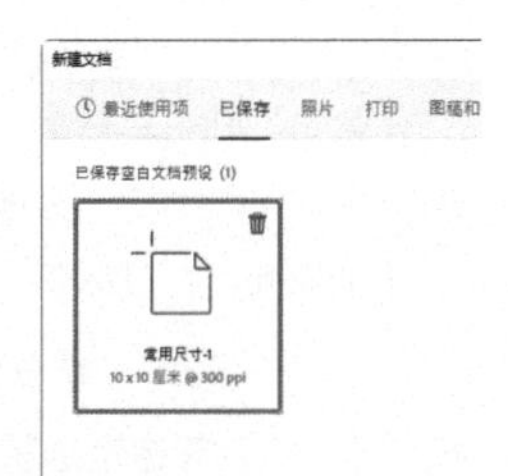

存储到“已保存”选项卡中

图1-81

> 提示
>
> 在“新建文档”对话框中，“最近使用项”选项卡收录了最近在Photoshop中使用的文件，并作为临时的预设，可用于创建相同尺寸的文件。

“新建文档”对话框选项

- 未标题-1：在该选项中可输入文件的名称。创建文件后，文件名会显示在文档窗口的标题栏中。保存文件时，文件名会自动显示在存储文件的对话框内。文件名可以在创建时输入，也可以使用默认的名称（未标题-1），在保存文件时，再设置正式的名称。
- 宽度/高度：可以输入文件的宽度和高度。在右侧的选项中可以选择一种单位，包括“像素”“英寸”“厘米”“毫米”“点”“派卡”。
- 方向：单击或按钮，可以将文档的页面方向设置为纵向或横向。
- 画板：选取该选项后，可创建画板（见随书电子文档9页）。
- 分辨率：可输入文件的分辨率。在右侧的选项中可以选择分辨率的单位，包括“像素/英寸”和“像素/厘米”。
- 颜色模式（见212页）：可以选择文件的颜色模式和位深。
- 背景内容：可以为“背景”图层（见37页）选择颜色；也可以选择“透明”选项，创建透明背景。
- 高级选项：单击按钮，可以显示两个隐藏的选项，其中“颜色配置文件”选项可以为文件指定颜色配置文件；“像素长宽比”选项可以指定一帧中单个像素的宽度与高度的比例。需要注意的是，计算机显示器上的图像是由方形像素组成的，除非用于视频，否则都应选择“方形像素”选项。

1.4.2 打开计算机中的文件

Photoshop是一个综合型的软件，不仅可以编辑图像、矢量图形，还能处理PDF文件、GIF动画和视频。如果想用Photoshop编辑上述文件，可以通过执行“文件>打开”命令将其打开。按Ctrl+O快捷键，或在Photoshop窗口内双击，也能弹出“打开”对话框。在左侧列表中找到文件所在的文件夹，如图1-82所示，之后双击所需文件，即可将其打开。如果想同时打开多个文件，则可按住Ctrl键单击，将其一同选取，如图1-83所示，再单击“打开”

按钮或按Enter键。

图1-82

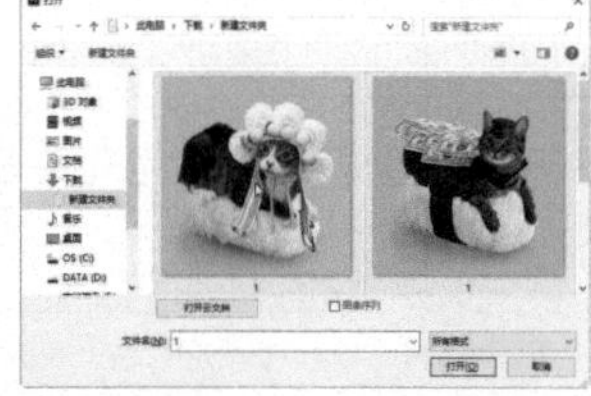
图1-83

技术看板　缩小文件的查找范围

Photoshop支持的文件格式非常多，如果文件夹中恰好存在各种格式的文件，且文件数量也多，则查找起来就会比较麻烦。遇到这种情况，使用一个小技巧可以缩小查找范围。例如，查找JPEG格式文件时，可在“文件类型”下拉列表中选择JPEG，这样就能将其他格式的文件屏蔽。需要注意的是，用这种方法操作一次之后，再使用“打开”对话框时，仍然只显示JPEG这一种格式的文件。如果想显示其他文件，可以在“文件类型”下拉列表中选择“所有格式”选项。

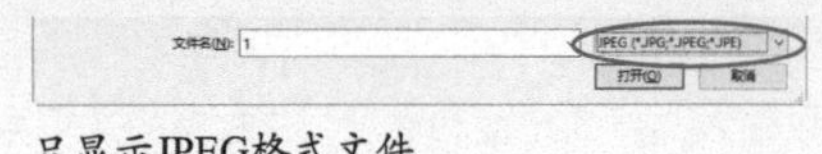
只显示JPEG格式文件

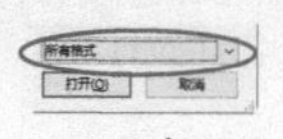
显示所有文件

1.4.3 打开出错的文件

计算机操作系统有两种，Windows系统个人用户使用比较多，而专业机构，如设计公司、影楼、印刷厂一般使用macOS系统，主要是Mac这种计算机的色彩更准确。

这两种系统有很大差别，这里不探讨孰优孰劣，只是提醒大家容易出现的问题：将文件从一个系统复制到另一个系统时，由于格式出错，文件无法打开。例如，JPEG文件错标为PSD格式，或者文件没有扩展名（如.jpg、.eps、.TIFF等）。

当无法使用“打开”命令打开文件时，可以尝试执行“文件>打开为”命令。执行该命令并选取文件后，为其指定正确的格式，如图1-84所示，便可在Photoshop中打开。如果这种方法也不能打开文件，可能是选取的格式有误，或者文件已彻底损坏。

图1-84

1.4.4 实战：用快捷方法打开文件

打开文件可以通过快捷方法来操作。例如，将文件拖曳到Photoshop应用程序图标上，可运行Photoshop并打开文件，如图1-85和图1-86所示；将Windows资源管理器中的文件拖曳到Photoshop窗口中，可将其打开；在“文件>最近打开文件”子菜单中可以快速打开最近使用过的文件等。

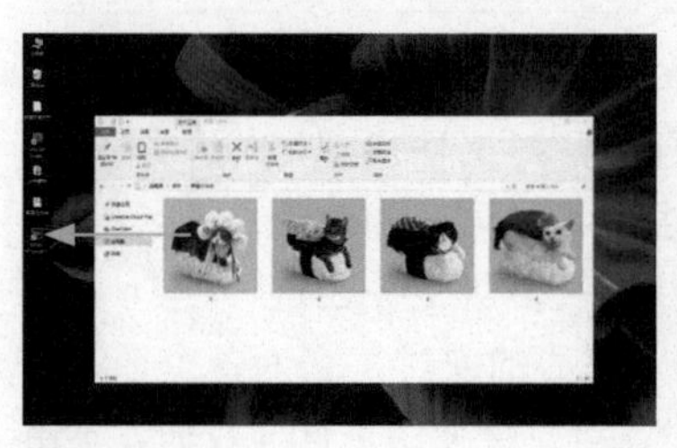
图1-85

图1-86

1.4.5 保存文件

执行“文件>存储”命令（快捷键为Ctrl+S），可以保存文件。如果想将文件另存一份，则可以执行“文件”菜单中的“存储为”或“存储副本”命令，在弹出对话框中输入文件名称，选择格式和保存位置，如图1-87所示，单击“保存”按钮，即可存储文件。

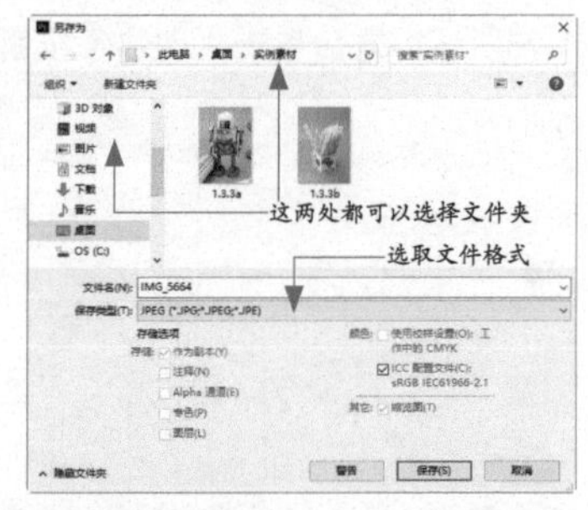

图1-87

“另存为”对话框选项

- 文件名：可以输入文件名。
- 保存类型：在该下拉列表中可以选择文件的保存格式。
- 作为副本：勾选该选项，可以另存一个文件副本。副本文件与源文件存储在同一位置。
- 注释/Alpha通道/专色/图层：可以选择是否存储图像中的注释信息、Alpha通道、专色和图层。
- 使用校样设置：将文件的保存格式设置为EPS或PDF时，该选项可用，它可以保存打印用的校样设置。
- ICC配置文件：保存嵌入在文档中的ICC配置文件。
- 缩览图：勾选该选项，可以为图像创建缩览图。此后在“打开”对话框中选择一个图像时，对话框底部会显示此图像的缩览图。

技术看板 **云文档及版本历史记录**

云文档是Adobe新推出的原生云文档文件类型，可直接从Photoshop中联机或脱机访问。将文件存储到Adobe云端以后，可以在不同地点、设备上跨平台下载文件。但遗憾的是该功能目前没有对中国用户开放。与云文档配套的还有“版本历史记录”面板，可以查看、管理和使用不同时期存储的云文档，通俗一点说就是，它就相当于把“历史记录”面板（见21页）中的数据保存到云端。

·PS技术讲堂·

何时存储文件，怎样选择文件格式

PSD格式

我们都知道为什么要存储文件，但不一定清楚在什么时间、以哪种格式存储最为恰当。在Photoshop中对文件进行编辑时，刚开始操作的时候，就应该以PSD格式另存文件，如图1-88所示。

图1-88

PSD格式（扩展名为 .psd）能保存Photoshop文件中的所有内容（如图层、蒙版、通道、路径、可编辑的文字、图层样式、智能对象等），将文件存储为该格式，以后不论何时打开文件，都可以对其中的内容进行修改。不仅如此，Adobe其他程序（如Illustrator、InDesign、Premiere、After Effects等）也支持PSD文件。这有很多好处，例如，文字可以修改、路径可以编辑。此外，在这些软件中使用透明背景的PSD文件时，其背景也是透明的，而在不支持PSD格式的软件中，图层会被合并，透明区域以白色填充。

将文件保存为PSD格式后也非万事大吉，在编辑过程中，每完成重要操作，还要记得按一下Ctrl+S快捷键将当前编辑效果存储起来。养成随时保存文件的习惯非常重要，可以避免因断电、计算机故障或Photoshop意外崩溃而丢失工作成果。

JPEG格式

当所有编辑操作都完成以后，除保存为PSD格式以外，还可根据用途另存一份JPEG文件。例如，将图像用于打印、网络发布、E-mail传送，或者用于手机、平板电脑等显示设备时，可以保存为JPEG格式。

JPEG是数码相机默认的文件格式（扩展名为.jpg或.jpeg），绝大多数图形图像软件都支持这种格式。它由联合图像专家组开发，可以对图像进行压缩，因而占用的存储空间较小。由于JPEG文件采用的是有损压缩（即丢弃一些不重要的原始数据，以减小文件）方式，保存文件时，需要在弹出的“JPEG选项”对话框中对压缩率进行设置，如图1-89所示。设置为10以上都属于“最佳”品质，图像细节的损耗非常小，压缩率低，画质的变化人眼几乎察觉不到。压缩率不能太高，否则图像的品质会变差。除此之外，JPEG格式的图像也尽量不要多次存储，因为每保存一次都要进行一次压缩处理，累积起来，画质会越来越差。

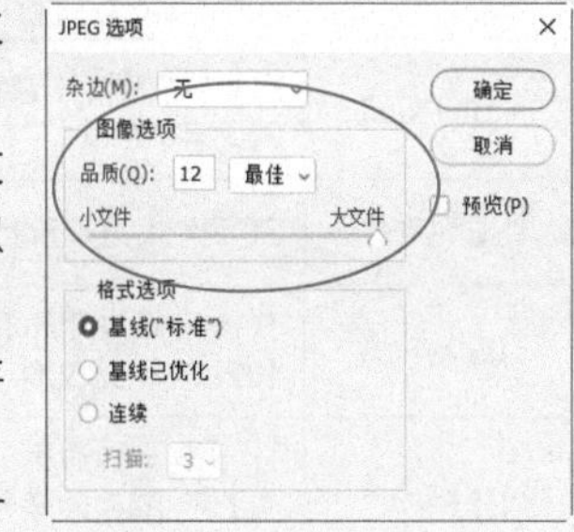

图1-89

由于JPEG格式不支持存储图层，因而该格式只能提供单一图像，不能像PSD格式那样可以包含图层、蒙版、通道等，但它能存储路径。

PDF格式

文件格式决定了图像数据的存储方式（作为像素还是矢量）、支持哪些Photoshop功能、是否压缩，以及能否与其他应用程序兼容。在兼容性方面，PSD格式远不如JPEG和PDF格式。例如，将PSD格式的作品交给其他人审阅时，如果对方没有安装Photoshop或Bridge应用程序，就无法预览及观看PSD文件。在文件交换时，为避免出现这种情况，可以使用JPEG或PDF格式保存文件。PDF格式文件主要用于展现电子书、产品说明、公司文告、网络资料、电子邮件等。它能将文字、字形、格式、颜色、图形和图像等封装在文件中，还能包含超链接、声音和动态影像等电子信息，用免费的Adobe Reader便可浏览。

如果作品中包含多幅图像，则可以执行“文件>自动>PDF演示文稿”命令，将其制作成可自动播放的幻灯片。此外，PDF文件以PostScript语言为基础，打印效果非常好，无论在哪种打印机上都能保证清晰、准确。

如果想让PDF文件与Adobe其他程序（如InDesign、Illustrator、Acrobat等）共享，则需要对其标准做出统一设置，包括颜色转换方法、压缩标准和输出方法等。使用“编辑>Adobe PDF预设”命令可以创建此预设，以后在执行“文件>存储为”命令将文件保存为PDF格式时，可以在打开的“存储Adobe PDF”对话框中选择该预设。

其他格式

文件格式	说明
PSB格式	PSB格式是Photoshop的大型文档格式，可支持高达300 000像素的超大图像文件。它支持Photoshop所有的功能，可以保持图像中的通道、图层样式和滤镜效果不变，但此类文件只能在Photoshop中打开。如果要创建一个2GB以上的PSD文件，可以使用该格式
BMP格式	BMP是一种用于Windows操作系统的图像格式，主要用于保存位图文件。该格式可以处理24位颜色的图像，支持RGB、位图、灰度和索引模式，但不支持Alpha通道
GIF格式	GIF是基于在网络上传输图像而创建的文件格式，支持透明背景和动画，被广泛地应用在网络文档中。GIF格式采用LZW无损压缩方式，压缩效果较好
DCM格式	DCM格式通常用于传输和存储医学图像，如超声波和扫描图像。DCM文件包含图像数据和标头，其中存储了有关病人和医学图像的信息
EPS格式	EPS是为在PostScript打印机上输出图像而开发的文件格式，几乎所有的图形、图表和页面排版软件都支持该格式。EPS格式可以同时包含矢量图形和位图图像，支持RGB、CMYK、位图、双色调、灰度、索引和Lab模式，不支持Alpha通道
IFF格式	IFF（交换文件格式）是一种便携格式，用于存储静止图片、声音、音乐、视频和文本数据的多种扩展名的文件
PCX格式	PCX格式采用RLE无损压缩方式，支持24位、256色的图像，适合保存索引和线稿模式的图像。该格式支持RGB、索引、灰度和位图模式，以及一个颜色通道
PDF格式	PDF便携文档格式是一种跨平台、跨应用程序的通用文件格式，它支持矢量数据和位图数据，具有电子文档搜索和导航功能，是Adobe Illustrator和Adobe Acrobat的主要格式。PDF格式支持RGB、CMYK、索引、灰度、位图和Lab模式，不支持Alpha通道
RAW格式	Photoshop Raw（.raw）是一种灵活的文件格式，用于在应用程序与计算机平台之间传递图像。该格式支持具有Alpha通道的CMYK、RGB和灰度模式，以及无Alpha通道的多通道、Lab、索引和双色调模式。以Photoshop Raw格式存储的文件可以为任意像素大小，不足之处是不支持图层
PXR格式	PXR是专为高端图形应用程序（如用于渲染3D图像和动画的应用程序）设计的文件格式。它支持具有单个Alpha通道的RGB 和灰度图像
PNG格式	PNG是作为GIF的无专利替代产品而开发的，用于无损压缩和在Web上显示图像。与GIF不同，PNG支持24位图像并产生无锯齿状的透明背景，但某些早期的浏览器不支持该格式
PBM格式	PBM便携位图文件格式支持单色位图（1 位/像素），可用于无损数据传输。许多应用程序都支持该格式，甚至可在简单的文本编辑器中编辑或创建此类文件
SCT格式	SCT格式用于Scitex计算机上的高端图像处理。它支持CMYK、RGB和灰度图像，不支持Alpha通道
TGA格式	TGA格式专用于TrueVision硬件。它支持一个单独Alpha通道的32位RGB文件，以及无Alpha通道的索引、灰度模式、16位和24位RGB文件
TIFF格式	TIFF是一种通用的文件格式，几乎所有的绘画、图像编辑和排版程序都支持该格式，而且几乎所有的桌面扫描仪都可以产生TIFF图像。该格式支持具有Alpha通道的CMYK、RGB、Lab、索引颜色和灰度图像，以及没有Alpha通道的位图模式图像。Photoshop可以在TIFF文件中存储图层，但是，如果在另一个应用程序中打开该文件，则只有拼合图像是可见的
MPO格式	MPO是3D图片或3D照片使用的文件格式

1.4.6 与其他程序交换文件

在Photoshop中，通过导入和导出的方法可以与其他软件交换文件。导入是指使用“文件>导入”子菜单中的命令，如图1-90所示，将变量数据组*（见随书电子文档45页）*、视频帧到图层、注释*（见18页）*和WIA支持（即数码照片）等导入当前正在编辑的文件中。导出则是使用“文件>导出”子菜单中的命令，如图1-91所示，将Photoshop文件中的图层、画板等导出为图像资源，或者导出到Illustrator或视频设备中，以进行编辑或使用。其中，使用“存储为Web所用格式（旧版）”命令，可以对切片进行优化*（见随书电子文档7页）*。使用“颜色查找表”命令，可以导出各种格式的颜色查找表（见214页）。使用“路径到Illustrator”命令，可以将路径导出为AI格式文件，以便在Illustrator中编辑使用。其他命令相关章节会有说明。

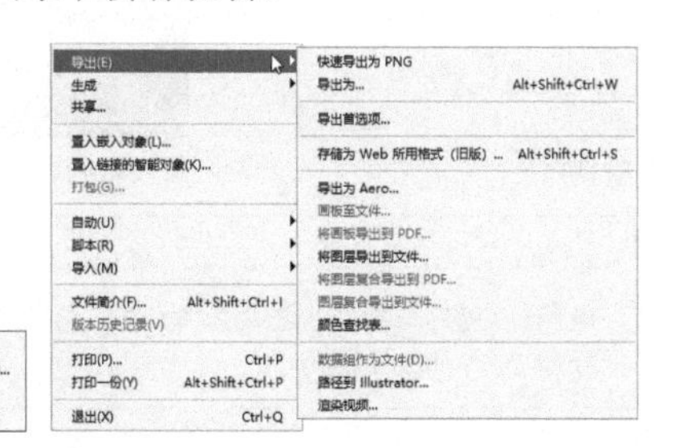

图1-90 图1-91

> 提示
>
> 如果为计算机配置了扫描仪并安装了驱动程序，则“导入”菜单中会显示扫描仪的名称，单击可以启动扫描仪，扫描图片并加载到Photoshop中。

1.4.7 与好友共享文件

如果想使用电子邮件等将作品分享给其他人，则可以单击工具选项栏最右侧的 按钮，或执行“文件>共享”命令，在打开的“共享”面板中进行设置。

1.4.8 复制一份文件

如果希望在编辑图像时能有一份原始图像与当前效果进行对比，或者在完成某一效果后，想将当前文件复制一份作为备份，则可以执行“图像>复制”命令，打开“复制图像”对话框，复制文件，如图1-92所示。在“为”选项内可以输入新文件的名称。如果文件中包含多个图层，当勾选“仅复制合并的图层”选项时，复制后的文件会将这些图层合并。

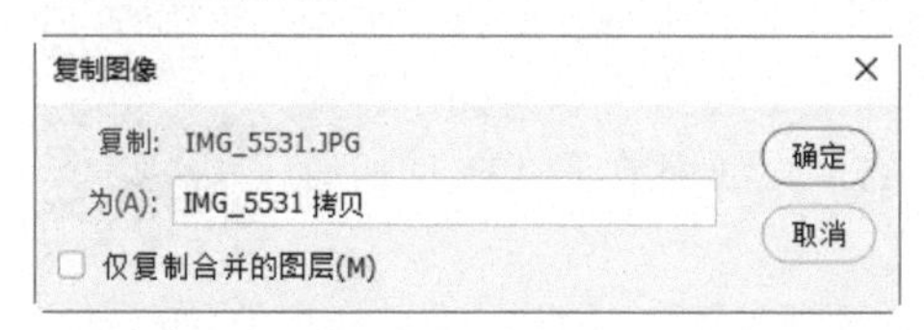

图1-92

1.4.9 关闭文件

执行“文件>退出”命令或单击Photoshop窗口右上角的 按钮，可以退出Photoshop。如果只是想关闭当前文件，则可执行“文件>关闭”命令（快捷键为Ctrl+W）或单击文档窗口右上角的 按钮。如果同时打开了多个文件，执行“文件>关闭其他”命令，可关闭当前窗口之外的其他文件。执行“文件>关闭全部”命令，则可关闭所有文件。

1.4.10 用Bridge浏览特殊格式文件及管理文件

有些文件的格式比较特殊，Windows和macOS系统无法提供预览，如图1-93所示，这会给查找和管理素材带来不便。

扫码看视频

AI、PSD和EPS格式文件无法预览

图1-93

其实，Photoshop中有一个非常好用的文件浏览工具——Bridge。执行“文件>在Bridge中浏览”命令，便可用其预览图像、RAW格式照片、AI和EPS矢量文件、PDF文件、动态媒体文件等Photoshop所支持的各种文件，如图1-94所示。

图1-94

找到文件后，双击可在其原始应用程序中将其打开。如果想使用其他软件打开文件，则可单击文件，然后在“文件>打开方式”菜单中选择相应的软件。由于Bridge能提供文件预览，所以用它管理各种素材也特别方便。相关方法，可登录Adobe官方网站查看Bridge用户指南。

> 提示
>
> 执行“文件>关闭并转到Bridge”命令，可以关闭当前文件并用Bridge浏览其他素材。

1.4.11
实战：用注释标记待办事项

如果临时中断工作，或者想要记录制作说明或需要提醒的事项，例如，尚未处理完的照片还有哪些地方需要编辑、修饰等，可以使用注释工具在图像中添加文字注释，如图1-95和图1-96所示。需要查看注释内容时，在其图标上双击，可弹出“注释”面板并显示注释内容。

扫码看视频

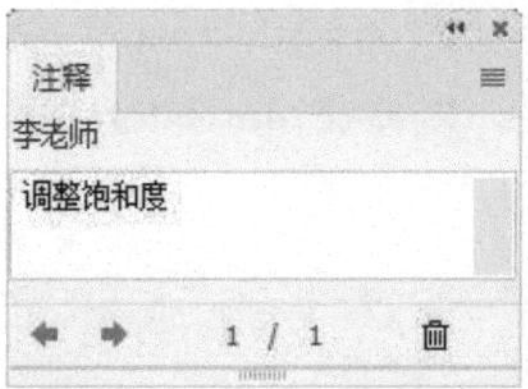

注释
李老师
调整饱和度
1 / 1

图1-95

图1-96

> 提示
>
> 执行“文件>导入>注释”命令，可以将PDF文件中包含的注释导入当前文件中。

查看图像

查看图像也称文档导航，包括调整文档窗口的视图比例，使画面变大或变小，以及移动画面，方便观察图像的不同区域。

1.5.1
实战：缩放视图，定位画面中心（缩放工具）

打开一个文件时，它会在窗口中完整显示，如图1-97所示。如果要处理细节，则需将视图比例调大，即让画面变大，这样才能看清细节，之后还要将所编辑的区域定位到画面中心才行，如图1-98所示。缩放工具可以完成上述操作。

扫码看视频

图1-97

图1-98

> 提示
>
> 调整视图比例只是让画面变大或变小，图像自身并没有被缩放（*图像的缩放方法见74页*）。

缩放工具选项栏

图1-99所示为缩放工具的选项栏。其中的部分选项与“视图”菜单中的命令用途相同。

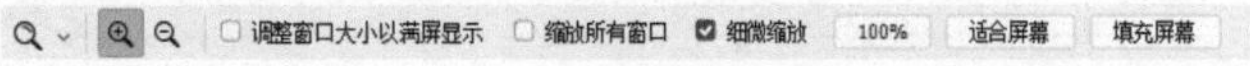

调整窗口大小以满屏显示 缩放所有窗口 细微缩放 100% 适合屏幕 填充屏幕

图1-99

- 放大/缩小：单击按钮后，在窗口中单击，可以放大视图；单击按钮后，在窗口中单击，可以缩小视图。
- 调整窗口大小以满屏显示：缩放浮动窗口的同时自动调整窗口大小（仅限浮动窗口）。
- 缩放所有窗口：如果打开了多个文件，可同时缩放所有的窗口。
- 细微缩放：以平滑的方式快速缩放窗口。当取消该选项的勾选时，在画面中拖曳鼠标，可以绘制一个矩形选框，放开鼠标后，矩形框内的图像会放大至整个窗口。按住Alt键操作可以缩小矩形选框内的图像。
- 100%：与执行“视图>100%”命令相同。双击缩放工具也可以进行同样的操作。
- 适合屏幕：与执行“视图>按屏幕大小缩放”命令相同。双击抓手工具也可以进行同样的操作。
- 填充屏幕：在整个屏幕范围内最大化显示完整的图像。

1.5.2
实战：缩放视图，移动画面（抓手工具）

缩放工具可以进行缩放和定位，但不能移动画面，而抓手工具可以。如果再配合快捷键，那么它能完成缩放工具的所有操作。

扫码看视频

01 打开素材。选择抓手工具，将鼠标指针放在窗口中，如图1-100所示。按住Alt键单击，可以缩小视图比例，如图1-101所示。按住Ctrl键单击，则可放大视图比例，如图1-102所示。放开按键，拖曳鼠标，可以移动画面。

02 下面学习抓手工具的使用技巧。当视图被放大，窗口中不能显示全部图像时，如图1-103所示，按住H键，然后按住鼠标左键不放，画面中会出现一个矩形框，此时拖曳鼠标，可将其定位到需要查看的区域，如图1-104所示；放开H键和鼠标左键，即可放大视图并让矩形框内的图像出现在画面中央，如图1-105所示。

图1-100

图1-101

图1-102

图1-103

图1-104

图1-105

03 抓手工具也可像缩放工具那样进行细微缩放。操作方法为选择缩放工具并勾选“细微缩放”选项；选择抓手工具，按住Ctrl键并向右拖曳鼠标，能够以平滑的方式快速放大视图，同时，鼠标指针所指的图像会出现在画面中央；按住Ctrl键并向左侧拖曳鼠标，则会以平滑的方式快速缩小视图。

1.5.3
实战：快速定位画面中心（“导航器”面板）

“导航器”面板与抓手工具类似，也集缩放和定位功能于一身，但它更适合画面很大的情况，可以快速放大视图并定位画面中心，如图1-106和图1-107所示。

图1-106

图1-107

1.5.4
命令+快捷键

“视图”菜单中提供了用于调整视图比例的命令，如图1-108所示。通过快捷键来执行，其效率也不亚于文档导航工具。例如，要观察细节，可以按Ctrl+1快捷键，图像便以100%的实际尺寸显示，之后按住空格键（切换为抓手工具）拖曳鼠标，可移动画面。

- 放大/缩小：按预设比例放大或缩小视图。
- 按屏幕大小缩放：让整幅图像完整地显示在窗口中。
- 按屏幕大小缩放图层：让所选图层中的对象最大化显示。
- 按屏幕大小缩放画板：让画板完整地显示在窗口中。

放大(I) Ctrl++
缩小(O) Ctrl+-
按屏幕大小缩放(F) Ctrl+0
按屏幕大小缩放图层(F)
按屏幕大小缩放画板(F)
100% Ctrl+1
200%
打印尺寸(Z)
实际大小

图1-108

- 100%/200%：让图像以100%或200%的比例显示。在100%状态下可以看到最真实的效果。当对图像进行缩放后，切换到100%状态下观察，可以准确地了解图像的细节是否变得模糊及其模糊程度。
- 打印尺寸：让图像按照其打印尺寸显示。如果图像用于排版软件（如InDesign），可以在这种状态下观察图像的大小是否合适。需要注意的是，打印尺寸并不精确，与图像的真实打印尺寸之间存在误差，不要被它的名称误导了。
- 实际大小：让每个像素都以一个显示器像素来显示。（在其他缩放设置中，图像像素会插补为不同数量的显示器像素。）

1.5.5
切换屏幕模式

单击“工具”面板底部的按钮，可以显示用于切换屏幕模式的3个按钮，如图1-109所示。单击其中的一个（或按F键），可切换屏幕模式。

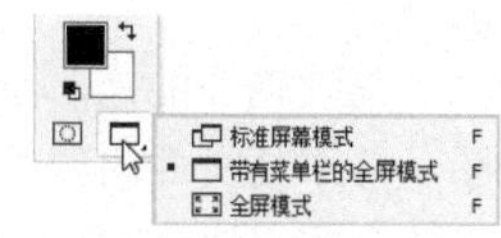

图1-109

在默认的标准屏幕模式下，Photoshop窗口中会显示菜单栏、工具选项栏、标题栏、滚动条和各种面板，如图1-110所示。带有菜单栏的全屏模式则隐藏标题栏和滚动条，如图1-111所示。而全屏模式下整个屏幕区域会变为黑色，只显示图像，如图1-112所示，因此选取工具、执行命令等要通过快捷键来完成（也可按Shift+Tab快捷键，显示/隐藏面板；按Tab键，显

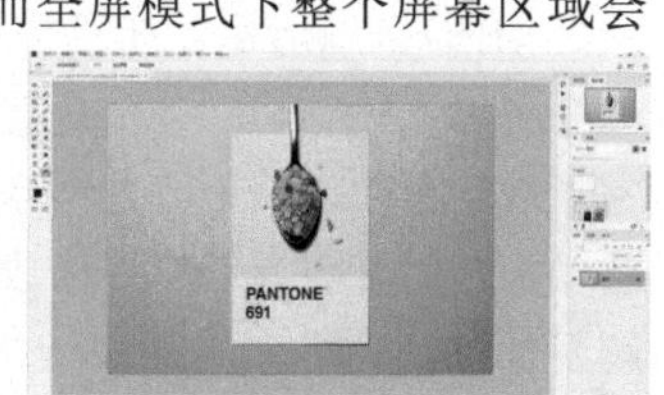

图1-110

示/隐藏面板、“工具”面板和菜单栏）。当熟练使用Photoshop以后，可以考虑在全屏模式下操作，这样可以专注于处理图像，不会被面板和其他组件干扰视线。

图1-111

图1-112

1.5.6

实战：多窗口操作

执行“窗口>排列>为（文件名）新建窗口”命令，可以为当前文件新建一个窗口，再执行“窗口>排列>平铺”命令，让两个窗口并排显示，之后便可将一个窗口的视图比例调大，在其中处理图像细节，而另一个窗口显示完整的图像，以观察整体效果的变化情况，如图1-113所示。

扫码看视频

图1-113

需要说明的是，新建的窗口只是当前文件的另一个视图，并不是文件的副本，其作用类似于在一个房间里安装了两个监视器，观察的是同一个房间，只是角度和范围不同而已。

怎样排列多个窗口

如果创建了多个窗口，或者同时打开了多个文件，可以使用“窗口>排列”子菜单中的命令设置窗口的排列方式，如图1-114所示。在“排列”菜单中，最上面的一组命令可以平铺窗口，各命令前面的图标就是排列效果，非常直观。其中“将所有内容合并到选项卡中”命令是指有浮动窗口时，将浮动窗口停放到选项卡中。其他命令及其解释如下。

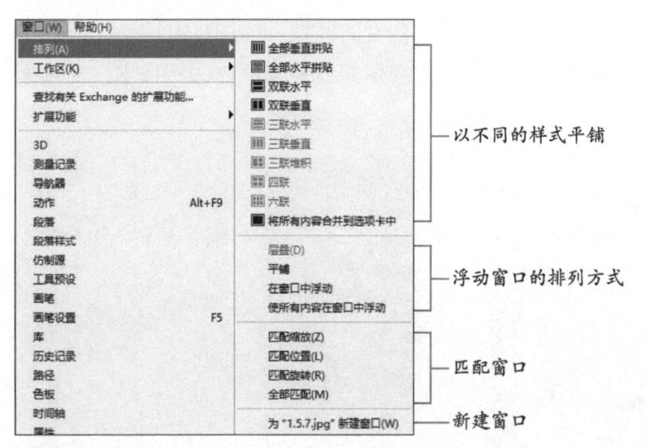

图1-114

- 层叠：从屏幕的左上角到右下角以堆叠和层叠的方式显示未停放的窗口。
- 平铺：以边靠边的方式显示窗口。关闭一个图像时，其他窗口会自动调整大小，以填满可用的空间。
- 在窗口中浮动：允许图像自由浮动。
- 使所有内容在窗口中浮动：使所有文档窗口都变为浮动窗口。
- 匹配缩放：将所有窗口都匹配到与当前窗口相同的缩放比例。例如，当前窗口的缩放比例为100%，另外一个窗口的缩放比例为50%，执行该命令后，该窗口的显示比例会自动调整为100%。
- 匹配位置：将所有窗口中图像的显示位置都匹配到与当前窗口相同，如图1-115和图1-116所示。

图1-115

图1-116

- 匹配旋转：将所有窗口中画布的旋转角度（见126页）都匹配到与当前窗口相同，如图1-117和图1-118所示。

图1-117

图1-118

- 全部匹配：将所有窗口的缩放比例、图像显示位置、画布旋转角度与当前窗口匹配。

操作失误的处理方法

编辑图像时，谁也避免不了出现操作失误，这不是大问题，Photoshop中有“月光宝盒”一样的“宝物”，能撤销操作，将效果恢复到未出现失误的编辑状态。

1.6.1 撤销与恢复

执行“编辑>还原”命令，可以撤销一步操作。该命令的快捷键为Ctrl+Z，一般情况下，可通过连续按该快捷键依次向前撤销操作。

进行撤销后，如果需要将效果恢复过来，可以执行“编辑>重做”命令（快捷键为Shift+Ctrl+Z，可连续按）。如果想直接恢复到最后一次保存时的状态，可以执行“文件>恢复”命令。

1.6.2 实战：用“历史记录”面板撤销操作

编辑文件时，每进行一步操作，“历史记录”面板都会将其记录下来，并可用于撤销操作。下面介绍它的具体使用方法，从而学会撤销部分操作、恢复部分操作，以及将图像恢复为打开时的状态，即撤销所有操作。

扫 码 看 视 频

01 打开素材，如图1-119所示。当前“历史记录”面板状态如图1-120所示。执行“滤镜>模糊>径向模糊”命令，打开“径向模糊”对话框，将模糊中心拖曳到图1-121所示的位置上并设置参数，图像效果如图1-122所示。

图1-119

图1-120

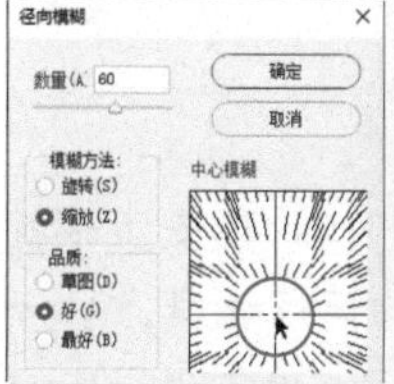

图1-121

图1-122

02 单击“调整”面板中的■按钮，创建“渐变映射”调整图层。使用图1-123所示的渐变，创建热成像效果，如图1-124所示。

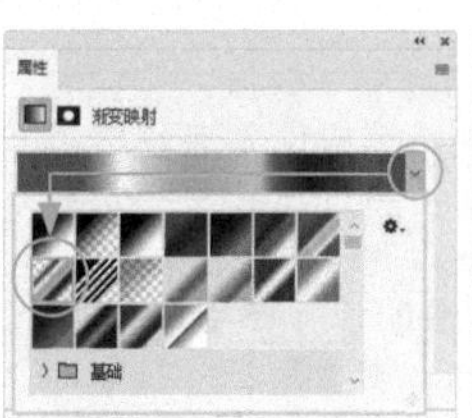

图1-123

图1-124

提示

如果没有此渐变，可以加载本实战的热成像渐变资源。

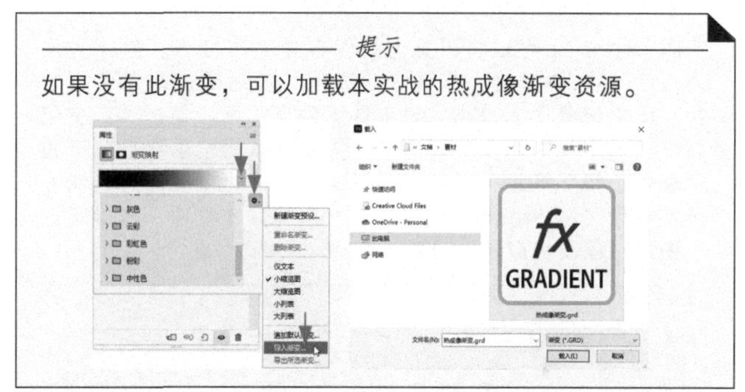

03 下面来撤销操作。单击“历史记录”面板中的“径向模糊”，即可将图像恢复到该步骤的编辑状态中，如图1-125和图1-126所示。

图1-125

图1-126

04 打开文件时，快照区会保存初始图像，单击它可撤销所有操作，即使中途保存过文件，也能将其恢复到最初的打开状态，如图1-127和图1-128所示。

图1-127

图1-128

05 如果要恢复所有被撤销的操作，可以单击最后一步操作，如图1-129和图1-130所示，或者执行“编辑>切换最终状态”命令。

图1-129　　图1-130

技术看板　保存工作日志

使用“历史记录”面板基本上可以解决撤销操作方面的所有问题。它的最大优点是可以进行挑选式撤销，而且是一次撤销某步之后的所有操作。需要注意的是，有些操作（如对面板、颜色设置、动作和首选项做出的修改，不是针对图像的）不能保存为历史记录。此外，历史记录暂存于内存中，关闭文件时会释放内存，删除相应的历史记录（快照是历史记录的一部分，也会被删除）。

但Photoshop可以将历史记录保存为工作日志。操作方法为按Ctrl+K快捷键，打开“首选项”对话框，在左侧列表的“历史记录”上单击，显示具体项目，之后勾选“历史记录”，选中“文本文件”选项，并在“编辑记录项目”下拉列表中选择“详细”选项。这样保存文件时，会同时存储一份名称为“Photoshop编辑日志”的纯文本文件，其中记录了操作过程及相应参数设置。

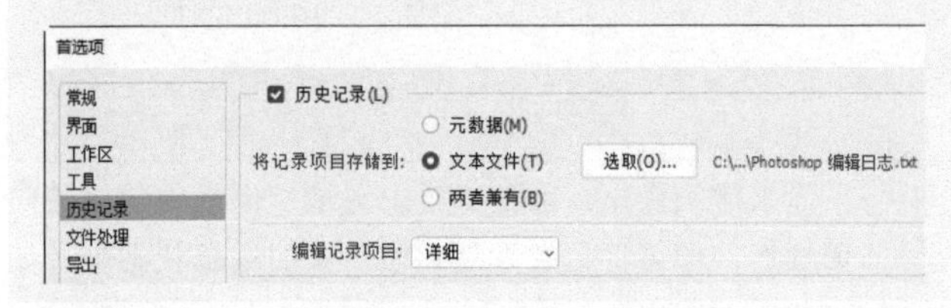

“历史记录”面板选项

执行“窗口>历史记录”命令，打开“历史记录”面板，如图1-131所示。

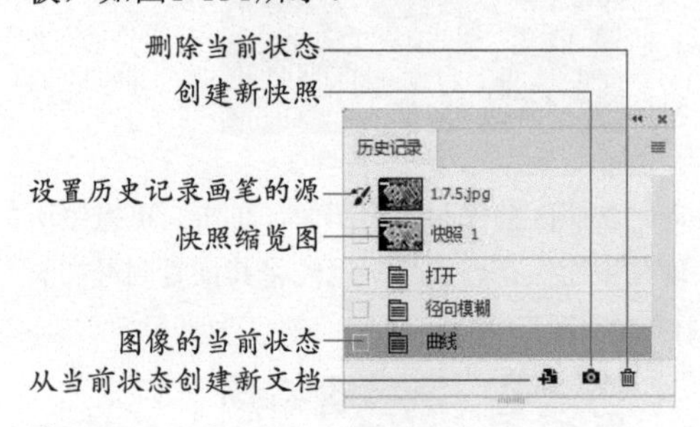

图1-131

- 设置历史记录画笔的源 ：使用历史记录画笔(见124页)时，该图标所在的位置将作为历史画笔的源图像。
- 快照缩览图：被记录为快照的图像状态缩览图。
- 图像的当前状态：当前选取的图像编辑状态。
- 从当前状态创建新文档 ：基于当前操作步骤中图像的状态创建一个新的文件。
- 创建新快照 ：基于当前的图像状态创建快照。
- 删除当前状态 ：选择一个操作步骤，单击该按钮可以将该步骤及后面的操作删除。

1.6.3 用快照撤销操作

“历史记录”面板是Photoshop中的“账房先生”，我们的每一笔开销（操作），它都会认真记录下来。只是这位“账房先生”有个缺点——记性较差，即只记50步，多出的就如熊瞎子掰苞米，掰一个，丢一个，绝不含糊。其实一般的图像编辑操作，50步回溯差不多够用了。但若是使用画笔工具 、仿制图章工具 或其他绘画和修饰类工具，就有点捉襟见肘了，因为每单击一下鼠标，就会被视为一步操作，如图1-132所示。这会带来两个麻烦：一个是50步之前的操作都丢了，无法回溯；另一个是撤销操作时，根本无法从名称上分辨哪一步是需要恢复的，这显然是本糊涂账。

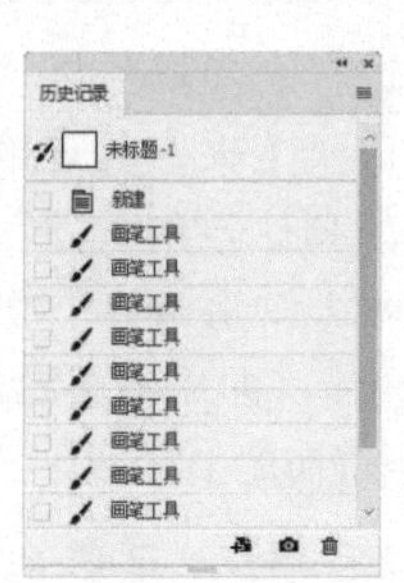

临摹徐悲鸿的《奔马图》，每一笔绘画、涂抹都会被记录下来

图1-132

解决这个问题要从两方面入手。一方面，对于50步过于局限的情况，可以执行“编辑>首选项>性能”命令，打开“首选项”对话框，增加历史记录数量，如图1-133所示。

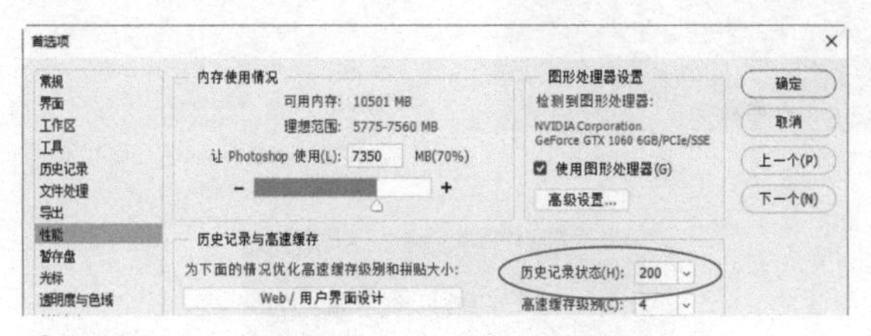

图1-133

有一点要注意，如果计算机的内存较小，历史步骤就不要设置得过多，以免影响Photoshop的运行速度。另一方面，编辑图像时，在完成重要操作以后，单击“历史记录”面板底部的创建新快照按钮 ，将当前状态保存为

快照，如图1-134所示。这样以后不管进行多少步操作，只要单击快照，就可恢复到其记录的状态，如图1-135所示。

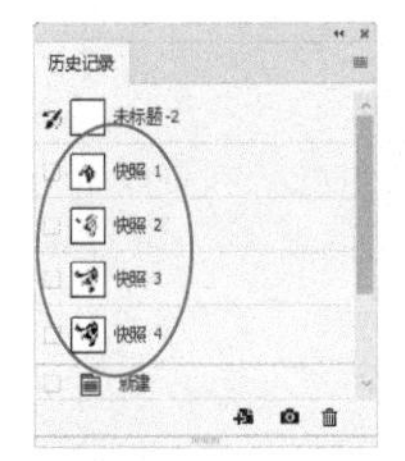

图1-134

图1-135

提示

要想让Photoshop运行流畅，计算机内存至少应为8GB，而且显存也不能太小。如果因硬件导致Photoshop运行变慢，可以按照随书电子文档51页的办法加以解决。

由于快照的默认名称是按照“快照1、快照2、快照3……”的顺序命名的，特征不明显，最好重新命名。操作时在名称上双击，显示文本框后输入新名称即可，如图1-136所示。如果要删除一个快照，可将其拖曳到“历史记录”面板底部的🗑按钮上，如图1-137所示。

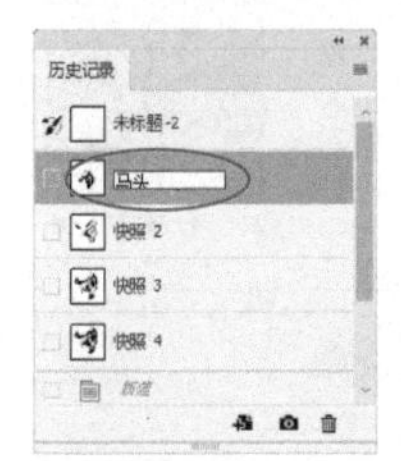

图1-136

图1-137

快照选项

在“历史记录”面板中单击要创建为快照的记录，如图1-138所示。按住Alt键并单击创建新快照按钮📷，或执行面板菜单中的“新建快照”命令，可以打开“新建快照”对话框，如图1-139所示。

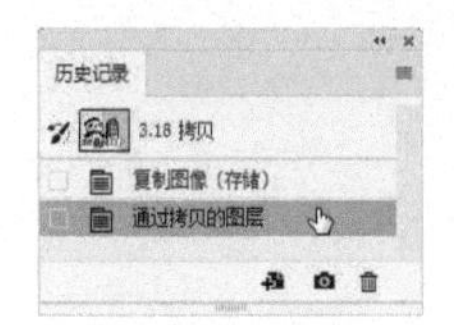

图1-138

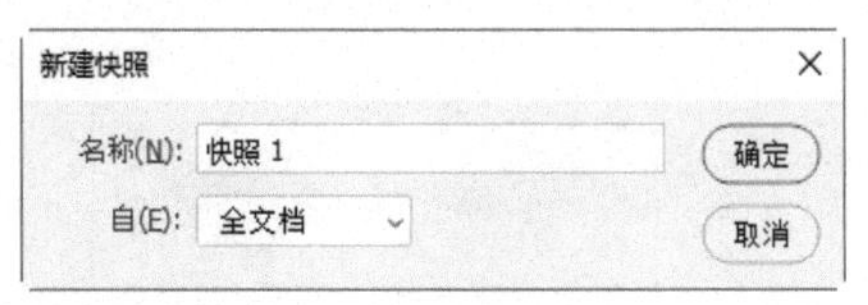

图1-139

- 名称：可输入快照的名称。
- 自：包含“全文档”“合并的图层”“当前图层”3个选项，使用这3种快照时，图层会有所不同，如图1-140所示。选择“全文档”选项，可以为当前状态下的所有图层创建快照，使用此快照时，图层都会得以保留；选择“合并的图层”选项，创建的快照会合并当前状态下的所有图层，使用此快照时，只提供一个合并后的图层；选择“当前图层”选项，只为当前状态下所选图层创建快照，因此，使用此快照时，只提供当时选择的图层，没有其他图层。

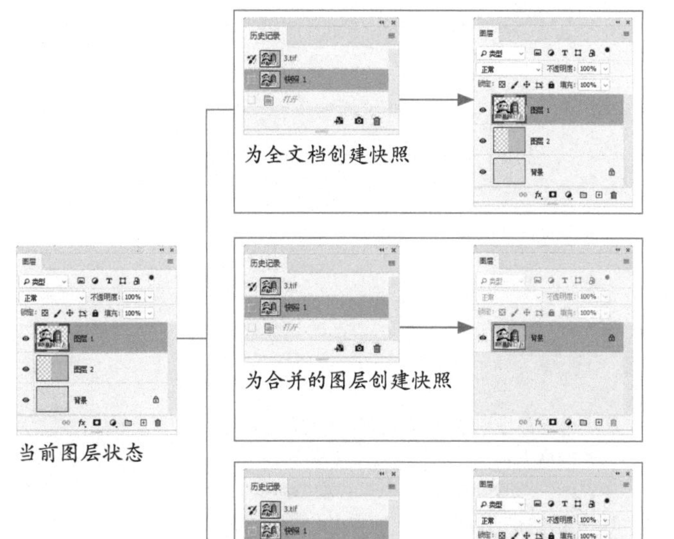

图1-140

1.6.4 用非线性历史记录撤销操作

历史记录采用的是线性记录的方法——单击一个操作步骤时，在它之后的记录会变灰，如图1-141所示，此时如果进行编辑操作，变灰的记录就会被删掉，如图1-142所示。要想将其保留，可以打开“历史记录”面板菜单，选择“历史记录选项”命令，在弹出的“历史记录选项”对话框中勾选“允许非线性历史记录”选项，如图1-143所示，将历史记录设置为非线性状态，之后进行编辑，如图1-144所示。

图1-141　图1-142

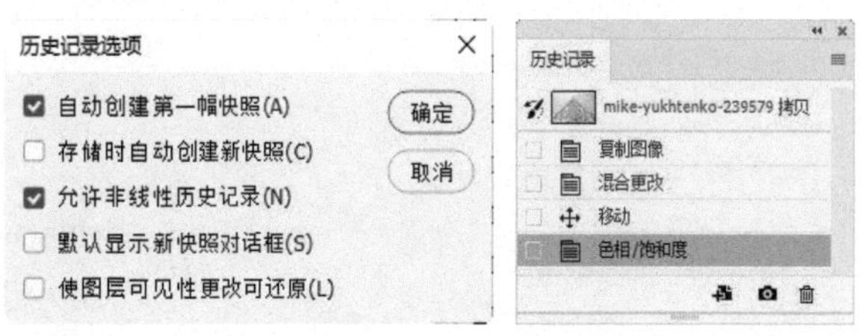

图1-143　图1-144

第2章 选区与通道

【本章简介】

选区和通道都是Photoshop的核心功能，与二者相关的既有简单的操作，也有复杂的技术。可以说，Photoshop中没有多少功能能像它们一样，从易到难，有那么大的跨度。因此，需要通过多个章节才能将二者完全讲清楚。在本章，主要介绍它们的基本用途。其中，前半部分是选区的基本使用方法，后半部分讲解用通道保存选区的方法，以及通道的基本操作。

【学习目标】

本章我们只要明白选区有什么用途，知道它分为几种类型、如何进行羽化和保存即可。目前阶段，不要求理解通道，会用它保存选区即可。

【学习重点】

2.1 选区与通道初探

Photoshop 2022

对于初学者来说，选区和通道比较抽象，不太容易理解，需要多进行实战才能加深了解。

2.1.1 实战：一键抠像

扫码看视频

01 按Ctrl+O快捷键，打开人像素材，如图2-1所示。单击文档窗口右上角的🔍按钮，如图2-2所示，可以打开“发现”面板。在“快速操作”项目上单击，如图2-3所示，显示选项后单击“移除背景”选项，然后单击“套用”按钮，如图2-4和图2-5所示。

图2-1

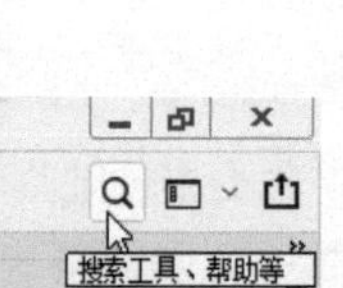

图2-2

图2-3

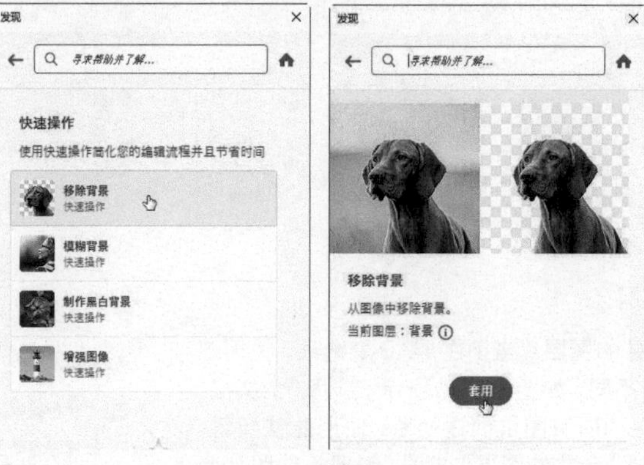

图2-4　　图2-5

02 此时可自动抠图。Photoshop会自动分析图像，之后用图层蒙版（见152页）将背景图像隐藏，这样女孩就从原背景中抠出来了，如图2-6和图2-7所示。

图2-6

图2-7

2.1.2 小结

《西游记》中孙悟空神通广大，一个筋斗能翻十万八千里，但再怎么翻腾，也跳不出如来佛祖的手掌。在Photoshop中，选区就像如来佛祖的手掌一样，能将孙悟空（此处指编辑的有效区域）限定住。

扫码看视频

选区的第一大用途就是可以限定编辑范围。为什么要这样做呢？因为在Photoshop中进行编辑操作时，会产生两种结果：一种是全局性的，另一种是局部性的。

全局性编辑影响的是整幅图像（或所选图层中的全部内容）。例如，在无选区的情况下，使用“彩色半调”滤镜处理前面的实战素材时，会修改整幅图像，如图2-8和图2-9所示。如果想要进行局部编辑（如只处理背景，人保持原样），就需要创建选区，将背景选取，如图2-10所示，再应用滤镜，这样选区之外就不受影响了，如图2-11所示。

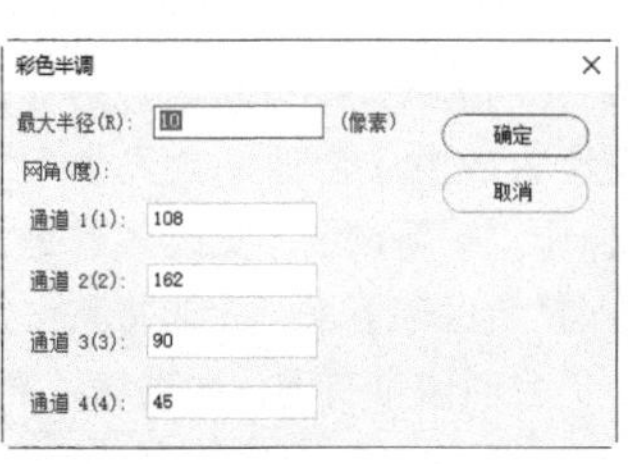
图2-8

图2-9

图2-10

图2-11

选区的第二大用途是抠图，前面的实战就是通过选区将女孩从原有的背景中分离出来的，我们已经亲自操作过了。

通道比选区复杂得多，涉及的功能、用途等都有一定的难度，如可做特效、调色和抠图等，本书后面章节有专门的讲解。目前阶段，能用它存储选区、会基本的通道操作便可。学习Photoshop要循序渐进，不能操之过急。

·PS技术讲堂·

选区的种类及羽化方法

扫码看视频

选区的种类

在图像中，选区是一圈边界线，且不断闪动，犹如蚂蚁在行军，因此这圈边界线也被称为“蚁行线”，如图2-12所示。选区分为两种：普通选区和羽化的选区。普通选区边界明确，用它抠图时，图像的边缘也是明确、清晰的，如图2-13所示。进行其他编辑，如调色时，选区内、外的颜色变化泾渭分明，如图2-14所示。

羽化是指对普通选区进行柔化处理，使其能够部分地选取图像。使用此羽化的选区抠图时，图像边缘有柔和的、半透明的区域，如图2-15所示。而调色时，在选区内，图像颜色完全改变；在靠近选区边缘处，效果开始衰减并以渐进的形式影响到选区外部，然后逐渐消失，如图2-16所示。由此可见，羽化后，选区就不是“非黑即白”那么绝对了，而是有了缓冲地带，可以让编辑的影响范围由强变弱。在做图像合成效果时，可以适当地进行羽化处理，这样各个图像的衔接会更加自然。

图2-12

图2-13

图2-14

创建自带羽化的选区

使用套索类或选框类工具时，可以在工具选项栏中的“羽化”选项中提前设置“羽化”值，如图2-17所示。此后使用该工具时，会创建出自带羽化的选区。这样做看似合理，其实并不方便，因为羽化值设置为多少才合适，全凭个人经验。如果设置不当，就要撤销操作，重新设置。更麻烦的是，“羽化”选项中的数值一经输入就会保存下来，除非将其设置为0，否则再次使用该工具时，仍会创建带有羽化的选区。

图2-15

图2-16

对现有的选区进行羽化

要想避免上述状况的发生，可在创建选区后再进行羽化。下面介绍两种方法。第1种方法是执行“选择>修改>羽化”命令，打开“羽化选区”对话框，通过设置“羽化半径”值来定义羽化范围的大小，如图2-18所示。由于羽化之后，选区的形状会发生一些改变，而这种变化从选区外观的变化中不能直观地反映羽化范围是从哪里开始，到哪里结束的。因此，“羽化”命令与提前在工具选项栏中设置羽化值相比，没有体现出多少优势。

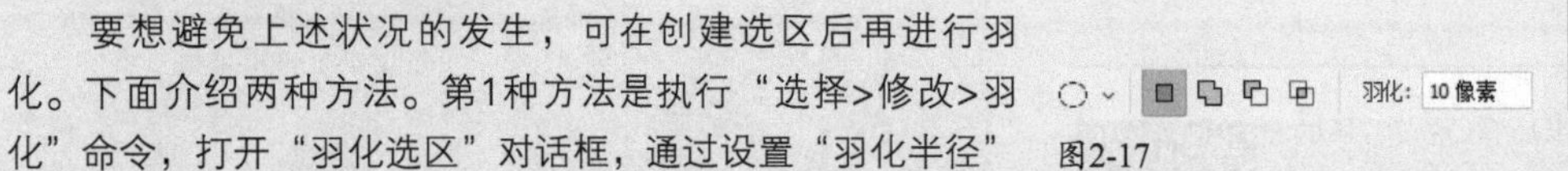

图2-17

图2-18

第2种方法即羽化的终极大法是“选择并遮住”命令。执行“选择>选择并遮住”命令（见416页）后，在“属性”面板中选择一种视图模式，之后在“羽化”选项中设置羽化值，便能看到羽化的准确范围。此外还能让选区（见374、416页）以不同的形态呈现，以及预览抠图效果，如图2-19所示。

图2-19

羽化警告

羽化选区时，如果弹出警告信息，如图2-20所示，就说明当前的选区范围小，羽化半径过大，导致选择程度没有超过50%。单击“确定”按钮，表示应用羽化，此时选区可能会变得非常模糊以致在图像中看不到，但它仍然存在并能发挥它的限定作用。如果不想出现该警告，则需要减小羽化半径或者将选区范围扩大。

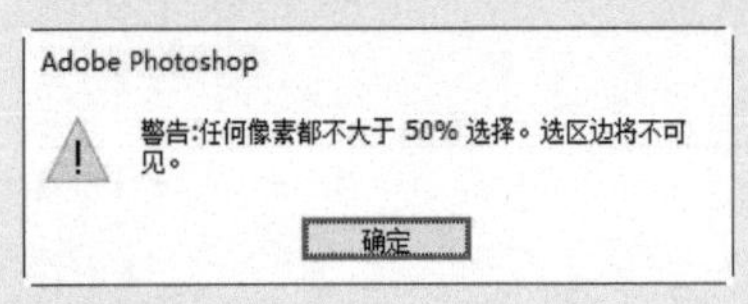

图2-20

选区的基本操作

如同查看图像一样，选区的简单操作也属于Photoshop基本使用方法的一部分，在学习其他功能之前，需要了解和掌握。

2.2.1 全选与反选

想要复制整个画面中的图像时，可以执行“选择>全部”命令（快捷键为Ctrl+A）进行全选，再按Ctrl+C快捷键复制，然后根据需要将其粘贴（快捷键为Ctrl+V）到图层、通道或选区内，或者其他文档中。

如果需要选择的对象比较复杂，但背景相对简单，可运用逆向思维，先选择背景，如图2-21所示，再执行“选择>反选”命令（快捷键为Shift+Ctrl+I），反转选区，将对象选中，如图2-22所示。这比直接选择对象简便得多。

图2-21

图2-22

2.2.2 取消选择与重新选择

执行“选择>取消选择”命令（快捷键为Ctrl+D）可以取消选择。如果由于操作不当导致的取消选择，则可立即执行“选择>重新选择”命令（快捷键为Shift+Ctrl+D），将选区恢复选择。

2.2.3 实战：通过选区运算的方法抠图

首先介绍一个概念——布尔运算，它是英国数学家布尔发明的逻辑运算方法，简单地说就是两个或多个对象通过联合、相交或相减运算，生成一个新的对象。布尔运算在不同用途的软件中被广泛使用，在Photoshop中，选区、通道、形状等均可进行布尔运算。

选区运算是指在已有选区的状态下，创建新选区或者加载其他选区时，让新选区与现有的选区发生运算。其必要性在于：多数情况下，一次操作无法将对象完全选中，需要创建多个选区，将对象的各个部分分别选取，再通过布尔运算进行整合的方法，才能将对象全部选取。下面进行实战练习，从中可以了解选区运算在抠图上的具体应用，还可学到快捷运算方法。

01 按Ctrl+O快捷键，打开3个素材，如图2-23所示。选择魔棒工具，在工具选项栏中设置参数，如图2-24所示。在背景上单击，创建选区，如图2-25所示。下面进行选区相加运算。按住Shift键（鼠标指针旁边会出现“+”号）并在手掌和手指空隙处的背景上单击，将这几处背景添加到选区中，这样就将背景全部选中了，如图2-26所示。按Shift+Ctrl+I快捷键反选，选中人物，单击“图层”面板中的按钮，基于选区创建蒙版，将背景隐藏，完成人像抠图，如图2-27和图2-28所示。

图2-23

图2-24

图2-25

图2-26

图2-27

图2-28

02 下面进行选区相减运算。切换到砂锅文件中。选择矩形选框工具，在砂锅上方拖曳鼠标，创建矩形选区，将砂锅大致选取出来，如图2-29所示。选择魔棒工具，按住Alt键（鼠标指针旁会出现“－”号），在选区内部的背景图像上单击，将多余背景排除到选区之外，如图2-30所示。图2-31所示为抠出的砂锅。

图2-29

图2-30

图2-31

03 下面学习选区交叉运算方法。切换到柠檬文件中。使用魔棒工具选取背景，如图2-32所示。按Shift+Ctrl+I快捷键反选，将3个柠檬选中，如图2-33所示。选择矩形选框工具，按住Shift+Alt键（鼠标指针旁会出现“×”号）配合鼠标在左侧的柠檬上拖曳出一个矩形选框（同时按住空格键可以移动选区），如图2-34所示，放开鼠标后，可与选区进行交叉运算，这样就将左侧的柠檬单独选出来了，如图2-35所示。

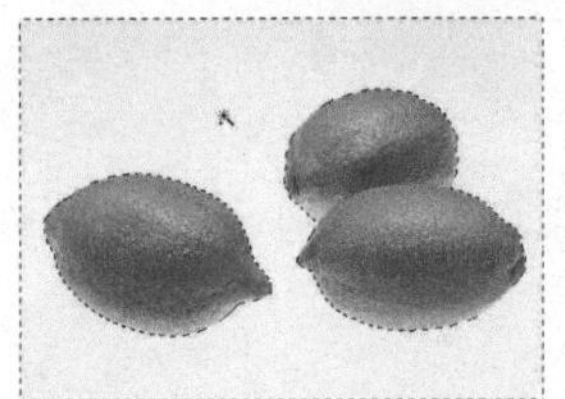

图2-32

图2-33

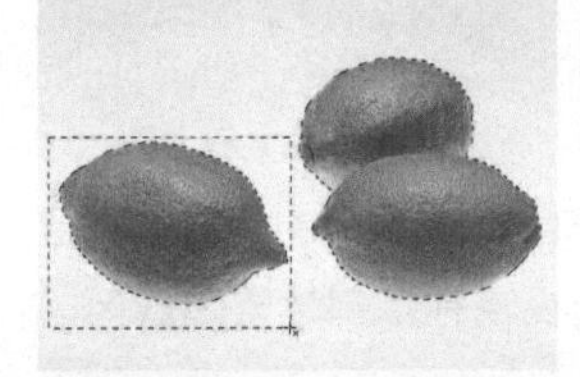

图2-34

图2-35

选区运算按钮

图2-36所示为选框类、套索类和魔棒类工具选项栏中的选区运算按钮。

添加到选区　从选区减去

新选区　与选区交叉

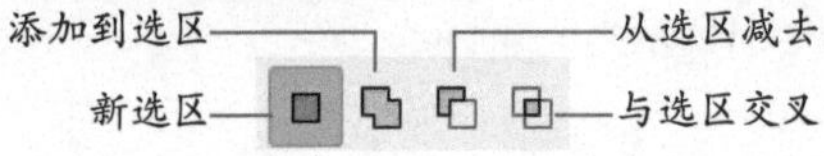

图2-36

- 新选区：单击该按钮后，如果图像中没有选区，可以创建一个选区，图2-37所示为创建的矩形选区。如果图像中有选区存在，则新创建的选区会替换原有的选区。
- 添加到选区：单击该按钮后，可以在原有选区的基础上添加新的选区。图2-38所示为在现有矩形选区的基础上添加圆形选区。

图2-37

图2-38

- 从选区减去：单击该按钮后，可以在原有选区中减去新创建的选区，如图2-39所示。
- 与选区交叉：单击该按钮后，画面中只保留原有选区与新创建的选区相交的部分，如图2-40所示。

图2-39

图2-40

技术看板　选区运算注意事项

使用本实战中的快捷键进行选区运算，要比单击工具选项栏中的选区运算按钮操作更高效，而且能避免出错。例如，选择矩形选框工具，单击工具选项栏中的按钮，之后切换为其他的工具，当再次使用矩形选框工具时，按钮仍然为选中状态，如果没有察觉到此情况，就会出现意外的运算结果。而通过快捷键进行运算时，工具选项栏中就不会保留运算方式，但一定要在创建新选区前就按住相应的按键，否则可能会使原来的选区丢失。

2.2.4 隐藏选区

当使用画笔工具描绘选区边缘的图像，或者用滤镜处理选中的图像时，选区会妨碍观察效果。执行“视图>显示>选区边缘”命令或按Ctrl+H快捷键（重新显示选区也使用该快捷键），可以隐藏选区，之后进行操作，就能看清选区边缘图像的变化情况。选区被隐藏以后，仍会限定操作范围，因此，如果要对全部图像或选区以外的图像进行编辑，一定要记得先取消选择。

2.2.5 对选区进行描边

创建选区后，执行“编辑>描边”命令，打开“描边”对话框，设置描边宽度、位置、混合模式和不透明度等选项，单击“颜色”选项右侧的颜色块，打开“拾色器”对话框设置颜色，单击“确定”按钮，即可使用此颜色描绘选区轮廓，如图2-41和图2-42所示。如果勾选“保留透明区域”选项，则只对包含像素的区域描边。

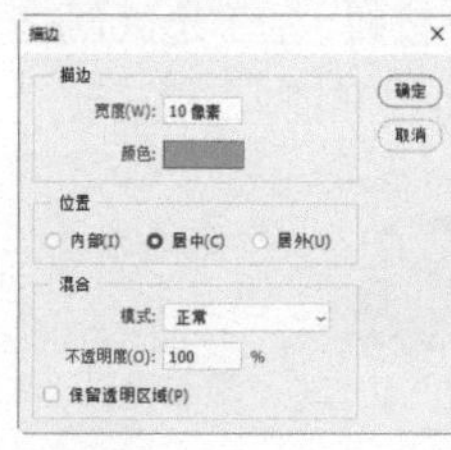

图2-41

图2-42

通道的基本操作

Photoshop中有3种通道：Alpha通道、颜色通道和专色通道，它们的用途分别与选区、色彩和图像内容有关。

2.3.1 存储选区（Alpha通道）

需要选取的对象越复杂，制作选区所花费的时间就越多，为避免选区丢失及方便以后使用，可在创建选区后，单击“通道”面板中的 按钮，将选区存储到Alpha通道中，使之变为一幅灰度图像，如图2-43所示。以后需要使用该选区时，从中加载便可。Alpha通道是用户自行添加的，无论有多少个，都不会改变图像的外观。

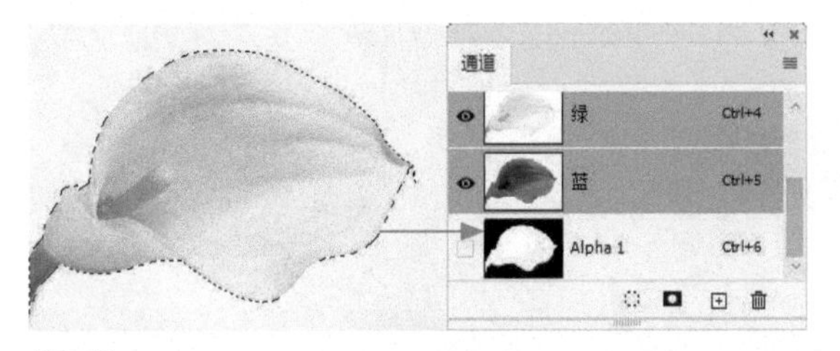

图2-43

> 提示
>
> 保存选区时，会使用默认的Alpha 1、Alpha 2等命名通道。要修改名称，可以双击通道名，在显示的文本框中为其重新命名。

当选区变为灰度图像以后，可编辑性会大大提升。例如，可以使用画笔、加深、减淡等工具，以及各种滤镜进行修改，此类修改选区的方法在抠图上有着广泛的应用。保存文件时，要存储Alpha通道，应使用PSD、PSB、PDF或TIFF格式。

2.3.2 存储并进行选区运算

想在保存选区时进行运算和其他操作，可以执行“选择>存储选区”命令，打开“存储选区”对话框进行设置，如图2-44所示。

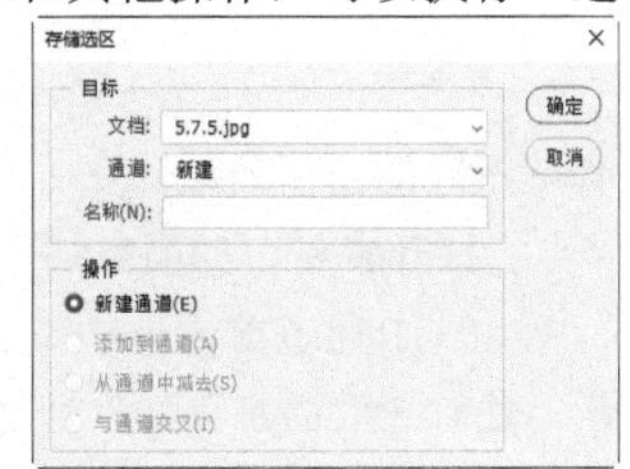

图2-44

- 文档：用来选择保存选区的目标文件。默认状态下，选区保存在当前文档中。如果在该下拉列表中选择“新建”选项，则可以将选区保存在一个新建的文件中。如果同时在Photoshop中打开了多个图像文件，并且打开的文件中有与当前文件大小相同的图像，则可以将选区保存至这些图像的通道中。
- 通道：用来选择保存选区的目标通道。默认为“新建”选项，即将选区保存为一个新的Alpha通道。如果文件中还有其他Alpha通道，则可在下拉列表中选择该通道，使当前的选区与通道内现有的选区进行运算，运算方式需要在“操作”选项组中设置。另外，如果当前选择的图层不是“背景”图层，或者文档中没有“背景”图层，在下拉列表中还可以选择将选区创建为图层蒙版。
- 名称：可以为保存选区的Alpha通道设置名称。
- 操作：如果保存选区的目标文件中包含选区，可以选择一种选区运算方法。选择“新建通道”，可以将当前选区存储在新的通道中；选择“添加到通道”，可以将选区添加到目标通道的现有选区中；选择“从通道中减去”，可以从目标通道内的现有选区中减去当前的选区；选择“与通道交叉”，可以将当前选区和目标通道中的选区交叉的区域作为新选区。

2.3.3 实战：从通道中加载选区并进行运算

01 打开素材。使用矩形选框工具创建选区，如图2-45所示。单击“通道”面板中的 按钮，保存选区，如图2-46所示。按Ctrl+D快捷键取消选择。

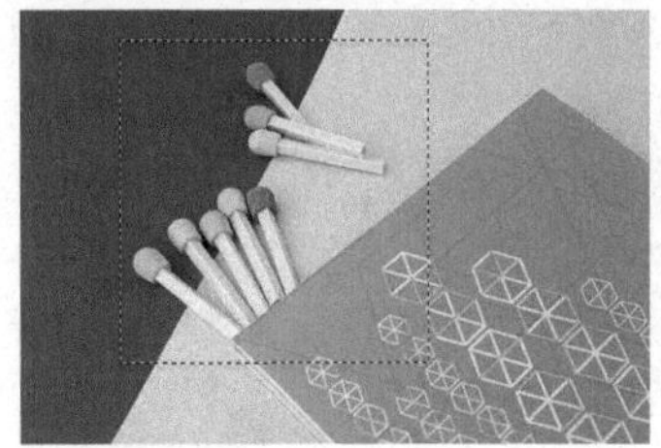

图2-45

图2-46

02 下面学习从通道中加载选区的方法。常规操作是这样的：单击一个Alpha通道，之后单击“通道”面板中的 按钮，可以将选区加载到画布上。只是这种方法有些麻烦，因为单击一个通道就会选择它，而加载选区之后，还要切换回复合通道才能显示彩色图像。快捷操作方法是按住Ctrl键单击通道的缩览图，如图2-47所示，这样就不必来回切换通道了。

03 现在画布上已经有选区了，执行“选择>载入选区”命令，可以继续加载其他选区并进行运算。如果想通过快捷方法操作，则可以这样处理：按住Ctrl+Shift键（鼠标指针变为状）单击蓝通道，如图2-48所示，可将该通道中的选区添加到现有选区中，如图2-49所示；按住Ctrl+Alt键（鼠标指针变为状）单击任意通道，可以从画布上的选区中减去载入的通道选区；按住Ctrl+Shift+Alt键（鼠标指针变为状）单击任意通道，得到的是载入的通道选区与画布上选区相交的结果。

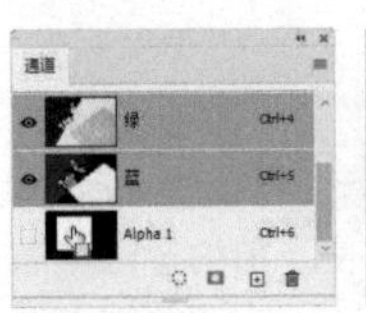
图2-47

图2-48

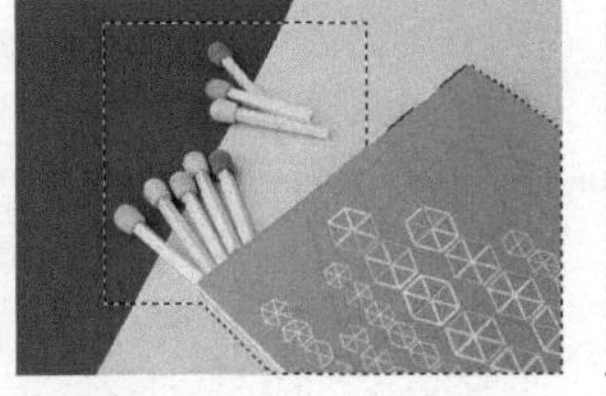
图2-49

技术看板　从其他载体中加载选区

除了从通道中加载选区外，包含透明像素的图层，以及图层蒙版、矢量蒙版、路径层等也可包含选区，按住Ctrl键并单击图层、蒙版或路径的缩览图，即可从中加载选区。在操作时，还可以使用上面介绍的按键来进行选区运算。

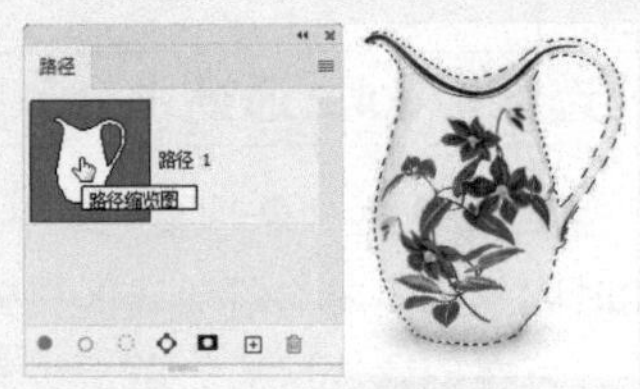

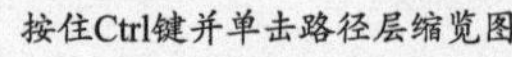
按住Ctrl键并单击路径层缩览图

·PS技术讲堂·

“通道”面板及颜色通道

打开一幅图像后，“通道”面板中便会显示其颜色通道信息，如图2-50和图2-51所示。通道名称左侧是通道内容的缩览图，编辑图像时，缩览图会自动更新。

颜色通道就像摄影胶片，可以记录图像内容和颜色信息。图像的颜色模式（见212页）决定了颜色通道的种类和数量。例如，RGB模式图像包含红、绿、蓝和一个用于编辑图像内容的复合通道（如图2-51所示）；CMYK模式图像包含青色、洋红、黄色、黑色和一个复合通道；Lab模式图像包含明度、a、b和一个复合通道；灰度模式，以及位图、双色调和索引颜色模式的图像只有一个通道。

如果要编辑通道，可单击它，如图2-52所示，此时文档窗口中将显示所选通道中的灰度图像。如果要同时选取多个颜色通道，如图2-53所示，可按住Shift键并分别单击它们。结束通道的编辑以后，单击面板顶部的复合通道，如图2-54所示，可重新显示其他颜色通道，并在文档窗口中恢复彩色图像。按Ctrl+数字键可以快速选择通道。例如，按Ctrl+3、Ctrl+4和Ctrl+5快捷键，可以分别选择红、绿、蓝通道（文件为RGB模式），按Ctrl+6快捷键，则可选择蓝通道下方的通道，按Ctrl+2快捷键可以返回RGB复合通道。

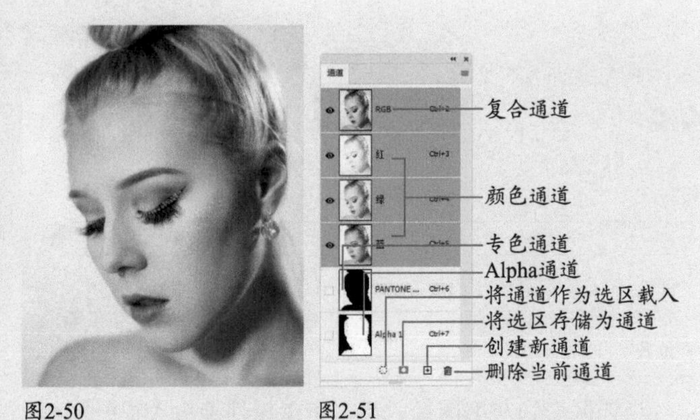

图2-50　图2-51

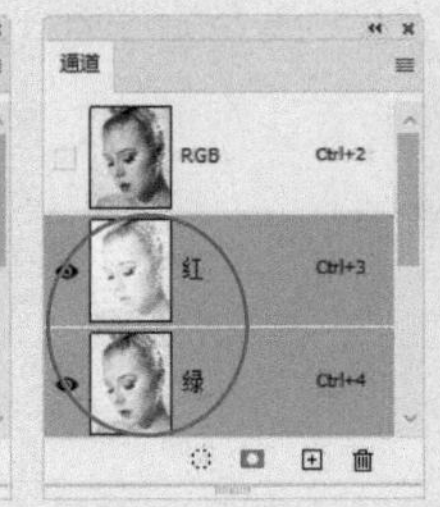

图2-52　图2-53　图2-54

2.3.4

实战：制作抖音效果（颜色通道）

由于颜色通道保存了颜色信息和图像内容，所以，修改颜色通道时，图像的这两个要素就会发生变化。下面利用这一原理制作类似套印不准的错位效果。

扫码看视频

01 打开素材，如图2-55所示。单击“红”通道，之后在RGB通道前方单击，显示眼睛图标，如图2-56所示。此时选取的是“红”通道，但窗口中会重新显示彩色图像，这样就能观察颜色如何变化了。

图2-55

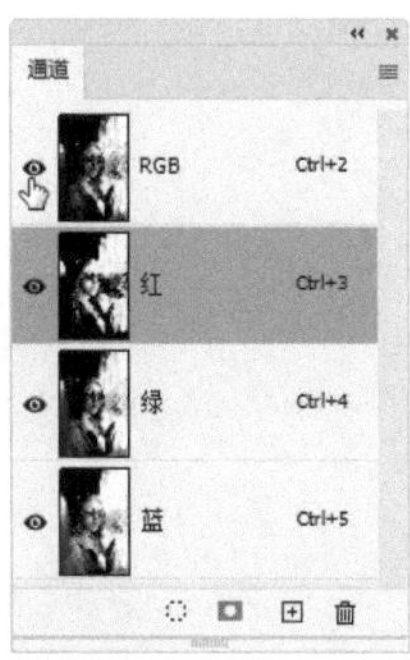

图2-56

02 选择移动工具 ✥，向右下方拖曳图像，如图2-57所示。单击“蓝”通道，向右上方拖曳，如图2-58和图2-59所示。如果弹出提示信息——不能使用移动工具，那么可以先按Ctrl+A快捷键全选，再进行拖曳。

图2-57

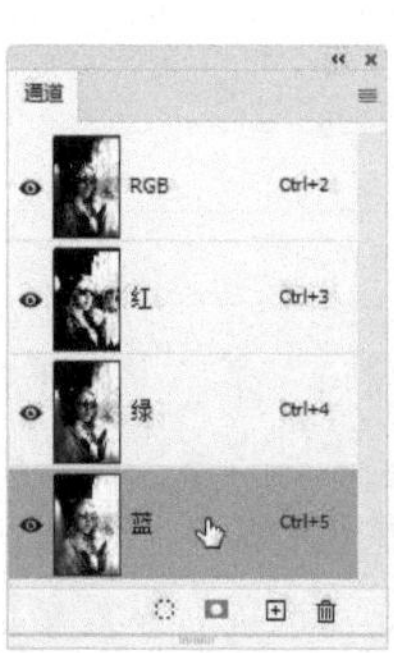

图2-58

图2-59

03 选择裁剪工具 ⊡ 并在工具选项栏中选择“原始比例”选项，在画面中单击，显示裁剪框，拖曳左上角的控制点，调整画面，如图2-60所示。按Enter键，将画面边缘的重影图像裁掉，如图2-61所示。

图2-60

图2-61

> *提示*
>
> 在印刷工艺中，印刷设备将4种油墨依次印在纸上，以完成图像的印制。由于设备精度、纸张伸缩度、不同油墨在纸张上的扩散性，以及环境湿度及滚筒压力等变化因素的影响，容易造成套印不准，使颜色出现错位现象。这在印刷中是需要避免的。本实战反其道而行之，通过刻意移动颜色通道使图像错位，制作出当下流行的抖音效果。

2.3.5

实战：定义专色(专色通道)

专色通道用来存储印刷用的专色。专色是预混油墨，如金属类金银色油墨、荧光油墨等，用于替代或补充普通的印刷色（CMYK）油墨。

扫码看视频

打开素材并加载选区，如图2-62所示。打开“通道”面板菜单，执行“新建专色通道”命令，打开“新建专色通道”对话框，单击“颜色”色块，如图2-63所示，打开“拾色器”对话框选择一种专色，即可创建专色通道并用专色填充选中的区域，如图2-64所示。

图2-62

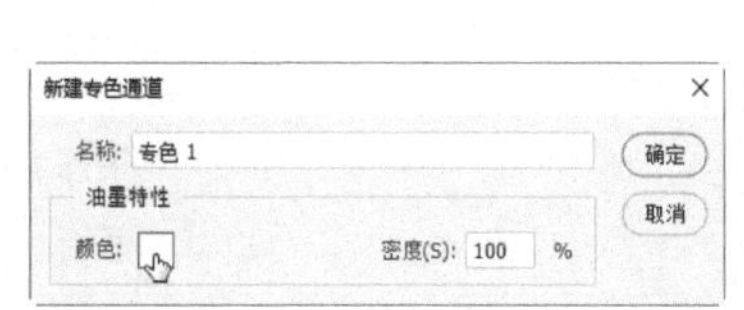

图2-63

图2-64

> *提示*
>
> 专色通道都以专色的名称命名，注意不要修改“新建专色通道”对话框中专色的“名称”，否则以后可能无法打印该文件。

2.3.6

实战：制作专色印刷图像(复制与删除通道)

将一个通道拖曳到创建新通道按钮 ⊞ 上，可对其进行复制；拖曳到 🗑 按钮上，则可将其删除。复合通道不能进行重命名、复制和删除操作。

扫码看视频

颜色通道不能重命名，但可以复制和删除，只是删除以后，图像会变为多通道模式。本实战采用这种方法制作专色印刷图像，如图2-65和图2-66所示。

素材

图2-65

效果

图2-66

第3章 图层

【本章简介】

Photoshop中的绝大多数对象都由图层来承载，因此，如果不会图层操作，在Photoshop中几乎“寸步难行”。图层功能多，涉及的应用范围也很广，本书按照从易到难的原则，将其使用方法分散到各个章节中。本章主要介绍图层的基本操作方法。此外，还会讲解与之相关的图层样式及图层复合。其中图层样式比较重要，它也叫“效果”，可用于制作特效。图层复合可以记录图层状态，与“历史记录”面板中的快照有些相似。

【学习目标】

在这一章我们会学到以下内容。

- ●图层的创建和编辑方法
- ●用图层组管理图层
- ●怎样在众多的图层中快速找到所需图层
- ●使用图层样式，并制作真实投影、压印图像、霓虹灯、激光字、玻璃字等特效
- ●效果是怎样生成的
- ●使用Photoshop中的光照系统
- ●使用预设样式制作特效
- ●根据图像大小自由缩放效果
- ●使用图层复合展示设计方案

【学习重点】

3.1 图层初探

Photoshop 2022

图层是Photoshop的核心功能，既可以承载对象，也能制作各种特效。

3.1.1 实战：给水杯添加投影

扫码看视频

01 打开素材，如图3-1所示。在“窗口”菜单中打开“图层”面板。这个水杯已经抠好图了，所以它在单独的图层上。双击这一图层，如图3-2所示，打开“图层样式”对话框，在左侧列表中的“投影”效果名称上单击，显示选项后设置参数，为杯子添加投影，如图3-3和图3-4所示。

图3-1　　图3-2

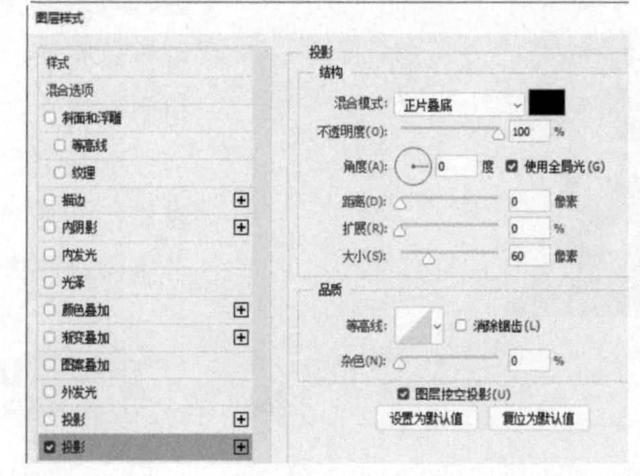

图3-3

图3-4

02 执行“图层>图层样式>创建图层”命令，将效果剥离到新的图层中，然后单击该图层，如图3-5所示。下面来扭曲投影。首先观察杯子的光源方向，如图3-6所示。这个场景中使用的是漫反射光照，因此，光源在哪个方向并不十分明确，但明暗交界线在杯子正前方，所以，可以确定光源在左侧或右

侧。再仔细观察杯子的下方，可以看到右侧有反射区域，由此可以断定光源在左侧，那么投影放在右侧就对了。按Ctrl+T快捷键显示定界框，如图3-7所示。按住Ctrl键并拖曳控制点，对投影进行扭曲，使其向右下方倾斜，如图3-8所示。按Enter键确认。

图3-5

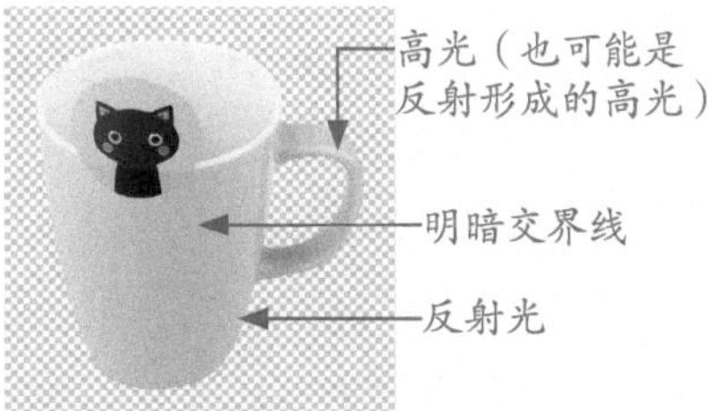

图3-6

图3-7

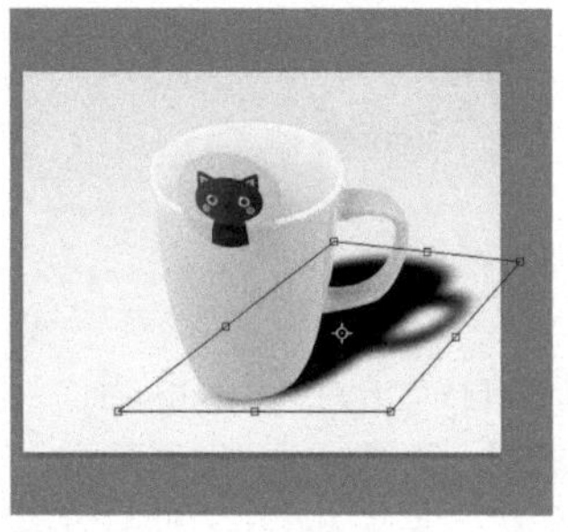
图3-8

03 设置图层的“不透明度”为50%，让投影颜色变淡。单击“图层”面板底部的 按钮，添加图层蒙版。此时“工具”面板中的前景色和背景色会自动变为黑色和白色。选择渐变工具，填充线性渐变，对投影进行遮挡，使投影边缘逐渐淡出，如图3-9和图3-10所示。

图3-9

图3-10

3.1.2 小结

制作商品目录、海报或其他宣传品时，设计师一般会从众多商品照片中挑选出几张合适的照片，用Photoshop抠图，再修图、进行合成，如图3-11所示。根据设计需要，有些商品还要配上投影，以表现立体效果并与新背景融为一体，如图3-12所示。

无投影的包装效果图

图3-11

配上投影的食品宣传单

图3-12

在Photoshop中制作任何效果都离不开图层。如前面实战中杯子的投影，就是为图层添加“投影”效果（即图层样式）制作出来的。该效果能在图像背后（立面）创建投影，可以让对象与后方背景拉开距离，即产生距离感，如图3-13所示。但我们需要投影出现在桌面上，以便让杯子“立起来”，如图3-14所示，所以对其进行了改造，将投影从原图层中分离到一个新的图层上，再通过扭曲处理使其看上去位于桌面并符合透视关系。该案例虽不复杂，但从中也能看出，要想制作一个真实的效果，不光要用好Photoshop，了解光照、透视等知识也同样重要。

图3-13

图3-14

·PS技术讲堂·

图层的意义及来龙去脉

图层类似于透明玻璃，每张玻璃（图层）上承载一个对象，如图像、文字、指令等，因此，Photoshop中很多重要的功能都以它为载体。

在图层出现以前，Photoshop中的所有对象都在一个平面上。这带来了很多问题，包括图像一经修改就会造成永久性改变，无法复原；每一次编辑局部对象，都要创建选区来限定编辑范围；任何操作都是不可逆的，例如，输入文字时不能出错，因为文字内容和格式等无法修改。种种局限，不仅捆住了人的手脚，也把Photoshop变成了一个操作简单，却极难使用的怪物。

图层诞生于1995年的Photoshop 3.0版本。它有两个重大意义。第一个是突破了以往大平面的空间概念。当一个文件中包含多个图层时，每一个图层就是一个独立的平面，它们依次向上搭建，就像从平地建起的高楼，如图3–15所示。当所有对象分散于各个图层之上时，在其中任何一个图层上进行绘画、调色等编辑，都不会影响其他图层中的对象，如图3–16所示。不仅如此，图层也是天然的屏障，有了它，不必借助选区就能分离图像，这让编辑难度大大降低，也简化了操作流程。

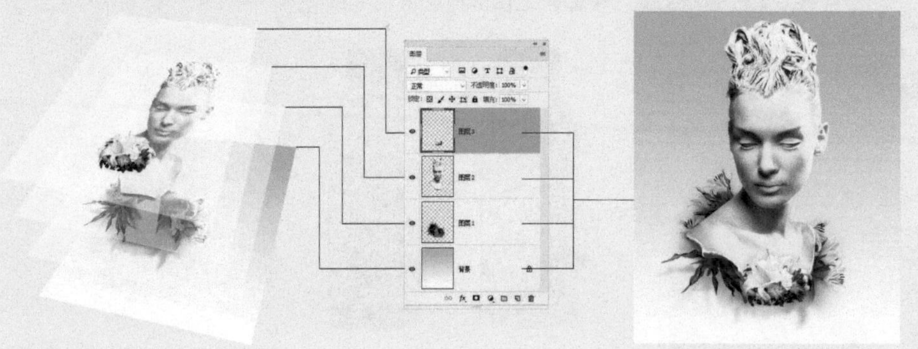

图层原理　　“图层”面板状态　　图像效果

图3-15

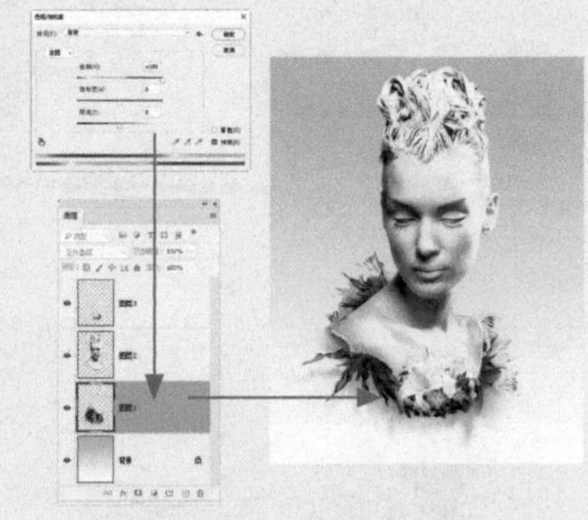

可以单独调整一个图层的颜色

图3-16

图层的第二个意义在于：它让Photoshop可以承载更多的对象。自Photoshop 3.0以后，以图层为载体的各种功能开始大量涌现，包括调整图层、填充图层、图层蒙版、矢量蒙版、剪贴蒙版、图层样式、图层复合、智能对象、智能滤镜、视频图层、3D图层等。这些功能有一个共同的特征——可进行非破坏性编辑。其原因在于它们都以图层为依托，处于一个独立的平面，这也就不会对其他对象造成真正的、实质性的影响和改变。

非破坏性编辑——简单地说，就是既达到了编辑的目的，又没有破坏对象，可以用10个字概括：编辑可追溯、对象可复原*（非破坏性编辑相关演示见183、184页）*。在Photoshop中，变换、变形、抠图、合成、修图、调色、添加效果、使用滤镜等操作都可以通过非破坏性的方法来完成。可以说，Adobe是在图层上搭建起Photoshop帝国的，如果没有图层，上述功能都无法存在，图层孕育了它们，它们也成就了Photoshop。相信在未来，图层还会创造更多的奇迹。

·PS技术讲堂·

从“图层”面板中看图层的基本属性

扫码看视频

“图层”面板用于创建、编辑和管理图层。在该面板中，图层是一层一层上下堆叠的，如图3–17所示。其中只有“背景”图层的位置是固定不变的，其他图层都可以调整顺序，如图3–18所示（由于上下遮挡关系发生了改变，使得摩托车挡住了女孩的双腿，这样她就从摩托车前方退到其后方了）。

在图层列表中，有一个图层底色是灰色的，较其他图层更醒目，它是当前图层，即当前正在编辑的图层，所有操作只对它有效。单击其他图层，将其选取，则新选取的图层便成为当前图层，如图3–19所示。由于移动、对齐、变换、创建剪贴蒙版等操作可同时处理多个图层，因此，当前图层也可以是多个，如图3–20所示。但更多的操作，如绘画、滤镜、颜色调整等，只能在一个图层上进行。

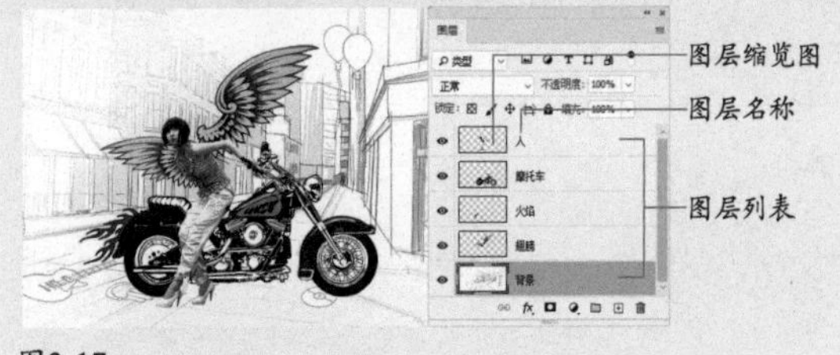

图3-17

图3-18

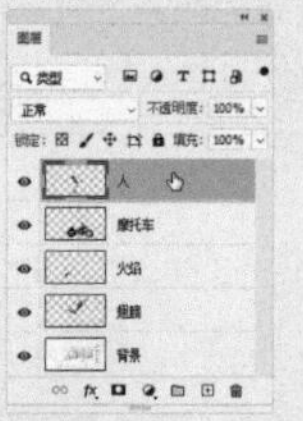

图3-19

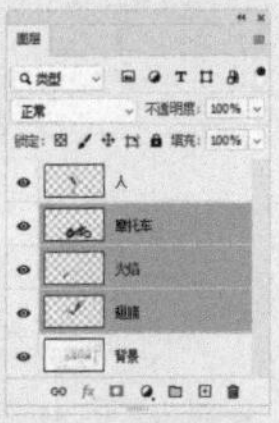

图3-20

从左向右观察图层列表，最先看到的是眼睛图标 👁，这说明图层处于显示状态。没有该图标的图层会被隐藏，在文档窗口中是看不到的，因而也不能编辑。

眼睛图标 👁 右侧是图层缩览图（有些图层以特定图标替代缩览图，如调整图层），它显示了图层中包含的内容。图层缩览图中的棋盘格代表了图层中的透明区域，例如，将摩托车抠出来之后，其背景就是棋盘格状的，如图3-21所示。

在图层缩览图（注意，不是图层名称）上单击右键，打开快捷菜单，使用其中的命令可调整缩览图的大小，如图3-22所示。如果图层的数量较多，最好使用小缩览图，这样才能显示更多的图层。如果图层列表较长，面板中不能显示所有图层，则可拖曳列表右侧的滑块，或者将鼠标指针放在图层上，然后滚动鼠标滚轮，逐一显示各个图层；也可拖曳面板右下角，将面板拉长，如图3-23所示。

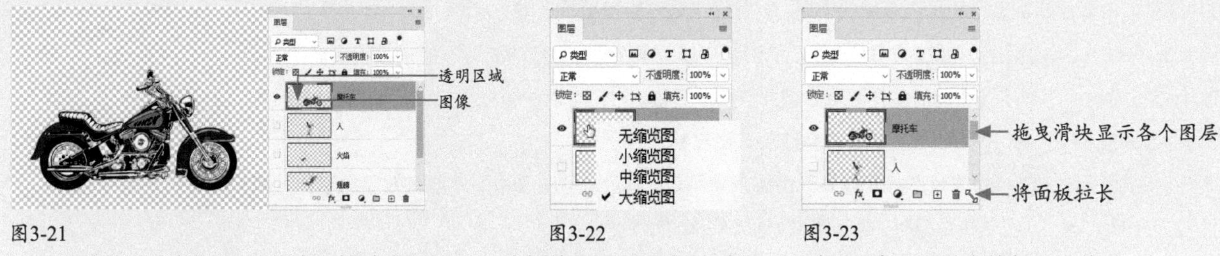

图3-21 图3-22 图3-23

图层缩览图右侧是图层名称，特殊类图层的名称与普通图层是有区别的，不过，所有图层的名称都可以修改。

·PS技术讲堂·

图层的种类及相应按钮

Photoshop可以编辑多种类型的文件，文件中的对象由各种专属的图层来承载。此外，Photoshop中还有很多功能是通过图层应用的，如蒙版、填充图层、调整图层等，因此，图层的种类非常多，如图3-24所示。不过，我们可将其归为两大类：图像类图层和效果类图层。

图像类图层包含图像、文字、矢量图形和视频，其缩览图中的内容都是可见的。效果类图层用于调色、填充（颜色、渐变和图案）、添加样式，其中图层样式、智能滤镜等依附于图像类图层，而调整图层、填充图层虽然单独存在，但只有作用于图像类图层时其效果才可见。除了种类繁多外，“图层”面板中的按钮和图标也非常丰富，如图3-25所示。

以上这些，在目前阶段大概了解一下就行，无须熟记，即使有需要，也可在下面图中检索。随着学习的深入及Photoshop使用时间的增加，慢慢地这些都能记住。

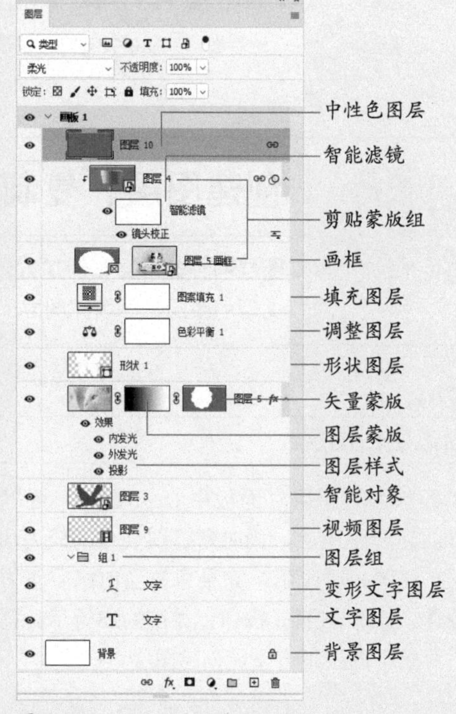

图3-24

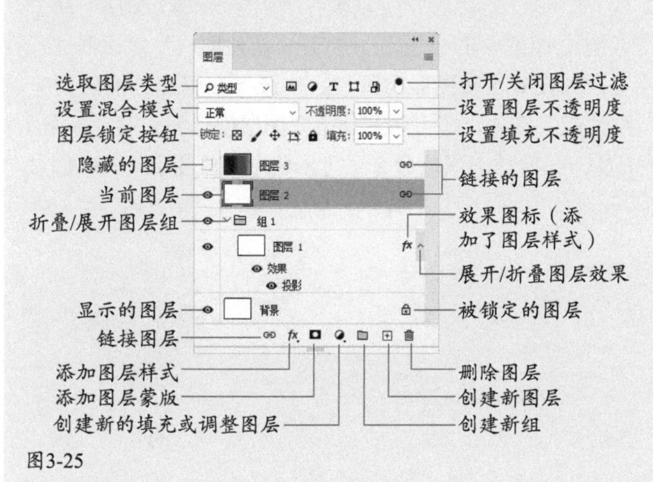

图3-25

- 选取图层类型：当图层数量较多时，可在该下拉列表中选择一种图层类型（包括名称、效果、模式、属性和颜色），让"图层"面板中只显示此类图层，隐藏其他类型的图层。
- 打开/关闭图层过滤：单击该按钮，可以启用或停用图层过滤功能。
- 设置混合模式：用来设置当前图层的混合模式，使之与下面的图像混合。
- 设置图层不透明度：用来设置当前图层的不透明度，可使之呈现透明状态，让下面图层中的图像内容显示出来。
- 设置填充不透明度：用来设置当前图层的填充不透明度，它与图层不透明度类似，但不会影响图层效果。
- 图层锁定按钮：用来锁定当前图层的某一属性，使其不可编辑。
- 当前图层：表示当前选择和正在编辑的图层，所有操作只对当前图层有效。
- 眼睛图标：有该图标的图层为可见图层，单击它可以隐藏图层。隐藏的图层不能进行编辑。
- 链接的图层：显示该图标的多个图层为彼此链接的图层，它们可以一同移动或进行变换操作。
- 折叠/展开图层组：单击该图标可折叠或展开图层组。
- 展开/折叠图层效果：单击该图标可以展开图层效果列表，显示当前图层添加的所有效果的名称；再次单击可折叠列表。
- 图层锁定图标：显示该图标时，表示图层处于锁定状态。
- 链接图层：选择多个图层后，单击该按钮，可将它们链接起来。处于链接状态的图层可以同时进行变换操作或者添加效果。
- 添加图层样式 fx：单击该按钮，在打开的下拉列表中选择一个效果，可以为当前图层添加图层样式。
- 添加图层蒙版：单击该按钮，可以为当前图层添加图层蒙版。蒙版用于遮盖图像，但不会将其破坏。
- 创建新的填充或调整图层：单击该按钮打开下拉列表，使用其中的命令可以创建填充图层和调整图层。
- 创建新组/创建新图层：可以创建图层组和图层。
- 删除图层：选择图层或图层组，单击该按钮可将其删除。

创建图层、复制图像

图层的种类丰富，创建方法也各不相同，下面介绍的是怎样创建普通图层、复制和粘贴图像。其他特殊类型的图层，如填充图层、调整图层等，会在介绍其功能的章节中讲解。

3.2.1 创建空白图层

单击"图层"面板中的 ⊞ 按钮，可以在当前图层上方创建一个图层，同时新建图层自动成为当前图层，如图3-26和图3-27所示。如果想在当前图层下方创建图层，可按住Ctrl键单击 ⊞ 按钮，如图3-28所示。需要注意的是，"背景"图层下方不能创建图层。

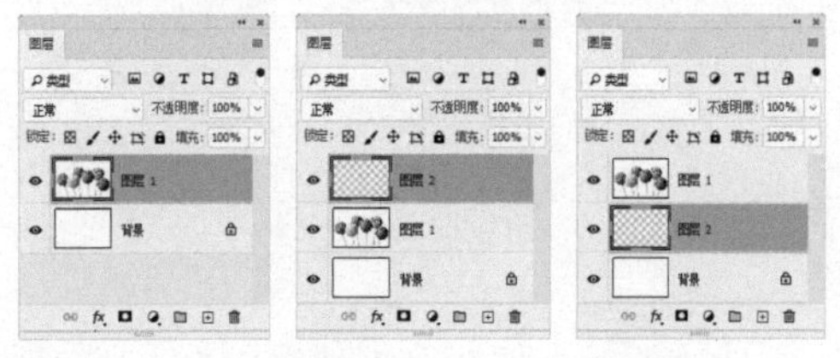

图3-26　图3-27　图3-28

如果想在创建图层时设置图层的名称、颜色和混合模式*（见145页）*等属性，可以执行"图层>新建>图层"命令，或按住Alt键单击 ⊞ 按钮，打开"新建图层"对话框进行设置，如图3-29和图3-30所示。勾选"使用前一图层创建剪贴蒙版"选项，还可将其与下方图层创建为剪贴蒙版组*（见157页）*。此外，用该命令还可创建中性色图层*（见193页）*。

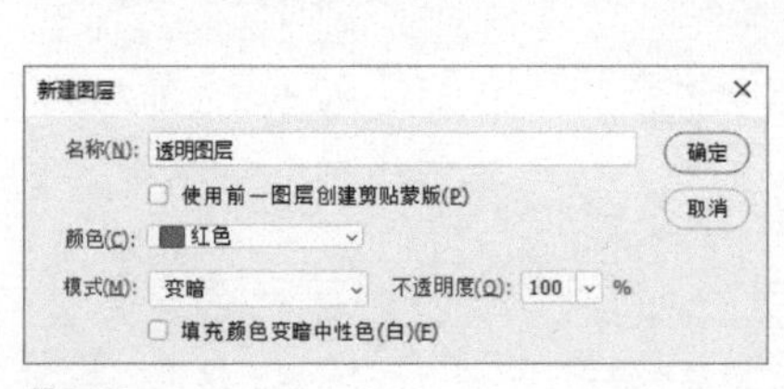

图3-29

图3-30

3.2.2 了解"背景"图层

"背景"图层就是文件中的背景图像，它位于"图层"面板底层，其下方没有其他图层。

"背景"图层与普通图层的区别在于其不能调整不透明度、混合模式，不能添加图层样式，也不能移动和改变堆叠顺序。要进行这些操作，需要先单击它右侧的 🔒 按钮，将其转换为普通图层，如图3-31和图3-32所示。

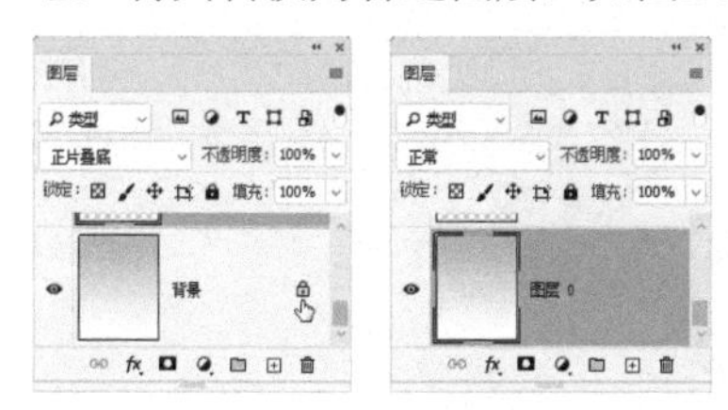

图3-31　图3-32

在某些条件下"背景"图层可有可无。例如，当图层数量多于一个时，以PSD、TIFF、PDF和PSB这4种支持图层的格式保存文件，就可将"背景"图层转换为普通图层。

"背景"图层的用途主要体现在：当文件用于其他软件和输出设备时，如果对方不支持分层的图像，便需要将所有图层合并到"背景"图层中。如果没有"背景"图层，可以选择一个图层，如图3-33所示，执行"图层>新建>图层背景"命令，将其转换为"背景"图层，如图3-34所示。此外，也可直接存储为JPEG格式，在保存时会自动合并图层。

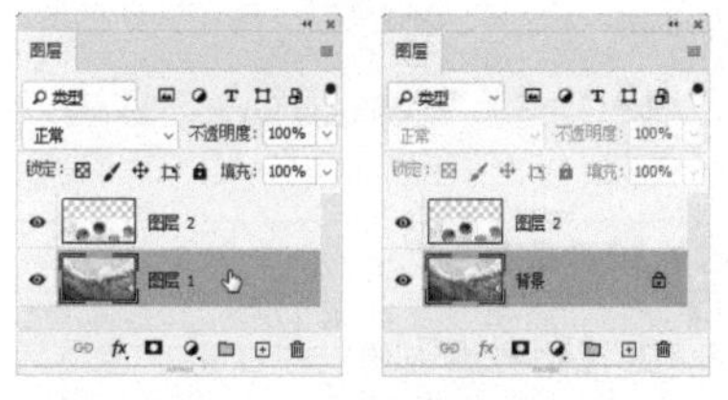

图3-33　图3-34

3.2.3 实战：复制图层，保留原始信息

在Photoshop中打开照片、其他图像或素材时，"背景"图层承载的是文件的原始信息。请记住，不要直接编辑它，否则可能无法复原。通常的做法是先复制"背景"图层，再对图层副本进行编辑。其他类型的图层也可以通过这种方法做一个备份，以免受到破坏后无法复原。当然，也可以先创建一个空白文件，再使用移动工具 ✥ 将照片和图像等拖入该文件中进行编辑（见73页），或者执行"图像>复制"命令，在文件副本上操作。在Photoshop中，同一个任务可以用不同的方法来完成，选择空间非常大。

扫码看视频

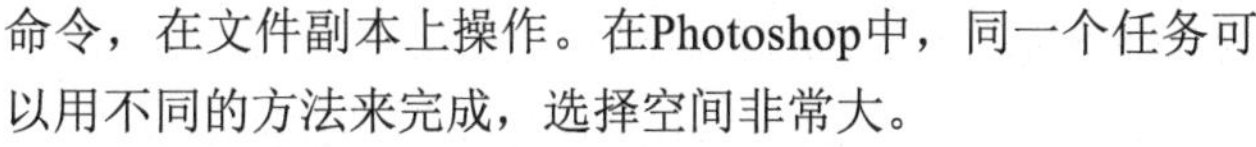

01 打开素材。图3-35所示的"图层1"为当前图层。复制当前图层的方法最为简单，执行"图层>新建>通过拷贝的图层"命令即可，如图3-36所示。用该命令的快捷键（Ctrl+J）操作会更方便。

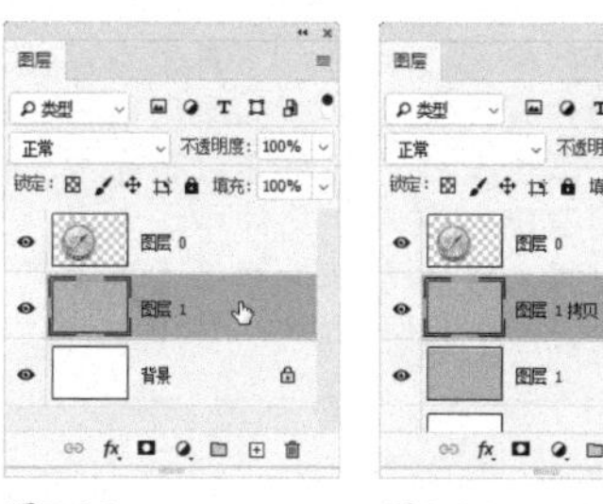

图3-35　图3-36

02 如果要复制其他图层，可将其拖曳到"图层"面板底部的 ⊞ 按钮上，如图3-37和图3-38所示。

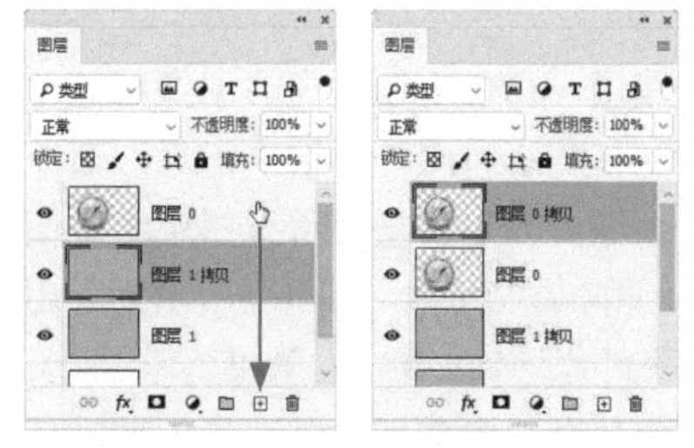

图3-37　图3-38

03 如果想要将一个图层复制到另一个图层的上方（或下方），可以将鼠标指针移动到其上方，如图3-39所示，按住Alt键并将其拖曳到目标位置，当出现蓝色横线时，如图3-40所示，放开鼠标即可，如图3-41所示。

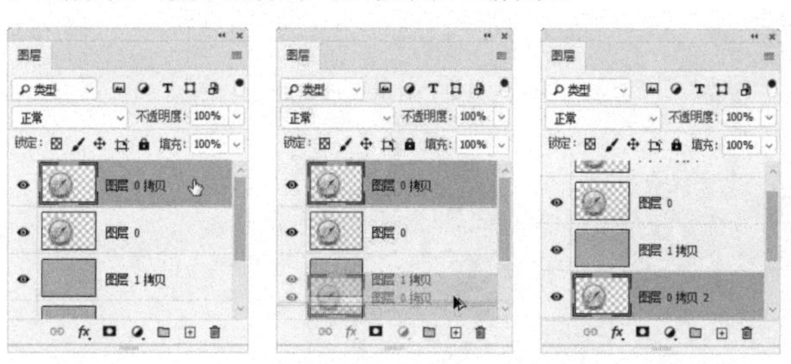

图3-39　图3-40　图3-41

04 对于承载图像的图层，还可使用移动工具 ✥ 复制。操作方法是：将鼠标指针移动到图像上方，如图3-42所示，按住Alt键，单击并拖曳鼠标即可，如图3-43所示，此时复制的图像将位于一个新的图层中。

图3-42

图3-43

技术看板 基于图层创建文件

执行“图层>复制图层”命令，打开“复制图层”对话框，选择“新建”选项，可基于当前图层新建一个文件。如果同时打开了多个文件，则可通过该命令将图层复制到其他文件中。只是这样操作没有直接将图像拖曳到其他文件中方便。

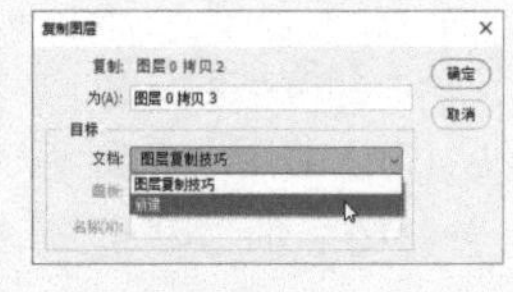

3.2.4 复制局部图像

需要复制局部图像时，可先创建选区将其选取，如图3-44所示，再执行“编辑>拷贝”命令（快捷键为Ctrl+C）将所选内容复制到剪贴板中。

如果文件中有多个图层，则位于选区内的图像可能分属于不同的图层，如图3-45所示，此时使用“拷贝”命令复制的是当前图层中的图像。如果要复制所有图层中的图像，可以执行“编辑>合并拷贝”命令，图3-46所示为采用这种方法复制图像并粘贴到另一个文件中的效果。

如果想要将所选图像从画面中剪切掉并存放于剪贴板中，则可以执行“编辑>剪切”命令。如果想将所选图像剪切到一个新的图层中，则可以执行“图层>新建>通过剪切的图层”命令（快捷键为Shift+Ctrl+J），如图3-47所示。剪切属于破坏性操作，使用不多，了解即可。

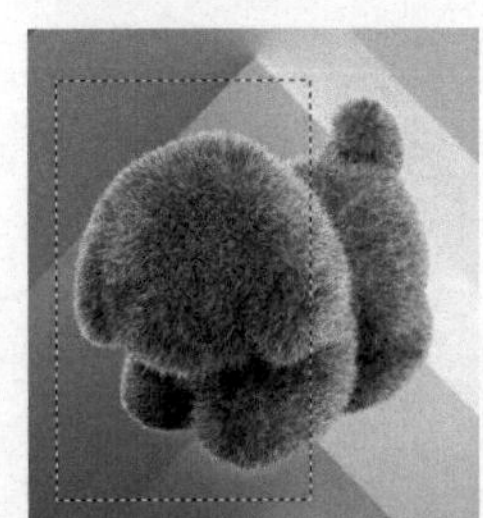

图3-44

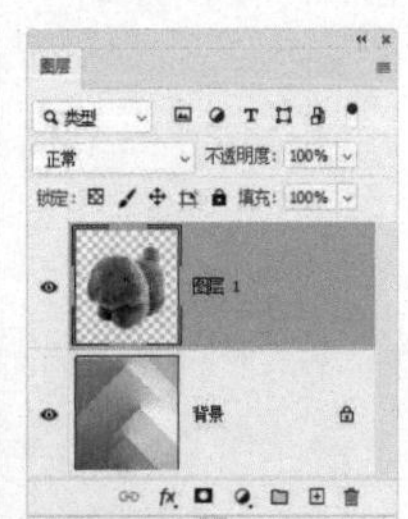

图3-45

图3-46

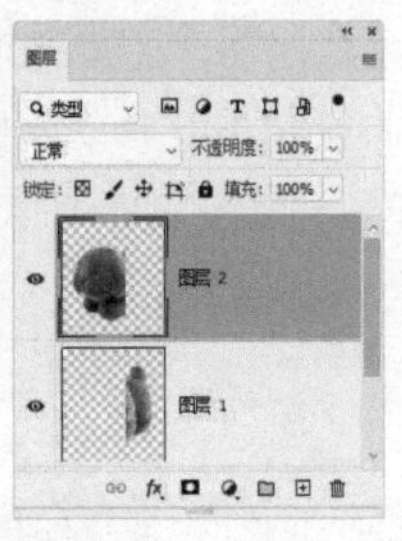

图3-47

提示

执行“编辑>清除”命令或按Delete键，可以将选取的图像删除。在“背景”图层上操作，会用背景色填充选区。

3.2.5 复制图像后进行粘贴

通过拷贝、合并拷贝和剪切等方法复制图像后，可以采用下面的方法将图像粘贴到单独的图层中。

- **粘贴：** 执行“编辑>粘贴”命令(快捷键为Ctrl+V)，可将图像粘贴到画布的中央，如图3-48所示。
- **原位粘贴：** 执行“编辑>选择性粘贴>原位粘贴”命令，可以在图像的复制位置上进行粘贴，如图3-49所示。

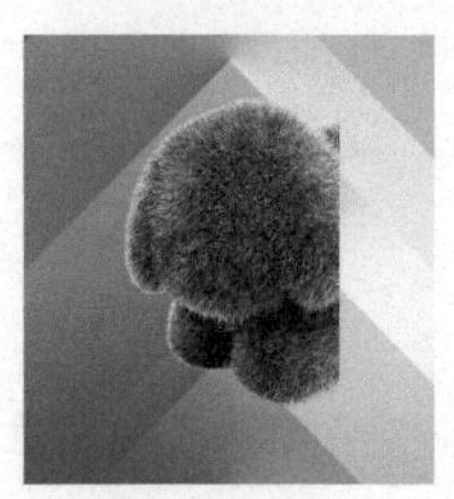

图3-48

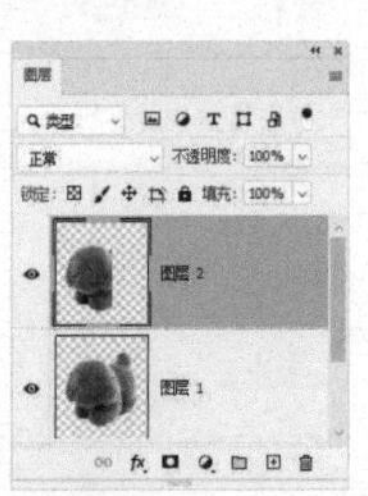

图3-49

- **用选区控制粘贴：** 如果创建了选区，如图3-50所示，可以用它控制粘贴时图像的显示范围。执行“编辑>选择性粘贴>贴入”命令，可以在选区内粘贴图像，如图3-51所示，选区会自动变为图层蒙版（见152页），将原选区之外的图像隐藏，如图3-52所示。执行“编辑>选择性粘贴>外部粘贴”命令，可以将选中的图像隐藏。

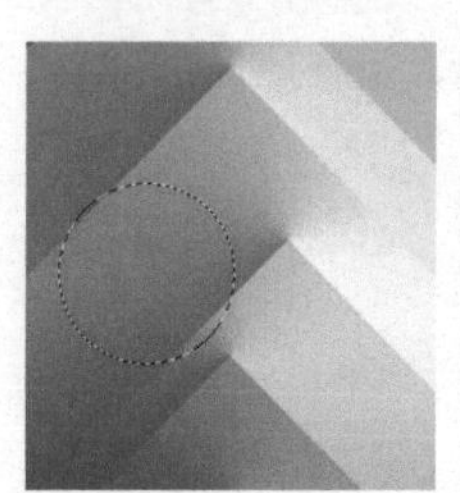

图3-50

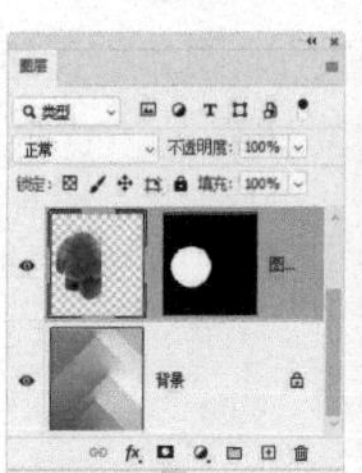

图3-51

图3-52

技术看板 清除选区周围的图像杂边

粘贴或移动选中的图像时，选区边界周围的一些像素也容易包含在选区内，使用“图层>修边”子菜单中的命令可以清除这些多余的像素。

- “颜色净化”命令：可去除彩色杂边。
- “去边”命令：用包含纯色（不含背景色的颜色）的邻近像素的颜色替换任何边缘像素的颜色。例如，在蓝色背景上选择黄色对象，然后移动选区，则一些蓝色背景被选中并随着对象一起移动，“去边”命令可以用黄色像素替换蓝色像素。
- “移去黑色杂边”命令：如果将黑色背景上创建的消除锯齿的选区粘贴到其他颜色的背景上，则可执行该命令消除黑色杂边。
- “移去白色杂边”命令：如果将白色背景上创建的消除锯齿的选区粘贴到其他颜色的背景中，则可执行该命令消除白色杂边。

编辑图层

下面介绍图层的基本编辑方法，包括选择图层、调整图层的堆叠顺序，以及隐藏、显示、链接和锁定图层等。

3.3.1

实战：图层的选择方法

要点

扫码看视频

编辑图像之前，先不要着急操作，看一下“图层”面板，确认当前图层是不是要处理的那个。千万不要选错图层，否则不仅白费功夫，还可能造成无法挽回的损失，如图3-53所示。下面通过实战学习图层的选择方法。

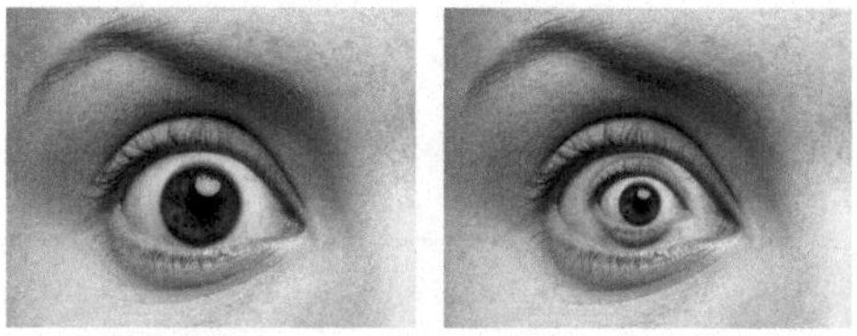

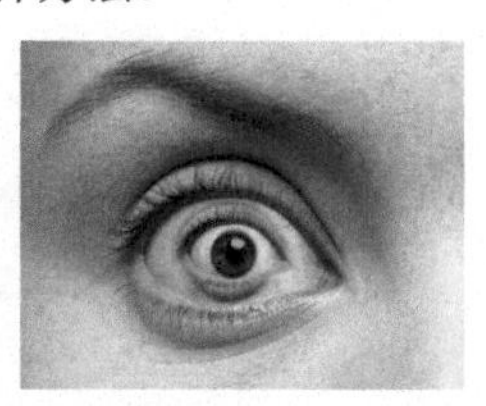

使用仿制图章工具从眼睛上取样（左图），制作特效（右图）

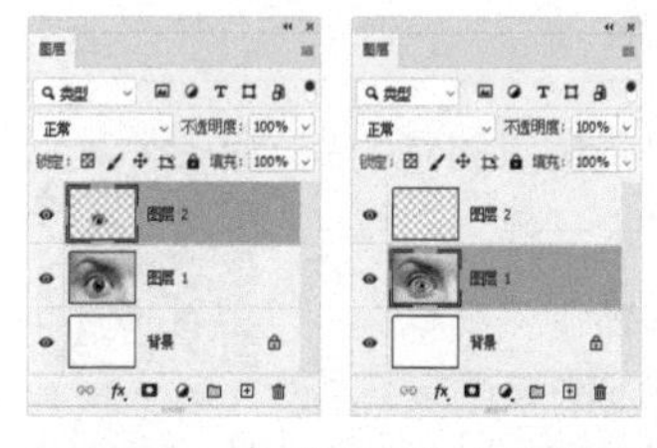

正确方法：在“图层2”上绘制图像（左图）。错误方法：将图像绘制到“图层1”上，覆盖了原始图像（右图）

图3-53

01 打开素材。单击一个图层，即可将其选择，同时它会成为当前图层，如图3-54所示。

02 当需要选择多个图层时，如果它们上下相邻，可单击第一个图层，如图3-55所示，再按住Shift键并单击最后一个图层，如图3-56所示。

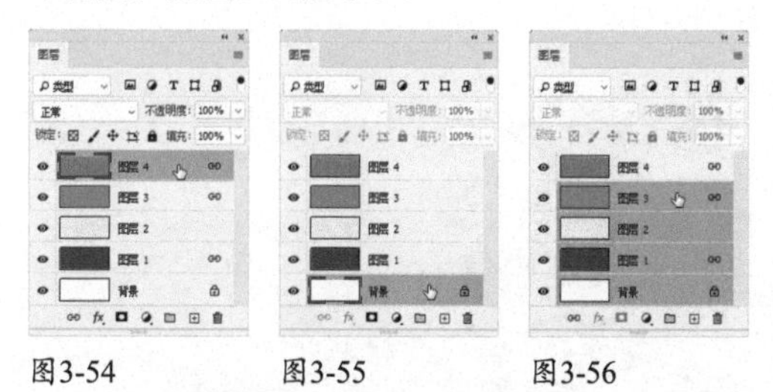

图3-54　图3-55　图3-56

03 如果要选择的图层并不相邻，可以按住Ctrl键并分别单击它们，如图3-57所示。

04 右侧有图标的图层建立了链接（见41页）。单击其中的一个，如图3-58所示，执行“图层>选择链接图层”命令，可将其他链接图层一同选取，如图3-59所示。如果要同时选择所有图层，则执行“选择>所有图层”命令会更加方便。

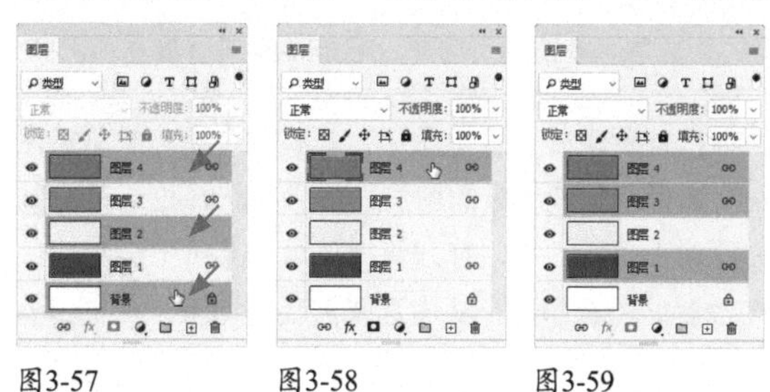

图3-57　图3-58　图3-59

提示

如果不想选择任何图层，则可以在图层列表下方的空白处单击。如果图层列表很长，没有空白区域，则可以执行“选择>取消选择图层”命令来取消选择。

3.3.2

实战：使用移动工具选择图层

扫码看视频

移动工具（见72页）是Photoshop中最常用的工具，可以移动对象，进行变换和变形处理。该工具还可用于选择图层，这样就不必通过“图层”面板操作了。

01 打开素材，如图3-60所示。这是个包含多个图层的文件，而且前后图像还互相遮挡。选择移动工具，取消工具选项栏中“自动选择”选项的勾选，如图3-61所示。将鼠标指针移动到图像上，按住Ctrl键并单击，可以选择鼠标指针所指的图层，如图3-62和图3-63所示。

图3-60

图3-61

图3-62

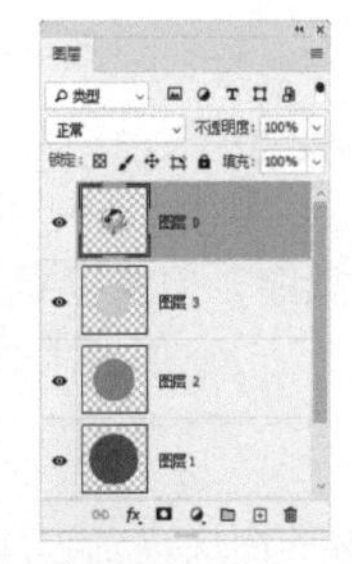
图3-63

提示

如果勾选“自动选择”选项，则不必按Ctrl键，直接在图像上单击便可选择图层。但是当图层堆叠、设置了混合模式或不透明度时，非常容易选错。因此，最好不要勾选该选项。

02 当鼠标指针所指处有多个图层时，按住Ctrl键并单击图像，将选择位于最上方的图层。如果要选择位于下方的图层，可在图像上单击右键，打开快捷菜单，菜单中会列出鼠标指针所在位置的所有图层，从中选择需要的即可，如图3-64和图3-65所示。

图3-64

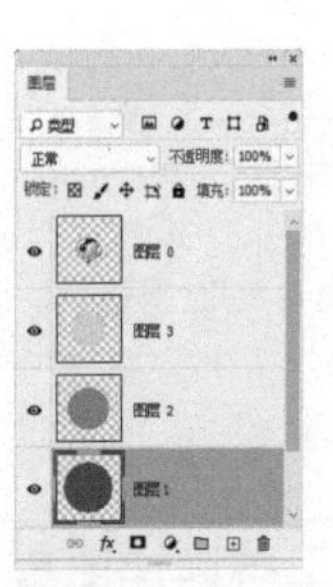
图3-65

03 当需要选择多个图层时，可以通过两种方法操作。第1种方法是按住Ctrl+Shift键并结合鼠标分别单击各个图像，如图3-66和图3-67所示。如果想要将被遮挡的下方图像也添加进来，可以按住Ctrl+Shift键并单击右键，打开快捷菜单，在其中进行选取。

图3-66

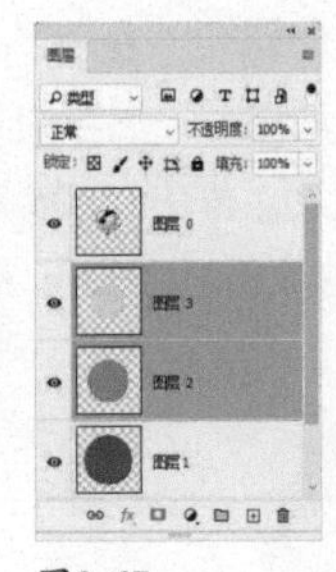
图3-67

04 第2种方法是按住Ctrl键并拖曳出一个选框，如图3-68所示，释放鼠标左键后，进入选框范围内的图像都会被选取，如图3-69所示。需要注意的是，应该先按住Ctrl键再进行拖曳，并且一定要在图像旁边的空白区域拖出选框，否则会移动图像。

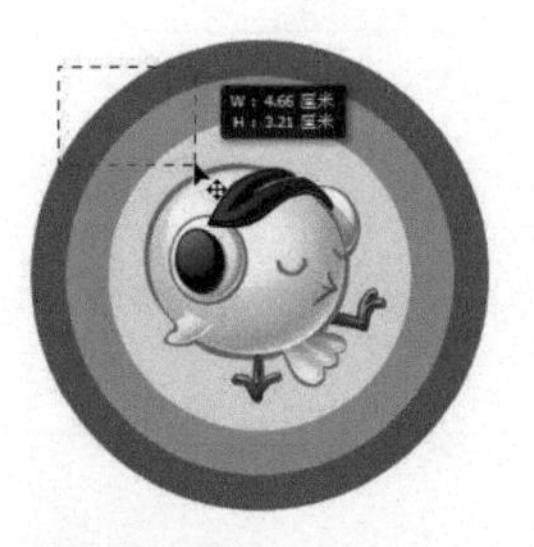
图3-68

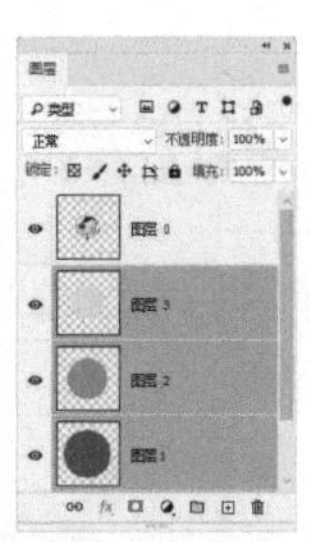
图3-69

技术看板 快速切换当前图层

单击一个图层后，按Alt+]快捷键，可以将其上方的图层切换为当前图层；按Alt+[快捷键，则可将其下方的图层切换为当前图层。

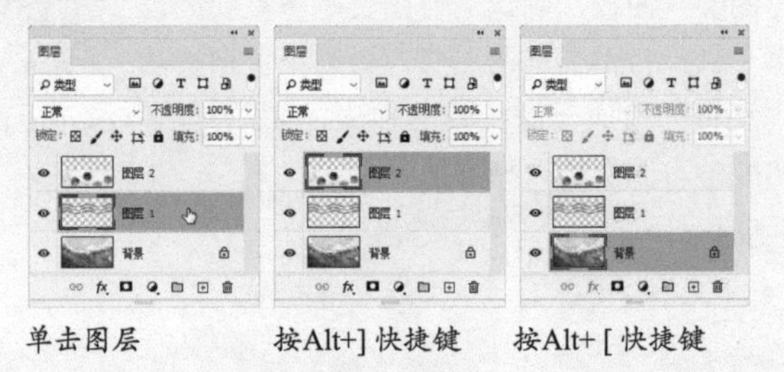
单击图层　　按Alt+] 快捷键　　按Alt+ [快捷键

3.3.3 实战：调整图层的堆叠顺序

在“图层”面板中，图层是按照创建的先后顺序堆叠排列的，就像搭积木一样，一层一层地向上搭建。这种堆叠形式称作“堆栈”。图层的堆栈顺序可以通过3种方法来改变：拖曳、使用“图层>排列”菜单中的命令调整，以及用快捷键操作。

扫码看视频

01 拖曳是最灵活的操作方法。打开素材，如图3-70所示。将鼠标指针放在一个图层上方，如图3-71所示，单击并将选中的图层拖曳到另一个图层的下方（也可是上方），当出现突出显示的蓝色横线时，如图3-72所示，释放鼠标左键即可完成操作，如图3-73所示。由于遮挡关系改变了，图像效果也发生了变化，如图3-74所示。

图3-70

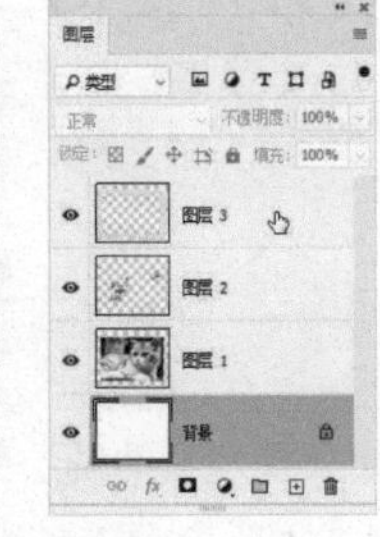
图3-71

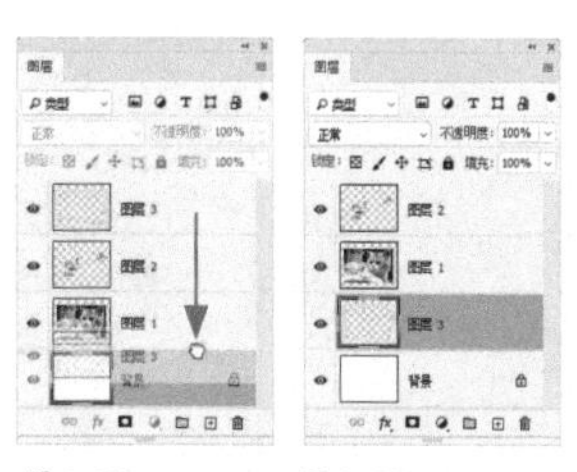

图3-72　　图3-73　　图3-74

02 使用命令也可调整，只是需要按部就班地操作，速度慢了一些。先单击图层，将其选择，再打开“图层>排列”菜单，如图3-75所示，然后选择其中的命令。

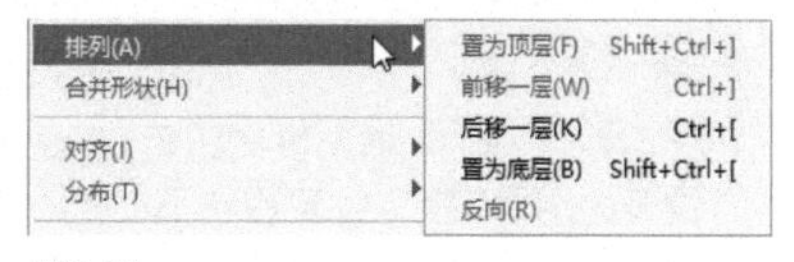

图3-75

03 如果图层数量特别多，要快速将某个图层调整到特定的位置，包括最顶层、最底层（“背景”图层上方）、向上或向下移动一个堆叠顺序，通过拖曳的方法也要费一些功夫，这时使用“排列”菜单中的命令操作会更加方便。其中的“反向”命令可以反转所选图层的堆叠顺序，如图3-76和图3-77所示，但只有同时选取了多个图层时才能使用。除该命令外，其他命令都有快捷键，使用快捷键能提高工作效率，最好背下来。

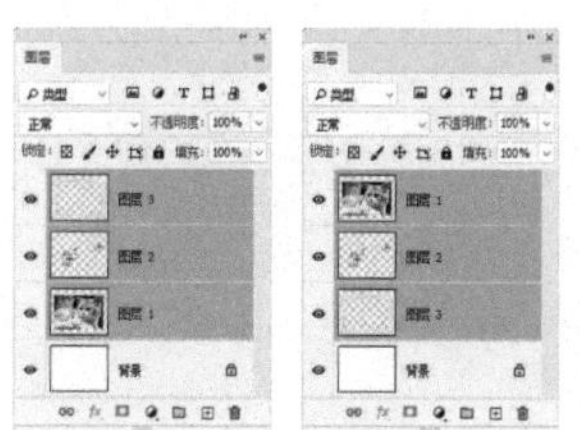

图3-76　　图3-77

> **提示**
>
> 如果所选图层位于图层组内，执行“置为顶层”或“置为底层”命令，可将图层调整到当前图层组的最顶层或最底层。

3.3.4
实战：隐藏和显示图层

01 单击一个图层左侧的眼睛图标 ，即可隐藏该图层，如图3-78所示。隐藏的图层不能编辑，但可以合并和删除。如果要重新显示图层，可在原眼睛图标处单击，如图3-79所示。

扫码看视频

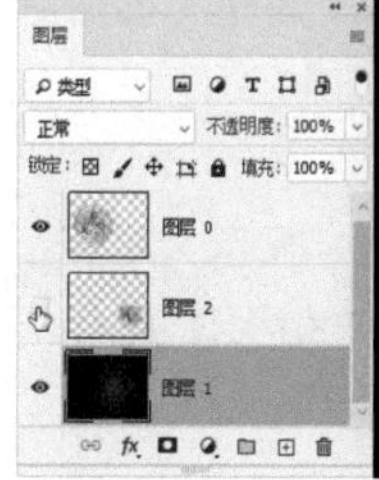

图3-78

图3-79

> **提示**
>
> 如果选择了多个图层，可以执行“图层>隐藏图层”命令，将所选图层一同隐藏。

02 将鼠标指针移动到一个图层的眼睛图标 上，如图3-80所示，单击并在眼睛图标列上、下拖曳，可将相邻的图层全部隐藏，如图3-81所示。恢复显示图层也采用同样的操作即可。

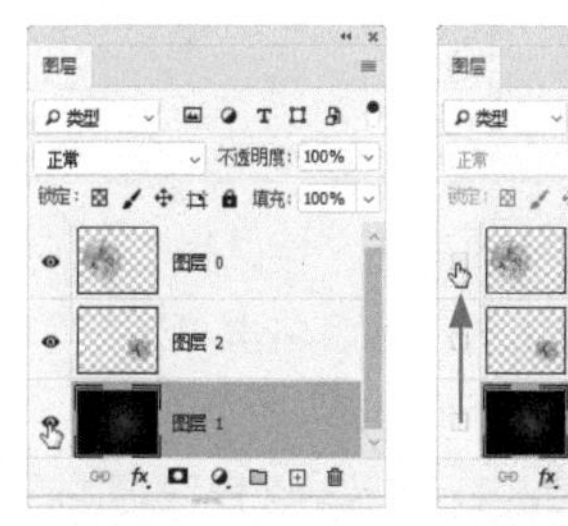

图3-80　　图3-81

03 如果只想显示一个图层，可以按住Alt键并单击它的眼睛图标 ，如图3-82所示。用同样的方法可重新显示其他图层。

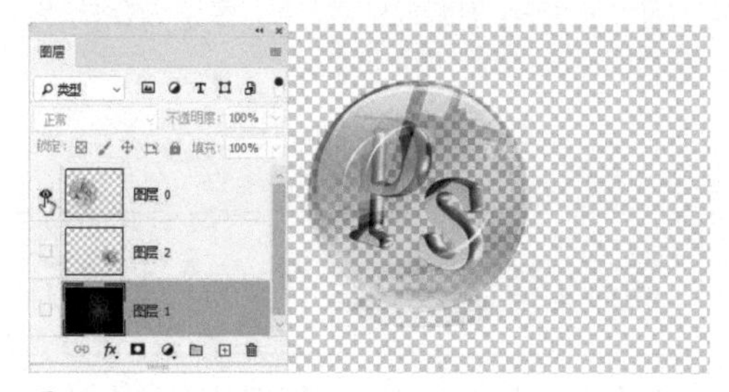

图3-82

3.3.5
通过链接将操作应用于多个图层

当需要对多个图层进行移动、旋转、缩放、倾斜、复制、对齐和分布操作时，可以先将它们链接起来，之后只要选择其中的一个图层，上述操作（复制除外）就会应用到所有与其链接的图层上，这样就不必单独处理各个图层了，省去了许多麻烦。

选择两个或多个图层，如图3-83所示，单击“图层”

面板底部的 按钮，或执行“图层>链接图层”命令，即可将它们链接起来，如图3-84所示。

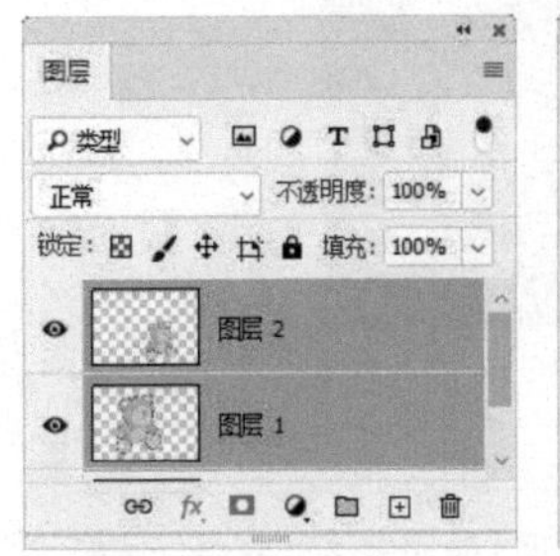

图3-83

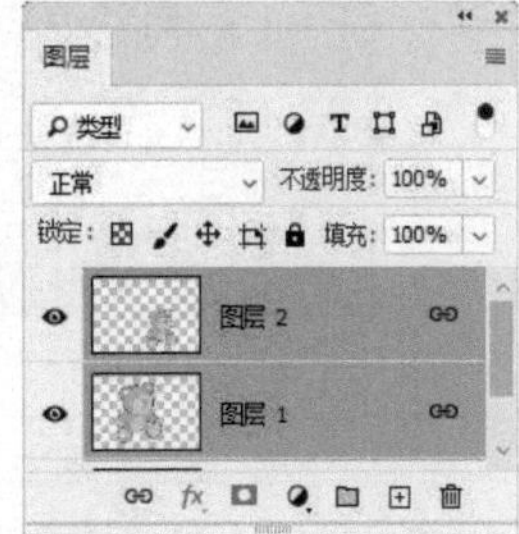

图3-84

如果要取消一个图层与其他图层的链接，可以单击该图层，再单击 按钮。如果要取消所有图层的链接，不必分别操作，可单击其中的一个图层，执行“图层>选择链接图层”命令，之后单击 按钮即可，这样更方便。

3.3.6
通过锁定保护图层

编辑图像时，如果想保护图层中的透明区域、像素、画板，以及固定图像位置，可以单击图层，然后单击“图层”面板顶部的锁定按钮进行锁定。

- 锁定透明像素 ：单击该按钮后，可以将编辑范围限定在图层的不透明区域，图层的透明区域会受到保护。例如，图3-85所示为锁定透明像素后，使用画笔工具涂抹图像时的效果，可以看到，头像之外的透明区域不会受到影响。
- 锁定图像像素 ：单击该按钮后，只能对图层进行移动和变换操作，不能在图层上绘画、擦除或应用滤镜。图3-86所示为使用画笔工具涂抹图像时弹出的提示信息。

图3-85

图3-86

- 锁定位置 ：单击该按钮后，图层不能移动。对于设置了精确位置的图像，锁定位置后就不必担心被意外移动了。
- 锁定画板 ：单击该按钮，可防止在画板（*见随书电子文档9页*）内外自动嵌套。
- 锁定全部 ：单击该按钮，可以锁定以上全部选项。当图层只有部分属性被锁定时，图层名称右侧会出现一个空心的锁状图标 ；当所有属性都被锁定时，该图标会变为 状。

技术看板 快速锁定图层组内的图层

单击图层组或图层，执行“图层>锁定组内的所有图层”命令或“图层>锁定图层”命令，可以锁定组内的所有图层或所选图层的一种或者多种属性。

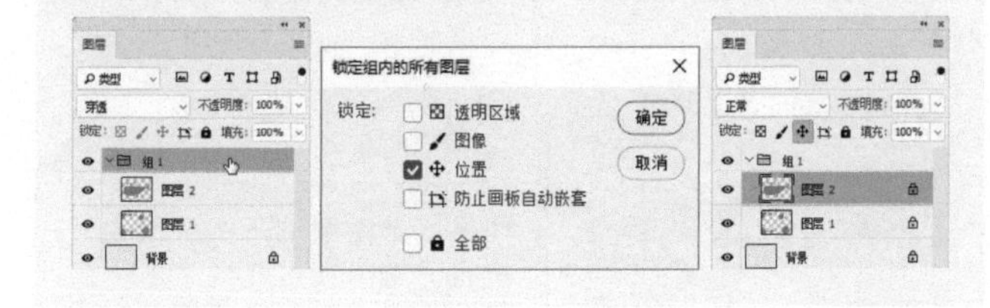

高效管理图层的5个技巧

随着图像编辑的深入，图层的数量会越来越多，图层的结构也越来越庞大，这会给查找和选择图层带来麻烦，只有管理好图层，才能让操作顺利、高效地进行下去。

3.4.1
修改名称，增加关注度

默认状态下，创建图层时，图层名称是以“图层1”“图层2”“图层3”的顺序来命名的。当图层数量少时，名称并不重要，通过图层的缩览图就可以识别各个层中包含的内容。但图层多了以后，看缩览图就会很费时间。

对于经常选取的或比较重要的图层，最好为其重新命名，这样不仅便于查找，也能引起注意——这不是一个普通图层，修改和删除时就会慎重对待。

如果要重命名图层，可在其名称上双击，显示文本框后输入名称并按Enter键确认，如图3-87和图3-88所示。此外，执行“图层>重命名图层”命令也可完成此操作。

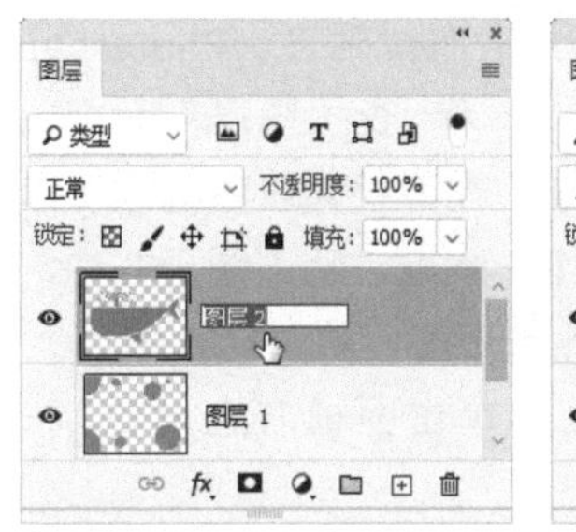

图3-87

图3-88

3.4.2

标记颜色，提高识别度

在图层缩览图上单击右键，打开快捷菜单，选择其中的一个颜色选项，便可为图层标记颜色，如图3-89和图3-90所示。这在Photoshop中称作“颜色编码”。其作用类似于用记号笔在书中划出重点，可以让图层更加醒目，一下子就能被看到。这种方法比修改图层名称的识别度更高。

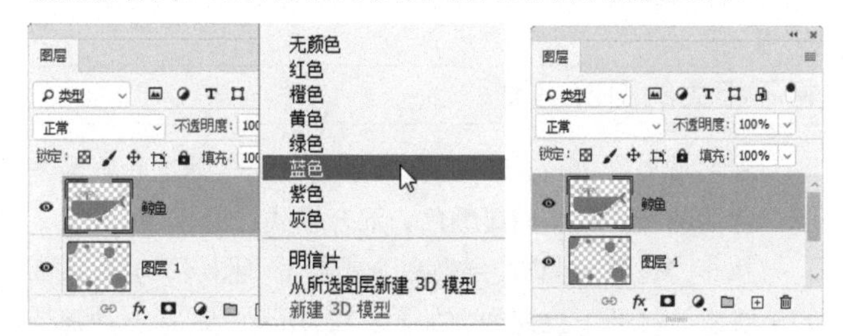

图3-89　　图3-90

> **提示**
>
> 修改名称只能逐个图层操作，而标记颜色可以在选择多个图层后同时进行。

3.4.3

分组管理，简化主结构

Photoshop中的文件可以包含几千个图层。图像效果越丰富，用到的图层就会越多。只有做好分组管理，才能使“图层”面板清楚、明了，如图3-91所示。

图层组与Windows操作系统中的文件夹差不多，图层就类似于文件夹中的文件。将图层分好类，放在不同的组中，之后单击⌄按钮，图层列表中就只显示图层组，图层结构便得到简化。

将多个图层放入一个组后，它们就被Photoshop视为一个整体。单击组，将其选择，如图3-92所示，此时使用移动工具✥或“编辑>变换”菜单中的命令进行移动、旋转和缩放等操作时，将应用于组中的所有图层。这种状态就像为图层建立了链接，但它又不能取代链接功能，因为建立链接的图层可以来自不同的组。

图层组可以添加蒙版，如图3-93所示，也能调整不透明度和混合模式，如图3-94所示，还可进行复制、链接、对齐和分布，以及锁定、隐藏、合并和删除等操作，方法与普通图层相同。

图像合成作品（左图），整理前的图层列表（中图），分组后的清晰列表（右图）

图3-91

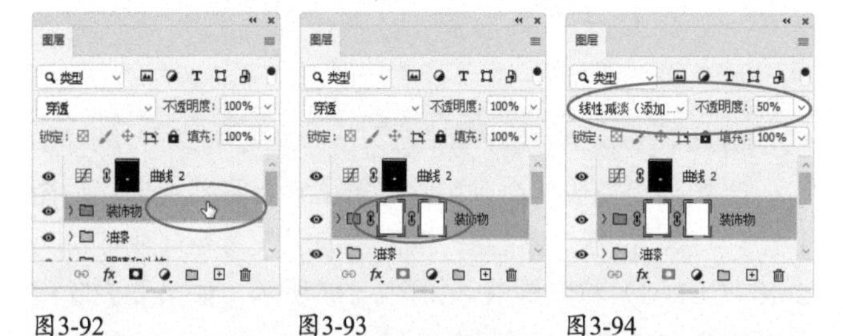

图3-92　　图3-93　　图3-94

创建图层组

单击“图层”面板中的 □ 按钮，可以创建一个空的图层组，如图3-95所示。如果想在创建图层组的同时设置名称、颜色、混合模式和不透明度等属性，则可以执行“图层>新建>组”命令操作，如图3-96和图3-97所示。

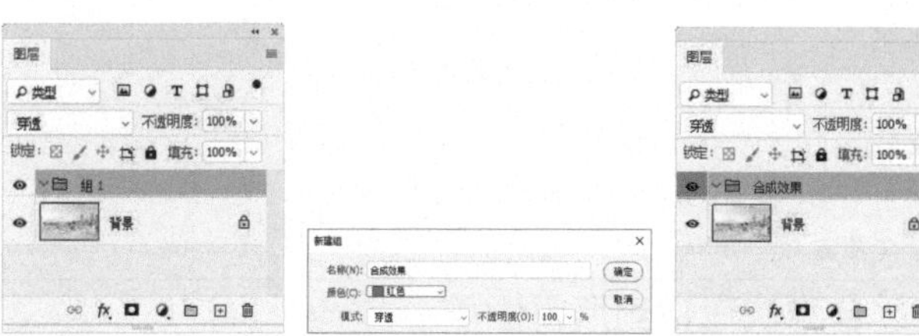

图3-95　　图3-96　　图3-97

创建或单击一个图层组后，单击⊞按钮，可在该组中创建图层。此外，也可将其他图层拖入组中，如图3-98和图3-99所示；还可以将组中的图层拖曳到组外，如图3-100和图3-101所示。

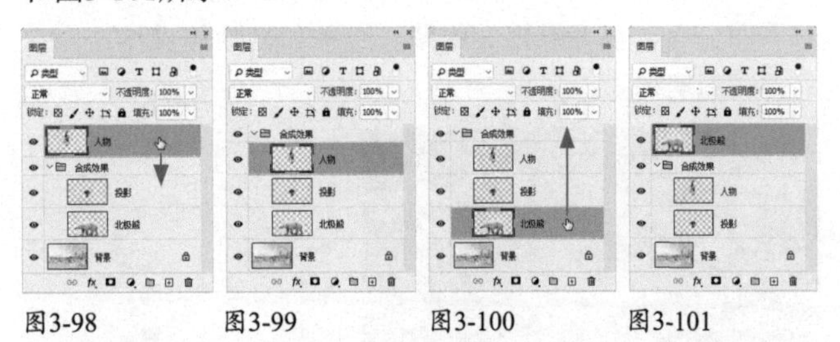

图3-98　图3-99　图3-100　图3-101

如果要将多个图层编入一个图层组中，可先将它们选取，如图3-102所示，然后执行“图层>图层编组”命令（快捷键为Ctrl+G），如图3-103所示。图层组会使用默认的名称、不透明度和混合模式。如果想要在创建组时设置这些属性，可以执行“图层>新建>从图层建立组”命令。图层组中可以继续创建图层组，也可将一个图层组拖入另一组中，如图3-104所示，这种多级结构称为嵌套图层组。

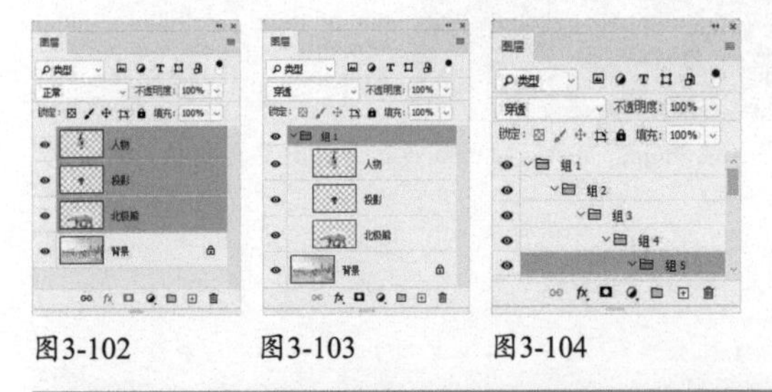

图3-102　图3-103　图3-104

取消图层编组

当图层组完成使命以后，可单击它，将其选取，如图3-105所示，执行“图层>取消图层编组”命令（快捷键为Shift+Ctrl+G）将其解散，如图3-106所示。如果要删除组及其中包含的图层，将其拖曳到“图层”面板下方的🗑按钮上即可。

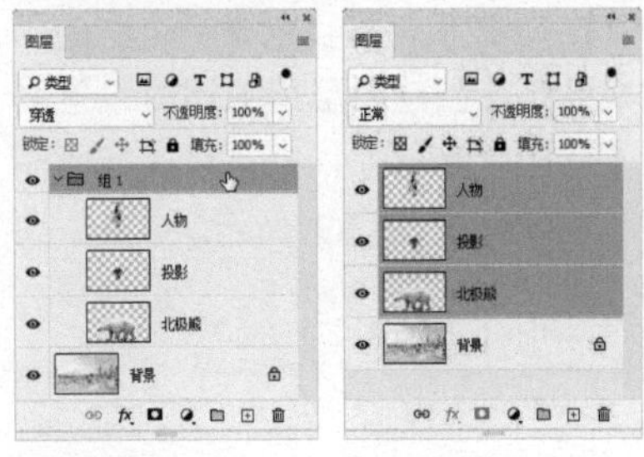

图3-105　图3-106

3.4.4 通过名称快速找到所需图层

查找计算机中的文件时，如果想不起存储的位置，但记得文件名，可以搜索文件名，进而找到它。Photoshop中也有类似的搜索功能。执行“选择>查找图层”命令或单击“图层”面板顶部的⌄按钮，在下拉列表中选择“名称”，该选项右侧就会出现一个文本框，输入图层名称，即可找到相关图层，其他图层则被屏蔽，如图3-107所示。如果要重新显示所有图层，可以单击面板右上角的●按钮，如图3-108所示。

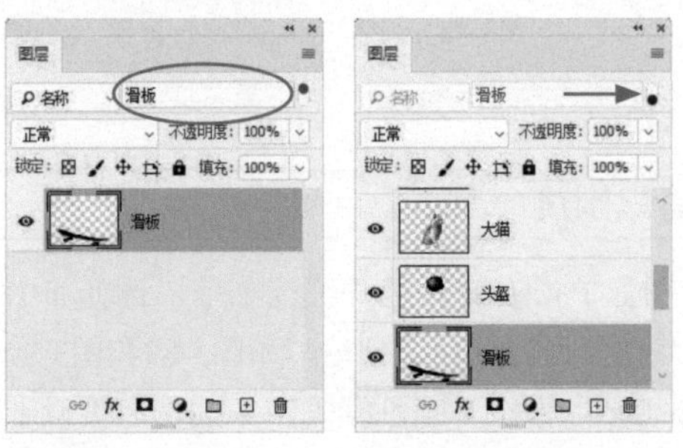

图3-107　图3-108

3.4.5 将不相关的图层隔离

除名称外，Photoshop还支持用其他属性筛选和屏蔽图层，包括图层样式、图层颜色、混合模式、画板等。

执行“选择>隔离图层”命令或单击“图层”面板顶部的⌄按钮，打开下拉列表，如图3-109所示，选择一种筛选方法，便可以此为标准筛选图层。这是缩小查找范围的有效方法。例如，选择“效果”选项并指定一种图层样式，“图层”面板中就只显示添加了该效果的图层，如图3-110所示。

如果在下拉列表中选择“类型”选项，则选项右侧会出现几个按钮▣ ◑ T ⌑ ⎘。▣代表普通图层（包含像素或透明图层），◑代表填充图层和调整图层，T代表文字图层，⌑代表形状图层，⎘代表智能对象。单击其中的一个按钮，例如，单击T按钮，面板中就只显示文字类图层，如图3-111所示。如果要显示所有图层，可以单击●按钮。

图3-109　图3-110　图3-111

对齐和分布图层

对齐图层是指以一个图层中的像素边缘为基准，让其他图层中的像素边缘与之对齐。分布图层是指让3个或更多图层按照一定的间隔分布（注意，至少3个图层，才可进行分布操作）。对齐和分布操作不仅限于图像，也可用于矢量图形、形状图层和文字。

3.5.1 对齐图层

按住Ctrl键并单击需要对齐的图层，将其选取，如图3-112所示，打开“图层>对齐”子菜单，如图3-113所示，执行其中的命令，即可对齐所选图层，如图3-114所示。

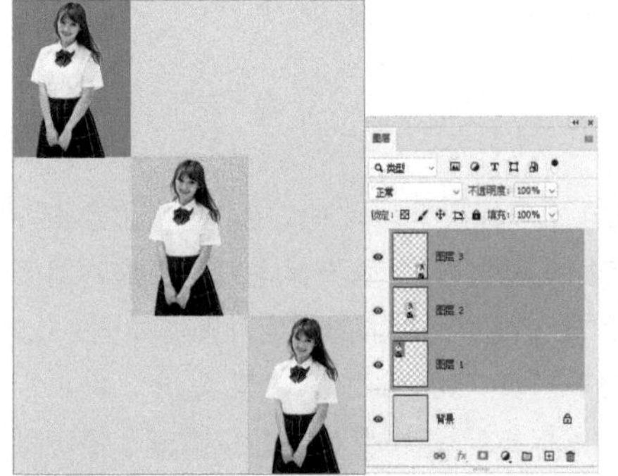

图3-112　　图3-113

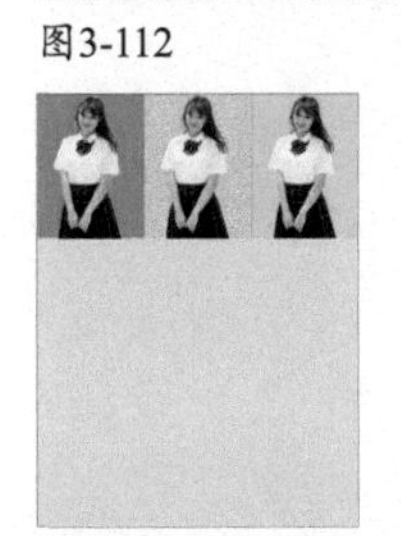

顶边

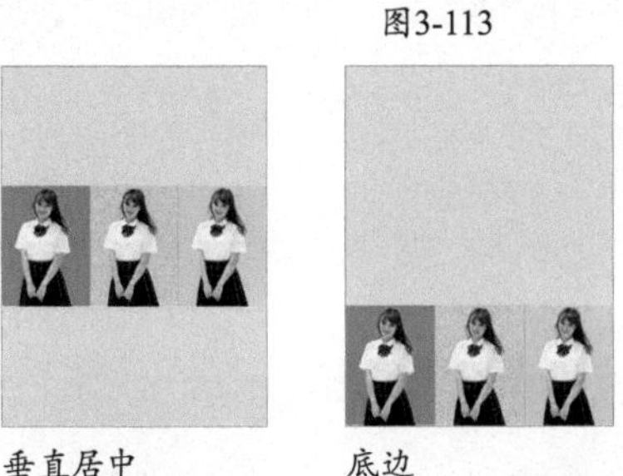

垂直居中　　底边

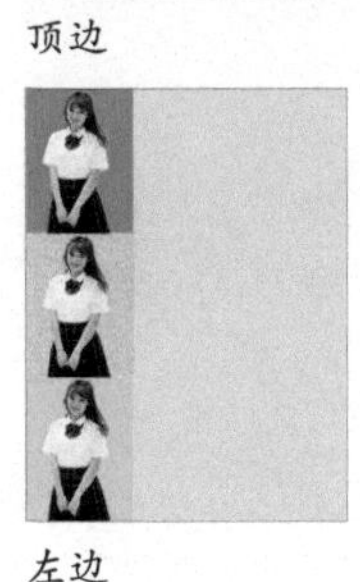

左边

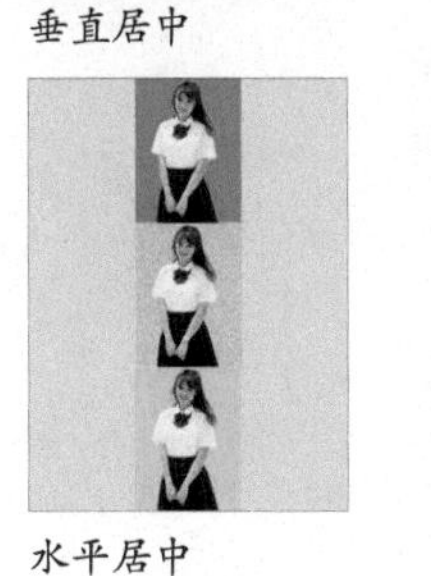

水平居中

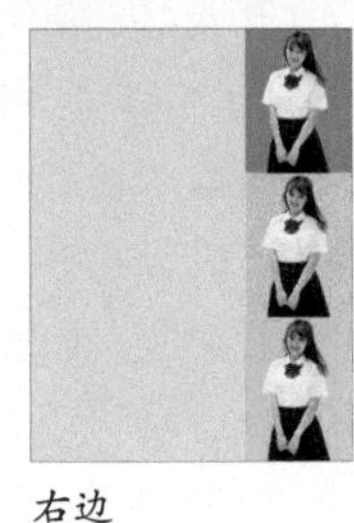

右边

图3-114

如果选取并将图层链接，如图3-115所示，之后单击其中的一个图层，如图3-116所示，再执行“对齐”菜单中的命令，则它们会与单击的那一图层对齐，如图3-117（执行“垂直居中”命令的对齐结果）所示。

图3-115

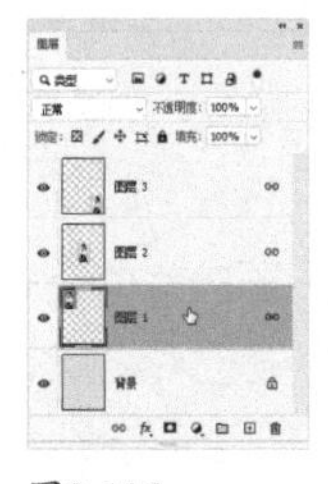

图3-116

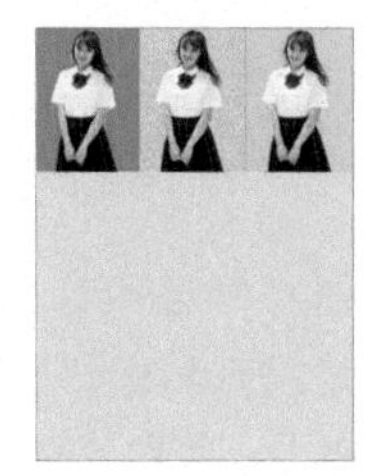

图3-117

3.5.2 按照一定间隔分布图层

选择3个或更多的图层以后，如图3-118所示，打开“图层>分布”子菜单，如图3-119所示，使用其中的命令可进行分布操作。

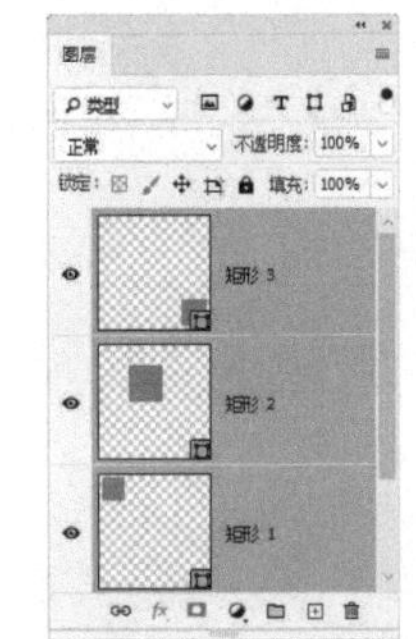

图3-118

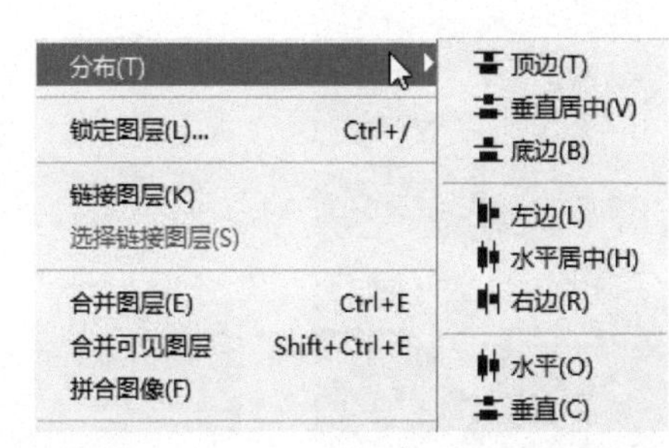

图3-119

与对齐命令相比，分布的效果有时并不直观，其要点在于：“顶边”“底边”等是从每个图层的顶端或底端像素开始间隔均匀地分布；而“垂直居中”“水平居中”则是从每个图层的垂直或水平中心像素开始间隔均匀地分布，如图3-120所示。

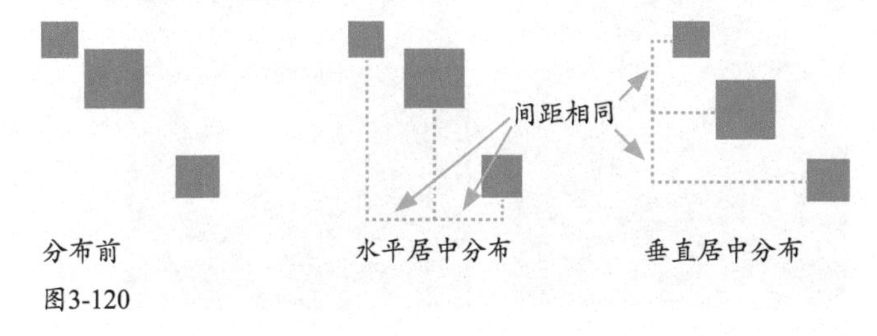

图3-120

3.5.3 巧用移动工具进行对齐和分布

选择需要对齐或分布的图层后，再选择移动工具✥，它的工具选项栏中会显示一排按钮，如图3-121所示。单击其中的按钮，便可进行对齐和分布操作，这要比使用菜单命令方便。

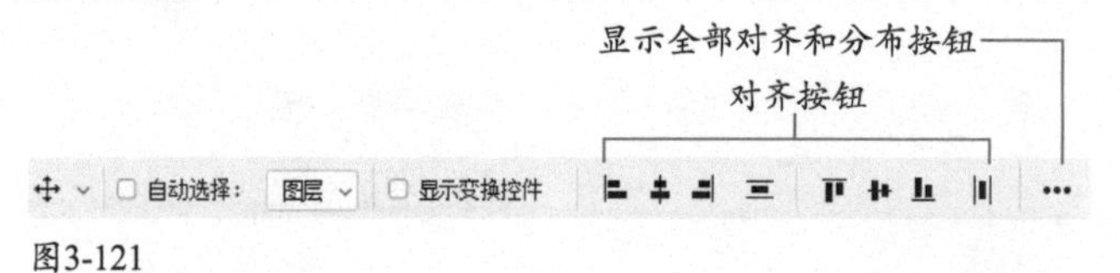

图3-121

这些按钮与“对齐”“分布”菜单命令前方的图标完全一样，只是没有名称。如果要查看名称，可以将鼠标指针移动到按钮上，停留片刻便会显示出来。

3.5.4 基于选区对齐图层

创建选区后，如图3-122所示，单击一个图层，如图3-123所示，执行“图层>将图层与选区对齐”子菜单中的命令，如图3-124所示，可基于选区对齐所选图层，如图3-125（顶边对齐）和图3-126（右边对齐）所示。

图3-122

图3-123

图3-124

图3-125

图3-126

3.5.5 实战：使用标尺和参考线对齐对象

标尺是一种测量工具（*见随书电子文档46页*）。从标尺中可以拖曳出参考线。

01 按Ctrl+N快捷键，创建一个7厘米×3厘米、分辨率为300像素/英寸的文档（注：1英寸约等于2.54厘米），如图3-127所示。执行“视图>标尺”命令（快捷键为Ctrl+R），窗口顶部和左侧会显示标尺。在标尺上单击鼠标右键，打开快捷菜单，将测量单位改为厘米，如图3-128所示。

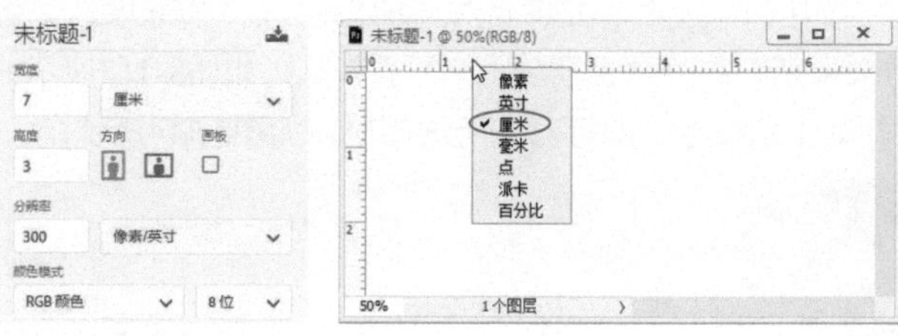

图3-127 图3-128

02 将鼠标指针放在水平标尺上，向下拖曳，可拖出水平参考线。在垂直标尺上拖出3条垂直参考线，操作时需要按住Shift键，以便让参考线与标尺上的刻度对齐，如图3-129所示。如果参考线没有对齐，可以选择移动工具✥，将鼠标指针放在参考线上，鼠标指针变为╬状时进行拖曳，便可将其移动到准确位置上，如图3-130所示。

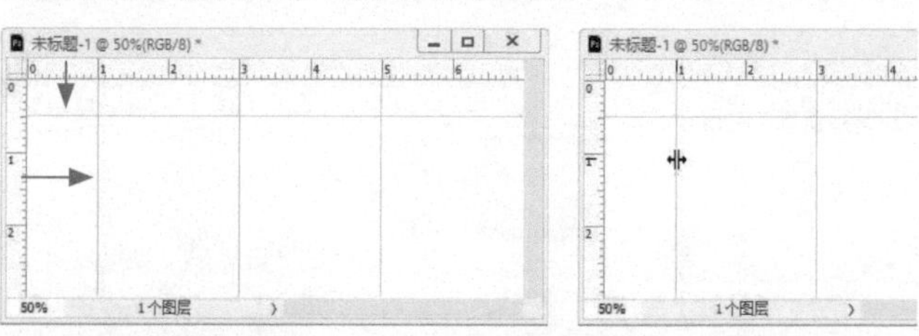

图3-129 图3-130

03 打开素材。使用移动工具✥将图标拖入创建了参考线的文件中，并以参考线为基准进行对齐，如图3-131所示。

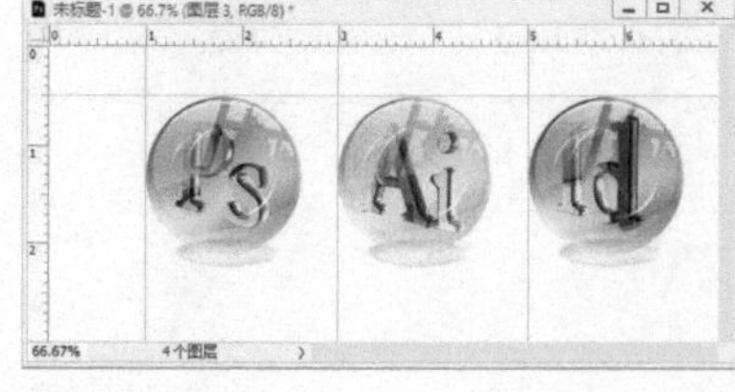

图3-131

3.5.6 实战：紧贴对象边缘创建参考线

设计制作版面、UI、网页和App时，画面中的设计要素整齐有序，才能产生整体感和稳定感，否则作品看上去会显得松散、杂乱。人

的眼睛、大脑非常灵敏，一点点的偏移也能够察觉到。而紧贴图层内容的边缘创建参考线，就不会有任何的偏差。

01 打开素材，如图3-132所示。单击图标所在的图层，如图3-133所示，执行“视图>通过形状新建参考线”命令，紧贴图标边缘创建参考线，如图3-134所示。

图3-132

图3-133

图3-134

02 下面使用标尺测量图标的尺寸。按Ctrl+R快捷键显示标尺。在标尺上单击鼠标右键，打开快捷菜单，将单位改为毫米，如图3-135所示。

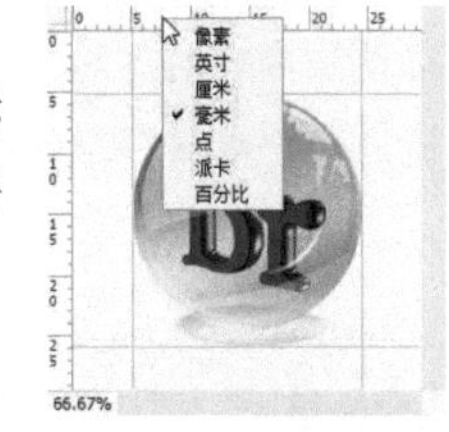

图3-135

03 将鼠标指针移动到窗口左上角，这里是标尺的原点，即坐标（0，0）标记处，向右下方拖曳，画面中会显示黑色十字线，将其拖曳到图标左上角的参考线交汇处，如图3-136所示，放开鼠标左键，这里便成为新的原点，即图标左上角的坐标此时为（0，0），如图3-137所示。

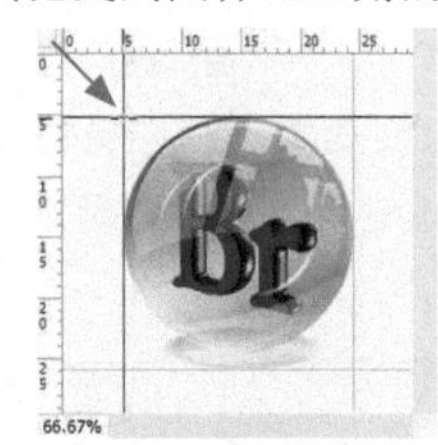

图3-136

图3-137

提示

标尺的原点也是网格的原点，因此，调整标尺的原点，也就同时调整了网格的原点。如果要将原点恢复到默认的位置，可以在窗口左上角（水平和垂直标尺相交处）双击。

04 连续按Ctrl++快捷键，放大视图比例。按住空格键并拖曳鼠标，将画面中心移动到图标右上角，观察图标的宽度，显示的是19.5毫米，如图3-138所示。将画面中心移动到图标右下角，此处显示的是20.8毫米，如图3-139所示。由此可知，图标的尺寸为19.5毫米（宽度）×20.8毫米（高度）。

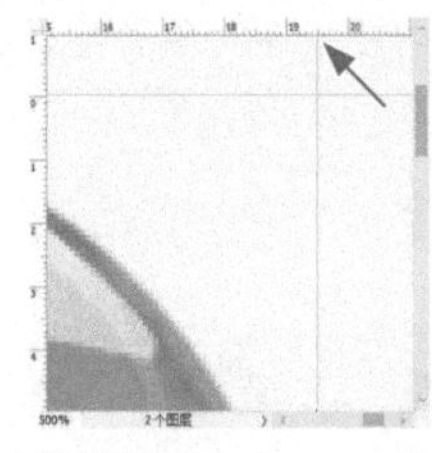

图3-138

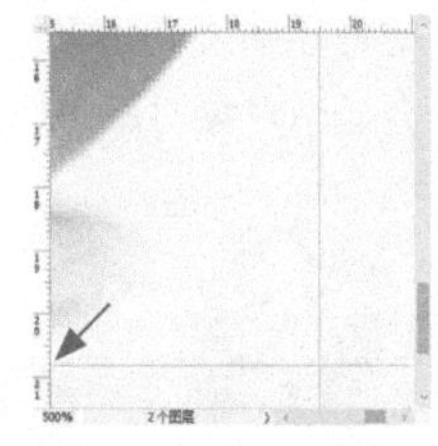

图3-139

05 使用“信息”面板也可以查看图标的尺寸。打开该面板，将鼠标指针放在图标右下角边界的参考线上，定位准确后鼠标指针会变为⟛状（或⟠状），如图3-140所示。此时观察“信息”面板，如图3-141所示。可以看到，X（宽度）为19.5，Y（高度）为20.8，与标尺上显示的一致。

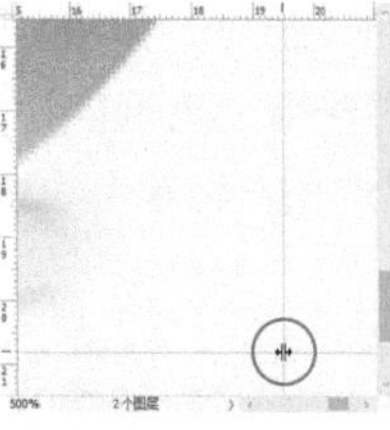

图3-140

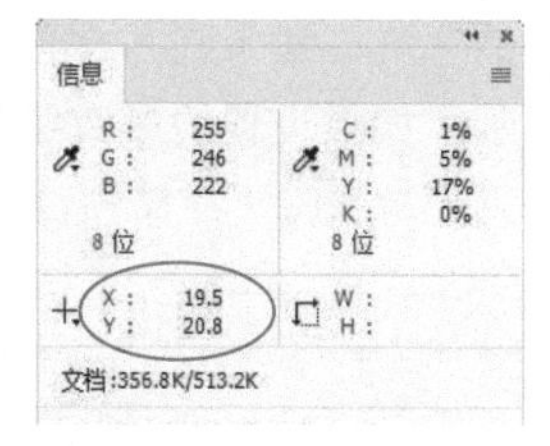

图3-141

技术看板 锁定、删除参考线

如果手动放置参考线无法准确定位（如放在水平方向5.23厘米处就很难操作），可以执行“视图>新建参考线”命令，打开“新建参考线”对话框进行设置。如果不想创建好的参考线被意外移动，可以执行“视图>锁定参考线”命令，将参考线的位置锁定（解除锁定也是执行该命令）。

将参考线拖曳回标尺，可将其删除。如果要删除某个画板上的所有参考线，可以在“图层”面板中单击该画板，然后执行“视图>清除所选画板参考线”命令。如果只想删除画布上的参考线，保留画板上的参考线，可以执行“清除画布参考线”命令。如果要删除所有参考线，可以执行“视图>清除参考线”命令。

3.5.7 参考线版面，版式设计好帮手

有一种版面设计叫作网格设计，就是将画面用一定间隔的直线分隔开，版面中的图像、文字等布局整齐规范，井然有序。这种排版方式十分常见，多用于商品目录，如图3-142所示。此外，网页制作基本上都采用网格设计，如图3-143所示。

图3-142

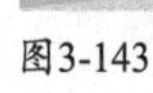

图3-143

要制作这种版面，可以执行“视图>新建参考线版面”命令，一次性创建多条参考线，并可设置行的高度和列的宽度、参考线与文件的边距等，如图3-144和图3-145所示。如果设置的参数经常使用，还可以打开“预设”下拉列表，选择“存储预设”选项，将参考线保存为预设。

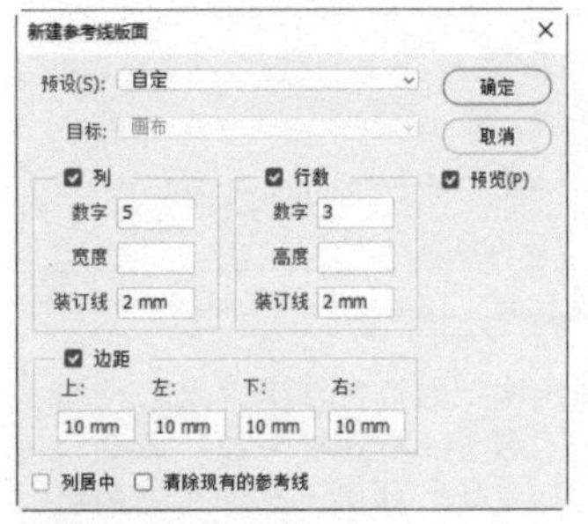

图3-144

图3-145

3.5.8 使用网格对称布局

如果仅出于对称布置对象的需要，则不必创建复杂的参考线版面，使用网格便可。网格是一种预先设定好的、以一定间隔排列的参考线，执行“编辑>首选项>参考线、网格和切片”命令，可调整其间距、样式（点状、线条状）和颜色。

打开文件，如图3-146所示。执行“视图>显示>网格”命令，即可显示网格，如图3-147所示。操作前还要执行“视图>对齐>网格”命令，开启对齐，之后创建选区、进行移动和变换等操作时，对象就会自动对齐到网格上。

图3-146

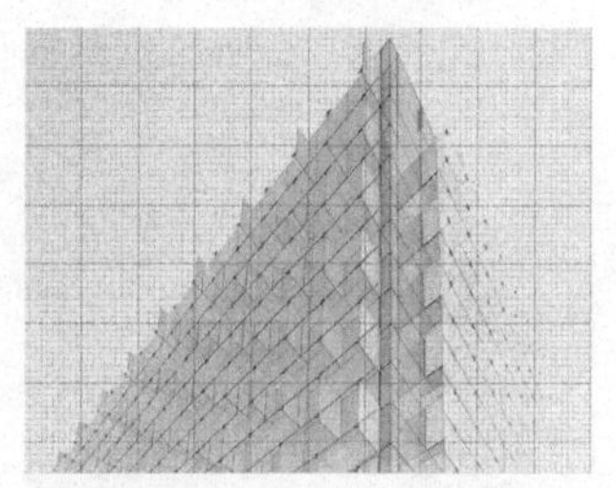
图3-147

3.5.9 实战：使用智能参考线和测量参考线对齐对象

智能参考线非常“善解人意”，只在需要的时候出现，不用时会自动“隐身”，不像其他参考线和网格始终占据画面空间，影响观察效果。智能参考线可以辅助对齐图像、形状、文字、切片和选区。当使用移动工具 ✥ 进行移动操作时，它还会变成测量参考线，显示当前对象与其他对象之间的距离，这样就可以轻松地让对象以一定的间隔均匀分布。

扫码看视频

01 打开素材，如图3-148所示。执行“视图>显示>智能参考线”命令，启用智能参考线（关闭智能参考线也是执行这个命令）。单击图像所在的图层，如图3-149所示。

图3-148

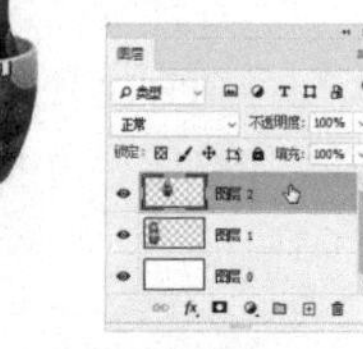
图3-149

02 使用移动工具 ✥ 拖曳对象，Photoshop会以图层内容的上、下、左、右4条边界线和1个中心点作为对齐点进行自动捕捉，如图3-150所示，当中心点或任意一条边界线与其他图层内容对齐时，就会出现智能参考线，通过它便可手动对齐图层，非常容易操作。图3-151所示为底对齐效果。

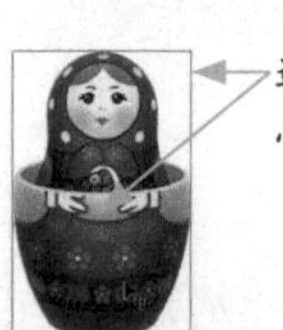

图3-150

图3-151

03 单击并按住Alt键拖曳鼠标，复制对象，此时可显示测量参考线，通过它可均匀分布对象，如图3-152所示。

图3-152

04 将鼠标指针放在图像上方，按住Ctrl键不放，也会显示测量参考线。在这种状态下，可以查看当前对象与其他对象的距离参数，如图3-153所示；也可以按→、←、↑、↓键轻移图层。将鼠标指针放在对象外边，按住Ctrl键不放，则会显示对象与画布边缘之间的距离，如图3-154所示。

图3-153

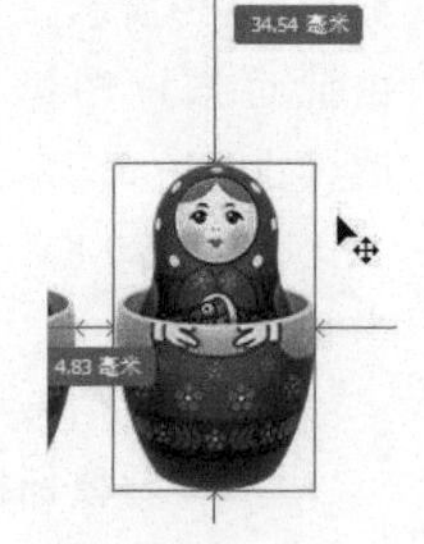

图3-154

·PS技术讲堂·

开启对齐功能

怎样开启对齐功能

想要对齐图层或者想将选区、裁剪选框、切片、形状和路径放在准确位置上时，便可使用对齐功能辅助操作。需要注意的是，启用之前，先看一看“视图>对齐”命令是否处于选取状态（默认为选取）。如果没有，应执行该命令，然后在“视图>对齐到”子菜单中选择一个对齐项目，如图3-155所示。带有“√”标记的命令表示启用了相应的对齐功能。关闭对齐功能也是到该子菜单中选择相应的命令，取消左侧的“√”标记即可。

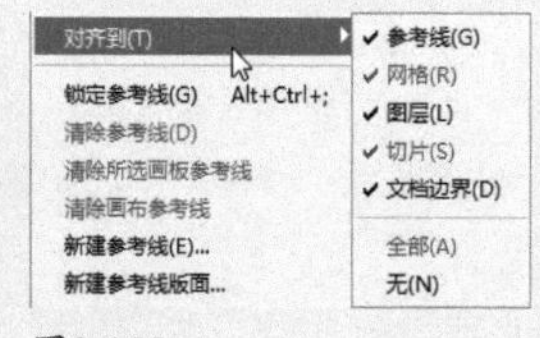

图3-155

额外内容

参考线、网格、路径、选区、切片、文本边界、文本基线和文本选区都属于图像编辑辅助工具，即额外内容，只在Photoshop中才会显示，且不能打印。

需要使用额外内容时，应首先执行“视图>显示额外内容”命令（使该命令前出现一个“√”），然后在“视图>显示”子菜单中选择相应的命令即可，如图3-156所示。如果要隐藏额外内容，可再次选择“视图>显示额外内容”命令。

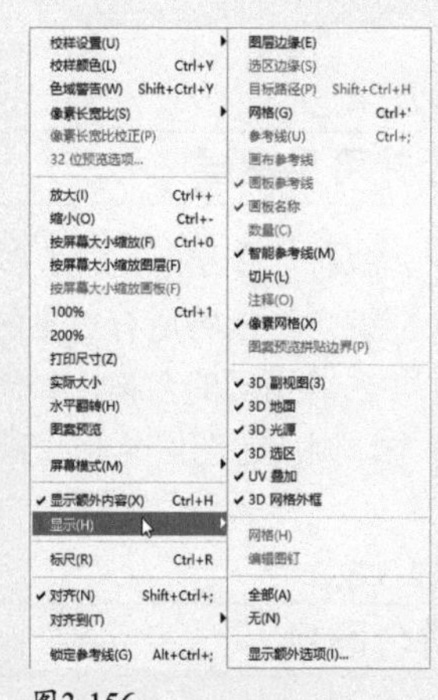

图3-156

其中，“图层边缘”可显示图层内容的边缘，想要查看透明层上的图像边界时，可以启用该功能；“选区边缘”和“目标路径”分别代表选区和路径；“画布参考线”和“画板参考线”分别代表画布和画板上的参考线；“画板名称”即创建画板时所显示的画板名称（位于画布左上角）；“数量”代表计数数目；“切片”代表切片的定界框；“注释”代表注释信息；“像素网格”代表像素之间的网格，将文档窗口放大至最大的级别后，可以看到像素之间用网格划分，取消该命令的选择时，像素之间不显示网格；“图案预览拼贴边界”，即使用“图案预览”命令（见138页）创建图案时显示画布边界；“网格”表示执行“编辑>操控变形”命令时显示变形网格；“编辑图钉”表示使用“场景模糊”“光圈模糊”“倾斜偏移”滤镜时，显示图钉等编辑控件；“全部”/“无”可以显示或隐藏以上所有选项；如果想要同时显示或隐藏以上多个选项，可以执行“显示额外选项”命令，在打开的“显示额外选项”对话框中进行设置。

合并、删除与栅格化图层

当图层数量增多以后，很多麻烦也会随之而来，如占用更多的内存，导致计算机的处理速度变慢，也会使“图层”面板变得“臃肿”，增加查找图层的难度。就像房间需要打扫一样，图层也应及时整理。

3.6.1 实战：合并图层

为减少图层数量，或者需要将设计图稿交与第三方审核、排版、打印时，可以合并图层。有一个重要提醒：合并前，一定要把原始的PSD格式分层文件做一个备份，否则合并并关闭文件后，无法恢复为分层状态。

01 单击一个图层，如图3-157所示，执行“图层>向下合并”命令（快捷键为Ctrl+E），可将它合并到下方图层中并使用其名称，如图3-158所示。

图3-157

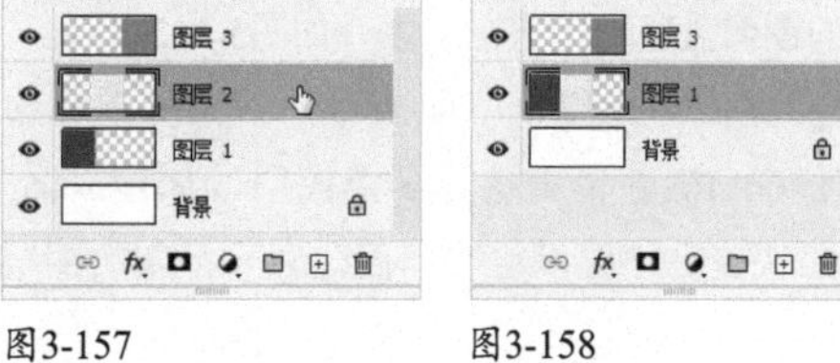

图3-158

02 如果想将两个或多个图层合并，可以按住Ctrl键并单击各个图层，将它们选取，如图3-159所示，之后按Ctrl+E快捷键。合并后使用的是合并前位于最上方的图层的名称，如图3-160所示。

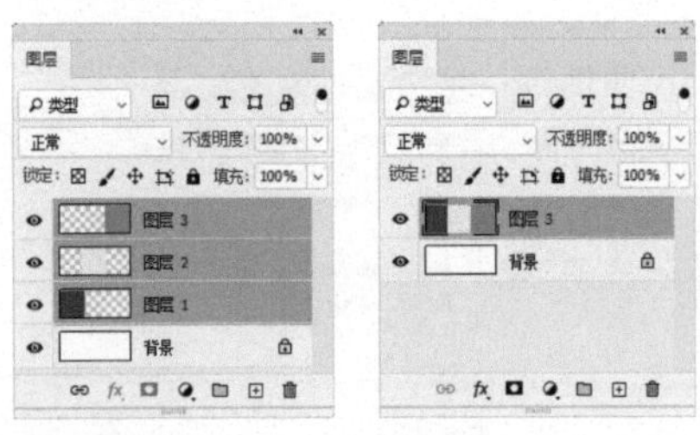

图3-159　　图3-160

3.6.2 合并可见图层

执行“图层>合并可见图层”命令，或按Shift+Ctrl+E快捷键，可以将所有可见的图层合并。合并后使用的是合并前当前图层的名称。如果在合并前“背景”图层为显示状态，则所有图层会合并到“背景”图层中。

3.6.3 拼合图像

执行“图层>拼合图像”命令，可以将所有图层拼合到“背景”图层中，原图层中有透明区域的，将以白色进行填充。如果“图层”面板中有隐藏的图层，则会弹出一个提示，询问是否将其删除。

3.6.4 实战：将图像盖印到新的图层中

要点

扫码看视频

盖印是一种特殊的图层合并方法，它能在保持各个图层完好无损的状态下，将各个图层所承载的对象合并到一个新的图层中。也就是说，用盖印的方法合并图层会增加图层数量。如果想要得到某些图层的合并效果，而又要保证原图层完整，盖印便是最佳办法。

01 单击一个图层，如图3-161所示。按Ctrl+Alt+E快捷键，可以将该图层的图像盖印到下方图层中，如图3-162所示。

02 按Ctrl+Z快捷键撤销操作。下面来看一下怎样盖印多个图层。按住Ctrl键并单击选择多个图层，如图3-163所示，按Ctrl+Alt+E快捷键，可以将它们盖印到一个新的图层中，如图3-164所示。

03 按Ctrl+Z快捷键撤销操作。按Shift+Ctrl+Alt+E快捷键，可以将所有可见图层盖印到一个新的图层中，如图3-165所示。

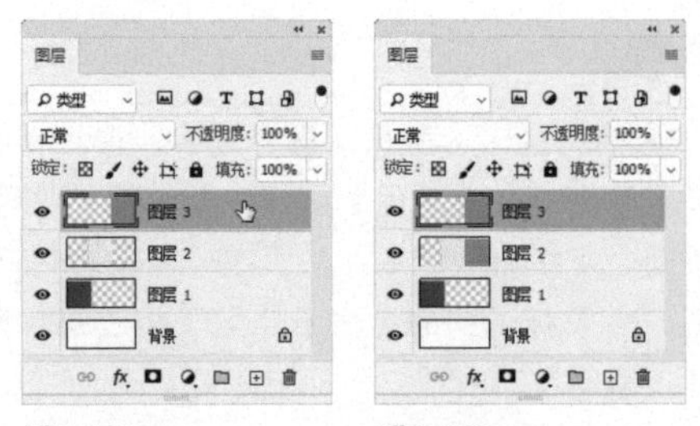

图3-161　　图3-162

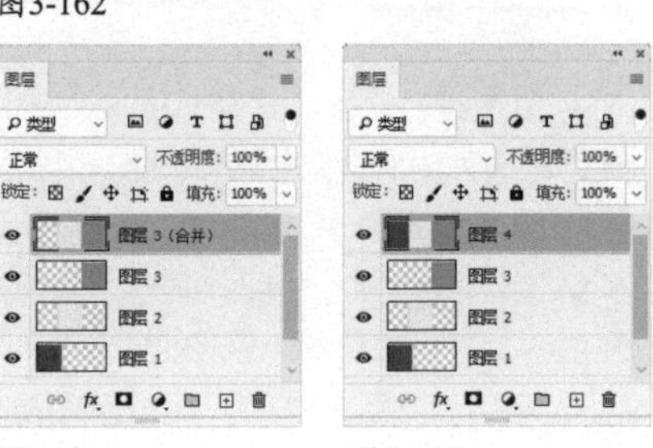

图3-163　　图3-164　　图3-165

提示

盖印多个图层时，所选图层可以是不连续的，盖印所生成的图层将位于所有参与盖印的图层的最上方。但是如果所选图层中包含“背景”图层，则图像将盖印到“背景”图层中。

技术看板　盖印图层组

单击图层组，将其选择，按Ctrl+Alt+E快捷键，可以将组中的所有图层盖印到一个新的图层中，原图层组保持不变。

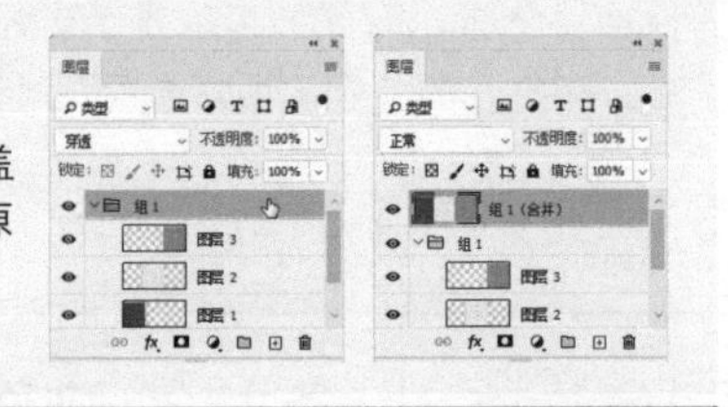

3.6.5 实战：删除图层

扫码看视频

01 单击一个图层，如图3-166所示，按Delete键，可将其删除，如图3-167所示。如果选取了多个图层，则可将它们全部删除。如果要删除当前图层，则直接按Delete键即可。

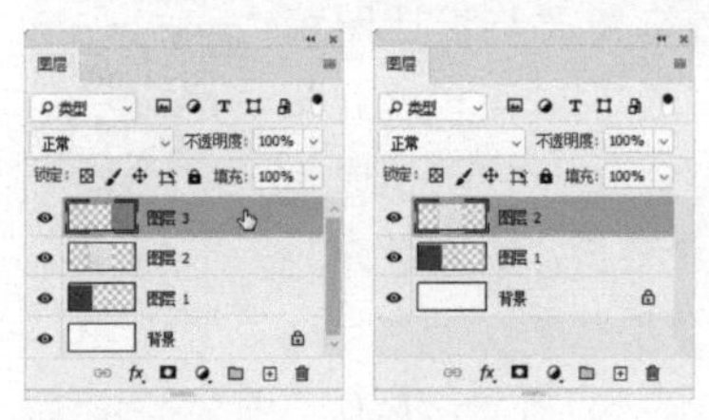

图3-166　　图3-167

02 由于单击一个图层就会将其设置为当前图层，因此，上面的方法会改变当前图层。如果不想改变当前图层，可将图层拖曳到“图层”面板中的 按钮上进行删除，如图3-168和图3-169所示。

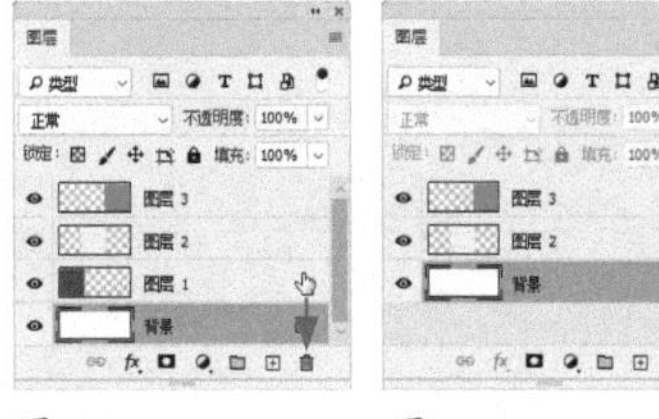

图3-168　图3-169

03 如果图层列表较长，则需要拖曳很长距离才能将图层拖到 按钮上，这样操作并不方便。在这种情况下，可以在图层上单击右键，打开快捷菜单，选择“删除图层”命令来进行删除，如图3-170所示。此外，执行“图层>删除”子菜单中的命令，也可以删除当前图层或“图层”面板中所有隐藏的图层。

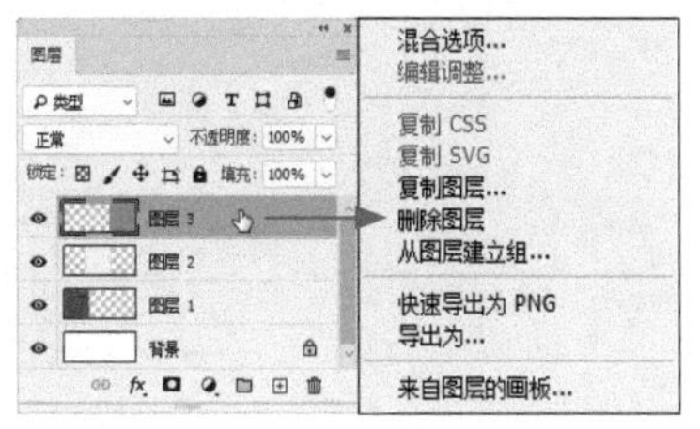

图3-170

3.6.6 将图层内容栅格化

Photoshop中用于编辑像素的工具，如画笔工具、污点修复画笔工具、仿制图章工具、涂抹工具等不能处理文字图层、形状图层、矢量蒙版等矢量对象。此外，智能对象、视频、3D模型等特殊对象在编辑时，也会受到一些限制。如果遇到这些对象不能编辑的情况，可以使用“图层>栅格化”子菜单中的命令，如图3-171所示，将其栅格化（转换为图像），之后就可以操作了。

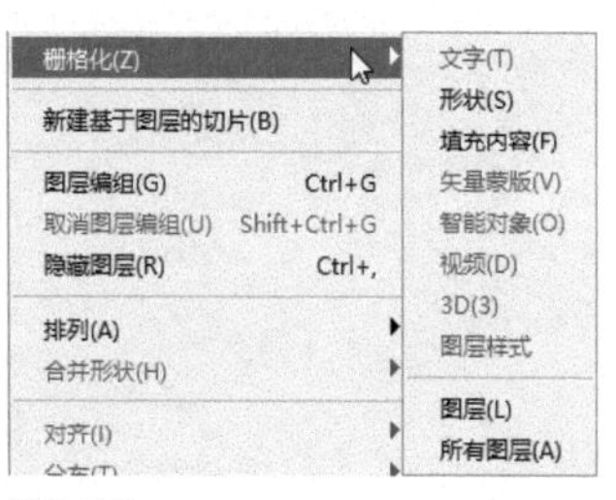

图3-171

- 文字：将文字转换为位图。栅格化后，文字内容不能再修改。
- 形状/填充内容/矢量蒙版：执行“形状”命令，可以栅格化形状图层；执行“填充内容”命令，可以栅格化形状图层的填充内容，并基于形状创建矢量蒙版；执行“矢量蒙版”命令，可以栅格化矢量蒙版，将其转换为图层蒙版。
- 智能对象：栅格化智能对象，将其转换为像素。
- 视频/3D：栅格化视频图层或3D图层。
- 图层样式：栅格化图层样式，并将其应用到图层内容中。
- 图层/所有图层：执行“图层”命令，可以栅格化当前选择的图层；执行“所有图层”命令，可以栅格化包含矢量数据、智能对象和生成的数据的所有图层。

3.7 图层样式

需要给对象添加阴影，使其散发光芒、呈现立体效果、表现金属质感等，可以使用图层样式。图层样式能创建真实的质感、纹理和特效，操作方法简便、灵活并可修改。

3.7.1 图层样式添加方法

图层样式也称为“图层效果”或“效果”。如果看到本书中出现为图层添加某一效果时，如“阴影”效果，指的就是添加“阴影”图层样式。需要为某一图层添加图层样式时，首先单击该图层，再采用下面任意一种方法打开“图层样式”对话框，然后进行参数设置。

扫码看视频

- 打开“图层>图层样式”子菜单，执行一个效果命令，可以打开“图层样式”对话框，并进入相应效果的设置面板。
- 双击需要添加效果的图层，可打开“图层样式”对话框，在对话框左侧选择要添加的效果，即可切换到该效果的设置面板。
- 在“图层”面板中单击 fx 按钮，打开下拉列表，执行一个效果命令，如图3-172所示，可以打开“图层样式”对话框并进入相应效果的设置面板，如图3-173所示。

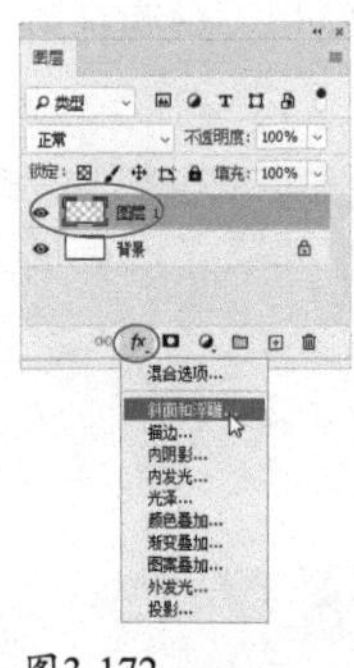

图3-172

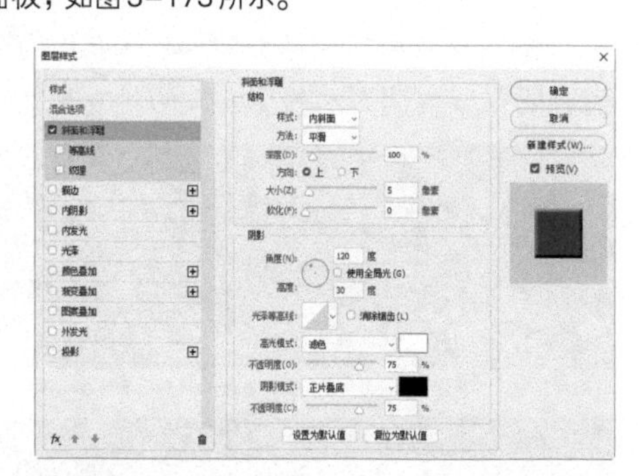

图3-173

“图层样式”对话框的左侧列出了10种效果，如图3-174所示。单击一个效果的名称，即可添加这一效果（其左侧的复选框被勾选），并在对话框的右侧显示与之对应的选项，如图3-175所示。如果单击效果名称前的复选框，则会应用效果，但不显示选项，如图3-176所示。取消勾选一个效果前面的复选框，可停用该效果，保留其参数。

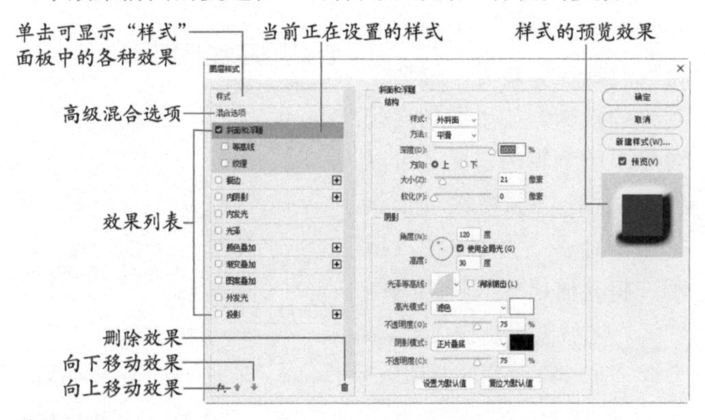

图3-174

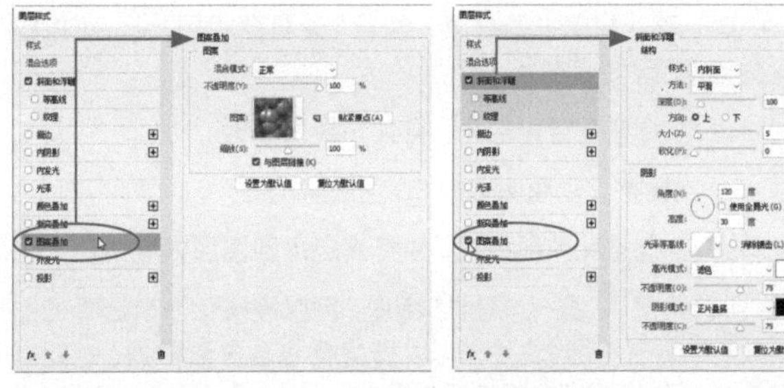

图3-175　图3-176

“图层样式”对话框中还包含类似“滤镜库”中的效果图层，可以实现多重效果。例如，添加一个“描边”效果后，如图3-177所示，单击其右侧的⊞按钮，可以再添加一个“描边”效果。此后可进行编辑，如修改描边颜色和宽度，如图3-178所示，单击⬇按钮，将其调整到另一个效果的下方，得到双重描边，如图3-179所示。

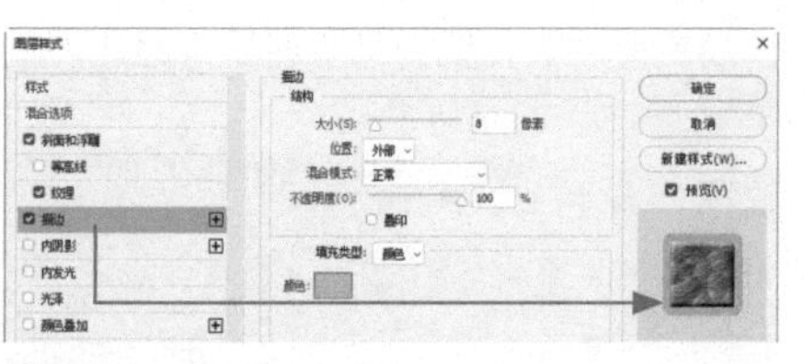

图3-177

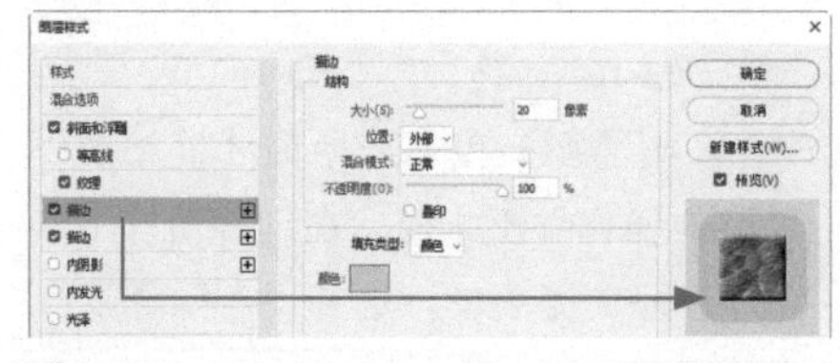

图3-178

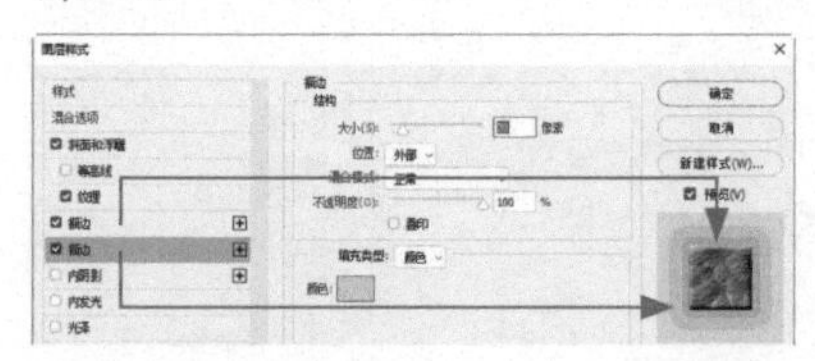

图3-179

设置效果参数并关闭对话框后，图层右侧会显示 fx 状图标，下方是效果列表，如图3-180所示。单击⌃（或⌄）按钮可折叠（或展开）该列表，如图3-181所示。

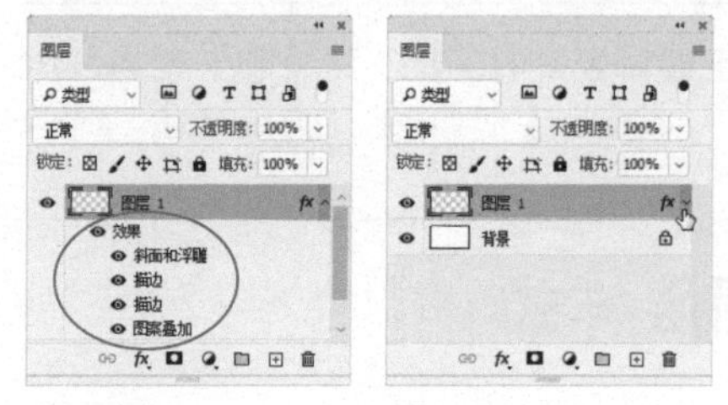

图3-180　图3-181

3.7.2 图层样式概览及特点

图层样式可以创建5种浮雕（包含等高线和纹理两种附加效果）、3种叠加效果（颜色叠加、渐变叠加和图案叠加）、两种阴影（内阴影和投影）、两种发光效果（内发光和外发光），以及描边和光泽特效，如图3-182所示。

图3-182

图层样式具有以下特点。

- **非破坏性**：添加图层样式后，可以随时修改参数，也可增加和减少样式。由于图层样式是附加在图层上的，可以删除且不会破坏图层内容。
- **可复制**：一个图层中的图层样式可以全部或部分复制给其他图层使用。
- **独立于图层**：图层样式可单独缩放，而不会影响图层内容，也可以从图层中剥离出来（*见32页*），成为图像。
- **应用广泛**：除了"背景"图层外，其他任何图层只要没有锁定全部属性（即没有单击"图层"面板中的 🔒 按钮），便可添加图层样式，甚至包含调整图层这种只有指令没有内容的图层，如图3-183所示。锁定了部分属性的图层也可添加，如图3-184所示。

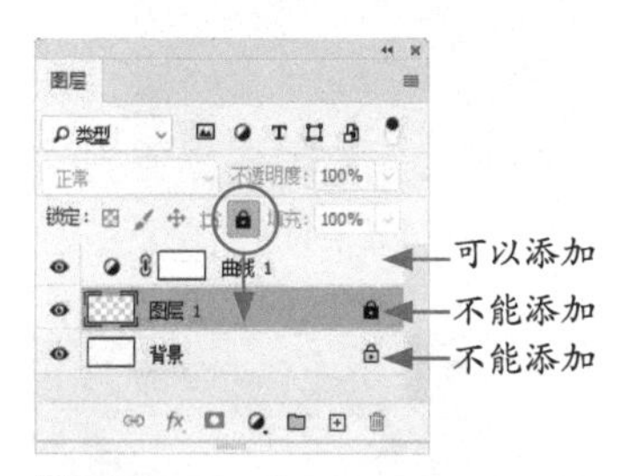

图3-183

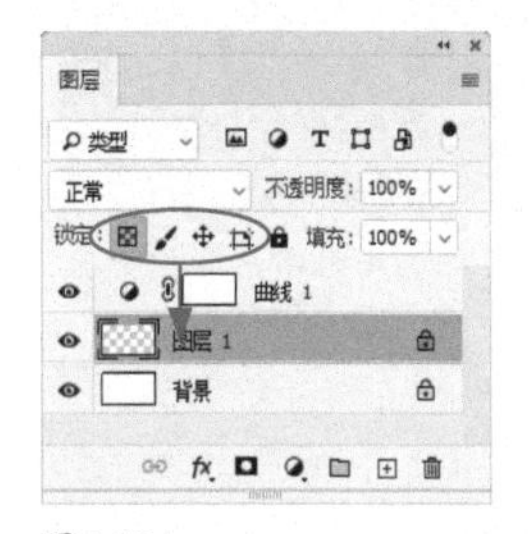
图3-184

- 用户可以将自己编辑的图层样式创建为样式预设，保存到"样式"面板中或存储为样式库。

3.7.3

实战：在笔记本上压印图像（斜面和浮雕效果）

要点

下面使用"斜面和浮雕"效果在笔记本上制作压印的图形和文字，如图3-185所示。本实战的重点是等高线（*见64页*）和"填充"值（*见143页*）的设置方法。等高线决定了浮雕形状，是表现压印立体感的关键。调整"填充"值可以让压印痕迹看上去浑然天成。

扫码看视频

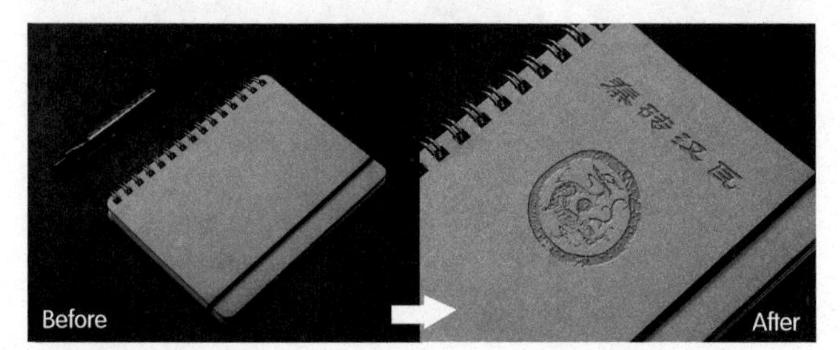

图3-185

01 打开素材，如图3-186所示。这是一个分层文件，包含文字图形和瓦当图像，如图3-187所示。单击"瓦当"图层，将其"填充"设置为0%以隐藏瓦当图像，如图3-188所示。双击该图层，打开"图层样式"对话框，添加"斜面和浮雕"效果，如图3-189所示，以创建压印痕迹。

图3-186

图3-187

图3-188

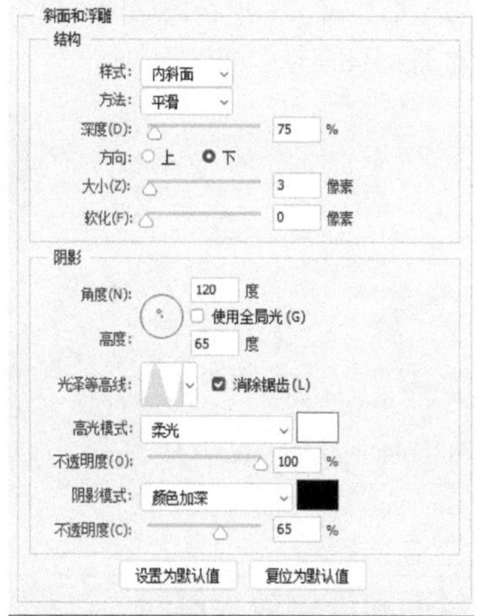

图3-189

> **提示**
>
> 由于瓦当图像已被隐藏，为它添加的效果便留在了笔记本的封面上，这是一种偷梁换柱的技巧（*原理见143页*）。目前阶段，我们还是以掌握方法为学习重点，原理方面由于涉及其他功能，理解起来会有一定的难度。后面章节的"PS技术讲堂"会从各个功能的原理层面进行解读，让大家知其然，也能知其所以然。

02 按Ctrl+T快捷键显示定界框（*见74页*），将鼠标指针放在定界框外，进行拖曳，使图像旋转，如图3-190所示，按Enter键确认。单击文字所在的图层，如图3-191所示。

图3-190

图3-191

03 按Ctrl+T快捷键显示定界框，对文字进行旋转，如图3-192所示。按住Alt+Ctrl键并配合鼠标拖曳右上角的控制点，进行斜切扭曲处理，如图3-193所示，按Enter键确认。

图3-192

图3-193

04 按住Alt键，将“瓦当”图层的效果图标 fx 拖曳给文字所在的图层，如图3-194所示，将效果复制给文字图层。然后将文字所在图层的“填充”也设置为0%，如图3-195和图3-196所示。

图3-194

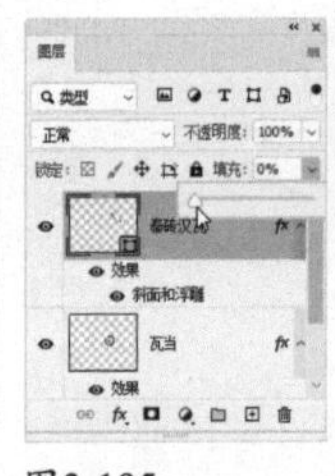

图3-195

图3-196

3.7.4 斜面和浮雕效果解析

“斜面和浮雕”效果可以为图层内容划分出高光和阴影块面，再对高光块面进行提亮，阴影块面进行压暗，图层内容看上去就会呈现立体效果。

设置“斜面和浮雕”

- 样式：在该下拉列表中可以选择浮雕样式。“外斜面”是从图层内容的外侧边缘开始创建斜面，下方图层成为斜面，使浮雕范围显得很宽大；“内斜面”是在图层内容的内侧边缘创建斜面，即从图层内容自身“削”出斜面，因此，会显得比“外斜面”纤细；“浮雕效果”介于二者之间，它从图层内容的边缘创建斜面，斜面范围一半在边缘内侧，一半在边缘外侧；“枕状浮雕”的斜面范围与“浮雕效果”相同，也是一半在外、一半在内，但图层内容的边缘是向内凹陷的，可以模拟图层内容的边缘压入下层图层中所产生的效果；“描边浮雕”是在描边上创建浮雕，斜面与描边的宽度相同，要使用这种样式，需要先为图层添加“描边”效果。图3-197和图3-198所示为原图及各种浮雕样式。

未添加效果的方块图形

图3-197

外斜面（从边缘向外创建斜面）

内斜面（从边缘向内创建斜面）

浮雕效果（斜面范围一半在边缘内，一半在外）

枕状浮雕（图层内容的边缘向内凹陷）

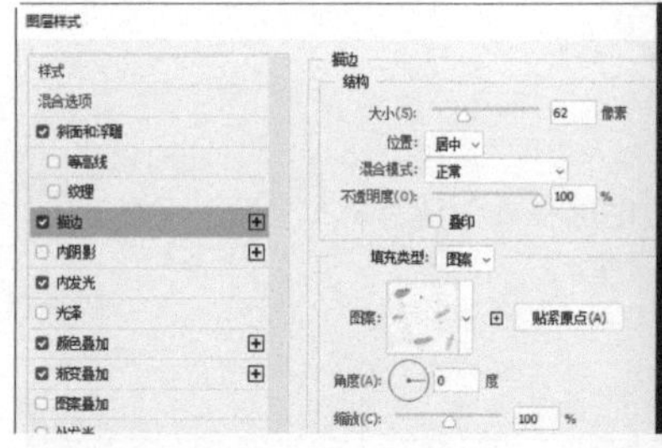

描边浮雕（添加“描边”效果，之后选取“描边浮雕”选项）

图3-198

- 方法：用来设置浮雕边缘，效果如图3-199所示。“平滑”可以创建平滑柔和的浮雕边缘；“雕刻清晰”可以创建清晰的浮雕边缘，适合表面坚硬的物体，也可用于消除锯齿形状（如文字）的硬边杂边；“雕刻柔和”可以创建清晰的浮雕边缘，但其效果较“雕刻清晰”更柔和。

平滑

雕刻清晰

雕刻柔和

图3-199

- 深度：增加“深度”值可以增强浮雕亮面和暗面的对比度，使浮雕的立体感更强。
- 方向：当设置好“角度”和“高度”参数后，可以通过该选项定位高光和阴影的位置。例如，将光源角度设置为90°后，选择“上”，高光位于上方，如图3-200所示；选择“下”，高光位于下方，如图3-201所示。
- 大小：用来设置浮雕斜面的宽度，效果如图3-202所示。

方向为“上”
图3-200

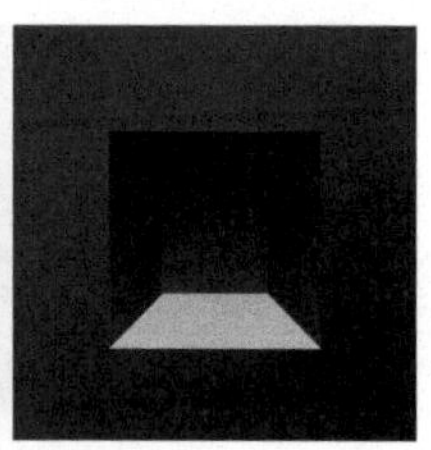
方向为“下”
图3-201

10像素

100像素

250像素

图3-202

- **软化**：可以使浮雕斜面变得柔和。
- **消除锯齿**：可以消除由于设置了光泽等高线而产生的锯齿。
- **高光模式/阴影模式/不透明度**：用来设置浮雕斜面中高光和阴影的混合模式和不透明度。单击前两个选项右侧的颜色块，可以打开“拾色器”对话框设置高光斜面和阴影斜面的颜色。

等高线和光泽等高线

“斜面和浮雕”效果有两个等高线，即等高线和光泽等高线，这是特别容易迷惑人的地方，也是该效果的复杂所在。

这两种等高线影响的对象完全不同。例如，图3-203所示的浮雕效果有5个面，无论使用哪种光泽等高线，都只改变光泽形状，浮雕仍然为5个面，如图3-204和图3-205所示。而修改等高线，不仅会使浮雕结构发生改变，如图3-206所示，还会生成新的浮雕斜面，如图3-207和图3-208所示。

图3-203

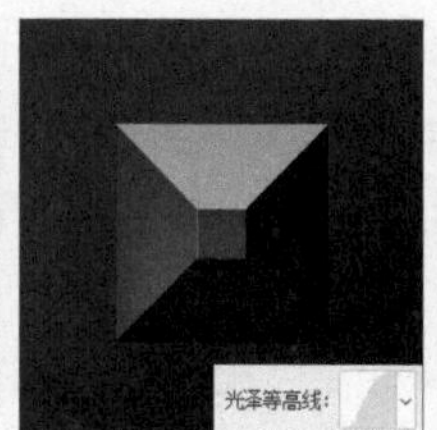

图3-204

图3-205

图3-206

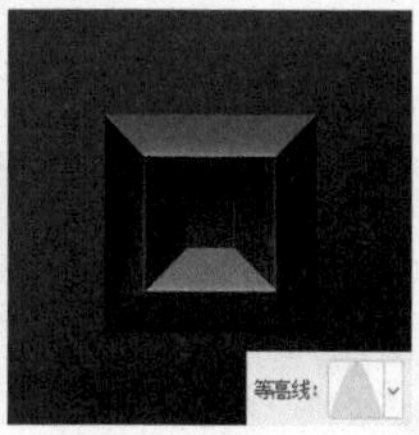

图3-207

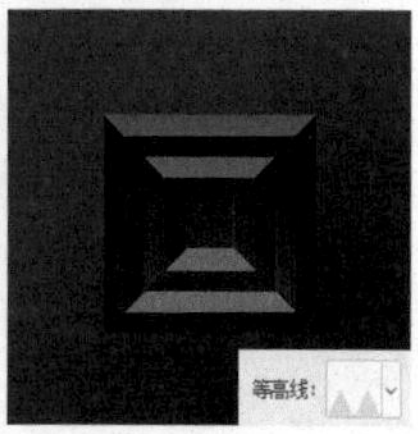

图3-208

纹理

在默认状态下使用“斜面和浮雕”效果时，所生成的浮雕的表面光滑而平整，非常适合表现水、凝胶、玻璃、不锈钢等光滑物体。然而，世界上绝大多数物体的表面并不平整，如拉丝金属、毛玻璃、表面粗糙的大理石、生锈的铁块等。其实，即便光滑的对象，其表面也绝非完全平整。

当需要浮雕的斜面凹凸不平时，可以添加“纹理”效果，如图3-209所示。纹理是图案素材，Photoshop根据图案的灰度信息将其映射在了浮雕的斜面上，这样浮雕就会产生凹陷和凸起变化。

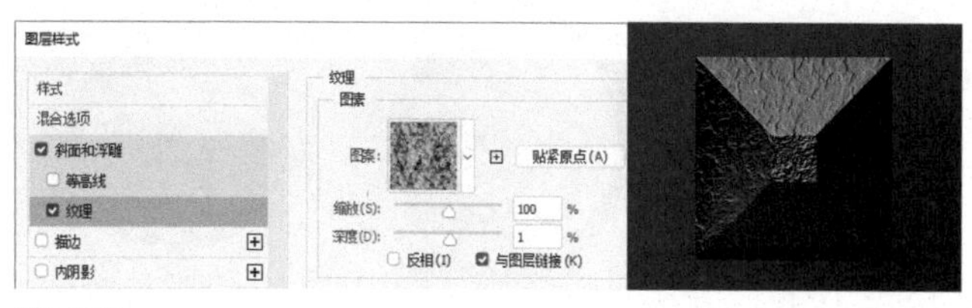

图3-209

- **图案**：单击图案右侧的按钮，可以在打开的下拉面板中选择一个图案，将其应用到斜面和浮雕上。
- **从当前图案创建新的预设** ⊞：单击该按钮，可以将当前设置的图案创建为一个新的预设图案，新图案会保存在“图案”下拉面板中。
- **缩放**：用于缩放图案。需要注意的是，图案是位图，放大比例过高会模糊。
- **深度**：“深度”为正值时图案的明亮部分凸起，暗部凹陷，如图3-210所示；为负值时明亮部分凹陷，暗部凸起，如图3-211所示。

图3-210

图3-211

- **反相**：可以反转纹理的凹凸方向。
- **与图层链接**：勾选该选项，可以将图案链接到图层，对图层进行变换操作时，图案也会一同变换，单击“贴紧原点”按钮，还可以将图案的原点对齐到文档的原点。如果取消勾选该选项，则单击“贴紧原点”按钮时，可以将原点放在图层的左上角。

3.7.5 描边效果

“描边”效果可以使用颜色、渐变和图案描画对象的轮廓，如图3-212~图3-214所示。该效果对于硬边形状，如文字特别有用。另外，创建“描边浮雕”效果时，也需要先添加该效果。

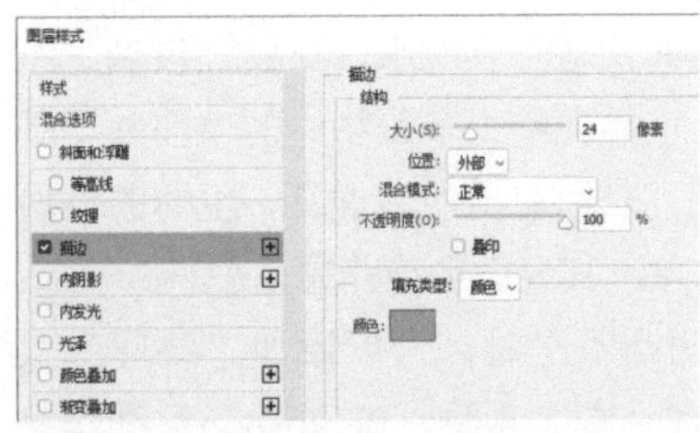

“描边”选项

图3-212

原图像

图3-213

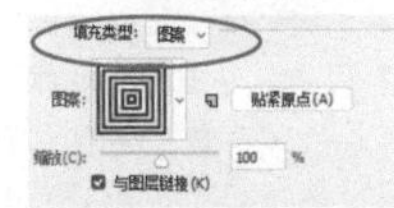

颜色描边　渐变描边　图案描边

图3-214

“描边”效果的参数比较简单。“大小”用来设置描边宽度；“位置”用来设置位于轮廓内部、中间还是外部；“填充类型”用来设置描边内容。

3.7.6 光泽效果

“光泽”与“等高线”都属于效果之上的效果，也就是说，它们是用来增强其他效果的，很少单独使用。

“光泽”效果可以生成光滑的内部阴影，常用来模拟光滑度和反射度较高的对象，如金属的表面光泽、瓷砖的高光面等。使用该效果时，可通过选择不同的“等高线”来改变光泽，如图3-215和图3-216所示。

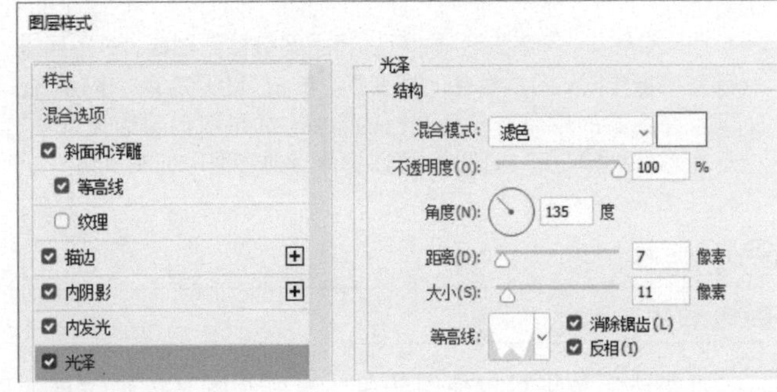

“光泽”选项

图3-215

无光泽　添加光泽

图3-216

- **角度：** 用来控制图层内容副本的偏移方向。
- **距离：** 添加“光泽”效果时，Photoshop将图层内容的两个副本进行模糊和偏移处理，从而生成光泽，“距离”选项用来控制这两个图层副本的重叠量。
- **大小：** 用来控制图层内容副本（即效果图像）的模糊程度。

3.7.7 实战：制作霓虹灯（外发光和内发光效果）

要点

扫码看视频

“外发光”和“内发光”效果可以沿图层内容的边缘创建向外或向内的发光效果，常用于制作发光类特效，如图3-217所示。本实战用到的功能较多，最好先看视频，再进行操作。如果还是有难度，可以暂时放一放，等学过“第6章 混合模式、蒙版与高级混合”内容后回过头来再做也不迟。

图3-217

01 选择横排文字工具 T ，在工具选项栏中选择字体，设置文字大小和颜色，如图3-218所示。在画布上单击，然后输入文字，如图3-219所示。如果没有相应字体，可以打开本实战的文字素材，从第2步开始操作。

02 按住Ctrl键并单击文字缩览图，如图3-220所示，从文字中载入选区，如图3-221所示。

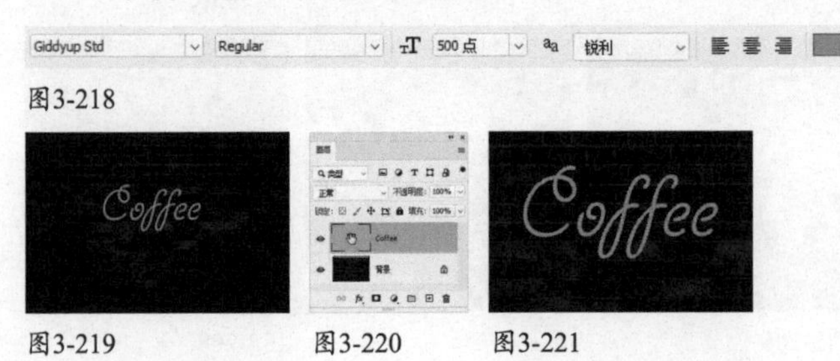

图3-218

图3-219　图3-220　图3-221

03 单击文字图层左侧的眼睛图标 ，将该图层隐藏。单击 按钮，新建一个图层。执行“编辑>描边”命令，对选区进行描边，如图3-222所示。按Ctrl+D快捷键取消对选区的选择，如图3-223所示。

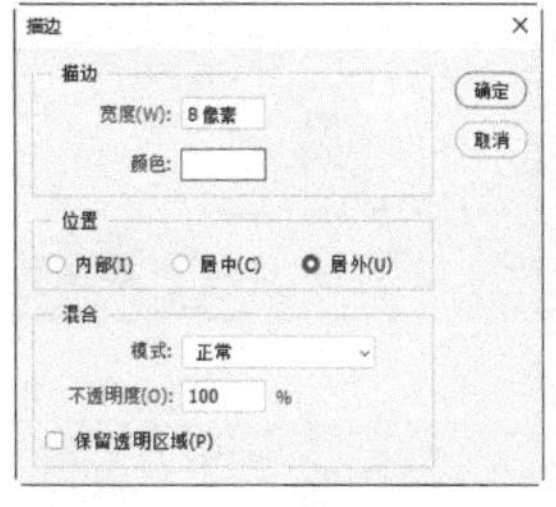

图3-222

图3-223

04 双击当前图层，打开“图层样式”对话框，添加“内发光”“外发光”“投影”效果，如图3-224~图3-227所示。

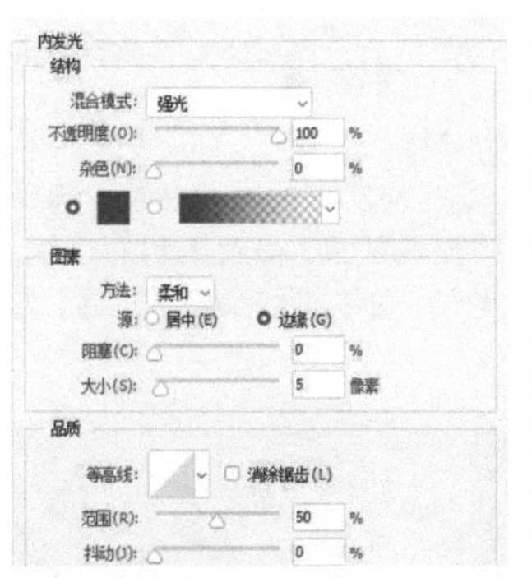

图3-224

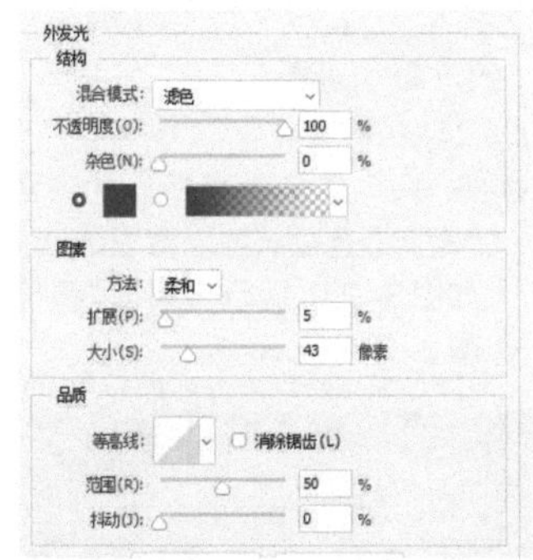

图3-225

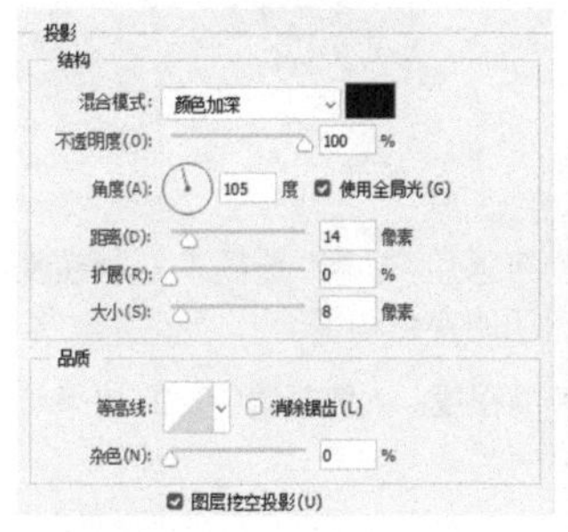

图3-226

图3-227

05 选择椭圆工具 ，在工具选项栏中选取“形状”选项，并设置描边颜色及宽度，如图3-228所示。在画面中创建椭圆图形，如图3-229所示。执行“图层>栅格化>形状”命令，将形状栅格化，使其转换为图像，并拖曳到文字图层下方，如图3-230所示。

图3-228

图3-229

图3-230

06 单击“图层”面板中的 按钮，添加蒙版。此时，前景色会自动变为黑色，选择画笔工具 及“硬边圆”笔尖，在椭圆与文字重叠的区域涂抹黑色，用蒙版将涂抹处遮盖住，这样椭圆上就出现缺口（将缺口处理成圆角）了，如图3-231和图3-232所示。

图3-231

图3-232

07 按住Alt键，将文字的效果图标 拖曳给椭圆，为椭圆复制相同的效果，如图3-233和图3-234所示。

图3-233

图3-234

08 双击当前图层，打开“图层样式”对话框，修改两个发光效果的发光颜色，如图3-235~图3-237所示。

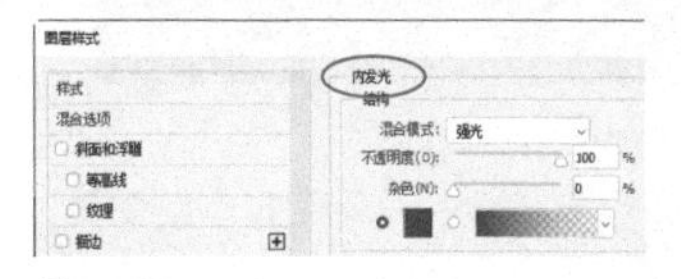

图3-235

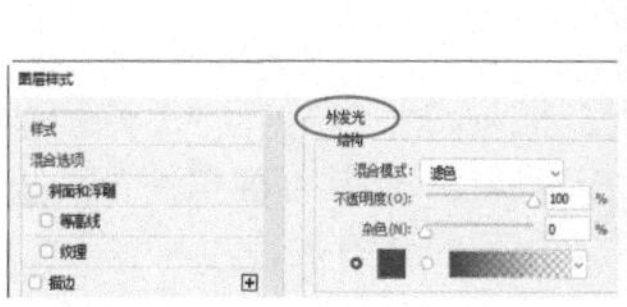

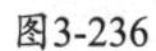

图3-236

图3-237

> 提示
>
> 如果椭圆缺口处效果生硬，或者缺口内出现效果，可以在“图层样式”对话框中勾选“图层蒙版隐藏效果”选项，将效果隐藏。
>
> 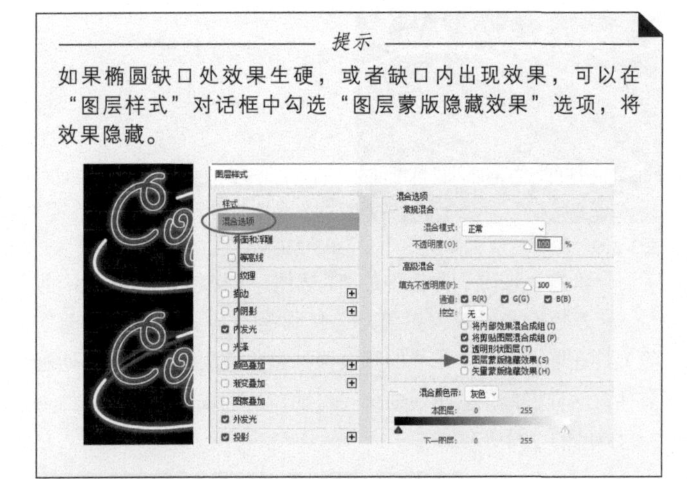

09 在“背景”图层上方新建一个图层。选择画笔工具 及柔边圆笔尖，在霓虹灯管下方涂抹蓝色和洋红色，增强光效，如图3-238和图3-239所示。

图3-238　图3-239

10 按住Shift键并单击最上方的图层，将图3-240所示的图层都选取。按Ctrl+G快捷键将选择的图层编入图层组中，设置组的混合模式为“线性减淡（添加）”，如图3-241和图3-242所示。

图3-240　图3-241　图3-242

“外发光”效果选项

- **混合模式**：用来设置发光效果与下面图层的混合模式。默认为“滤色”模式，它可以使发光颜色变亮，但在浅色图层的衬托下效果不明显。如果下面图层为白色，则完全看不到效果。遇到这种情况，可以修改混合模式。
- **杂色**：可以随机添加深浅不同的杂色。对于实色发光，添加杂色可以使光晕呈现颗粒状；对于渐变发光，其主要用途是防止在打印时，由于渐变过渡不平滑而出现明显的条带。
- **发光颜色**：“杂色”选项下面的颜色块和渐变条用来设置发光颜色。如果要创建单色发光，可以单击左侧的颜色块，在打开的“拾色器”对话框中设置发光颜色，如图3-243所示。如果要创建渐变发光，可以单击右侧的渐变条，打开“渐变编辑器”对话框设置渐变，效果如图3-244和图3-245所示。

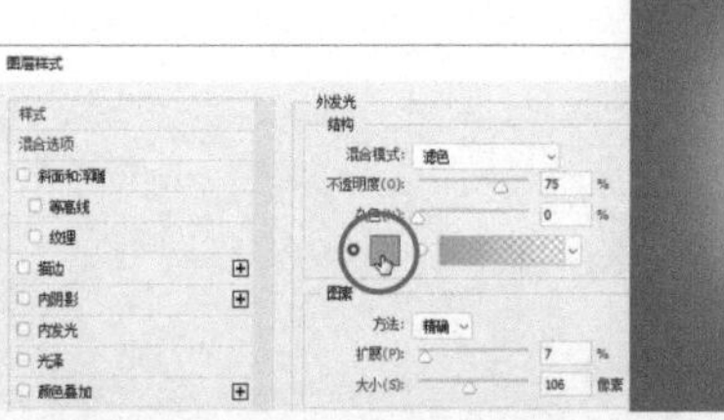

图3-243

图3-244　图3-245

- **方法**：用来设置发光的方法，以控制发光的准确程度。选择“柔和”选项，可以对发光应用模糊的效果，得到柔和的边缘，如图3-246所示；选择“精确”选项，可以得到精确的边缘，如图3-247所示。

图3-246　图3-247

- **扩展**：在设置好“大小”值后，可以用“扩展”选项来控制在发光效果范围内，颜色从实色到透明的变化程度。
- **大小**：用来设置发光效果的模糊程度。该值越高，光的效果越发散。
- **范围**：可以改变发光效果中的渐变范围。
- **抖动**：可以混合渐变中的像素，使渐变颜色的过渡更加柔和。

“内发光”效果选项

除“源”和“阻塞”外，“内发光”效果的选项与“外发光”效果的相同，如图3-248和图3-249所示。

- **源**：用来控制发光光源的位置。选择“居中”选项，表示从图层内容的中心发光，如图3-250所示，此时增加“大小”值，整体光效会向中央收缩，如图3-251所示；选择“边缘”选项，可从图层内容的内部边缘发光，如图3-252所示，此时增加“大小”值，光效会向中央扩展，如图3-253所示。

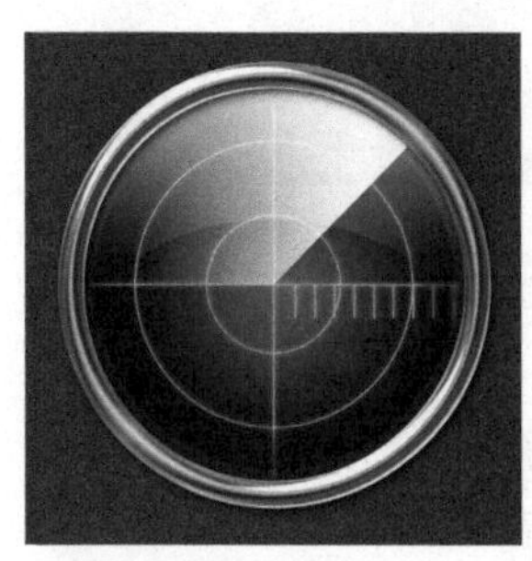

原图（未添加效果）

图3-248

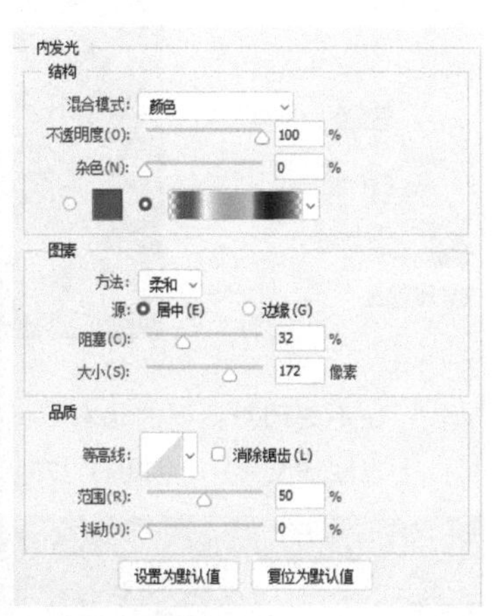

"内发光"选项

图3-249

图3-250

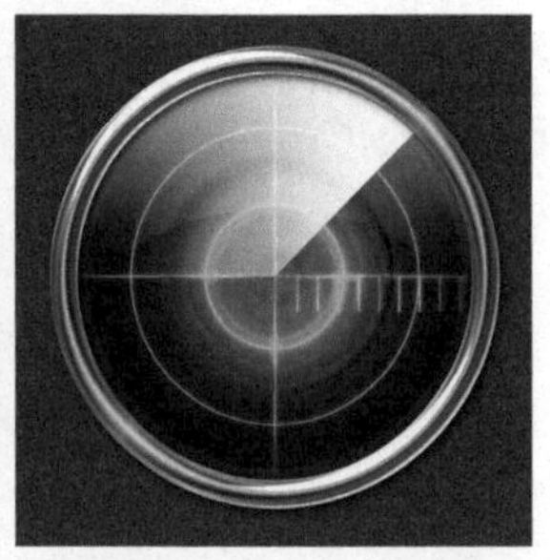

图3-251

图3-252

图3-253

- 阻塞：在设置好"大小"值后，调整"阻塞"值，可以控制光效范围内的颜色从实色到透明的变化程度。该值越高，效果越向内集中，如图3-254和图3-255所示。

图3-254

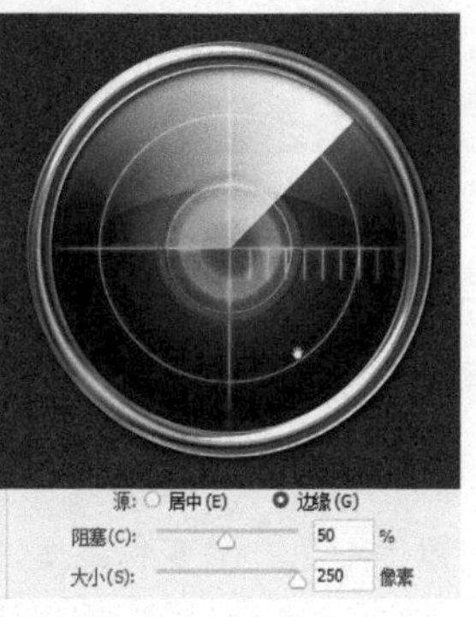

图3-255

3.7.8

实战：制作激光字(图案叠加效果)

"图案叠加"及"颜色叠加""渐变叠加"所生成的效果与填充图层（见135页）并无明显差别。但这3个效果附加在图层上，是可以直接对图层内容施加影响的，并且能够与其他图层样式一同使用，所以，它们也常用来增强效果。例如，通过"斜面和浮雕"等效果制作出玻璃质感的立体字后，如图3-256所示，再用"图案叠加"效果添加一些暗纹，便可生成玉石效果，如图3-257所示。如果只是想填充颜色、渐变和图案，则使用填充图层会更好一些。

下面使用"图案叠加"效果制作激光字，如图3-258所示。

图3-256

图3-257

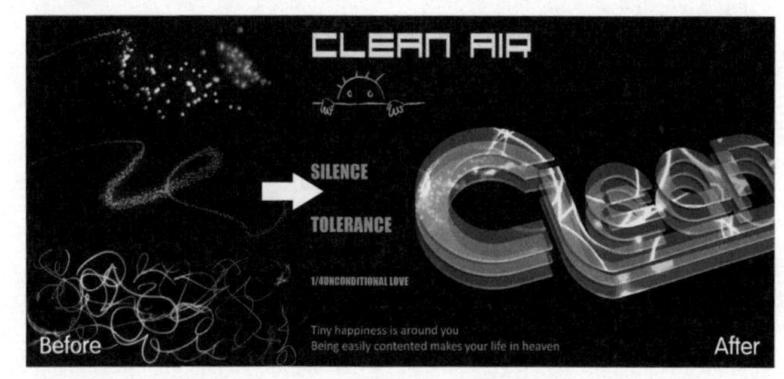

图3-258

01 打开3个素材。执行"编辑>定义图案"命令，打开"图案名称"对话框，设置名称为"图案1"，如图3-259所示，单击"确定"按钮，将图像定义为图案。使用同样的方法将另外两个图像也定义为图案。

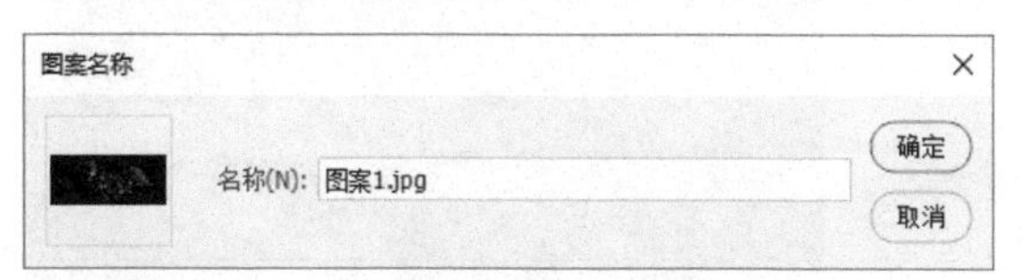

图3-259

02 打开文字智能对象素材，如图3-260和图3-261所示。图中的文字是矢量图形，如果双击"图层"面板中的图标，可在Illustrator软件中打开该图形，对图形进行编辑并保存之后，Photoshop中的对象会同步更新。

图3-260 图3-261

03 双击该图层，打开“图层样式”对话框，添加“投影”效果，如图3-262所示。继续添加“图案叠加”效果，在图案下拉面板中选择自定义的“图案1”，设置缩放参数为184%，如图3-263和图3-264所示。

04 不要关闭对话框。将鼠标指针移动到文字上，此时鼠标指针会自动变为▸✥状，拖曳可以调整图案的位置，如图3-265所示。调整完成后将对话框关闭。

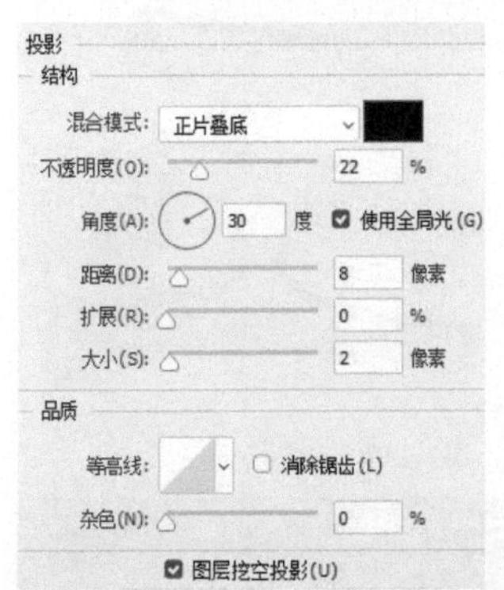

图3-262

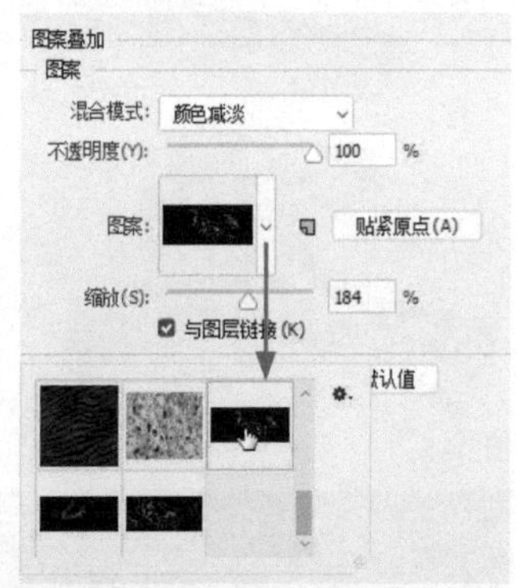

图3-263

图3-264

图3-265

05 按Ctrl+J快捷键复制当前图层，如图3-266所示。选择移动工具✥，连按↑键（15次），让文字间错开一定距离，如图3-267所示。

图3-266

图3-267

06 双击该图层右侧的 fx 图标，打开“图层样式”对话框，选择“图案叠加”效果，在图案下拉面板中选择“图案2”，修改缩放参数为77%，如图3-268和图3-269所示。

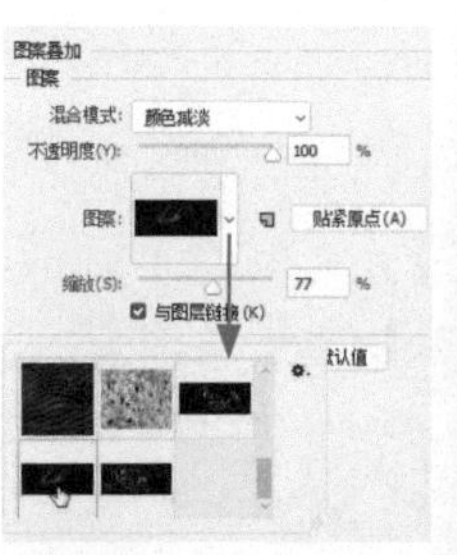

图3-268

图3-269

07 在不关闭对话框的状态下调整图案位置，让更多的光斑出现在文字中，如图3-270所示。

图3-270

08 重复上面的操作。复制图层，再将复制后的文字向上移动一段距离，如图3-271所示。使用自定义的“图案3”对文字进行填充，完成本实战特效的制作，如图3-272和图3-273所示。如果想让特效字成为一幅平面设计作品，可以添加一些文字和卡通元素来丰富版面，如图3-274所示。

图3-271

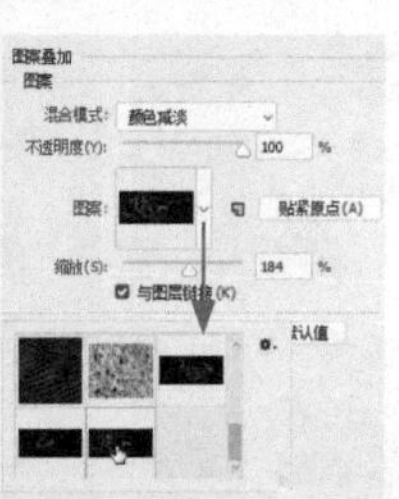

图3-272

图3-273

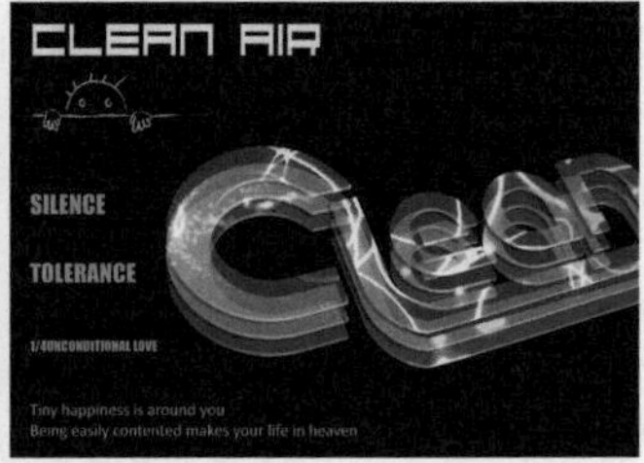

图3-274

3.7.9 颜色叠加、渐变叠加和图案叠加解析

“颜色叠加”“渐变叠加”“图案叠加”效果可以在图层上覆盖纯色、渐变和图案，如图3-275所示。默认状态下，这3种效果完全遮盖下方图层，因此，使用时需要配合

混合模式和不透明度来改变效果强度，或者让效果与下方图层混合。

原图

颜色叠加（淡红色）

渐变叠加（蓝~淡绿色）

图案叠加（水池图案）

图3-275

在选项方面，只有“渐变叠加”的“与图层对齐”和“图案叠加”的“与图层链接”两个选项特殊一些。

- 与图层对齐：添加“渐变叠加”效果时，勾选该选项，渐变的起始点位于图层内容的边缘；取消勾选该选项，渐变的起始点位于文档边缘。
- 与图层链接：添加“图案叠加”效果时，勾选该选项，图案的起始点位于图层内容的左上角；取消勾选该选项，图案的起始点位于文档的左上角。由于Photoshop预设的都是无缝拼贴图案，因此，是否选择该选项都不会改变图案的位置。但如果关闭了“图层样式”对话框，再移动图层内容，则与图层链接的图案会随着图层一同移动，未链接的图案保持不动，这会导致图案与图层内容的相对位置发生改变。

3.7.10 投影效果

“投影”效果可以在图层内容的后方生成投影，并可调整其角度、距离和颜色，使对象看上去像是从画面中凸出来的。该效果的参数如下。

- 混合模式：可以设置投影与下方图层的混合模式。默认为“正片叠底”模式，此时投影呈现为较暗的颜色。如果设置为“变亮”“滤色”“颜色减淡”等变亮模式，则投影会变为浅色，其效果类似于外发光。
- 投影颜色：单击“混合模式”选项右侧的颜色块，可在打开的“拾色器”对话框中设置投影颜色。
- 不透明度：可以调整投影的不透明度。该值越低，投影越淡。
- 角度/距离：决定投影向哪个方向偏移，以及偏移距离。除通过数值调整外，还可将鼠标指针移动到文档窗口中，此时鼠标指针会变为▸✥状，如图3-276所示，对投影进行拖曳，可同时调整投影的方向和距离，如图3-277所示。

图3-276

图3-277

- 大小/扩展：“大小”选项用来设置投影的模糊范围，该值越大，模糊范围越广，投影看起来也会更淡，如图3-278所示，反之则投影会变得清晰；“扩展”选项可增加投影范围，如图3-279所示。但“扩展”会受到“大小”选项的制约，例如，将“大小”设置为0像素后，无论怎样调整“扩展”值，都只生成与原图大小相同的投影。

图3-278

图3-279

- 消除锯齿：混合等高线边缘的像素，使投影更加平滑。该选项对于尺寸小且具有复杂等高线的投影非常有用。
- 杂色：在投影中添加杂色。该值较大时，投影会变为点状。
- 图层挖空投影：用来控制半透明图层中投影的可见性。勾选该选项后，如果当前图层的“填充”值小于100%，则半透明图层中的投影不可见，效果如图3-280所示。图3-281所示为取消勾选此选项时的投影。

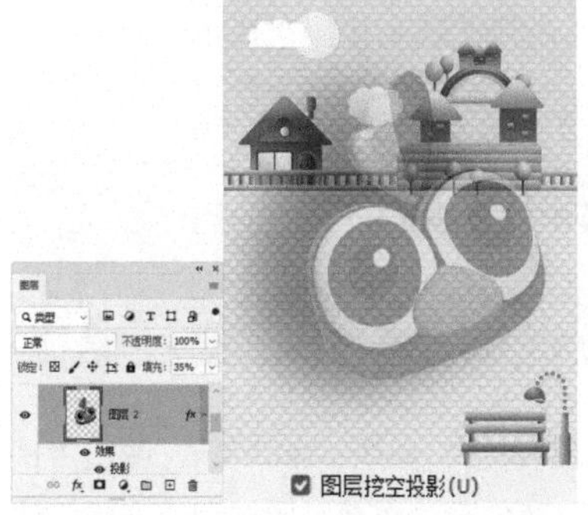

图3-280

图3-281

3.7.11
内阴影效果

“内阴影”效果可以在紧靠图层内容的边缘内添加阴影，创建凹陷效果。图3-282所示为原图像，图3-283所示为内阴影参数设置。

图3-282

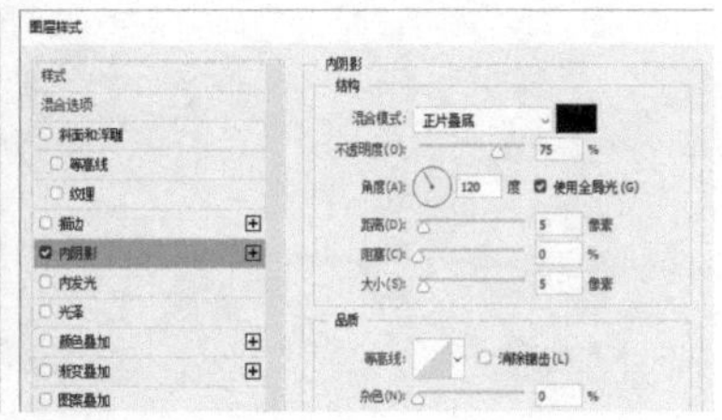
图3-283

“内阴影”与“投影”的选项设置方式基本相同。二者的不同之处在于：“投影”是通过“扩展”选项来控制投影边缘的渐变程度的，“内阴影”则通过“阻塞”选项来控制。“阻塞”可以在模糊之前收缩内阴影的边界，如图3-284所示。“阻塞”与“大小”选项相关联，“大小”值越大，可设置的“阻塞”范围也就越大。

图3-284

3.7.12
实战：制作玻璃字

通过前面的几个实战不难发现，用一到两种图层样式就能制作出真实的特效，如果使用更多的图层样式，效果肯定会更加丰富，下面的玻璃字即是，如图3-285所示。制作玻璃字时，要注意等高线的形状、混合模式和不透明度等参数的设置，细节一定要对，否则无法制作出理想的效果。

扫码看视频

图3-285

01 打开素材，双击“图层1”，如图3-286所示，弹出“图层样式”对话框，取消勾选“将剪贴图层混合成组”选项，勾选“将内部效果混合成组”选项，如图3-287所示。

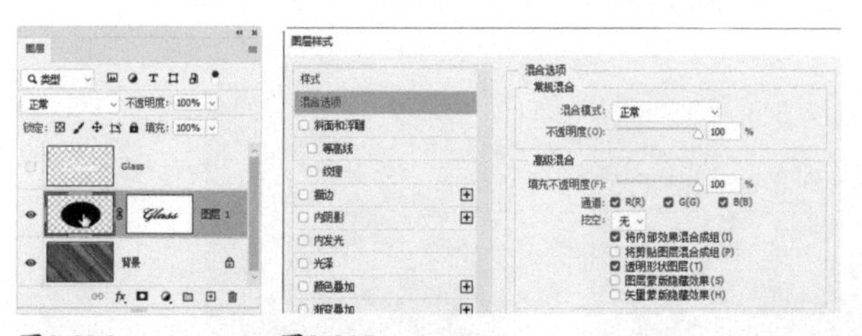
图3-286　图3-287

02 在左侧列表单击“斜面和浮雕”效果并设置参数，如图3-288所示。选择“等高线”选项，单击等高线缩览图，打开“等高线编辑器”对话框，单击左下角的控制点，设置输出参数为71%，如图3-289所示。

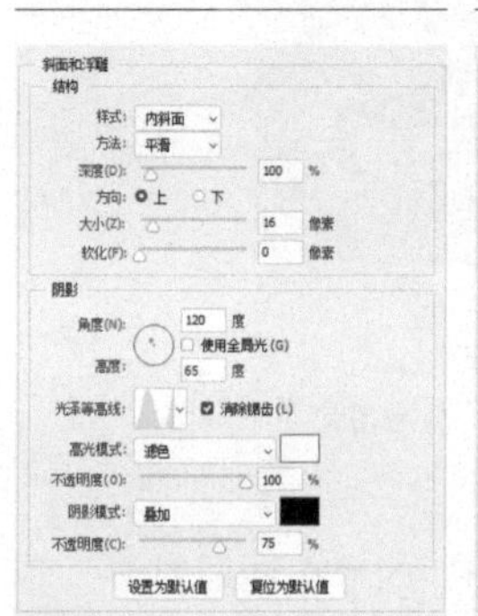
图3-288

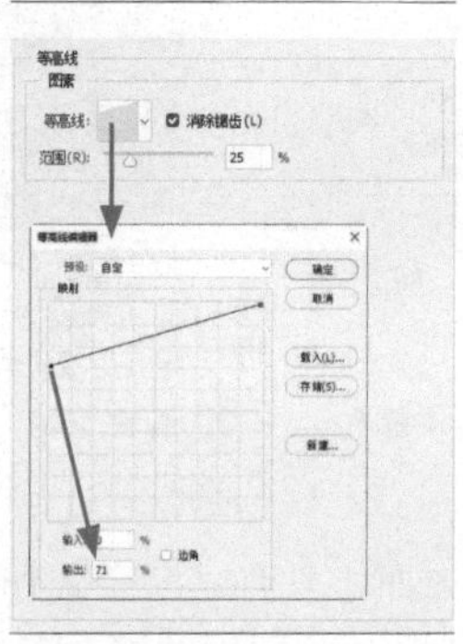
图3-289

03 继续添加“光泽”“内阴影”和“内发光”效果，制作出平滑、光亮的玻璃质感，如图3-290~图3-293所示。

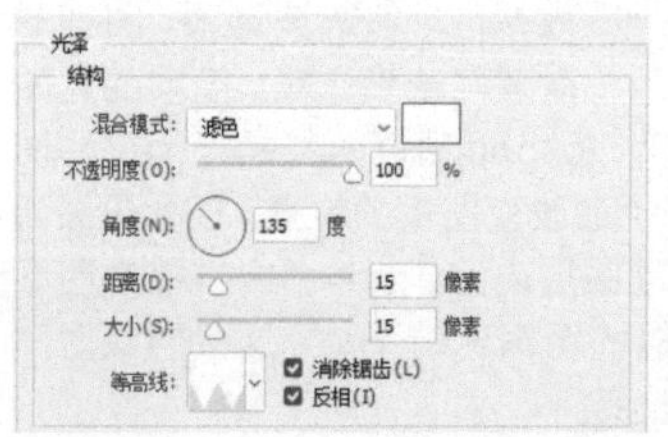
图3-290

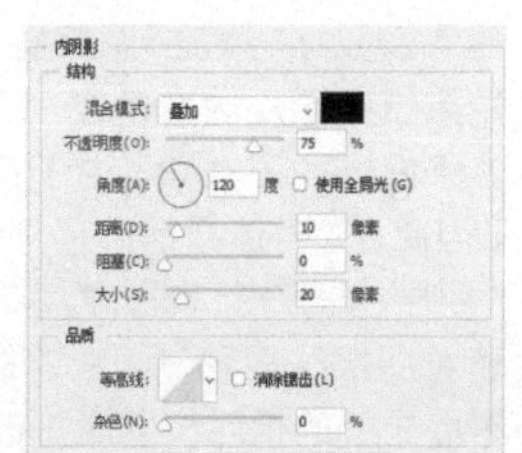
图3-291

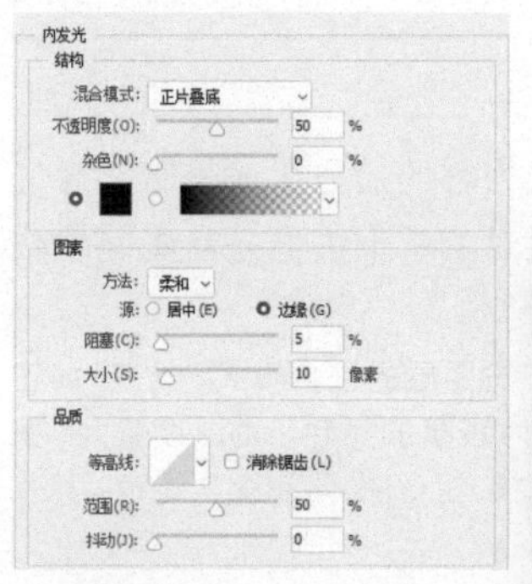
图3-292

图3-293

04 添加“外发光”和“投影”效果，进一步强化玻璃的立体感与光泽度，如图3-294~图3-296所示。

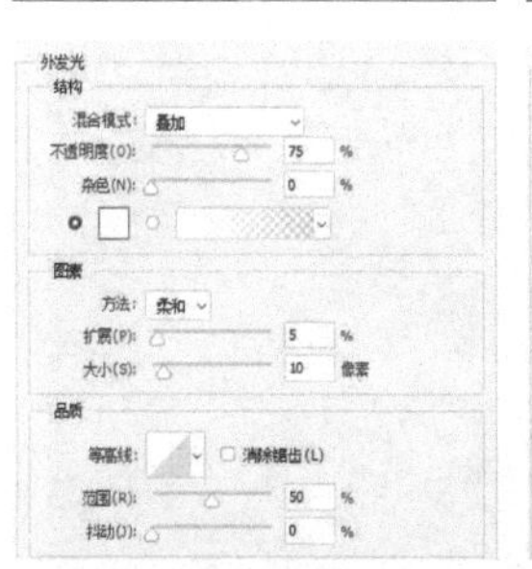

图3-294

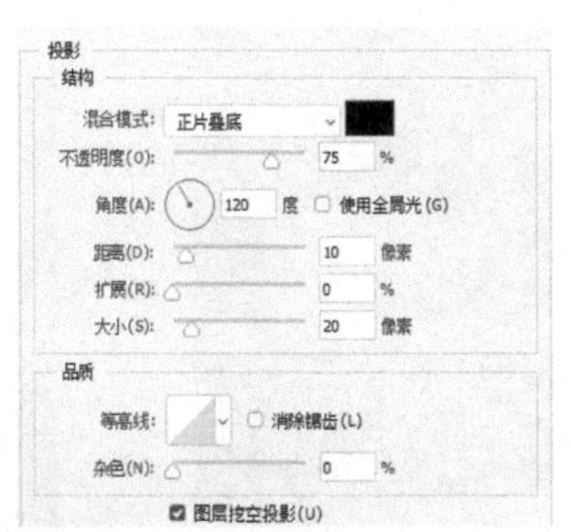

图3-295

图3-296

05 单击“背景”图层，按Ctrl+J快捷键复制，将副本拖曳到最顶层，设置“不透明度”为70%，按Alt+Ctrl+G快捷键创建剪贴蒙版，将木板的显示范围限定在椭圆图形以内，如图3-297和图3-298所示。

06 单击“背景”图层，执行“滤镜>镜头校正”命令，在图像四周添加暗角，如图3-299所示，将焦点集中在画面中心的文字上。暗角也可以画笔工具制作，即创建一个图层，使用画笔工具将边角涂暗即可。

图3-297

图3-298

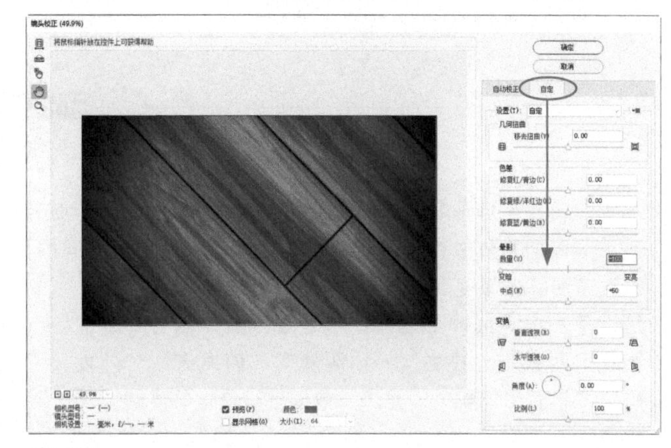

图3-299

·PS技术讲堂·

Photoshop中的光照系统

扫码看视频

我们生活的世界离不开光。光不仅照亮万物，也是塑造形体、表现立体感和空间感的要素。Photoshop有一个内置的光照系统，可以模拟太阳，在一定的高度和角度进行照射，它主要用于“斜面和浮雕”“内阴影”和“投影”等效果。

对于“斜面和浮雕”效果，“太阳”在一个半球状的立体空间中运动，“角度”范围为-180°~180°，“高度”范围为0°~90°。“角度”决定了浮雕亮面和暗面的位置，如图3-300所示；“高度”影响浮雕的立体感，如图3-301所示。对于“内阴影”和“投影”效果，“太阳”只在地平线做圆周运动，因此，光照只影响阴影的角度，图层内容与阴影的远、近距离则在“距离”选项中调整。

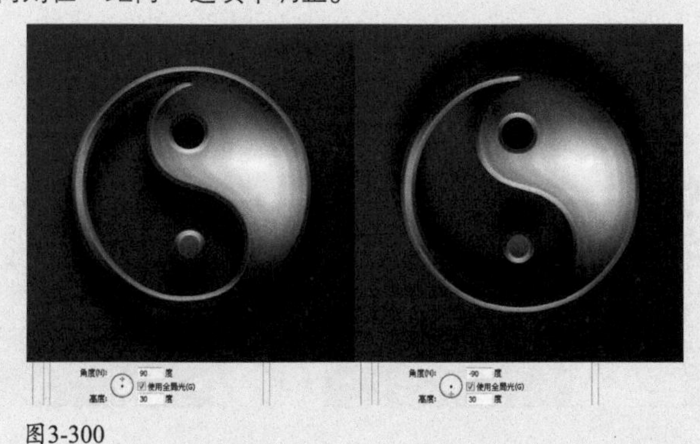

图3-300

图3-301

Photoshop内置的光照系统受"使用全局光"选项的控制。勾选该选项时，可以让以上3种效果的光照角度保持一致，即调整其中一个效果的光照"角度"参数时，也会影响其他效果（也可以使用"图层>图层样式>全局光"命令进行修改）。

全局光的意义在于：让效果使用相同的光源。也就是说，在同一个画面和场景中，只有一个"太阳"，这有助于使效果真实、合理，如图3-302所示。

不过想让天上多几个"太阳"也能办到，取消"使用全局光"选项的勾选，便可为效果设置单独的光照，使之脱离全局光的束缚，如图3-303所示。

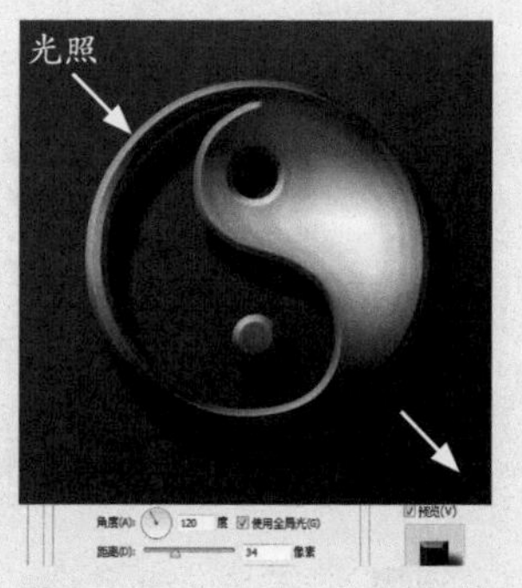

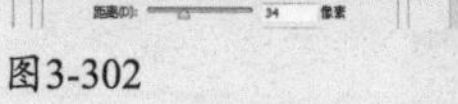

图3-302

图3-303

·PS技术讲堂·

等高线

等高线是地理名词，即地形图上高程相等的各个点连接成的闭合曲线。Photoshop中的等高线有另外的用途，可以控制效果在指定范围内的形状，以便模拟不同的材质。例如，将等高线调整为W形，可以表现不锈钢、镜面等光泽度高、反射性强的物体；等高线平缓，接近于一条直线的形态，则可表现木头、砖石等表面粗糙的对象。"投影""内阴影""内发光""外发光""斜面和浮雕""光泽"效果都可设置等高线。使用时，可单击"等高线"选项右侧的按钮，打开下拉面板选择预设的等高线样式，如图3-304所示；也可以单击等高线缩览图，打开"等高线编辑器"对话框，自己修改等高线，如图3-305所示。"等高线"与"曲线"（见196页）的编辑方法基本相同。通过控制点改变等高线形状后，Photoshop也是将当前色阶映射为新的色阶，使对象的外观发生改变。

扫码看视频

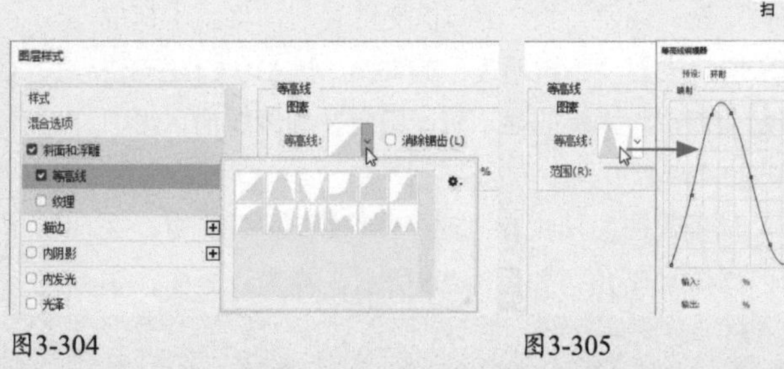

图3-304　图3-305

添加"投影"和"内阴影"效果时，可以通过"等高线"来指定投影的渐隐样式，如图3-306和图3-307所示。创建发光效果时，如果使用纯色作为发光颜色，则可以通过"等高线"创建透明光环，如图3-308（"内发光"效果）所示。使用渐变作为发光颜色时，"等高线"可生成渐变颜色和不透明度的重复变化，如图3-309（"内发光"效果）所示。在"斜面和浮雕"效果中，可以使用"等高线"勾画在浮雕处理中被遮住的起伏、凹陷和凸起，如图3-310和图3-311所示。

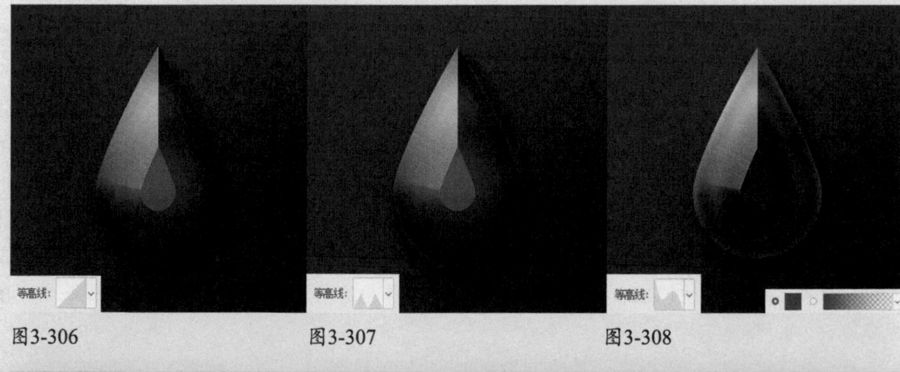

图3-306　图3-307　图3-308

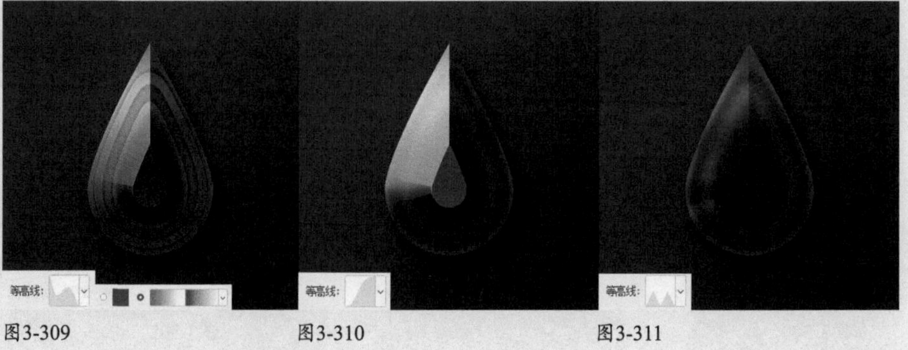

图3-309　图3-310　图3-311

编辑和使用样式

图层样式可编辑性非常强，添加之后可修改参数、进行缩放，效果的数量和种类也能增加或减少，并可从附加的图层中剥离出来。此外，Photoshop中还有大量预设的样式可供使用。

3.8.1

实战：修改效果，制作卡通字

01 打开素材，如图3-312所示。双击一个效果的名称，如图3-313所示，可以打开“图层样式”对话框并显示该效果的设置面板，此时可修改参数，如图3-314和图3-315所示。

扫码看视频

图3-312

图3-313

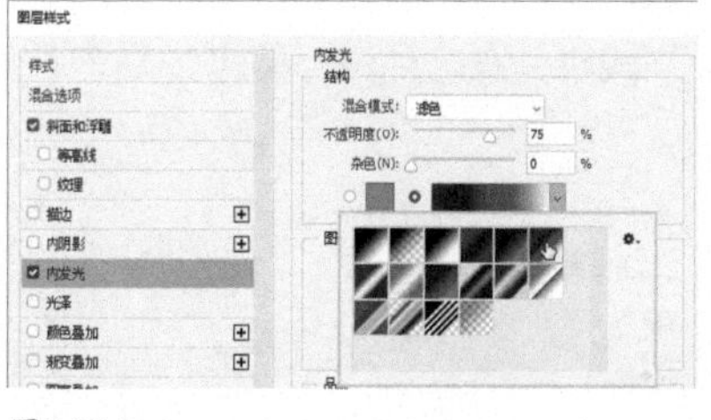

图3-314

图3-315

02 在左侧的列表中单击一个效果，为图层添加新的效果并设置参数，如图3-316所示。关闭对话框，修改后的效果会应用于图像，如图3-317所示。

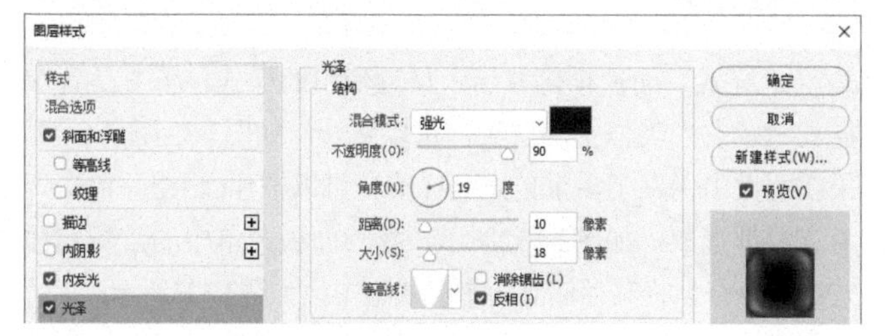

图3-316

图3-317

技术看板 怎样隐藏效果

单击某个效果左侧的眼睛图标，可以隐藏该效果。单击“效果”左侧的眼睛图标，则可隐藏此图层中的所有效果。如果其他图层也添加了效果，执行“图层>图层样式>隐藏所有效果”命令，可以隐藏文件中的所有效果。如果想重新显示效果，在原眼睛图标处单击即可。

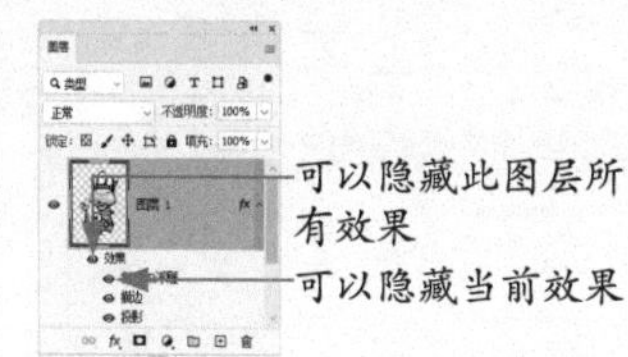

3.8.2

实战：复制效果

01 打开素材。“0”图层中添加了多个效果。将鼠标指针放在一个效果上，按住Alt键拖曳到另一个图层上，可将该效果复制给目标图层，如图3-318和图3-319所示。

扫码看视频

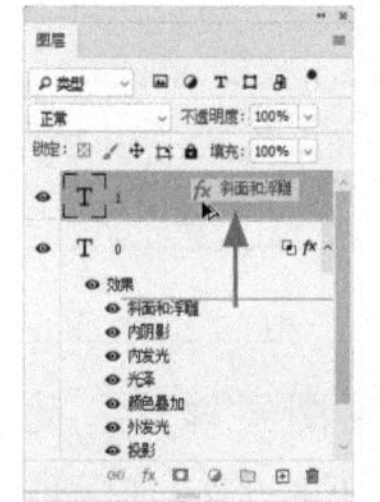

图3-318

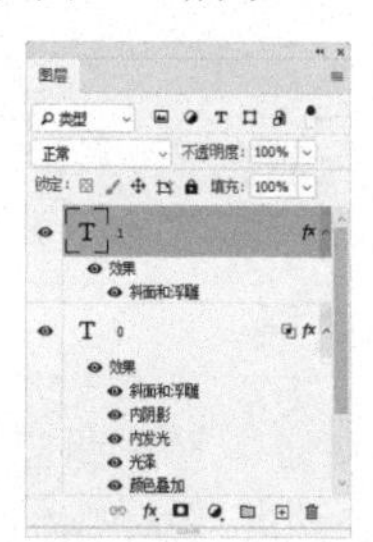

图3-319

02 如果想复制图层中的所有效果，可以按住Alt键，将效果图标 fx 拖曳给另一图层，如图3-320和图3-321所示。没有按住Alt键操作，将会转移效果，原图层不再有效果，如图3-322所示。

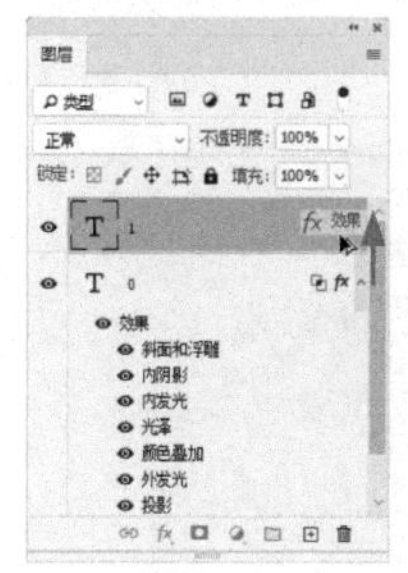

图3-320

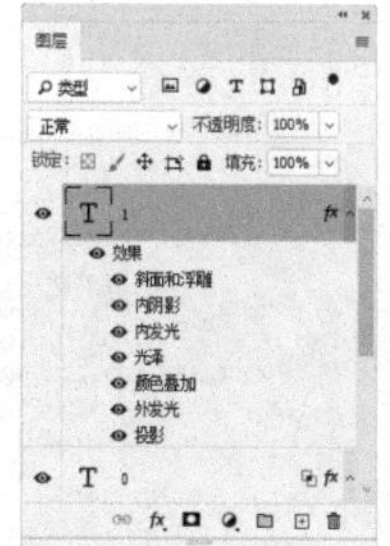

图3-321

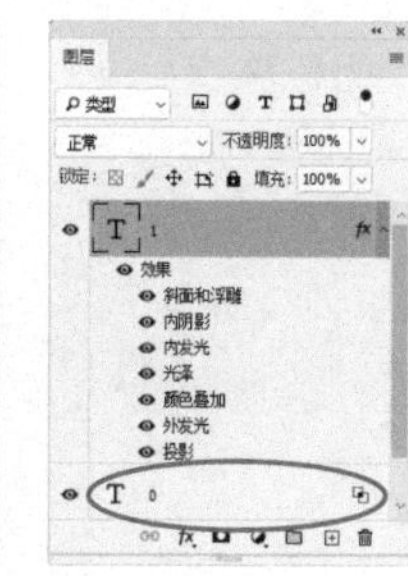

图3-322

03 下面学习怎样同时复制一个图层的所有效果+“填充”值+混合模式。按Ctrl+Z快捷键撤销复制操作。单击添加了效果的图层，如图3-323所示。可以看到，它的“填充”值为85%，执行“图层>图层样式>拷贝图层样式”命令，单击另一个图层，如图3-324所示，执行“图层>图层样式>粘贴图层样式”命令，便可将该图层的所有效果、填充属性全都复制给目标图层，如图3-325所示。如果设置了混合模式，则混合模式也会一同复制。

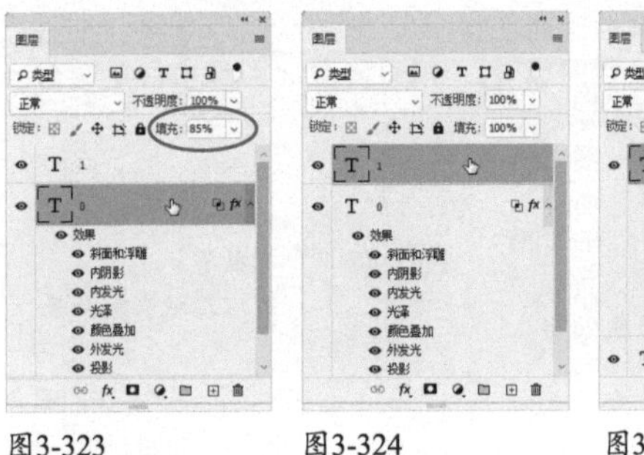

图3-323　　图3-324　　图3-325

技术看板　怎样删除效果

如果要删除一种效果，可将其拖曳到“图层”面板中的 🗑 按钮上。如果要删除一个图层中的所有效果，可以将效果图标 fx 拖曳到 🗑 按钮上。也可以选择图层，执行“图层>图层样式>清除图层样式”命令。

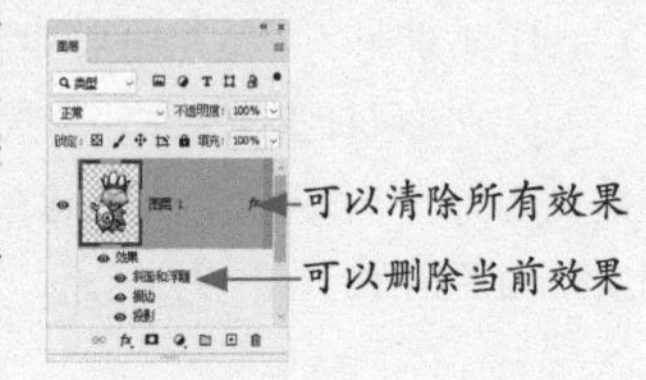

3.8.3 从“样式”面板中添加效果

“样式”面板可以存储、管理和应用图层样式。此外，Photoshop预设的样式，以及从网络上下载的样式库也可加载到该面板中。

选择一个图层，如图3-326所示，单击“样式”面板中的一个样式，即可为它添加该样式，如图3-327所示。如果单击其他样式，则新效果会替换之前的效果。如果想在原有样式上追加新效果，可以按住Shift键，将样式从“样式”面板拖曳到文档窗口中的对象上。

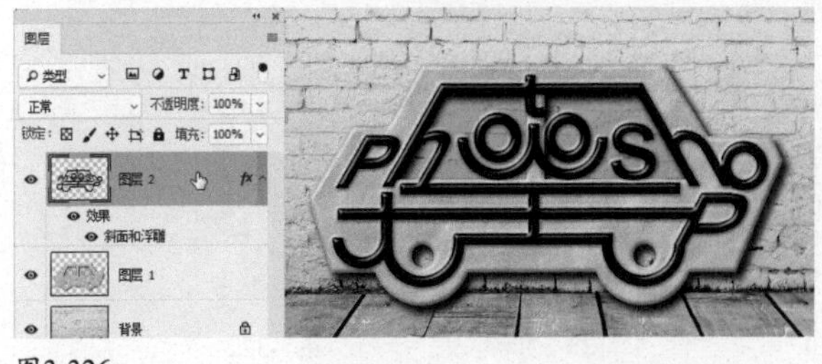

图3-326

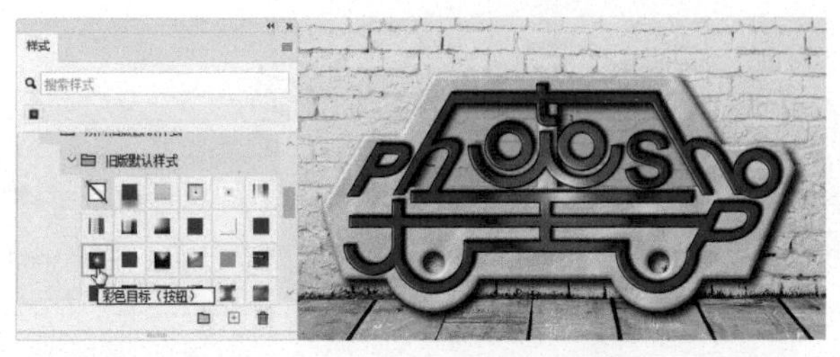

图3-327

如果要删除一个样式，可将其拖曳到 🗑 按钮上，或者按住 Alt 键并单击它。进行删除操作或载入其他样式库以后，可以使用“样式”面板菜单中的“复位样式”命令，将面板恢复为默认的样式。

3.8.4 创建自定义样式

用图层样式制作出满意的效果以后，可以单击添加了效果的图层，如图3-328所示，单击“样式”面板中的 ⊞ 按钮，打开图3-329所示的对话框，输入效果名称，勾选“包含图层效果”选项，并单击“确定”按钮，将其保存到“样式”面板中，成为预设样式，以方便以后使用，如图3-330所示。如果图层设置了混合模式，则勾选“包含图层混合选项”选项，预设样式将具有这种混合模式。

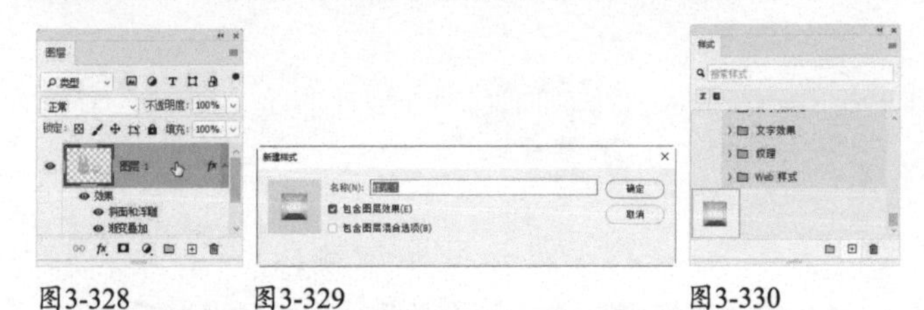

图3-328　　图3-329　　图3-330

3.8.5 使用样式组

“样式”面板顶部显示了最近使用的样式，下方是各个样式组，它们类似于图层组，可以展开，如图3-331所示。如果在面板中保存了多个自定义样式，可以按住Ctrl键并单击，将它们都选取，如图3-332所示，执行面板菜单中的“新建样式组”命令，将其存储到一个样式组中，如图3-333所示。

图3-331　　图3-332　　图3-333

技术看板 怎样快速展开所有样式组

按住Ctrl键单击样式组前方的 〉（或 ∨ ）图标，可同时展开（或折叠）所有组。“色板”“渐变”和“形状”面板也可用此方法操作。

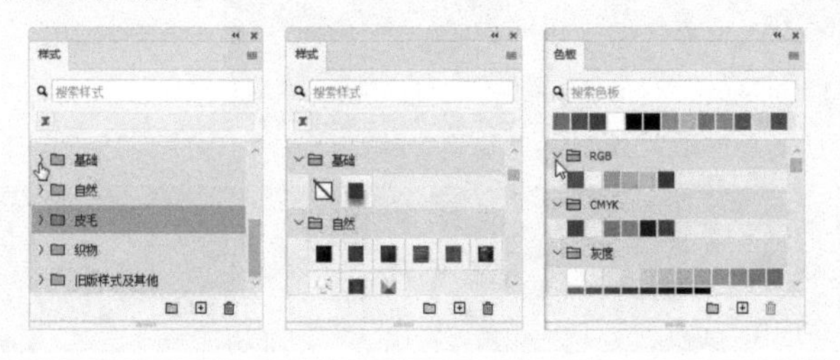

3.8.6 实战：使用外部样式制作特效字

扫码看视频

01 打开素材，如图3-334所示。打开“样式”面板菜单，执行“导入样式”命令，如图3-335所示，打开“载入”对话框，选择本书配套资源中的样式文件，如图3-336所示。单击“载入”按钮，将其加载到“样式”面板中。

02 单击要添加样式的图层，如图3-337所示。单击新载入的样式，为图层添加效果，如图3-338和图3-339所示。

图3-334

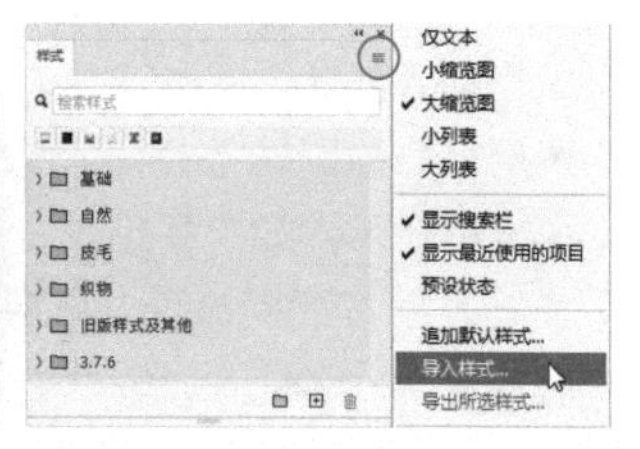

图3-335

图3-336

图3-337

图3-338

图3-339

·PS技术讲堂·

打破效果“魔咒”

扫码看视频

效果是怎样生成的

使用Photoshop预设的图层样式、使用加载的外部图层样式，或者在不同分辨率的文件之间复制图层样式时，往往会出这样的情况：效果变得跟之前不一样了，其范围要么变大、要么变小，就像被施了魔法一般，如图3-340和图3-341所示。

这是什么原因造成的呢？要解开这一谜团，首先要知道效果是怎样产生的。

添加图层样式时，Photoshop首先复制图层内容，之后对其进行一系列的编辑。其中，“斜面和浮雕”效果是将图层内容的轮廓进行位移和模糊处理，然后取一部分轮廓作为浮雕的亮面，其余的轮廓作为暗面，从而形成视觉上的立体感。“投影”效果则首先模糊图层副本，并改变混合模式和填充的不透明度，再进行位移。“描边”效果是将图层副本向外扩展或向内收缩，之后填充颜色，创建成外轮廓或内轮廓。

描边25像素（文件大小为10厘米×10厘米，分辨率为72像素/英寸）

图3-340

描边25像素（文件大小为10厘米×10厘米，分辨率为300像素/英寸）

图3-341

图3-342所示为以上3种效果的原理展示图。其他效

果也大致如此。在默认状态下，图层样式的副本不会在“图层”面板中显示。如果要见识它们的“真身”，可以执行“图层>图层样式>创建图层”命令，将其从图层中剥离出来（见32页）。

分辨率对效果的制约

通过上面的介绍可以获知：Photoshop中的效果其实是对图像副本进行了位移、缩放、模糊、填色、改变不透明度和混合模式等之后才呈现出来的。那么，图像是什么呢？图像是由几百、上千万个像素（见83页）构成的。像素既是图像中最基本的元素，也是一种测量单位，由此可知，效果的大小及扩展范围以像素为单位，且受到分辨率（见83页）制约。

添加效果前

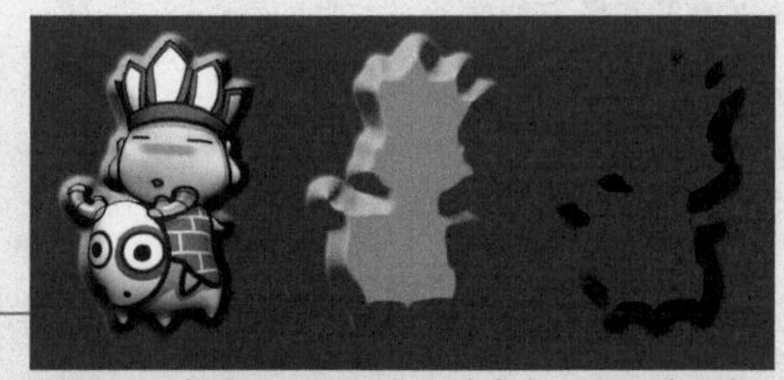

“斜面和浮雕”效果/斜面（亮）/斜面（暗）

“投影”效果/投影图像

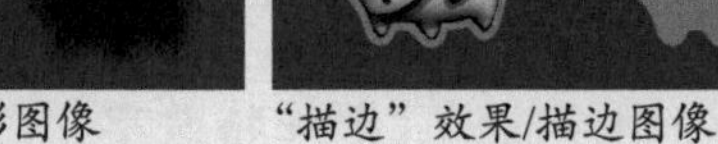

“描边”效果/描边图像

图3-342

再看前面的图示（图3-340和图3-341）。这是同一个“描边”图层样式在两个尺寸相同、分辨率不一样的文件上应用时的效果。由于分辨率越高，像素的数量越多，因此，第二幅图像（300像素/英寸）中包含的像素要远远多于第一幅图像（72像素/英寸）。这两幅图像的尺寸相同，那么像素数量多，就意味着像素更加密集，则每一个像素的“个头”更小。答案出来了：描边的宽度是25像素，在300像素/英寸的图像中，这样的宽度很细小，而在低分辨率（72像素/英寸）的图像中，像素“个头”比较大，所以描边看上去就显得更粗。

缩放效果

以上从图像的微观层面入手，解读了效果的变化原因。其实，在当前的学习阶段，要完全理解其原理还是有些困难的，尤其像素和分辨率这两个概念及它们之间的关系，此处介绍并不详细，原因在于二者的影响力主要体现在变换、变形及修改文件大小方面，这些都是下一章要讲解的。

好了，暂且抛开原理，看一看，当效果出现变化时，该如何应对才是。效果设计得非常巧妙，它是附加在图层上的，因此可以单独编辑。当效果与图层中的对象不匹配时，可以双击“图层”面板中的效果，打开“图层样式”对话框，重新调整参数即可。这种方法非常适合做局部微调。但是，如果效果不是一种，而是几种的组合，如图3-343所示，这种方法就有个缺点：无法保证效果的整体比例不变。

要想对效果进行整体缩放，可以执行“图层>图层样式>缩放效果”命令，打开“缩放图层效果”对话框进行设置，如图3-344和图3-345所示。这种方法可以解决复制或是使用预设效果时，效果与对象的大小不匹配的问题。

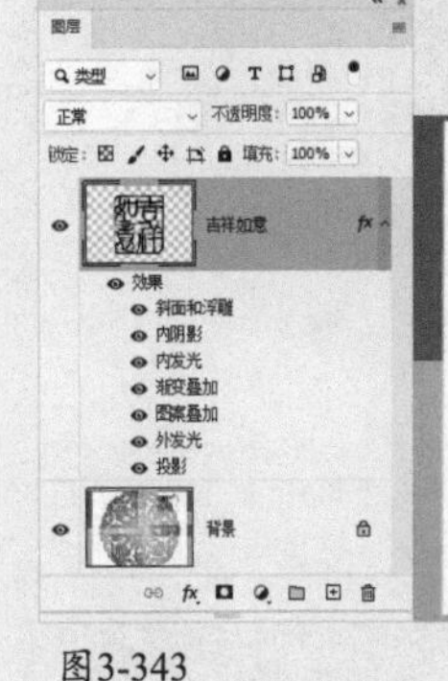

图3-343

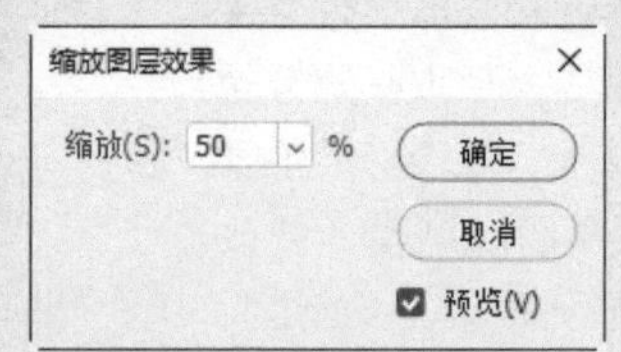

图3-344

图3-345

掌握以上两种方法（重调参数和缩放效果），基本上就能破除效果“魔咒”了。需要注意的是，如果效果中包含纹理和图案等像素类的内容，在放大时需要留心观察，如果比例过高，会导致图像品质下降。

图层复合

图层复合可以记录图层的可见性、位置和外观，通过图层复合，用户可快速地在文档中切换不同版面的显示状态，因此其非常适合比较和筛选多种设计方案时使用。

3.9.1 什么是图层复合

“历史记录”面板有一个可以为图像创建快照*（见22页）*的功能，用于记录图像当前的编辑效果。图层复合与快照有相似之处，它能为“图层”面板创建“快照”。

图层复合可以记录当前状态下图层的可见性（图层是否显示）、图层中的图像或其他内容在文档窗口中的位置，以及图层内容的外观（包括不透明度、混合模式、蒙版和添加的图层样式），如图3-346所示。

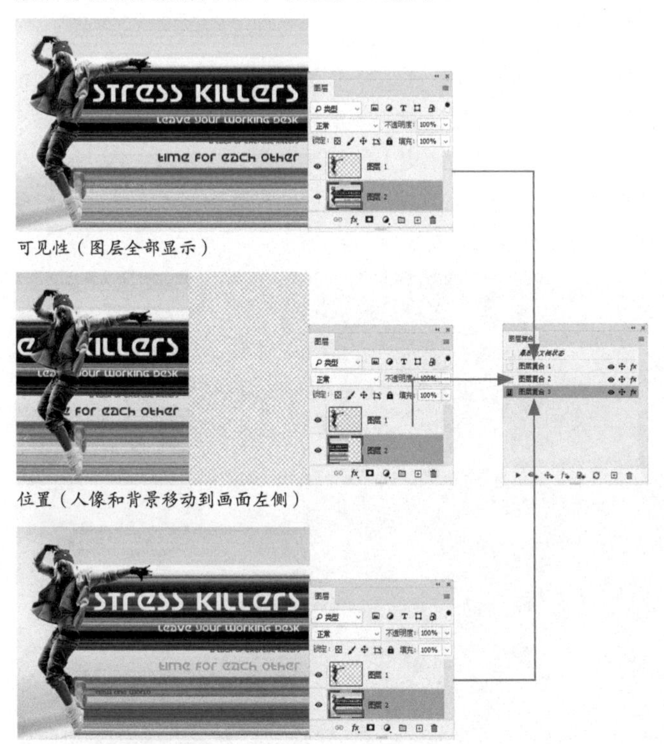

图3-346

当显示一个图层复合时，图像就会变为它所记录的状态。从这一点看，图层复合与快照确实很像。但它不能取代快照和历史记录，因为图层复合不能记录绘画、变换操作、文字编辑，以及应用于智能对象的智能滤镜等。而“历史记录”面板除存储和打开之外，其他操作都可记录，但它也有缺点，就是不能保存记录状态，文档关闭时，历史记录就被删除了，而图层复合可以随文件一同存储，以后无论何时打开文件，都可使用和修改。

3.9.2 更新图层复合

如果在“图层”面板中进行了删除图层、合并图层、将图层转换为背景，或者转换颜色模式等操作，有可能会影响到其他图层复合所涉及的图层，甚至不能完全恢复图层复合，则“图层复合”面板中的图层复合名称右侧会出现⚠状警告图标。单击警告图标，会弹出一个提示——图层复合无法正常恢复。单击“清除”按钮可清除警告，使其余的图层保持不变。如果对警告不做任何处理，可能会导致丢失一个或多个图层，而其他已存储的参数可能会保留下来。

3.9.3 实战：用图层复合展示两套设计方案

在实际工作中，当客户认可整体设计方案以后，Web和UI设计人员就要制作出适合不同设备和应用程序页面大小的设计图稿。一般这种图稿在同一文件中的多个画板上便可完成*（方法见随书电子文档11页）*。但所有图稿都在一个文件里不太适合向客户展示，如果将每一个设计图稿都导出为一个单独的文件还是有点麻烦。遇到这种情况，可以使用图层复合将每个方案单独记录下来，这样就能在同一个文件中展示所有的设计图稿，如图3-347和图3-348所示。

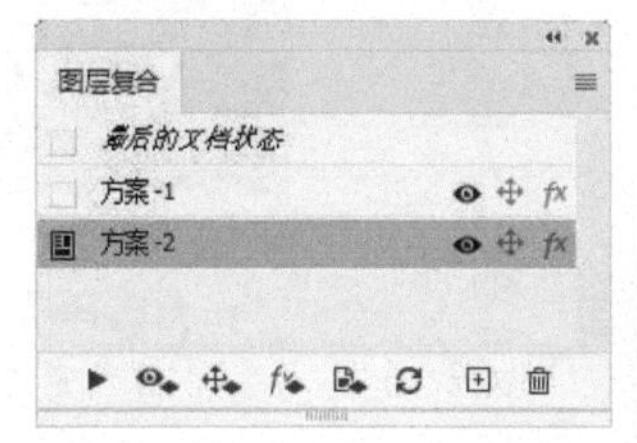

图3-347

图3-348

> *提示*
>
> 创建图层复合后，执行“文件>导出>将图层复合导出到PDF”命令，可将其导出为PDF文件。执行“文件>导出>图层复合导出到文件”命令，则可导出为单独的文件。

第4章 变换与变形

【本章简介】

本章讲解使用Photoshop中的变换和变形功能编辑图像、制作各种效果。其中的实战都很有趣，并且针对性较强，有一定的实用性，可以解决设计工作中的一些常见问题。除此之外，本章还会介绍图像的组成元素及它们之间的变量关系，以及怎样用正确的方法调整图像大小。

【学习目标】

通过本章的学习，我们能掌握以下技能。

- 变换、变形的快捷操作方法
- 了解变形会给图像造成哪些伤害，以及怎样减轻损伤
- 了解像素与分辨率之间的关系
- 依照使用要求正确设置分辨率和图像尺寸
- 图像的无损放大技巧
- 学习智能对象编辑方法，并知道在哪些情况下应该使用智能对象
- 自由地在Photoshop与Illustrator之间交换图形文件
- 提取智能对象中的原始文件

【学习重点】

变换、变形初探

变换和变形是改变对象外观的操作方法。它们是图像编辑的基本技能，可用于制作效果。

4.1.1

实战：制作盗梦空间特效

扫码看视频

在克里斯托弗·诺兰执导的电影《盗梦空间》里，卷曲的街道、折叠反转的巴黎城市、层层嵌套的多重梦境等颠覆了人们的想象，极具视觉震撼力，成为影史上的经典之作。本实战用Photoshop制作类似的折叠世界，如图4-1所示。实战中涉及的功能较多，最好对照图书和视频同步学习。

图4-1

01 选择裁剪工具，按住Shift键并拖曳鼠标，创建正方形裁剪框，如图4-2所示。按Enter键，将图像裁剪成正方形。

02 按Ctrl+－快捷键将视图比例调小。按Ctrl+R快捷键显示标尺。从标尺上拖出4条参考线，放在画面的边界，如图4-3所示。使用多边形套索工具创建选区，有了参考线作辅助，可以将选区准确地定位在图像的边角，如图4-4所示。按Ctrl+J快捷键复制选中的图像。按Ctrl+T快捷键显示定界框，单击鼠标右键，打开快捷菜单，执行“垂直翻转”命令，翻转图像，如图4-5所示。

图4-2

图4-3

图4-4

图4-5

03 单击鼠标右键，打开快捷菜单，执行“顺时针旋转90度”命令，如图4-6所示。也可按住Shift键并拖曳，以15°为倍数进行旋转，到90°之后停下，按Enter键确认。将当前图层隐藏，选择“背景”图层，如图4-7所示。

图4-6

图4-7

04 使用多边形套索工具选取右侧下方图像，如图4-8所示，按Ctrl+J快捷键复制。按Ctrl+T快捷键显示定界框，单击鼠标右键，打开快捷菜单，执行“垂直翻转”和“逆时针旋转90度”命令，进行变换，如图4-9所示。

图4-8

图4-9

05 单击隐藏的图层，之后在它的左侧单击，让该图层显示出来，如图4-10所示。单击“图层”面板中的按钮，添加图层蒙版。使用渐变工具（见128页）填充黑白线性渐变，将左侧的天空隐藏，如图4-11和图4-12所示。

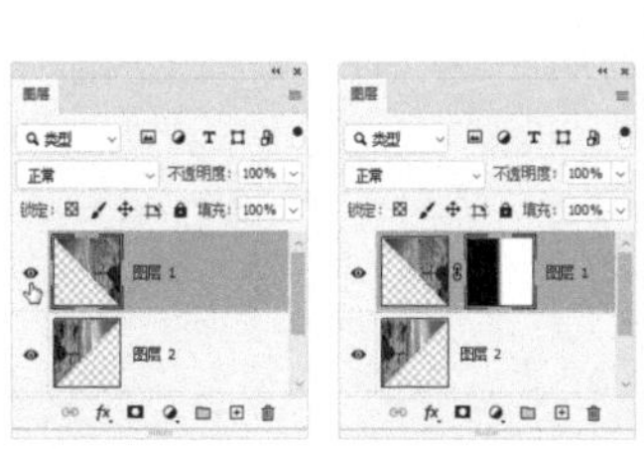
图4-10　　图4-11

图4-12

06 按Alt+Shift+Ctrl+E快捷键盖印图层。执行“滤镜>Camera Raw”命令，打开“Camera Raw”对话框（见第12章），添加暗角效果。将高光值调到最高，降低晕影对高光的影响，这样水面的高光就不会发灰，如图4-13所示。

图4-13

4.1.2 小结

在本实战中，我们首次接触变换操作。所谓变换，就是进行移动、缩放、旋转和翻转，即改变图像的位置、大小和角度。如果改变了对象的比例，即进行扭曲和拉伸，则属于变形操作了。

变换和变形是比较基础的图像编辑操作。除图像外，也用于处理图层蒙版、选区、路径、文字、矢量形状、矢量蒙版、Alpha通道，以及多个图层等。

本实战呈现了一个折叠的世界，要想做好这种效果，有两点最为关键：第一，画布必须是正方形的，这样才能让折叠的图像无缝衔接；第二，要选对图，即衔接位置不要出现人和动物，否则会造成图像缺损或扭曲。也就是说，像图4-14和图4-15所示的两种情况都是应该避免的。

非正方形画面

图4-14

正方形画面，但人在对角线相交处

图4-15

常规变换、变形方法

变换和变形包含自由操作、快捷操作和按照精确参数进行操作等方法。其中快捷操作用途最广，它是利用定界框和控制点来完成的，稍加练习便可掌握。

4.2.1 实战：移动

当需要移动图层、选中的图像，或者将图像、调整图层等拖曳到其他文件中时，就会用到移动工具✥。

扫码看视频

01 打开素材。在进行移动前，先单击对象所在的图层，如图4-16所示。选择移动工具✥，在文档窗口中进行拖曳，即可移动对象，如图4-17所示。按住Shift键操作，可沿水平、垂直或45° 角方向移动。

图4-16

图4-17

> **提示**
>
> 使用移动工具✥时，按住Alt键并拖曳，可以复制对象。每按一下键盘中的→、←、↑、↓键，可以将对象移动1像素的距离；如果同时按住Shift键，则可移动10像素的距离。

02 选择矩形选框工具⬚，创建一个选区，如图4-18所示。将鼠标指针放在选区内，按住Ctrl键（切换为移动工具✥）进行拖曳，可以移动选中的图像，如图4-19所示。

图4-18

图4-19

移动工具选项栏

图4-20所示为移动工具✥的选项栏。

✥ ⌄ ☐ 自动选择： 图层 ⌄ ☐ 显示变换控件

图4-20

- **自动选择**：如果文件中包含多个图层或组，可以勾选该选项并在下拉列表中选择要移动的对象。选择“图层”选项，使用移动工具✥在画面中单击时，可以自动选择鼠标指针位置包含像素的最顶层的图层；选择“组”选项，则可自动选择鼠标指针位置包含像素的最顶层的图层所在的图层组。
- **显示变换控件**：勾选该选项后，单击一个图层时，图层内容的周围会显示定界框，此时拖曳控制点可以对图像进行变换操作。如果文件中的图层较多，并经常进行变换操作，该选项就比较有用。
- **对齐图层/分布图层**：可以让多个图层对齐（见45页），或按一定的规则均匀分布（见45页）。

4.2.2

实战：在多个文件之间移动对象

01 打开两个素材，如图4-21和图4-22所示。当前操作的是长颈鹿文件。单击长颈鹿所在的图层，如图4-23所示。

扫码看视频

图4-21

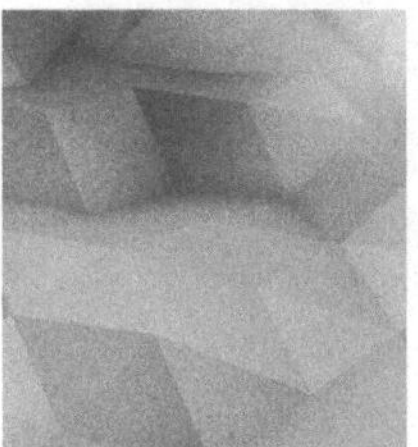

图4-22

图4-23

02 选择移动工具，在画面中单击，然后拖曳图像至另一个素材文件的标题栏，如图4-24所示；停留片刻，可切换到该文件，如图4-25所示；此时将鼠标指针移动到画面中，放开鼠标左键，即可将图像拖入该文件，如图4-26所示。

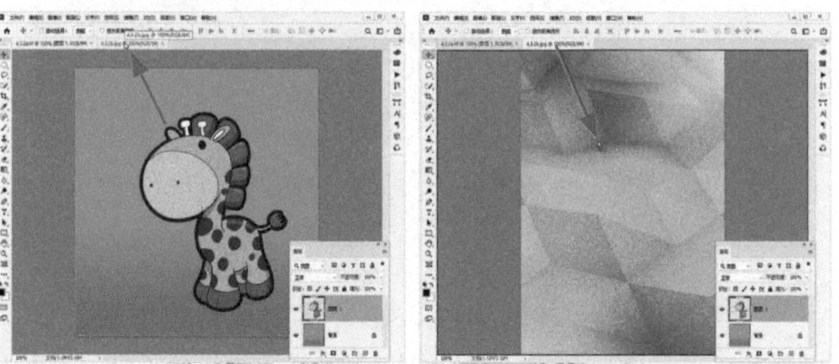

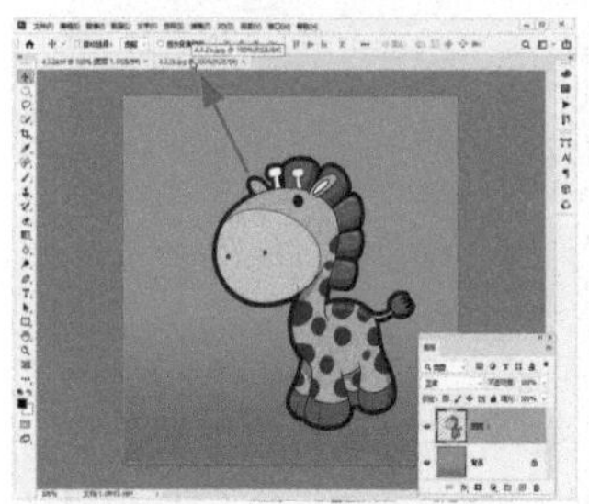

图4-24

图4-25

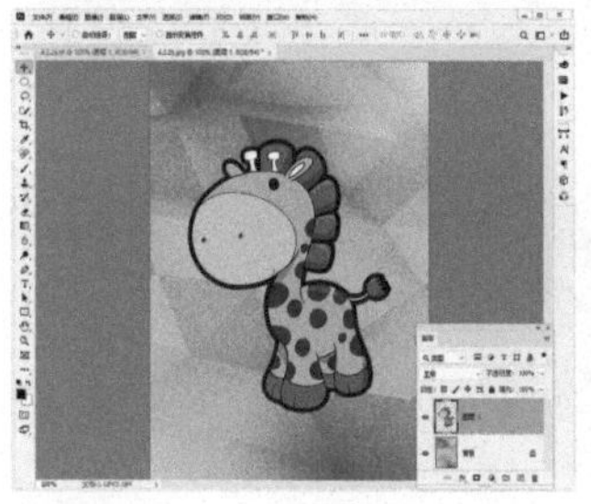

图4-26

提示

将一个图像拖入另一个文件时，按住Shift键操作，图像会位于当前文件的中心。如果这两个文件的大小相同，则图像会与原文件处于同一位置。

4.2.3

实战：制作水面倒影

01 使用矩形选框工具选取图像，如图4-27所示。按Ctrl+J快捷键，将其复制到新的图层中，如图4-28所示。

扫码看视频

02 执行“编辑>变换>垂直翻转”命令，将图像翻转。选择移动工具，按住Shift键（锁定垂直方向）并向下拖曳图像，如图4-29所示。执行“图像>显示全部”命令，显示完整的图像，如图4-30所示。

图4-27

图4-28

图4-29

图4-30

03 执行“滤镜>模糊>动感模糊”命令，对倒影进行模糊处理，如图4-31和图4-32所示。

04 按Ctrl+L快捷键，打开“色阶”对话框，拖曳滑块，将倒影调亮，如图4-33和图4-34所示。

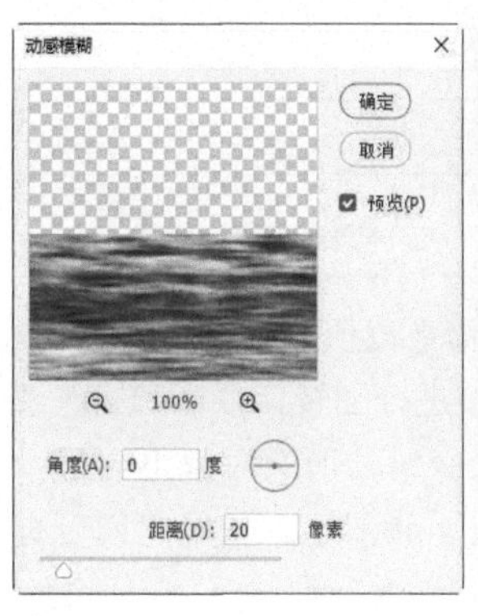

图4-31

图4-32

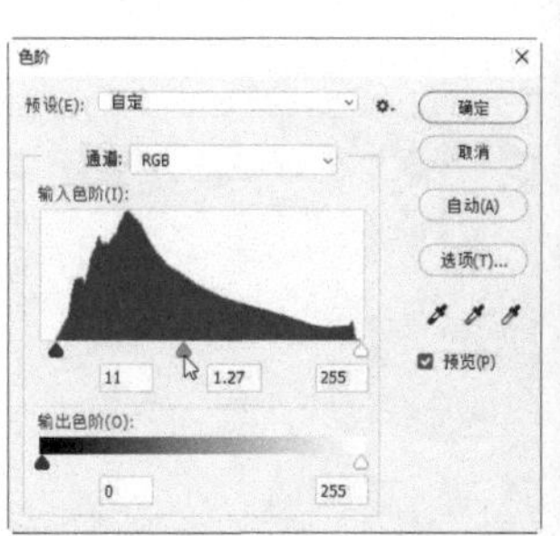

图4-33

图4-34

·PS技术讲堂·

图像为什么不见了(画布与暂存区)

在上面的实战中，当图像被翻转以后，超出画面的部分就不见了。进行旋转和放大操作时，也会出现这种情况，如图4-35(旋转)所示。不见的内容去哪了呢?

在文档窗口中，整个画面范围称作画布。按Ctrl+-快捷键，将视图比例调小以后，画布之外会出现灰色区域，这里是暂存区。使用移动工具 ✣ 进行拖曳，之前消失的内容就显示出来了，如图4-36所示。原来这些内容是在暂存区里，并没有被删除，只是不显示、不能打印而已。

图像超出画布范围的情况还有很多。例如，在当前文件中置入一幅较大的图像，或者使用移动工具 ✣ 将一幅大图拖入一个较小的文件时，都会有一部分图像因超出画布而被隐藏，如图4-37所示。如果想让图像完全显示，执行“图像>显示全部”命令，可自动扩大画布范围，如图4-38所示。此外，也可使用“画布大小”命令(见90页)进行修改。

暂存区——顾名思义，只能暂时保留图像，当以不支持图层的格式(如JPEG格式)存储文件时，暂存区上的图像就会被删除。如果想长久保留下来，可以将文件保存为PSD格式。

暂存区的颜色与Photoshop的界面颜色相匹配，例如，界面颜色是黑色的，则暂存区也是黑色的。如果想改变颜色，可以在暂存区单击右键，打开快捷菜单进行选择。

图4-35

图4-36

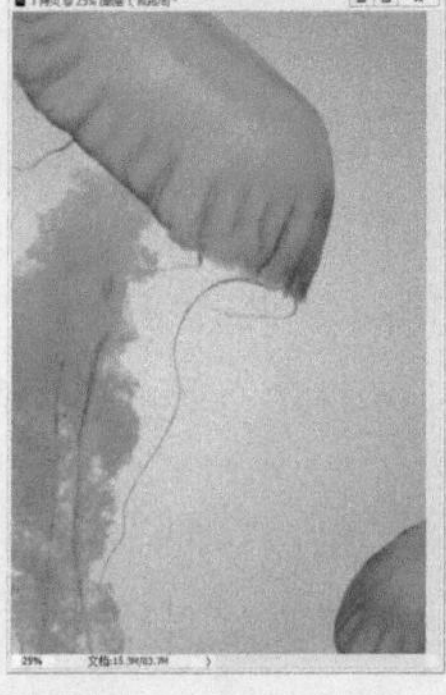

图4-37

图4-38

4.2.4 旋转、缩放与拉伸

定界框、控制点和参考点

Photoshop中的变换和变形命令位于“编辑>变换”子菜单中，如图4-39所示。除直接进行翻转，或者以90°或90°的倍数旋转外，使用其他命令时，所选对象上会显示定界框、控制点和参考点，如图4-40所示。使用它们可直接进行相应的处理。

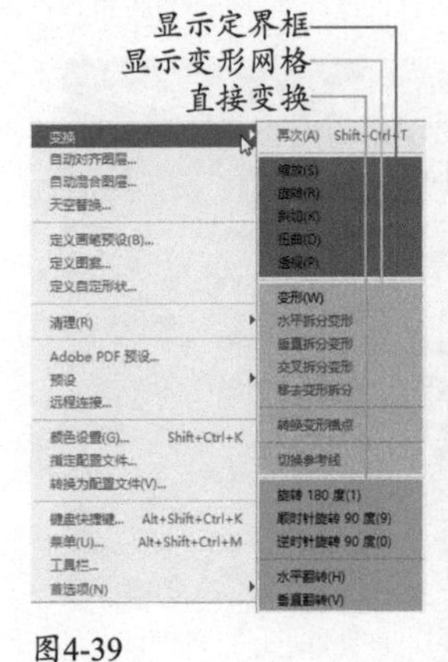

图4-39

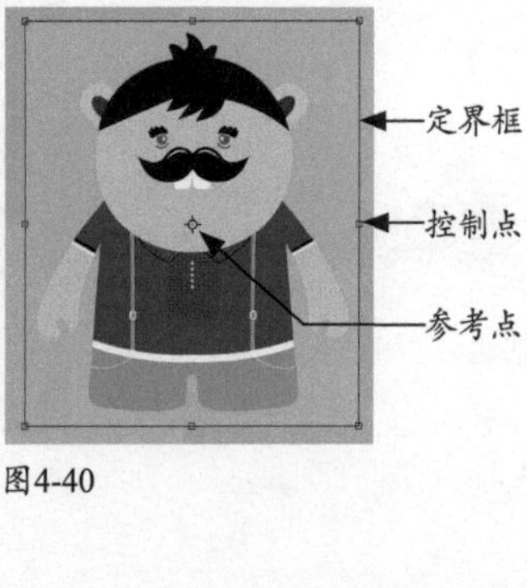

定界框
控制点
参考点

图4-40

参考点位于对象的中心。如果拖曳到其他位置，则会改变基准点。图4-41和图4-42所示为参考点在不同位置时的旋转效果。

参考点在默认位置

图4-41

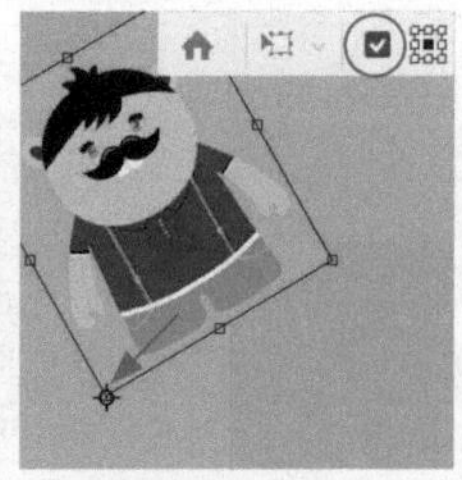

参考点在定界框左下角

图4-42

通过快捷方法进行变换

Photoshop中的很多操作都可以通过两种或多种方法完成。一种是基本方法，即按部就班，一步一步完成，适合初级用户。例如，进行旋转操作时，需要依次打开“编辑>变换”子菜单，选择其中的“旋转”命令，显示定界框之后，再进行旋转。而有经验的用户只要按Ctrl+T快捷键，便可显示定界框，这样就省去了很多步骤，属于快捷方法。

Ctrl+T是“编辑>自由变换”命令的快捷键。当定界框显示以后，将鼠标指针放在其外部（鼠标指针变为 状），拖曳可进行旋转，如图4-43所示。如果拖曳控制点，则会以对角线处的控制点为基准等比缩放，如图4-44和图4-45所示。按住Shift键操作，可进行不等比拉伸，如图4-46和图4-47所示。操作完成后，在定界框外单击或按Enter键可确认操作。按Esc键则取消操作。

图4-43

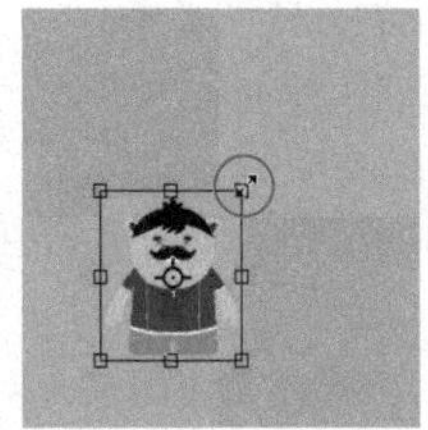
图4-44

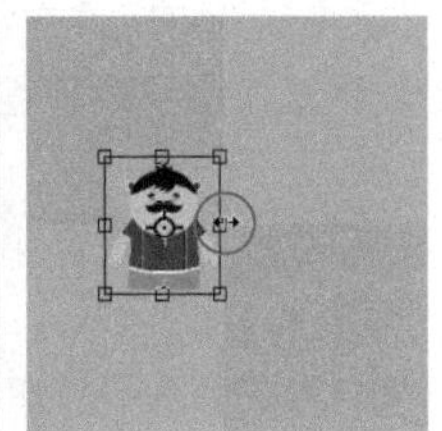
图4-45

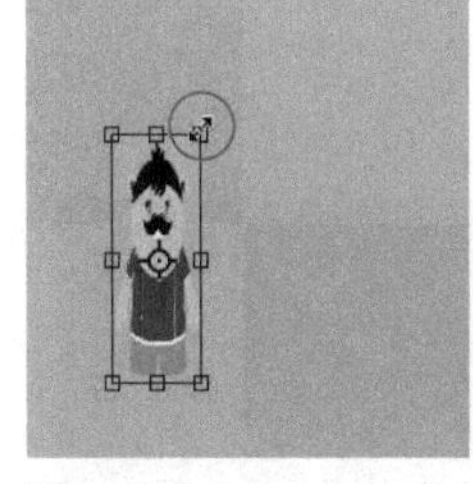
图4-46

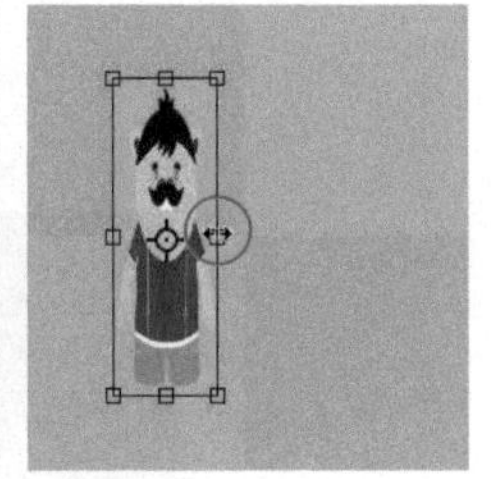
图4-47

4.2.5 斜切、扭曲与透视扭曲

将鼠标指针移动到水平定界框附近，按住Shift+Ctrl键并拖曳鼠标，可沿水平（鼠标指针为 状）或垂直（鼠标指针为 状）方向斜切，如图4-48和图4-49所示。

扫码看视频

图4-48

图4-49

将鼠标指针放在定界框4个角的某个控制点上，按住Ctrl键（鼠标指针变为▷状）并拖曳鼠标，可以进行扭曲，如图4-50所示；按住Ctrl+Alt键并拖曳鼠标，可对称扭曲，如图4-51所示；按住Shift+Ctrl+Alt键（鼠标指针变为▷状）并拖曳鼠标，则可进行透视扭曲，如图4-52所示。

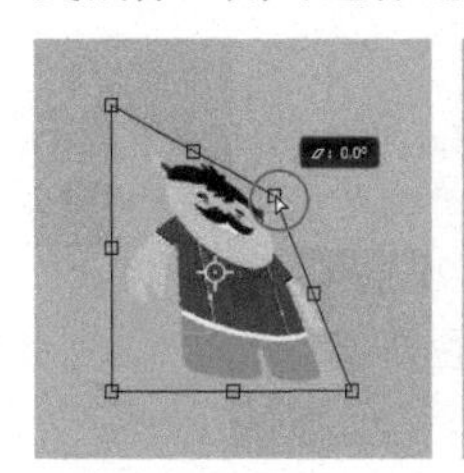
图4-50

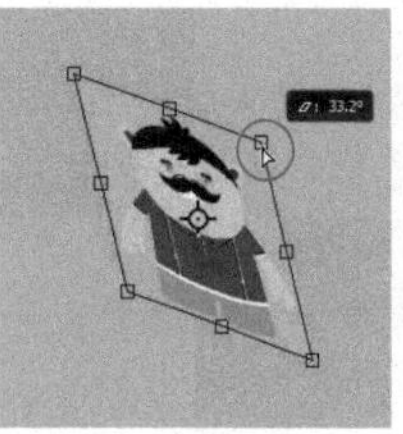
图4-51

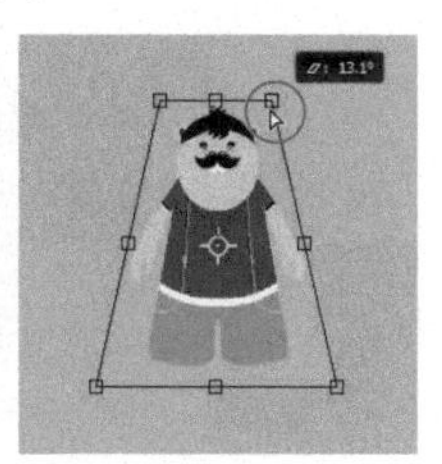
图4-52

技术看板 图像变换、变形技巧

编辑图像时，经常会用到变换和变形功能，用下图中的快捷方法操作更简便、更节省时间。

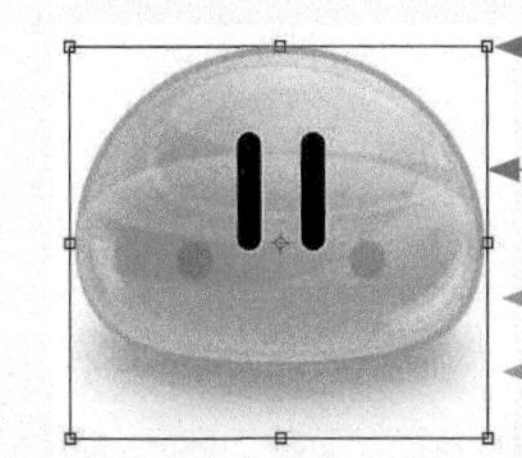

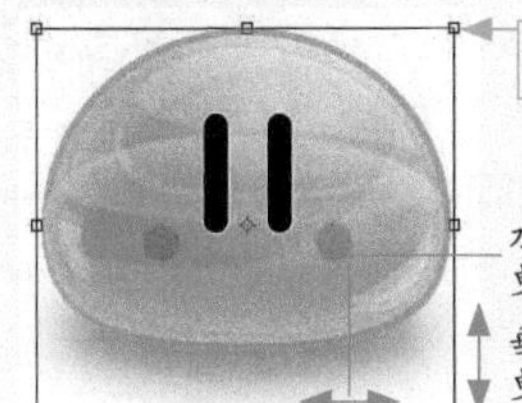

提示

缩放和扭曲会重新采样（*见85页*）。如果操作完成后，图像出现很明显的模糊或锯齿，则可修改工具选项栏中的“插值”选项（*见87页*）。

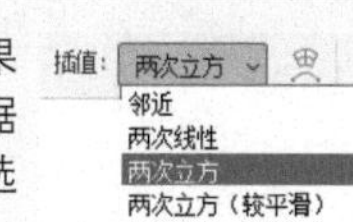

·PS技术讲堂·

精确变换

精确变换是指让对象按指定的角度旋转、按设置的比例缩放、按预设的参数斜切扭曲。执行“编辑>变换”子菜单中的命令，或按Ctrl+T快捷键显示定界框后，可以使用工具选项栏中的选项进行精确变换，如图4-53所示。

扫码看视频

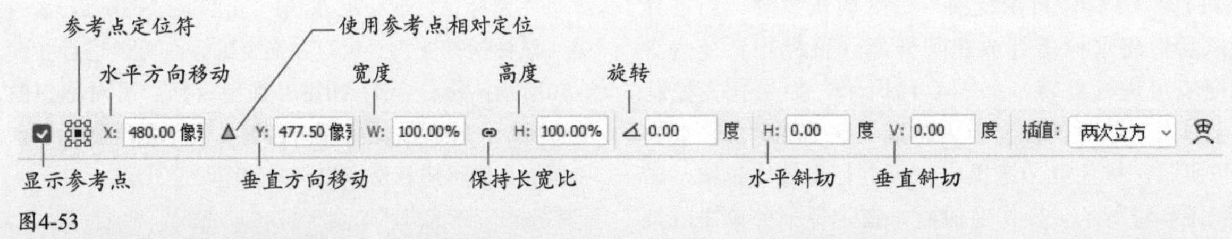

图4-53

其中第一个图标是参考点定位符。四周的小方块分别对应定界框上的各个控制点，黑色的小方块代表参考点。在小方块上单击可以重新定位参考点。例如，单击左上角的小方块，可以将参考点定位在定界框的左上角。

X和Y代表水平和垂直位置。在这两个选项中输入数值，可以让对象沿水平或垂直方向移动。单击这两个选项中间的△按钮，可以相对于当前参考点位置重新定位新参考点。

W代表图像的宽度，H代表图像的高度。默认状态下，它们中间的按钮是选中的，在其中的选项中输入数值，可进行等比缩放。单击按钮后，W选项可进行水平拉伸，H选项可进行垂直拉伸。

是角度，可进行旋转。它后面的H选项和V选项可以进行斜切（H表示水平斜切，V表示垂直斜切）。

在一个选项中输入数值后，可以按Tab键切换到下一选项。按Enter键可以确认操作，按Esc键则放弃修改。上面的方法可用于处理图像、选区、路径、切片、蒙版和Alpha通道。

4.2.6

实战：制作分形图案（再次变换）

要点

进行变换操作后，执行“编辑>变换>再次”命令（快捷键为Shift+Ctrl+T），可再次应用相同的变换处理对象。如果通过Alt+Shift+Ctrl+T快捷键操作，则不仅会变换，还能复制出新的对象。

下面使用这种方法制作分形图案。分形艺术（Fractal Art）是纯计算机艺术，是数学、计算机与艺术的完美结合，可以展现数学世界的瑰丽景象。

01 按Ctrl+N快捷键，打开“新建文档”对话框，使用预设创建一个黑色背景的文件，如图4-54所示。

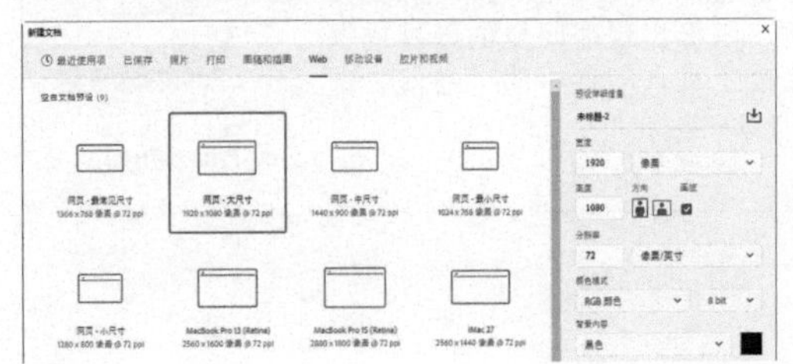

图4-54

02 选择自定形状工具及“像素”选项，打开形状下拉面板，单击图4-55所示的图形。在画板上按住Shift键（锁定图形比例）并绘制图形，如图4-56所示。

03 执行“图层>图层样式>内发光”命令，为图形添加内发光效果，如图4-57所示。将该图层的“填充”设置为0%，以隐藏图形，只显示效果，如图4-58和图4-59所示。

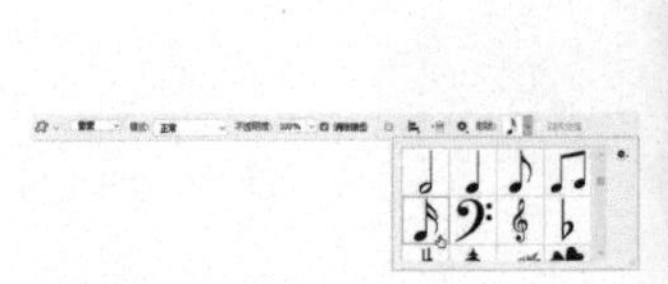

图4-55

图4-56

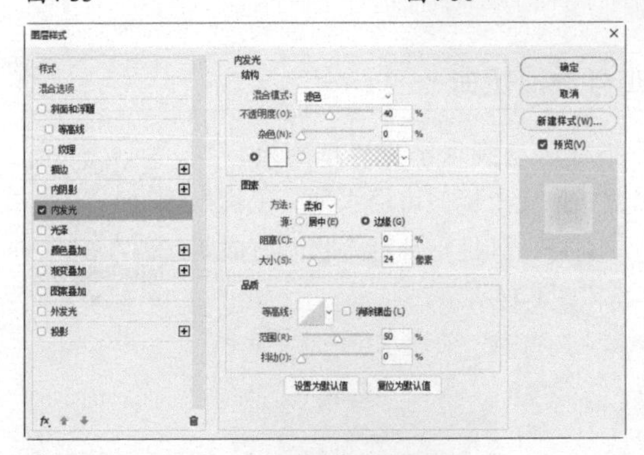

图4-57

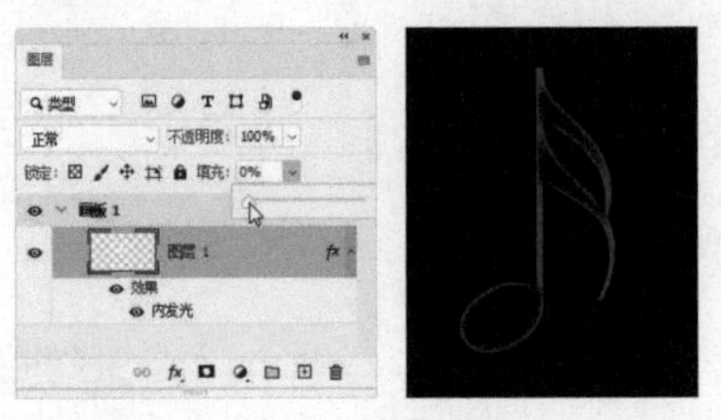

图4-58　图4-59

04 按Ctrl+J快捷键复制图层。按Ctrl+T快捷键显示定界框，勾选工具选项栏左侧的显示参考点选项，让定界框内显示参考点，如图4-60所示。将参考点拖曳到定界框左下角，如图4-61所示。将鼠标指针移动到定界框右上角，按住Shift键拖曳，将图形旋转30°，如图4-62所示，按Enter键确认。

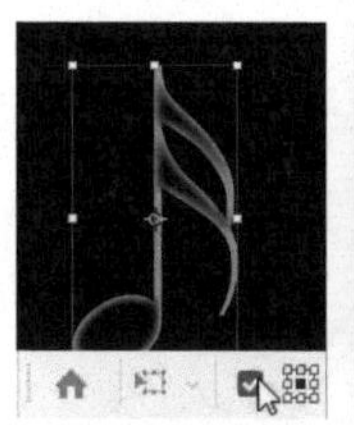

图4-60　图4-61

图4-62

05 先按住Alt+Shift+Ctrl键，之后连按10次T键，每按一次会旋转并复制出一个图形，如图4-63和图4-64所示。按住Shift键单击最底部的图层，将所有图层选取，按Ctrl+G快捷键编入图层组中。将该图层组拖曳到 按钮上复制，如图4-65所示。

图4-63

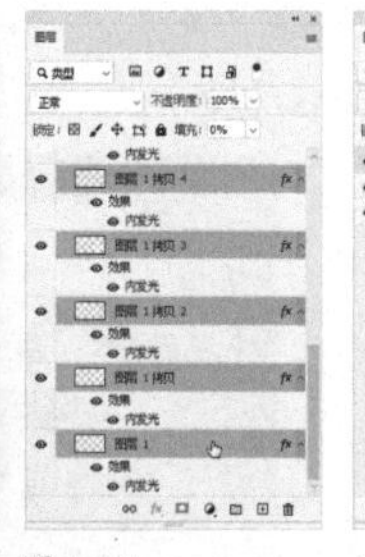

图4-64

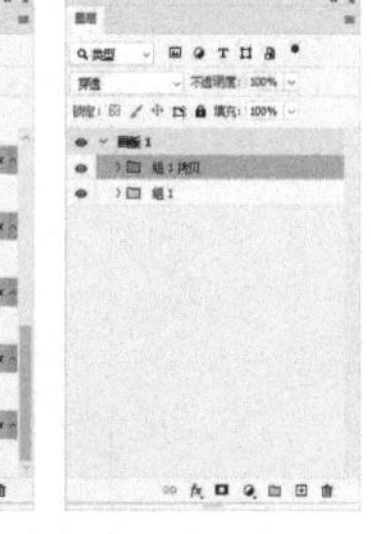

图4-65

06 按Ctrl+T快捷键显示定界框，在定界框内单击右键，打开快捷菜单，执行“水平翻转”命令，如图4-66所示，翻转图形，如图4-67所示，按Enter键确认。

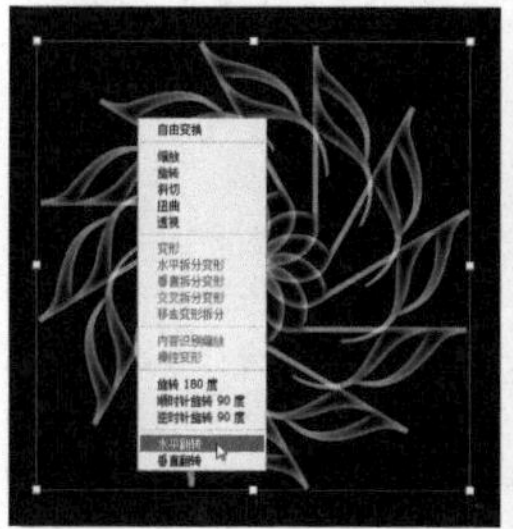

图4-66

图4-67

07 按住Ctrl键单击下方的图层组，如图4-68所示。按Ctrl+T快捷键显示定界框，按住Shift键并拖曳鼠标，将图形旋转15°，如图4-69所示，按Enter键确认。

图4-68

图4-69

08 单击“图层”面板中的 按钮，打开下拉列表，选择“渐变”命令，创建渐变填充图层，具体设置如图4-70所示。设置该图层的混合模式为“颜色”，如图4-71所示。

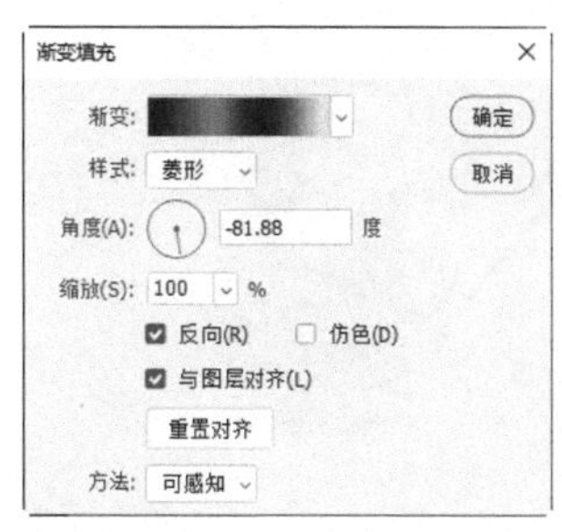

图4-70

图4-71

09 单击“调整”面板中的 按钮，创建“曲线”调整图层，在曲线上单击并向上拖曳，让色彩变得鲜亮，如图4-72和图4-73所示。如果想换颜色，可单击“调整”面板中的 按钮，创建“色相/饱和度”调整图层，对颜色进行修改，如图4-74和图4-75所示。

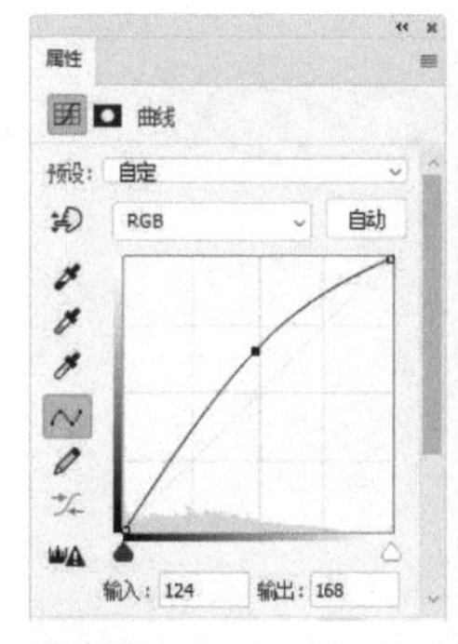

图4-72

图4-73

图4-74

图4-75

4.2.7

实战：使用变形网格为咖啡杯贴图

要点

变形网格可以对图像（尤其是局部内容）进行扭曲。它由网格和控制点构成。控制点类似锚点（见333页），拖曳控制点和方向点可以改变网格形状，进而扭曲对象。下面使用该功能为咖啡杯贴图，如图4-76所示。

图4-76

01 使用移动工具 ✥ 将卡通图像拖入咖啡杯文件中。执行"编辑>变换>变形"命令，显示变形网格。将4个角上的控制点拖曳到杯体边缘，使之与杯体边缘对齐，如图4-77所示。拖曳左右两侧控制点上的方向点，使图片向内收缩，再调整图片上方和底部的控制点，使图片依照杯子的结构扭曲，并覆盖住杯子，如图4-78所示，按Enter键确认。

图4-77　　图4-78

02 将"图层1"的混合模式设置为"柔光"，使贴图与杯子的结合更加真实，如图4-79所示。

03 单击"图层"面板中的 ◘ 按钮，添加蒙版。使用画笔工具 ✎ 在超出杯子边缘的贴图上涂抹黑色，用蒙版将其遮盖。按Ctrl+J快捷键复制图层，使贴图更加清晰。按数字键5，将图层的不透明度调整为50%，如图4-80所示，效果如图4-81所示。

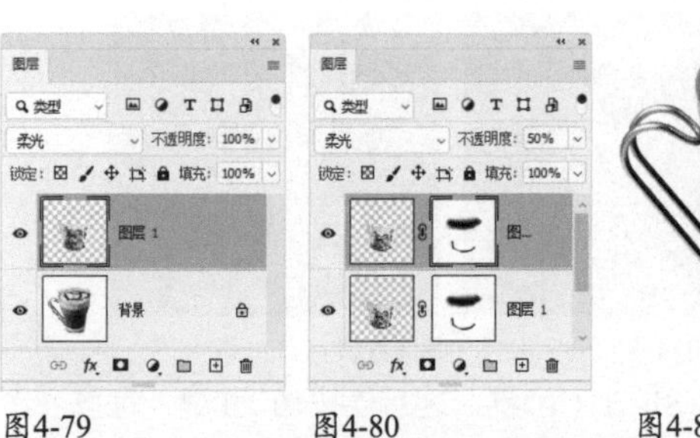

图4-79　　图4-80　　图4-81

拆分网格

显示变形网格以后，使用"编辑>变换"子菜单中的命令，或单击工具选项栏中的拆分按钮，如图4-82所示，之后在图像上单击，便可拆分网格，即增加网格线和控制点，如图4-83和图4-84所示。

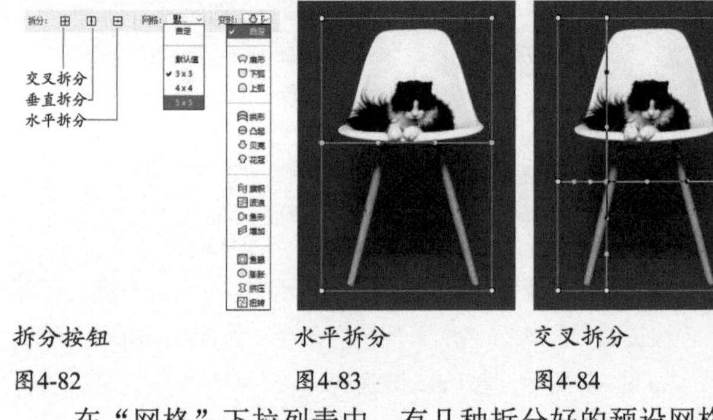

拆分按钮　　水平拆分　　交叉拆分

图4-82　　图4-83　　图4-84

在"网格"下拉列表中，有几种拆分好的预设网格。除此之外，"变形"下拉列表中还提供了15种预设，可以直接创建各种扭曲（具体效果见434页）。

> **提示**
>
> 单击新添加的网格线，按Delete键或执行"移去变形拆分"命令，可将其删除。

基于三角形网格的操控变形

"变形"命令提供的是水平和垂直网格线，而"操控变形"命令则用的是三角形网格结构，因而网格线更多，变形能力更强。操控变形可以编辑图像、图层蒙版和矢量蒙版，但不能处理"背景"图层。如果要将"背景"图层转换为普通图层，可按住Alt键并双击"背景"图层。

4.3.1
实战：扭曲长颈鹿

扫码看视频

进行操控变形时，先要在图像的关键点（需要扭曲的位置上）添加图钉，之后在其周围会受到影响的区域也添加图钉，用于固定图像、减小扭曲范围，然后通过拖曳图钉来扭曲图像，制作出需要的效果，如图4-85所示。

图4-85

01 打开PSD分层素材。单击“长颈鹿”图层，如图4-86所示。执行“编辑>操控变形”命令，显示变形网格，如图4-87所示。在工具选项栏中将“模式”设置为“正常”，“密度”设置为“较少点”。在长颈鹿的身体上单击，添加几个图钉，如图4-88所示。

02 在工具选项栏中取消“显示网格”选项的勾选，以便更好地观察变化效果。单击图钉并拖曳鼠标，可以让长颈鹿低头或抬头，如图4-89和图4-90所示。

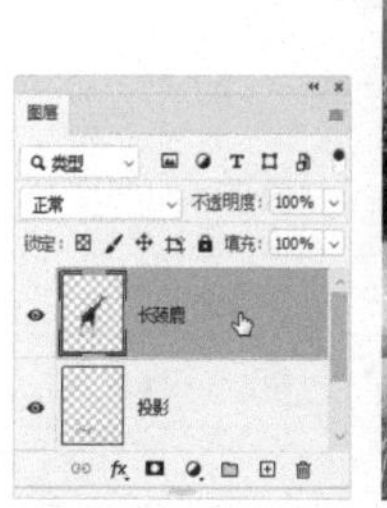

图4-86　图4-87　图4-88

图4-89　图4-90

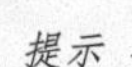

提示

单击一个图钉以后，按Delete键可将其删除。此外，按住Alt键并单击图钉也可以将其删除。如果要删除所有图钉，可以在变形网格上单击鼠标右键，打开快捷菜单，执行“移去所有图钉”命令。

03 单击一个图钉后，在工具选项栏中会显示其旋转角度，如图4-91所示。此时可以直接输入数值来进行调整，如图4-92所示。单击工具选项栏中的✓按钮，完成操作。

图钉深度：　旋转：固定　20　度

图4-91

图4-92

4.3.2 操控变形选项

操控变形非常适合修图，可以轻松地让人的手臂弯曲、身体摆出不同的姿态；也可用于小范围的修饰，如让长发弯曲，让嘴角向上扬起等。图4-93所示为执行“编辑>操控变形”命令后的工具选项栏。

模式：正常　密度：正常　扩展：2像素　显示网格　图钉深度：　旋转：自动　0　度

图4-93

- **模式**：可以设置网格的弹性。选择“刚性”，变形效果精确，但过渡不够柔和，如图4-94所示；选择“正常”，变形效果准确，过渡柔和，如图4-95所示；选择“扭曲”，可创建透视扭曲，如图4-96所示。

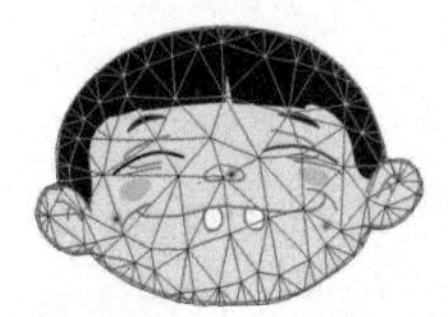

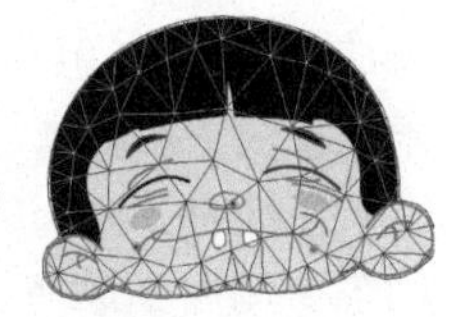

图4-94　图4-95　图4-96

- **密度**：可以设置网格密度，网格细密，可以添加更多的图钉。
- **扩展**：用来设置变形衰减范围。该值越大，变形网格的范围也会相应地越向外扩展，变形之后，对象的边缘会更加平滑，图4-97和图4-98所示为扩展前后的效果；反之，数值越小，图像边缘变化效果越生硬，如图4-99所示。

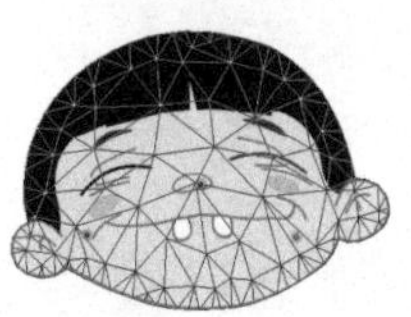

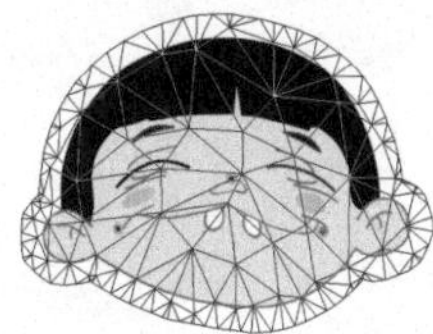

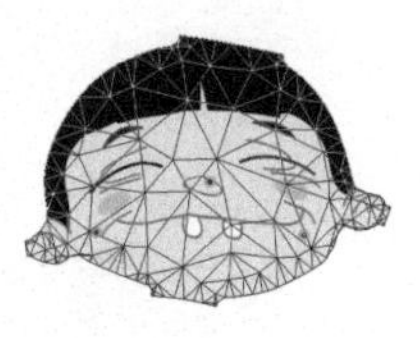

扩展0像素　扩展40像素　扩展-20像素

图4-97　图4-98　图4-99

- **显示网格**：显示变形网格。取消勾选该选项时，只显示图钉，适合观察变形效果。
- **图钉深度**：选择一个图钉，单击 / 按钮，可以将其向上层/向下层移动一个堆叠顺序。
- **旋转**：选取“自动”选项，在拖曳图钉时，会自动对图像进行旋转。如果要设定旋转角度，可以选取“固定”选项，并在右侧的文本框中输入角度值，如图4-100所示。此外，选择一个图钉以后，按住Alt键会出现图4-101所示的变换框，此时拖曳鼠标也可旋转图钉，如图4-102所示。

● 复位↺/撤销⊘/应用✓：单击↺按钮，可删除所有图钉，将网格恢复到变形前的状态；单击⊘按钮或按Esc键，可放弃变形操作；单击✓按钮或按Enter键，可以确认变形操作。

图4-100

图4-101

图4-102

4.4 改变透视关系的透视变形

透视变形能改变画面中的透视关系，适合处理出现透视扭曲的建筑物和房屋，可与校正画面扭曲、超广角变形（见250页）、“镜头校正”滤镜（见253页）等功能结合，作为照片画面的校正工具来使用。

4.4.1 “口”字形网格、三角形网格和侧边线网格

前面介绍了几种利用网格变形来带动图像扭曲的功能，其中“自由变换”命令的网格较为简单，呈“口”字形，只有4条边界，如图4-103所示。“变形”命令是“口”字内嵌“十”字形的网格，如图4-104所示，较前者网格多了一些。“操控变形”是由不规则三角形网格组成的，如图4-105所示，其优点显而易见——可以将变形限定在很小的区域。

下面将要介绍的“透视变形”能基于透视关系在对象的各个侧面生成网格，如图4-106所示，因此可以改变对象的透视关系，如图4-107和图4-108所示。

图4-103

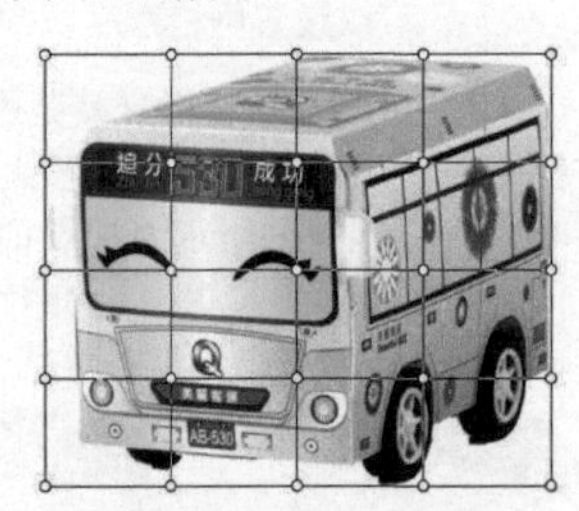
图4-104

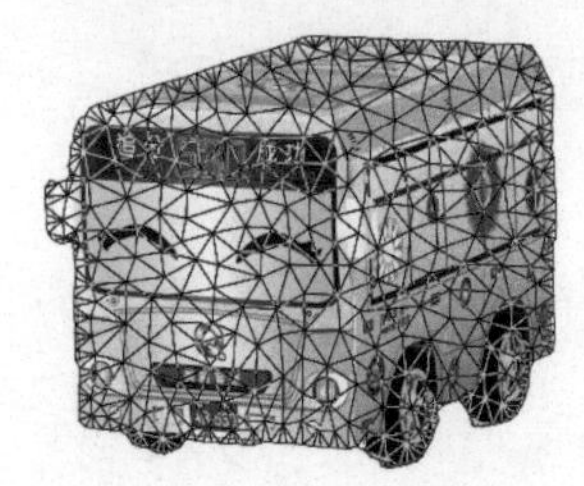
图4-105

图4-106

图4-107

图4-108

4.4.2 实战：校正出现透视扭曲的建筑照片

要点

透视变形的特点是通过调整图像局部来改变透视角度，同时造成的其他部分的变化则由Photoshop自动修补或拉伸。该功能可以帮助摄影师纠正广角镜头带来的被摄物体的变形问题，如图4-109所示，也能让长焦镜头照片呈现广角镜头所拍摄的变形效果。

图4-109

01 执行“编辑>透视变形”命令，图像上会出现提示，将其关闭。在画面中拖曳鼠标，沿建筑的侧立面绘制四边

形，如图4-110所示。拖曳四边形各边上的控制点，使其与侧立面平行，如图4-111所示。

图4-110

图4-111

02 在画面右侧的建筑立面上拖曳鼠标，创建四边形，并调整结构线，如图4-112和图4-113所示。

图4-112

图4-113

03 单击工具选项栏中的“变形”按钮，如图4-114所示，切换到变形模式。拖曳画面底部的控制点，向画面中心移动，让倾斜的建筑立面恢复为水平状态，如图4-115和图4-116所示。按Enter键确认，如图4-117所示。使用裁剪工具 将空白图像裁掉，如图4-118所示。

图4-114

图4-115

图4-116

图4-117

图4-118

智能化的内容识别缩放

使用“编辑>变换>缩放”命令进行缩放时，会缩放所有内容。内容识别缩放则具有自动识别能力，能保护图像中的重要内容，如人物、动物、建筑等不变形，只缩放非重要内容。

4.5.1 实战：体验智能缩放的强大功能

01 打开素材。由于内容识别缩放不能处理“背景”图层，因此按住Alt键并双击“背景”图层，或单击它右侧的 图标，将其转换为普通图层。

扫码看视频

02 执行“编辑>内容识别缩放”命令，显示定界框。按住Shift键，向左侧拖曳控制点，横向压缩画面空间，如图4-119所示。如果直接拖曳控制点，则可进行等比缩放。

03 从缩放结果中可以看到，人物变形非常严重。单击工具选项栏中的 按钮，Photoshop会分析图像，修正包含皮肤颜色的区域，此时画面虽然变窄了，但人物比例没有明显变化，如图4-120所示。

图4-119

图4-120

04 按Enter键确认。如果要取消变形，则可以按Esc键。图4-121和图4-122所示分别为用普通方法和用内容识别缩放处理的效果。通过比较可以看出后者的功能非常强大。

普通缩放
图4-121

内容识别缩放
图4-122

> **提示**
>
> 内容识别缩放不适用于调整图层、图层蒙版、各个通道、智能对象、视频图层、图层组，或者同时处理多个图层。

内容识别缩放选项

进行内容识别缩放时，工具选项栏中会显示图4-123所示的选项。

X: 1884.00 像 △ Y: 2652.00 像 W: 100.00% H: 100.00% 数量: 100% 保护: 无

图4-123

- **切换参考点**：勾选后可以显示参考点。
- **参考点定位符**：单击参考点定位符上的方块，可以指定缩放图像时要围绕的参考点。
- **使用参考点相对定位**△：单击该按钮，可以指定相对于当前参考点位置的新参考点位置。
- **参考点位置**：可输入x轴和y轴像素大小，从而将参考点放置于特定位置。
- **缩放比例**：输入宽度（W）和高度（H）的百分比，可以指定图像按原始大小的百分之多少进行缩放。单击保持长宽比按钮，可以等比缩放图像。
- **数量**：可在文本框中输入数值或单击箭头和移动滑块来指定内容识别缩放的百分比。
- **保护**：可以选择一个Alpha通道，通道中白色对应的图像不会变形。
- **保护肤色**：单击该按钮，可以保护包含肤色的图像区域，避免其变形。

4.5.2

实战：用Alpha通道保护图像

要点

进行内容识别缩放时，如果Photoshop不能识别重要对象，导致其变形，则可以选取对象，并将选区保存到Alpha通道中，再用Alpha通道保护图像。本实战介绍具体操作方法，效果如图4-124所示。

扫码看视频

图4-124

01 按住Alt键并双击“背景”图层，将其转换为普通图层。执行“编辑>内容识别缩放”命令，显示定界框。按住Shift键并向左侧拖曳控制点，使画面变窄，如图4-125所示。可以看到，小女孩的胳膊变形比较严重。单击工具选项栏中的按钮，效果如图4-126所示。问题有了一些改善，但变形仍然非常明显，尤其是背景被严重扭曲。按Esc键取消操作。

图4-125

图4-126

02 选择快速选择工具，在小女孩身上拖曳鼠标，将其选取，如图4-127所示。单击“通道”面板中的按钮，将选区保存到Alpha 1通道中，如图4-128所示。按Ctrl+D快捷键取消选择。

图4-127

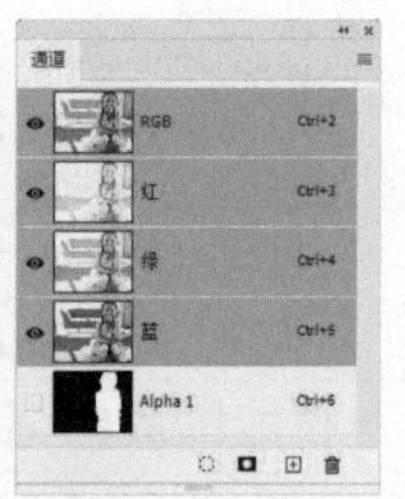

图4-128

03 执行“编辑>内容识别缩放”命令，按住Shift键并向左侧拖曳控制点。单击按钮，使该按钮处于未选择状态。在“保护”下拉列表中选择Alpha 1通道，通道中白色区域所对应的图像（女孩）便会受到保护，这样就只压缩背景，如图4-129所示。

图4-129

重新采样

下面介绍图像的组成元素——像素，并详细分析由于变换、变形及修改图像尺寸导致像素数量改变，会给图像造成怎样的影响。其中有很多概念和原理方面的阐述，需要多花些时间来理解。

·PS技术讲堂·

图像的微世界

扫码看视频

我们每天都使用图像，不经意间也创造着图像。例如，用手机和数码相机拍照、用软件绘画、用扫描仪扫描图片、在计算机屏幕上截图等，这些方式都可以获取和生成图像。

计算机显示器、电视机、手机、平板电脑等电子设备上的数字图像（在技术上称为栅格图像）是由像素构成的，因此，其最小单位是像素（Pixel）。

一般情况下，像素的“个头”非常小。以A4大小的纸张为例，在21厘米×29.7厘米的幅面中，可包含多达8699840个像素。要想看清单个像素，必须借助专门的工具才行。例如，可以使用缩放工具在窗口中连续单击，当视图放大到3200倍时，画面中会呈现一个个小方块，这其中的每个方块便是一个像素，如图4-130和图4-131所示。

在Photoshop中处理图像时，编辑的就是这些数以百万计，甚至千万计的小方块。图像发生的任何改变，都是它们变化的结果，如图4-132所示。

视图比例为100%
图4-130

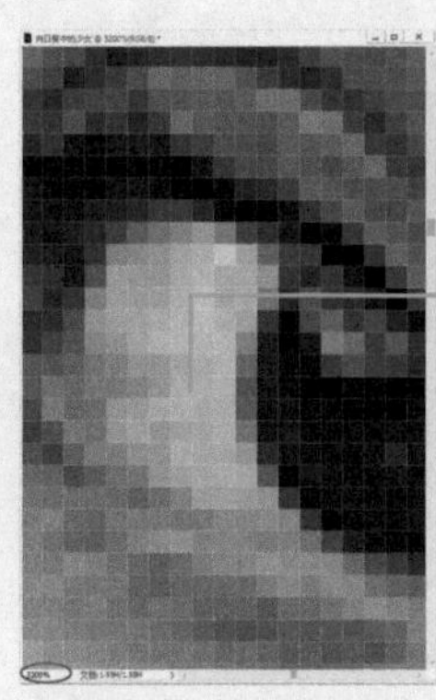
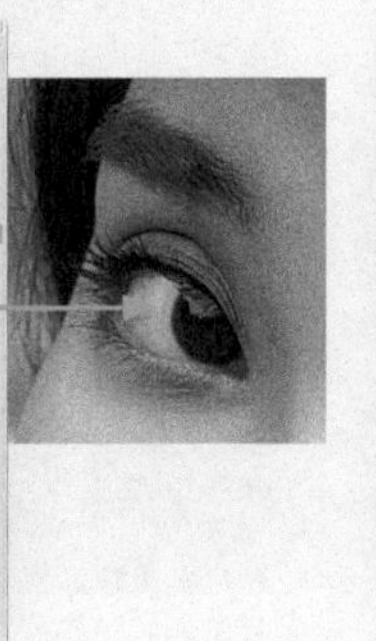
视图比例放大到3200%，能看清单个像素
图4-131

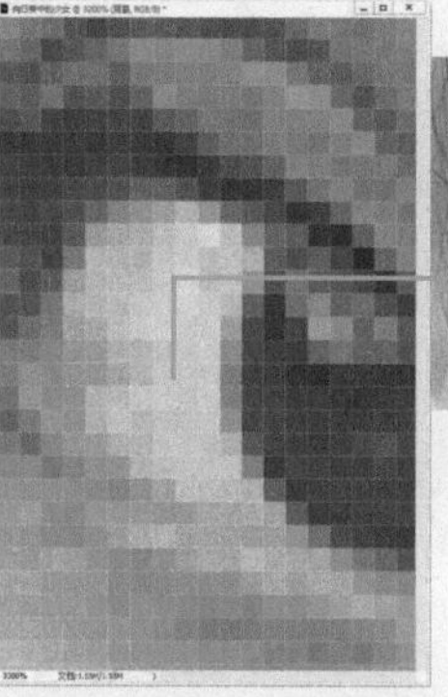

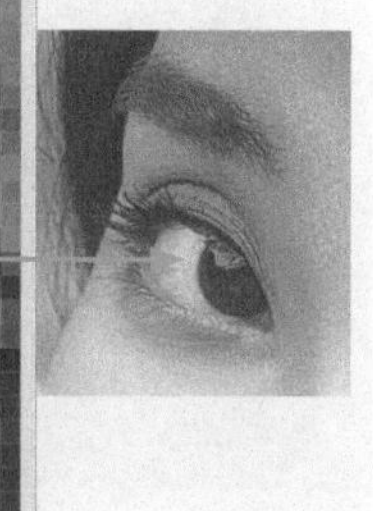
调色效果及放大视图比例观察到的像素
图4-132

像素还有一个身份，就是作为计量单位使用。例如，绘画和图像修饰类工具的笔尖大小、选区的羽化范围、矢量图形的描边宽度等，都以像素为单位。

·PS技术讲堂·

像素与分辨率关系公式

像素“大小”可变

前面将视图比例放大到3200倍，我们才看清单个像素，由此可见，像素的“个头”实在是太小了。但这种情况并不绝对，像素“个头”也可以很大，大到不必借助工具就能看到。

像素“个头”的大小取决于分辨率。分辨率用像素/英寸（ppi）来表示，它的意思是1英寸（1英寸≈2.54厘米）的距离里有多少个像素。例如，分辨率为10像素/英寸，就表示1英寸里有10个像素，如图4-133所示；分辨率为20像素/英寸，则1英寸里有20个像素，如图4-134所示。由此可知，分辨率越高，1英寸的距离里所包含的像素就越多，而像素数量增加，则意味着单个像素的“个头”会变小。由于像素记录了图像的所有信息，那么，像素数量越多，图像中的信息也就越丰富。由此我们便推导出像素与分辨率的关系，如图4–135所示。

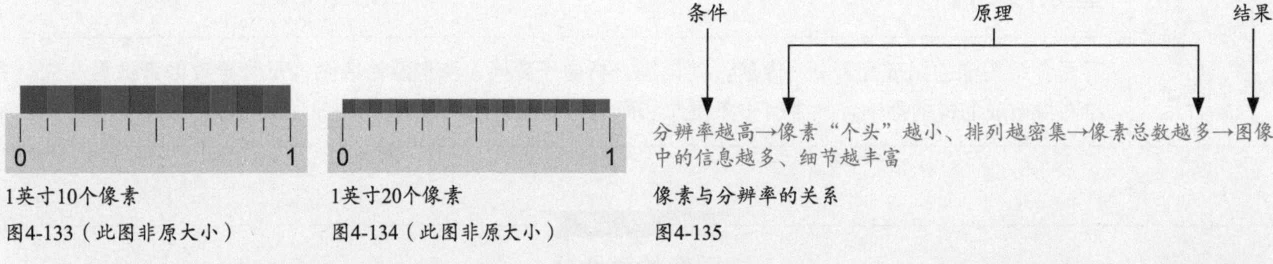

1英寸10个像素

图4-133（此图非原大小）

1英寸20个像素

图4-134（此图非原大小）

像素与分辨率的关系

图4-135

既然分辨率是决定像素数量的先决条件，那么它对画质必然产生影响。例如，图4–136所示为相同尺寸、不同分辨率的3幅图像。可以看到，在低分辨率的图像中，像素数量较少，导致图像中的细节不足，画面看上去有些模糊；而高分辨率的图像由于像素多，包含的信息也丰富，所以十分清晰，细节也丰富。

反之也成立。在分辨率不变（即像素数量不变）的情况下，随着图像尺寸的增大，像素的“个头”也在变大，使得图像中的马赛克效应越来越明显，画质越来越差，如图4–137所示。因此，在设置和修改文件的分辨率时，必须慎重操作，最好遵循相应的规范（*见89页*）。

分辨率为20像素/英寸（细节模糊）　分辨率为72像素/英寸（效果一般）　分辨率为300像素/英寸（画质清晰）

图4-136

分辨率为72像素/英寸，打印尺寸依次为10厘米×15厘米、20厘米×30厘米、45厘米×30厘米的3幅图像。随着尺寸变大，图像的清晰度逐渐下降

图4-137

图像大小的描述方法

要想获取分辨率和图像尺寸这两个重要信息，可以执行“图像>图像大小”命令，打开“图像大小”对话框进行查看，如图4–138（这是一个A4大小的文件）所示。

图像大小有两种描述方法。在“图像大小”选项组中，是以像素数量为单位描述图像有多大的。从中可以得到两个数据：图像的“宽度”方向上有2480像素，“高度”方向上有3508像素。将它们相乘，可得出像素总数为8699840。“图像大小”右侧的数值显示了所有像素会占用多大的存储空间（24.9MB）。

下方的选项组则以长度为单位描述图像的宽度和高度尺寸（即打印尺寸），其中还包含分辨率数据：图像的分辨率是300像素/英寸，打印到纸上或在计算机屏幕上显示时，其“宽度”为21厘米，“高度”为29.7厘米。

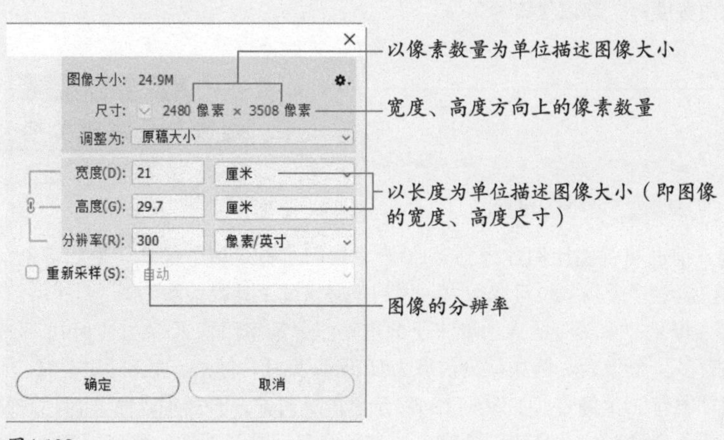

图4-138

·PS技术讲堂·

重新采样之反向联动

执行“文件>新建”命令创建空白文件时，可以设置图像的分辨率。如果要对一幅图像的分辨率作出修改，则可执行“图像>图像大小”命令，打开“图像大小”对话框进行设置。在该对话框中，“重新采样”选项非常关键，它决定了像素的总量，以及画质是否因像素数量的改变而受到影响。

“重新采样”是什么意思呢？可以这样理解，用数码相机拍摄一张照片以后，图像中所有的像素都是原始像素。当修改图像的分辨率或尺寸时，Photoshop会对这些原始像素采样并进行分析，之后通过特殊方法生成新的像素，从而使像素的总数增加；或者删除部分原始像素，让像素总数变少。

当然，Photoshop也可以不对图像重新采样——既不增加像素也不减少像素，但前提是“重新采样”选项未被勾选。在这种状态下，提高分辨率时，例如，分辨率从10像素/英寸提高到20像素/英寸，即让1英寸距离里，由之前排列10个像素增加为20个像素，像素的“个头”就变小了。请注意，在像素总数不变的情况下，像素“个头”变小，就不需要之前那么大的画面空间了，这时Photoshop会自动缩减图像尺寸，以与之匹配，如图4-139和图4-140所示。

反过来，降低分辨率时，例如，分辨率从10像素/英寸调整为5像素/英寸，则1英寸的距离里从排列10个像素到现在的只排列5个像素，每个像素的“个头”都比之前大了一倍，那么原有的画面空间就不够用了，这时Photoshop又会扩大图像尺寸，以提供足够大的画面空间来容纳像素，如图4-141所示。

可以发现，未勾选“重新采样”选项时，无论是提高分辨率，还是降低分辨率，像素总数都不变（图4-140和图4-141所示的“尺寸”选项右侧，宽度和高度都是100像素×100像素）。由此可知，分辨率与图像尺寸之间存在着反向联动，一方增加，另一方就会减少。反向联动的意义在于：确保了原始像素的数量不变，因此，图像的画质就不会因分辨率的改变而受到影响。

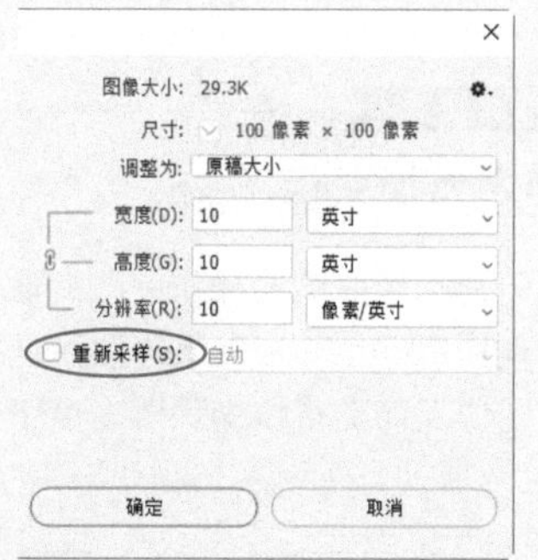

原始图像

图4-139

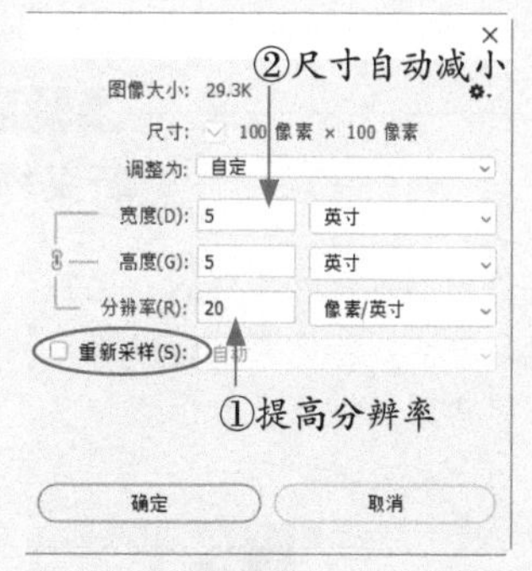

提高分辨率时图像尺寸自动减小

图4-140

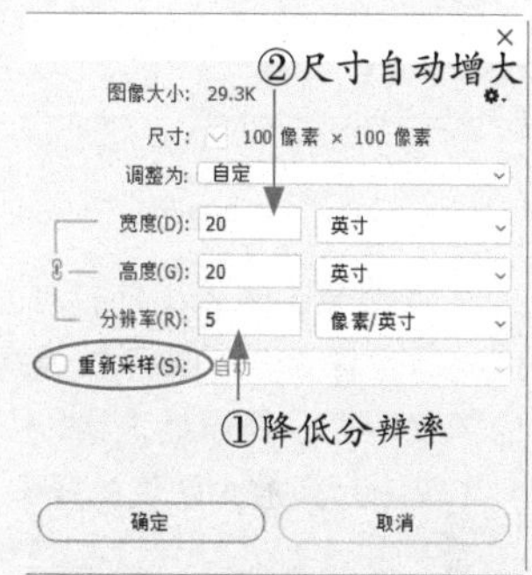

降低分辨率时图像尺寸自动增大

图4-141

·PS技术讲堂·

重新采样之无中生有

勾选“重新采样”选项，就授予了Photoshop修改像素数量的权利。此时在“图像大小”对话框中，分辨率与图像尺寸既不互相影响，也不反向联动。当调整分辨率，使像素“个头”变大或变小时，图像的尺寸不会随之扩大或缩减，而是通过另一种方式——减少和增加像素来匹配新的画面空间，也就是说会改变原始像素的数量。这会影响画质，具体原因如下。

当提高分辨率时，例如，分辨率从10像素/英寸提高到20像素/英寸，即1英寸距离里，从排列10个像素变为排列20个像素，像素的“个头”变为之前的一半，但图像尺寸未变（因为它与分辨率没有关联），因而每英寸里就缺少了10个像素，在这种情况下，Photoshop会对现有像素进行采样，之后通过插值的方法生成新的像素来填满空间。图4-142和图4-143所示为提高分辨率的操作，从中可以看到图像尺寸未变。

降低分辨率时，像素的“个头”变大，原有的画面空间就容纳不下了。在这种情况下，Photoshop会通过插值运算的方法，将“装不下”的像素筛选出来并删除。因此，勾选“重新采样”选项，就相当于把水龙头的开关交给了Photoshop，Photoshop通过往图像里“加水”（增加像素），或者“向外放水”（减少像素）的做法，保持分辨率与图像尺寸之间的平衡。只是这种平衡是以画质变差为代价的。观察“图像大小”对话框顶部的参数便可知晓。如果像素总数减少，如图4-144所示，就表示Photoshop丢弃了一部分像素，即当前图像的信息量比之前少了。通常情况下，丢弃像素不会给图像造成太大的损害，因为像素太小，丢弃一小部分，我们的眼睛是看不出差别的。而增加像素的情况就不同了，如图4-145所示。由于新的像素是由Photoshop生成的，而非原始像素，它们的出现会降低图像的清晰度（原因见下一小节）。就像往酒里兑水，水越多，酒味就越淡，道理是一样的。

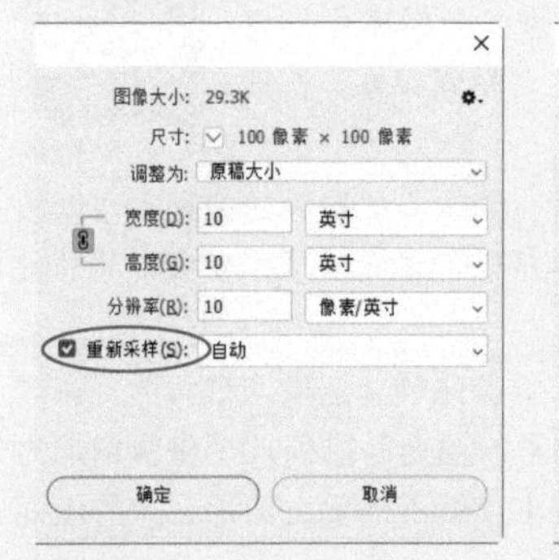

原始图像

图4-142

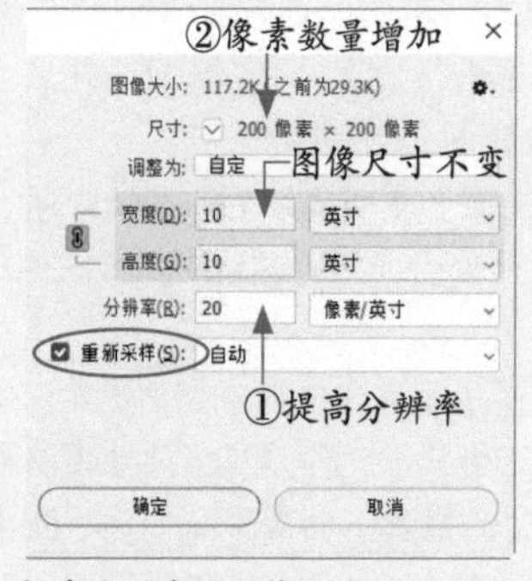

提高分辨率时图像尺寸不变

图4-143

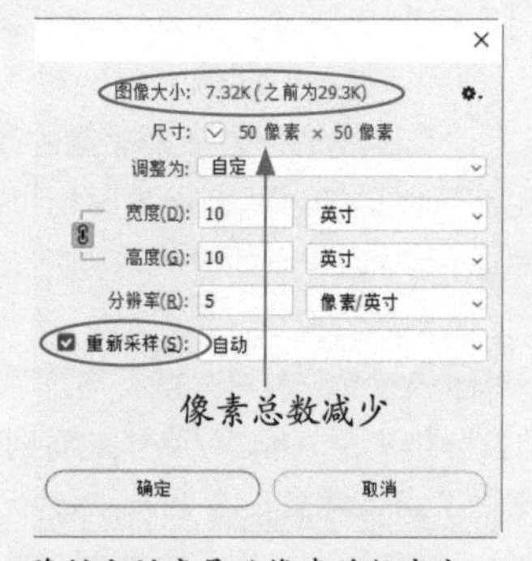

降低分辨率导致像素总数减少

图4-144

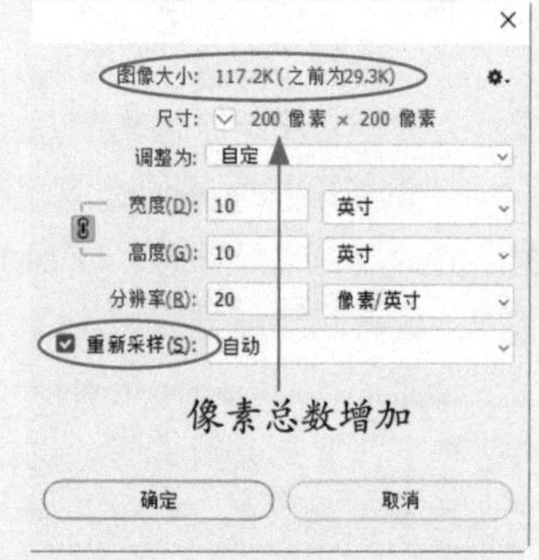

提高分辨率导致像素总数增加

图4-145

有没有发现一个规律？未勾选“重新采样”选项时，无论调整哪一个参数，其实都是在调整图像的尺寸；但勾选该选项后，调整任何参数，Photoshop都会改变像素总数。

·PS技术讲堂·

重新采样之无损变换

扫码看视频

除调整图像大小外，对图像进行缩放和旋转时也会重新采样。因为这些操作会改变像素的位置，造成部分空间缺少像素，需要新的像素来填充。新像素从何而来？只能由Photoshop生成。然而这种采用特殊算法生成的像素毕竟不是原始像素，不包含原始信息，其数量越多，图像反而变得模糊，清晰度下降，如图4-146和图4-147（此为放大图像的操作）所示。

大小为2像素×2像素的原始图像（像素总数为4个）

图4-146

将图像放大到4像素×4像素后，像素总数变为16个。在此过程中，Photoshop先对4个原始像素重新采样，之后基于它们生成新的像素。可以看到，此时图像中原始的黑色和白色的像素已经不见了，这是导致图像变模糊的原因

图4-147

由于像素是正方形的，那么就有一个例外情况了，即以90° 或90° 的整数倍旋转图像时，方形像素在方形空间里腾挪，也就是说，原始像素只是转到了新的位置，既没增加，也未减少，因此，对画质没有影响，如图4-148和图4-149所示。这种不损害图像的变换操作也属于非破坏性编辑。

如果以非90° 的角度旋转，就会出现方形像素无法填满新位置的情况，空缺处以Photoshop生成的像素来填充，画质自然不如先前了，如图4-150所示。这也提醒我们，图像在缩放或以非90° 及90° 的整数倍旋转时，操作次数越多，其受损程度越大。

50像素×50像素的原始图像

图4-148

旋转90°，再旋转回来，画质没有丝毫改变

图4-149

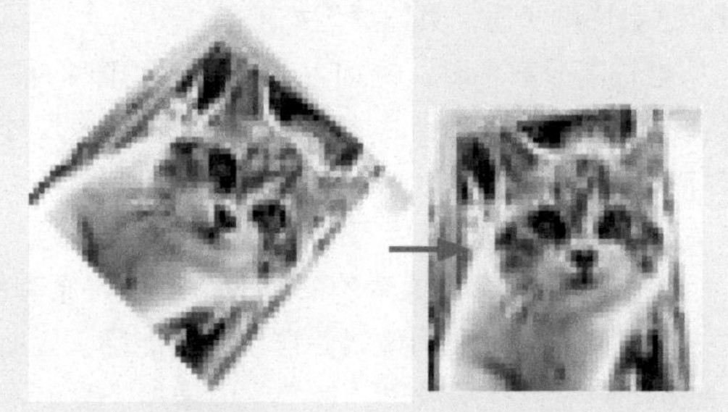

旋转45°，再旋转回来，清晰度明显下降，细节变模糊

图4-150

·PS技术讲堂·

重新采样之插值方法

扫码看视频

对图像进行旋转和缩放，以及修改图像尺寸、分辨率时，只要涉及改变像素数量，Photoshop就会遵循一种插值方法，从原始像素中采样，生成新像素或删除部分原始像素。

插值这个名词在数码领域中使用比较多。例如，数码相机、扫描仪等有两种分辨率——光学分辨率和插值分辨率，后者的参数更高。光学分辨率决定了设备能捕获的真实的信息量，当达到其上限时，设备中的软件会通过插值运算的方法，将分辨率提到更高，以增加像素。当然，新增的像素是由设备生成的，非原始像素，实际意义不大。

同样，Photoshop也无法生成新的原始像素。但与数码设备不同，插值算法在Photoshop中可不是一个噱头。首先是不得不为，因为增加画面空间、改变像素位置所造成的空缺必须得用像素补上；其次，Photoshop中有多种插值算法，如图4-151所示，并使用了人工智能技术，可以针对不同类型的图像进行处理，让生成的像素更接近于原始信息，所以效果更好，绝非数码设备的插值运算所能比的。

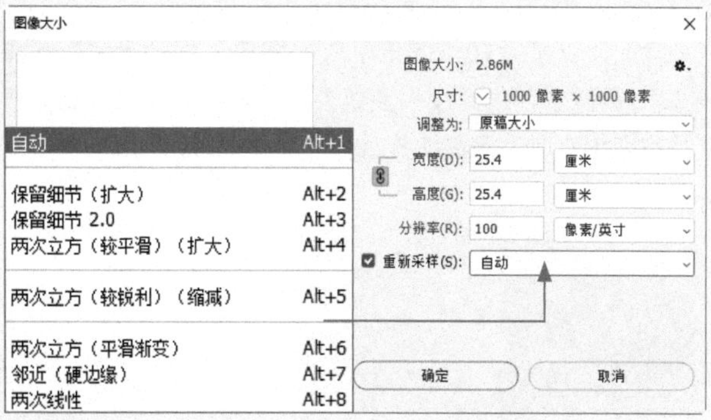

图4-151

- 自动：Photoshop根据文档类型，以及是放大还是缩小文档，来选取重新采样的方法。
- 保留细节（扩大）：可在放大图像时使用“减少杂色”滑块消除杂色。
- 保留细节2.0：在调整图像大小时保留重要的细节和纹理，并且不会产生任何扭曲。
- 两次立方（较平滑）（扩大）：一种基于两次立方插值且旨在产生更平滑效果的有效图像放大方法。
- 两次立方（较锐利）（缩减）：一种基于两次立方插值且具有增强锐化效果的有效图像缩小方法。
- 两次立方（平滑渐变）：一种以周围像素值分析作为依据的方法，速度较慢，但精度较高，产生的色调渐变比“邻近（硬边缘）”或“两次线性”更为平滑。
- 邻近（硬边缘）：一种速度快但精度低的图像像素模拟方法。该方法会在包含未消除锯齿边缘的插图中保留硬边缘并生成较小的文件。但是，这种方法可能产生锯齿状效果，在对图像进行扭曲或缩放，或者在某个选区上执行多次操作时，这种效果会变得非常明显。
- 两次线性：一种通过平均周围像素颜色值来添加像素的方法，可以生成中等品质的图像。

但是，无论怎样强大的算法所创造出的信息，都没有原始信息真实、丰富。所以，职业摄影师大多喜欢用RAW格式（见315页）拍摄照片，而不是更小巧的JPEG格式，为的就是后期修片时有更大的操作空间，而且大图改小一般也不会出问题。当然还有很多方法，例如，多使用智能对象、智能滤镜、调整图层等非破坏性编辑功能，也能有效地降低图像的损害程度。

4.6.1

实战：在保留细节的基础上放大图像

要点

扫码看视频

放大图像就会增加像素。哪种插值方法增加的像素更接近原始像素，图像的效果就更好，细节被破坏得也更少。在所有插值方法中，“保留细节2.0”基于人工智能辅助技术，非常适合放大图像时选用，如图4-152所示。减少像素时，效果比较好的插值方法是“两次立方（较锐利）（缩减）”，它能在重新采样后保留图像中的细节，并具有锐化能力。如果图像中的某些区域锐化程度过高，也可尝试使用“两次立方（平滑渐变）”。

图4-152

01 执行“编辑>首选项>技术预览”命令，打开“首选项”对话框，勾选“启用保留细节2.0放大”选项，开启该功能，如图4-153所示。关闭对话框。

02 执行“图像>图像大小”命令，打开“图像大小”对话框，如图4-154所示。

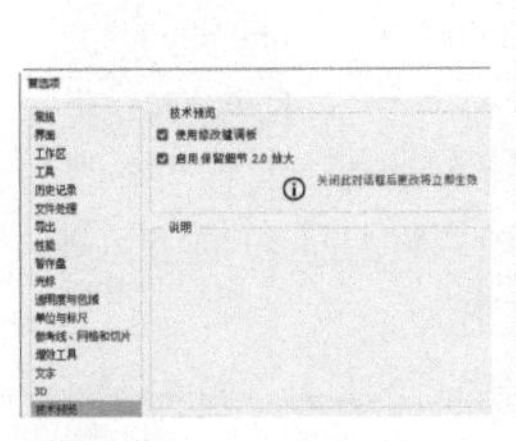

图4-153

图4-154

03 下面以接近10倍的倍率放大图像。将“宽度”设置为170厘米，“高度”参数会自动调整。在“重新采样”下拉列表中选取“保留细节2.0”，如图4-155所示。

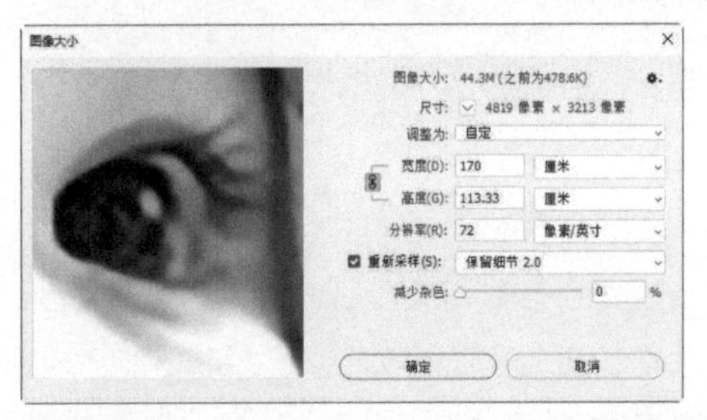

图4-155

04 观察对话框中的图像缩览图，如果杂色变得明显，可以调整“减少杂色”参数。当前图像的效果还不错，就不需要调整了，否则会使图像模糊。单击“确定”按钮，完成放大操作。如果使用其他插值方法，图像的效果就没那么好了，如图4-156和图4-157所示。

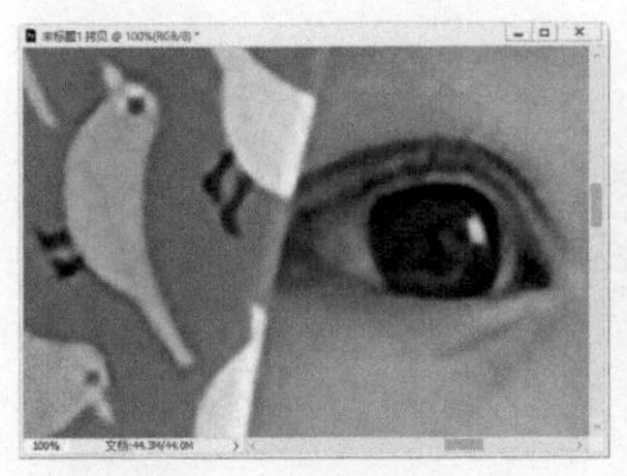

用“保留细节2.0”插值方法放大图像

图4-156

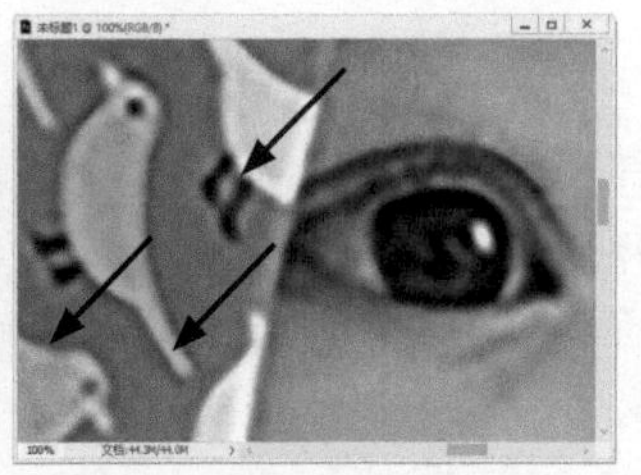

用“自动”插值方法放大图像

图4-157

4.6.2

实战：超级缩放

Neural Filters是AI智能滤镜，在放大图像方面有独特之处——可以添加细节以补偿分辨率的损失。需要说明的是，要想使用它，首先要到Adobe官网创建并登录Adobe ID，之后执行“滤镜>Neural Filters”命令并单击按钮，从云端下载滤镜插件，才可正常使用。

扫 码 看 视 频

01 打开素材。执行“滤镜>Neural Filters”命令，切换到该滤镜工作区。开启“超级缩放”功能，如图4-158所示。将“锐化”值调到最高，在按钮上单击5次，每单击一次，图像放大一倍，如图4-159所示。

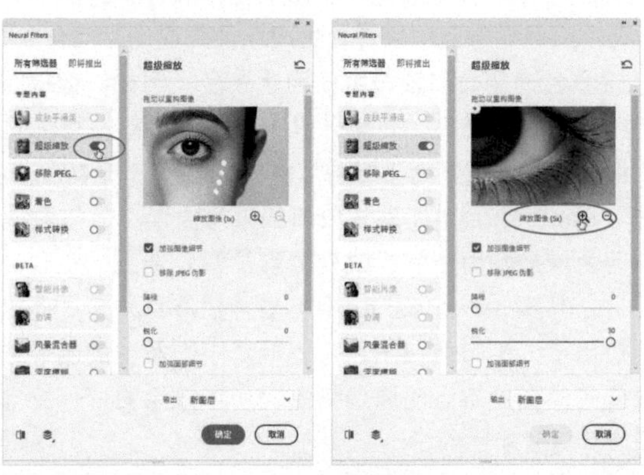

图4-158　　图4-159

02 单击“确定”按钮关闭滤镜。将视图比例调整到100%，观察原图和缩放效果，如图4-160所示。可以看到，睫毛、眉毛分毫毕现，皮肤纹理也非常清晰而且没有杂色，让人不禁感叹，Neural Filters滤镜真是太强大了，“超级缩放”实至名归！与前一个实战中使用的方法相比，用Neural Filters滤镜放大的效果更好，但其唯一的缺点是处理过程耗时较多。如果计算机硬件配置不高，很容易崩溃。

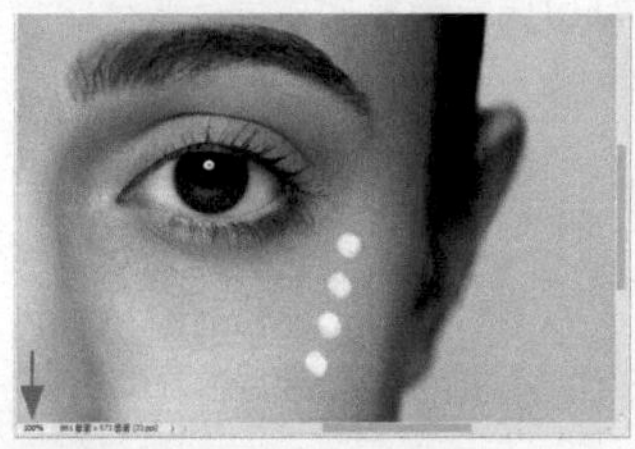

原图

放大后（局部）

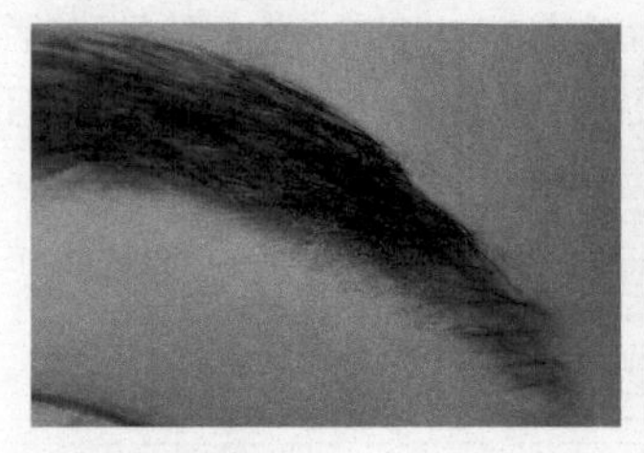

放大后（局部）

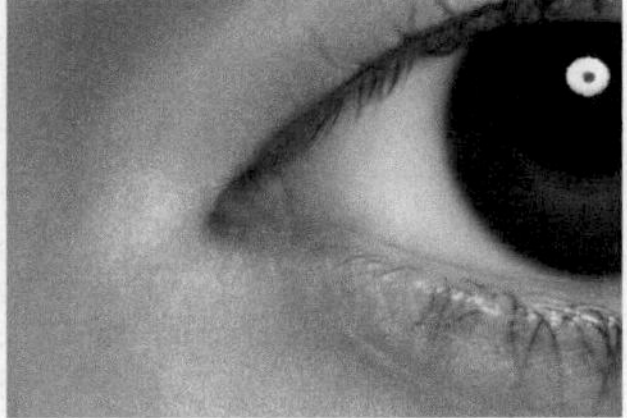

放大后（局部）

图4-160

4.6.3

实战：调整照片尺寸和分辨率

拍摄照片或在网络上下载图像以后，可将其设置为计算机桌面、制作为个性化的QQ头像、用作手机壁纸、传到网络相册中、用于

扫 码 看 视 频

打印等。然而，用途不同，对图像的尺寸和分辨率的要求也不同。前面学习了像素、分辨率、插值等专业概念及其联系，下面就用所学知识解决实际问题，将一张大图调整为6英寸×4英寸照片大小。

01 打开素材，如图4-161所示。执行“图像>图像大小”命令，打开“图像大小”对话框，如图4-162所示。当前图像的尺寸是以厘米为单位的，先将其改为英寸，再修改照片尺寸。另外，照片当前的分辨率是72像素/英寸，此分辨率太低了，打印时会出现锯齿，因此，分辨率也需要调整。

图4-161

图4-162

02 先来调整照片尺寸。取消“重新采样”选项的勾选。将“宽度”和“高度”单位都设置为“英寸”，如图4-163所示。可以看到，以英寸为单位时，照片的尺寸是39.375英寸×26.25英寸。将“宽度”值改为6英寸，Photoshop会自动将“高度”值匹配为4英寸，同时分辨率也会自动更改，如图4-164所示。由于没有重新采样，尺寸调小后，分辨率会自动增加。可以看到，现在的分辨率是472.5像素/英寸，已经远远超出了最佳打印分辨率（300像素/英寸），画质虽然细腻，但我们的眼睛也分辨不出来这与300像素/英寸有何差别。下面来降低分辨率，这样可以减少图像占用的存储空间，并能加快打印速度。

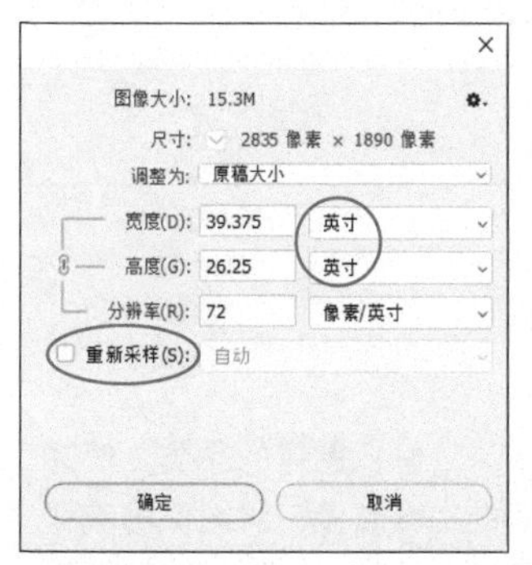

图4-163

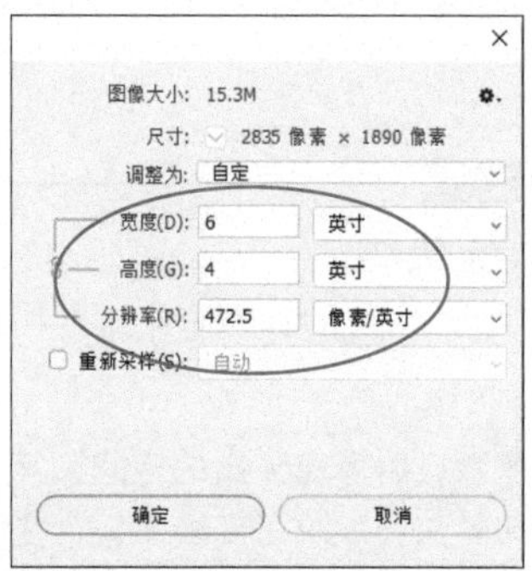

图4-164

> 提示
>
> 如果要分别修改“宽度”和“高度”，可以先单击 8 按钮，再进行操作。

03 勾选“重新采样”选项，如图4-165所示，这样可避免减少分辨率时，尺寸自动增大。将分辨率设置为300像素/英寸，然后选择“两次立方（较锐利）（缩减）”选项。这样照片的尺寸和分辨率就都调整好了。观察对话框顶部“图像大小”右侧的数值，如图4-166所示，文件从调整前的15.3MB，减小为6.18MB，成功“瘦身”。单击“确定”按钮关闭对话框。执行“文件>存储为”命令，将调整后的照片另存一份JPEG格式，关闭原始照片，不必保存。

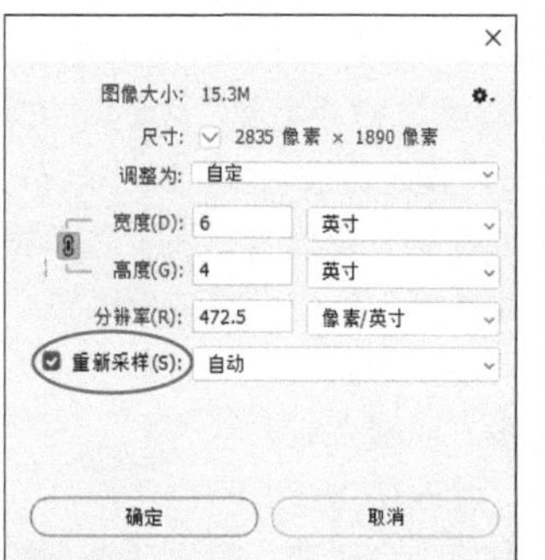

图4-165

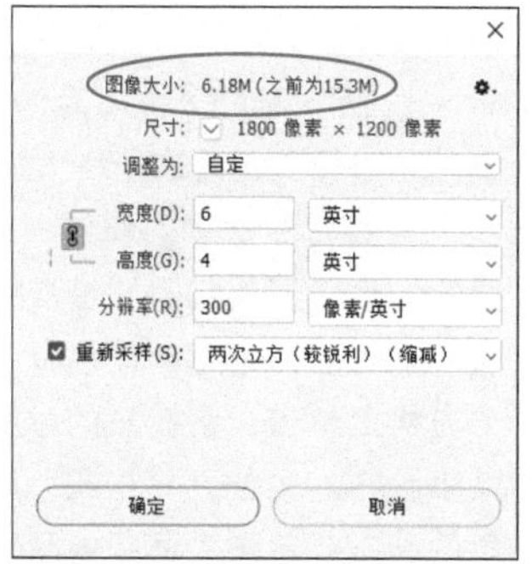

图4-166

4.6.4 最佳分辨率

分辨率低、尺寸小，会限制图像的使用范围。分辨率高，图像中才能包含更多的细节、色彩和色调信息，画质才能更加细腻。但分辨率越高，占用的存储空间越大。用于打印时，打印速度会变慢；上传到网络时，会增加传输时间；下载图片时速度也较慢。因此，高分辨率并不一定就是最佳分辨率。

分辨率的设定标准应取决于图像的用途。例如，用于打印，分辨率为300像素/英寸就可以了。因为人的眼睛每英寸最多只能识别300像素（即300ppi），像素多于这个数，我们也分辨不出来。所以，打印机设备一般以300像素/英寸作为打印标准。下表是常用的分辨率设定规范。

输出用途	图像分辨率设定
用于计算机屏幕显示	72像素/英寸（ppi）
用于喷墨打印	250～300像素/英寸（ppi）
用于照片洗印	300像素/英寸（ppi）
用于印刷	300像素/英寸（ppi）

4.6.5 限制图像大小

如果想改变图像的像素数量，并将其限制为指定的宽度和高度，但不改变分辨率，则可以执行“文件>自动>限制图像”命令进行操作。

·PS技术讲堂·

改变画布大小

扫码看视频

如果只是想修改图像尺寸，不改变分辨率，则不必使用“图像大小”命令，用“画布大小”命令操作会更加方便。

图像尺寸与画布是一个概念，只是叫法不同而已。打开一个文件，如图4-167所示。执行“图像>画布大小”命令，打开“画布大小”对话框。“当前大小”选项组中显示了图像的原始尺寸。改变画布尺寸可在“新建大小”选项组中输入数值。当数值大于原始尺寸时，画布会增大；反之则画布减小（即裁剪图像）。

选择“相对”选项后，“宽度”和“高度”中的数值将代表实际增加或减少的区域的大小，而不再代表整个文件的大小，此时输入正值表示增大画布，输入负值则表示减小画布。

“定位”选项右侧有一个九宫格，在九宫格左上角单击，它会变为图4-168所示的状态。九宫格中的圆点代表了原始图像的位置，箭头代表的是从图像的哪一边增大或减小画布。箭头向外，表示增大画布，如图4-169所示；箭头向内，则表示减小画布。九宫格的使用有一个规律，在一个方格上单击，会在它的对角线方向增大或减小画布。例如，单击左上角，会改变右下角的画布；单击上面正中间的方格，会改变正下方的画布。其他的以此类推。

在“画布扩展颜色”下拉列表中可以选择填充新画布的颜色。如果图像的背景是透明的，则该选项不可使用，因为增加的区域也是透明的。

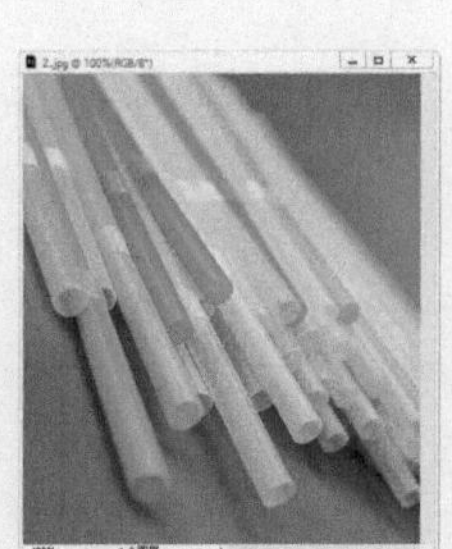
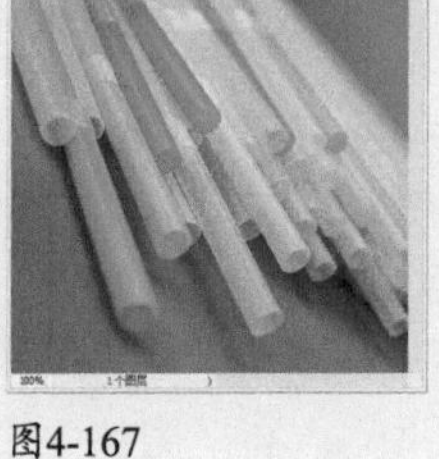

图4-167

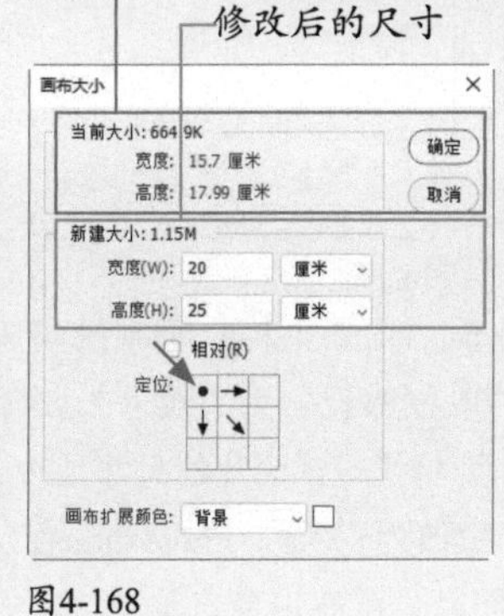

图4-168

图4-169

智能对象的花式玩法

智能对象是一种可以包含位图图像和矢量图形的特殊图层。将普通对象转换为智能对象后，再进行变换和变形，可以最大化地减小损害程度。不仅如此，智能对象还可替换和更新内容，以及进行还原。

·PS技术讲堂·

智能对象的六大优势

非破坏性变换

放大和扭曲图像时，Photoshop会对图像进行采样并生成新像素，以填充多出的空间，其结果会降低图像的品质，使其清晰度变差，在前面我们已经举例说明过了。这里要说的是，破坏的强度取决于变换次数，变换的次数越多，对图像的破坏越严重。例如，旋转一次，之后倾斜，再进行放大，对普通图像而言，这意味着原始图像进行了一次旋转，之后的旋转结果图又被倾斜处理，最后倾斜结果图又被放大了一次。这其中，每操作一次都重新采样及生成新像素，原始像素越来越少，从而导致图像的品质逐步降低，可以说，3次操作相当于进行了3次破坏。

智能对象能保留源文件的内容及所有的原始特性，做上面同样的操作，对智能对象只有一次破坏。即进行旋转时，同样是应用于原始图像（一次采样并生成像素），这个没有区别；进行倾斜时，则是对原始图像发出指令——旋转+倾斜，而非对倾斜结果图，因此还是一次采样及生成像素；进行放大操作仍是对原始图像发出指令——旋转+倾斜+放大，只有一次采样并生成像素。请注意，无论变换多少次，Photoshop都是对原始信息进行采样的，因此，图像只受到一次破坏，所以其品质远远优于受多次破坏的普通图像。

不仅如此，在Photoshop中编辑智能对象时，其实并不会直接修改对象的原始数据，源文件仍以原样存储于计算机硬盘中，因此，文件是可以复原的。所以，上面所说的由变换和变形所造成的破坏，即使只有一次，对源文件也是构不成真正的威胁的。

记忆变换参数

除了能最大限度地减小变换和变形给对象造成的损害外，智能对象还有“记忆”参数、恢复原始文件的能力。例如，将智能对象放大200%并旋转-30° 之后，如图4-170所示，当再次按Ctrl+T快捷键显示定界框时，观察工具选项栏，如图4-171所示，可以看到，变换数据被保留了下来。因此，无论做多少次变换，只要将数值都恢复为初始状态，就能将对象复原，如图4-172所示。

图4-170

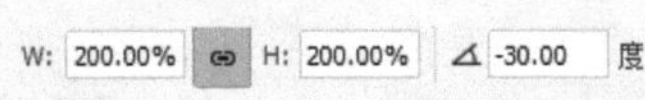

图4-171

图4-172

与新源文件同步

智能对象采用的是类似于排版软件（如InDesign）链接外部图像的方法来处理文件的。可以这样理解：在Photoshop中置入的智能对象有一个与之链接的源文件，对智能对象进行的处理不会影响它的源文件，但如果编辑这个源文件，Photoshop中的智能对象就会同步更新。

智能对象的这种特性有什么好处呢？举例来说，如果在Photoshop中使用了一个AI格式的矢量图形*（见334页）*，当发现图形有需要修改的地方时，按照一般的方法操作，应该先用Illustrator修改图形，再重新置入Photoshop文件中。而使用智能对象就不用这样麻烦，在Photoshop中双击智能对象所在的图层，就会运行Illustrator并打开该文件，完成编辑并进行保存后，Photoshop中的智能对象会自动更新到与之相同的效果。

自动更新实例

创建智能对象后，可以采用复制智能对象图层的方法，得到与之链接的多个实例（即智能对象副本）。当编辑其中的一个智能对象时，其他所有链接的链接实例会自动更新效果。

智能滤镜

对智能对象应用的滤镜是智能滤镜*（见176页）*，它会像图层样式*（见51页）*一样附加在图层上，可修改、隐藏和删除。尤其Camera Raw也可作为智能滤镜使用，这对摄影师来说真是莫大的福音。

保留矢量数据

将矢量文件以智能对象的形式置入Photoshop文件中，矢量数据不会有任何改变。如果不使用智能对象，则Photoshop会将矢量图形栅格化（即转换为位图图像）。

4.7.1 将文件打开为智能对象

执行“文件>打开为智能对象”命令，可以将文件打开并转换为智能对象。智能对象的图层缩览图右下角有▣状图标，如图4-173和图4-174所示。该命令比较适合打开要进行变形、变换操作或使用智能滤镜处理的文件，因为打开之后，不必进行转换为智能对象的操作。

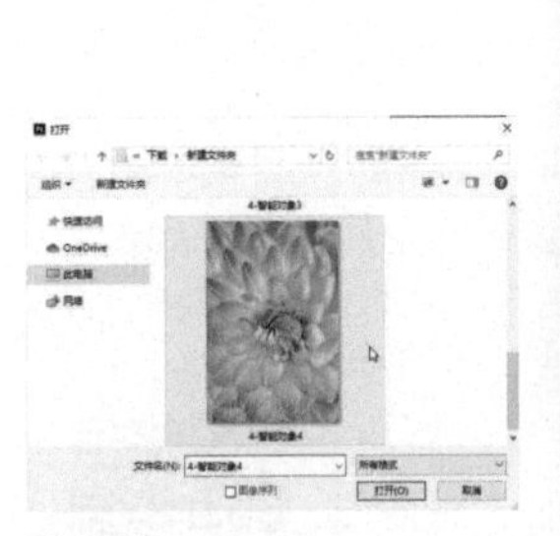
图4-173

图4-174

4.7.2

实战：制作可更换图片的广告牌

下面制作一个可更换内容的广告牌，如图4-175所示。从中我们能学到怎样将图层转换为智能对象、智能对象原始文件的打开方法，以及怎样在Photoshop中置入文件等。

扫 码 看 视 频

图4-175

01 打开素材，如图4-176所示。选择矩形工具 ▭ 及“形状”选项，创建一个矩形，如图4-177所示。

图4-176

图4-177

02 执行“图层>智能对象>转换为智能对象”命令，将图层转换为智能对象，如图4-178所示。按Ctrl+T快捷键显示定界框，按住Ctrl键并拖曳4个角的控制点，将其对齐到广告牌边缘，如图4-179所示，按Enter键确认。

图4-178

图4-179

> 提示
>
> 如果选择了多个图层，在执行“转换为智能对象”命令后，可以将它们打包到一个智能对象中。

03 双击智能对象的缩览图，如图4-180所示，或执行“图层>智能对象>编辑内容”命令，打开智能对象的原始文件，如图4-181所示。执行“文件>置入嵌入对象”命令，在打开的对话框中选择图像素材，如图4-182所示，单击“置入”按钮。按Ctrl+T快捷键显示定界框，调整图像大小，如图4-183所示。

图4-180

图4-181

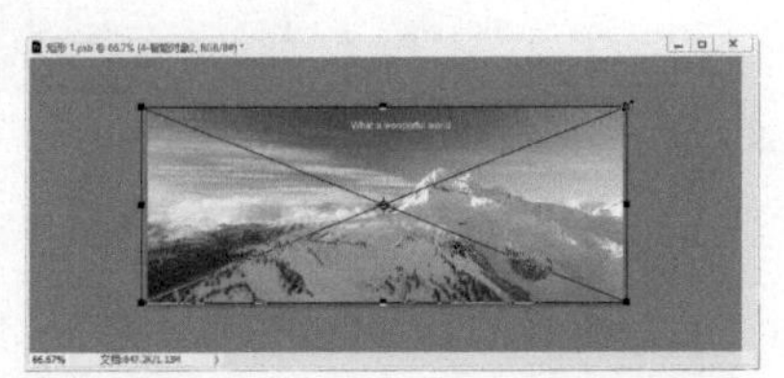
图4-182

图4-183

04 将智能对象文件关闭。弹出提示后单击“确定”按钮，图像就会贴到广告牌上，并依照广告牌的角度产生透视变形，如图4-184所示。需要更换广告牌内容时，只要双击智能对象图层的缩览图，打开其原始文件，再重新置入一幅图像进行替换即可，效果如图4-185所示。

图4-184

图4-185

4.7.3

实战：将Illustrator图形粘贴为智能对象

Illustrator是Adobe公司的一款矢量软件，在绘图、文字处理等方面比Photoshop强大。很多设计工作需用这两个软件协作才能完成。下面介绍这两个软件的文件交换技巧。注意，要完成这个实战，计算机上需要安装Illustrator。

扫 码 看 视 频

01 在Illustrator中打开素材。使用选择工具 ▶ 选择图形，如图4-186所示，按Ctrl+C快捷键复制。

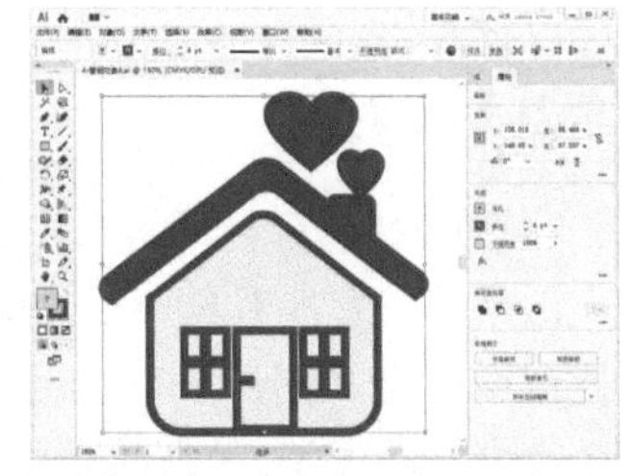

图4-186

02 在Photoshop中新建或打开一个文件，按Ctrl+V快捷键粘贴，弹出“粘贴”对话框，在这里可以选择将图形转换为哪种对象。选取“智能对象”选项，如图4-187所示。单击“确定”按钮，可以将矢量图形粘贴为智能对象，如图4-188所示。

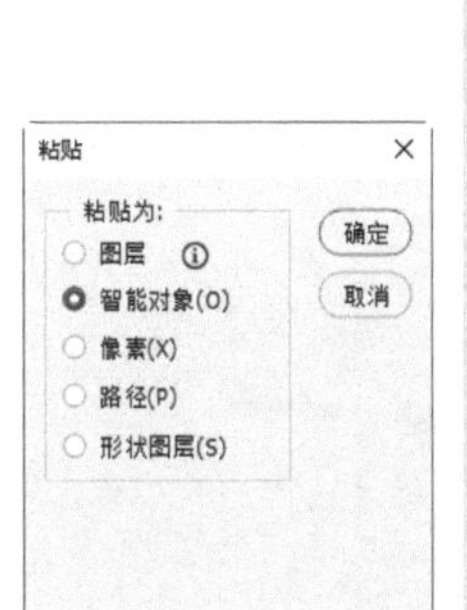

图4-187

图4-188

> 提示
>
> 直接将Illustrator中的矢量图形拖曳到Photoshop文件中，也可创建为智能对象，但不能转换为路径、图像和形状图层。

4.7.4 实战：创建可自动更新的智能对象

扫码看视频

使用“打开为智能对象”命令和“置入嵌入对象”命令所创建的智能对象，不具备自动更新的能力。也就是说，当源文件被修改之后，Photoshop文件中的智能对象不会同步作出改变。下面介绍怎样置入可自动更新的智能对象，如图4-189所示。

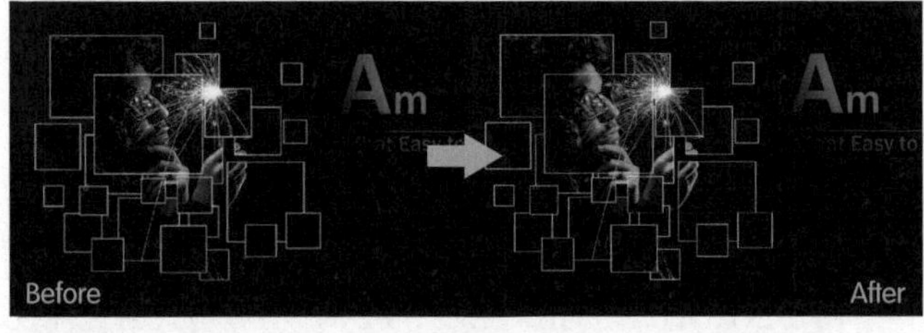

图4-189

01 选择矩形工具 ▭，在工具选项栏中选取“形状”选项，设置填充颜色为黑色，描边为白色，按住Shift键并拖曳鼠标，创建一组图形，如图4-190和图4-191所示。

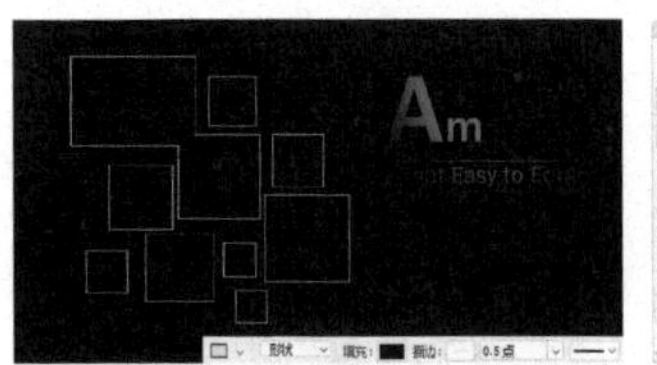

图4-190

图4-191

02 单击“图层”面板中的 ⊞ 按钮，新建一个图层。在工具选项栏中设置填充颜色为蓝色，使用矩形工具 ▭ 再创建一组图形，如图4-192和图4-193所示。

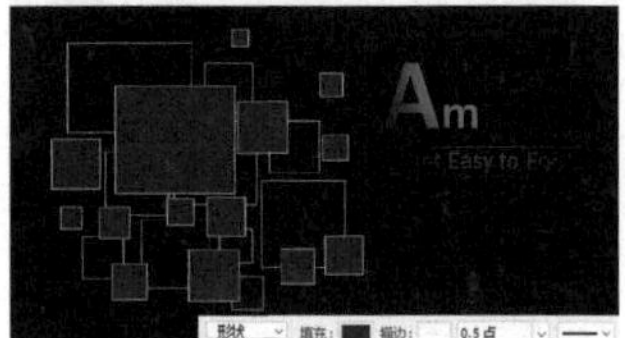

图4-192

图4-193

03 执行“文件>置入链接的智能对象”命令，在弹出的对话框中选择图像，如图4-194所示，按Enter键置入。拖曳控制点，调整图像大小，按Enter键确认，如图4-195所示。按Alt+Ctrl+G快捷键创建剪贴蒙版*（见159页）*，将图像的显示范围限定在蓝色图形内部，如图4-196和图4-197所示。

图4-194

图4-195

图4-196

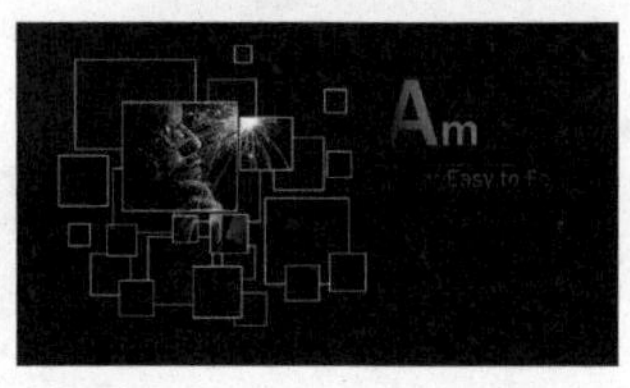

图4-197

04 按住Alt键并向下拖曳图层，如图4-198所示。放开鼠标后，可将图像复制到黑色矩形上方。按Alt+Ctrl+G快捷键创建剪贴蒙版，用黑色矩形限定图像，如图4-199和图4-200所示。

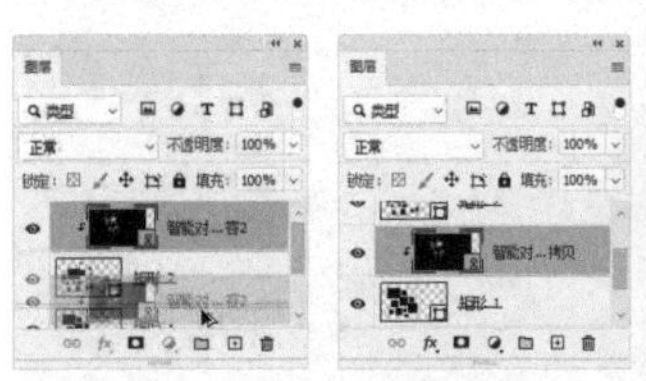

图4-198　图4-199

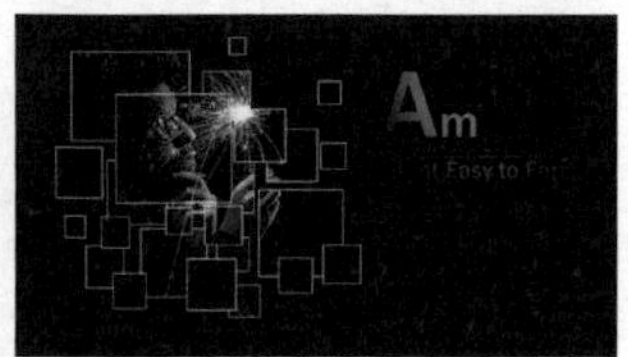

图4-200

05 执行“文件>存储”命令，将文件保存。下面来检验智能对象能否自动更新。按Ctrl+O快捷键，在Photoshop中打开智能对象的原始文件，如图4-201所示。按Shift+Ctrl+U快捷键去色，如图4-202所示。

图4-201

图4-202

06 按Ctrl+S快捷键保存修改结果。可以看到，此时另一个文件中的智能对象更新为与之相同的效果，如图4-203所示。

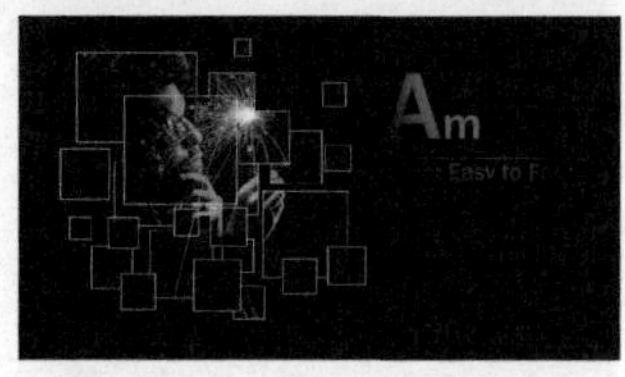

图4-203

4.7.5 实战：替换智能对象

扫码看视频

01 使用前一个实战的效果文件作为本实战的素材并将其打开。单击智能对象所在的图层，如图4-204所示。

02 执行“图层>智能对象>替换内容”命令，打开“替换文件”对话框，选择素材，如图4-205所示，单击“置入”按钮，将其置入文件中，替换智能对象，其他与之链接的智能对象也会被替换，如图4-206所示。

图4-204

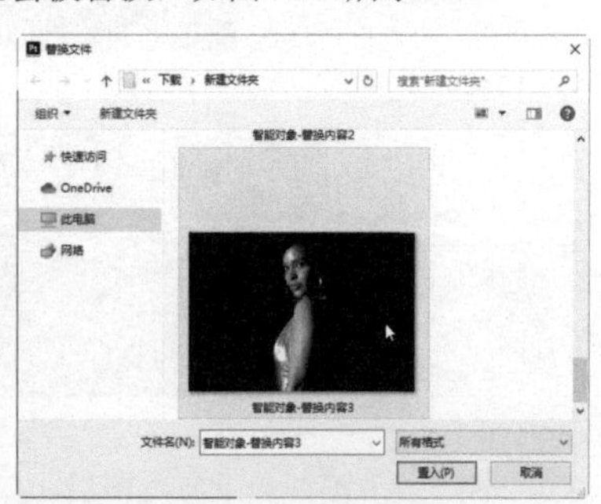

图4-205

图4-206

4.7.6 复制智能对象

扫码看视频

智能对象可以通过4种方法复制。第1种方法是单击智能对象所在的图层，按Ctrl+J快捷键或执行“图层>新建>通过拷贝的图层”命令来复制；第2种方法是将智能对象所在的图层拖曳到“图层”面板中的 ⊞ 按钮上；第3种方法是选择移动工具 ✥，按住Alt键并配合鼠标拖曳智能对象进行复制，如图4-207和图4-208所示。

图4-207

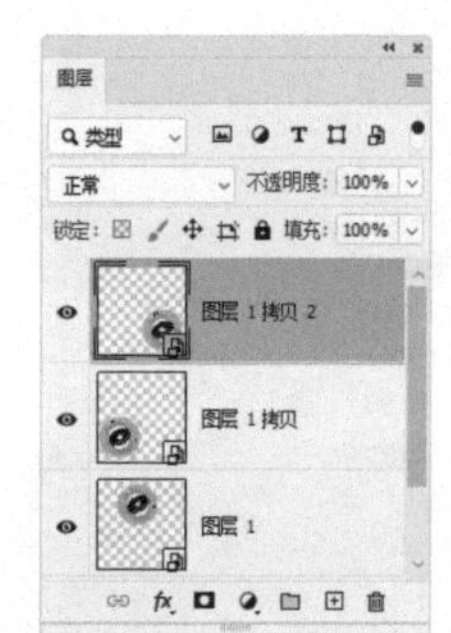

图4-208

用这3种方法复制出的智能对象分布具有链接属性，即编辑其中的任何一个，其他智能对象会自动更新到与之相同的状态。如果要复制出非链接的智能对象，可单击智能对象所在的图层，执行“图层>智能对象>通过拷贝新建智能对象”命令，编辑此类对象时，新智能对象与源文件互不影响，如图4-209和图4-210所示。

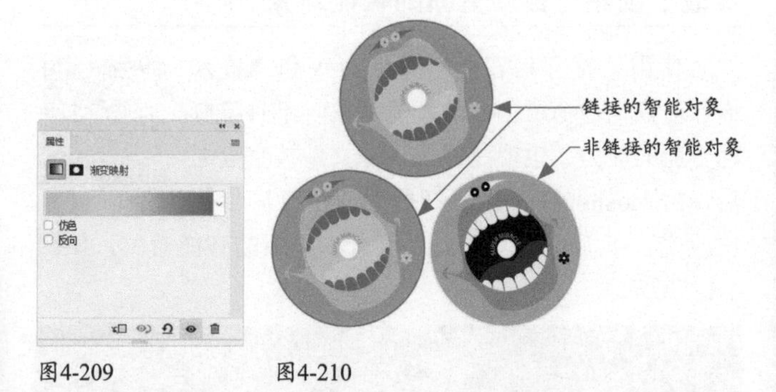

图4-209　图4-210

4.7.7 按照原始格式导出智能对象

将JPEG、TIFF、GIF、EPS、PDF、AI等格式的文件置入为智能对象并进行编辑之后，可以执行“图层>智能对象>导出内容”命令，按照其原始的置入格式导出。如果智能对象是用图层创建的，则会以PSB格式（见16页）导出。

4.7.8
撤销应用于智能对象的变换

单击智能对象所在的图层，执行“图层>智能对象>复位变换”命令，即可撤销应用于智能对象的变换，将其恢复为原状。

4.7.9
更新被修改过的智能对象

如果与智能对象链接的外部源文件被修改或者丢失了，则Photoshop中智能对象的图标上会出现提示，如图4-211和图4-212所示。

执行“图层>智能对象>更新修改的内容”命令，可更新文件，如图4-213所示。执行“图层>智能对象>更新所有修改的内容”命令，则可更新当前文件中所有链接的智能对象。

智能对象源文件被修改
图4-211

智能对象源文件丢失
图4-212

更新智能对象
图4-213

如果只是源文件的名称发生了改变，可以执行“图层>智能对象>重新链接到文件”命令，打开源文件所在的文件夹，再重新链接文件。

如果是使用来自Creative Cloud Libraries（一种Web服务）中的图形创建的智能对象，会创建一个库链接资源。当该链接资源发生改变时，可以执行“图层>智能对象>重新链接到库图形”命令进行更新。

如果要查看源文件保存的位置，可以执行“图层>智能对象>在资源管理器中显示”命令，系统会自动打开源文件所在的文件夹并将其选取。

4.7.10
避免因源文件丢失而无法使用智能对象的方法

如果不希望因源文件被修改名称、改变存储位置或者被删除等影响Photoshop文件中的智能对象，可以通过下面的方法操作。

打包

执行“文件>打包”命令，可以将智能对象中的文件保存到计算机上的文件夹中。需要注意的是，必须先保存文件，之后才能进行打包。

转换为图层

执行“图层>智能对象>转换为图层”命令，或单击“属性”面板中的“转换为图层”按钮，可以将嵌入或链接的智能对象转换到Photoshop的一个图层中。如果智能对象中包含多个图层，则所有内容会转换到一个图层组中。

嵌入Photoshop文件

执行“图层>智能对象>嵌入链接的智能对象”命令，或者在图层上单击右键打开快捷菜单，执行“嵌入链接的智能对象”命令，如图4-214所示，可以将智能对象嵌入Photoshop文件中，如图4-215所示。在“图层”面板中，采用链接方法置入的智能对象显示状图标。嵌入文件后，图标变为状。

图4-214

图4-215

如果要将所有链接的智能对象都嵌入文件中，可以执行“图层>智能对象>嵌入所有链接的智能对象”命令。

如果要将嵌入的智能对象转换为链接的智能对象，可以执行“图层>智能对象>转换为链接对象”命令。转换时，应用于嵌入的智能对象的变换、滤镜和其他效果将得以保留。

4.7.11
栅格化智能对象

绘画、减淡、加深或仿制等改变像素数据的操作不能用于智能对象。执行“图层>智能对象>栅格化”命令，将其栅格化，即转换成普通图像后，才可进行上述操作。

第5章 绘画与填充

【本章简介】

本章要学的知识比较多。首先介绍的是颜色选取和设置方法。颜色设置在Photoshop中的应用场景比较多，像绘画、调色、编辑蒙版、添加图层样式、使用某些滤镜时，都需要指定颜色。了解颜色模型概念，对设置颜色的帮助很大。本章还会介绍笔尖设置方法及各种绘画类工具。此外，还包含如何使用渐变颜色和填充图层，这些绘画和填充类功能也都与颜色的应用有关。

【学习目标】

通过这一章的学习，我们应掌握下面这些操作方法和实用技能。

- ●基于不同颜色模式设置颜色
- ●了解笔尖的各种属性，学会用画笔和蒙版绘制飘散开的人像特效和素描画
- ●熟练使用渐变，并用不同类型的渐变制作手机壁纸、彩虹、太阳光晕
- ●制作二方连续、四方连续图案
- ●给照片中的美女做美瞳、画眼影
- ●用不同的方法填充图案
- ●利用填充图层填充颜色、渐变和图案

【学习重点】

绘画初探

Photoshop中的绘画概念及应用较为宽泛，只要不是纯鼠绘（如绘制动漫、服装画等），有无绘画功底都能学好。

5.1.1

实战：制作运动轨迹拖尾特效

本实战使用混合器画笔工具画出女孩的运动轨迹拖尾特效，如图5-1所示。在对图像进行取样及绘画时，因鼠标指针的位置不同，绘制出的图像也会有所差别，因此，效果相似即可，不必与书上完全一致。

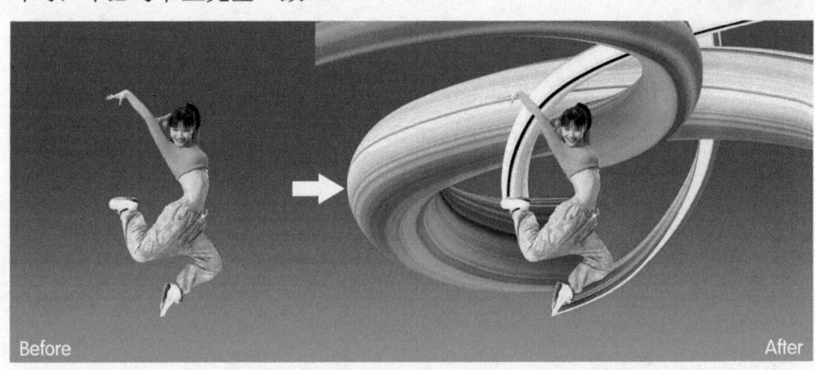

图5-1

01 打开素材。选择混合器画笔工具，在工具选项栏中设置“潮湿”为0%。取消勾选“对所有图层取样”选项，单击按钮，打开下拉列表，选择“载入画笔”命令，如图5-2所示。

图5-2

02 单击“女孩”图层，如图5-3所示。将鼠标指针移到下方的鞋子上，按[键和]键，将笔尖调整为图5-4所示的大小。按住Alt键单击，进行取样。按住Ctrl键单击“图层”面板中的按钮，在“女孩”图层下方创建一个图层。将笔尖调大，如图5-5所示，沿图5-6所示的轨迹拖曳鼠标，绘制一条线。用橡皮擦工具将鞋子后方多余的线擦除，如图5-7所示。

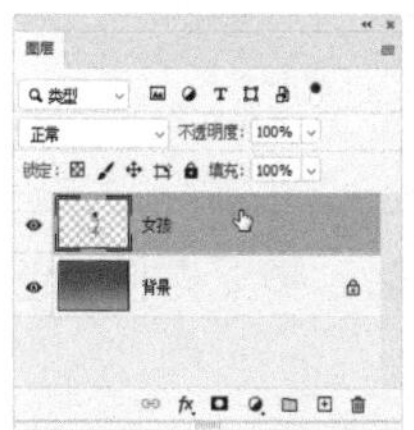

图5-3

图5-4

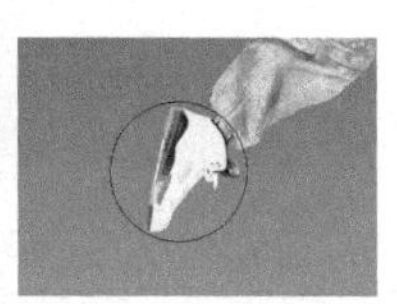

图5-5

图5-6

图5-7

03 重新选择“女孩”图层，如图5-8所示。选择混合器画笔工具，将鼠标指针移动到图5-9所示的位置，按住Alt键单击，进行取样。

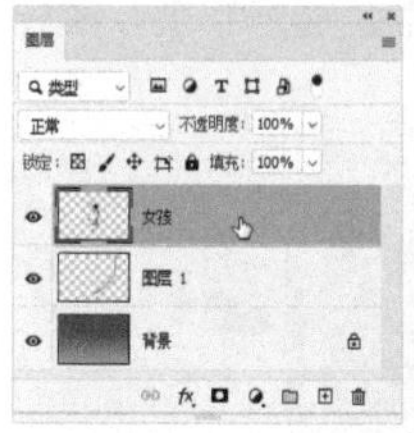

图5-8

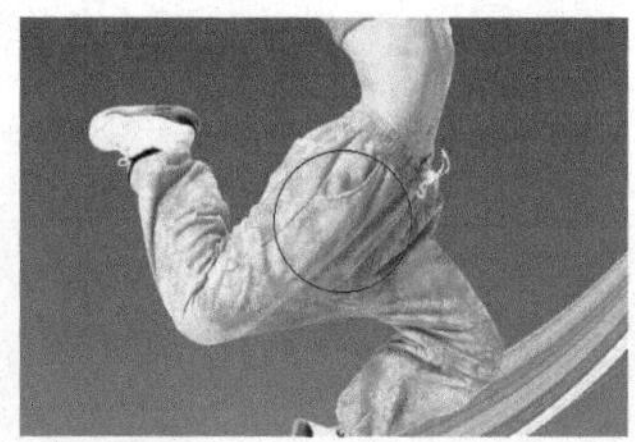

图5-9

04 按住Ctrl键单击“图层”面板中的 按钮，创建图层。放开Alt键，按]键将笔尖调大，绘制第二条线，如图5-10所示。采用同样的方法在另一只鞋子和上衣上取样，之后绘制线条，如图5-11和图5-12所示。

图5-10

图5-11

图5-12

05 在“女孩”图层下方创建一个图层，设置其混合模式为“叠加”。选择画笔工具，将工具的不透明度设置为10%，在深色区域涂抹黑色，对色调进行加深处理，如图5-13和图5-14所示。

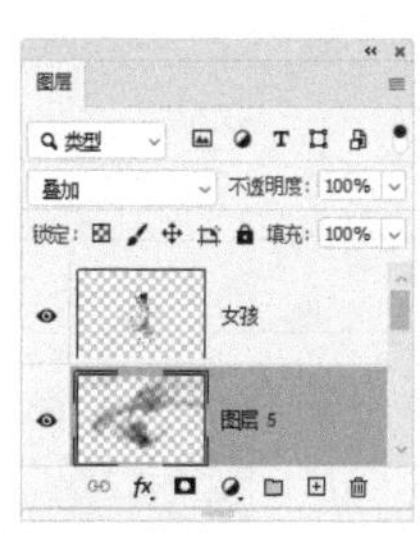

图5-13

图5-14

5.1.2 小结

通过前面的实战，我们对Photoshop中的绘画流程有了初步的了解：首先是一系列前期工作，包括选择绘画工具、选取笔尖并设置参数（使用其他绘画工具时，还要设置前景色），之后才进行绘画。本章会详细解读这个流程中的每一个环节。

绘画在Photoshop中不仅指“画画”，处理蒙版和通道，以及修照片时也会用绘画的方法操作，因此，绘画所涉及的方面还包含图像合成、调色、抠图和修片等。

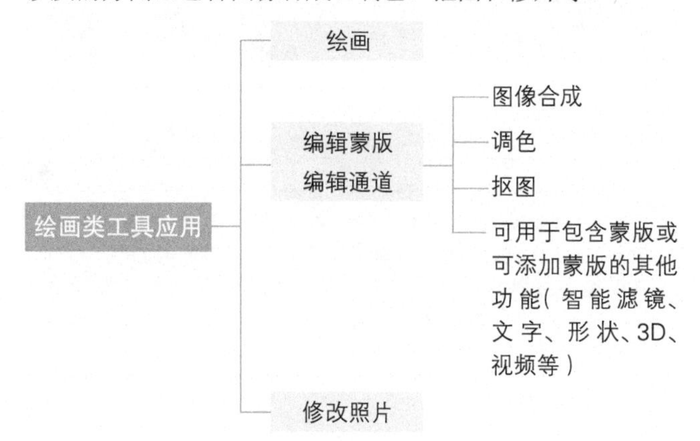

有两个名词需要明确。以往的图画泛指一幅绘画作品、画卷等，在Photoshop中，“图”与“画”则来自两个不同的世界，代表了不同的对象并有特定的创建方法。“图”是图形——矢量对象；“画”则是图像——位图。绘图是指用矢量工具绘制矢量图形；绘画则是用绘画类工具绘制和修改像素，二者有很多区别（见334页）。设计类软件也可按此分类，例如，Photoshop、Painter常被称为绘画软件，Illustrator、AutoCAD则叫作绘图软件。

选取颜色

在Photoshop中进行绘画、创建文字、填充和描边选区、修改蒙版、修饰图像等操作时，需要先将颜色设置好。颜色选取及设置有不同的工具和方法，下面逐一介绍。

5.2.1 前景色和背景色的用途

“工具”面板底部显示了当前状态下的前景色、背景色及相关操作按钮，如图5-15所示，这两种颜色都可用于填充画面。但前景色用处更大，使用绘画类工具（画笔和铅笔等）绘制线条、使用文字类工具创建文字，以及填充渐变（默认的渐变颜色从前景色开始，到背景色结束）时，都会用到它。背景色通常在使用橡皮擦工具擦除图像时呈现，另外，在增大画布时，新增区域以背景色填充。

单击前景色或背景色图标都能打开“拾色器”对话框。单击按钮（快捷键为X），则可让它们互换，如图5-16所示。修改前景色或背景色后，如图5-17所示。如果想恢复为默认的黑、白颜色，可单击按钮（快捷键为D），如图5-18所示。

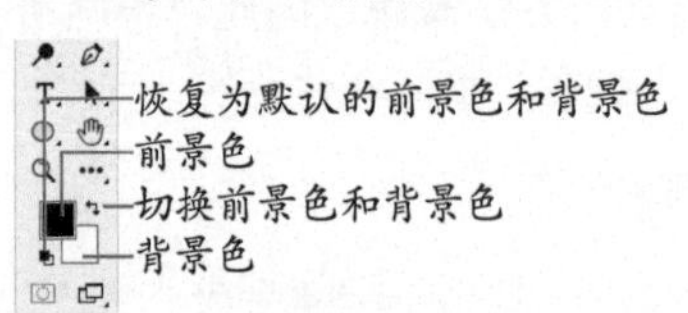

图5-15

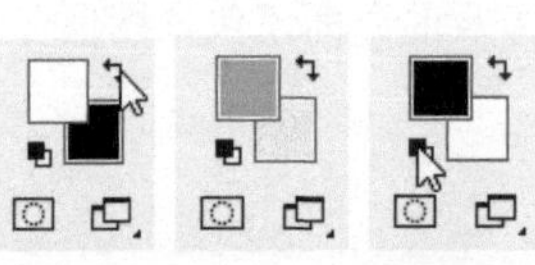

图5-16　图5-17　图5-18

> 提示
>
> 按Alt+Delete快捷键，可以在画布上填充前景色；按Ctrl+Delete快捷键，可填充背景色。如果同时按住Shift键操作，可以只填充图层中包含像素的区域，不会影响透明区域。这就与预先锁定图层的透明区域（*见42页*）再填色的效果一样。

5.2.2 实战：用拾色器选取颜色

下面介绍怎样使用“拾色器”对话框选取颜色、修改当前颜色的饱和度和亮度，以及怎样选取印刷用专色。

01 单击“工具”面板中的前景色图标，打开“拾色器”对话框。默认状态下是HSB颜色模型。在渐变条上单击，可选取颜色，如图5-19所示。在色域中单击，可以定义所选颜色的饱和度和亮度，如图5-20所示。

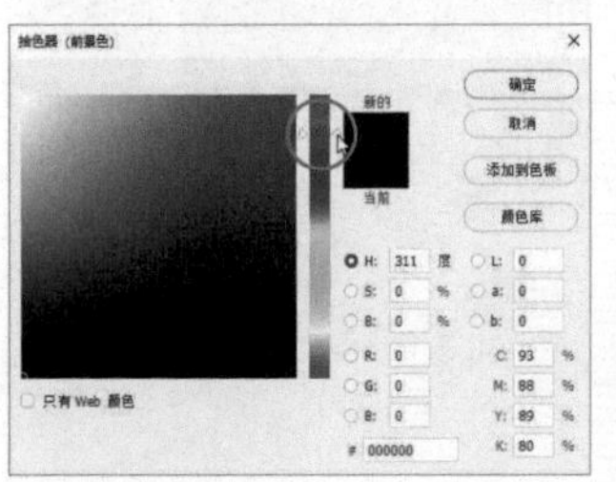

图5-19

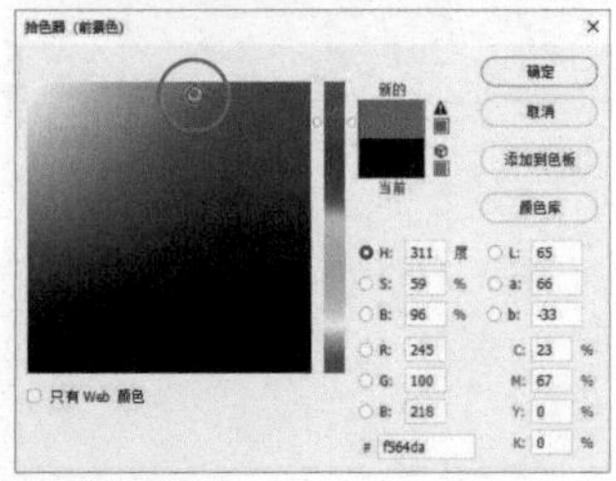

图5-20

02 颜色选取好之后，单击“确定”按钮或按Enter键关闭对话框，即可将其设置为前景色（或背景色）。此处我们先不关闭对话框。选中S单选按钮，如图5-21所示。此时拖曳渐变条上的颜色滑块，可以单独调整当前颜色的饱和度，如图5-22所示。

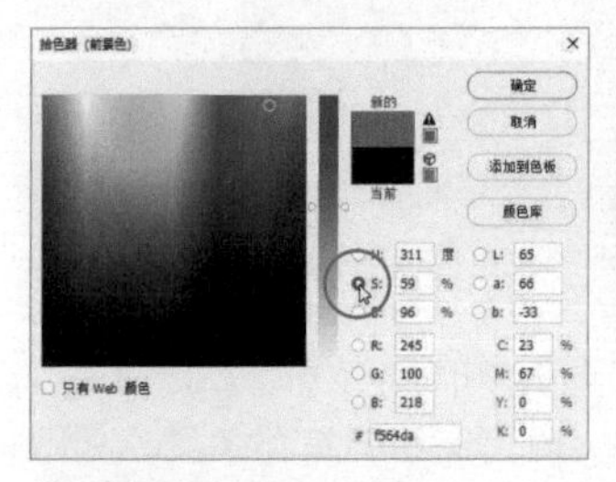

图5-21

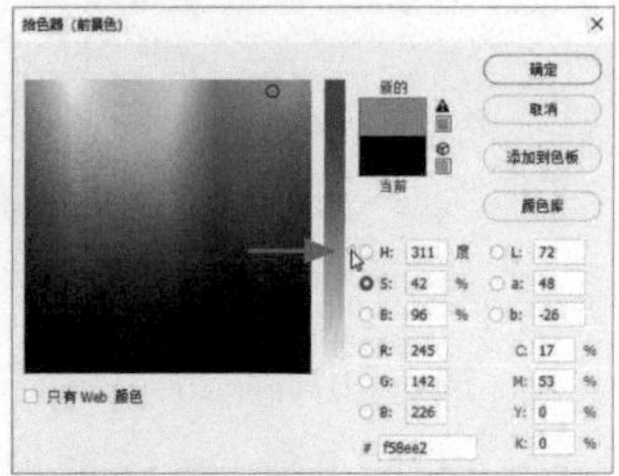

图5-22

03 选中B单选按钮并拖曳渐变条上的颜色滑块，可以对当前颜色的亮度做出调整，如图5-23和图5-24所示。如果知道所需颜色的色值，可以在颜色模型右侧的文本框中输入值，精确定义颜色。

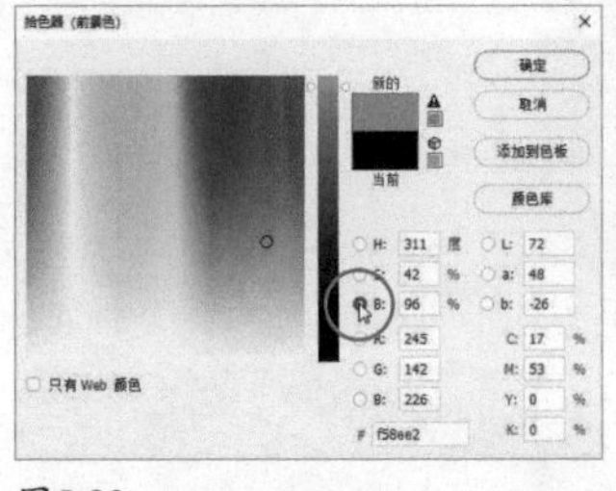

图5-23

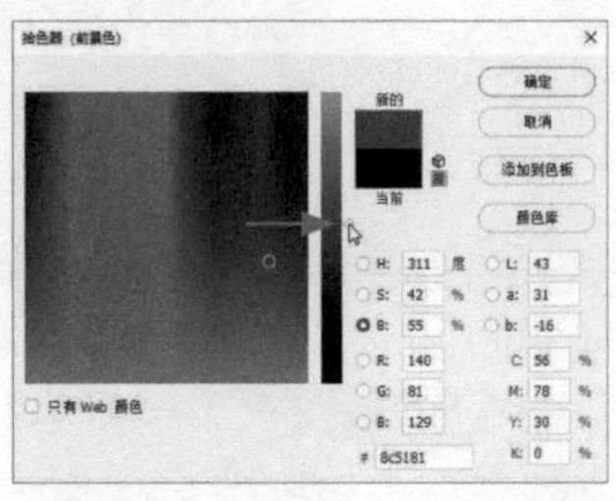

图5-24

04 单击“颜色库”按钮，切换到“颜色库”对话框，如图5-25所示。先在“色库”下拉列表中选择一个颜色系统，如图5-26所示；然后在光谱上选择颜色范围，如图5-27所示；最后在颜色列表中单击需要的颜色，可将其设置为当前颜色，如图5-28所示。如果要切换回“拾色器”对话框，单击“颜色库”对话框右侧的“拾色器”按钮即可。

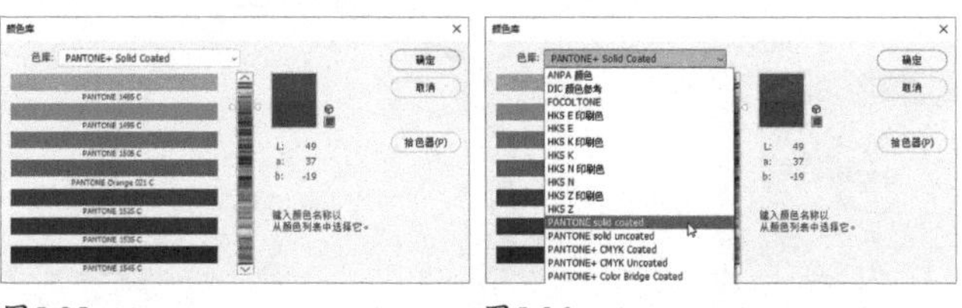

图5-25　　图5-26

图5-27

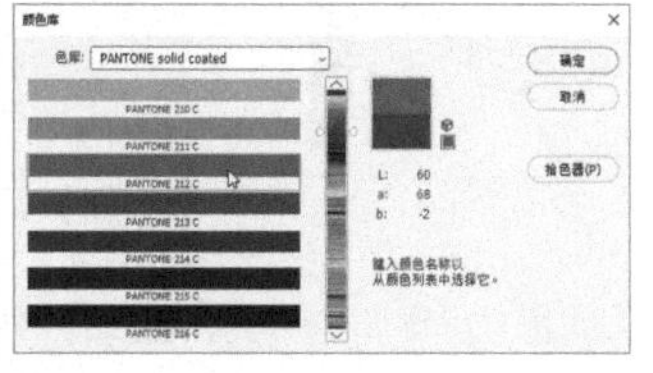

图5-28

——提示——

PANTONE配色系统是选择、确定、配对和控制油墨色彩方面的国际参照标准，广泛地应用于平面设计、包装设计、服装设计、室内装修、印刷出版等行业。

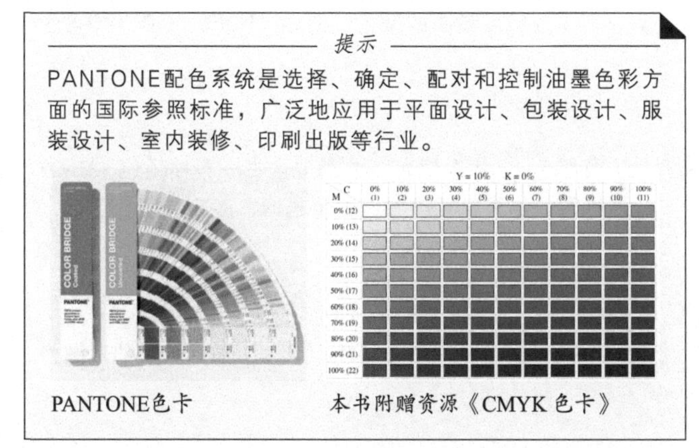

PANTONE色卡　　本书附赠资源《CMYK 色卡》

“拾色器”对话框选项

图5-29所示为“拾色器”对话框中的各个选项。

当前拾取的颜色
色域
溢色警告
非Web安全色警告
颜色滑块
颜色值
颜色模型

图5-29

- 色域/当前拾取的颜色/颜色滑块： 在色域中拖曳鼠标，可以改变当前拾取的颜色；拖曳颜色滑块可以调整颜色范围。
- 新的/当前： “新的”颜色块中显示的是修改后的最新颜色，“当前”颜色块中显示的是上一次使用的颜色。
- 颜色值： 显示了当前设置的颜色的颜色值。在各个颜色模型中输入颜色值，可精确定义颜色。此外，在“#”文本框中可以输入十六进制值，例如，000000是黑色，ffffff是白色，ff0000是红色。该选项主要用于设置网页色彩。
- 溢色警告▲： RGB、HSB和Lab颜色模型中的一些颜色（如霓虹色）在CMYK模型中没有等同的颜色，则会出现溢色警告。出现该警告以后，可以单击它下面的小方块，将溢色颜色替换为CMYK色域（打印机颜色）中与其最为接近的颜色。
- 非Web安全色警告： 表示当前设置的颜色不能在网页上准确显示，单击警告下面的小方块，可以将颜色替换为与其最为接近的Web安全颜色。
- 只有Web颜色： 只在色域中显示Web安全色。
- 添加到色板： 将当前设置的颜色添加到“色板”面板。

·PS技术讲堂·

Photoshop中的颜色模型

扫码看视频

什么是颜色模型

颜色模型是描述颜色的数学模型，可以将现实世界的颜色数字化，这样就能在数码相机、扫描仪、计算机显示器、打印机等设备上获取和呈现颜色了。

Photoshop支持HSB、RGB、Lab和CMYK等颜色模型。单击“工具”面板中的背景色图标，打开“拾色器”对话框，如图5-30所示。可以看到，同样是白色，HSB模型的数值是0度、0%、100%；Lab模型的数值是100、0、0；RGB模型的数值都是255；CMYK模型则都是0%。这说明，对于同一种颜色，不同颜色模型会有各自不同的描述方法。

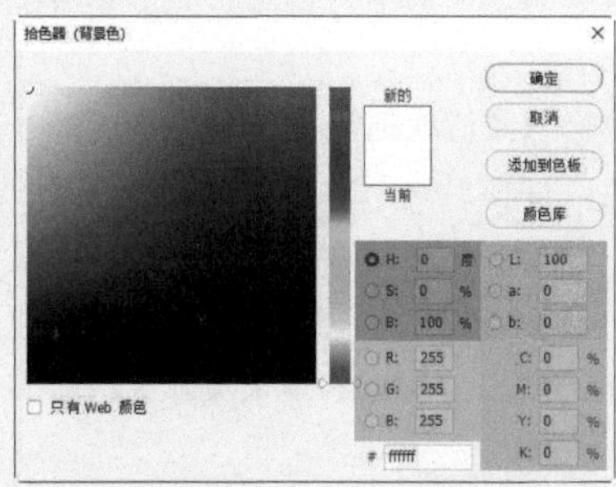

HSB模型：H为色相，S为饱和度，B为亮度

RGB模型：R为红光，G为绿光，B为蓝光

Lab模型：L为亮度，a为绿色~红色，b为蓝色~黄色

CMYK模型：C为青色油墨，M为洋红色油墨，Y为黄色油墨，K为黑色油墨

图5-30

HSB颜色模型

色彩是一种光学现象，是光对人眼睛的刺激使人看到了

色彩。HSB模型以人类对颜色的感觉为基础描述了色彩的3种基本特性：色相、饱和度和亮度，如图5-31所示。

H代表色相，单位为“度”，即角度。以此为单位是因为在0度~ 360度的标准色轮上，是按位置描述色相的。例如，0度对应色轮上的红色，如图5-32所示，因此，红色便以0度来表示。S代表饱和度，使用从0%（灰色）~100%（完全饱和）来描述。B代表亮度，范围为0%（黑色）~100%（白色）。

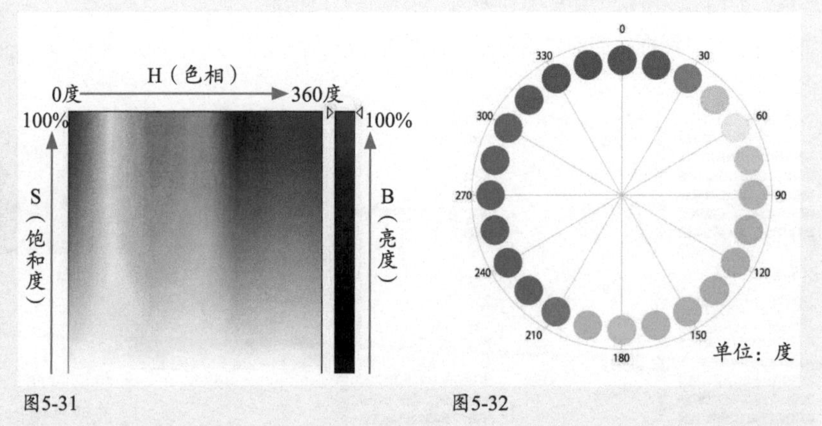

图5-31　　图5-32

RGB颜色模型

RGB模型通过红（R）、绿（G）和蓝（B）3种色光混合生成颜色*（原理见216页）*，因此，其模型中的数值代表的是这3种色光的强度。当3种光都关闭时，强度最弱（R、G、B值均为0），生成黑色。当3种光达到最强（R、G、B值均为255）时，则生成白色（参见图5-30）。当一种色光最强，其他两种色光关闭时，可生成纯度最高的颜色，例如，R255，G0，B0可生成纯度最高的红色。

CMYK颜色模型

CMYK模型用印刷三原色（C代表青色、M代表洋红、Y代表黄色）及黑色（K代表黑色）油墨混合生成各种颜色*（混合方法见216页）*。其数值代表的是这4种油墨的含量，并以百分比表示。数值越高，油墨颜色越深；数值越低，颜色越亮。因此，所有油墨均为0%时便是白色（参见图5-30）。

Lab颜色模型

在Lab模型中，L代表亮度，范围为 0 （黑）~100（白）；a 分量（绿色~红色轴）和 b 分量（蓝色~黄色轴）的范围为 –128~ +127。这种颜色模型比较特殊，第9章将会详细介绍*（见236页）*。

5.2.3

实战：像调色盘一样配色（“颜色”面板）

学过传统绘画的人习惯在调色盘上混合并调配颜料。Photoshop中的“颜色”面板与调色盘类似，也可以通过混合的方法设置颜色。

扫码看视频

01 执行“窗口>颜色”命令，打开“颜色”面板。单击前景色块，使前景色处于当前编辑状态，如图5-33所示。如果要编辑背景色，则单击背景色块，也可按X键来进行切换。

02 在R、G、B文本框中输入数值或拖曳滑块，可调配颜色。例如，选取红色，如图5-34所示，之后拖曳G滑块，可向红色中混入绿色，从而得到橙色，如图5-35所示。

03 在色谱上单击，则可采集鼠标指针所指处的颜色，如图5-36所示。在色谱上拖曳鼠标，可动态地采集颜色，如图5-37所示。

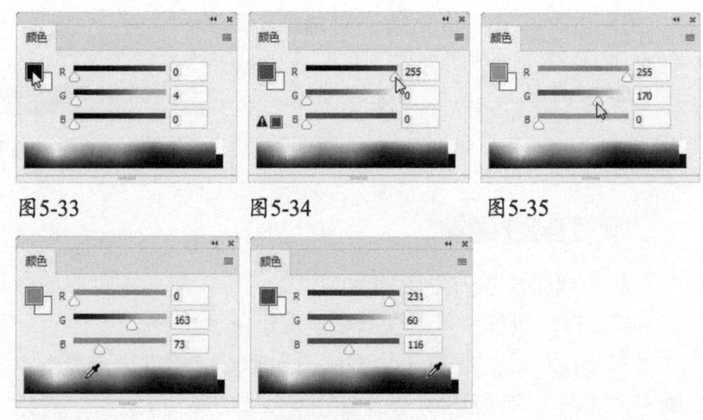

图5-33　　图5-34　　图5-35

图5-36　　图5-37

04 在前面学习“拾色器”时，曾采用色相、饱和度和亮度分开调整的方法定义颜色。“颜色”面板也可以这样操作。打开“颜色”面板的菜单，执行“HSB滑块”命令，此时面板中的3个滑块分别对应H→色相、S→饱和度、B→亮度，如图5-38所示。

05 先定义色相。例如，定义黄色，就将H滑块拖曳到黄色区域，如图5-39所示；拖曳S滑块，调整其饱和度，如图5-40所示，饱和度越高，色彩越鲜艳；拖曳B滑块，调整亮度，如图5-41所示，亮度越高，色彩越明亮。

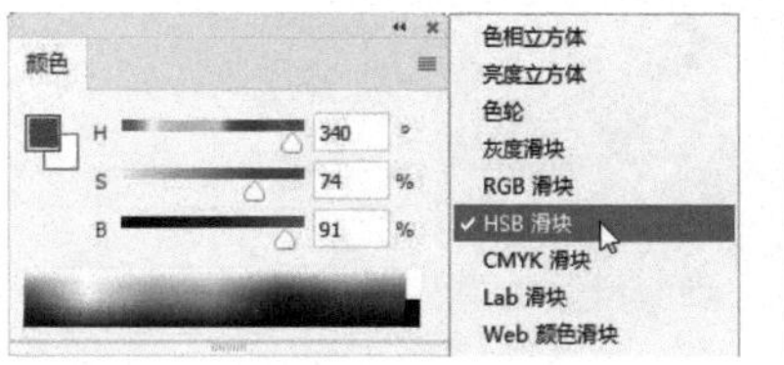

图5-38

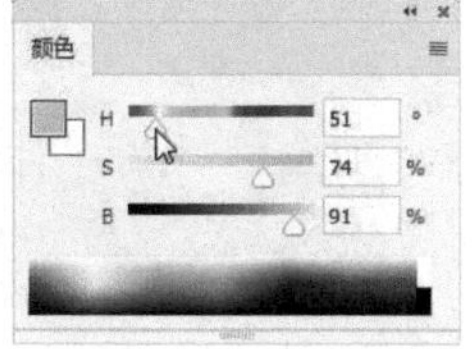

图5-39

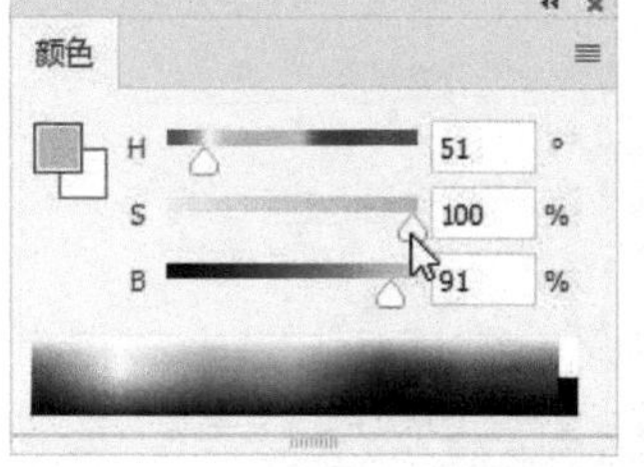

图5-40

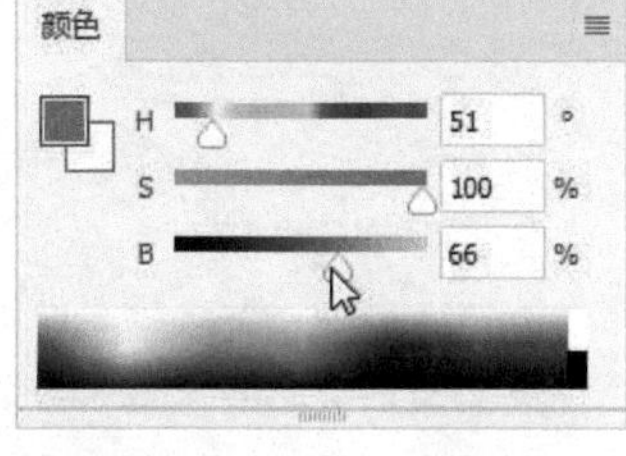

图5-41

颜色模型和色谱

使用“颜色”面板选取颜色时，可以不受文件颜色模式的限制。例如，文件为RGB模式时，也可执行“颜色”面板菜单中的“灰度滑块”“HSB滑块”“CMYK滑块”“Lab滑块”等命令，基于这几种颜色模型调配颜色（这样操作不会改变文件的颜色模式），如图5-42所示。其中，“灰度滑块”和“Web颜色滑块”是“拾色器”对话框中没有的。此外，面板底部的色谱也可以混搭，例如，使用HSB颜色模型，但在面板底部显示CMYK色谱。

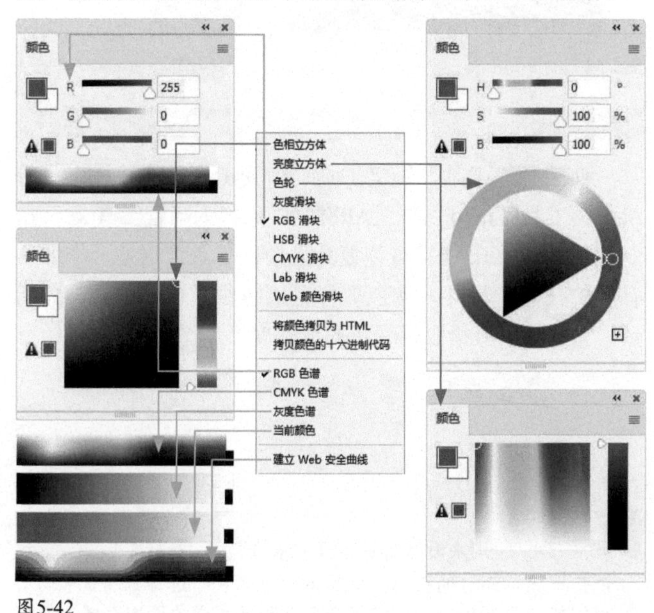

图5-42

5.2.4

实战：选取预设颜色（“色板”面板）

“色板”面板中提供了各种常用的颜色，如果其中有需要的，单击即可将其选取，这是最快速的颜色选取方法。此外，将自己调配好的颜色保存到该面板中，也可作为预设的颜色来使用。

扫 码 看 视 频

01 “色板”面板顶部一行颜色是最近使用过的颜色，下方是色板组。单击 › 按钮，将组展开，单击其中的一个颜色，可将其设置为前景色，如图5-43所示。按住Alt键并单击一种颜色，则可将其设置为背景色，如图5-44所示。

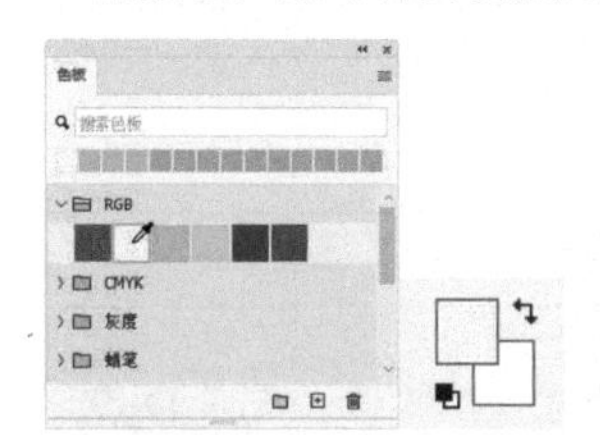

图5-43

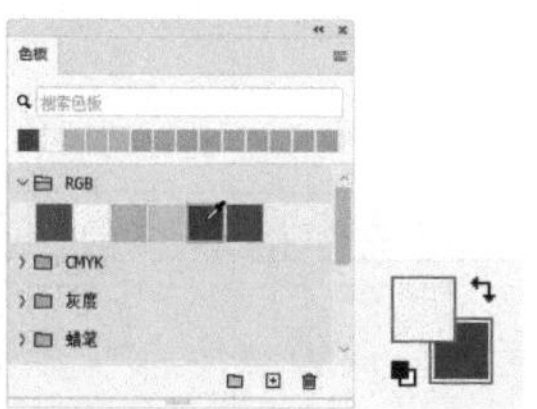

图5-44

02 使用“颜色”面板对前景色做出调整，如图5-45所示。当前颜色是我们自定义的颜色，单击“色板”面板中的 ⊞ 按钮，可将其保存起来，如图5-46所示。如果面板中有不需要的颜色，可以拖曳到面板中的 🗑 按钮上删除。

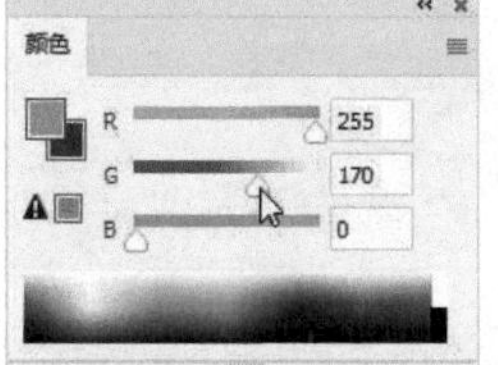

图5-45

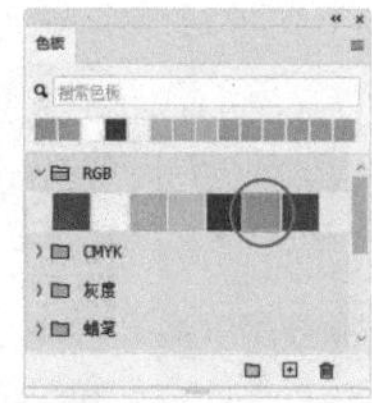

图5-46

03 鼠标指针停留在一个颜色上，会显示其名称，如图5-47所示。如果想让所有颜色都显示名称，可以从“色板”面板菜单中选择“小列表”命令，如图5-48所示。

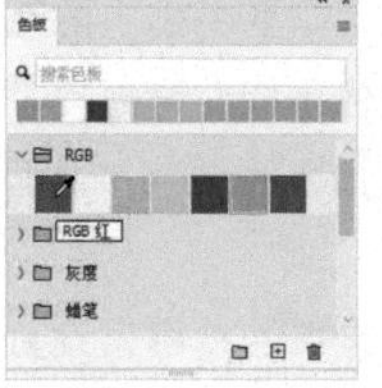

图5-47

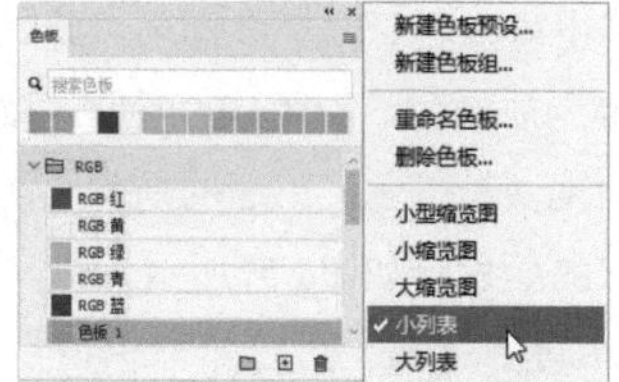

图5-48

04 使用“色板”面板菜单中的“旧版色板”命令，可以加载之前版本的色板库，其中包含了ANPA、PANTONE等专色。添加、删除或载入色板库后，可以执行面板菜单中的“复位色板”命令，让“色板”面板恢复为默认的颜色，以减少内存的占用。

技术看板　展开所有色板组

按住Ctrl键单击色板组前方的 》（或 ∨ ）按钮，可以同时展开（或关闭）所有色板组。“渐变”“样式”等面板也可按此方法操作。

5.2.5

实战：从图像中拾取颜色（吸管工具）

色彩在任何设计中都非常重要，然而想搭配出恰当的颜色组合并不是一件容易的事。观摩、借鉴优秀作品，从中汲取灵感，是学习色彩设计的有效途径，如图5-49所示。如果发现图像中有可供借鉴的配色，可以用吸管工具进行拾取，之后保存到“色板”面板中，为以后配色作参考。

扫码看视频

摘自本书附赠资源《设计基础课——UI设计配色方案》

图5-49

01 打开素材。选择吸管工具，将鼠标指针放在图像上，单击可以显示一个取样环，此时可拾取单击点的颜色并将其设置为前景色，如图5-50所示。按住鼠标左键拖曳，取样环中会出现两种颜色，下面的是前一次拾取的颜色，上面的是当前拾取的颜色，如图5-51所示。

02 按住Alt键并单击，可以拾取单击点的颜色并将其设置为背景色，如图5-52所示。将鼠标指针放在图像上，按住鼠标左键在屏幕上拖曳，可拾取窗口、菜单栏和面板的颜色。此外，将Photoshop窗口调小一些，让鼠标指针可以移动到Photoshop之外，还可以从计算机桌面和网页中的图片上拾取颜色。

图5-50

图5-51

图5-52

吸管工具选项栏

使用画笔工具、铅笔工具、渐变工具、油漆桶工具等绘画类工具时，可以按住Alt键临时切换为吸管工具，拾取颜色后，放开Alt键可恢复为之前的工具。这是一个非常有用的技巧。另外，颜色取样范围也很重要，如图5-53所示，它决定了所拾取的颜色的准确度。

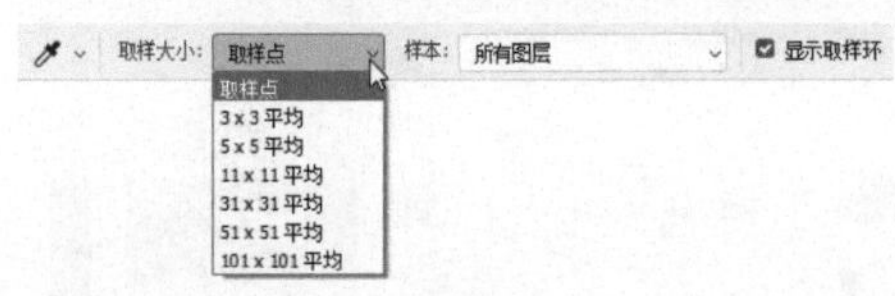

图5-53

- **取样大小**：用来设置吸管工具的取样范围。选择“取样点”，可以拾取鼠标指针所在位置像素的精确颜色；选择“3×3平均”，可以拾取鼠标指针所在位置3个像素区域内的平均颜色；选择

“5×5平均”，可以拾取鼠标指针所在位置5个像素区域内的平均颜色，如图5-54~图5-56所示。其他选项以此类推。需要注意的是，吸管工具的“取样大小”会同时影响魔棒工具的“取样大小”（见385页）。

● 样本：选择“当前图层”时只在当前图层上取样；选择“所有图层”时可以在所有图层上取样。

● 显示取样环：勾选该选项，拾取颜色时显示取样环。

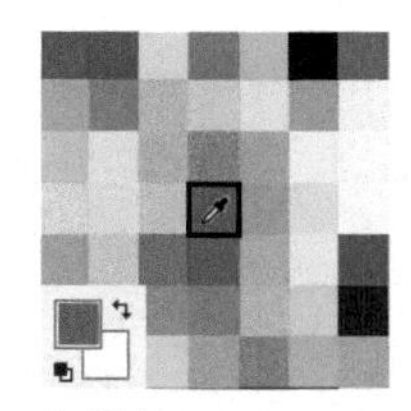

取样点
图5-54

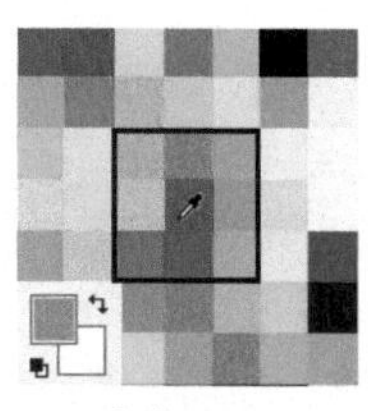

3×3平均
图5-55

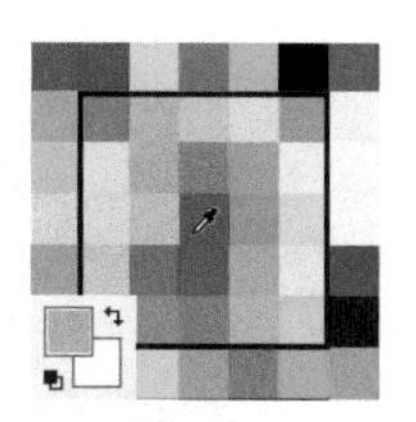

5×5平均
图5-56

选择和设置笔尖

传统绘画中，每个画种都有专用的工具、纸张和颜料。用Photoshop绘画时，只需一个工具，通过更换笔尖就可以表现铅笔、炭笔、水彩笔、油画笔等不同的笔触效果，以及颜色晕染、颜料颗粒、纸张纹理等细节。

·PS技术讲堂·

什么是笔尖，怎样用好笔尖

与传统绘画一样，在Photoshop中绘画时，下笔之前也要调好颜料，即设置好前景色。但前景色只呈现颜料中色彩那一部分，而颜料是像铅笔那样呈现颗粒痕迹，还是像马克笔那样色彩平滑；是像水彩那样稀薄、透明，还是像水粉那样厚重、有覆盖力等，则需要通过特定的笔尖才能表现出来，如图5-57和图5-58所示。

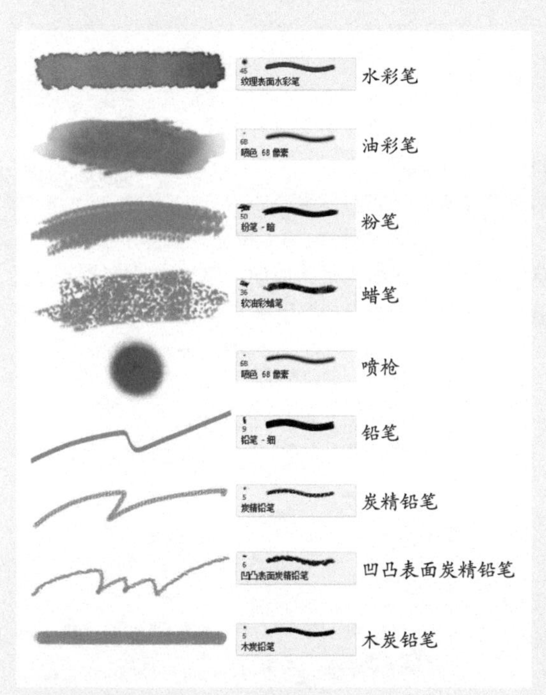

不同笔尖模拟的传统绘画笔触
图5-57

用Photoshop绘画工具及各种笔尖绘制的服装画
图5-58

Photoshop中的笔尖分为圆形笔尖、图像样本笔尖、硬毛刷笔尖、侵蚀笔尖和喷枪笔尖五大类，如图5-59所示。圆形笔尖是标准笔尖，常用于绘画、修改蒙版和通道。图像样本笔尖是使用图像定义的，只在表现特殊效果时才能用到。其他几种笔尖适合模拟真实绘画工具的笔触效果。

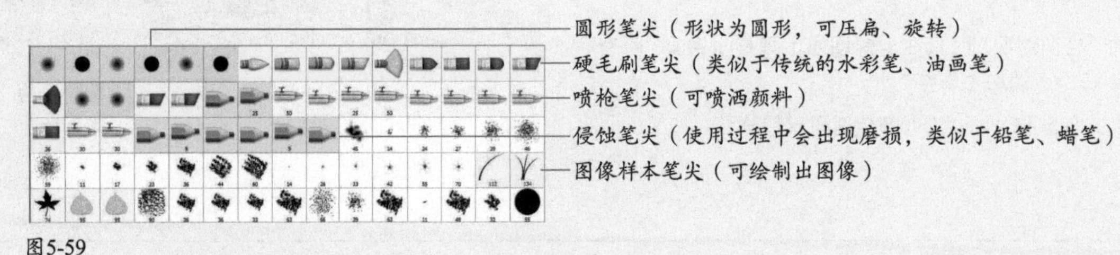

图5-59

选择一个笔尖后，还要对它的参数进行设定。这一步很关键，因为在大多数情况下，笔尖的默认效果并不能满足我们的个性化需求。例如，"炭纸蜡笔"笔尖，如图5-60所示，可以看到，它真实地再现了蜡笔的各种特征，但如果想表现的是在那种半干未干的水彩上用蜡笔勾勒、涂抹，则当前这种蜡笔的覆盖力过强了。很明显，在潮湿的颜料上，蜡笔是很难上色的。如何才能减少蜡笔的覆盖区域呢？可以通过调整"散布"值来增加笔触中的留白，这样才能更多地呈现画面底色的水彩效果，如图5-61所示。

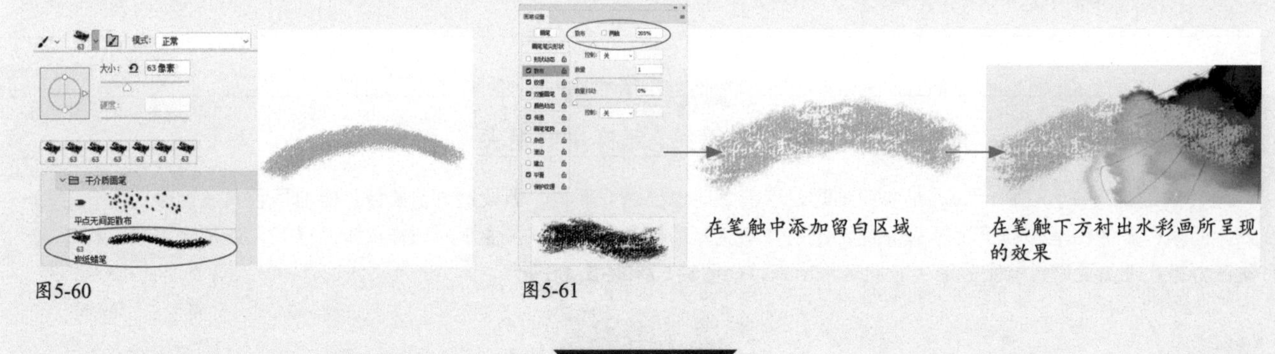

图5-60　　图5-61

·PS技术讲堂·

可更换笔尖的工具

扫码看视频

图5-62所示是Photoshop中可以更换笔尖的工具，其中包含了绝大多数绘画和修饰类工具。选择一个工具之后，为它"安装"笔尖，再根据需要修改参数，它便成为我们"私人定制"的专属画笔了。

"画笔"面板、"画笔设置"面板和画笔下拉面板都提供了笔尖。前两个面板在"窗口"菜单中打开，画笔下拉面板的打开方法是：选择画笔工具（或其他绘画和修饰类工具），单击工具选项栏中的按钮，如图5-63所示，或在文档窗口中单击鼠标右键皆可。如果只是选择笔尖并调整其大小，用"画笔"面板操作最为简便，因为它没有多余的选项。画笔下拉面板比"画笔"面板多了硬度、圆度和角度3种选项。功能最全的当属"画笔设置"面板，如图5-64所示。

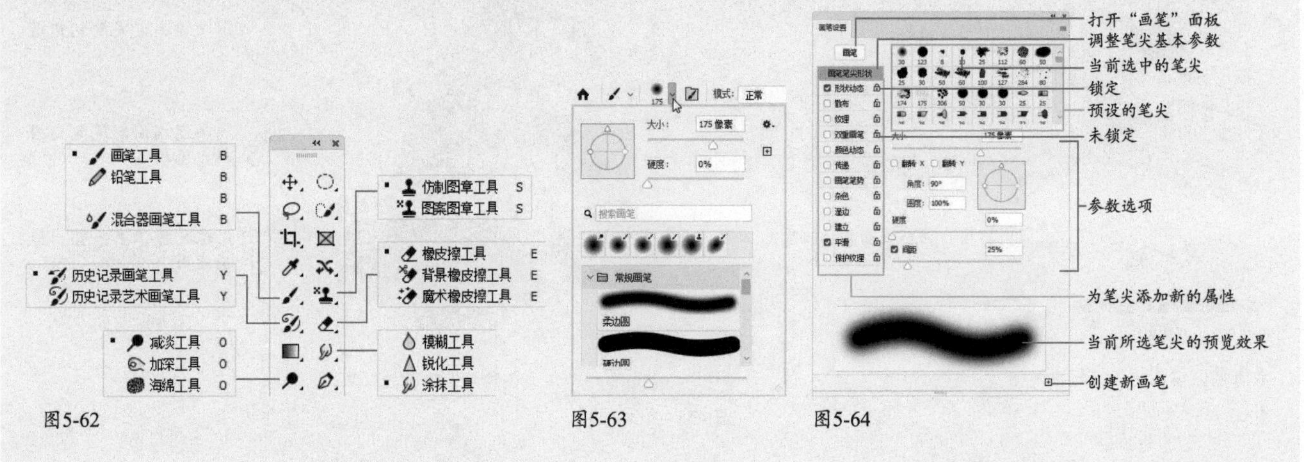

图5-62　　图5-63　　图5-64

“画笔设置”面板是Photoshop中体量大、选项多的面板。使用时，先单击左侧列表中的一个属性名称，使其处于勾选状态，面板右侧就会显示具体选项内容，如图5-65所示。要注意的是，如果单击名称前面的复选框，则可开启相应的功能，但不会显示选项，如图5-66所示。

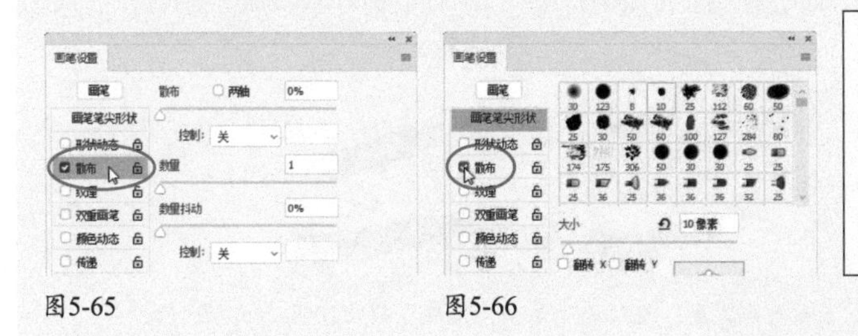

图5-65　　图5-66

> **提示**
>
> “画笔设置”面板中显示锁定图标时，表示当前画笔的笔尖形状属性（形状动态、散布、纹理等）为锁定状态，单击该图标即可取消锁定（图标会变为状）。如果对一个预设的画笔进行了调整，可单击按钮，将其保存为一个新的预设画笔。

·PS技术讲堂·

导入和导出笔尖

扫码看视频

在“画笔”面板中，顶层一行是最近使用过的笔尖，下面是几个画笔组，如图5-67所示。单击组左侧的 › 按钮，可以展开组。笔尖的大小通过“大小”选项设置。向右拖曳面板底部的滑块，可将笔尖的预览图调大，如图5-68所示。

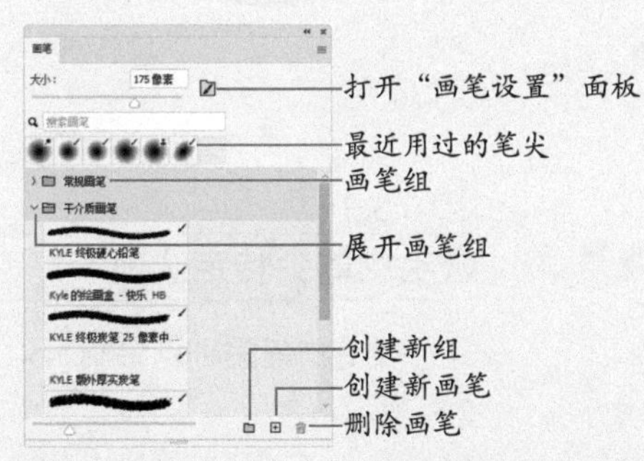

图5-67　　图5-68

单击面板右上角的 ≡ 按钮，打开面板菜单，如图5-69所示。执行其中的“导入画笔”命令，可以导入外部画笔库，如图5-70和图5-71所示。如果从网上下载了画笔（也称笔刷），或者想使用本书附赠的画笔资源，便可用该命令加载到Photoshop中。执行“获取更多画笔”命令，可链接到Adobe网站上，下载来自Kyle T. Webster的独家画笔。

如果想将常用的笔尖创建为画笔库，并保存到计算机硬盘上，以便今后软件升级时加载到新版软件中使用，可按住Ctrl键并单击所需笔尖，将其选取，如图5-72所示，执行面板菜单中的“导出选中的画笔”命令即可。

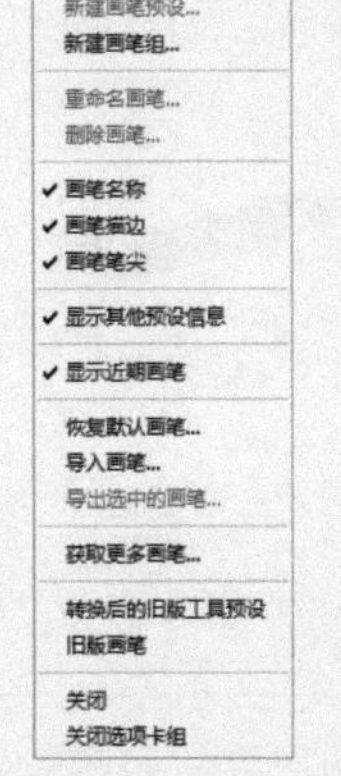

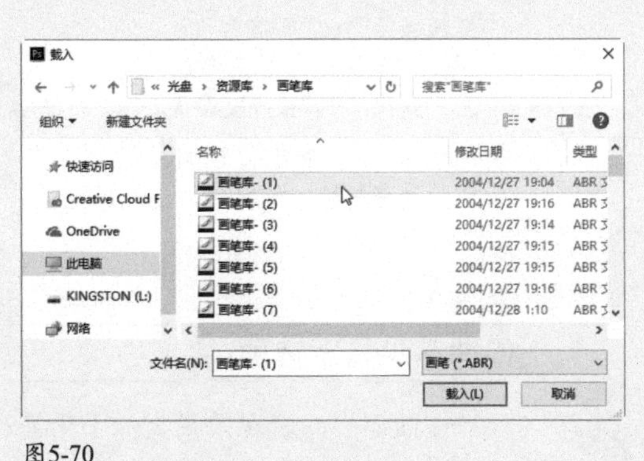

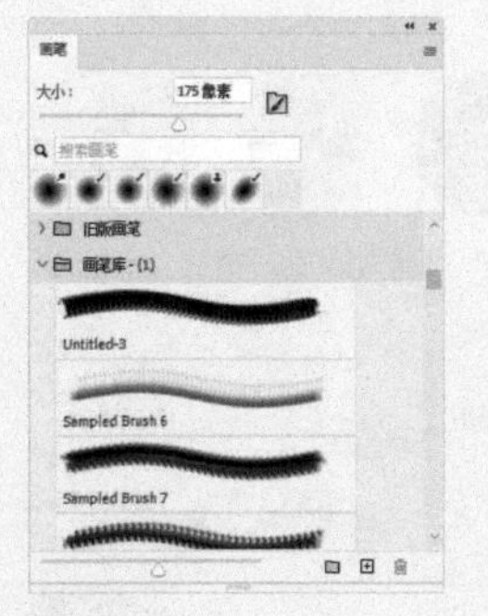

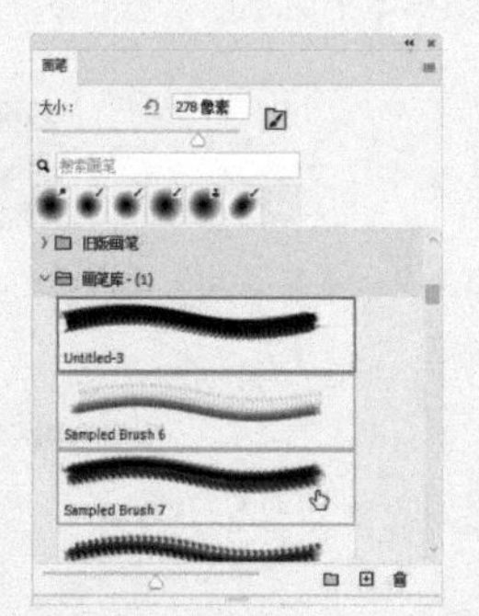

图5-69　　图5-70　　图5-71　　图5-72

要注意的是，笔尖占用系统资源，数量过多会影响Photoshop的运行速度，因此，最好在使用时导入，不需要时删掉。使用面板菜单的“恢复默认画笔”命令可以删除加载的笔尖，将面板恢复为默认状态。

5.3.1
笔尖通用选项

选择一个笔尖后，单击“画笔设置”面板左侧列表的“画笔笔尖形状”选项，便可在面板右侧的选项设置区调整所选笔尖的基本参数，如图5-73所示。

- **大小**：用来设置画笔的大小，范围为1~5000像素。
- **翻转X/翻转Y**：可以让笔尖沿x轴(即水平方向)翻转、沿y轴(即垂直方向)翻转，如图5-74所示。

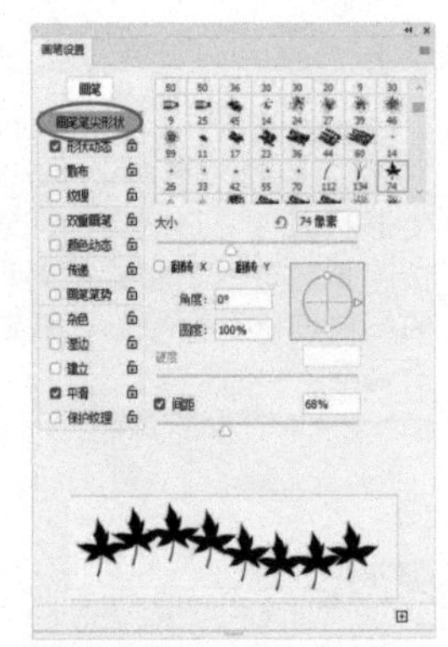
图5-73

原笔尖

勾选“翻转X”

勾选“翻转Y”

图5-74

- **角度**：用来设置椭圆状笔尖和图像样本笔尖的旋转角度。可以在文本框中输入角度值，也可以拖曳箭头进行调整，如图5-75所示。

图5-75

- **圆度**：用来设置画笔长轴和短轴之间的百分比。可以在文本框中输入数值，或拖曳控制点来调整。当该值为100%时，笔尖为圆形，设置为其他值时可将画笔压扁，如图5-76所示。

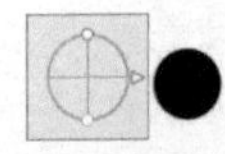

图5-76

- **硬度**：对于圆形笔尖和喷枪笔尖，该选项可以控制画笔硬度中心的大小，该值越低，画笔的边缘越柔和、色彩越淡，如图5-77和图5-78所示；对于硬毛刷笔尖，它控制毛刷的灵活度，该值较低时，画笔的形状更容易变形，效果如图5-79所示。图像样本笔尖不能设置硬度。

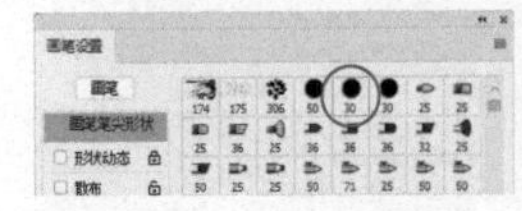

圆形笔尖：直径为30像素，硬度分别为100%、50%、1%

图5-77

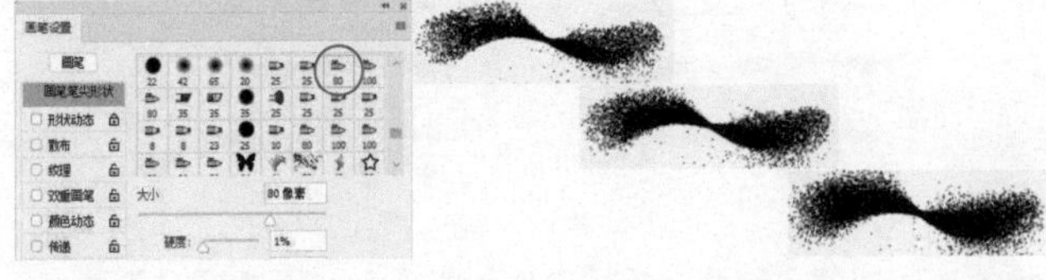
喷枪笔尖：直径为80像素，硬度分别为100%、50%、1%

图5-78

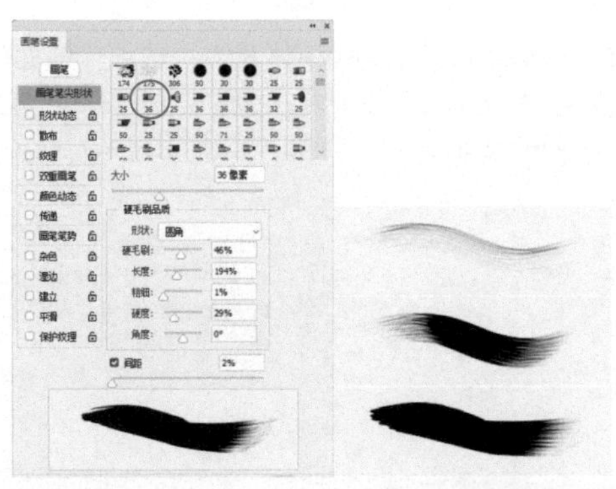
硬毛刷笔尖：直径为36像素，硬度分别为100%、50%、1%

图5-79

- **间距**：用于控制描边中两个画笔笔迹之间的距离。以圆形笔尖为例，它绘制的线条其实是由一连串的圆点连接而成的，间距就是用来控制各个圆点之间的距离的，如图5-80所示。如果取消该选项的勾选，则间距取决于鼠标指针的移动速度，此时鼠标指针的移动速度越快，间距越大。

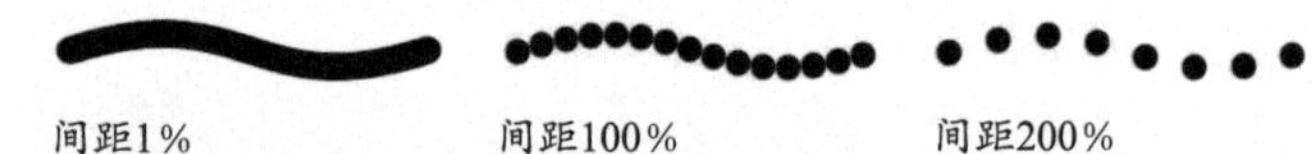
间距1%　　间距100%　　间距200%

图5-80

5.3.2
硬毛刷笔尖特定选项

硬毛刷笔尖可以绘制出十分逼真、自然的笔触，如图5-81所示。

- **形状**：在该下拉列表中有10种形状可供选择，它们与预设的笔尖一一对应。
- **硬毛刷**：可以控制整体的毛刷浓度。
- **长度/粗细**：可以修改毛刷的长度和宽度。
- **硬度**：可以控制毛刷的灵活度。该值较低时，画笔容易变形。如果要在使用鼠标时使描边创建发生变化，可调整硬度设置。
- **角度**：可以确定使用鼠标绘画时的画笔笔尖角度。

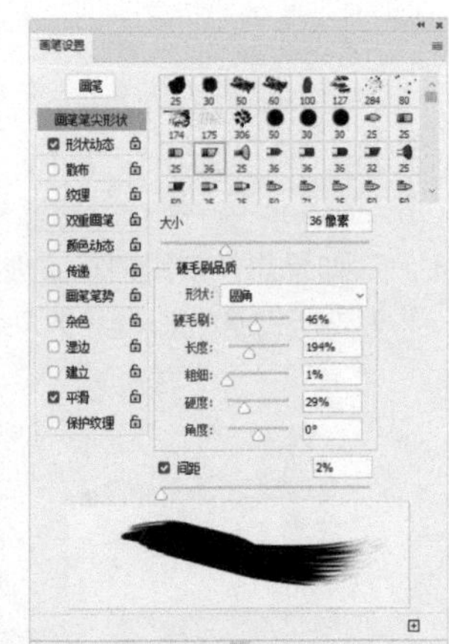
图5-81

5.3.3
侵蚀笔尖特定选项

侵蚀笔尖的表现效果类似于铅笔和蜡笔，如图5-82所示。令人叫绝的是，它竟然能随着绘制时间的推移而自然磨损。

- **柔和度**：用于控制磨损率。可以输入一个百分比值，或拖曳滑块来调整。
- **形状**：可以从下拉列表中选择笔尖形状。
- **锐化笔尖**：单击该按钮，可以将笔尖恢复为原始的锐化程度。

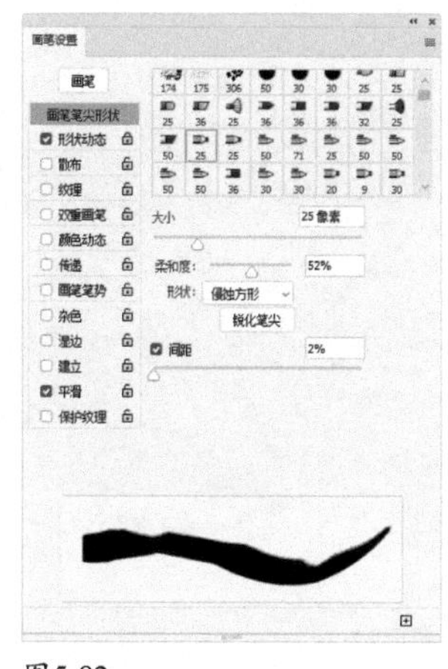

图5-82

5.3.4 喷枪笔尖特定选项

喷枪笔尖通过3D锥形喷溅的方式来复制喷罐，如图5-83所示。使用数位板的用户，可以通过修改钢笔压力来改变喷洒的扩散程度。

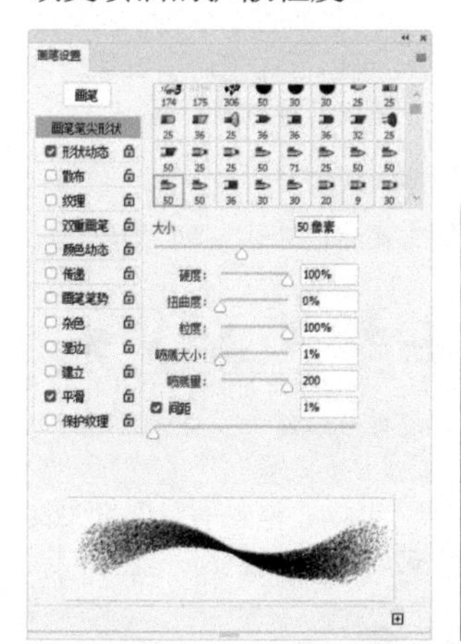

图5-83

> **提示**
>
> 使用硬毛刷笔尖、侵蚀笔尖和喷枪笔尖时，可单击“画笔设置”面板左侧的“画笔笔势”选项并设置参数，以控制画笔的倾斜角度、旋转角度和压力。这些设置可以模拟压感笔，让用户获得更真实的手绘体验。

- **硬度**：用于控制画笔硬度中心的大小。
- **扭曲度**：用于控制扭曲以应用于油彩的喷溅。
- **粒度**：用于控制油彩液滴的粒状外观。
- **喷溅大小/喷溅量**：用于控制油彩液滴的大小及数量。

5.3.5 让笔迹产生动态变化的方法

在“画笔设置”面板左侧的选项列表中，“形状动态”“散布”“纹理”“颜色动态”“传递”选项都包含抖动设置，如图5-84和图5-85所示。虽然名称不同，但用途是一样的，具体效果参见各个选项的描述章节。下面分析它们的共同点。

抖动设置的意义在于：可以让画笔的大小、角度、圆度，以及画笔笔迹的散布方式、纹理深度、色彩和不透明度等产生变化。抖动值越高，变化范围越大。

单击“控制”选项右侧的⌄按钮，可以打开下拉列表，如图5-86所示。这里的“关”选项不是关闭抖动的意思，它表示不对抖动进行控制。如果想要控制抖动，可以选择其他几个选项，这时，抖动的变化范围会被限定在抖动选项所设置的数值到最小选项所设置的数值之间。

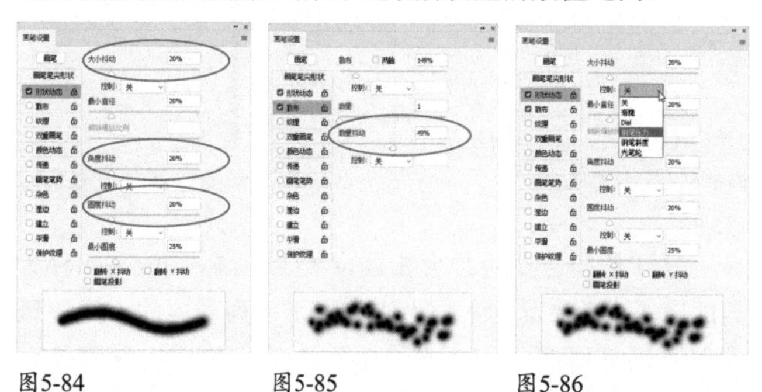

图5-84　图5-85　图5-86

以圆形笔尖为例，先选择图5-87所示的笔尖，然后调整它的“形状动态”，让圆点大小产生变化。如果“大小抖动”为50%，由于选择的是30像素的笔尖，则最大圆点为30像素，最小圆点用30像素×50%计算得出，即15像素，那么圆点大小的变化范围就是15像素~30像素。在此基础上，“最小直径”选项更进一步地控制最小圆点的大小，例如，将其设置为10%时，最小圆点就只有3像素（30像素×10%），如图5-88所示。如果将“最小直径”设置为100%，则最小的圆点就是30像素×100%，即30像素。此时最小圆点等于最大圆点，其结果相当于关闭了“大小抖动”，笔尖大小不会变化，如图5-89所示。

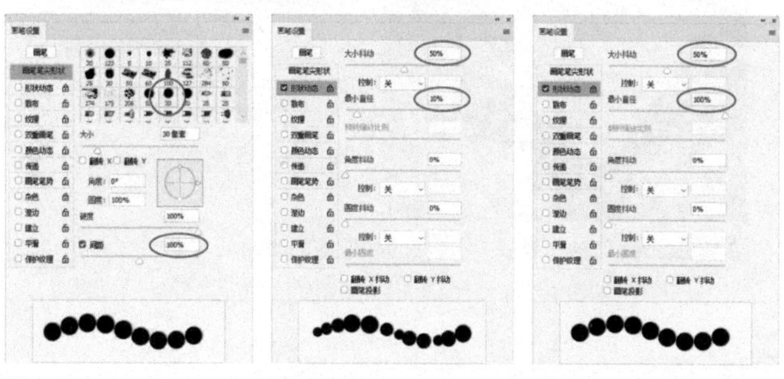

图5-87　图5-88　图5-89

如果使用“渐隐”选项来对抖动进行控制，可在其右侧的文本框中输入数值，让笔迹逐渐淡出。例如，将“渐隐”设置为5，“最小直径”设置为0%，则在绘制出第5个圆点之后，最小直径变为0，此时无论笔迹有多长，都会在第5个圆点之后消失，如图5-90所示。如果增大“最小直径”，将其设置为20%，则第5个圆点之后，最小直径变为画笔大小的20%，即6像素（30像素×20%），如图5-91所示。

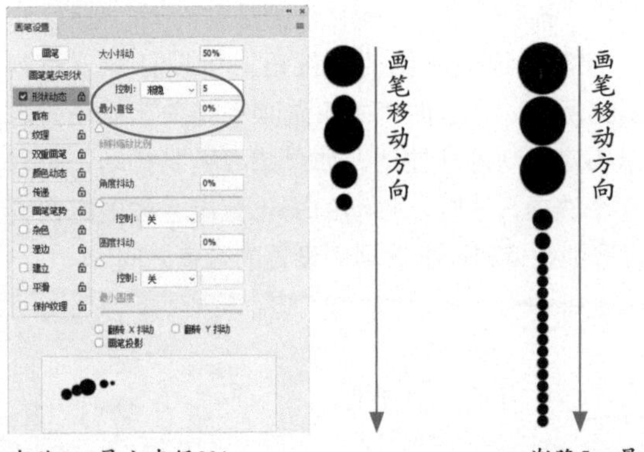

渐隐5，最小直径0%

图5-90

渐隐5，最小直径20%

图5-91

设计师和专业用户会在数位板上绘画，Photoshop为其配置了专门的选项——“控制”下拉列表中的“钢笔压力”“钢笔斜度”和“光笔轮”选项。使用压感笔绘画时，便可通过钢笔压力、钢笔斜度或钢笔拇指轮的位置来控制抖动变化。

技术看板　数位板

使用计算机绘画有一个很大的问题，就是鼠标不能像画笔一样听话。此时，专业的绘画和数码艺术创作者最好在数位板上作画。数位板由一块画板和一支无线的压感笔组成，就像画家的画板和画笔。使用压感笔时，随着笔尖在画板上着力的轻重、速度及角度的改变，绘制出的线条会产生粗细和浓淡等变化，与在纸上画画的感觉没有太大差别。

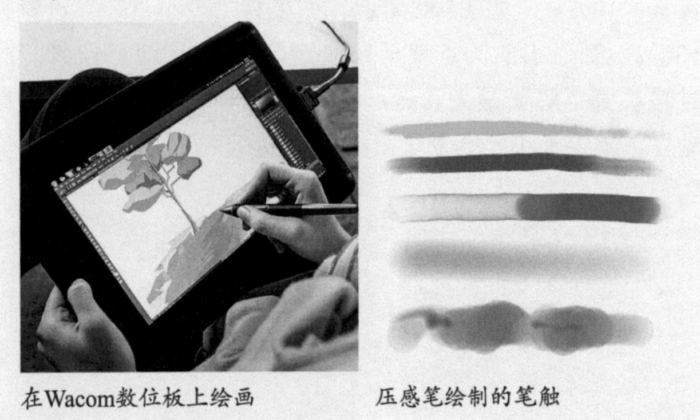

在Wacom数位板上绘画　　压感笔绘制的笔触

5.3.6 改变笔尖的形状

修改“形状动态”属性，可以改变笔尖的形状，让画笔的大小、圆度等产生随机变化，如图5-92所示。在它的选项中，“大小抖动”“最小直径”可参阅5.3.5小节。

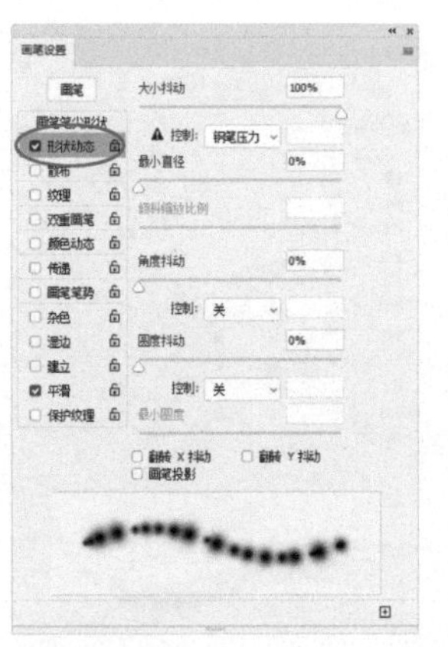

图5-92

- **大小抖动**：用来设置画笔笔迹大小的改变方式。该值越高，轮廓越不规则，如图5-93所示。在“控制”下拉列表中可以选择抖动的改变方式。

大小抖动0%　　大小抖动100%

图5-93

- **最小直径**：启用了“大小抖动”后，可以通过该选项设置画笔笔迹缩放的最小百分比。该值越高，笔尖直径的变化越小。
- **倾斜缩放比例**：可以设置笔尖的倾斜比例。
- **角度抖动**：可以让笔尖的角度发生变化，如图5-94所示。

角度抖动0%　　角度抖动30%

图5-94

- **圆度抖动/最小圆度**：“圆度抖动”可以让笔尖的圆度发生变化，如图5-95所示；“最小圆度”可以调整圆度变化范围。

圆度抖动0%　　圆度抖动50%

图5-95

- **翻转X抖动/翻转Y抖动**：可以让笔尖在水平/垂直方向上产生翻转变化。
- **画笔投影**：使用压感笔绘画时，可通过笔的倾斜和旋转来改变笔尖形状。

5.3.7 让笔迹发散开的技巧

笔尖是一种基本的图像单元，Photoshop将各个图像单元之间的间隔调得非常小，为其自身大小的1%~5%，这样在绘画时，图像之间的衔接会十分紧密，我们看到的就是一条绘画笔迹，即一条线，而非一个个的图像。例如，图5-96所示的笔尖，如果将它的“间距”值调大，就能看清单个笔尖图像，如图5-97所示。

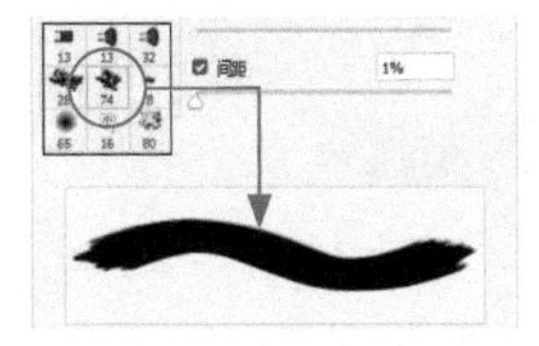

图5-96

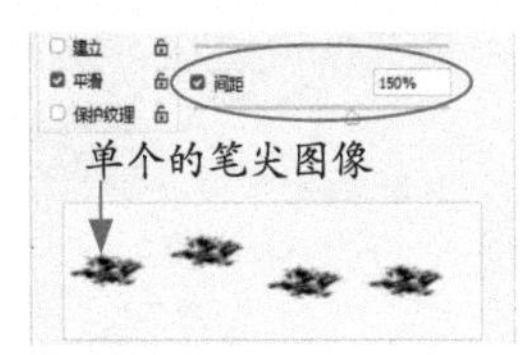

图5-97

由此可见，增大笔尖的“间距”值，可以让笔迹发散开。但这种效果是固定的、有规律的，也是不自然的。更好的办法是勾选“画笔设置”面板左侧列表的“散布”选项，并设置参数，这样画笔笔迹就会在鼠标运行轨迹周围随机发散，如图5-98所示。

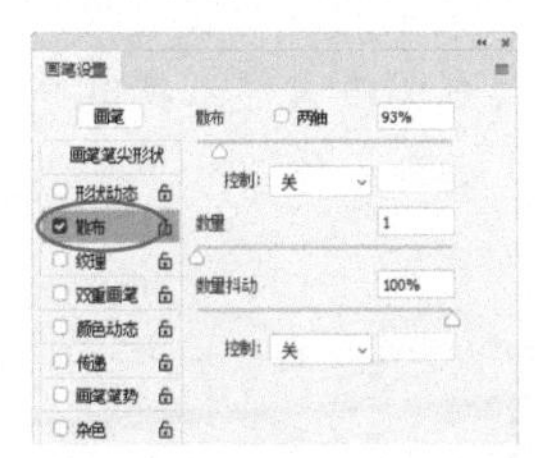

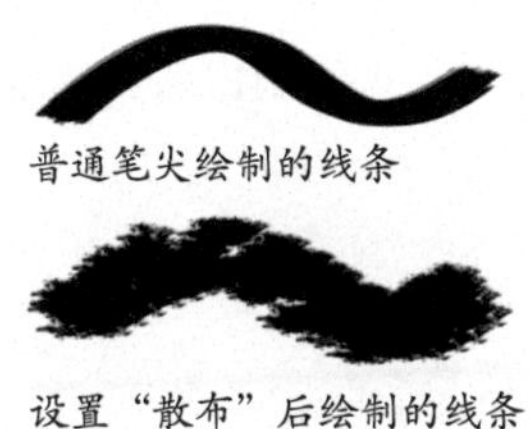

图5-98

如果要控制笔迹的发散程度，可以通过“散布”选项来调节。例如，选择圆形笔尖，将“散布”设置为100%，这就表示散布范围不超过画笔大小的100%。如果勾选“两轴”选项，则画笔基于鼠标运行轨迹径向分布，此时笔迹会出现重叠，如图5-99所示。不希望出现过多的重复笔迹，可以将“数量”值调小。

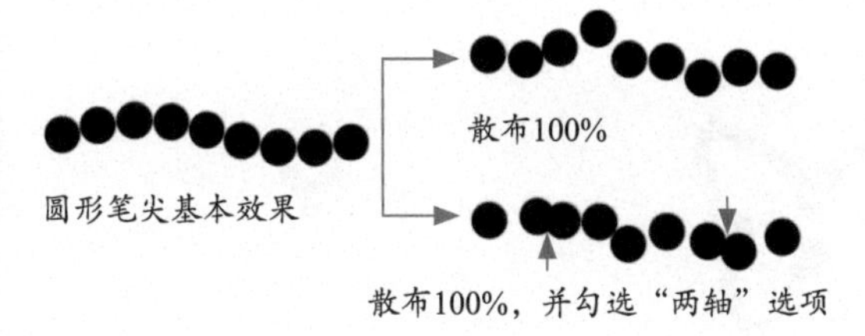

图5-99

5.3.8 让笔迹中出现纹理

想要在纹理较强的画纸上表现绘画的效果，可以通过3种方法操作。第1种是使用画纸素材，将画稿衬在其上方，设置混合模式为“正片叠底”，让纹理透过画稿显现出来，如图5-100和图5-101所示；第2种是对画稿应用“纹理化”滤镜，生成纹理，如图5-102所示；第3种是调整笔尖设置后再绘画，画笔笔迹中就会出现纹理，其效果就像是在带纹理的画纸上绘画一样，如图5-103所示。

原始画稿　　将画稿衬在纹理素材上方

图5-100　　图5-101

用“纹理化”滤镜生成纹理

图5-102

普通笔尖的绘画效果　　添加纹理后的绘画效果

图5-103

想要让笔迹中出现纹理，可单击“画笔设置”面板左侧列表的“纹理”属性，之后单击图案缩览图右侧的按钮，在打开的下拉面板中选择纹理图案，如图5-104所示。

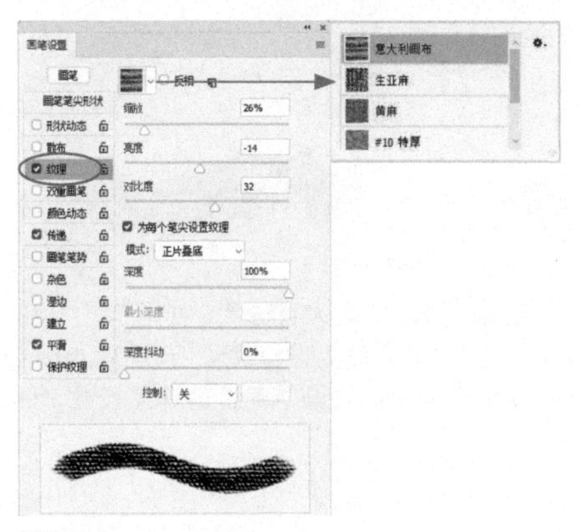

图5-104

这里有两个选项需要重点解释一下。"为每个笔尖设置纹理"选项可以让每一个笔迹都出现变化，尤其是在同一区域反复涂抹时，效果更加明显，如图5-105所示。取消勾选该选项，则可绘制出无缝连接的图案，如图5-106所示。

图5-105

图5-106

"深度"选项控制颜料渗入纹理中的深度。该值为0%时，纹理中的所有点都接收相同数量的颜料，进而隐藏图案，如图5-107所示。该值为100%时，纹理中的暗点不会接收颜料，如图5-108所示。

深度0%
图5-107

深度100%
图5-108

其他选项如下。

- 设置纹理/反相：单击图案缩览图右侧的按钮，可以在打开的下拉面板中选择一个图案，将其设置为纹理；勾选"反相"选项，可基于图案中的色调反转纹理中的亮点和暗点。
- 缩放：用来缩放图案，如图5-109和图5-110所示。

缩放100%
图5-109

缩放200%
图5-110

- 亮度/对比度：可调整纹理的亮度和对比度。
- 模式：在该下拉列表中可以选择纹理图案与前景色之间的混合模式。如果绘制不出纹理效果，可以尝试改变混合模式。
- 最小深度：用来指定当"控制"为"渐隐""钢笔压力""钢笔斜度""光笔轮"，并勾选"为每个笔尖设置纹理"时油彩可渗入的最小深度，如图5-111和图5-112所示。

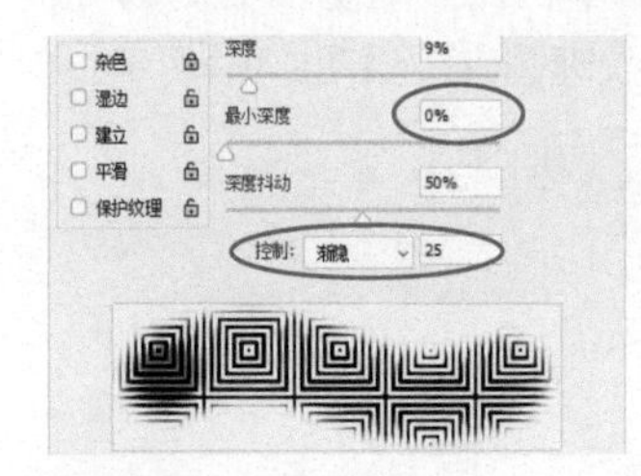
图5-111

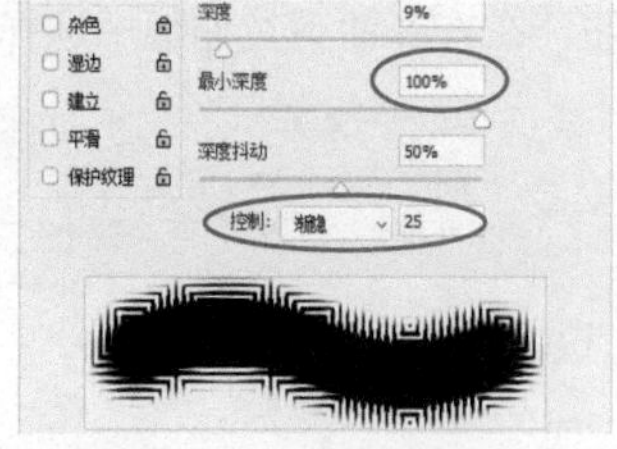
图5-112

- 深度抖动：用来设置纹理抖动的最大百分比，如图5-113和图5-114所示。只有勾选"为每个笔尖设置纹理"选项后，该选项才可以使用。如果要指定如何控制画笔笔迹的深度变化，可以在"控制"下拉列表中选择一个选项。

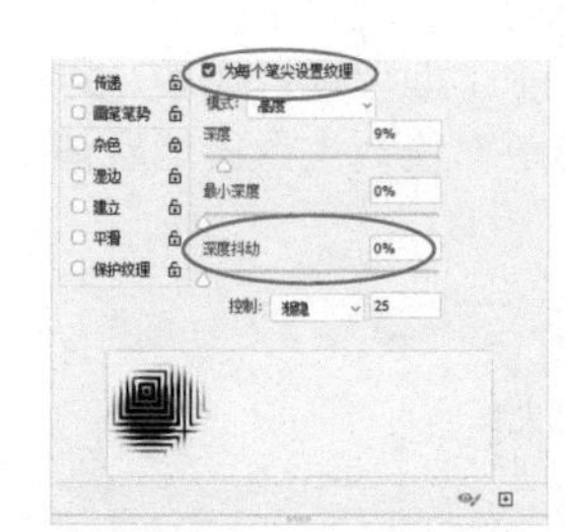
图5-113

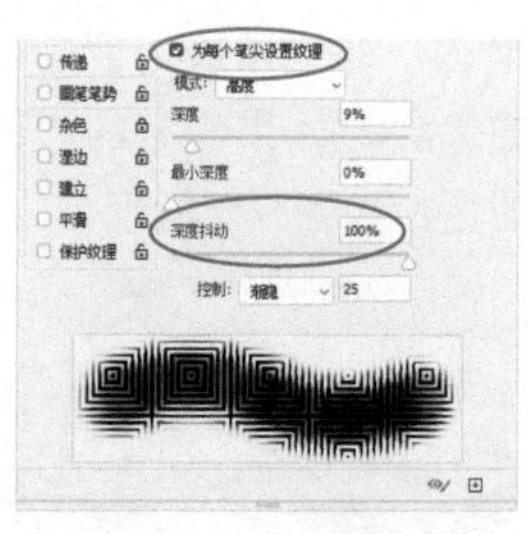
图5-114

5.3.9 双笔尖绘画

在"画笔笔尖形状"选项面板中选择一个笔尖，之后从"双重画笔"选项面板中选择另一个笔尖，便可启用双重画笔，如图5-115所示。这相当于为画笔同时安装了两个笔尖，因此一次可绘制出两种笔迹（画面中只显示其重叠部分）。

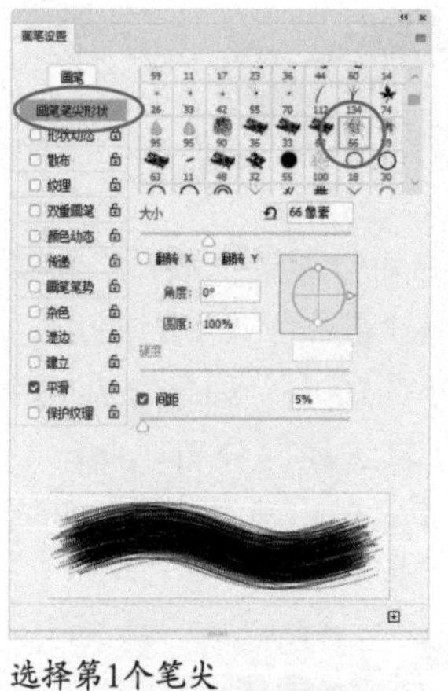
选择第1个笔尖

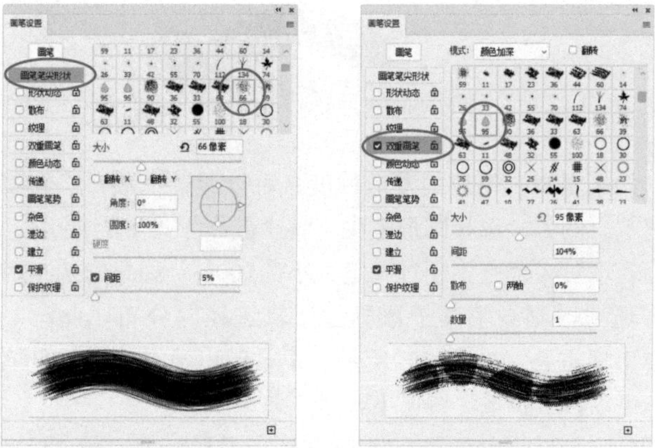

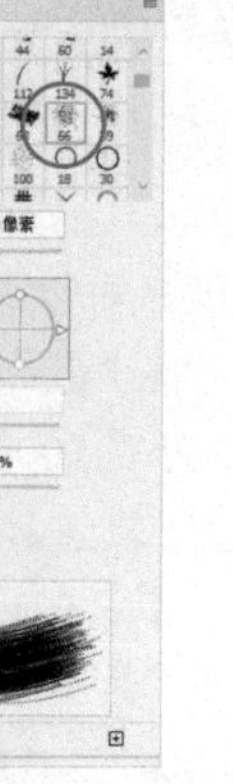
选择第2个笔尖

单个笔尖的绘制效果

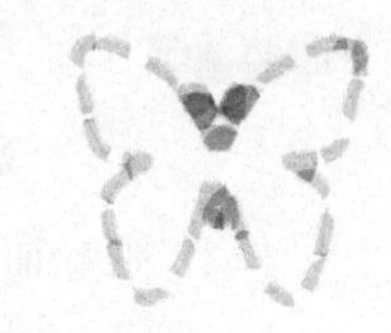
双笔尖的绘制效果

图5-115

- 模式：在该下拉列表中可以选择两种笔尖在组合时使用的混合模式。
- 大小：用来设置笔尖的大小。
- 间距：用来控制描边中双笔尖画笔笔迹之间的距离。
- 散布：用来指定描边中双笔尖画笔笔迹的分布方式。如果勾选"两轴"选项，双笔尖画笔笔迹按径向分布；取消勾选，则双笔尖画笔笔迹垂直于描边路径分布。
- 数量：用来指定在每个间距间隔应用的双笔尖笔迹数量。

5.3.10
一笔画出多种颜色

使用传统画笔绘画时，如果想画出多种颜色，可以在画笔上多蘸几种颜料。Photoshop的笔尖目前还不支持多色绘画，想一笔画出多种颜色，需要为颜色添加动态控制。操作时选择“画笔设置”面板左侧的“颜色动态”选项，之后在面板右侧调整参数即可，如图5-116所示。

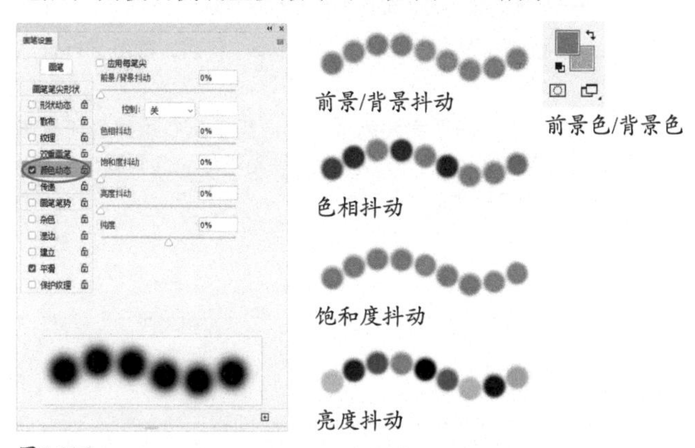

图5-116

这里有几个参数的名称中也有“抖动”二字。前面介绍过，“抖动”就是让某种属性出现变化，因此，“前景/背景抖动”，就是让“颜料”在前景色和背景色之间改变颜色。其他3个“抖动”可以让颜色的色相、饱和度和亮度产生变化。“纯度”选项可以控制饱和度的高低。该值越大，色彩的饱和度越高。

“应用每笔尖”选项用来控制笔迹的变化。勾选它以后，绘制时可以让笔迹中的每一个基本图像单元都出现变化；取消勾选，则每绘制一次会变化一次，但绘制过程中不会改变，如图5-117和图5-118所示。

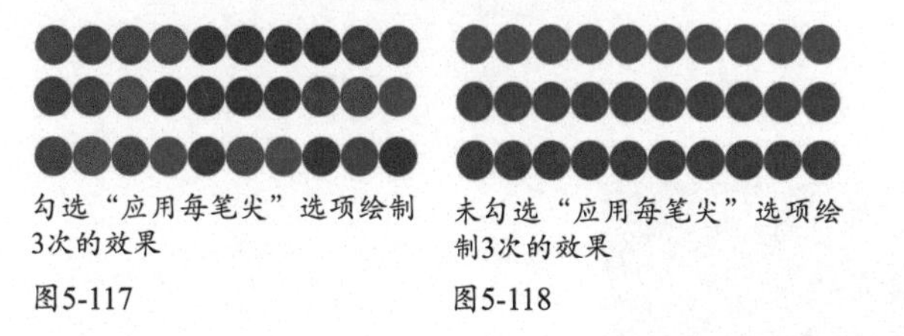

勾选“应用每笔尖”选项绘制3次的效果

图5-117

未勾选“应用每笔尖”选项绘制3次的效果

图5-118

5.3.11
改变不透明度和流量

“传递”属性用来确定油彩在描边路线中的改变方式，如图5-119所示。如果配置了数位板和压感笔，还可以使用“湿度抖动”和“混合抖动”两个选项。

- 不透明度抖动：用来设置画笔笔迹中油彩不透明度的变化程度。
- 流量抖动：用来设置画笔笔迹中油彩流量的变化程度。

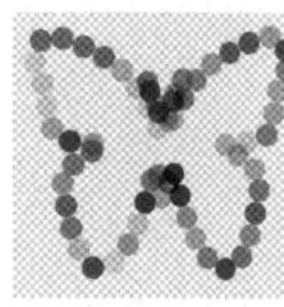

图5-119

5.3.12
控制特殊笔尖的倾斜、旋转和压力

使用硬毛刷笔尖、侵蚀笔尖和喷枪笔尖时，如果想模拟压感笔，绘制出更接近于手绘的效果，可以通过“画笔笔势”属性调整画笔的倾斜角度、旋转角度和压力，如图5-120所示。

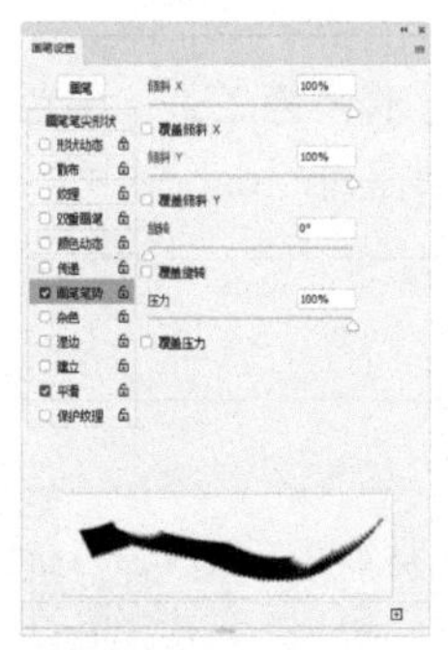
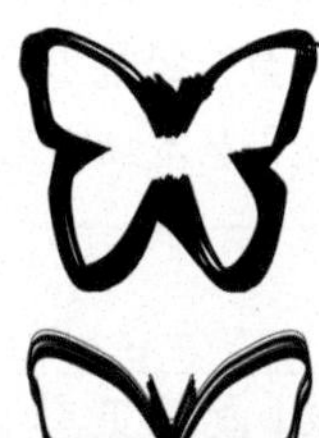

图5-120

- 倾斜X/倾斜Y：“倾斜X”用于确定画笔从左向右倾斜的角度，“倾斜Y”用于确定画笔从前向后倾斜的角度。
- 旋转：控制笔尖的旋转角度。
- 压力：控制应用于画布上画笔的压力，效果如图5–121所示。如果使用数位板，当启用各个覆盖选项后，将屏蔽数位板压力和光笔角度等方面的感应反馈，并依据当前设置的画笔笔势参数产生变化。

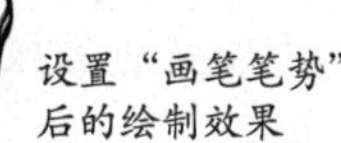

压力30%　压力60%

图5-121

5.3.13
其他选项

“画笔设置”面板下面还有几个选项，分别是“杂色”“湿边”“建立”“平滑”“保护纹理”，如图5-122所示。它们没有可供调整的数值，如果要启用某个选项，将其勾选即可。

- 杂色：在画笔笔迹中添加干扰，形成杂点。画笔的硬度值越低，杂点越多，如图5-123所示。

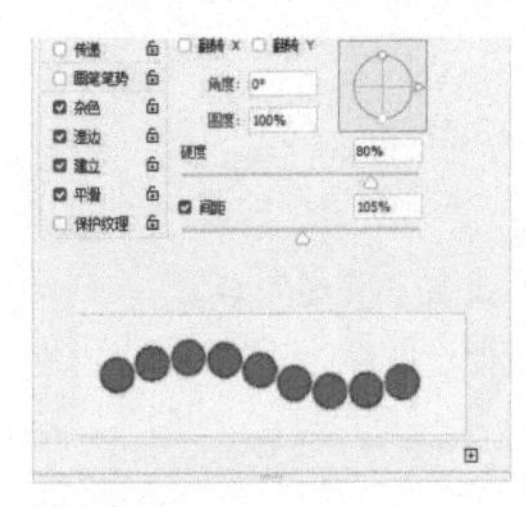

图5-122

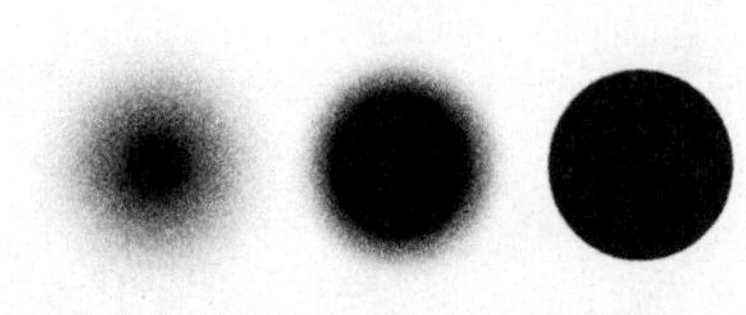

硬度值分别为0%、50%、100%

图5-123

- 湿边：画笔中心的不透明度变为60%，越靠近边缘颜色越浓，效果类似于水彩笔。画笔的硬度值影响湿边范围，如图5-124所示。

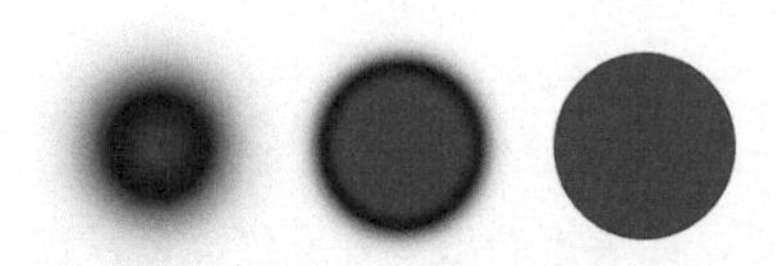

硬度值分别为0%、50%、100%

图5-124

- 建立：将渐变色调应用于图像，同时模拟传统的喷枪技术。该选项与工具选项栏中的喷枪选项相对应，勾选该选项，或单击工具选项栏中的喷枪按钮，都能启用喷枪功能。
- 平滑：在画笔描边中生成更平滑的曲线。使用压感笔进行快速绘画时，该选项非常有效。
- 保护纹理：将相同图案和缩放比例应用于具有纹理的所有画笔预设。选择该选项后，使用多个纹理画笔笔尖绘画时，可以模拟出一致的画布纹理。

绘画工具

画笔工具、铅笔工具、橡皮擦工具、颜色替换工具、涂抹工具、混合器画笔工具、历史记录画笔工具和历史记录艺术画笔工具是Photoshop中用于绘画的工具，可以绘制图画和修改像素。

5.4.1

实战：解体消散效果（画笔工具）

画笔工具使用前景色绘画。只要笔尖选用得当，不同画种的绘画笔触都可用它模拟出来。该工具还常用于修改图层蒙版和通道。下面使用画笔工具及图层蒙版和“液化”滤镜制作解体消散效果，如图5-125所示。

扫码看视频

图5-125

01 打开素材。首先来抠图，把女郎从背景中分离出来。执行“选择>主体”命令，将女郎大致选取，如图5-126所示。执行“选择>选择并遮住”命令，下面对选区进行细化处理。当切换界面以后，原选区之外的图像会罩上一层淡淡的红色。勾选“智能半径”选项，并设置“半径”为250像素，这样可以将头发选中，如图5-127所示。

图5-126

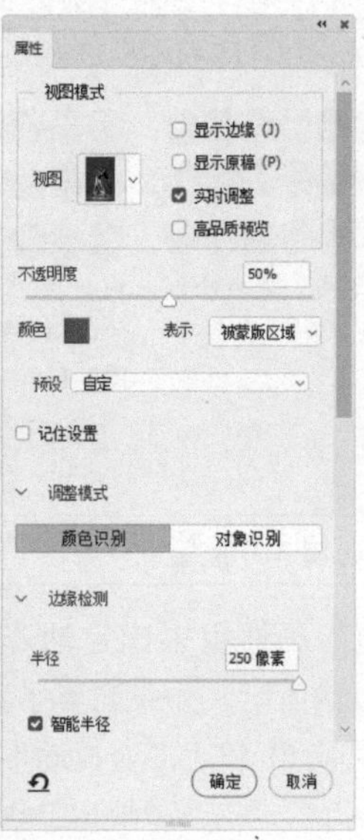

图5-127

02 使用快速选择工具在漏选的区域拖曳，将其添加到选区中，如图5-128和图5-129所示。如果有多选的区域，则按住Alt键并在其上方拖曳，取消其选区（即为其罩上一层红色），如图5-130和图5-131所示。在处理手指、脚趾等细节时，可以按 [键将笔尖调小，或按] 键将笔尖调大。

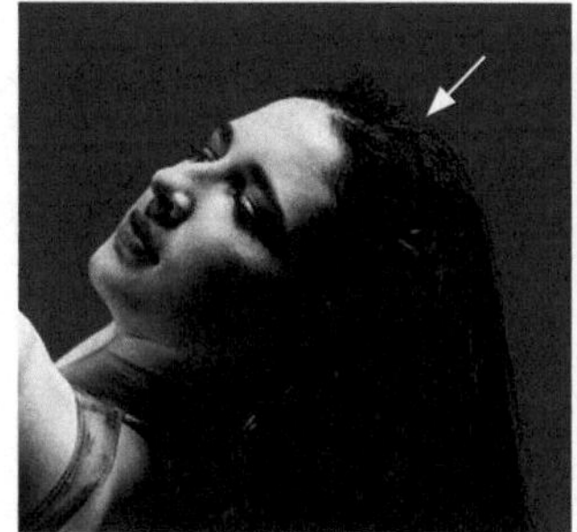

图5-128

图5-129

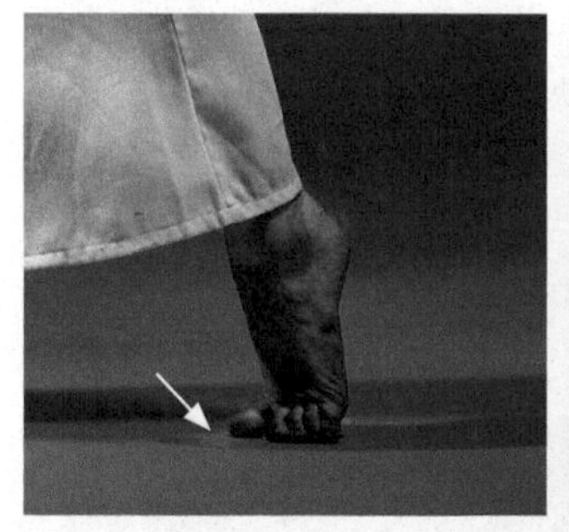

图5-130

图5-131

03 在“输出到”下拉列表中选择“选区”选项，单击“确定”按钮，得到修改后的精确选区。按Ctrl+J快捷键，将选中的图像复制到新的图层中，并修改图层名称，完成抠图，如图5-132所示。按Ctrl+J快捷键复制该图层，并修改名称，如图5-133所示。

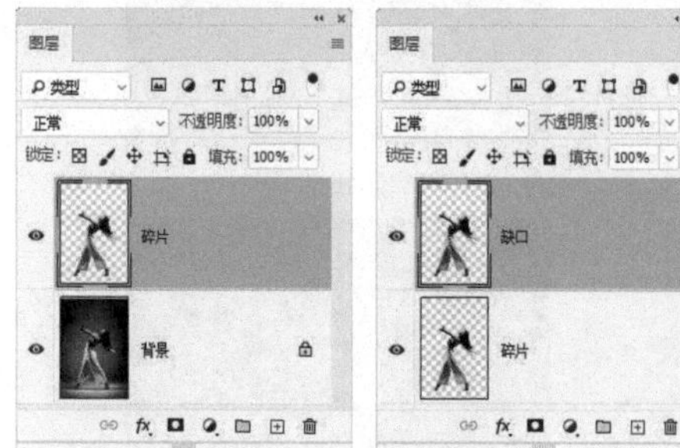

图5-132 图5-133

04 下面制作一个没有女郎的背景图像。将“背景”图层拖曳到“图层”面板中的按钮上进行复制，如图5-134所示。使用套索工具在人物外侧创建选区，如图5-135所示。执行“编辑>填充”命令，填充选区，操作时选取“内容识别”选项，如图5-136所示，填充效果如图5-137（此图为“碎片”和“缺口”两个图层隐藏后的效果）所示。

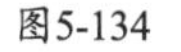

图5-134

图5-135

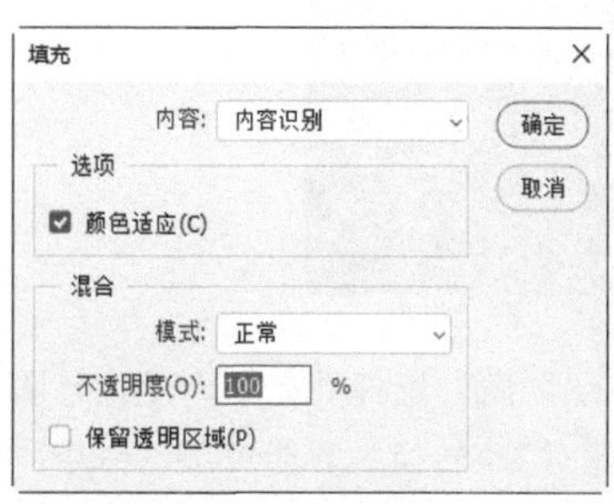

图5-136

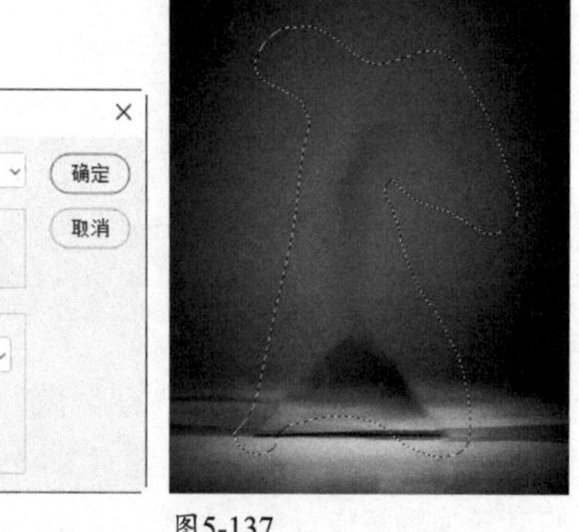

图5-137

05 按Ctrl+D快捷键取消选择。单击  按钮添加蒙版。选择画笔工具及柔边圆笔尖，在两脚之间涂抹黑色，如图5-138所示。这里填充效果不好，将其隐藏，让“背景”图像显现出来，如图5-139所示。

图5-138

图5-139

06 隐藏“碎片”图层，选择“缺口”图层并为它添加蒙版，如图5-140所示。打开工具选项栏中的画笔下拉面板，在“特殊效果画笔”组中选择图5-141所示的笔尖。用 [

键和] 键调整笔尖大小。从头发开始，沿女郎身体边缘拖曳鼠标，画出缺口效果，如图5-142和图5-143所示。

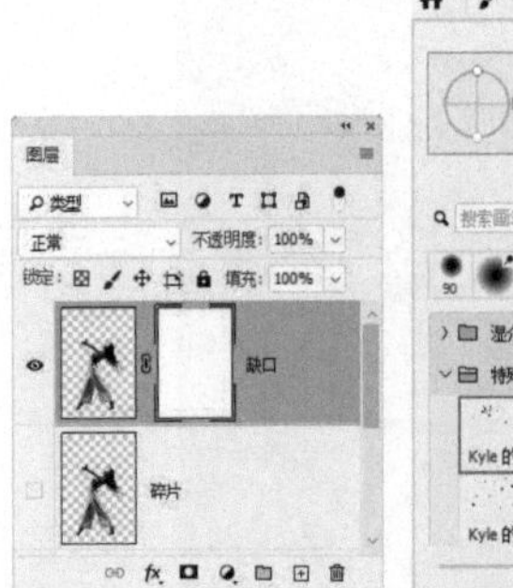

图5-140

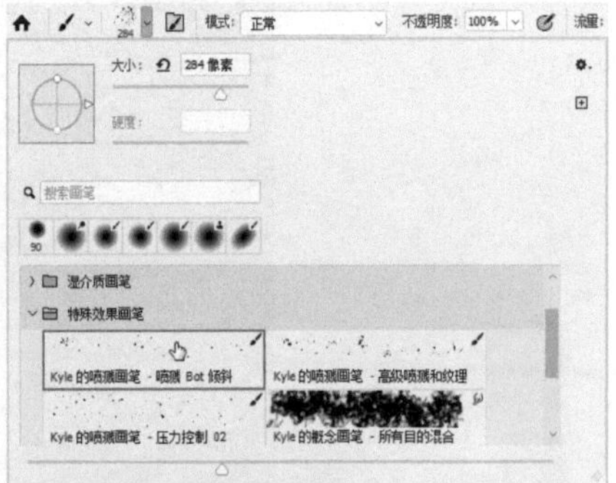

图5-141

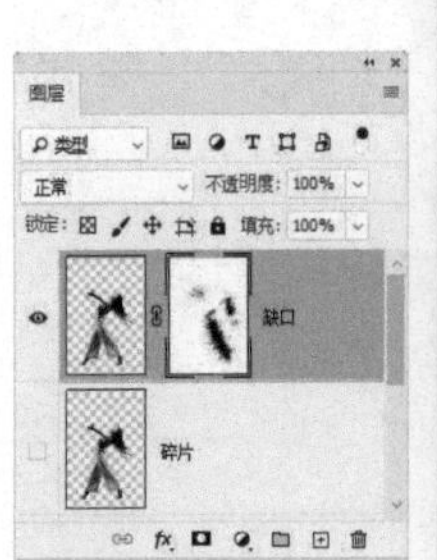

图5-142

图5-143

07 处理好以后，将该图层隐藏。选择并显示“碎片”图层，执行“图层>智能对象>转换为智能对象”命令，将其转换为智能对象，如图5-144所示。执行“滤镜>液化”命令，打开“液化”对话框，如图5-145所示。使用向前变形工具在女郎身体靠近右侧位置单击，然后向右拖曳，将图像往右拉曳，处理成图5-146所示的效果。单击“确定”按钮，关闭对话框，如图5-147所示。

图5-144

图5-145

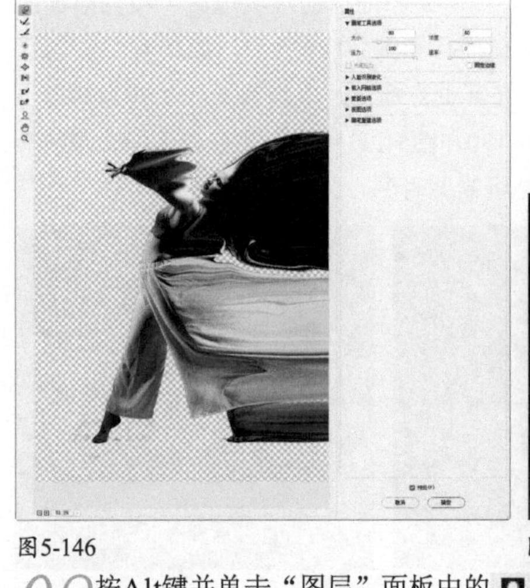

图5-146

图5-147

08 按Alt键并单击“图层”面板中的按钮，添加一个反相的蒙版，即黑色蒙版，将当前液化效果遮盖住，如图5-148和图5-149所示。显示“缺口”图层，使用画笔工具修改蒙版，不用更换笔尖，但可适当调整笔尖大小。从靠近缺口的位置开始，向画面右侧涂抹白色，让液化后的图像以碎片的形式显现，如图5-150和图5-151所示。为了做好衔接，可以先将“缺口”图层显示出来，再处理碎片效果。

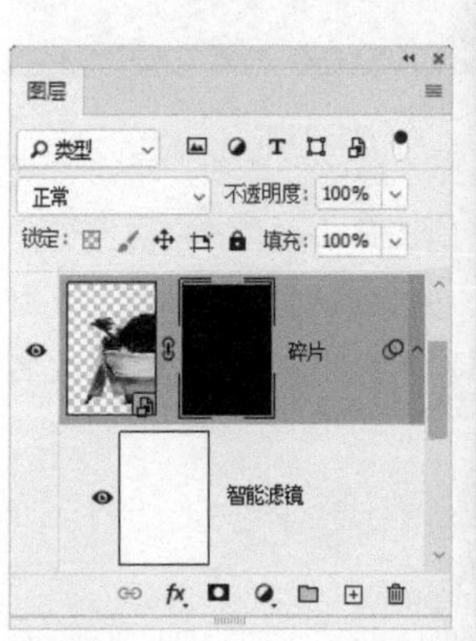

图5-148

图5-149

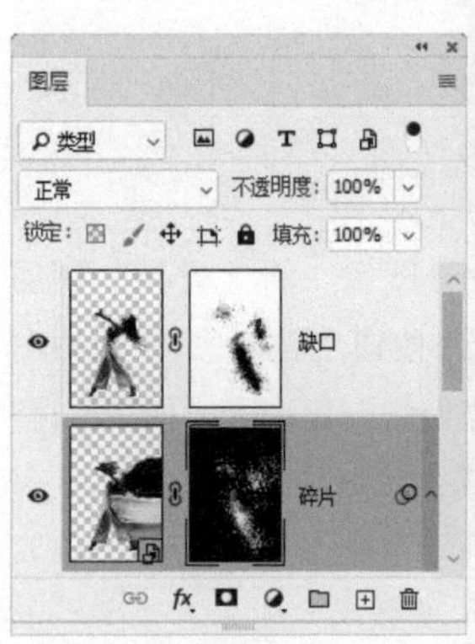

图5-150

图5-151

提示

将“液化”滤镜应用到智能对象上，它就变成智能滤镜了。这样做有一个非常大的好处：在任何时候，只要对液化效果不满意，双击智能对象图层，都能打开“液化”对话框修改效果。此外，碎片位置、发散程度等可通过编辑蒙版来修改和调节。智能滤镜和图层蒙版都是非破坏性编辑功能，用在这个实例上可谓恰到好处。

双击智能滤镜

修改液化效果

图像自动更新

画笔工具选项栏

图5-152所示为画笔工具的工具选项栏。其中“平滑”选项和绘画对称按钮参见后面章节（见125页）。

图5-152

- 模式：在下拉列表中可以选择画笔笔迹颜色与下层像素的混合模式。图5-153所示为“正常”模式的绘制效果，图5-154所示为“线性光”模式的绘制效果。

图5-153

图5-154

- 不透明度：用来设置画笔的不透明度。降低不透明度后，绘制出的内容会呈现透明效果。当笔迹重叠时，还会显示重叠效果，如图5-155所示。由于使用画笔工具时，每单击一次视为绘制一次，如果在绘制过程中始终按住鼠标左键不放，则无论在一个区域怎样涂抹，都被视为绘制一次，因此，这样操作不会出现笔迹重叠效果。
- 流量：用来设置颜色的应用速率，“不透明度”选项中的数值决定了颜色不透明度的上限，这表示在某个区域上进行绘画时，如果一直按住鼠标左键，颜色量将根据流动速率增大，直至达到不透明度设置的值。例如，将“不透明度”和“流量”都设置为60%，在某个区域一直按住鼠标左键不放并反复移动鼠标，颜色量将以60%的应用速率逐渐增加（其间，画笔的笔迹会出现重叠效果），并最终达到“不透明度”选项所设置的数值，如图5-156所示。除非在绘制过程中放开鼠标，否则无论在一个区域上绘制多少次，颜色的总体不透明度都不会超过60%（即“不透明度”选项所设置的上限）。

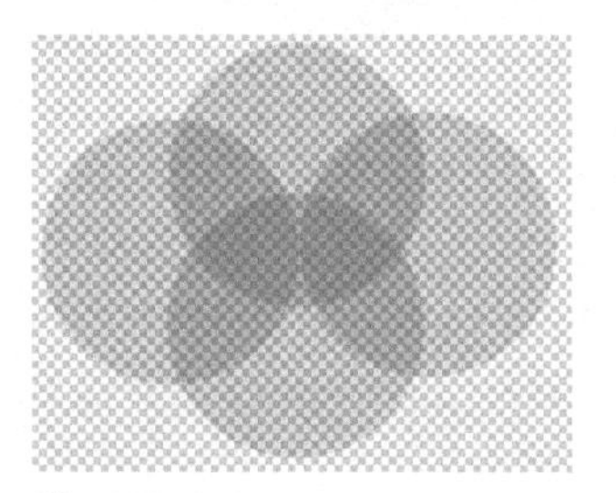
图5-155

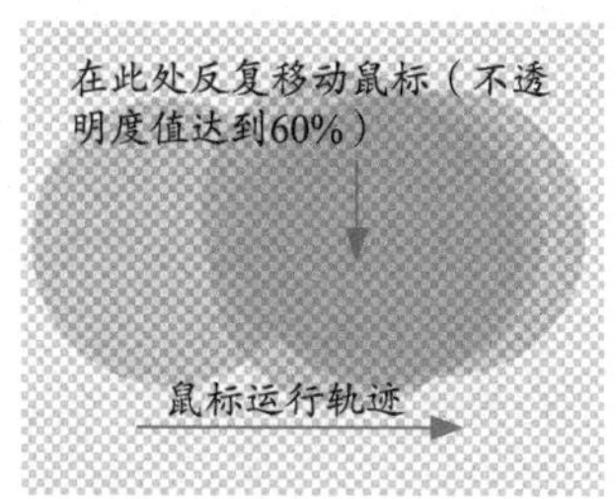

图5-156

- 喷枪：单击该按钮，可以开启喷枪功能，此时在一位置单击后，按住鼠标左键的时间越长，颜色堆积就会越多，如图5-157所示。图5-158所示为没有启用喷枪时的效果。“流量”设置得越高，颜色堆积的速度越快，直至达到所设定的“不透明度”值；在“流量”值较低的情况下，会以缓慢的速度堆积颜色，直至达到“不透明度”值。再次单击该按钮可以关闭喷枪功能。

图5-157

图5-158

- 角度：与“画笔设置”面板中的“角度”选项相同，可调整笔尖的角度。
- 绘图板压力按钮：单击这两个按钮后，用数位板绘画时，光笔压力可覆盖“画笔”面板中的不透明度和大小设置。

5.4.2

实战：以假乱真，用照片制作素描画

要点

扫码看视频

由于Photoshop允许用户创建笔尖，因此有很多设计团队，甚至个人开发和共享笔尖，使得此类资源汗牛充栋，种类也异常丰富，如火焰、水滴、粉尘、人像、动物、植物等，都有现成的资源，在网上很容易搜到（网上也称笔尖为笔刷或画笔库）。这些笔尖资源能快速表现特定效果，在一定程度上弥补了Photoshop笔尖的不足。本实战学习如何导入外部画笔库，并用素描笔尖将照片改造成素描画，如图5-159所示。

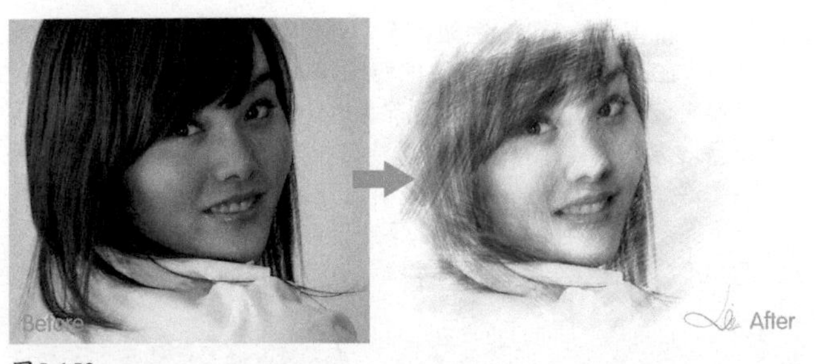

图5-159

01 打开素材。按Ctrl+J快捷键，复制“背景”图层。执行“图像>调整>通道混合器”命令，打开“通道混合器”对话框，勾选“单色”选项，如图5-160所示，将照片转换为黑白效果。执行“图像>调整>亮度/对比度”命令，强化高光与阴影的对比，如图5-161和图5-162所示。

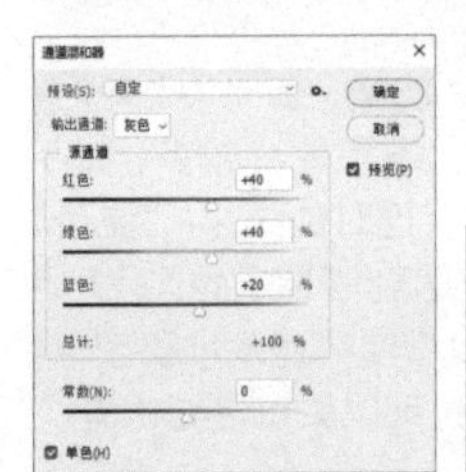

图5-160

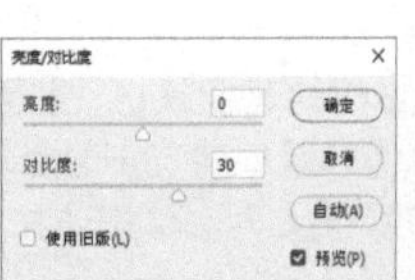

图5-161

图5-162

02 新建一个图层。将前景色设置为白色，按Alt+Delete快捷键为图层填充白色。单击“图层”面板中的按钮，添加图层蒙版。选择画笔工具，打开工具选项栏中的画笔下拉面板菜单，执行“导入画笔”命令，如图5-163所示，在打开的对话框中选择本书配套资源文件夹中的画笔文件，如图5-164所示。

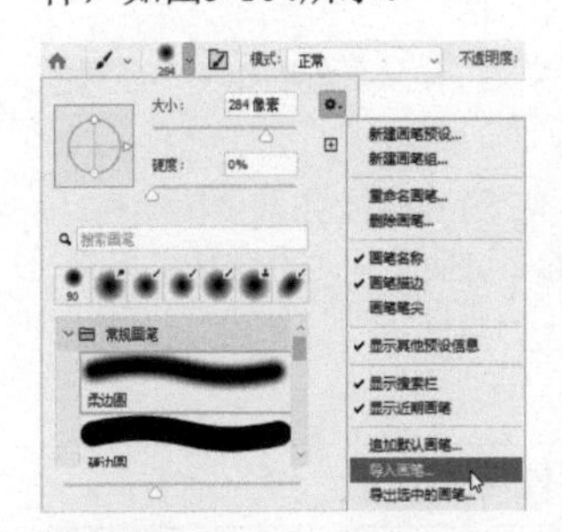

图5-163

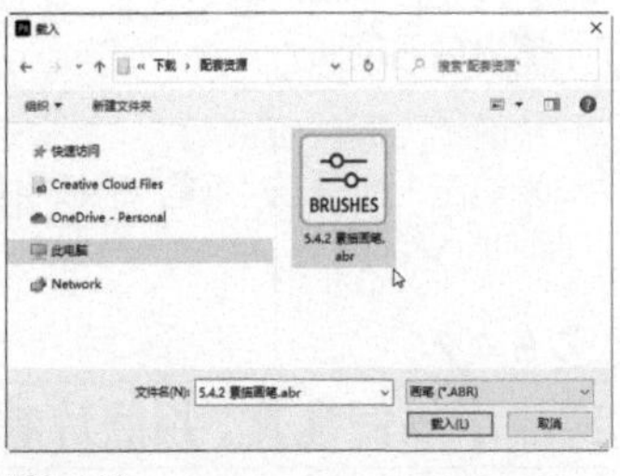

图5-164

03 选择“素描画笔5”，如图5-165所示，设置角度为110°，间距为3%，如图5-166所示。在工具选项栏中设置画笔工具的不透明度为15%，流量为70%。绘制倾斜线条，如图5-167所示。像绘制素描画一样，铺上调子，表现明暗，直到人像越来越清晰，如图5-168所示。用鼠标直接绘制直线是比较难的，有一个技巧是先在一点单击，然后按住Shift键在另一点单击，这样就能绘制出直线了。

04 头发、眼睛、鼻子投影处和嘴角处应多画线，表现出明暗关系，使人物生动起来，如图5-169和图5-170所示。

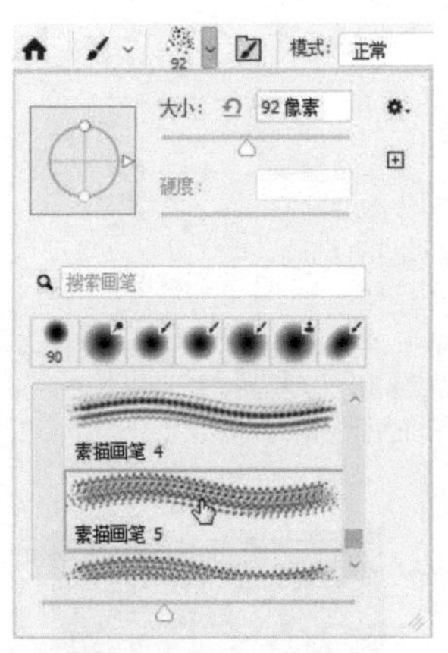

图5-165

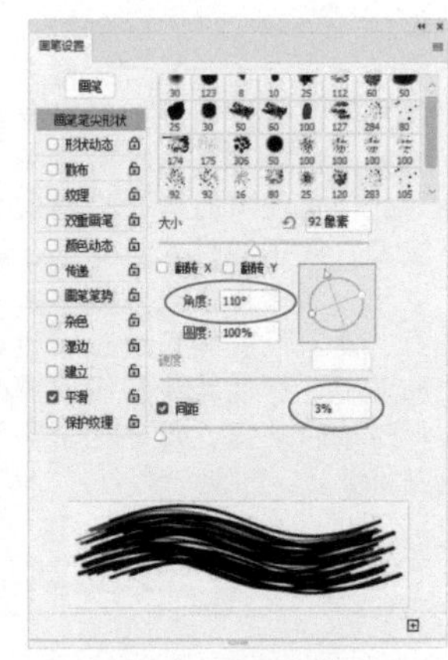

图5-166

图5-167

图5-168

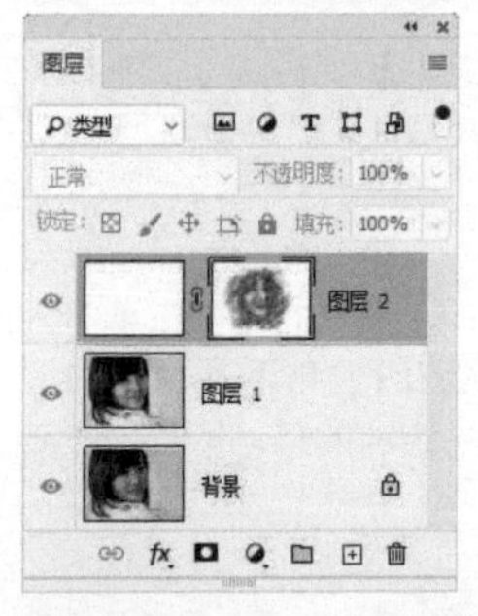

图5-169

图5-170

05 选择减淡工具，设置画笔大小为200像素，曝光度为30%，在面部涂抹，提亮亮部。选择加深工具，增加暗部的调子，使画面层次丰富。最后，在右下角加入签名，完成后的效果如图5-171所示。

图5-171

5.4.3 实战：让文字中显现人像(自定义笔尖)

笔尖的来源不同，绘制出的内容也千差万别。下面使用文字定义笔尖并进行绘画，如图5-172所示。

图5-172

01 打开素材。单击“背景”图层右侧的 按钮，如图5-173所示，将其转换为普通图层。单击 按钮，打开下拉列表，执行“渐变”命令，在弹出的对话框中选取图5-174所示的渐变颜色，创建渐变填充图层。

02 将填充图层拖曳到最下方，如图5-175所示。新建一个图层。按住Alt键，在图5-176所示的图层分隔线上单击，创建剪贴蒙版，如图5-177所示。

图5-173

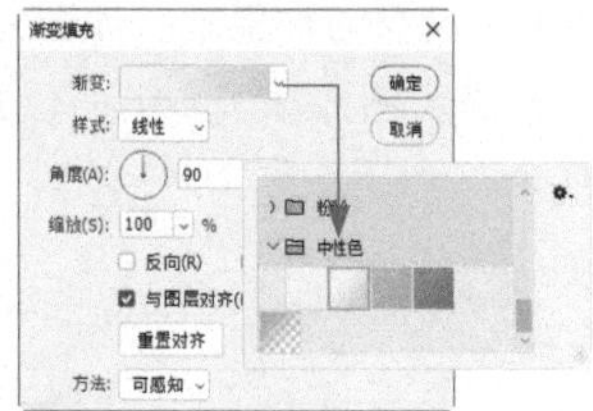

图5-174

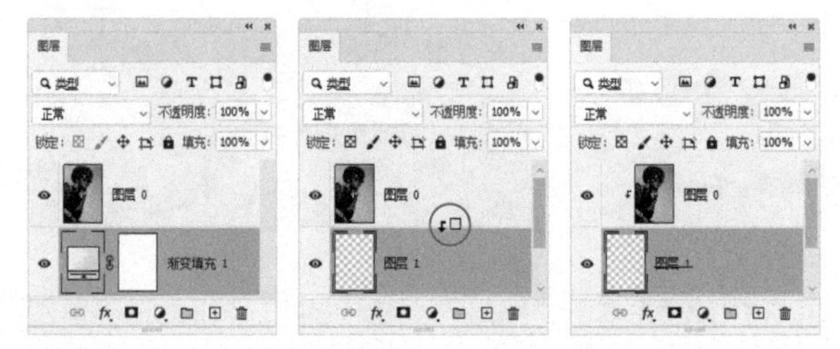

图5-175　图5-176　图5-177

03 下面来创建一个文字笔尖。按Ctrl+N快捷键，创建一个文件。选择横排文字工具 **T** ，在工具选项栏中选择字体并设置文字大小和颜色，如图5-178所示，输入文字，如图5-179所示。执行“编辑>定义画笔预设”命令，将文字定义为画笔笔尖，如图5-180所示。

Impact　Regular　72点　锐利

图5-178

Digital Art

图5-179

图5-180

> **提示**
>
> 使用矩形选框工具 选取部分对象后，执行“定义画笔预设”命令，可将所选部分定义为画笔笔尖。笔尖是灰度图像，若想呈现色彩，在使用时需设置前景色。

04 选择画笔工具 及新定义的笔尖，在“画笔设置”面板中将间距设置为200%，如图5-181所示。单击面板左侧的“形状动态”和“散布”属性，并设置参数，如图5-182和图5-183所示。切换到人物文件中，拖曳鼠标绘制文字。由于创建了剪贴蒙版，文字内显示的是上层人像，如图5-184所示。

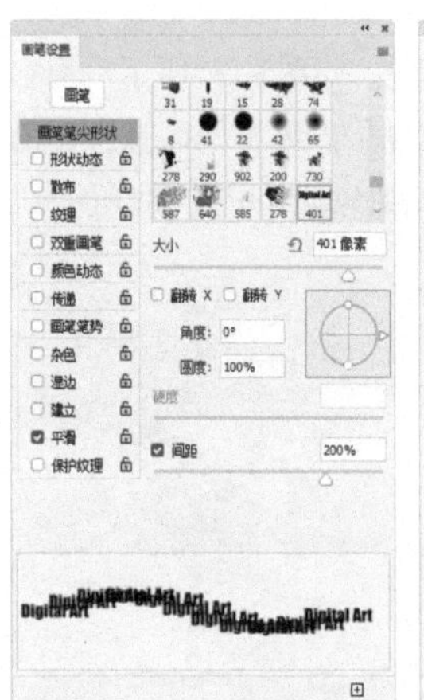

图5-181

图5-182

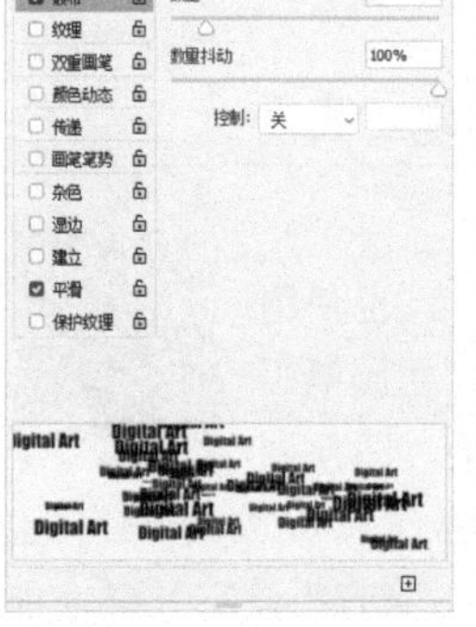
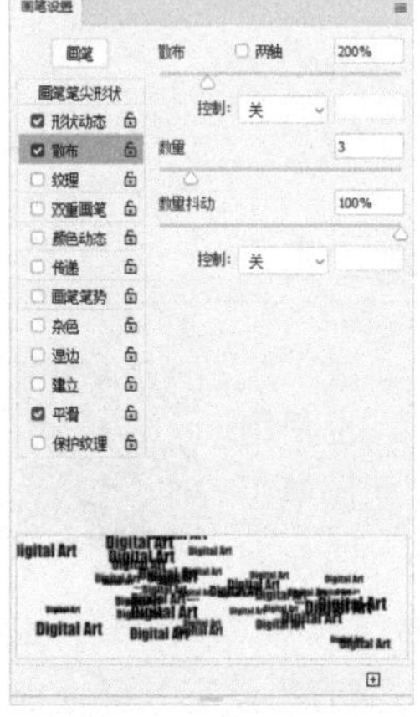

图5-183

图5-184

05 通过[键和]键调整笔尖大小，继续绘制。人物面部用大笔尖绘制，背景用小笔尖绘制。也可暂时取消勾选“形状动态”和“散布”属性，以便将面部绘制完整。另外可以使用移动工具将人物所在的图层向中间移动，如图5-185所示。单击渐变填充图层，按Ctrl+J快捷键复制，按Shift+Ctrl+]快捷键移至顶层，设置混合模式为“滤色”，如图5-186所示。

图5-185

图5-186

06 单击“渐变”面板中的预设渐变，如图5-187所示，用它替换原有渐变。双击渐变填充图层的缩览图，在弹出的对话框中，将“角度”设置为0度，如图5-188和图5-189所示。

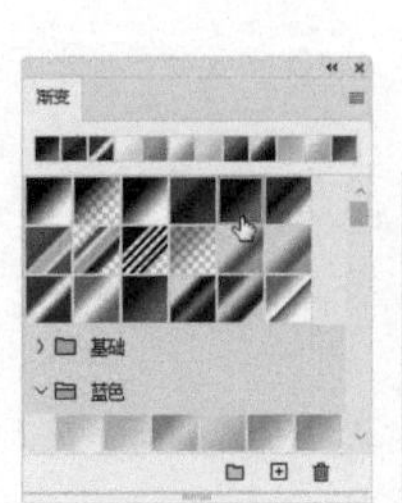

图5-187

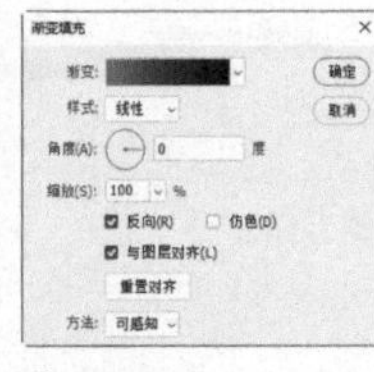

图5-188

图5-189

5.4.4

实战：可爱风，美女变萌猫（铅笔工具）

要点

扫码看视频

铅笔工具与画笔工具一样，也使用前景色绘画。二者最大的区别在于：用画笔工具绘制的线条的边缘呈柔和效果，即便硬度为100%的硬边圆笔尖，如果用缩放工具放大观察，也能看到其边缘是柔和的，而非硬边。只有铅笔工具才能绘制出真正意义上的100%的硬边。

由于铅笔工具不能绘制柔边，所以应用场景并不多，但它也有独到之处。当文件的分辨率较低时，用铅笔工具绘制的线条会出现锯齿，这正是像素画的基本特征，因此，该工具可用于绘制像素画，如图5-190所示。

像素风格角色

像素画风游戏：《超级马里奥》

图5-190

此外，铅笔工具绘画速度快，非常适合将创意和想法快速呈现出来，如图5-191所示。绘制草稿、描边路径时也会用到它。

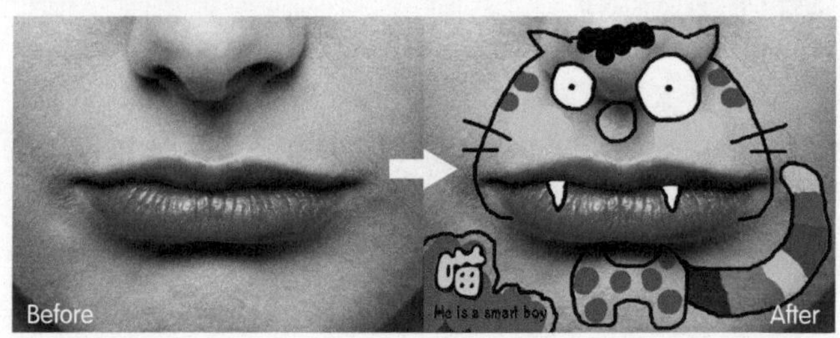

图5-191

01 打开素材，新建一个图层。选择铅笔工具及柔边圆笔尖，将大小设置为15像素，如图5-192所示。将前景色设置为黑色，在底层图像鼻子和嘴的位置画出一个小猫轮廓，如图5-193所示。

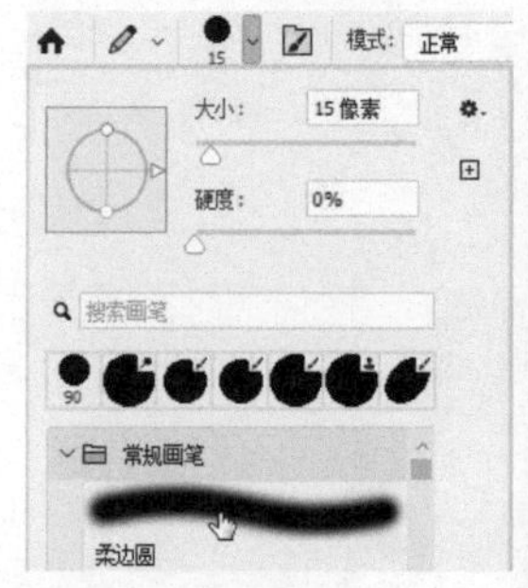

图5-192

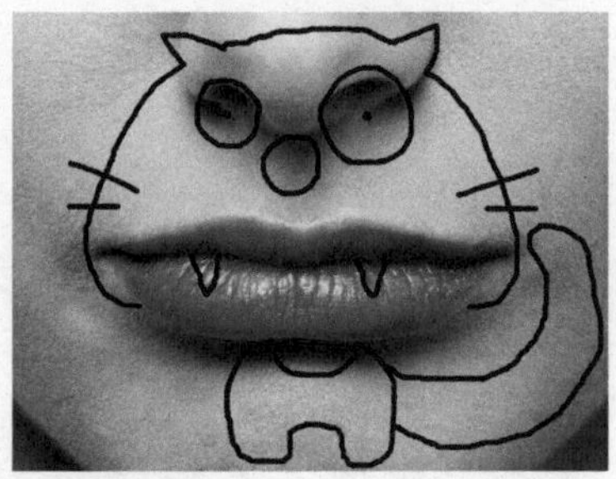

图5-193

02 按住Ctrl键并单击“图层”面板中的按钮，在当前图层下方创建一个图层。将前景色设置为白色。按] 键将笔尖调大，将小猫的眼睛和牙齿涂上白色，再用黑色画出小猫的头发，如图5-194所示。

03 在“图层”面板最上方新建一个图层。在“色板”面板中选择一些鲜艳的颜色，画出小猫的花纹，如图5-195所示。设置该图层的混合模式为“正片叠底”，使色彩融合到皮肤中，如图5-196所示。

04 小猫的花纹虽与画面色调协调，但还不够鲜艳。按Ctrl+J快捷键复制图层，设置混合模式为“叠加”，不透明度为50%。最后在画面左下角输入文字，用铅笔工具给文字描边，画上粉红色的底色，如图5-197所示。

图5-194

图5-195

图5-196

图5-197

技术看板 自动抹除

在铅笔工具的选项栏中，除“自动抹除”选项外，其他均与画笔工具相同。勾选该选项后，拖曳鼠标时，如果鼠标指针的中心在包含前景色的区域上，可将该区域涂抹成背景色；如果鼠标指针的中心在不包含前景色的区域上，则可将该区域涂抹成前景色。

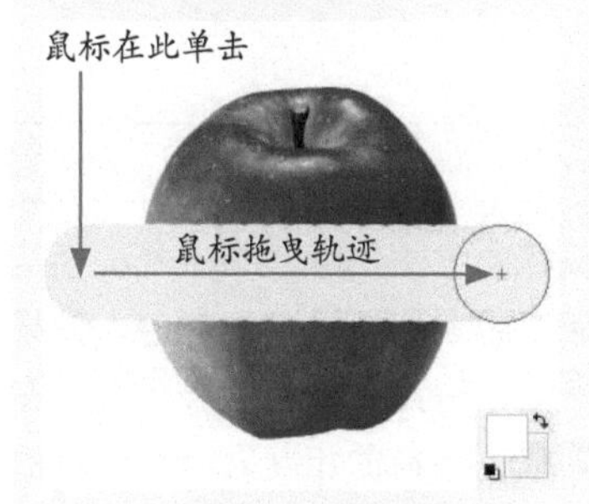

在包含前景色的区域拖曳鼠标

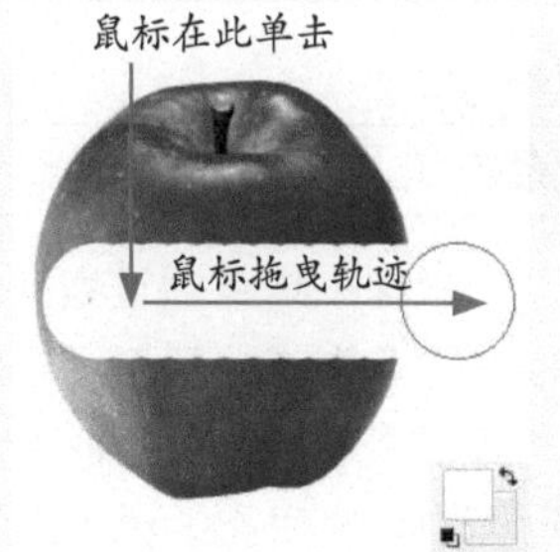

在不包含前景色的区域拖曳鼠标

5.4.5 橡皮擦工具

橡皮擦工具具有双重身份，既可擦除图像，也能像画笔工具或铅笔工具那样绘画，具体扮演哪个角色取决于图层。在普通图层上使用该工具时，可以擦除图像，如图5-198所示；如果处理“背景”图层或锁定了透明区域（即单击了“图层”面板中的按钮）的图层，则能像画笔工具一样绘画，如图5-199所示。但所绘内容是以背景色填充的，而不是前景色。由于该工具会破坏图像，使用时需慎重，最好是用图层蒙版+画笔工具（见152页）这种非破坏性编辑方法来替代。

图5-198

图5-199

橡皮擦工具选项栏

图5-200所示为橡皮擦工具的工具选项栏。

图5-200

- **模式：** 选择“画笔”，可以像画笔工具一样使用橡皮擦工具，此时可创建柔边效果，如图5-201所示；选择“铅笔”，可以像铅笔工具一样使用橡皮擦工具，此时可创建硬边效果，如图5-202所示；选择“块”，橡皮擦工具会变为一个固定大小的硬边方块，如图5-203所示。

图5-201

图5-202

图5-203

- **不透明度：** 用来设置工具的擦除强度，100%的不透明度可以完全擦除像素，较低的不透明度将部分擦除像素。将“模式”设置为“块”时，不能使用该选项。
- **流量：** 用来控制工具的涂抹速度。
- **抹到历史记录：** 与历史记录画笔工具的作用相同。勾选该选项后，在“历史记录”面板中选择一个状态或快照，在擦除时，可以将图像恢复为指定状态。

5.4.6 实战：美瞳及绘制眼影（颜色替换工具）

颜色替换工具是用来替换颜色的。它可以用前景色替换鼠标指针所在位置的颜色，比较适合修改小范围、局部的颜色。但该工具有使用限制——不能编辑位图、索引和多通道颜色模式的图像。

扫码看视频

本实战中用它画美瞳和眼影，如图5-204所示。

图5-204

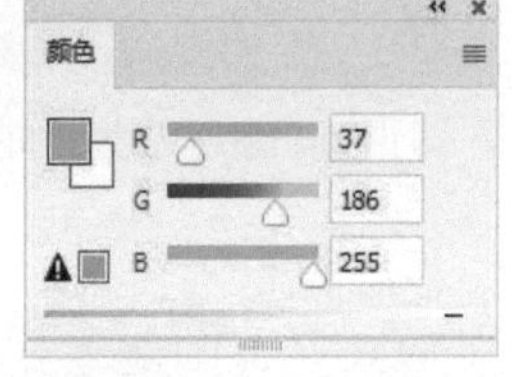

图5-205

01 按Ctrl+J快捷键，复制“背景”图层，以免破坏原始图像。将前景色调整为蓝色，如图5-205所示。

02 选择颜色替换工具，选取一个柔边圆笔尖并单击连续按钮，将“容差”设置为100%，如图5-206所示。在眼珠上拖曳鼠标，替换颜色，如图5-207所示。注意，鼠标指针中心的“十”字线不要碰到眼白和眼部周围的皮肤。

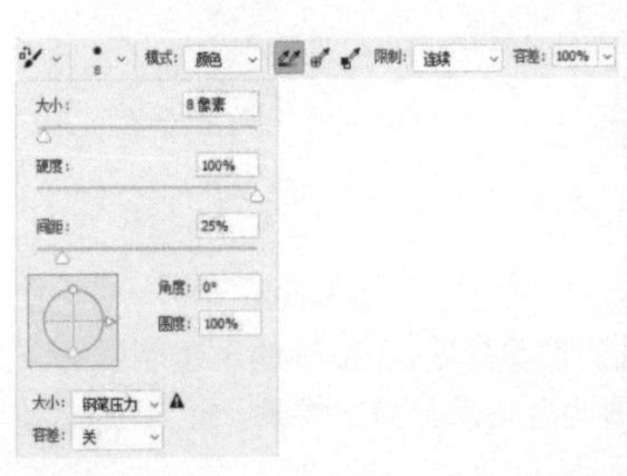

图5-206

图5-207

03 新建一个图层，设置混合模式为“正片叠底”，如图5-208所示。选择画笔工具，将不透明度调整为10%左右，在眼睛上方绘制一层淡淡的眼影，如图5-209所示。将不透明度提高到30%，对眼窝深处的颜色进行加深处理，如图5-210和图5-211所示。

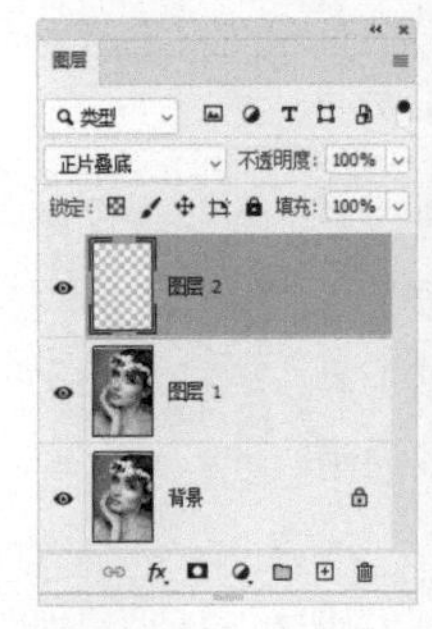

图5-208

图5-209

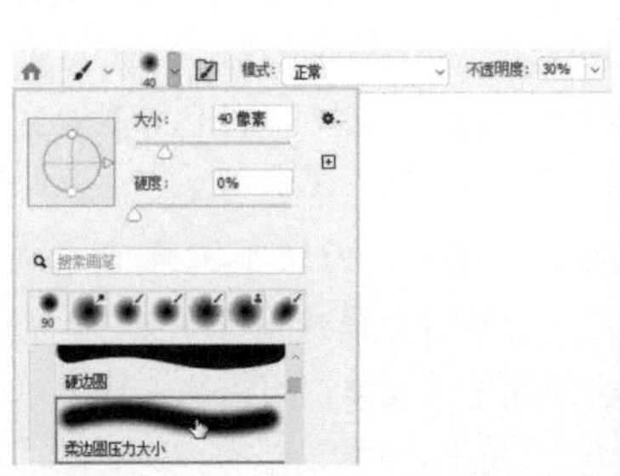

图5-210

图5-211

颜色替换工具选项栏

- 模式：用来设置可以替换的颜色属性，包括“色相”“饱和度”“颜色”“明度”。默认为“颜色”，表示可以同时替换色相、饱和度和明度。
- 取样：用来设置颜色的取样方式。单击连续按钮后，在拖曳鼠标时可连续对颜色取样；单击一次按钮后，只替换包含第一次单击的颜色区域中的目标颜色；单击背景色板按钮后，只替换包含当前背景色的区域。
- 限制：选择“不连续”，只替换出现在鼠标指针下的样本颜色；选择“连续”，可替换与鼠标指针（即圆形画笔中心的“十”字线）挨着的且与鼠标指针所在位置颜色相近的其他颜色；选择“查找边缘”，可替换包含样本颜色的连接区域，同时保留形状边缘的锐化程度。
- 容差：用来设置工具的容差。颜色替换工具只替换鼠标单击点颜色容差范围内的颜色，该值越高，对颜色相似性的要求就越低，也就是说可替换的颜色范围越广。
- 消除锯齿：勾选该选项，可以为校正的区域定义平滑的边缘，从而消除锯齿。

5.4.7 涂抹工具

涂抹工具通过拖曳鼠标的方法使用。Photoshop会拾取鼠标单击点的颜色，之后沿着鼠标轨迹扩展颜色，效果与我们用手指在调色板上滑动，进而使颜料混合类似。在画面中，“手指”留下的划痕、颜料的相互融合，以及涂抹效果缓慢地呈现等，都能带给我们非常强的真实感。图5-212所示为涂抹工具的工具选项栏。

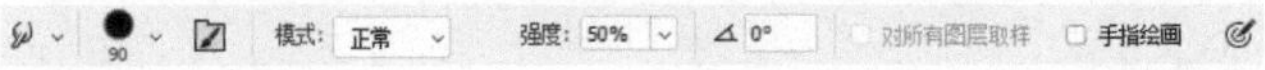

模式：正常　强度：50%　0°　对所有图层取样　手指绘画

图5-212

- 模式：提供了“变亮”“变暗”“颜色”等绘画模式。
- 强度：“强度”值越高，可以将鼠标单击点下方的颜色拉得越长；“强度”值越低，相应颜色的涂抹痕迹也会越短。
- 对所有图层取样：如果文件中包含多个图层，勾选该选项，可以从所有可见图层中取样；取消勾选，则只从当前图层中取样。

- 手指绘画：勾选该选项后，将使用前景色进行涂抹，效果类似于我们先用手指蘸一点颜料，再去混合其他颜料，如图5-213所示；取消勾选该选项，则从鼠标单击点处图像的颜色展开涂抹，如图5-214所示。

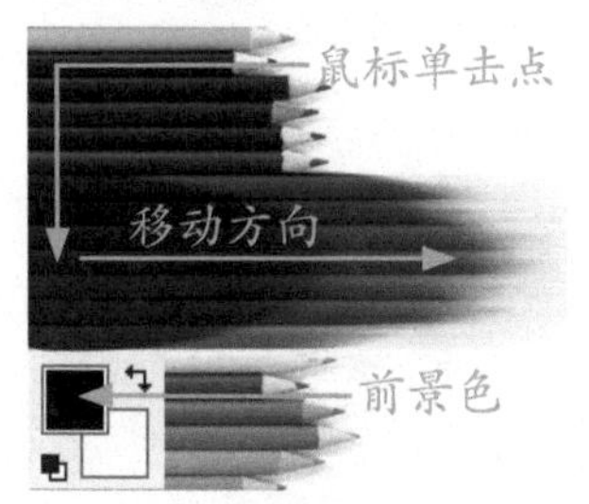

勾选“手指绘画”

图5-213

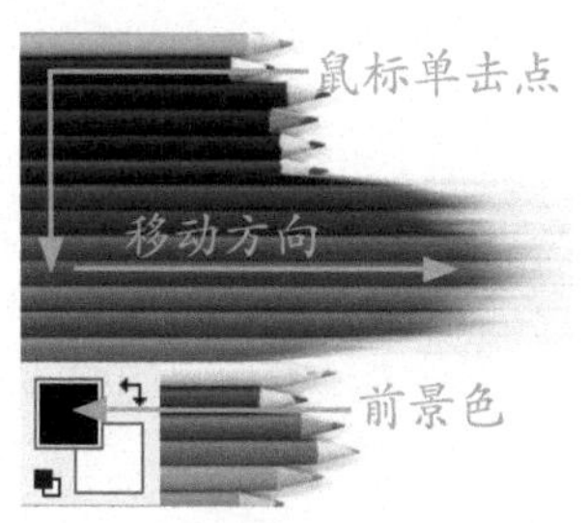

未勾选“手指绘画”

图5-214

5.4.8

实战：超炫气球字（混合器画笔工具）

混合器画笔工具是增强版的涂抹工具，不仅可以混合颜色，还能让画笔上的颜料（颜色）混合，更神奇的是，它能模拟不同湿度的颜料生成的绘画痕迹。下面使用该工具的图像采集功能将渐变球用作样本，对路径进行描边，制作气球字，如图5-215所示。

扫码看视频

图5-215

01 打开背景素材。单击“图层”面板中的 按钮，创建一个图层。选择椭圆选框工具，按住Shift键并拖曳鼠标，创建圆形选区，如图5-216所示（观察鼠标指针旁边的提示，圆形大小在15毫米左右即可）。

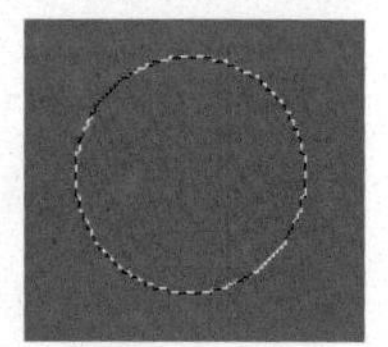
图5-216

02 选择渐变工具，单击工具选项栏中的 按钮。单击渐变颜色条，如图5-217所示，打开“渐变编辑器”对话框（*见128页*）。单击渐变色标，打开“拾色器”对话框调整颜色，将两个色标分别设置为天蓝色（R31，G210，B255）和紫色（R217，G38，B255），如图5-218所示。

图5-217

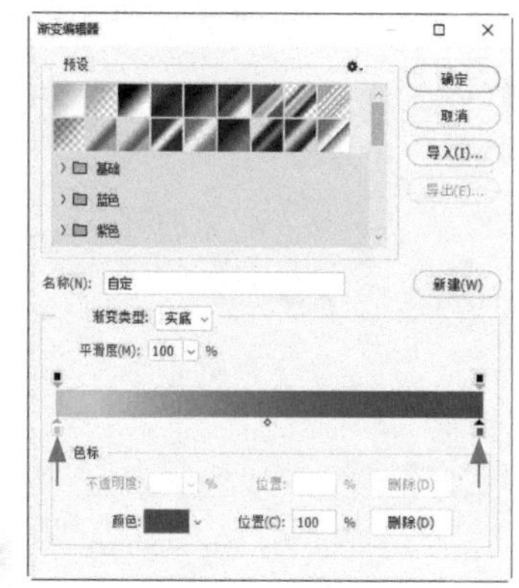

图5-218

03 在选区内拖曳鼠标填充渐变色，如图5-219所示。选择椭圆选框工具，将鼠标指针放在选区内，并进行拖曳，将选区向右移动，如图5-220所示。

图5-219

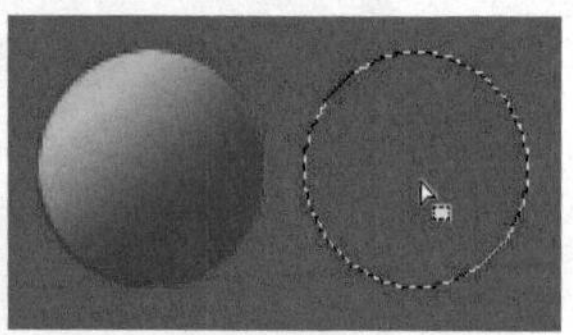
图5-220

04 再次打开“渐变编辑器”对话框。在渐变颜色条下方单击，添加一个色标，然后单击3个色标，重新调整它们的颜色，即黄色（R255，G239，B151）、橘黄色（R255，G84，B0）和橘红色（R255，G104，B101），如图5-221所示。在选区内填充渐变色，如图5-222所示。双击当前图层的名称，修改为“渐变球”。

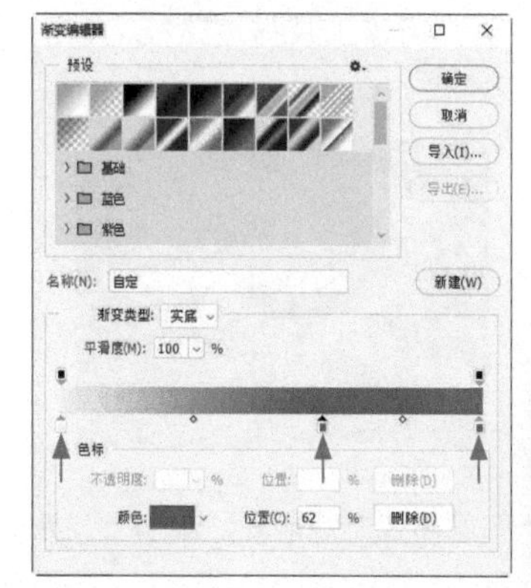

图5-221

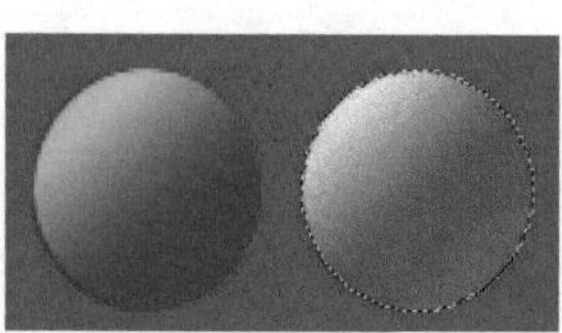
图5-222

05 选择混合器画笔工具和硬边圆笔尖（大小为160像素）并单击 按钮，选择“干燥，深描”预设及设置其他参数，如图5-223所示。在“画笔设置”面板中，将“间距”设置为1%，如图5-224所示。将鼠标指针放在蓝色球体上，如图5-225所示，鼠标指针不要超出球体，如果超出了，可以按[键，将笔尖调小一些。按住Alt键并单击，进行取样。新建一个图层。打开“路径”面板，单击“路径2”，画面中会显示心形，如图5-226和图5-227所示。

图5-223

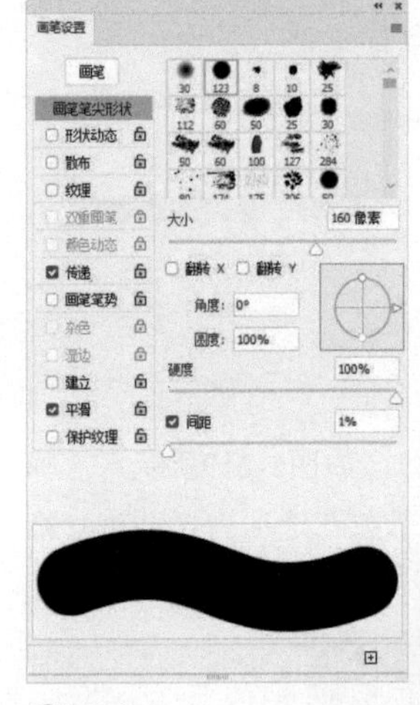

图5-224

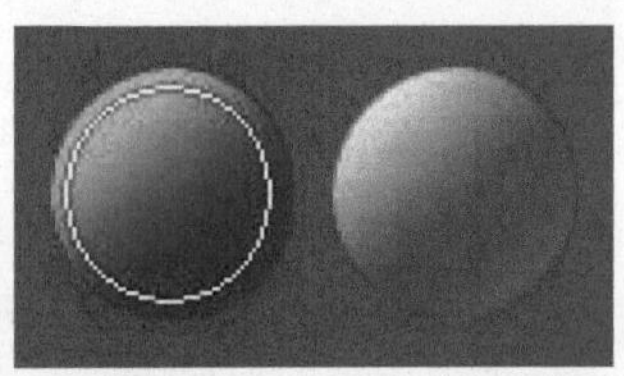

图5-225

图5-226

图5-227

06 按住Alt键并单击“路径”面板中的 ○ 按钮，打开“描边路径”对话框，选择“混合器画笔工具”，如图5-228所示，单击“确定”按钮，用该工具描边路径，如图5-229所示。

图5-228

图5-229

07 双击当前图层，打开“图层样式”对话框，添加“外发光”和“投影”效果，如图5-230~图5-232所示。

08 单击“渐变球”图层。将鼠标指针放在橙色球体上，按[键将笔尖调小，使笔尖范围位于球体内部，如图5-233所示。按住Alt键并单击，进行取样。将笔尖大小设置为45像素，如图5-234所示。

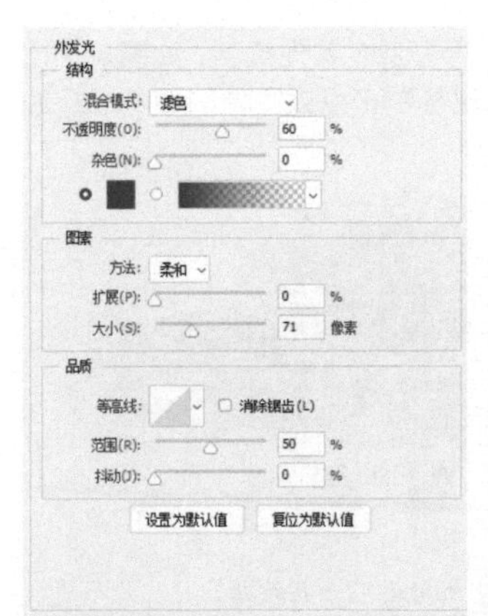

图5-230

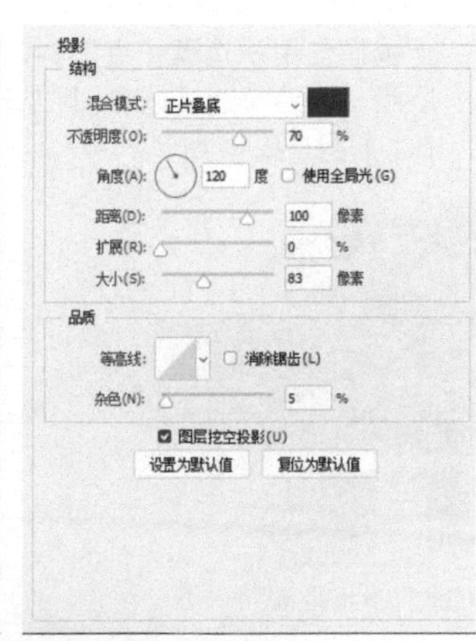

图5-231

图5-232

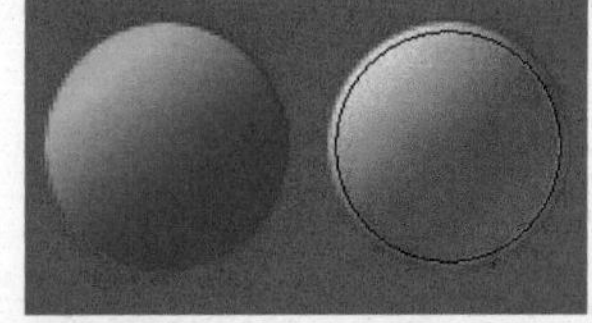

图5-233

图5-234

09 新建一个图层，按Ctrl+]快捷键，将其移动到顶层。单击“路径1”，如图5-235所示，之后再单击 ○ 按钮，描边路径，如图5-236所示。将“渐变球”图层隐藏，按Ctrl+H快捷键隐藏路径。

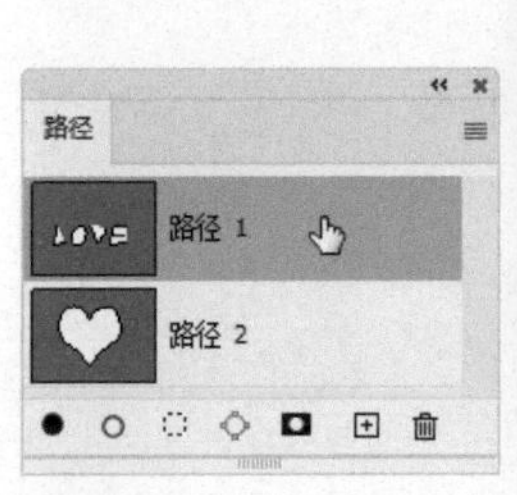

图5-235

图5-236

10 双击当前图层，打开“图层样式”对话框，添加“外发光”和“投影”效果，如图5-237和图5-238所示。

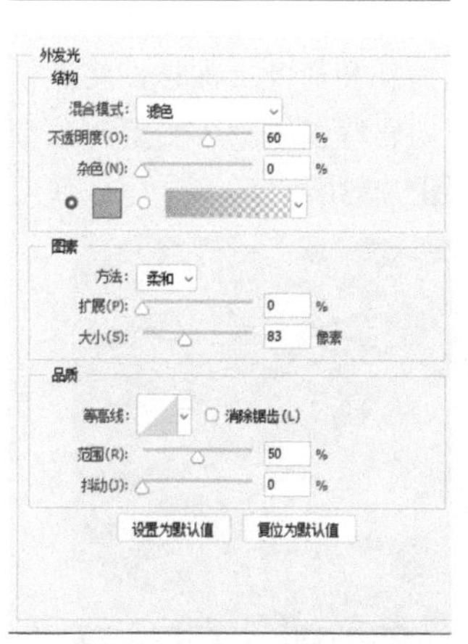

图5-237

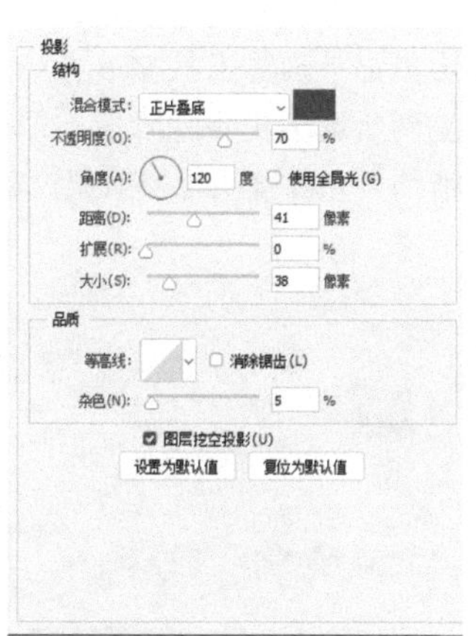

图5-238

颜色取样方式

混合器画笔工具可以通过3种方法对颜色取样，如图5-239所示。选择“载入画笔”后，会拾取单击点的颜色，并沿着鼠标的移动轨迹扩展，如图5-240所示。这与涂抹工具的基本使用方法所创建的效果相同。

如果选择“只载入纯色”，然后单击按钮左侧的颜色块（用于储存颜色，也称为“储槽”），打开“拾色器”对话框并设置一种颜色，则可以用所选颜色进行涂抹，如图5-241所示。这种方式与使用涂抹工具时勾选“手指绘画”选项并用前景色进行涂抹是一样的。

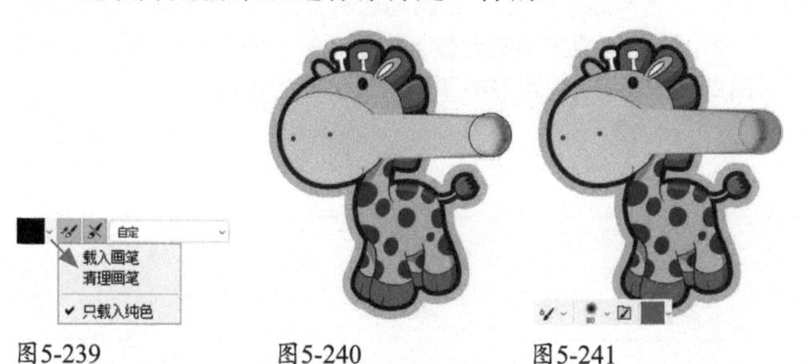

图5-239　图5-240　图5-241

第3种方法是用采集的图像涂抹。操作时先选择“清理画笔”，清空储槽，然后按住Alt键并单击一处图像，如图5-242所示，将其载入储槽中，用它来涂抹，效果如图5-243所示。

图5-242　图5-243

其他选项

- 每次描边后载入画笔：如果想要每一笔（即拖曳鼠标一次）都使用储槽里的颜色（或拾取的图像）涂抹，可以单击该按钮。
- 每次描边后清理画笔：如果想要在每一笔后都自动清空储槽，可以单击该按钮。
- 预设：选择一种预设，在鼠标拖曳过程中可模拟不同湿度的颜料所产生的绘画痕迹，如图5-244和图5-245所示。

湿润，浅混合

图5-244

非常潮湿，深混合

图5-245

- 潮湿：用于控制画笔从图像中拾取的颜料量。较高的设置会产生较长的绘画条痕，如图5-246和图5-247所示。

潮湿30%

图5-246

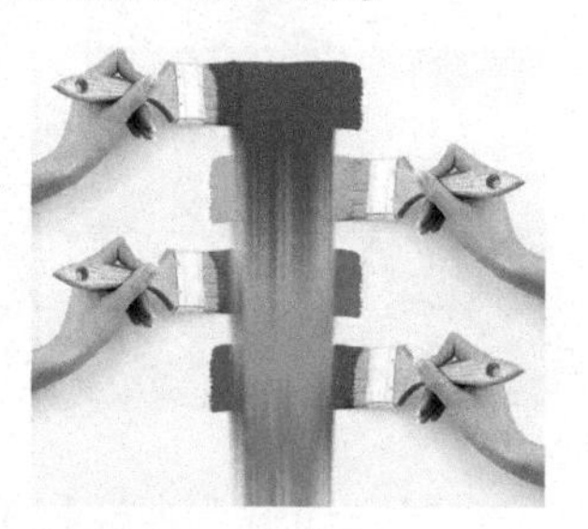

潮湿100%

图5-247

- 载入：用来指定储槽中载入的油彩量。载入速率较低时，绘画描边干燥的速度会更快，如图5-248和图5-249所示。

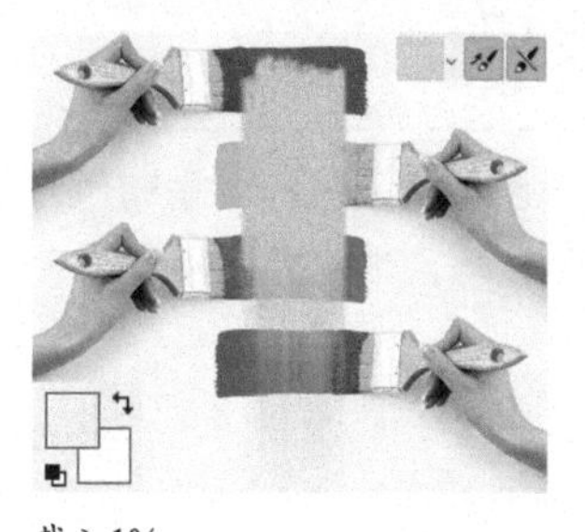

载入1%

图5-248

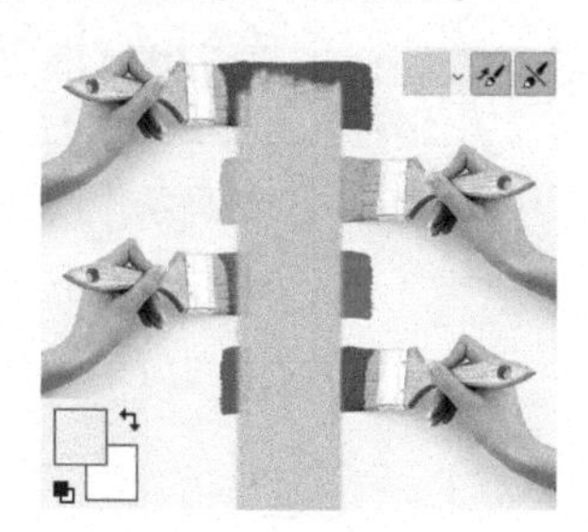

载入100%

图5-249

- 混合：用于控制图像颜料量同储槽颜料量的比例。当比例为100%时，所有颜料都将从图像中拾取；比例为0%时，所有颜料来自储槽。不过“潮湿”设置仍然会决定颜料在图像上的混合方式。
- 流量：用于控制将鼠标指针移动到某个区域上方时应用颜色的速率。
- 喷枪：单击该按钮后，按住鼠标左键（不拖曳）可逐渐增加颜色。

- 设置描边平滑度：较高的设置可以减少描边的抖动。

5.4.9
历史记录画笔工具和历史记录艺术画笔工具

历史记录画笔工具与“历史记录”面板（见21页）有些相似，可以让图像呈现编辑过程中某一步骤时的状态。“历史记录”面板只能进行整体恢复，主要用在撤销操作上。历史记录画笔工具既可整体恢复，也能对局部图像进行恢复处理。历史记录艺术画笔工具则可在恢复图像的同时进行艺术化处理，创建独特的艺术效果。这两个工具都需要配合“历史记录”面板使用。

打开一幅图像，如图5-250所示。用“镜头模糊”滤镜对画面进行模糊处理，如图5-251所示。

图5-250

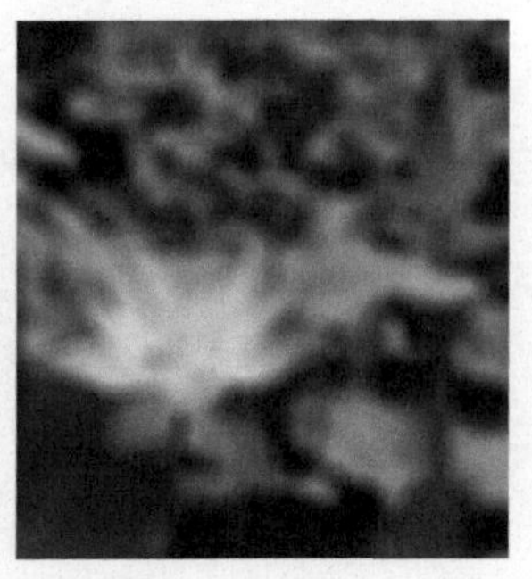

图5-251

在“历史记录”面板中的步骤前面单击，所选步骤的左侧会显示历史记录画笔的源图标，如图5-252所示。用历史记录画笔工具在前方的荷花和荷叶上涂抹，将其恢复到所选历史步骤阶段，即可创建背景模糊、主要对象清晰的大光圈镜头拍摄效果，如图5-253所示。

图5-252

图5-253

历史记录艺术画笔工具选项栏

图5-254所示为历史记录艺术画笔工具的工具选项栏。其中的“模式”“不透明度”等都与画笔工具相同。

图5-254

- 样式：可在下拉列表中选择一个选项来控制绘画描边的形状，包括“绷紧短”“绷紧中”“绷紧长”等。
- 区域：用来设置绘画描边所覆盖的区域。该值越高，覆盖的区域越广，描边的数量也越多。
- 容差：用来限定可应用绘画描边的区域。低“容差”可用于在图像中的任何地方绘制无数条描边，高“容差”会将绘画描边限定在与源状态或快照中的颜色明显不同的区域。

绘画小妙招

绘画操作需要不断地重复鼠标单击动作，如果有条件的话，可以使用数位板来减轻操作强度。此外，绘画时运用下面的技巧，也能提高操作效率。

5.5.1
多用快捷键，绘画更轻松

绘画类和修饰类工具中，凡以画笔形式使用的，都可以参照下面的技巧来操作。

- 画笔大小调节：按]键，可以将笔尖调大；按[键，可以将笔尖调小。
- 画笔硬度调节：如果当前使用的是硬边圆、柔边圆和书法笔尖，按Shift+[快捷键，可以减小画笔硬度；按Shift+]快捷键，可以提高画笔硬度。
- 不透明度调节：对于绘画类和修饰类工具，如果其工具选项栏中包含“不透明度”选项，则按键盘中的数字键便可修改不透明度值。例如，按1键，工具的不透明度变为10%；按7、5键，不透明度变为75%；按0键，不透明度恢复为100%。
- 更换笔尖：使用快捷键可更换笔尖，不必在“画笔”或“画笔设置”等面板中选取。例如，按>键，可以切换为与之相邻的下一个笔尖；按<键，可以切换为与之相邻的上一个笔尖。
- 绘制直线：使用画笔工具、铅笔工具、混合器画笔工具、橡皮擦工具、背景橡皮擦工具时，单击后，按住Shift键并在另一位置单击，两点之间会以直线连接。此外，按住Shift键还可以绘制水平、垂直或以45° 角为增量的直线。

5.5.2 开启智能平滑，让线条更流畅

对于通过绘画形式使用的工具，可以对绘画笔迹进行智能平滑，让线条更加流畅。以画笔工具为例，将“平滑”值调高以后，单击按钮，打开下拉面板，可以选择一种平滑模式，如图5-255所示。

- 拉绳模式：在该模式下，单击并拖曳鼠标时，会显示一个玫红色的圆圈和一条玫红色的线，圆圈代表的是平滑半径，那条线则是拉绳（也称画笔带），按住鼠标左键拖曳，绳线会拉紧，此时便可描绘出线条，如图5-256所示。在绳线的引导下，线条更加流畅，绘画的可控性大大增强，尤其绘制折线会变得非常容易。在这种模式下，在平滑半径之内拖曳鼠标不会留下任何标记。

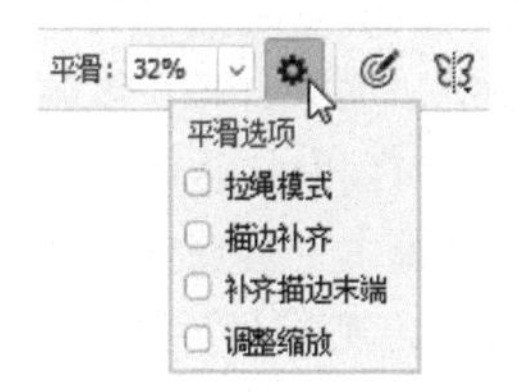

图5-255

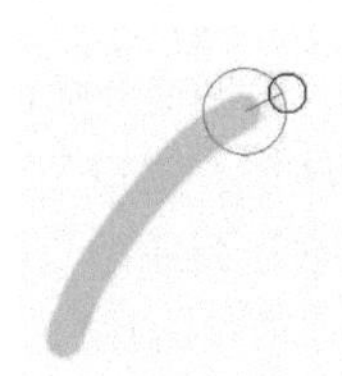
图5-256

- 描边补齐：它的作用是，当快速拖曳鼠标至某一点时，如图5-257所示，只要按住鼠标不放，线条就会沿着拉绳慢慢地追随过来，直至到达鼠标指针所在处，如图5-258所示。如果这中间放开了鼠标，则线条会停止追随。禁用此模式时，鼠标指针停止移动时会马上停止绘画。

图5-257

图5-258

- 补齐描边末端：在线条沿着拉绳追随的过程中放开鼠标左键时，线条不会停止，而是迅速到达鼠标指针所在的位置。
- 调整缩放：通过调整平滑，可以防止抖动描边。在放大文件时减小平滑，在缩小文件时增加平滑。

5.5.3 实战：绘制对称花纹

画笔工具、铅笔工具和橡皮擦工具能基于对称路径进行对称绘画。有了这项功能作为辅助，可以非常轻松地绘制出对称花纹，如图5-259所示，还可以绘制出人脸、汽车、动物等具有对称结构的图像。

扫码看视频

图5-259

01 选择画笔工具及硬边圆笔尖，调整笔尖大小。单击按钮，打开下拉列表，执行“曼陀罗”命令，如图5-260所示，在弹出的对话框中将“段计数”设置为10，如图5-261所示，生成10段对称路径，如图5-262所示，按Enter键确认。

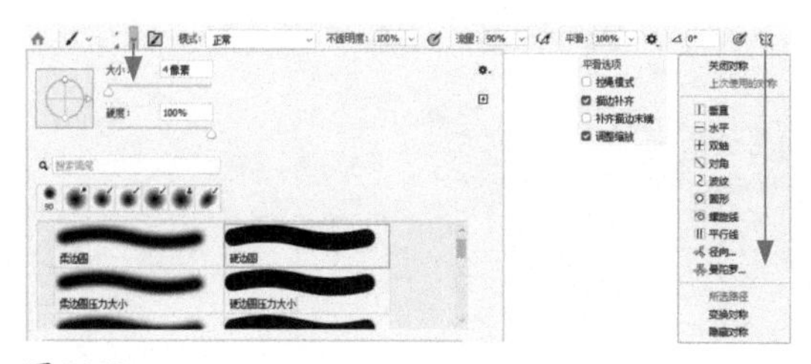
图5-260

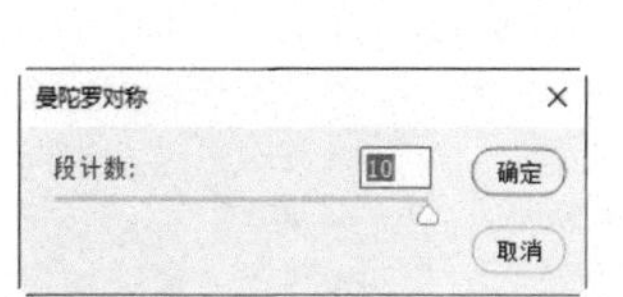

图5-261

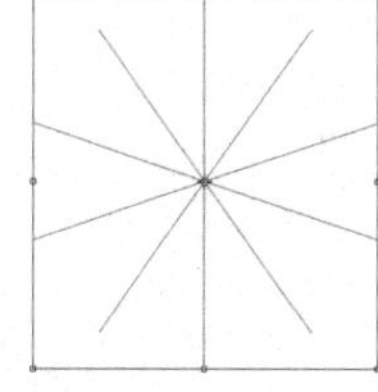
图5-262

02 创建3个图层。按照图5-263~图5-265所示的方法，在每个图层上绘制一根线条，鼠标指针的移动方向是从外向内移动。

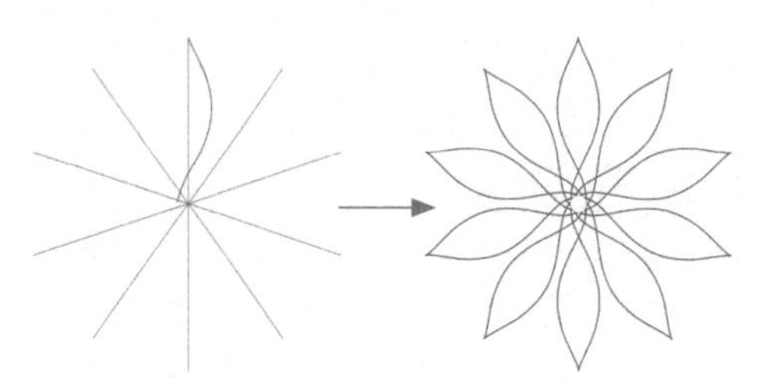
图5-263

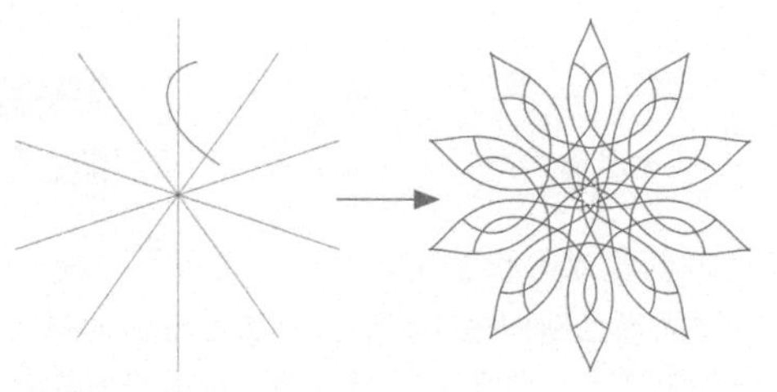
图5-264

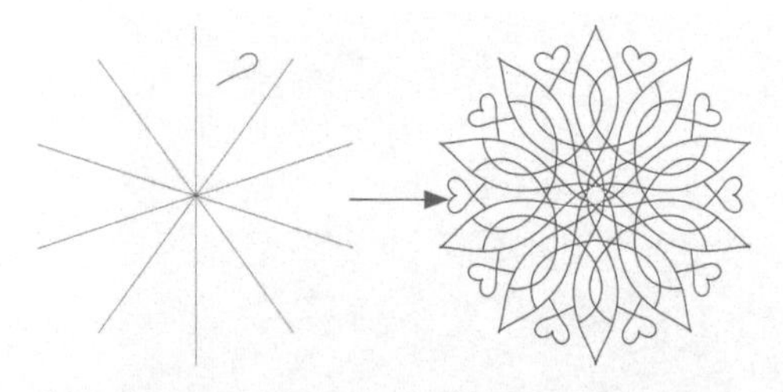

图5-265

03 单击“背景”图层，将前景色设置为深蓝色，按Alt+Delete快捷键填色。按住Ctrl键并单击选择3个线条图层，如图5-266所示，按Ctrl+G快捷键编入图层组中。单击“图层”面板底部的 按钮，打开下拉列表，执行“渐变”命令，创建渐变填充图层，设置渐变颜色，如图5-267所示。

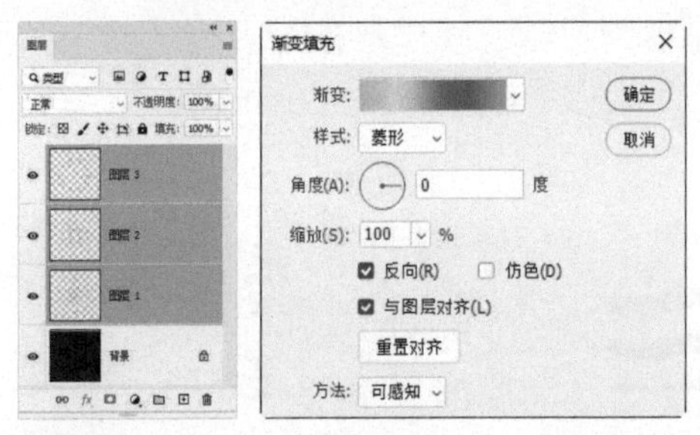

图5-266　图5-267

04 按Alt+Ctrl+G快捷键，创建剪贴蒙版，用以限定渐变颜色，使其只应用于图层组，不会影响背景，如图5-268和图5-269所示。

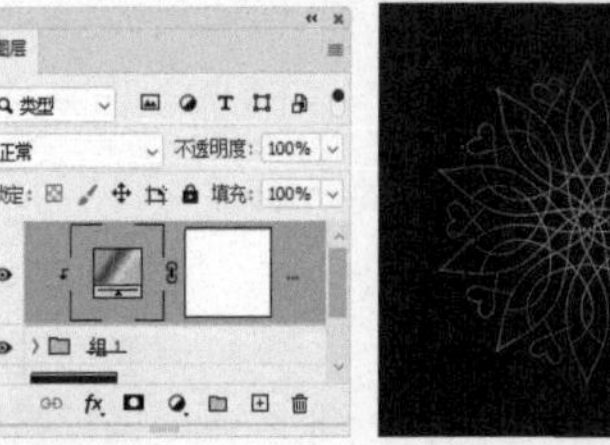

图5-268　图5-269

5.5.4 像转动画纸一样旋转画面

绘画或修饰图像时，如果想要从不同的角度观察和处理，可以使用旋转视图工具 对画布进行旋转，就像在纸上画画时旋转纸张一样，如图5-270和图5-271所示。

扫码看视频

图5-270　图5-271

拖曳鼠标时，画布上会出现一个罗盘，红色指针指向北方。如果要进行精确旋转，可以在工具选项栏的“旋转角度”文本框中输入角度值并按Enter键。如果打开了多幅图像，则勾选“旋转所有窗口”选项，可同时旋转所有窗口。如果要将画布恢复到原始角度，可单击工具选项栏中的“复位视图”按钮或按Esc键。如果想让视图水平翻转，则可执行“视图>水平翻转”命令。

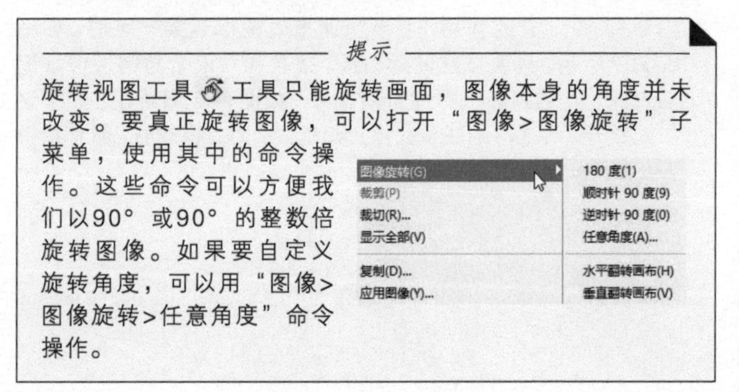

提示

旋转视图工具 工具只能旋转画面，图像本身的角度并未改变。要真正旋转图像，可以打开“图像>图像旋转”子菜单，使用其中的命令操作。这些命令可以方便我们以90°或90°的整数倍旋转图像。如果要自定义旋转角度，可以用“图像>图像旋转>任意角度”命令操作。

5.6 填充渐变

渐变在Photoshop中的应用非常广泛，可用于填充画面、图层蒙版、快速蒙版和通道。此外，图层样式、调整图层和填充图层也包含渐变类选项。

·PS技术讲堂·

渐变样式与应用

扫码看视频

当一种颜色的明度或饱和度逐渐变化，或者两种或多种颜色平滑过渡时，就会产生渐变效果。渐变具有规则性特点，能让人感觉到秩序和统一。它也是连接色彩的桥梁，例如，明度较大的两种色彩相邻时会产生冲突，在其间以渐变色连接，就可以抵消冲突。渐变还是丰富画面内容的要素，即便很简洁的设计，用它作为底色，就不会显得平淡和单调。图5-272所示为渐变在平面设计、海报和插画上的应用。

径向渐变的紫色球体与葡萄相映成趣

渐变图形与图像结合，透出的是浓浓的矢量画风

以单色渐变（此图为径向渐变）为背景是平面广告的常用手段

多色渐变（线性渐变）

设置了混合模式的渐变，可以互相叠透，效果更加丰富

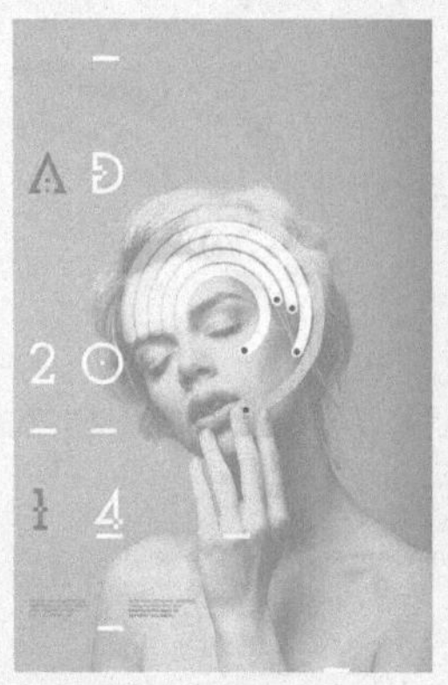

用渐变填充图层或调整图层配合混合模式，可以制作此类效果

有了渐变，简洁的画面元素也一样精彩

图5-272

在Photoshop中，渐变可以通过渐变工具 、渐变填充图层、渐变映射调整图层和图层样式（描边、内发光、渐变叠加和外发光效果）来应用。渐变工具 可以在图像、图层蒙版、快速蒙版和通道等不同的对象上填充渐变，其他几种只用于特定的图层。

渐变有5种样式，可在工具选项栏中选取。图5-273所示为使用渐变工具 填充的渐变（线段起点代表渐变的起点，线段终点箭头代表渐变的终点，箭头方向代表鼠标的移动方向）。其中，线性渐变从鼠标指针起点开始到终点结束，如果未横跨整个图像区域，则其外部会以渐变的起始颜色和终止颜色填充，其他几种渐变以鼠标指针起始点为中心展开。

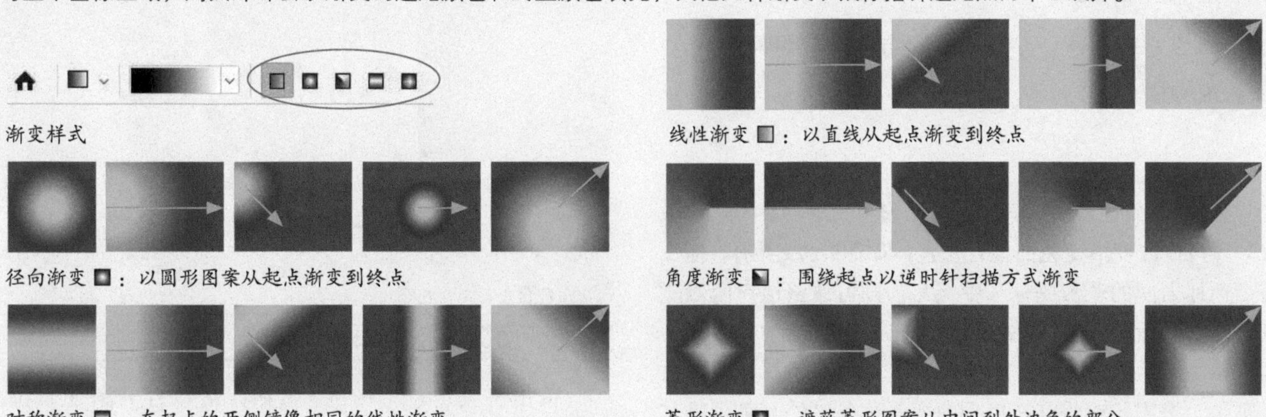

渐变样式

线性渐变 ：以直线从起点渐变到终点

径向渐变 ：以圆形图案从起点渐变到终点

角度渐变 ：围绕起点以逆时针扫描方式渐变

对称渐变 ：在起点的两侧镜像相同的线性渐变

菱形渐变 ：遮蔽菱形图案从中间到外边角的部分

图5-273

5.6.1 渐变编辑器

选择渐变工具▣，单击工具选项栏中的渐变按钮，以确定该样式，单击渐变颜色条，如图5-274所示，可以打开“渐变编辑器”对话框。

图5-274

在“预设”选项中选择一个预设的渐变，它会出现在下面的渐变颜色条上，如图5-275所示。渐变颜色条中最左侧的色标代表了渐变的起点颜色，最右侧的是终点颜色。渐变颜色条下方的▲图标是色标，单击色标，可将其选取，如图5-276所示。

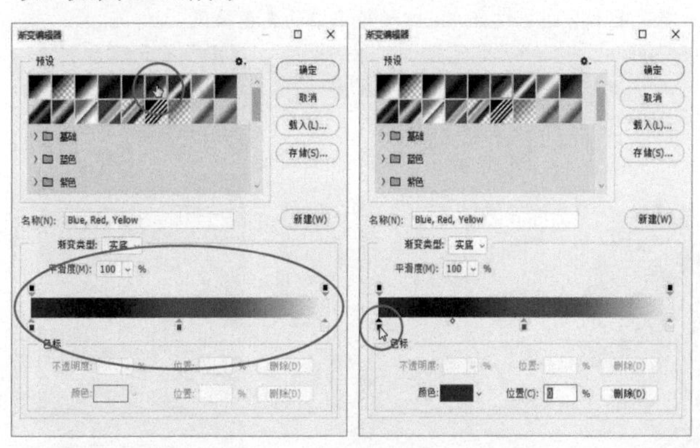

图5-275　　图5-276

单击“颜色”选项右侧的颜色块，或双击该色标都能打开“拾色器”对话框，调整该色标的颜色后，即可修改渐变颜色，如图5-277和图5-278所示。

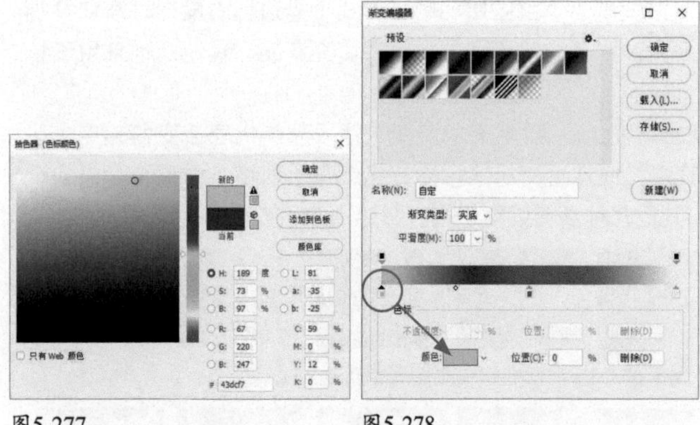

图5-277　　图5-278

拖曳一个色标（也可在“位置”文本框中输入数值），可以改变渐变色的混合位置，如图5-279所示。拖曳两个色标之间的菱形图标（中点），则可调整该点两侧颜色的混合位置，如图5-280所示。在渐变颜色条下方单击则可添加新色标，如图5-281所示。选择一个色标后，单击“删除”按钮，或将其拖曳到渐变颜色条以外，都可将其删除，如图5-282所示。

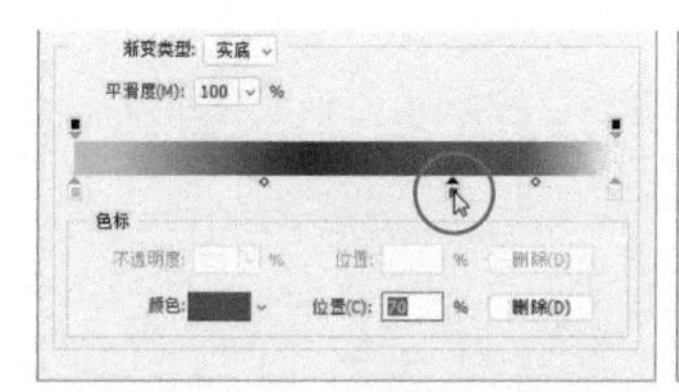

图5-279

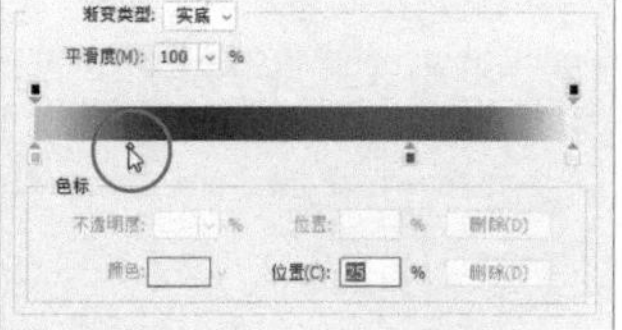

图5-280

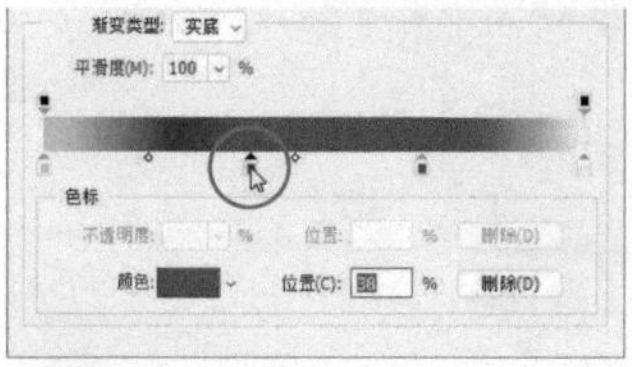

图5-281 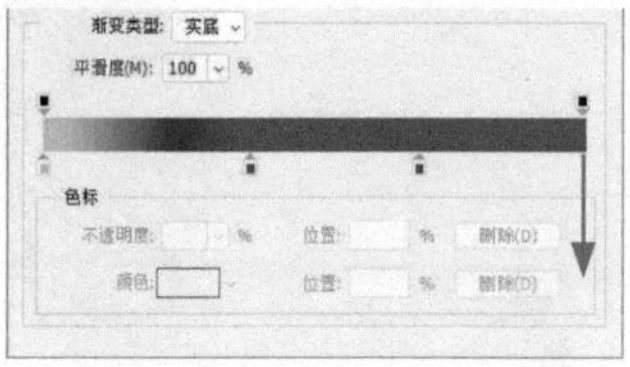　　图5-282

技术看板　保存渐变

调整好一个渐变后，在“名称”选项中输入名称，然后单击“新建”按钮，可将其保存到渐变列表中，成为一个预设。这一渐变会同时保存到渐变下拉面板和“渐变”面板中。

5.6.2 渐变差值方法

在渐变工具▣的工具选项栏中可以选取一种渐变差值方法，如图5-283所示。

图5-283

- **可感知**：这是默认方法，如图5-284所示，显示了与人类如何感知光在物理世界中混合最为接近的渐变，如日落或日出的天空。
- **线性**：常用于Illustrator等软件，可以显示更接近自然光显示效果的渐变，如图5-285所示。在某些色彩空间中，该方法可提供更富于变化的结果。
- **古典**：保留Photoshop过去版本渐变的填充方法，如图5-286所示。

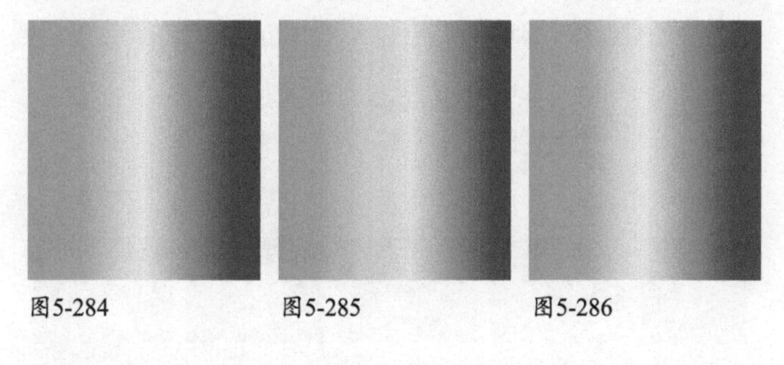

图5-284　　图5-285　　图5-286

5.6.3 “渐变”面板及下拉面板

单击工具选项栏中的⌄按钮，可以打开渐变下拉面板，如图5-287所示。在该面板及“渐变”面板中，都有预设的渐变颜色可以使用，如图5-288所示。

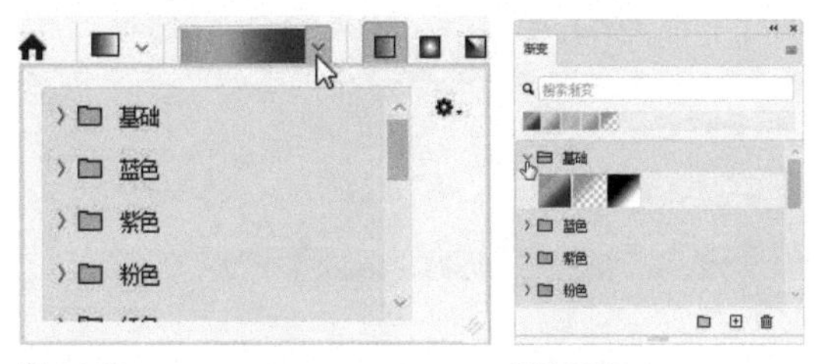

图5-287　　图5-288

在一个渐变色块上单击鼠标右键，打开快捷菜单，如图5-289所示，执行“重命名渐变”命令，可以打开“渐变名称”对话框修改渐变名称。执行“删除渐变”命令，则可删除当前渐变。选取多个渐变（按住Ctrl键单击各个渐变）后，如图5-290所示，执行“导出所选渐变”命令，或单击“渐变编辑器”对话框中的“导出”按钮，可将其保存为一个渐变库。执行“新建渐变组”命令，则可将它们添加到单独的渐变组中，如图5-291所示。

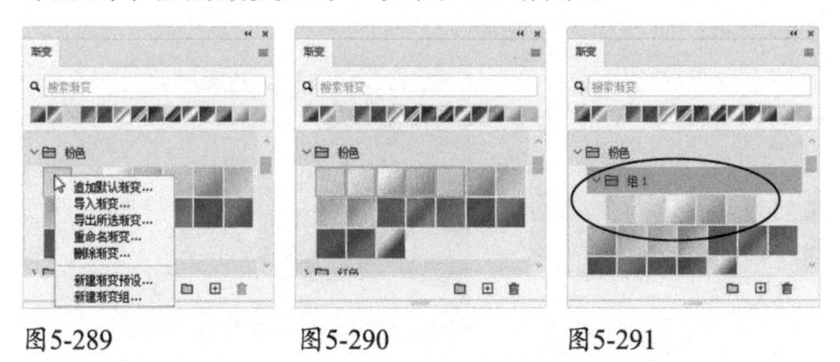

图5-289　　图5-290　　图5-291

5.6.4

实战：制作流行手机壁纸（实色渐变）

01 按Ctrl+N快捷键，打开“新建文档”对话框，单击“移动设备”选项卡，使用其中的预设创建一个手机屏幕大小的文件，如图5-292所示。

扫码看视频

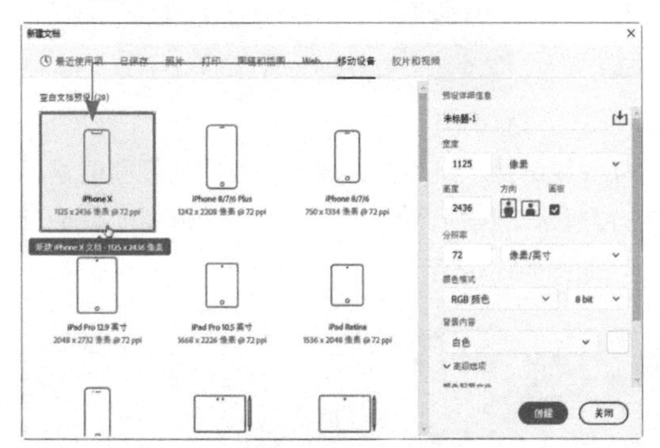

图5-292

02 选择渐变工具，打开下拉面板，选择图5-293所示的预设渐变。单击菱形渐变按钮，设置混合模式为“差值”。

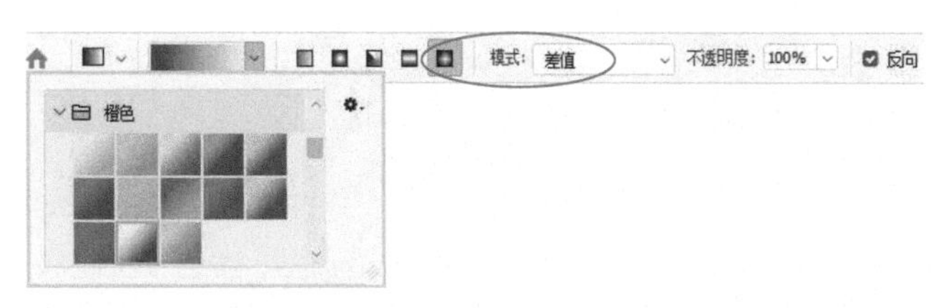

图5-293

03 在画面中拖曳鼠标，填充渐变色，如图5-294所示。继续拖曳鼠标，进行二次填充，此时颜色会反相，如图5-295所示。填充第三次颜色会变回来，如图5-296所示。可以多填充几次，效果如图5-297所示。

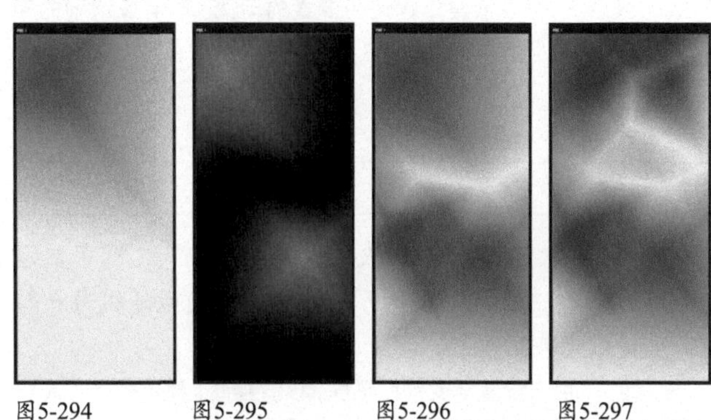

图5-294　　图5-295　　图5-296　　图5-297

04 单击角度渐变按钮，按住Shift键并拖曳鼠标，锁定45°角方向填充渐变色，如图5-298所示。单击径向渐变按钮，改用径向渐变进行填充，这样可以生成圆形图案，如图5-299所示。单击按钮，继续尝试用对称渐变填充，如图5-300所示。

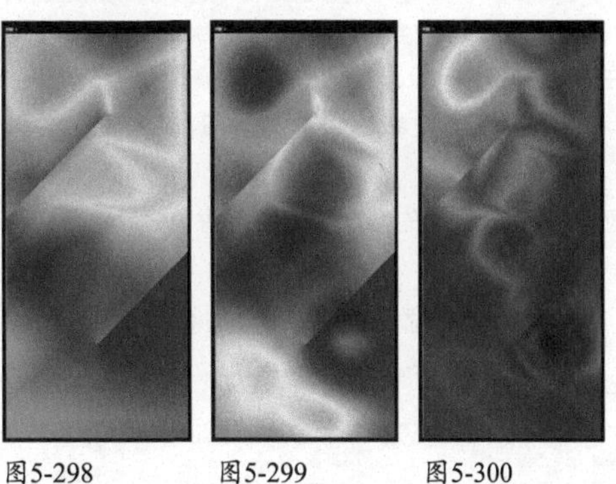

图5-298　　图5-299　　图5-300

提示

填充渐变时，按住Shift键并拖曳鼠标，可以锁定水平、垂直或以45°角为增量填充渐变。

渐变工具选项栏

- 模式/不透明度：用来设置渐变颜色的混合模式和不透明度。
- 反向：可转换渐变中的颜色顺序，得到反方向的渐变，如图5-301和图5-302所示。

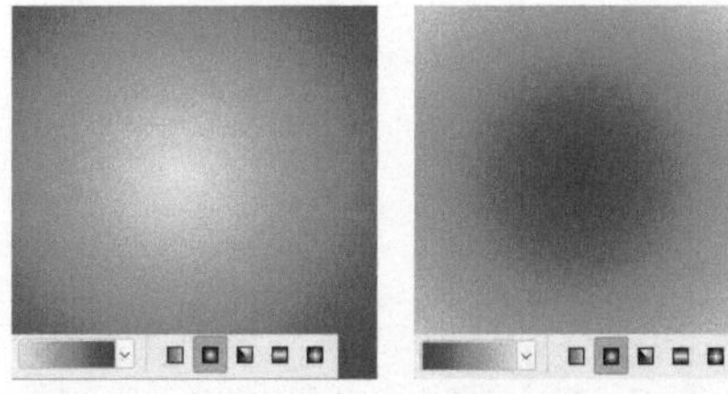

未勾选“反向”选项 勾选“反向”选项

图5-301 图5-302

● 仿色：勾选该选项，渐变效果会更加平滑。主要用于防止打印时出现条带化现象，但在屏幕上不能明显地体现出作用。

● 透明区域：可以创建包含透明像素的渐变。取消该选项的勾选，可创建实色渐变。

5.6.5 杂色渐变

在“渐变类型”下拉列表中选择“杂色”，即可显示杂色渐变选项，如图5-303所示。杂色渐变可以随机分布颜色，变化效果非常丰富。

● 粗糙度：用来设置渐变的粗糙度，该值越高，颜色的层次越丰富，但颜色间的过渡越粗糙，如图5-304所示。

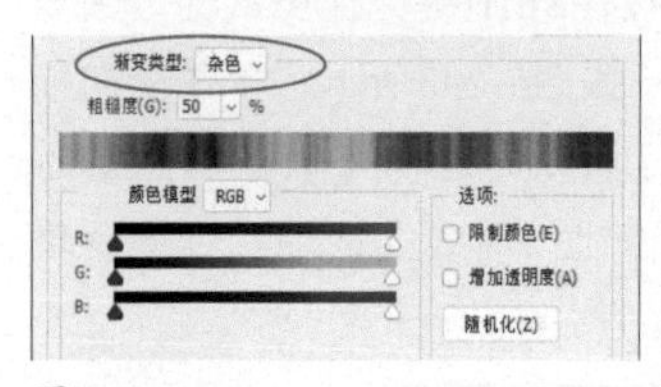

图5-303

图5-304

● 颜色模型：在下拉列表中可以选择一种颜色模型来设置渐变，包括RGB、HSB和LAB。每种颜色模型都有对应的颜色滑块，如图5-305所示。

● 限制颜色：可以将颜色限制在可以打印的范围内，防止颜色过于饱和。

● 增加透明度：可以向渐变中添加透明像素，如图5-306所示。

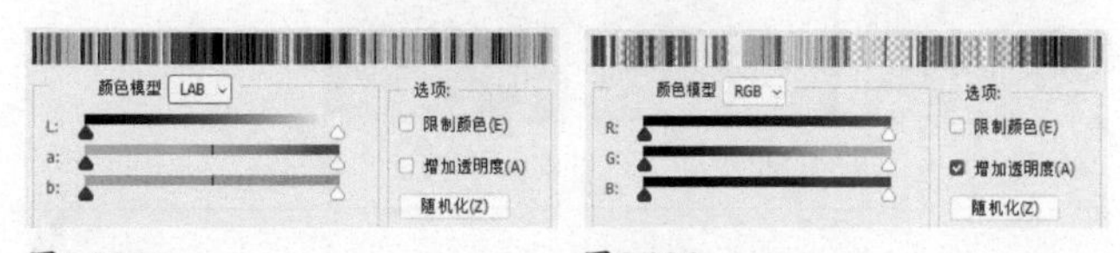

图5-305 图5-306

● 随机化：每单击一次该按钮，就会随机生成一个新的渐变颜色。

5.6.6 实战：制作七色彩虹（透明渐变）

渐变颜色间留有透明区域可生成透明渐变，此时渐变颜色不会完全覆盖画面。本实战使用这种渐变制作彩虹，如图5-307所示。

扫码看视频

图5-307

01 单击“图层”面板中的 ⊞ 按钮，新建一个图层。选择渐变工具 ，单击工具选项栏中的 按钮及渐变颜色条，打开“渐变编辑器”对话框，选择一个透明渐变（如果没有此渐变，可以加载本实战的渐变库），之后调整渐变滑块的位置，让黄色的范围大一些，如图5-308所示。按住Shift键（锁定垂直方向）并拖曳鼠标（距离短一些），用线性渐变填充，如图5-309所示。

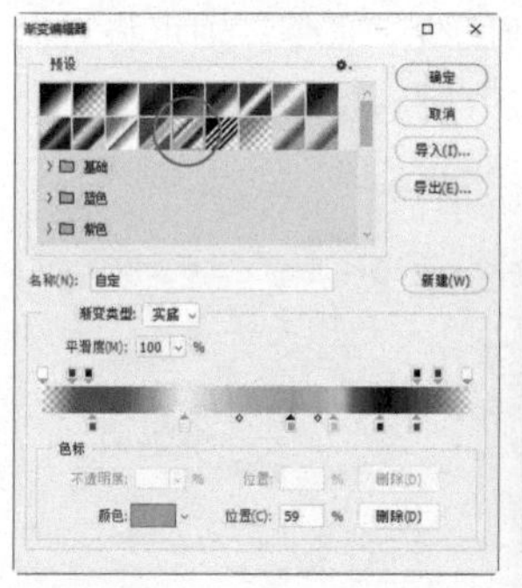

图5-308

图5-309

02 执行“编辑>变换>变形”命令，然后在工具选项栏中选取“拱形”选项，如图5-310所示。将变形网格上的控制点向下拖曳，让弯曲弧度平滑一些，如图5-311所示。

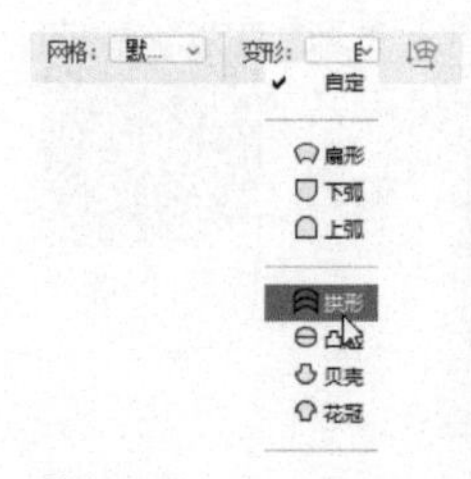

图5-310

图5-311

03 按Ctrl+T快捷键显示定界框，调整彩虹的角度和位置，如图5-312所示。执行“滤镜>模糊>高斯模糊”命令，进行模糊处理，如图5-313所示。

图5-312

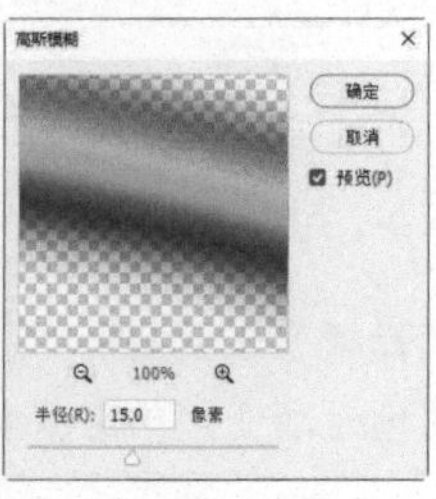

图5-313

04 设置图层的混合模式为“滤色”。单击 按钮，添加蒙版，使用画笔工具 在机尾处的彩虹上涂抹黑色，通过蒙版将其隐藏，如图5-314和图5-315所示。

图5-314

图5-315

05 按Ctrl+J快捷键复制彩虹所在的图层。将混合模式设置为“柔光”，不透明度设置为50%，如图5-316和图5-317所示。

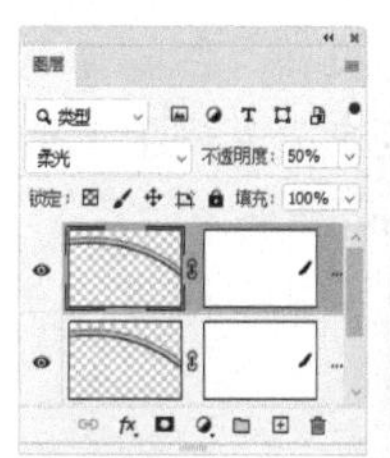
图5-316

图5-317

编辑透明渐变

想要让渐变中出现透明效果，只要在渐变颜色条的上方单击，添加不透明度色标并降低“不透明度”值即可，如图5-318和图5-319所示。

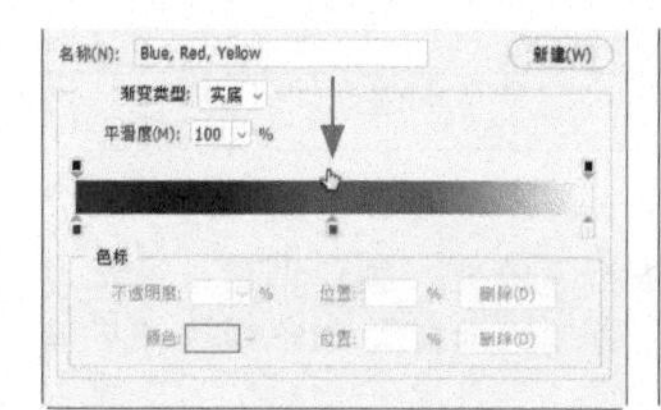
图5-318

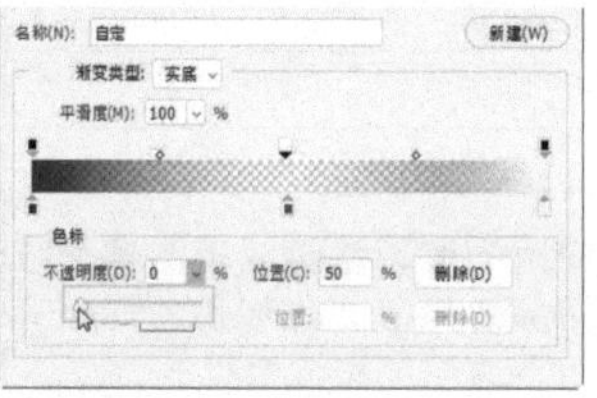
图5-319

不透明度色标与实色渐变的色标的编辑方法基本相同，例如，可通过拖曳或在“位置”文本框中输入数值，调整色标的位置；拖曳中点（菱形图标），可扩展和收缩不透明度范围；将色标拖曳出渐变颜色条，可将其删除。

5.6.7

实战：添加夕阳及光晕，呈现戏剧效果

当光线在镜头中反射和散射时，会出现镜头眩光，从而在图像中生成斑点或阳光光环，这便是镜头光晕。镜头光晕的出现可以为照片增添缥缈、梦幻般的气氛，使其呈现戏剧效果，如图5-320所示。

扫码看视频

图5-320

01 新建一个图层。选择渐变工具 ，单击工具选项栏中的 按钮及渐变颜色条，打开“渐变编辑器”对话框，设置渐变颜色，如图5-321所示。在人物面部右侧填充渐变，如图5-322所示。

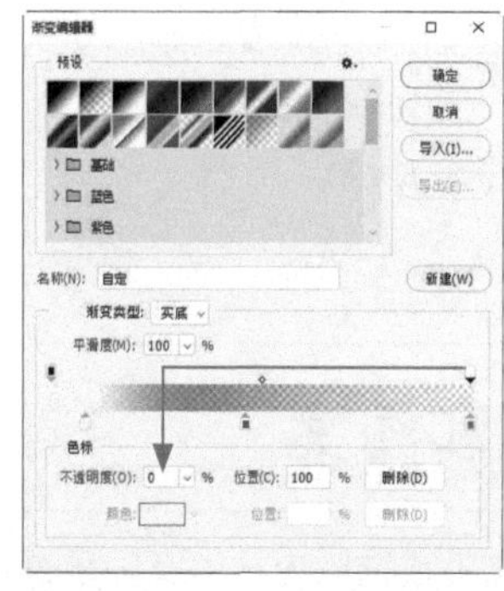
图5-321

图5-322

02 设置图层的混合模式为“滤色”。按Ctrl+J快捷键复制图层，如图5-323和图5-324所示。

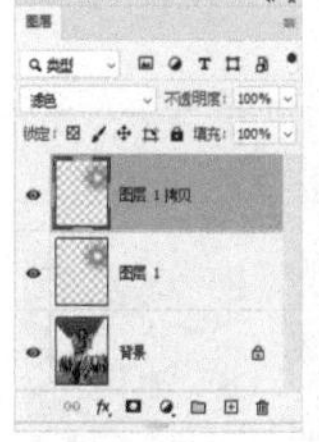
图5-323

图5-324

03 新建一个图层，填充渐变，如图5-325所示。将该图层的混合模式也设置为“滤色”，效果如图5-326所示。

图5-325

图5-326

04 按住Alt键并单击“图层”面板中的 ⊞ 按钮，在弹出的对话框中设置选项，如图5-327所示，创建一个“叠加”模式的中性色图层。执行“滤镜>渲染>镜头光晕”命令，在热气球右侧添加光晕，模拟阳光直射镜头所形成的光晕和光圈，如图5-328所示。如果光晕位置不准确，可以用移动工具 ✣ 调整。

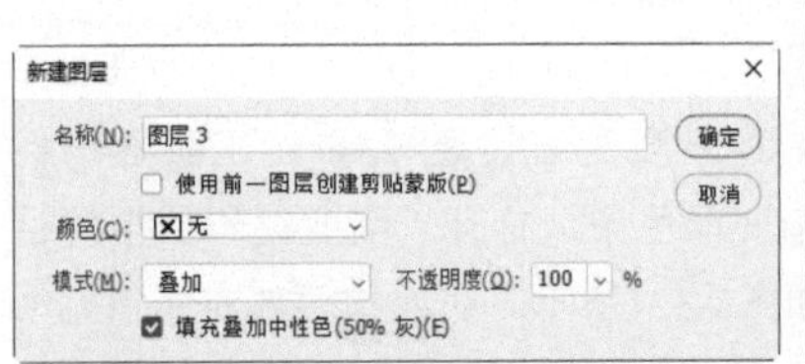

图5-327

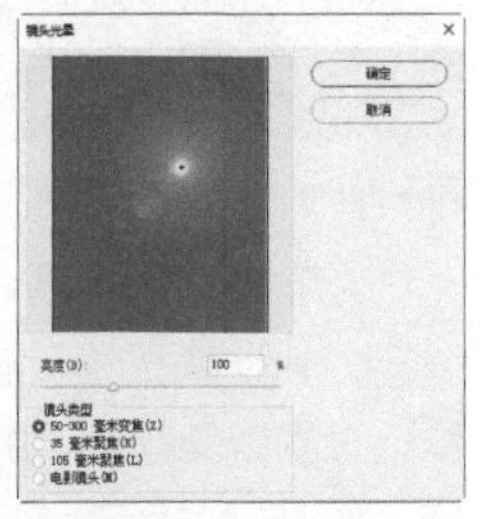

图5-328

05 按两下Ctrl+J快捷键复制图层，让光晕更清晰，如图5-329和图5-330所示。再按一下Ctrl+J快捷键复制图层，将这一层光晕移动到左下角，如图5-331所示。

图5-329

图5-330

图5-331

5.6.8

加载渐变库

打开“渐变”面板菜单，执行“导入渐变”命令，或单击“渐变编辑器”对话框中的“导入”按钮，都能弹出“载入”对话框，此时便可将导出的渐变库、从网上下载的渐变资源或本书附赠的渐变库加载到Photoshop中。

填充颜色和图案

填充是指在画布上或选区内，以及图层蒙版和通道内填充颜色、渐变和图案。油漆桶工具 、图案图章工具 、渐变工具 、“填充”命令和填充图层都可用于填充。除此之外，“图层样式”和形状图层（见335页）也包含填充选项。

5.7.1

实战：制作彩色卡通画（油漆桶工具）

扫码看视频

油漆桶工具 是一个增加了填充功能的魔棒。为什么这么说呢？因为使用该工具在图像上单击时，可以像魔棒工具 （见383页）那样自动选取“容差”范围内的图像，之后用颜色或图案进行填充，由于选择与填充是同步的，所以这一过程不显示选区。本实战使用油漆桶工具 为卡通画填充颜色和图案，如图5-332所示。

图5-332

> 提示
>
> 使用画笔、滤镜编辑图像，或进行了填充、颜色调整、添加图层效果等操作以后，可以用“编辑>渐隐”命令修改效果的不透明度和混合模式。

油漆桶工具选项栏

图5-333所示为油漆桶工具 的工具选项栏。

前景 | 模式：正常 | 不透明度：100% | 容差：32 | 消除锯齿 | 连续的 | 所有图层

图5-333

- **填充内容：** 包括“前景”和“图案”。
- **模式/不透明度：** 用来设置填充内容的混合模式和不透明度。如果将“模式”设置为“颜色”，则填充颜色时不会破坏图像中原有的阴影和细节。
- **容差：** 使用油漆桶工具 在画布上单击，可填充与鼠标单击点颜色相似的区域。对于颜色相似程度的判定取决于“容差”的大小。“容差”值低，只填充与鼠标单击点颜色非常相似的区域；“容差”值越高，对颜色相似程度的要求越低，填充的颜色范围越大。

- 消除锯齿：勾选该选项，可以平滑填充选区的边缘。
- 连续的：勾选该选项，只填充与鼠标单击点相邻的像素；取消勾选时，可填充图像中的所有相似像素。

5.7.2

实战：填充脚本图案（“填充”命令）

扫码看视频

图案是有装饰性的、结构整齐的花纹或图形，以构图整齐、匀称、调和为特点。在作品中添加图案，可以使版面更加华丽，也能为简单的设计内容增加变化，如图5-334所示。

用在包装上的图案

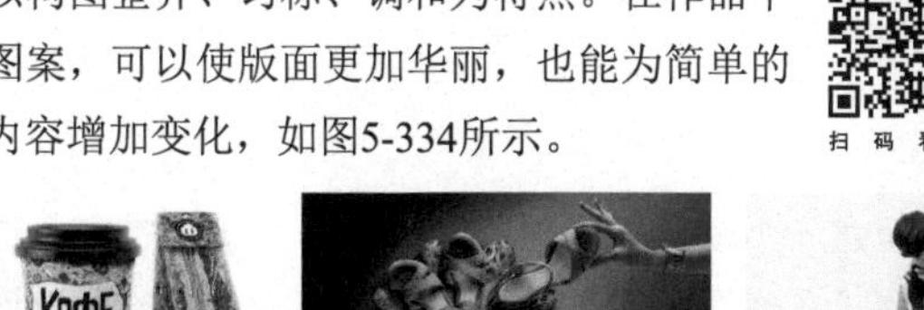

将商品图案化处理的广告

服装面料抽象图案

人与图案结合的封面设计

时尚插画

图5-334

使用“填充”命令中的“脚本”功能可以让图案像砖块一样错位排列、进行十字交叉、沿螺旋线排列、对称填充或者随机排布，图案的变化非常丰富。

01 打开素材，如图5-335所示。执行“图像>裁切”命令，在打开的“裁切”对话框中选取“透明像素”选项，如图5-336所示。将花纹周围多余的区域裁掉，如图5-337所示。

图5-335

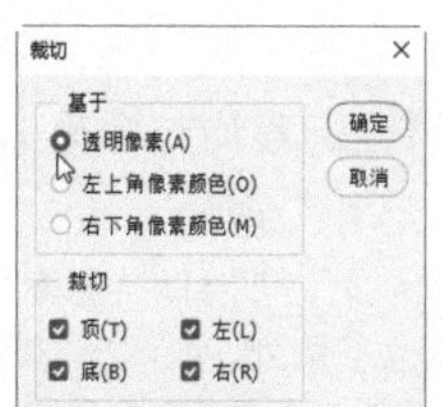

图5-336

图5-337

02 执行“编辑>定义图案”命令，将花纹定义为图案，如图5-338所示。

03 创建一个A4大小的文件。将前景色设置为深蓝色（R0，G60，B124），按Alt+Delete快捷键为“背景”图层填色。新建一个图层。执行“编辑>填充”命令，打开“填充”对话框，选取“图案”选项及自定义的图案，选取“脚本”及“砖形填充”选项，如图5-339所示，单击“确定”按钮，弹出“砖形填充”对话框，设置参数，如图5-340所示，单击“确定”按钮，填充图案。

图5-338

图5-339

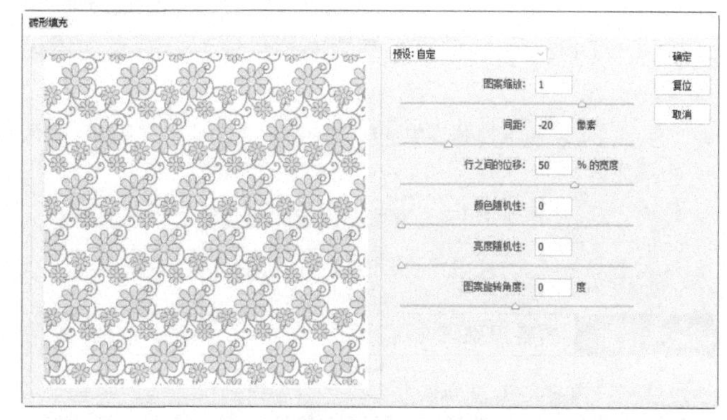

图5-340

> **提示**
>
> 如果要将局部图像定义为图案，可以先用矩形选框工具将其选取，再执行“定义图案”命令。

04 设置“图层1”的混合模式为“点光”，如图5-341和图5-342所示。

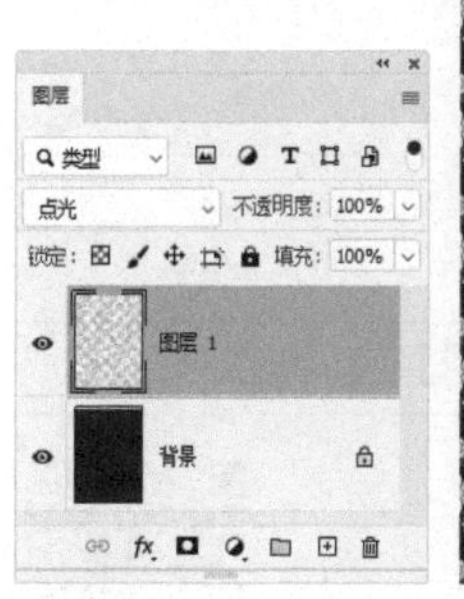

图5-341

图5-342

技术看板　制作二方连续图案

在“填充”对话框中，Photoshop提供了6种脚本图案。使用其中的“对称填充”选项制作出一组图案单元后，对其进行复制并均匀排布，便可得到二方连续图案。

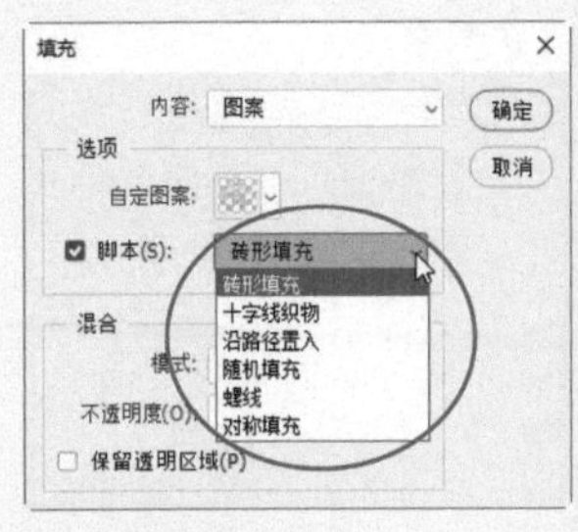

6种脚本图案

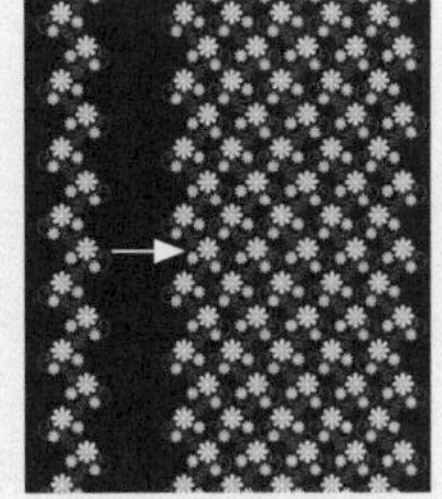
对称填充效果

“填充”对话框选项

“填充”命令主要用于在选区内填充，没有选区时会填充整幅图像。该命令除提供了前景色、背景色、自定义颜色和图案外，还包含历史记录和内容识别等特别选项。如果只是想要填充前景色，可以按Alt+Delete快捷键操作（按Ctrl+Delete快捷键可直接填充背景色），不必使用该命令。

- 内容：可以在下拉列表中选择“前景色”“背景色”“图案”等作为填充内容。
- 模式/不透明度：用来设置填充内容的混合模式和不透明度。
- 保留透明区域：只填充图层中包含像素的区域。

技术看板　内容识别填充

如果在“内容”下拉列表中选取“内容识别”选项，将自动启用“颜色适应”选项，此时可通过某种算法将填充颜色与周围颜色混合。例如，用矩形选框工具选取蜜蜂及其周围的向日葵，使用“填充”命令（选择“内容识别”选项）填充，Photoshop会用选区附近的向日葵填充选区，并对光影、色调等进行融和处理，该处就像是原本不存在蜜蜂一样。

用矩形选框工具创建选区

使用“填充”命令填充

5.7.3

实战：在长裙上绘制图案（图案图章工具）

图案图章工具是通过绘画的方法绘制图案的。Photoshop会提供一些预设的图案，也允许用户自定义图案。本实战对比效果如图5-343所示。

扫码看视频

图5-343

01 新建一个图层。选择图案图章工具，在工具选项栏的“图案”拾色器中选取上一实战定义的四方连续图案，如图5-344所示。

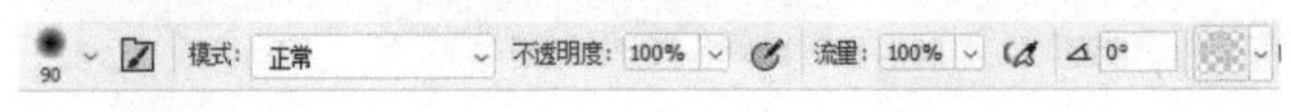

图5-344

02 在裙子上拖曳鼠标，绘制图案，如图5-345所示。如果涂抹到裙子外边，可以用橡皮擦工具擦掉。设置图层的混合模式为“线性减淡（添加）”，如图5-346和图5-347所示。

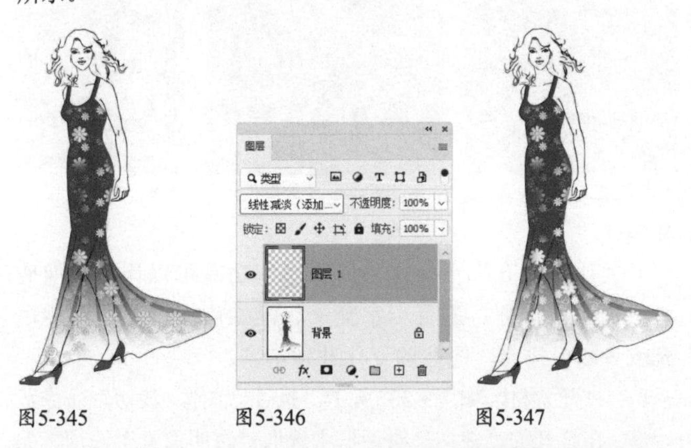

图5-345　图5-346　图5-347

图案图章工具选项栏

在图案图章工具的工具选项栏中，“模式”“不透明度”“流量”“喷枪”等均与画笔工具相同，其他选项如下。

- 对齐：勾选该选项以后，可以保持图案与原始起点的连续性，即使多次单击鼠标也不例外，如图5-348所示；取消勾选时，则每次单击鼠标都重新应用图案，如图5-349所示。

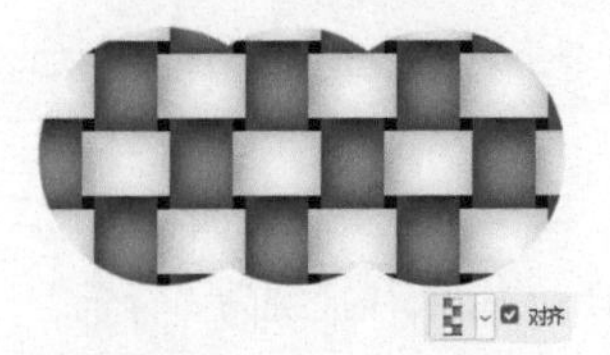

图5-348

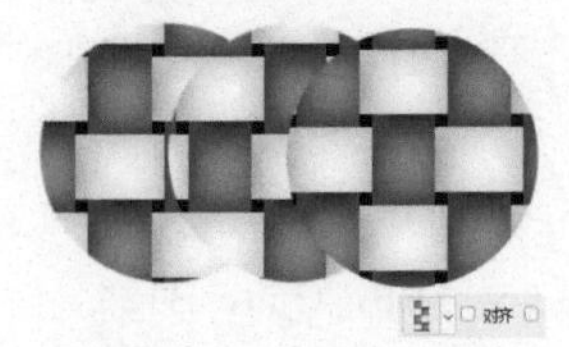

图5-349

- **印象派效果**：勾选该选项后，可以模拟出印象派效果的图案，如图5-350和图5-351所示。

柔边圆笔尖绘制的印象派效果
图5-350

硬边圆笔尖绘制的印象派效果
图5-351

技术看板　从哪里获取图案

图案可以通过两种方式获取：一种是Photoshop中预设的图案，以树、草、水滴和各种纸张为主，比较简单；另一种则是使用“编辑>定义图案”命令，将图像定义为图案。自定义图案后，它便保存到“图案”面板中，并同时出现在油漆桶工具、图案图章工具、修复画笔工具和修补工具工具选项栏的下拉面板，以及“填充”命令和“图层样式”对话框中。

使用填充图层

填充图层是一种只承载纯色、渐变和图案3种对象的图层，属于非破坏性编辑。在使用时，可以设置混合模式和不透明度，用以改善其他对象的颜色或创建混合效果。

5.8.1 实战：制作发黄旧照片（纯色填充图层）

要点

填充图层有很多独到之处。首先，它具备普通图层的所有属性，既可以添加图层样式、复制和删除，也可通过调整不透明度、混合模式等，对图像的色彩施加影响，如图5-352所示；其次，创建填充图层后，可以随时修改填充内容（颜色、渐变和图案），而普通图层则无法修改，只能重新填充；另外，填充图层自带图层蒙版（见152页），可用于控制填充范围，而普通图层则需要使用选区或添加蒙版来进行控制。

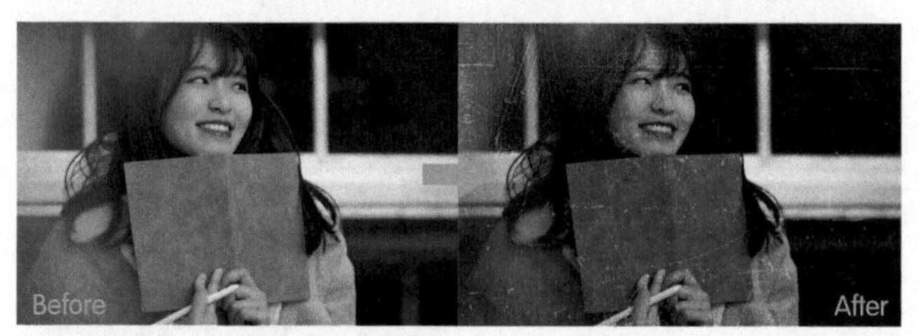

图5-352

01 打开照片素材。打开“图层>新建填充图层”子菜单，或单击“图层”面板中的按钮，打开下拉列表，执行“纯色”命令，如图5-353所示，打开“拾色器”对话框，设置颜色为浅酱色（R138，G123，B92），如图5-354所示，单击“确定”按钮关闭对话框，创建填充图层。

图5-353

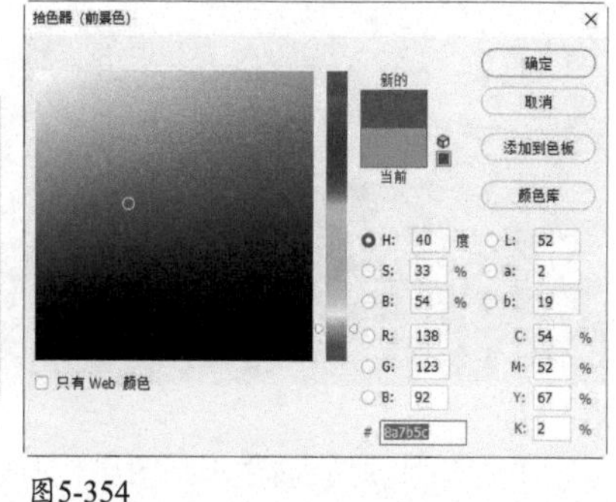

图5-354

提示

如果当前选择的是纯色填充图层，则单击“色板”面板中的一个色板，可修改填充颜色。

02 将该图层的混合模式设置为“颜色”，即可为下方图像上色，如图5-355和图5-356所示。

图5-355

图5-356

03 打开纹理素材，如图5-357所示。使用移动工具将其拖入照片文件，并设置混合模式为“柔光”，不透明度为70%，在照片上生成划痕效果，如图5-358所示。

图5-357

图5-358

5.8.2 实战：在照片中加入夜场灯光（渐变填充图层）

本实战使用渐变填充图层将洋红色、绿色两种渐变颜色叠加到画面中，再配合混合模式，制作成来自两个方向的彩光，如图5-359所示。

扫码看视频

图5-359

01 打开“图层>新建填充图层”子菜单，或单击“图层”面板中的 按钮，打开下拉列表，执行“渐变”命令，打开“渐变填充”对话框，单击渐变颜色条，打开“渐变编辑器”对话框调整渐变颜色，如图5-360所示。单击“确定”按钮，返回“渐变填充”对话框，设置角度为0度，如图5-361所示，单击“确定”按钮关闭对话框，创建渐变填充图层。设置混合模式为“叠加”，如图5-362所示，效果如图5-363所示。

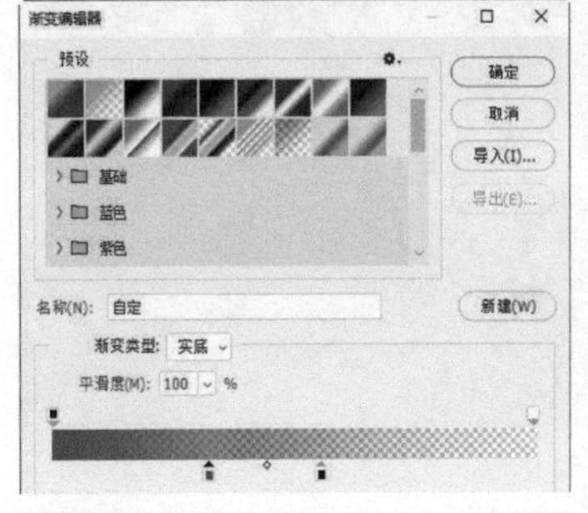

图5-360

图5-361

图5-362

图5-363

02 再创建一个渐变填充图层，设置渐变颜色及图层混合模式，如图5-364~图5-367所示。

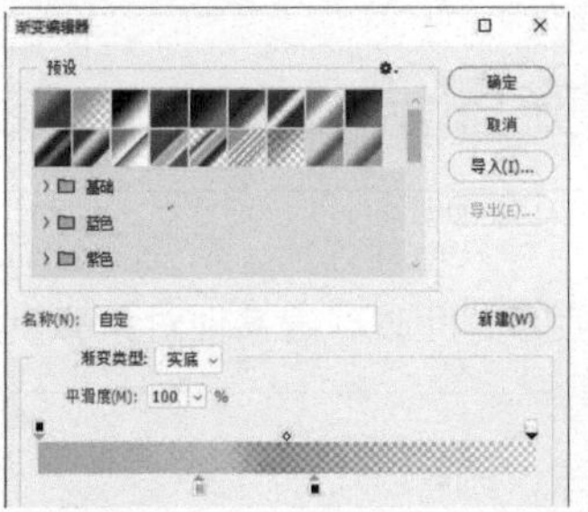

图5-364

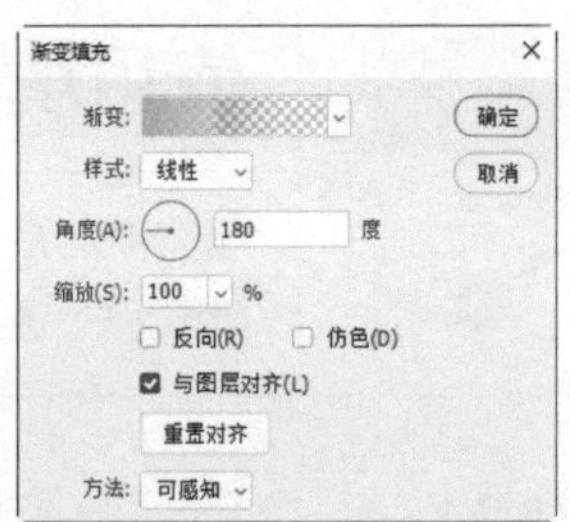

图5-365

图5-366

图5-367

03 按Shift+Alt+Ctrl+E快捷键，将当前效果盖印到一个新的图层中，修改混合模式和不透明度，如图5-368和图5-369所示。

图5-368

图5-369

技术看板 **快速修改填充内容**

如果先创建一个图层，再单击“渐变”面板中的一个渐变，则可将该图层转换为渐变填充图层。单击其他预设渐变，可以修改填充图层中的渐变颜色。

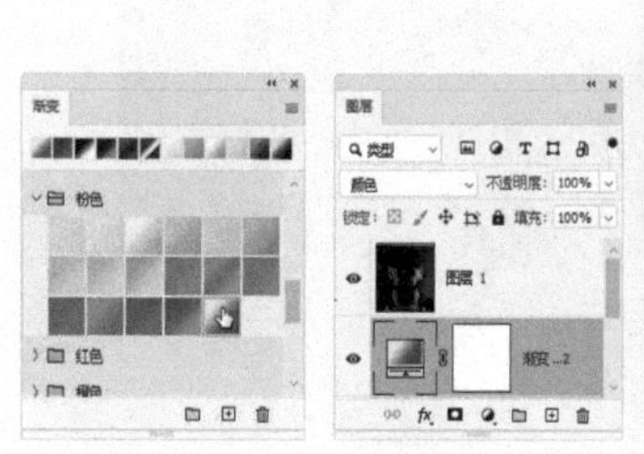

5.8.3

实战：天气App界面设计(修改填充图层)

01 按Ctrl+N快捷键，打开“新建文档”对话框，单击“移动设备”选项卡，使用其中的“Android 1080p”预设创建手机屏幕大小的文件。创建一个渐变填充图层，渐变类型为角度渐变，如图5-370和图5-371所示。

扫码看视频

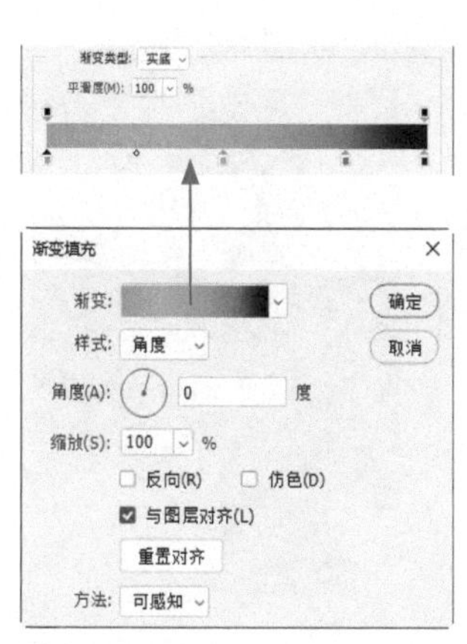

图5-370

图5-371

提示

如果想使用图层的边界计算渐变填充范围，可以勾选“渐变填充”对话框中的“与图层对齐”选项。此外，创建图案填充图层时，也可采用同样的方法移动图案位置。

02 再创建一个渐变填充图层，填充浅灰~透明的线性渐变，如图5-372所示。设置混合模式为“线性加深”，让画面底部变暗，如图5-373和图5-374所示。

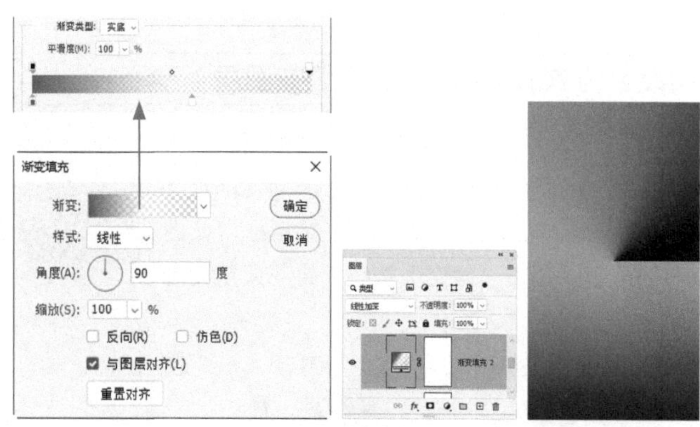

图5-372 图5-373 图5-374

03 执行“文件>置入嵌入对象”命令，打开“置入嵌入的对象”对话框，选择本实战的.ai格式素材，将其置入当前文件中，如图5-375所示。

04 下面调整渐变位置。在渐变图层缩览图上双击，打开“渐变填充”对话框，设置角度为75°，如图5-376和图5-377所示。

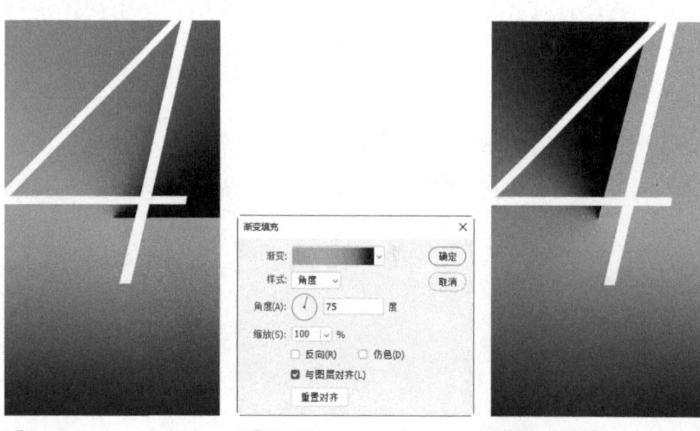

图5-375 图5-376 图5-377

05 将鼠标指针移动到画面中，进行拖曳，此时可移动渐变，将渐变起点与数字的最下方对齐，如图5-378所示，关闭对话框。如果想使界面更加丰富，可以使用横排文字工具 **T** 输入一些文字，如图5-379所示。也可以创建一个“色相/饱和度”调整图层，修改界面颜色，如图5-380所示。

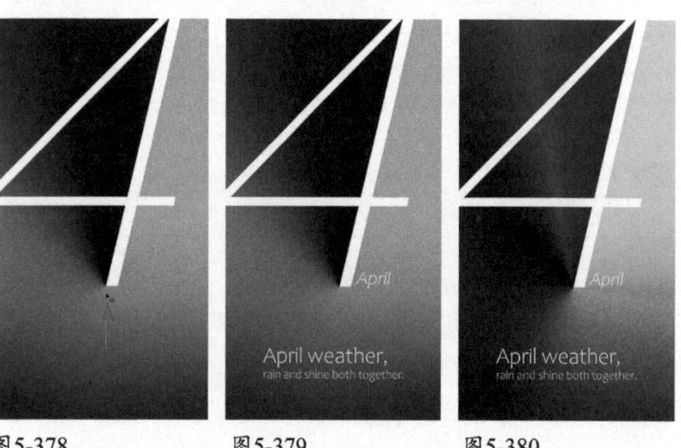

图5-378 图5-379 图5-380

5.8.4

实战：为衣服贴图案（图案填充图层）

01 打开素材，如图5-381和图5-382所示。将花朵设置为当前文件。执行“编辑>定义图案”命令，打开“图案名称”对话框，如图5-383所示。单击“确定”按钮，将花朵定义为图案。

图5-381

图5-382

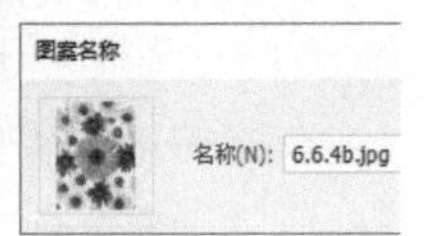

图5-383

02 按Ctrl+Tab快捷键，切换到人物文件中。使用快速选择工具选取上衣，如图5-384所示。打开“图层>新建填充图层”子菜单，或单击“图层”面板中的按钮，打开下拉列表，执行“图案”命令，打开“图案填充”对话框，选择花朵图案，如图5-385所示。创建图案填充图层，将花朵贴在衣服上。

图5-384

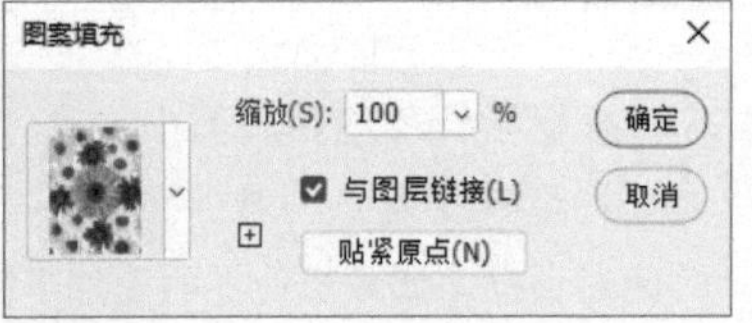

图5-385

提示

单击“图案填充”对话框中的按钮，可以打开下拉面板选择图案。调整“缩放”值可对图案（图案属于图像，“缩放”值不宜过大，否则会变得模糊）进行缩放。单击“贴紧原点”按钮，则可使图案的原点与文件的原点相同。在进行移动图层操作时，如果希望图案随图层一起移动，可以勾选“与图层链接”选项。

03 设置图案填充图层的混合模式为“颜色加深”。按Ctrl+J快捷键复制图层，设置图层的不透明度为25%，如图5-386和图5-387所示。

04 下面修改图案。将上方的填充图层隐藏，双击下面的填充图层的缩览图，如图5-388所示，或执行“图层>图层内容选项”命令，弹出“图案填充”对话框。

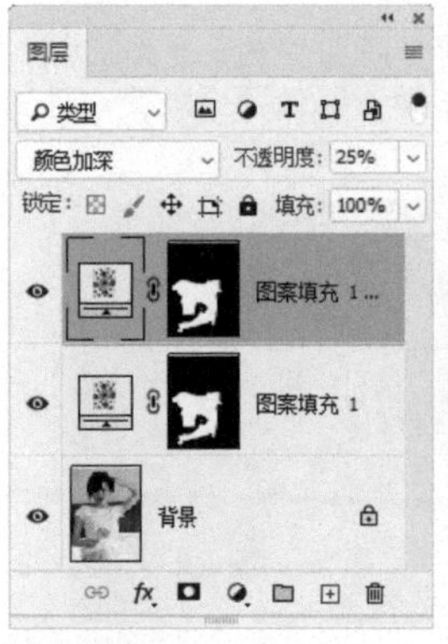

图5-386

图5-387

图5-388

05 打开图案下拉面板，单击右上角的按钮，在打开的面板菜单中选择“岩石图案”命令，加载该图案库，选择图5-389所示的图案，用它替换衣服图案，如图5-390所示。

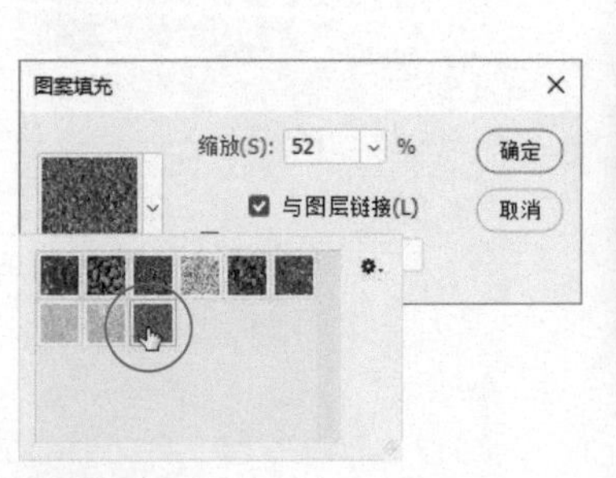

图5-389

图5-390

5.8.5

实战：制作四方连续图案（“图案预览”命令）

01 按Ctrl+N快捷键，创建一个5厘米×5厘米、300像素/英寸的文档。选择自定形状工具，在工具选项栏中选取“形状”选项，打开形状下拉面板，单击图5-391所示的图形。

图5-391

02 执行“视图>图案预览”命令，开启图案预览。连续按Ctrl+－快捷键，将视图比例缩小。将前景色设置为浅粉色，按住Shift键拖曳鼠标，创建图形，如图5-392所示。按Ctrl+T快捷键显示定界框，在右下角拖曳，旋转图形，如图5-393所示，按Enter键确认。在操作的同时，画布外会显示图案的拼贴效果，如图5-394所示。

图5-392　图5-393　图5-394

03 继续在“花卉”形状组中选取花卉，按住Shift键拖曳鼠标创建图形，如图5-395所示。

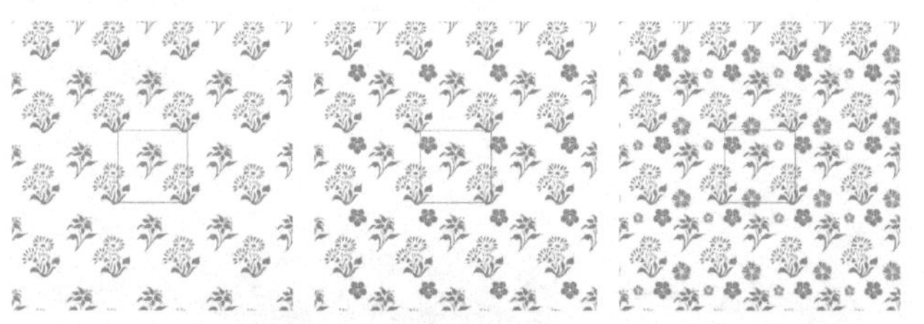

图5-395

04 在“背景”图层的眼睛图标 上单击，将该图层隐藏，如图5-396所示。执行“编辑>定义图案”命令，将花纹定义为图案，如图5-397所示。

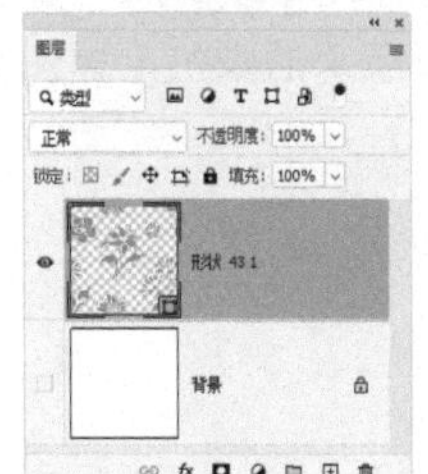

图5-396　图5-397

05 打开素材，如图5-398所示。执行“选择>主体”命令，将布袋选取，如图5-399所示。

06 单击“图层”面板底部的 按钮，打开下拉列表，选择“图案”命令，创建图案填充图层并弹出“图案填充”对话框，选取图案，如图5-400和图5-401所示。

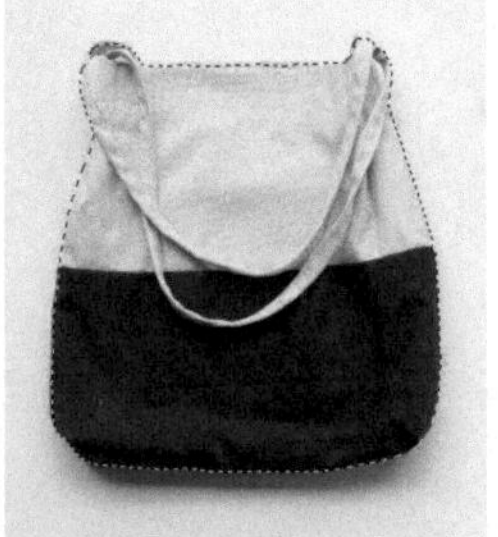

图5-398　图5-399

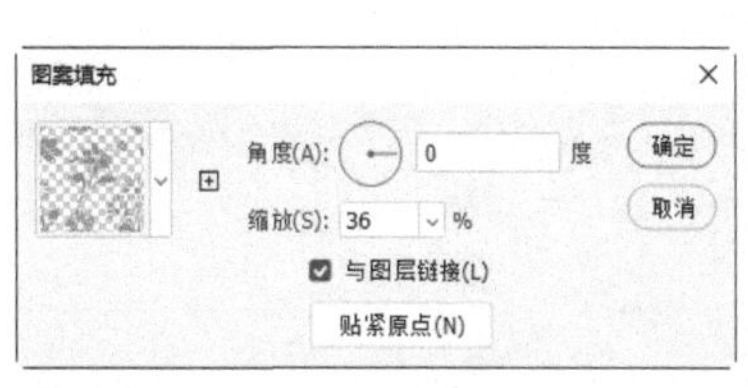

图5-400　图5-401

07 设置填充图层的混合模式为“划分”。单击蒙版缩览图，将前景色设置为黑色，用画笔工具 在图案上拖曳鼠标进行涂抹，用蒙版进行遮盖，只保留袋子蓝色部分的图案，如图5-402和图5-403所示。

图5-402　图5-403

08 再创建一个图案填充图层，参数设置与前一个相同，将混合模式设置为“深色”，用画笔工具 编辑蒙版，将除上半部袋子之外的图案涂黑，如图5-404和图5-405所示。

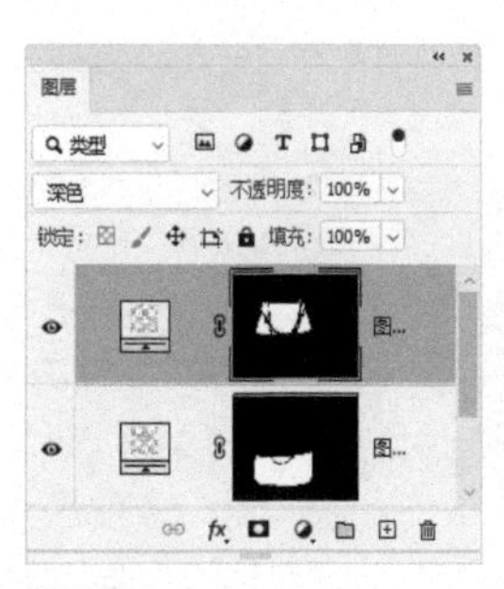

图5-404　图5-405

混合模式、蒙版与高级混合

【本章简介】

本章介绍与图像合成有关的功能，包括不透明度、混合模式、蒙版和高级混合选项。这些都是非破坏性编辑功能，掌握了它们，就能在不破坏原始文件的条件下合成图像、尝试不同的效果。

【学习目标】

通过本章的学习，我们要在理解蒙版原理的基础上，掌握合成图像的各种方法。本章的内容非常重要，因为不只图像合成，调整颜色、修饰照片、制作特效时，都会用到这些功能。

【学习重点】

图像合成初探

在不同领域的设计中，工作任务中几乎都有图像合成这一项。图像合成是最能展现Photoshop魔法的功能，也最考验设计者的创意能力和技术水平。

6.1.1

实战：瓶中夕阳好

下面使用图层蒙版和剪贴蒙版等合成一幅图像，如图6-1所示。为了使效果更加逼真，需要处理好素材的透视、光照、颜色和投影等，使各种要素相互匹配。

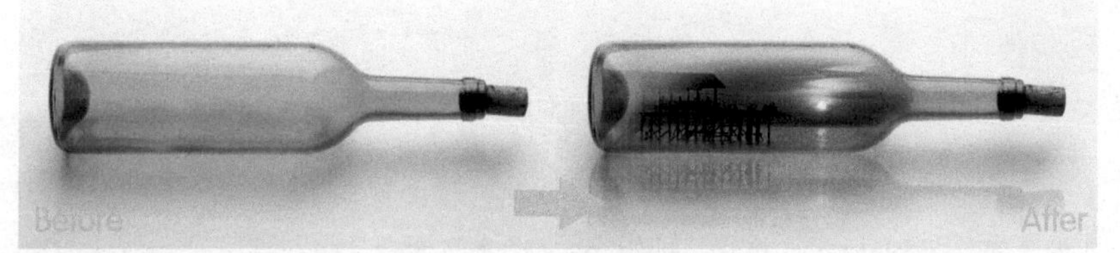

图6-1

01 打开素材。单击“调整”面板中的 按钮，创建“色相/饱和度”调整图层，分别调整“绿色”和“全图”参数，修改瓶子的颜色，如图6-2~图6-4所示。

图6-2　图6-3　图6-4

02 使用画笔工具 （柔边圆，不透明度为30%）在瓶子的暗部区域和瓶塞上涂抹黑色，通过修改调整图层的蒙版，使涂抹过的区域恢复为原来的颜色，如图6-5和图6-6所示。

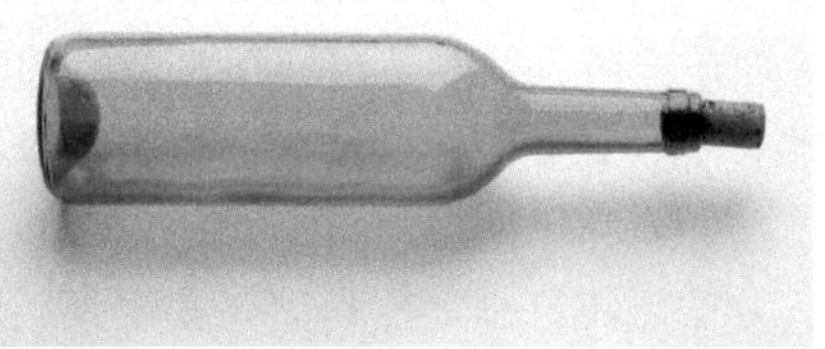

图6-5　图6-6

03 选择魔棒工具（容差为32），按住Shift键并在背景上单击，将背景全部选取，如图6-7所示。按Shift+Ctrl+I快捷键反选，选中瓶子。按Shift+Ctrl+C快捷键合并复制选区内的图像，再按Ctrl+V快捷键粘贴到一个新的图层中，如图6-8所示。

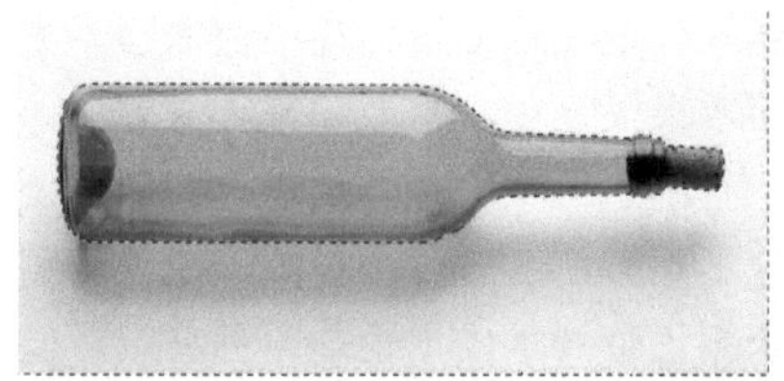

图6-7　图6-8

04 将另一个素材拖入瓶子文件中，如图6-9所示。执行“图层>创建剪贴蒙版”命令（快捷键为Alt+Ctrl+G），将其与瓶子图像创建为一个剪贴蒙版组，瓶子之外的风景会被隐藏，如图6-10所示。

图6-9　图6-10

05 单击“图层”面板中的按钮，为当前图层添加图层蒙版。使用画笔工具（柔边圆，不透明度为30%）在瓶子的两边和风景图片的周围涂抹黑色，将这些图像隐藏，使风景与瓶子的融合效果更加自然、真实，如图6-11和图6-12所示。

图6-11　图6-12

06 按住Ctrl键并单击瓶子和风景图层，将它们选取，如图6-13所示，按Alt+Ctrl+E快捷键，将图像盖印到一个新的图层中。按Ctrl+T快捷键显示定界框，单击鼠标右键，打开快捷菜单，执行“垂直翻转”命令，将盖印图像翻转，拖曳到瓶子的下面成为倒影，如图6-14所示。

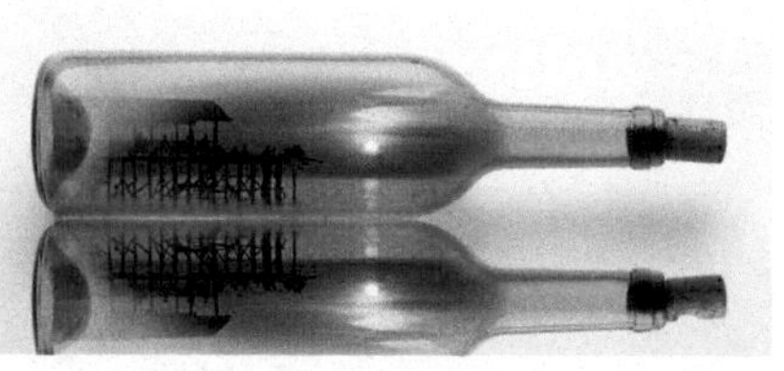

图6-13　图6-14

07 在“图层”面板中将倒影的不透明度设置为30%。单击按钮添加蒙版。选择渐变工具，填充默认的“前景色到背景色”线性渐变，让图像的下半部分的倒影变淡并逐渐消失，如图6-15和图6-16所示。

图6-15　图6-16

6.1.2 小结

决定一幅图像合成作品好与坏的因素有很多，如创意、风格有无独到之处；光影、透视、色彩、色调是否协调等。如果用最简单的标准来评判，则主要看效果是否真实、自然，有没有明显的人工处理痕迹。

图像合成的本质是取我所需、为我所用——对素材中有用的内容加以编辑，其他内容通过各种方法处理，如用蒙版遮挡住或干脆删掉。图像合成重在细节，细节决定成败。图6-17所示就是一个忽视细节的反面例子。

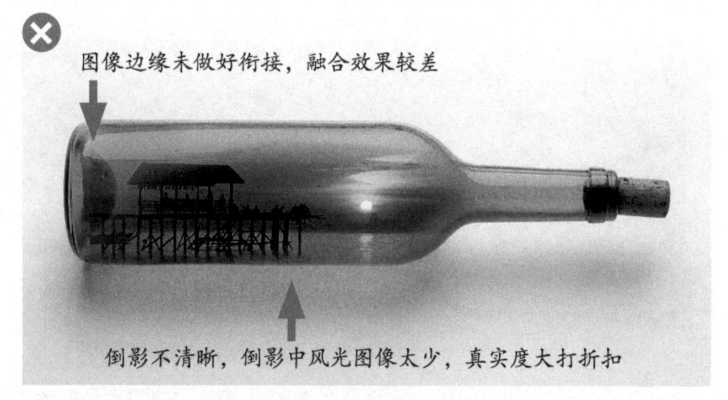

图6-17

在Photoshop中，对象整体的状况是图层赋予的，例如，对象是文字或形状图层（属于矢量对象），就不能应用滤镜。但任何对象，都可通过蒙版、不透明度、混合模式等对其自身的属性加以改变。这些都是本章要学习的内容，它们具有共同的特点——不会真正改变图层中的对象，而且可修改、可删除。

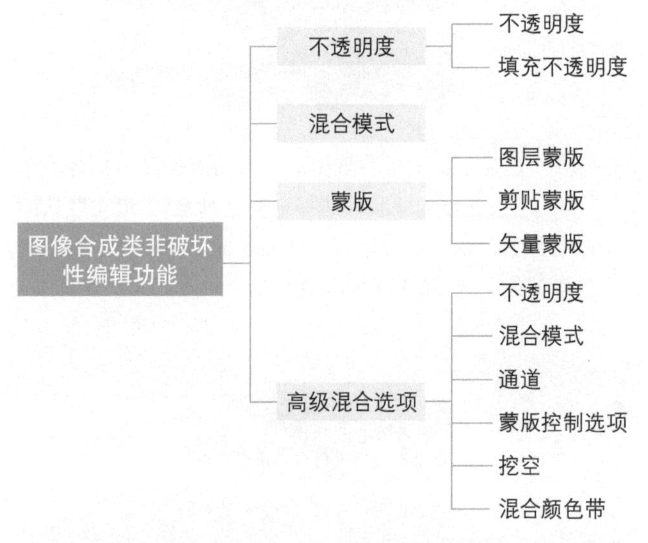

如果按从易到难排序，不透明度最简单，只有两种，只要清楚它们的区别，使用时就不会出错。

蒙版的种类比较多，本章介绍的是用于遮挡对象的蒙版——图层蒙版、剪贴蒙版、矢量蒙版和混合颜色带。其他蒙版，如快速蒙版、通道中的蒙版图像等与抠图相关，会在“第14章 抠图技术”中讲解。蒙版需要配合其他工具使用，如果用不好画笔工具，图层蒙版就玩不转了；而矢量功能没学好，矢量蒙版也不容易操作。

随着学习的深入，我们会发现，不透明度与蒙版其实是一回事，都能让图像呈现透明效果，只不过蒙版的可控性更强，编辑方法更多而已。

混合模式有一定的难度，体现在其原理晦涩难懂。但在实际应用中，常用的不外乎“正片叠底”“叠加”“柔光”几种，只要能恰到好处地使用便可，懂不懂原理不太重要。因为混合模式的效果很直观，修改起来十分方便，多尝试几次就能掌握其使用规律。

高级混合选项包含了不透明度、混合模式、通道、蒙版控制选项，以及混合颜色带（本质上也是一种蒙版，但稍微有一点绕，理解它需要费些心思，不过挺值得的，在修图、抠图时都能用上）。学会了以上内容，用Photoshop做图像合成就不在话下了。

·PS技术讲堂·

影像蒙太奇

前面实战使用图层蒙版、剪贴蒙版和不透明度等功能，选取图像的局部进行拼贴，完成了一幅视觉效果真实，但现实中并不存在的影像作品，这种创作手法称为“蒙太奇”。

蒙太奇原本是电影艺术中的拼贴剪辑手法，通过将不同的镜头组接在一起，表达各个单独镜头所不具有的含义。作为一种基本的思维模式和技术手段，蒙太奇在整个艺术领域都有其存在的价值，不论在中国还是外国、古代还是现代。

我们看五代十国时期南唐画家顾闳中的《韩熙载夜宴图》，如图6-18所示。作者采用连环画的形式，将夜宴场景分为5段绘制在一幅长卷之中。主人公韩熙载在5个不同的场景中出现，每一个独立的场景之间由屏风来衔接，打破了时间和空间的固有概念。

《韩熙载夜宴图》局部

图6-18

再看西班牙画家萨尔瓦多·达利的《记忆持久性的解体》，如图6-19所示。达利通过并置无关物体创造梦境片段，并将物品放入新的情境之中，以此产生离奇之感，这是运用蒙太奇手法创造出的超现实主义效果。

让我们把目光从绘画转到影像上。摄影记录的是现实世界，但在“影像魔术师”杰利·尤斯曼的作品中，呈现的是现实中不存在的神奇景象，是他重构的世界，如图6-20（这是杰利·尤斯曼用多架放大机将不同底片上的影像叠合在一个画面上制作出来的）所示。

我们在人类艺术史上截取了3个片段，从打破时空局限的拼贴，到奇思妙想的绘画情境，再到浑然天成的影像合成，展现了蒙太奇概念的演进和主要特点——拼贴、创意及合成。绘画和摄影都有自己的技术手段表现蒙太奇效果，那么Photoshop依靠什么来实现呢？

那就是不透明度、混合模式和蒙版（主要是图层蒙版），它们给影像合成带来无数种可能。有了这些功能，我们不仅可以任意合成影像，还能随心所欲地修改、尝试不同的效果。再来看一组作品，如图6-21所示，其中有平面广告、商业插画，也有让人脑洞大开的图像创意合成。能将不同的图像移花接木，进行充满巧思妙想的组合，而且还不留痕迹，背后的“秘密武器”就是以上这些功能。

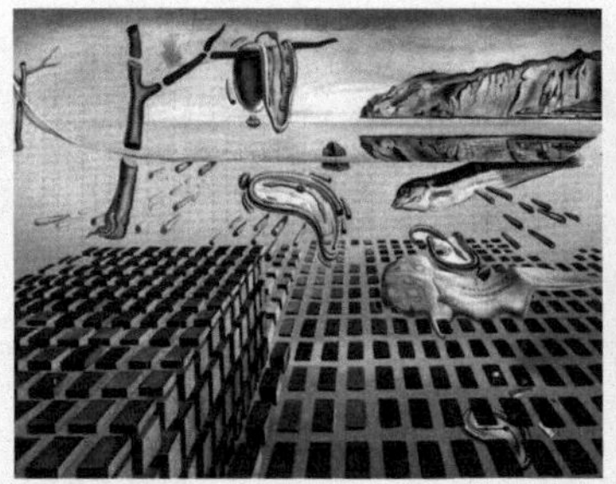

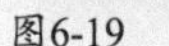
图6-19

图6-20

图6-21

不透明度与混合模式

不透明度与混合模式都可以混合像素或图层中所承载的对象，在图像合成、特效制作方面有很大用处。

·PS技术讲堂·

不透明度的原理及应用方向

扫码看视频

不透明度原理

调整不透明度，可以让图层中的对象呈现透明效果，进而使位于其下方的图层显现并与之叠加，如图6-22所示。由此可见，不透明度既是调节对象显示程度的功能，又是一种混合图像、图形、文字等对象的简单方法。

不透明度为100%时，图层内容完全显现（左图）；不透明度低于100%时，图层内容的显现程度被削弱（中图）；如果下方图层包含图像，图像会与下方图像混合（右图）

图6-22

不透明度与填充不透明度的区别

应用于图层的不透明度有两种——不透明度和填充不透明度。使用时，可以在

"图层"面板中选取，如图6-23所示。另外，"图层样式"对话框中也包含这两个选项，如图6-24所示。

二者的区别在于："不透明度"对图层中的所有对象一视同仁，"填充不透明度"（"填充"选项）则有所"顾忌"，它对图层样式和形状图层的描边不起作用。我们也可将其视为Photoshop对这两种对象的刻意保护。例如，图6-25所示为一个形状图层，形状的内部填充了颜色，其轮廓设置了描边，而整个图层添加了"外发光"效果。当调整"不透明度"值时，会对当前图层中的所有内容产生影响，包括填色、描边和"外发光"效果，如图6-26所示。而调整"填充"值时，只有填色变得透明，描边和"外发光"效果都保持原样，如图6-27所示。也就是说，填充不透明度对这两种对象无效。

图6-23

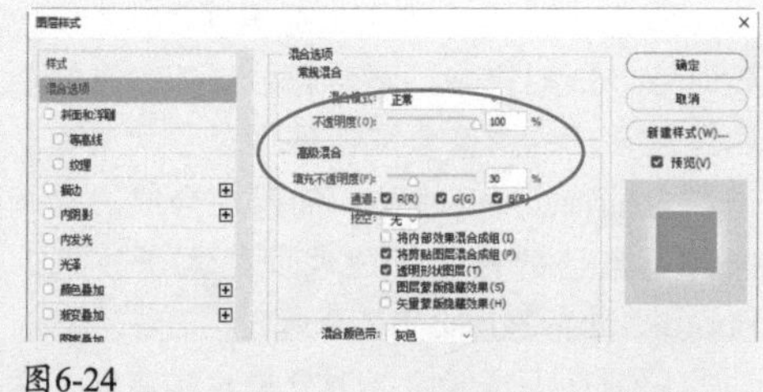

图6-24

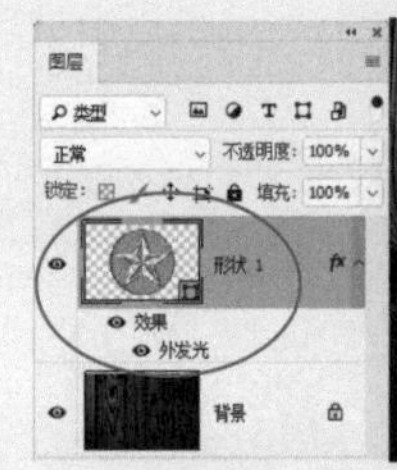

图6-25

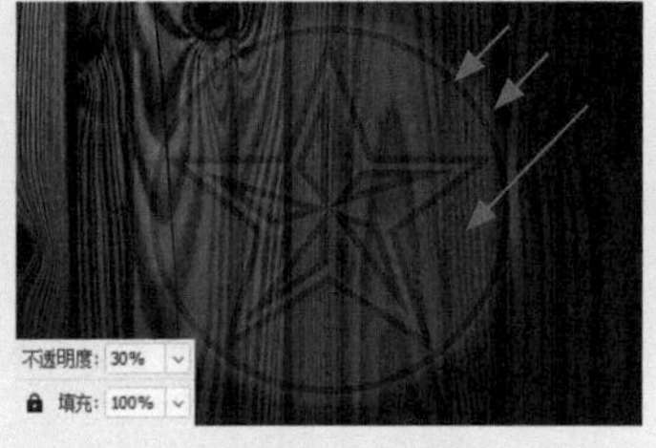

图6-26

图6-27

不透明度的应用方向

除"图层"面板和"图层样式"对话框外，其他一些命令和工具也可以设置不透明度（不能设置填充不透明度）。对这些功能进行归纳和梳理之后，不透明度的主要应用方向就明朗了。

首先是用于图层。除"背景"图层外，其他任何类型的图层都可调整不透明度，因此，不透明度决定了图层内容、调整指令（调整图层和填充图层），以及附加在图层上的效果（图层样式）和智能滤镜的显示程度。

其次是与填色有关。当使用"填充"命令、"描边"命令和渐变工具时，不透明度（"不透明度"选项）可以控制所填充的颜色和渐变的不透明程度，如图6-28和图6-29所示。

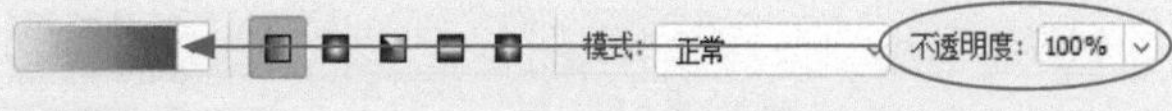

图6-28

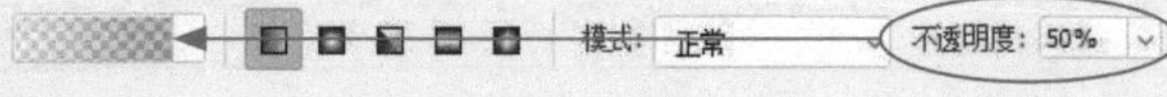

图6-29

还有就是与绘画有关。在绘画类工具中，画笔工具、铅笔工具、历史记录画笔工具、历史记录艺术画笔工具和橡皮擦工具都有"不透明度"选项，它决定了所绘制的颜色和抹除的像素的不透明程度。此外，使用形状类工具*（见337页）*时，在工具选项栏中选择"像素"选项后，也可以设置不透明度，其作用与绘画类工具相同。

不透明度的设置技巧

不透明度以百分比的形式表示，100%代表完全不透明；0%为完全透明；中间的数值代表半透明，且数值越低，透明度越高。使用包含"不透明度"选项的绘画类工具（如画笔工具、渐变工具）时，按键数字键可以修改工具的不透明度。例如，按5键，工具的不透明度会变为50%；连按两次5键，不透明度变为55%；按0键，不透明度恢复为100%。如果使用的不是绘画类工具，则按数字键时，调整的是当前图层的不透明度。

6.2.1

实战：制作镜片反射效果

本实战使用混合模式和图层蒙版等功能制作镜片反射彩灯形成的漂亮光斑，如图6-30所示。

扫码看视频

图6-30

01 使用移动工具✥将光斑素材拖入人物文件中，并调整大小，如图6-31所示。在“图层”面板中设置混合模式为“滤色”，效果如图6-32所示。

图6-31

图6-32

02 单击“图层”面板中的◘按钮添加蒙版。选择画笔工具🖌及硬边圆笔尖，将镜片外的光斑涂黑，这样可以通过蒙版将多余的光斑隐藏，如图6-33和图6-34所示。

03 按Ctrl+J快捷键复制图层。按Ctrl+T快捷键显示定界框，将图像旋转一定的角度并移动位置，使用画笔工具🖌修改蒙版，如图6-35和图6-36所示。

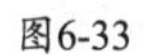
图6-33

图6-34

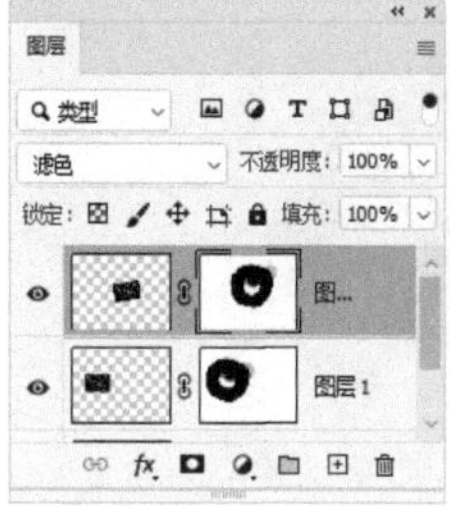

图6-35

图6-36

混合模式对哪些功能有影响

扫码看视频

图层

混合模式是一种混合对象的高级功能，常用于合成图像、制作选区、创建特效，以及通道抠图。

为什么是对象而不是图像呢？因为只要是图层所能承载的对象，不管是图像，还是文字、矢量图形、智能滤镜、3D模型、视频等，设置混合模式之后，都能与下方的图层产生混合。

与不透明度类似，混合模式也是在图层上使用得比较多，而且同样除“背景”图层外的其他图层都可设置。但二者的区别也很明显，不透明度所产生的混合只是由于对象变得透明而互相叠透，而混合模式则会使用特殊的方法来改变混合结果，因而效果更加丰富。

图层组

图层组的默认模式为“穿透”，这表示组本身并无混合属性，相当于普通图层的“正常”模式，如图6-37所示。如果设置为其他模式，则图层组中的图层都采用此模式与下方图层混合，如图6-38所示。

工具和命令

我们来看这样一个合成案例，它包含两个图层，其中人像（“图层1”）是抠好之后加进来的。接下来的操作是：创建一个圆形选区，选取“图层1”，执行“编辑>描边”命令，对选区进行描边，颜色为蓝色。当使用“正常”模式描边时，蓝色圆圈会覆盖人像，如图6-39所示。换成其他模式，如“饱和度”模式，就能产生混合效果了，但只影响“图层1”，不会与下方的“背景”图层混合，如图6-40所示。如果创建一个图层，并将描边应用在这一图层上，之后修改混合模式为“饱和度”，如图6-41所示，可以看到，蓝色圆圈与下方的所有图层都产生混合。

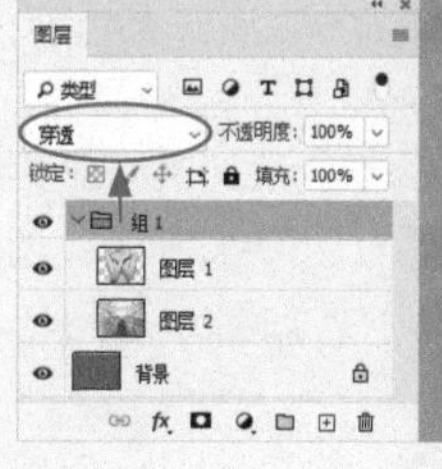

图6-37

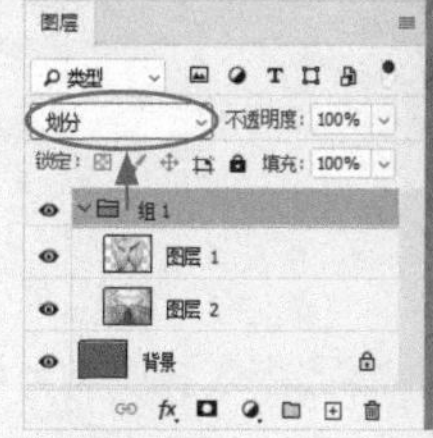

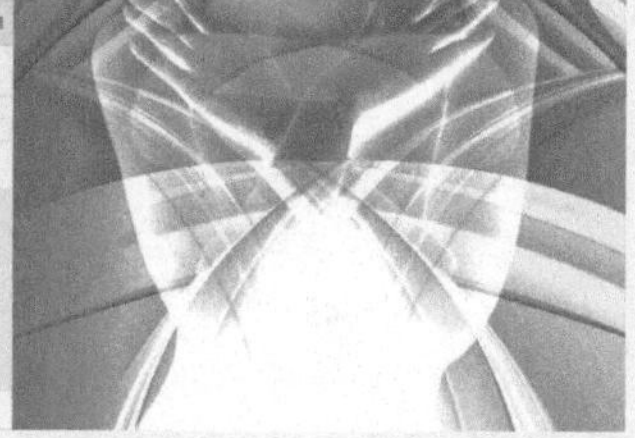
图6-38

使用“描边”命令及“正常”模式对选区进行描边

图6-39

使用“描边”命令及“饱和度”模式对选区进行描边

图6-40

将描边应用于新建的图层中，之后修改混合模式

图6-41

以上对比说明：“描边”命令的混合模式只让混合发生在当前图层的现有像素上，与其他图层没有关系。在绘画和修饰类工具的选项栏，以及“渐隐”和“填充”命令中，混合模式的用途与“描边”命令相同。但“图层样式”对话框中的混合模式是个例外，它影响的是当前图层和下方第一个与其像素发生重叠的图层。

通道

“应用图像”和“计算”命令可以将混合模式应用于通道，让通道产生混合效果。由于目前我们掌握的知识还比较有限，暂时无法理解它的用处，这里就不作具体说明了，在“第14章 抠图技术”中会详细介绍，而且还会有用通道混合方法抠图的实战。

“背后”模式与“清除”模式

“图层”面板、绘画和修饰类工具的选项栏、“图层样式”对话框，以及“填充”“描边”“计算”“应用图像”等命令都有混合模式选项，足见它有多么重要。接下来的章节会介绍每一种混合模式的原理和效果。但有两种混合模式需要提前说一下，可能是由于太过特殊，所以很少有人提及，它们就是“背后”模式和“清除”模式。这两种模式是绘画类工具、“描边”命令，以及“填充”命令独有的混合模式。使用形状类工具时，在工具选项栏中选择“像素”选项后，“模式”下拉列表中也包含这两种模式，如图6-42所示。

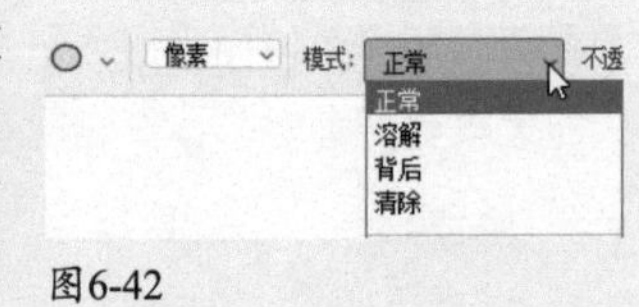

图6-42

“背后”模式的作用是：仅在图层的透明部分编辑或绘画。这非常容易理解，即使用画笔工具时，正常状态下，描绘的线条或图案会覆盖原有图像，如图6-43所示。而在“背后”模式下，绘画只作用于透明区域，不影响图像，所以其效果就像是在位于下方的图层中绘画一样，如图6-44所示。

图6-43

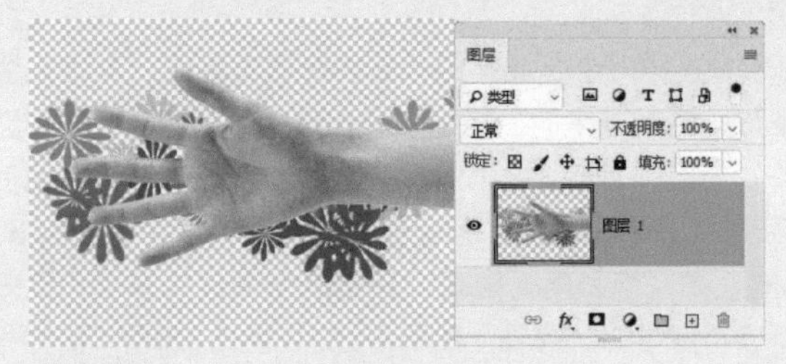

图6-44

在“清除”模式下，当前工具或命令会变身为橡皮擦工具，可清除像素。例如，将画笔工具设置为“清除”模式并将不透明度调整为100%后，在画面中涂抹的时候，就会擦掉图像，如图6-45所示。如果不透明度小于100%，则可部分地擦除

像素，效果类似于降低图层的不透明度。

需要说明的是，这两种模式只能用于未锁定透明区域的图层。如果单击“图层”面板中的 ⊠ 按钮，将透明区域锁定（见42页），则它们将无法使用。

图6-45

6.2.2 混合模式效果演示

混合模式分为6组，共27种，如图6-46所示。

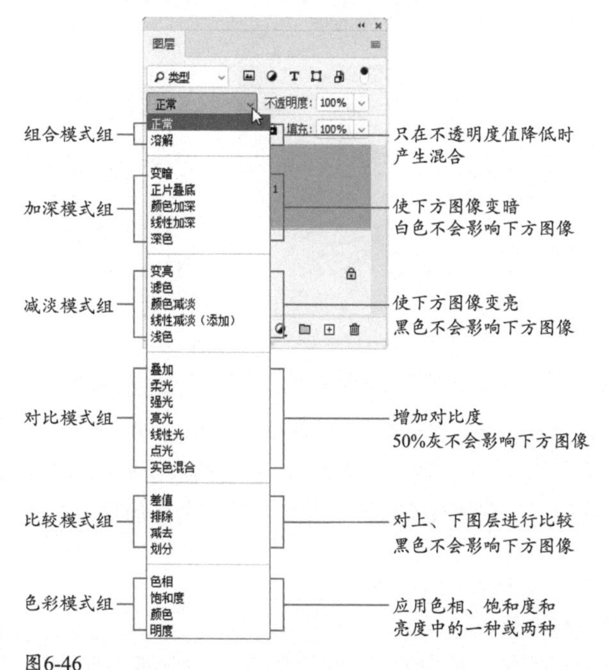

图6-46

单击“图层”面板中的一个图层，将其选取之后，单击“图层”面板中混合模式右侧的 ⌄ 按钮，打开下拉列表，即可为图层选择一种混合模式。当鼠标指针在各个模式上移动时，文档窗口中会实时显示混合效果。此外，也可在该列表上双击，之后滚动鼠标滚轮，或按↓、↑键来依次切换（工具选项栏中的混合模式选项亦可采用此方法操作）。

为了直观地再现混合模式的效果，接下来将使用图6-47所示的文件，通过改变“图层1”的混合模式来演示它与“背景”图层中的像素产生怎样的混合结果。

需要注意的是：部分混合模式会隐藏中性色（黑、白和50%灰）（见193页），使其失去作用；“点光”“变亮”“色相”“饱和度”“颜色”“明度”模式对上、下层相同的图像不起作用。

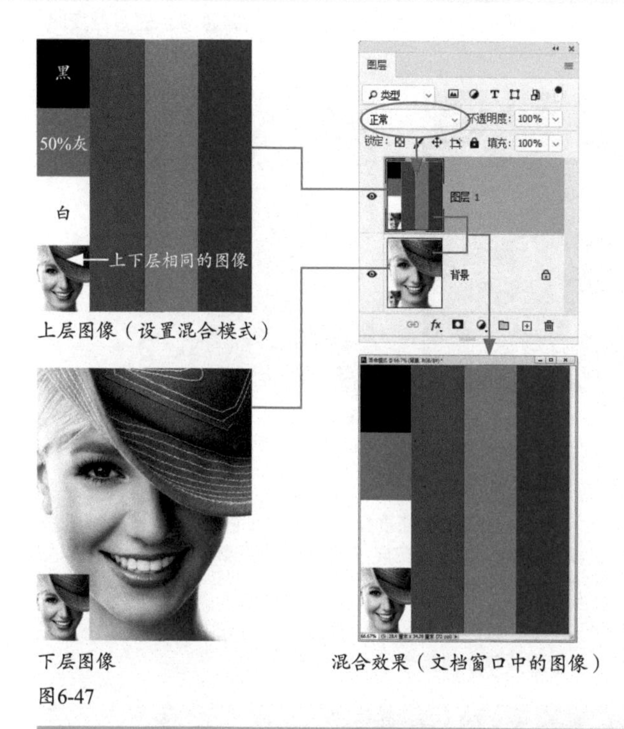

图6-47

组合模式组

使用组合模式组中的混合模式时，需要先降低图层的不透明度才能产生效果。

- 正常：默认的混合模式，当图层的不透明度为100%时，完全遮盖下面的图像，如图6-48所示。降低不透明度可以使其与下面的图层混合。
- 溶解：设置为该模式并降低图层的不透明度后，可以使半透明区域上的像素离散，产生点状颗粒，如图6-49所示。

图6-48　　图6-49

加深模式组

加深模式组可以使图像变暗。当前图层中的白色不会对下方图层产生影响，比白色暗的像素会加深下方图层的像素。

- 变暗：比较两个图层，当前图层中较亮的像素会被底层较暗的像素替换，亮度值比底层像素低的像素保持不变，如图6-50所示。
- 正片叠底：当前图层中的像素与底层的白色混合时保持不变，与底层的黑色混合时则被其替换，混合结果通常会使图像变暗，如图6-51所示。

图6-50

图6-51

- 颜色加深：通过增加对比度来加强深色区域，底层图像的白色保持不变，如图6-52所示。
- 线性加深：通过降低亮度使像素变暗，它与“正片叠底”模式的效果相似，但可以保留底层图像更多的颜色信息，如图6-53所示。
- 深色：比较两个图层的所有通道值的总和并显示值较小的颜色，不会生成第3种颜色，如图6-54所示。

图6-52

图6-53

图6-54

减淡模式组

减淡模式组与加深模式组产生的效果截然相反，其中的混合模式可以使下方的图像变亮。当前图层中的黑色不会影响下方图层，比黑色亮的像素会加亮下方像素。

- 变亮：与“变暗”模式的效果相反，当前图层中较亮的像素会替换底层较暗的像素，而较暗的像素则被底层较亮的像素替换，如图6-55所示。
- 滤色：与“正片叠底”模式的效果相反，它可以使图像产生漂白的效果，类似于多个摄影幻灯片在彼此之上投影，如图6-56所示。

图6-55

图6-56

- 颜色减淡：与“颜色加深”模式的效果相反，即减小对比度来提亮底层的图像，并使颜色变得更加饱和，如图6-57所示。
- 线性减淡（添加）：与“线性加深”模式的效果相反，它通过增加亮度来减淡颜色，提亮效果比“滤色”和“颜色减淡”模式都强烈，如图6-58所示。
- 浅色：比较两个图层的所有通道值的总和并显示值较大的颜色，不会生成第3种颜色，如图6-59所示。

图6-57

图6-58

图6-59

对比模式组

对比模式组可以增加下层图像的对比度。在混合时，50%灰色不会对下方图层产生影响，亮度值高于50%灰色的像素会使下方像素变亮，亮度值低于50%灰色的像素会使下方像素变暗。

- 叠加：可增强图像的颜色，并保持底层图像的高光和暗调，如图6-60所示。
- 柔光：当前图层中的颜色决定了图像是变亮还是变暗，如果当前图层中的像素比50%灰色亮，则图像变亮；如果像素比50%灰色暗，则图像变暗。产生的效果与发散的聚光灯照在图像上相似，如图6-61所示。
- 强光：当前图层中比50%灰色亮的像素会使图像变亮；比50%灰色暗的像素会使图像变暗。产生的效果与耀眼的聚光灯照在图像上相似，如图6-62所示。

图6-60

图6-61

图6-62

- 亮光：如果当前图层中的像素比50%灰色亮，可通过减小对比度的方式使图像变亮；如果当前图层中的像素比50%灰色暗，则可以通过增加对比度的方式使图像变暗。该模式可以使混合后的颜色更加饱和，如图6-63所示。
- 线性光：如果当前图层中的像素比50%灰色亮，可通过增加亮度使图像变亮；如果当前图层中的像素比50%灰色暗，则可以通过减小亮度使图像变暗。与“强光”模式相比，“线性光”模式可以使图像产生更高的对比度，如图6-64所示。

图6-63

图6-64

- 点光：如果当前图层中的像素比50%灰色亮，可以替换暗的像素；如果当前图层中的像素比50%灰色暗，则替换亮的像素。这在向图像中添加特殊效果时非常有用，如图6-65所示。
- 实色混合：如果当前图层中的像素比50%灰色亮，会使底层图像变亮；如果当前图层中的像素比50%灰色暗，则会使底层图像变暗。该模式通常会使图像产生色调分离效果，如图6-66所示。

图6-65

图6-66

比较模式组

比较模式组会比较当前图层与下方图层，将相同的区域变为黑色，不同的区域显示为灰色或彩色。如果当前图层中包含白色，那么白色会使下层像素反相，黑色不会对下层像素产生影响。

- 差值：当前图层的白色区域会使底层图像产生反相效果，黑色区域不会对底层图像产生影响，如图6-67所示。
- 排除：与“差值”模式的原理基本相似，但该模式可以创建对比度更低的混合效果，如图6-68所示。
- 减去：可以从目标通道中相应的像素上减去源通道中的像素值，如图6-69所示。
- 划分：查看每个通道中的颜色信息，从基色（原稿颜色）中划分混合色（通过绘画或编辑工具应用的颜色），如图6-70所示。

图6-67

图6-68

图6-69

图6-70

色彩模式组

使用色彩模式组时，Photoshop会将色彩分为3种成分（色相、饱和度和亮度），将其中的一种或两种应用在混合后的图像中。但上、下层相同的图像不会改变。

- 色相：将当前图层的色相应用到底层图像的亮度和饱和度中。该模式可以改变底层图像的色相，但不会影响其亮度和饱和度。对于黑色、白色和灰色区域，该模式不起作用，如图6-71所示。
- 饱和度：将当前图层的饱和度应用到底层图像的亮度和色相中，可以改变底层图像的饱和度，但不会影响其亮度和色相，如图6-72所示。

图6-71

图6-72

- 颜色：将当前图层的色相与饱和度应用到底层图像中，但保持底层图像的亮度不变，如图6-73所示。
- 明度：将当前图层的亮度应用于底层图像的颜色中，可以改变底层图像的亮度，但不会对其色相与饱和度产生影响，如图6-74所示。

图6-73

图6-74

6.2.3 实战：梦幻柔光照

女孩拍写真的时候都喜欢柔光照，不仅因为它能营造梦幻氛围，更主要的是柔美的画面能掩盖瑕疵，这在客观上起到了磨皮（见285页）的作用。下面使用滤镜和混合模式制作柔光照，如图6-75所示。

扫码看视频

图6-75

01 按Ctrl+J快捷键复制“背景”图层，设置混合模式为“滤色”，如图6-76所示，提亮整体色调。

02 执行“滤镜>模糊>高斯模糊”命令，对图像进行模糊处理，营造朦胧效果，如图6-77所示。

图6-76

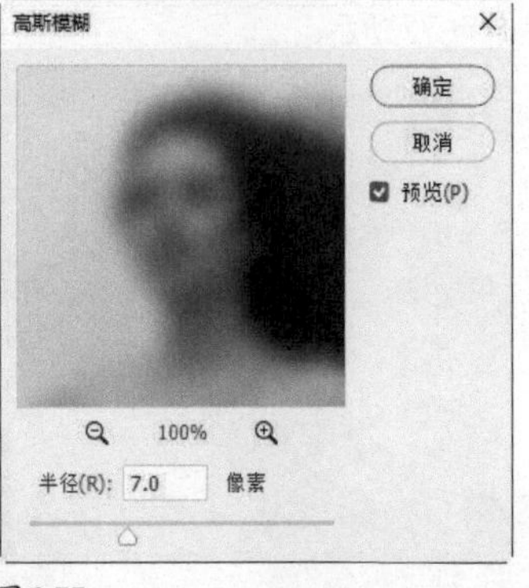

图6-77

03 单击“图层”面板中的 按钮，打开下拉列表，执行“渐变”命令，创建渐变填充图层，设置混合模式为“线性加深”，用以调整天空颜色，如图6-78~图6-80所示。

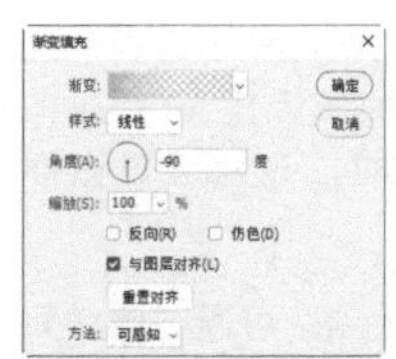
图6-78

图6-79

图6-80

04 截至上一步，图像已经表现出了柔光照的特征，并呈现出朦胧的美感，只是五官过于模糊，人物的面部特征不明显了。下面使用通道图像恢复面部细节。单击“背景”图层，按住Alt键并单击它左侧的眼睛图标 ，将其他图层隐藏，如图6-81所示。打开“通道”面板，单击绿通道，如图6-82所示，画面中会显示该通道内的灰度图像，如图6-83所示。按Ctrl+A快捷键全选，按Ctrl+C快捷键复制图像。

图6-81

图6-82

图6-83

05 按住Alt键并单击“背景”图层左侧的眼睛图标 ，让图层重新显示，如图6-84所示。在渐变填充图层下方新建一个图层。按Ctrl+V快捷键，将绿通道中的图像粘贴到该图层中，设置混合模式为“柔光”，如图6-85和图6-86所示。

图6-84

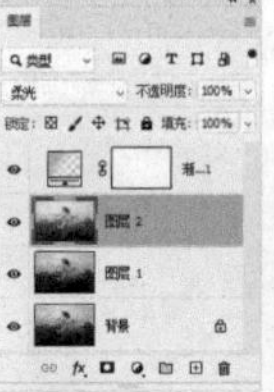
图6-85

图6-86

06 单击“图层”面板中的 按钮添加蒙版。选择画笔工具 及柔边圆笔尖，在人物的裙子及周边涂抹黑色，这些区域的图像过于清晰，通过蒙版的遮盖可以显示用“模糊”滤镜处理过的柔光效果，如图6-87和图6-88所示。

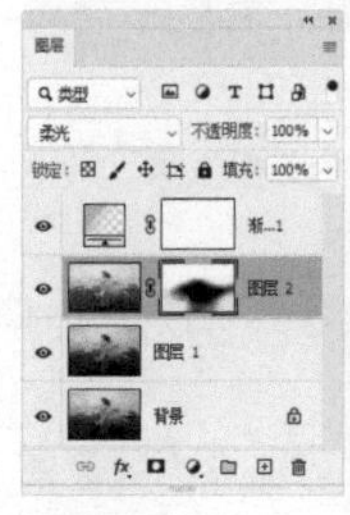
图6-87

图6-88

6.2.4

实战：制作神奇的隐身图像

下面制作一个女孩隐身于花朵中的实例，如图6-89所示。前面介绍的工具的不透明度、图层的不透明度、混合模式等在本实战中都会用到。

扫码看视频

图6-89

01 使用移动工具将图案拖入人物文件中，设置混合模式为“颜色加深”，如图6-90和图6-91所示。

图6-90 图6-91

02 将鼠标指针放在“颜色填充1”图层的蒙版上，按住Alt键并拖曳给“图层1”，将蒙版复制给“图层1”，让人物完全显示出来，如图6-92和图6-93所示。使用画笔工具在人物身上涂抹白色，这样就形成了视觉反差，人物面部和头发都是真实的，身体却被隐藏在图案中，如图6-94所示。

图6-92 图6-93 图6-94

03 目前这种隐藏效果还太过明显，似有似无才是这幅作品真正要体现的意境。设置画笔的不透明度为60%。单击“颜色填充1”的蒙版缩览图，用画笔工具在人物的手臂和衣服（这部分在蒙版中显示为黑色）上涂抹白色。由于调整了不透明度，此时涂抹所生成的颜色为浅灰色，它弱化了这部分图像的显示效果，同时又能若隐若现地看出身体的轮廓，如图6-95和图6-96所示。

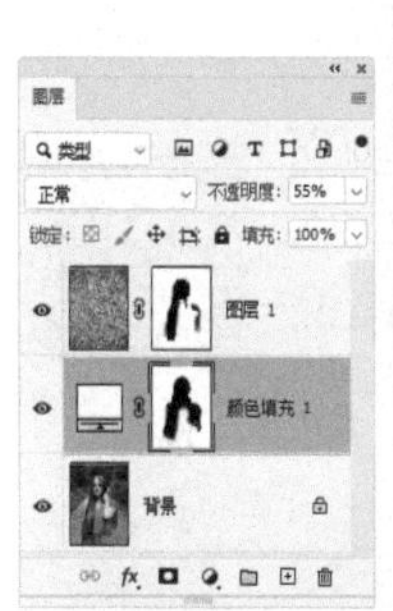

图6-95 图6-96

04 按住Ctrl键并单击该图层的缩览图，将蒙版中的白色区域作为选区载入，如图6-97所示。新建一个图层，设置不透明度为40%，将前景色设置为深棕色，用画笔工具在头部两侧绘制投影，让头部与图案之间产生距离感，如图6-98和图6-99所示。

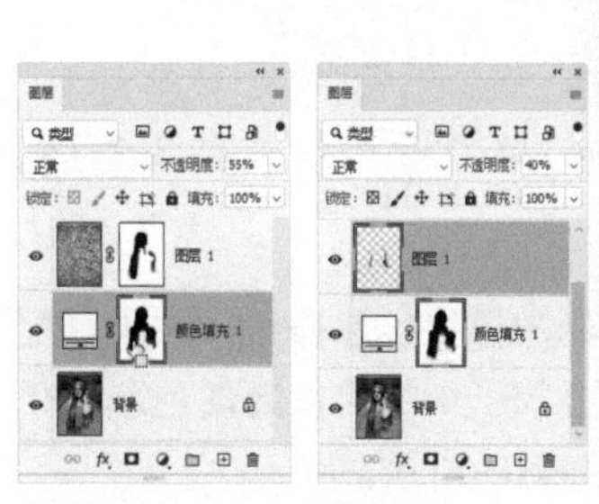

图6-97 图6-98 图6-99

05 将图案素材中的“粉橙色”图层组拖入人物文件，该图层组包含一整套调色命令，可以使画面颜色变成浪漫的粉橙色，如图6-100和图6-101所示。

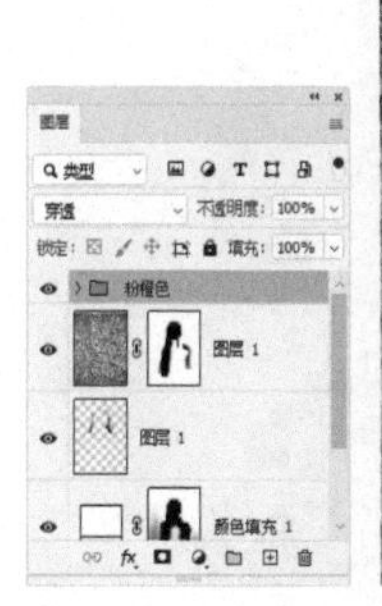

图6-100 图6-101

图层蒙版

图层蒙版、剪贴蒙版和矢量蒙版同属于非破坏性编辑功能，也是重要的影像合成工具。其中图层蒙版用处最大，本节介绍它的原理和使用方法。

6.3.1

实战：多重曝光影像

多重曝光是摄影中采用两次或多次独立曝光并重叠起来组成一张照片的技术，可以在一张照片中展现双重或多重影像，如图6-102所示。

扫 码 看 视 频

摄影师布兰登·基德韦尔（Brandon Kidwell）作品

摄影师高桥美纪（Miki Takahashi）作品

图6-102

用图层蒙版合成多重曝光效果很容易操作，如果再配合混合模式，就不单是影像叠加了，还可以展现色彩变化效果及更加丰富的细节，如图6-103所示。

图6-103

01 选择移动工具 ，将素材拖入人像文件中，设置其混合模式为“变亮”，如图6-104和图6-105所示。

图6-104

图6-105

02 单击“图层”面板中的 按钮，添加图层蒙版。选择画笔工具 及柔边圆笔尖，在画面中涂抹黑色和深灰色（可用数字键调整工具的不透明度），对蒙版进行编辑，处理好建筑与人像的衔接，如图6-106和图6-107所示。

图6-106

图6-107

03 单击“调整”面板中的 按钮，创建“渐变映射”调整图层，设置渐变色，如图6-108所示。将调整图层的混合模式设置为“滤色”，营造暖黄色的整体颜色氛围，如图6-109和图6-110所示。

图6-108

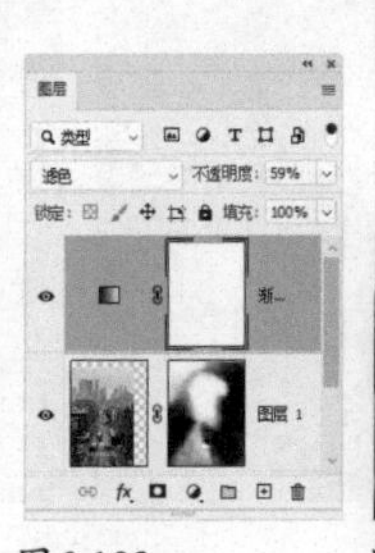

图6-109

图6-110

技术看板 **图层蒙版创建方法**

选择一个图层后，单击“图层”面板中的 按钮，或执行“图层>图层蒙版>显示全部”命令，可以为其添加一个完全显示图层内容的白色蒙版；按住Alt键并单击 按钮，或执行“图层>图层蒙版>隐藏全部”命令，则会添加一个完全隐藏图层内容的黑色蒙版。如果图层中包含透明区域，执行“图层>图层蒙版>从透明区域”命令，可以创建一个隐藏透明区域的蒙版。

如果创建了选区，单击 按钮，或执行“图层>图层蒙版>显示选区”命令，可以从选区中生成蒙版，将图像从背景中抠出来。执行“图层>图层蒙版>隐藏选区”命令，则会将原选区内的图像隐藏。

抠图时，经常会让图层蒙版与选区互相转换。可通过按住Ctrl键并单击图层蒙版缩览图的方法，将蒙版中包含的选区加载到画布上。用这种方法也可以从通道和图层中转换出选区。

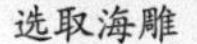

选取海雕

从选区中生成蒙版遮盖背景

·PS技术讲堂·

图层蒙版的本质

图层蒙版的重要性

扫码看视频

图层搭建起了Photoshop这座“大厦”，相当于Photoshop的“骨骼”。图层蒙版则是Photoshop的灵魂，几乎所有类型的图层都支持它，就连创建填充图层、调整图层，以及应用智能滤镜时，也会自动添加图层蒙版。

合成影像其实只是图层蒙版的用途之一。在特殊类型的图层，如调整图层上，图层蒙版可以控制调整范围和强度（见185页）；用在智能滤镜上，则能改变滤镜效果的不透明度和有效区域（见178页）。

图层蒙版的原理

图层蒙版是一种灰度图像，包含从黑~白共256级色阶，它附加在图层上并对图层内容进行遮挡，使其隐藏或呈现透明效果，但蒙版本身并不可见。

对于初次接触图层蒙版的人，这种间接作用于图层的方式比较特别，不太容易理解，其实我们可将其视为一种能对不透明度进行分区调节的工具，这样便容易抓住图层蒙版的本质特征。其原理及使用规律如下。

在蒙版图像中，黑、白、灰控制图层内容是否显示。其中，黑色区域会完全遮挡图层内容，就相当于将图层内容的不透明度设置为0%；白色区域所对应的图层内容完全显示，也就是说，图层蒙版将这一区域的不透明度设置为100%；蒙版中的灰色遮挡程度没有黑色强，因此，图层内容会呈现透明效果（灰色越深、透明度越高），即灰色区域的不透明度被蒙版设置为1%~99%。

图6-111所示展示了上面所说的几种情况。从中可以看到，图层蒙版能让图像呈现出不同的透明效果，这是用“不透明度”选项实现不了的，因为“不透明度”只能控制整个图层，无法分区调节。由此也能总结出图层蒙版的使用规律：当想要隐藏某些内容时，将蒙版中相应的区域涂黑即可；如果想让其重新显示，就涂成白色；如果想让图层内容呈现半透明效果，则将蒙版涂灰。

在黑白渐变区域，图像从完全隐藏到完全显示　白色处对应的图像完全显示　灰色使图像呈现透明效果　黑色完全遮挡图像　被蒙版遮挡的图像　图层蒙版

图6-111

哪些工具可以编辑图层蒙版

图层蒙版是一种灰度图像，属于位图，除矢量工具外，几乎所有的绘画类、修饰类、选区类工具和滤镜都可以编辑它。其中常用的工具有两个——画笔工具 和渐变工具 。画笔工具 灵活度高，可以控制任意区域的透明度，相当于“步枪点射”，指向精确、各个击破，如图6-112所示；渐变工具 能在更大范围内创建平滑的融合效果，相当于“机枪扫射”，覆

盖面大、快速有效，如图6-113所示。

将图层蒙版与另外两种常用的蒙版——矢量蒙版和剪贴蒙版进行比较，在定义图层显示范围方面它们不分伯仲，各有优势。但在透明度的控制上，图层蒙版最强大，也最方便。另外，图层蒙版的编辑工具更是远远多于其他两种蒙版。

认准当前编辑的对象

当一个图层中既有图像（或其他内容，如文字）又有蒙版时，怎样才能知道当前处理的是哪种对象呢？答案是观察缩览图。如果图像的四角有边框，如图6-114所示，当前操作就会应用于图像。需要编辑蒙版时，可单击蒙版缩览图，将边框转移给它，如图6-115所示，之后再进行操作。创建图层蒙版后，则无须转换，直接编辑即可。但是切换图层后，再想编辑蒙版，就需要先单击蒙版缩览图再操作。

图6-112　图6-113　图6-114　图6-115

6.3.2

实战：超现实主义合成

扫码看视频

下面的实战使用蒙版来合成图像，让不同的元素完美地融合到一个画面中，制作成无缝拼接的、超现实主义作品，如图6-116所示。

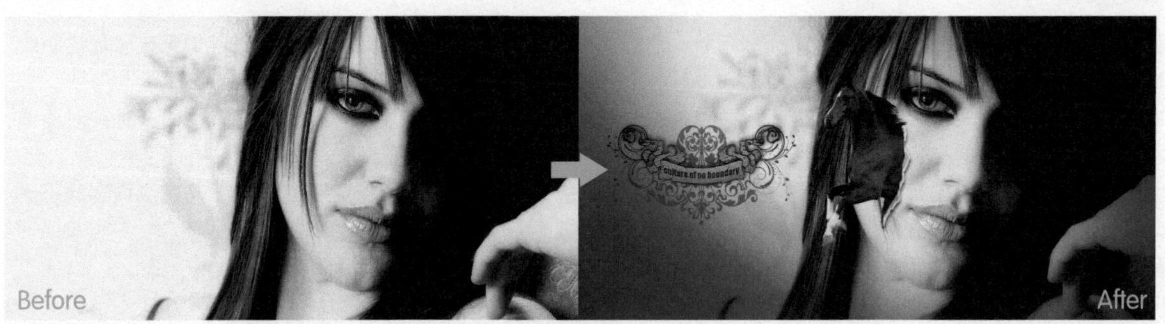

图6-116

01 单击“调整”面板中的按钮，创建“色相/饱和度”调整图层，拖曳滑块降低色彩的饱和度，如图6-117和图6-118所示。新建一个图层，使用画笔工具（硬边圆笔尖）在人物的脸颊处绘制裂口，如图6-119和图6-120所示。

图6-117　图6-118　图6-119　图6-120

02 选择多边形套索工具，在工具选项栏中设置羽化为1像素，在裂口的右侧创建选区。在“裂口”图层的下方创建名称为“卷边”的图层，将前景色设置为皮肤色，按Alt+Delete快捷键为图层填色，如图6-121和图6-122所示，然后取消选择。裂口下边的颜色应当偏黄。裂口右边缘可使用橡皮擦工具处理，使其更加自然柔和。

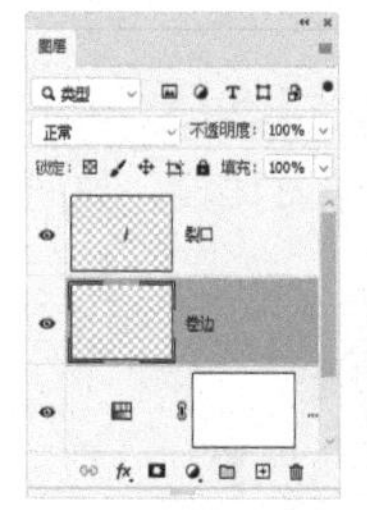

图6-121　图6-122

03 双击“卷边”图层，打开“图层样式”对话框，添加“投影”“内发光”“渐变叠加”效果，制作出纸张开裂后的卷起效果，如图6-123~图6-126所示。

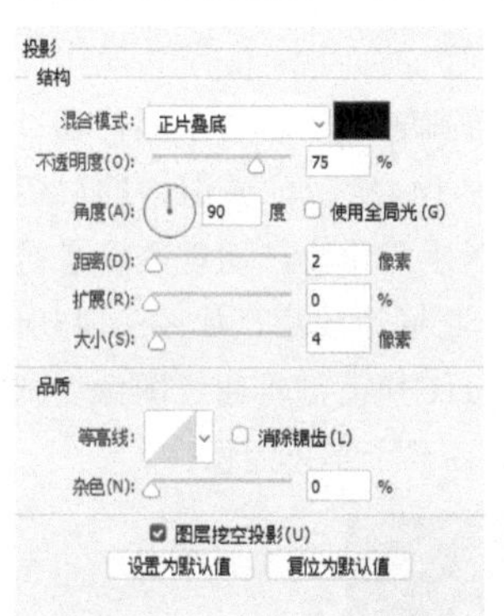

图6-123

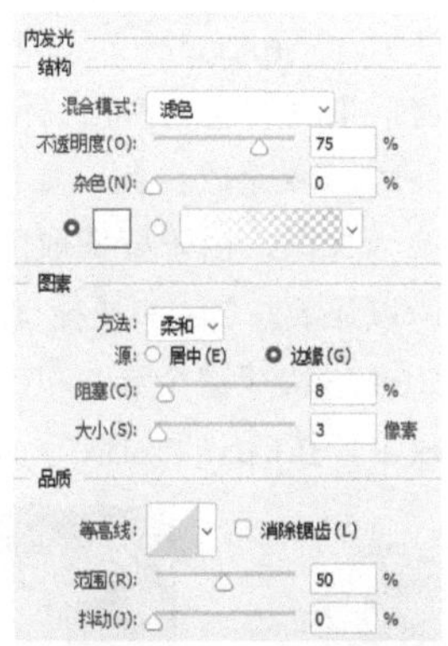

图6-124

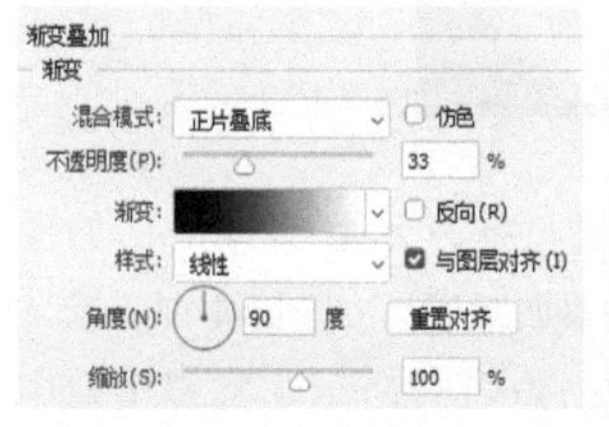

图6-125

图6-126

04 将马素材拖入文件中，放在“裂口”图层的上面。将马适当缩小并放到裂口处，如图6-127所示。单击按钮添加蒙版。使用画笔工具（柔边圆、大小为100像素）在马的后半身涂抹，靠近裂口处时将画笔调小细致涂抹，使图像边缘与裂口的衔接准确，制作出马从裂口跳出的效果，如图6-128和图6-129所示。

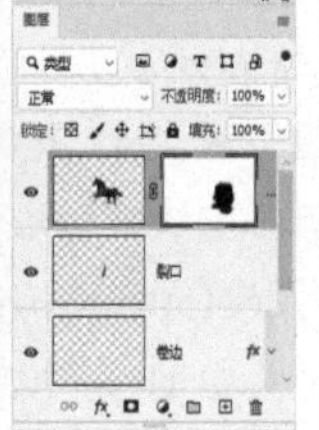

图6-127　图6-128　图6-129

05 单击“调整”面板中的按钮，创建“色阶”调整图层，将图像调亮，如图6-130所示。按Alt+Ctrl+G快捷键创建剪贴蒙版，使色阶调整图层只作用于“马”图层，如图6-131和图6-132所示。

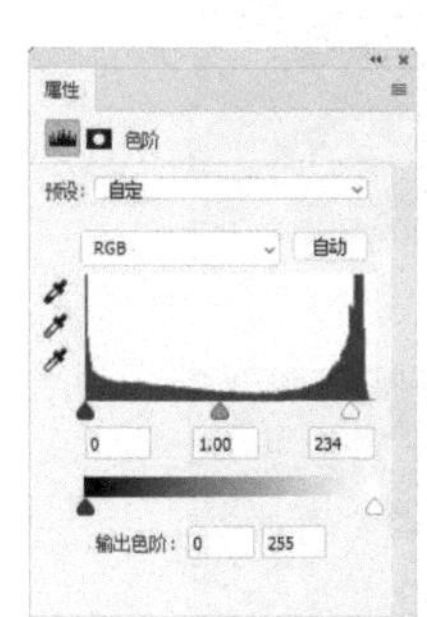

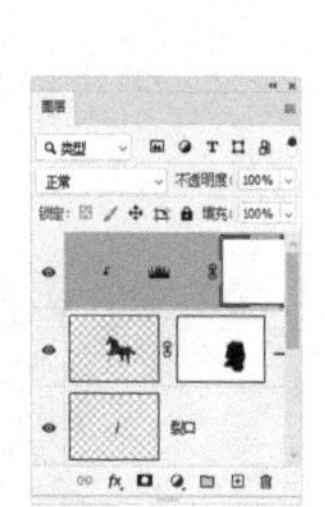

图6-130　图6-131　图6-132

06 创建一个名称为“色调”的图层，填充棕色（R70，G38，B4）。设置混合模式为“正片叠底”，不透明度为75%，以加深图像颜色，如图6-133和图6-134所示。

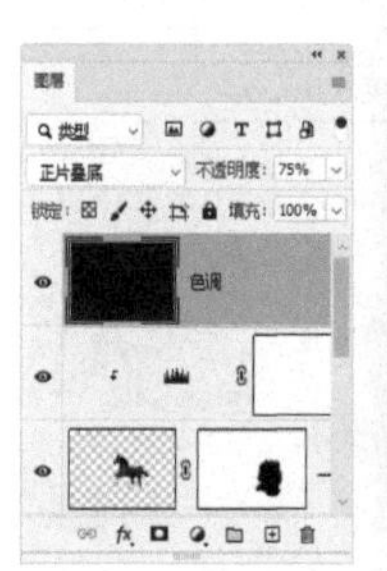

图6-133　图6-134

07 为该图层添加蒙版。使用画笔工具（柔边圆、大小为500像素，不透明度为80%）在画面中央涂抹，绘制光照效果，将焦点集中在马身上，如图6-135和图6-136所示。

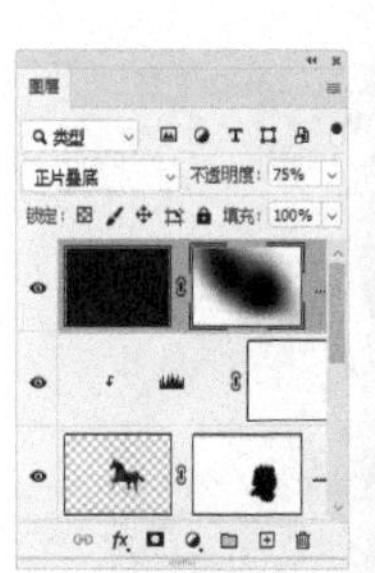

图6-135　图6-136

08 按住Alt键并单击按钮，创建一个名称为“加深”的图层，设置混合模式为“正片叠底”。将前景色设置为深灰色，使用画笔工具在画面下方的两个角涂抹，加深这两个区域，使画面色调的变化更加丰富。调整该图层的不透明度为50%，使画面色调的变化更加微妙，如图6-137

和图6-138所示。最后加入图标素材，放在画面左侧，如图6-139所示。

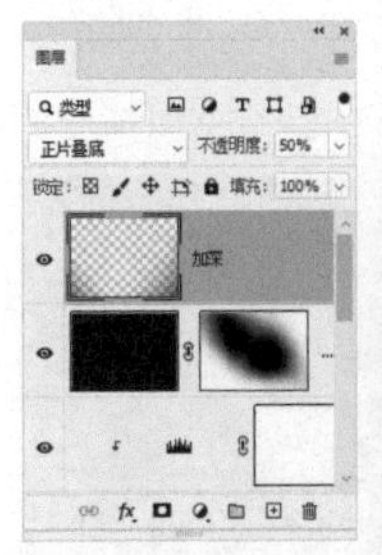
图6-137

图6-138

图6-139

6.3.3 实战：合成爱心水晶（从通道中生成蒙版）

要点

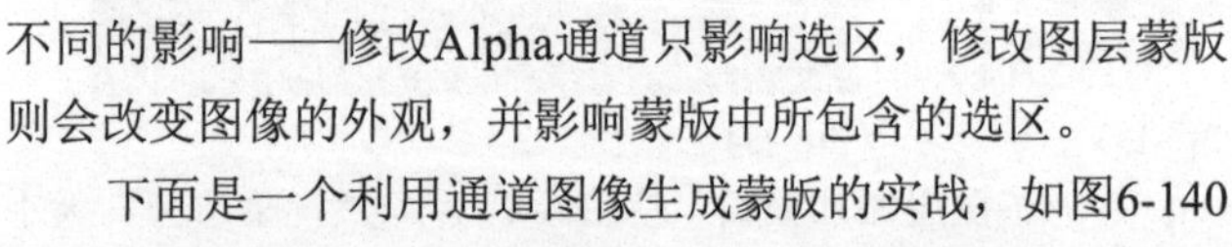
扫码看视频

图层蒙版与Alpha通道中的图像一样，都包含256级色阶，属于同一种对象，而且可以互相转换。但对这两种图像进行编辑时会带来不同的影响——修改Alpha通道只影响选区，修改图层蒙版则会改变图像的外观，并影响蒙版中所包含的选区。

下面是一个利用通道图像生成蒙版的实战，如图6-140所示。由于用到了色阶和通道，所以有一定难度。但可以从中学到很多技巧，而且有助于从其他的角度认识图层蒙版，从而能更好地使用它。

图6-140

01 将“绿”通道拖曳到“通道”面板中的 ⊞ 按钮上进行复制，得到“绿 拷贝”通道。这是一个Alpha通道，如图6-141所示。

02 按Ctrl+L快捷键，打开“色阶”对话框（*见194页*），将阴影滑块和高光滑块向中间拖曳，增强对比度，如图6-142和图6-143所示。

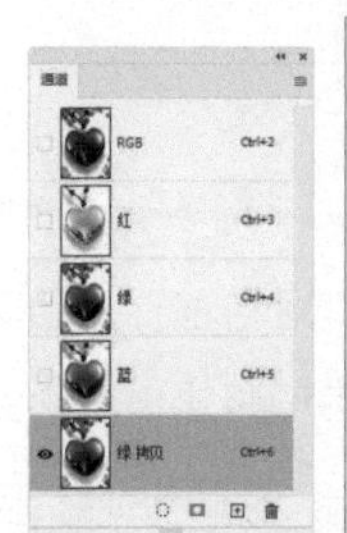
图6-141

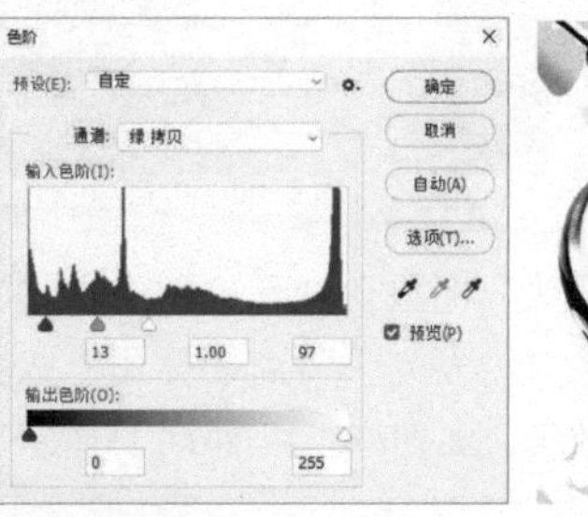
图6-142

图6-143

03 将前景色设置为白色。使用画笔工具 将水晶饰物以外的区域涂成白色，如图6-144所示。通道中的白色可以转换为选区，由于要提取的是水晶饰物，而现在背景是白色，所以还要按Ctrl+I快捷键，将通道反相，如图6-145所示。按Ctrl+A快捷键全选，按Ctrl+C快捷键将通道图像复制到剪贴板中。按Ctrl+2快捷键，重新显示彩色图像。

图6-144

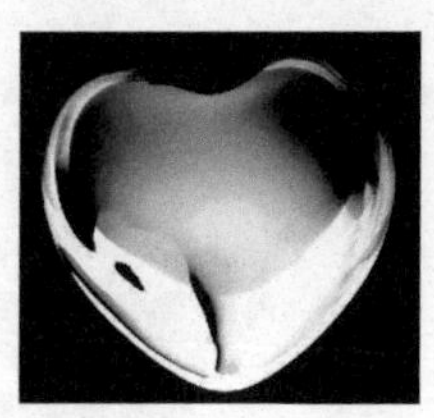
图6-145

04 使用移动工具 将花朵素材拖入水晶文件中，如图6-146所示。单击 按钮添加蒙版，如图6-147所示。按住Alt键并单击蒙版缩览图，如图6-148所示，文档窗口中会显示蒙版图像。

图6-146

图6-147

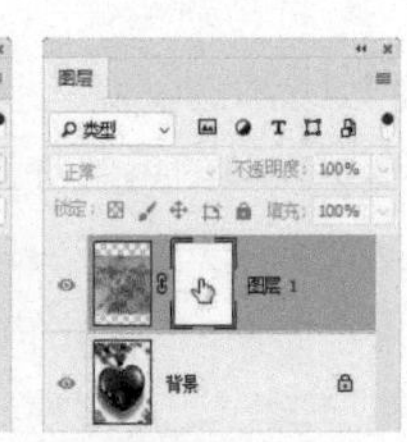
图6-148

05 按Ctrl+V快捷键，将通道图像粘贴到蒙版中，如图6-149所示。按Ctrl+D快捷键取消选择。单击图像缩览图，恢复图像显示，如图6-150和图6-151所示。

06 单击“调整”面板中的 按钮，创建“曲线”（*见196页*）调整图层，在“预设”下拉列表中选择“强对比度（RGB）”选项，增强对比度，让细节更加清楚，如图6-152和图6-153所示。

图6-149

图6-150

图6-151

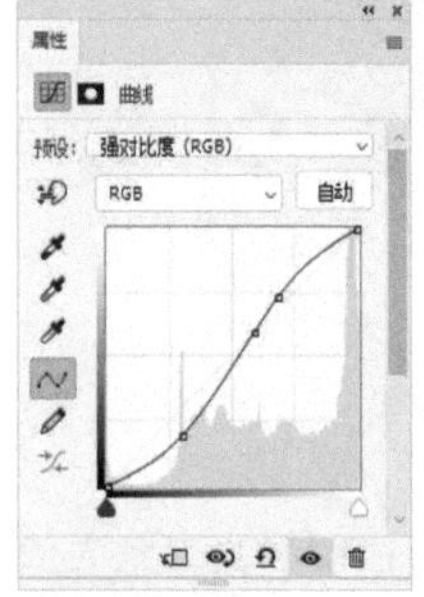

图6-152

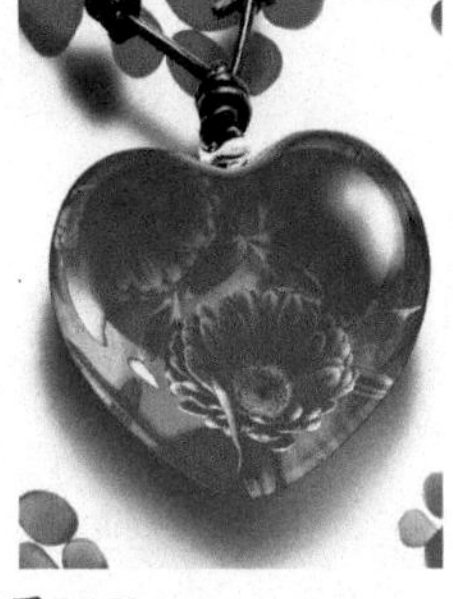

图6-153

技术看板 停用蒙版

在文档窗口中显示蒙版图像，既便于观察蒙版细节，也可以编辑它。如果想要观察原图，即被蒙版遮挡前的图像，可以按住Shift键并单击蒙版缩览图（相当于执行“图层>图层蒙版>停用”命令），暂时停用蒙版，它上方会出现一个红色的“×”。单击蒙版缩览图，可恢复蒙版。

6.3.4 链接图层内容与蒙版

蒙版和图像缩览图中间有一个状图标，它表示蒙版与图像正处于链接状态，此时进行变换操作，如旋转、缩放，蒙版会与图像一同变换，就像处于链接状态的图层（*见41页*）一样。如果想单独移动或变换其中的一个，可单击图标，或执行“图层>图层蒙版>取消链接”命令，取消链接。要重新建立链接，在原图标处单击即可。

6.3.5 复制与转移蒙版

按住Alt键，将一个图层的蒙版拖曳给另一个图层，可以将蒙版复制给目标图层，如图6-154和图6-155所示。如果没有按住Alt键，则会将该蒙版转换过去，原图层不再有蒙版，如图6-156所示。

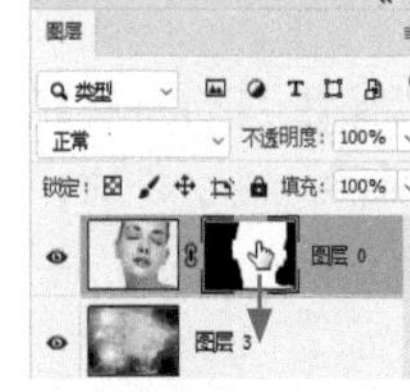

图6-154

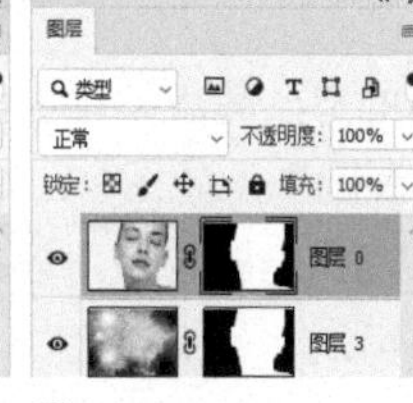

图6-155

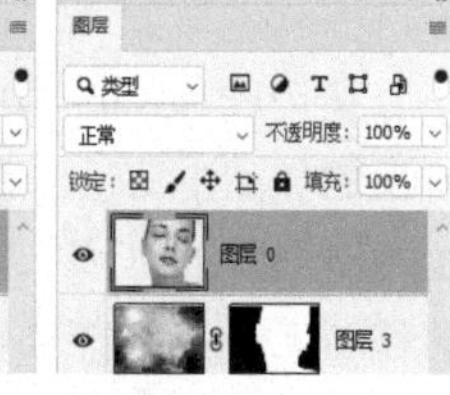

图6-156

6.3.6 应用与删除蒙版

执行“图层>图层蒙版>应用”命令，可以将蒙版及被它遮盖的图像删除。执行“图层>图层蒙版>删除”命令，可只删除图层蒙版。如果觉得用命令操作比较麻烦，可以将蒙版缩览图拖曳到“图层”面板中的按钮上。

剪贴蒙版

图层蒙版只对一个图层有效，而剪贴蒙版可以处理多个图层。由于它是用一个图层控制其上方多个图层的，因而具有连续性的特点，因此调整图层的堆叠顺序时应加以注意，否则会将其解散。

6.4.1 实战：神奇的放大镜

扫码看视频

莱奥纳尔多·达·芬奇既是一位艺术家，也是人类历史上少见的全才。他有很多特别的技能，例如，他能以镜像字（左手反写）写日记。人们只有通过镜子，才能看懂写的是什么。受此启发，研究人员用镜子对达·芬奇的作品进行了研究，结果发现了奇怪的图案——蒙娜丽莎双手交叉处有一个头像，其轮廓酷似电影《星球大战》中的大反派黑爵士达斯·维达，如图6-157所示。更绝的是，达·芬奇还通过画中人物的眼神和动作指出了镜子应该摆放在什么位置才能反射出这些图案。真是太神奇了！

电影《星球大战》 达斯·维达　《蒙娜丽莎》

图6-157

使用Photoshop中的剪贴蒙版，也可以像达·芬奇一样在自己的作品中留下“密码”，如图6-158所示。镜子是解开达·芬奇密码的工具，而我们的秘密，只有使用Photoshop中的移动工具 ✣ 才能破解。

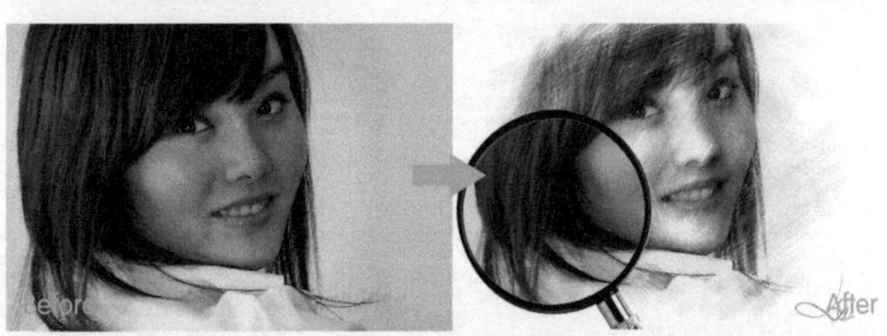

图6-158

01 使用魔棒工具 在镜片处单击，创建选区，如图6-159所示。新建一个图层，按Ctrl+Delete快捷键，在选区内填充背景色（白色）。按Ctrl+D快捷键取消选择，如图6-160和图6-161所示。

02 按住Ctrl键并单击“图层0”和“图层1”，将其选取，单击链接图层按钮 ，将两个图层链接在一起，如图6-162所示。

图6-159

图6-160

图6-161

图6-162

03 打开素材。该文件包含两个图层，上面的图层是一张写真照片，下面的是女孩的素描画像，如图6-163所示。使用移动工具 ✣ 将放大镜拖入该文件中，如图6-164所示。

图6-163

图6-164

04 在“图层”面板中，将白色圆形所在图层拖曳到人像写真照片图层的下方，如图6-165和图6-166所示。

图6-165

图6-166

05 下面使用快捷方法创建剪贴蒙版。将鼠标指针放在分隔两个图层的线上，按住Alt键（鼠标指针为 状）单击，创建剪贴蒙版，如图6-167所示。现在放大镜外面显示的是“背景”图层中的素描画，如图6-168所示。选择移动工具 ✣，在画面中拖曳鼠标（即移动“图层3”），可以看到，放大镜移动到哪里，哪里就会显示人物写真，非常神奇。

图6-167

图6-168

·PS技术讲堂·

剪贴蒙版的特征及结构

扫码看视频

剪贴蒙版的特征

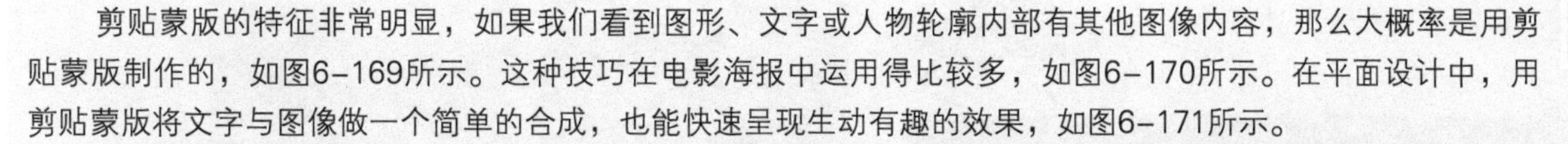

剪贴蒙版的特征非常明显，如果我们看到图形、文字或人物轮廓内部有其他图像内容，那么大概率是用剪贴蒙版制作的，如图6-169所示。这种技巧在电影海报中运用得比较多，如图6-170所示。在平面设计中，用剪贴蒙版将文字与图像做一个简单的合成，也能快速呈现生动有趣的效果，如图6-171所示。

剪贴蒙版的结构

图层蒙版和矢量蒙版都是“单兵作战”（只用于一个图层），最多是“二人小组”（一个图层可同时添加图层蒙版和矢量蒙版）。剪贴蒙版则可以用一个图层控制多个图层的显示范围，因此，它们是成组出现的，就像一个“行动小队”。

在剪贴蒙版组中，最下面的图层叫作基底图层（名称带下画线），上方的图层则为内容图层（有↓状图标并指向基底图层），如图6-172所示。基底图层是整个团队的“队长”，所有成员都听从它的指挥。

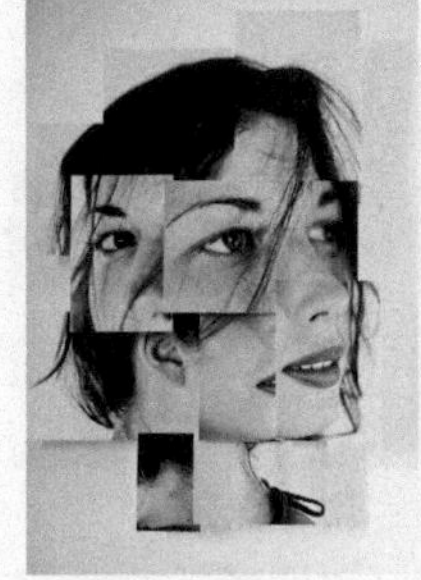
图6-169

图6-170

图6-171

剪贴蒙版的使用规律

基底图层的透明区域是一种特殊的蒙版（相当于图层蒙版中的黑色），可以将内容图层中的对象隐藏。也就是说，在内容图层中，只有处于基底图层非透明区域的部分才可见。因此，移动基底图层时，内容图层的显示状况也会随之改变，如图6-173所示。上一个实战中，随着放大镜的移动而显示出的人物写真，就是基于这一原理实现的。

图6-172

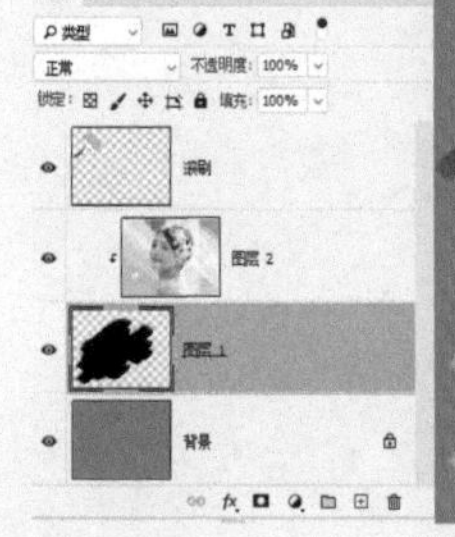

图6-173

在基底图层中，对象的不透明度决定了内容图层的显示程度，即是否透明。其规律是：当基底图层中对象的不透明度为100%时，内容图层中与之对应的区域就会完全显示；如果将不透明度降低为0%，便等同于透明区域了，内容图层中与之对应的区域会被完全遮挡；基底图层中对象的不透明度介于1%～99%时，内容图层便会呈现与之相适应的透明效果，如图6-174所示。要注意的是：只有上下相邻的图层才能创建剪贴蒙版，如图6-175所示，且基底图层必须在“组员”的最下方，不能脱离“团队”，否则会释放剪贴蒙版组。

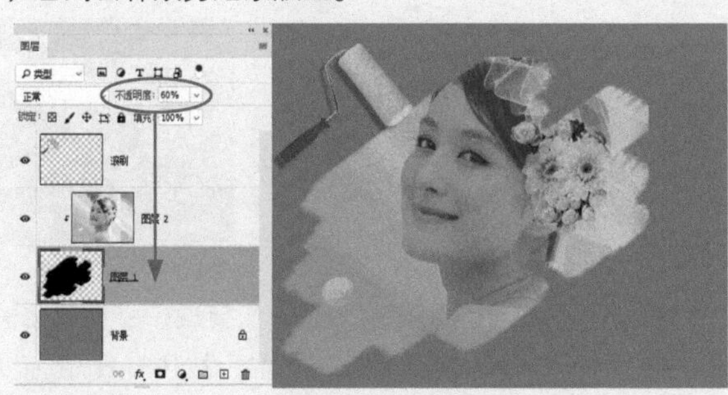
图6-174

图6-175

6.4.2 实战：像素拉伸效果

本实战制作像素拉伸特效，如图6-176所示。其中涉及的功能较多，包括剪贴蒙版、图层蒙版、对齐、智能对象和变形功能等。

扫码看视频

图6-176

01 打开素材。这是抠好的图像，即原图背景已被去除（抠图方法见415页）。按Ctrl+R快捷键显示标尺。从标尺上拖曳出参考线，对图像进行划分，如图6-177所示。单击人像所在的图层，如图6-178所示。

图6-177

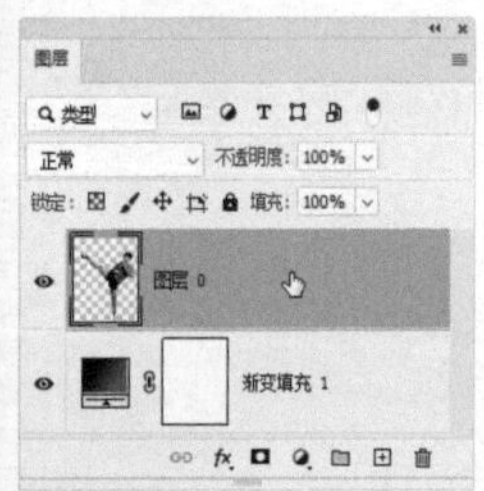
图6-178

02 选择矩形选框工具，将鼠标指针移动到最左侧的纵向参考线上，向上拖曳鼠标，创建选区，如图6-179所示。按Ctrl+J快捷键，将所选图像复制到新的图层中，如图6-180所示。

图6-179

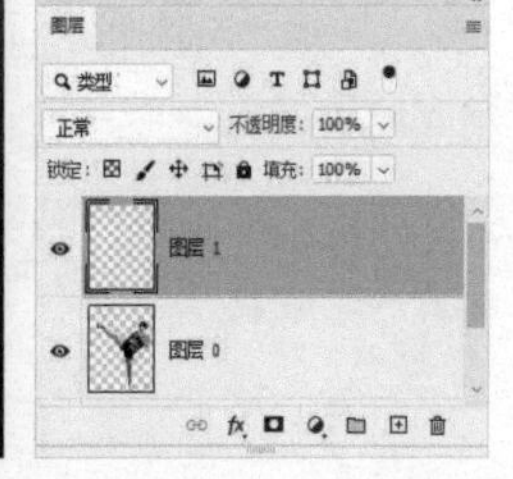
图6-180

03 采用与上一步相同的方法，选取图6-181和图6-182所示的图像，并复制到单独的图层中。

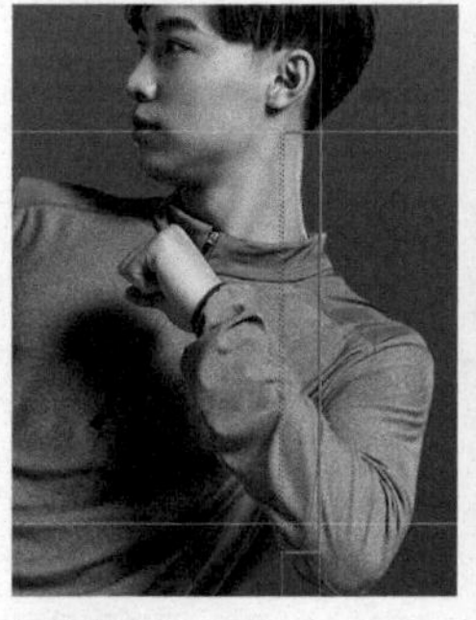
图6-181

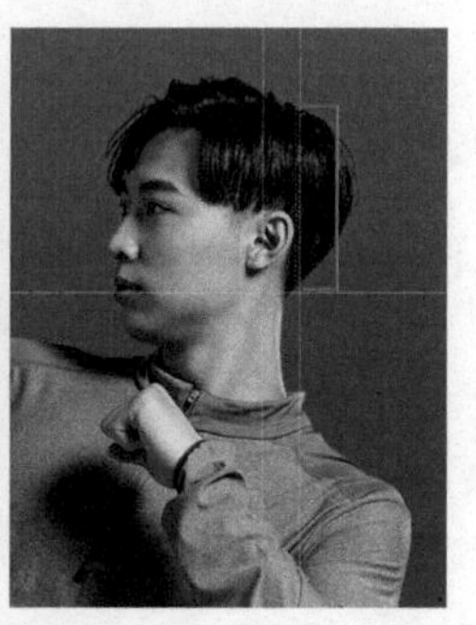
图6-182

提示

这3条线首尾一定要衔接上，可以多选取一些，让它们互相重叠，但不能少选，否则图形之间有空隙。

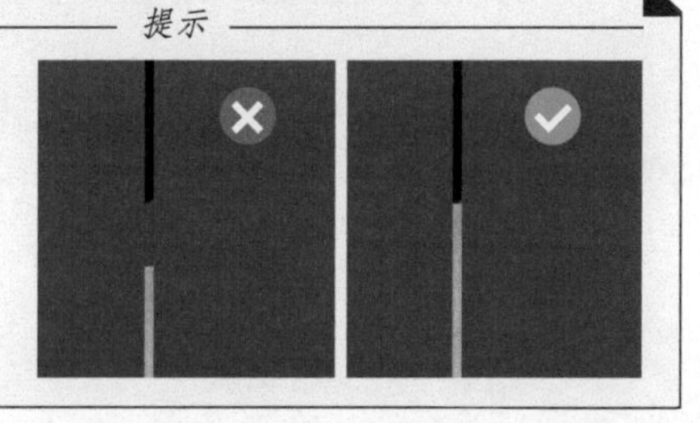

04 按住Ctrl键单击另外两个图层，将这3个图层选取，如图6-183所示。选择移动工具，单击工具选项栏中的按钮，如图6-184所示，让这几个图层左对齐。按Ctrl+E快捷键合并图层。按Ctrl+; 快捷键隐藏参考线。

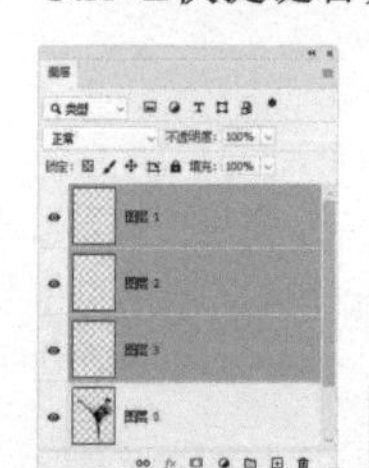
图6-183

图6-184

05 执行"图像>画布大小"命令，打开对话框后，设置参数并单击"定位"选项中的按钮，如图6-185所示，向右扩展画布，如图6-186所示。

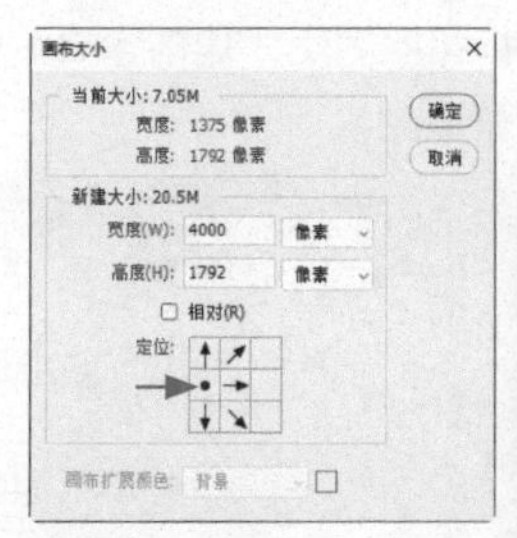

图6-185

图6-186

06 按几次Ctrl+一快捷键，将视图比例调小。按Ctrl+T快捷键显示定界框，按住Shift键拖曳控制点，向右拉伸图像，如图6-187所示。

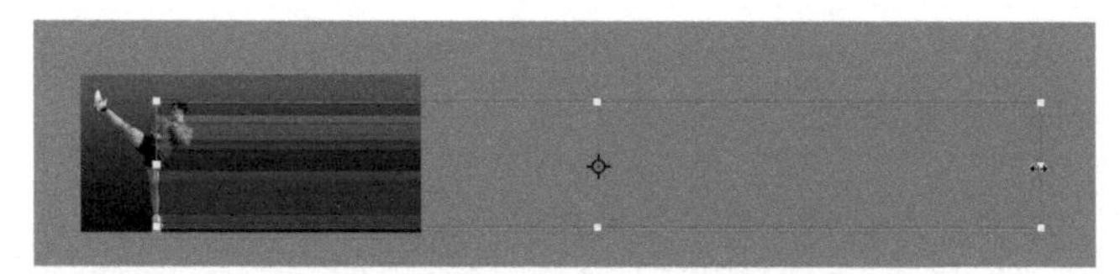

图6-187

07 按Enter键确认变换。按Ctrl+[快捷键，将当前图层移动到人像后方，如图6-188所示。按Ctrl+A快捷键全选，执行“图像>裁剪”命令，将画布之外的图像裁掉。执行“图层>智能对象>转换为智能对象”命令，创建智能对象。

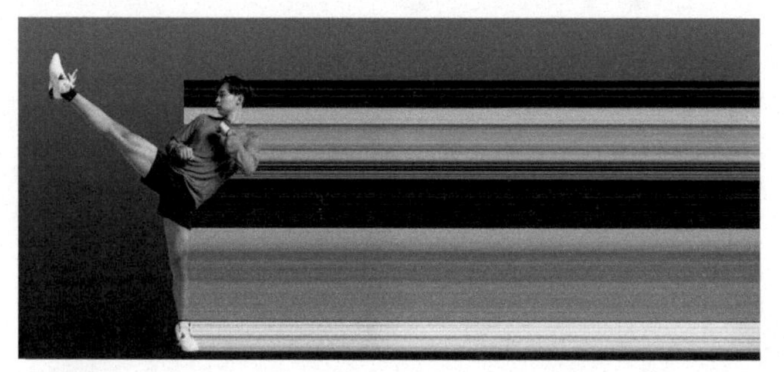

图6-188

08 执行“编辑>变换>变形”命令，显示变形网格，拖曳网格控制点，让图像翻转，如图6-189~图6-192所示。

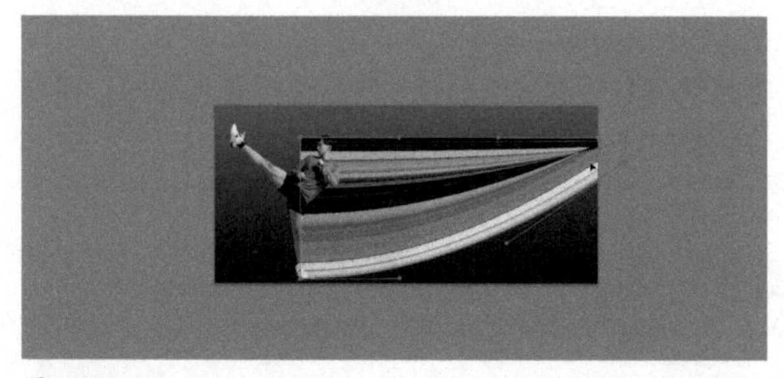

图6-189

图6-190

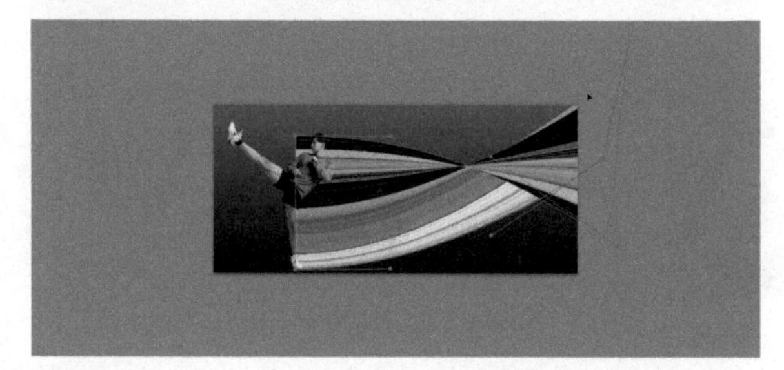

图6-191

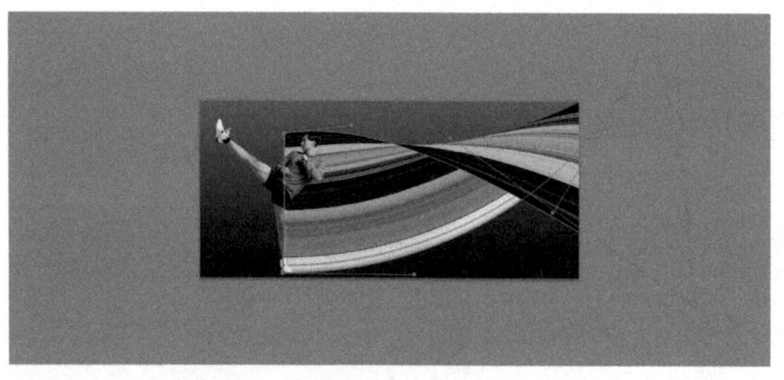

图6-192

09 创建一个图层，按Alt+Ctrl+G快捷键，将它与下方图层创建为一个剪贴蒙版组，如图6-193所示。选择画笔工具 及柔边圆笔尖，将工具的不透明度设置为10%左右，在人像及翻转的图像下方涂抹黑色，绘制出阴影，如图6-194所示。

图6-193　图6-194

10 创建一个图层，设置混合模式为“滤色”，按Alt+Ctrl+G快捷键创建剪贴蒙版，如图6-195所示。按X键，将前景色切换为白色，绘制高光，如图6-196所示。

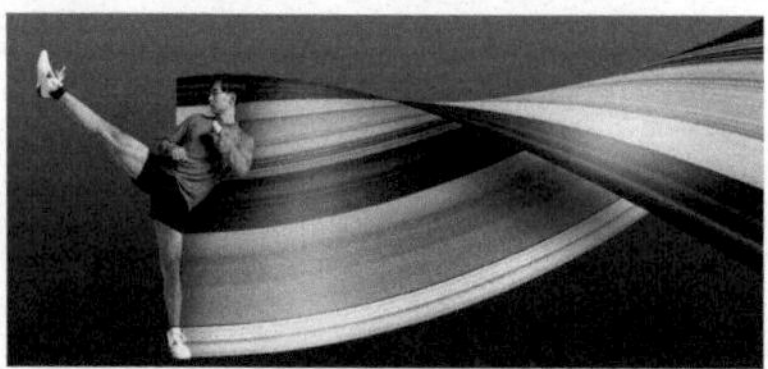

图6-195　图6-196

11 单击“调整”面板中的 按钮，创建“曲线”调整图层，将它也加入剪贴蒙版组中。向下拖曳曲线，将色调调暗，如图6-197和图6-198所示。

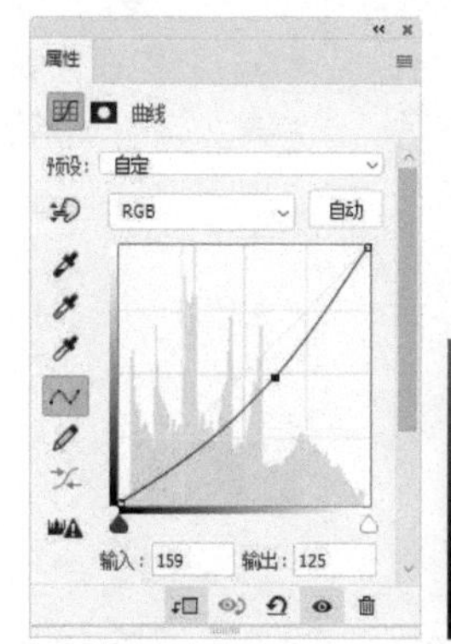

图6-197　图6-198

12 选择“图层4”，为它添加图层蒙版，如图6-199所示。使用画笔工具 将脸部左侧多余的图像涂黑，如图6-200所示。

图6-199

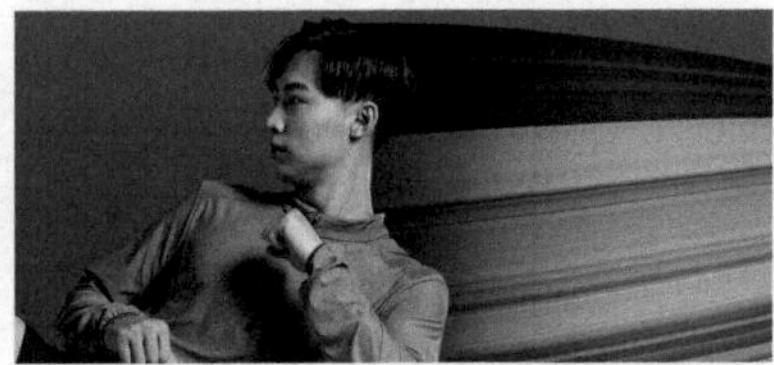

图6-200

6.4.3 将图层移入、移出剪贴蒙版组

将一个图层拖曳到基底图层上方，可将其加入剪贴蒙版组中。将内容图层拖出剪贴蒙版组，可将其从剪贴蒙版组中释放出来。

6.4.4 释放剪贴蒙版

选择基底图层正上方的内容图层，如图6-201所示，执行“图层>释放剪贴蒙版”命令（快捷键为Alt+Ctrl+G），可以解散剪贴蒙版组，释放所有图层，如图6-202所示。

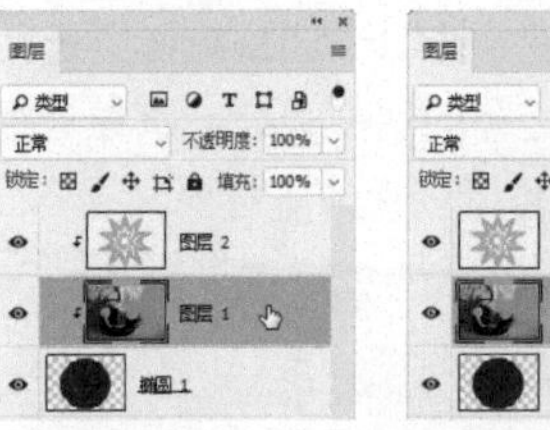

图6-201　图6-202

如果要释放单个内容图层，可以采用拖曳的方法将其拖出剪贴蒙版组。如果要释放多个内容图层，并且它们位于整个剪贴蒙版组的最顶层，可以单击其中最下面的一个图层，然后按Alt+Ctrl+G快捷键，将它们一同释放。

矢量蒙版

矢量蒙版通过矢量图形控制图层内容的显示范围，本节学习它的创建和编辑方法。关于矢量功能，如路径、锚点等内容，在“第13章 路径与UI设计”中有详细介绍。

·PS技术讲堂·

具有“金刚不坏之身”的矢量蒙版

扫码看视频

矢量蒙版的独特之处

图层蒙版和剪贴蒙版都是基于像素的蒙版，而矢量蒙版则通过矢量图形控制图层中对象的显示范围。由于矢量图形*（见334页）*与分辨率无关，所以矢量蒙版有着“金刚不坏之身”——无论以怎样的比例缩放、旋转和扭曲，其轮廓都是光滑的（仅指蒙版图形，不包括图层中的对象，且只能用矢量工具创建和编辑）。矢量图形与图像的来源不同，矢量蒙版来自“矢量世界”，它将矢量图形引入“图像世界”，使二者可以兼容，丰富了蒙版的多样性。

拥有图形化的轮廓是矢量蒙版的基本外观特征。蒙版中的图形可以用钢笔工具 *（见340页）*和各种形状工具*（见337页）*绘制，如图6-203所示。用矢量工具配合路径运算，还能在蒙版中添加（或减去）图形，如图6-204所示。一个图层可同时拥有一个图层蒙版和一个矢量蒙版，在这种“一半是火焰、一半是海水”的状态下，对象只在两个蒙版相交的区域内显示，如图6-205所示。

图6-203

图6-204

图6-205

用“属性”面板控制矢量蒙版

打开“属性”面板，如图6-206所示。“密度”选项可以改变矢量蒙版的整体遮挡强度，降低该值，就相当于降低了矢量蒙版的不透明度。“羽化”选项用来控制蒙版边缘的柔化程度，可以让矢量蒙版的轮廓变得模糊，从而生成柔和的过渡效果，如图6-207所示。

图6-206

图6-207

“属性”面板也可用于编辑图层蒙版，但实用性不大，因为图层蒙版的编辑工具非常多，而且更方便操作。但它对矢量蒙版的意义非凡，因为除它之外，没有任何一种工具能单独调整矢量蒙版的不透明度（遮挡程度），更不可能进行羽化。

6.5.1 实战：创建矢量蒙版

扫码看视频

选择自定形状工具或其他形状工具，在工具选项栏中选择“路径”选项，单击按钮，打开形状下拉面板，选择并绘制图形，如图6-208和图6-209所示。执行“图层>矢量蒙版>当前路径”命令，或按住Ctrl键并单击“图层”面板中的按钮，可基于路径创建矢量蒙版，路径外的图像会被蒙版遮挡，如图6-210和图6-211所示。

图6-208

图6-209

图6-210　图6-211

除了从路径中生成外，还可以执行“图层>矢量蒙版>显示全部”命令，创建一个显示全部填充内容的矢量蒙版，它类似于空白的图层蒙版。执行“图层>矢量蒙版>隐藏全部”命令，则可创建隐藏全部图层内容的矢量蒙版。如果当前图层中已有图层蒙版，则单击按钮可以直接创建矢量蒙版。如果要查看原始对象，可按住Shift键并单击蒙版或执行“图层>矢量蒙版>停用”命令，暂时停用蒙版。

6.5.2 实战：在矢量蒙版中添加形状

扫码看视频

单击矢量蒙版缩览图，可切换到蒙版编辑状态，其缩览图外侧会出现一个外框，如图6-212所示，此时选择形状类工具，在工具选项栏中单击一个形状运算按钮，之后便可在蒙版中添加图形，如图6-213所示。

图6-212　图6-213

6.5.3 实战：移动和变换矢量蒙版中的形状

扫码看视频

单击矢量蒙版缩览图，使用路径选择工具单击并拖曳图形可将其移动。按住Alt键并拖曳，则可复制图形。按Delete键，可将所选图形删除。

如果要对图形进行变换，则可以按Ctrl+T快捷键显示定界框，拖曳定界框或控制点即可，方法与图像变换（见72页）相同，按Enter键可进行确认。如果想单独变换图像或蒙版，可单击矢量蒙版与图像缩览图之间的链接图标 ，或执行“图层>矢量蒙版>取消链接”命令取消链接，再进行操作。

6.5.4
实战：制作创意足球海报

Photoshop中预设了很多图形，如动物、花卉、小船和各种常用符号，而且还可以加载外部图形库。本实战学习如何从现有的图形（即路径）中创建矢量蒙版，既省时省力，又能借助图形获得更多的外观变化，如图6-214所示。

扫码看视频

图6-214

01 选择“树叶”图层，如图6-215所示。单击“路径”面板中的路径图层，如图6-216所示。

图6-215

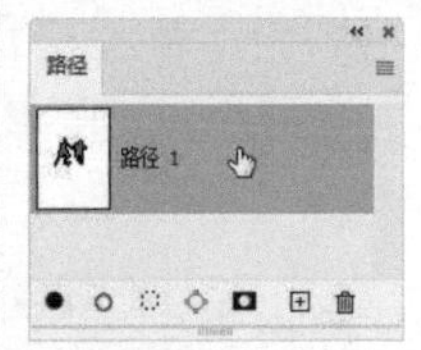

图6-216

02 按住Ctrl键并单击“图层”面板中的 按钮，基于当前路径创建矢量蒙版，如图6-217和图6-218所示。

03 按住Ctrl键并单击 按钮，在“树叶”图层下方新建一个图层。按住Ctrl键并单击蒙版，如图6-219所示，载入人物选区。

图6-217

图6-218

图6-219

04 执行“编辑>描边”命令，打开“描边”对话框，将描边颜色设置为深绿色，“宽度”设置为4像素，“位置”选择“内部”，如图6-220所示，对选区进行描边。按Ctrl+D快捷键取消选择。选择移动工具 ，按几下→键和↓键，将描边图像向右下方稍微移动一些。

05 新建一个图层。使用画笔工具 在足球运动员脚部绘制阴影，如图6-221所示。

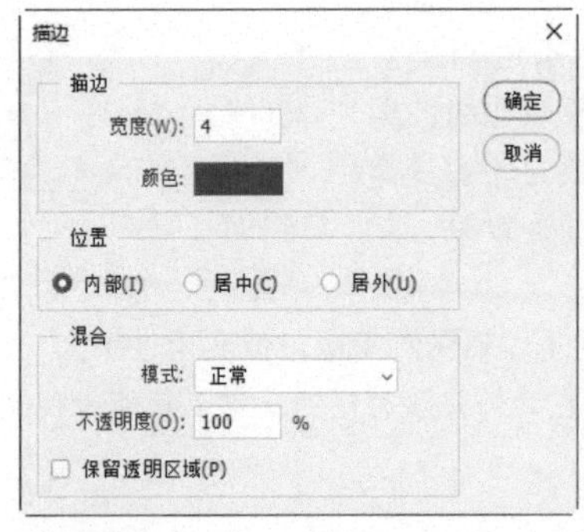

图6-220

图6-221

6.5.5
将矢量蒙版转换为图层蒙版

执行“图层>栅格化>矢量蒙版”命令，可以将矢量蒙版转换为图层蒙版。如果图层中同时包含图层蒙版和矢量蒙版，如图6-222和图6-223所示，则转换之后，会从两个蒙版的交集部分生成最终的图层蒙版，并且不会改变遮挡范围，如图6-224所示。

图6-222

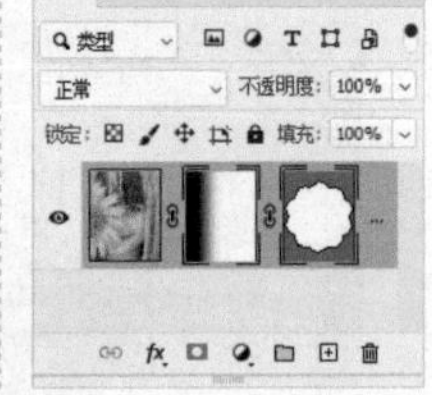
图6-223

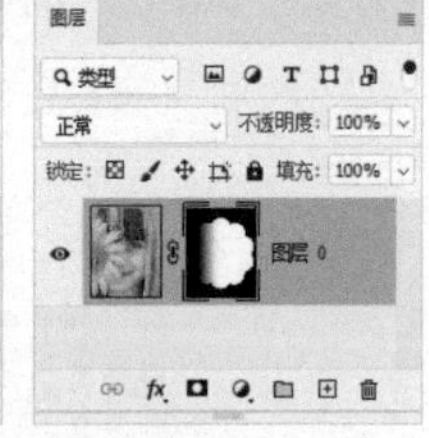

图6-224

6.5.6
删除矢量蒙版

选择矢量蒙版，如图6-225所示，执行“图层>矢量蒙版>删除”命令，可将其删除，如图6-226所示。也可将矢量蒙版拖曳到 按钮上进行删除，如图6-227所示。

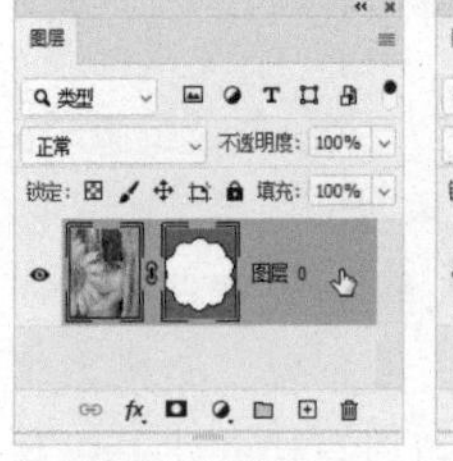

图6-225

图6-226

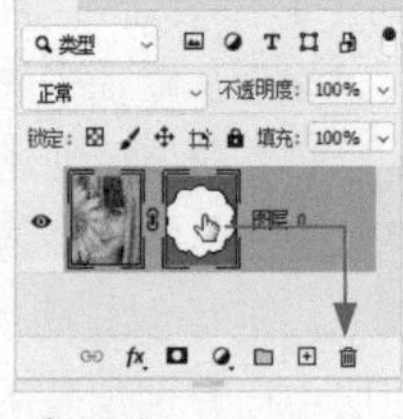
图6-227

高级混合选项

在“图层样式”对话框（见51页）中，有个很不起眼却颇为复杂的选项面板——“混合选项”，它就像Photoshop影像合成功能的总控制室一样，混合模式、不透明度、通道、混合颜色带，以及各种蒙版，都在这里调控。

6.6.1

实战：瞬间打造错位影像

要点

双击一个图层，或单击图层并执行“图层>图层样式>混合选项”命令，都能打开“图层样式”对话框并显示“混合选项”。其中的“混合模式”“不透明度”和“填充不透明度”选项与“图层”面板中的选项一一对应，用途也一样，如图6-228所示。

扫码看视频

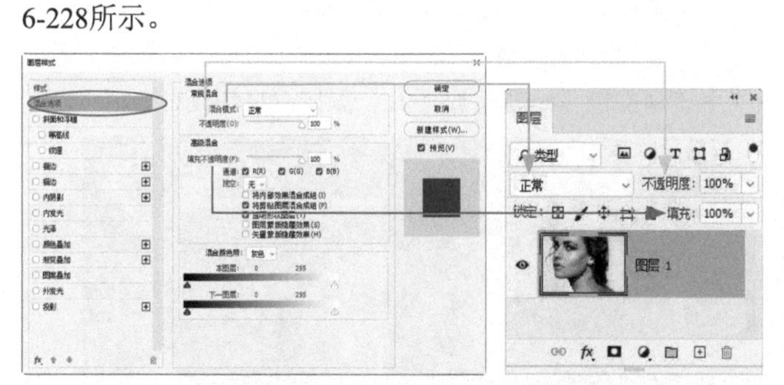

图6-228

“通道”选项与各个颜色通道（见30页）相对应，可以控制通道是否显示。例如，RGB图像中的颜色是由红（R）、绿（G）和蓝（B）3个颜色通道混合成的，如图6-229所示。如果取消一个通道的勾选，则该通道就不参与混合，图像的颜色会因此而发生改变，如图6-230所示。至于变化规律，“第9章 色彩调整”中会介绍，这里了解选项的用途即可。当文件中只有一个图层时，这样操作与在“通道”面板中隐藏一个颜色通道是完全一样的。如果文件中包含多个图层，则减少通道时，既改变了图像颜色，也会让上、下图层之间产生奇妙的混合效果，如图6-231所示。

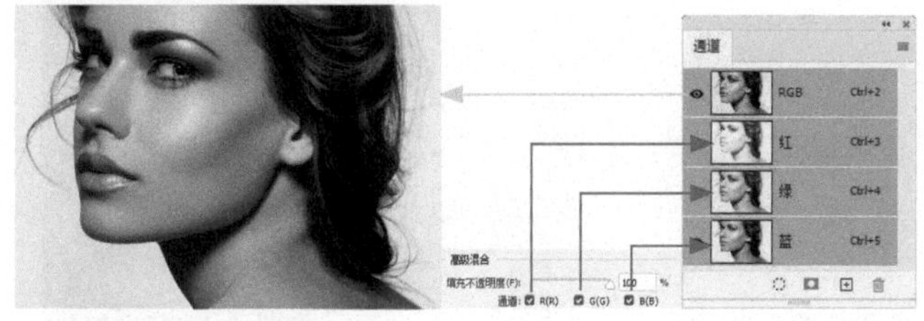

图6-229

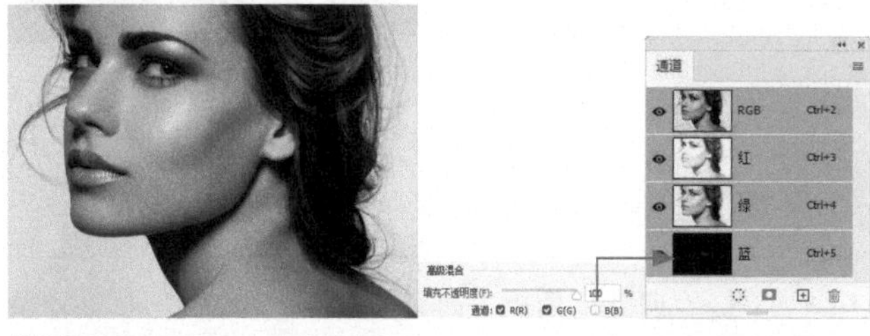

图6-230

图6-231

01 图6-232和图6-233所示为本实战用到的素材。使用移动工具将素材拖曳到同一个文件中，如图6-234所示。注意不要弄错上下堆叠顺序。

图6-232 图6-233

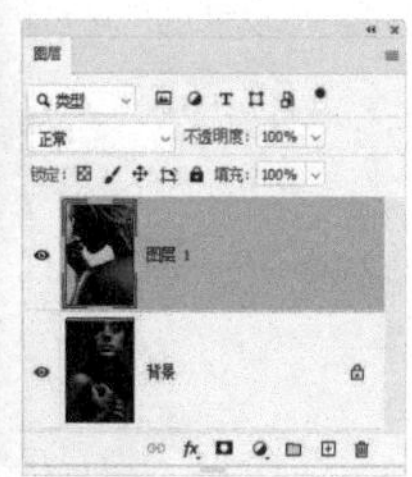

图6-234

02 双击“图层1”，打开“图层样式”对话框。取消“R”选项的勾选，不让红通道参与混合，这样下层图像就会显现出来，如图6-235和图6-236所示。单击“确定”按钮关闭对话框。

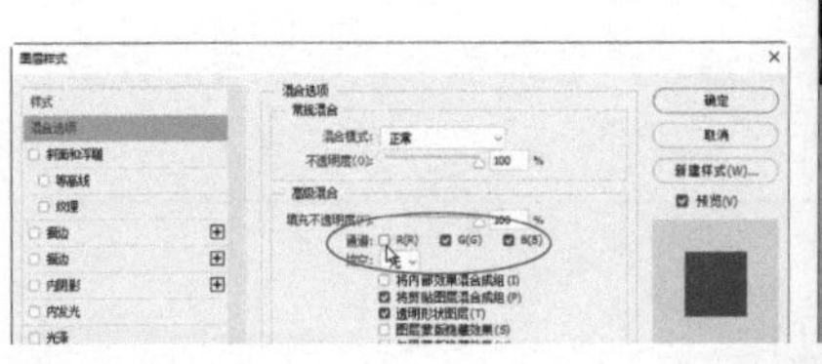

图6-235

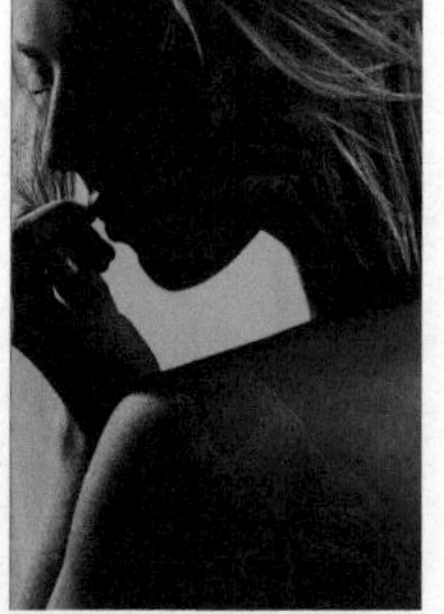

图6-236

提示

设置混合选项后的图层会显示状图标。

03 单击“调整”面板中的按钮，创建“色阶”调整图层。分别选择红、蓝通道，拖曳滑块或输入数值，对色阶进行调整，将照片的色彩转换成蓝色和洋红色，如图6-237~图6-239所示。

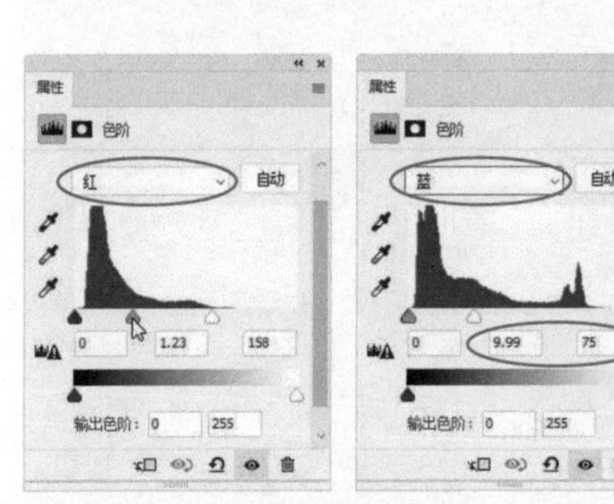

图6-237

图6-238

图6-239

04 色彩感增强之后，图像细节却减少了。单击“调整”面板中的按钮，创建“颜色查找”调整图层，将颜色的饱和度降下来，图像细节便可得到恢复，如图6-240和图6-241所示。

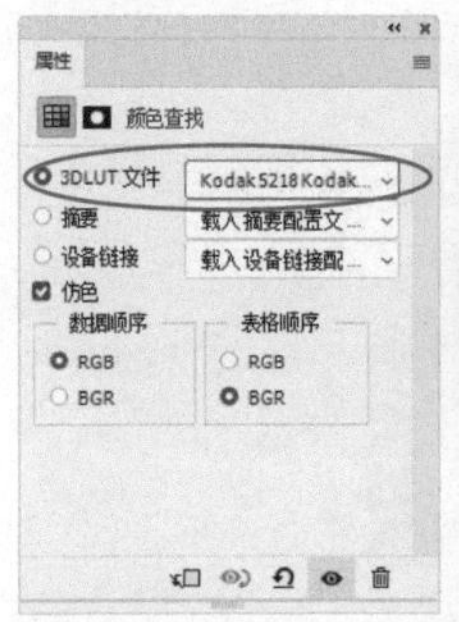

图6-240

图6-241

05 图像左下方肩膀和手叠加的地方看上去不太舒服，需要处理。创建一个图层，并拖曳到“背景”图层的上方，如图6-242所示。选择画笔工具及柔边圆笔尖，在肩膀等处涂抹黑色，将底层图像隐藏，如图6-243所示。

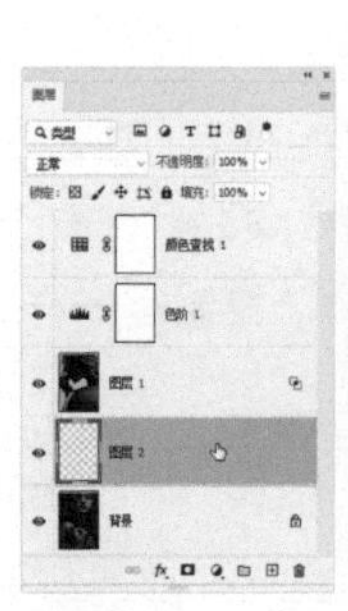

图6-242

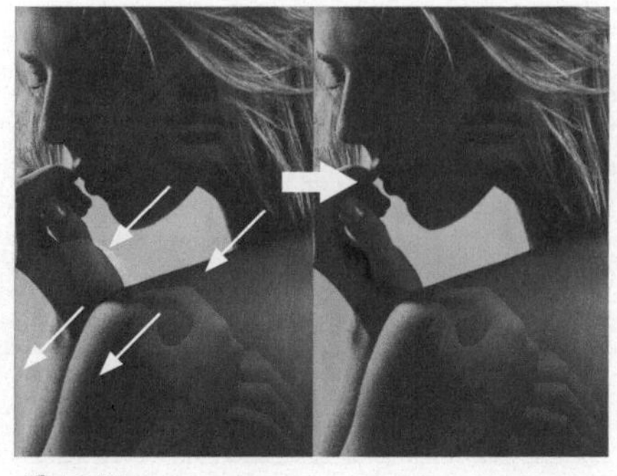

图6-243

6.6.2

实战：用挖空功能制作拼贴照片

要点

挖空功能可以创建这样的效果：让下方图层中的对象穿透上方图层显示出来，类似于用图层蒙版将上方图层的某些区域遮盖住。它虽然没有图层蒙版强大，但可以更快速地合成图像。下面就用该功能制作一幅拼贴照片，如图6-244所示。

扫码看视频

图6-244

01 单击“调整”面板中的按钮，创建“渐变映射”调整图层，并设置混合模式为“正片叠底”，如图6-245~图6-247所示。

图6-245

图6-246

图6-247

02 选择矩形工具 ，在工具选项栏选择“形状”选项，设置填充颜色为白色，拖曳鼠标，创建矩形形状图层，如图6-248和图6-249所示。

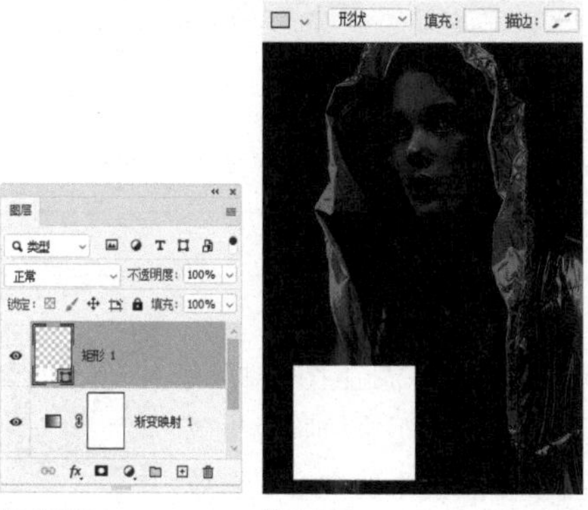

图6-248　　图6-249

03 执行“图层>图层样式>投影”命令，添加“投影”效果，如图6-250所示。新建一个图层。再创建一个矩形形状图层，设置填充颜色为灰色，如图6-251所示。

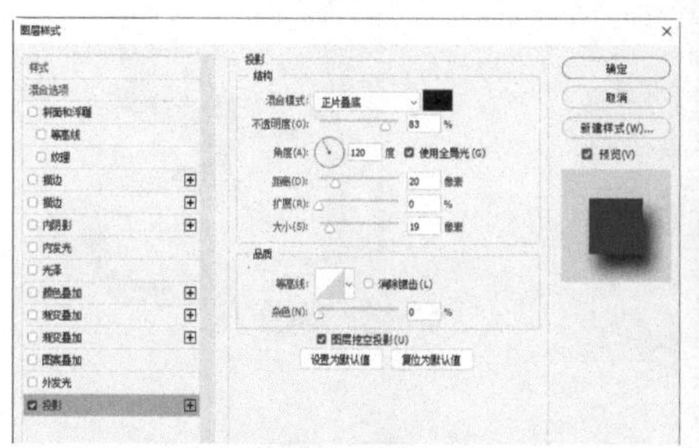

图6-250

图6-251

04 双击该图层，打开“图层样式”对话框。将“填充不透明度”设置为0%，在“挖空”下拉列表中选择“深”选项，如图6-252所示，让“背景”图层中的原始图像显现出来，如图6-253所示。

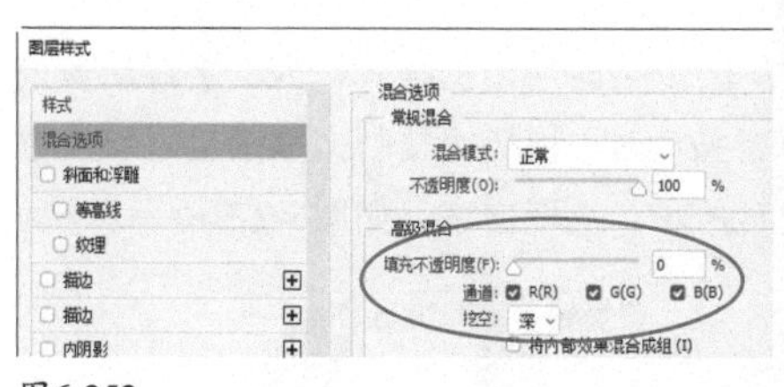

图6-252

图6-253

05 按住Ctrl键并单击下方形状图层，将它们一同选取，如图6-254所示，按Ctrl+G快捷键将其编入图层组中，如图6-255所示。按Ctrl+T快捷键显示定界框，拖曳控制点，将图形旋转一定的角度，如图6-256所示，按Enter键确认。

06 按Ctrl+J快捷键复制图层组，如图6-257所示。按Ctrl+T快捷键显示定界框，调整角度、位置及大小，如图6-258所示。采用同样的方法操作几次，复制出更多的图形，如图6-259所示。

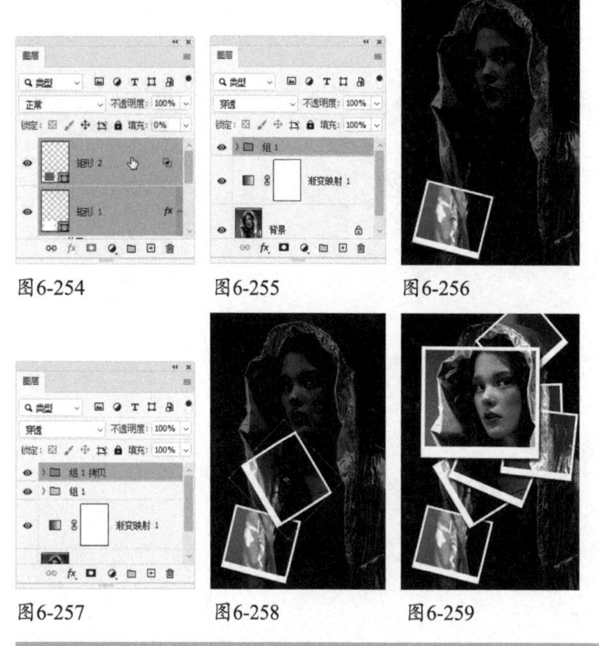

图6-254　　图6-255　　图6-256

图6-257　　图6-258　　图6-259

挖空技巧

要创建挖空效果，图层的顺序必须正确——首先将要挖空的图层放到被穿透的图层之上，然后将需要显示的图层设置为“背景”图层，如图6-260所示。

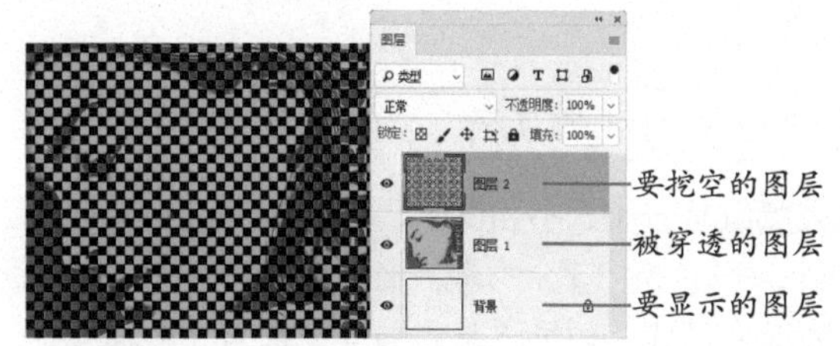

图6-260

图层顺序调整好之后，可双击要挖空的图层，打开“图层样式”对话框，然后降低“填充不透明度”值，并在“挖空”下拉列表中选择一个选项。选择“无”选项，表示不创建挖空；选择“浅”或“深”选项，都能挖空到“背景”图层，如图6-261所示。如果文件中没有“背景”图层，则无论选择哪一个选项，都挖空到透明区域，如图6-262所示。

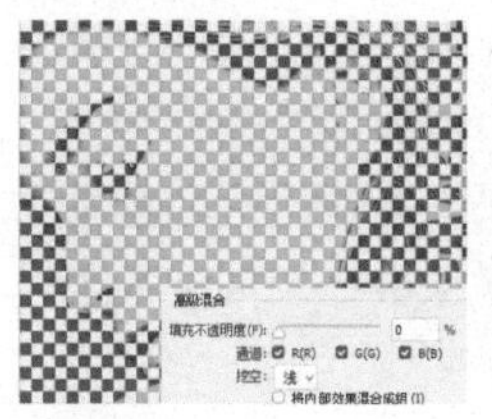

图6-261

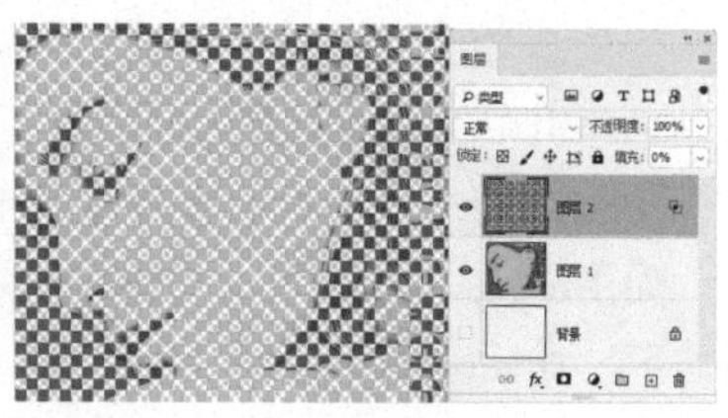

图6-262

如果图层添加了“内发光”“颜色叠加”“渐变叠加”“图案叠加”等效果，勾选“将内部效果混合成组”选项时，效果不会显示，如图6-263所示。取消勾选该选项，可以让效果显示出来，如图6-264所示。

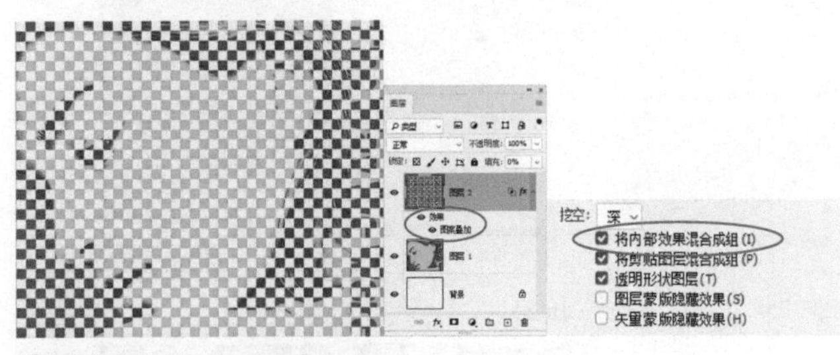

图6-263

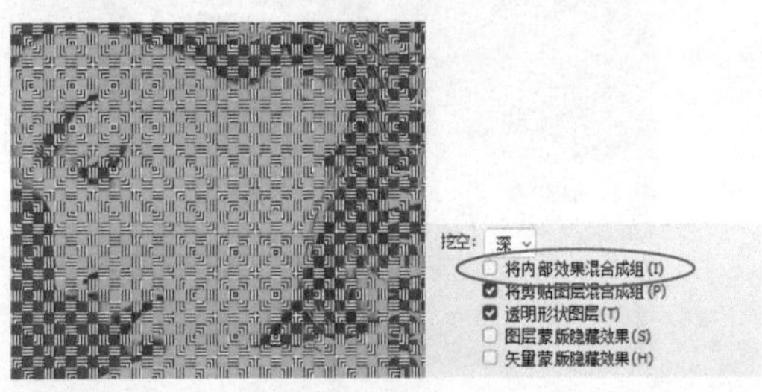

图6-264

另外，“透明形状图层”选项还可以限制图层样式和挖空范围。该选项默认为勾选状态，此时图层样式或挖空范围被限定在图层的不透明区域。取消勾选时，会在整个图层的范围内应用效果。

6.6.3 改变剪贴蒙版组的混合方法

剪贴蒙版组是一个“小团队”，其核心成员是基底图层*(见159页)*。当它为“正常”模式时，所有内容图层都使用其自身的混合模式。如果将基底图层设置为其他模式，则所有内容图层都会使用此模式与下方图层混合。而调整内容图层自身的混合模式时，不影响其他图层。如果要改变这个规则，可以取消勾选“将剪贴图层混合成组”选项，此时基层图层的混合模式只影响自身。

6.6.4 控制矢量蒙版中的效果范围

为矢量蒙版所在的图层添加效果后，可以在“高级混合”选项组中控制效果是否在蒙版区域显示。

例如，勾选“矢量蒙版隐藏效果”选项，便可隐藏效果，如图6-265所示；取消勾选，则效果会在矢量蒙版区域内显示，如图6-266所示。

图6-265

图6-266

6.6.5 实战：制作真实的嵌套效果

要点

为图层蒙版所在的图层添加图层样式后，可以在“高级混合”选项组中控制效果范围。这个功能很有用，本实战中的文字嵌套效果能够实现，它起到了关键作用，如图6-267所示。

扫码看视频

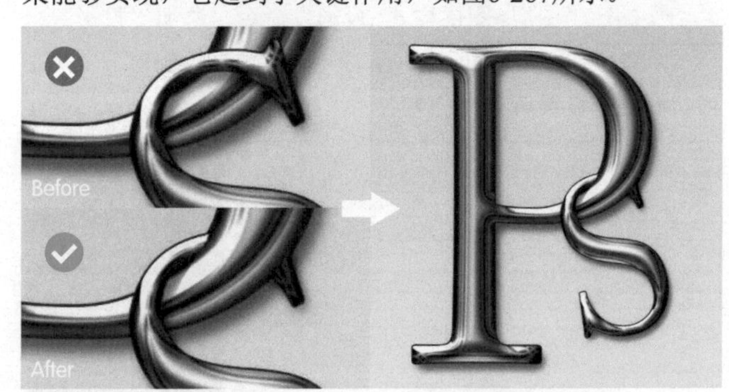

图6-267

01 创建一个10厘米×10厘米、300像素/英寸的文件。选择横排文字工具 **T**，在工具选项栏中选择字体并设置文字大小，在画布上单击并输入文字“P”，如图6-268所示。

图6-268

02 打开“样式”面板菜单，执行“旧版样式及其他”命令，加载旧版样式库。在“Web样式”组中单击图6-269所示的样式，为文字添加该效果，如图6-270所示。按Ctrl+J快捷键复制文字图层，双击它的缩览图，如图6-271所示，选取文字，如图6-272所示。

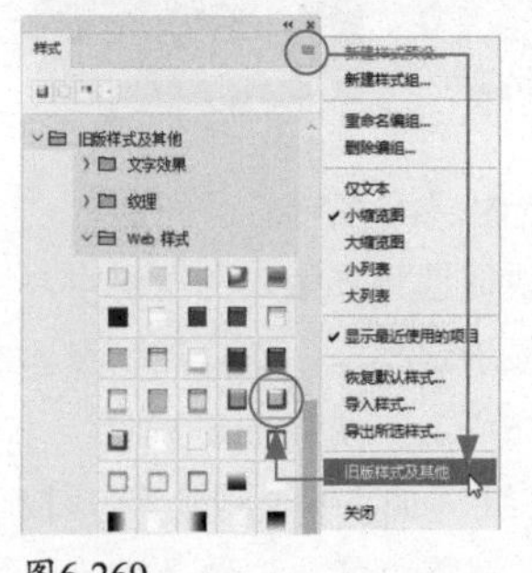

图6-269

图6-270

图6-271

图6-272

03 输入大写的“S”，如图6-273所示。按Ctrl+A快捷键全选，在工具选项栏中将文字大小设置为150点，如图6-274所示。按Ctrl+Enter快捷键结束文字的编辑。

图6-273

图6-274

04 执行“图层>图层样式>缩放效果”命令，将效果按比例缩小，如图6-275所示，使之与文字“S”的大小相匹配，如图6-276所示。

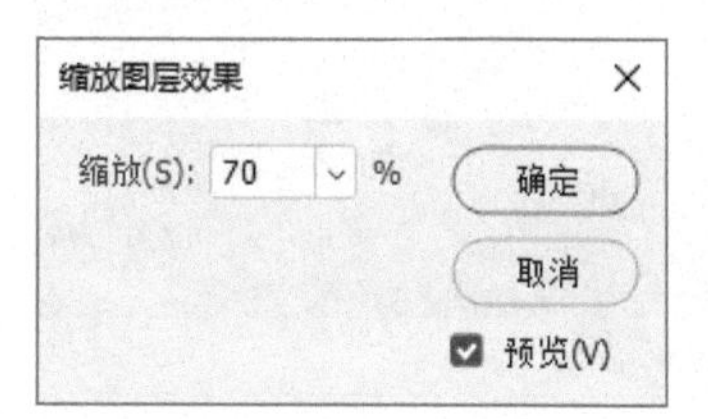

图6-275

图6-276

05 按Ctrl+T快捷键显示定界框，在定界框外拖曳鼠标，旋转文字。将鼠标指针放在定界框内，进行拖曳，移动文字位置，效果如图6-277所示，按Enter键确认。

06 单击 按钮，添加图层蒙版，按住Ctrl键并单击文字“P”的缩览图，载入它的选区，如图6-278和图6-279所示。

图6-277

图6-278

图6-279

07 使用画笔工具 在两个文字的相交处涂抹黑色，如图6-280所示。按Ctrl+D快捷键取消选择。可以看到，文字相交处有很深的压痕，这种嵌套效果显然不真实。双击文字“S”所在的图层，打开“图层样式”对话框，勾选“图层蒙版隐藏效果”选项，如图6-281所示，将该区域的效果隐藏，如图6-282所示。使用渐变工具 为“背景”图层添加渐变效果，在颜色的衬托下，金属更有质感。

图6-280

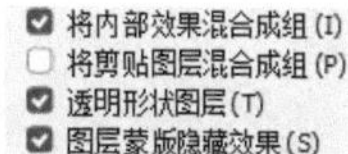

图6-281

图6-282

6.6.6

实战：制作雨窗

扫码看视频

混合颜色带是Photoshop中元老级合成功能，它是一种蒙版，能依据像素的亮度信息决定其显示或隐藏。混合颜色带也可用于抠图，在“第14章 抠图技术”中会介绍它的原理、使用技巧和抠图方法。下面学习怎样使用它合成图像，制作雨窗效果，如图6-283所示。由于要让窗上呈现文字和爱心图形，单靠混合模式叠加上去，水珠太少且细节不足，效果并不理想，因此让更多的水珠透出来这一难题，要用混合颜色带来解决。

图6-283

01 打开雨滴素材，如图6-284所示。使用移动工具 将其拖入人物图像中，并设置混合模式为“滤色”，如图6-285和图6-286所示。

图6-284

图6-285

图6-286

02 当前画面过于明亮，水珠在暗一些的背景上效果会更加清晰。单击“调整”面板中的 按钮，创建“亮度/对比度”调整图层，将色调调暗，如图6-287所示。将其拖曳到“背景”图层上方，效果如图6-288所示。

图6-287　图6-288

03 使用渐变工具 填充黑白线性渐变，通过蒙版遮挡，使画面下方图像的亮度恢复，如图6-289和图6-290所示。

图6-289　图6-290

04 添加图形素材，如图6-291所示。设置混合模式为“柔光”，效果如图6-292所示。

05 双击当前图层，如图6-293所示，打开“图层样式”对话框。按住Alt键并单击“下一图层”选项中的白色滑块，如图6-294所示，将其一分为二，然后分别拖曳这两个滑块进行调整，如图6-295所示。这样就能让更多的雨滴显现出来，如图6-296所示。

图6-291　图6-292

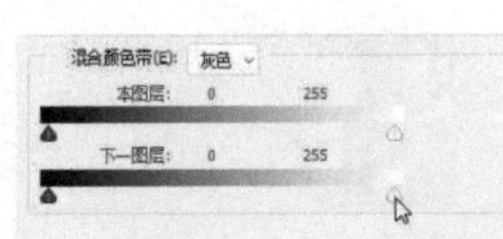

图6-293　图6-294

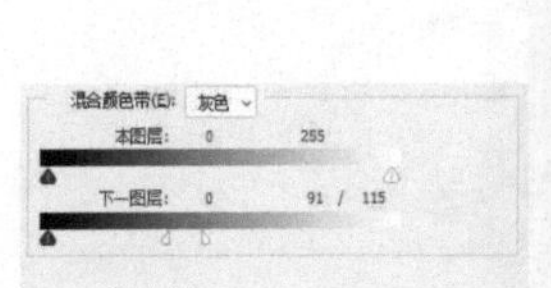

图6-295　图6-296

·PS技术讲堂·

读懂混合颜色带中的数字

扫 码 看 视 频

控制本图层中的像素

在众多蒙版中，混合颜色带最为“低调”，很多人甚至不知道还有这样一个蒙版存在。它的独特之处在于：既能隐藏当前图层中的像素，也能让下一图层中的像素穿透当前图层显示出来，或者同时隐藏当前图层和下一图层的部分像素，这是其他蒙版无法做到的。

以图6-297所示的图像为例，这是一个分层文件，双击“图层1”，打开“图层样式”对话框，可以看到，“混合颜色带”没有参数，操作时需要拖曳滑块，以定义亮度范围。在“混合颜色带”选项组中，“本图层”选项是指当前正在编辑的图层（即双击的图层），“下一图层”选项则是当前图层下方的第一个图层。“本图层”和“下一图层”下方有相同的黑白渐变条，渐变条上还有数字。黑白渐变条代表了图像的色调范围，从0（黑）到255（白），共256级色阶。黑色滑块位于渐变条左端（数字为0），定义了亮度范围的最低值；白色滑块位于渐变条右端（数字为255），定义的是亮度范围的最高值，如图6-298所示。

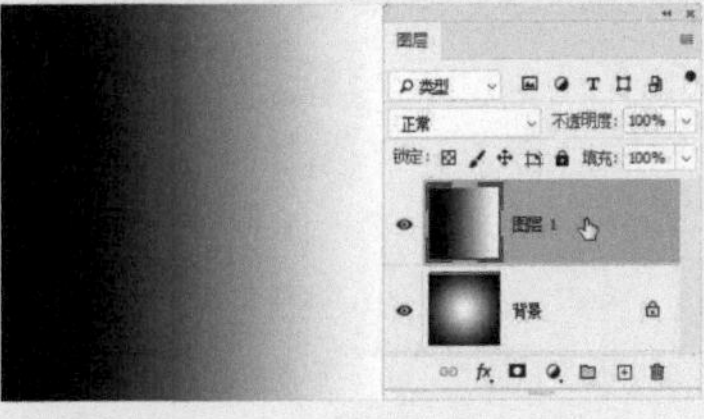

图6-297

混合颜色带(E): 灰色
本图层: 0 255
下一图层: 0 255
色阶0（黑）
色阶255（白）

图6-298

拖曳"本图层"滑块，可以隐藏当前图层中的像素，这样"下一图层"中的像素便显示出来了。当向右拖曳黑色滑块时，它就从黑色色阶下方移到了灰色色阶下方，此时所有亮度值低于滑块当前位置的像素都会被隐藏。而拖曳滑块的同时，其上方的数字也在改变，通过观察数字，能知道图像中有哪些像素被隐藏了。从当前结果来看，数字是100，如图6-299所示，这说明亮度值在0~100之间的像素被隐藏了。

拖曳白色滑块，可以将亮度值高于滑块所在位置的像素隐藏，因此，图6-300所示滑块所对应的数字是200，说明被隐藏的是亮度值在200~255之间的像素。

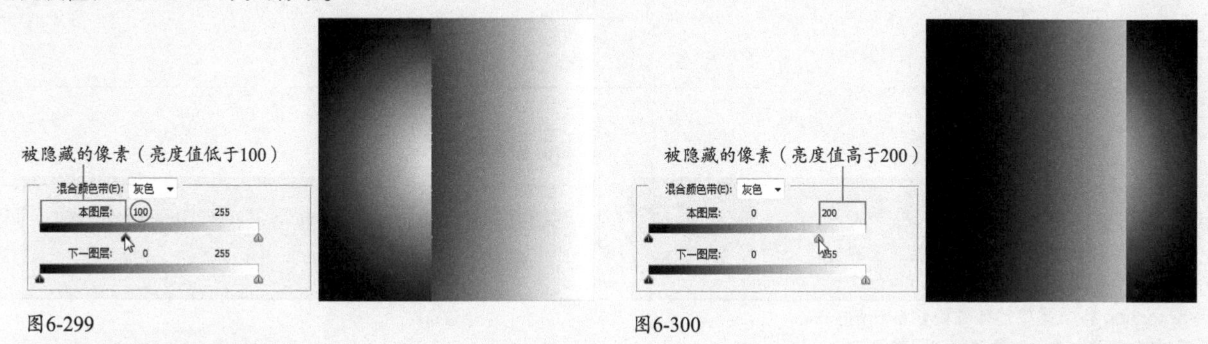

图6-299

图6-300

让下方图层中的像素显现

"下一图层"是指当前图层下方的第一个图层，拖曳"下一图层"滑块，可以让该图层中的像素穿透当前图层显示出来。例如，将黑色滑块拖曳到100处，亮度值在0~100之间的像素就会穿透当前图层显示出来，如图6-301所示；将白色滑块拖曳到200处，则显示的是亮度值在200~255之间的像素，如图6-302所示。

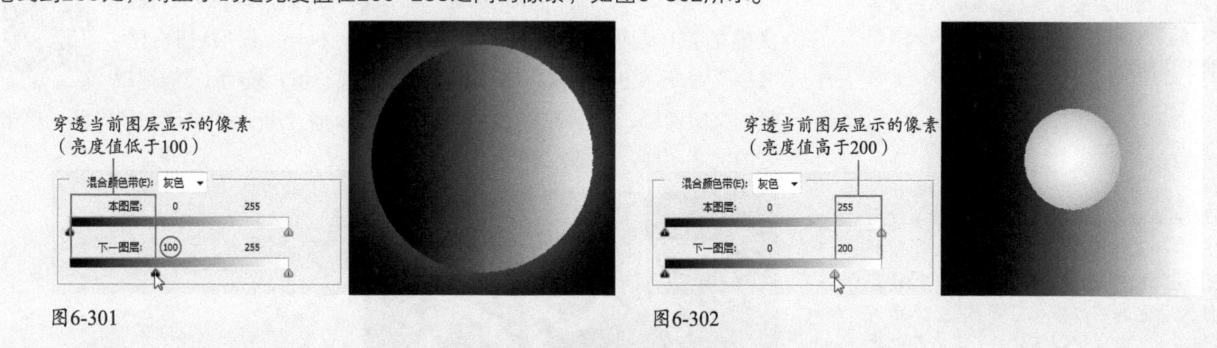

图6-301

图6-302

·PS技术讲堂·

像图层蒙版一样创建半透明区域

在图层蒙版中，灰色能使对象呈现透明效果。混合颜色带也能创建类似的透明区域，操作方法是：按住Alt键并单击一个滑块，此时可将它拆分为两个滑块，让这两个滑块拉开一定距离，则它们中间的像素就呈现半透明效果了。例如，图6-303所示的"下一图层"滑块位置在120和200处，它表示亮度值在120~255之间的像素穿透当前图层显示出来，其中200~255这一段的像素完全显示，120~200这一段的像素呈现半透明效果（色调值越低，像素越透明）。

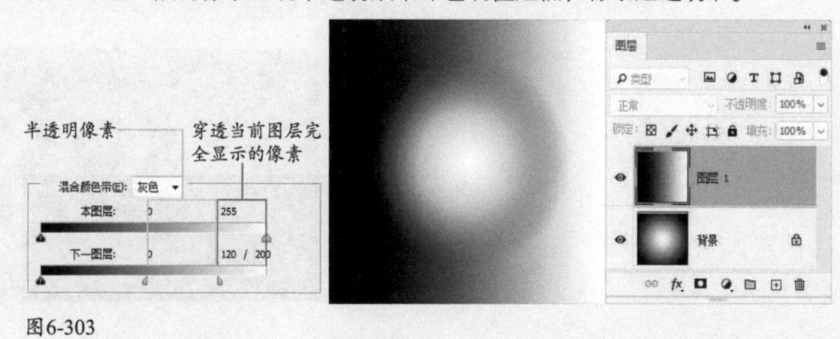

图6-303

第7章 滤镜与插件

【本章简介】

将滤镜比作是Photoshop 中的“魔法师”一点也不为过，它只要“随手”一变，就能呈现令人惊叹的神奇效果。本章介绍滤镜和智能滤镜的使用方法及操作技巧，并推荐几款常用的外挂滤镜。Photoshop 各个滤镜的详细说明放在附赠资源的滤镜电子书中，如需了解，可查看电子书。

对于初学者，滤镜的吸引力体现在其不需要复杂的操作，只需简单地设置几个参数，就能生成特效。但这只是滤镜应用的一个方面，随着学习的深入，我们会逐渐接触滤镜应用的更多层面，如可用滤镜校正数码照片的镜头失真缺陷，编辑图层蒙版、快速蒙版和通道等。

【学习目标】

在后面的章节中，滤镜的使用率比较高，会用它们完成各种工作任务。本章要做的是了解滤镜的使用规则和技巧，以及智能滤镜的操作方法，以便为后面的实战练习打好基础。本章的内容虽然不多，但通过以下实战，可以帮助大家更好地理解和掌握滤镜。

- ●制作动感荧光字
- ●制作夸张漫画效果
- ●制作抽丝效果照片
- ●制作网点照片
- ●修改智能滤镜
- ●遮盖智能滤镜
- ●制作斑驳的墙面贴画效果

【学习重点】

Photoshop 2022

7.1 滤镜初探

滤镜在Photoshop中用途非常多，可用于制作特效、调整照片、磨皮、抠图等。

7.1.1 实战：制作动感荧光字

扫码看视频

01 按Ctrl+N快捷键，打开“新建文档”对话框，使用其中的“网页-大尺寸”预设创建一个文档（背景为黑色）。使用横排文字工具 T 输入文字，如图7-1所示。执行“图层>栅格化>文字”命令，将文字栅格化，否则不能添加滤镜。按Ctrl+J快捷键复制文字图层。在上方文字图层的眼睛图标 上单击，将该图层隐藏。单击下方的文字图层，如图7-2所示。

图7-1

图7-2

02 执行“滤镜>模糊>径向模糊”命令，打开“径向模糊”对话框，设置参数，并在图7-3所示的位置单击，调整模糊的中心点，单击“确定”按钮关闭对话框，文字效果如图7-4所示。执行“滤镜>模糊>高斯模糊”命令，增加模糊范围，如图7-5和图7-6所示。

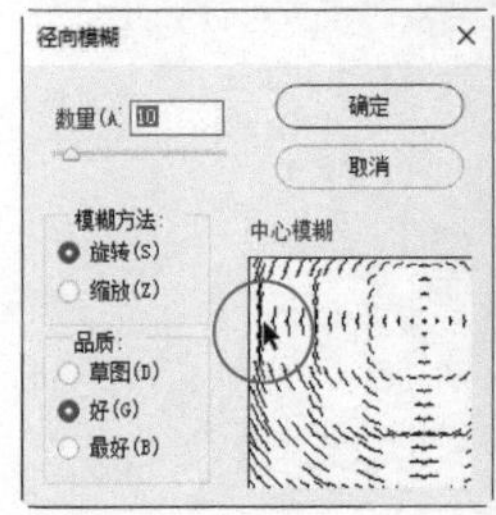

图7-3

图7-4

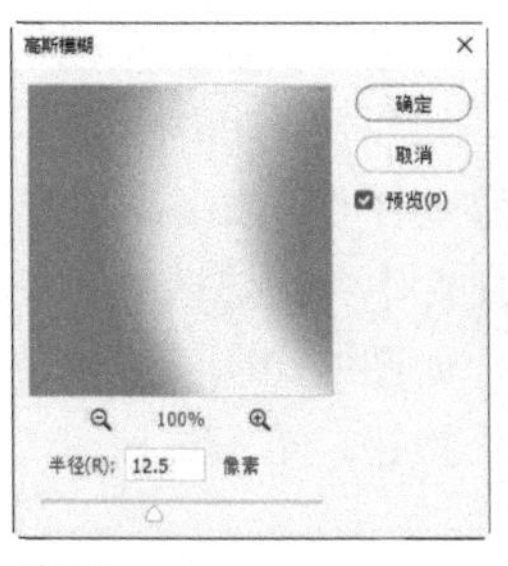

图7-5

图7-6

03 双击当前图层，打开“图层样式”对话框，添加“描边”效果，如图7-7和图7-8所示。

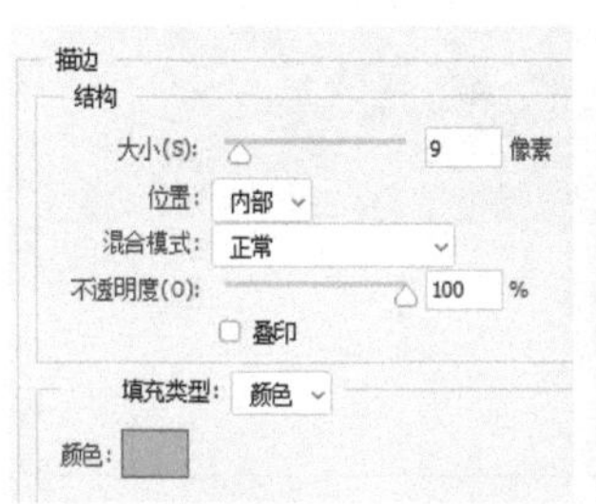

图7-7

图7-8

04 将上方文字显示出来，并单击该图层，如图7-9所示。为它添加“径向模糊”滤镜，参数与第2步滤镜相同，效果如图7-10所示。

图7-9

图7-10

7.1.2 小结

滤镜原本是一种摄影器材，将其安装在镜头前，可以改变色彩，或者产生特殊的拍摄效果。例如，图7-11~图7-13所示为红外滤镜及使用其拍摄的摄影作品。从中可以看到，红外线的穿透力能使景物更加清晰，植物、白云由于反射红外线而变得很亮，天空、水等则因吸收红外线而变得很暗，整个画面呈现超现实意境。

图7-11

图7-12

图7-13

Photoshop中的滤镜可以改变像素的位置和颜色，进而生成特效。例如，图7-14所示为原图像，图7-15所示为用“染色玻璃”滤镜处理后的图像（从放大镜中可以看到像素的变化情况）。

图7-14

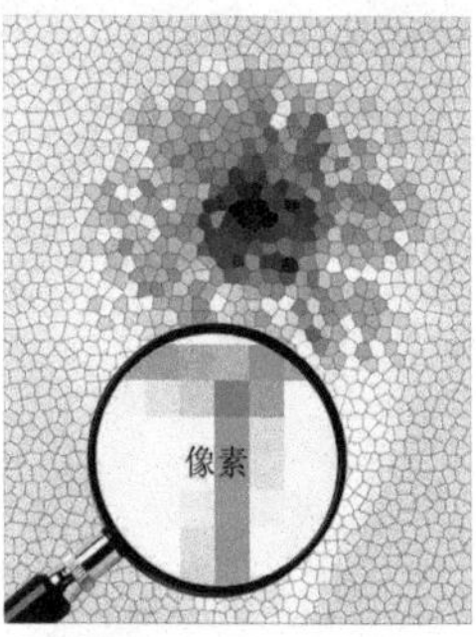

图7-15

Photoshop的滤镜家族有一百多个成员，它们都在“滤镜”菜单中，如图7-16所示。其中“Neural Filters”“镜头校正”“液化”“消失点”等是大型滤镜，被单独列出，其他滤镜按照用途分类，放置在各个滤镜组中。如果安装了外挂滤镜，则它们会出现在菜单底部。

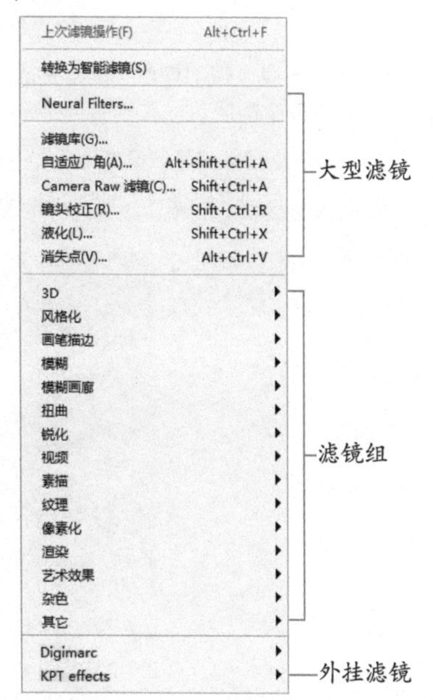

图7-16

首次运行Photoshop时，“滤镜”菜单中没有“画笔描边”“素描”“纹理”“艺术效果”滤镜组，因为它们都被整合到“滤镜库”中了。要使用这些滤镜，需要执行“滤镜>滤镜库”命令，打开“滤镜库”对话框进行添加，如图7-17所示。由于数量比较多，将一部分滤镜放在“滤镜库”中，可以让“滤镜”菜单简洁、清晰，方便查找滤镜。如果不习惯这种方式，可以执行“编辑>首选项>增效工具”命令，打开“首选项”对话框，勾选“显示滤镜库的所有组和名称”选项，如图7-18所示，让所有滤镜回到“滤镜”菜单中。

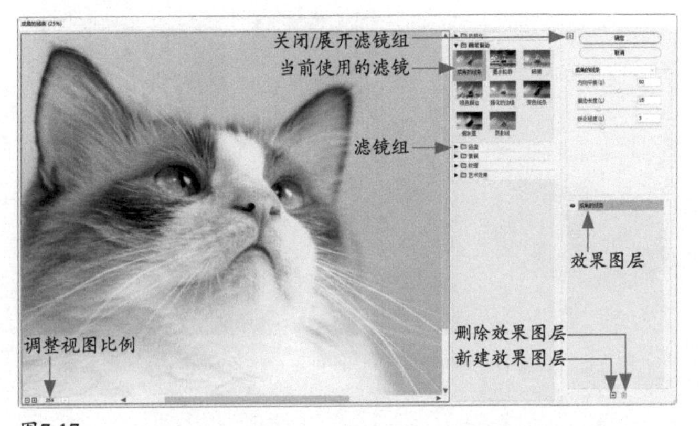

图7-17

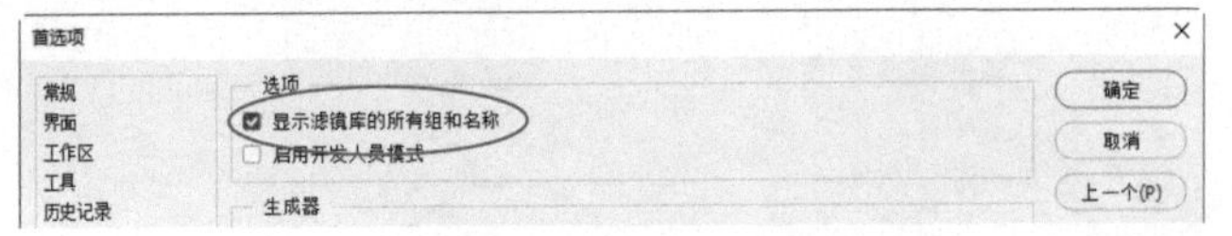

图7-18

打开“滤镜库”或相应的滤镜对话框后，在预览框中可以预览滤镜效果，单击⊞和⊟按钮，可以放大和缩小显示比例；拖曳预览框内的图像，可以移动图像，如图7-19所示；如果想要查看某一区域，可在文件中单击该区域，滤镜预览框中就会显示单击处的图像，如图7-20所示。按住Alt键，“取消”按钮会变成“复位”按钮，单击该按钮，可以将参数恢复为初始状态。

图7-19

图7-20

·PS技术讲堂·

滤镜的使用规则和技巧

- 使用滤镜处理图像时，需要先选择要处理的图像，并使图层可见（缩览图左侧有眼睛图标 ）。滤镜只能处理一个图层，不能同时处理多个图层。
- 滤镜的处理效果是以像素为单位进行计算的，因此，用相同的参数处理不同分辨率的图像，效果会出现差异，如图7-21~图7-23所示。
- 创建选区后，滤镜只处理选中的图像，如图7-24和图7-25所示；未创建选区，则处理当前图层中的全部图像，如图7-26所示。

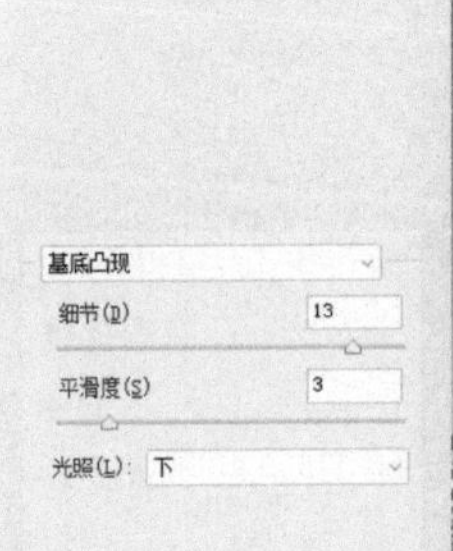

滤镜参数

图7-21

分辨率为72像素/英寸

图7-22

分辨率为300像素/英寸

图7-23

创建选区

图7-24

滤镜只处理选中的图像

图7-25

未创建选区并使用滤镜

图7-26

- 在“滤镜”菜单中，显示为灰色的滤镜不能使用。这通常是图像模式造成的。RGB模式的图像可以使用全部滤镜，CMYK模式的图像不能使用少量滤镜，索引和位图模式的图像不能使用任何滤镜。如果颜色模式限制了滤镜的使用，可以执行“图像>模式>RGB颜色”命令，将图像转换为RGB模式，再用滤镜处理。
- 使用一个滤镜后，“滤镜”菜单的第一行便会出现该滤镜的名称（即“上次滤镜操作”命令），单击它可再次应用这一滤镜。
- 只有“云彩”滤镜可以应用在没有像素的区域，其他滤镜都必须应用在包含像素的区域，否则不能使用。
- “木刻”“染色玻璃”等滤镜在使用时会占用大量的内存，特别是在编辑高分辨率的图像时，Photoshop的处理速度会变慢。如果遇到这种情况，可以先在一小部分图像上试验滤镜，找到合适的设置后，再将滤镜应用于整个图像。为 Photoshop 提供更多的可用内存也是一个解决办法*（见随书电子文档52页）*。
- 应用滤镜的过程中如果要终止处理，可以按Esc键。

7.1.3 实战：制作夸张漫画效果

在漫画中，为了塑造让人易于亲近的角色，人物往往头大身小，身材比例比较夸张。Photoshop中的“液化”滤镜非常适合制作变形效果，可以让一张普通照片变得诙谐有趣，让严肃的主题显得轻松活泼，如图7-27所示。

扫码看视频

图7-27

01 打开素材。执行“选择>主体”命令，将人物选中，如图7-28所示。

图7-28

02 使用快速选择工具修改选区，在漏选的地方按住Shift键并拖曳鼠标，将其添加到选区中，如图7-29和图7-30所示。对于多选的地方，则按住Alt键操作，将其排除到选区之外，如图7-31和图7-32所示。

图7-29

图7-30

图7-31

图7-32

03 按Ctrl+J快捷键，将选中的人物复制到一个新的图层中，隐藏“背景”图层，如图7-33和图7-34所示。

图7-33

图7-34

04 使用快速选择工具选取帽檐，如图7-35所示，按Delete键将其删除，如图7-36所示。

图7-35

图7-36

05 使用快速选择工具选取头部，如图7-37所示，按Ctrl+J快捷键将其复制到单独的图层中。按住Ctrl键并单击该图层的缩览图，如图7-38所示，载入选区，按Shift+Ctrl+I快捷键反选，将身体选中。单击“图层1”，如图7-39所示，按Ctrl+J快捷键复制身体，如图7-40所示。将“图层1”隐藏。按Ctrl+T快捷键显示定界框，拖曳控制点，将身体缩小，如图7-41所示。按Enter键确认。

图7-37

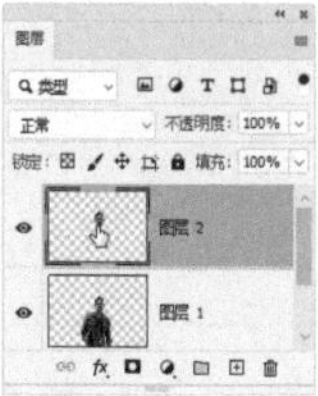

图7-38

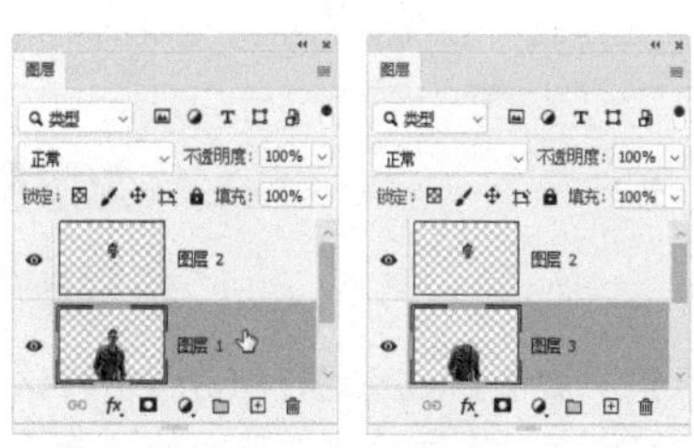

图7-39 图7-40

图7-41

06 执行“滤镜>液化”命令，打开“液化”对话框。选择向前变形工具，将“大小”值设置为150，如图7-42

所示。取消“显示背景”选项的勾选。在手臂和肩膀上拖曳鼠标，将图像向内“推”，如图7-43所示。单击“确定”按钮关闭对话框。

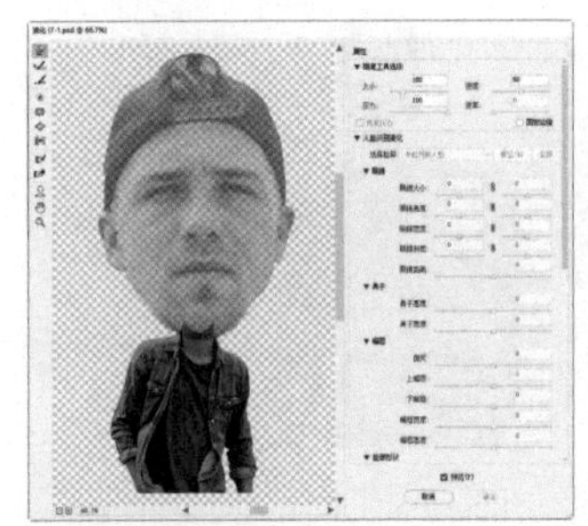
图7-42

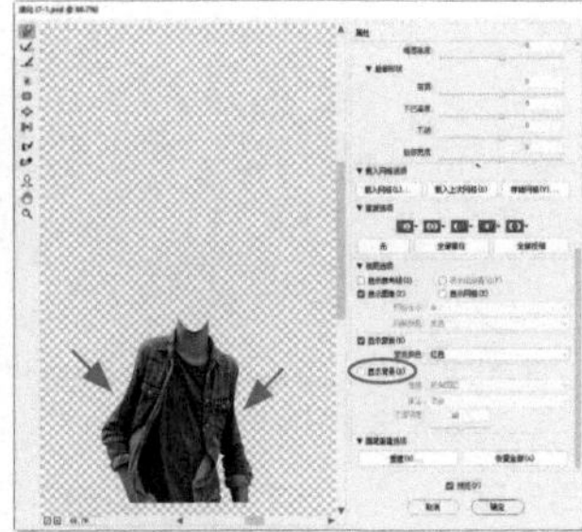
图7-43

07 选择头部所在的图层。打开“液化”对话框，用同样的方法对脸部进行变形处理，如图7-44和图7-45所示。

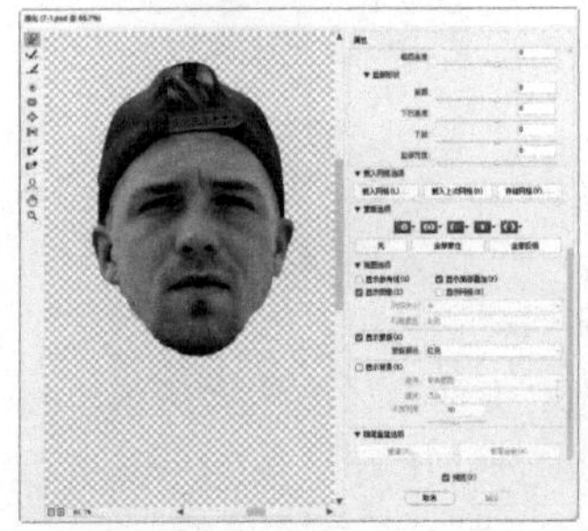
图7-44

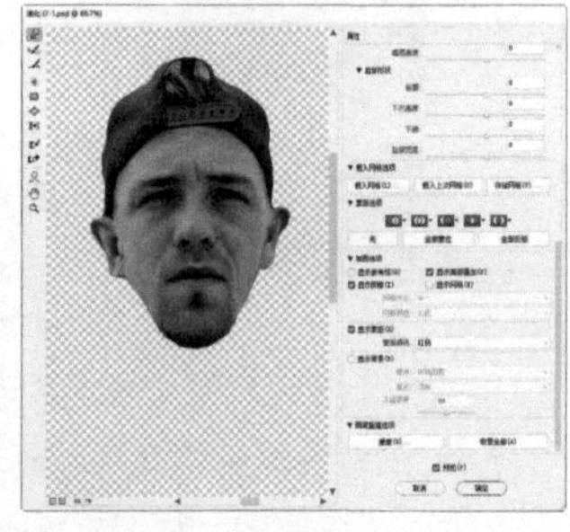
图7-45

08 关闭对话框，效果如图7-46所示。新建一个图层，按Ctrl+[快捷键移至底层。单击“渐变”面板中的预设渐变，如图7-47所示，将该图层转换为填充图层。

09 双击它的缩览图，如图7-48所示，弹出“渐变填充”对话框，调整选项，如图7-49和图7-50所示。

图7-46

图7-47

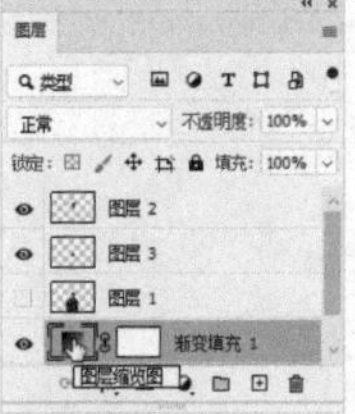
图7-48

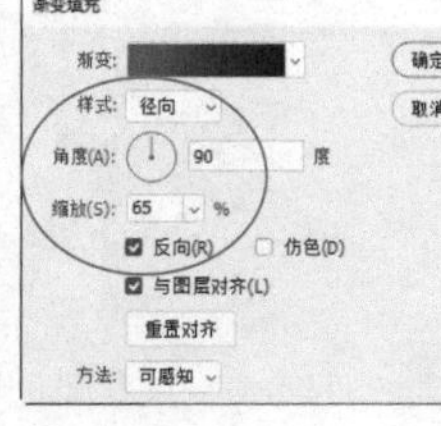
图7-49

图7-50

7.1.4

实战：用“滤镜库”制作抽丝效果照片

本实战使用“半调图案”滤镜、“镜头校正”滤镜和“编辑>渐隐”命令制作抽丝效果，如图7-51所示。其中“渐隐”命令用来修改滤镜效果的混合模式和不透明度。

图7-51

智能滤镜

智能滤镜是应用于智能对象的滤镜。除“液化”和“消失点”等少数滤镜外，其他滤镜均可作为智能滤镜使用，还包括“图像>调整”子菜单中的“阴影/高光”命令。

·PS技术讲堂·

智能滤镜如何智能

使用滤镜时会修改像素，如图7-52和图7-53所示，这意味着滤镜虽好，却是破坏性编辑功能。如果将其应用于智能对象，情况就不同了。在这种状态下，滤镜会像图层样式一样附加在智能对象所在的图层上。就是说，滤镜效果与图层中的对象是分离的，如图7-54和图7-55所示，因此它就变为可单独编辑的对象了。智能滤镜有4个显著特点，如下所示。

（1）不破坏原始图像；（2）同一图层可添加多个滤镜；（3）滤镜参数可修改；（4）滤镜效果可以调整混合模式和不透明度，也可调整堆叠顺序、添加图层样式或用蒙版控制滤镜范围，如图7–56所示。

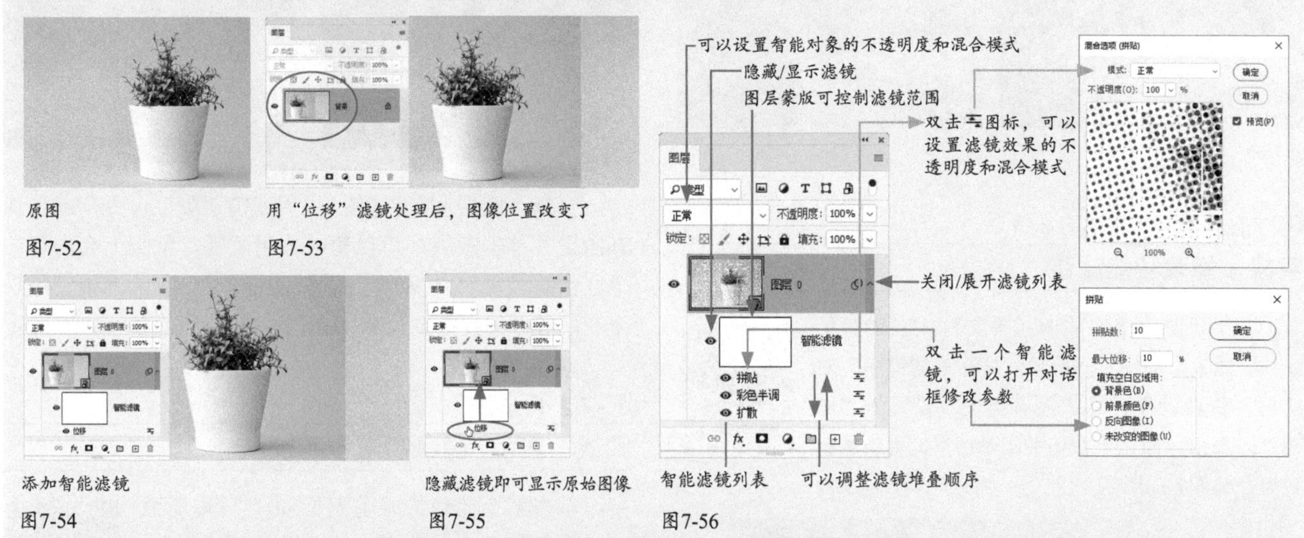

原图

图7-52

用“位移”滤镜处理后，图像位置改变了

图7-53

添加智能滤镜

图7-54

隐藏滤镜即可显示原始图像

图7-55

图7-56

然而，也正是这些可修改、可删除等特点，使得智能滤镜使用时，需要更多的内存，也会占用更大的存储空间。另外需要注意，智能滤镜不是百分百智能，这体现在：当缩放添加了智能滤镜的对象时，滤镜效果不会做出相应的改变。例如，在添加了“模糊”智能滤镜后，当缩小智能对象时，模糊范围并不会自动减少，需要修改参数才能让滤镜效果与缩小后的对象匹配。这一点也与图层样式相似（见67页）。

7.2.1

实战：用智能滤镜制作网点照片

01 打开照片素材，如图7-57所示。执行“滤镜>转换为智能滤镜”命令，弹出一个提示框，单击“确定”按钮，将“背景”图层转换为智能对象，如图7-58所示。如果当前图层为智能对象，可以直接应用滤镜，不必转换。

扫码看视频

图7-57　图7-58

02 按Ctrl+J快捷键复制图层。将前景色设置为蓝色。执行“滤镜>滤镜库”命令，打开“滤镜库”对话框，展开“素描”滤镜组，单击“半调图案”滤镜，将“图案类型”设置为“网点”，其他参数如图7-59所示。单击“确定”按钮，应用智能滤镜，效果如图7-60所示。

03 执行“滤镜>锐化>USM锐化”命令，对效果进行锐化，使网点变得清晰，如图7-61和图7-62所示。

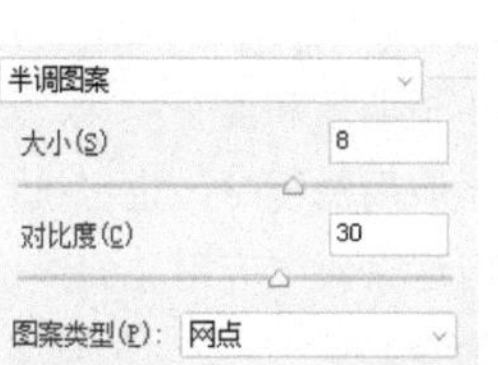

图7-59　图7-60

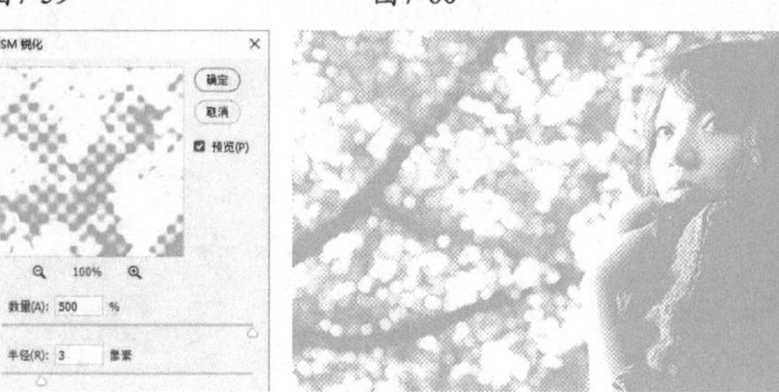

图7-61　图7-62

04 将“图层0拷贝”图层的混合模式设置为“正片叠底”，选择“图层0”。将前景色调整为紫红色（R173，G95，B198）。执行“滤镜>素描>半调图案”命令，打开“滤镜库”对话框，使用默认的参数，将图像处理为网点效果，如图7-63所示。执行“滤镜>锐化>USM锐化”命令，锐化网点。选择移动工具，按←键和↓键微移图层，使上下两个图层中的网点错开。使用裁剪工具将照片的边缘裁齐，效果如图7-64所示。

图7-63

图7-64

7.2.2

实战：修改智能滤镜

01 打开前一个实战的效果文件。双击智能滤镜，如图7-65所示，打开“滤镜库”对话框，修改滤镜，将“图案类型”设置为“圆形”，单击“确定”按钮关闭对话框，更新滤镜效果，如图7-66所示。

图7-65

图7-66

02 双击智能滤镜旁边的编辑混合选项图标，弹出“混合选项”对话框，设置滤镜的不透明度和混合模式，如图7-67和图7-68所示。虽然对普通图层应用滤镜时，也可执行“编辑>渐隐”命令做同样的修改，但这需要在应用完滤镜以后马上操作，否则不能使用“渐隐”命令。

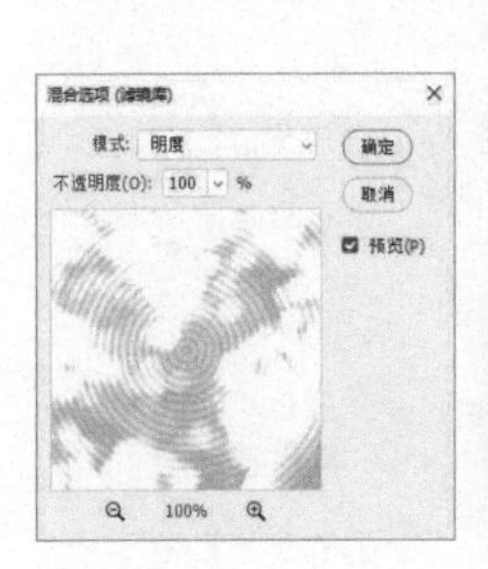

图7-67

图7-68

7.2.3

实战：遮盖智能滤镜

智能滤镜包含一个图层蒙版，编辑蒙版可以有选择性地遮盖智能滤镜，使其只影响部分对象，如图7-69和图7-70所示。

图7-69

图7-70

执行“图层>智能滤镜>停用滤镜蒙版”命令，或按住Shift键并单击蒙版，可以暂时停用蒙版，蒙版上会出现一个红色的“×”。执行“图层>智能滤镜>删除滤镜蒙版”命令，或将蒙版拖曳到 按钮上，即可删除蒙版。

7.2.4

实战：显示、隐藏和重排滤镜

单击某个滤镜的眼睛图标，可以隐藏（或重新显示）该滤镜，如图7-71和图7-72所示。单击智能滤镜行左侧的眼睛图标，或执行“图层>智能滤镜>停用智能滤镜”命令，可隐藏当前智能对象的所有智能滤镜。上、下拖曳智能滤镜，可以调整它们的顺序。由于滤镜是按照自下而上的顺序应用的，因此，调整顺序时效果会发生改变。

图7-71

图7-72

7.2.5

实战：复制与删除滤镜

按住Alt键，将一个智能滤镜拖曳到其他智能对象上（或拖曳到智能滤镜列表中的新位置），放开鼠标左键，即可复制智能滤镜，如图7-73~图7-76所示。按住Alt键拖曳智能对象旁边的图标，则可复制所有智能滤镜。

图7-73

图7-74

图7-75

图7-76

如果要删除单个智能滤镜，可将其拖曳到“图层”面板中的 🗑 按钮上。如果要删除应用于智能对象的所有智能滤镜，可将◎图标拖曳到 🗑 按钮上，或执行“图层>智能滤镜>清除智能滤镜”命令。

7.2.6 实战：制作斑驳的墙面贴画效果

通过前一章的学习，我们认识了一个“低调”又强大的图像合成工具——混合颜色带，在本实战中，它将与滤镜联手打造以假乱真的砖墙贴画效果，如图7-77所示。

扫码看视频

图7-77

01 打开素材。这个文件包含两个图层，如图7-78所示。单击女孩所在的图层，执行“选择>主体”命令，将女孩选中，如图7-79所示。

图7-78 图7-79

02 单击“图层”面板中的 ◘ 按钮，添加蒙版，效果如图7-80所示。设置图层的混合模式为“明度”，并在图7-81所示的位置双击，打开“图层样式”对话框，添加“描边”效果，如图7-82和图7-83所示。

图7-80 图7-81

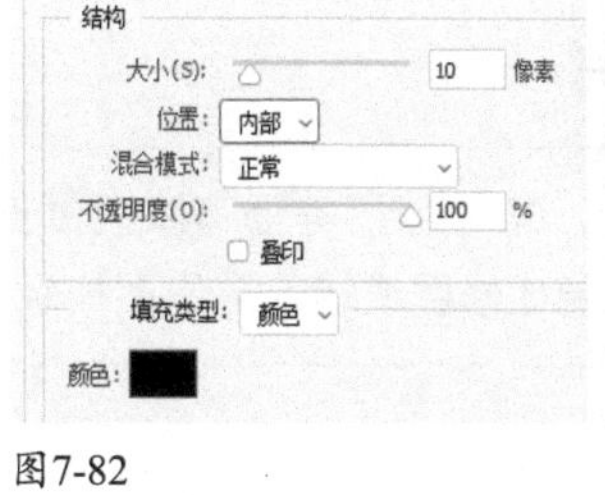

图7-82 图7-83

03 执行“滤镜>转换为智能滤镜”命令，将图层转换为智能对象。执行“滤镜>滤镜库”命令，打开“滤镜库”，添加“壁画”滤镜，如图7-84所示。

图7-84

04 双击“图层1”，打开“图层样式”对话框。将鼠标指针移动到图7-85所示的白色滑块上，按住Alt键单击，将滑块分开，然后分别对其进行拖曳，让底层砖墙透出来，如图7-86和图7-87所示。

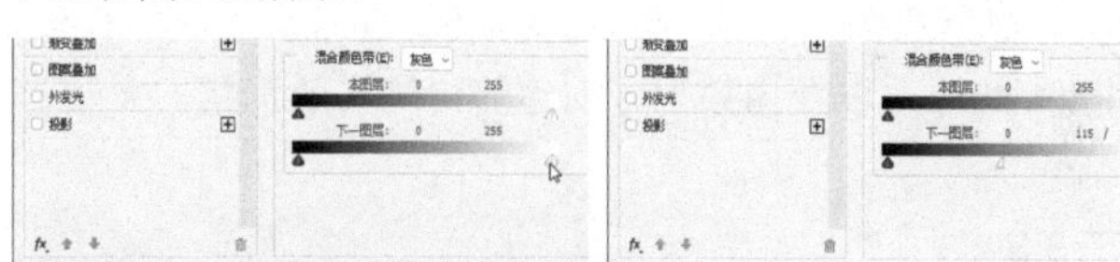

图7-85 图7-86

图7-87

05 按Ctrl+J快捷键复制图层，修改混合模式为“颜色”，如图7-88和图7-89所示。

图7-88 图7-89

外挂滤镜

游戏、浏览器、3D渲染器等都可以通过安装插件来拓展功能。Photoshop也支持插件，即外挂滤镜。好用的外挂滤镜能让修图或特效制作更加轻松。

7.3.1 安装外挂滤镜

如果外挂滤镜提供了安装程序，将其安装在计算机中Photoshop安装位置中的Plug-ins目录下即可。安装完成后，重新运行Photoshop，“滤镜”菜单底部会显示外挂滤镜。有的外挂滤镜无须安装，直接复制到Plug-ins文件夹中便可使用。

7.3.2 安装 Marketplace 增效工具

执行“增效工具>增效工具面板”命令，打开“插件”面板，单击“浏览增效工具”按钮，可以安装Photoshop的Marketplace增效工具，之后便可借助Plugins Marketplace安装或管理UXP增效工具，例如Slack for Photoshop 和 Trello for Photoshop，以及由第三方创建的传统增效工具。

7.3.3 KPT 系列外挂滤镜

在特效制作类插件中，KPT（Kai’s Power Tools）滤镜名气非常大。它有几个版本，包括KPT3、KPT5、KPT6和KPT7，每个版本的功能都不同，因此，版本号高并不意味着它是前面版本的升级版。

KPT3包含19种滤镜，可制作渐变填充效果、创建3D图像、添加杂质以及生成各种材质效果。图7-90所示为KPT3的滤镜对话框。

KPT5是继KPT3之后Meta Tools公司的又一力作，它包含10种滤镜，可以创建网页3D按钮、生成无数的球体、给图像加上令人惊奇的真实羽毛等特殊效果。图7-91所示为KPT5的操作界面。KPT6和KPT7都采用此界面。

KPT6包含均衡器、凝胶、透镜光斑、天空特效、投影机、黏性物、场景建立和湍流等10余种特色滤镜。图7-92所示分别为原图及部分滤镜效果。

图7-90

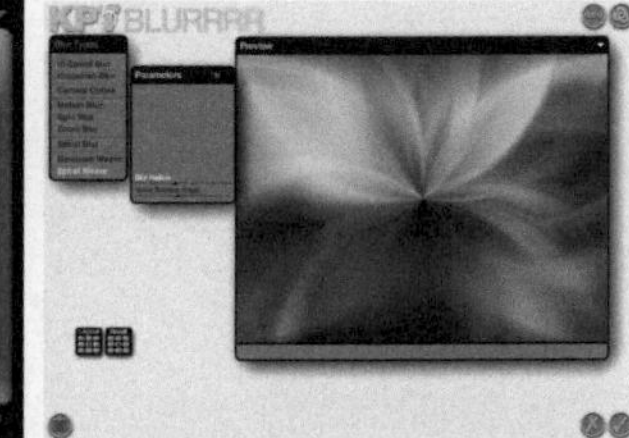

图7-91

原图

KPT Lensflare

KPT Projector

图7-92

KPT7是目前KPT系列滤镜的最高版本，也是知名度超高的Photoshop外挂滤镜。它包含9种特色滤镜，可以创建墨水滴、闪电、流动、撒播、高级贴图、渐变等超炫特效。图7-93和图7-94所示为部分滤镜效果。

KPT Hypertiling

KPT Gradient Lab

KPT Lightning

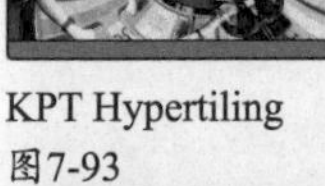

图7-93

KPT FraxFlame Ⅱ

KPT Scatter

KPT Channel Surfing

图7-94

7.3.4 Mask Pro（抠图插件）

Mask Pro是由Ononesoftware公司开发的抠图插件，如图7-95所示。其吸管工具、魔术笔刷工具、魔术油漆桶工具、魔术棒工具等与Photoshop非常相似，甚至还有可以绘制路径的魔术钢笔工具，但更加简单易用。

图7-95

7.3.5 KnockOut（抠图插件）

KnockOut是由Corel公司开发的经典抠图插件。它能将人像、动物毛发、羽毛、烟雾、透明的对象、阴影等轻松地从背景中抠出来，而且处理后的图像可以直接输出到Photoshop中。图7-96所示为KnockOut操作界面，图7-97和图7-98所示为原图及抠出的图像。

图7-96

图7-97

图7-98

7.3.6 Neat Image（磨皮插件）

Neat Image是一款非常好用的磨皮插件，可以减少杂色和噪点，使人物皮肤洁白、细腻，还能在磨皮的同时保留头发、眼眉、眼睫毛的细节。图7-99所示为Neat Image操作界面，图7-100和图7-101所示分别为原图及磨皮效果。

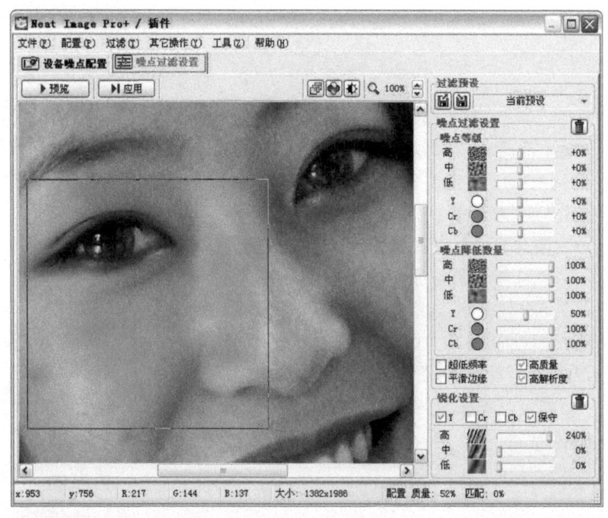

图7-99

图7-100

图7-101

7.3.7 kodak（磨皮插件）

kodak是一款比较简单，处理效果也很不错的磨皮插件。如果还不能用好Photoshop磨皮技术，可以用这款软件暂时过渡一下。

> *提示*
>
> 本书的配套资源中提供了《外挂滤镜使用手册》，包含KPT7、Eye Candy 4000、Xenofex等经典外挂滤镜的详细参数设置方法和具体的效果展示。

第8章 色调调整

【本章简介】

Photoshop中有25个调整命令，数量虽多，但门类清晰，而且基本可以划分成调整色调和调整色相两大类。本章讲解其中的色调调整命令。要想学好这些命令，要先知道色调范围是怎样一个概念，并学会查看和分析图像的直方图，之后学习各个调整命令就有的放矢了。本章将从亮度控制、修改曝光、对比度调整、阴影和高光分区调整几个方面展开，由易到难，逐渐过渡到高级调整工具——曲线及超级图像——高动态范围图像。

【学习目标】

通过本章的学习，我们可以掌握以下知识技能。

- 能够从直方图中判断照片的曝光是否正常，掌握像素的分布情况
- 能够运用简单的工具快速调整亮度和对比度，避免出现色偏
- 能用“阴影/高光”命令处理高反差照片，从阴影中还原图像细节，并兼顾高光不会过曝
- 会使用中性色图层
- 掌握在阈值状态下增强对比度的技巧
- 会使用色阶和曲线，并理解它们的原理
- 清楚动态范围对图像意味着什么
- 会制作高动态范围图像

【学习重点】

8.1 色调调整方法初探

Photoshop 2022

需要调整色调（及色相）时，最好使用调整图层操作，因为它是非破坏性编辑功能，不会真正修改对象。

8.1.1 实战：制作头发漂染效果

01 打开素材，如图8-1所示。单击“调整”面板中的 按钮，创建“色相/饱和度”调整图层。单击面板底部的 按钮，创建剪贴蒙版，如图8-2所示。在“窗口”菜单中打开“属性”面板，调整颜色，如图8-3和图8-4所示。

扫码看视频

图8-1

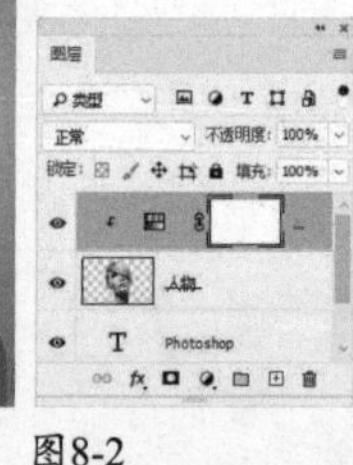

图8-2

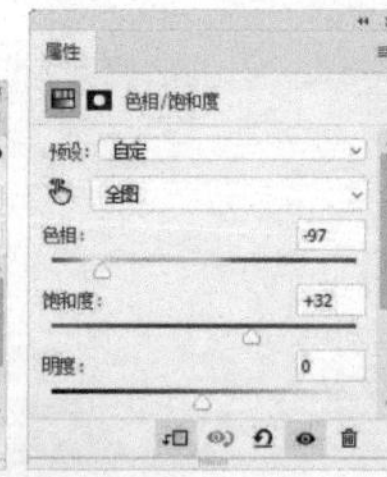

图8-3

图8-4

02 按Ctrl+I快捷键，将调整图层的蒙版反相，使之变为黑色，如图8-5所示。蒙版会将调整效果遮挡，图像就会恢复为调整前的状态，如图8-6所示。

图8-5

图8-6

03 使用快速选择工具 选取头发（在工具选项栏中勾选“对所有图层取样”选项），如图8-7所示。将背景色设置为白色，按Ctrl+Delete快捷键，在选区内填充白色，恢复调整效果。按Ctrl+D快捷键取消选择，如图8-8所示。

图8-7

图8-8

04 将前景色设置为白色，使用画笔工具在嘴唇和眼睛上分别涂抹出唇彩和眼影，如图8-9和图8-10所示。

图8-9

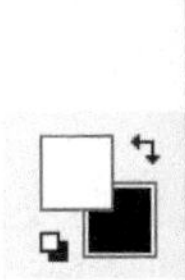

图8-10

05 单击“调整”面板中的按钮，再创建一个调整图层并调整参数，如图8-11所示。按Ctrl+I快捷键，将蒙版反相。使用画笔工具在头发中间涂抹，让头发呈现多色漂染效果，如图8-12和图8-13所示。

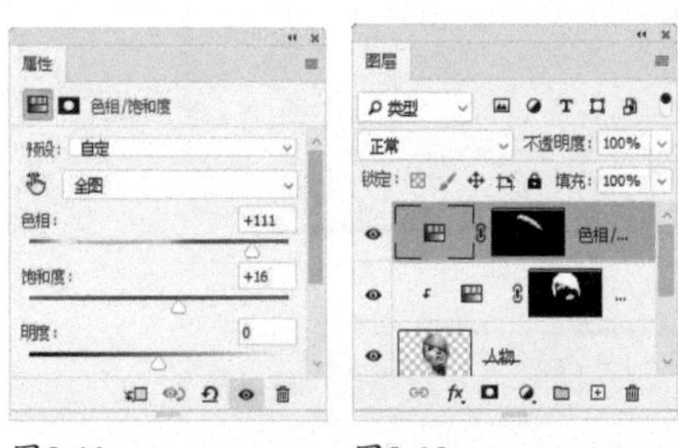
图8-11　图8-12

图8-13

06 如果觉得颜色过艳，可单击第一个调整图层，将“不透明度”值设置为50%，调整效果会减弱至之前的一半，如图8-14和图8-15所示。将“不透明度”值恢复为100%。

图8-14

图8-15

07 下面看一下怎样调整参数。单击一个调整图层，如图8-16所示，“属性”面板中会显示相应的选项，此时便可进行修改，如图8-17和图8-18所示。

图8-16　图8-17　图8-18

8.1.2 小结

Photoshop中的颜色调整命令全都在“图像”菜单中，如图8-19所示，并可以通过不同的方法使用。上面实战用的是调整图层（从中还可学到其创建方法，以及怎样控制调整范围、修改参数）。

扫码看视频

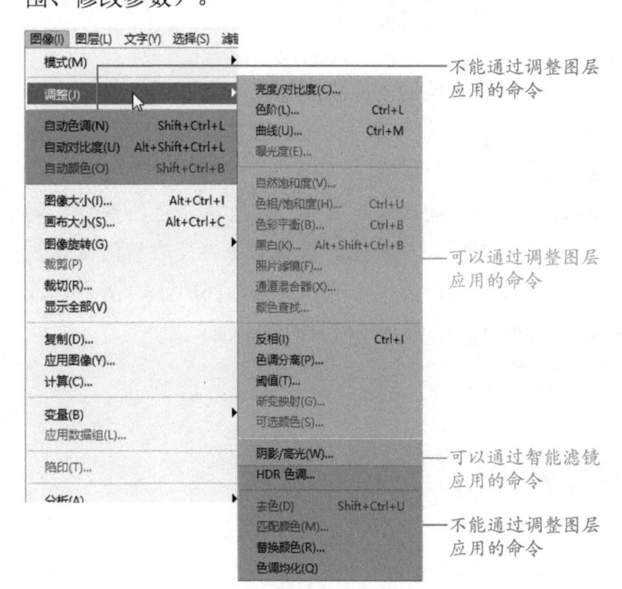

图8-19

调整图层可以存储调整命令参数，并对其下方的所有图层产生影响。因此，在前面的实战中，将其与人像所在的图层创建为一个剪贴蒙版组，目的就是把调整限定为人像图层，这样就不会影响背景。

调整图层是非破坏性功能。为什么这样说呢？观察图8-20所示的原始图像及图8-21所示的调整效果可以看到，图像的颜色虽然被修改了，但调整图层下方的“背景”图层仍保持原样，这说明图像颜色没有真正改变。单击调整图层左侧的眼睛图标，将其隐藏，如图8-22所示，图像就会恢复原样。如果不使用调整图层，而是直接执行“图像”菜单中的调整命令，则“背景”图层中的原始图像就与文档窗口中的效果一样了，如图8-23所示。

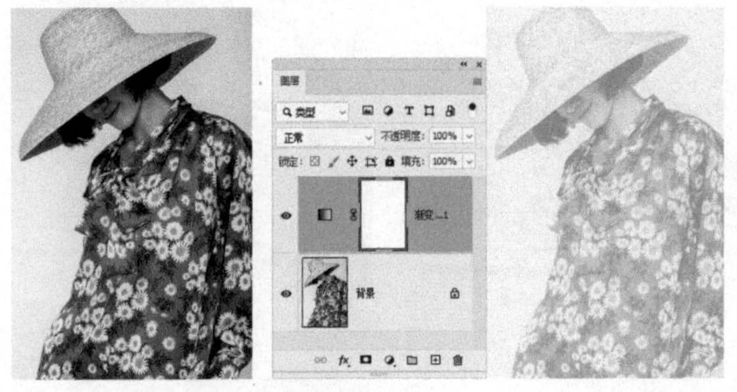

图8-20　图8-21

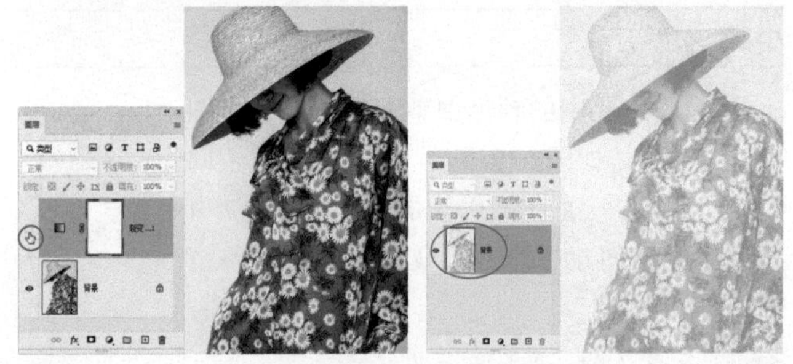

图8-22　图8-23

也可以智能滤镜的方式应用调整命令，但这是一个特例，只适用于“阴影/高光”命令。操作时先选择图层，如图8-24所示，执行“图层>智能对象>转换为智能对象”命令，将其转换为智能对象，如图8-25所示。之后执行“阴影/高光”命令进行调整，此时调整命令会变成智能滤镜，以列表的形式出现在图层下方，如图8-26所示。需要修改参数时，双击它，即可打开相应的对话框。

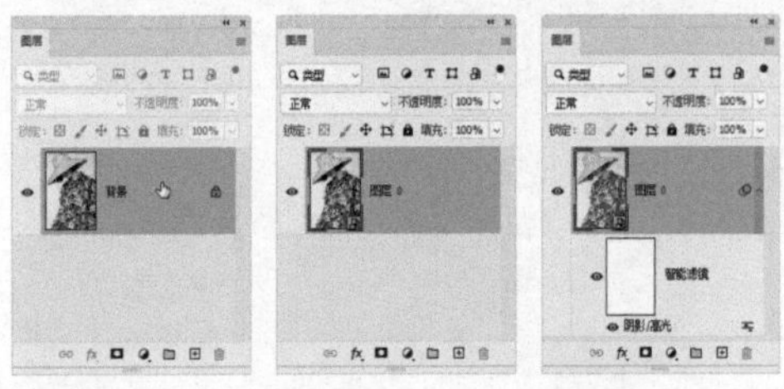

图8-24　图8-25　图8-26

提示

编辑图像有一条铁律：不要破坏原始素材。也就是说，在调整和修饰图像、栅格化文字和矢量对象之前，最好复制原始对象所在的图层，在图层副本上操作；或使用非破坏性编辑功能处理，否则以后需要原始素材时，是无法还原的。

8.1.3 “调整”面板和“属性”面板

单击“调整”面板中的按钮，或执行“图层>新建调整图层”子菜单中的命令，即可在当前图层上方创建调整图层，“属性”面板中会显示并可设置参数选项，如图8-27所示。

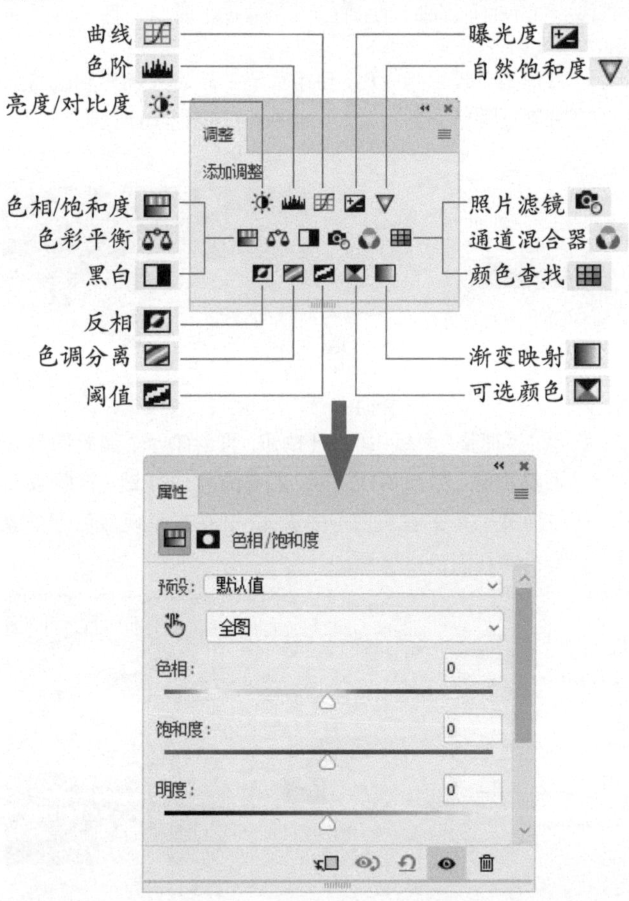

图8-27

“属性”面板按钮

- 创建剪贴蒙版：单击该按钮，可以将当前的调整图层与它下方的图层一起创建为剪贴蒙版组。这样调整图层仅影响它下方的一个图层，否则调整图层会影响其下方的所有图层。
- 切换图层可见性：单击该按钮，可以隐藏或重新显示调整图层。隐藏调整图层后，图像便会恢复原状。
- 查看上一状态：调整参数以后，单击该按钮，窗口中会显示图像的上一次调整状态，可比较两种效果之间的差别。
- 复位到调整默认值：将调整参数恢复为默认值。
- 删除调整图层：选择一个调整图层后，单击该按钮，可将其删除。

·PS技术讲堂·

用好调整图层的方法

扫码看视频

调整图层使用技巧

调整图层会影响它下方的所有图层，如图8-28所示，所以，改变其堆叠顺序会影响图像效果。

当调整效果过强时，可修改调整图层的不透明度和混合模式来改善细节，如图8-29所示。

打开多个文件，单击调整图层，使用移动工具 ✣ 可将其拖入其他文件*（与73页图像拖曳方法相同）*，如图8-30所示。

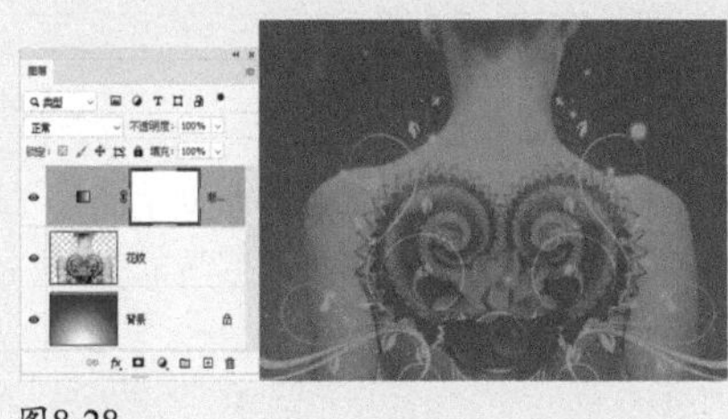
图8-28

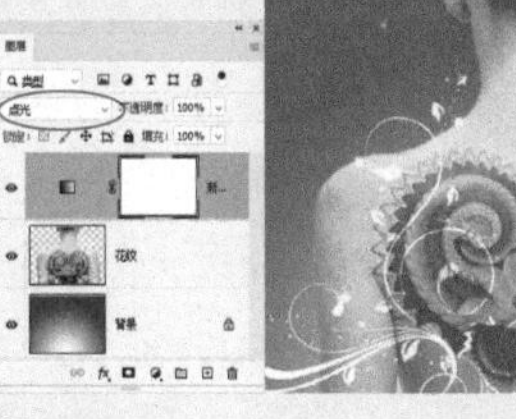
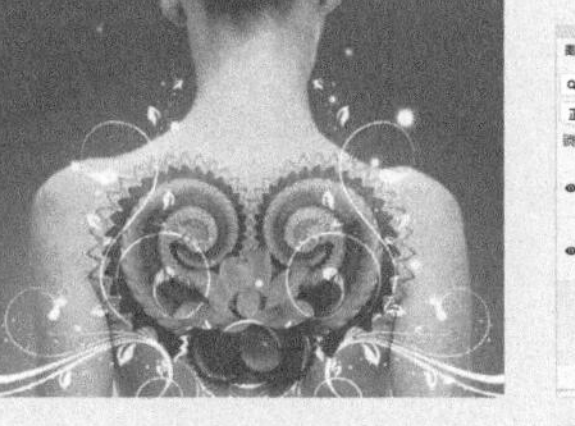
图8-29

图8-30

将调整图层拖曳到“图层”面板中的 ⊞ 按钮上，可进行复制。如果将其与下方的图层合并，调整效果会永久应用于合并的图层中。将其与上方的图层合并，则与之合并的图层不会有任何改变，因为调整图层不能对其上方的图层产生影响。另外，调整图层不能作为合并的目标图层，即不能将调整图层上方的图层合并到调整图层中。

驾驭调整图层的方法

调整图层的影响范围非常大，横向看，可覆盖整个画面；纵向看，会影响位于其下方的所有图层，如图8-31所示。如果“驾驭”不好，它会成为破坏图像的工具。

要想用好调整图层，可以从以下几个方面着手。首先是控制调整强度。整体调整强度可以通过“不透明度”值来控制，前面实战用过此方法，即“不透明度”设置为50%时，调整强度会减弱至之前的一半。局部区域可以使用画笔工具 🖌 涂灰，利用蒙版的遮挡功能来实现。灰色越深，调整强度越弱，如图8-32所示。

图8-31

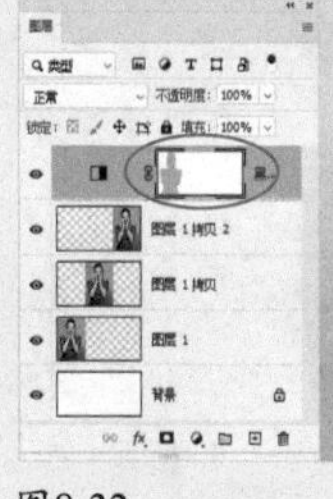

图8-32

其次是控制调整范围。这个比较简单，用画笔工具 🖌 或其他工具将不想被影响的区域涂黑即可。也可像前面的实战那样，先将调整图层的蒙版反相为黑色，再将需要调整的区域涂白。

还有就是让调整图层只影响特定的图层。如果只想影响一个图层，可以在其上方创建调整图层，之后单击“属性”面板中的 ↵□ 按钮，用剪贴蒙版*（见157页）*限定调整范围，如图8-33所示。需要影响多个图层时，可在它们上方创建调整图层，然后将其一同选取，按Ctrl+G快捷键编入图层组中，再将组的混合模式设置为“正常”即可，如图8-34所示。

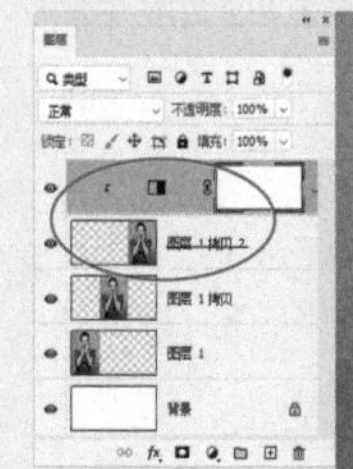

图8-33

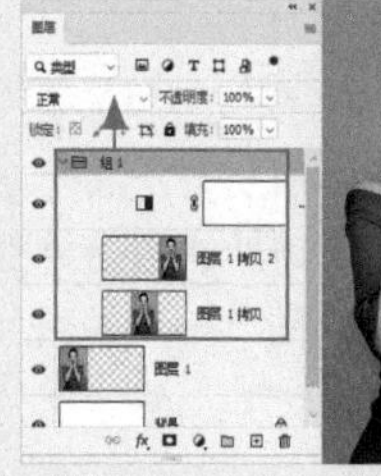

图8-34

色调范围、直方图与曝光

一张照片只有在曝光正常、色调范围完整的情况下，才能展现丰富的细节。在Photoshop中，可以使用直方图观察曝光情况和色调范围。

·PS技术讲堂·

色调范围

在一张照片里，色调范围不仅关系着图像中的信息是否充足，也影响着图像的亮度和对比度，而亮度和对比度又决定了图像的清晰度，因此，色调范围可作为衡量图像好坏的重要指标。这也从另一个方面说明，色调调整在图像编辑中非常重要。

在Photoshop中，色调范围被定义为0（黑）~255（白）共256级色阶。在此范围内，又可划分出阴影、中间调和高光3个色调区域，如图8-35所示。图像的色调范围完整，则画质细腻、层次丰富，色调过渡也非常自然，如图8-36所示。如果色调范围不完整，即小于0~255级色阶，就会缺少黑和白或接近于黑和白的色调，导致对比度偏低、细节减少、色彩平淡、色调不通透等问题，如图8-37所示。

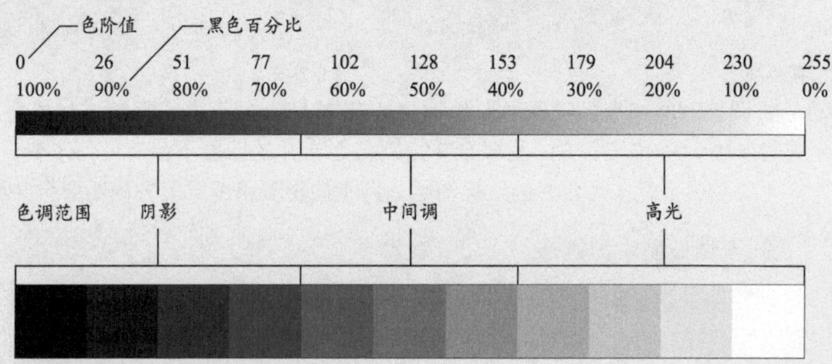

摄影师常用的11级灰度色阶

图8-35

色调范围完整的黑白/彩色照片

图8-36

色调范围小于0~255级色阶的黑白/彩色照片

图8-37

Photoshop中的色调调整命令各有侧重，有针对于特定色调的，也有针对于特定区域的。其中“色阶”和“曲线”命令最为强大，可以调整任何色调区域。要是按照其功能从简单到复杂排序，则顺序为“自动色调”→“自动对比度”→“亮度/对比度”→“曝光度”→“阴影/高光”→“色阶”→“曲线”。“曲线”是终极调整工具，除“曝光度”和“阴影/高光”这两个命令，它可以完成其他命令能完成的所有工作。

一般来说，调整彩色图像的色调会对色彩产生影响。例如，当色调的反差被调低时，明暗对比趋弱，色彩就会变得比较平淡、比较“灰”；而提高色调反差、增强对比度以后，色彩会变得鲜艳生动，更有表现力。

8.2.1 从直方图中了解曝光信息的方法

直方图的用途

直方图是一种统计图形，其作用相当于汽车的仪表盘。仪表盘能提供油量、车速、发动机转速、水温等信息，从中可以了解汽车的状况。直方图则描述了图像的亮度信息如何分布，以及每个亮度级别中的像素数量。观察直方图，可以准确判断照片的影调和曝光情况，了解阴影、中间调和高光中包含的细节是否充足，以便做出有针对性的调整。

在调整照片前，首先应该打开“直方图”面板，分析直方图，进而了解照片的状况。在直方图中，从左（色阶为0，黑）至右（色阶为255，白）共256级色阶。直方图上的“山峰”和“峡谷”反映了像素数量的多少。例如，如果照片中某一个色阶的像素较多，该色阶所在处的直方图就会较高，形成“山峰”；如果“山峰”坡度平缓，或者形成凹陷的“峡谷”，则表示该区域的像素较少，如图8-38所示。

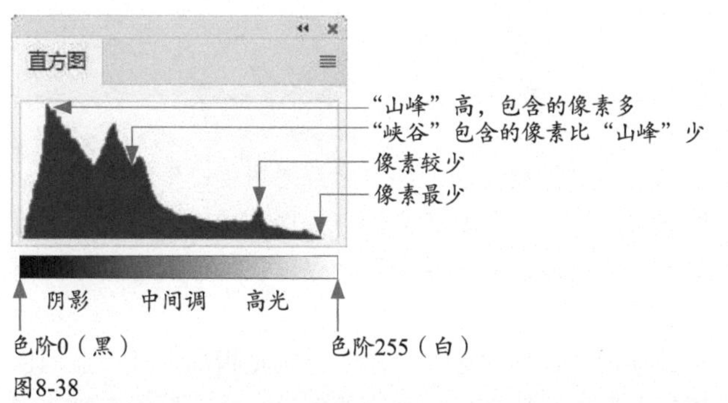

图8-38

当直方图中的像素数量较多、分布也比较细密时，如图8-39所示，说明图像的细节丰富，能够承受较大强度的编辑处理。一般情况下，图像尺寸越大，信息越多。图像尺寸过小或分辨率过低，画质就非常差，不利于编辑处理。例如，用数码相机拍摄的照片能承受较大幅度的调整和多次编辑，而同样的操作应用于手机拍摄的照片，图像就会面目全非。

图8-39

此外，如果直方图中出现梳齿状空隙（也称色调分离），如图8-40所示，就需要特别注意了，它表示色调间发生断裂，图像的细节减少。一般多次调整时容易出现这种情况，此时就要考虑是不是该减少调整次数，或者减弱调整强度了。

图8-40

如何判断曝光情况

曝光正常的照片色调均匀，明暗层次丰富，亮部不会丢失细节，暗部也不会漆黑一片。其直方图从左（色阶0）到右（色阶255）每个色阶都有像素分布，如图8-41所示。

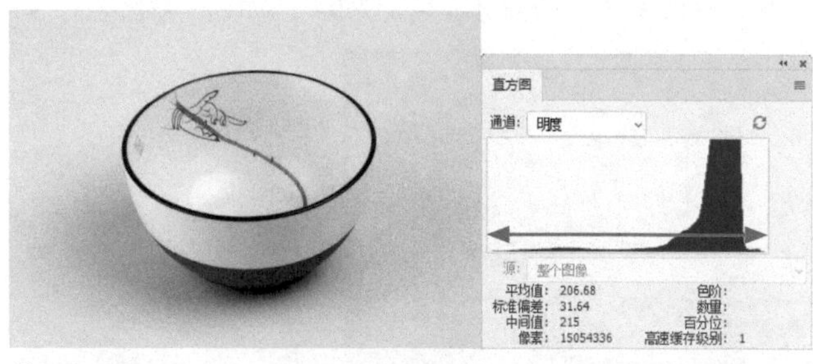

图8-41

曝光不足的照片色调较暗，直方图呈L形，“山峰”分布在左侧，中间调和高光区域像素少，如图8-42所示。

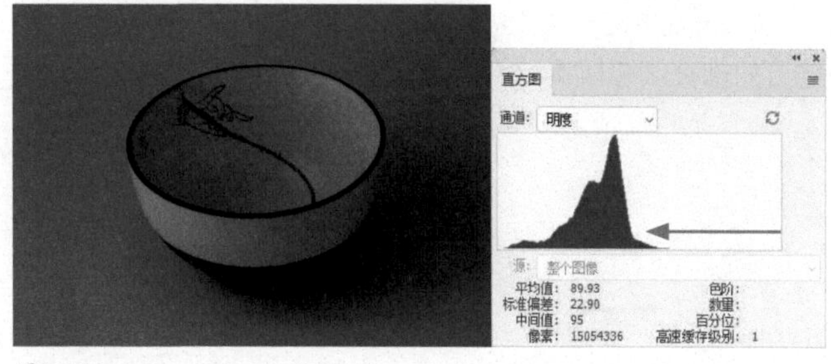

图8-42

曝光过度的照片色调较亮，直方图呈J形，“山峰”整体向右偏移，阴影区域像素少，如图8-43所示。

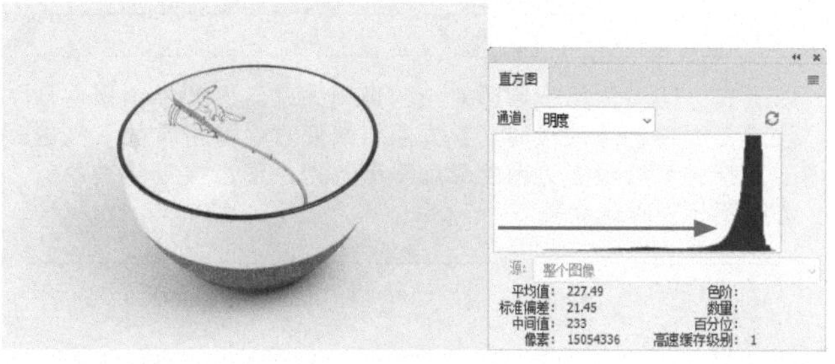

图8-43

反差过小的照片色彩不鲜亮，色调也不清晰，直方图呈⊥形，没有横跨整个色调范围（0~255级），如图8-44所示。这说明图像中最暗的色调不是黑色，最亮的色调不是白色，该暗的地方没有暗下去，该亮的地方也没有亮起来，导致色调灰蒙蒙的。

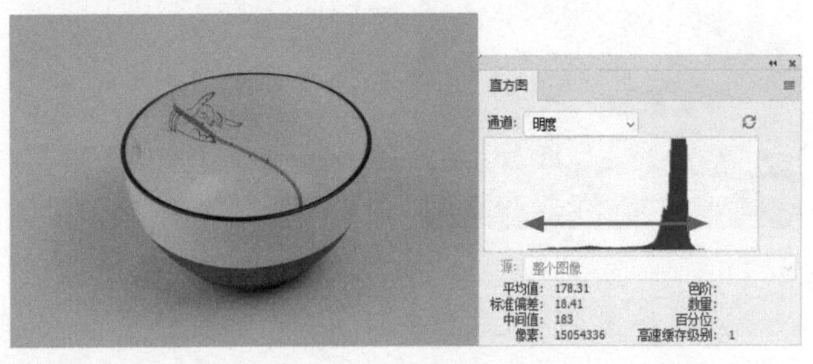

图8-44

在暗部缺失的照片中，阴影区域漆黑一片，没有层次，也看不到细节，直方图的一部分“山峰”紧贴直方图左侧，这就是全黑的部分（色阶为0），如图8-45所示。

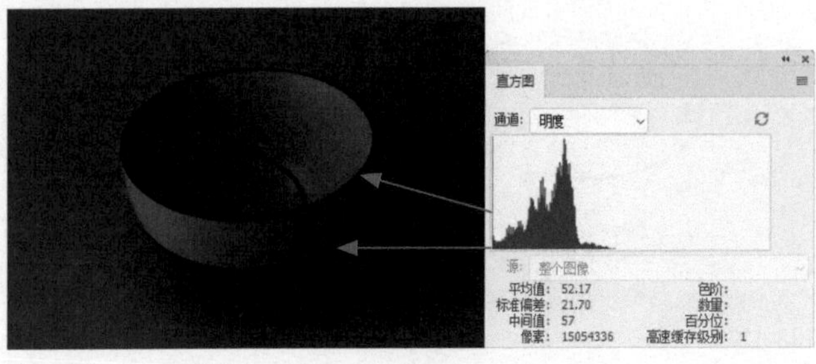

图8-45

在高光溢出的照片中，高光区域完全呈白色，没有细节，直方图中的一部分“山峰”紧贴直方图右侧，这就是全白的部分（色阶为255），如图8-46所示。

图8-46

提示

以上直方图不能用于判断复杂的影调关系。例如，拍摄白色沙滩上的白色冲浪板时，直方图极端偏右也是正常的。光影的复杂关系导致直方图的形态千差万别，形态接近完美的直方图不代表曝光完美。

8.2.2 直方图的展现方法

“直方图”面板有3种显示方法，可在其面板菜单中进行切换。

“紧凑视图”是默认方式，只提供直方图信息，如图8-47所示。“扩展视图”则多了统计数据和控件，如图8-48所示。“全部通道视图”是在前者的基础上又增加了通道的直方图，如图8-49所示。

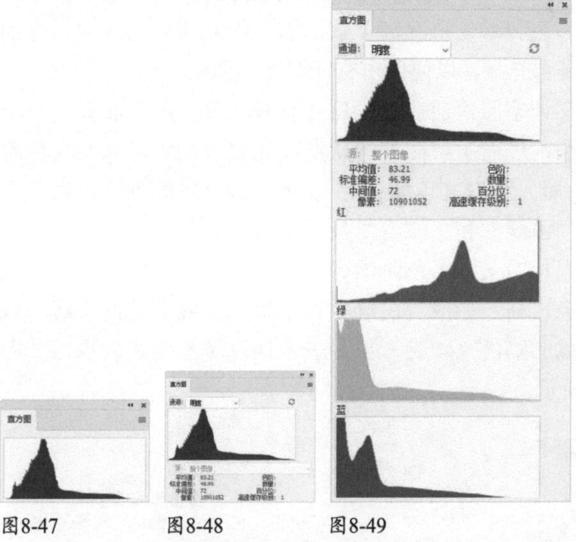

图8-47　图8-48　图8-49

当使用“扩展视图”和“全部通道视图”直方图时，可以选取通道，观察其直方图，如图8-50所示。执行面板菜单中的“用原色显示通道”命令，还可让通道直方图以彩色显示。

其中的“红”“绿”“蓝”分别是指红、绿、蓝颜色通道的直方图（即图8-49所示的那样）。“颜色”直方图则是这3个颜色通道的直方图叠加之后所得到的直方图，如图8-51所示。

RGB直方图即“通道”面板顶部的RGB复合通道*（见30页）*的直方图，如图8-52所示。

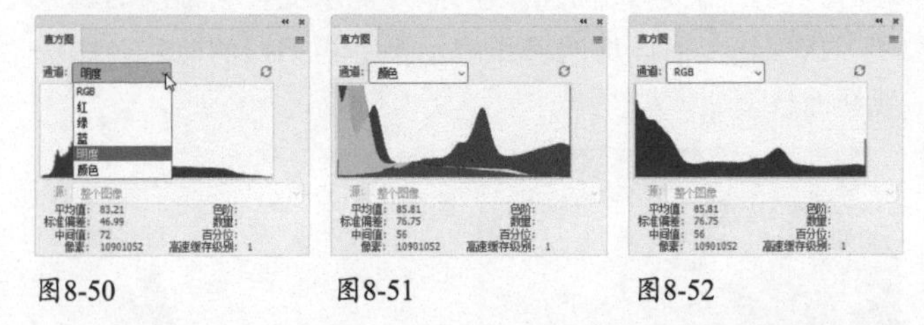

图8-50　图8-51　图8-52

“明度”直方图可以显示复合通道的亮度或强度值，即复合通道去除颜色成分之后的直方图。它比RGB直方图更能准确地反映亮度的分布状况。

8.2.3 统计数据反馈的信息

将“直方图”面板设置为“扩展视图”时，就会显示图像全部的统计数据，如图8-53所示。如果在直方图上拖曳鼠标，还能显示所选范围内的数据信息，如图8-54所示。

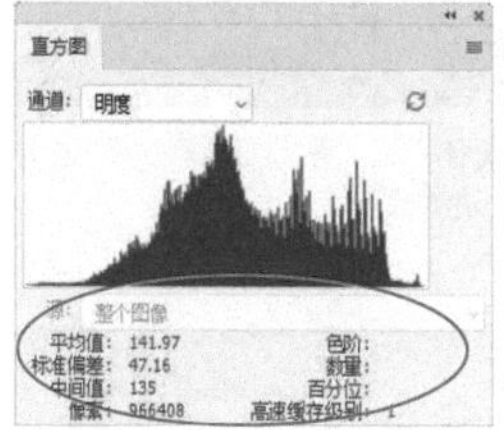

图8-53

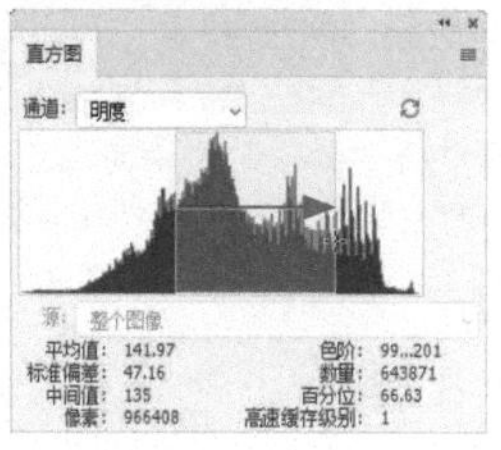

图8-54

- 平均值：显示了像素的平均亮度值（0~255的平均亮度）。通过观察该值，可以判断图像的色调类型。
- 标准偏差：显示了亮度值的变化范围，该值越高，说明图像的亮度变化越剧烈。
- 中间值：显示了亮度值范围内的中间值。图像的色调越亮，中间值越高。
- 像素：显示了用于计算直方图的像素总数。
- 色阶/数量：“色阶”显示了鼠标指针处图像的亮度级别；“数量”显示了图像中该亮度级别的像素总数，如图8-55所示。
- 百分位：显示了鼠标指针所指的级别或该级别以下的像素累计数。如果对全部色阶范围取样，该值为100；对部分色阶取样，显示的则是取样部分占总量的百分比，如图8-56所示。

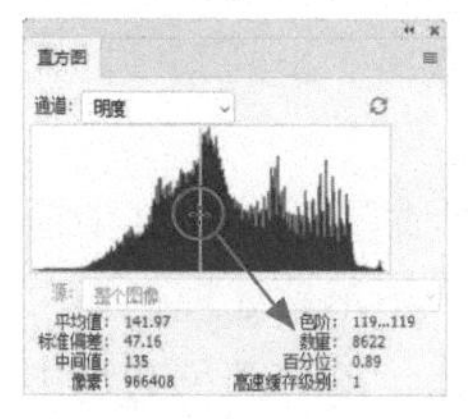

图8-55

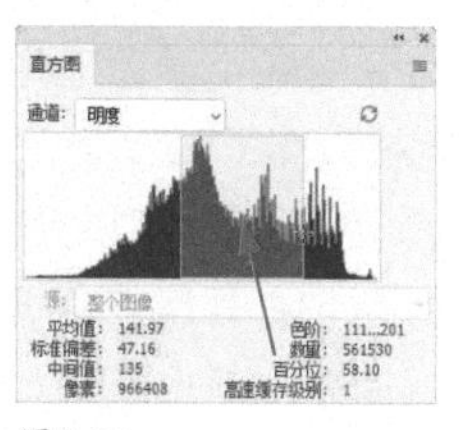

图8-56

- 高速缓存级别：显示了当前用于创建直方图的图像高速缓存级别。当高速缓存级别大于1时，会更加快速地显示直方图。
- 高速缓存数据警告：从高速缓存（而非文件的当前状态）中读取直方图时，会显示▲状图标，如图8-57所示。这表示当前直方图是Photoshop通过对图像中的像素进行典型性取样而生成的，此时的直方图显示速度较快，但并不是最准确的统计结果。单击▲图标或使用高速缓存的刷新图标🔄，可以刷新直方图，显示当前状态下的最新统计结果，如图8-58所示。

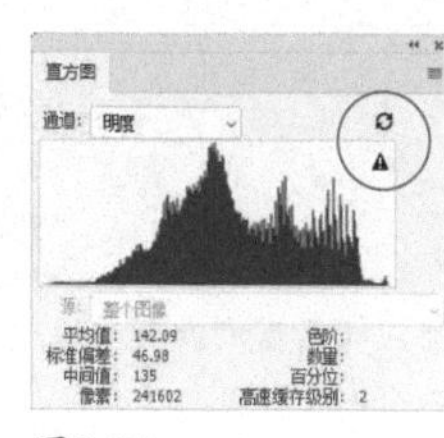

图8-57

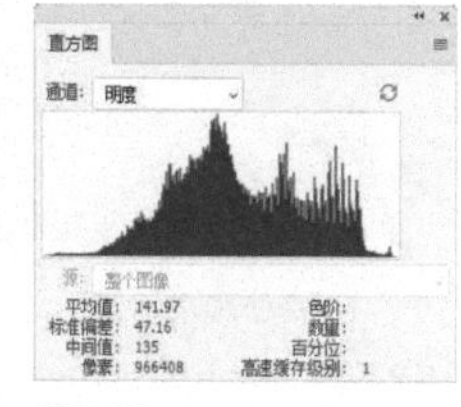

图8-58

色调与亮度调整

进行色调和亮度调整时，一方面应以直方图为参考依据；另一方面则要使用正确的方法操作，用对调整命令。

8.3.1 自动对比度调整

对于曝光不足或者不够清晰的照片，如图8-59所示，最快速的调整方法是使用“图像”菜单中的“自动色调”命令进行处理。

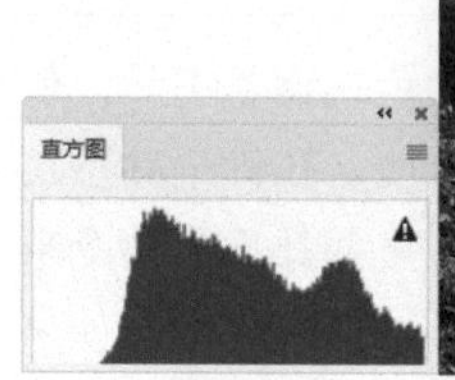

图8-59

执行该命令时，Photoshop会检查各个颜色通道，并将每个颜色通道中最暗的像素映射为黑色（色阶0），最亮的像素映射为白色（色阶255），中间像素按照比例重新分布，这样色调范围就完整了，对比度得到增强，如图8-60所示。

用“自动色调”命令增强对比度，红色基调被削弱，颜色偏黄

图8-60

从图8-60所示的调整结果中可以看到，对比度增强的同时，图像的颜色也有了一些改变——原图的颜色基调是偏红的，调整之后，红色被削弱，黄色有所增强。这是由于“自动色调”命令对各个颜色通道做出了不同程度的调整，导致色彩平衡被破坏了（见219页）。

如果不希望颜色改变，可以使用“图像”菜单中的“自动对比度”命令，它只调整色调，不单独处理通道，因而不会出现颜色偏差。但也正因如此，单个颜色通道中的对比未调整到最佳状态，整幅图像的对比度也就没有使用“自动色调”命令处理强了，如图8-61所示。

用“自动对比度”命令调整，红色基调没有被修改，即未出现色偏

图8-61

8.3.2

提升清晰度，展现完整亮度色阶（“色调均化”命令）

“图像>调整”子菜单中的“色调均化”命令可以改变像素的亮度值，使最暗的像素变为黑色，最亮的像素变为白色，其他像素在整个亮度色阶内均匀地分布。

该命令具有这样的特点：处理色调偏亮的图像时，能增强高光和中间调的对比度；处理色调偏暗的图像，则可提高阴影区域的亮度，如图8-62~图8-65所示。可以看到，使用“色调均化”命令处理后，两幅图像的直方图表现出一个共同特征：“山峰”都向中间调区域偏移，说明中间调得到了改善，像素的分布也更加均匀了。

原图：色调偏亮的图像，直方图中的“山峰”偏右

图8-62

处理后：直方图中的“山峰”向中间调区域偏移。高光区域（天空）和中间调（建筑群）的色调对比得到增强，清晰度明显提升

图8-63

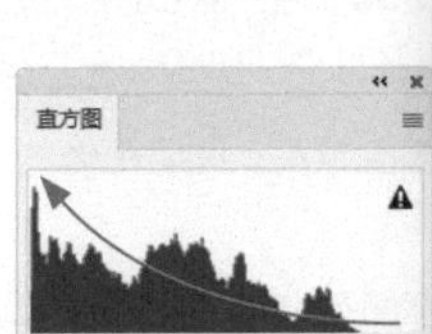

原图：色调偏暗的图像，直方图中的“山峰”偏左

图8-64

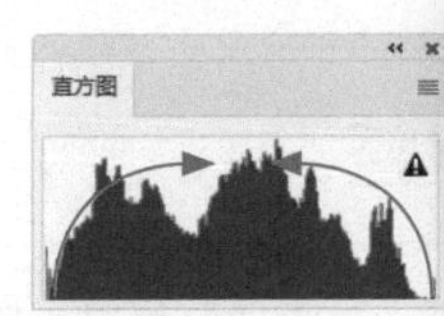

处理后：直方图中的“山峰”向中间调区域偏移。阴影区域（画面左下方的礁石）变亮，展现出更多的细节

图8-65

提示

如果创建了选区，则执行“色调均化”命令时会弹出一个对话框。选取“仅色调均化所选区域”选项，表示仅均匀分布选区内的像素；选取“基于所选区域色调均化整个图像”选项，可以根据选区内的像素均匀分布所有图像像素，包括选区外的像素。

8.3.3

亮度和对比度控制（“亮度/对比度”命令）

“色阶”和“曲线”命令是最好的色调调整工具，但操作方法比较复杂，掌握起来有一些难度。在尚未熟悉这两个命令时，可以使用“图像>调整>亮度/对比度”命令来替代它们做一些简单的工作，如图8-66和图8-67所示。如果图像用于高端输出（如商业摄影、婚纱摄影），最好还是用“色阶”和“曲线”命令调整，以避免图像细节出现过多的损失。

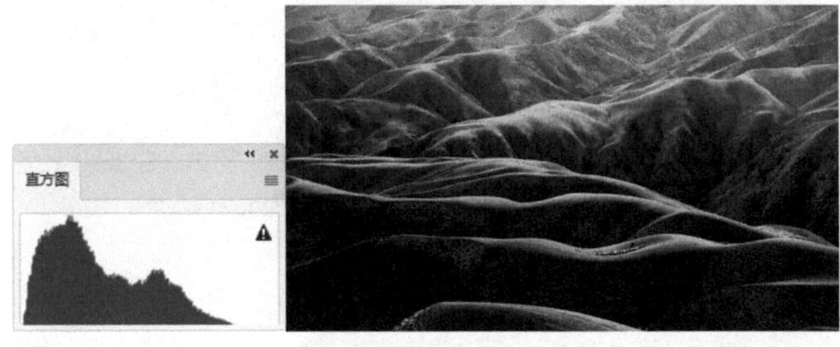

原图

图8-66

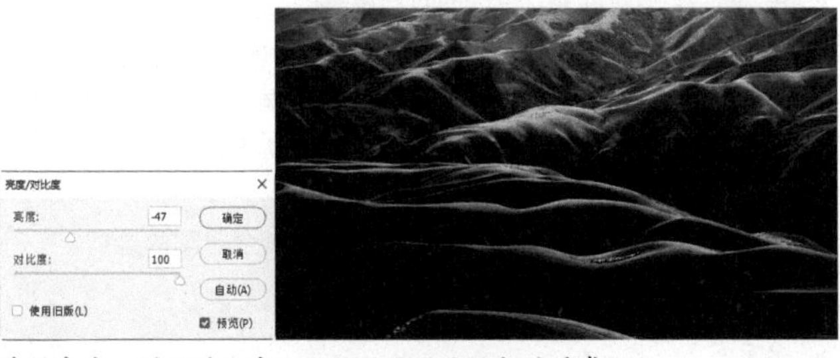

降低亮度，增强对比度，让画面呈现油画般的质感

图8-67

“亮度/对比度”命令既能提高亮度和对比度（向右拖曳滑块）；也能使它们降低（向左拖曳滑块）。此外，勾选“使用旧版”选项后，还可进行线性调整。这是Photoshop CS3及其之前版本的调整方法，调整强度比较大，不好做细微控制，除非追求特殊效果，否则不建议使用。

8.3.4 实战：调整逆光高反差人像（“阴影/高光”命令）

要点

扫码看视频

逆光拍摄时，场景中亮的区域特别亮，暗的区域又特别暗。如果照顾亮调区域，使其不过曝，就会造成暗调区域过暗，漆黑一片，看不清内容，色调也形成较高的反差。这种照片最好是将阴影和高光区域分开来调整——提高阴影区域的色调，而高光区域尽量保持不变，或者根据需要降低亮度，这样才能获得最佳效果。

01 打开素材，如图8-68所示。这张逆光照片的色调反差非常大，人物几乎变成了剪影。如果使用“亮度/对比度”或“色阶”命令将图像调亮，则整个图像都会变亮，人物的细节虽然可以显示出来，但背景几乎完全变白了，如图8-69和图8-70所示。我们需要的是将阴影区域（人物）调亮，但又不影响高光区域（人物背后的窗户）的亮度，使用“阴影/高光”命令可以实现这种效果。

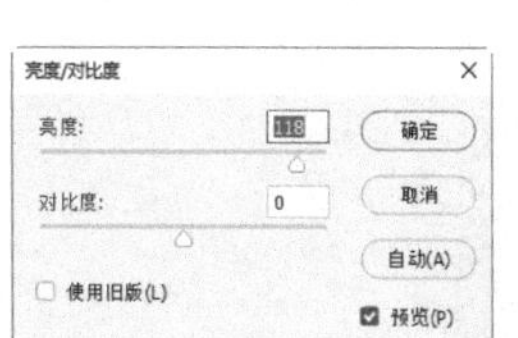

图8-68　图8-69　图8-70

02 执行“图像>调整>阴影/高光”命令，打开“阴影/高光”对话框，Photoshop会自动调整，让暗色调中的细节初步展现出来。将“数量”滑块拖曳到最右侧，提高调整强度，将画面提亮。向右拖曳“半径”滑块，将更多的像素定义为阴影，以便Photoshop对其应用调整，从而使色调变得平滑，消除不自然感，如图8-71和图8-72所示。

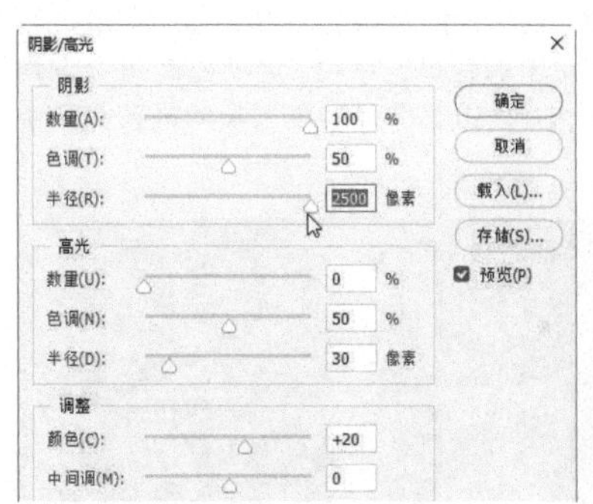

图8-71　图8-72

03 当前状态下颜色有些发灰，向右拖曳“颜色”滑块，增加颜色的饱和度，如图8-73和图8-74所示。

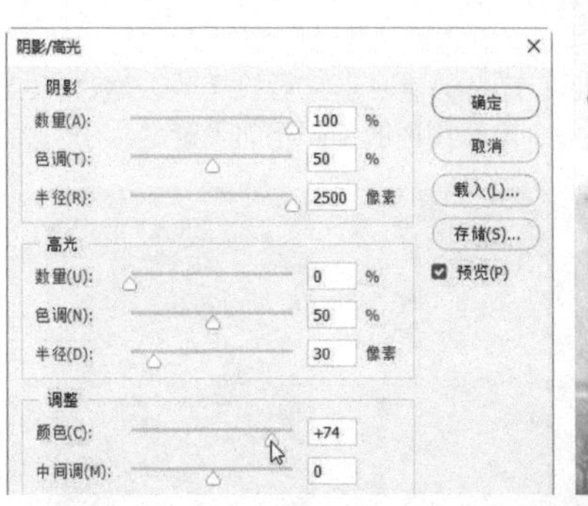

图8-73　图8-74

“阴影/高光”对话框选项

“阴影/高光”命令既适合调整逆光照，也可以校正由于太接近相机闪光灯而显得有些发白的焦点。它能基于阴影或高光中的局部相邻像素来校正每个像素，作用范围非

常明确——调整阴影区域时，对高光区域的影响很小；调整高光区域时，也不会让阴影区域出现过多的改变。虽然“曲线”命令也能实现类似效果，但针对性没有那么强，而且还需做复杂的处理。图8-75和图8-76所示为调整前的原图及“阴影/高光”对话框。

图8-75

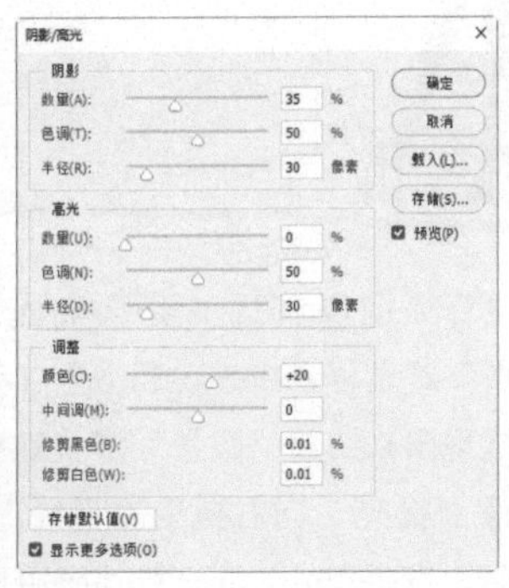

图8-76

- **“阴影”选项组：** 可以将阴影区域调亮，如图8-77所示，“数量”选项控制调整强度，该值越高，阴影区域越亮；“色调”选项控制色调的修改范围，较小的值会限制只对较暗的区域进行校正，较大的值会影响更多的色调；“半径”选项控制每个像素周围的局部相邻像素的大小，相邻像素决定了像素是在阴影中还是在高光中。

数量35%/色调0%/半径0像素

数量35%/色调50%/半径0像素

数量35%/色调50%/半径2500像素

图8-77

- **“高光”选项组：** 可以将高光区域调暗，如图8-78所示，“数量”选项控制调整强度，该值越高，高光区域越暗；“色调”选项控制色调的修改范围，较小的值表示只对较亮的区域进行校正；“半径”选项控制每个像素周围的局部相邻像素的大小。

数量100%/色调50%/半径30像素

数量100%/色调100%/半径30像素

数量100%/色调100%/半径2500像素

图8-78

- **颜色：** 调整所修改区域的颜色。例如，提高“阴影”选项组中的“数量”值，使图像中较暗的颜色显示出来以后，如果再提高“颜色”值，可以使这些颜色更加鲜艳，如图8-79所示。

调整前

提高阴影区域亮度

提高“颜色”值

图8-79

- **中间调：** 可增强或减弱中间调的对比度。
- **修剪黑色/修剪白色：** 可以指定在图像中将多少阴影和高光剪切到新的极端阴影（色阶为0，黑色）和高光（色阶为255，白色）颜色。该值越高，色调的对比度越强。
- **存储默认值：** 单击该按钮，可以将当前的参数设置存储为预设，再次打开“阴影/高光”对话框时，会显示该参数。如果要恢复为默认的数值，可按住Shift键，该按钮就会变为“复位默认值”按钮，单击它便可以进行恢复。
- **显示更多选项：** 勾选该选项，可以显示其余隐藏的选项。

8.3.5

修改小范围、局部曝光（减淡和加深工具）

在传统摄影技术中，调节照片特定区域的曝光时，摄影师会通过遮挡光线的方法，使照片中的某个区域变亮（减淡）；或者增加曝光度，使照片中的区域变暗（加深）。Photoshop中的减淡工具和加深工具便是基于此技术诞生的。它们适合处理小范围的、局部图像的曝光。这两个工具都通过拖曳鼠标的方法使用，并且它们的工具选项栏也相同，如图8-80所示。

图8-80

- **范围：** 可以选择要修改的色调。选择“阴影”，可以处理图像中的暗色调；选择“中间调”，可以处理图像的中间调（灰色的中间范围色调）；选择“高光”，可以处理图像的亮部色调。图8-81所示为原图，图8-82所示为使用减淡工具和加深工具处理后的效果。

原图

图8-81

图8-82

- 曝光度： 可以为减淡工具或加深工具指定曝光。该值越高，调整强度越大，效果越明显。
- 喷枪 / 设置画笔角度 ： 单击 按钮，可为画笔开启喷枪功能（见115页）。在 选项中可以调整画笔的角度。
- 保护色调： 可以减小对色调的影响，同时防止偏色。

8.3.6 实战：在中性色图层上修改影调

本实战使用中性色图层对照片的影调和曝光进行局部修正，如图8-83所示。中性色图层属于非破坏性功能，需要配合相应的混合模式才能发挥作用。

扫码看视频

图8-83

01 执行“图层>新建>图层”命令，打开“新建图层”对话框。在“模式”下拉列表中选择“柔光”选项，勾选“填充柔光中性色”选项，创建一个柔光模式的中性色图层，如图8-84和图8-85所示。

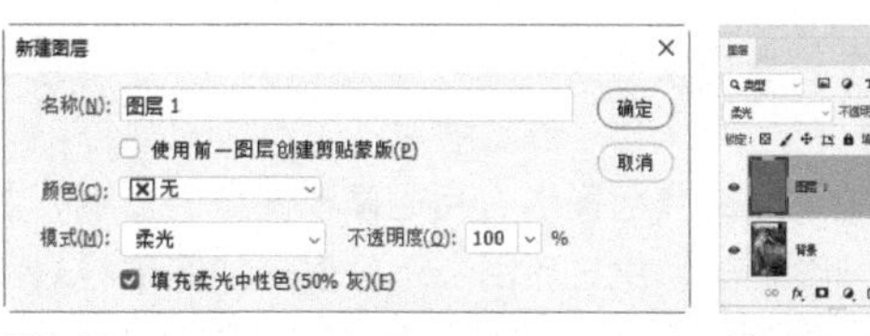

图8-84

图8-85

02 按D键，将前景色设置为黑色。选择画笔工具 及柔边圆笔尖（“不透明度”设置为30%），在人物后方的背景上涂抹黑色，进行加深处理，如图8-86所示。按X键，将前景色切换为白色。在人物身体上涂抹，进行减淡处理，如图8-87和图8-88所示。

03 单击“调整”面板中的 按钮，创建“曲线”调整图层。在曲线上单击，添加控制点并拖曳，如图8-89所示。可以看到，调整以后，图像色调更加清晰，色彩也变得鲜艳了，如图8-90所示。

图8-86

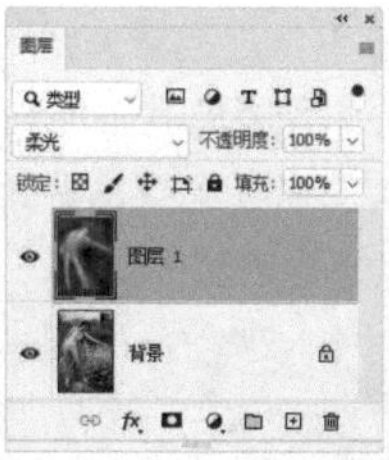

图8-87

图8-88

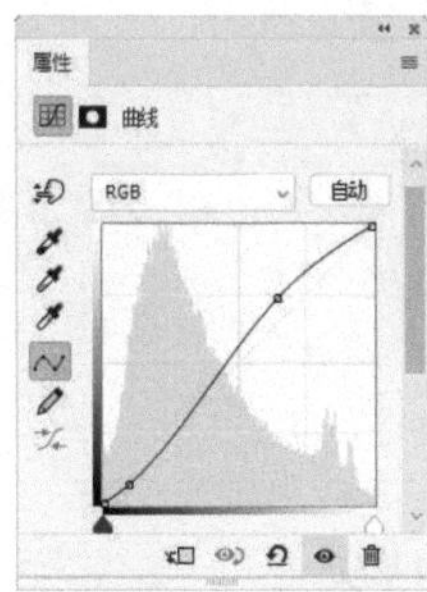

图8-89

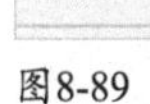

图8-90

· PS技术讲堂 ·

认识中性色，用好中性灰

扫码看视频

中性色

如果听到有人讲“中性色”“中性灰”，要明白这是两个概念，一定不要混淆。什么是中性色呢？它特指黑色、50%灰色和白色这3种颜色，如图8-91所示。创建中性色图层时，Photoshop会用其中一种填充图层，并为其设置混合模式。在混合模式的作用下，画面中的中性色不可见，因此，新创建的中性色图层就像新建的透明图层一样，对其他图层没有影响。

从用途方面看，中性色图层可用于修改图像的影调，前面的实战便是一个例子。中性色图层还可以添加图层样式和滤镜，如图8-92和图8-93所示，修改起来很方便。例如，可以移动滤镜或效果的位置，也可以通过不透明度来控制滤镜强度，或用蒙版遮挡部分效果。普通图层无法这样操作。

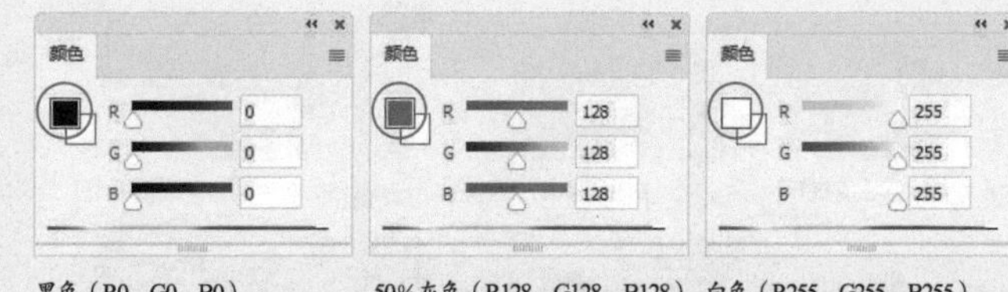

黑色（R0，G0，B0）　50%灰色（R128，G128，B128）　白色（R255，G255，B255）

图8-91

将“光照效果”滤镜应用在中性色图层上，制作出舞台灯光

图8-92

在中性色图层上添加图层样式

图8-93

中性灰

中性灰要比中性色范围广，黑、白之外的任何纯灰色（R值＝G值＝B值）都属于中性灰。

中性灰在很多效果里都起着关键性作用。例如，用“高反差保留”滤镜磨皮时，图像会被处理为中性灰色，只有明度差异，没有色彩信息，并可将皮肤上的痘痘、色斑和皱纹等融入灰色之中，光滑的皮肤就这样出现了，如图8-94~图8-97所示（该实战在286页）。本书有多个实战会用到它，包括用“色阶”“曲线”命令校正偏色的照片时，会通过定义灰点（中性灰）来校正色偏，锐化时也会用到。

原图

图8-94

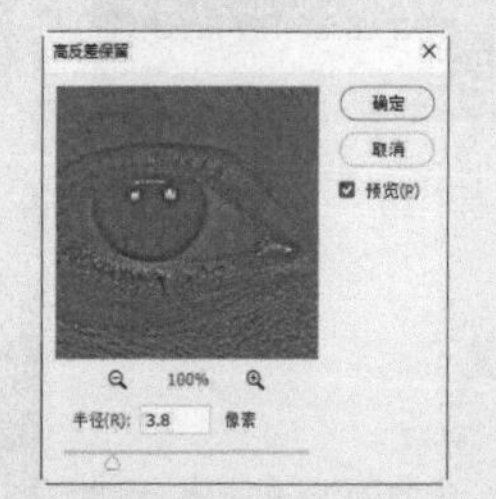

用“高反差保留”滤镜磨皮

图8-95

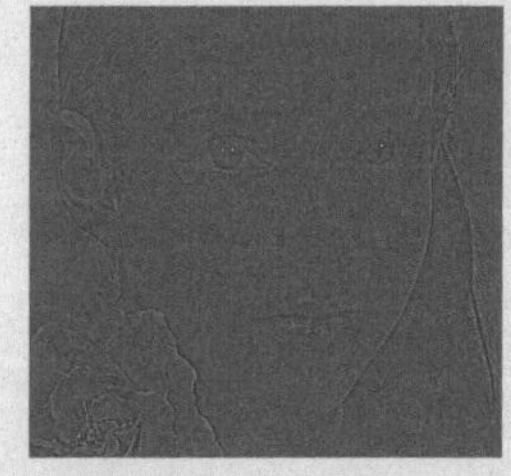
色彩被转换为中性灰

图8-96

磨皮效果

图8-97

色阶与曲线调整

“色阶”和“曲线”可以调整阴影、中间调和高光的强度级别，扩展或收窄色调范围，还可以改变色彩平衡，即调色彩。

8.4.1

实战：在阈值状态下增强对比度（“色阶”命令）

扫码看视频

对比度低的照片有两个特点，即色调不清晰，颜色不鲜艳，如图8-98左图所示。此类照片的处理方法是

将画面中最暗的深灰色调映射为黑色，最亮的浅灰色调映射为白色，从而将色调范围扩展到0~255级色阶，这样对比度就增强了，色彩更鲜艳了（如图8-98右图所示）。

图8-98

但是如果把握不好调整幅度，则会给图像的细节造成较多损失。例如，把稍浅一点的灰色映射为黑色以后，之前比它深一些的灰色也都变为黑色，这些灰色中所包含的信息就消失了。

那么怎样才能找到最暗和最亮的色调呢？下面介绍一个技巧——将图像临时切换为阈值状态，再查找最暗和最亮色调。需要说明的是，这种方法不能用于CMYK模式的图像。

01 观察“直方图”面板。这是一个⊥形直方图，“山脉”的两端没有延伸到直方图的两个端点上，如图8-99所示。这说明图像中最暗的点不是黑色的，最亮的点也不是白色的，这是图像对比度不强，颜色发灰的原因。如果将这两个端点分别拖曳到直方图的起点和终点上，就可以保证图像细节不会丢失，同时获得最佳对比度。

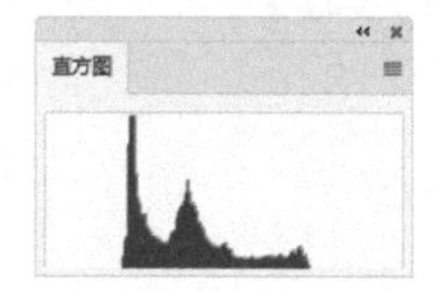

图8-99

02 单击“调整”面板中的 按钮，创建“色阶”调整图层。按住Alt键并向右拖曳阴影滑块，如图8-100所示。此时会切换为阈值模式，文档窗口中的图像变为图8-101所示的状态。不要放开Alt键，往回拖曳滑块，当画面中开始出现极少图像时放开鼠标左键，如图8-102和图8-103所示，这样滑块就能放置在最接近于直方图左侧的端点上。

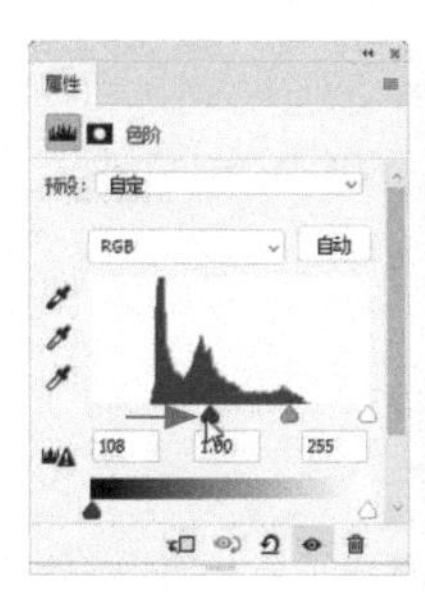

图8-100

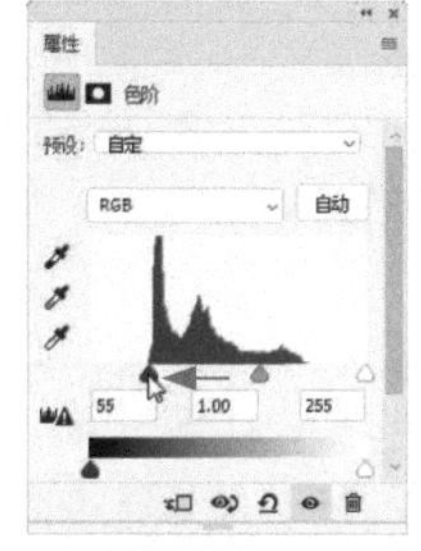

图8-101

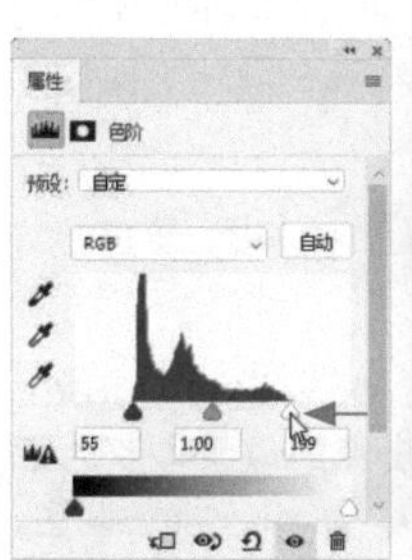

图8-102

图8-103

03 采用同样的方法调整高光滑块，将其定位在出现少量高对比度图像处，如图8-104和图8-105所示，这样滑块就大致位于直方图最右侧的端点上了。效果如图8-106所示。

图8-104

图8-105

图8-106

04 单击“调整”面板中的 按钮，创建“色相/饱和度”调整图层。把色彩的饱和度调高一点，之后使用画笔工具 修改蒙版，将调整限定在嘴、头发和头巾的区域，如图8-107和图8-108所示。

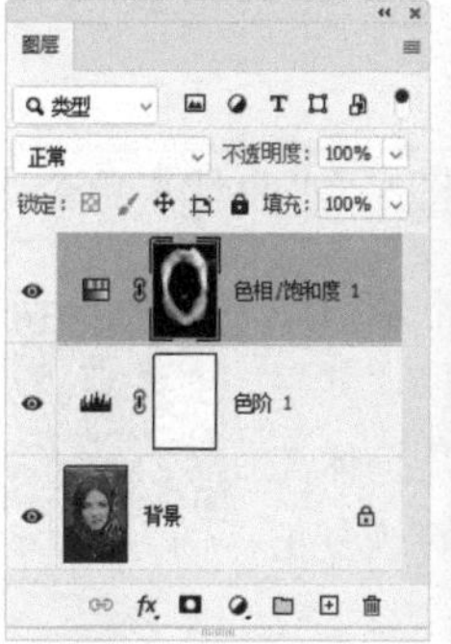

图8-107

图8-108

“色阶”对话框选项

执行“图像>调整>色阶”命令（快捷键为Ctrl+L），打开“色阶”对话框，如图8-109所示。

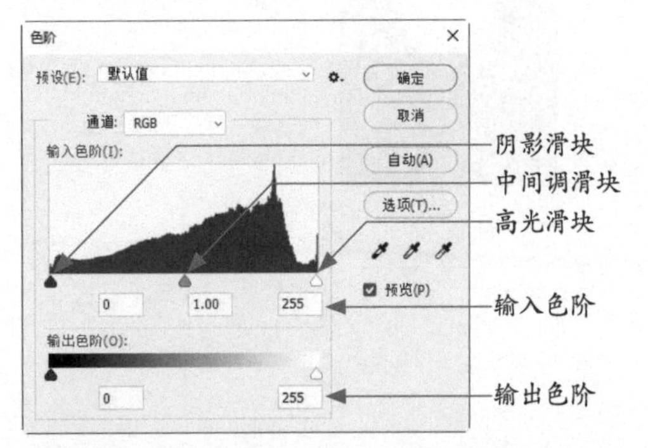

图8-109

- 预设：可以选择Photoshop提供的预设色阶。单击选项右侧的 按钮，在打开的菜单中执行“存储预设”命令，可以将当前的调整参数保存为一个预设文件。采用相同的方式处理其他图像时，可以用该文件自动完成调整。
- 通道：可以选择一个颜色通道进行调整。调整通道会改变图像的颜色*（见215页）*。如果要同时调整多个颜色通道，可以在执行“色阶”命令之前，先按住 Shift 键并在“通道”面板中选择这些通道，这样“色阶”的“通道”菜单会显示目标通道的缩写，如RG表示红、绿通道。
- 输入色阶：用来调整图像的阴影（左侧滑块）、中间调（中间滑块）和高光（右侧滑块）区域。可以拖曳滑块或在滑块下面的文本框中输入数值进行调整。
- 输出色阶：可以限制图像的亮度范围，降低对比度，使色调对比变弱，颜色发灰。
- 设置黑场 /设置灰场 /设置白场 ：可以通过在图像上单击的方法使用。设置黑场 可以将单击点的像素调整为黑色，比该点暗的像素也变为黑色。设置灰场 用于校正偏色，Photoshop会根据单击点像素的亮度调整其他中间色调的平均亮度。设置白场 可以将单击点的像素调整为白色，比该点亮度值高的像素也变为白色。
- 自动/选项：单击“自动”按钮，可以使用当前的默认设置应用自动颜色校正；如果要修改默认设置，可以单击“选项”按钮，在打开的“自动颜色校正选项”对话框中操作。

8.4.2

实战：从严重欠曝的照片中找回细节（“曲线”命令）

本实战处理的是一张严重曝光不足的照片，如图8-110所示。在很多人眼中，这几乎是一张废片。但是通过混合模式提升整体亮度，再用曲线进行针对性的调整，便可恢复正常曝光，让细节重现。

扫码看视频

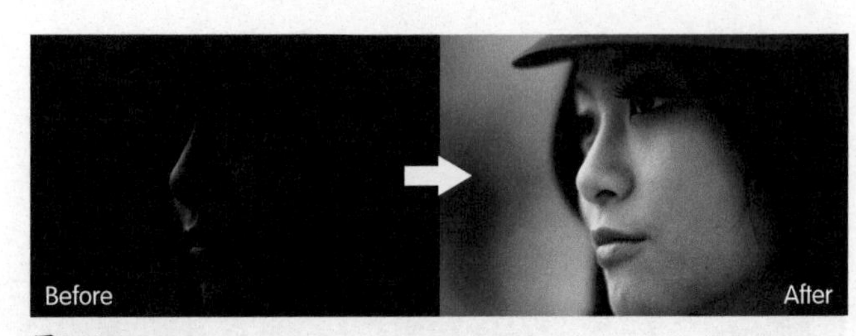

图8-110

技术看板　调整色调时怎样避免出现偏色

使用“曲线”和“色阶”命令增强对比度时，通常还会增加色彩的饱和度，因而容易出现偏色。为避免偏色，通过“曲线”或“色阶”调整图层进行调整时，可将调整图层的混合模式设置为“明度”。

增强对比度导致颜色偏红

修改调整图层的混合模式，偏色得以校正

“曲线”对话框基本选项

执行“图像>调整>曲线”命令（快捷键为Ctrl+M），打开“曲线”对话框，如图8-111所示。

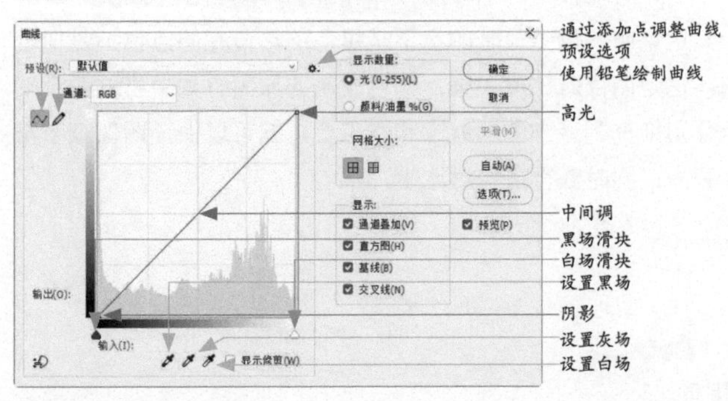

图8-111

- 预设：可以选择Photoshop提供的预设曲线。单击“预设”选项右侧的 按钮，在打开的下拉菜单中选择“存储预设”选项，可以将当前的调整状态保存为预设文件。在调整其他图像时，可以使用“载入预设”选项载入文件并自动调整。选择“删除当前预设”选项，可以删除所存储的预设文件。
- 通道：可以选择要调整的颜色通道。
- 输入/输出：“输入”显示了调整前的像素值，“输出”显示了调整后的像素值。

- **显示修剪：** 调整阴影和高光控制点时，可以勾选该选项，临时切换为阈值模式，显示高对比度的预览图像。这与前面介绍的在阈值模式下调整"色阶"是一样的。
- **"自动"/"选项"/设置黑场/设置灰场/设置白场：** 与"色阶"对话框中的选项及工具相同。

显示选项

- **显示数量：** 可以反转强度值和百分比的显示。默认选择"光(0–255)"选项，如图8–112所示；图8–113所示为选择"颜料/油墨%"选项时的曲线。

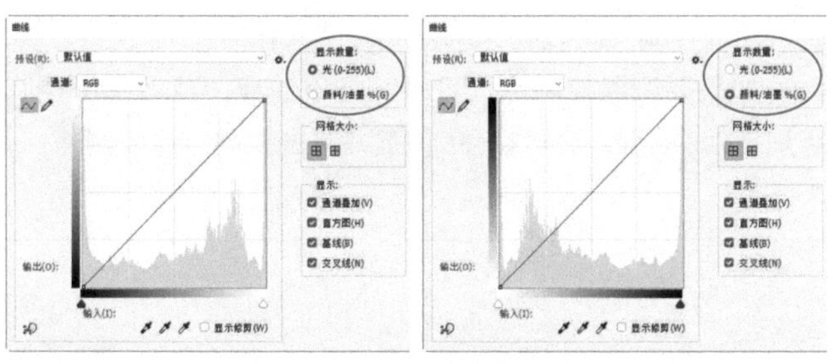

图8-112　　图8-113

- **网格大小：** 单击田按钮，以25%的增量显示曲线背后的网格，这也是默认的显示状态；单击田按钮，则以10%的增量显示网格。后者更容易将控制点对齐到直方图上。也可以按住Alt键单击网格，在这两种网格间切换。
- **通道叠加：** 在"通道"选项选择颜色通道并进行调整时，可在复合曲线上方叠加各个颜色通道的曲线，如图8–114所示。
- **直方图：** 在曲线上叠加直方图。
- **基线：** 显示以45°角绘制的基线。
- **交叉线：** 调整曲线时显示十字参考线，如图8–115所示。

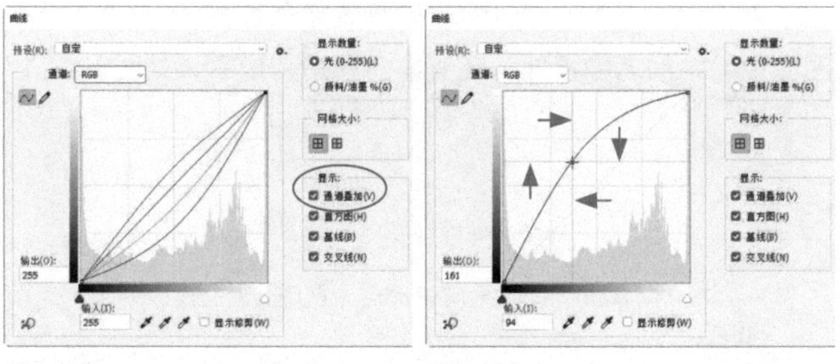

图8-114　　图8-115

> **提示**
>
> "色阶"和"曲线"对话框中都有直方图，可作为参考依据，但不能实时更新。因此调整图像时，最好还是通过"直方图"面板观察直方图的变化。另外，调整图像时，"直方图"面板中会出现两个直方图，其中，黑色的是当前调整状态下的直方图（最新的直方图），灰色的则是调整前的直方图（应用调整之后，它会被新的直方图取代）。
>
> 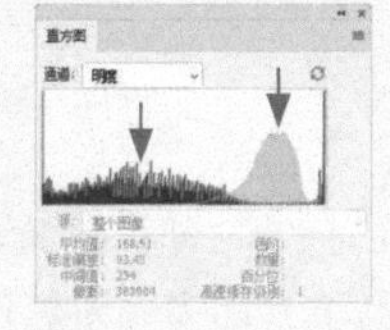

8.4.3 曲线的3种调整方法

曲线可以用3种方法调整。第1种是最常用的方法，即在曲线上单击，添加控制点，之后拖曳控制点来改变曲线形状，从而影响图像，如图8-116所示。

扫码看视频

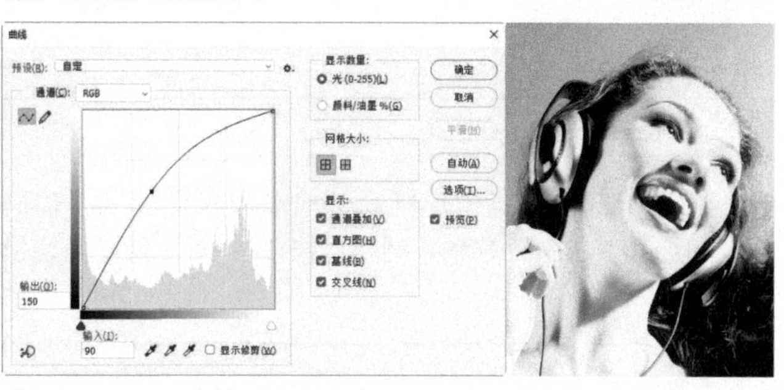

图8-116

第2种方法是选择调整工具，将鼠标指针移动到图像上，此时曲线上会出现一个空心方形，这是鼠标指针处的色调在曲线上的准确位置，如图8-117所示。拖曳鼠标，可添加控制点并调整相应的色调，如图8-118所示。

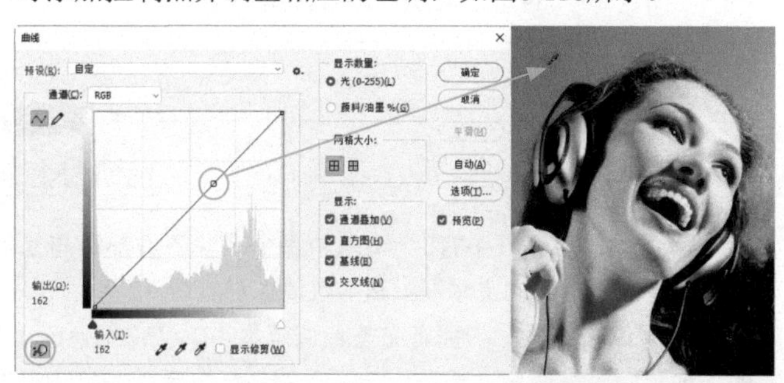

图8-117

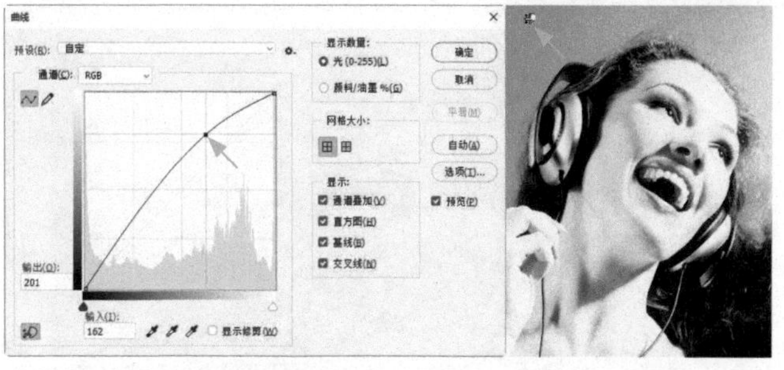

图8-118

第3种方法是使用铅笔工具在曲线上拖曳鼠标，绘制曲线，如图8-119所示。单击"平滑"按钮，可以对曲线进行平滑处理，如图8-120所示。单击按钮，曲线上会显示控制点。

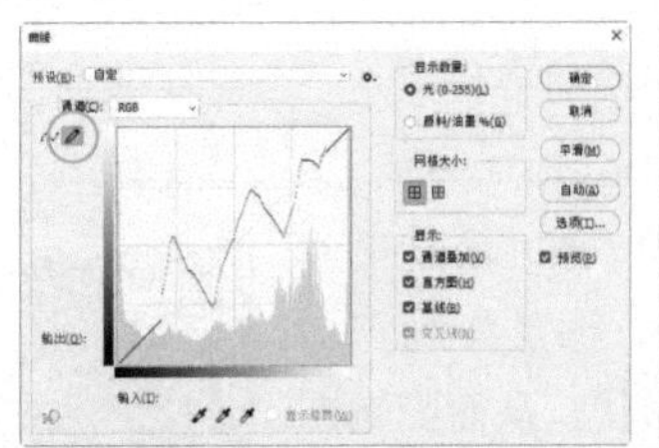

图8-119

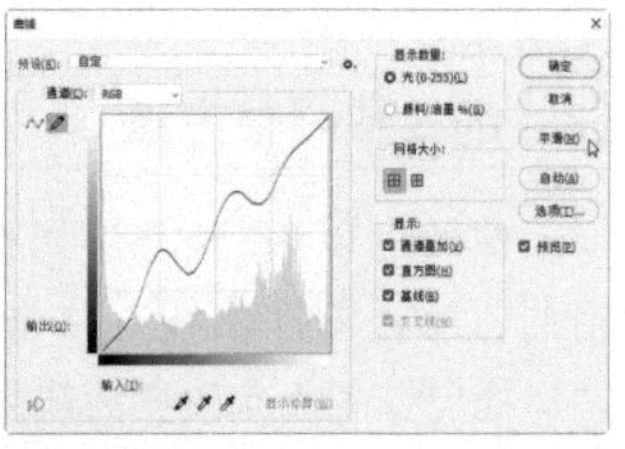

图8-120

8.4.4 曲线的使用技巧

如果曲线上有多个控制点，通过键盘按键选取控制点，可防止其被意外移动。例如，按+键，可由低向高切换控制点，即从左下角向右上角切换；按-键，则由高向低切换控制点。选中的控制点为实心方块，未选中的为空心方块。如果不想选取控制点，可以按Ctrl+D快捷键。

如果要同时选取多个控制点，可以按住Shift键并单击它们。选取之后，拖曳其中的一个控制点，按↑键或↓键让它们同时移动。

选取控制点后，按↑键和↓键，可以向上、向下微移控制点（在“输出”选项中，以1为单位变动）。如果觉得控制点的移动范围过小，可以按住Shift键，再按↑键或↓键，这样控制点将以10为单位大幅度地移动。

如果要删除控制点，可将其拖出曲线，或者单击控制点后按Delete键，也可按住Ctrl键并单击控制点进行删除。

色阶与曲线原理

在色调调整上（色彩调整在第9章中介绍），“色阶”和“曲线”命令无疑是最强的，它们都能将某一个色调映射为更亮或更暗的色调，同时带动邻近的色调发生改变。虽然操作方法不一样，但原理是相同的。下面就从原理层面入手，把这两个命令讲透。

·PS技术讲堂·

色阶是怎样改变色调的

扫码看视频

“色阶”对话框中有5个滑块，每个滑块下方都有与之对应的文本框。要映射色调（即调整色阶），拖曳滑块或在滑块下方的文本框中输入数值皆可。

如果编辑的是一张拥有完整色调范围（0~255级色阶）的照片（见186页），那么“山脉”将横贯整个直方图，即“输入色阶”选项组中每一个滑块的上方都有“山脉”。图像中除中间调像素外，还有黑色和白色像素，如图8-121所示，这是前提条件。

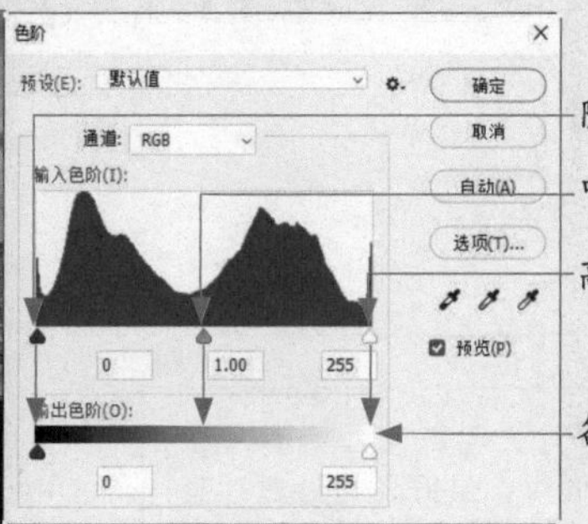

图8-121

黑、白色调映射方法

在默认状态下，阴影滑块位于色阶0处，对应的是图像中最暗的色调，即黑色像素。将其向右拖曳时，Photoshop会将滑块当前位置的像素映射为色阶0，这样滑块所在位置及其左侧的所有像素都会调为黑色，如图8-122所示。高光滑块的位置在色阶255处，对应的是图像中最亮的色调，即白色像素。如果将其向左拖曳，则滑块当前位置的像素会被映射为色阶255，这样滑块所在位置及其右侧的所有像素就都会变为白色，如图8-123所示。

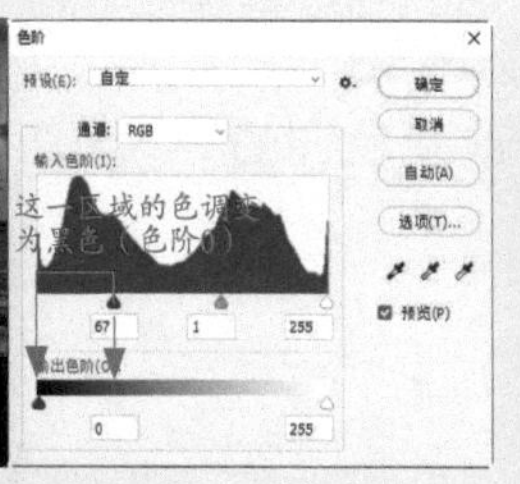
图8-122

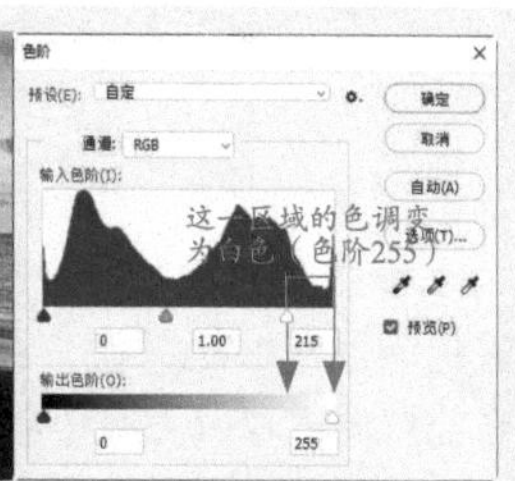

图8-123

色调范围变窄会产生怎样的影响

观察图8-122和图8-123所示的调整结果，可以发现这样的情况：图像的对比度增强了，但细节有所减少。这是因为移动阴影滑块和高光滑块时，整个色调范围变得比之前窄了。虽然调整后色调范围仍是0~255级色阶，但有很多像素之前是深灰色和浅灰色，现在变成了黑色和白色，这是对比度增强的原因，不过图像细节是通过灰度的变化体现出来的，黑和白没有细节，因此，对比度的增强是用损失细节换来的。

"输出色阶"选项组中的两个滑块也能定义色调范围。默认状态下，黑色滑块对应黑色像素，白色滑块对应白色像素。将黑色滑块向右拖曳时，黑色滑块及其左侧的那段深灰色调就会被映射为滑块当前位置的灰色调，导致图像中不仅没有了黑色像素，连深灰色调也变浅了，如图8-124所示。将白色滑块向左拖曳，则白色滑块及其右侧的那段浅色调都会被映射为比滑块当前位置颜色更深一些的色调，因而图像中最亮的色调就不再是白色了，而会变成一种浅灰色，如图8-125所示。因而调整"输出色阶"，往往会使效果变糟——移动黑色滑块，深色调变灰；移动白色滑块，浅色调变暗，即不管移动哪个滑块，都会降低对比度。这与"输入色阶"中的黑、白滑块正好相反。

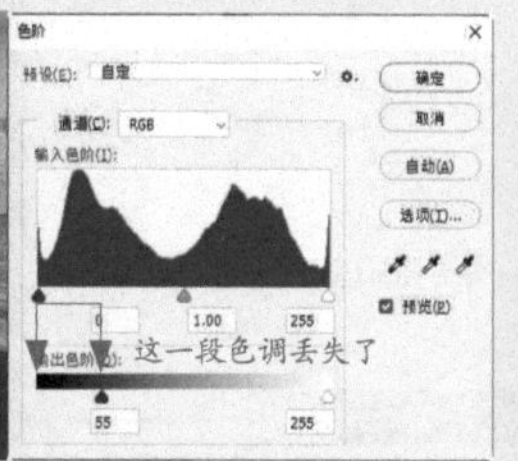

图8-124

图8-125

扩展中间调范围

"色阶"对话框的中间调滑块位于直方图底部中间的位置，对应的色阶是128（50%灰）。它的用途是将所在位置的色调映射为色阶128。向左拖曳该滑块时，会将低于50%灰的深灰色映射为50%灰，也就是说，中间调的范围会向之前的深色调区域扩展，这使得接近中间调的一部分深灰色调变得更亮了，如图8-126所示。向右拖曳滑块，则会将原先高于50%灰的浅灰色映射为50%灰，因此，中间调的范围是向之前的浅色调区域扩展的，这使得接近中间调的一部分浅灰色调变暗了，如图8-127所示。如果没移动阴影滑块和高光滑块，则阴影和高光区域是不会有明显改变的。

图8-126

图8-127

·PS技术讲堂·

曲线是怎样改变色调的

使用“色阶”命令时，可以看到调整的是哪一个或哪一段色调。“曲线”命令更加完备，在前者的基础上还能看到当前色调被映射为哪种色调。

“曲线”对话框中的水平渐变条是输入色阶，体现的是原始色调。垂直渐变条是输出色阶，即调整后的色调。调整之前，“输入”和“输出”的数值相同，因而曲线是一条呈45°角的直线，如图8-128所示。在曲线上添加一个控制点并用它拉动这条直线，便可使之成为曲线。

图8-128

如果向上拖曳控制点，则曲线向上弯曲。在输入色阶中可以查看正在被调整的色调（此处是色阶128），输出色阶中显示了它的当前状况，如图8-129所示。可以看到，色调被映射后变得更浅了（色阶128被映射为色阶170），这样色调就变亮了。向下拖曳控制点时，曲线向下弯曲，所调整的色调被映射为更深的色调（此处是将色阶128映射为色阶90），色调也会因此而变暗，如图8-130所示。

图8-129

图8-130

·PS技术讲堂·

14种典型曲线

从原理上看，曲线与色阶一样，都是将一种色调映射为另一种色调。但曲线可以调整成各种形状，因而它对色调的改变是多样的，并且很难预估，搞不好还是毁灭性的。但是，没有谁会用曲线去破坏图像，大都希望用曲线改善图像，实现某种效果。下面展示了较为常见的曲线形状及其对图像产生的影响。其中有几种曲线的调整效果与“亮度/对比度”“色调分离”“反相”命令相同，可用于替代这几个命令。

将曲线调整为“S”形，可以使高光区域变亮、阴影区域变暗，增强色调的对比度，如图8-131（原图）和图8-132所示。这种曲线可以替代“亮度/对比度”命令。反“S”形曲线会降低色调的对比度，如图8-133所示。

图8-131

图8-132

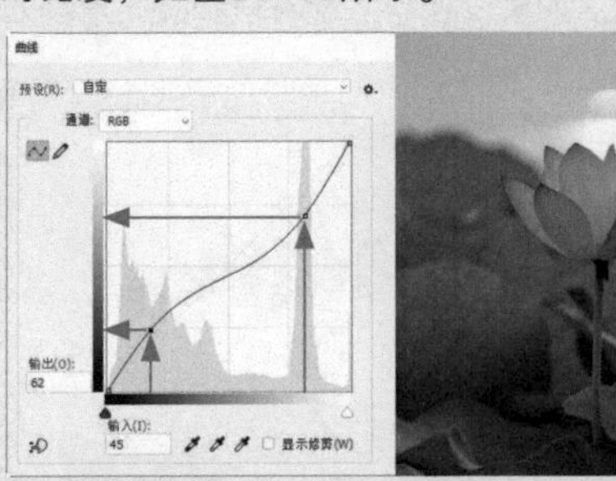

图8-133

将底部的控制点垂直向上拖曳，黑色会映射为灰色，阴影区域变亮，如图8-134所示。将顶部的控制点垂直向下拖曳，白色会映射为灰色，高光区域变暗，如图8-135所示。将两个控制点同时向中间拖曳，色调反差会变小，色彩会变得灰暗，如图8-136所示。

图8-134

图8-135

图8-136

将曲线调整为水平线，可以将所有像素都映射为灰色（R值＝G值＝B值），如图8-137所示。水平线越高，灰色越亮。将曲线顶部的控制点向左拖曳，可以将高光滑块（白色三角滑块）所在位置的灰色映射为白色，因此，高光区域会丢失细节（即高光溢出），如图8-138所示。将曲线底部的控制点向右拖曳，可以将阴影滑块（黑色三角滑块）所在位置的灰色映射为黑色，导致阴影区域丢失细节（即阴影溢出），如图8-139所示。

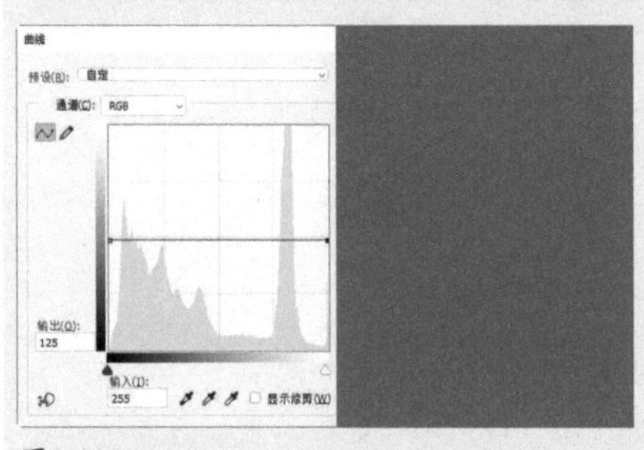

图8-137

图8-138

图8-139

将曲线顶部和底部的控制点同时向中间拖曳，会压缩中间调，使中间调丢失细节，但能增加色调的反差，效果类似于“S”形曲线，如图8-140所示。将顶部和底部的控制点拖曳到中间，可以创建与“色调分离”命令相似的效果（见232页），如图8-141所示。将顶部的控制点拖曳到最左侧，将底部的控制点拖曳到最右侧，则可将图像反相为负片，效果与“反相”命令相同（见235页），如图8-142所示。将曲线调整为“N”形，可以使部分图像反相。

图8-140

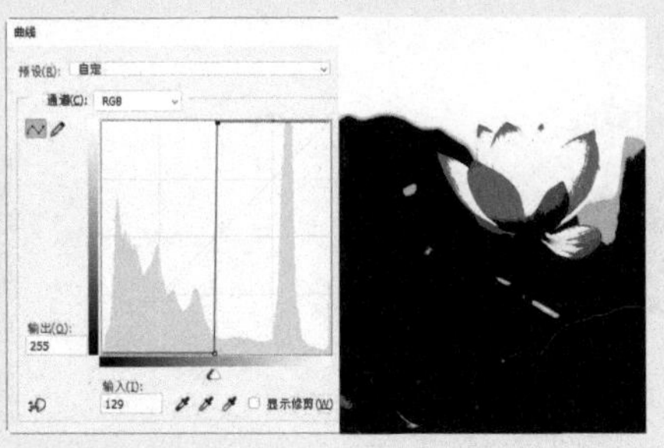

图8-141

图8-142

将曲线调整为阶梯形状，能获得与执行“色调分离”命令相近的效果，如图8-143所示。如果调整颜色通道，则可改变颜色，如图8-144和图8-145所示，其原理与“色彩平衡”命令（见220页）类似。

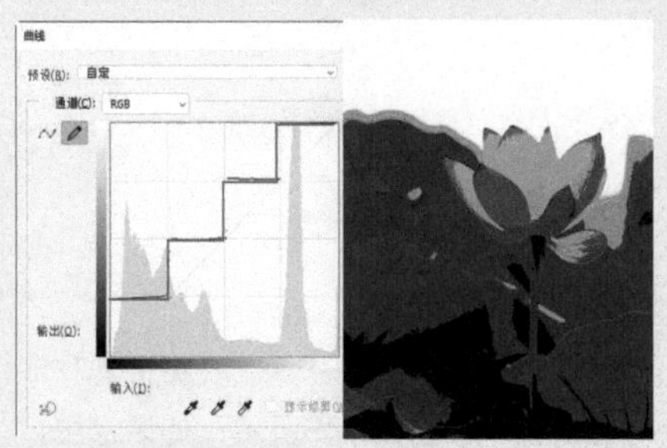

图8-143

图8-144

图8-145

·PS技术讲堂·

既生瑜，何生亮——色阶的烦恼

扫码看视频

为什么说曲线可以代替色阶

“曲线”是比“色阶”还要强大的工具，用“色阶”能完成的操作，用“曲线”一样可以完成，而且效果更好。

我们先给这两个命令的相同之处做一个对标。“色阶”有5个滑块，“曲线”有两个控制点。如果在“曲线”的正中间（1/2处，输入和输出的色阶值均为128）添加一个控制点，则它就与“色阶”产生了对应关系，如图8-146所示。

图8-146

“曲线”中的阴影控制点对应“色阶”的阴影滑块和“输出色阶”中的黑色滑块。具体对应哪一个取决于它的移动方向。当它沿水平方向移动时，其作用相当于阴影滑块，可以将深灰色映射为黑色，如图8-147所示；如果沿垂直方向移动，则相当于“输出色阶”中的黑色滑块，能将黑色映射为深灰色，将深灰色映射为浅灰色，如图8-148所示。

图8-147

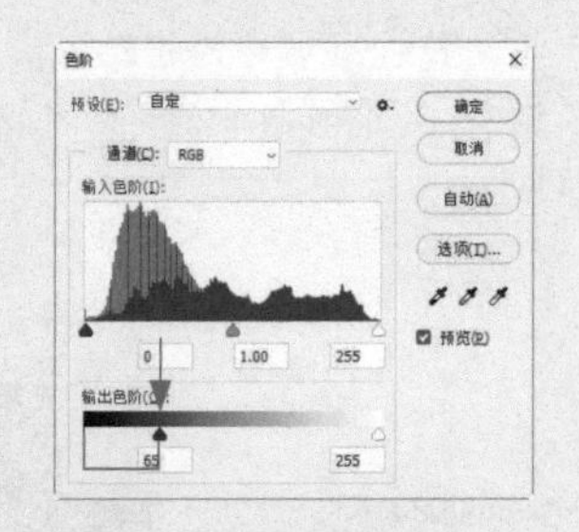

图8-148

“曲线”中的高光控制点对应的是“色阶”的高光滑块和“输出色阶”中的白色滑块，具体对应哪一个也取决于其移动方向。当它沿水平方向移动时，其作用相当于“色阶”的高光滑块，可以将浅灰色映射为白色，如图8-149所示；如果沿垂直方向移动，则相当于“输出色阶”中的白色滑块，可将白色映射为浅灰色，将浅灰色映射为深灰色，如图8-150所示。

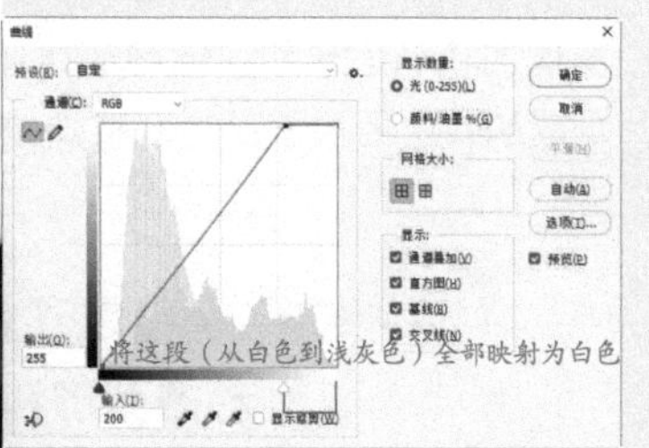

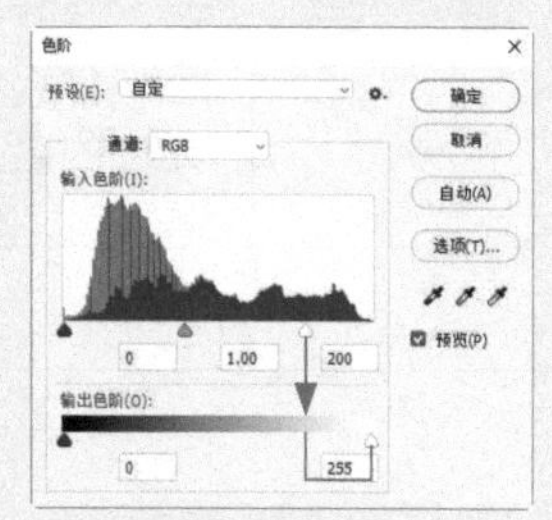

图8-149

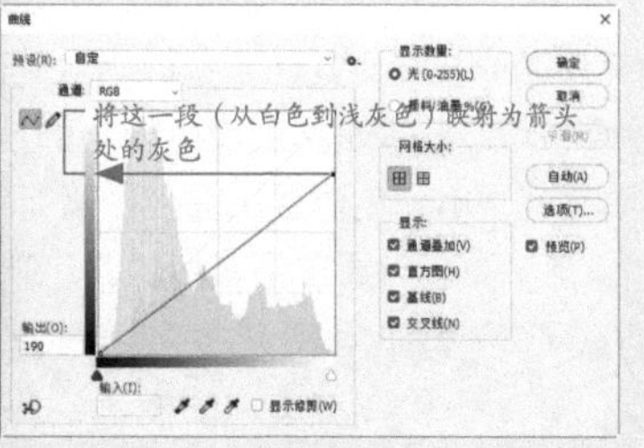

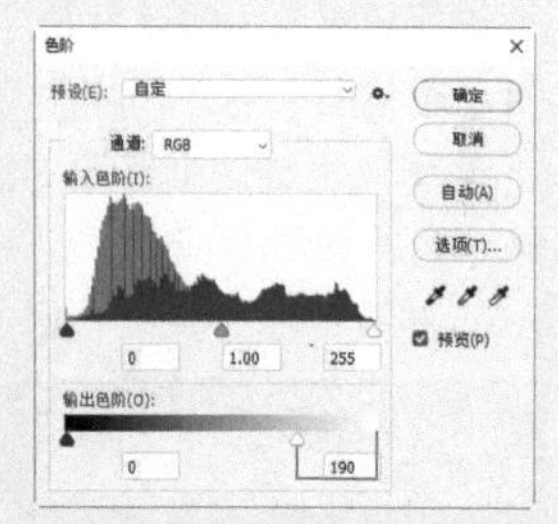

图8-150

“曲线”中部控制点的作用与“色阶”的中间调滑块相同，如图8-151所示，可以将中间调调亮或调暗。

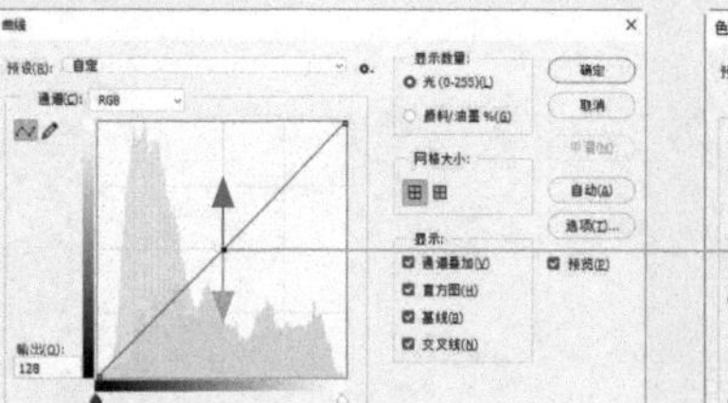
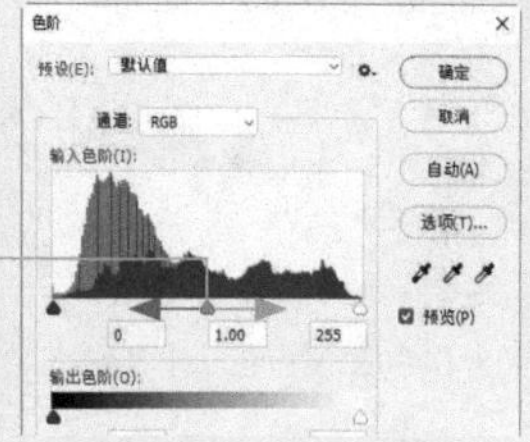

曲线中部控制点上移对应“色阶”的中间调滑块左移，下移则相反

图8-151

色阶为什么不能替代曲线

色阶远没有曲线强大，也无法替代它。我们可以从色调范围和调整区域划分这两个方面给出理由。

首先，曲线上能添加14个控制点，加上原有的两个就是16个控制点，它们可以将整个色调范围（0～255级色阶）划分为15段，如图8-152所示。而色阶只有3个滑块，只能将色调范围分成3段（阴影、中间调、高光），如图8-153所示。

其次，色阶滑块较少，所以它对色调的影响就被限定在了阴影、中间调和高光3个区域。而曲线的任意位置都可以添加控制点，这意味着它可以对任何色调做出调整，这是色阶无法做到的。例如，可以在阴影范围内相对较亮的区域添加两个控制点，然后在它们中间添加一个控制点并向上（或向下）拖曳，之后通过控制点将曲线修正，这样色调的明暗变化就被限定在了一小块区域，而阴影、中间调和高光都不会受到影响，如图8-154所示。这样指向明确、细致入微的调整是无法用色阶或其他命令完成的。

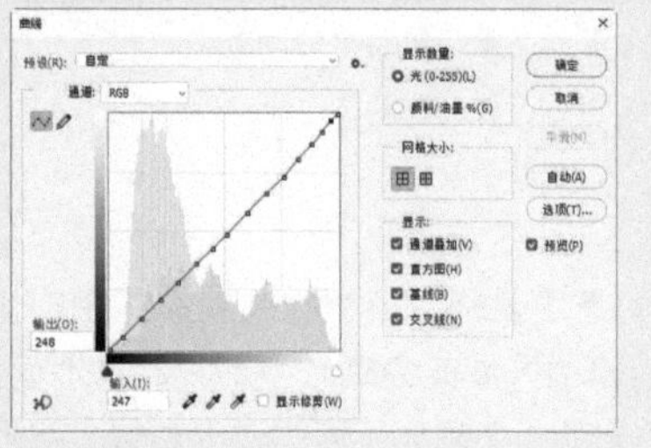

图8-152

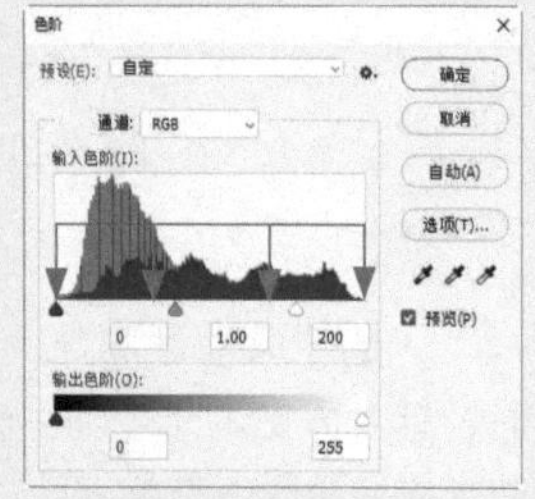

图8-153

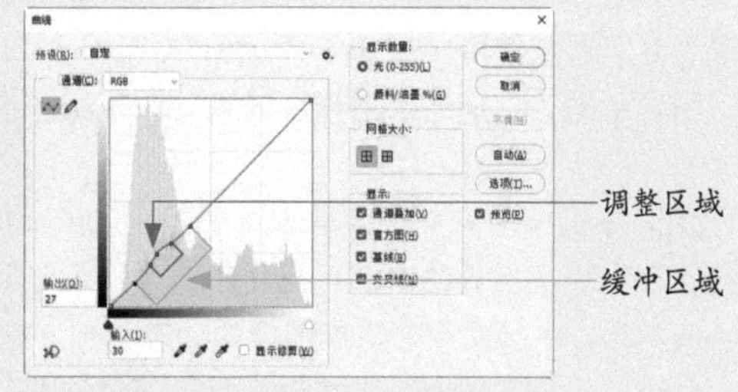

图8-154

制作专业的高动态范围影像

高动态范围图像的色调信息和图像细节比普通图像丰富，这是因为它是由多幅同一场景下拍摄的不同曝光度的照片合成的，主要用于影片、特殊效果、3D 作品及高端图片。

·PS技术讲堂·

动态范围和高动态范围

动态范围

动态范围（Dynamic Range）是指可变化信号（如声音或光）最大值和最小值的比值。以声音为例，世界三大男高音之一的鲁契亚诺·帕瓦罗蒂（Luciano Pavarotti）被称为“High C之王”，他的高音部分几乎能达到人类发声的极限音域。如果用动态范围来解释，就是帕瓦罗蒂的音域比其他人宽广，从低音到高音的跨度更大。

图像也是这个道理。图像的动态范围是指图像中包含的从最暗到最亮的亮度级别。动态范围越大，所能表现的色调层次越丰富，如图8-155所示；动态范围小，色调层次就少，画面细节也会相应减少，如图8-156所示。为什么摄影师都喜欢拍摄RAW格式的照片，而不用“体量”更小、更便于使用的JPEG格式？一个很重要的原因是RAW格式照片的动态范围更大。

动态范围大的图像，色调层次丰富，高光、阴影中的细节多

图8-155

动态范围小的图像，明暗反差不大，阴影中的细节较少

图8-156

高动态范围

人的眼睛能适应很大的亮度差别，但相机的动态范围有限。例如，我们经常会遇到这种情况，在光线较强的室外拍摄时，针对天空测光，地面较暗的区域就会曝光不足；针对地面测光，又会使天空过曝。想在一张照片中通过完美曝光获得所有高光和阴影细节是无法办到的，必须以不同曝光度拍摄多张照片并进行合成才行。

这种方法是美国加利福尼亚大学伯克利分校计算机科学博士保罗·德贝维奇（Paul Debevec）发现的，初期是在计算机图形学和电影拍摄等专业领域使用。在1997年的SIGGRAPH（计算机图形学特别兴趣小组）研讨会上，他提交了论文《从照片中恢复高动态范围辐射图》，描述了怎样合成高动态范围图像（在他之前，高动态范围图像只能用Radiance这类软件渲染生成）。

高动态范围图像又称HDR图像（HDR是High Dynamic Range的缩写）。从理论上讲，HDR图像可以按照比例存储真实场景中的所有明度值，展现现实世界的全部可视动态范围。但在实际使用中，受设备和技术限制，普通用户没有这个条件。我们学习HDR图像合成方法，主要是用它扩展图像的动态范围，让画面中的阴影和高光细节更多地展现出来。

8.6.1

实战：用多张照片合成高动态范围图像

扫码看视频

拍摄3~7张不同曝光值的照片，每张照片只针对一个色调，使其曝光正常，其他区域可过曝或欠曝，重要的是所有照片放在一起时，要兼顾高光、中间调和阴影细节，之后使用“合并到HDR Pro”命令，就能将其合成一张高动态范围图像，如图8-157所示。

图8-157

01 打开素材。执行“文件>自动>合并到HDR Pro”命令，在打开的对话框中单击“添加打开的文件”按钮，如图8-158所示，再单击“确定”按钮，将素材添加到“合并到HDR Pro”对话框中。素材为以不同曝光值拍摄的3张照片。

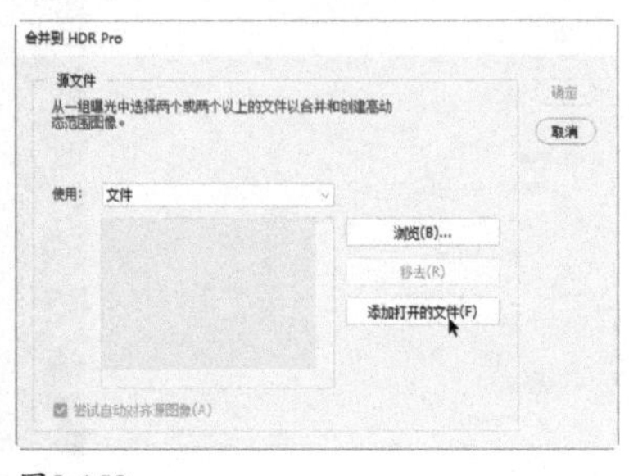

图8-158

02 调整“灰度系数”“曝光度”“细节”值，如图8-159所示，以降低高光区域的亮度，并将暗部提亮。勾选“边缘平滑度”选项，调整“半径”和“强度”值，提高色调的清晰度，如图8-160所示。

图8-159

图8-160

03 调整“阴影”和“高光”值，争取最大化显示细节。调整“自然饱和度”，增加色彩的饱和度，同时避免出现溢色，如图8-161所示。

图8-161

04 在“模式”下拉列表中可以选择将合并后的图像输出为32位/通道、16位/通道或8位/通道的文件。这里使用默认的选项即可。但如果想要存储全部HDR图像数据，则需要选择32位/通道。单击“确定”按钮关闭对话框，创建HDR图像。合成为HDR图像以后，阴影、中间调和高光区域都有充足的细节，并且暗调区域没有漆黑一片，高光区域也没有丢失细节，只是颜色有点偏黄、偏绿。单击“调整”面板中的按钮，创建“可选颜色”调整图层，在“属性”面板“颜色”下拉列表中选择红色，在红色中增加洋红的比例，让红色恢复原貌，如图8-162和图8-163所示。

图8-162

图8-163

技术看板　怎样拍摄用于制作HDR图像的照片

一般情况下应拍摄5~7张照片，最少需要3张，以便覆盖场景的整个动态范围。照片的曝光度差异应在一两个 EV（曝光度值）级（相当于差一两级光圈）。另外，不要使用相机的自动包围曝光功能，因为其曝光度的变化太小；其次，拍摄时要改变快门速度，以获得不同的曝光度，不要调光圈和ISO，否则会使每次曝光的景深发生变化，导致图像品质降低。另外，调整ISO或光圈还可能导致图像中出现杂色和晕影。最后提醒一点就是因为要拍摄多张照片，所以应将相机固定在三脚架上，并确保场景中没有移动的物体。

“合并到HDR Pro”对话框选项

- **预设：** 包含Photoshop预设的调整选项。
- **移去重影：** 如果画面因为对象（如汽车、人物或树叶）移动而具有不同的内容，可勾选该选项，Photoshop 会在具有最佳色调平衡的缩览图周围显示一个绿色轮廓，以标识基本图像。其他从图像中找到的移动对象将被移除。
- **模式：** 单击该选项右侧的第1个按钮，可以打开下拉列表为合并后的图像选择位深（只有 32 位/通道的文件可以存储全部 HDR 图像数据）。单击该选项右侧的第2个按钮，打开下拉列表，选择“局部适应”，可以通过调整图像中的局部亮度区域来调整 HDR 色调；选择“色调均化直方图”，可在压缩 HDR 图像动态范围的同时，尝试保留一部分对比度；选择“曝光度和灰度系数”，可以手动调整 HDR 图像的亮度和对比度，拖曳“曝光度”滑块可以调整增益，拖曳“灰度系数”滑块可以调整对比度；选择“高光压缩”，可以压缩 HDR 图像中的高光值，使其位于 8 位/通道或 16 位/通道图像文件的亮度值范围内。
- **“边缘光”选项组：** “半径”选项用来指定局部亮度区域的大小；“强度”选项用来指定两个像素的色调值相差多大时，它们属于不同的亮度区域。
- **“色调和细节”选项组：** 灰度系数设置为 1.0 时动态范围最大，较低的设置会加重中间调，而较高的设置会加重高光和阴影；“曝光度”值可反映光圈的大小；“细节”选项可用于锐化。
- **“高级”选项组：** 拖曳“阴影”和“高光”滑块可以使这些区域变亮或变暗；“自然饱和度”“饱和度”选项可以调整色彩的饱和度，其中“自然饱和度”可以调整细微颜色强度，并避免出现溢色。
- **曲线：** 可通过曲线调整HDR图像。如果要对曲线进行更大幅度的调整，可勾选“边角”选项。直方图中显示了原始的 32 位 HDR 图像中的明亮度值。横轴的红色刻度线则以一个 EV（约为一级光圈）为增量。

8.6.2

实战：模拟HDR效果（“HDR色调”命令）

扫码看视频

使用“HDR色调”命令，可以将普通的单幅照片改造成HDR效果，如图8-164所示。该命令是专门用于调整HDR图像色调的功能，能将全范围的HDR对比度和曝光度设置应用于图像。

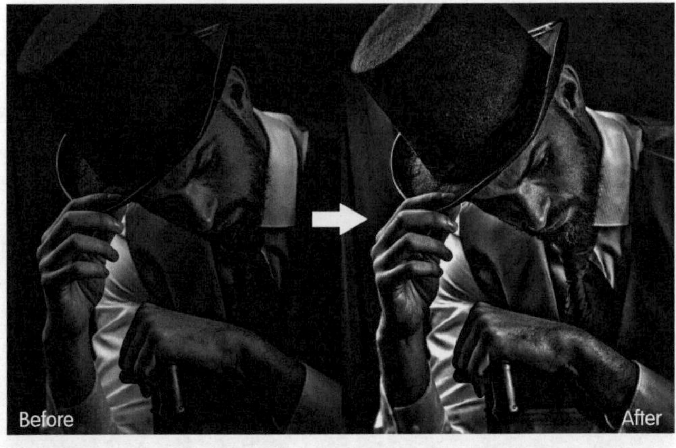

图8-164

01 执行“图像>调整>HDR色调”命令。在“边缘光”选项组中，将“半径”调到最大，使调整范围扩大到整个图像区域，再将“强度”值设置为1，如图8-165和图8-166所示。

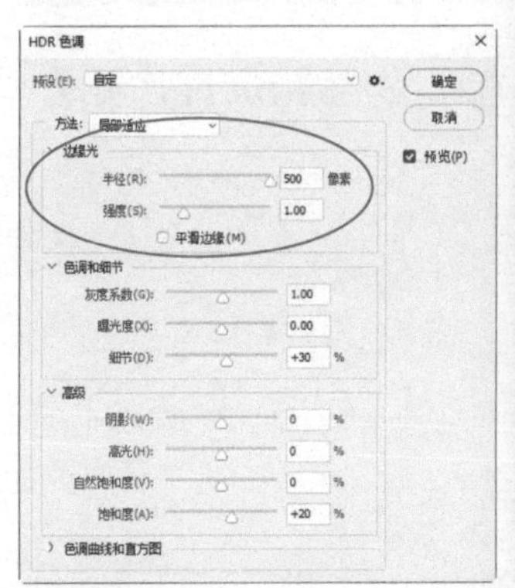

图8-165

图8-166

02 在“色调和细节”选项组中，将“灰度系数”值降低到0.5，“曝光度”值降低到-0.5。现在虽然画面有点发灰，但阴影区域的细节开始显现出来了。将“细节”值提高到168%，如图8-167和图8-168所示。

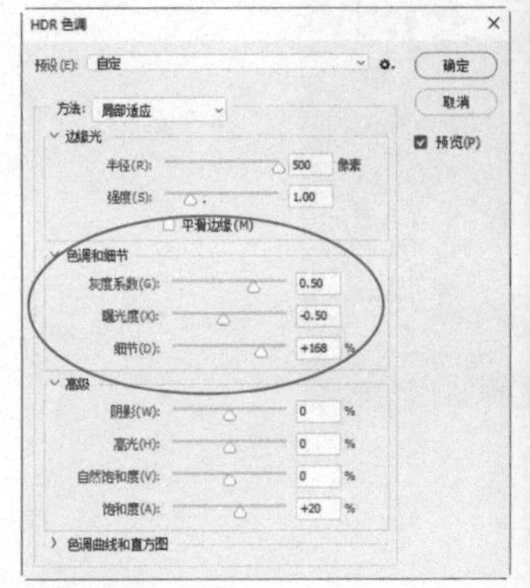

图8-167

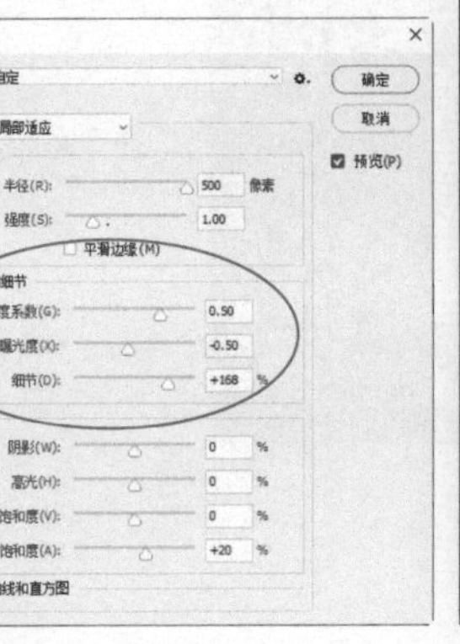
图8-168

03 在“高级”选项组中，将“阴影”值降到最低，将“高光”值调到最大，让阴影区域暗下去，高光区域亮起来，这样色调对比就体现出来了。再给色彩增加一些饱和度，如图8-169和图8-170所示。按Enter键确认。

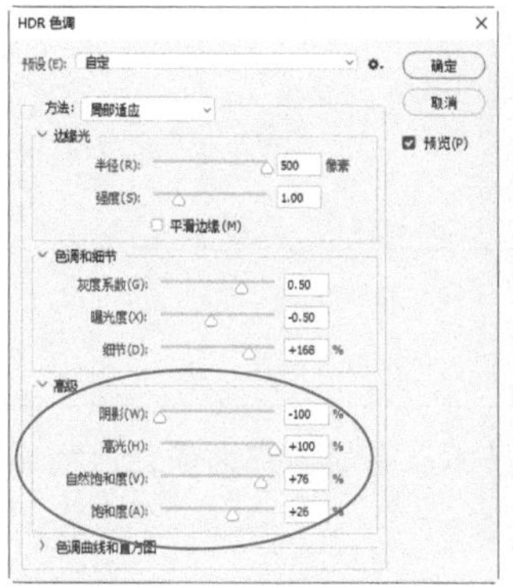

图8-169

图8-170

04 执行“图像>复制”命令，复制图像。再用“HDR色调”命令处理一遍，参数不变，如图8-171所示。处理以后的人物面部会提亮，细节变得更多了，如图8-172所示。

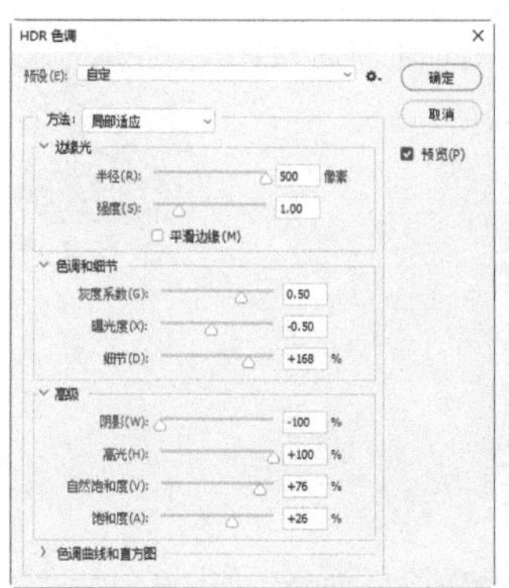

图8-171

图8-172

05 使用移动工具将处理结果拖入原文档中，操作时全程按住Shift键，以确保两幅图像完全对齐。单击按钮添加蒙版。选择渐变工具并单击径向渐变按钮，在蒙版中填充径向渐变，只让人物面部显现，周围还是显示“背景”图层中较暗的图像，即让面部之外的部分暗下去，如图8-173和图8-174所示。

图8-173

图8-174

06 单击“调整”面板中的按钮，创建“色相/饱和度”调整图层，增加饱和度，如图8-175所示。用画笔工具在鼻子、嘴和耳朵上涂深灰色，通过蒙版的遮盖，将这些区域的饱和度降下来，否则颜色太艳，如图8-176所示。

图8-175

图8-176

8.6.3 调整HDR图像的曝光

“色阶”“曲线”等命令并不能很好地处理HDR图像，因为它们是为编辑普通图像而开发的。要调整HDR图像的色调，可以使用“图像>调整>HDR色调”命令操作。要调整HDR图像的曝光，则使用“图像>调整>曝光度”命令效果更好。

HDR图像中可以按比例表示和存储真实场景中的所有明度值，所以，调整HDR图像曝光度的方式与在真实环境中（即拍摄场景中）调整曝光度的方式类似。

8.6.4 调整HDR图像的动态范围视图

HDR图像的动态范围非常广，远远超出了显示设备的显示范围，因此，在Photoshop中打开HDR图像时，图像可能会显得非常暗。如果出现上述问题，可以使用“视图>32位预览选项”命令做一些调整，让HDR图像正常显示。

操作时，可以在“方法”下拉列表中选择“曝光度和灰度系数”选项，之后拖曳“曝光度”和“灰度系数”滑块，调整亮度和对比度；也可以选择“高光压缩”选项，自动压缩HDR图像的高光值，使其位于 8 位/通道或 16 位/通道图像的亮度值范围内。

色彩调整

【本章简介】

本章介绍Photoshop中的色彩调整命令。首先讲解怎样基于颜色变化规律调色，其中有很多专业色彩知识，涉及颜色合成方法、互补色、通道与色彩的关系等。内容比较难，学习时可以放慢节奏，把知识吃透。后面的调色命令是按照种类和任务的不同而进行分类的，每一个命令都很独特，实战也精彩纷呈。明白色彩原理之后，再学这些调色方法，就能知其然也知其所以然。

由于有些工作要跨平台、多软件协作才能完成，因此需要掌握颜色管理方法，以保证图像在各个平台上使用时颜色不会出现偏差，本章最后讲解这些内容。

【学习目标】

通过本章的学习，我们要学会Photoshop中每一个调色命令的使用方法，并能完成以下工作。

- 按照自己的意愿增强任意一种颜色，并知道这会给其他颜色带来怎样的影响
- 单独调整色彩三要素中的任何一个
- 掌握颜色的科学识别方法，用来判断色偏，并校正色偏
- 制作日式小清新照片
- 调出莹润、洁白的肤色
- 实现电影分级调色
- 制作颜色查找表
- 制作出高品质的黑白照片
- 掌握Lab调色技术及使用原理

【学习重点】

调色初探

调色是一门掌控色彩的专业技术。在学习它之前，让我们先对色彩有一个基本的认识。

9.1.1

实战：制作人像图章（“阈值”命令）

01 单击“调整”面板中的 按钮，创建“阈值”调整图层，调整“阈值色阶”，如图9-1和图9-2所示。

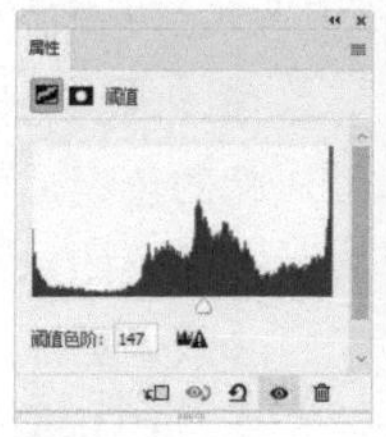
图9-1

图9-2

02 按Ctrl+J快捷键复制调整图层。修改“阈值色阶”为65，如图9-3所示。单击调整图层的蒙版，如图9-4所示，使用渐变工具 填充线性渐变，如图9-5所示。一个调整图层调出来的效果不是特别好，结合这两个不同参数的“阈值”调整图层，才能获得完整的面部轮廓和必要的细节，如图9-6所示。

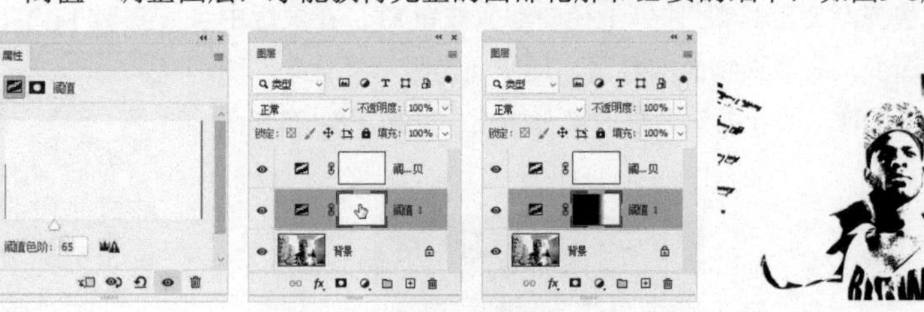
图9-3　图9-4　图9-5　图9-6

03 单击“背景”图层的锁状图标 ，如图9-7所示，将其转换为普通图层。按住Ctrl键并单击另外两个图层，按Ctrl+G快捷键，将这3个图层编入图层组中，如图9-8所示。单击“图层”面板底部的 按钮，打开下拉菜单，执行“纯色”命令，创建一个白色的填充图层，并拖曳到最下方，如图9-9所示。

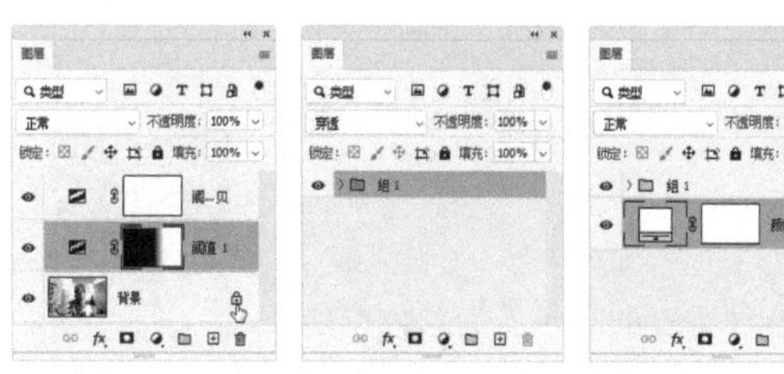

图9-7　图9-8　图9-9

04 选择椭圆工具◯，在工具选项栏中选取“形状”选项并设置参数，按住Shift键并拖曳鼠标，创建圆形，如图9-10所示。单击 按钮，添加图层蒙版。使用画笔工具（硬边圆笔尖）将帽檐处的圆形涂黑，通过蒙版将其遮盖住，如图9-11所示。

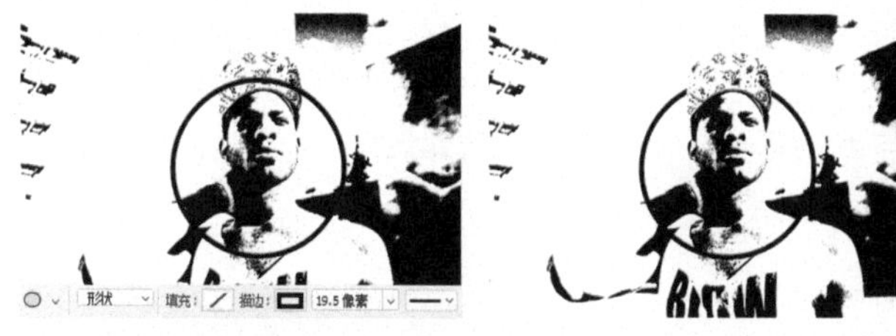

图9-10　图9-11

05 单击图层组，单击 按钮，为它添加蒙版，如图9-12所示。使用画笔工具将圆圈之外的图像涂黑（帽檐除外），效果如图9-13所示。

图9-12　图9-13

06 将文字素材添加到画面中，如图9-14所示。再添加背景素材，设置它的混合模式为“滤色”，如图9-15和图9-16所示。

图9-14　图9-15　图9-16

07 创建一个“曲线”调整图层。向下拖曳曲线，将色调压暗，如图9-17和图9-18所示。

图9-17　图9-18

9.1.2 小结

“阈值”命令可以将彩色图像转换为高对比度的黑白效果，适合制作单色照片或者模拟类似手绘效果的线稿，以及制作木版画、图章等特效。

在“阈值色阶”文本框中，输入数值或拖曳滑块，将一个亮度值定义为阈值后，所有比阈值亮的像素会转换为白色；比阈值暗的像素则转换为黑色，如图9-19~图9-21所示。直方图显示了像素的亮度级别和分布情况，可作为调整时的参照。

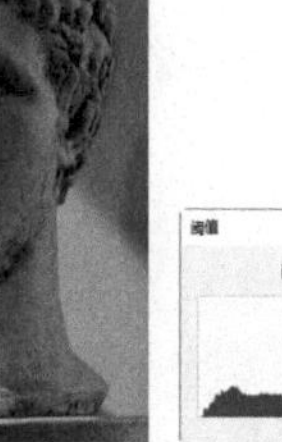

图9-19　图9-20　图9-21

如果用“图像>调整>阈值”命令分别处理各个颜色通道，则可生成与用“色调分离”命令处理效果极为相似的彩色图像，如图9-22和图9-23所示。

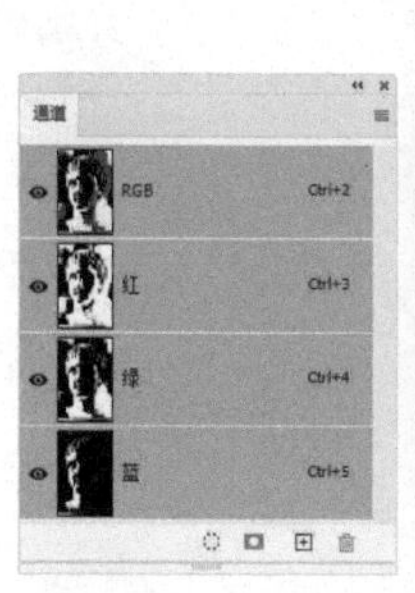

图9-22　图9-23

·PS技术讲堂·

怎样准确识别颜色

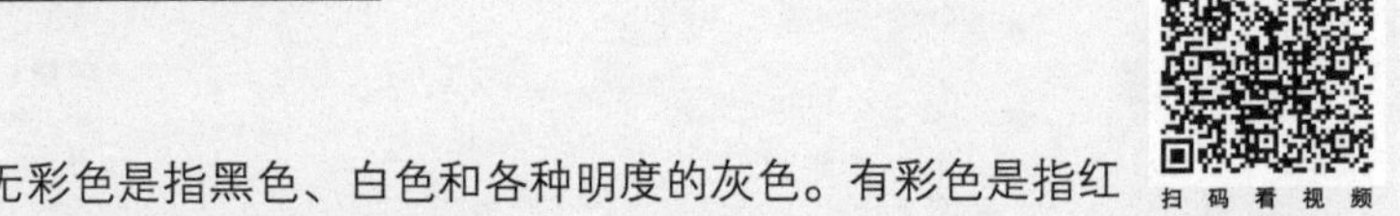

扫码看视频

色彩三要素

现代色彩学将色彩分为无彩色和有彩色两大类。无彩色是指黑色、白色和各种明度的灰色。有彩色是指红色、橙色、黄色、绿色、蓝色、紫色这6种基本颜色，以及由它们混合得到的颜色。

色相、明度和饱和度是色彩的三要素。色相是指色彩的相貌，也是我们对色彩的称谓，如红色、橙色、黄色等。明度是指色彩的明亮程度。色彩的明度越高，越接近白色，越低则越接近黑色，如图9-24所示（红色的明度从高到低变化）。饱和度是指色彩的鲜艳程度，也称纯度，如图9-25所示（红色的饱和度从高到低变化）。当一种颜色中混入灰色或其他颜色时，其饱和度会降低。饱和度越低，越接近灰色；达到最低时，就变成了无彩色。

图9-24

图9-25

考考你的眼力

将一种颜色放在其他颜色上，受到周围颜色的影响，它看起来与之前不同了。这是颜色的对比现象，其实颜色本身并没有变。图9-26和图9-27所示分别为色相对比、饱和度对比现象。

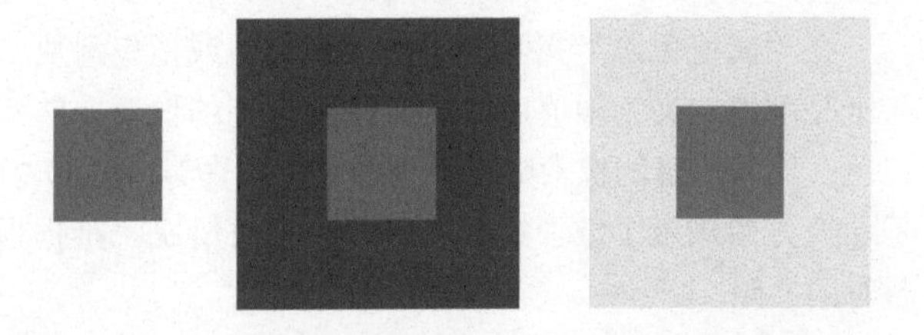

色相对比：在红色上，橙色看起来偏黄；在黄色上，橙色看起来偏红

图9-26

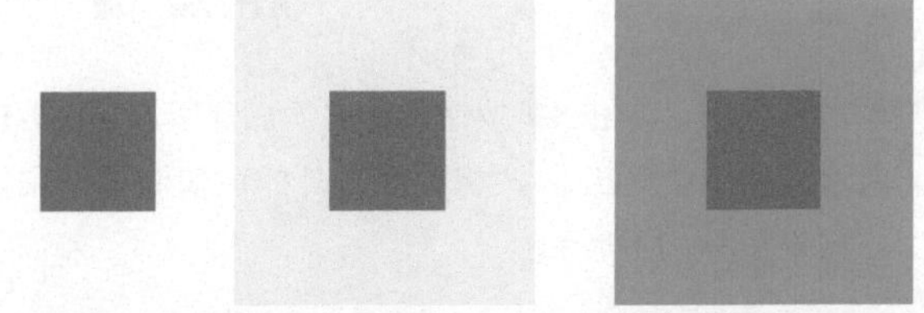

饱和度对比：在低饱和度的蓝色上，蓝紫色看起来更鲜艳；在高饱和度的蓝色上，它看起来就变得黯淡了

图9-27

明度也可以产生对比。例如，图9-28所示是麻省理工学院视觉科学家泰德·艾德森设计的亮度幻觉图形。请你判断，A点和B点的方格哪一个颜色更深？

几乎所有看到这个图形的人都认为A点颜色更深。但真实情况令人惊讶，A点和B点的颜色不存在任何差别！为了验证这个结论，可以打开Photoshop中的色彩识别工具——“信息”面板，将鼠标指针放在A点上，记下面板中的颜色值，如图9-29所示；再将鼠标指针移动到B点，如图9-30所示。可以看到，颜色值完全一样。这是色彩对比影响眼睛判断力的一个很经典的案例。为什么浅色方格（B点）不显得黑呢？这是因为我们的视觉系统认为“黑”是阴影造成的，而不是方格本身就有的。我们的眼睛被自己的经验欺骗了。

图9-28

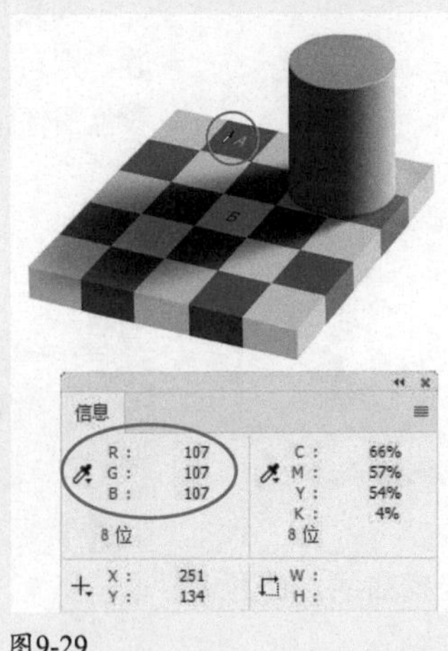

图9-29

图9-30

·PS技术讲堂·

怎样追踪颜色变化

扫码看视频

前面的小测试说明，需要借助专业工具，即“信息”面板，我们才能准确识别颜色。不然，遇到复杂情况，眼睛就会受到“欺骗”。

“信息”面板不仅能让颜色现出“真身”，还能实时反馈其变化情况。要使用此功能，调色之前，先使用颜色取样器工具在需要观察的位置单击，建立取样点，如图9-31所示；之后再进行调整。例如，使用“色相/饱和度”命令修改颜色，此时“信息”面板会同时显示调整前、后的两组数值，供我们参考，如图9-32所示。

图9-31

图9-32

颜色取样器工具使用技巧

颜色取样器工具的工具选项栏中有一个“取样大小”选项，可用于定义取样范围。例如，如果要查看颜色取样点处单个像素的颜色值，应选择“取样点”（图9-32所示即取样点信息）；选择“3×3平均”，则显示取样点3个像素区域内的平均颜色，如图9-33所示。其他选项以此类推。

一个图像中最多可以放10个取样点。拖曳取样点，可对其进行移动；按住 Alt 键并单击取样点，可将其删除；如果想在调整命令对话框打开的状态下删除取样点，可按住 Alt+Shift键并单击它；如果要删除所有取样点，可以单击工具选项栏中的“清除全部”按钮。

取样点还能反馈其他模式的颜色信息，操作时在“信息”面板的吸管上单击，打开菜单，即可选择使用哪种模式描述颜色及颜色的位深等，如图9-34所示。

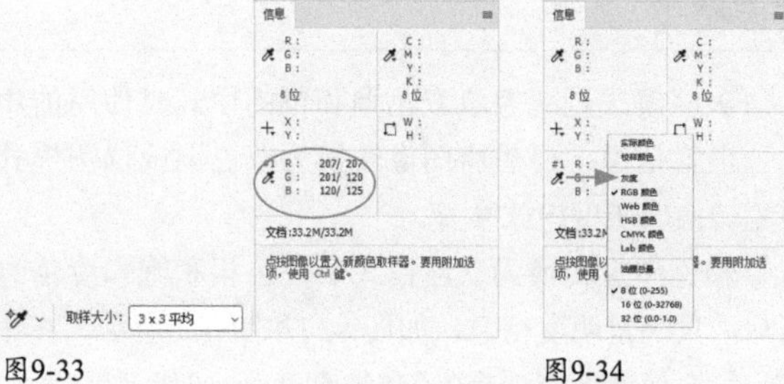
图9-33　图9-34

如果想修改“信息”面板中吸管显示的颜色信息，可以打开面板菜单，执行“面板选项”命令，打开“信息面板选项”对话框进行设置。

读懂“信息”面板

“信息”面板是个多面手，默认状态下，它显示鼠标指针处的颜色值，以及文档状态、当前工具的提示等；在进行编辑操作时，则显示与当前操作有关的信息。

- **显示颜色信息：** 将鼠标指针放在图像上，面板中会显示鼠标指针的精确坐标和它所在位置的颜色值。如果颜色超出了 CMYK 色域（见239页），CMYK 值旁边会出现一个惊叹号。
- **显示选区大小：** 使用选框工具（矩形选框工具、椭圆选框工具等）创建选区时，随着鼠标指针的移动，实时显示选框的宽度（W）和高度（H）。
- **显示定界框的大小：** 使用裁剪工具和缩放工具时，显示定界框的宽度（W）和高度（H）。旋转裁剪框时显示旋转角度。
- **显示开始位置、变化角度和距离：** 当移动选区或使用直线工具、钢笔工具、渐变工具时，随着鼠标指针的移动显示开始位置的 x 和 y 坐标，X 的变化（△X）、Y 的变化（△Y），以及角度（A）和距离（L）。
- **显示变换参数：** 执行二维变换命令（如“缩放”和“旋转”）时，显示宽度（W）和高度（H）的百分比变化、旋转角度（A），以及横向（H）或纵向（V）的角度。
- **显示状态信息：** 显示文件大小、文档配置文件、文件尺寸、暂存盘大小、效率、计时及当前工具等信息。具体显示内容可以在“信息面板选项”对话框中进行设置。
- **显示工具提示：** 显示与当前使用工具有关的提示信息。

·PS技术讲堂·

认识颜色模式

人眼中看到的颜色是通过眼、脑和生活经验所产生的一种对光的视觉效应。而Photoshop等软件，以及显示器、数码相机、电视机、打印机等硬件设备中的颜色是由数学模型（见99页）生成的，并具有不同的模式。

颜色模式决定了图像中的颜色数量、通道数量和文件大小。执行“文件>新建”命令创建文件时，可以在“颜色模式”下拉列表中选取相应的颜色模式，包括位图、灰度、RGB颜色（见217页）、CMYK颜色（见218页）和Lab颜色（见236页），如图9-35所示。对于现有的文件，则可执行“图像>模式”子菜单中的命令，进行颜色模式的转换。除这几种基本模式外，Photoshop还提供了其他几种基于特殊色彩空间的颜色模式，包括双色调、索引颜色和多通道模式，如图9-36所示，这些主要用于特殊色彩的输出。

颜色模式还会限制Photoshop某些功能的使用，如果不想因此而影响操作，可以用RGB模式，它支持所有Photoshop功能。其他模式的限制情况不同，例如CMYK模式，有一小部分滤镜不能使用。但有些工作可能会用到这种模式，如印刷厂会要求图像为CMYK模式。遇到这种情况，最好是在RGB模式下编辑图像，完成后复制一份文件，再按印刷厂要求转换为CMYK模式即可。

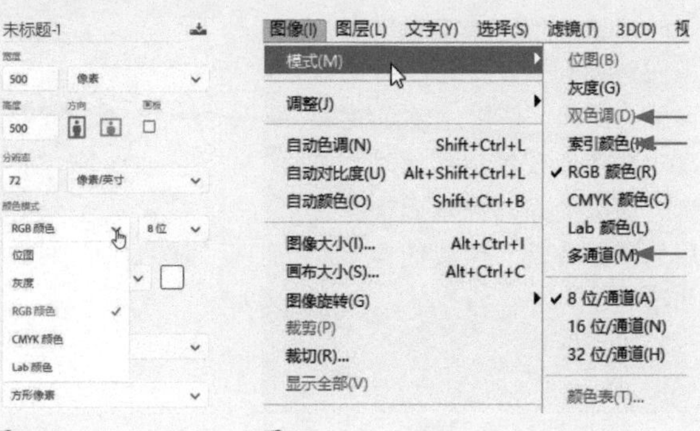

图9-35　　图9-36

9.1.3

灰度模式

灰度模式是转换成双色调和位图模式时使用的中间模式。也就是说，要想将图像转换为双色调或位图模式，需要先转换成灰度模式才行。

彩色图像转换为灰度模式后，色相和饱和度信息会被删除，只保留明度信息，如图9-37和图9-38所示。在该模式下，每个像素都有一个0~255的亮度值，0代表黑色，255代表白色，其他值代表黑、白之间过渡的灰色。

早期灰度模式可用于制作黑白照片。但自从“黑白”命令（见233页）出现以后，用它制作出的黑白效果更好，可控性也更强，之前的方法基本上就不使用了。

图9-37

图9-38

9.1.4

位图模式

与灰度模式类似，位图模式仅含亮度信息，其位深为1，因此只有黑和白，没有处于中间的灰色。

位图模式的效果很特别，适合制作丝网印刷、艺术样式和单色图形。此外，该模式对于激光打印机、照排机等设备上使用的图像也很有用，因为这些设备都依靠非常微小的点来显现图像（如报纸上的灰度图像）。图像在转换为位图模式时，可以用菱形、椭圆、直线（可控制其角度）等小点呈现图像，如图9-39所示。

圆形　　菱形　　直线　　十字线

图9-39

图9-40所示为“位图”对话框。在“输出”选项中可以设置图像的输出分辨率；在“使用”下拉列表中可以选择转换方法，包括以下几种。

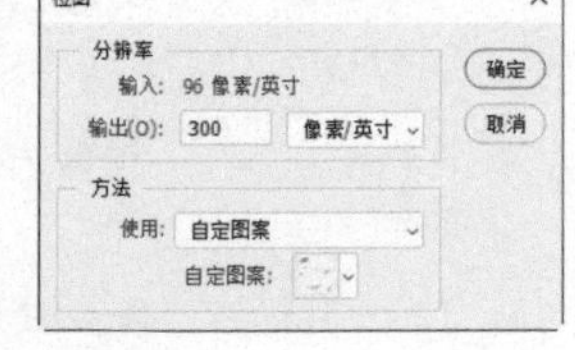

图9-40

- 50%阈值：将50%色调作为分界点，灰色值高于中间色阶128的像素转换为白色，灰色值低于色阶128的像素转换为黑色，如图9-41所示。
- 图案仿色：用黑白点图案模拟色调，如图9-42所示。
- 扩散仿色：通过从图像左上角开始的误差扩散来转换图像，转换过程中的误差会产生颗粒状纹理，如图9-43所示。
- 半调网屏：可以模拟平面印刷中使用的半调网点外观，如图9-44所示。

图9-41

图9-42

图9-43

图9-44

● 自定图案：可以选择一种图案来模拟图像中的色调。

·PS技术讲堂·

位深

8位/通道

位深是显示器、数码相机和扫描仪等设备使用的术语，也称像素深度或色深度，以多少位/像素来表示。一幅图像中包含的颜色信息数量，取决于它。

位深为1的图像只有黑、白两色；位深为2的图像可以包含4（2^2）种颜色；位深每增加一位，颜色增加一倍。依此推算，位深为8的图像有256（2^8）种颜色。

8位/通道的RGB图像我们平常接触较多，数码照片、网上的图片等都属于此类。其颜色数量可以这样计算出来：在8位/通道的RGB图像中，每个通道的位深为8，3个通道的总位深就是24（8×3），因此，整个图像可以包含约1 680万（2^{24}）种颜色。用另一种方法也可算出：8位/通道的RGB图像由3个颜色通道组成，每个颜色通道包含256种颜色，3个颜色通道就是256×256×256，颜色数量约1 680万种。

16位/通道

用数码相机拍摄Raw格式的照片（见315页）可以获取16位/通道的图像。16位/通道的图像包含的颜色数量为2^{48}种，如此多的颜色信息带来的是更细腻的画质、更丰富的色彩，以及更加平滑的色调。因此，RAW格式的照片能记录更丰富的阴影和高光细节，后期可进行更大幅度的调整，且不会给图像造成明显的损害。

但色彩信息越多，也意味着文件越大。16位/通道的图像的大小大概相当于8位/通道图像的两倍，因此编辑时需要占用更多的内存和计算机资源。此外，目前Photoshop中还有一些命令不能用于16位/通道的图像，且16位/通道的图像不能保存为JPEG格式。

32位/通道

32位/通道的图像可以按照比例存储真实场景中的所有明度值，也称高动态范围（HDR）图像（见204页），主要用于影片、特殊效果、3D 作品及某些高端图片。使用Photoshop中的“合并到HDR Pro”命令可以合成这种图像（见205页实战）。

怎样改变位深

由于大部分输出设备（电视机、显示器、打印机等）目前还不支持16位和32位图像，当这两种图像需要在此类设备上使用时，可以打开“图像>模式”子菜单，执行“8位/通道”命令，将图像转换为8位。

8位/通道是Photoshop中处理文件、打印和屏幕显示的颜色标准，但在高端应用领域，16位和32位的图像用处更大。使用“模式”子菜单中的“16位/通道”“32位/通道”命令，也可将普通的8位图像转换为高端图像。不过如果认为将位深向上转换能增加图像中的信息，那可能要失望了，因为图像的原始信息无法重新生成，将8位图像改为16位或32位，图像并不会有所改善。

9.1.5 双色调模式

执行“图像>模式>双色调”命令，可以将文件转换为双色调模式。由于只有灰度模式的图像才能转换为该模式，所以双色调模式就相当于使用1~4种油墨为黑白图像上色，如图9-45所示。颜色越多，色调层次越丰富，打印时越能表现出更多的细节。

1种油墨

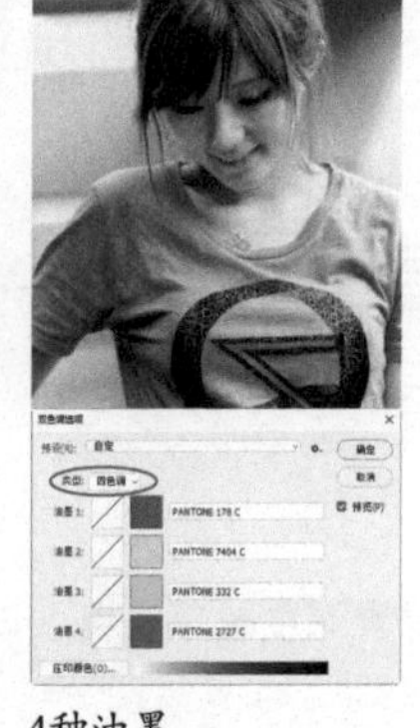
两种油墨

4种油墨

图9-45

在“双色调选项”对话框中，“类型”下拉列表中包含“单色调”“双色调”“三色调”“四色调”4个选项，选择之后，单击油墨颜色块，可以打开“颜色库”对话框，设置油墨颜色。单击“油墨”选项右侧的曲线图，则可以打开“双色调曲线”对话框，调整曲线可改变油墨的百分比，如图9-46所示。

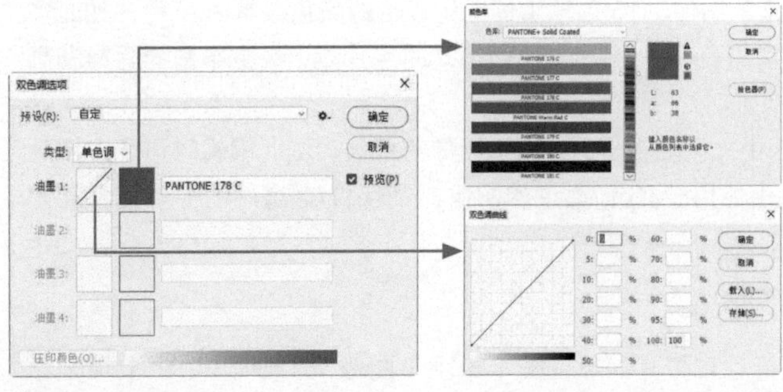

图9-46

> 提示
>
> 单击“压印颜色”按钮，打开“压印颜色”对话框，可以设置压印颜色在屏幕上的外观（压印颜色是指相互打印在对方之上的两种无网屏油墨）。

9.1.6 多通道模式

多通道是一种减色模式，RGB模式图像转换为该模式时，原有的红、绿和蓝通道会变为青色、洋红和黄色通道。此外，将RGB、CMYK、Lab模式文件中的一个颜色通道删除，也可自动转换为该模式，如图9-47和图9-48所示（删除蓝通道）。该模式不支持图层，只适合特殊打印。

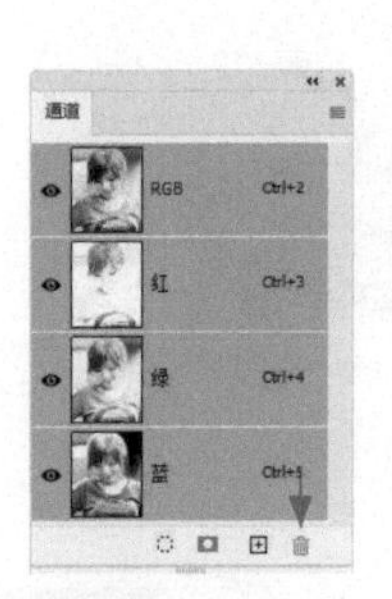

图9-47

图9-48

9.1.7 索引模式与颜色表

索引模式是GIF文件默认的颜色模式，只支持单通道的8位图像文件。由于它生成的颜色全都是Web安全色*（见随书电子文档8页）*，可以在网络上准确显示，所以常用于Web和多媒体动画。

执行“图像>模式>索引颜色”命令，打开“索引颜色”对话框。在“颜色”选项中可以设置颜色数量，如图9-49所示。颜色越少，文件越小，图像细节的简化程度也越高，如图9-50所示。

图9-49

图9-50

使用256种或更少的颜色替代彩色图像中上百万种颜色的过程称作索引。因此，索引模式最多只能生成 256 种颜色。Photoshop会构建颜色查找表（CLUT），用于存放图像中的颜色。

将图像转换为该模式后，还可以执行“图像>模式>颜色表”命令，修改颜色表。例如，单击橙色，如图9-51所示，打开“拾色器”对话框，可将其修改为蓝色，如图9-52所示；也可在“颜色表”下拉列表中使用预设的颜色表。

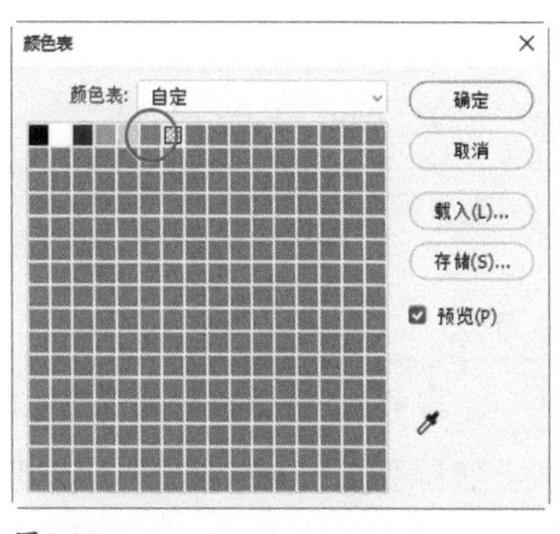

图9-51

图9-52

“索引颜色”对话框常用选项

- 调板/颜色： 可以选择转换为索引颜色后使用的调板类型，它决定了使用哪些颜色。如果选择“平均”以及带有“可感知”“可选择”“随样性”等字样的选项，则可以通过输入“颜色”值来指定要显示的颜色数量（最多256种）。
- 强制： 可以选择将某些颜色强制包括在颜色表中。选择“黑白”，可以将黑色和白色添加到颜色表中；选择“原色”，可以添加红色、绿色、蓝色、青色、洋红色、黄色、黑色和白色；选择“Web”，可以添加Web安全色；选择“自定”，则可以自定义要添加的颜色。
- 杂边： 可以指定用于填充与图像的透明区域相邻的、消除锯齿边缘的背景色。
- 仿色/数量： 如果原图像中的某种颜色没有出现在颜色查找表中，Photoshop会使用与其接近的一种颜色，或通过仿色的方法，用颜色查找表中的颜色来模拟该颜色。要使用仿色，可以在该下拉列表中选择“仿色”选项，并输入仿色的“数量”。该值越高，所仿的颜色越多，但会增加文件占用的存储空间。

“颜色表”对话框选项

- 黑体： 显示基于不同颜色的面板，这些颜色是黑体辐射物被加热时发出的，从黑色到红色、橙色、黄色和白色。
- 灰度： 显示基于从黑色到白色的256个灰阶的面板。
- 色谱： 显示基于白光穿过棱镜所产生的颜色的调色板，从紫色、蓝色、绿色到黄色、橙色和红色。
- 系统(Mac OS)： 显示标准的Mac OS 256色系统面板。
- 系统(Windows)： 显示标准的Windows 256色系统面板。

利用颜色变化规律调色

Photoshop中有很多调色命令是基于互补色的原理进行颜色转换的，本节介绍转换规律及方法。此外，还将重点探讨怎样在图像中增、减特定颜色，以及这会给其他颜色带来的影响。

9.2.1 通道与色彩的关系

图像的颜色信息保存在颜色通道里，因此，执行任何一个调色命令，其实质都是在调整颜色通道。例如，用“可选颜色”命令调色并观察“通道”面板，如图9-53和图9-54所示。可以发现，图像颜色与通道的明度在同步变化。虽然我们没有编辑通道，但Photoshop会自动处理通道，使之变亮或变暗，进而改变颜色。

调整前的图像及通道

图9-53

用“可选颜色”命令调色后，红通道的明度发生改变

图9-54

既然颜色通道能修改颜色，那么可不可以直接调整它呢？完全可以。“曲线”和“色阶”对话框中都提供了各个颜色通道选项，选取其中的一个进行调整即可。如果想同时调整两个颜色通道，可先在“通道”面板中按住Shift键并分别单击它们，如图9-55所示，之后在RGB主通道左侧单击，显示出眼睛图标 （以重新显示彩色图像），如图9-56所示，然后打开“曲线”或“色阶”对话框，此时“通道”下拉列表中会显示所选通道名称的缩写，如图9-57所示，在这种状态下操作即可。

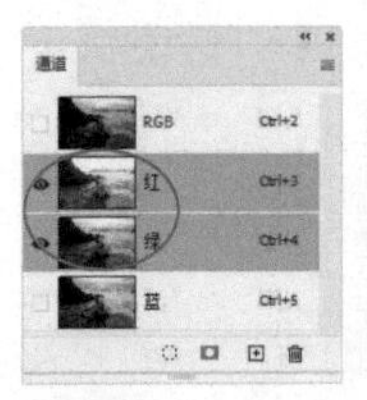
图9-55

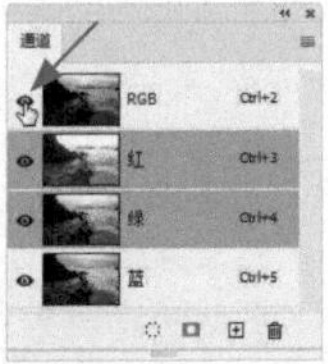
图9-56

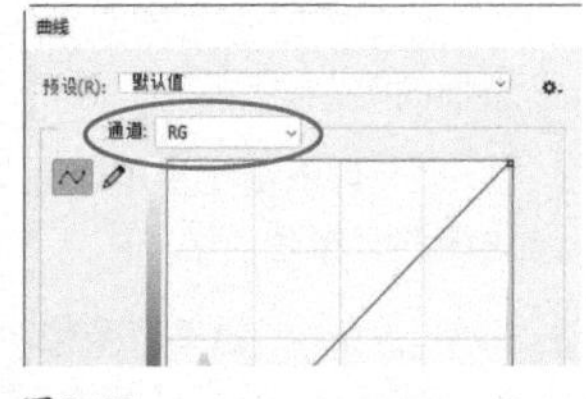
图9-57

9.2.2 RGB模式的色彩混合方法

为什么通道变亮、变暗就能影响颜色呢？

这个问题有点复杂，它涉及色彩的产生原理、颜色模式、互补色等专业知识，得一个一个进行讲解。首先要了解的是光与色的关系，它决定了RGB模式的颜色合成方法。

光是唤起我们色彩感的关键，也是产生色的原因。1666年，英国物理学家艾萨克·牛顿通过分解太阳光的色散实验，确定了光与色的关系。他布置了一间房间作为暗室，只在窗板上开一个圆形小孔，让太阳光射入，在小孔面前放一块三棱镜，立刻在对面墙上看到了像彩虹一样的七彩色带，这7种颜色由近及远依次排列为红、橙、黄、绿、蓝、靛、紫，如图9-58所示。

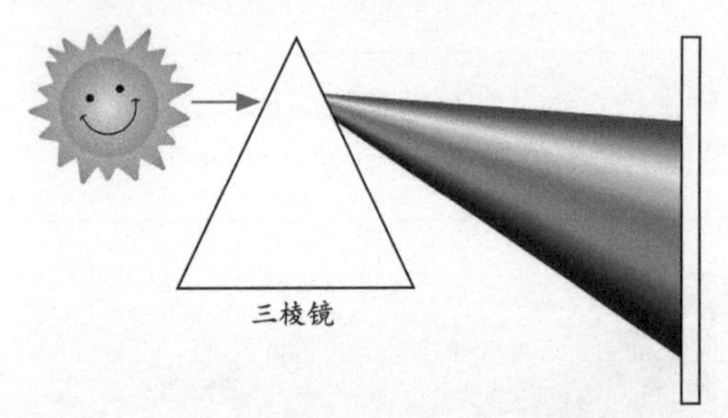

图9-58

牛顿的实验证明了阳光（白光）是由一组单色光混合而成的。在单色光中，红光、绿光和蓝光被称为色光三原色，将它们混合，可以生成其他颜色。这种通过色光相加呈现颜色的方法也称加色混合。RGB模式就是这样生成颜色的，如图9-59所示。

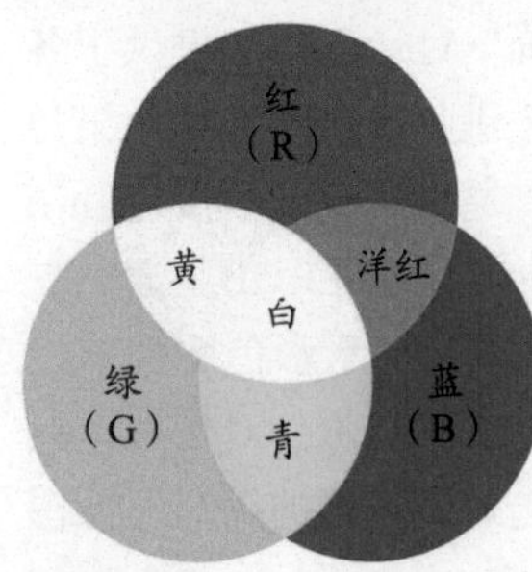

青：由绿、蓝混合而成

洋红：由红、蓝混合而成

黄：由红、绿混合而成

R、G、B 3种色光的取值范围都是0~255。R、G、B均为0时生成黑色；R、G、B都达到最大值（255）时生成白色

RGB模式色光混合原理

图9-59

> 提示
>
> RGB是红（Red）、绿（Green）、蓝（Blue）三色光的缩写。

9.2.3 CMYK 模式的色彩混合方法

在我们生活的世界里，通过发光呈现颜色的物体，如手机屏幕、电视机、显示器等只是少数，那些不能发光的大多数物体之所以能被我们看见，是因为它们能反射光——当光照射到这些物体时，一部分波长的光被它们吸收，余下的光反射到我们眼中。这种通过吸收和反射光来呈现色彩的方式称为减色混合。CMYK模式就是基于这种原理生成颜色的。

CMYK是一种四色印刷模式。CMY是青色（Cyan）、洋红色（Magenta）和黄色（Yellow）油墨的缩写。K代表黑色油墨，用的是单词“Black”的末尾字母，这是为了避免与色光三原色中的蓝色（Blue）混淆。

我们看到的其他印刷色都是由青色、洋红色、黄色（印刷三原色）油墨混合而成的，如图9-60所示。以绿色油墨为例。前面介绍过，白光是由红、绿、蓝三色光混合而成的，当白光照到纸上时，绿色油墨得将红光和蓝光吸收，只反射绿光，这样我们才能看到绿色。

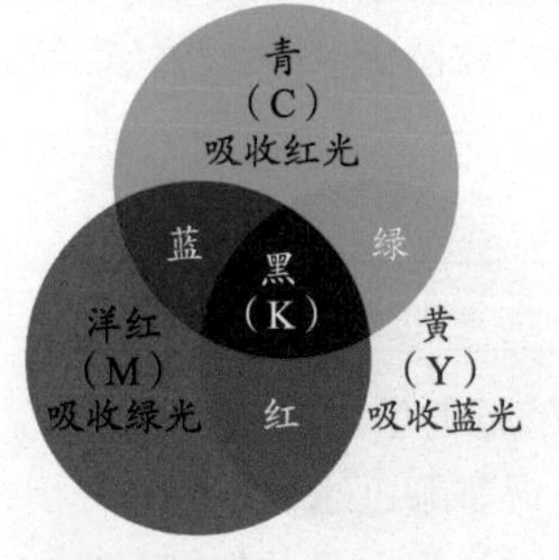

红：由洋红、黄混合而成

绿：由青、黄混合而成

蓝：由青、洋红混合而成

CMYK模式油墨混合原理

图9-60

绿色油墨由青色和黄色油墨混合而成。青油墨吸收红光，反射绿光和蓝光；黄油墨吸收蓝光，反射红光和绿光。将这两种油墨混合，红光和蓝光就都被吸收了，最后只反射绿光，纸张上的绿色就是这样产生的。其他印刷色也可以用这种方法推导出来。

从理论上讲，青色、洋红色、黄色油墨按照相同的比例混合可以生成黑色，但由于油墨提纯技术所限，实际只能生成深灰色。因此，还需要借助黑色油墨才能印出真正的黑色。此外，黑色油墨与其他油墨混合，还可调节颜色的明度和纯度。

9.2.4
互补色与跷跷板效应

在光学中，两种色光以适当的比例混合如果能产生白光，那么这两种颜色就称为“互补色”。为了研究方便，科学家将可见光谱围成一个环，制作出色轮（也称色相环，“颜色”面板中也有它），如图9-61所示。在色轮中，处于对角线位置的颜色是互补色，如红与青。仔细观察便可发现，色光三原色的互补色就是印刷三原色。

图9-61

在调整颜色通道时，颜色基于这样的规律变化：增加一种颜色，就会在同一时间减少它的补色；反之，减少一种颜色，则会增加其补色。这种平衡关系就像压跷跷板，一边（颜色）压下去，另一边（补色）就会升上来。

颜色能够基于互补色变化，这一规律为我们调色提供了新的思路——当调整一种颜色时，可以不再局限于只调整它，还可通过调整其互补色来间接影响它。

了解了互补色的作用关系，可以让我们在调色时更有把握、更有针对性。这里面的操作技巧与颜色模式有一定的关系，接下来会详细介绍。

互补色非常重要，最好把它背下来。或者也可以在调色时，把色轮图放在手边，以它为参考，这样也能做到心中有数、手上有准。

9.2.5
RGB模式的颜色变化规律

RGB模式通过色光三原色相互混合生成颜色，因此，其颜色通道中保存了红光（红通道）、绿光（绿通道）和蓝光（蓝通道）。3个颜色通道组合在一起成为RGB主通道，也就是我们看到的彩色图像，如图9-62所示。光线越充足，通道越明亮，其中所含的颜色也就越多；光线不足，通道会变暗，相应颜色的含量也不高。因此，将颜色通道调亮或调暗，便可增加或减少相应的颜色。这就是RGB模式的通道调色秘诀。

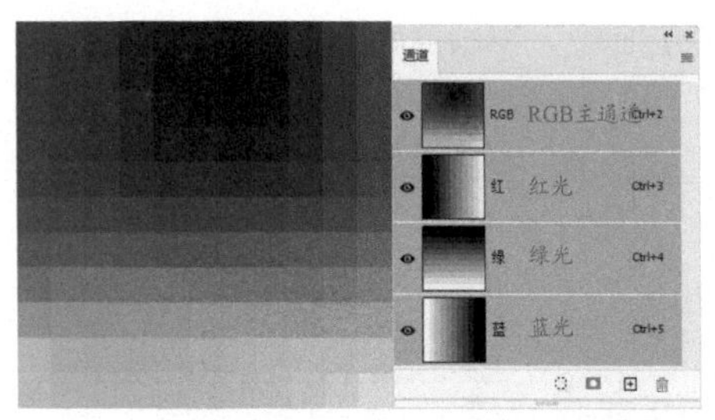

图9-62

由于颜色在互补色间变化，那么每个颜色通道就有两种颜色可以调整——通道中保存的颜色，以及它的补色。例如，将红通道调亮可以增加红色，同时减少其补色青色；反之，调暗则减少红色，增加青色。

图9-63所示为用曲线调整通道时的颜色变化规律（曲线向上扬起，通道变亮；曲线向下弯曲，通道变暗）。

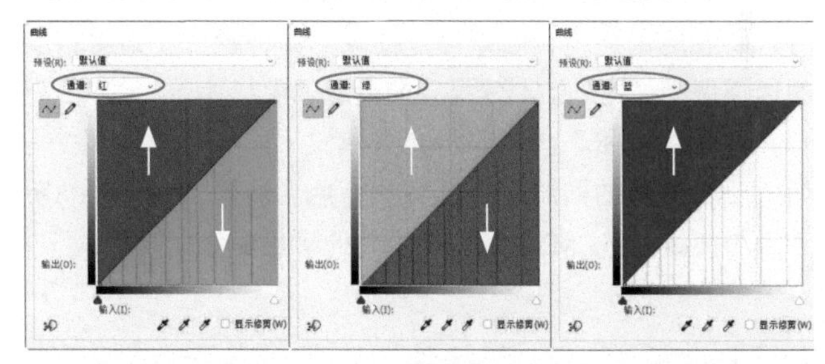

图9-63

如果同时调整两个颜色通道，则影响的将是6种颜色。例如，将红、绿通道调亮，可增加红色、绿色，以及由它们混合而成的黄色，如图9-64所示，同时减少这3种颜色的补色：青色、洋红色和蓝色。调暗时颜色的变化相反，如图9-65所示。

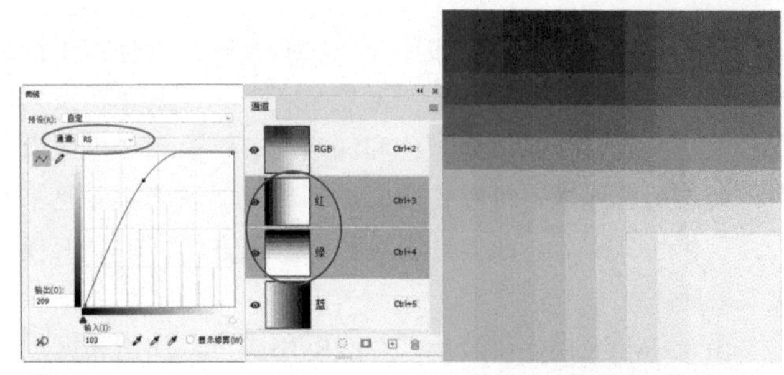

图9-64

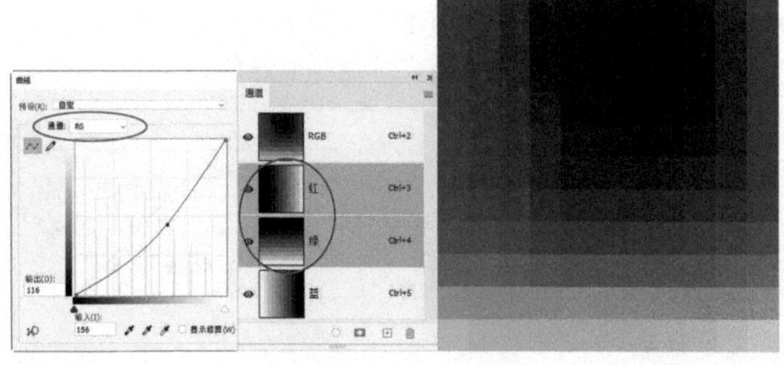

图9-65

同时调整红、蓝通道，影响的是红色、蓝色、由它们混合成的洋红色，以及这些颜色的互补色。

同时调整绿、蓝通道，将影响绿色、蓝色、由它们混合成的青色，以及它们的互补色。

9.2.6 CMYK 模式的颜色变化规律

扫码看视频

CMYK模式是用青色、洋红色、黄色和黑色油墨混合生成颜色的，因而其颜色通道中保存的是这4种油墨，不是光。但通道的明和暗仍代表颜色的多与少，只是其规律与RGB模式相反——当一个通道越暗时，其中的油墨含量反而越高，因此，颜色也越充足。由此可知，需要增加哪种颜色时，将相应的通道调暗即可；要减少哪种颜色，则将相应的通道调亮。这是CMYK模式的通道调色秘诀。

互补色互相影响，在CMYK模式下同样发挥作用——增加一种油墨的同时，会减少其补色（油墨）。图9-66所示为用曲线调整CMYK颜色通道时的颜色变化规律。

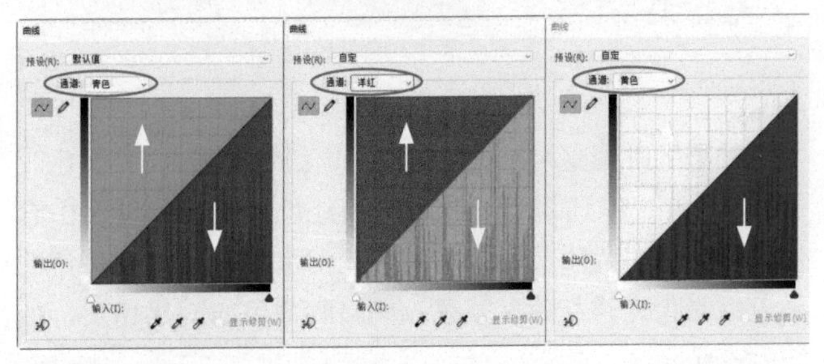

图9-66

在实际应用领域，除印刷外，CMYK模式没有RGB模式常用。但在调色方面，它有独特优势——将图像转换为CMYK模式后，会有很多黑色和深灰细节转换到黑色通道中。调整黑色通道，可以使阴影的细节更加清晰，而且不会改变色相。因此，在处理黑色和深灰色方面，CMYK模式效果更好。

由于CMYK模式色域小，有些RGB颜色，如饱和度较高的绿色、洋红色等，转换为CMYK模式后，饱和度会降低，即没有原来鲜艳了。即使转换回RGB模式也不能自动恢复回来。这是转换颜色模式时需要注意的。

提示

使用曲线调整通道需要注意：在RGB模式下，曲线上扬，通道会变亮，使得光线增加；而在CMYK模式下，曲线上扬增加的是油墨，这会使通道变暗，曲线向下弯曲通道才变亮。

9.2.7 混合颜色通道（“通道混合器”命令）

扫码看视频

除曲线和色阶外，使用混合模式也可以调整通道亮度。但“通道”面板中没有混合选项，需要使用命令来进行操作。

“应用图像”“计算”和“通道混合器”命令可以通过混合模式改变通道的亮度。前两个命令主要用在选区编辑，即抠图上。“通道混合器”命令专用于调色，它可以创建高品质的灰度、棕褐色调或其他色调的图像，也能进行创造性的颜色调整。

该命令让颜色通道以“相加”模式或“减去”模式混合，使目标通道变亮或变暗，进而改变颜色。例如，打开一幅RGB模式的图像。执行“图像>调整>通道混合器”命令，打开“通道混合器”对话框。首先在“输出通道”下拉列表中选择要调整的颜色通道（如蓝通道），如图9-67所示，之后拖曳滑块来进行通道混合。

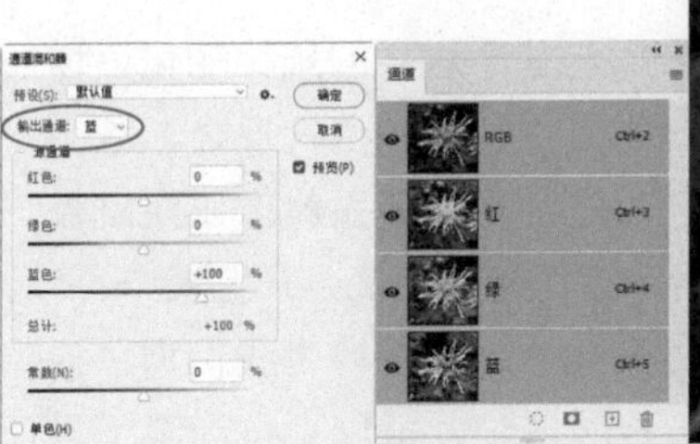

图9-67

当拖曳红色滑块时，Photoshop会用该滑块所代表的红通道与所选的输出通道——蓝通道混合。向左拖曳滑块，两个通道以“减去”模式混合，如图9-68所示。向右拖曳滑块，则以“相加”模式混合。

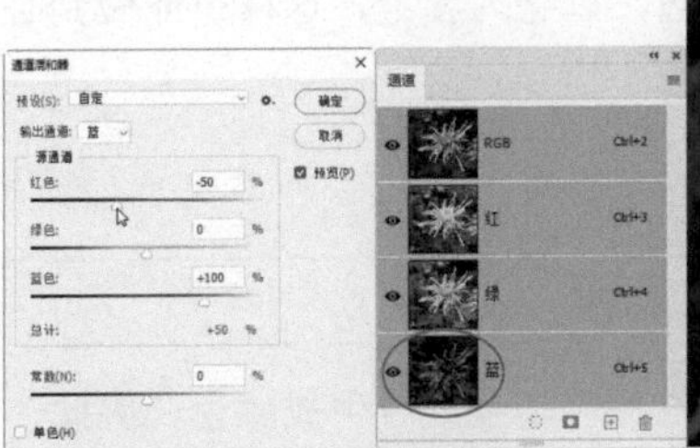

红通道以“减去”模式与蓝通道混合，使蓝通道变暗，蓝色减少，其补色黄色增加

图9-68

这种混合方法有一个妙处，就是可以控制强度——滑块越靠近两端，混合强度越高。

如果只调整“常数”选项，则可直接调整输出通道（蓝通道）的亮度。“常数”为正值时，会在通道中增加白色；为负值时增加黑色；为+200% 时会使通道成为全白，为 -200% 时会使通道成为全黑。这种调整方法与使用“色阶”和“曲线”命令调整某一个颜色通道时的效果是一样的，如图9-69和图9-70所示。

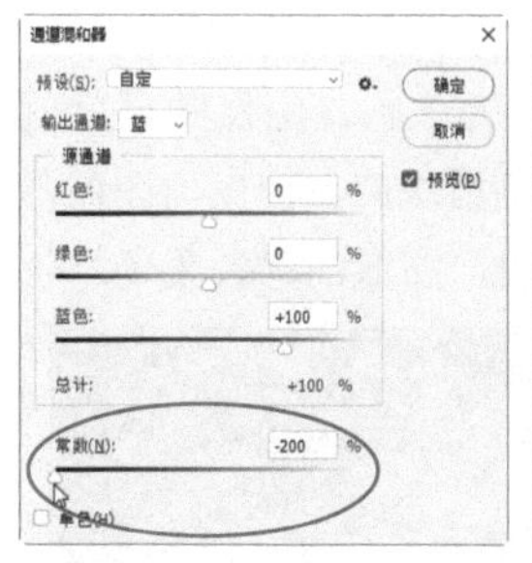
图9-69

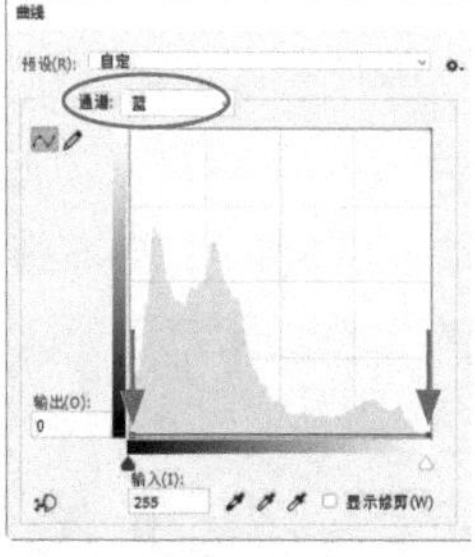
图9-70

> 提示
>
> “源通道”选项组用来设置输出通道中源通道所占的百分比。为负值可以使源通道在被添加到输出通道之前反相。“总计”选项显示了源通道的总计值。如果合并的通道值高于 100%，会在总计旁边显示一个警告图标 ▲。并且，该值超过100%有可能会损失阴影和高光细节。

9.2.8

实战：肤色漂白（“色彩平衡”命令）

要点

扫码看视频

皮肤颜色的主要成分是红色和黄色。然而，肤色偏红，看起来像喝了酒；肤色偏黄时，看上去又不健康，显得病恹恹的。想让皮肤变白，就得将肤色中的红色和黄色适当地减少，如图9-71所示。

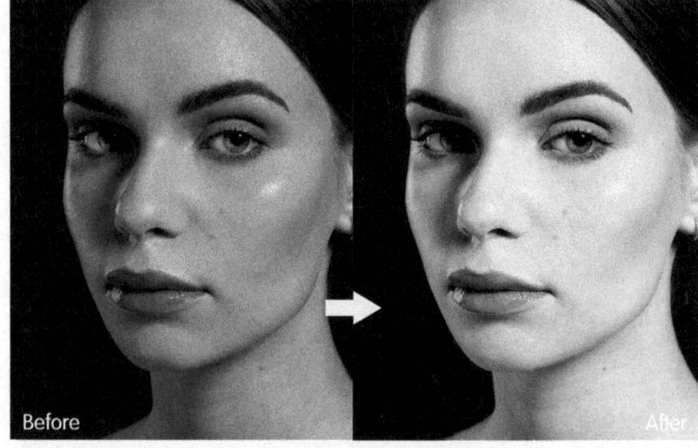

图9-71

然而随着这两种颜色成分的降低，它们的补色青色和蓝色会增加。蓝色不适合用在肤色上（除非是为了表现恐怖效果，或者渲染紧张气氛）。青色可以使肤色显得白皙，就像汝窑白瓷般莹润、纯净。当然，也要适度，“铁青个脸”可不是夸一个人肤色好看。

01 单击“调整”面板中的 按钮，创建“曲线”调整图层。当前素材是RGB模式的图像，根据其颜色合成原理，青色由绿+蓝混合而成，那么就调整绿和蓝通道，将曲线上扬，增加青色，如图9-72~图9-74所示。

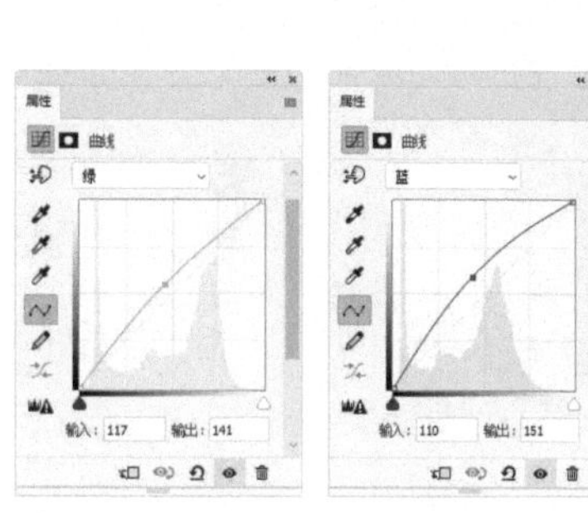
图9-72　图9-73

图9-74

02 选择RGB通道，将曲线调整为图9-75所示的形状，让高光到中间调这一段的色调变亮，如图9-76所示。

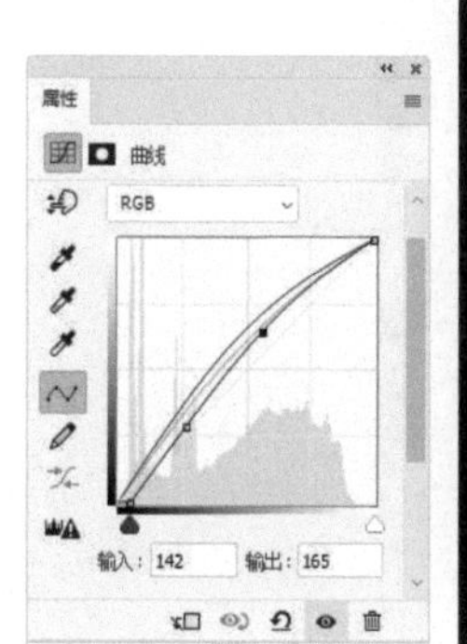
图9-75

图9-76

03 随着色调的提亮，肤色又有点偏冷了。单击“调整”面板中的 按钮，创建“色彩平衡”调整图层。调整“中间调”，将滑块分别向红色、洋红和蓝色方向拖曳，如图9-77所示。增加红色和洋红，能让肤色恢复红润；增加蓝色，则可避免肤色发黄，如图9-78所示。

图9-77

图9-78

04 到第3步，调色工作就可以结束了。如果还想让肤色再白一点，可以调整“高光”中的颜色平衡，适当增加红色和蓝色（蓝色多一些），如图9-79和图9-80所示。

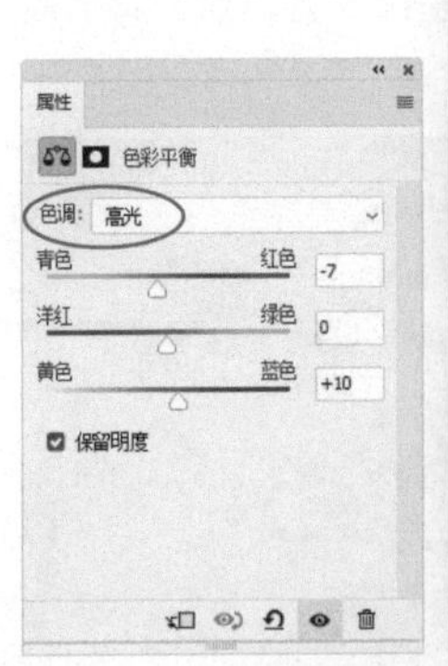

图9-79　图9-80

05 肤色调整影响到了眼睛，使眼神太过锐利了。使用画笔工具 修改调整图层的蒙版，在眼球上涂抹一些浅灰色，将调整强度减弱，如图9-81和图9-82所示。

图9-81　图9-82

9.2.9 基于互补色的色彩平衡关系

打开素材图像，如图9-83所示，按Ctrl+B快捷键打开“色彩平衡”对话框，如图9-84所示。可以看到该对话框中有3个滑块，每个滑块上方是一个颜色条，颜色条的两个端点是互补色，左边是印刷三原色，右边是色光三原色。三角滑块与颜色条的组合是不是像跷跷板？

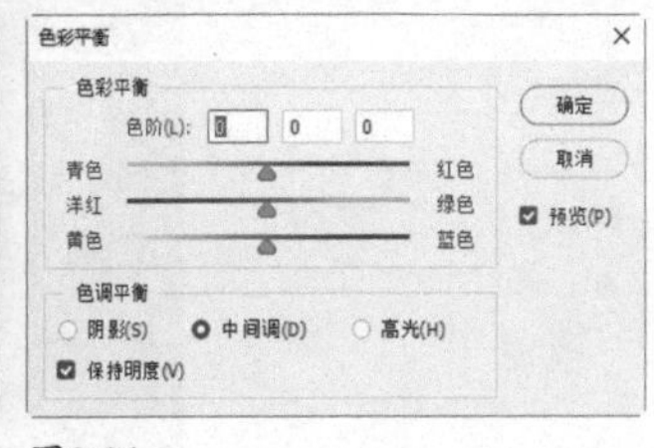

图9-83　图9-84

滑块向哪种颜色端移动，便增加那种颜色，同时减少其补色。

“色彩平衡”也有“粗中有细”的一面，它也像“色阶”命令那样给图像划分出阴影、中间调和高光3个色调区域。因此，在操作时，可以在“阴影”“中间调”“高光”选项中选取一个色调区域，再进行有针对性的调整，这样对另外两个色调的影响就比较小。

“保持明度”复选框很重要，勾选它，图像的亮度就不会发生改变，如图9-85所示。否则滑块向左拖曳，图像色调会变暗，如图9-86所示；向右拖曳，图像色调会变亮。

图9-85　图9-86

9.2.10 实战：日式小清新（“可选颜色”命令）

增强某种颜色或让整体色彩向某个方向转变，这是通道调色的优势。如果将其与“可选颜色”命令联合起来使用，用来处理肤色，可以获得意想不到的效果，如图9-87所示。

扫码看视频

图9-87

01 小清新风格的颜色特点是用色干净，纯色多，且色彩的明度高，色调舒缓，没有高饱和度色彩造成的对比和跳跃感。调整时可先净化颜色。单击“调整”面板中的 按钮，创建“可选颜色”调整图层，将红色中的黑色油墨去除，使皮肤颜色得到净化，如图9-88和图9-89所示。

图9-88

图9-89

02 减少黄色中的青色油墨，净化阴影的颜色，如图9-90和图9-91所示。

图9-90

图9-91

03 暖色会使皮肤看上去发黄，可通过减少白色中的黄色油墨，增强其补色蓝色来进行改善，这样会使皮肤显得更白，如图9-92和图9-93所示。

图9-92

图9-93

04 下面来降低颜色的饱和度。单击“调整”面板中的 按钮，创建“曲线”调整图层。在曲线上添加两个控制点，针对高光和中间调进行调整，把色调整体亮度提上去；再将曲线左下角的控制点向上拖曳，让阴影区域的黑色调变灰，把色调的对比度降下来，如图9-94和图9-95所示。

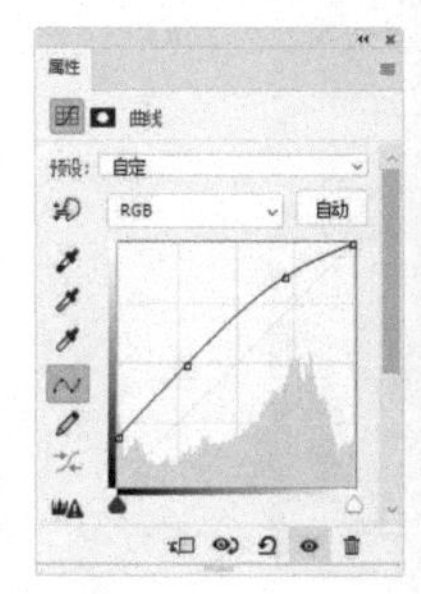

图9-94

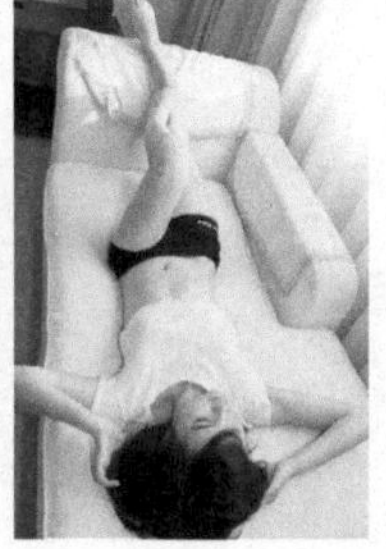

图9-95

05 小清新风格的颜色还具备偏冷的特点。下面来进行冷色转换。选择红通道，把曲线调整为图9-96所示的形状，将红通道中的深灰映射为黑色，在深色调中增加青色，如图9-97所示。

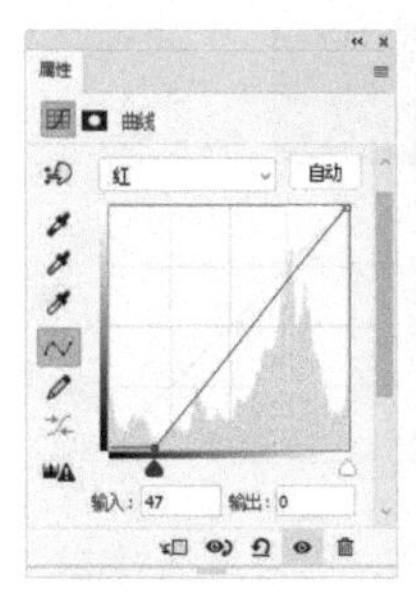

图9-96

图9-97

06 调整绿通道，通过将曲线向下弯曲的方法，增加一点绿色的补色（洋红），如图9-98和图9-99所示。

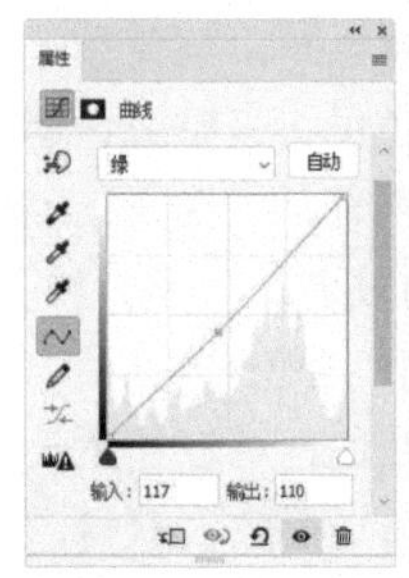

图9-98

图9-99

9.2.11 可选颜色校正

使用“可选颜色”命令调整颜色称为“可选颜色校正”，这是高端扫描仪和分色程序使用的一种技术，可以修改某一主要颜色中的印刷色数量，而不会影响其他主要颜色。例如，可以增加或减少绿色中的青色，同时保留蓝色中的青色。由此可见，“可选颜色”命令是基于CMYK模式的原理调色的。

来看图9-100所示的照片。晚霞很美，但红得还不够瑰丽。在晚霞（红）和天空及水面反射区（蓝）增加洋红色油墨，如图9-101和图9-102所示，可以让晚霞呈现美丽的玫瑰色，如图9-103所示。

图9-100

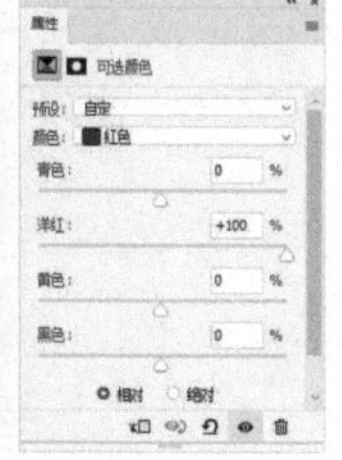

图9-101

图9-102

图9-103

提示

选择“相对”选项，可以按照总量的百分比修改现有的青色、洋红、黄色和黑色的含量。例如，如果为50%的洋红像素添加10%，结果为55%的洋红（50%+50%×10%=55%）。选择“绝对”选项，则采用绝对值调整颜色。例如，如果为50%的洋红像素添加10%，则结果为60%的洋红。

这是直接调整某一颜色中印刷三原色含量的方法，比较简单。调整由印刷三原色混合而成的颜色时，要复杂一些。例如图9-104所示的照片。水是湖蓝色的，天空颜色偏青色。很明显，这是后期将水调成湖蓝色时，“误伤”了天空，可通过增强蓝色来实现蓝天碧水的效果。

根据CMYK颜色合成原理，蓝色是由“青色+洋红色”油墨混合而成的，因此在青色中增加洋红色，可以让蓝天重现。如果觉得蓝得还不够彻底，可以增加黑色，获得湛蓝色，如图9-105和图9-106所示。

图9-104

图9-105

图9-106

枝叶颜色发黄？在黄色里增加青色即可使其变绿（绿色是由“黄色+青色”油墨混合而成的）。如果绿得还不够青翠，就继续减少洋红色，如图9-107~图9-109所示。

图9-107

图9-108

图9-109

校正色偏

在室内灯光下拍照时，照片颜色会偏黄或偏红；在室外的蓝天下拍照时，颜色会偏蓝，这就是色偏。校正色偏可以还颜色以本来面貌。前面介绍的通道调色可用来消除色偏，但原理有点复杂，下面介绍几个简单方法。

9.3.1 实战：利用互补色校正色偏（“照片滤镜”命令）

“照片滤镜”命令可用于校正照片的颜色。例如，日落时拍摄的人脸颜色会显得偏红，想减弱红色，可使用其补色滤光镜——青色滤光镜恢复肤色，如图9-110所示。

扫码看视频

图9-110

01 单击“调整”面板中的 按钮，创建“照片滤镜”调整图层。在“滤镜”下拉列表中选择“青”滤镜，并调整“密度”值，如图9-111和图9-112所示。

图9-111

图9-112

02 单击“调整”面板中的 按钮，创建“色阶”调整图层。将黑色的阴影滑块拖曳到直方图左侧端点处；再将中间调滑块往左侧拖曳，扩展中间调范围，将色调提亮，如图9-113和图9-114所示。

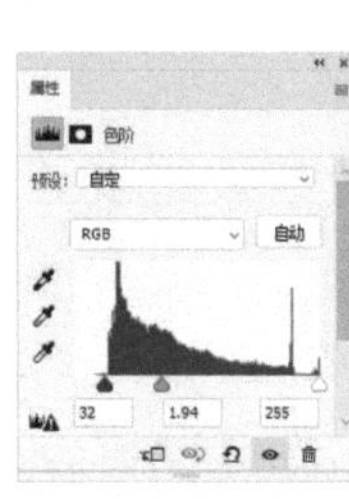

图9-113

图9-114

技术看板　营造色彩氛围

滤镜是一种相机配件，安装在镜头前面起到保护作用。有些彩色滤镜可以改变色彩平衡和色温，营造特殊的色彩效果。“照片滤镜”命令可以模拟这种彩色滤镜。

原图

“照片滤镜”参数

调整效果

9.3.2

实战：巧用中性灰校正色偏

要点

使用中性灰校正色偏，就是将照片中原本应该是黑色、白色或灰色，即无彩色*（见210页）*中的颜色成分去除，如图9-115所示。这种方法简单、有效。但在操作时，如果取样点不是无彩色，则会导致更严重的色偏，或者出现新的色偏。

扫码看视频

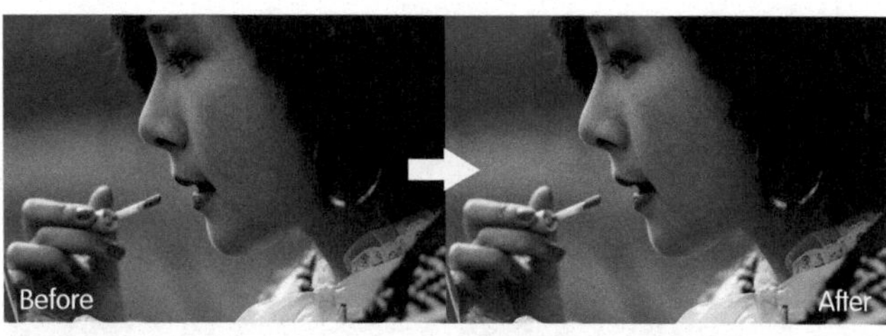

图9-115

01 在本章开始部分，我们对自己的眼力进行了测试，结果表明眼睛并不可靠。因此，识别色偏不能只靠眼睛看，还要从“信息”面板中获取真实数据，再进行判断。浅色及中性色容易判断色偏，例如，白色的衬衫、灰色的墙面、路面等。使用颜色取样器工具 在白色的耳环上单击，建立取样点，弹出的“信息”面板中会显示颜色值（R181，G187，B202），如图9-116所示。在Photoshop中，只有R、G、B 3个值完全相同时，才能生成灰色。如果照片中原本应该是灰色区域的R、G、B数值不一样，说明它不是真正的灰色，其中包含了其他颜色。哪种颜色值高，就说明哪种颜色偏多一些。此处B值（蓝色）最高，其他两种颜色值相差不大，由此可以判定照片的颜色主要是偏蓝。

图9-116

02 单击“调整”面板中的 按钮，创建“色阶”调整图层。单击对话框中的设置灰场工具 ，将鼠标指针放在取样点上，如图9-117所示，单击即可校正色偏，如图9-118所示。

图9-117

图9-118

9.3.3

自动校正色偏（“自动颜色”命令）

“图像”菜单中的“自动颜色”命令能自动分析图像，标识阴影、中间调和高光，调整图像的对比度和颜色，使色偏得到校正，如图9-119和图9-120所示。

原图
图9-119

用“自动颜色”命令校正后
图9-120

> 提示
>
> 色偏并不完全有害，相反，有些色偏还有利于营造环境和氛围。例如，夕阳下的金黄色调、室内温馨的暖色调、用镜头滤镜拍摄到的特殊色调等，都能为照片增光添色。这些是创作者刻意追求的有益的色偏。

调整色相和饱和度

如果有这样一张照片，天不蓝、草不绿、花不红、水不清，那么就要针对蓝、绿和红这3种颜色做出调整。调整色相，让颜色更准确；调整饱和度，让颜色更鲜艳；调整明度，使颜色更明亮。下面介绍怎样将一种或多种颜色调成我们想要的效果。

9.4.1 实战：用“色相/饱和度”命令调色

要点

扫码看视频

在Photoshop的所有调色命令里，既操作简单，又能解决多数调色方面问题的当属“色相/饱和度”命令，即便是色彩知识为零的人，也能用好它。

色彩的三要素是色相、饱和度和明度，该命令可以针对其中任何一个要素进行调整。而这种调整，既可应用于整幅图像，也可以只针对单一颜色。例如，可以用它提高图像中所有颜色的饱和度，也可只增加红色的饱和度，而其他颜色不变。下面学习其基本操作方法，如图9-121所示。下一小节介绍它的高级用法。

图9-121

01 这张照片曝光不足，色调较暗，色彩不鲜艳且偏黄。首先处理色调。按Ctrl+L快捷键，打开“色阶”对话框。可以看到，直方图大致呈“L”形，山脉都在左侧，说明阴影区域包含很多信息。向左侧拖曳中间调滑块，将色调调亮，就可以显示更多的细节，如图9-122和图9-123所示。单击“确定”按钮，关闭对话框。

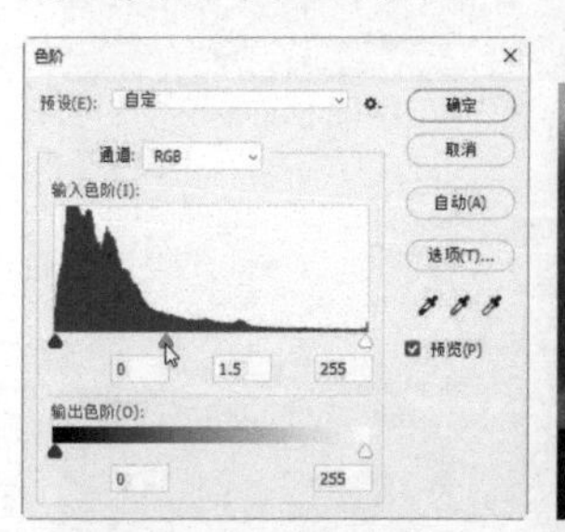

图9-122

图9-123

02 按Ctrl+U快捷键，打开“色相/饱和度”对话框，提高色彩的整体饱和度，如图9-124所示。再分别调整红色、黄色、绿色的饱和度，如图9-125~图9-127所示。

03 现在色彩已经比较鲜艳了，如图9-128所示，但有些偏黄绿色。执行“图像>自动色调”命令，校正色偏，如图9-129所示。

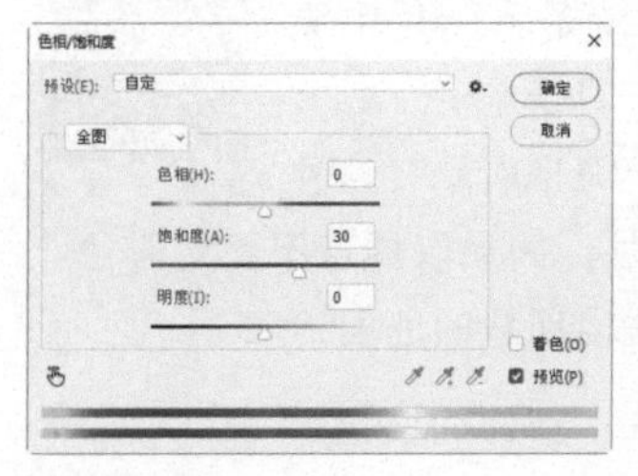

图9-124

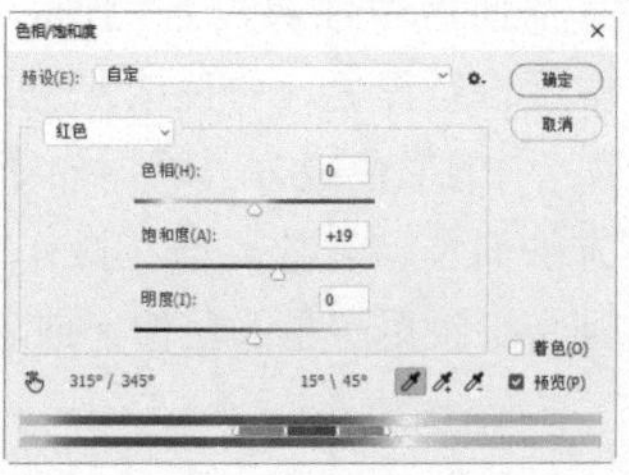

图9-125

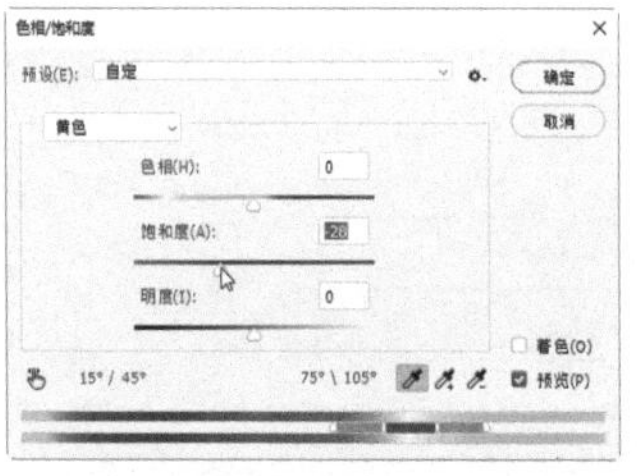

图9-126

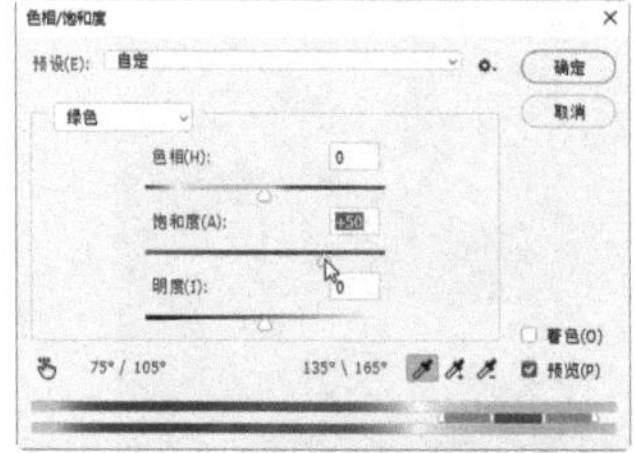

图9-127

图9-128

图9-129

9.4.2 “色相/饱和度”命令的使用方法

“色相/饱和度”命令有3个用途：调整色相、饱和度和明度，去除颜色，以及为黑白图像上色。

通过滑块调整色相、饱和度和明度

执行“图像>调整>色相/饱和度”命令，打开“色相/饱和度”对话框，如图9-130所示。“预设”下拉列表中是Photoshop预设的选项，选择其中的一个，可自动对图像做出调整。

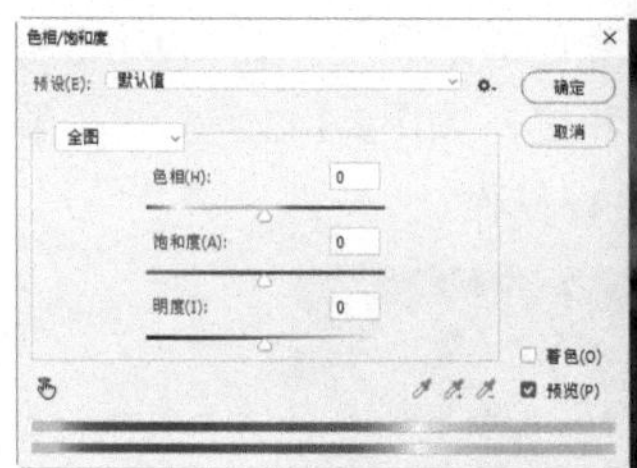

图9-130

“色相”选项可以改变颜色，“饱和度”选项可以使颜色变得鲜艳或暗淡，“明度”选项可以使色调变亮或变暗。操作时可在“色相/饱和度”对话框底部的渐变颜色条上观察颜色发生的改变。上方颜色条是图像原色，下方是修改后的颜色，如图9-131所示。

“预设”下方的选项中显示的是“全图”，表示调整将应用于整幅图像。如果想针对某种颜色进行单独调整，可单击⌄按钮，打开下拉列表，其中包含色光三原色（红色、绿色和蓝色），以及印刷三原色（青色、洋红和黄色）。选取后，可单独调整其色相、饱和度和明度。例如，可以选择“绿色”，将其转换为红色；也可增加或降低绿色的饱和度；或者让绿色变亮或变暗。图9-132所示为将绿色的饱和度设置为-100时的效果。

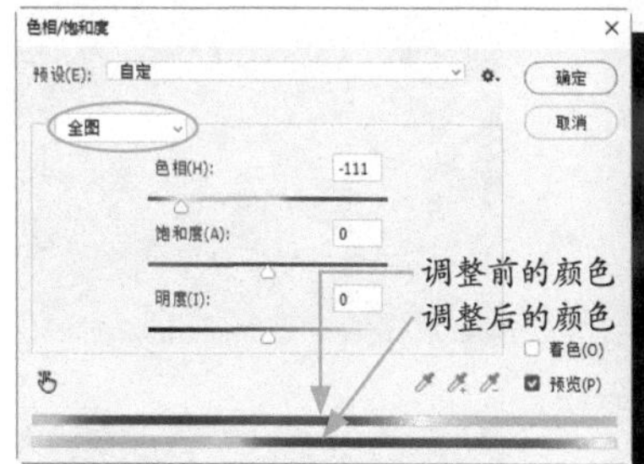

图9-131

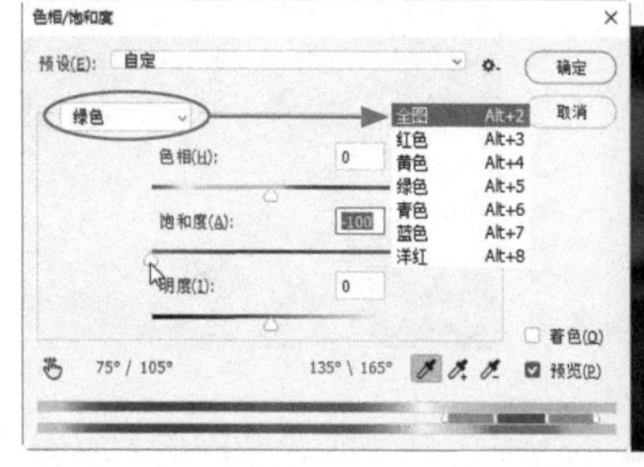

图9-132

隔离颜色

选择一种颜色进行调整时，两个渐变颜色条中会出现小滑块，如图9-133所示。其中两个中间的小滑块定义了将要修改的颜色范围，调整所影响的区域会由此开始向两个三角形滑块处衰减，三角形滑块以外的颜色不受影响。图9-134所示为调整绿色色相时的效果。

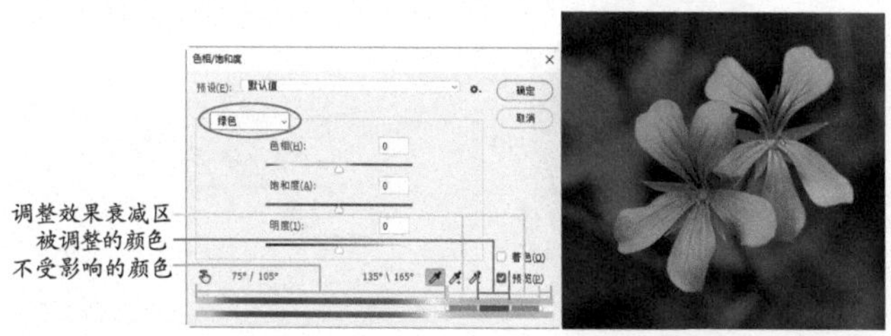

图9-133

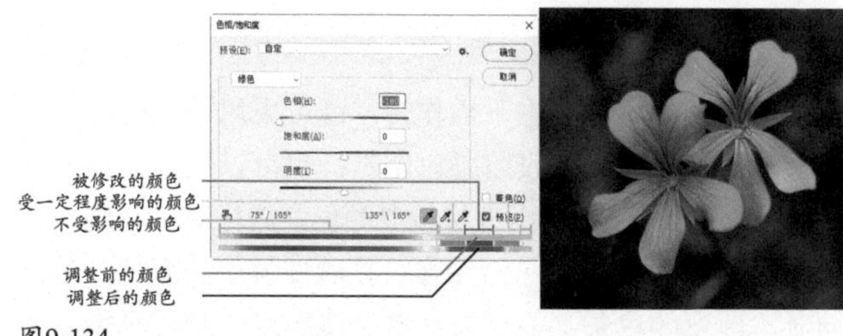

图9-134

拖曳中间的小滑块，可以扩展和收缩所影响的颜色范围，如图9-135所示。拖曳三角形滑块，则可扩展和收缩衰减范围，如图9-136所示。

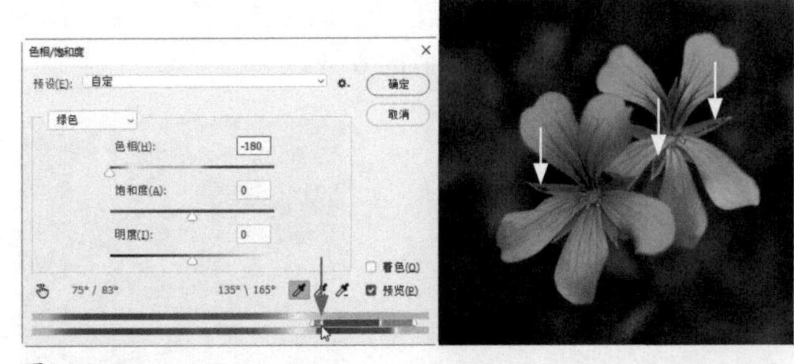

图9-135

图9-136

颜色条上面的4个数字分别代表当前选择的颜色（此处为红色）和其外围颜色的范围。在色轮中，绿色的色相为135°及左右各30°的范围（即105°~165°），如图9-137所示。观察“色相/饱和度”对话框中的数值，如图9-138所示，其中，105°~135°的颜色是被调整的颜色，位于12°~105°和135°~165°的颜色，其调整强度会逐渐衰减，这样可以创建平滑的过渡效果。

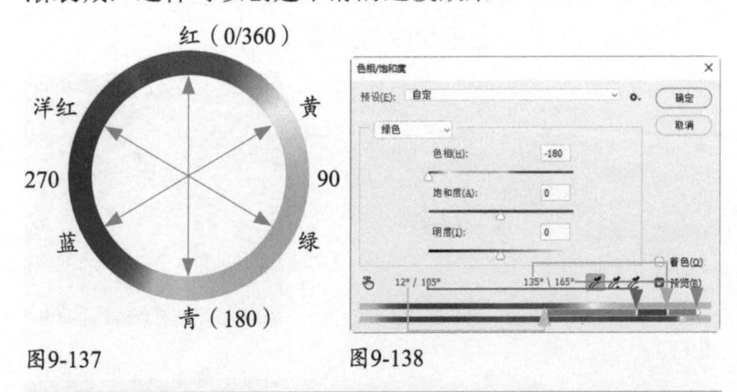

图9-137　图9-138

用吸管工具隔离颜色

在隔离颜色的状态下操作时，既可采用前面的方法，即拖曳滑块来扩展和收缩颜色范围；也可以使用对话框中的3个吸管工具从图像上直接拾取颜色，这样更加直观。操作方法是：用工具单击图像，拾取要调整的颜色，与此同时，渐变颜色条上的滑块会自动移到这一颜色区域。图9-139所示为单击绿色并调整颜色后的效果。

用工具单击某种颜色，可将其添加到选取范围中，如图9-140所示；用工具单击，则可将颜色排除出去，如图9-141所示。

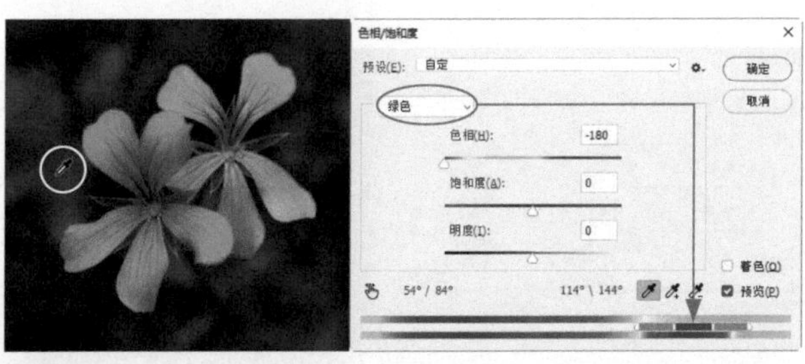

图9-139

图9-140

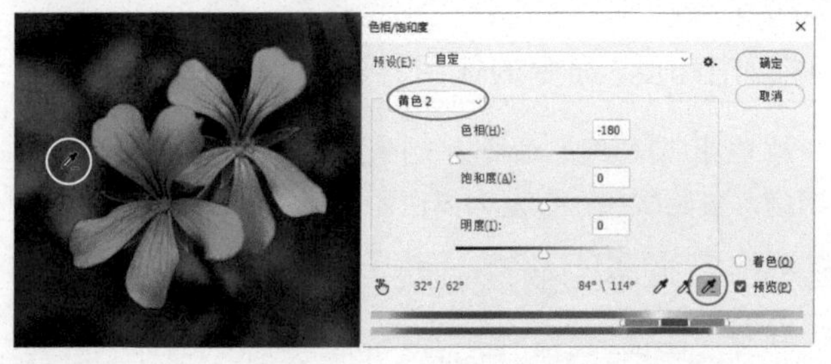

图9-141

使用图像调整工具

单击图像调整工具，之后在画面中想要修改的颜色上方向左拖曳鼠标，可以降低颜色的饱和度，如图9-142所示；向右拖曳鼠标，则增加饱和度，如图9-143所示。如果要修改色相，可以按住Ctrl键进行操作。

图9-142　图9-143

去色/上色

将“饱和度”滑块拖曳到最左侧，可以将彩色图像转换为黑白效果。在这种状态下，“色相”滑块将不起作用。拖曳“明度”滑块可以调整图像的亮度。

勾选“着色”选项后，图像的颜色会变为单一颜色。如果前景色是黑色或白色，会使用暗红色着色，如图9-144所示；如果是其他颜色，则使用低饱和度的前景色进行着色。此时还可拖曳“色相”滑块修改颜色，如图9-145所示，或者拖曳“饱和度”滑块调整颜色的饱和度。

图9-144

图9-145

9.4.3

实战：调出健康红润肤色（“自然饱和度”命令）

要点

扫码看视频

虽然提高饱和度可以让色彩看起来赏心悦目，但在肤色处理上，这个规则就不太适用。肤色的调整空间比较小，如果用“色相/饱和度”命令处理，极易出现过饱和颜色，令肤色变得很难看，也不自然。像这类比较温和、精细的调整，用“自然饱和度”命令效果更好，如图9-146所示。该命令能给饱和度设置上限，以避免出现溢色，因此，非常适合处理人像照片和印刷用的图像。

图9-146

01 这张照片由于拍摄时天气不太好，所以模特的肤色不够红润，色彩也有些苍白。执行“图像>调整>自然饱和度”命令，打开“自然饱和度”对话框。首先尝试用“饱和度”滑块调整，如图9-147所示。图9-148所示为增加饱和度时的效果。可以看到，色彩过于鲜艳，人物皮肤的颜色显得非常不自然。不仅如此，画面中还出现了溢色。执行“视图>色域警告”命令，可以查看溢色，如图9-149所示。再次执行该命令，关闭警告。

02 将“自然饱和度”调整到最高值，如图9-150所示。皮肤颜色变得红润以后，仍能保持自然、真实的效果。

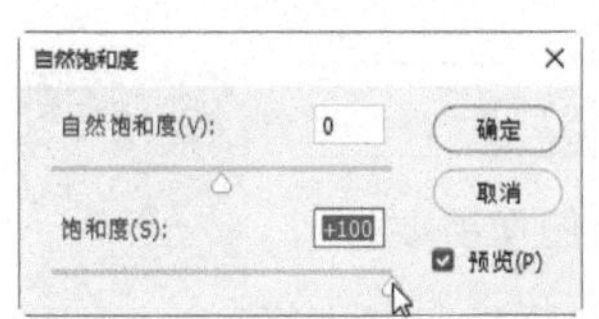

图9-147

图9-148

图9-149

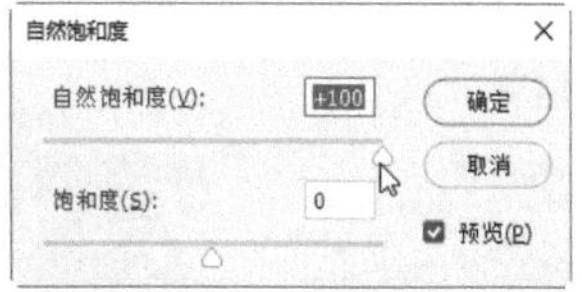

图9-150

技术看板　降低自然饱和度

进行降低饱和度操作时，如果将“饱和度”值调到最低（-100），色彩信息就会被完全删除。而将“自然饱和度”值调到-100，鲜艳的色彩通常会保留下来，只是饱和度有所下降。

原图

“饱和度”为-100

“自然饱和度”为-100

9.4.4

实战：秋意浓（“替换颜色”命令）

要点

扫码看视频

“替换颜色”，顾名思义，就是用一种颜色替换另一种颜色。这个命令并不是一个生面孔，它其实是“色彩范围”命令（*见406页*）与“色相/饱和度”命令的结合体。

为什么这么说呢？因为在使用时，它采用与“色彩范围”命令相同的方法选取颜色，之后又用与“色相/饱和度”命令相同的方法修改所选颜色。下面就通过实战来学习其用法，如图9-151所示。

图9-151

01 按Ctrl+J快捷键复制“背景”图层。执行“图像>调整>替换颜色”命令，打开“替换颜色”对话框。默认选取的是吸管工具，用它单击浅色树叶，如图9-152所示，对颜色进行取样，如图9-153所示。在对话框中的图像缩览图上，白色代表选中的区域，灰色代表部分选中的区域，黑色是未选中的区域。

图9-152

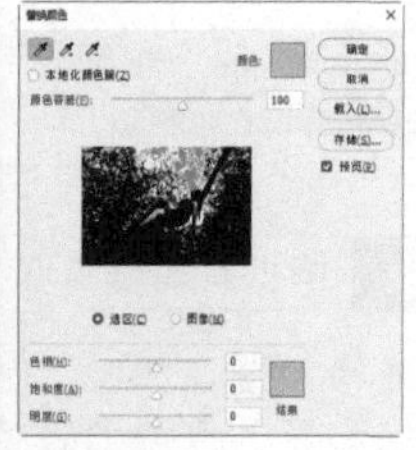

图9-153

02 拖曳“色相”滑块，调整树叶颜色，如图9-154和图9-155所示。

图9-154

图9-155

03 选择添加到取样工具，单击深色树叶，扩展选取范围，如图9-156所示。提高“饱和度”值，如图9-157所示。关闭对话框。

图9-156

图9-157

提示

如果要在图像中选择相似且连续的颜色，可以勾选“本地化颜色簇”选项，使选择范围更加精确。

04 单击按钮，添加蒙版。人和树干的颜色受到了一些影响，使用画笔工具将这些区域涂黑，消除影响，效果如图9-158所示。

05 单击图像缩览图，如图9-159所示，执行“滤镜>模糊画廊>移轴模糊”命令，对女孩头部以上、脚以下的图像进行模糊处理，如图9-160和图9-161所示。

图9-158

图9-159

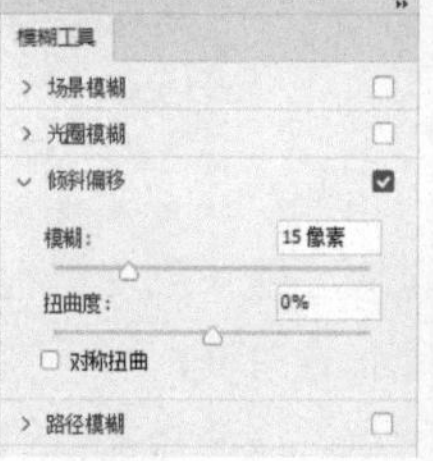

图9-160

图9-161

06 按Ctrl+J快捷键复制图层。将蒙版拖曳到按钮上删除。设置混合模式为“滤色”，使图像色调变得轻快、明亮，如图9-162和图9-163所示。

图9-162

图9-163

颜色查找与映射

“颜色查找”命令与“渐变映射”命令都可进行颜色映射。“颜色查找”命令是原始颜色通过LUT的颜色查找表映射到新的颜色上去；“渐变映射”命令则将相等的图像灰度范围映射到指定的渐变颜色上。

9.5.1 实战：电影分级调色（“颜色查找”命令）

扫码看视频

电影在拍摄完成之后，需要后期调色。例如，调色师会利用LUT查找颜色数据，确定特定图像所要显示的颜色和强度，将索引号与输出值建立对应关系，以避免影片在不同显示设备上表现出来的颜色出现偏差。

LUT是Look Up Table的缩写，意为“查找表”，有1D LUT、2D LUT和3D LUT几种类别。其中，3D LUT的色彩控制能力最强，它的每一个坐标方向都有RGB通道，能够同时影响色域、色温和伽马值，1D LUT和2D LUT的功能没有这么强大。3D LUT还能映射和处理所有色彩信息，甚至是不存在的色彩。

3D LUT既是一种颜色校准的技术手段，也可用于改变颜色。Photoshop提供的就是这种类型的3D LUT文件，可以营造不同的色彩风格，如浪漫、清新、怀旧、冷峻等。由于大多数3D LUT都是针对电影设计的，所以用它处理的照片具有较强的电影感，如图9-164所示。

图9-164

01 单击“调整”面板中的按钮，创建“颜色查找”调整图层，在“3DLUT文件”下拉列表中选择一个预设文件，如图9-165和图9-166所示。

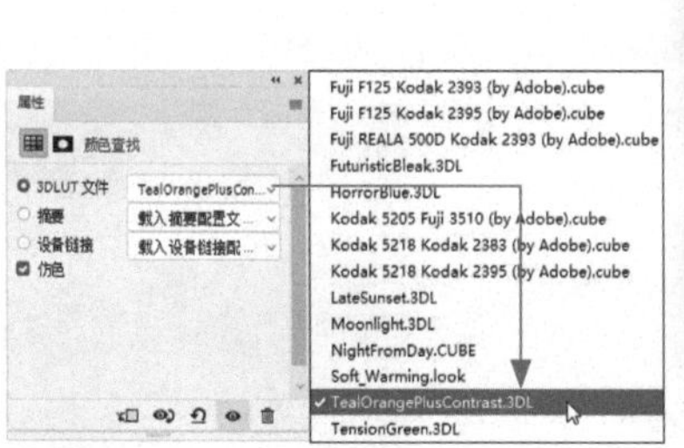

图9-165

图9-166

02 创建“曲线”调整图层，设置混合模式为“滤色”，如图9-167所示。调整绿通道曲线，在暗色调里增加绿色，如图9-168和图9-169所示。

图9-167

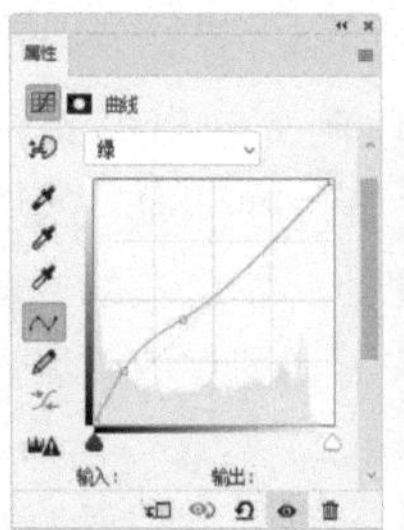

图9-168

图9-169

03 调整蓝通道曲线，在阴影里增加蓝色，如图9-170和图9-171所示。

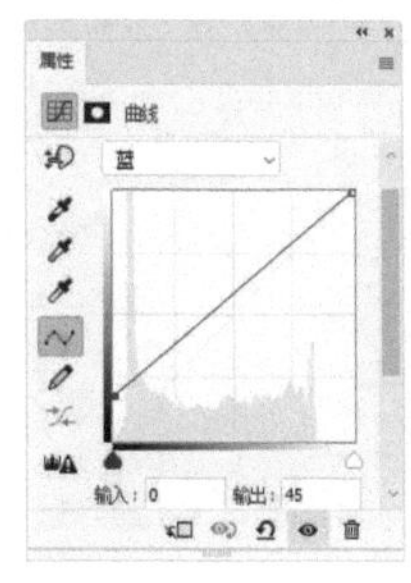

图9-170

图9-171

9.5.2 实战：自制颜色查找表

要点

用调整图层进行颜色调整后，可将其导出为颜色查找表，并可在After Effects、SpeedGrade及其他图像或视频编辑软件中用它进行调色。图9-172所示的樱花就是用自制的颜色查找表调出的效果。下面介绍操作方法。

扫码看视频

图9-172

01 打开素材，如图9-173所示。单击“调整”面板中的按钮，创建“曲线”调整图层，分别调整RGB、红、绿和蓝通道曲线，如图9-174~图9-178所示。

图9-173

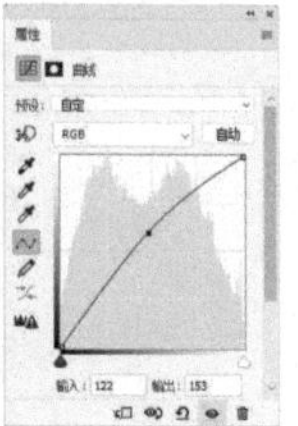
图9-174

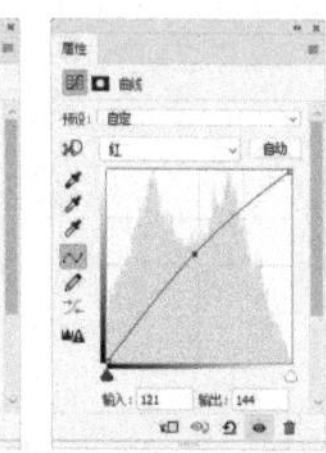
图9-175

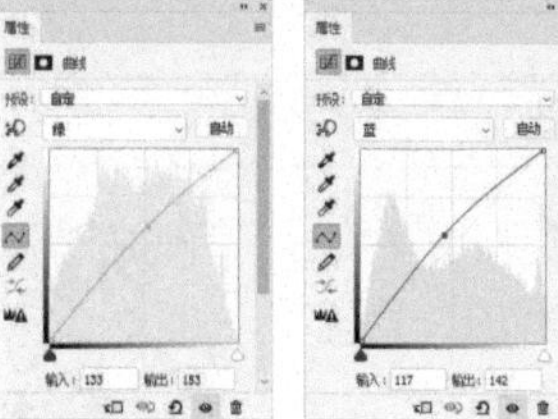
图9-176

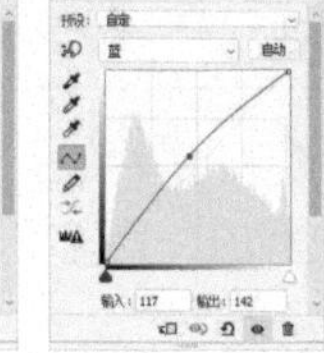
图9-177

图9-178

02 单击“调整”面板中的按钮，创建“可选颜色”调整图层，分别调整“青色”和“中性色”，如图9-179~图9-181所示。

图9-179

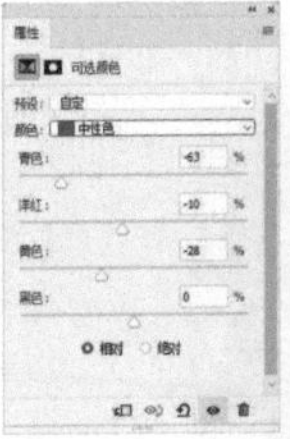
图9-180

图9-181

03 执行“文件>导出>颜色查找表”命令，打开“导出颜色查找表”对话框。在“网格点”选项中输入数值（0~256），高数值可以创建更高质量的文件。选择颜色查找表格式，如图9-182所示。如果想保护版权，可以在“说明”和“版权”选项中输入信息，Photoshop 会自动将©版权 <current year>添加为文本的前缀。单击“确定”按钮，然后指定存储位置。

04 打开素材，如图9-183所示。单击“调整”面板中的按钮，创建“颜色查找”调整图层。

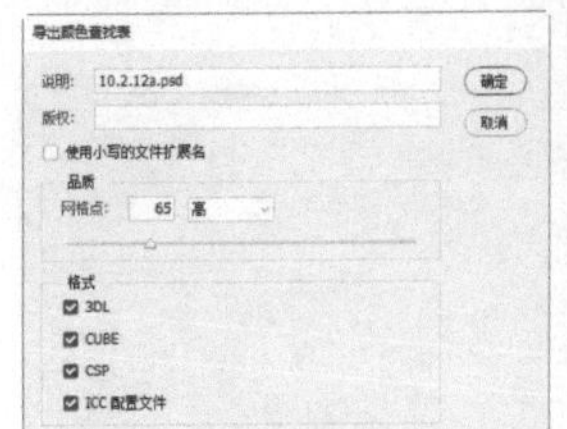
图9-182

图9-183

05 单击“属性”面板中的“3DLUT文件”单选按钮，如图9-184所示，在弹出的对话框中选择存储好的颜色查找表文件，如图9-185所示，单击“载入”按钮，加载该文件并用它自动调整图像颜色，如图9-186所示。

图9-184

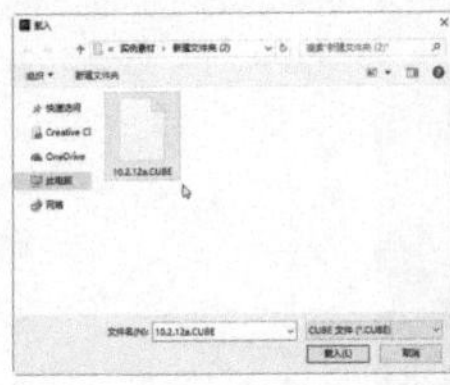
图9-185

图9-186

9.5.3 实战：调出霓虹光感（“渐变映射”命令）

本实战介绍怎样使用“渐变映射”命令替换图像中原有的颜色，制作流行的、呈现霓虹光感的颜色效果，如图9-187所示。

扫码看视频

图9-187

01 按Ctrl+J快捷键复制“背景”图层。执行“滤镜>模糊>高斯模糊”命令，进行模糊处理，如图9-188所示。设置图层的混合模式为“滤色”，如图9-189和图9-190所示。

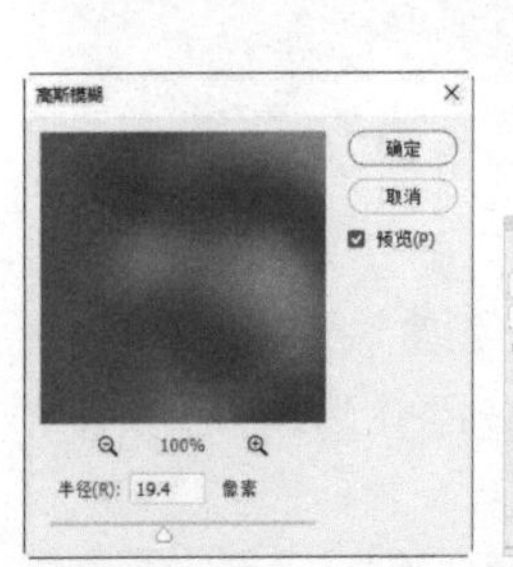
图9-188

图9-189

图9-190

02 单击“调整”面板中的按钮，创建“渐变映射”调整图层。单击渐变颜色条，如图9-191所示，打开“渐变编辑器”对话框，设置渐变颜色，如图9-192和图9-193所示。

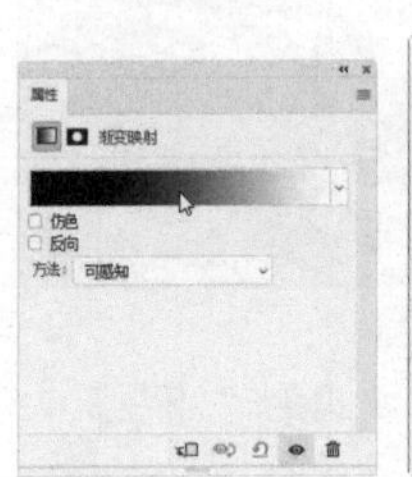
图9-191

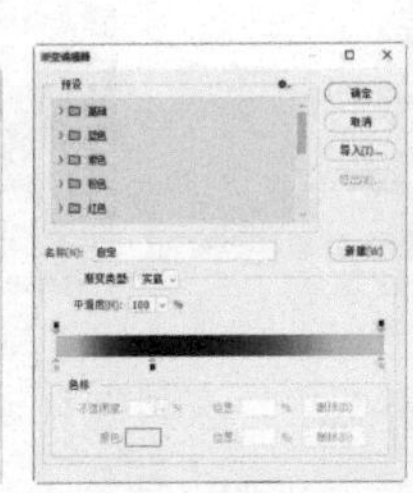
图9-192

图9-193

渐变映射使用技巧

执行“图像>调整>渐变映射”命令，打开“渐变映射”对话框。默认状态下，Photoshop会基于前景色和背景色生成渐变颜色。渐变的起始（左端）颜色、中点和结束（右端）颜色，分别映射到图像的阴影、中间调和高光，如图9-194和图9-195所示。

单击按钮打开下拉面板，可以选择预设的渐变，如图9-196和图9-197所示。如果要自定义渐变颜色，可单击渐变颜色条，打开“渐变编辑器”对话框进行设置。

图9-194

图9-195

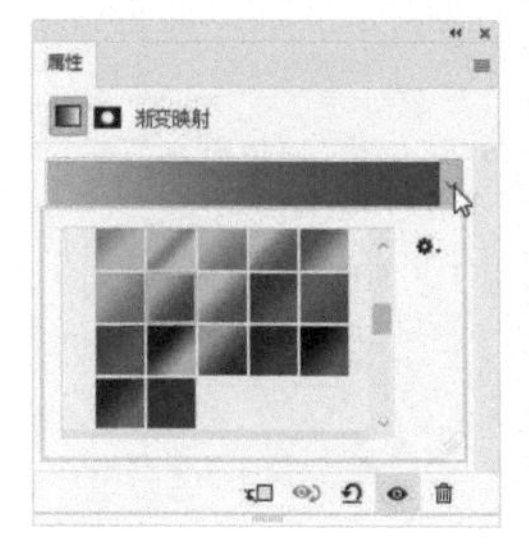

图9-196

图9-197

渐变映射会改变原图中色调的对比度（见图9-197）。怎样避免发生这种情况呢？可以使用“渐变映射”调整图层，之后将其设置为“颜色”模式，这样它就只改变颜色，不会影响亮度了，如图9-198和图9-199所示。

图9-198

图9-199

渐变映射有两个选项，如果图像用于打印，可勾选“仿色”选项，这样可以在渐变中添加随机的杂色，让渐变效果更加平滑。勾选“反相”选项，可以反转渐变颜色的填充方向。

颜色匹配与分离

Photoshop处理色彩的功能十分强大。下面要介绍的命令，就能让色彩发生创造性的改变。

9.6.1

实战：获得一致的色调（“匹配颜色”命令）

要点

扫码看视频

拍摄时常会遇到这种情况：由于云层遮挡太阳、拍摄角度不同或客观环境变化，所拍摄的一组照片中，影调、色彩和曝光出现了不一致。有些照片效果很好，有些则不尽如人意。“匹配颜色”命令可以解决这个问题。它能用效果好的照片去校正较差的照片，让其“见贤思齐”——影调、色彩和曝光等达到与好照片相同的效果，如图9-200所示。

图9-200

01 打开两张照片，如图9-201和图9-202所示。第一张照片在拍摄时由于没有阳光照射，色调偏冷。第二张照片是在阳光充足的条件下拍摄的，效果就比较好。下面让第一张照片与之相匹配。首先将色调偏冷的荷花设置为当前操作的文件。

图9-201

图9-202

02 执行“图像>调整>匹配颜色”命令，打开“匹配颜色”对话框。在“源”下拉列表中选择另一张照片，将“渐隐”设置为50，让调整强度处于合理的区间内；为避免色调过亮，将“明亮度”设置为140；“颜色强度”设置为120，以提高饱和度，如图9-203所示。单击“确定”按钮，关闭对话框，即可将这张照片的色调转换过来。

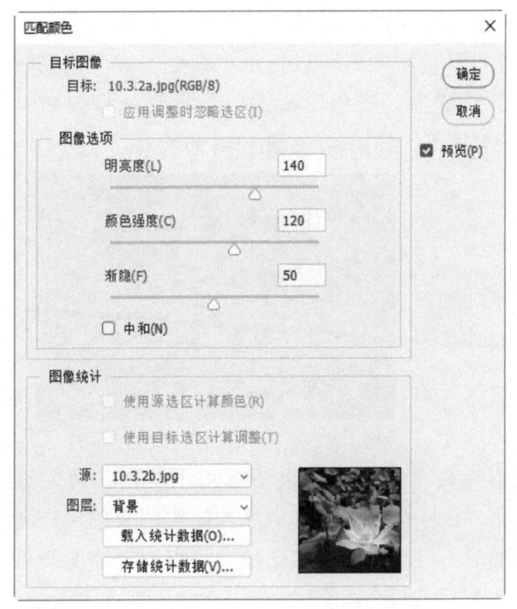

图9-203

“匹配颜色”对话框选项

- **明亮度/颜色强度：** 可以调整明亮度和颜色的饱和度。当“颜色强度”为1时，会生成灰度图像。
- **渐隐：** 可以减弱调整强度，该值越高，颜色效果越弱。
- **中和：** 如果出现色偏，可以勾选该选项，将色偏消除。
- **图层：** 用来选择需要匹配颜色的图层。如果要将“匹配颜色”命令应用于目标图像中的特定图层，应确保在执行“匹配颜色”命令时该图层当前处于选中状态。
- **载入统计数据/存储统计数据：** 单击“存储统计数据”按钮，可将当前的设置保存；单击“载入统计数据”按钮，可以载入已存储的设置。使用载入的统计数据时，无须在Photoshop中打开源图像，就可以完成匹配当前目标图像的操作。

技术看板　用选区控制调整范围

在被匹配颜色的目标图像上创建选区以后，勾选“应用调整时忽略选区”选项，可以忽略选区，将调整应用于整个图像；取消勾选，则仅影响选中的图像。此外，勾选“使用目标选区计算调整”选项，将使用选区内的图像来计算调整；取消勾选，则使用整个图像中的颜色来计算调整。

调整整幅图像　　只调整选中的图像

如果源图像上有选区，勾选“使用源选区计算颜色”选项，将会使用选区中的图像匹配当前图像的颜色；取消勾选，则会使用整幅图像进行匹配。

9.6.2 “色调分离”命令

打开一张照片，如图9-204所示。执行“图像>调整>色调分离”命令，打开“色调分离”对话框，如图9-205所示。默认状态下，图像的色调范围是256级色阶（0~255），该命令可以减少色阶数目，使颜色数量减少，图像细节得到简化。

图9-204　图9-205

它只有一个“色阶”选项。当定义了一个色阶值以后，Photoshop会调整每一个颜色通道中的色调级数（或亮度值），然后将像素映射到最接近的匹配级别，色阶值越低，色彩越少，如图9-206和图9-207所示。如果使用“高斯模糊”或“去斑”滤镜让图像产生轻微的模糊，再进行色调分离，则色彩更少，色块也更大。

“色阶”为2
图9-206

“色阶”为4
图9-207

9.6.3 实战：制作色彩抽离效果（海绵工具）

要点

当画面主体处于一个复杂的环境中，将次要图像处理为黑白效果，可以强化主体，突出视觉焦点，如图9-208所示。这种操作叫作色彩抽离。

Photoshop中有很多方法制作黑白效果，本实战用的是海绵工具。它可以修改颜色的饱和度，当图像处于灰度模式时，该工具可通过使灰阶远离或靠近中间灰色来增加或降低对比度。

图9-208

01 按Ctrl+J快捷键复制“背景”图层，以保留原始图像。选择海绵工具，设置工具大小为50像素。首先进行降低色彩饱和度的操作。在“模式”下拉列表中选择“去色”选项，在背景上拖曳鼠标涂抹，直至其变为黑白效果，如图9-209所示。

02 下面进行增加饱和度的操作。勾选“自然饱和度”选项，在“模式”下拉列表中选择“加色”，将“流量”设置为50%，在衣服上涂抹，如图9-210所示。

图9-209

图9-210

03 单击“调整”面板中的按钮，创建“曲线”调整图层，在曲线上添加控制点并进行调整，适当地增强中间调的亮度，如图9-211和图9-212所示。

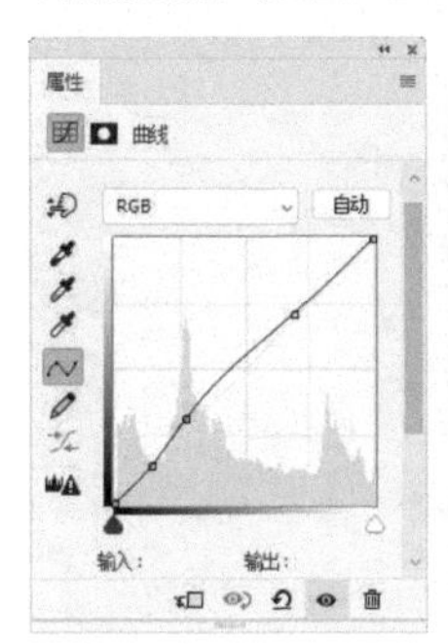

图9-211

图9-212

海绵工具选项栏

在海绵工具的选项栏中，画笔、喷枪和设置画笔角度等选项与加深和减淡工具中的相同（见192页），如图9-213所示。其他常用选项如下。

图9-213

- 模式： 如果要增加色彩的饱和度，可以选择“加色”选项；如果要降低饱和度，则选择“去色”选项。
- 流量： 该值越高，修改强度越大。
- 自然饱和度： 勾选该选项后，增加饱和度时可以避免出现溢色（见239页）。

彩色转黑白

黑白图像虽然没有色彩，但高雅而朴素、纯粹而简约，具有独特的艺术魅力。在Photoshop中，彩色图像转黑白是很容易实现的，有些功能在色调层次控制方面也有上佳表现。

9.7.1 “黑白”命令

手动调整

打开一张照片，如图9-214所示。单击“调整”面板中的按钮，创建“黑白”调整图层，“属性”面板中会显示图9-215所示的选项（之所以用调整图层操作，是因为“黑白”命令的对话框中没有工具）。

图9-214

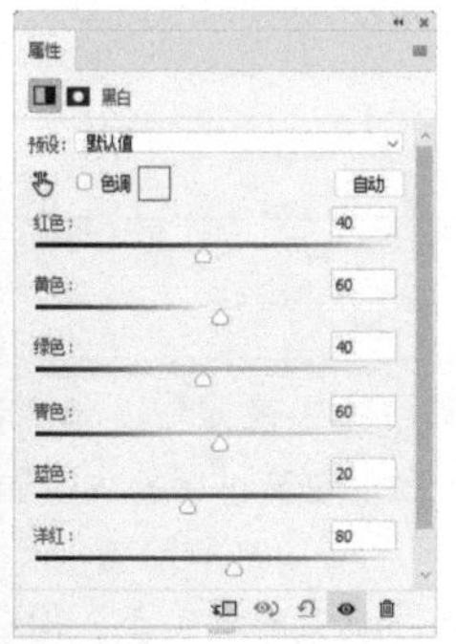

图9-215

拖曳各个原色滑块，即可调整图像中特定颜色的灰色调。例如，向左拖曳绿色滑块时，可以使图像中由绿色转换而来的灰色调变暗，如图9-216所示；向右拖曳，则会使其色调变亮，如图9-217所示。

图9-216

图9-217

如果要对某种颜色进行手动调整，可以单击“属性”面板中的工具，然后将鼠标指针放在这种颜色上，如图9-218所示，向右拖曳鼠标可以将此颜色调亮，如图9-219所示；向左拖曳可将其调暗，如图9-220所示。与此同时，“属性”面板中相应的颜色滑块也会自动移动到相应的位置上。

图9-218

图9-219

图9-220

提示

按住 Alt 键并单击某个色卡，可以将单个滑块复位到其初始设置。另外，按住Alt 键时，对话框中的“取消”按钮将变为“复位”按钮，单击“复位”按钮可复位所有的颜色滑块。

使用预设文件调整

使用“黑白”命令时，可先单击“自动”按钮，让灰度值的分布最大化，这样做通常会产生比较好的效果，如图9-221所示，之后在此基础上再处理细节就会非常省事。

如果对调整结果比较满意，还可以单击按钮，打开面板菜单，执行“存储黑白预设”命令，将调整参数存储为一个预设；对其他图像进行相同的处理时，可在“预设”下拉列表中选取相应的预设，而不必重新设置参数。此外，Photoshop也提供了一些预设的调整文件，如图9-222所示，效果也是不错的。

图9-221

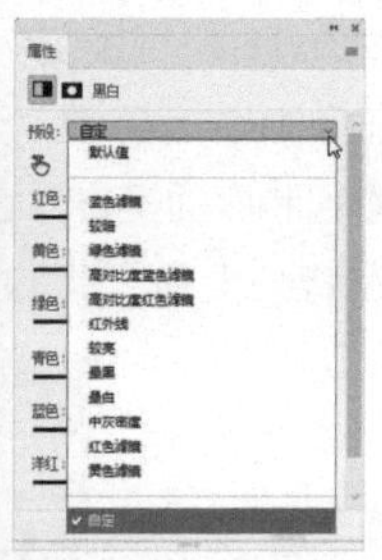
图9-222

为灰度着色

将图像转换为黑白效果后，勾选“色调”选项，然后单击颜色块，打开“拾色器”对话框设置颜色，可以创建单色调图像，如图9-223和图9-224所示。如果是使用“图像>调整>黑白”命令来操作，则在“黑白”对话框中还有“色相”滑块和“饱和度”滑块，其用法与“色相/饱和度”对话框中的相同。

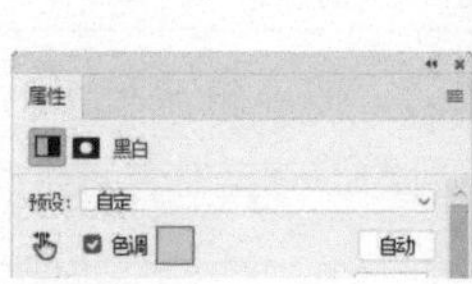

图9-223

图9-224

·PS 技术讲堂·

黑白效果的实现方法

黑白效果在操作上非常容易实现，只要用“色相/饱和度”命令将色彩的饱和度降为0即可，或者执行“图像>模式>灰度”命令，将文件转换为灰度模式，将色彩信息删除，这也是比较简便的方法。如果不想改变颜色模式，可以执行“图像>调整>去色”命令来删除颜色。

以上方法各有利弊，但有一个共同点，就是没有控制选项，因而无法根据图像的自身特点改变细节的亮度和对比度，所以不是最佳选择。与之相比，控制力更强、效果更好的是“渐变映射”“通道混合器”和“计算”命令。其中“计算”命令可利用通道和混合模式生成黑白图像，并且有不同的组合方式，因此它的效果是最丰富的。只是混合模式虽然有规律可循，但图像千变万化，所以这种方法会因图像的不同而具有一定的随机性。

上面这些方法都不如“黑白”命令直接、有效、可控性强。因为它能改变红、黄、绿、青、蓝和洋红每一种颜色的色调深浅，而这几种颜色正是色光三原色和印刷三原色，其他颜色都是由它们混合而成的，把控好这几种颜色，几乎就控制了所有颜色。图9-225所示为使用不同方法制作的黑白图像，从中可以一探各种方法的差异。

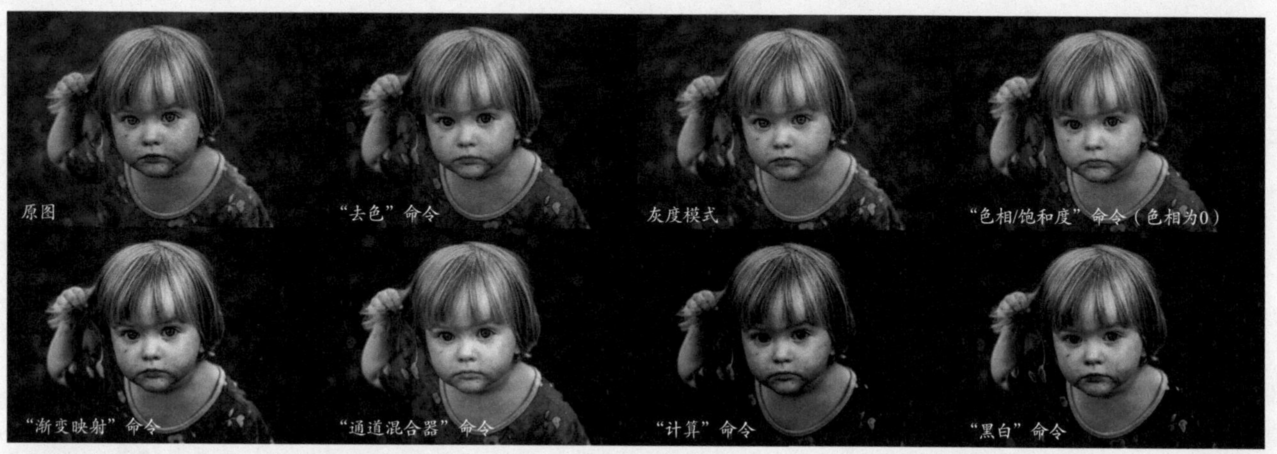

图9-225

能够单独调整某种颜色的色调对于改善色调层次意义重大。例如，红、绿两种颜色在转换为黑白效果时，灰度非常相似，很难区分，色调的层次感就会被削弱。用“黑白”命令分别调整这两种颜色的灰度，就可以将它们有效地区分开，使色调的层次丰富而鲜明。

9.7.2

实战：制作负片和彩色负片（“反相”命令）

“反相”命令可以将图像中的每一种颜色都转换为其互补色（黑色、白色比较特殊，它们互相转换），如图9-226所示。这是一种可逆的操作，因为再次执行该命令，就能将原有的颜色转换回来。

扫码看视频

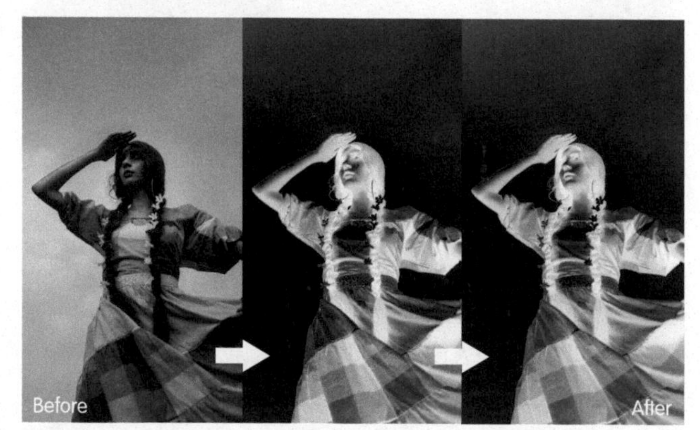

图9-226

01 执行“图像>调整>反相”命令，得到彩色负片，如图9-227所示。单击“调整”面板中的 按钮，创建“曲线”调整图层。将曲线左下角的滑块拖曳到直方图的左侧边缘，以增强对比度，如图9-228和图9-229所示。

图9-227

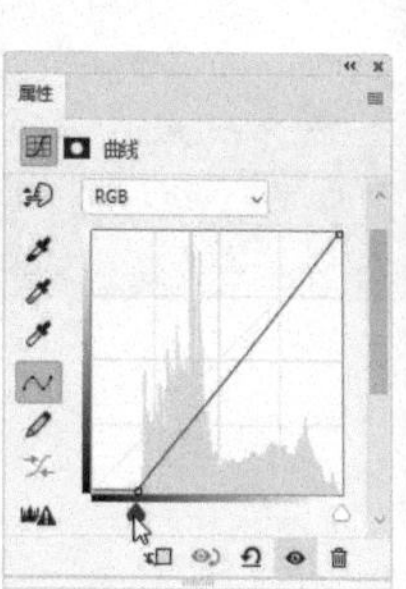

图9-228

图9-229

02 单击“调整”面板中的 按钮，创建“黑白”调整图层，进行去色处理，可得到黑白负片，如图9-230和图9-231所示。

图9-230

图9-231

Lab调色技术

Lab调色技术是基于Lab模式色域范围广、通道特殊等优势而发展出来的高级调色技术。在这种模式下，每一个调色命令都好像被赋予了新的能力。

9.8.1

实战：调出明快色彩

要点

用曲线调整RGB和CMYK模式的图像时，不论是改善色调，还是处理颜色，曲线的调整幅度都不应过大，否则其“破坏力”太强（见201页图示）。而Lab模式可以承受较大幅度的调整。例如本实战，如图9-232所示，用的是一种S形曲线来增强每个颜色通道的对比度。用同样的曲线处理RGB模式的图像，效果就完全不同，如图9-233和图9-234所示。这种可以对RGB模式的图像造成破坏的曲线，在Lab模式下会变得非常“温和”。

扫码看视频

图9-232

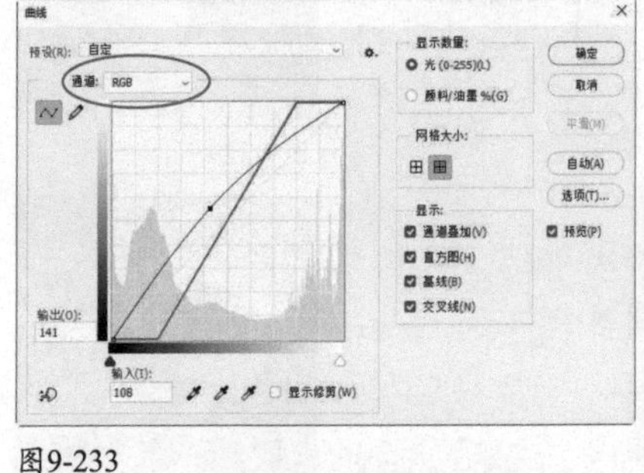

图9-233

图9-234

01 执行“图像>模式>Lab颜色”命令，转换为Lab模式。按Ctrl+M快捷键打开“曲线”对话框，单击“网格大小”选项下方的⊞按钮，或按住Alt键再单击直方图，以10% 的增量显示网格线。网格细密便于将控制点对齐到网格线上。由于调整的是颜色通道，因此如果曲线对不齐，就容易出现色偏。

02 在“通道”下拉列表中选择a通道，将右上方的控制点向左侧水平移动两个网格线，左下方的控制点向右侧水平移动两个网格线，如图9-235所示，调整之后可以使色调更加清晰。选择b通道，采用同样的方法移动控制点，如图9-236和图9-237所示。

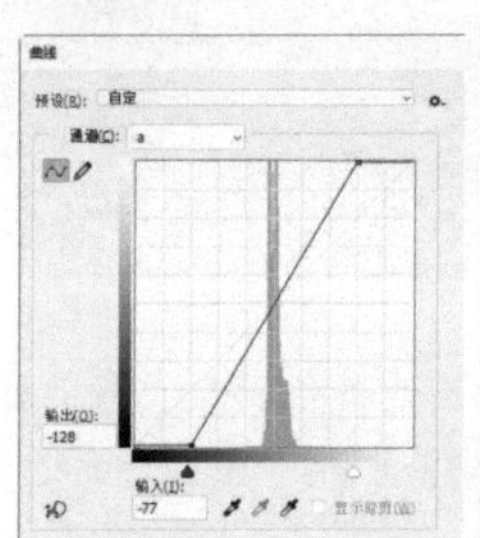

图9-235

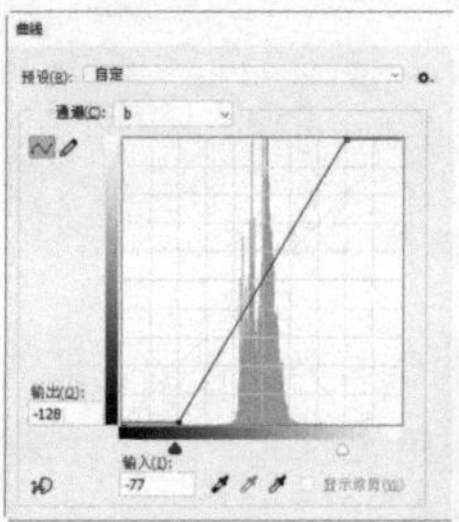

图9-236

图9-237

03 选择“明度”通道，向左侧拖曳白场滑块，将它定位到直方图右侧的端点上，使照片中最亮的点成为白色，以增加对比度，再添加控制点，向上调整曲线，将画面调亮，如图9-238和图9-239所示。

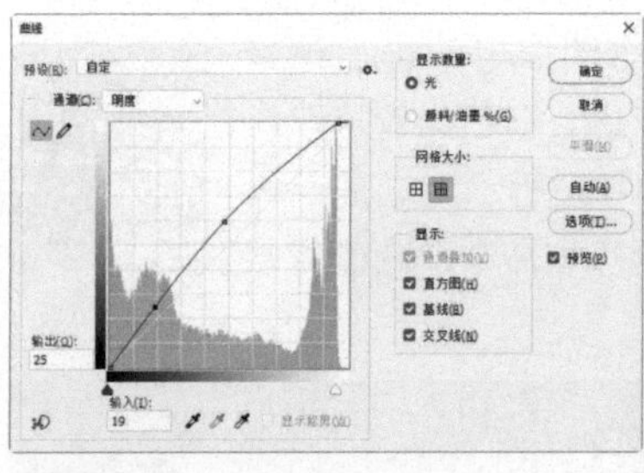

图9-238

图9-239

9.8.2

Lab模式的独特通道

Lab模式使用的是与设备（如显示器、打印机或数码相机）无关的颜色模型（见100页）。它基于人对颜色的感觉，描述了视力正常的人能够看到的所有颜色。

Lab模式是色域最广的颜色模式，RGB和CMYK模式皆在其色域范围内。Lab模式也是Photoshop进行颜色模式转换时使用的中间模式。例如，将RGB图像转换为CMYK模式时，Photoshop会先将其转换为Lab模式，再由Lab模式转换成CMYK模式。

打开一张照片，如图9-240所示。执行“图像>模式>Lab颜色”命令，将其转换为Lab模式，如图9-241所示。

图9-240

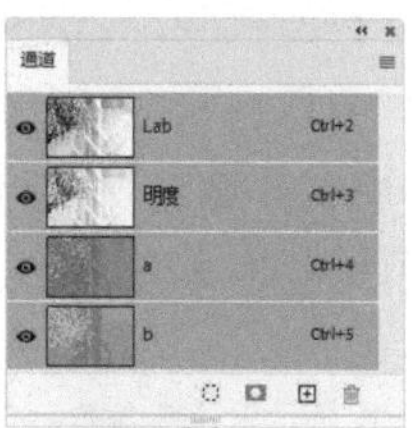

图9-241

Lab模式的通道比较特别。明度通道（L）没有色彩，保存的是图像的明度信息，如图9-242所示。范围为0~100，0代表黑色，100代表白色。

图9-242

a通道包含的颜色介于绿色与洋红色之间（互补色），如图9-243所示。b通道包含的颜色介于蓝色与黄色之间（互补色），如图9-244所示。它们的取值范围均为+127 ～ -128。

图9-243

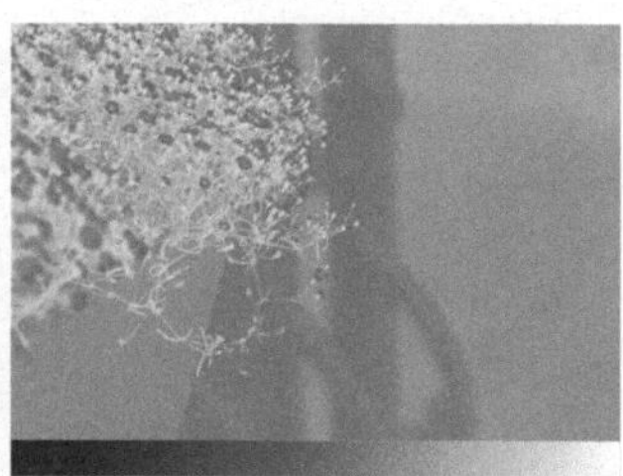

图9-244

执行“编辑>首选项>界面”命令，打开“首选项”对话框，勾选“用彩色显示通道”选项，这样能比较直观地看到a、b通道中的色彩信息，如图9-245和图9-246所示。

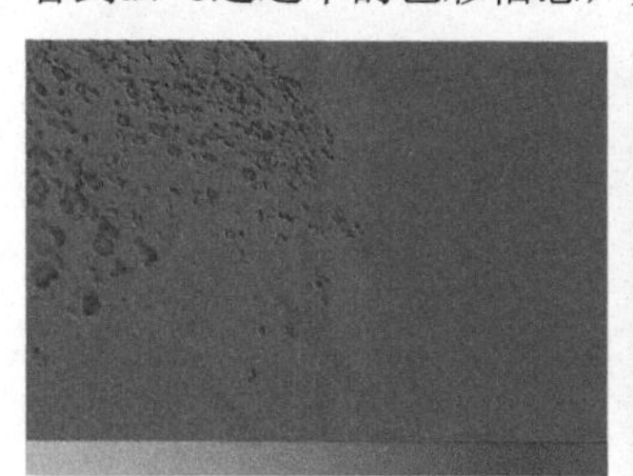

图9-245

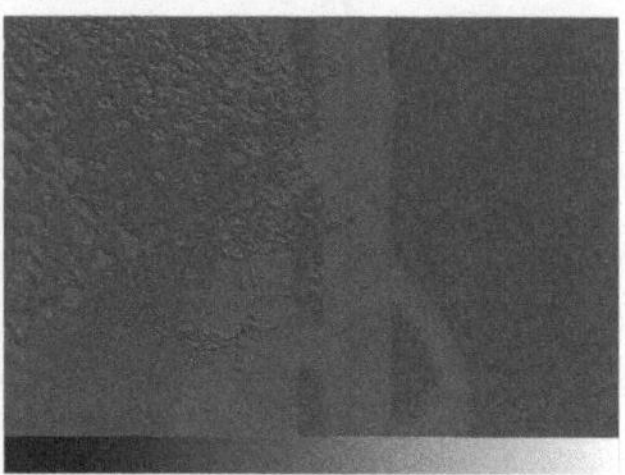

图9-246

在这两个通道中，50%的灰度对应的是中性灰。当通道的亮度高于50%灰时，颜色会向暖色转换；亮度低于50%灰时，则向冷色转换。因此，将a通道（包含绿色到洋红色）调亮，就会增加洋红色（暖色）；反之，调暗则增加绿色（冷色）。同理，将b通道（包含黄色到蓝色）调亮会增加黄色，调暗则增加蓝色，如图9-247~图9-250所示。

图9-247

图9-248

图9-249

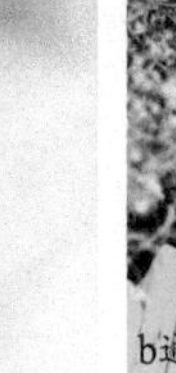

b通道变暗增加蓝色

图9-250

提示

黑白图像的a和b通道为50%灰色，调整a、b通道的亮度时，会将图像转换为一种单色。

在颜色数量上，Lab模式也多于RGB和CMYK模式。后两个模式都有3个颜色通道（黑色为无彩色，黑色通道暂且排除在外），每个颜色通道中包含一种颜色，Lab虽然只有a和b两个颜色通道，但每个通道包含两种颜色，加起来一共就是4种颜色。加之Lab模式的色域范围远远超过RGB和CMYK模式，以上这些因素，促成了该模式在色彩表现方面的独特优势。

9.8.3

实战：调出唯美蓝、橙调

要点

Lab模式中的色彩信息与明度信息是分开的，明度信息都在L通道，只要它没有大的改变，a、b通道可以任意修改。下面就采用一种特殊的方法处理a、b通道，调色效果如图9-251所示。

扫码看视频

图9-251

01 执行“图像>模式>Lab颜色”命令，将图像转换为Lab模式。执行“图像>复制”命令，复制一份图像备用。单击a通道，如图9-252所示，按Ctrl+A快捷键全选，再按Ctrl+C快捷键复制。

02 单击b通道，如图9-253所示，窗口中会显示b通道中的图像。按Ctrl+V快捷键，将复制的图像粘贴到b通道，按Ctrl+D快捷键取消选择，按Ctrl+2快捷键显示彩色图像，蓝调效果就做好了。还可根据构图需要添加一些文字，完成一幅平面作品，如图9-254所示。

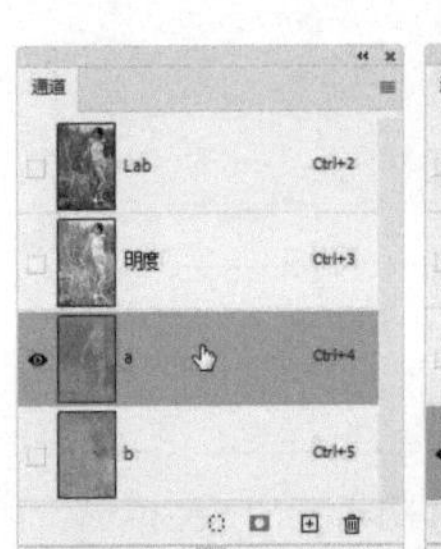

图9-252

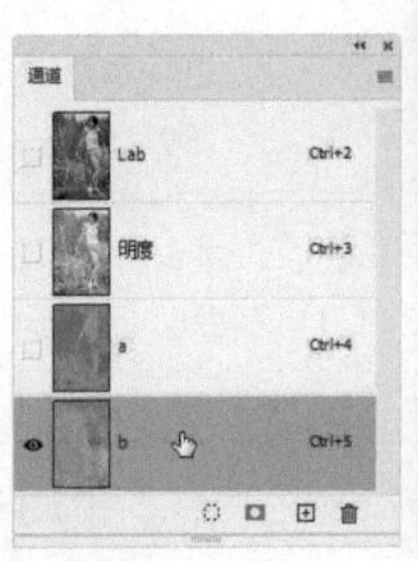

图9-253

图9-254

03 橙调与蓝调的制作方法正好相反。切换到另一文档中，按Ctrl+J快捷键复制背景图层。按Ctrl+A快捷键全选，单击b通道，按Ctrl+C快捷键复制；单击a通道，按Ctrl+V快捷键粘贴，效果如图9-255所示。

04 橙调对人的肤色有影响，还要再处理一下。单击“图层”面板中的 ◘ 按钮添加蒙版。使用画笔工具 在蒙版中的人脸和衣服区域涂抹黑色，恢复皮肤和衣服的色彩，如图9-256和图9-257所示。

图9-255

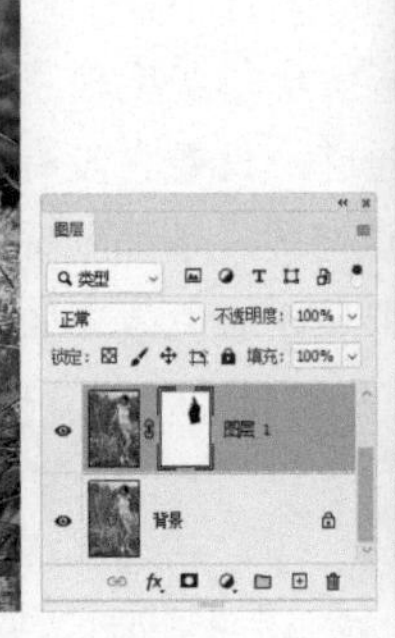
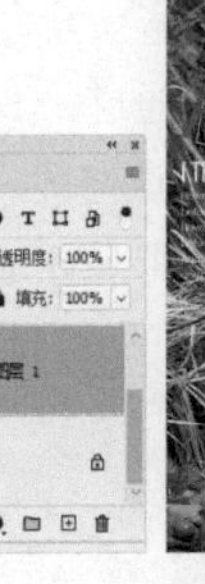

图9-256

图9-257

9.8.4 颜色与明度分开的好处

对于RGB和CMYK模式的图像，每一个颜色通道既保存了颜色信息，也保存了明度信息。这无形中制造了一个难题：在调整颜色的同时，颜色的亮度也会跟着发生改变，如图9-258~图9-260所示。Lab模式就不会出现这种情况，因为颜色信息与明度信息是分开的，它们之间既无关联，也不会互相影响。处理a和b通道时，可以在不影响亮度的状态下修改颜色，如图9-261所示；处理明度通道时，又可在不影响色彩和饱和度的状态下修改亮度，如图9-262和图9-263所示。这种独特的优势使得Lab模式在高级调色方法中占有极其重要的位置。

使用颜色取样器工具建立取样点

图9-258

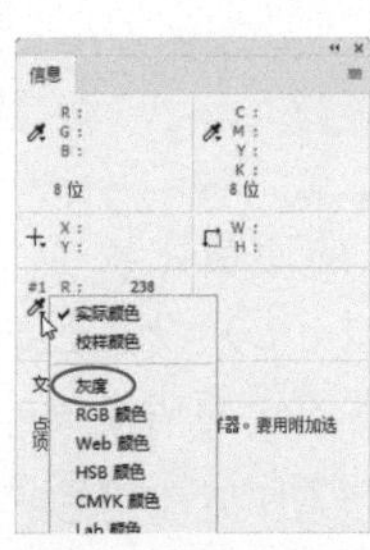

选择“灰度”选项可以观察明度信息

图9-259

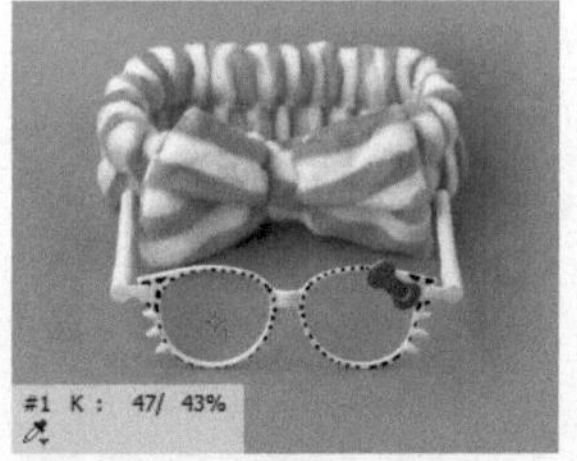
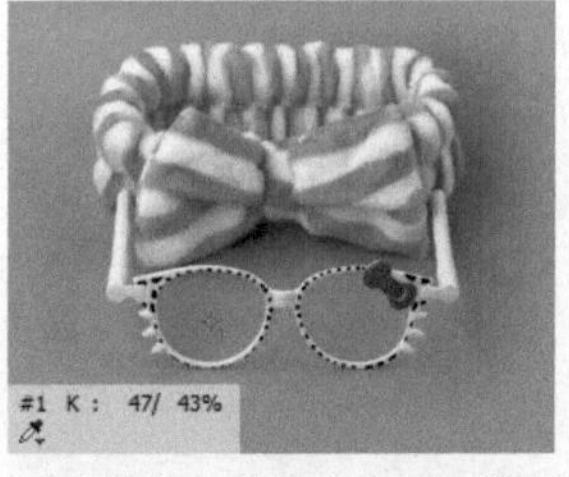

RGB模式：调整颜色时K值由原来的47%变为43%，说明明度发生了改变

图9-260

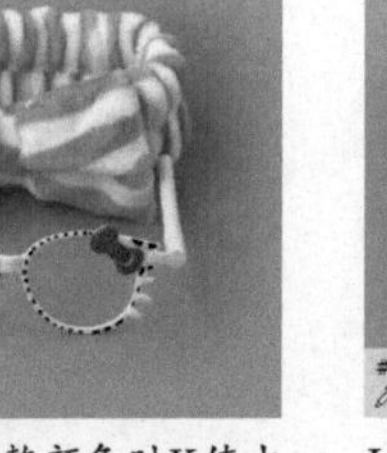

Lab模式：调整颜色时K值还是47%，明度没有变化

图9-261

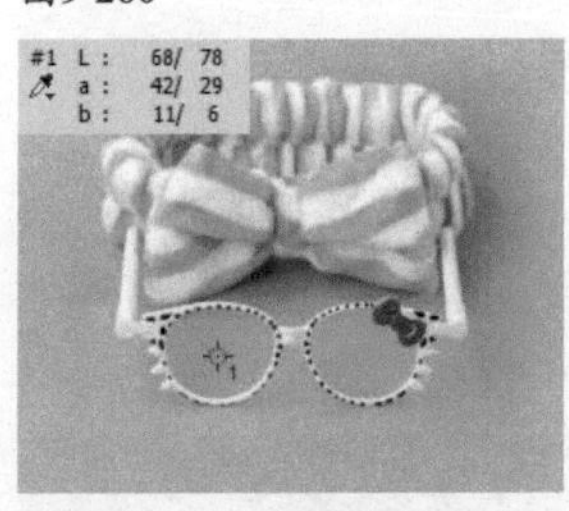

RGB模式：提高亮度时（L值由68变成78），颜色的明度也发生了改变，a值由42变为29，b值由11变为6，导致色彩饱和度降低

图9-262

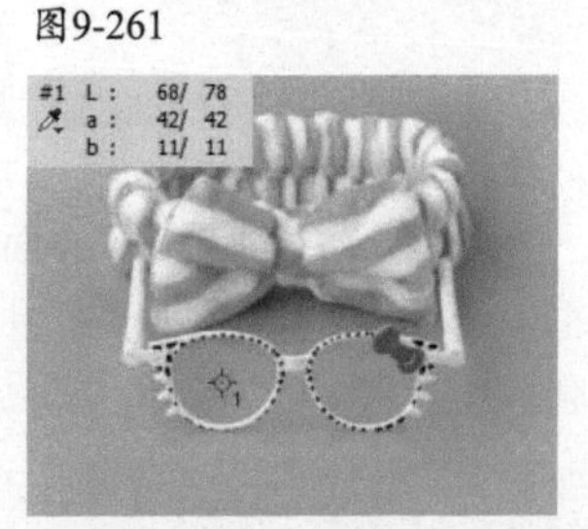

Lab模式：提高亮度时（L值由68变成78），没有影响色彩（a、b值没有改变）

图9-263

在Lab模式下，色彩的“宽容度”变得非常高，我们甚至可以采用极端方法编辑通道。例如，用一个通道替换另一个通道（参见前面的实战），或者将通道反相。对于RGB和CMYK模式的图像，这样操作会打乱色彩平衡和明度关系，但Lab模式能给人带来意外的惊喜，如图9-264所示。在其他方面，Lab模式也有特别的优势。例如为照片降噪时，使用滤镜对a和b通道进行轻微的模糊，能在不影响图像细节的情况下降低噪点。

原图　RGB模式：红通道反相　Lab模式：a通道反相　RGB模式：绿通道反相　Lab模式：b通道反相　Lab模式：a、b通道反相

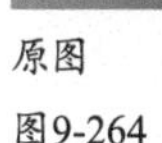

图9-264

色彩管理

数码相机、显示器、打印机等设备采用不同的方法记录和再现色彩，色彩管理可以解决由于硬件设备不同而造成的色彩偏差问题。

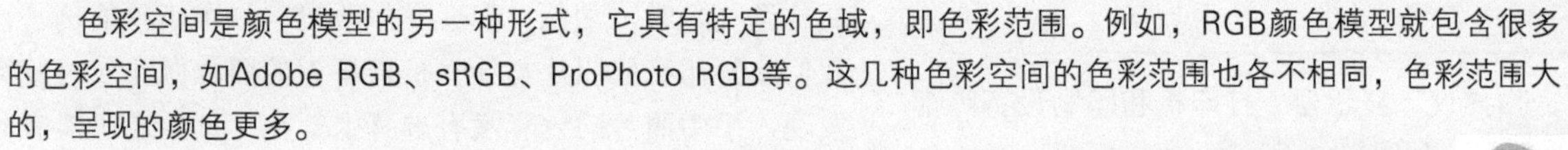

色彩空间、色域和溢色

色彩空间与色域

色彩空间是颜色模型的另一种形式，它具有特定的色域，即色彩范围。例如，RGB颜色模型就包含很多的色彩空间，如Adobe RGB、sRGB、ProPhoto RGB等。这几种色彩空间的色彩范围也各不相同，色彩范围大的，呈现的颜色更多。

在现实世界中，自然界可见光谱的颜色组成了最大的色域，包含了人眼能见到的所有颜色。CIELab国际照明协会根据人眼的视觉特性，把光线波长转换为亮度和色相，创建了一套描述色域的图表，如图9-265所示。可以看到，Lab模式的色彩范围包含了RGB和CMYK色域中的所有颜色。由于Lab模式的色彩空间大，所以从理论上讲，在Lab模式下能调出最艳丽的颜色。但其中有些颜色超出了CMYK色域，印刷到纸张上时，颜色看上去会暗淡一些。

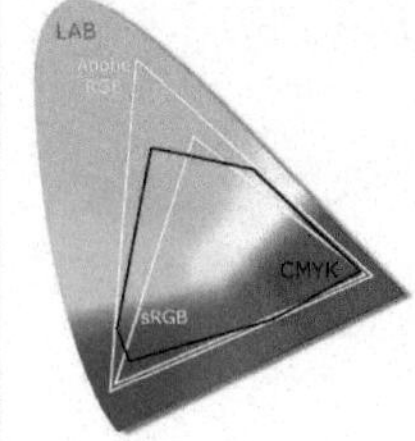

图9-265

溢色

CMYK色域范围之外的颜色称为“溢色”。那么如何才能知道图像中是否存在溢色呢？这要分3种情况。

如果是在选取颜色，如使用“拾色器”对话框和“颜色”面板设置颜色，当出现溢色时，Photoshop会给出溢色警告，如图9-266所示。其下方有一个小颜色块，它是与当前颜色最为接近的可打印颜色（CMYK色域中的颜色），此时可单击它来替换溢色。如果是在调整图像颜色，可以在操作之前，先用颜色取样器工具 在图像上建立取样点，然后在“信息”面板的吸管图标上单击鼠标右键，打开快捷菜单，执行“CMYK颜色”命令，如图

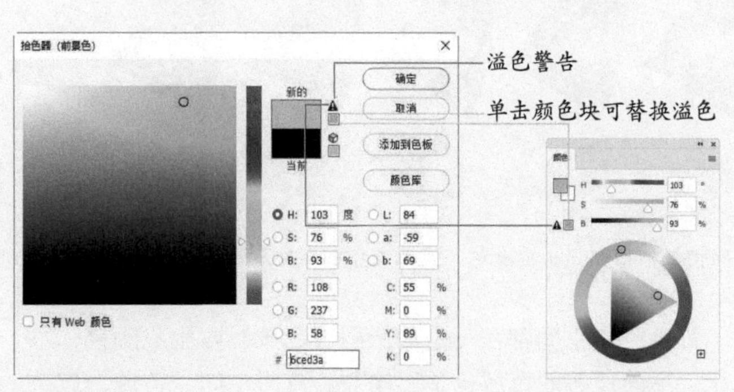

图9-266

9-267所示，这样设置之后，再调整图像。当取样点的颜色超出CMYK色域时，CMYK值旁边会出现惊叹号以示警告，如图9-268所示。调整时如果想要避免出现溢色，可以将饱和度调低，直到CMYK值旁边的惊叹号消失。

还有一种情况，就是在Photoshop中打开了一幅图像，想要了解其是否存在溢色，可以执行“视图>色域警告”命令，开启色域警告，如果图像中出现灰色，则被灰色覆盖的便是溢色区域，如图9-269所示。如果图像本身包含灰色，极易与溢色警告的灰色混淆，可以执行“编辑>首选项>透明度与色域”命令，将色域警告修改为其他颜色。

在色域警告开启的状态下，“拾色器”对话框中的溢色也会显示为灰色，如图9-270所示，拖曳颜色滑块，可以观察将RGB图像转换为CMYK模式后，哪个色系丢失的颜色最多。再次执行“色域警告”命令，可以关闭色域警告。

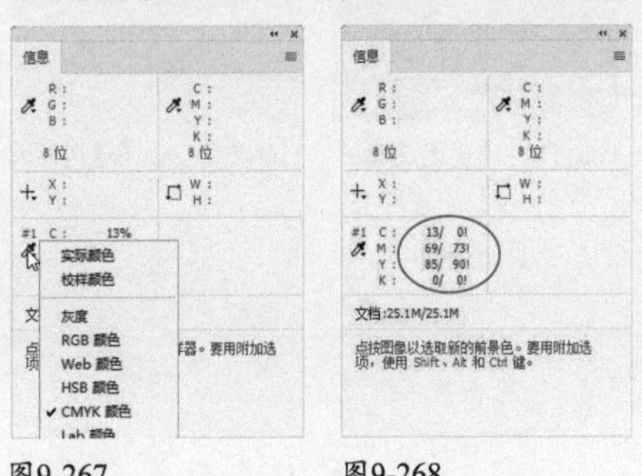

图9-267　图9-268

图9-269

图9-270

在计算机屏幕上模拟印刷效果

创建用于商业印刷机上输出的图像时，如小册子、海报和杂志封面等，可以执行“视图>校样设置>工作中的CMYK”命令，然后执行“视图>校样颜色”命令，启动电子校样，让Photoshop模拟图像在商用业印刷机上的效果。“校样颜色”只是提供了一个CMYK模式预览，便于查看颜色的变化情况，而并没有将图像真正转换为CMYK模式。再次执行“校样颜色”命令，可以关闭电子校样。

9.9.1 管理色彩

数码相机、扫描仪、显示器、打印机和印刷设备等都使用不同的色彩空间，如图9-271所示。

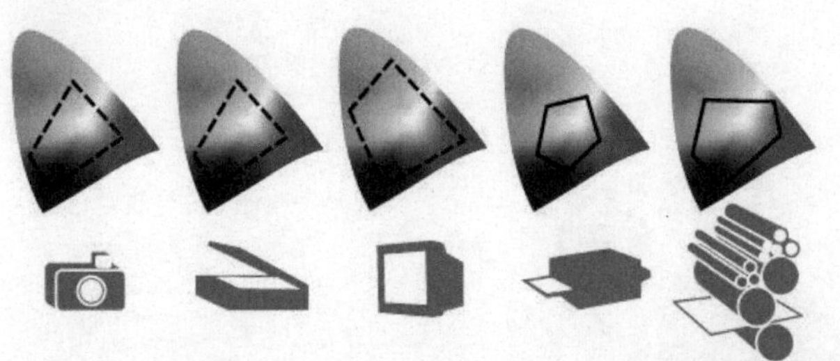

数码相机、扫描仪、电视机、桌面打印机和印刷机的色域范围

图9-271

每种色彩空间都在一定的范围（色域）内生成颜色，因此，不同设备的色域也是不同的。色彩空间、色域，以及每种设备记录和再现颜色的方法不同，导致在不同设备间传递文件时，颜色可能会发生改变。举个简单的例子，我们拿打印好的照片与计算机屏幕上的照片做比较时就会发现，手中照片的色彩没有屏幕上鲜艳，甚至还可能有一点偏色。

为了避免色彩出现偏差，需要有一个可以在不同设备间准确解释和转换颜色的系统，使这些设备生成一致的颜色。Photoshop提供了这种色彩管理系统，它借助ICC配置文件转换颜色（ICC配置文件是一个用于描述设备怎样产生色彩的小文件，其格式由国际色彩联盟规定）。

需不需要色彩管理，要看所编辑的图像是否在多种设备上使用。需要的话，可以执行“编辑>颜色设置”命令，打开“颜色设置”对话框进行操作，如图9-272所示。

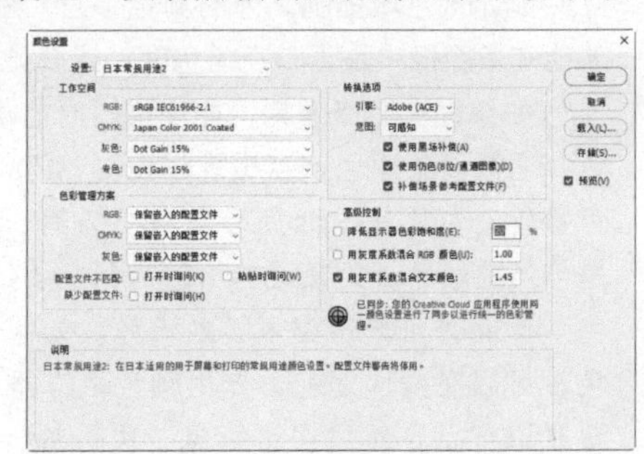

图9-272

“工作空间”选项组用来为颜色模型指定工作空间配置文件。可以通过它下方的几个选项来定义当打开缺少配置文件的图像、新建的图像和配置文件不匹配的图像时所使用的工作空间。

“色彩管理方案”选项组用来指定怎样管理特定颜色模型中的颜色。它决定了在图像缺少配置文件，或包含的配置文件与“工作空间”不匹配的情况下，Photoshop采用什么方法进行处理。如果想要了解这些选项的详细说明，可以将鼠标指针放在选项上，然后到对话框底部的“说明”选项中查看。

9.9.2 实战：指定配置文件

要点

如果图像中未嵌入配置文件，或者配置文件与当前系统不匹配，图像就不能按照其创建（或获取）时的颜色显示。需要为其指定配置文件，才能让颜色恢复正常。

使用正确的配置文件非常重要。例如，当显示器与打印机没有精确的配置文件时，中性灰（R128，G128，B128）会在显示器上呈现为偏蓝的灰色，在打印机上变为偏棕的灰色。

本实战中使用的图像由于保存时（“文件>存储为”命令）未勾选“ICC配置文件”选项，因而没有嵌入配置文件。下面为它指定一个。

01 打开素材。单击文件窗口右下角的▶图标，打开下拉菜单，执行“文档配置文件”命令，状态栏中会出现“未标记的RGB”提示信息，如图9-273所示。它表示该图像中未嵌入配置文件，同时其标题栏中会显示“#”状标记。

图9-273

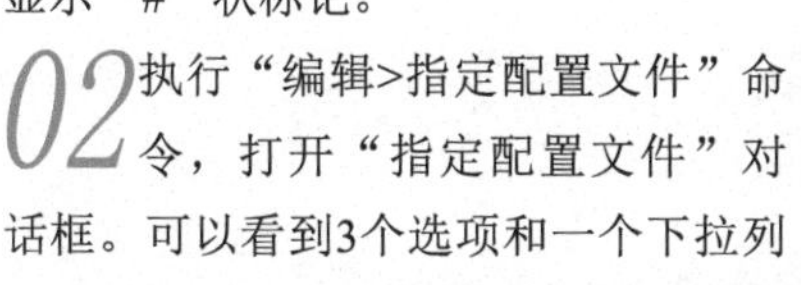

02 执行“编辑>指定配置文件”命令，打开“指定配置文件”对话框。可以看到3个选项和一个下拉列表，如图9-274所示。第1个选项“不对此文档应用色彩管理”表示不进行色彩管理。如果不在意图像是否正确显示，可以选择该选项。第2个选项“工作中的RGB”表示用当前工作的颜色空间来转换图像颜色。如果无法确定该用哪个配置文件转换颜色，可以选择该选项，但它并不是最佳选项。最好的办法是打开“配置文件”下拉列表，尝试其中各个配置文件对图像的影响，然后选取一个效果最好的。

03 选择“Adobe RGB（1998）”，为图像指定该配置文件，效果如图9-275所示。

图9-274

图9-275

技术看板　配置文件选择技巧

选择配置文件时也有一些技巧。例如，Adobe RGB适合用于喷墨打印机和商业印刷机使用的图像，它的色域包括一些无法使用sRGB定义的可打印颜色（特别是青色和蓝色），并且很多专业级数码相机都将 Adobe RGB作为默认色彩空间。ColorMatch RGB也适用于商业印刷图像，但效果没有Adobe RGB好。ProPhoto RGB适合扫描的图片。sRGB适合Web图像，它定义了用于查看 Web 上图像的标准显示器的色彩空间。处理家用数码相机拍摄的图像时，sRGB也是一个不错的选择，因为大多数相机都将sRGB作为默认的色彩空间。

9.9.3 转换为配置文件

指定配置文件解决的是图像因没有配置文件而导致的色彩无法准确显示的问题，只是让我们“看到”了准确的色彩，颜色数据并没有改变。如果想要通过配置文件改变色彩数据，则需要执行“编辑>转换为配置文件”命令，打开“转换为配置文件”对话框，如图9-276所示，在“配置文件”下拉列表中选择配置文件，并单击“确定”按钮，进行真正的转换。

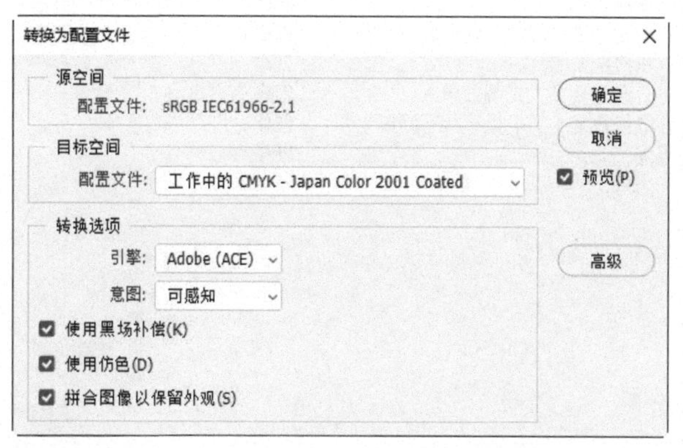

图9-276

照片编辑

【本章简介】

Photoshop是图像编辑软件，照片处理自然是其最擅长的领域，而且它有很多功能就是专门为照片编辑开发的。照片处理是一个大概念，涵盖的范围较广，涉及的功能也较多，本书按照色调调整、色彩调整、照片编辑、人像修图、Camera Raw、抠图等，从易到难的顺序依次展开讲解。本章介绍其中的照片编辑部分。

【学习目标】

通过本章我们要学会使用Photoshop的照片编辑工具，并掌握以下技能。

- ●用不同的方法裁剪图像，进行二次构图
- ●快速制作证件照
- ●识别镜头造成的缺陷，并找到有效的解决办法
- ●用内容识别填充功能，去除照片中多余的人物或景物
- ●拼接全景照片
- ●使用多张照片制作全景深照片
- ●使用滤镜模拟传统高品质镜头所拍摄的特殊效果，制作散景、场景虚化、画面高速旋转、摇摄照片、移轴照片
- ●在透视空间中修片

【学习重点】

照片编辑初探

照片处理涉及的功能和方法特别多，需要投入更多的时间和耐心来学习，尤其要多做练习。

10.1.1 实战：利用神经网络滤镜打造四时风光

Neural Filters（神经网络）滤镜包含一个风景混合器，可以增强风光照的视觉效果，让四季更加分明，甚至能转换季节。要提醒的是，该滤镜需要从云端下载才能使用。

扫码看视频

01 打开素材，如图10-1所示。执行“滤镜>Neural Filters”命令，切换到这一工作区。开启“风景混合器”功能，单击第1个预设，创建冬季雪景，如图10-2和图10-3所示。

图10-1

图10-2

图10-3

02 将“冬季”滑块拖曳到最右侧，如图10-4所示，增加雪量效果，如图10-5所示。图10-6所示为全部预设效果。

图10-4

图10-5

图10-6

10.1.2
小结

Neural Filters滤镜借助了Adobe Sensei技术，让图像的季节转换足以以假乱真、不留痕迹，从中可以领略Photoshop在摄影后期处理方面的强大能力。

摄影是蕴含了创意和灵感的艺术。但由于设备的原理和构造的特殊性，加之摄影者技术方面的问题，拍出的照片一般要经过后期编辑（即人们常说的“P”一下），效果才更好，更接近于理想状态。

在后期编辑中，裁剪图像以调整构图，以及解决由于设备和人为因素造成的缺陷，如由于逆光拍摄导致的色差、超广角镜头导致的扭曲等是本章所关注的内容。此外，本章还会介绍怎样使用Photoshop表现特殊摄影器材摄影效果，如全景照片、大光圈镜头背景虚化效果、摇摄效果、移轴效果摄影等。

10.1.3
实战：替换天空

扫 码 看 视 频

01 打开图片素材，如图10-7所示。执行“编辑>天空替换”命令，弹出“天空替换”面板。

02 在“天空”下拉列表中选取合适的天空图像并调整参数，替换现有天空，如图10-8和图10-9所示。

图10-7

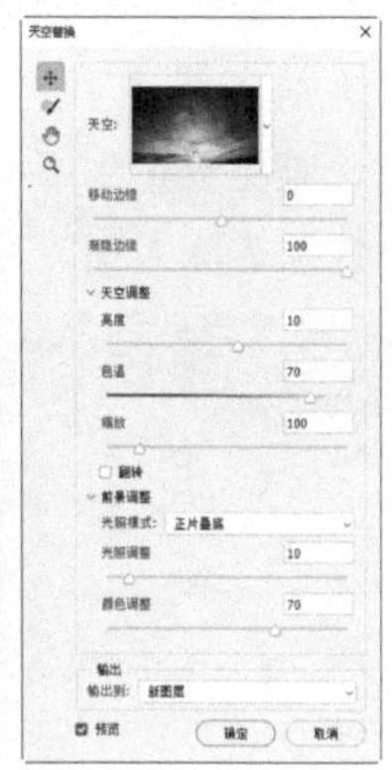

图10-8

图10-9

技术看板　下载天空图像

单击⚙按钮打开下拉菜单，执行“获取更多天空”命令，可以从Adobe Discover网站下载更多天空图像或天空预设。执行“创建新天空组”命令，可以将经常使用的天空图像创建成一组新预设。

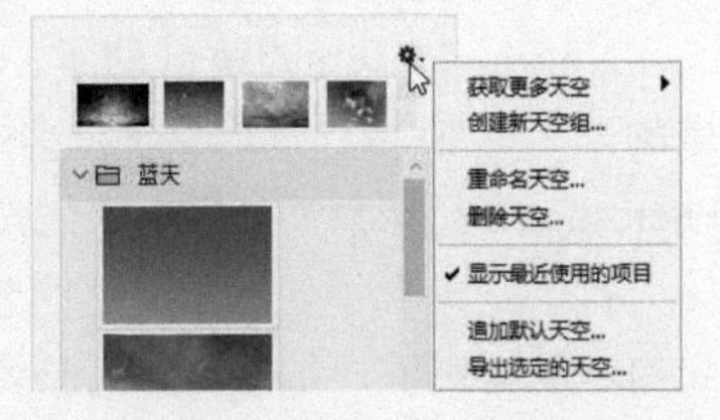

天空替换工具和选项

- 天空移动工具✥：可以移动天空图像。
- 天空画笔：在天空图像上涂抹，可以扩展或缩小天空区域。
- 移动边缘：确定天空图像和原始图像之间边界的开始位置。
- 渐隐边缘：设置天空图像和原始照片相接处的渐隐或羽化量。
- 亮度/色温：可以调整天空图像的亮度或者让天空颜色变暖或变冷。
- 缩放/翻转：可以调整天空图像的大小或对其进行翻转。
- 光照模式：确定用于光照调整的混合模式。
- 光照调整：使原始图像变亮或变暗以与天空混合。
- 颜色调整：调整前景与天空颜色的协调度。
- 输出到：可以选择将修改结果存放在新图层或复制的图层上。

10.1.4

实战：风光照去除人物（内容识别填充）

在旅游景点、名胜古迹等人多的地方拍照时，难免会拍到不相干的人。下面介绍一种可以快速去除人物的方法，如图10-10所示。

扫码看视频

图10-10

01 选择多边形套索工具，单击工具选项栏中的添加到选区按钮，如图10-11所示。在画面中创建选区，将人及投影选中，如图10-12所示。

图10-11　图10-12

02 执行“编辑>内容识别填充”命令，切换到这一工作区。设置“颜色适应”为“高”，如图10-13所示，Photoshop会从选区周围复制图像来填充选区。观察“预览”面板中的填充效果，位于女孩腿部的云彩衔接得不太自然，如图10-14所示。

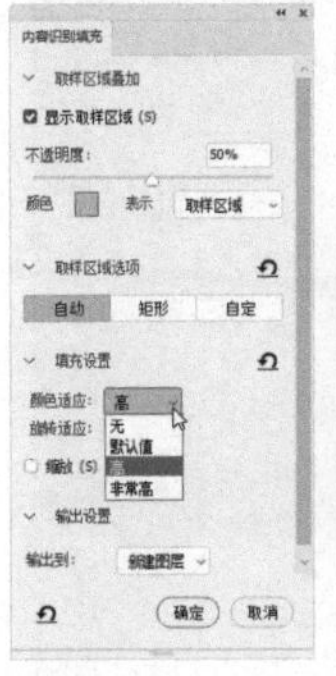

图10-13　图10-14

03 选择取样画笔工具，单击⊖按钮，在腿部涂抹，将取样位置向外扩展一些，如图10-15所示。单击“确定”按钮，填充选区并应用到一个新的图层中，效果如图10-16所示。

图10-15　图10-16

内容识别填充工作区

执行“内容识别填充”命令时，会切换到内容识别填充工作区。此时文档窗口中选区之外的图像上会覆盖一层绿色的半透明蒙版，类似快速蒙版（见410页），只是颜色不同。“工具”面板中的取样画笔工具与“选择并遮住”命令中的画笔工具用法相同（见417页）。套索工具（见380页）和多边形套索工具（见380页）可用于修改选区。“预览”面板可实时显示填充结果。

取样

选区内所填充的图像是从其周围取样之后生成的。这里有3种取样方法。单击“自动”按钮，表示从填充区域周围的内容取样；单击“矩形”按钮，则使用填充区域周围的矩形区域中的图像填充；单击“自定”按钮，可手动定义取样区域，此时可使用取样画笔工具确定取样区域。

填充设置

取样方法设置好以后，还可根据实际情况，在“填充设置”选项组中对填充内容与周围图像的匹配度进行设定。

当填充渐变或纹理时，可以从“颜色适应”下拉列表中选择适当的选项，以调整对比度和亮度，使填充图像与周围内容更好地匹配。当填充包含旋转或弯曲图案的内容时，则可在“旋转适应”下拉列表中选择适当的选项，通过旋转图像，取得更好的匹配效果，如图10-17所示。单击 按钮，可重置为默认的填充设置。

原图及选区

旋转适应：无

旋转适应：低

旋转适应：中

旋转适应：高

旋转适应：完全

图10-17

如果填充不同大小或具有透视效果的重复图案，可以勾选“缩放”选项，让Photoshop自动调整内容大小，如图10-18所示。

原图

未勾选“缩放”选项

勾选“缩放”选项

图10-18

如果水平翻转图像可以取得更好的匹配效果，可以勾选“径向”选项，效果如图10-19所示。

原图及选区

未勾选“径向”选项

勾选“径向”选项

图10-19

蒙版与输出设置

- 显示取样区域： 显示蒙版。
- 不透明度/颜色： 在“不透明度”选项中可以调整蒙版的遮盖程度；单击颜色块，可以打开“拾色器”对话框修改蒙版颜色。
- 表示： 可设置蒙版是覆盖选区之外的图像（“取样区域”选项），还是覆盖选中的图像（“已排除区域”选项）。
- 输出到： 可以设置填充的图像应用于当前图层、新建图层或复制图层上。

裁剪图像

编辑数码照片或扫描的图像时，会用裁剪图像的方法删除多余内容，改善画面的构图。裁剪工具、“裁剪”命令和“裁切”命令都可用于裁剪图像。

·PS技术讲堂·

构图美学及裁剪技巧

构图美学

一幅成功的摄影作品，首先是构图的成功。构图是一门大学问，要在有限的空间内安排和处理好人和物的位置及关系，表现作品的主题和美感，其实并不容易。为了帮助用户合理构图，Photoshop提供了基于经典构图形式的参考线。这些构图形式，是历代艺术家通过实践用科学方法总结出来的经验，符合大多数人的审美标准。

图10-20所示为裁剪工具 的选项栏。裁剪图像时，单击工具选项栏中的 按钮，打开菜单，可以选择一种参考线，将其叠加在图像上，如图10-21所示，之后便可依据参考线划定的重点区域对画面进行裁剪。

图10-20

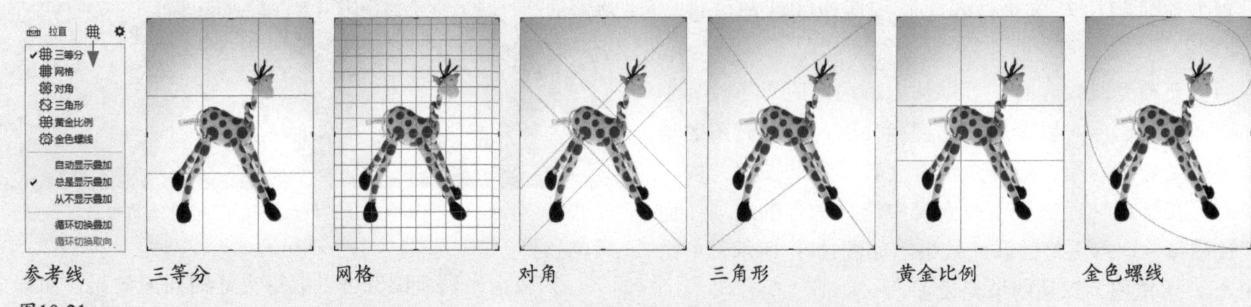

图10-21

图10-22所示为这些经典构图形式在摄影、广告、新闻图片、油画上的应用。

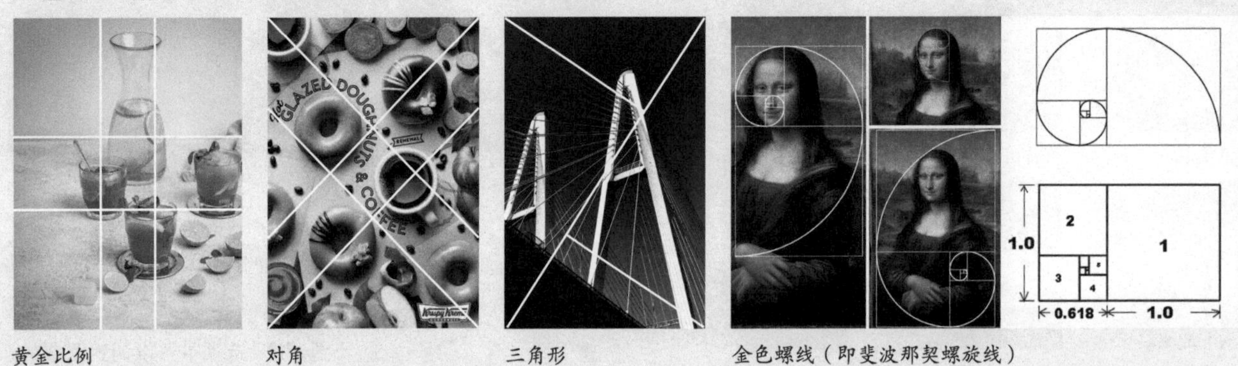

图10-22

- 三等分：在水平方向上的1/3、2/3位置画两条水平线，在垂直方向上的1/3、2/3位置画两条垂直线，把景物放在交点上，符合黄金分割定律。
- 网格：主要用于裁剪时对齐图像中的水平和垂直对象。
- 对角：让主体物处在对角线位置上，线所形成的对角关系可以使画面产生极强的动感和纵深效果。
- 三角形：将主体放在三角形中，或影像本身构成三角形。三角形构图可以产生稳定感。倒置三角形则不稳定，但能突出紧张感，可用于近景人物、特写等。
- 黄金比例：即黄金分割，是指将整体一分为二，较大部分与整体的比值等于较小部分与较大部分的比值，其比值约为0.618。这个比例被公认为是最能产生美感的比例。
- 金色螺线：即斐波那契螺旋线，是在以斐波那契数为边长的正方形中画一个90° 的扇形，多个扇形连起来产生的螺旋线。这是自然界中经典的黄金比例。
- 自动显示叠加/总是显示叠加/从不显示叠加：可设置裁剪参考线自动显示、始终显示或者不显示。
- 循环切换叠加：选择该项或按O键，可以循环切换各种裁剪参考线。
- 循环切换取向：显示三角形和金色螺线时，选择该项或按Shift+O快捷键，可以旋转参考线。

裁剪预设

除经典构图参考线外，Photoshop还提供了一些常用的图像比例和尺寸预设，也能给裁剪操作提供便利。单击工具选项栏中的 ⌄ 按钮，打开下拉菜单可以找到这些选项，如图10-23所示。

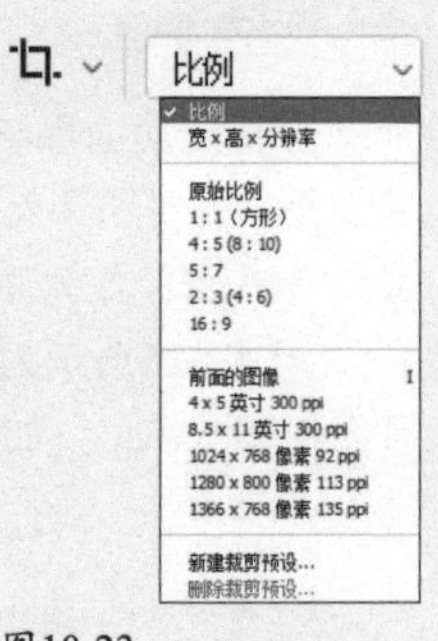

图10-23

- 比例：选择该选项后，会出现两个文本框，在文本框中可以输入裁剪框的长宽比。如果要交换两个文本框中的数值，可单击 ⇄ 按钮。如果要清除文本框中的数值，可单击"清除"按钮。
- 宽×高×分辨率：选择该选项后，可在出现的文本框中输入裁剪框的宽度、高度和分辨率，并且可以选择分辨率单位。Photoshop会按照设定的尺寸裁剪图像。例如，输入宽度95厘米、高度110厘米、分辨率50像素/英寸后，在进行裁剪时会始终锁定长宽比，并且裁剪后图像的尺寸和分辨率会与设定的数值一致。
- 原始比例：无论怎样拖曳裁剪框，裁剪时始终保持图像原始的长宽比，非常适合裁剪照片。
- 预设的长宽比/预设的裁剪尺寸：1:1（方形）、5:7等选项是预设的长宽比；4×5英寸300ppi、1024×768

像素 92ppi 等选项是预设的裁剪尺寸。如果要自定义长宽比和裁剪尺寸，可以在该选项右侧的文本框中输入数值。

- **前面的图像：** 可基于一个图像的尺寸和分辨率裁剪另一个图像。操作时打开两个图像，使参考图像处于当前编辑状态，选择裁剪工具，在选项栏中选择“前面的图像”选项，然后使需要裁剪的图像处于当前编辑状态即可（可以按Ctrl+Tab 快捷键切换文件）。
- **新建裁剪预设/删除裁剪预设：** 拖出裁剪框后，选择“新建裁剪预设”命令，可以将当前创建的长宽比保存为一个预设文件。如果要删除自定义的预设文件，可将其选择，再执行“删除裁剪预设”命令。

裁剪选项

单击工具选项栏中的按钮，可在打开的下拉面板中设置裁剪框内、外的图像如何显示，如图10-24所示。

- **使用经典模式：** 勾选该选项后，可以使用 Photoshop CS6 及以前版本的裁剪工具来操作。例如，将鼠标指针放在裁剪框外，拖曳鼠标进行旋转时，可以旋转裁剪框，如图 10-25 所示。未勾选该选项则旋转的是图像，如图 10-26 所示。
- **显示裁剪区域：** 勾选该选项，可以显示裁剪的区域；取消勾选，则仅显示裁剪后的图像。
- **自动居中预览：** 裁剪框内的图像自动位于画面中心。
- **启用裁剪屏蔽：** 勾选该选项后，裁剪框外的区域会被“颜色”选项中设置的颜色屏蔽（默认颜色为白色，不透明度为 75%）。如果要修改屏蔽颜色，可以在“颜色”下拉列表中选择“自定义”选项，打开“拾色器”对话框进行调整，效果如图 10-27 所示。还可在“不透明度”选项中调整颜色的不透明度，效果如图 10-28 所示。此外，勾选“自动调整不透明度”选项，Photoshop 会自动调整屏蔽颜色的不透明度。

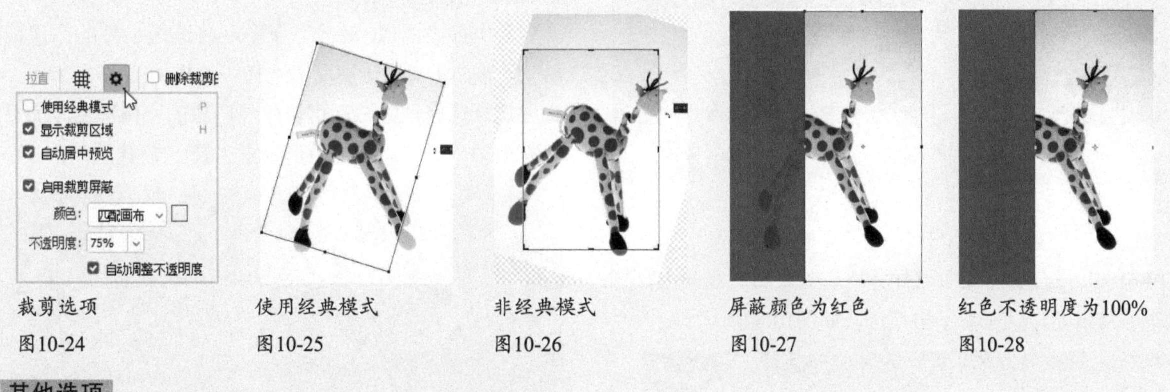

裁剪选项 图10-24　使用经典模式 图10-25　非经典模式 图10-26　屏蔽颜色为红色 图10-27　红色不透明度为100% 图10-28

其他选项

- **内容识别：** 通常在旋转裁剪框时，画面中会出现空白区域，勾选该选项以后，可以自动填充空白区域。如果选择“使用经典模式”选项，则无法使用该选项。
- **删除裁剪的像素：** 在默认情况下，Photoshop 会将裁掉的图像保留在暂存区（见 74 页）（使用移动工具拖曳图像，可以将隐藏的图像内容显示出来）。如果要彻底删除被裁剪的图像，可勾选该选项，再进行裁剪操作。
- **复位：** 单击该按钮，可以将裁剪框、图像旋转及长宽比恢复为最初状态。
- **提交✓/取消⊘：** 单击✓按钮或按 Enter 键，可以确认裁剪操作。单击⊘按钮或按 Esc 键，可以放弃裁剪。

10.2.1 实战：裁出超宽幅照片并自动补空（裁剪工具）

要点

裁剪工具有很多用途，既可裁剪图像，也能增加画布范围，以及校正水平线（将倾斜的画面调正）。由于该工具集成了内容识别填充功能，所以在旋转或增加画布时，如果出现空白区域，Photoshop能自动填满图像，如图10-29所示。

扫码看视频

图10-29

01 选择裁剪工具，勾选“内容识别”选项，在工具选项栏中单击按钮，打开下拉菜单，选择“三等分”参考线。在画面中单击，显示裁剪框，如图10-30所示。按Ctrl+-

快捷键缩小视图比例，让暂存区显示出来，如图10-31所示。

图10-30

图10-31

02 拖曳左、右定界框，扩展画布（即画面范围），如图10-32所示。另外，要依据参考线进行构图，让画面中的主要对象——船处在左侧网格交叉点上。

03 将鼠标指针放在定界框外，拖曳鼠标，对画面进行旋转。这时会自动显示网格参考线。观察画面中的水平线，即水与山交界处，让它与网格平行，如图10-33所示。

图10-32

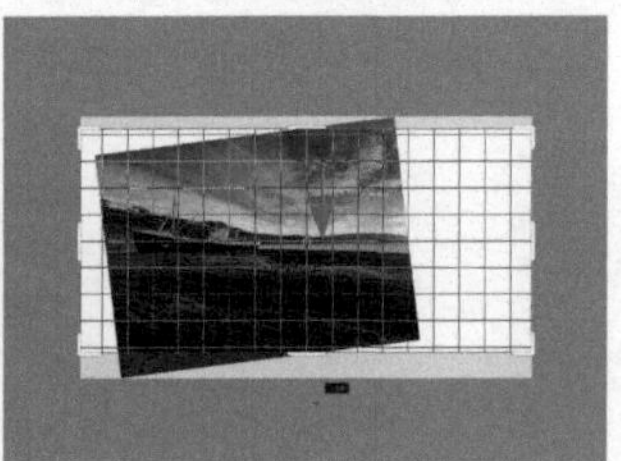

图10-33

04 按Enter键确认。由于勾选了“内容识别”选项，Photoshop会从图像中取样并填充到新增的画布上，图像衔接得非常自然，几乎看不出痕迹，如图10-34所示。

图10-34

技术看板　裁剪工具使用技巧

拖曳裁剪框上的控制点可以缩放裁剪框。按住Shift键拖曳控制点，可进行等比缩放。在裁剪框内拖曳可以移动图像。

如果照片中画面内容倾斜，可以选择裁剪工具，单击工具选项栏中的拉直工具，然后在画面中拖曳出一条线，让它与地平线、建筑物墙面或其他关键元素对齐，放开鼠标左键后，可将画面调整到正确的角度。

10.2.2 实战：横幅改纵幅（“裁剪”命令）

要点

扫码看视频

使用裁剪工具时，如果裁剪框太靠近窗口的边界，便会自动吸附过去，导致无法做出细微的调整。遇到这种情况，可以用选区定义裁剪范围。

01 按Ctrl+A快捷键全选图片。执行“选择>变换选区”命令，显示定界框。按Ctrl+-快捷键，将视图比例调小，如图10-35所示。

02 将鼠标指针放在定界框外，按住Shift键并进行拖曳，将选区旋转90°，如图10-36所示。放开Shift键，拖曳边角的控制点，将选区等比缩小；将鼠标指针放在选区内进行拖曳，移动选区，使其选中要保留的图像，如图10-37所示。按Enter键关闭定界框。

03 执行“图像>裁剪”命令，将选区以外的图像裁剪掉。按Ctrl+D快捷键取消选择。效果如图10-38所示。通过全选并旋转选区的方法，可以确保图像的比例不变。如果对比例没有要求，也可以使用矩形选框工具创建选区。

图10-35

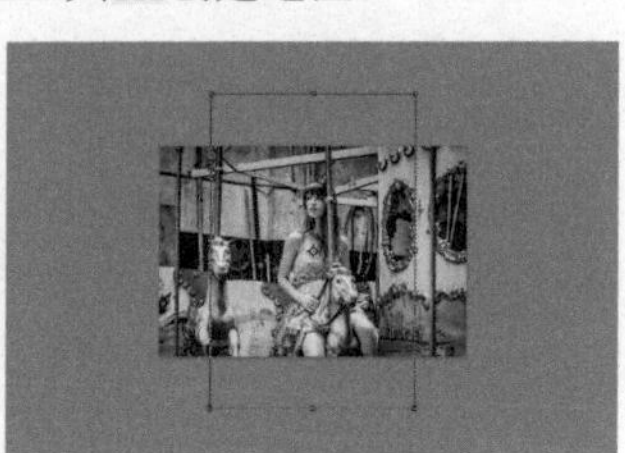

图10-36

图10-37

图10-38

10.2.3 实战：裁掉多余背景（“裁切”命令）

01 打开素材，如图10-39所示。下面通过“裁切”命令将兵马俑周围多余的橙色背景裁掉。

扫码看视频

图10-39

02 执行“图像>裁切”命令，打开“裁切”对话框，选择“左上角像素颜色”并勾选“裁切”选项组内的全部选项，如图10-40所示，单击“确定”按钮，效果如图10-41所示。

图10-40

图10-41

“裁切”命令选项

- 透明像素：裁掉图像边缘的透明区域，留下包含非透明像素的最小图像。
- 左上角像素颜色/右下角像素颜色：从图像中删除左上角/右下角像素颜色的区域。
- 裁切：可设置要裁剪的区域。

10.2.4 实战：快速制作证件照

本实战学习如何快速制作证件照。找素材时最好选用白色背景的照片，这样做出来的效果较好。稍微有点颜色也不要紧，可以通过后期调色的方法修掉，如图10-42所示。

扫码看视频

图10-42

01 选择裁剪工具。单击工具选项栏中的按钮，打开下拉菜单，选择“宽×高×分辨率”，输入1英寸证件照的尺寸，即2.5厘米×3.5厘米，分辨率为300像素/英寸，如图10-43所示。

宽 x 高 x 分... | 2.5 厘米 | 3.5 厘米 | 300 | 像素/英寸

图10-43

02 先单击画板，然后将鼠标指针放在裁剪框外，拖曳鼠标，将人的角度调正，如图10-44所示；再调整裁剪框大小及位置，如图10-45所示。按Enter键进行裁剪。

图10-44

图10-45

03 按Ctrl+L快捷键，打开“色阶”对话框，选择白场吸管，如图10-46所示。在背景上单击，将背景颜色调整为白色，同时，图像中的色偏（偏绿）也会被校正过来。如图10-47所示。

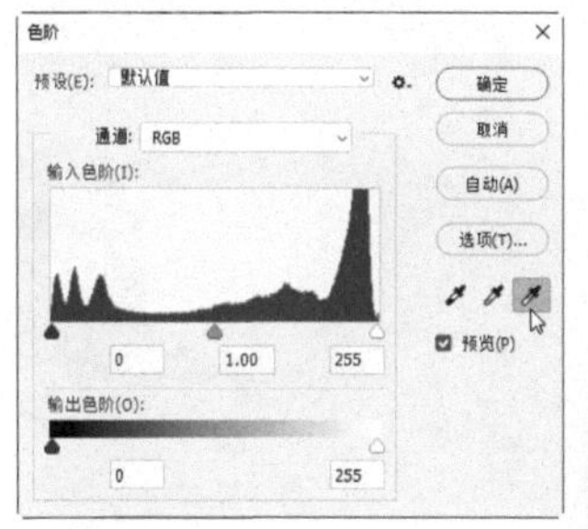

图10-46

图10-47

04 按Ctrl+N快捷键，使用预设创建一个4英寸×6英寸大小的文件，如图10-48所示。使用移动工具将照片拖入该文件中。按住Shift+Alt键并拖曳鼠标进行复制，一共8张，如图10-49所示。

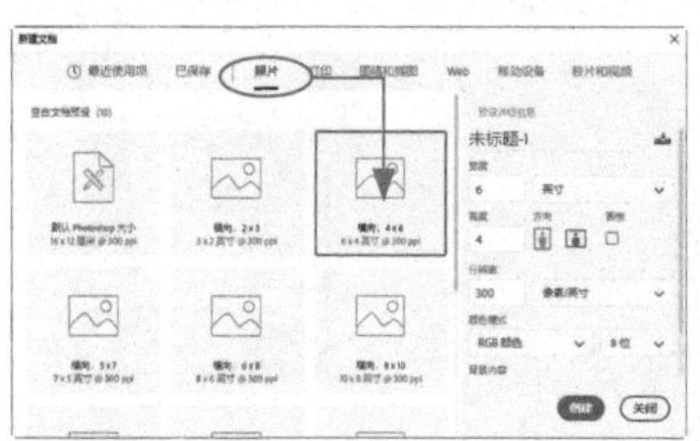

图10-48

图10-49

画面修正

下面介绍怎样校正由于拍摄方法不对，或相机镜头缺陷而导致的问题，包括画面扭曲、色差和暗角等。其中有些问题并不完全属于照片瑕疵，只要善加利用，还能用于制作特效，如大头照、Lomo照片效果等。

10.3.1

实战：校正扭曲的画面（透视裁剪工具）

01 打开素材，如图10-50所示。选择透视裁剪工具，拖曳鼠标创建矩形裁剪框。拖曳裁剪框四个角的控制点，使其对齐到展板边缘，如图10-51所示。

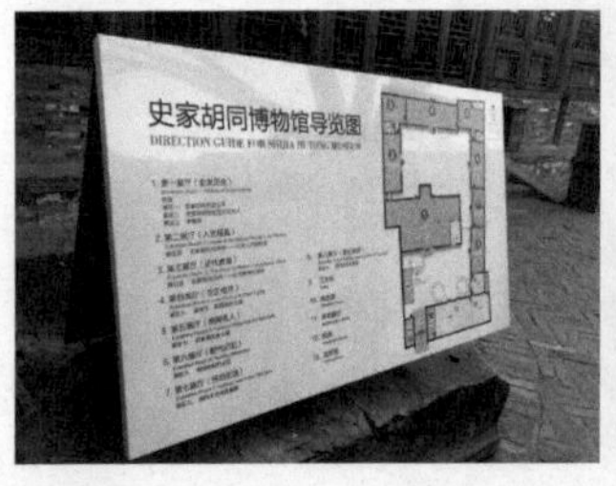

图10-50

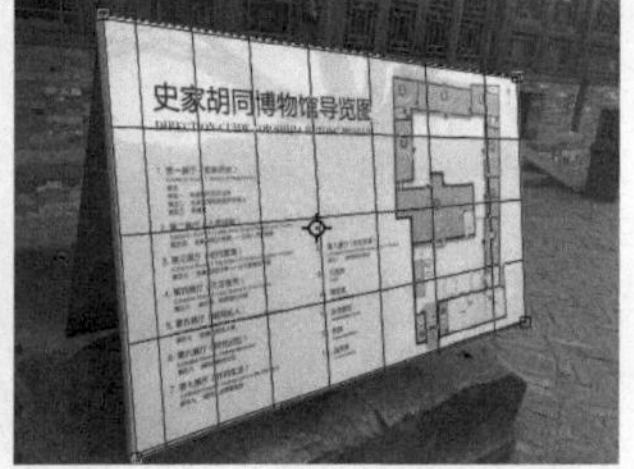

图10-51

02 按Enter键裁剪图像，同时校正透视畸变，如图10-52所示。单击“调整”面板中的按钮，创建“色阶”调整图层。拖曳滑块，调整色调，如图10-53所示。

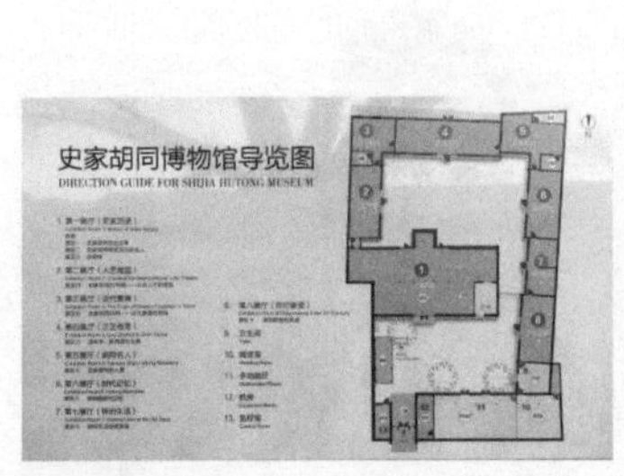

图10-52

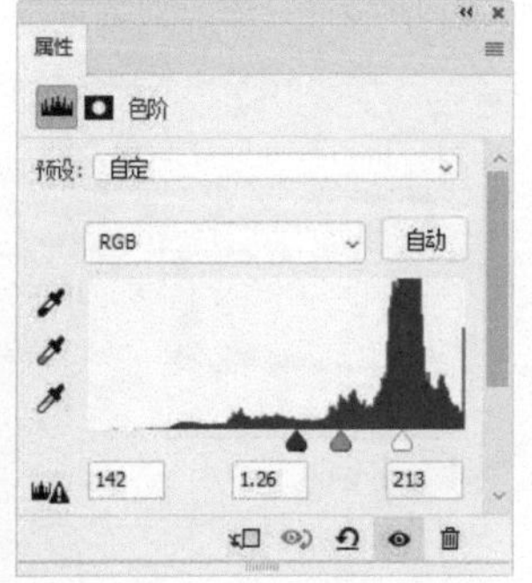

图10-53

03 设置调整图层的混合模式为“叠加”，如图10-54和图10-55所示。

图10-54

图10-55

技术看板　校正透视畸变

拍摄高大的建筑时，由于视角较低，竖直的线条会向消失点集中，产生透视畸变。透视裁剪工具能很好地解决这个问题。

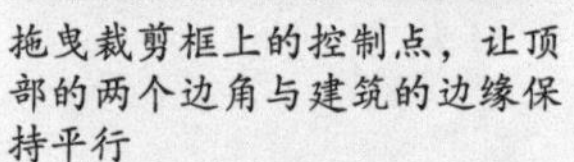

拖曳裁剪框上的控制点，让顶部的两个边角与建筑的边缘保持平行

按Enter键裁剪图像，同时校正透视畸变（两侧的建筑不再向中间倾斜）

10.3.2

实战：校正超广角镜头引起的弯曲

“自适应广角”滤镜可以自动检测相机和镜头型号，之后找到与之相适应的配置文件，并将全景图像或使用鱼眼（即超广角）镜头拍摄的弯曲的对象拉直。

01 打开素材。执行“滤镜>自适应广角”命令，打开“自适应广角”对话框，如图10-56所示。对话框左下角会显示拍摄此照片所使用的相机和镜头型号。可以看到，这是用佳能EF8-15mm/F4L鱼眼（即超广角）镜头拍摄的照片。

图10-56

02 Photoshop会自动对照片进行简单的校正，不过效果还不完美，还需手动调整。在“校正”下拉列表中选择

“鱼眼”选项。选择约束工具，将鼠标指针放在出现弯曲的对象上，拖曳鼠标画出一条绿色的约束线，即可将弯曲的对象拉直。采用这种方法，在玻璃展柜、顶棚和墙的侧立面创建约束线，如图10-57所示。

图10-57

03 单击“确定”按钮关闭对话框。用裁剪工具将空白部分裁掉，如图10-58所示。

图10-58

“自适应广角”滤镜工具及选项

- 约束工具：单击图像或拖曳端点，可以添加或编辑约束线。按住Shift键并单击可添加水平/垂直约束线，按住Alt键并单击可删除约束线。
- 多边形约束工具：单击图像或拖曳端点，可以添加或编辑多边形约束线。按住Alt键并单击可删除约束线。
- 校正：在该下拉列表中选择“鱼眼”选项，可以校正由鱼眼镜头所引起的极度弯度；“透视”选项可以校正由视角和相机倾斜角所引起的汇聚线；“自动”选项可自动地检测并进行校正；“完整球面”选项可以校正360° 全景图。
- 缩放：校正图像后缩放图像，以填满空白区域。
- 焦距：用来指定镜头的焦距。如果在照片中检测到镜头信息，会自动填写此值。
- 裁剪因子：用来确定如何裁剪最终图像。此值与“缩放”配合使用可以填充应用滤镜时出现的空白区域。
- 原照设置：勾选该选项，可以使用镜头配置文件中定义的值。如果没有找到镜头信息，则禁用此选项。
- 细节：该选项中会实时显示鼠标指针下方图像的细节(比例为100%)。使用约束工具和多边形约束工具时，可通过观察该图像来准确定位约束点。
- 显示约束/显示网格：显示约束线和网格。

10.3.3 实战：制作哈哈镜效果大头照

摄影器材里有一种可以拍摄超大视角的镜头——鱼眼镜头（焦距为16mm或更短，视角接近或等于180° ）。无人机拍摄的地面全景照片，以及场所监控设备等使用的多是这种镜头。用鱼眼镜头拍摄时，物体会发生弯曲，呈现强烈的透视畸变。应用在人像上，可以获得类似哈哈镜的夸张效果。“自适应广角”滤镜可以模拟这种效果，如图10-59所示。

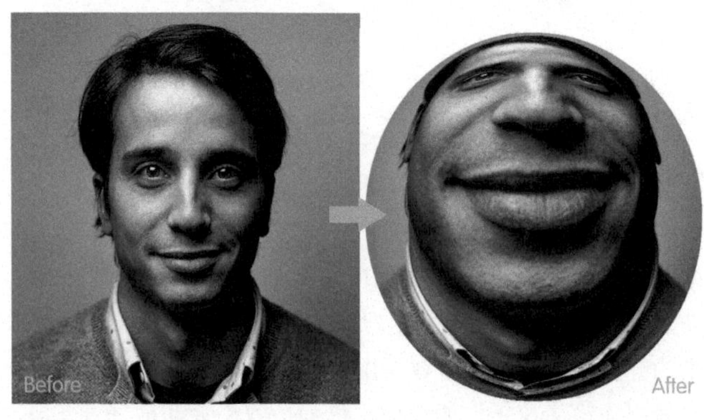

图10-59

01 执行“滤镜>自适应广角”命令，打开“自适应广角”对话框。在“校正”下拉列表中选择“透视”选项。将“焦距”滑块拖曳到最左侧，让膨胀效果达到最强，此时图像会扩展到画面以外，将“缩放”设置为80%，使图像缩小，让其重新回到画面内，如图10-60所示。

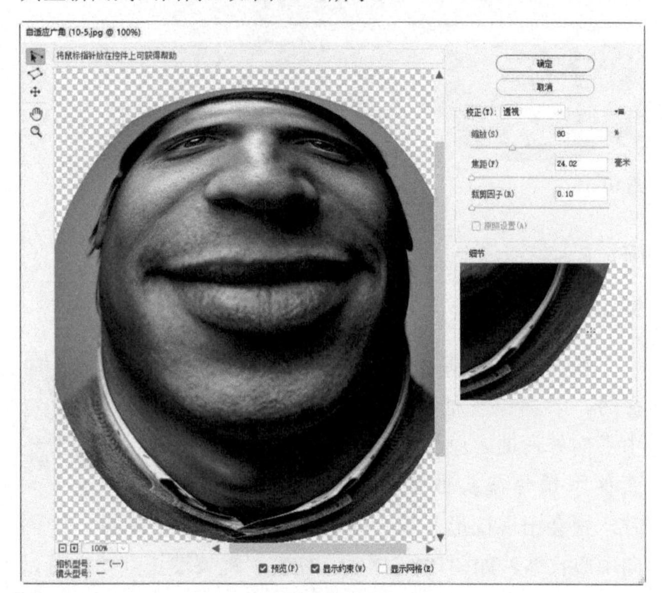

图10-60

02 经过滤镜的扭曲以后，图像的边界不太规则，使用椭圆选框工具◯创建选区，如图10-61所示，单击“图层”面板中的 ◘ 按钮，创建蒙版，将选区外的图像遮盖，如图10-62所示。

图10-61

图10-62

10.3.4

实战：校正色差

色差是光分解（见216页）造成的，具体表现为背景与前景相接的边缘出现红、蓝或绿色杂边，如图10-63所示。拍摄照片时，如果背景的亮度高于前景，就容易出现色差。此类照片使用“镜头校正”滤镜校正色差，效果会非常好。

图10-63

10.3.5

实战：校正桶形失真和枕形失真

使用广角镜头或变焦镜头的最大广角拍摄时，容易出现桶形失真，即水平线从图像中心向外弯曲，画面膨胀，如图10-64所示。而使用长焦镜头或变焦镜头的长焦端拍摄时，则会出现枕形失真，即水平线朝图像中心弯曲，画面向中心收缩，如图10-65所示。使用“镜头校正”滤镜可以校正这两种失真。

图10-64

图10-65

10.3.6

实战：校正暗角

暗角也称晕影，特征非常明显，即画面四周，尤其边角位置的颜色比中心暗，如图10-66所示。使用“镜头校正”滤镜可以将边角调亮，让暗角消失，如图10-67所示。

图10-66

图10-67

10.3.7

实战：Lomo照片，彰显个性和态度

暗角能让视觉焦点集中在重要对象上，在古典油画、人像摄影中运用比较多。暗角也是Lomo照片的重要特征。这是一种用Lomo相机拍摄的照片，如图10-68所示。

图10-68

这种相机对红、蓝、黄感光特别敏锐，冲洗出来的照片色泽异常艳丽，但成像质量不高，画面有些模糊，具有颗粒感，暗角也比较大。这些看起来不为“正统”摄影所接受的瑕疵，由于阴差阳错的关系，反而引领了风尚，并

发展成为一个独特的艺术门类，在崇尚随意、自由、个性的年轻人中非常流行。

本实战使用“镜头校正”和调整图层制作一张Lomo效果照片，如图10-69所示。

图10-69

01 按Ctrl+J快捷键，复制“背景”图层。执行“滤镜>镜头校正”命令，打开“镜头校正”对话框。单击“自定”选项卡并调整“晕影”选项组中的参数，在照片四周添加暗角，如图10-70所示。单击“确定”按钮关闭对话框。

图10-70

02 执行“滤镜>杂色>添加杂色”命令，在照片中添加杂点，如图10-71所示。执行“滤镜>模糊>高斯模糊”命令，对照片进行模糊处理，如图10-72和图10-73所示。

图10-71　图10-72　图10-73

03 单击“图层”面板底部的 按钮，打开菜单，执行“渐变”命令，创建渐变填充图层。设置渐变颜色及参数，如图10-74所示。将图层的混合模式设置为“亮光”，如图10-75和图10-76所示。

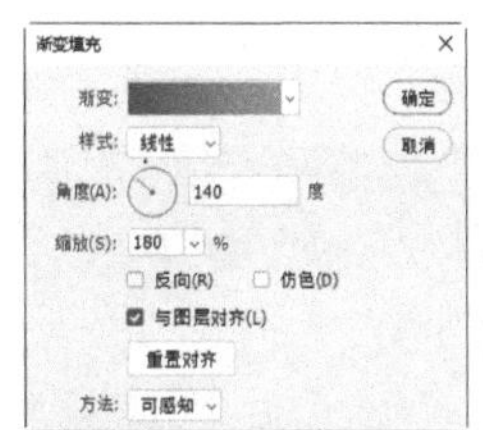

图10-74　图10-75　图10-76

10.3.8 应用透视变换

在“镜头校正”对话框中，“变换”选项组中包含扭曲图像的选项，如图10-77所示，可用于修复由于相机垂直或水平倾斜而导致的透视扭曲。

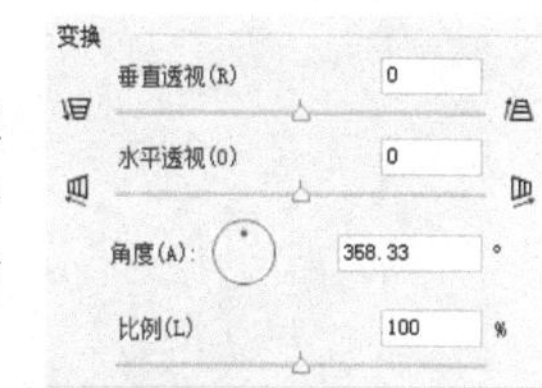

图10-77

- **垂直透视/水平透视**：用于校正由于相机向上或向下倾斜而导致的透视扭曲。“垂直透视”可以使图像中的垂直线平行；“水平透视”可以使图像中的水平线平行，如图10-78和图10-79所示。

图10-78　图10-79

- **比例**：可以调整图像的缩放比例，图像的原始像素尺寸不会改变。它的主要用途是填充由于枕形失真、旋转或透视校正而产生的空白区域。注意，放大比例过高会导致图像变虚。

> *提示*
>
> “镜头校正”对话框中的拉直工具 可用于调整图像角度。此外，也可在“角度”右侧的文本框中输入数值，对画面进行精确或更加细微的角度调整。

10.3.9 实战：自动校正镜头缺陷

01 打开素材。这张照片的问题出现在天花板上，如图10-80所示，这是用广角镜头拍摄而导致的膨胀变形。

扫码看视频

02 执行“滤镜>镜头校正”命令，打开“镜头校正”对话框，Photoshop会根据照片元数据中的信息提供相应的配置文件。勾选“校正”选项组中的选项，即可自动校正照片中出现的问题，如桶形失真或枕形失真（勾选“几何扭曲”）、色差和晕影等，如图10-81所示。

图10-80

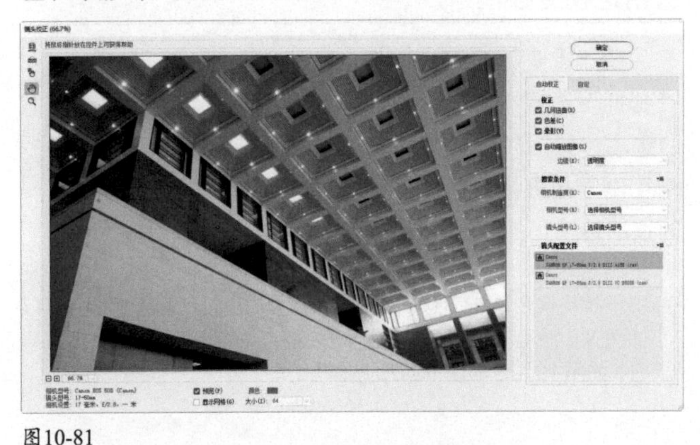
图10-81

> **提示**
>
> 执行“文件>自动>镜头校正”命令，也可以校正色差、晕影和几何扭曲。

“镜头校正”对话框选项

- **“校正”选项组：** 可以选择要校正的缺陷，包括几何扭曲、色差和晕影。如果校正后的图像尺寸超出了原始尺寸，可勾选“自动缩放图像”选项，或者在“边缘”下拉列表中指定如何处理出现的空白区域。选择“边缘扩展”，可扩展图像的边缘像素来填充空白区域；选择“透明度”，空白区域保持透明；选择“黑色”或“白色”，则使用黑色或白色填充空白区域。
- **“搜索条件”选项组：** 可以手动设置相机的制造商、相机型号和镜头类型，这些选项指定之后，Photoshop就会给出与之匹配的镜头配置文件。
- **“镜头配置文件”选项组：** 可以选择与相机和镜头匹配的配置文件。
- **显示网格：** 校正扭曲和画面倾斜时，可以勾选“显示网格”选项，在网格线的辅助下，很容易校准水平线、垂直线和地平线。网格间距可在“大小”选项中设置，单击颜色块，则可修改网格颜色。

拼接照片

拍摄风景时，面对较大的场景，如果广角镜头也无法拍全，则可以将场景分成几段拍摄，再用Photoshop将照片拼接成全景图。

10.4.1

实战：拼接全景照片

01 执行“文件>自动>Photomerge”命令，打开“Photomerge”对话框。选择“自动”“混合图像”“内容识别填充透明区域”选项，单击“浏览”按钮，如图10-82所示，在弹出的对话框中选择配套资源中的照片素材，如图10-83所示。单击“确定”按钮，将其添加到“源文件”列表中，如图10-84所示。

扫码看视频

02 勾选“混合图像”选项，让Photoshop修改照片的曝光，使图像衔接自然。勾选“内容识别填充透明区域”选项，Photoshop会自动填充照片拼接时出现的空缺。单击“确定”按钮，Photoshop会自动拼合照片，并为其添加图层蒙版，使照片之间无缝衔接，如图10-85所示。使用裁剪工具 将空白区域和多余的图像内容裁掉，如图10-86所示。

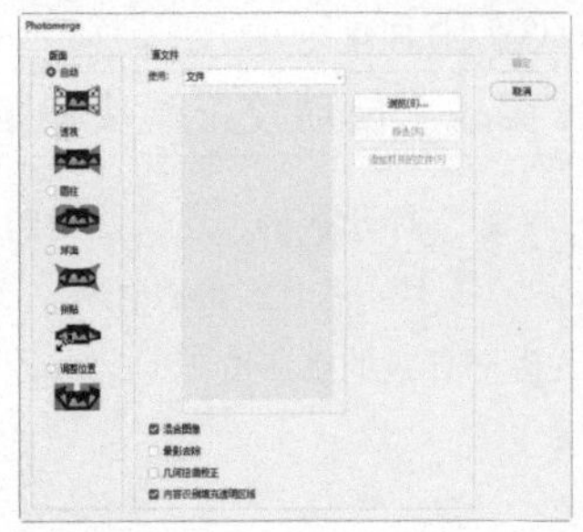
图10-82

图10-83

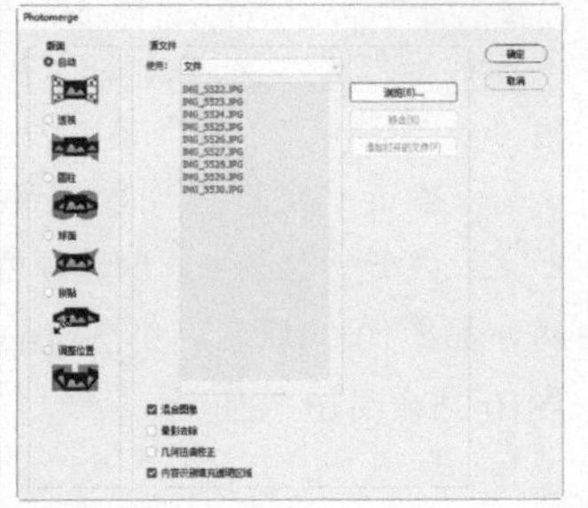
图10-84

图10-85

图10-86

“Photomerge”对话框“版面”选项

- **自动：** Photoshop 会分析源文件并应用“透视”或“圆柱”版面（取决于哪一种版面能够生成更好的复合图像）。
- **透视：** 将源文件中的一个图像（默认情况下为中间的图像）指定为参考图像来创建一致的复合图像。然后变换其他图像（必要时进行位置调整、伸展或斜切），以便匹配图层的重叠内容。
- **圆柱：** 在展开的圆柱上显示各个图像来减少在“透视”版面中出现的“领结”扭曲。图层的重叠内容仍匹配，将参考图像居中放置。该方式适合创建宽全景图。
- **球面：** 将图像与宽视角对齐（垂直和水平）。指定某个源图像（默认情况下是中间图像）作为参考图像，并对其他图像执行球面变换，以便匹配重叠的内容。如果是360° 全景拍摄的照片，可选择该选项，拼合并变换图像，以模拟观看360° 全景图的感受。
- **拼贴：** 对齐图层并匹配重叠内容，不修改图像中对象的形状（例如，圆形将保持为圆形）。
- **调整位置：** 对齐图层并匹配重叠内容，但不会变换（伸展或斜切）任何源图层。

> *提示*
>
> 使用“编辑”菜单中的“自动对齐图层”和“自动混合图层”命令也可制作全景照片。其中，“自动对齐图层”命令可根据不同图层中的相似内容（如角和边）自动对齐图层。我们可以指定一个图层作为参考图层，也可让Photoshop自动选择参考图层，其他图层将与参考图层对齐，以便匹配的内容能够自行叠加。用“自动混合图层”命令制作全景照片时，Photoshop会根据需要对每个图层应用图层蒙版，以遮盖过度曝光或曝光不足的区域或内容之间的差异，从而创建无缝拼贴和平滑的过渡效果。

10.4.2 全景照片拍摄技巧

全景照片在商业上用途比较大。例如，旅游风景区以360° 全景照片展示景点，可以给潜在旅游者身临其境的感觉；宾馆、酒店等服务场所用全景照片展现环境，可以给客户以实在的感受。此外，楼盘展示楼宇外观、房屋结构和室内设计等也会用全景照片这种形式。

拍摄全景照片需要使用三脚架，在固定位置，将相机向一侧旋转拍摄。而且一张照片和相邻的下一张照片要有10%～15%的内容重叠，也就是说前一张照片中至少要有10%的内容出现在下一张照片里，这样Photoshop才能通过识别重叠的图像来拼接照片。

一般垂直拍摄的照片要比水平拍摄的照片的边缘变形更少，合成之后效果也更好。此外，为了使照片的曝光值保持一致，最好使用手动模式，如果用曝光优先和快门优先模式，那每张照片的曝光参数都不同，拍出的照片会亮度不一，不适合做全景图。

技术看板　裁剪并拉直照片

每个人家里都有珍贵的老照片，要用Photoshop处理这些照片，需要先用扫描仪将它们扫描到计算机中。如果将多张照片扫描在一个文件中，可以用“文件>自动>裁剪并拉直照片”命令，自动将各个图像裁剪为单独的文件。

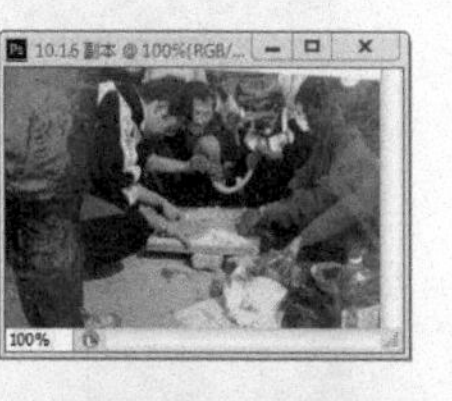

技术看板 制作联系表

执行“文件>自动>联系表Ⅱ”命令，可以为指定的文件夹中的图像创建缩览图。通过缩览图可以轻松地预览一组图像或对其进行编目。

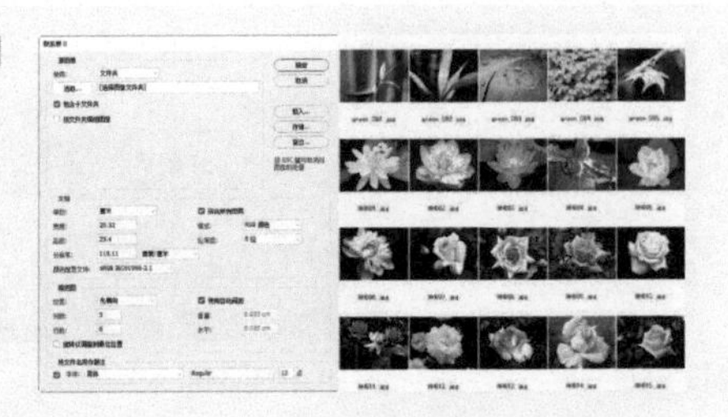

控制景深范围

景深是由相机的镜头控制的，Photoshop并不能改变景深，但可以选取照片中清晰的景物进行合成，或者对某段距离的图像做模糊处理，使景深看上去发生了改变。

·PS技术讲堂·

什么是景深

拍摄照片时，通过调节相机镜头使离相机较远的景物清晰成像的过程叫作对焦，那个景物所在的点，称为对焦点。因为清晰并不是一种绝对的概念，所以，对焦点前（靠近相机）、后一定距离内景物的成像也可以是清晰的，这个前后范围，就叫作景深，如图10-87所示。

图10-87

景深控制画面主体和背景的清晰度，扩大景深，可以使更多内容清晰可见；缩小景深，则会将次要内容（一般是背景）虚化，以便突出清晰的主体。

光圈、镜头及拍摄物的距离是影响景深的几大要素。从镜头方面看，光圈值越大（F值越小），如图10-88所示，景深越浅，拍出的虚化效果就越强，可以有效地将主体与背景分离，常用于人像、静物、花卉、美食等拍摄题材，如图10-89和图10-90所示。

图10-88

图10-89

图10-90

小光圈则有着很大的清晰范围，能最好地发挥摄影的“记录”功能，适用于风光、旅游、建筑、纪实类等拍摄题材，如

图10-91和图10-92所示。此外，镜头焦距越长、主体越近，景深越浅；反之焦距越短、主体越远，景深越深。

图10-91

图10-92

10.5.1

实战：制作全景深照片（“自动混合图层”命令）

要点

景深的概念也可以理解为照片清晰的范围。全景深照片的清晰范围最大，画面中几乎所有景物都是清楚的。如果摄影器材不支持大景深，可以用多张照片来进行合成。

图10-93所示的3张照片在拍摄时分别对焦于茶碗、水滴壶和笔架，所以曝光和清晰范围都不一样。在合成时，除了要让茶碗、水滴壶和笔架都清晰外，色调上的细微差别也要用Photoshop修正过来。

图10-93

01 执行“文件>脚本>将文件载入堆栈”命令，弹出“载入图层”对话框，单击“浏览”按钮，在弹出的对话框中选择照片素材，如图10-94所示。将这3张照片添加到“使用”列表中，如图10-95所示。单击“确定”按钮，所有照片会加载到新建的文件中，如图10-96所示。

02 由于拍摄时没有使用三脚架，在根据每个器物的位置调整对焦点时，相机免不了有轻微的移动，哪怕是极小的移动，照片中器物的位置都会改变。所以，在进行图层混合前要先对齐图层，使3件器物能有一个统一的位置。选取这3个图层，执行“编辑>自动对齐图层”命令，打开“自动对齐图层”对话框，默认选项为“自动”，如图10-97所示。Photoshop会自动分析图像内容的位置，然后进行对齐，单击“确定”按钮，将图层中的主体对象对齐。边缘部分可以在最后整理图像时进行裁切，如图10-98所示。

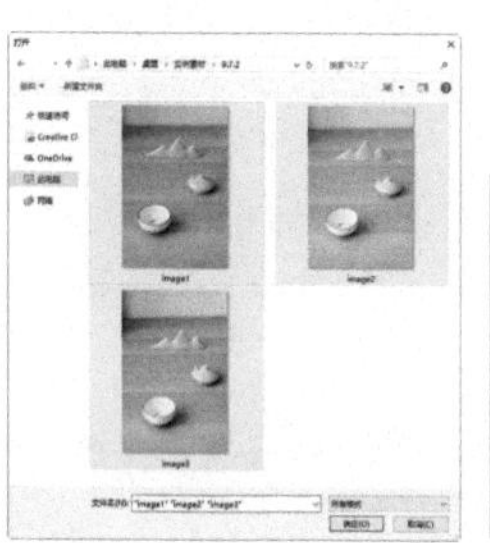

图10-94

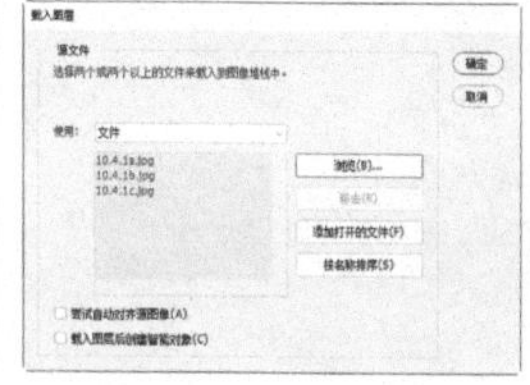

图10-95

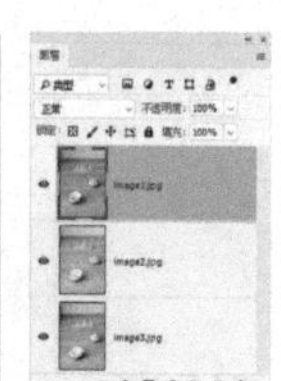

图10-96

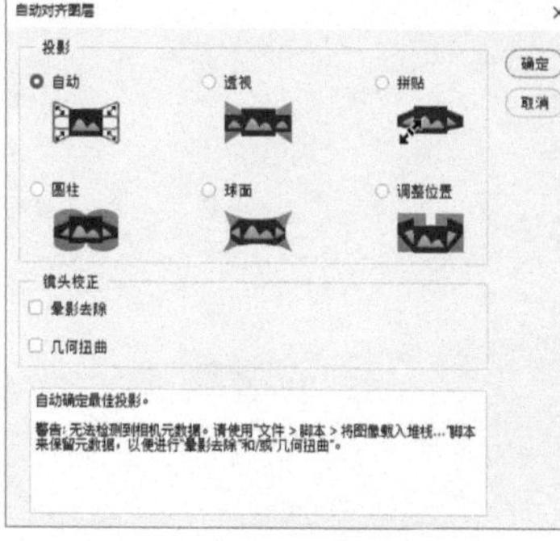

图10-97

图10-98

03 执行“编辑>自动混合图层”命令，将“混合方法”设置为“堆叠图像”，它能很好地将已对齐的图层的细节呈现出来；勾选“无缝色调和颜色”选项，调整颜色和色调以便进行混合；勾选“内容识别填充透明区域”选项，将透明区域用自动识别的内容填满，如图10-99所示。单击“确定”按钮，3个图层上会自动创建蒙版，以遮盖内容有差异的区域，并将混合结果创建为一个新的图层，如图10-100所示。混合后的照片扩展了景深，每件器物的细节都清晰可见，如图10-101所示。

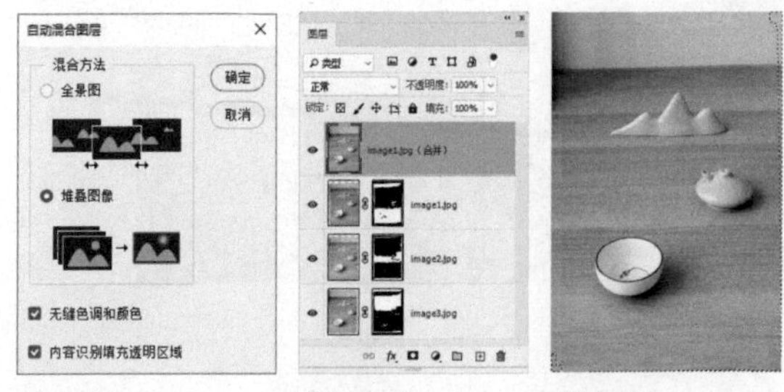

图10-99　　图10-100　　图10-101

04 按Ctrl+D快捷键取消选择。使用裁剪工具 将多余的图像裁切掉，如图10-102所示。

05 将图层颜色稍加调整，就可作为设计素材使用了。单击“调整”面板中的 按钮，添加一个“色彩平衡”调整图层，将色调调暖，体现瓷器古典、温润的质感，与其所呈现的文人气息相合，如图10-103~图10-105所示。再添加一些有书法特点的文字和流动的线条来装饰图像，就构成一幅完整的作品了，如图10-106所示。

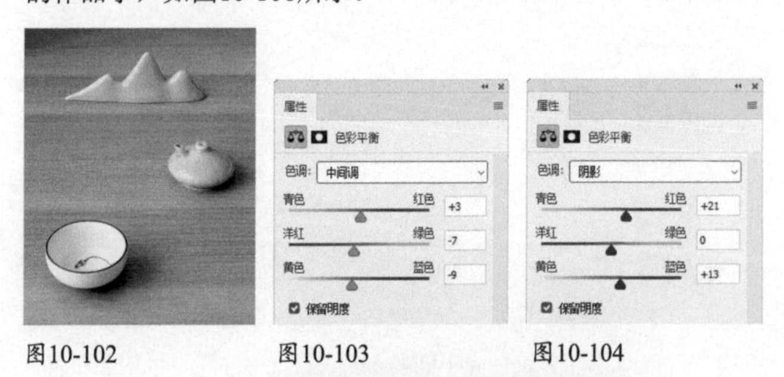

图10-102　　图10-103　　图10-104

图10-105　　图10-106

10.5.2 实战：普通照片变大光圈效果

本实战使用“发现”面板制作浅景深效果，并用“镜头模糊”滤镜生成漂亮的光斑。

扫码看视频

01 单击Photoshop窗口右上角的 按钮，如图10-107所示，打开“发现”面板，依次单击“快速操作”“模糊背景”条目，显示“套用”按钮后，单击它，如图10-108所示。Photoshop首先会将图层转换为智能对象，然后进行模糊处理，并自动识别画面中的人及背景，之后通过蒙版将滤镜范围限定在背景区域，如图10-109所示。

02 当前的模糊效果太轻微了。双击“图层”面板中的智能滤镜，如图10-110所示，打开“高斯模糊”对话框，将参数调大，如图10-111和图10-112所示。

图10-107　　图10-108

图10-109　　图10-110

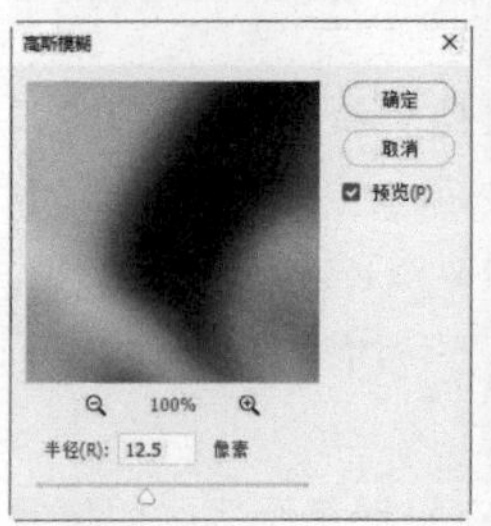

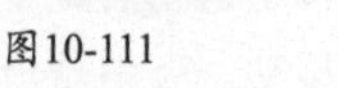

图10-111　　图10-112

03 单击“背景”图层，如图10-113所示，按Ctrl+J快捷键复制，按Ctrl+]快捷键移至顶层，如图10-114所示。

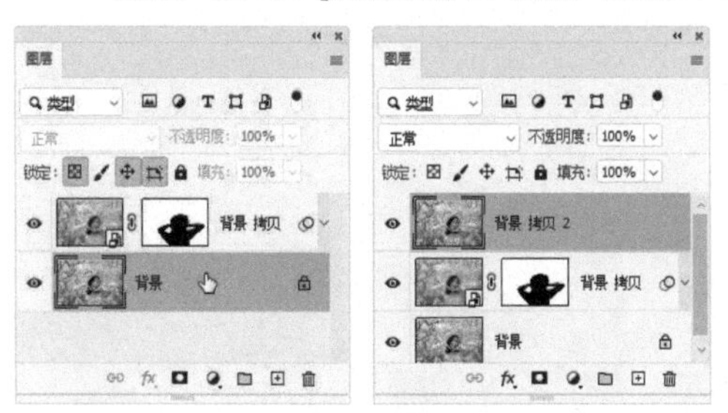

图10-113　　图10-114

04 执行“滤镜>模糊>镜头模糊”命令，打开“镜头模糊”对话框。在“光圈”选项组的“形状”下拉列表中选择“六边形（6）”选项，然后调整“半径”“亮度”和“阈值”，生成漂亮的六边形光斑，如图10-115所示。单击“确定”按钮关闭对话框。

图10-115

技术看板　限定滤镜范围

“镜头模糊”滤镜可以使用Alpha通道或图层蒙版的深度值映射像素的位置，让图像中的某一区域出现在焦点内，其他区域模糊。例如，在“源”下拉列表中选择“图层1拷贝”，便可用该图层中的蒙版将模糊效果限定在背景上，人不会受到影响。

05 单击“图层”面板中的 按钮，创建蒙版。使用画笔工具 在女孩身上涂抹黑色，通过蒙版将身上的滤镜效果遮盖住，如图10-116和图10-117所示。

图10-116　　图10-117

“镜头模糊”滤镜选项

- 更快：可提高预览速度。
- 更加准确：可查看图像的最终效果，但会增加预览时间。
- “深度映射”选项组：在“源”下拉列表中可以选择使用Alpha通道和图层蒙版来创建深度映射。如果图像包含Alpha通道并选择了该项，则Alpha通道中的黑色区域被视为位于照片的前面，白色区域被视为位于远处的位置。“模糊焦距”选项用来设置位于焦点内像素的深度。勾选“反相”选项，可以反转蒙版和通道，然后将其应用。
- “光圈”选项组：用来设置模糊的显示方式。在“形状”下拉列表中可以设置光圈的形状，效果如图10-118所示。通过“半径”值可以调整模糊的数量，拖曳“叶片弯度”滑块可对光圈边缘进行平滑处理，拖曳“旋转”滑块则可旋转光圈。

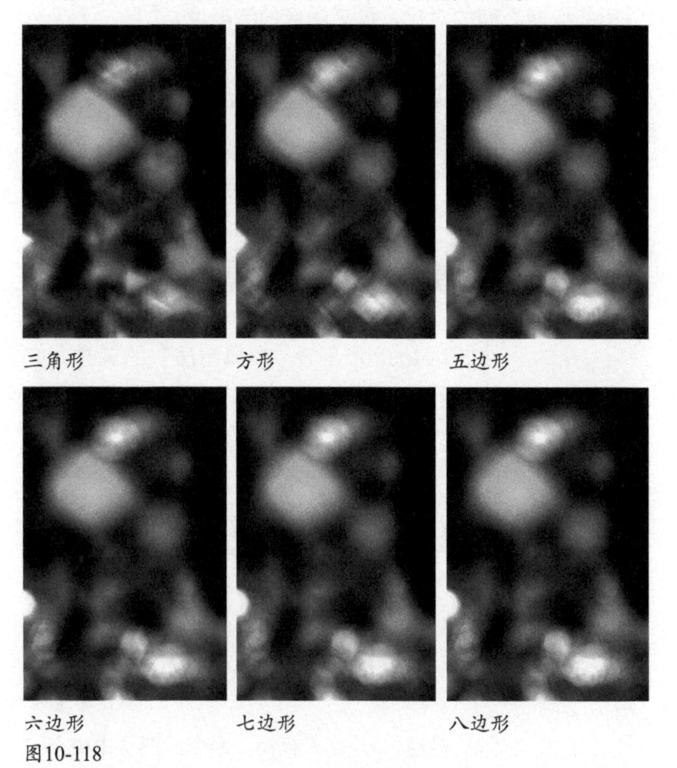

三角形　方形　五边形

六边形　七边形　八边形

图10-118

- “镜面高光”选项组：可设置镜面高光的范围，如图10-119所示。“亮度”选项用来设置高光的亮度；“阈值”选项用来设置亮度截止点，比该截止点亮的所有像素都被视为镜面高光。

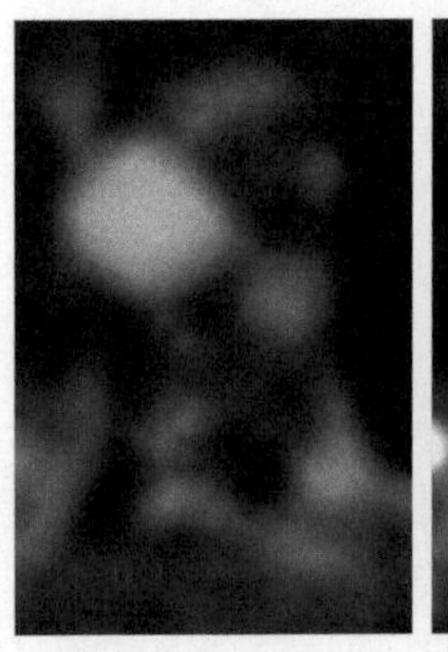
亮度0、阈值200

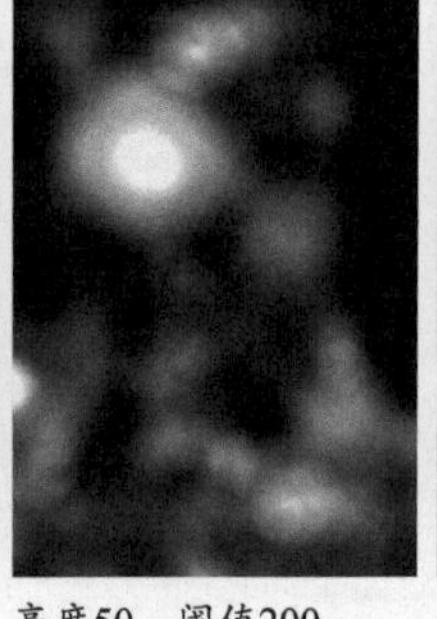
亮度50、阈值200

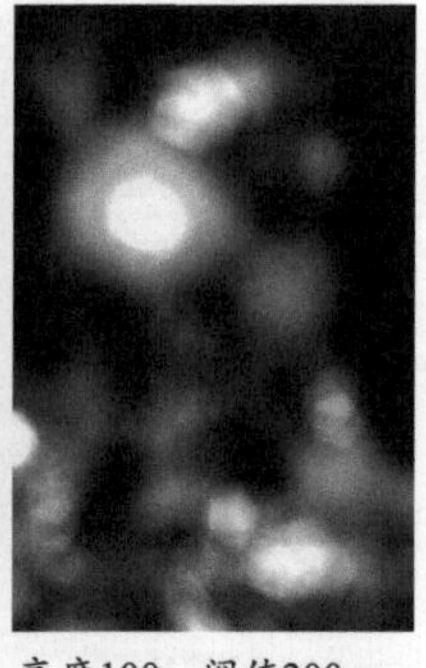
亮度100、阈值200

图10-119

● "杂色"选项组：拖曳"数量"滑块可以在图像中添加或减少杂色。勾选"单色"选项，可以在不影响颜色的情况下为图像添加杂色。添加杂色后，还可设置杂色的分布方式，包括"平均分布"和"高斯分布"。

10.5.3 图像的局部模糊和锐化

前面学习了两种改变景深范围的方法，下面再介绍两个适合处理局部的、小范围清晰度的工具。其中，模糊工具 可以柔化图像，使细节变得模糊。锐化工具 可以增强相邻像素之间的对比，提高图像的清晰度。

例如，图10-120所示为原图，使用模糊工具 处理背景使其变虚，可以创建景深效果，如图10-121所示。使用锐化工具 涂抹前景，可以锐化前景，使图像的细节更加清晰，如图10-122所示。

原图

图10-120

模糊背景

图10-121

锐化前景

图10-122

使用这两个工具时，在图像中拖曳鼠标即可。但如果在同一区域反复涂抹，则会使其变得更加模糊（模糊工具 ），或者造成图像失真（锐化工具 ）。这两个工具的选项基本相同，如图10-123所示。

模式：正常　强度：50%　0°　对所有图层取样　保护细节

图10-123

● 画笔/模式：可以选择一个笔尖，设置涂抹效果的混合模式。

● 强度/角度：用来设置工具的修改强度和画笔角度。

● 对所有图层取样：如果文件中包含多个图层，勾选该选项，表示使用所有可见图层中的数据进行处理；取消勾选，则只处理当前图层中的数据。

● 保护细节：勾选该选项，可以增强细节，弱化不自然感。如果要产生更夸张的锐化效果，应取消勾选该选项。

模拟高品质镜头

Photoshop有着"数码暗房"的美誉，它提供了大量用于处理照片的滤镜，可模拟特殊镜头，创建大光圈景深效果、移轴摄影效果、锐化单个焦点，以及改变多个焦点间的模糊效果等。

10.6.1 实战：散景效果（"场景模糊"滤镜）

"场景模糊"滤镜可以在图像的不同位置添加模糊，且每处模糊都能单独调整滤镜范围和模糊量。用它制作散景，效果非常好，如图10-124所示。

扫码看视频

01 执行"滤镜>模糊画廊>场景模糊"命令，图像中央会出现一个图钉。将其拖曳到鼻梁上，将"模糊"参数设置为0像素，如图10-125和图10-126所示。

图10-124

图10-125

图10-126

> 提示
>
> 拖曳图钉可进行移动。单击一个图钉，可将其选中，按Delete键，可将其删除。

02 在图像左上角单击，添加一个图钉，将“模糊”值设置为15像素。在“效果”面板中调整参数，如图10-127和图10-128所示。

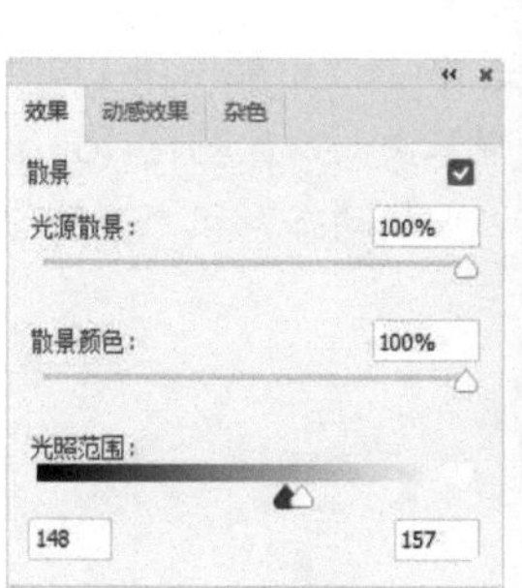

图10-127

图10-128

03 继续添加图钉，并分别调整“模糊”值，如图10-129所示。单击“确定”按钮应用滤镜。

04 新建一个图层，单击“渐变”面板中的渐变色，如图10-130所示，便可将该图层转换为填充图层。调整“不透明度”和混合模式，如图10-131和图10-132所示。

图10-129

图10-130

图10-131

图10-132

“场景模糊”滤镜选项

- 模糊：用来设置模糊强度。
- 光源散景：用来调亮照片中模糊区域的高光量。
- 散景颜色：将更鲜亮的颜色添加到高光区域。该值越高，散景色彩的饱和度越高。
- 光照范围：用来确定当前设置影响的色调范围。

10.6.2

实战：虚化场景，绘制光斑（“光圈模糊”滤镜）

“光圈模糊”滤镜可以定义多个圆形或椭圆形焦点，并对焦点之外的图像进行模糊，生成散景虚化效果。本实战用它制作这样的效果，并用画笔工具绘制光斑，如图10-133所示。

扫码看视频

图10-133

01 执行“滤镜>转换为智能滤镜”命令，将当前图层转换为智能对象，如图10-134所示。执行“滤镜>模糊画廊>光圈模糊”命令，显示操作控件，即光圈和图钉，如图10-135所示。

图10-134

图10-135

02 将鼠标指针移动到光圈里，会显示一个图钉状的圆环，它用来定位焦点，将其拖曳到头发上，如图10-136所示。拖曳光圈上的控制点，旋转光圈，如图10-137所示。

图10-136

图10-137

03 将光圈的范围调小一些，如图10-138所示。在面板中调整参数，如图10-139和图10-140所示。单击“确定”按钮应用滤镜，如图10-141所示。

图10-138

图10-139

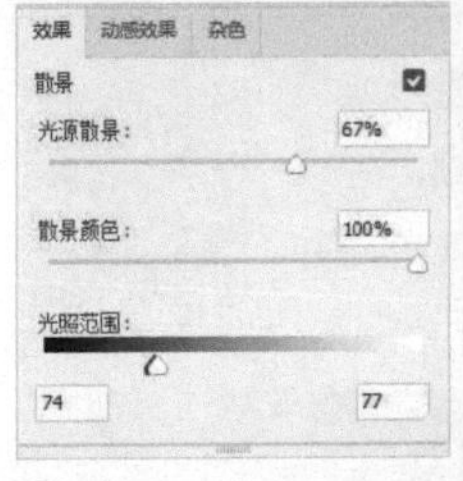

图10-140

图10-141

04 单击智能滤镜的蒙版，如图10-142所示，使用画笔工具在图10-143所示的位置涂抹黑色，这些地方的光斑太耀眼了，蒙版可将滤镜效果遮盖住。

图10-142

图10-143

05 按Ctrl+J快捷键复制图层。执行“图层>智能滤镜>清除智能滤镜”命令，将滤镜删除。单击“图层”面板中的按钮，添加蒙版，使用画笔工具在人物之外的图像上涂抹黑色，用蒙版遮盖图像，让下方滤镜处理过的图像（即光斑）显示出来，如图10-144和图10-145所示。

图10-144

图10-145

06 单击“调整”面板中的按钮，创建“曲线”调整图层，将曲线左下角的控制点拖曳到图10-146所示的位置，以增强对比度。单击“调整”面板中的按钮，创建“色相/饱和度”调整图层，提高色彩的饱和度，如图10-147和图10-148所示。

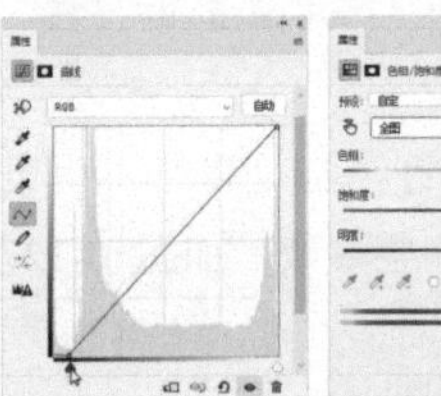
图10-146 图10-147

图10-148

07 下面制作大光斑。调整前景色和背景色，如图10-149所示。选择画笔工具（柔边圆笔尖），如图10-150所示。打开“画笔设置”面板，添加“形状动态”和“颜色动态”属性，如图10-151和图10-152所示。

图10-149 图10-150

图10-151

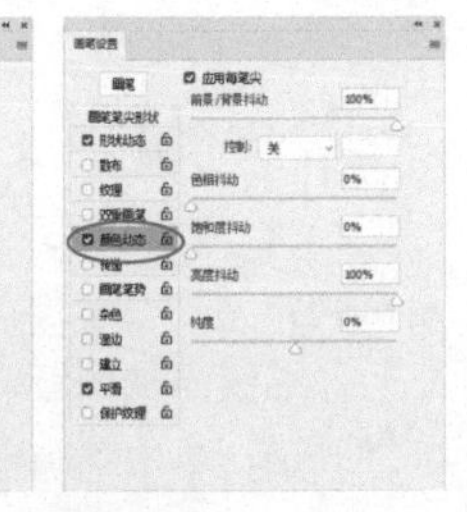
图10-152

08 新建一个图层，设置混合模式为“滤色”，如图10-153所示，绘制光斑，如图10-154所示。

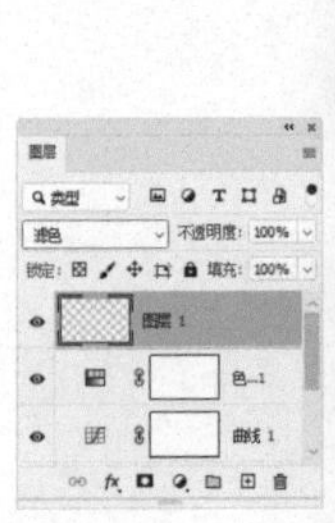
图10-153

图10-154

10.6.3

实战：高速旋转效果（“旋转模糊”滤镜）

本实战用“旋转模糊”滤镜制作高速旋转效果，如图10-155所示。在使用方法上，“旋转模糊”滤镜与“光圈模糊”滤镜类似，也可以创建多个模糊区域。

扫码看视频

图10-155

01 执行“滤镜>转换为智能滤镜”命令，将当前图层转换为智能对象。执行“滤镜>模糊画廊>旋转模糊”命令。先按Ctrl+-快捷键，将视图比例调小，再拖曳最外圈的控制点，让滤镜范围覆盖图像，如图10-156所示。调整参数并应用滤镜，如图10-157~图10-159所示。

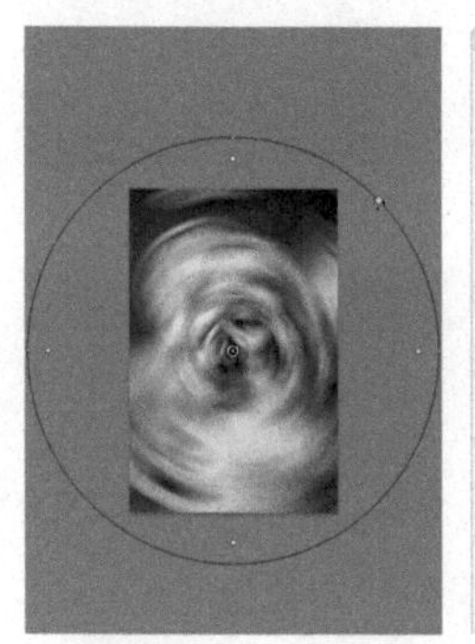
图10-156

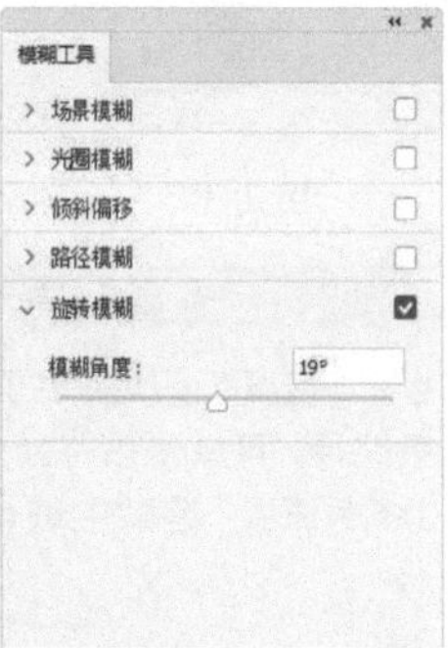

图10-157

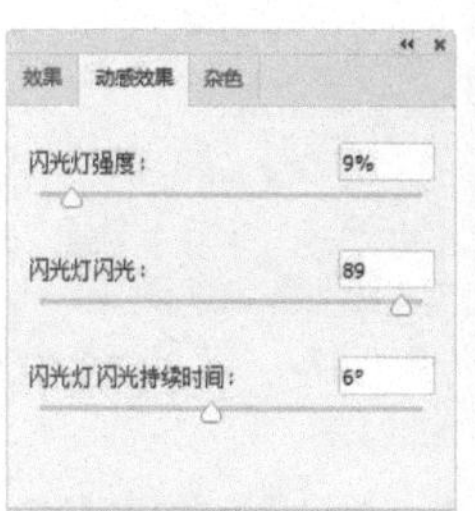

图10-158

图10-159

02 单击智能滤镜的蒙版，如图10-160所示。使用画笔工具 在女孩身上涂抹黑色，隐藏滤镜，让原始图像显示出来，如图10-161和图10-162所示。

图10-160

图10-161

图10-162

“旋转模糊”滤镜选项

- 闪光灯强度：可设置闪光灯闪光曝光之间的模糊量。闪光灯强度可以控制环境光和虚拟闪光灯之间的平衡。将该值设置为0%时，无闪光灯，只显示连续的模糊效果。如果设置为100%，则会产生最大强度的闪光，但在闪光曝光之间不会显示连续的模糊。处于中间的“闪光灯强度”值会产生单个闪光灯闪光与持续模糊混合在一起的效果。
- 闪光灯闪光：用来设置虚拟闪光灯闪光曝光数。
- 闪光灯闪光持续时间：可设置闪光灯闪光曝光的度数和时长。闪光灯闪光持续时间可根据圆周的角距对每次闪光曝光模糊的长度进行控制。

10.6.4

实战：摇摄照片，展现流动美（“路径模糊”滤镜）

摇摄是摇动相机追随对象拍摄的特殊方法，拍出的照片中既有清晰的主体，又有模糊的、具有流动感的背景。下面使用“路径模糊”滤镜制作这种效果，如图10-163所示。

扫码看视频

图10-163

01 按Ctrl+J快捷键复制“背景”图层。执行“滤镜>模糊画廊>路径模糊”命令。拖曳路径的端点，移动路径位置，如图10-164所示。拖曳中间的控制点，调整路径的弧度，如图10-165所示。

图10-164

图10-165

02 在当前路径下方添加一条路径，如图10-166所示。调整弧度，如图10-167所示。在路径上单击，添加一个控制点并拖曳，将路径调整为S形，如图10-168所示。

图10-166

图10-167

图10-168

03 添加第3条路径，这3条路径汇集在女孩的肩部，之后向外发散开，如图10-169所示。调整滤镜参数，让图像沿着路径创建运动模糊，单击“确定”按钮应用滤镜，如图10-170和图10-171所示。

图10-169

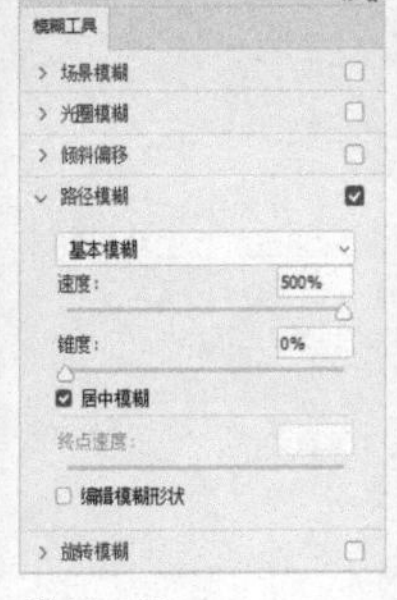

图10-170

图10-171

04 单击“图层”面板中的 按钮，添加蒙版。用画笔工具 在女孩面部、胳膊上涂抹黑色，让“背景”图层中的原图显示出来，如图10-172和图10-173所示。

图10-172

图10-173

05 打开“渐变”面板。单击“彩虹色”渐变组中的渐变，如图10-174所示，创建填充图层。设置混合模式为“柔光”，如图10-175和图10-176所示。

图10-174

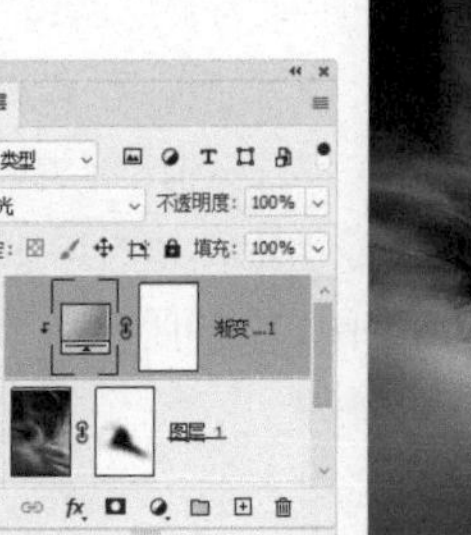

图10-175

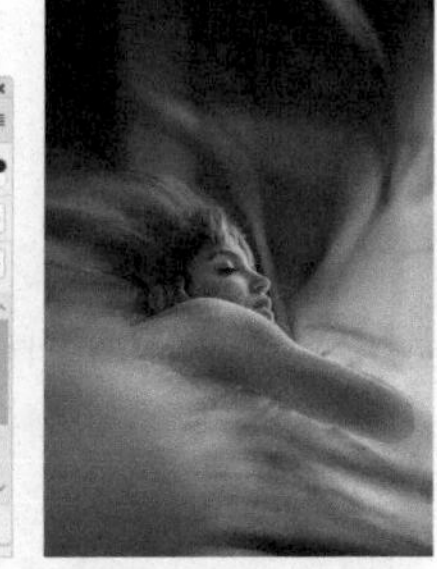
图10-176

“路径模糊”滤镜选项

● 速度/终点速度：“速度”选项决定了所有路径的模糊量。如果要单独调整一条路径，可单击该路径上的控制点，如图10-177所示，之后在“终点速度”选项中进行设置，如图10-178和图10-179所示。

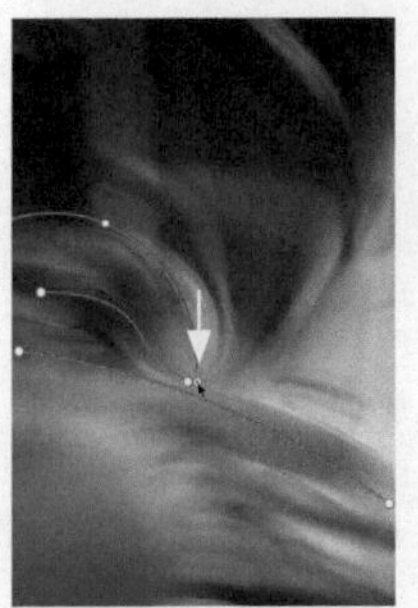
图10-177

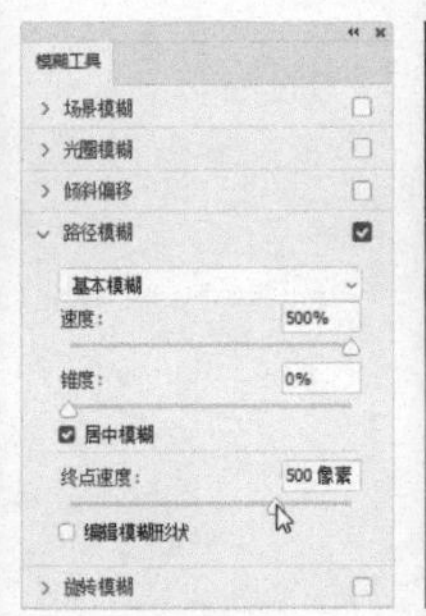

图10-178

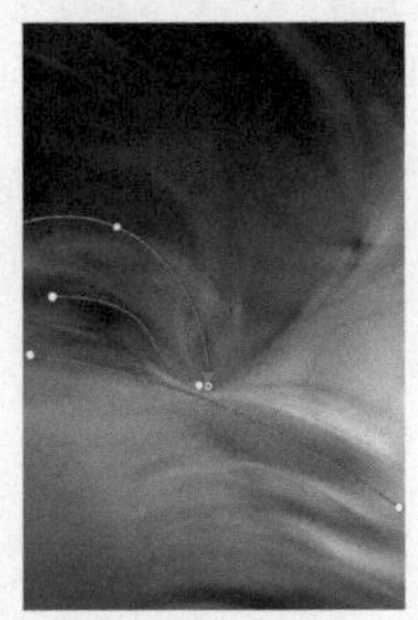
图10-179

● 锥度：其值较高时会使模糊逐渐减弱。

● 居中模糊：以任何像素的模糊形状为中心创建稳定的模糊。如果要生成更有导向性的运动模糊效果，就不要勾选该选项。效果如图10–180所示。

- **编辑模糊形状：** 勾选该选项，或双击路径上的一个控制点，可以显示模糊形状参考线（红色），如图10–181所示。按住Ctrl键并单击一个控制点，则可将其模糊形状参考线的效果减为0，如图10–182所示。

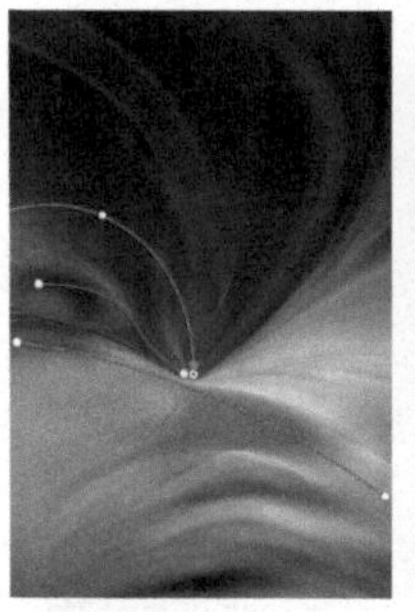
图10-180

图10-181

图10-182

- **编辑控制点：** 按住Alt键并单击路径上的曲线控制点，可将其转换为角点，如图10–183和图10–184所示；按住Alt键并单击角点，可将其转换为曲线点；按住Ctrl键并拖曳路径，可以移动路径；如果同时按住Alt+Ctrl键，则可复制路径；单击路径的一个端点，然后按Delete键，可删除路径。

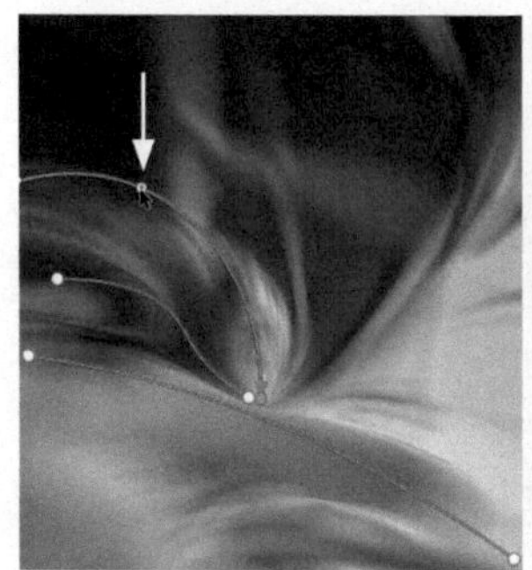
按住Alt键并单击控制点

图10-183

转换为角点

图10-184

10.6.5

实战：移轴摄影，将场景变成模型

移轴摄影是一种使用移轴镜头拍摄的作品，其效果就像缩微模型一样，非常特别。“移轴模糊”滤镜可以模拟这种特效，如图10-185所示。

扫码看视频

图10-185

01 执行“滤镜>模糊画廊>移轴模糊”命令，显示控件。向上拖曳图钉，定位图像中最清晰的点，如图10-186所示。直线范围内是清晰区域，直线到虚线间是由清晰到模糊的过渡区域，虚线外是模糊区域。拖曳直线和虚线调整范围，如图10-187所示。

图10-186

图10-187

02 调整模糊参数，如图10-188所示，按Enter键确认。单击“调整”面板中的 ▦ 按钮，创建“颜色查找”调整图层，选择一个预设的调整文件，如图10-189所示，效果如图10-190所示。

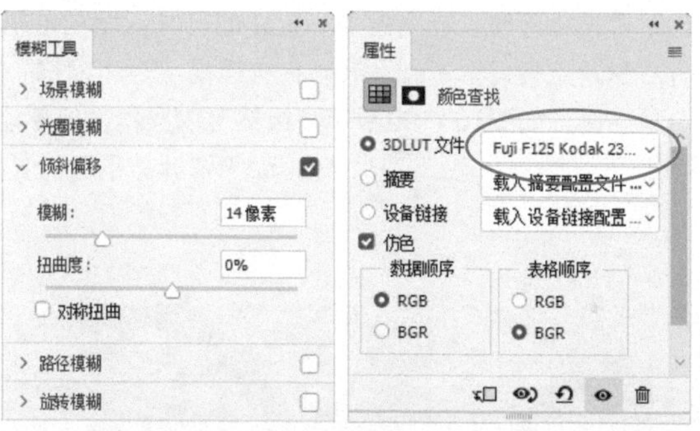

图10-188　　图10-189

图10-190

“移轴模糊”滤镜选项

- **模糊：** 用来设置模糊强度。
- **扭曲度：** 用来控制模糊扭曲的形状。
- **对称扭曲：** 勾选该选项后，可以从两个方向应用扭曲。

在透视空间中修片

"消失点"滤镜可以在包含透视平面（如建筑物侧面或任何矩形对象）的图像中进行透视编辑，即绘画、复制、粘贴，而且变换图像时，Photoshop能将对象调整到透视平面中，使符合透视要求，因而效果更加真实。

·PS技术讲堂·

透视平面

扫码看视频

怎样创建透视平面

打开素材，执行"滤镜>消失点"命令，打开"消失点"对话框。使用创建平面工具 在图像上单击，确定平面的4个角点，进而得到一个矩形网格图形，它就是透视平面，如图10-191所示。放置角点时，按Backspace键，可以删除最后一个角点。创建好透视平面后按Backspace键，则可以删除平面。

要想让"消失点"滤镜发挥作用，透视平面必须准确才行，这样之后的复制、修复等操作才能依照正确的透视关系发生扭曲。创建透视平面时，在图像中有直线的区域，尤其是矩形，如门、窗、建筑立面、向远处延伸的道路等更易体现透视关系的地方放置角点最好。Photoshop会给透视平面（网格）赋予蓝色、黄色和红色，以示提醒。蓝色是有效透视平面；黄色是无效透视平面，如图10-192所示，虽然可以操作，但不能确保产生准确的透视效果；红色则是完全无效的透视平面，如图10-193所示，在这种状态下，Photoshop无法计算平面的长宽比。

图10-191

图10-192

图10-193

当透视平面颜色变为黄色或红色时，就要使用编辑平面工具 拖曳角点，进行移动，如图10-194所示，使网格变为蓝色，再进行后续操作。但蓝色网格也不一定必然产生正确的透视结果，还须确保外框和网格与图像中的几何元素或平面区域精确对齐才行。

创建透视平面后，拖曳定界框中间的控制点，可拉伸透视平面，如图10-195所示。按住Ctrl键并拖曳鼠标，还可以拉出新的透视平面，如图10-196所示。新平面可以调整角度，操作方法是按住Alt键并拖曳定界框中间的控制点，如图10-197所示，或者在"角度"文本框中输入数值。将鼠标指针放在网格内进行拖曳，则可移动整个透视平面。如果想修改网格间距，可在"网格大小"选项中进行调整。

图10-194

图10-195

图10-196

图10-197

关于透视平面的操作基本就是上述这些。此外，有一个小技巧也比较有用，拖曳角点时按住X键，可临时放大窗口的视图比例，便于准确定位角点。复制图像时也可用该方法来观察细节。有些时候，需要将网格拉到画面外，才能让透视平面将所要编辑的图像完全覆盖，如果遇到这种情况，可以按Ctrl+-快捷键，将视图比例调小，让画布外的区域显示出来，再使用编辑网格工具 拖曳网格上的控制点，进行移动或拉伸。

工具

- 编辑平面工具 ：用来选择、编辑、移动平面，调整平面的大小。此外，选择该工具后，可以在对话框顶部输入“网格大小”值，调整透视平面网格的间距。
- 创建平面工具 ：使用该工具可以定义透视平面的4个角点，调整平面的大小和形状并拖出新的平面。在定义透视平面的角点时，如果角点的位置不正确，可以按Backspace键，将该角点删除。
- 选框工具 ：可创建正方形或矩形选区，同时移动或复制选区内的图像。
- 仿制图章工具 ：使用该工具时，按住 Alt 键并在图像中单击可以设置取样点，在其他区域拖曳鼠标可复制图像；在某一点单击，然后按住Shift键并在另一点单击，可以在透视平面中绘制出一条直线。
- 画笔工具 ：可以在图像上绘制选定的颜色。
- 变换工具 ：使用该工具时，可以通过拖曳定界框的控制点来缩放、旋转和移动浮动选区，就类似于在矩形选区上使用“自由变换”命令。
- 吸管工具 ：可以拾取图像中的颜色作为画笔工具 的绘画颜色。
- 测量工具 ：可以在透视平面中测量项目的距离和角度。

10.7.1 在消失点中修复图像

打开素材，创建正确的透视平面后，如图10-198所示，选择“消失点”对话框中的仿制图章工具 ，按住Alt键并单击，可以对图像进行取样，如图10-199所示。取样后，放开Alt键，在需要修复的位置拖曳鼠标，Photoshop会自动匹配图像，使其衔接效果

图10-198

图10-199

扫码看视频

自然、真实，如图10-200和图10-201所示。可以看到，通过“消失点”滤镜修复图像时，与使用Photoshop的仿制图章工具的方法大致相同，只是先要创建透视平面。

图10-200

图10-201

10.7.2 在消失点中绘画

使用“消失点”滤镜中的画笔工具时，只要将“修复”设置为“关”，就可以像使用Photoshop中的画笔工具那样在图像上绘制色彩，如图10-202所示。但颜色需要预先设置，可单击“画笔颜色”右侧的颜色块，打开“拾色器”对话框设置；也可使用吸管工具拾取图像中的颜色。画笔大小可以通过] 键和 [键来调整；画笔硬度可以用Shift+] 和Shift+[快捷键进行调整。

图10-202

10.7.3 实战：在消失点中使用选区

消失点中的选区可选取图像、限定仿制图章工具和画笔工具的操作范围，除此之外并无其他用途。但在消失点这个特殊空间里，不管跨越几个透视平面，选区都会依照透视平面变形。

扫码看视频

01 打开素材。执行“滤镜>消失点”命令。选择创建平面工具，创建透视平面，如图10-203所示。

图10-203

02 使用选框工具创建选区，如图10-204所示。按住Alt键并拖曳选区内的图像，进行复制。这与Photoshop中用移动工具复制选区内的图像方法一样，但由于是消失点中的操作，图像会呈现透视扭曲。采用这种方法向上复制几组图像，便可增加楼的高度，如图10-205所示。

图10-204

图10-205

03 按几次Ctrl+Z快捷键，依次向前撤销，恢复选区状态，如图10-206所示。将鼠标指针放在选区内，按住Ctrl键并向上拖曳，可以将鼠标指针选定的图像复制到选区内，如图10-207所示。

图10-206

图10-207

选框工具选项栏

使用选框工具时，“消失点”对话框顶部的选项栏中会显示图10-208所示的选项。

羽化: 1	不透明度: 100	修复: 关	移动模式: 目标

图10-208

● 羽化：可以对选区进行羽化。

- **不透明度：** 可设置所选图像的透明度，它只在选取图像并进行拖曳时有效。例如，“不透明度”为100%时所选图像会完全遮盖下层图像；低于100%，所选图像会呈现透明效果。按Ctrl+D快捷键或在选区外部单击，可以取消选区。
- **修复：** 使用选区来移动图像内容时，可在该下拉列表中选取一种混合模式，来定义选区的像素与周围图像的像素的混合方式。选择“关”选项，选区将不会与周围像素的颜色、阴影和纹理混合；选择“明亮度”选项，可将选区与周围像素的光照混合；选择“开”选项，可将选区与周围像素的颜色、光照和阴影混合。
- **移动模式：** 下拉列表中包含“目标”和“源”两个选项，它们与修补工具 的选项的作用相同。因此，在消失点中，选框工具 可以像修补工具 一样复制图像。选择“目标”选项，将鼠标指针放在选区内，拖曳鼠标，即可复制图像；选择“源”选项，则用鼠标指针下方的图像填充选区。

10.7.4 实战：在消失点中粘贴和变换海报

01 打开素材，如图10-209和图10-210所示。将鞋子海报设置为当前文件，按Ctrl+A快捷键全选，按Ctrl+C快捷键复制图像。

扫码看视频

图10-209

图10-210

02 切换到另一个文件中。新建一个图层。打开“消失点”对话框，使用创建平面工具 创建透视平面，按住Ctrl键并拖曳左侧的角点，在侧面拉出网格平面，如图10-211所示。按Ctrl+V快捷键粘贴，图像会位于一个浮动的选区之中。按Ctrl+-快捷键将视图比例调小，如图10-212所示，选择变换工具 ，按住Shift键并拖曳定界框上的控制点，将图像等比缩小。按Ctrl++快捷键，将窗口的视图比例调大，如图10-213所示。

03 使用变换工具 拖曳图像，可以在透视状态下对选区及其中的图像进行移动，如图10-214所示。按住Alt键并拖曳图像，则可将其复制到另一侧的透视网格上，按住Shift键并拖曳控制点，调一下大小，如图10-215所示。

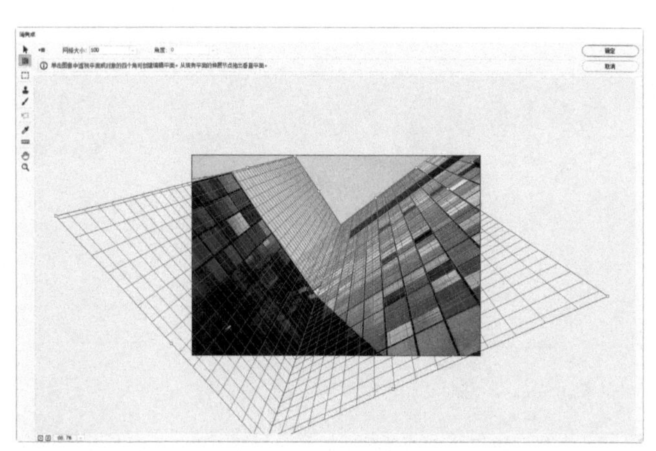
图10-211

图10-212

图10-213

图10-214

图10-215

04 单击“确定”按钮关闭对话框，图像会粘贴到新建的图层上，设置它的混合模式为“柔光”。按Ctrl+J快捷键复制，让图像效果更加清晰，如图10-216和图10-217所示。

图10-216

图10-217

> **提示**
>
> “消失点”滤镜支持撤销和恢复，即按Ctrl+Z快捷键，可依次向前撤销操作；按Shift+Ctrl+Z快捷键，可恢复被撤销的操作（可连续按）。另外，按Ctrl++、Ctrl+-快捷键可以放大和缩小窗口的显示比例；按住空格键并拖曳鼠标可以移动画面。这些快捷键可以用来替代缩放工具 和抓手工具 。

第11章 人像修图

【本章简介】

服装杂志和广告大片上的模特一般都光彩照人、美丽无瑕。如果在现实中接触这些人就会发现，他们的皮肤并没有那么好，脸上也有色斑，也会长痘痘。完美的面孔有时其实是化妆师、修图师的功劳。本章介绍怎样使用Photoshop修图，其中既有修饰人像照片，包括眼、嘴唇、牙齿、皮肤瑕疵，以及磨皮、修改表情、身体塑形等单独的修图项目；又有降噪、锐化等改善照片画质和清晰度方面的技巧。

【学习目标】

掌握Photoshop修图工具，学会针对不同人物五官和皮肤特点修图的方法及以下技术。

- 修粉刺、色斑、疤痕
- 美化眼睛、牙齿和嘴唇
- 多种磨皮方法，让肌肤变得完美无瑕
- 让人脸变瘦，使人展现迷人微笑
- 让人变瘦，让腿变长的方法
- 减少照片噪点，提升画质
- 多种锐化方法

【学习重点】

人像修图初探

人像能不能修好，技术和经验固然重要，方法是否正确也很关键。

11.1.1 实战：绘制唇彩

扫码看视频

01 打开素材，如图11-1所示。单击“图层”面板中的按钮，打开菜单，执行“纯色”命令，弹出“拾色器”对话框，设置颜色为红色，如图11-2所示，创建填充图层。设置混合模式为“正片叠底”。单击图层蒙版缩览图，然后填充黑色，如图11-3所示。现在蒙版将填充图层完全遮盖住了。

图11-1

图11-2

图11-3

02 使用画笔工具在嘴唇上涂抹白色，给嘴唇应用调整，如图11-4和图11-5所示。

图11-4

图11-5

03 在该图层的名称右侧双击，打开“图层样式”对话框。按住Alt键并单击“下一图层”的白色滑块，将其分开，然后将两个滑块向左拖曳。观察图像，原始图像中嘴唇的高光区域穿透填充图层显现出来就可以了，此时滑块上方对应的数字是110/193，如图11-6和图11-7所示。这一层是唇彩的主色，下面制作嘴唇高光处的唇彩。

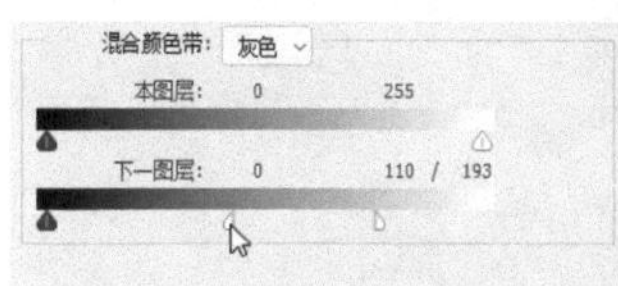

图11-6

图11-7

04 创建填充图层，设置颜色为朱红色（R255，G121，B62），这个颜色与眼影比较接近，可以让妆容风格统一、有呼应。设置混合模式为“滤色”，如图11-8所示，提亮颜色，表现莹润效果。按住Alt键，将前一个填充图层的蒙版拖曳过来，替换原有的蒙版，如图11-9所示，这样填充范围就被限定在嘴唇区域，如图11-10所示。

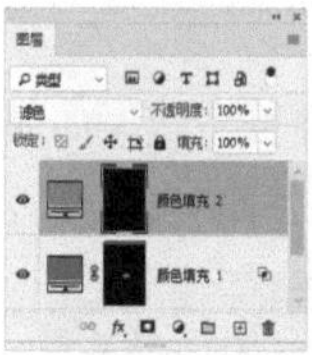

图11-8

图11-9

图11-10

05 双击填充图层，打开“图层样式”对话框。按住Alt键单击“下一图层”的黑色滑块并分开调整，让下方图层中的阴影区域显现出来，从而缩小朱红色的填充范围，使其只覆盖嘴唇的高光，如图11-11和图11-12所示。

06 选择这两个填充图层，如图11-13所示，按Ctrl+G快捷键编入图层组中。将组的不透明度设置为80%，如图11-14所示，使颜色稍微弱化。图11-15和图11-16所示分别为原图及修饰后的效果。

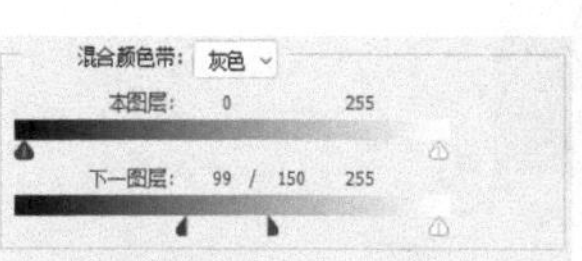

图11-11

图11-12

图11-13

图11-14

图11-15

图11-16

11.1.2 小结

技术分析

绘制唇彩有很多种方法。例如，可以使用颜色替换工具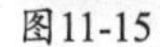涂上颜色，也可用“色相/饱和度”命令将嘴唇调成某种颜色等，这些方法难度都不大，但效果一般。

上面实战中用到的是增强型技巧。首先是填充图层。Photoshop中有那么多改变颜色的方法，为什么要用这种呢？因为只要双击填充图层的缩览图，就能打开“拾色器”对话框，方便修改唇彩颜色，如图11-17和图11-18所示。还有混合颜色带，它能将颜色自然地融入皮肤中，最重要的是不会遮盖嘴唇上的纹理，这样唇彩才有真实感，如图11-19所示，否则便是硬生生涂上去的，效果很假，如图11-20所示。

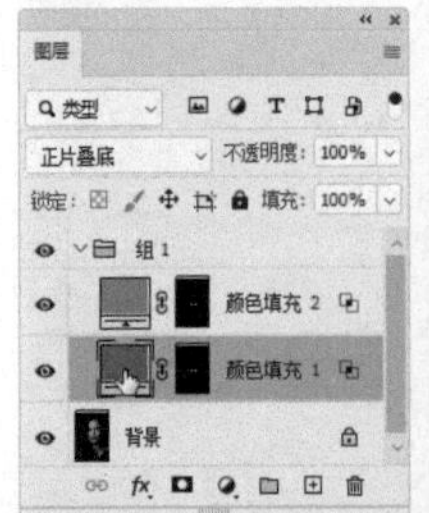

图11-17

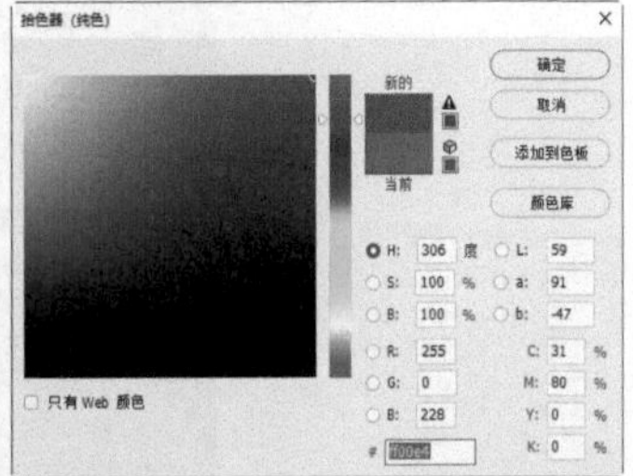

图11-18

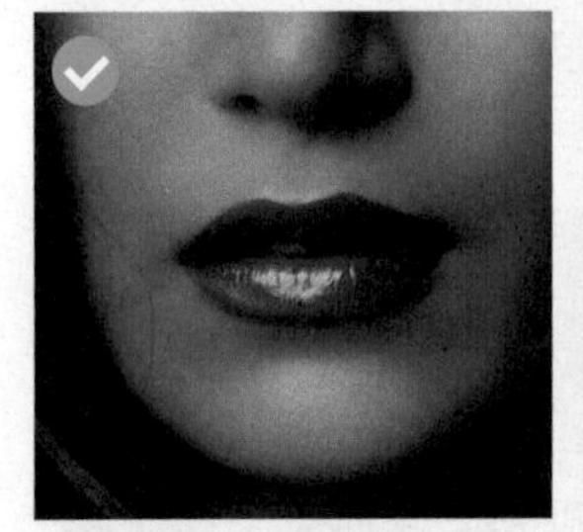

修改后的唇彩颜色

图11-19

唇彩颜色遮住了皮肤纹理

图11-20

修图，Photoshop是专业的

爱美之心人皆有之。谁都希望照片、视频影像等能展现自己最佳的一面，所以各种美图软件、美颜App大行其道。它们的出现确实方便了广大爱美人士，但是如果用专业的眼光来评判，就会发现这些软件有个通病——容易修过头，如皮肤磨得太光滑像是塑料的一般、五官比例不对（如眼睛太大）、身体不协调（如腰太细）等。

这样的图片分享在微信朋友圈还可以，用在广告、杂志、网络宣传等方面肯定是不行的。专业应用的图，尤其是商业级应用的图片还是得用Photoshop来做。

本章探索怎样在保留模特个性和特征的前提下，进行修饰和美化，一切以真实为基础。从五官、皮肤，到身材，都有全套的改善方案。不论是有修图需要的设计师、摄影爱好者，还是喜欢自拍的人士，都能从本章学到适合自己的技术。

11.1.3

实战：为黑白照片快速上色（Neural Filters滤镜）

本实战使用Neural Filters滤镜为黑白照片上色，如图11-21所示。

扫码看视频

图11-21

01 打开素材。执行“滤镜>Neural Filters”命令，打开Neural Filters面板。开启“着色”功能，如图11-22和图11-23所示。

图11-22

图11-23

02 将鼠标指针移动到衣领上，单击鼠标添加一个焦点，此时会弹出“拾色器”对话框，将颜色设置为蓝色，如图11-24所示。单击“确定”按钮关闭对话框，为衣领上色，如图11-25所示。

图11-24

图11-25

03 按住Alt键拖曳焦点，复制一个焦点并移至肩部，如图11-26和图11-27所示。单击“确定”按钮关闭对话框。

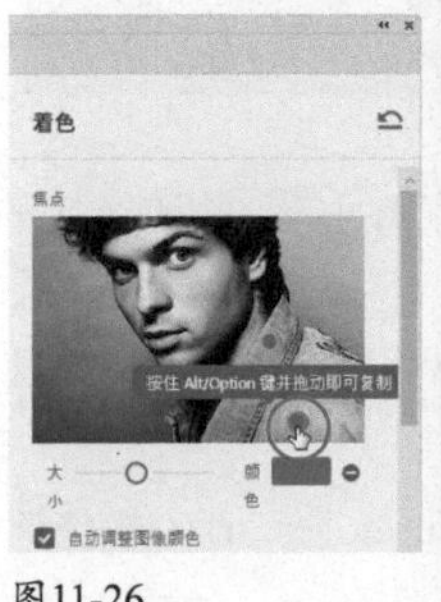

图11-26

图11-27

提示

将焦点拖曳到对话框外，可将其删除。

美颜

由于审美的差异，人们对于什么是完美的面孔并没有统一标准，但无瑕的皮肤、神采奕奕的眼睛、洁白的牙齿、红润的嘴唇等，作为健康和美丽的标志，则是所有人的共识。而这些都可以通过后期技术实现。当然，其中会运用很多技巧，下面就来一一介绍。

11.2.1

实战：修粉刺和暗疮（修复画笔工具）

要点

扫码看视频

睡眠不足、过度疲累、饮食不均衡、化妆物残留等都容易引发暗疮。如果暗疮多且明显，使用污点修复画笔工具清除还是比较简单的。但肤色较白的年轻女孩，脸上的暗疮颜色较轻就不是特别明显，如图11-28所示（左图为原图，右图为修复后的效果）。修此类图时，可以用一个技巧，就是先将图像转换为黑白效果，再调整红色和黄色的明度，以增大肤色与暗疮之间的反差，让那些轻微的暗疮也凸显出来，之后使用修复画笔工具将其清除。这种方法需要先将照片“丑化”一下，所以修图过程最好不要被照片上的人看到。

图11-28

01 单击“调整”面板中的按钮，创建“黑白”调整图层，将图像转换为黑白效果，如图11-29所示。暗疮比皮肤颜色深，而且发红，那么就降低红色的亮度，如图11-30所示。可以看到，暗疮的颜色更深，也更明显了。

图11-29

图11-30

02 将黄色的亮度提高，皮肤上的瑕疵就都显现出来了，如图11-31和图11-32所示。

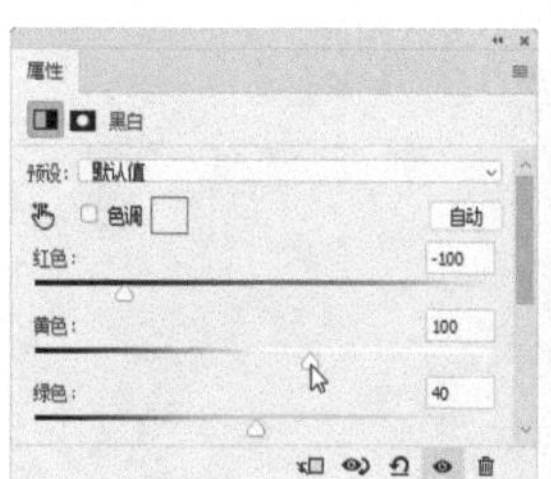

图11-31

图11-32

03 选择修复画笔工具，在“源”选项中单击“取样”按钮，这表示将要像使用仿制图章工具（见275页）那样从图像中取样了。在“样本”选项中选取“所有图层”，如图11-33所示。按住Ctrl键并单击按钮，在调整图层下方新建一个图层，这样修复结果只会应用于该图层，而不会破坏原图。

模式：正常 源：取样 图案 对齐 使用旧版 样本：所有图层

图11-33

04 按住Alt键并在暗疮附近的皮肤上单击，进行取样，如图11-34所示。放开Alt键，在暗疮上涂抹，即可用取样的图像将其覆盖，如图11-35所示。

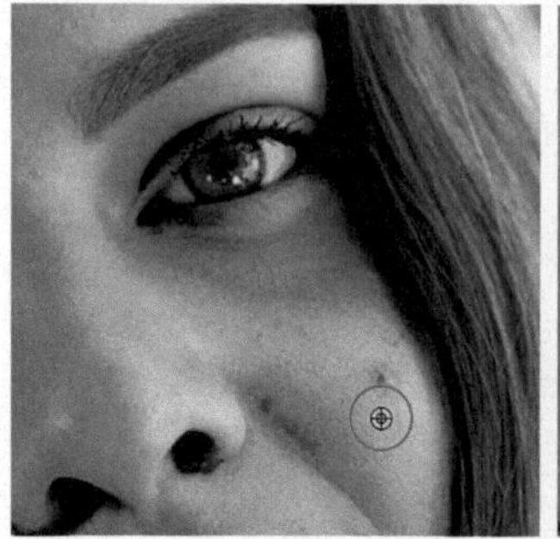

图11-34

图11-35

05 采用相同的方法处理其他暗疮，如图11-36和图11-37所示。操作时可根据暗疮大小，用 [键和] 键灵活调整笔尖大小。另外，为确保修复后皮肤的纹理仍然清晰可见，修复画笔工具的“硬度”值最好设置为80%左右。

图11-36　　图11-37

06 处理完成后，将调整图层隐藏即可，如图11-38和图11-39所示。

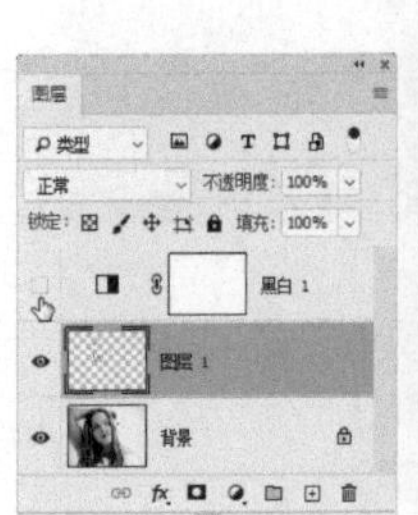

图11-38　　图11-39

修复画笔工具选项栏

修复画笔工具可以从被修饰的图像周围取样，之后将样本的纹理、光照、透明度和阴影等与所修复的像素匹配，使其不留痕迹地融合到图像中。此外，也可用该工具绘制图案。

- 模式：在下拉列表中可以设置修复图像的混合模式。其中的"替换"模式可以保留画笔描边边缘处的杂色、胶片颗粒和纹理，使修复效果更加真实。
- 源：设置用于修复的像素的来源。单击"取样"按钮，可以从图像上取样，除用于修复色斑、瑕疵、裂痕等，还可用于复制图像，如图11-40和图11-41所示；单击"图案"按钮，可在图案下拉面板中选择一种图案，用图案绘画，在这种状态下，修复画笔工具的作用就与图案图章工具差不多了（见134页）。

图11-40　　图11-41

- 对齐：勾选该选项，可以对像素进行连续取样，在修复过程中，取样点随修复位置的移动而变化；取消勾选，则在修复过程中始终以一个取样点为起始点。
- 使用旧版/扩散：勾选"使用旧版"选项后，可以将修复画笔工具恢复到Photoshop CC 2014版本状态，此时不能设置"扩散"选项，而该选项可控制修复的区域能够以多快的速度适应周围的图像。一般来说，较低的值适合修复具有颗粒或较多细节的图像，而较高的值则适合修复平滑的图像。
- 样本：控制在哪些图层中取样。参见仿制图章工具的"样本"选项介绍（见277页）。
- 在修复时包含/忽略调整图层：如果人像图层上方有调整图层，单击该按钮，可以选择取样的图像显示为原始图像或调整图层修改后的图像。

11.2.2
实战：去除色斑（污点修复画笔工具）

要点

扫码看视频

如果想要快速去除照片中的污点、划痕和其他不理想的部分，可以使用污点修复画笔工具处理。它与修复画笔工具的工作原理及效果相似，但可自动从所修饰区域的周围取样，因此更容易操作。

01 打开素材，如图11-42所示。选择污点修复画笔工具，在工具选项栏中选择一个柔边圆画笔，单击"内容识别"按钮，如图11-43所示。

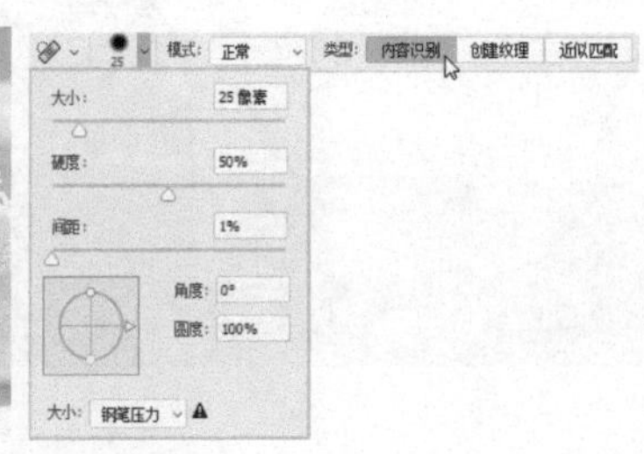

图11-42　　图11-43

02 在鼻子上的斑点处单击，即可清除斑点，如图11-44和图11-45所示。采用相同的方法修复下巴和眼角的皱纹，如图11-46所示。

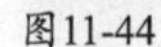

图11-44　　图11-45　　图11-46

污点修复画笔工具选项栏

- 模式：用来设置修复图像时使用的混合模式。除"正常""正片叠底"等常用模式外，还包含"替换"模式，选择该模式后，可以保留画笔描边边缘处的杂色、胶片颗粒和纹理。
- 类型：用来设置修复方法。单击"内容识别"按钮，Photoshop会比较鼠标指针附近的图像内容，不留痕迹地填充选区，同时保留让图像栩栩如生的关键细节，如阴影和对象边缘；单击"创建纹理"按钮，可以使用选区中的所有像素创建一个用于修复该区域的纹理，如果纹理不起作用，可尝试再次拖过该区域；单击"近似匹配"按钮，可以使用选区边缘的像素来查找要用作选定区域修补的图像区域，如果该选项的修复效果不能令人满意，可以还原修复并尝试用"创建纹理"选项修复。图11-47所示为这3种修复方式的对比效果。

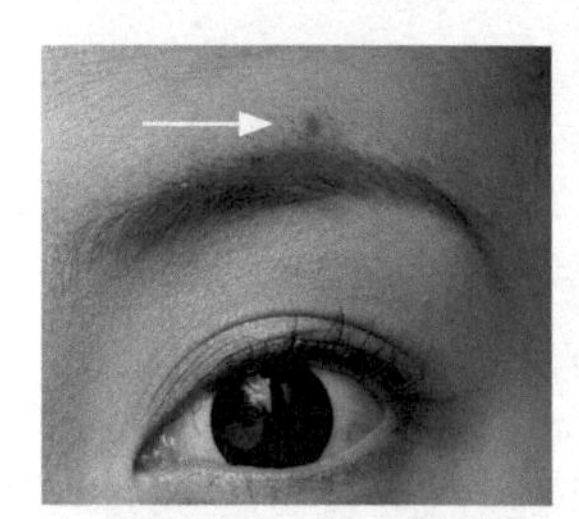
原图（眼眉上方有痣子）

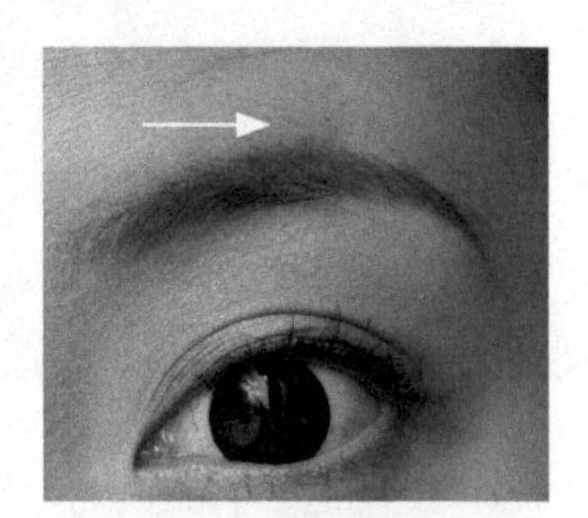
内容识别（效果最好）

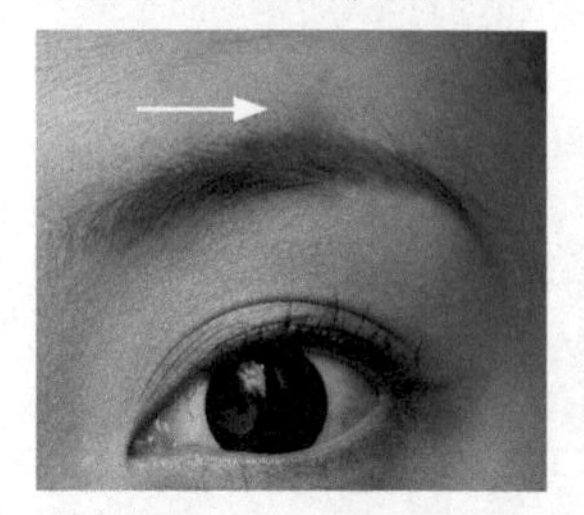
创建纹理

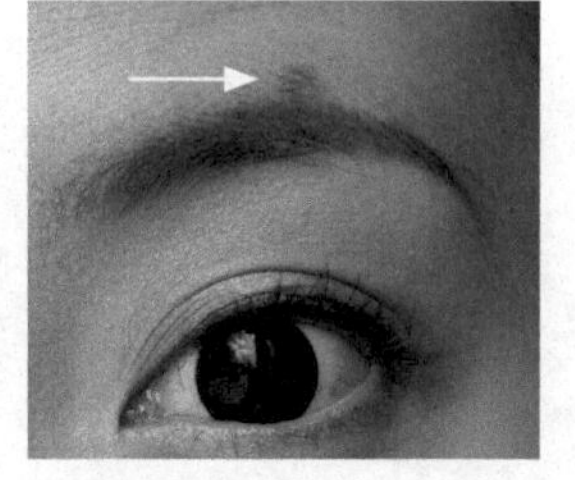
近似匹配

图11-47

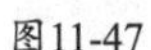

- 对所有图层取样：如果文件中有多个图层，勾选该选项后，可以从当前效果中取样，否则只从所选图层中取样。

11.2.3

实战：修疤痕(仿制图章工具+内容识别填充)

要点

本实战修复疤痕，如图11-48所示。仍然是用好皮肤覆盖问题皮肤（即疤痕）的方法来进行修复。该疤痕从额头中部开始，跨过眉、眼，一直到颧骨，痕迹较长，并且人物面部结构的起伏也较大。操作时有两点要注意：一是这幅人像的细节都是清晰的，因此，复制的皮肤也要将纹理体现出来，如果工具选择不当，或者笔尖的柔角范围过大，都会将纹理抹平；二是眉毛和睫毛处都有疤痕，处理时需要保留必要的细节，好在毛发容易复制，在色调一致的情况下，只要做好衔接就不会留下明显的痕迹。

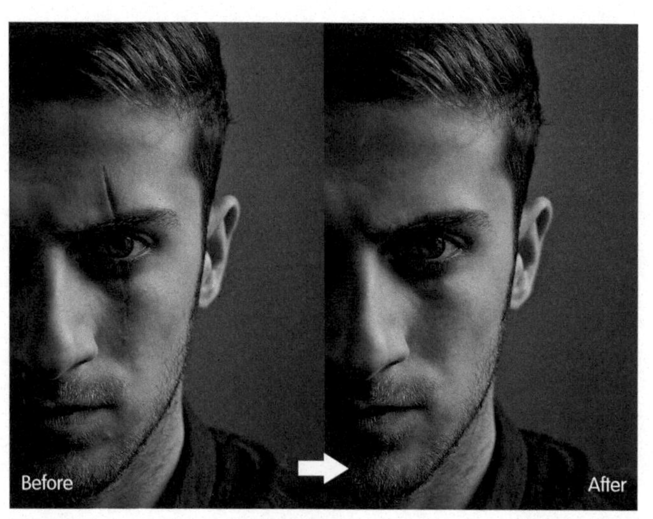

图11-48

01 按Ctrl+J快捷键，复制"背景"图层。使用套索工具创建选区，选取眉上方的疤痕，如图11-49所示。执行"编辑>填充"命令，选择"内容识别"选项进行填充，如图11-50和图11-51所示。选取下眼睑下方的疤痕，如图11-52所示，使用"填充"命令修复，如图11-53所示。按Ctrl+D快捷键取消选择。

图11-49

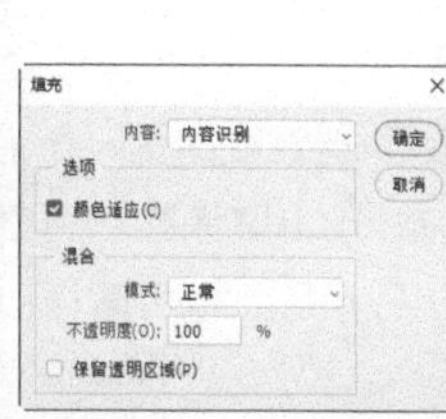

图11-50

图11-51

图11-52

图11-53

02 做后续的融合处理。内容识别填充真是强大，它至少代替我们完成了50%的工作，像额头，只需再简单修饰一下就行了。新建一个图层。选择仿制图章工具及柔边圆笔尖，选取"所有图层"选项（修复结果应用到该图层），如图11-54所示。可以依据疤痕大小用 [键和] 键调整画笔大小。画笔的“硬度”值是比较关键的，数值越低，画笔的柔角范围越大，那么在复制皮肤时，画笔边缘的皮肤就是模糊的、没有纹理的，效果如图11-55所示。但是“硬度”数值太高了也不行，因为皮肤有颜色和明暗变化，复制的皮肤如果边缘太清晰了，就会像膏药一样贴在疤痕上，色调不匹配，纹理也衔接不上，如图11-56所示。修复疤痕的难度就体现在这里。

图11-54

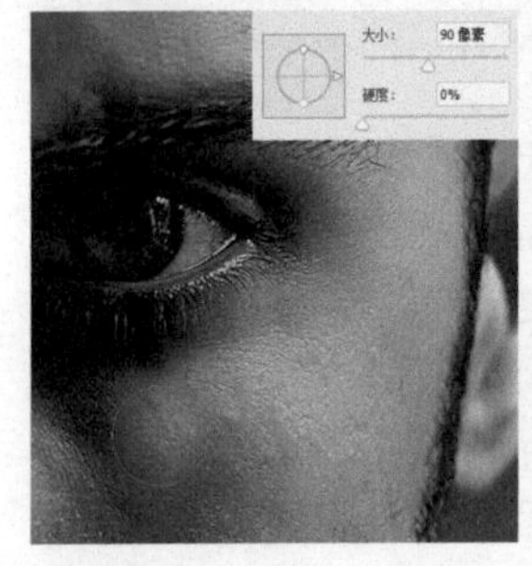

图11-55

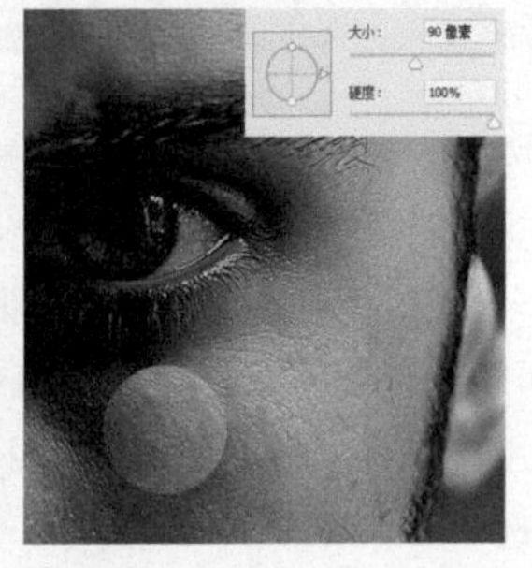

图11-56

03 修饰额头，这里有几处不太自然，如图11-57所示。将画笔的“硬度”设置为80%，“不透明度”设置为50%（瑕疵比较轻微，用半透明的皮肤即可遮盖，而且融合效果更好），如图11-58所示。按住Alt键，在需要修饰的皮肤旁边单击鼠标进行取样，放开Alt键涂抹，用复制的皮肤将瑕疵盖住，如图11-59所示。另外几处也用同样的方法修复，效果如图11-60所示。

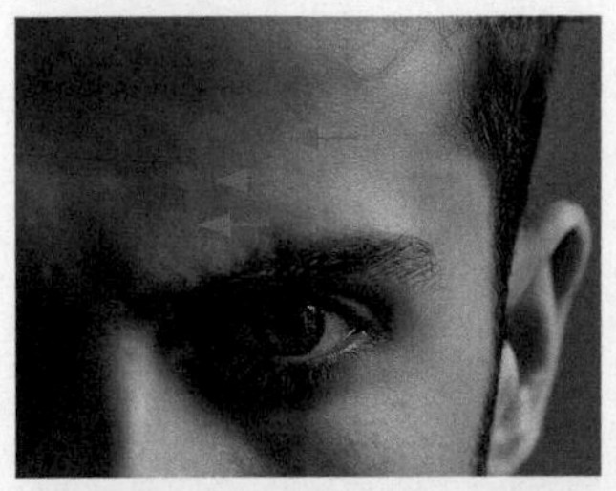

图11-57

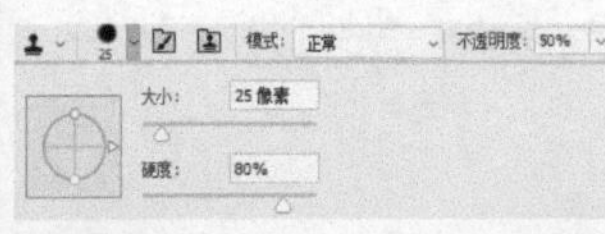

图11-58

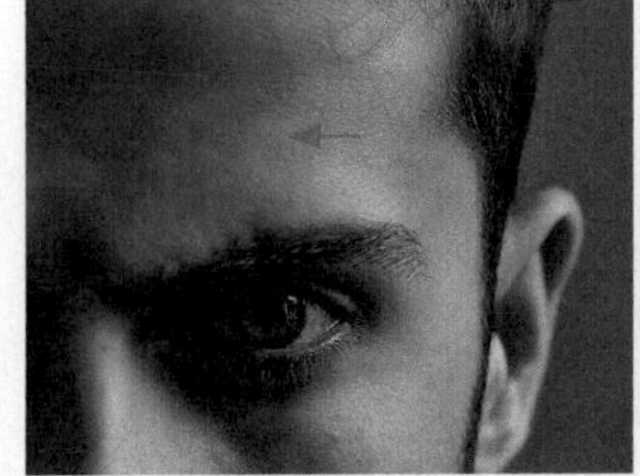

图11-59

图11-60

04 创建一个图层。修复下眼睑下方的疤痕时，可以将画笔调小一些，进行细致处理，如图11-61所示。这里皮肤的纹理很清晰，如果复制的纹理比较模糊，则可以适当提高“不透明度”值。另外，脸上的痘痘也可以顺便修去，如图11-62所示。

图11-61

图11-62

05 创建一个图层。将工具的“不透明度”值设置为80%，修复眼眉上的疤痕，如图11-63和图11-64所示。

图11-63

图11-64

06 调整画笔大小，修复下眼睑处的疤痕，如图11-65和图11-66所示。这里要处理好睫毛下方皮肤与周围皮肤的衔接。

图11-65

图11-66

仿制图章工具选项栏

图11-67所示为仿制图章工具的选项栏，除“对齐”和“样本”外，其他选项均与画笔工具相同（见115页）。

图11-67

- 切换画笔设置/仿制源面板：单击这两个按钮，可分别打开“画笔设置”面板和“仿制源”面板。
- 对齐：勾选该选项，可以连续对像素进行取样；取消勾选，则每单击一次鼠标，都使用初始取样点中的样本像素，因此，每次单击都被视为是另一次复制。
- 样本：用来选择从哪些图层中取样。如果要从当前图层及其下方的可见图层中取样，应选择“当前和下方图层”；如果仅从当前图层中取样，应选择“当前图层”；如果要从所有可见图层中取样，应选择“所有图层”；如果要从调整图层以外的所有可见图层中取样，应选择“所有图层”，然后单击选项右侧的忽略调整图层按钮。

技术看板 鼠标指针中心的十字线的用处

使用仿制图章工具时，按住Alt键并在图像中单击，定义要复制的内容（称为“取样”），然后将鼠标指针放在其他位置，放开Alt键并拖曳鼠标涂抹，即可将复制的图像应用到当前位置。与此同时，画面中会出现一个圆形鼠标指针和一个十字形鼠标指针，圆形鼠标指针是正在涂抹的区域，该区域的内容则是从十字形鼠标指针所在位置的图像上复制的。在操作时，两个鼠标指针始终保持相同的距离，只要观察十字形鼠标指针位置的图像，便可知道将要涂抹出哪些图像。

·PS技术讲堂·

“仿制源”面板

使用仿制图章工具和修复画笔工具时，如果想更好地定位和匹配图像，或者需要对取样的图像做出缩放、旋转等处理，则“仿制源”面板可以提供这方面的帮助。

扫码看视频

打开一幅图像，如图11-68所示。执行“窗口>仿制源”命令，打开“仿制源”面板，如图11-69所示。

- 仿制源：单击仿制源按钮后，使用仿制图章工具或修复画笔工具时，按住Alt键并在画面中单击，可以设置取样点；再单击下一个仿制源按钮，还可以继续取样，采用同样的方法最多可以创建5个取样源。“仿制源”面板会存储样本源，直到关闭文件。
- 位移：如果想要在相对于取样点的特定位置进行绘制，可以指定X和Y像素位移值。
- 缩放：输入W（宽度）和H（高度）值，可以缩放所仿制的图像，如图11-70所示。默认情况下，缩放时会约束比例。如果要单独调整尺寸或恢复约束选项，可以单击保持长宽比按钮。
- 旋转：在文本框中输入旋转角度，可以旋转仿制的源图像，如图11-71所示。

图11-68

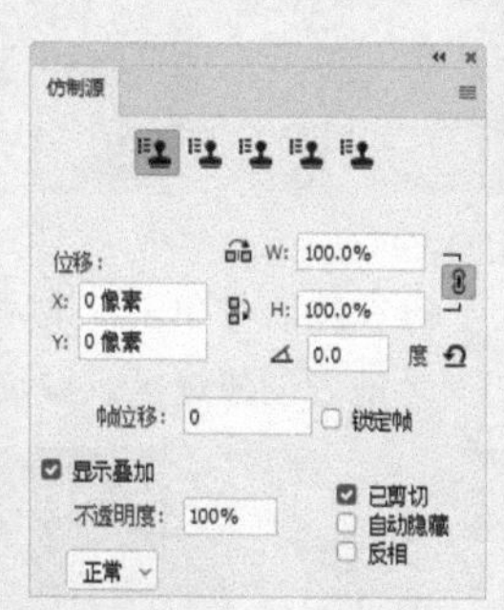

图11-69

图11-70

图11-71

- 翻转：单击水平翻转按钮，可水平翻转图像，如图11-72所示；单击垂直翻转按钮，可垂直翻转图像，如图11-73所示。

- **复位变换**：单击该按钮，可以将样本源复位到其初始的大小和方向。
- **帧位移/锁定帧**：在“帧位移”中输入帧数，可以使用与初始取样的帧相关的特定帧进行绘制。输入正值时，要使用的帧在初始取样的帧之后；输入负值时，要使用的帧在初始取样的帧之前；如果选择“锁定帧”，则总是使用与初始取样帧的相同帧进行绘制。
- **显示叠加**：勾选“显示叠加”并指定叠加选项，可以在使用仿制图章工具或修复画笔工具时更好地查看叠加及下面的图像，如图11-74所示。其中，“不透明度”选项用来设置叠加图像的不透明度；选择“自动隐藏”选项，可以在应用绘画描边时隐藏叠加；勾选“已剪切”选项，可以将叠加剪切到画笔大小；如果要设置叠加的外观，可以从“仿制源”面板底部的弹出菜单中选择一种混合模式；勾选“反相”选项，可以让叠加的颜色反相。

图11-72

图11-73

图11-74

11.2.4

实战：修眼袋和黑眼圈（修补工具+仿制图章工具）

要点

与污点修复画笔工具和修复画笔工具的工作原理类似，修补工具也能对纹理、光照和透明度进行匹配，图像的融合效果较好，如图11-75所示。但在使用方法上，修补工具需要选区来定义编辑范围。然而也正因为有选区的限定，其修复及影响的区域是可以控制的。

扫码看视频

图11-75

01 按Ctrl+J快捷键，复制“背景”图层。选择修补工具并设置选项，如图11-76所示。

图11-76

02 在睫毛下方创建选区，将眼袋和比较明显的皱纹选取，如图11-77所示。将鼠标指针移至选区内，向下拖曳，当前选区内部的图像会复制到先前的选区内，将皱纹盖住，如图11-78所示。释放鼠标左键后，复制的图像与原图像自动融合，如图11-79所示。

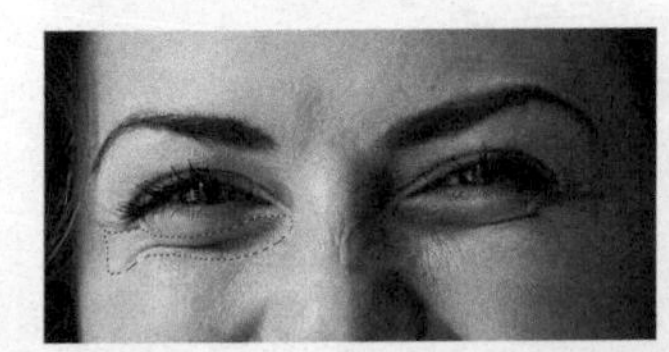

图11-77

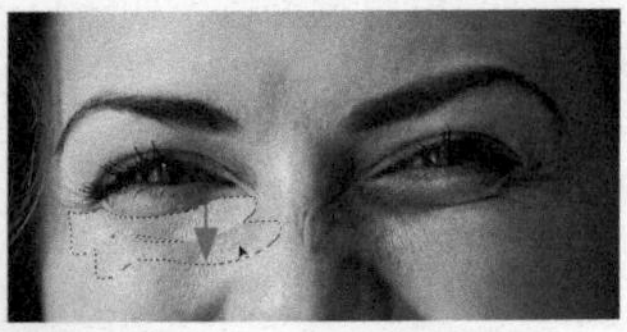

图11-78

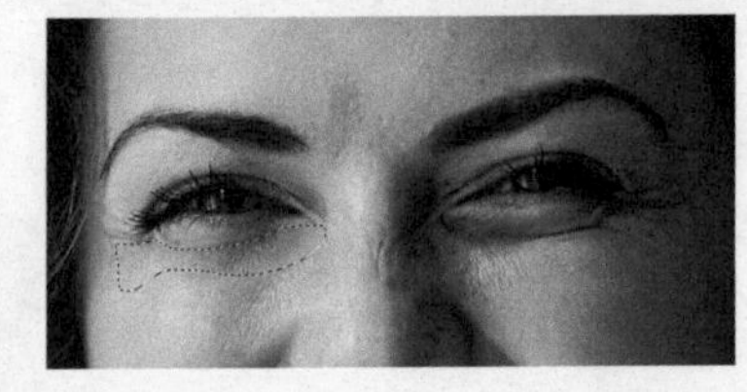

图11-79

03 在选区外单击，取消选择。观察效果，在颜色不自然的地方创建选区，继续修补，如图11-80~图11-82所示。

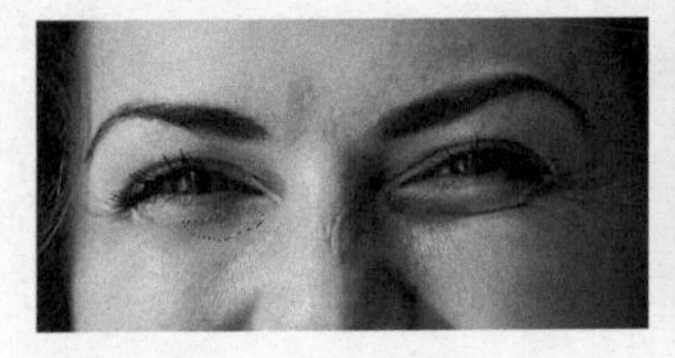

图11-80

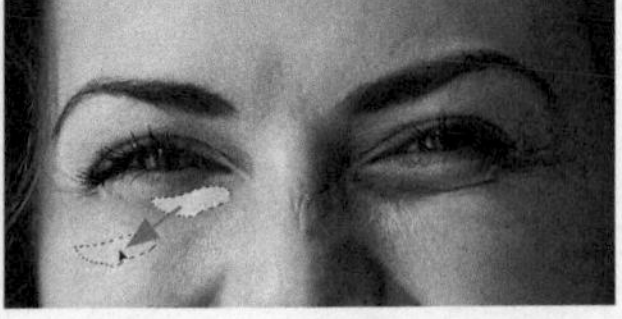

图11-81

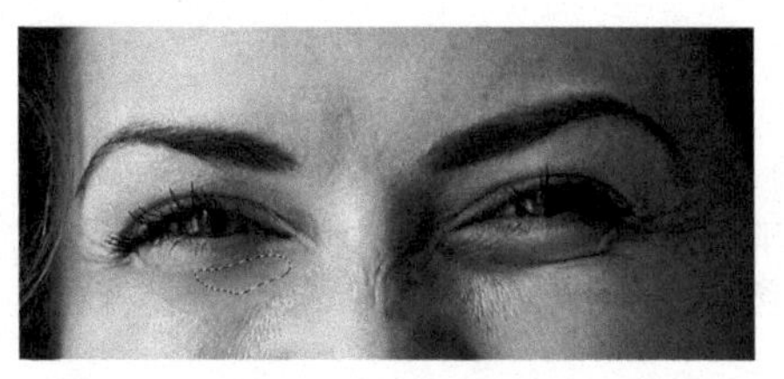

图11-82

04 使用同样的方法处理右侧眼袋，如图11-83所示。如果一次不能完全修复，可以分多次处理，但要做好衔接。

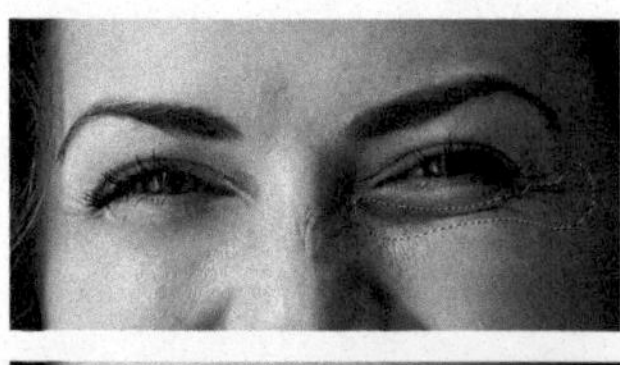
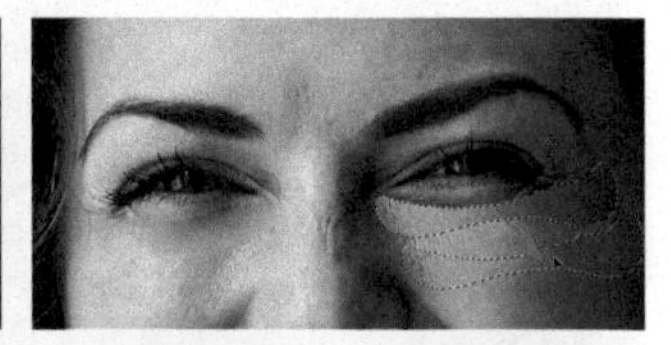
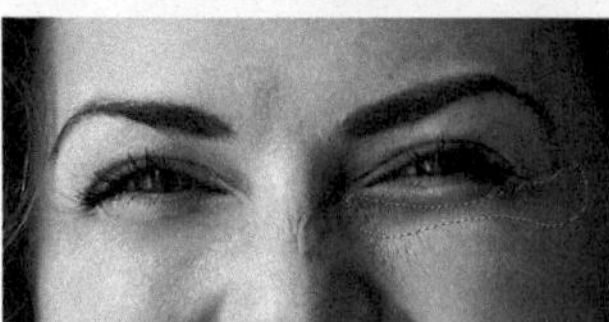

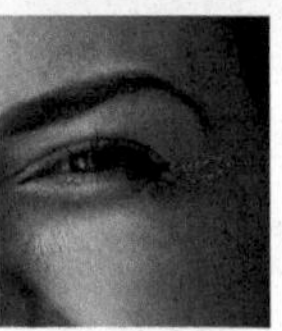

图11-83

05 鼻子上的皱纹需要复制不同区域的皮肤来覆盖，可先将鼻梁上的皱纹覆盖掉，如图11-84所示，再修饰鼻翼两侧的皱纹，如图11-85和图11-86所示。

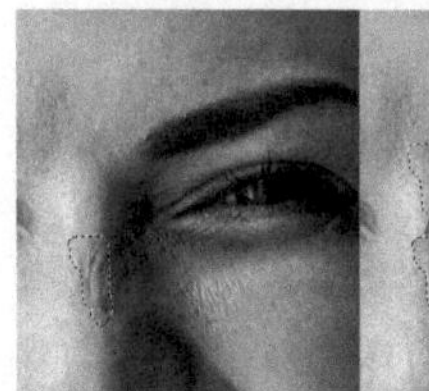
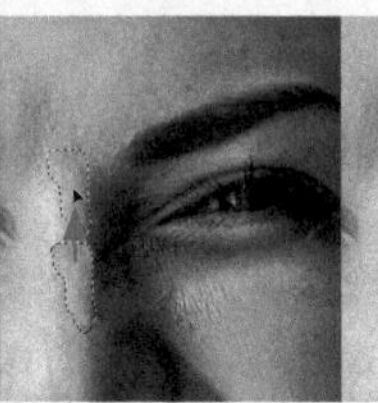
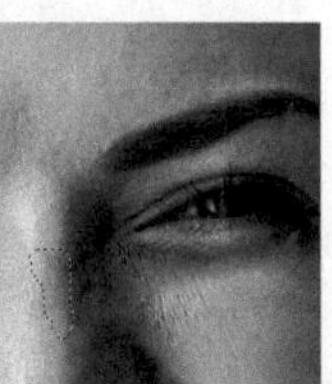

图11-84

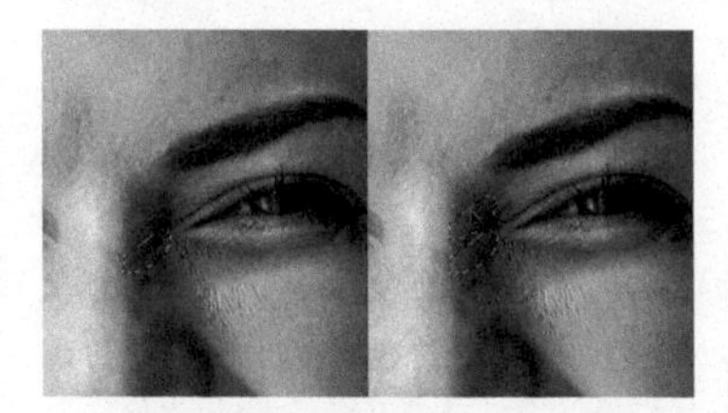

图11-85

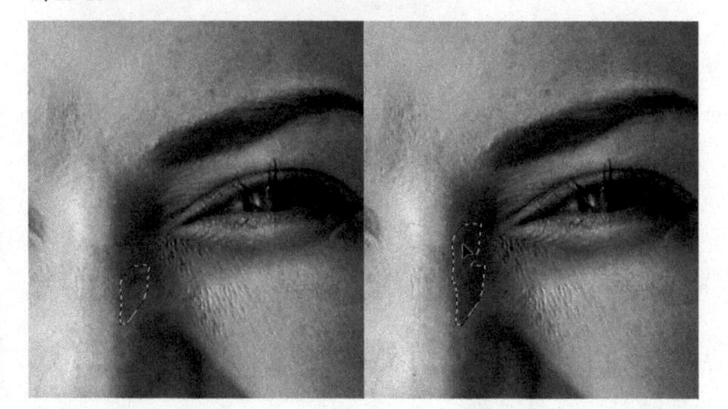

图11-86

06 眼睛上方有一处皮肤颜色有点深，把这里修掉，如图11-87所示。

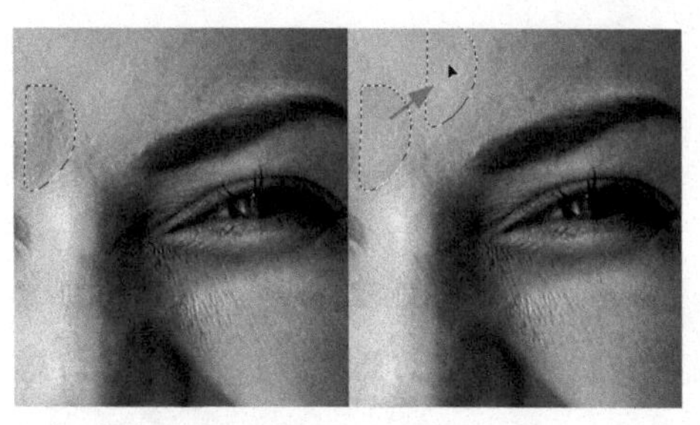

图11-87

07 现在眼袋和皱纹已经被处理好了，但眼窝的颜色还是比较深，看上去有黑眼圈。下面解决这个问题。新建一个图层。选择仿制图章工具并设置参数，如图11-88所示。按住Alt键，在眼窝下方正常颜色皮肤上单击，进行取样，涂抹眼窝，进行修复，如图11-89和图11-90所示。

图11-88

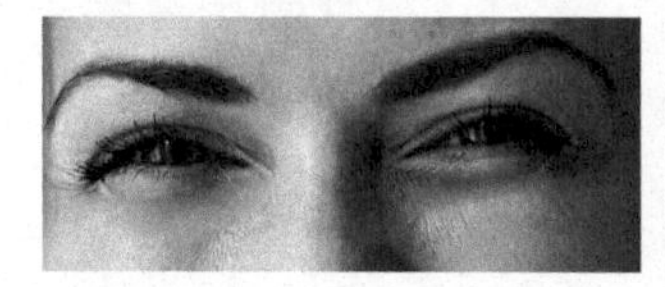

处理前

图11-89

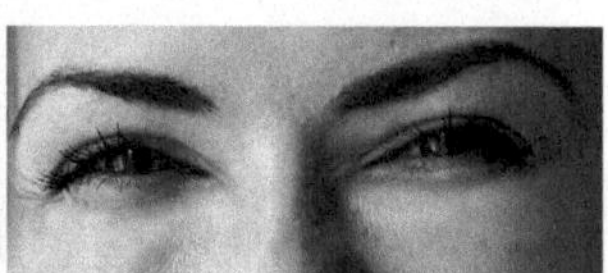

处理后

图11-90

08 将该图层的不透明度调低，设置为60%左右。由于修复操作具有一定的随机性，每个人的结果都不一样，这里的参数设置不必太过死板，最终还是要看具体效果，只要深色被修正就可以了。如果衔接的地方不太自然，可以用蒙版来处理，如图11-91和图11-92所示。

图11-91

图11-92

修补工具选项栏

- 选区运算按钮：可进行选区运算（见28页）。
- 修补：在该选项右侧的下拉列表中可以选择“正常”和“内容识别”模式，用途参见污点修复画笔工具相应选项。单击“源”按钮，之后将选区拖至要修补的区域，会用当前鼠标指针下方的图像修补选中的图像，如图11-93和图11-94所示；单击“目标”按钮，则会将选中的图像复制到目标区域，如图11-95所示。

图11-93

图11-94

图11-95

- 透明：使修补的图像与原图像产生透明的叠加效果。
- 使用图案：单击它右侧的按钮，打开下拉面板选择一个图案后，单击该按钮，可以使用图案修补选区内的图像。
- 扩散：可以控制修复的区域能够以多快的速度适应周围的图像。一般来说，较低的值适合修复具有颗粒或较多细节的图像，而较高的值适合修复平滑的图像。效果如图11-96~图11-98所示。

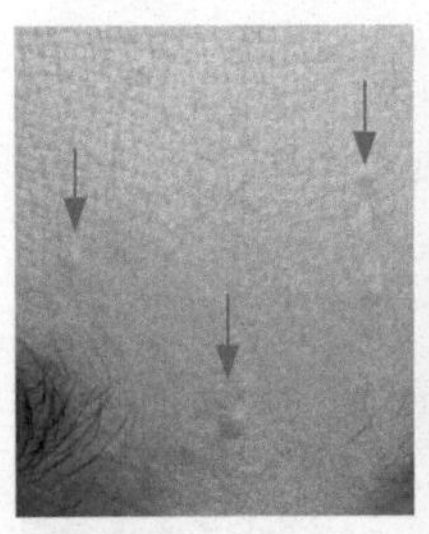

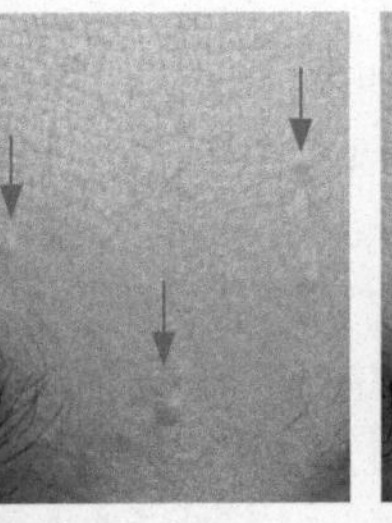

原图（额头）
图11-96

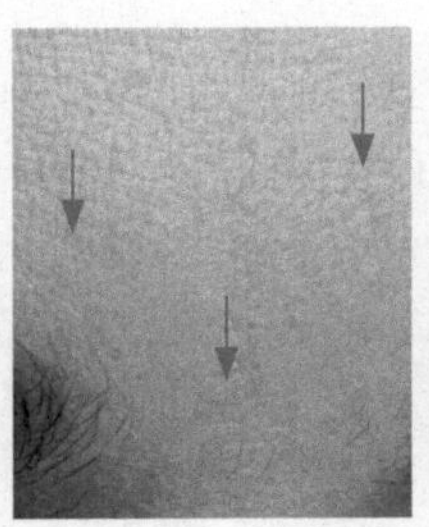

扩散2
图11-97

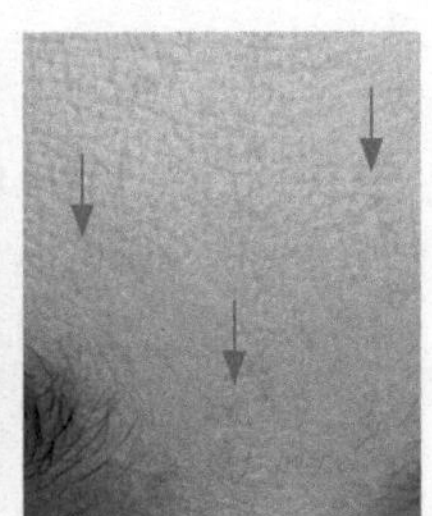

扩散5
图11-98

·PS技术讲堂·

详解修复类工具的特点及区别

清晰度

Photoshop的修复类工具其实都是先复制图像，再应用到修复区域上的。由于新版软件运用了人工智能技术，图像之间的融合效果比之前更好。仿制图章工具是个例外，它不会自动融合图像，在复制时，该工具会将源图像（即取样图像）百分之百地应用于绘制区域。就是说，它最忠实于“原作”，修复时不做任何处理，这是其独特之处。当选择硬边圆笔尖，且将不透明度设置为100%时，用它修复的图像细节最完整，效果最佳，如图11-99~图11-101所示。

使用修复画笔工具、污点修复画笔工具和修补工具时，所绘制的图像会与源图像中的纹理、亮度和颜色进行匹配，以便能更好地融合在一起，但这会令画笔边缘图像的细节有所损失，如图11-102所示。如果希望获得最佳融合效果，对清晰度又没有过高要求，如修复污点、划痕、裂缝、破损等，使用这3个工具可以又快又好地完成任务。

原图
图11-99

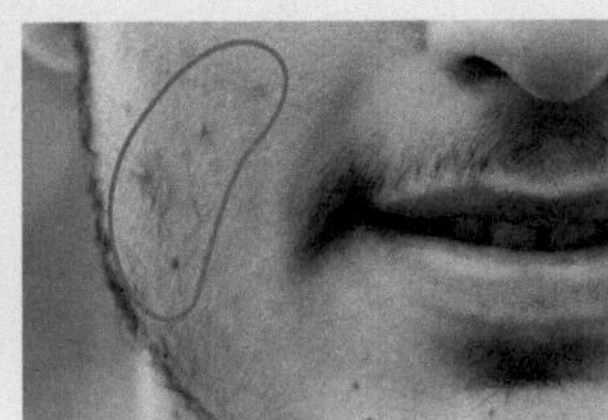

需要修复的粉刺
图11-100

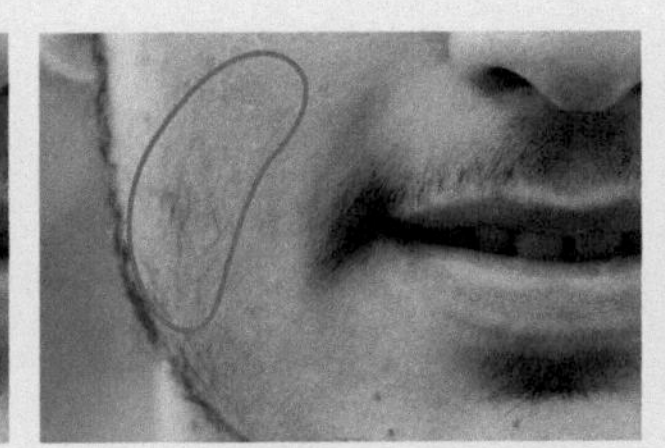

用仿制图章工具修复，皮肤纹理清晰
图11-101

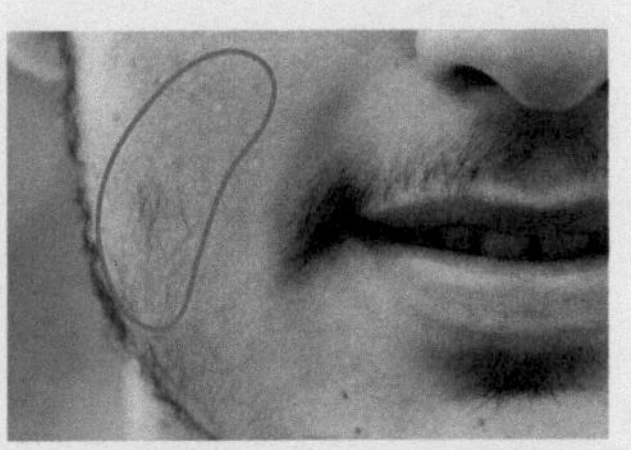

用污点修复画笔工具修复，纹理被磨平了
图11-102

是否取样

修复画笔工具可以控制取样位置，也能从另一个打开的图像中取样。污点修复画笔工具与前者的工作原理相同，但不需要取样，因而更加简单易用，可以作为修图首选。

如果对取样图像的形状有要求，如需要复制矩形或三角形范围内的图像，则应使用修补工具。如果用它控制不好选区范围，可以先使用矩形选框工具、多边形套索工具等选取图像，再用修补工具处理。

内容感知移动工具

内容感知移动工具比修补工具还要强大，复制图像时效果更好，尤其是修复较大范围的图像时，其空白区域会自动填充近似图像，因而效果更加出色。

该工具有两种工作方式。图11-103所示为它的工具选项栏，将“模式”设置为“移动”选项时，可以移动所选图像，如图11-104所示；选择“扩展”选项时，则可复制图像，如图11-105所示。

用内容感知移动工具将鸭子选中

图11-103

移动鸭子，Photoshop自动填补空缺

图11-104

复制鸭子

图11-105

- 结构：可以输入1~5的值，以指定修补结果与现有图像图案的近似程度。如果输入5，修补内容将严格遵循现有图像的图案；如果将该值指定为1，则修补结果会最低限度地符合现有的图像图案。
- 颜色：可以输入0~10的值，以指定希望Photoshop在多大限度上对修补内容应用算法颜色混合。如果输入0，将禁用颜色混合；输入10，则将应用最大颜色混合。
- 对所有图层取样：如果文件中包含多个图层，勾选该选项，可以从所有图层的图像中取样。
- 投影时变换：可以先应用变换，再混合图像。具体来说就是勾选该选项，并拖曳选区内的图像，选区上方会出现定界框，此时可对图像进行变换（缩放、旋转和翻转），完成变换之后，按Enter键才正式混合图像。

非破坏性编辑

修复画笔工具、污点修复画笔工具、仿制图章工具和内容感知移动工具的工具选项栏中都有“对所有图层取样”这一选项，修图时，可以创建一个图层，然后勾选该选项，再对图像进行编辑，这样可将所复制的图像绘制在新建的图层上，从而避免原图被破坏。修补工具只支持当前图层，因此，它不能进行非破坏性编辑。但也没有关系，只要在操作前，复制图像所在的图层，也能避免原始图像被破坏。

11.2.5 实战：消除红眼

01 打开素材，如图11-106所示。使用红眼工具去除用闪光灯拍摄的人物照片中的红眼。该工具还可去除动物照片中的白色和绿色反光。

02 选择红眼工具，将鼠标指针放在红眼区域内，如图11-107所示，单击即可校正红眼，如图11-108所示。另一只眼睛也采用相同的方法校正，如图11-109所示。如果对结果不满意，可以执行“编辑>还原”命令还原，然后设置不同的“瞳孔大小”（设置眼睛暗色的中心的大小）和“变暗量”（设置瞳孔的暗度）并再次尝试。

图11-106

图11-107

图11-108

图11-109

11.2.6
实战：让眼睛更有神采的修图技巧

要点

图11-110所示为眼睛结构图。眼睛美化的关键在虹膜。虹膜主要由结缔组织构成，内含色素、血管和平滑肌。如果按照虹膜的结构去增强血管和肌肉组织，即强化其放射状形状，就能丰富眼球细节、增强其立体感；再辅以色彩修正（主要是饱和度和亮度控制），眼睛看上去就会变得非常清澈而有神采。另外，提亮瞳孔附近反光点的亮度，也是让眼睛变得明亮的有效方法。下面就按照此思路进行操作，如图11-111所示。

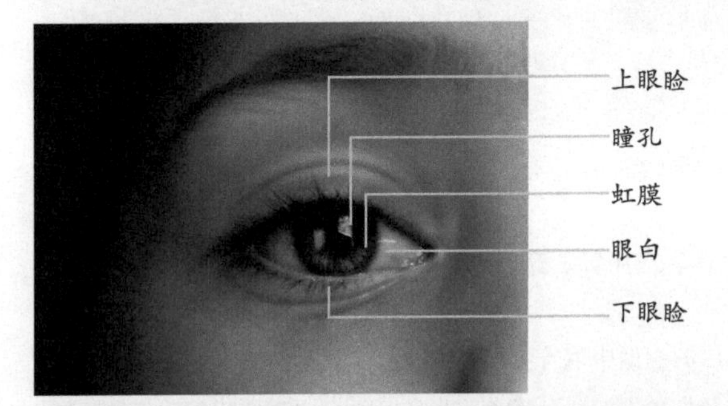

图11-110

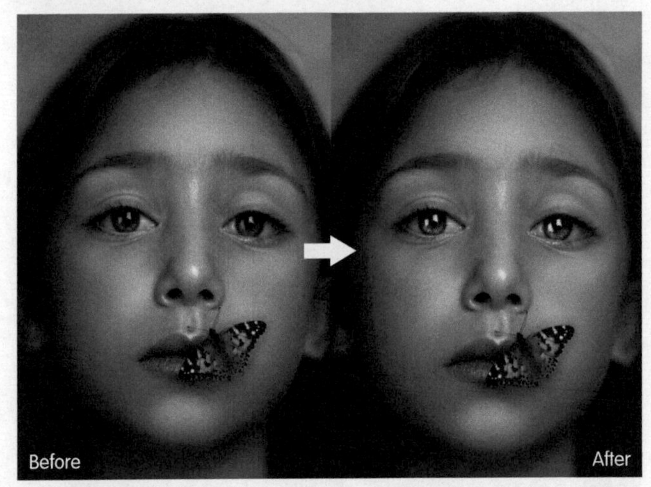

图11-111

01 单击“调整”面板中的 按钮，创建“曲线”调整图层并进行提亮操作，如图11-112和图11-113所示。

02 按Alt+Delete快捷键为调整图层的蒙版填充黑色，如图11-114所示。这样调整效果就被蒙版遮盖住了，图像又恢复到调整前的状态，如图11-115所示。选择画笔工具，将大小调至3像素左右。将前景色切换为白色，在虹膜上绘制放射线，如图11-116所示。因为涂抹的是白色，所以画笔涂抹之处会应用曲线调整，色调就会被提亮。

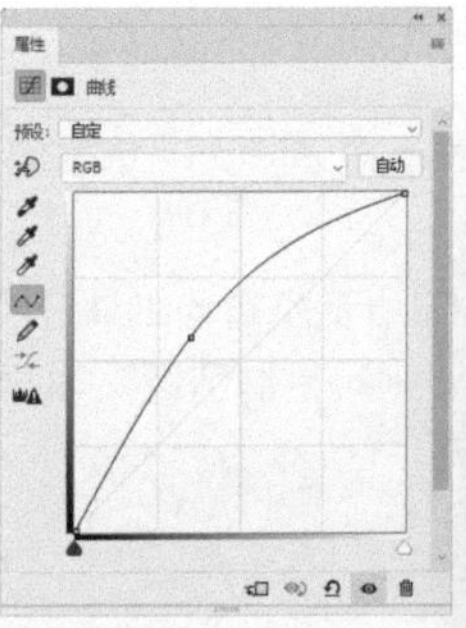

图11-112

图11-113

图11-114

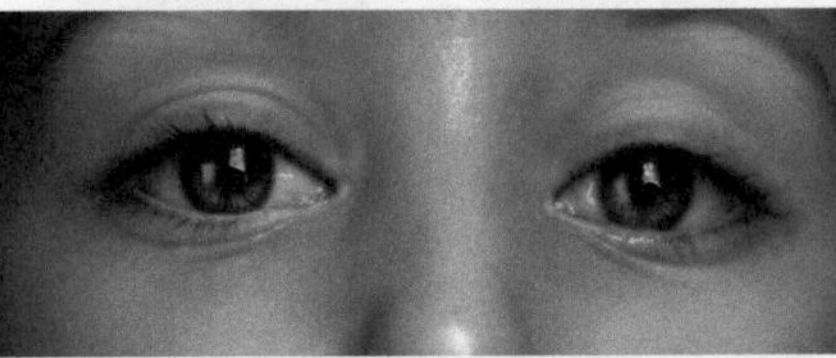

图11-115

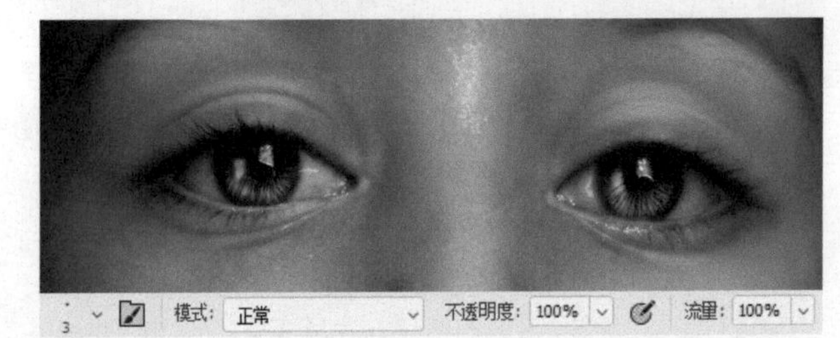

图11-116

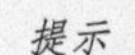

提示

用鼠标画直线不太容易操作，下面两个方法可以提供帮助。第1个方法：在画面上单击后，按住Shift键并在另一位置单击，这样两点之间就会以直线连接；第2个方法：用旋转视图工具旋转画布，一般从左向右绘制直线比较容易，那么就把画面旋转到相应的方向，再进行绘制。需要画面恢复正常角度时，双击该工具即可。

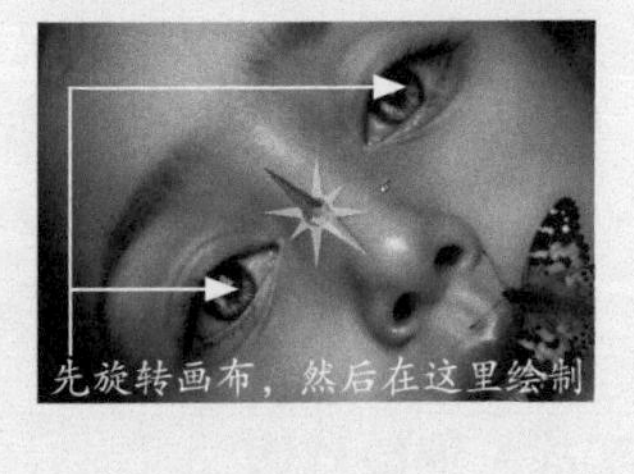

03 新建一个图层。使用画笔工具在瞳孔及虹膜上绘制高光点，如图11-117所示。

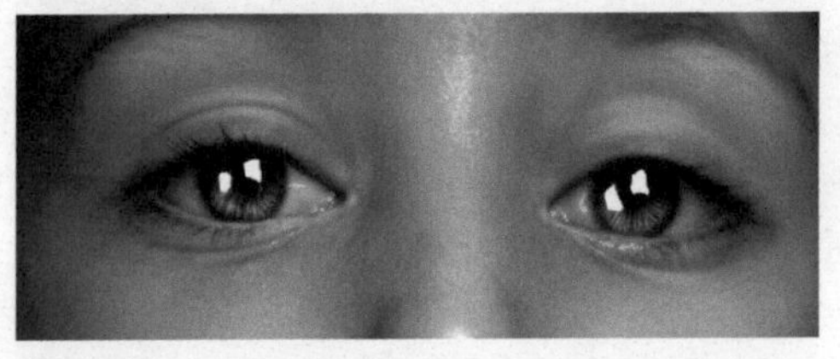

图11-117

04 双击该图层，如图11-118所示，打开“图层样式”对话框。按住Alt键并单击“下一图层”的黑色滑块，将其分开，然后拖曳右侧的滑块，如图11-119所示，让眼球中的深色细节透过当前图层显现出来，如图11-120所示。

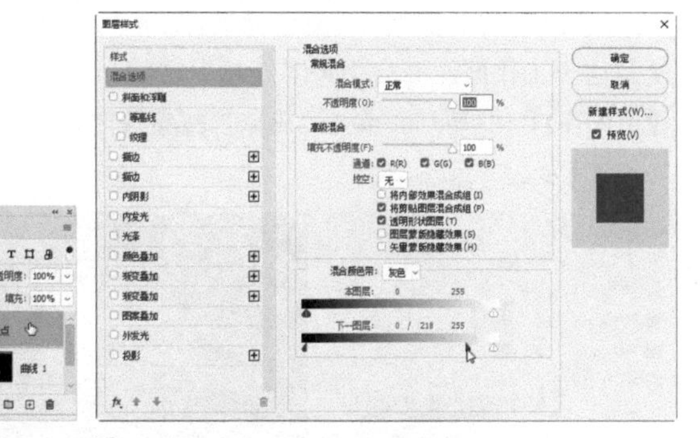

图11-118 图11-119

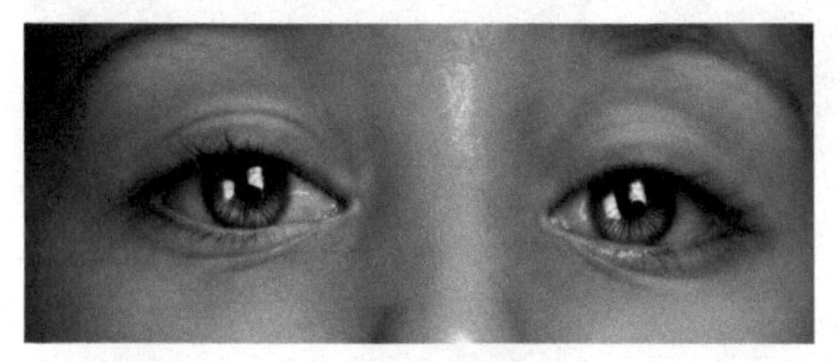

图11-120

05创建一个“色相/饱和度”调整图层，提高虹膜的色彩饱和度，如图11-121所示。操作时，先将该调整图层的蒙版填充为黑色，再使用画笔工具在虹膜上涂抹白色，如图11-122和图11-123所示。

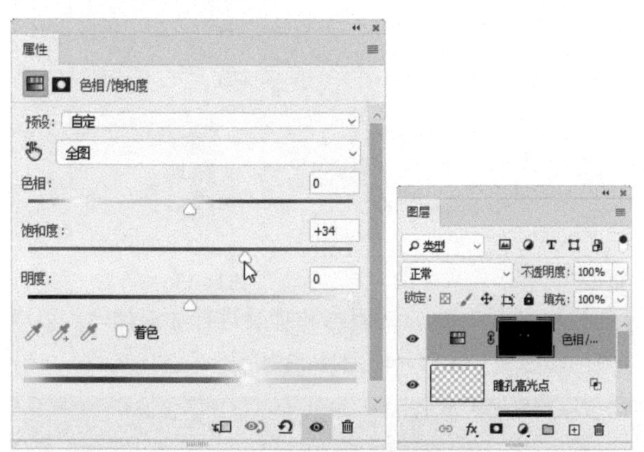

图11-121

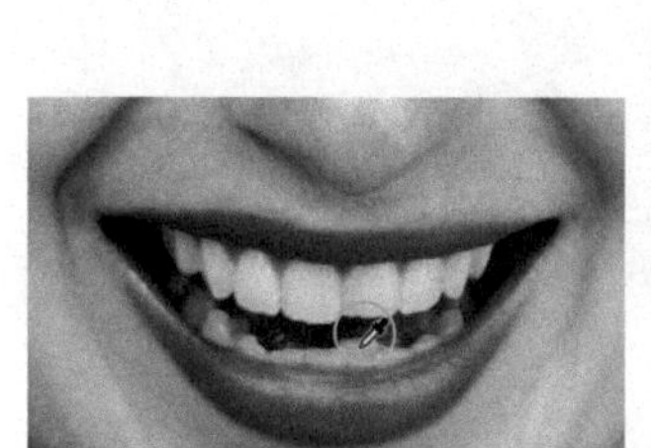

图11-122

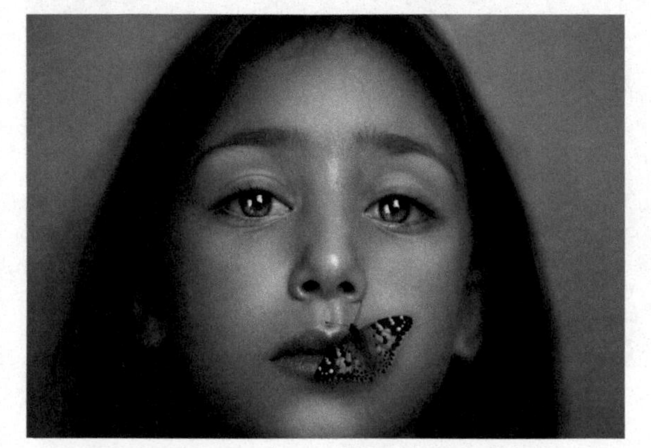

图11-123

11.2.7 实战：牙齿美白与整形方法

人们常用“明眸皓齿”来形容一个人貌美。这说明单是眼睛好看还不够，牙齿不好，也会令容貌大打折扣。牙齿相关的问题主要有3个，即发黄、有缺口和参差不齐。本实战介绍解决方法，效果如图11-124所示。

扫码看视频

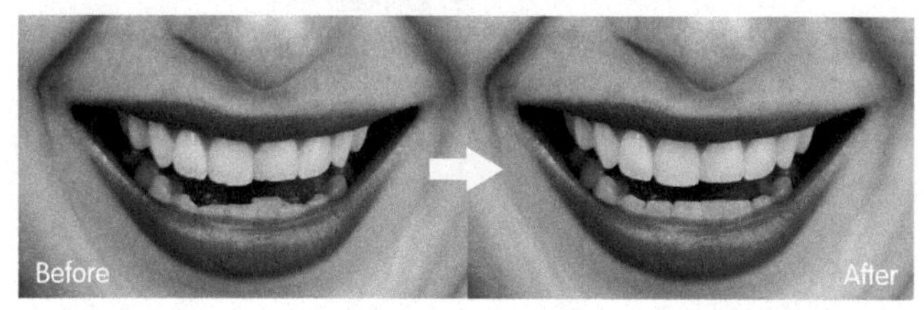

图11-124

01单击“调整”面板中的按钮，创建“色相/饱和度”调整图层。单击“属性”面板中的图像调整工具，选一处最黄的牙齿，在其上方单击，进行取样，如图11-125所示。“调整”面板的渐变颜色条上会出现滑块，取样的颜色就在滑块区间，如图11-126所示。

图11-125 图11-126

02将“饱和度”值调低，黄色会变白。注意不能调到最低值，否则牙齿会变成黑白效果，没有色彩感，像黑白照片一样了。将“明度”值提高，让牙齿颜色明亮一些，有一点晶莹剔透的感觉更好，如图11-127和图11-128所示。

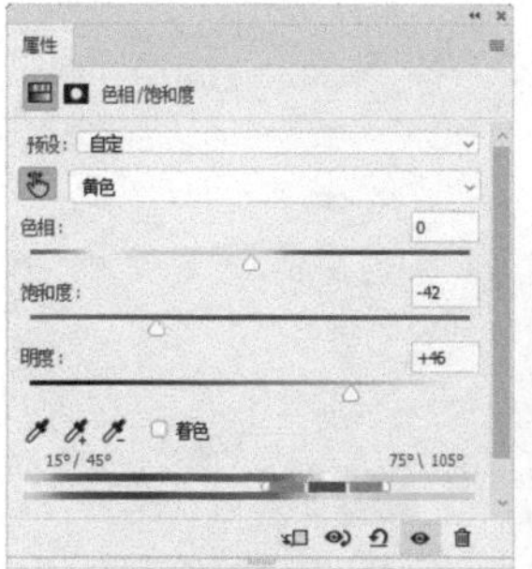

图11-127

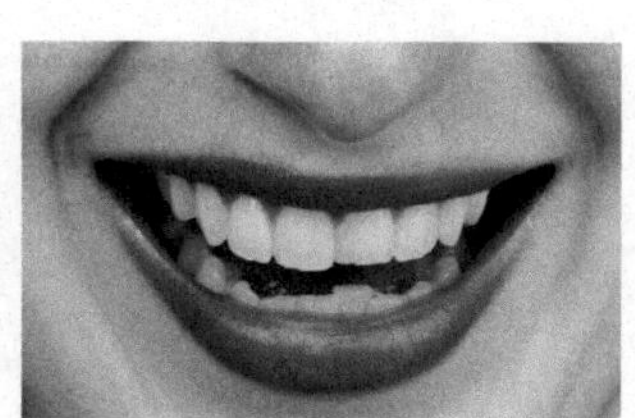

图11-128

03调色完成以后，按Alt+Shift+Ctrl+E快捷键将当前效果盖印到一个新的图层中，在这个图层中修复牙齿。执行

"滤镜>液化"命令，打开"液化"对话框，默认选取的是向前变形工具，使用 [键和] 键调整画笔工具大小，通过拖曳鼠标的方法将缺口上方的图像向下"推"，把缺口补上，如图11-129~图11-131所示。"推"过头的地方，可以从下往上"推"，把牙齿找平。上面牙齿的缺口比较小，将画笔工具调到比缺口大一点再处理；下面一排牙齿主要是参差不齐的问题，因此画笔工具应调大一些。另外，处理时尽量不要反复地修改一处缺口，否则图像会变得越来越模糊。

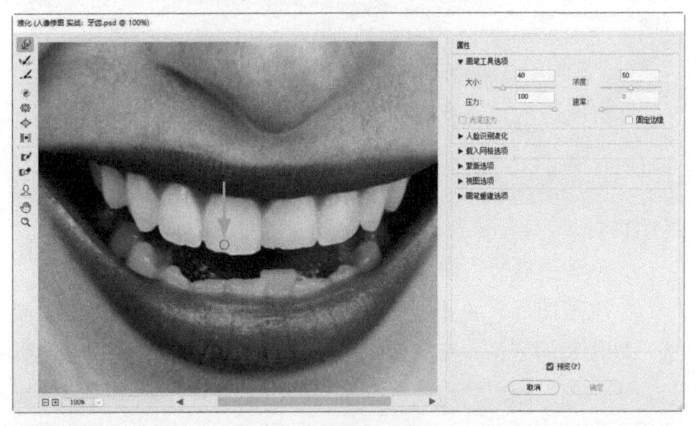

图11-129

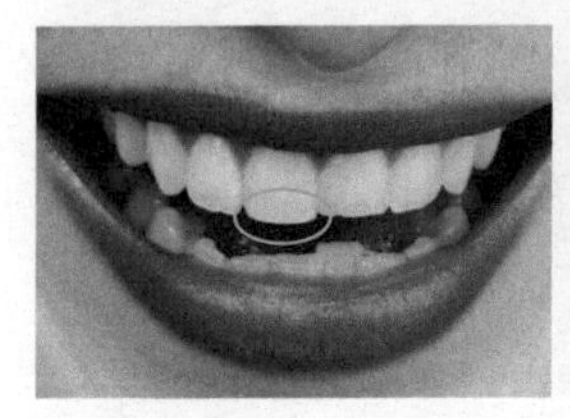

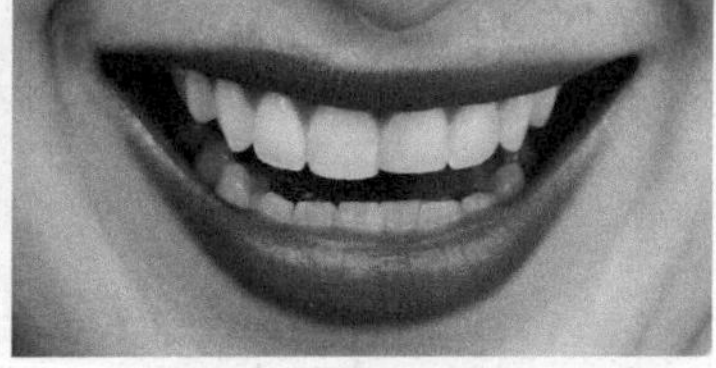

图11-130　　图11-131

11.2.8

实战：妆容迁移

本实战使用Neural Filters滤镜将眼部和嘴部的妆容从一幅图像应用到另一幅图像，如图11-132所示。

扫码看视频

图11-132

01 打开本实战的两幅图像。将未画眼影的女性素材设置为当前操作的文档。执行"滤镜>Neural Filters"命令，切换到这一工作区。开启"妆容迁移"功能，并选取另一幅图像，如图11-133所示。单击"确定"按钮关闭滤镜，效果如图11-134所示。

图11-133　　图11-134

02 按住Alt键单击"图层"面板中的按钮，弹出"新建图层"对话框，设置选项，如图11-135所示，创建一个混合模式为"叠加"的中性色图层，如图11-136所示。

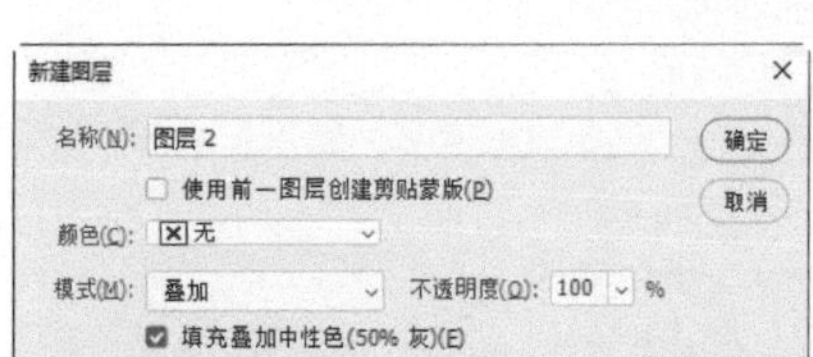

图11-135　　图11-136

03 选择加深工具，对眼影和嘴唇进行加深处理，以增强色彩感和立体感，如图11-137所示。

图11-137

磨皮

在处理人像照片时，磨皮是非常重要的环节，会对人的皮肤进行美化处理，去除色斑、痘痘、皱纹等瑕疵，让皮肤变得白皙、细腻、光滑，使人显得更年轻、更漂亮。

11.3.1 实战：快速磨皮（Neural Filters滤镜）

本实战使用Neural Filters滤镜磨皮，它能快速移除皮肤的瑕疵和痘痕，如图11-138所示。

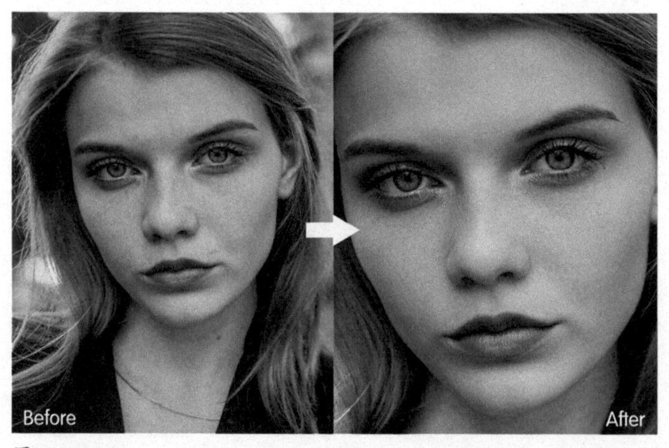

图11-138

01 执行“滤镜>Neural Filters”命令，切换到该工作区。开启“皮肤平滑度”功能，如图11-139所示。在“输出”下拉列表中选择“新建图层”选项。将“模糊”和“平滑度”值调到最大，如图11-140所示。

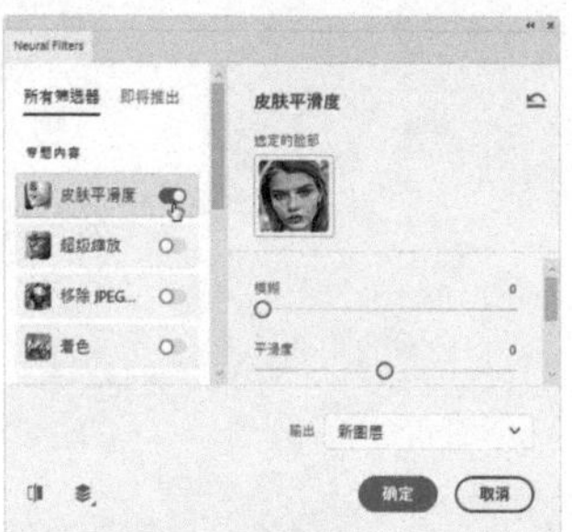

图11-139

图11-140

02 单击“确定”按钮确认，Photoshop会将磨皮后的图像创建到一个新的图层上，如图11-141和图11-142所示。磨皮后，眼睛的清晰度有所降低，如图11-143所示。单击“图层”面板中的 按钮，为该图层添加蒙版。使用画笔工具 将眼睛涂黑，将模糊效果消除，如图11-144所示。

图11-141

图11-142

图11-143

图11-144

03 新建一个图层。使用污点修复画笔工具 将面部微小的色斑清除，脖子上的痣也一并处理掉，如图11-145和图11-146所示。

色斑位置

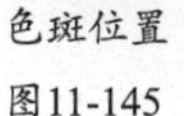

图11-145

清除效果

图11-146

11.3.2

实战：保留皮肤细节的磨皮方法

要点

扫码看视频

磨皮其实并不难，这是因为使用“高斯模糊”滤镜就能将所有瑕疵抹掉，只是效果比较夸张，就像现在很多手机美颜App一样，磨出来的皮肤像塑料般光滑，一看就非常假。

好的磨皮技术能还原皮肤的纹理细节，而纹理是体现真实感的决定性要素。下面介绍的方法，会先用“表面模糊”滤镜磨皮，再使用“高反差保留”滤镜强化皮肤纹理，把细节找回来，如图11-147所示。

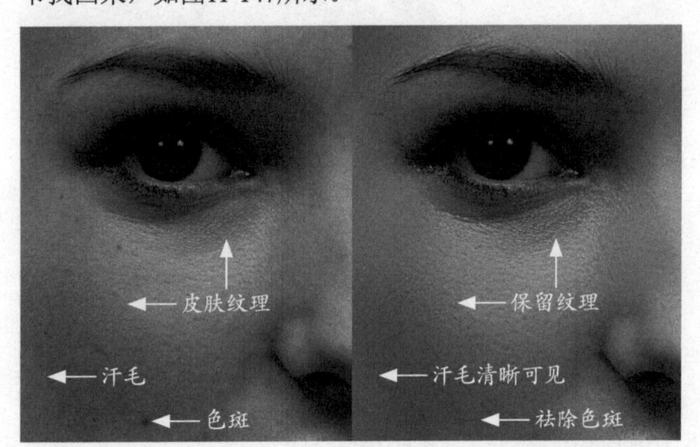

原图　　磨皮之后皮肤纹理依然清晰

图11-147

01 按两次Ctrl+J快捷键，复制出两个图层。单击下方图层，如图11-148所示，执行“滤镜>模糊>表面模糊”命令，进行磨皮，即模糊处理，如图11-149所示。

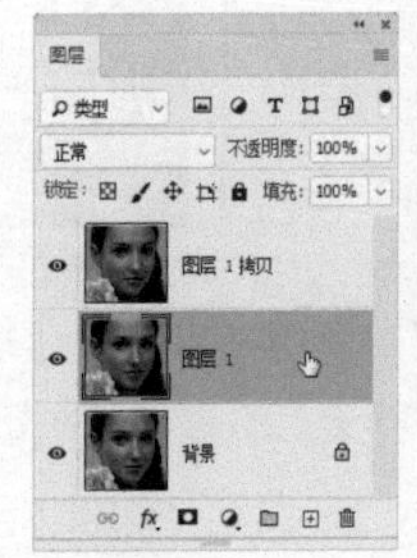

图11-148

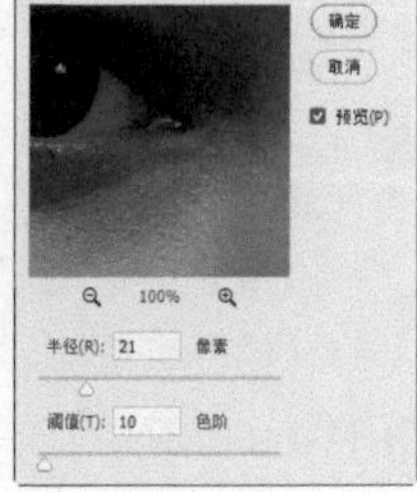

图11-149

02 单击上方图层，按Shift+Ctrl+U快捷键去色，设置混合模式为“叠加”，如图11-150和图11-151所示。

图11-150

图11-151

03 执行“滤镜>其他>高反差保留”命令，对皮肤进行柔化处理，如图11-152和图11-153所示。

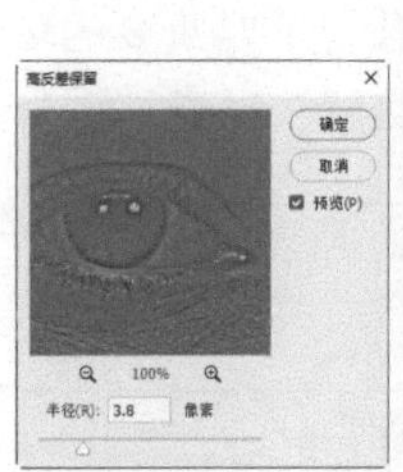

图11-152

图11-153

04 按住Ctrl键并单击“图层1”，将其一同选取，如图11-154所示，按Ctrl+G快捷键编入图层组中。单击 按钮，为图层组添加蒙版，如图11-155所示。使用画笔工具 将眼睛、嘴、头发和花饰等不需要磨皮的地方涂黑，如图11-156所示。

图11-154　图11-155　图11-156

05 双击图层组，打开“图层样式”对话框，在“混合颜色带”选项组中，按住Alt键并在“下一图层”的黑色滑块上单击，将这个滑块分为两半。拖曳右侧的滑块，如图11-157所示，让组下方的“背景”图层，也就是未经磨皮图像中的阴影区域显现出来，这些暗色调包含了皮肤纹理和毛孔中的深色，如图11-158所示。

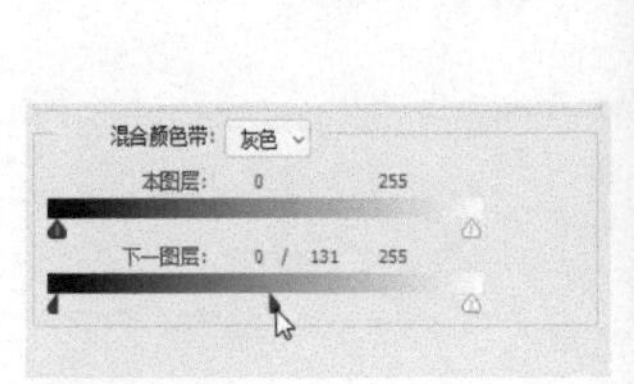

图11-157　图11-158

06 新建一个图层。使用污点修复画笔工具 将色斑清除，如图11-159所示。操作时将画笔笔尖调整到比色斑稍大一点，然后在其上方单击或拖曳即可。需要修饰的细节主要分布在图11-160所示这些地方。

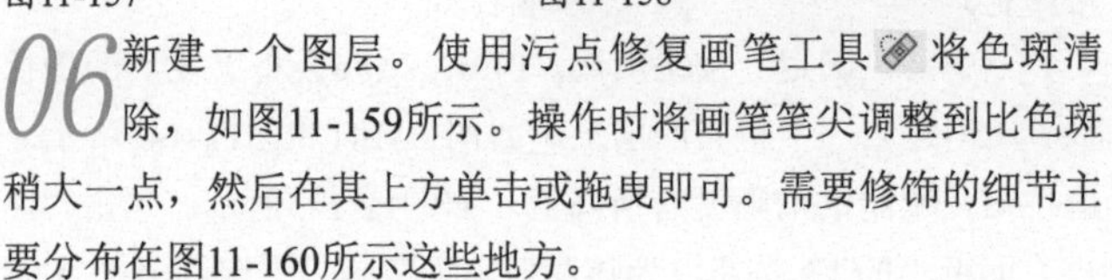

图11-159

图11-160

提示

调整混合颜色带的目的是让皮肤纹理和毛孔中的深色出现在磨皮后的图像中，以还原纹理质感。这两个滑块中间有一条自然过渡的颜色带，它确保了深色纹理是逐渐显现的，避免突兀。滑块位置不能太靠近右侧，否则纹理和色斑会变得过于清晰，磨皮效果就被抵消了。在什么位置比较好呢？拖曳滑块时注意观察，在汗毛变明显的位置就可以了。当然，色斑也会变明显，但没关系，它们很容易处理。

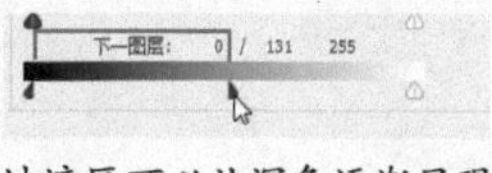

过渡区可以让深色逐渐显现

11.3.3 实战：保留皮肤细节的磨皮方法（增强版）

要点

既能磨皮、又能保留皮肤细节的方法有很多，在此精选出两种效果最好的。其基本原理都是通过模糊的方法将皮肤的瑕疵磨掉，同时还能令皮肤颜色有所改善，之后再运用技术手段，将皮肤的纹理细节找回来。本实战使用的是智能滤镜磨皮，如图11-161所示。

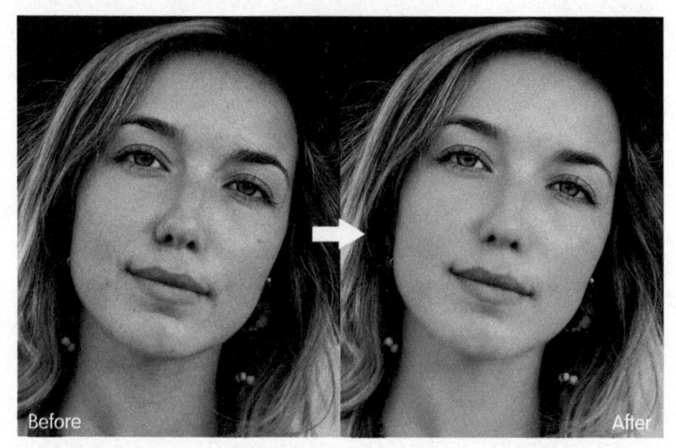

图11-161

这种方法有很多好处。首先，任何时候都可以修改滤镜参数。例如，如果觉得模糊效果有点过了，可以双击“高斯模糊”滤镜，打开相应的对话框，把参数值降下来即可。其次，智能滤镜可以复制，因此，如果有其他照片需要磨皮，那么就可先将其转换为智能对象，再将智能滤镜复制给它，之后根据当前照片的情况适当修改滤镜参数。这种方法类似磨皮动作，但是动作中的滤镜参数是固定不变的，不能适合所有类型的人像。

01 按Ctrl+J快捷键，复制“背景”图层。设置混合模式为“亮光”。在图层上单击鼠标右键，打开菜单，执行其中的命令，将图层转换为智能对象，如图11-162所示。按Ctrl+I快捷键反相，如图11-163所示。

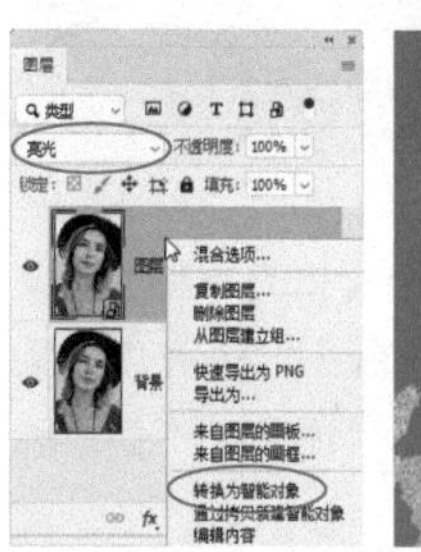

图11-162

图11-163

02 执行“滤镜>其他>高反差保留”命令，将色斑磨掉，这样皮肤会显得光滑细腻，颜色也更加柔和，如图11-64和图11-165所示。

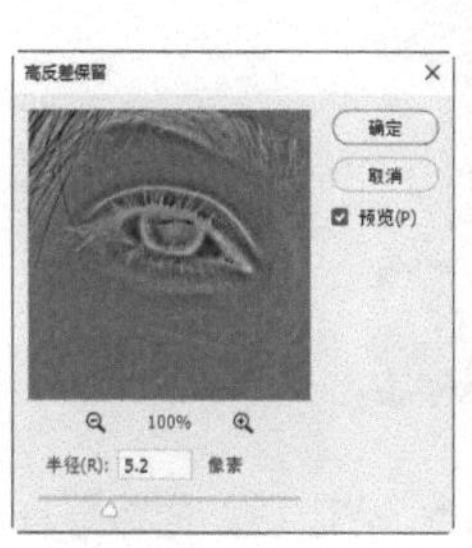

图11-164

图11-165

提示

“半径”值不能太低，否则皮肤上的瑕疵磨不掉。该值越高，模糊效果越强烈、皮肤越光滑。但过高的话，会强化重要的边界线，使色彩结块，出现严重的重影。

“半径”值过低

“半径”值过高

03 执行“滤镜>模糊>高斯模糊”命令，对当前效果进行模糊。这其实是在还原细节——在该滤镜的作用下，皮肤的纹理会出现在磨皮后的效果中，如图11-166和图11-167所示。

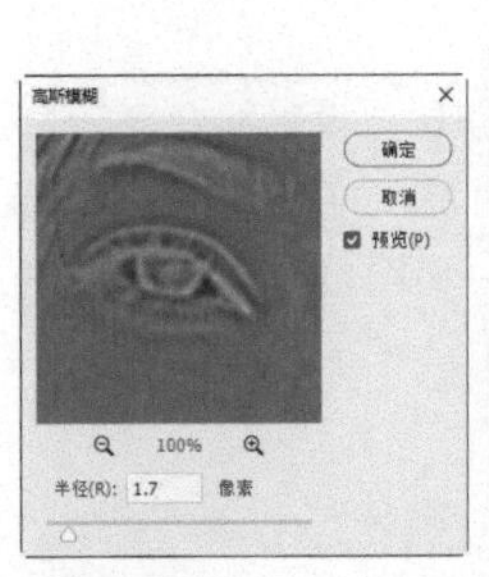

图11-166

图11-167

04 按住Alt键并单击 按钮，添加一个反相的（黑色）蒙版。使用画笔工具 在皮肤上涂抹白色，使磨皮效果只应用于皮肤，如图11-168和图11-169所示。注意，不要在脸的轮廓处涂抹，因为这里有重影。

图11-168

图11-169

05 现在皮肤上还是有一些色斑。新建一个图层，选择污点修复画笔工具 ，在色斑上单击，将其清理掉，如图11-170和图11-171所示。

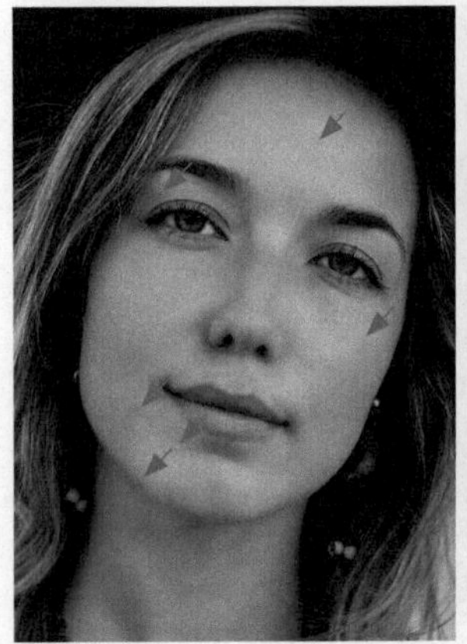

图11-170

图11-171

06 鼻翼外侧皮肤的颜色有点深且发红，也需要处理。创建一个图层。选择仿制图章工具 及柔边圆画笔（用 [键和] 键调整大小），选取“所有图层”选项（修复结果应用到该图层），如图11-172所示。按住Alt键并在正常的皮肤上单击，进行取样，放开Alt键，在发红的皮肤上拖曳鼠标，进行修复，如图11-173和图11-174所示。

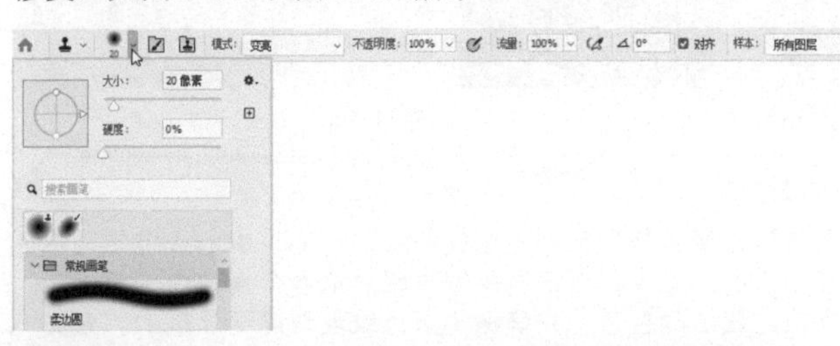

图11-172

图11-173

图11-174

07 将图层的不透明度调低至50%左右。添加蒙版。使用画笔工具 在新皮肤边缘涂抹黑色，使皮肤的融合效果真实、自然，不留痕迹，如图11-175和图11-176所示。

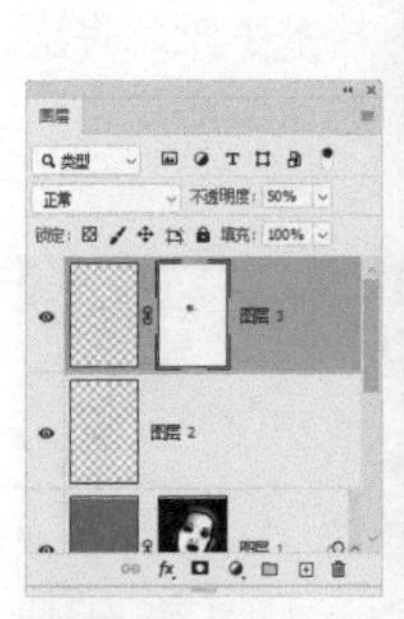

图11-175

图11-176

08 单击“调整”面板中的 按钮，创建“可选颜色”调整图层。减少黄色中黑色的含量，黄色变浅以后，肤色就会变白，如图11-177和图11-178所示。

09 创建一个“色相/饱和度”调整图层，提高色彩的饱和度。使用画笔工具 修改调整图层，让它只应用于头发、眼睛和嘴巴，如图11-179和图11-180所示。创建“曲线”调整图层，使用画笔工具 修改调整图层的蒙版，将眼睛提亮，如图11-181和图11-182所示。

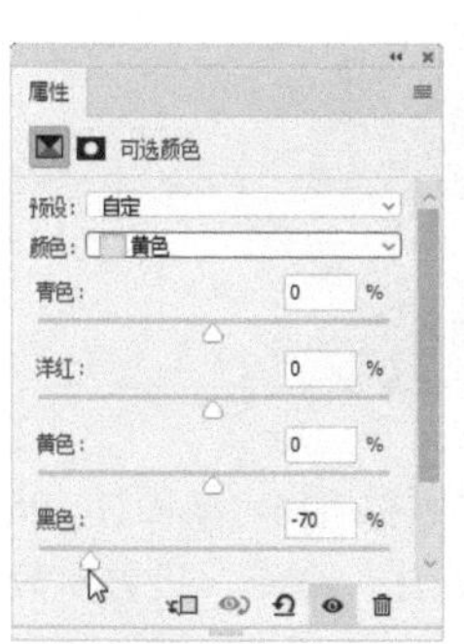

图11-177

图11-178

图11-179

图11-180

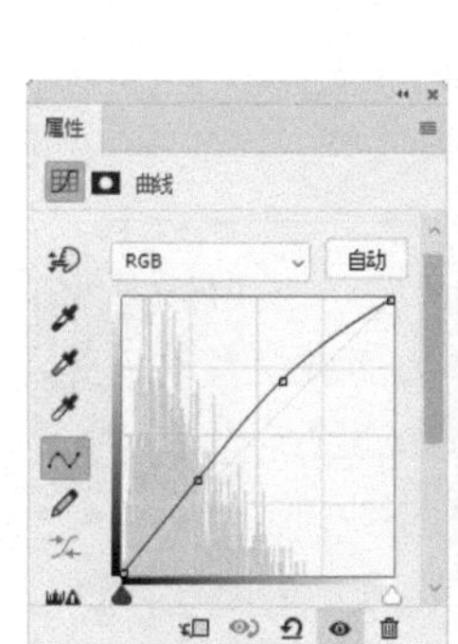

图11-181

图11-182

> 提示
>
> 在蒙版上涂抹黑色，可以隐藏调整效果；想让效果重现，可以涂抹白色；想降低调整效果的强度，可以将蒙版涂灰。修改蒙版时，可以按X键切换前景色和背景色。

11.3.4 实战：通道磨皮

要点

扫码看视频

通道磨皮是传统的磨皮技术，比较成熟，磨皮前后的效果如图11-183所示。这种方法是在通道中对皮肤进行模糊，以消除色斑、痘痘等，再用曲线将色调提亮，让皮肤颜色变亮。有的会用到滤镜+蒙版磨皮，高级一些的还会用滤镜重塑皮肤纹理。

图11-183

01 将“绿”通道拖曳到“通道”面板中的 ⊞ 按钮上复制，如图11-184所示。现在文档窗口中显示的是“绿 拷贝”通道中的图像，如图11-185所示。

图11-184

图11-185

02 执行“滤镜>其他>高反差保留”命令，设置半径为20像素，如图11-186所示。执行“图像>计算”命令，打开“计算”对话框，选择“强光”混合模式，将“结果”设置为“新建通道”，如图11-187所示。单击“确定”按钮关闭对话框，新建的通道自动命名为“Alpha 1”，如图11-188和图11-189所示。

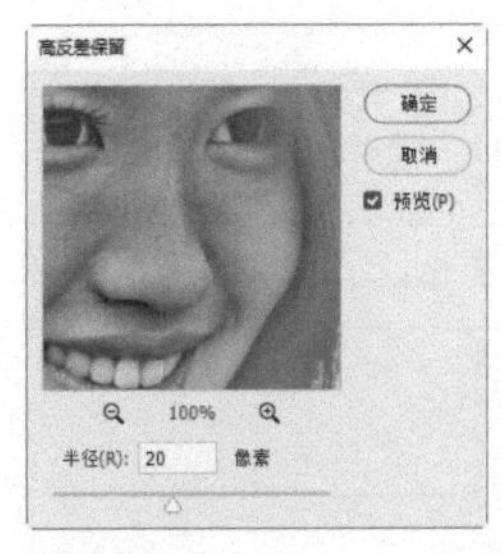

图11-186

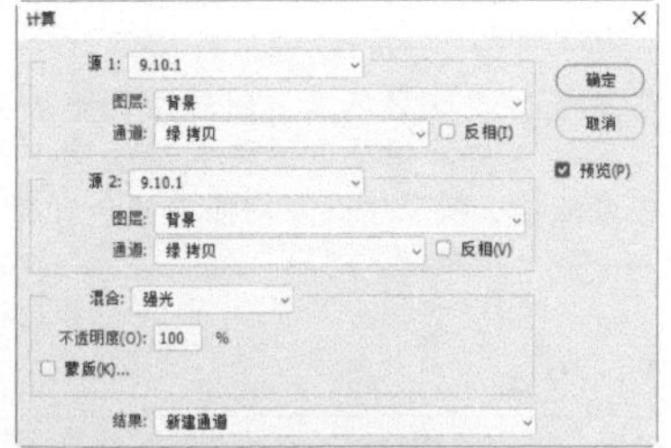

图11-187

图11-188

图11-189

03再执行两次“计算”命令，强化色点，得到“Alpha 3”通道，如图11-190所示。单击“通道”面板底部的 按钮，载入选区，如图11-191所示。按Ctrl+2快捷键，返回彩色图像编辑状态。

图11-190

图11-191

04按Shift+Ctrl+I快捷键反选，按Ctrl+H快捷键隐藏选区，以便更好地观察图像。单击“调整”面板中的 按钮，创建“曲线”调整图层，将曲线略向上调整，如图11-192所示。经过磨皮处理，人物的皮肤变得光滑细腻，如图11-193所示。

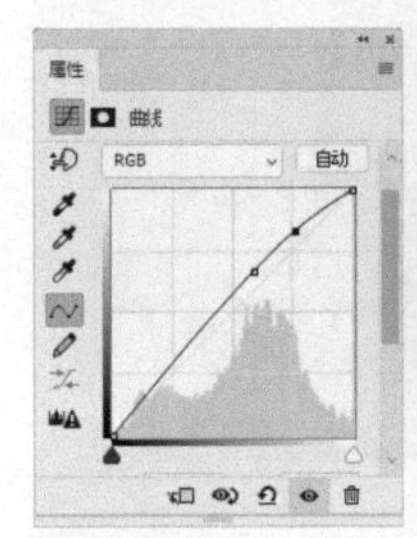

图11-192

图11-193

05提亮肤色，修复小瑕疵。按Alt+Shift+Ctrl+E快捷键，将当前效果盖印到一个新的图层中，设置混合模式为“滤色”，不透明度为33%。单击“图层”面板中的 按钮，添加图层蒙版。使用渐变工具 在蒙版中填充线性渐变，将背景区域模糊，如图11-194和图11-195所示。

图11-194

图11-195

06使用污点修复画笔工具 将面部瑕疵清除，如图11-196所示。执行“滤镜>锐化>USM锐化”命令，设置参数如图11-197所示，单击“确定”按钮，关闭对话框。再次应用该滤镜，加强锐化效果，如图11-198所示。

图11-196

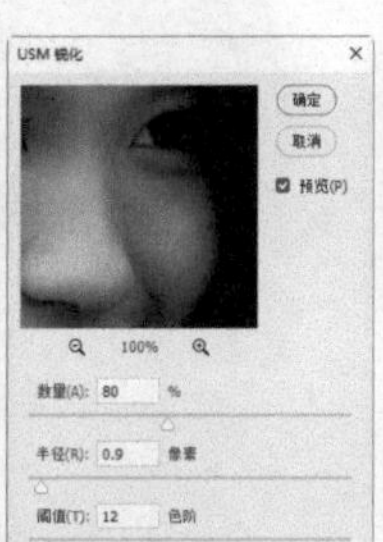

图11-197

图11-198

07创建一个“色阶”调整图层，向左拖曳中间调滑块，如图11-199所示，使皮肤的色调变亮。双击该调整图层，打开“图层样式”对话框，按住Alt键并拖曳“下一图层”的黑色滑块，将滑块拖曳至数值显示为164处，让底层图像的黑色像素显示出来，如图11-200和图11-201所示。

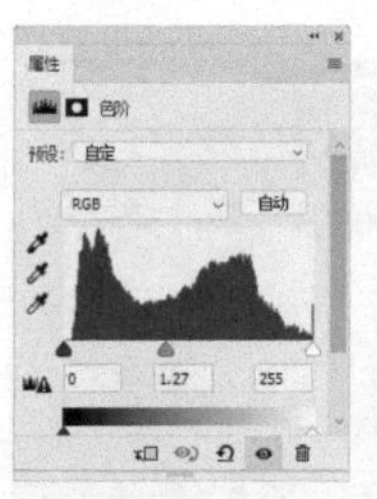

图11-199

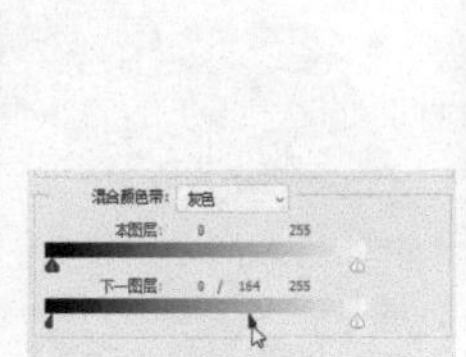

图11-200

图11-201

11.3.5

实战：强力祛斑+皮肤纹理再造

要点

扫码看视频

如果皮肤纹理不明显，磨皮以后，光滑程度会更高，即使用“高反差保留”滤镜进行强化，也找不回细节，因为原本就没有多少细节。这种照片就只能通过再造皮肤纹理的方法进行补救。此类情况比较多，尤其是网上下载的素材，很多人像是被磨过皮的，而且皮肤细节已经磨没了。这种照片看上去很美，却没法使用。不过不用担心，只要掌握下面的方法，以后就知道该怎么处理了，如图11-202所示。

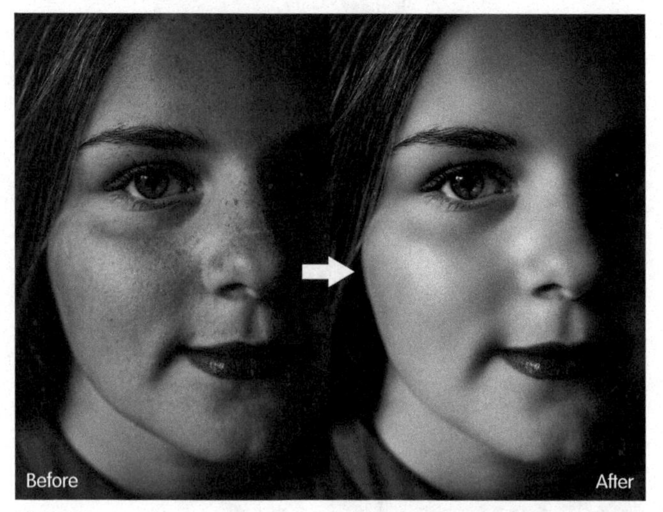

图11-202

01 先来修色斑。按两次Ctrl+J快捷键，复制“背景”图层并修改名称，如图11-203所示。执行“滤镜>模糊>表面模糊”命令，对下方图层磨皮，如图11-204和图11-205所示。

图11-203

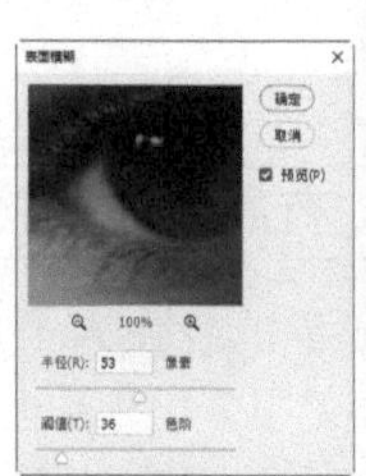

图11-204

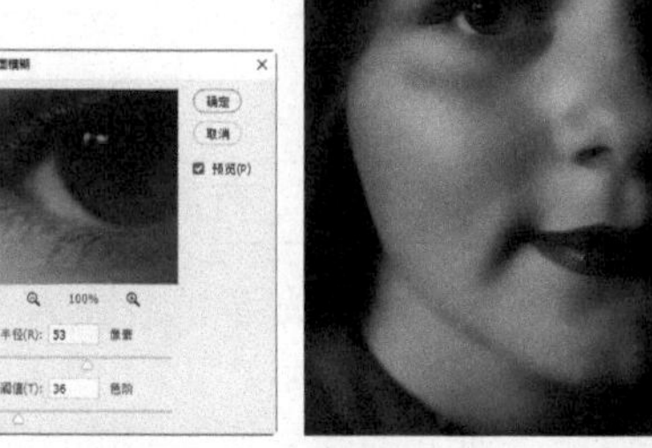

图11-205

02 选择位于上方的图层。执行“滤镜>杂色>添加杂色”命令，生成杂点，如图11-206所示。执行“滤镜>风格化>浮雕效果”命令，让杂点立体化并呈现不规则排布的效果，类似于皮肤纹理状，如图11-207所示。设置混合模式为“柔光”，效果如图11-208所示。

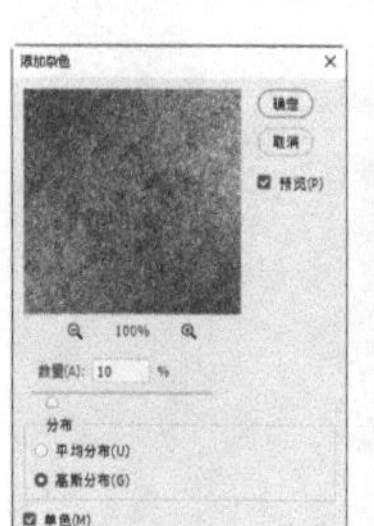

图11-206

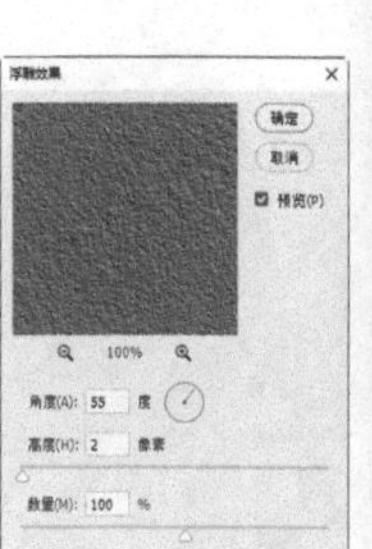

图11-207

图11-208

03 按住Ctrl键并单击下方图层，如图11-209所示，按Ctrl+G快捷键，将所选图层编入图层组中。单击 按钮添加蒙版。使用画笔工具 将眼睛、眉毛、嘴、头发和衣服涂黑，让原图，即未经磨皮的效果显现出来，如图11-210~图11-212所示。有些地方，如鼻子右侧的阴影区域、下巴等处的纹理过于突出，可在其上方涂灰色（可以通过按相应的数字键来改变画笔的不透明度），以降低纹理强度。

图11-209 图11-210

图11-211

图11-212

04 单击“调整”面板中的 按钮，创建“曲线”调整图层。将滑块对齐到直方图端点，增强色调的对比度，如图11-213和图11-214所示。

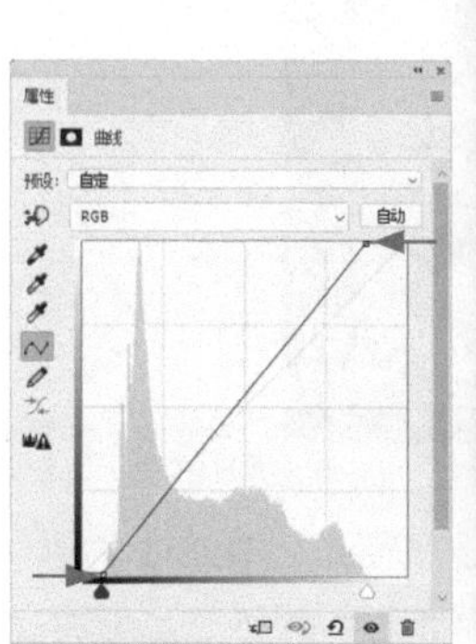

图11-213

图11-214

05 新建一个图层。选择污点修复画笔工具 ，勾选“近似匹配”和“对所有图层取样”选项，将脸上的小瑕疵修掉，主要修饰嘴到鼻子之间的皮肤，如图11-215和图11-216

所示。将鼻梁上的色斑也清除掉。修复的内容会保存在新建的图层上，不会破坏原图像。

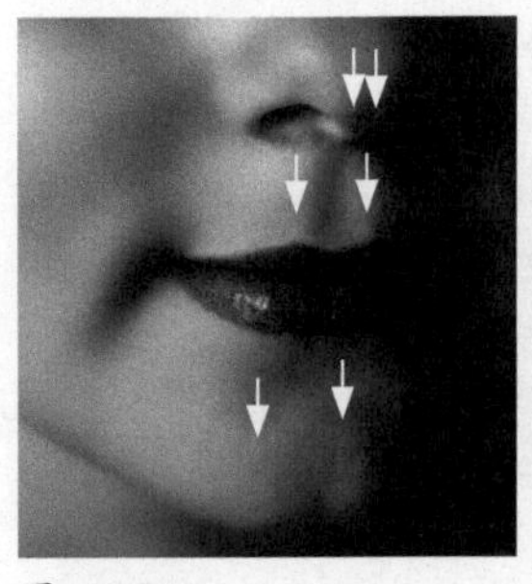

图11-215

图11-216

06 单击“调整”面板中的 按钮，创建“可选颜色”调整图层。降低红、黄两种颜色中黑色的含量，使颜色变浅。由于肤色的主要成分就是红色和黄色，因此它们的明度提高后，皮肤就变亮了，如图11-217~图11-219所示。

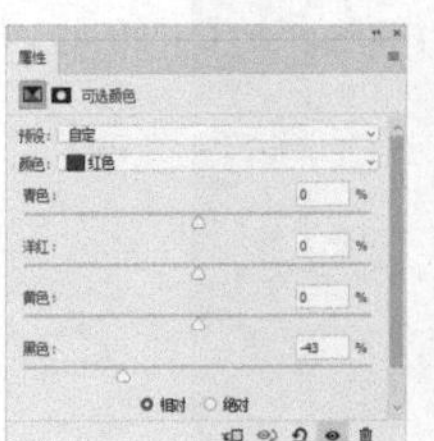

图11-217

图11-218

图11-219

07 将图层的不透明度设置为80%。选择画笔工具 ，将除皮肤之外的图像涂黑，限定好调整范围，如图11-220和图11-221所示。

图11-220

图11-221

08 提高眼睛的亮度。女孩的眼睛非常漂亮，增强对比度，可以让眼睛里的蓝色像湖水一样清澈，眼神光也更加突出。创建一个“曲线”调整图层，将曲线调整为图11-222所示的形状。将蒙版填充为黑色，然后使用画笔工具 将瞳孔涂白，调整的重点就在这里，在周围的眼白上涂浅灰色，让眼白也明亮一些，如图11-223~图11-225所示。

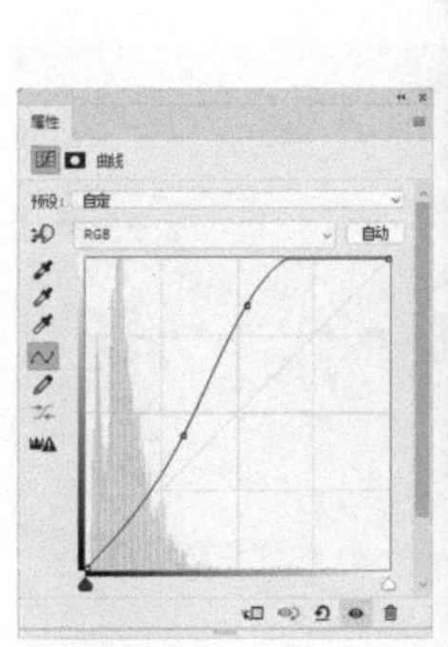

图11-222

图11-223

图11-224

图11-225

> **提示**
>
> 有些软件公司开发了专门用于磨皮的插件，如kodak、NeatImage等，操作简便，效果也不错。

11.3.6

实战：打造水润光泽、有质感的皮肤

扫码看视频

皮肤干涩、没有光泽，会使人显得苍老，所以补水就非常必要，很多化妆品也以此为营销点。本实战通过调整混合模式、混合颜色带等方式让皮肤变得水润光滑，如图11-226所示。

图11-226

01 首先增强对比度，让面部的高光区域——额头、鼻梁、颧骨上方，以及嘴唇最亮的区域变亮；让暗部区域——额头两侧、颧骨下方、眉心等处变暗一些。单击“调整”面板中的 按钮，创建“曲线”调整图层。将混合模式设置为“滤色”，即可将图像的色调提亮，如图11-227和图11-228所示。现在面部的高光更加明显了。

图11-227

图11-228

02 再创建一个“曲线”调整图层，将混合模式设置为“正片叠底”，将色调压暗，如图11-229和图11-230所示。

图11-229

图11-230

03 按Ctrl键并单击下方的调整图层，如图11-231所示，按Ctrl+G快捷键将其编入图层组中。单击 按钮，为图层组添加蒙版，如图11-232所示。

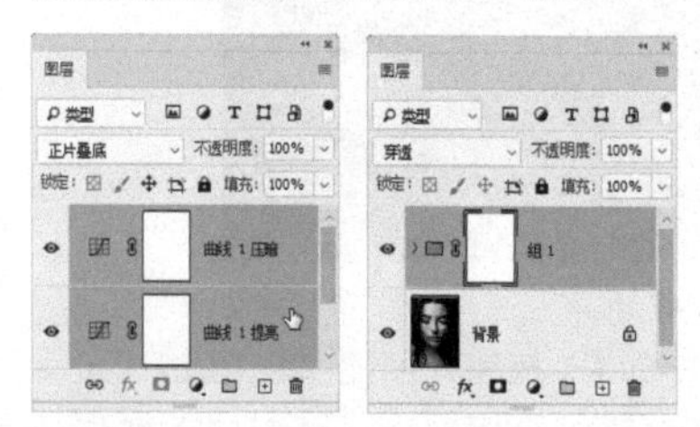
图11-231　图11-232

04 执行“图像>应用图像”命令，使用“强光”模式处理，降低色调的总体反差，这样阴影区域会显示更多的细节，如图11-233和图11-234所示。处理结果会应用到图层组的蒙版上。

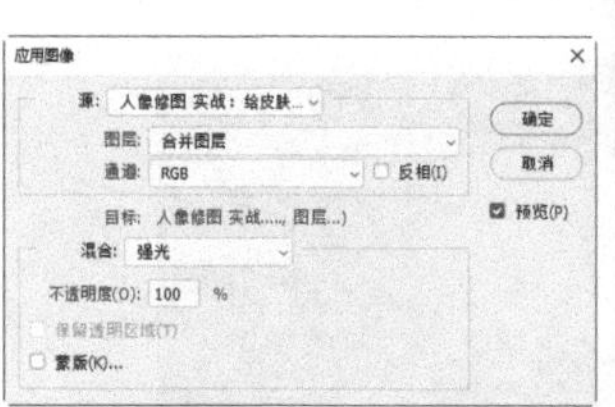
图11-233

图11-234

05 双击用于提亮色调的“曲线”调整图层，如图11-235所示，打开“图层样式”对话框，调整高光范围。拖曳“下一图层”的黑色滑块，同时观察图像，女孩的面部有点平，光又是从侧前方打过来的，因此高光范围比较大，把这个范围调小一点，就能让面部的立体感更强一些，如图11-236所示。

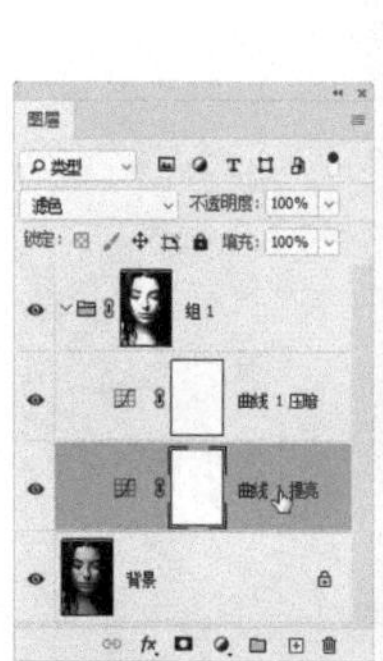
图11-235

图11-236

06 调好范围后，按住Alt键并在滑块上单击一下，将其分开，再单独拖曳右侧的滑块，把它拖到最右侧（它会“躲到”白色滑块后方），这样高光区域的颜色会逐渐变淡，呈现自然、柔和的过渡效果，如图11-237所示。单击“确定”按钮关闭对话框。

图11-237

07 双击用于压暗色调的调整图层，如图11-238所示，打开“图层样式”对话框。采用与上一步相同的方法，先控制阴影区域的范围，如图11-239所示；再将滑块分开调整，让阴影呈现过渡效果，如图11-240所示。选择图层组，将不透明度设置为50%，因为曲线调整都应用在图层组中，所以这种方法可以降低调整强度，如图11-241所示。

图11-238　　图11-239

图11-240

图11-241

08 提高面部几个高光点的亮度，让高光区域更有层次。单击图层组左侧的∨按钮，将组关闭。执行“图层>新建填充图层>纯色”命令，用白色作为填充颜色，如图11-242所示，在图层组上方创建填充图层。双击填充图层，如图11-243所示，打开“图层样式”对话框。拖曳“下一图层”的黑色滑块，“背景”图层中的暗色调会显现出来，白色填充范围会相应缩小，当只有额头最高处、鼻尖和嘴唇最亮处有少量的白色时就停止拖曳，如图11-244所示。按住Alt键并单击该滑块，分开调整，制造过渡效果，如图11-245所示。

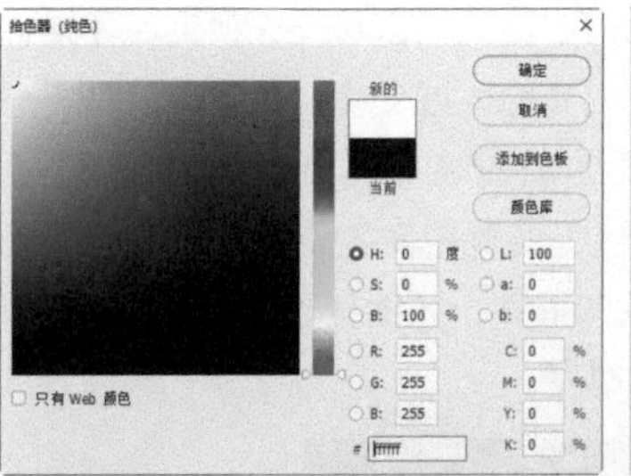

图11-242

图11-243

图11-244

图11-245

09 单击蒙版缩览图，为它填充黑色，如图11-246所示。用画笔工具 在额头最高处、鼻尖和嘴唇最亮处涂抹白色，如图11-247所示。

图11-246　　图11-247

10 单击“调整”面板中的 按钮，创建“色相/饱和度”调整图层。先提高饱和度，如图11-248所示；然后按Alt+Delete快捷键，将蒙版填充为黑色；再使用用画笔工具 在嘴唇和眼睫毛上涂抹白色，将色彩增强效果限定在画笔涂抹的范围内；之后将调整图层的不透明度降低至65%，不要让颜色太过鲜艳，如图11-249所示。

图11-248

图11-249

11.3.7 实战：修图+磨皮+锐化全流程

前面介绍了各种面部瑕疵修饰、五官美化和皮肤磨皮的技术，下面来做综合练习，运用所学技能，将修图、磨皮和锐化等面部美化的完整流程走一遍，如图11-250所示。

扫码看视频

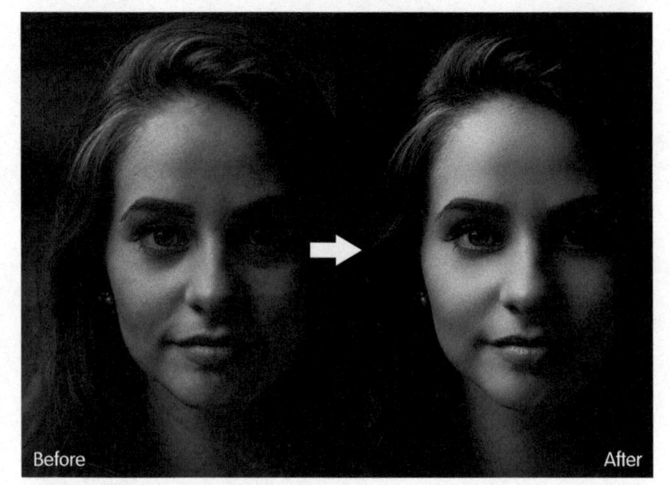

图11-250

01 修色斑。按Ctrl+J快捷键复制“背景”图层。使用污点修复画笔工具 将比较明显的色斑去除。操作时可以将鼠标指针放在色斑处，然后通过[键和]键调整笔尖大小，笔尖比色斑大一点就行，单击便可将其去除，如图11-251和图11-252所示。

02 眼睑下方的颜色有些深，这倒并不完全是眼袋，女孩的眼窝比较深，加之光从左上方打过来都会造成较深的阴影。选择修补工具 并设置参数，在眼睑下方创建选区，如图11-253所示，将鼠标指针移至选区内，向下拖曳，如图11-254所示。另一只眼睛也这样处理，如图11-255~图11-258所示。

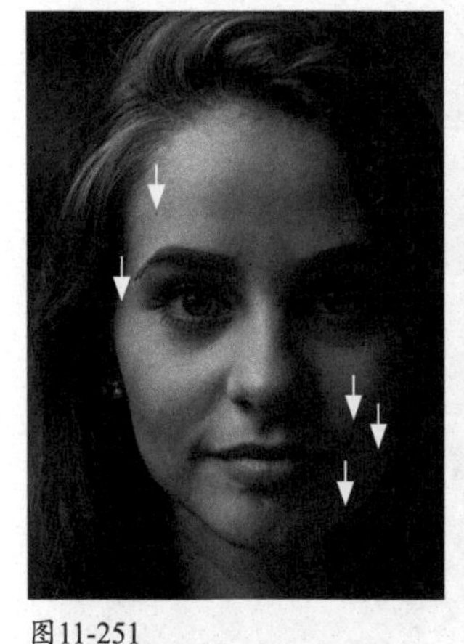

图11-251

图11-252

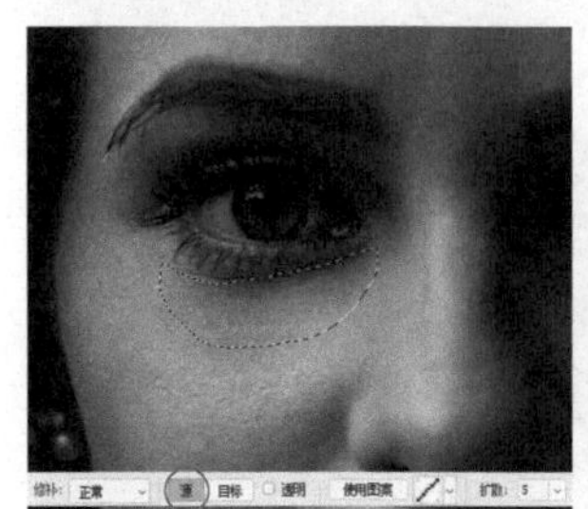

图11-253

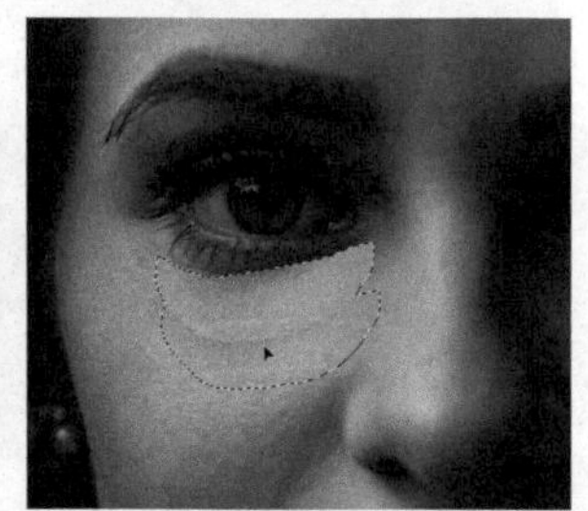

图11-254

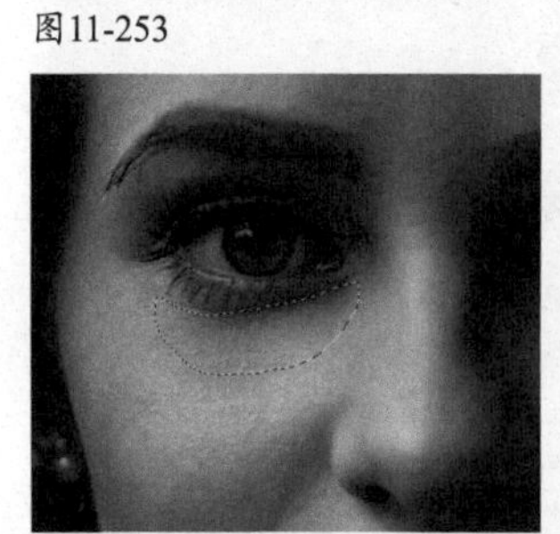

图11-255

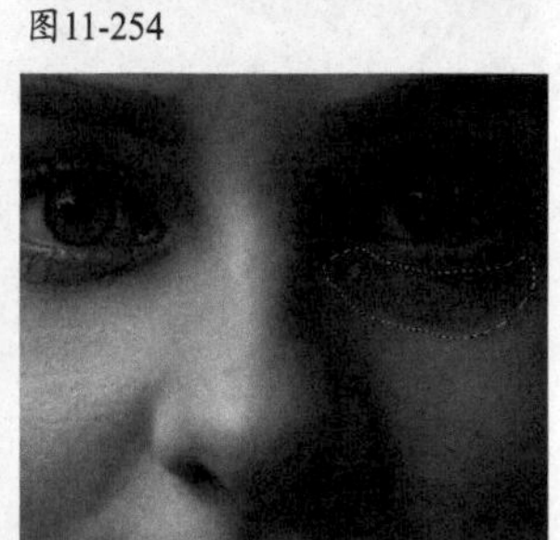

图11-256

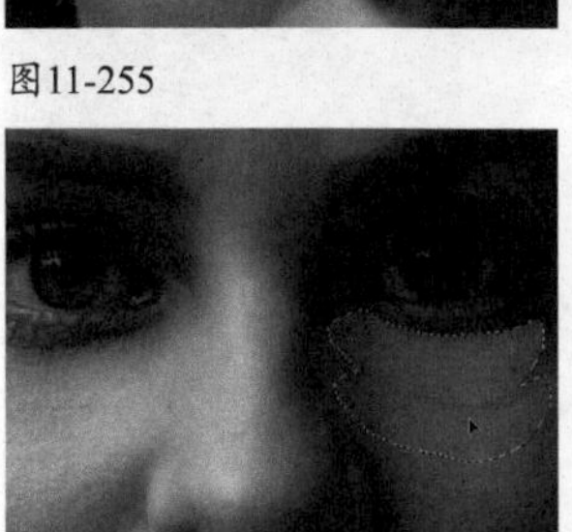

图11-257

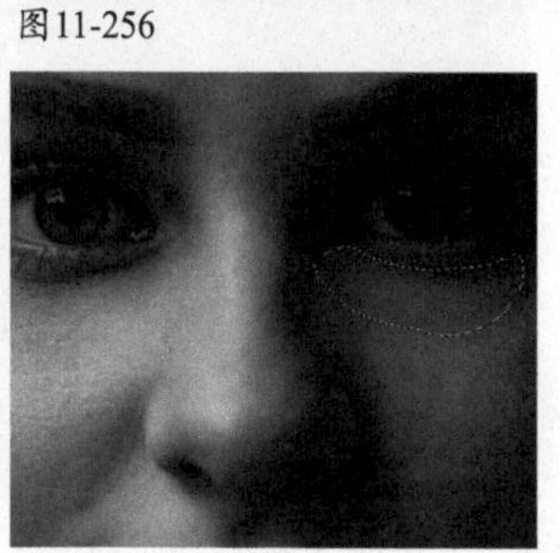

图11-258

03 处理脖子上的皱纹。选择修复画笔工具 并设置参数，如图11-259所示。按住Alt键并在皱纹下方单击，进行取样，如图11-260所示。在皱纹上涂抹，将纹理替换掉，如图11-261和图11-262所示。如果效果不自然，可以更换取样点，即在更靠近皱纹的位置取样。脖子上的几条主要皱纹修复好之后，效果如图11-263所示。

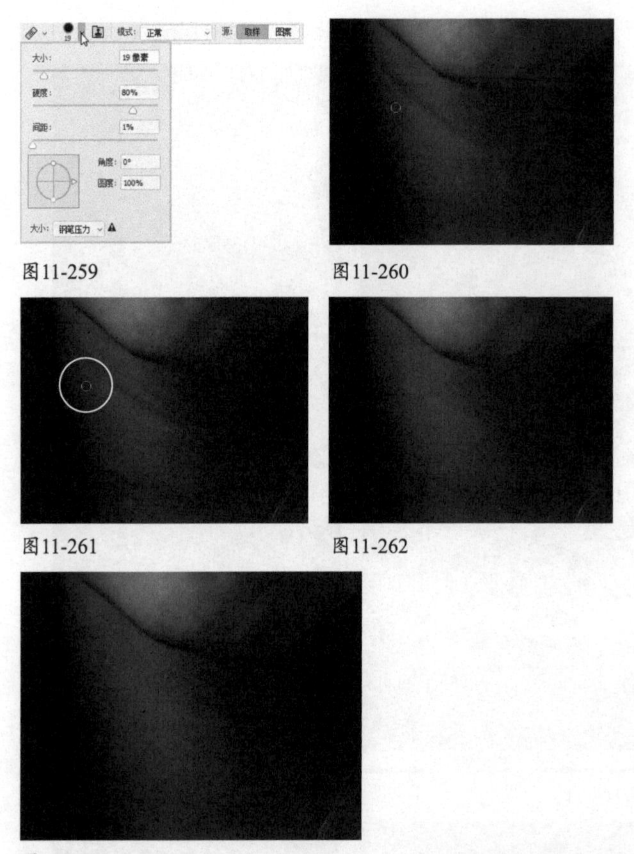

图11-259　图11-260

图11-261　图11-262

图11-263

04 按两次Ctrl+J快捷键复制图层，并修改图层名称。单击在“锐化”图层的眼睛图标，隐藏该图层，然后单击下方图层，如图11-264所示，执行“滤镜>模糊>表面模糊”命令，进行磨皮，如图11-265和图11-266所示。

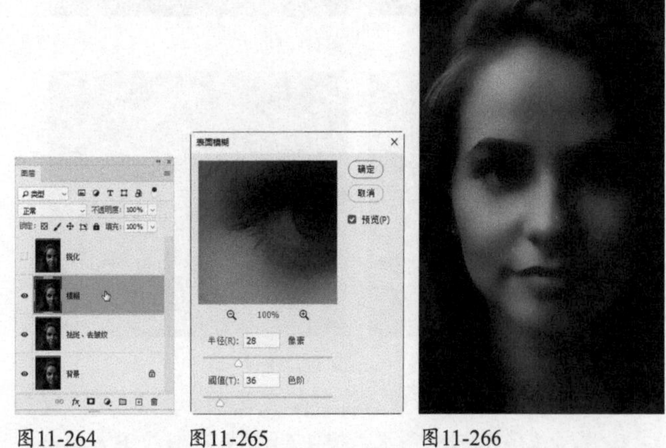

图11-264　图11-265　图11-266

05 选择并显示“锐化”图层，执行“滤镜>其他>高反差保留”命令，将重要的线条和纹理提取出来，如图11-267和图11-268所示。线条包括发丝、睫毛、面部轮廓、眼睛轮廓，纹理主要就是皮肤上的纹路。将该图层的混合模式设置为“亮光”，如图11-269和图11-270所示。

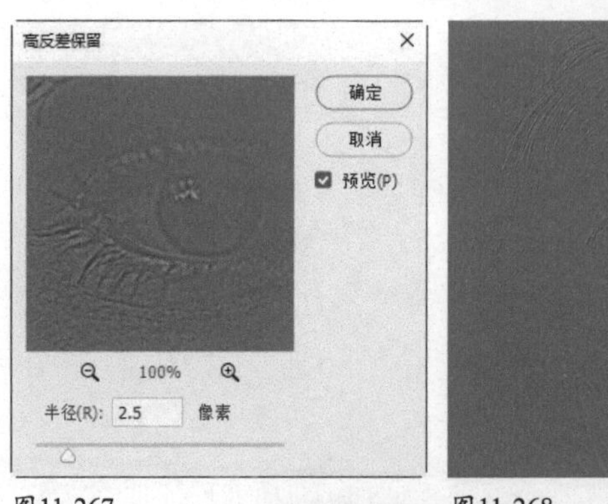

图11-267　图11-268

图11-269　图11-270

06 按住Ctrl键并单击图11-271所示的图层，将其一同选取，按Ctrl+G快捷键编入图层组中。按住Alt键单击按钮，为图层组添加黑色蒙版。使用画笔工具将皮肤涂白，让磨皮效果显现出来，如图11-272和图11-273所示。

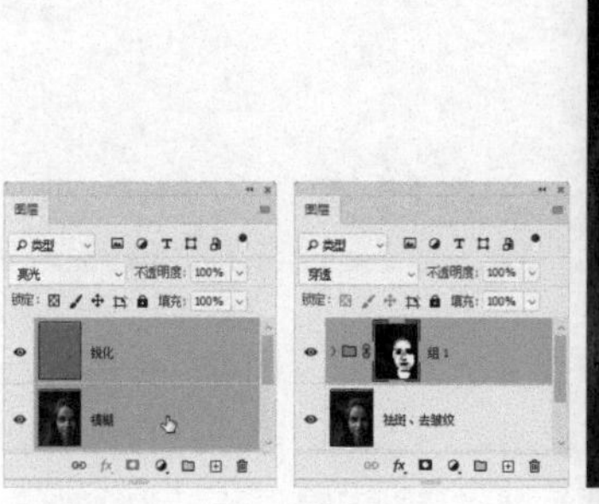

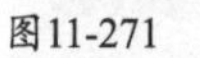

图11-271　图11-272　图11-273

07 双击图层组，打开“图层样式”对话框，可以看到混合颜色带。按住Alt键并在“本图层”的白色滑块上单击，将滑块分为两半，然后拖曳左侧的滑块，如图11-274所示，将高光区域隐藏，让图层组下方的图层，即未经模糊处理的图像中的高光显现出来，这样额头、颧骨、鼻梁上的高光区域就会显示皮肤原有的纹理了，如图11-275所示。

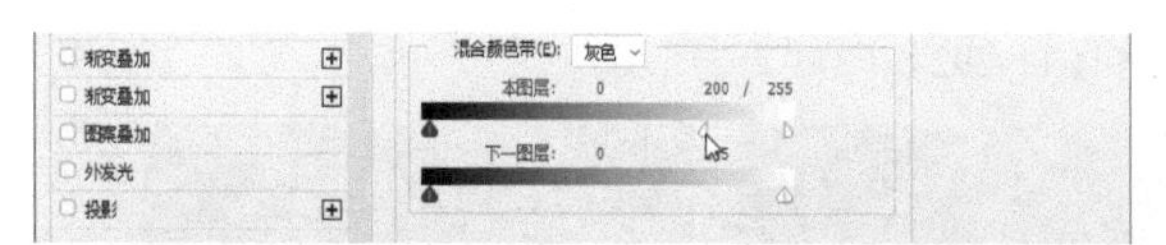

图11-274

调整前　　调整后，高光区域显现原纹理

图11-275

08 按住Alt键并在“下一图层”的黑色滑块上单击，将其分开之后，拖曳右侧的滑块，如图11-276所示，让图层组下方图层的阴影区域显现出来，这些暗色调包含了皮肤纹理和毛孔中的深色，如图11-277所示。

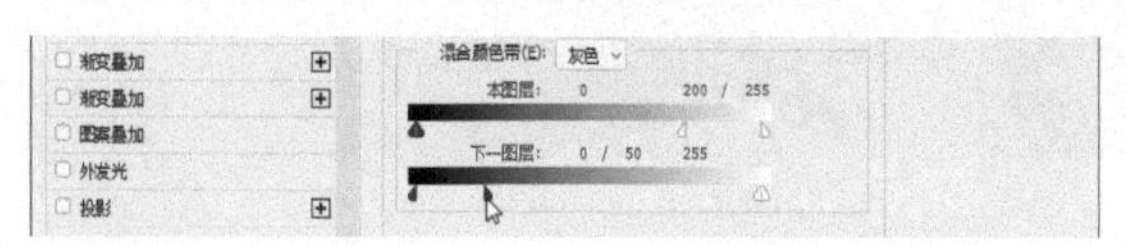

图11-276

调整前　　调整后，深色区域显现原纹理

图11-277

09 单击“调整”面板中的按钮，创建“曲线”调整图层，调高色调的对比度，将混合模式设置为“明度”（否则会改变色彩的饱和度），如图11-278~图11-280所示。

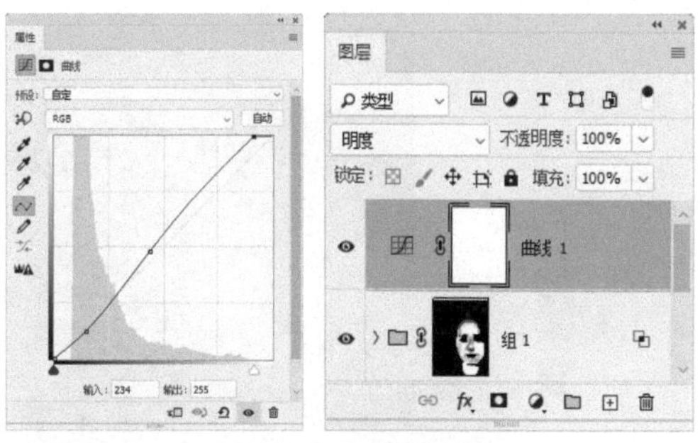

图11-278　　图11-279

图11-280

10 创建“曲线”调整图层，将图层混合模式设置为“正片叠底”。使用画笔工具将人涂黑，如图11-281和图11-282所示。

图11-281　　图11-282

11 创建“曲线”调整图层，将眼睛调亮，使眼睛更有神采。操作时，先将蒙版填充为黑色，再使用画笔工具 在眼珠上涂抹白色即可，如图11-283~图11-285所示。

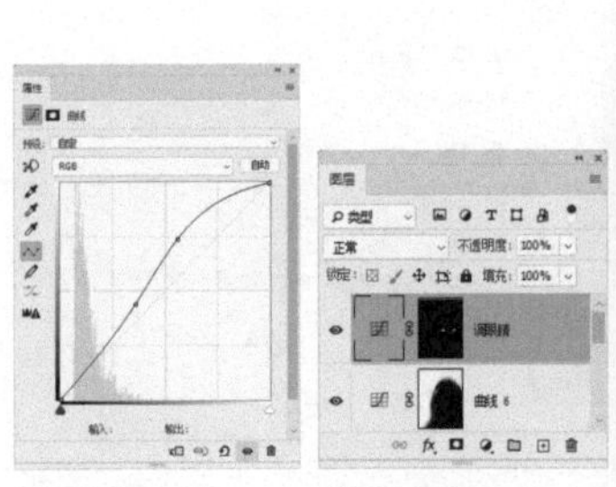
图11-283

图11-284

图11-285

12 创建“曲线”调整图层，将色调调暗。将蒙版填充为黑色，使用画笔工具 在头发的深色区域涂抹白色，单独对头发进行加深处理，如图11-286~图11-288所示。创建“色相/饱和度”调整图层，提高头发色彩的饱和度（也是用蒙版控制调整范围），如图11-289~图11-291所示。

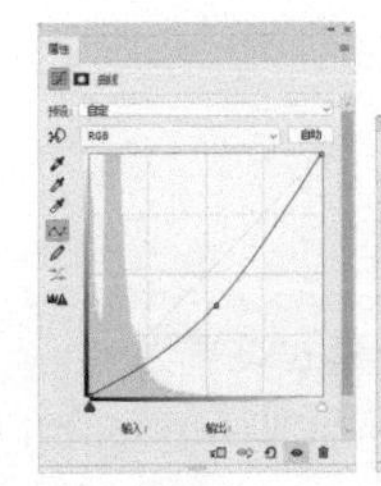
图11-286

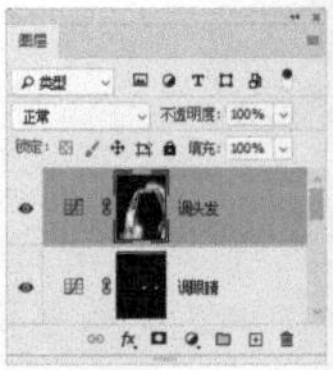

图11-287

图11-288

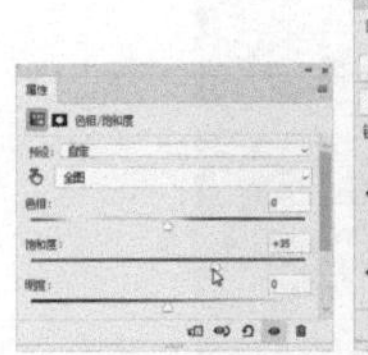
图11-289

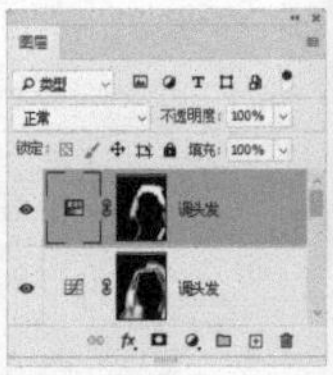

图11-290

图11-291

13 按Alt+Shift+Ctrl+E快捷键，将当前效果盖印到一个新的图层中。使用仿制图章工具 把不自然的地方再修修饰一下，如图11-292和图11-293所示。

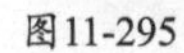

图11-292

图11-293

14 执行“图层>智能对象>转换为智能对象”命令，将当前图层转换为智能对象。执行“滤镜>锐化>智能锐化”命令，进行锐化，如图11-294所示。锐化主要应用于头发、眼睛瞳孔和嘴，因此，应该先将滤镜的蒙版填充为黑色，再使用画笔工具 将以上几处涂白，如图11-295和图11-296所示。

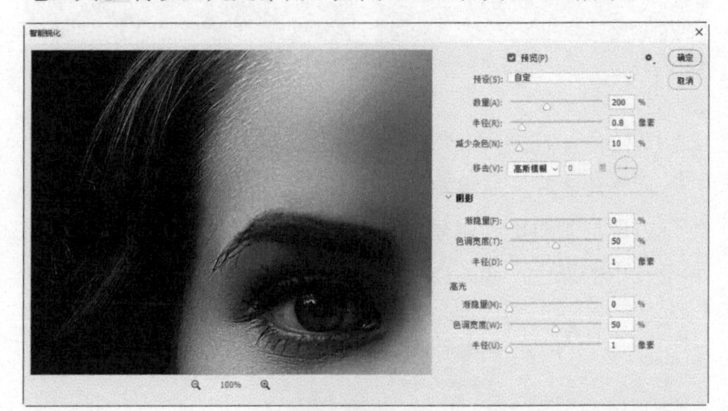
图11-294

图11-295

图11-296

修改面部表情

“液化”滤镜能识别人的五官，可以调整脸、眼睛、鼻子、嘴的形态。例如，能让脸型变窄、让眼睛变大、让嘴角上翘以展现微笑等。用它修改表情，真的是再好不过了。

11.4.1 实战：修出瓜子脸

“液化”滤镜中的工具可以对图像进行推拉、扭曲、旋转和收缩，也可以用预设的选项修改人的脸型和表情，如图11-297所示。它就像高温烤箱，可以把图像“烘焙”得柔软、可塑，像融化的凝胶一样。该滤镜能处理面向相机的面孔，半侧脸也可以，但完全侧脸就不太容易被检测出来。

图11-297

01 打开素材。执行“滤镜>转换为智能滤镜”命令，将图层转换为智能对象。执行“滤镜>液化”命令，打开“液化”对话框，选择脸部工具，将鼠标指针移动到人物面部，Photoshop会自动识别图片中的人脸，并显示相应的调整控件，如图11-298所示。

图11-298

02 拖曳下颌控件，将下颌调窄，如图11-299所示。向上拖曳前额控件，让额头看上去长一些，如图11-300所示。

图11-299

图11-300

03 向上拖曳嘴角控件，让嘴角扬起，展现出微笑，如图11-301所示。拖曳上嘴唇控件，增加嘴唇的厚度，如图11-302所示。由于面颊收缩，嘴比之前小了，有些不自然，可将嘴唇再拉宽一些，如图11-303所示。

图11-301

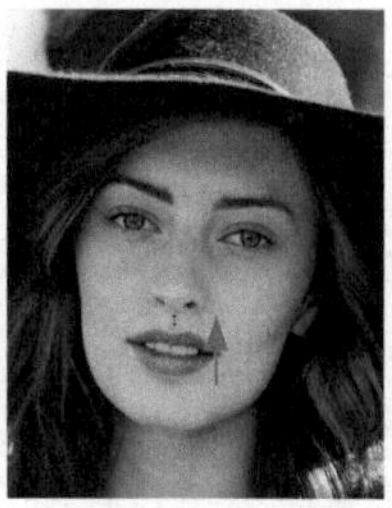

图11-302

图11-303

04 单击“眼睛大小”和“眼睛斜度”选项右侧的按钮，将左眼和右眼链接起来，然后拖曳滑块，调整这两个参数，让眼睛变大，并适当旋转。链接之后，两只眼睛的处理效果是对称的，如图11-304所示。

图11-304

05 五官的修饰基本完成了，但下颌骨还是有点突出，脸型显得不够圆润，可以手动调整。选择向前变形工具并设置参数，在脸颊下部拖曳鼠标，将脸向内推，如图11-305和图11-306所示。该工具的变形能力非常强，操作时，如果脸部轮廓被扭曲了，或左右脸颊不对称，可以按Ctrl+Z快捷键依次向前撤销，再重新调整。

图11-305

图11-306

> 提示
>
> 如果照片中有多个人，而只想编辑其中的一个，可在“选择脸部”选项右侧的下拉列表中将其选择，或者将鼠标指针放在其面部，显示控件后进行拖曳。

11.4.2 液化工具和选项

执行“滤镜>液化”命令，打开“液化”对话框，如图11-307所示。变形工具有3种用法：单击一下、单击并按住鼠标左键不放，以及拖曳鼠标。操作时，变形会集中在画笔区域中心，并会随着鼠标指针在某个区域的重复拖曳而增强。

图11-307

- 向前变形工具：可以推动像素，如图11-308所示。
- 重建工具：在变形区域单击或拖曳涂抹，可以将其恢复为原状。
- 平滑工具：可以对扭曲效果进行平滑处理。
- 顺时针旋转扭曲工具：可顺时针旋转像素，如图11-309所示。按住Alt键操作可逆时针旋转像素。

图11-308

图11-309

- 褶皱工具/膨胀工具：褶皱工具可以使像素向画笔区域的中心移动，产生收缩效果，如图11-310所示；膨胀工具可以使像素向画笔区域中心以外的方向移动，产生膨胀效果，如图11-311所示。使用其中的一个工具时，按住Alt键可以切换为另一个工具。此外，按住鼠标左键不放，可以持续地应用扭曲。

图11-310

图11-311

- 左推工具：可以将画笔下方的像素向鼠标指针移动方向的左侧推动。例如，将鼠标指针向上拖曳时，像素向左移动，如图11-312所示；将鼠标指针向下方拖曳时，像素向右移动，如图11-313所示。按住Alt键操作，可以反转图像的移动方向。

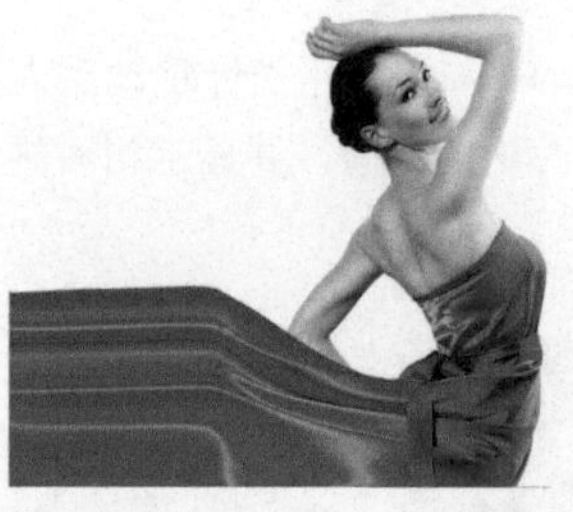
图11-312

图11-313

- 脸部工具：可以对人像的五官做出调整。
- 大小：可以设置各种变形工具，以及重建工具、冻结蒙版工具和解冻蒙版工具的画笔大小。也可以通过按［键和］键来进行调整。
- 密度：使用工具时，画笔中心的效果较强，并向画笔边缘逐渐衰减，因此，该值越小，画笔边缘的效果越弱。
- 压力/光笔压力：“画笔压力”用来设置工具的压力强度。如果计算机配置有数位板和压感笔，可以选取“光笔压力”选项，用压感笔的压力控制“画笔压力”。
- 速率：使用重建工具、顺时针旋转扭曲工具、褶皱工具、膨胀工具时，在画面中单击并按住鼠标不放，“速率”决定这些工具的应用速度。例如，使用顺时针旋转扭曲工具时，“速率”值越高，图像的旋转速度越快。

- 固定边缘： 勾选该选项，可以锁定图像边缘。

·PS技术讲堂·

冻结图像

使用“液化”滤镜时，如果想使某处图像不被修改，可以使用冻结蒙版工具在其上方绘制蒙版，将图像冻结，如图11-314所示。在默认状态下，涂抹区域会覆盖一层半透明的宝石红色蒙版。如果蒙版颜色与图像颜色接近、不易识别，可以在“蒙版颜色”下拉列表中选择其他颜色。如果不想看到蒙版，可以取消勾选“显示蒙版”选项，将蒙版隐藏。但此时它仍然存在，对图像的冻结依然有效。

图11-314

图11-315

创建冻结区域后，再进行变形处理，蒙版会像选区限定操作范围一样将图像保护起来，如图11-315所示。如果想要解除冻结，使图像可以被编辑，可以使用解冻蒙版工具将蒙版擦掉。对冻结蒙版的操作与使用画笔工具编辑快速蒙版非常相似，而且快速蒙版也是半透明的宝石红色。

在“蒙版选项”选项组中，有3个大按钮和5个小按钮，如图11-316所示。单击“全部蒙住”按钮，可以将图像全部冻结，其作用类似于“选择”菜单中的“全部”命令。如果要冻结大部分图像，只编辑很小的区域，就可以单击该按钮，之后使用解冻蒙版工具将需要编辑的区域解冻，再进行处理。单击“全部反相”按钮，可以将未冻结区域冻结，将冻结区域解冻，其作用类似于“选择>反选”命令。单击“无”按钮，可一次性解冻所有区域，其作用类似于“选择>取消选择”命令。“蒙版选项”中的5个小按钮在图像中有选区、图层蒙版或包含透明区域时，可以发挥作用。

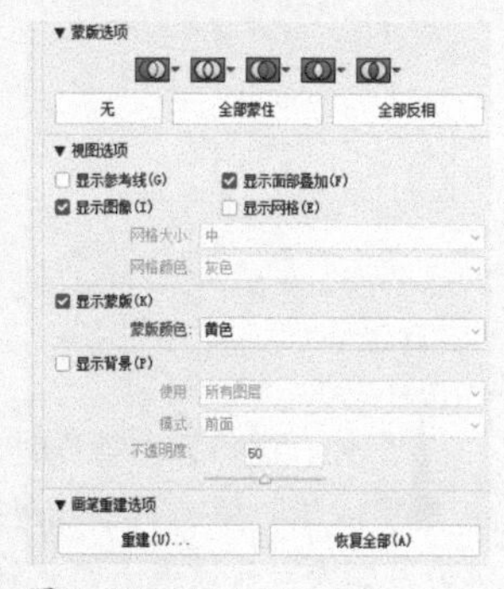

图11-316

- 替换选区： 显示原图像中的选区、蒙版或透明度。
- 添加到选区： 显示原图像中的蒙版，此时可以使用冻结蒙版工具将其添加到选区。
- 从选区中减去： 从冻结区域中减去通道中的像素。
- 与选区交叉： 只使用处于冻结状态的选定像素。
- 反相选区： 使当前的冻结区域反相。

·PS技术讲堂·

降低扭曲强度

进行扭曲操作时，如果图像的变形幅度过大，可以使用重建工具在其上方拖曳鼠标使其恢复。反复拖曳，图像会逐渐恢复到扭曲前的正常状态。

使用重建工具的好处是可以根据需要对任何区域进行不同程度的恢复，非常适合处理局部图像。如果想调整所有扭曲，用该工具一处一处地编辑就比较麻烦。这种情况可单击“重建”按钮，打开“恢复重建”对话框，拖曳“数量”滑块来进行整体恢复，如图11-317~图11-319所示。该值越低，图像的扭曲程度越弱，越接近原始图像。单击“液化”对话框中的“恢复全部”按钮，则可取消所有扭曲，即使当前图像中有被冻结的区域也不例外。

扭曲效果

图11-317

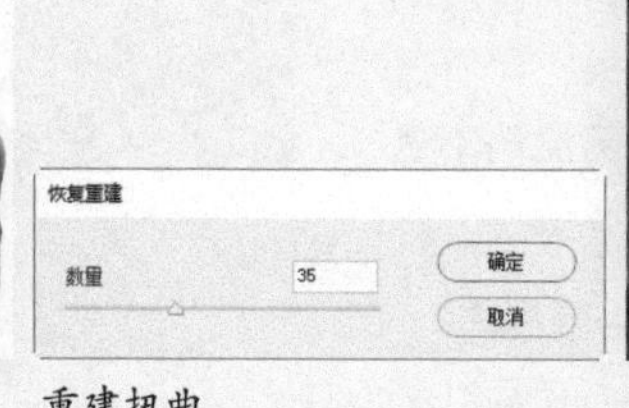

重建扭曲

图11-318

恢复效果

图11-319

·PS技术讲堂·

在网格或背景上观察变形效果

网格使用方法

使用“液化”滤镜时，如果画面中改动的区域较多，势必会有一些地方变动较大，另一些地方变动较小。变动小的区域由于不明显，很容易被忽视。怎样了解图像中有哪些区域进行了变形，以及变形程度有多大呢？这里有一个技巧——取消“显示图像”选项的勾选，之后勾选“显示网格”选项，即将图像隐藏，只显示网格，如图11-320所示。在这种状态下，图像上任何一处微小的扭曲都会在网格上反映出来。此外还可以调整“网格大小”和“网格颜色”选项，让网格更加清晰，更易识别。

如果同时勾选“显示网格”和“显示图像”两个选项，则网格会出现在图像上方，如图11-321所示。用网格作参考，可进行小幅度的、精准的扭曲。

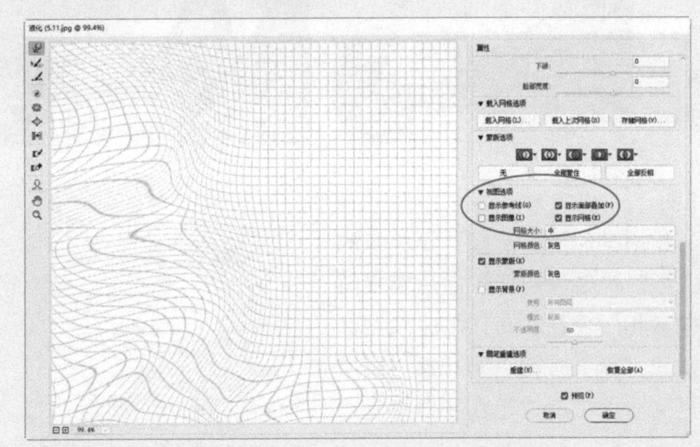
图11-320

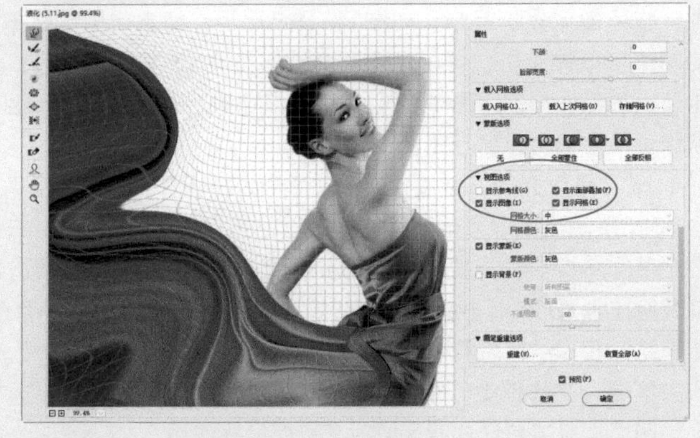
图11-321

另外，进行扭曲操作时，还可单击“存储网格”按钮，将网格保存为单独的文件（扩展名为.msh）。这样有两个好处：一是可以随时单击“载入网格”按钮，加载网格并用它扭曲图像，这就相当于为图像的扭曲状态创建了一个“快照”*（见22页）*，如果当前效果不如之前的好，便可通过“快照”（加载网格）来进行恢复；二是存储的网格可用于其他图像，就是说，使用“液化”滤镜编辑其他图像时，也可以单击“载入网格”按钮，加载网格文件并用其扭曲当前图像，如果网格尺寸与图像不同，Photoshop还会自动缩放网格，以适应当前图像。

以图像为背景

如果图像中包含多个图层，可以通过设置“显示背景”选项组让其他图层作为背景来显示，这样能预览扭曲后的图像与其他图层的合成效果，如图11-322所示。

在“使用”下拉列表中可以选择作为背景的图层；在“模式”下拉列表中可以选择将背景放在当前图层的前面或后面，以便观察效果；“不透明度”选项用来设置背景图层的不透明度。

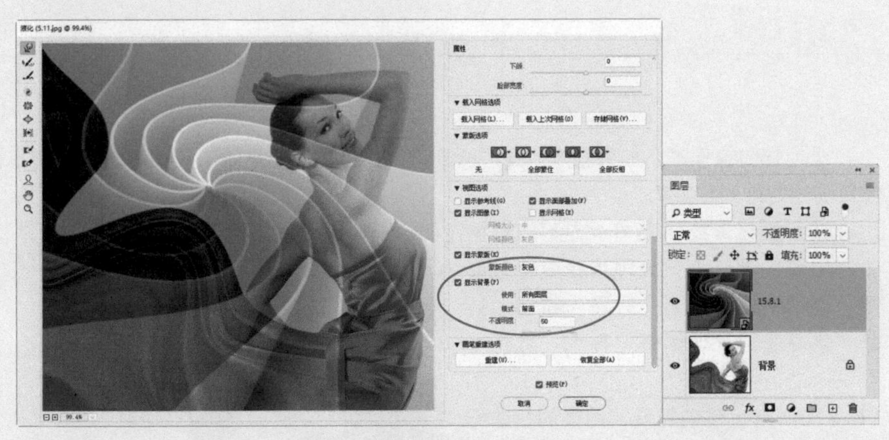
图11-322

撤销、导航和工具使用技巧

使用“液化”滤镜时，如果操作失误，可以按Ctrl+Z快捷键撤销操作，连续按可依次向前撤销。如果要恢复被撤销的操作，可以按Shift+Ctrl+Z快捷键（可连续按）。

如果要撤销所有扭曲，可单击“恢复全部”按钮，将图像恢复到最初状态。这样做不会复位工具参数，也不会破坏画面中的冻结区域。如果要进行彻底复位，包括恢复图像、复位工具参数、清除冻结区域，可以按住Alt键并单击窗口右上角的“复位”按钮。

编辑图像细节时，可以按Ctrl++快捷键放大窗口的显示比例；需要移动画面时，则可按住空格键并拖曳鼠标；需要缩小图像的显示比例时，可以按Ctrl+-快捷键；按Ctrl+0快捷键，可以让图像完整地显示在窗口中。这些操作与Photoshop文档导航*（见18页）*的方法完全一样，可以替代“液化”滤镜中的缩放工具和抓手工具。

使用“液化”滤镜的各种变形工具时，也可以像使用画笔工具一样用快捷键调整工具大小，包括按] 键将画笔调大，按 [键将画笔调小。使用向前变形工具时，在图像上单击一下，然后按住Shift键并在另一处单击，两个单击点之间可以形成直线轨迹，这也与画笔工具的使用技巧相同。

身体塑形

好身材，“P”出来。用Photoshop修改身材，其实就是对图像做变形处理，因此使用的主要是变形功能。修图方法其实都不太难，只是操作要细心，要注意人体的对称关系。

11.5.1

实战：10分钟瘦身

扫码看视频

环肥燕瘦，各有千秋。唐代以体态丰满为美，汉代崇尚身姿轻盈。可见，审美标准是随着时代的不同而改变的。在当今这个时代，女性还是比较认可瘦一点更美。下面就来看一看，怎样使用“液化”滤镜将多余的脂肪和赘肉修掉，如图11-323所示。如果反向操作，则可以让身体看起来更强壮、肌肉更发达，这是修男性照片的方法。

图11-323

01 为了不破坏原始图像，也便于修改，先执行“图层>智能对象>转换为智能对象”命令将“背景”图层转换为智能对象。执行“滤镜>液化”命令，打开“液化”对话框。默认选择的是向前变形工具，将“大小”设置为125，这样处理身体的轮廓比较合适。在对话框中，鼠标指针是一个圆形，代表了工具及其覆盖范围。将鼠标指针中心放在轮廓处，即工具的一半在身体内，一半在背景上，如图11-324所示，向身体内部拖曳鼠标，将身体轮廓往内“推”，如图11-325所示。通过 [键和] 键可以调整变形工具的大小，但画笔不能太大，否则容易把胳膊弯曲处这样的转折区域也给扭曲了；画笔太小也不行，那样的话轮廓显得很不流畅。

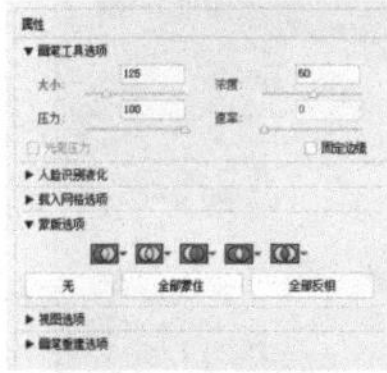
图11-324

图11-325

02 通过前面的方法让身体“瘦下来”，如图11-326所示。按 [键将工具调小，处理图11-327所示几个区域的图像。处理时，有不满意的地方，可以按Ctrl+Z快捷键撤销操作。如果哪里的效果不好，可以使用重建工具将其恢复为原状，再重新扭曲。另外，有两点要注意：一是轮廓一定要流畅，能用大画笔的时候，尽量不要用小画笔；二是不能反复处理同一处区域，这会导致图像模糊不清。

图11-326

图11-327

03 身体瘦下来之后，胳膊和腿显得更粗了。使用向前变形工具处理。这里要用一个技巧，就是使用冻结蒙版工具给头发区域做一下保护，以防止其被扭曲，如图11-328所示，之后再处理与其接近处的图像（胳膊），效果如图11-329所示。

图11-328

图11-329

04 另一只胳膊主要是处理外侧，所以不需要冻结，直接扭曲即可，如图11-330和图11-331所示。

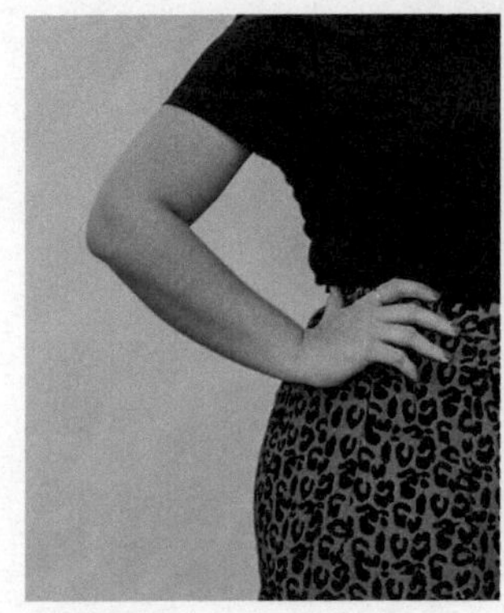

图11-330

图11-331

05 处理腿，如图11-332和图11-333所示。腿后面的背景是地砖，地砖的边界线如果被扭曲了，要修正过来。

图11-332

图11-333

11.5.2 实战：修出大长腿

扫码看视频

01 打开素材。按Ctrl+J快捷键复制“背景”图层。

02 选择矩形选框工具，创建图11-334所示的选区。按Ctrl+T快捷键显示定界框，如图11-335所示。按住Shift键拖曳定界框的边界，调整选区内图像的高度，如图11-336所示。按Enter键确认操作，按Ctrl+D快捷键取消选择，效果如图11-337所示。

图11-334

图11-335

图11-336

图11-337

降噪，提高画质

噪点是数码照片中的杂色和杂点，会影响图像细节、降低画质。降噪就是使用滤镜或其他方法对噪点进行模糊处理，使其不再明显，或者完全融入图像的细节中。

11.6.1 噪点的成因及表现形式

数码照片中的噪点分为两种——明度噪点和颜色噪点，如图11-338所示。明度噪点会让图像看起来有颗粒感，颜色噪点则是彩色的颗粒。

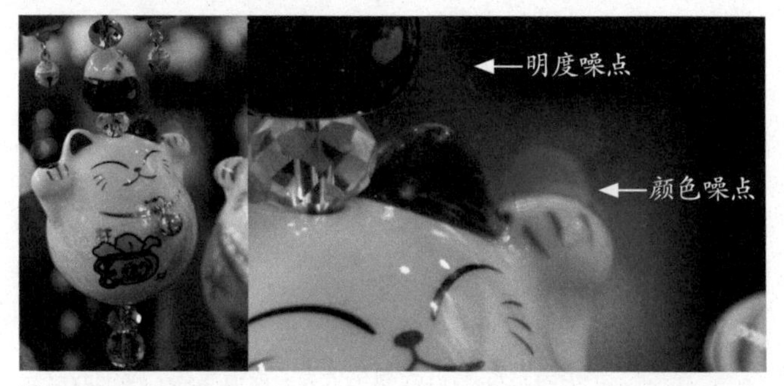

图11-338

提高黄昏、夜景等低光照环境下拍摄的照片的曝光度时，以及进行锐化操作，或者调色时的调整幅度过大等，会增强图像中所有的细节，因此，噪点颗粒和杂色也会被强化，如图11-339所示。

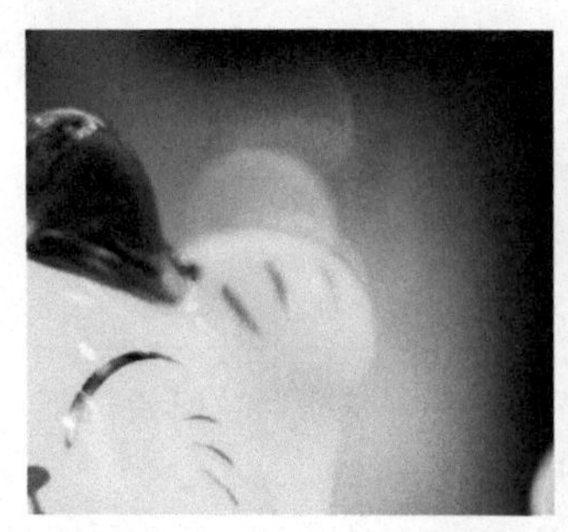

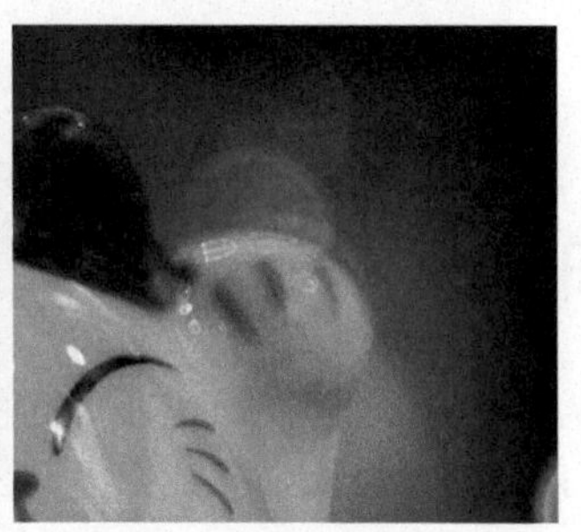

提高曝光度（左图）及增强色彩饱和度（右图）都会增加噪点

图11-339

噪点的成因比较复杂，其中有照相设备的因素。数码相机内部的影像传感器在工作时受到电路的电磁干扰，就会生成噪点。尽管现在数码相机的控噪能力越来越强，但仍然无法完全消除噪点。

拍摄环境也会给噪点形成提供条件。尤其是在夜里或光线较暗的环境中拍摄时，需要提高感光度，以便传感器增加电荷耦合器件所接收的进光量，单元之间受光量的差异会生成噪点。

11.6.2 实战：用“减少杂色”滤镜降噪

图像和色彩信息保存在颜色通道（见30、215页），因此，噪点也在颜色通道中，只是分布并不均衡，有的通道噪点多一些，有的可能少一些。如果对噪点多的通道进行较大幅度的模糊，对噪点少的通道进行轻微模糊或者不做处理，就可以在不过多影响图像清晰度的情况下最大程度地减少噪点。下面就用这种方法给人像照片降噪。

01 打开素材，如图11-340所示。双击缩放工具，让图像以100%的比例显示，以便看清细节。可以看到，颜色噪点还是比较多的，如图11-341所示。

图11-340

图11-341

02 分别按Ctrl+3、Ctrl+4、Ctrl+5快捷键，逐个显示红、绿、蓝通道，如图11-342所示。可以看到，蓝通道中的噪点最多，红通道中的最少。

红通道

绿通道

蓝通道

图11-342

03 按Ctrl+2快捷键，恢复彩色图像的显示。执行“滤镜>杂色>减少杂色”命令，打开“减少杂色”对话框。选择“高级”单选项，然后单击“每通道”选项卡，在“通道”下拉列表中选择“绿”选项，拖曳滑块，减少绿通道中的杂色，如图11-343所示。之后减少蓝通道中的杂色，如图11-344所示。

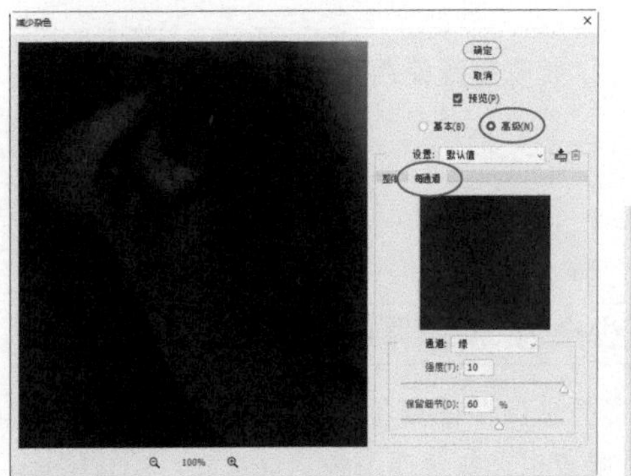
图11-343

图11-344

04 单击“整体”选项卡，将“强度”值调到最大，其他参数的设置如图11-345所示。单击“确定”按钮关闭对话框。图11-346和图11-347所示分别为原图及降噪后的效果（局部）。

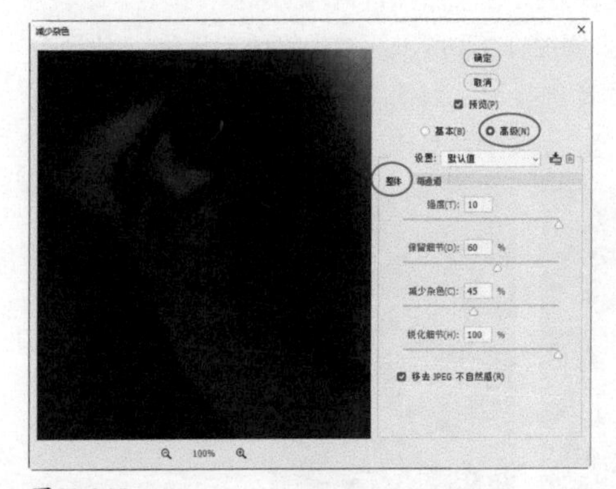

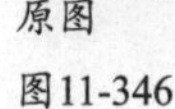
图11-345

原图
图11-346

降噪后
图11-347

“减少杂色”滤镜选项

- 设置：单击按钮，可以将当前设置的调整参数保存为一个预设，以后需要使用该参数调整图像时，可在“设置”下拉列表中将它选中，从而对图像进行自动调整。如果要删除创建的自定义预设，可以单击按钮。
- 强度：用来控制应用于所有图像通道的亮度杂色的减少量。
- 保留细节：用来设置图像边缘和图像细节的保留程度。当该值为 100%时，可保留大多数图像细节，但亮度杂色减少不明显。
- 减少杂色：用来消除随机的颜色像素，该值越高，减少的杂色越多。
- 锐化细节：可以对图像进行锐化。
- 移去 JPEG 不自然感：可以去除由于使用低 JPEG 品质设置存储图像而导致的斑驳的图像伪像和光晕。

Photoshop 2022
11.7

锐化，最大程度展现影像细节

使用数码相机拍摄的照片，或用扫描仪扫描的图片，其画面的锐度通常不够。此外，拍摄照片时持机不稳，或者没有准确对焦，也会造成图像模糊。用锐化的方法，可以让图像看上去更加清晰。

·PS技术讲堂·

图像锐化变清晰

锐化可以增强相邻像素之间的对比度，如可以让树叶边缘、脸部轮廓、眉毛、头发等细节，以及画面四周的边框等的像素更易识别，这样看上去就显得清晰了，如图11–348和图11–349所示。但这其实只是人眼的错觉，并不能让模糊的细节真正恢复清晰效果，原因很简单，原始像素无法再造。

原图
图11-348

锐化后
图11-349

锐化图像最重要的不是技术，而是锐化程度。锐化程度低，效果不明显；锐化程度太高，则会产生光环、颜色和晕影，或者增加杂色和颗粒，这些都会给图像造成破坏，影响画质，如图11-350~图11-353所示。

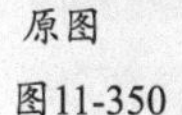
原图

图11-350

锐化不足

图11-351

适度的锐化

图11-352

过度的锐化

图11-353

为了能更准确地看清锐化给图像带来的改变，一定要以100%的比例显示图像，否则很容易误判。例如，当视图比例小于100%时，即使锐化已经到位了，但锐化效果看起来还是不佳；而视图比例大于100%时，图像就不清晰了，也会给观察造成干扰，如图11-354~图11-356所示。比较好的办法是创建两个窗口（*操作方法见20页*），一个窗口显示细节（视图比例为100%），另一个窗口显示完整图像，如图11-357所示。

100%比例显示

图11-354

50%比例显示

图11-355

300%比例显示

图11-356

两个窗口同步显示

图11-357

另外，锐化的时机很重要，一般应安排在最后环节，即在裁剪、调整曝光和色彩、修饰、调整大小和分辨率等之后进行。如果在最开始阶段就锐化，则调整曝光和色彩时，会强化边缘，致使后面的处理受到限制而无法进行。另外，调整图像大小和分辨率时，也可能会使清晰度发生改变，因此将锐化放在最后，是比较合理的。

11.7.1

实战：用“智能锐化”滤镜锐化

要点

扫码看视频

图11-358所示的金发女孩是本实战的素材及效果图。女孩的五官很有立体感，整个画面柔美、温馨，只是锐度不够高。

图11-358

首先介绍一下这个实战的操作思路。在设计方案时就要考虑到，锐化会强化轮廓以及各种瑕疵，如色斑、痘痘等。如果不想破坏原片的氛围，就要有所取舍。对于绝大多数女性照片，只要把锐化的重点放在3个地方——眼睛、嘴和头发，就能获得不错的效果。皮肤很少有锐化的，那种情况只适合老年人和男性照片（锐化方法也不一样）。因此，锐化范围一定要明确。如果这时候我们的脑中跳出一个名词——蒙版，那么思路就对了。没错，要使用蒙版限定锐化范围。

本实战用的是“智能锐化”滤镜。在没有特殊要求的情况下，它的效果是非常突出的，尤其适合处理人像。这个滤镜最主要的特点是提供了几种锐化算法，可以对高斯模糊、镜头模糊和动感模糊造成的模糊进行更有针对性的锐化，而且还能单独控制阴影和高光区域的锐化量。

用滤镜锐化后，还要提高眼睛的明亮度，使眼睛更清澈、有神。头发也需要改善，要增强头发的层次感和光泽度。

01 先按Ctrl+J快捷键复制“背景”图层，在得到的图层上单击右键，使用快捷菜单中的命令将图层转换为智能对象，如图11-359所示。执行“滤镜>锐化>智能锐化”命令，进行全方位的锐化，当前不必区分高光和阴影，因为可以通过蒙版来控制，如图11-360所示。

图11-359　图11-360

02 智能滤镜是自带图层蒙版的。选择画笔工具及柔边圆画笔，在皮肤上涂抹黑色。通过蒙版遮盖滤镜，让未经锐化的皮肤显现出来。另外，人物轮廓没必要强化，把头发外侧边缘也涂黑，以保持轮廓的柔美感。按数字键3，将工具的不透明度调低，在肩部涂抹，这样可以抹出灰色，降低肩部衣服的锐化强度（这里的纹理太突出了）。效果如图11-361所示。处理后的蒙版如图11-362所示。

图11-361　图11-362

03 处理头发。创建“曲线”调整图层。设置混合模式为“明度”，将曲线调整为“S”形，这是用于增强对比度的形状，如图11-363所示，可以提高头发的光泽度。按Alt+Delete快捷键，将曲线的蒙版填充为黑色，如图11-364所示。由于蒙版变为黑色，曲线调整实际上被隐藏了，画面效果又恢复为上一步的状态。

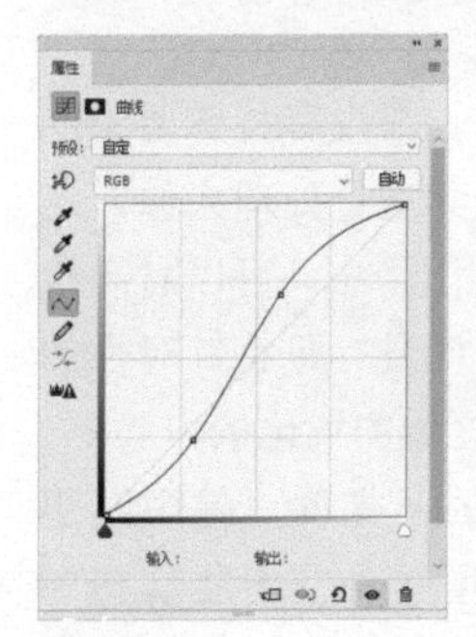
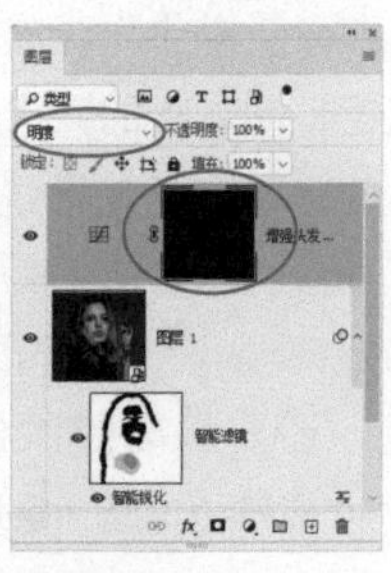

图11-363　图11-364

提示

“曲线”调整图层的混合模式为“明度”，会增强对比度，但只影响色调，不会提高色彩的饱和度。也就是说，用这种方法调整图层可以增强头发的色调对比，而色彩不会发生改变。

04 使用画笔工具在头发处涂抹深浅不同的灰色（可通过数字键修改工具的不透明度），如图11-365所示（此为蒙版图像）。头发的高光区域用浅灰色处理，阴影区域用深灰色处理，这样头发的层次感就表现出来了，如图11-366所示。

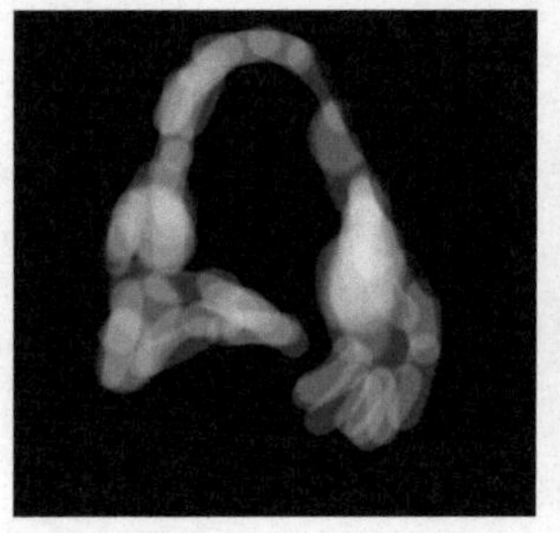

图11-365　图11-366

05 眼睛虽然也经过了锐化，但效果还不够突出。再创建一个“曲线”调整图层，用于调整眼睛。将曲线调整为图11-367所示的形状。用右上角的锚点将曲线向上拉升，为的是提高高光和中间调的亮度，但这会使阴影区域也受到影响。在曲线右下角添加锚点，并将阴影区域的曲线形状往回拉一拉，即可抵消这种影响。按Alt+Delete快捷键，将该曲线的蒙版填充为黑色，如图11-368所示。

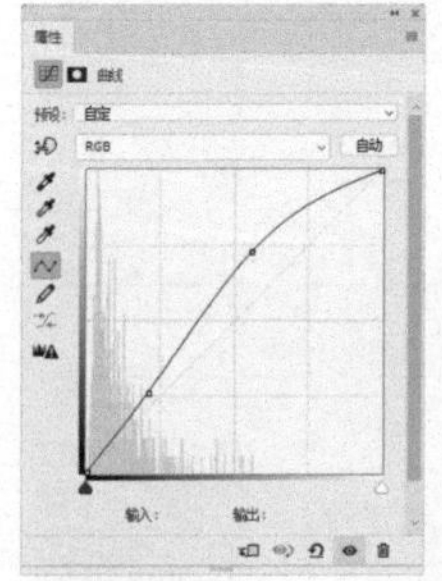
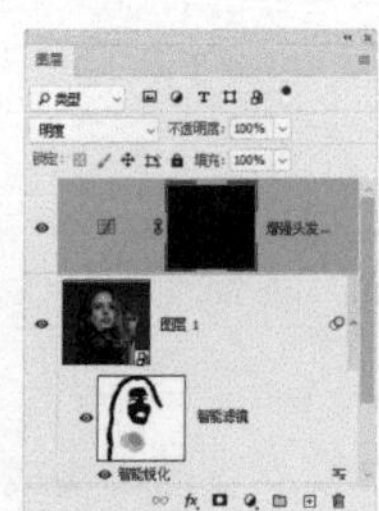

图11-367　图11-368

06 使用画笔工具在瞳孔和虹膜处涂抹白色，提高瞳孔的亮度，增强眼神光，如图11-369和图11-370所示。

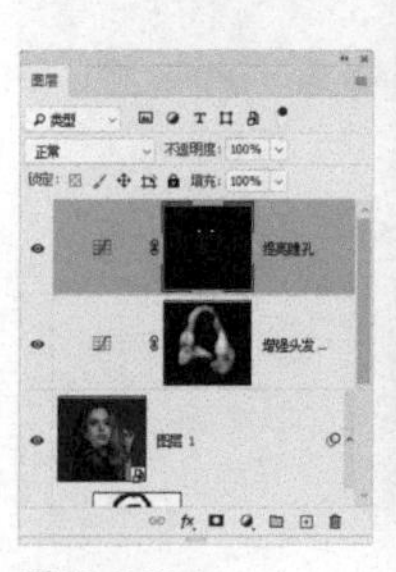

图11-369　图11-370

11.7.2 实战：针对暗调和亮调分别锐化

本实战学习如何针对不同的色调区域进行锐化，锐化前后的对比效果如图11-371所示。

扫码看视频

图11-371

01 按Ctrl+J快捷键，复制“背景”图层，执行“滤镜>转换为智能滤镜”命令，将图层转换为智能对象。执行“滤镜>锐化>智能锐化”命令，设置参数，如图11-372所示。单击“确定”按钮，关闭对话框。

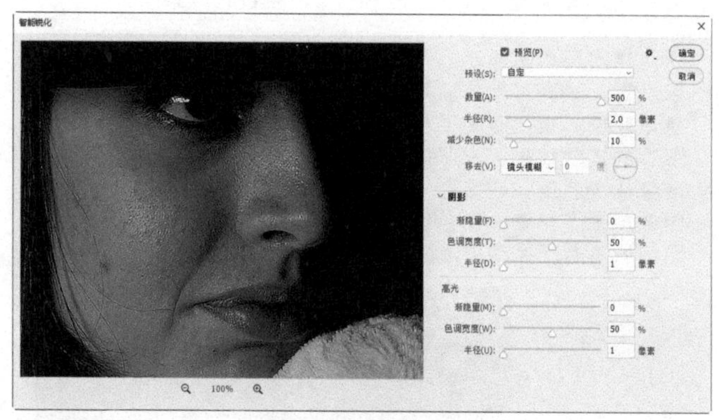

图11-372

02 将该图层的混合模式设置为“变暗”，将亮色调的锐化强度降下来，如图11-373和图11-374所示。

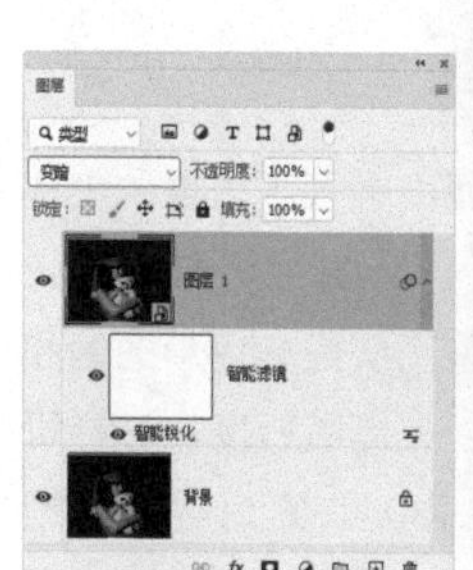

图11-373

图11-374

03 按Ctrl+J快捷键复制当前图层，修改混合模式为“变亮”，效果如图11-375所示。这一步锐化针对的是亮色调，但强度过大。将鼠标指针移动到智能滤镜名称上，如图11-376所示，双击，打开“智能锐化”对话框，将参数调低，如图11-377所示。单击“确定”按钮，关闭对话框。

图11-375

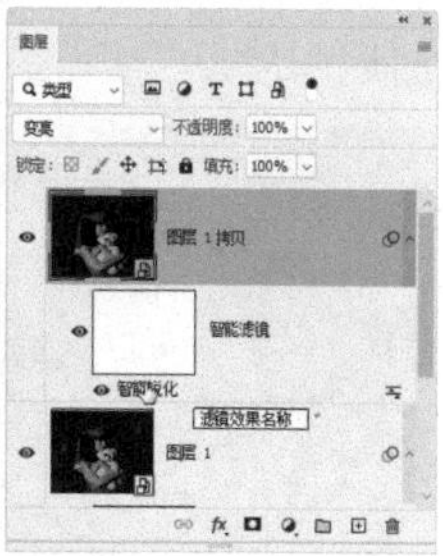

图11-376

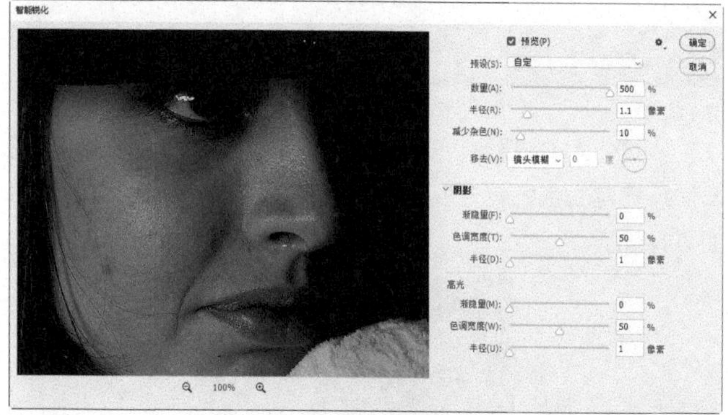

图11-377

04 按住Ctrl键单击智能滤镜图层，如图11-378所示，按Ctrl+G快捷键，将所选图层编入图层组中。单击“图层”面板中的 按钮，添加蒙版，如图11-379所示。

图11-378

图11-379

05 使用画笔工具 在皮肤上涂抹深灰色，降低皮肤的锐化强度，如图11-380和图11-381所示。

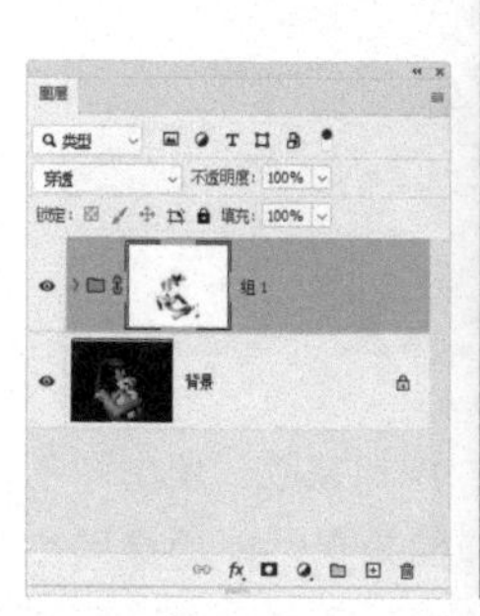

图11-380

图11-381

11.7.3
实战：用“高反差保留”滤镜锐化

下面使用“高反差保留”滤镜锐化照片，如图11-382所示。用该滤镜处理图像时，往往会在颜色中融入大量的中性灰，使色彩感变弱，所以锐化后还要适当提高色彩的饱和度。

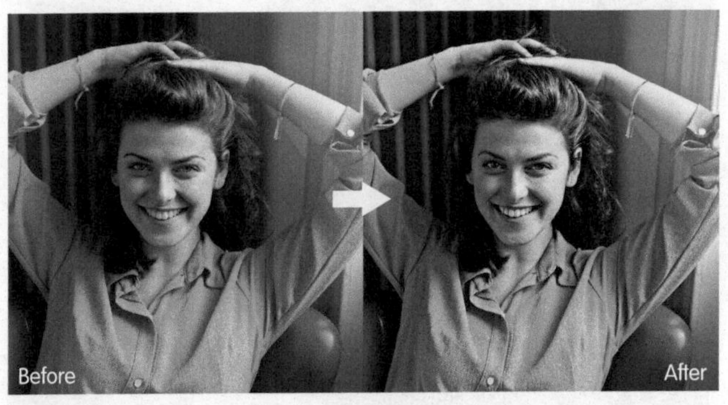

图11-382

01 按Ctrl+J快捷键，复制“背景”图层。按Shift+Ctrl+U快捷键去色，设置混合模式为“叠加”，如图11-383和图11-384所示。

图11-383 图11-384

02 执行“滤镜>其他>高反差保留”命令，如图11-385和图11-386所示。锐化效果初步完成。

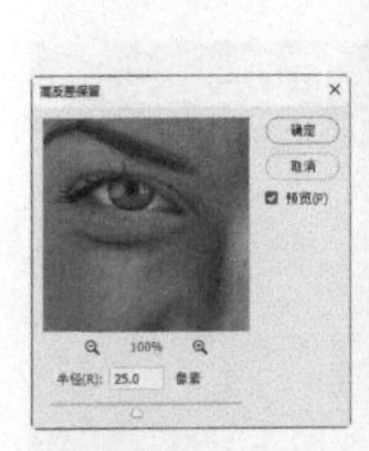

图11-385 图11-386

03 单击“图层”面板中的 按钮，添加蒙版。使用画笔工具 编辑蒙版，减弱几处滤镜的效果（即涂抹黑色和灰色），如图11-387所示。其中脸部轮廓、胳膊外侧、面部的皮肤这些区域都是被提亮的；手臂轮廓外侧区域则被加深了。通过蒙版即可改善这些区域的问题，如图11-388所示。

图11-387

图11-388

技术看板 强化轮廓+混合模式，产生锐化效果

让滤镜图层单独显示，就会看到下面这幅灰色图像。从中可以发现，“高反差保留”滤镜增强了人物面部的五官轮廓和身体轮廓，也让眼睫毛和发丝分毫毕现。其他细节，如眼睛下方的皮肤纹理、衣服的纹路等也得到了很好的展现。这幅图像是灰色的，在混合模式的作用下，被强化的部分对下层图像产生了影响，使色调对比更强了，给人的直观感受就是图像的清晰度提高了，锐化效果就是这样产生的。

04 使用“高反差保留”滤镜后，画面中融入了大量的中性灰，使整个图像的色彩感变弱了。单击“调整”面板中的 按钮，创建“色相/饱和度”调整图层提高色彩的饱和度，如图11-389所示。再单独选择红色，先提高明度，这样可以提亮肤色（皮肤颜色以红色、黄色为主），之后提高其饱和度，如图11-390所示。黄色也需要单独处理，如图11-391所示，但只提高明度即可（因为黄色如果被增强，会使肤色呈现

出一种病态的蜡黄色）。经过这样调整以后，色彩感重现，女孩的肤色也显得比原先健康、红润了，而且随着黄色明度的提高，牙齿也变白了，可谓一举多得，如图11-392所示。

图11-389

图11-390

图11-391

图11-392

05 使用画笔工具把衣服和沙发涂黑，使这两处的颜色恢复过来，如图11-393和图11-394所示。

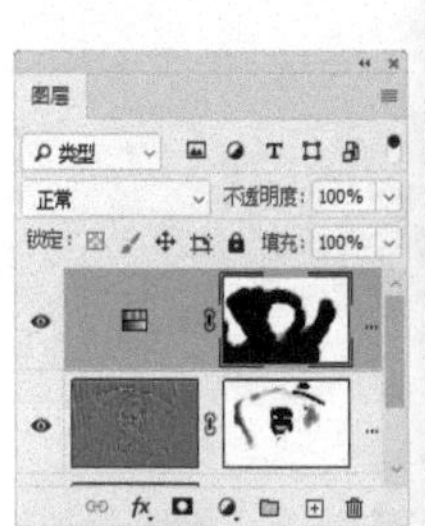

图11-393

图11-394

06 创建“色相/饱和度”调整图层，提高头发的色彩饱和度。先提高整幅图像的饱和度，如图11-395所示，然后按Alt+Delete快捷键将蒙版填充为黑色，如图11-396所示；再使用画笔工具将头发涂白，这个调整图层只影响头发，如图11-397和图11-398所示。

图11-395

图11-396

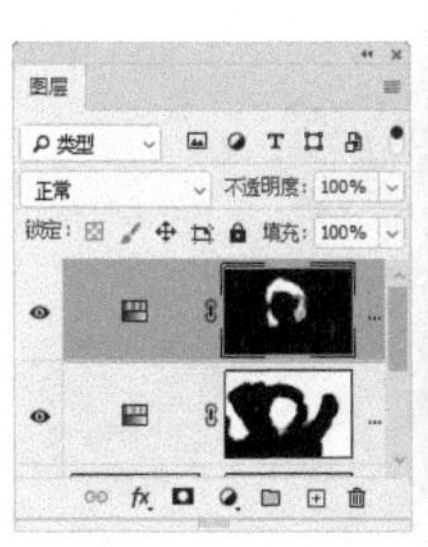

图11-397

图11-398

11.7.4

实战：用“防抖”滤镜锐化

要点

扫码看视频

如果相机没有固定好，或者在行进过程中拍摄，拍出的照片会产生某种运动模糊，如线性、弧形、旋转和Z形模糊等，那么用“防抖”滤镜锐化的效果最好，因为该滤镜能“对症下药”。该滤镜锐化非运动型模糊也很有效。例如，锐化曝光适度且杂色较少的图像，包括使用长焦镜头拍摄的室内或室外图像，以及在不开闪光灯的情况下使用较慢的快门拍摄的室内照片，如图11-399所示。此外，用它来锐化模糊的文字，效果也非常好。

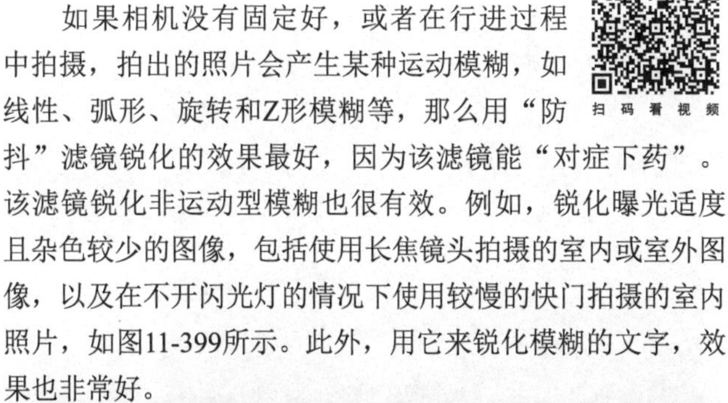

图11-399

01 打开素材。执行“滤镜>转换为智能滤镜”命令，将图像转换为智能对象。执行“滤镜>锐化>防抖”命令，打开“防抖”对话框。Photoshop 会分析图像中适合使用防抖功能处理的区域，并确定模糊性质，然后给出相应的参数。按Ctrl++快捷键，将视图比例调整为100%。图像上的“细节”窗口中显示的是锐化结果，将其拖曳到图11-400所示的位置，使它覆盖眼睛和头发。先关掉伪像抑制功能（取消“伪像抑制”选项的勾选），它是用来控制杂色的，比较耗费计算时间；再将“平滑”设置为0%，即关掉这个功能，此时只进行锐化处理。拖曳“模糊描摹边界”滑块，同时观察窗口，大概到65像素时就差不多了，再高的话，纹理就不好控制了，如图11-401所示。

图11-400

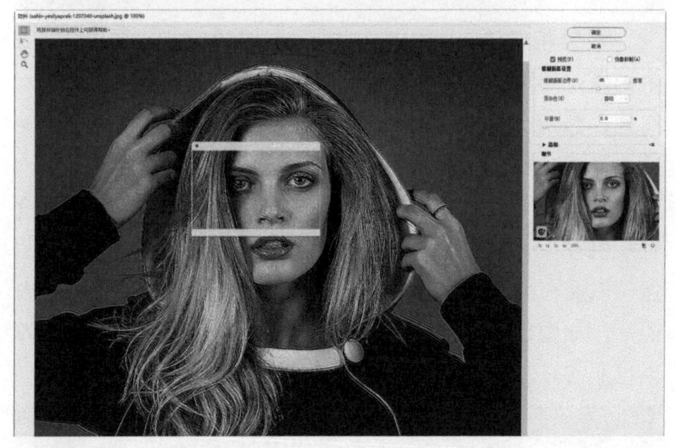

图11-401

02 拖曳“平滑”滑块，让画质柔和一些，类似于进行了轻微的模糊处理，如图11-402所示。

图11-402

03 勾选“伪像抑制”选项，然后拖曳下方的滑块，将伪像尽量抵消，如图11-403所示，这里主要处理的是五官，效果到位就可以了，头发是次要的。单击“确定”按钮关闭对话框。

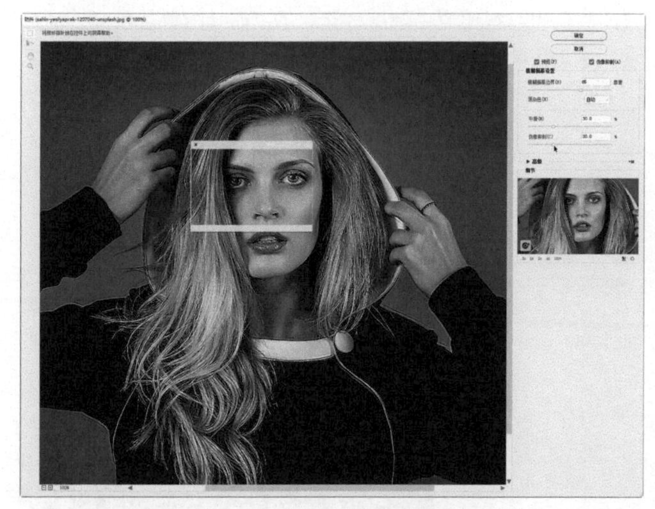

图11-403

04 单击智能滤镜的蒙版，如图11-404所示。选择画笔工具 及柔边圆画笔，将不透明度设置为50%，在头发上涂抹黑色，通过蒙版的遮挡降低锐化强度。将衣服的边线也涂黑，如图11-405所示。图11-406和图11-407所示为原图及锐化后的效果（局部）。

图11-404

图11-405

锐化前

图11-406

锐化后

图11-407

“防抖”滤镜工具和基本选项

- 模糊评估工具 ：使用该工具在对话框中的画面上单击，窗口右下角的“细节”预览区会显示单击点图像的细节；在画面上拖曳鼠标，则可以自由定义模糊评估区域。
- 模糊方向工具 ：使用该工具可以在画面中手动绘制表示模糊方向的直线，这种方法适合处理因相机线性运动而产生的图像模糊。如果要准确调整描摹长度和方向，可以在“模糊描摹设置"选项组中进行调整。按[键或] 键可微调长度，按Ctrl+ [快捷键或Ctrl+] 快捷键可微调角度。

- 模糊描摹边界：模糊描摹边界是 Photoshop 估计的模糊大小（以像素为单位），如图11-408和图11-409所示。也可以拖曳该选项中的滑块，自己调整。

模糊描摹边界10为像素
图11-408

模糊描摹边界为199像素
图11-409

- 源杂色：默认状态下，Photoshop会自动估计图像中的杂色量。我们也可以根据需要选择不同的值（自动/低/中/高）。
- 平滑：可以减少由于高频锐化而出现的杂色，如图11-410和图11-411所示。Adobe的建议是将"平滑"保持为较低的值。

平滑50%
图11-410

平滑100%
图11-411

- 伪像抑制：锐化图像时，如果出现了明显的杂色伪像，如图11-412所示。可以将该值设置得较高，以便抑制这些伪像，如图11-413所示。100% 伪像抑制会产生原始图像，而 0% 伪像抑制不会抑制任何杂色伪像。

伪像抑制0%
图11-412

伪像抑制100%
图11-413

高级选项

图像的不同区域可能具有不同形状的模糊。在默认状态下，"防抖"滤镜只将模糊描摹（模糊描摹表示影响图像中选定区域的模糊形状）应用于图像的默认区域，即Photoshop所确定的适合模糊评估的区域，如图11-414所示。单击"高级"选项组中的按钮，Photoshop会突出显示图像中适于模糊评估的区域，并为其创建模糊描摹，如图11-415所示。也可使用模糊评估工具，在具有一定边缘对比的图像区域中手动创建模糊评估区域。

图11-414

图11-415

创建多个模糊评估区域后，按住Ctrl键并单击这些区域，如图11-416所示。这时Photoshop 会显示它们的预览窗口，如图11-417所示。此时可调整窗口上方的"平滑"和"伪像抑制"选项，并查看对图像有何影响。

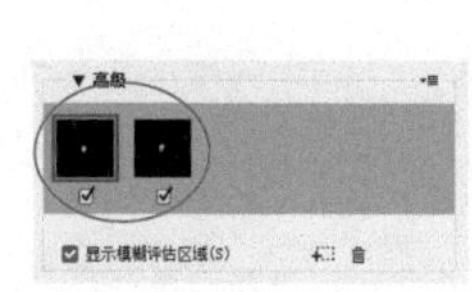

图11-416

图11-417

如果要删除一个模糊评估区域，可以在"高级"选项组中单击它，然后单击 按钮。如果要隐藏画面中的模糊评估区域组件，可以取消勾选"显示模糊评估区域"选项。

查看细节

单击"细节"选项组左下角的图标，模糊评估区域会自动移动到"细节"窗口中所显示的图像上。

单击 按钮或按Q键，"细节"窗口会移动到画面上。在该窗口中拖曳鼠标，可以移动它的位置。如果想要观察哪里的细节，就可以将窗口拖曳到其上。再次按Q键，可将其停放回原先的位置。

第12章 Camera Raw

【本章简介】

本章首先介绍Camera Raw的界面和工具，以及文件的打开方法，之后从曝光、影调、修图、锐化，以及自动化处理等方面展开深入讲解。通过本章的学习，再结合前面介绍的Photoshop调色和修图技术，相信我们会对照片处理方法有更加全面的认识，也能清楚哪种照片适合用Photoshop处理，哪种用Camera Raw编辑效果更好。

【学习目标】

通过本章的学习，我们能用Camera Raw完成以下工作。

- 解决色温和白平衡问题
- 处理曝光有问题的照片，能从高光色调中恢复更多的信息，也能让阴影色调中展现出更多细节
- 让雾霾照片变废为宝
- 对某种色彩进行有针对性的调整，包括转换色彩、调整饱和度和明度
- 用Camera Raw中的工具处理局部图像，添加效果
- 用Camera Raw修片、磨皮
- 掌握多张照片处理技巧

【学习重点】

12.1 Camera Raw初探

在影调和色彩调整方面，Camera Raw专业程度远远超过Photoshop。

12.1.1 实战：制作银盐法照片效果（预设面板）

扫码看视频

Photoshop的“样式”面板提供了大量预设样式，只要单击一下，便可为图像添加特效。Camera Raw中也有类似的功能，即预设选项卡，其中包含了很多专业摄影师打造的预设。这些预设涵盖多种类别，可以创建不同的效果，如不同肤色的肖像、旅行、电影、复古等效果。下面的实战就使用预设制作银盐法照片效果，从中还可学到RAW格式文件的存储方法。

01 在Photoshop中执行“文件>打开”命令，弹出“打开”对话框，选择RAW格式文件，单击“确定”按钮，运行Camera Raw并打开文件，如图12-1所示。

02 单击预设按钮，显示预设选项卡，将鼠标指针悬停在预设上方，即可进行预览，单击图12-2所示的预设，将其应用于图像。

图12-1

图12-2

03 继续添加预设，如图12-3所示。单击编辑按钮，在“基本”选项卡中将“曝光”值调高，如图12-4所示。展开“效果”选项卡，修改参数，如图12-5和图12-6所示。

图12-3

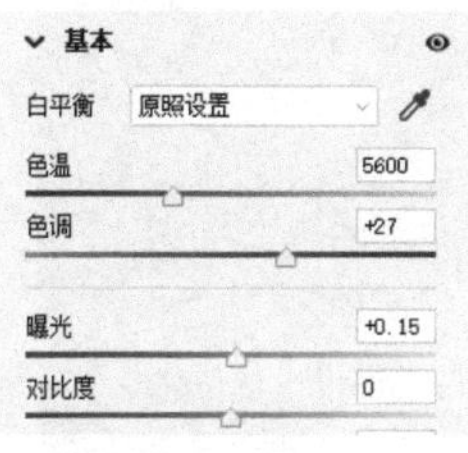

图12-4

图12-5　图12-6

提示

如果经常使用某个预设，可单击其前方的☆标记，当它变为★状时，便可添加到“收藏夹”列表中，便于查找和使用。如果要取消收藏，在其★标记上单击即可。

04 单击按钮，如图12-7所示，打开“存储选项”对话框，将文件保存为DNG格式，如图12-8所示。单击“存储”按钮关闭对话框。

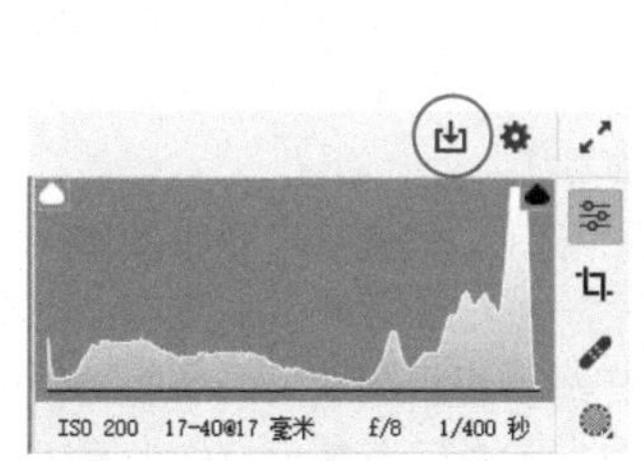

图12-7

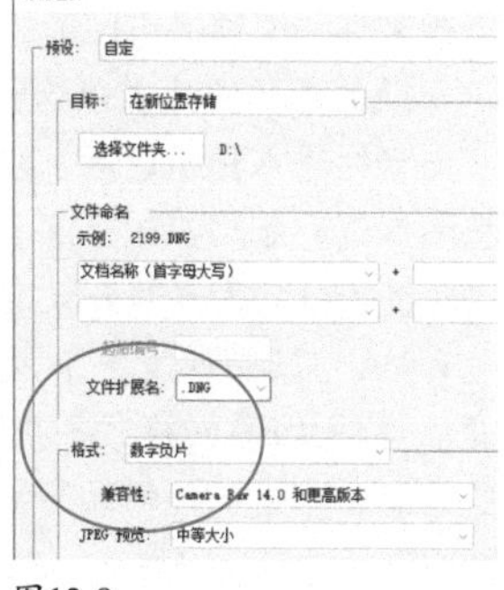

图12-8

05 完成存储后，如果想在Photoshop中打开当前文件，可以单击“打开”按钮，文件将作为普通图像打开；按住Alt键并单击该按钮，可在不更新元数据的情况下打开它；按住Shift键并单击该按钮，可以将图像作为智能对象打开。如果无须在Photoshop中打开文件，可以单击“完成”按钮，应用修改并关闭Camera Raw。

12.1.2 小结

在Camera Raw中编辑完相机原始文件（RAW格式照片）后，单击按钮，打开“存储选项”对话框，可以将文件保存为JPEG、TIFF、PNG等常用格式，以及专门用于存储RAW格式文件的DNG格式（也称“数字负片”）。但不能以其原有的格式（RAW格式）进行存储。

DNG格式会将文件的副本保存起来，这样原始文件不会被修改，而我们所做的编辑则存储在Camera Raw的数据库中，或作为元数据嵌入副本（DNG格式）文件中，或者存储在附属的 XMP 文件（相机原始数据文件附带的元数据文件）中。这意味着什么呢？也就是说，DNG格式可以像PSD格式那样，将所有编辑项目存储起来，因此，以后无论何时在Camera Raw中打开此文件，其中的参数可以重新设置，用工具所做的修改也可以继续编辑。

·PS技术讲堂·

RAW格式文件解析

Adobe Camera Raw（简称ACR）既是Photoshop中的滤镜，也可作为独立的软件使用。它能解释相机原始数据文件，并使用相机的信息及元数据来构建和处理图像。

相机原始数据就是摄影师常说的RAW格式文件。其实它有不同的格式，如佳能相机的CRW或CR2文件、尼康相机的NEF文件、奥林巴斯相机的ORF文件等，都属于RAW格式文件。RAW格式文件为何那么受专业摄影师青睐，它有什么特殊之处呢？

要回答这个问题，得从数码照片的存储方式说起。早期的计算机技术还不发达，硬盘、存储卡的空间都很有限，想存储更多的文件，必须通过压缩的方法为文件“瘦身”才行。JPEG格式就是一种可以压缩图像的格式，由于其效果好，传输也方便，早期的数码照片多以这种格式存储（在非专业摄影领域，目前仍以JPEG格式为主）。其处理过程是这样的：拍摄照片时，当光线进入相机以后，在感光元件上成像，其间数码相机会调节图像的颜色、清晰度、色阶和分辨率，再进行压缩，之后将图像保存到相机的存储卡上。由此可知，虽然我们只是按下快门这么简单，但在相机内部，已经对照片做了处理，并进行了压缩（这会丢弃部分原始信息）。

RAW格式被研发出来以后，照片存储方式彻底发生了改变。当使用RAW格式拍摄时，会直接记录感光元件上获取的信息，不进行任何调节和压缩。相机捕获的所有数据，包括ISO、快门、光圈值、曝光度、白平衡等也都被记录下来，如图12-9所示。摄影师称其为“数字底片”，就是这个原因。Camera Raw就是为编辑RAW格式照片而开发出来的，它在照片调整方面更强大，不像Photoshop大而全，需要兼顾很多功能，很多细分领域的专业度就被削弱了。即便处理普通的JPEG格式照片，在色温、曝光、高光和阴影色调，以及颜色细分调整等方面，Camera Raw也比Photoshop效果好。但它也有一些弱点，例如没有图层、修图工具很有限。对于图像修饰、合成、磨皮、锐化、降噪等，用Photoshop编辑操作空间更大，效果更好。

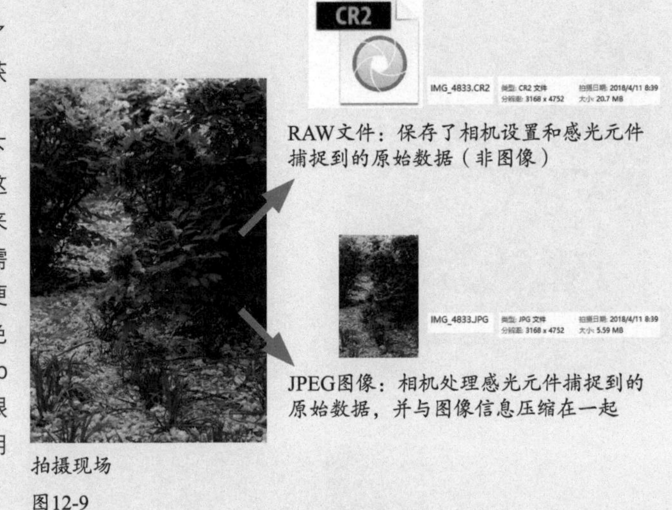

图12-9

12.1.3 Camera Raw 界面

Camera Raw最新版是14.0（执行“帮助>关于增效工具>Camera Raw”命令可以查看版本号）。它的界面包含工具、按钮和选项卡，如图12-10所示。其裁剪工具、红眼工具、缩放工具、抓手工具与Photoshop相同，污点去除工具则与Photoshop中的修补工具类似（见278页）。此外，单击蒙版按钮，打开菜单，其中还包含多个工具。

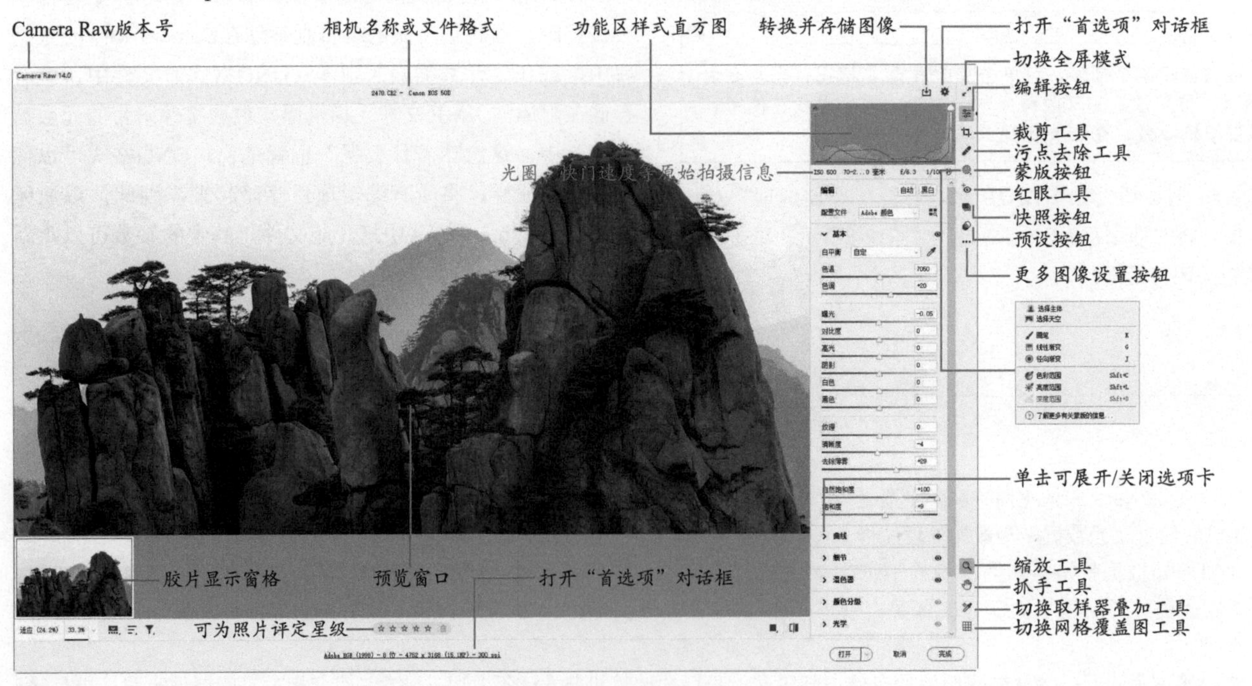

图12-10

- **相机名称或文件格式：** 如果打开的是RAW格式文件，此处会显示照片是用什么型号的相机拍摄的。非RAW格式文件则显示图像的文件格式。
- **按钮：** 单击该按钮可隐藏胶片显示窗格。
- **按钮：** 单击该按钮打开菜单，可以根据拍摄日期、文件名、星级和颜色标签等对图像进行排序。
- **按钮：** 打开多张照片时，单击该按钮打开菜单，可以根据星级评定和色标等对照片进行排序。
- **按钮：** 单击该按钮，可在原图和调整效果之间切换。
- **按钮：** 单击该按钮，可切换到默认设置，即照片打开时的未编辑状态。再次单击，可恢复到当前设置。

12.1.4

在Bridge中打开RAW格式照片

Windows 10操作系统或Bridge可直接预览RAW格式照片，Windows 7和更早版本的操作系统则需要使用专门的软件解析才行。因此用Bridge管理RAW格式照片更方便，而且在Bridge中选择RAW格式照片后，执行“文件>在Camera Raw中打开”命令（快捷键为Ctrl+R），可以在未启动Photoshop的状态下运行Camera Raw并打开照片。

12.1.5

打开其他格式图像

在Photoshop中打开JPEG或TIFF格式的图像后，执行“滤镜>Camera Raw滤镜”命令，可以用Camera Raw对其进行编辑。

12.1.6

使用快照恢复图像（快照面板）

在Camera Raw中编辑图像时，如果操作出现失误，可切换到英文输入法，之后连续按Ctrl+Z快捷键，依次向前撤销操作；进行撤销后，如果需要将效果恢复过来，可以连续按Shift+Ctrl+Z快捷键。

此外，也可通过快照来恢复图像。即完成重要操作后，单击快照按钮，显示“快照”面板，之后单击按钮，将当前效果创建为快照，如图12-11所示。这样以后不管进行多少步操作，只要单击快照，就可恢复到其记录的状态。如果要删除快照，将鼠标指针移动到其上方，单击按钮即可。

单击按钮，打开菜单，执行“存储设置”命令，如图12-12所示，则可将当前效果保存到Camera Raw的数据库中，这样即使关闭了文件，以后打开照片时，使用该菜单中的“载入设置”命令加载文件，仍可将照片恢复到它所记录的状态。

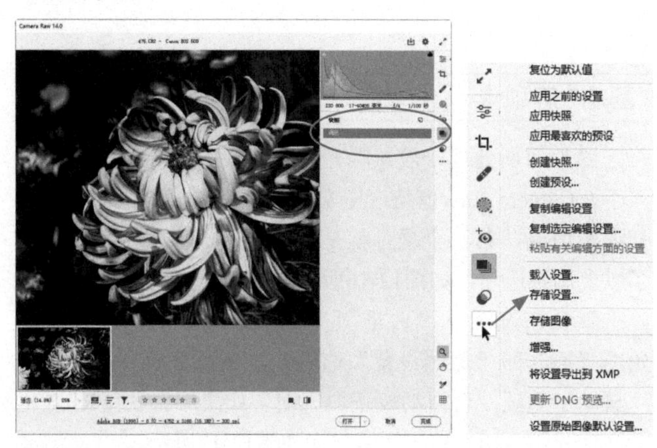

图12-11　　图12-12

调整影调和色彩

Camera Raw中的调色功能不像Photoshop那样能把颜色调得很极端、很夸张，它在调整强度方面控制得很细腻、很柔和，更适合编辑摄影作品。

·PS技术讲堂·

功能区样式直方图

调整图像时，观察直方图能了解很多有用信息（见187页）。Camera Raw中使用的是与Lightroom类似的功能区样式直方图，即红、绿和蓝通道的直方图。当两个通道的直方图重叠时，会显示黄色、洋红色和青色，3个通道重叠处则显示为白色，如图12–13所示。

调整图像时，直方图会实时更新。如果其端点突然出现竖线，就要格外注意，这是它发出的警告——当前已出现高光溢出或阴影缺失（见188页），即高光、阴影区域的细节在减少。如果想了解哪里受到了损害，可以单击直方图上方的图标进行查看，受损区域上方会覆盖红色或蓝色，如图12–14和图12–15所示。再次单击相应的图标，可以取消颜色显示。

Camera Raw中的直方图

图12-13

色调被调暗后，出现阴影缺失

图12-14

色调被调亮后，出现高光溢出

图12-15

12.2.1 “基本”选项卡

照片后期处理一般从曝光、白平衡、色温、影调调整入手，Camera Raw也是这样安排的。单击编辑按钮，展开编辑面板，第一个项目就是“基本”选项卡，其中包含了以上调整选项，如图12-16所示。

默认情况下，“白平衡”选项中选取的是照片的原始白平衡（即“原照设置”选项）。在该下拉列表中选择“自动”选项，可自动校正白平衡。如果编辑的是RAW格式文件，还能切换白平衡模式，如图12-17所示。

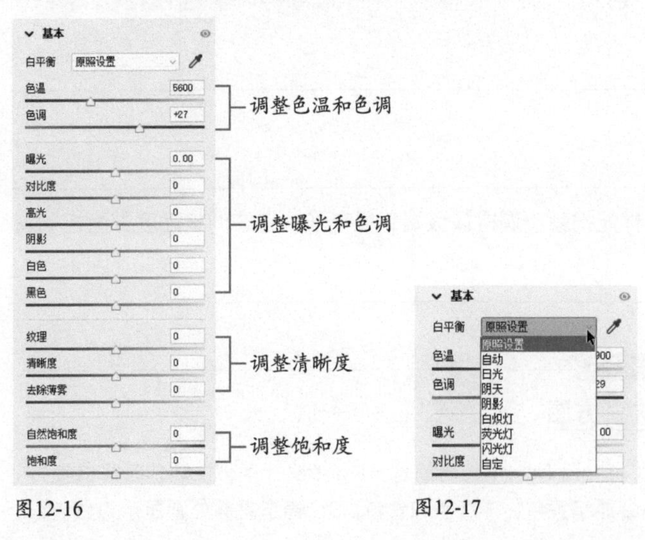

图12-16

图12-17

“曝光”选项用于调整相机的光圈大小。例如，调整为+1.00类似于将光圈打开1，调整为-1.00则类似于将光圈关闭1。需要了解其他选项的用途，可以将鼠标指针移动到选项上方，停留片刻便会弹出一个窗口介绍此选项，并进行动画演示，如图12-18所示。

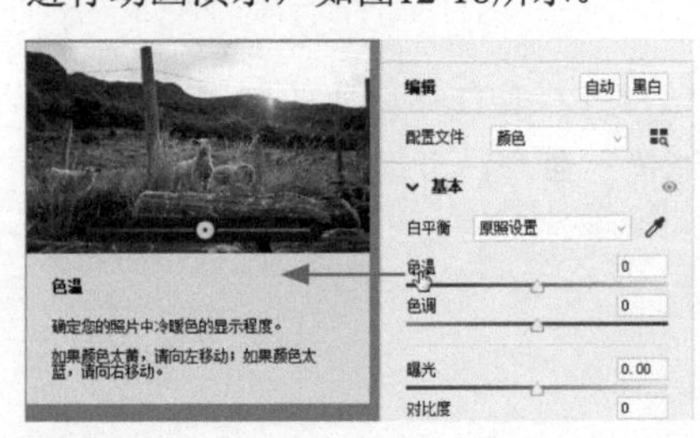

图12-18

12.2.2 “曲线”选项卡

如果要针对某个色调区域进行微调，可以展开“曲线”选项卡，单击按钮，显示参数曲线，其中预设置“高光”“亮调”“暗调”“阴影”选项，拖曳滑块或曲线即可修改相应的色调，如图12-19所示，且操作时不会因调整过度而影响到其他色调区域。如果想进行更大范围的调整，可以单击按钮，在显示的点曲线（与Photoshop中的曲线相同）上操作，如图12-20所示。此外，也可使用目标调整工具直接在图像上拖曳，针对鼠标指针下方的色调进行调整。

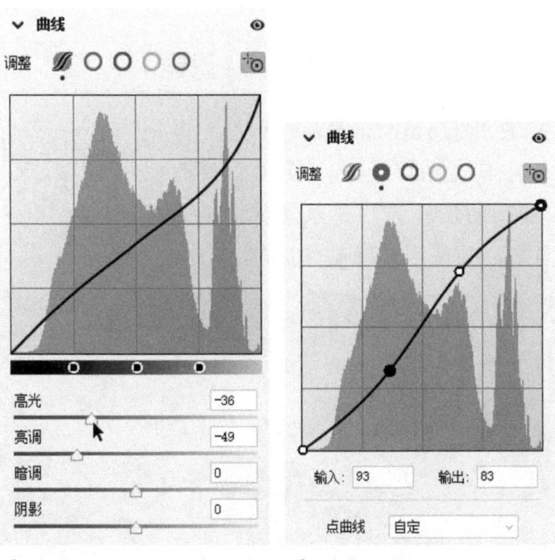

图12-19　　图12-20

单击○○○按钮，可以编辑红色通道、绿色通道和蓝色通道。其原理和色彩变化规律与Photoshop中的通道调色相同*（见“第9章 色彩调整”）*。

12.2.3 “混色器”选项卡

“混色器”选项卡中有几个嵌套选项卡，如图12-21~图12-23所示，可以对红色、黄色、蓝色等基本颜色的色相（改变颜色）、饱和度（让颜色鲜艳或使其发白）和明亮度（将颜色提亮或调暗）进行单独的调整。

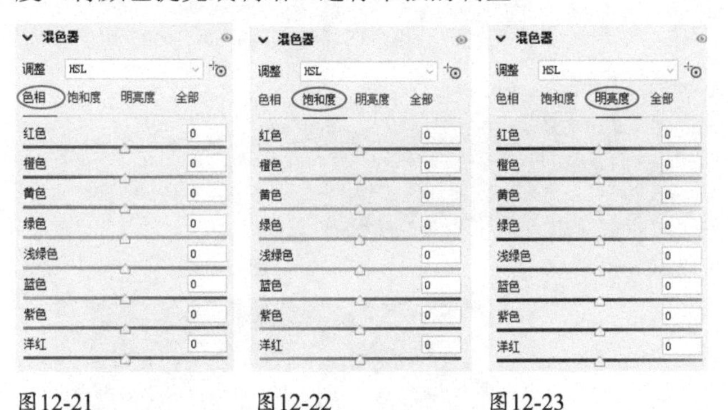

图12-21　　图12-22　　图12-23

该选项卡非常直观，因为每一个颜色条都显示了颜色的变化情况。例如，如果红色看起来太鲜艳了，可切换到“饱和度”选项卡，将“红色”滑块拖曳到低饱和区域（即左侧），就这么简单。

12.2.4 “颜色分级”选项卡

“颜色分级”选项卡中包含了几个色轮，如图12-24所示，可以精确调整中间调、阴影和高光中的颜色。

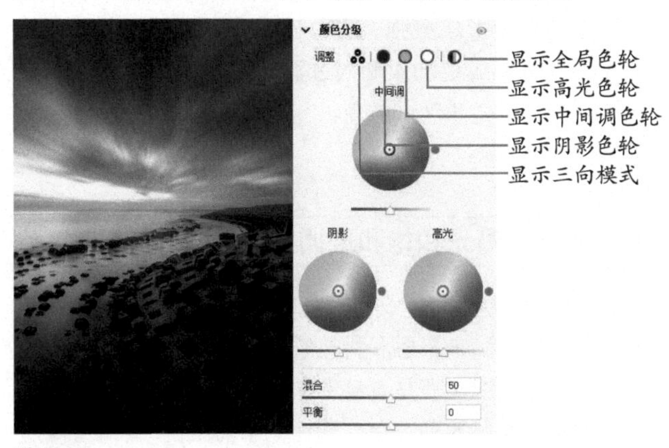

图12-24

操作时，拖曳圆形滑块即可。滑块做圆周运动时，可以调整色相，如图12-25所示；向圆心拖曳，则可调整颜色的饱和度，如图12-26所示。在全局色轮中进行调整时，可同时调整色相和饱和度，相当于为图像重新着色。

在高光中添加红色

图12-25

调整高光中红色的饱和度

图12-26

“混合”选项可以控制调整颜色如何过渡。该值较低时，颜色之间会形成更强、更明显的分隔；该值较高时，可在颜色之间形成更加柔和的过渡。“平滑”选项可以让颜色向更暗或更亮的区域转变。

12.2.5

实战：色温、曝光和饱和度调整

银河SOHO是解构主义大师扎哈·哈迪德的杰作，是一个充满未来感和科技感的建筑。不论观看建筑的外观，还是置身于它的内部，都能让人联想到神秘的外太空。这样一个前卫的建筑，浅灰蓝色应该非常符合它的气质，如图12-27所示。

图12-27

01 在Photoshop中打开照片。执行“滤镜>Camera Raw滤镜”命令，打开“Camera Raw”对话框。调整“色温”值（-63），将主色转换为蓝色，再将“自然饱和度”调整为-100，这样可以保留淡淡的颜色。如果将“饱和度”设置为-100，则图像会变为黑白照，色彩全无。这两个饱和度调整选项还是有很大区别的（见227页）。

02 将“阴影”调整为+54，“黑色”调整为+32，使阴影区域变亮。设置“曝光”为+0.6，将画面提亮。将“清晰度”调整为-66，让画面变得柔和，营造一种类似柔光箱打出的光线漫射的效果。适当提高“对比度”（设置为+7），让清晰度恢复一些，如图12-28所示。

图12-28

12.2.6

实战：色彩与光效(径向渐变工具+滤镜)

本实战使用Camera Raw调色，再用Photoshop制作放射状光线，使画面具有张力，如图12-29所示。光线是从丛林中的高亮区域提取出来，并使用滤镜制作成的。

图12-29

01 打开素材，执行“图层>智能对象>转换为智能对象”命令，将图像转换为智能对象，再执行“滤镜>Camera Raw”命令，这样就以智能滤镜的形式使用Camera Raw，不会真正改变图像，以后也方便修改参数。

02 按Ctrl+-快捷键，将视图比例调小。单击蒙版按钮，打开菜单，选择渐变滤镜工具，拖曳鼠标创建椭圆形蒙版，如图12-30所示。单击反相按钮，将蒙版的遮盖区域反转，如图12-31所示。将“曝光”值调低，让画面四周变暗，如图12-32和图12-33所示。

图12-30

图12-31

图12-32 图12-33

提示

单击蒙版中间的蓝色按钮，之后可以修改蒙版参数；拖曳该按钮，可以移动蒙版；拖曳蒙版四周的4个圆形按钮，可以调整蒙版范围；在蒙版外侧拖曳，可以旋转蒙版；按Delete键，可以删除蒙版。

03 单击预设按钮，显示预设面板，在图12-34所示的预设上单击，将图像调整为电影风格，如图12-35所示。单击“确定”按钮，关闭Camera Raw滤镜。

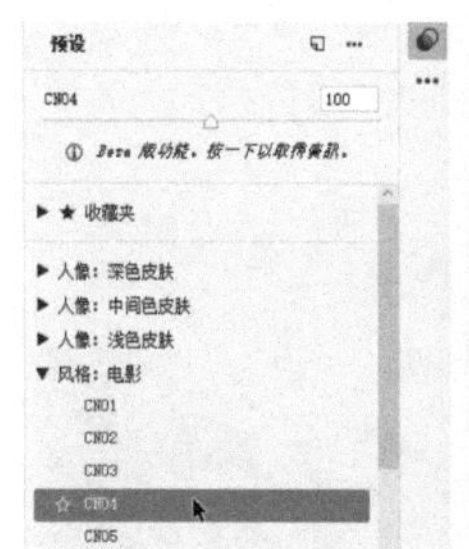
图12-34

图12-35

04 下面制作光线。单击红通道，如图12-36所示，执行“选择>色彩范围”命令，打开“色彩范围”对话框，在天空最亮处单击，选中天空，如图12-37和图12-38所示。

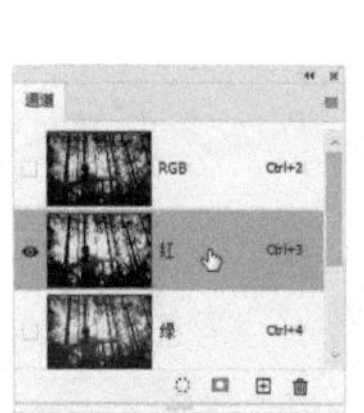
图12-36

图12-37

图12-38

05 按Ctrl+2快捷键恢复为彩色图像。新建一个图层，按Ctrl+Delete快捷键填充白色，按Ctrl+D快捷键取消选择，如图12-39和图12-40所示。

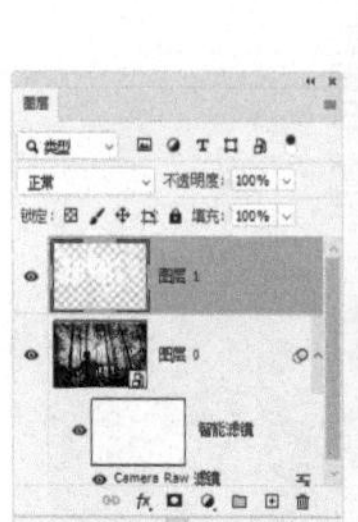
图12-39

图12-40

06 执行“滤镜>模糊>径向模糊”命令，打开“径向模糊”对话框，选取“缩放”选项并设置参数，如图12-41所示，制作放射状光线，如图12-42所示。

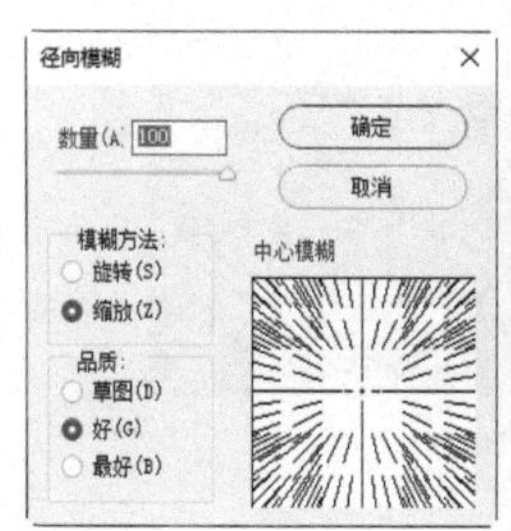

图12-41

图12-42

07 单击按钮添加图层蒙版。使用画笔工具将人物身体后方的光线擦掉（涂抹黑色）。按Ctrl+J快捷键复制图层，设置“不透明度”为50%，增强光线效果，如图12-43和图12-44所示。

图12-43

图12-44

12.2.7

实战：除雾霾(除雾选项+线性渐变工具)

大自然的美景是上天的恩赐，能否拍好，技术固然重要，好天气也是决定性因素。如果运气不好，遇上雾霾天，所有美景都会变得暗淡。Camera Raw里有专门的除雾功能，可以化腐朽为神奇，如图12-45所示。

扫码看视频

图12-45

01 打开照片。执行“滤镜>Camera Raw滤镜”命令，打开“Camera Raw”对话框。设置“去除薄雾”值为+88，提升画面的清晰度，色彩和图像细节也得到了初步改善，如图12-46所示。

图12-46

提示

向左拖曳“去除薄雾”滑块，可以添加薄雾效果。

02 展开“曲线”选项卡。单击○按钮，曲线两端会显示控制点，拖曳它们，将其对齐到直方图的边缘，如图12-47所示。

图12-47

03 调整曲线以后，对比度增强了，色调更加清晰，但同时也出现了大量噪点。展开“细节”选项卡，进行降噪处理，如图12-48所示。

图12-48

04 选择污点去除工具，在黑点上单击，将污点清除，如图12-49所示。

图12-49

05 单击蒙版按钮，打开菜单，选择线性渐变工具，按住Shift键并拖曳鼠标，创建蒙版，之后调整“高光”“阴影”“黑色”参数，将中景的云和山调亮，如图12-50所示。

图12-50

06 在左上角创建蒙版，使用相同的参数，将此处调亮，如图12-51所示。

图12-51

提示

蒙版范围从红点开始，到白点结束。拖曳蒙版边界线，可以调整蒙版范围；拖曳蒙版外侧的圆形控制点，可以旋转蒙版；拖曳中间的控制点，可以移动蒙版。如果添加了多个蒙版，则单击一个中间的控制点，之后可调整其参数，按Delete键则可将其删除。

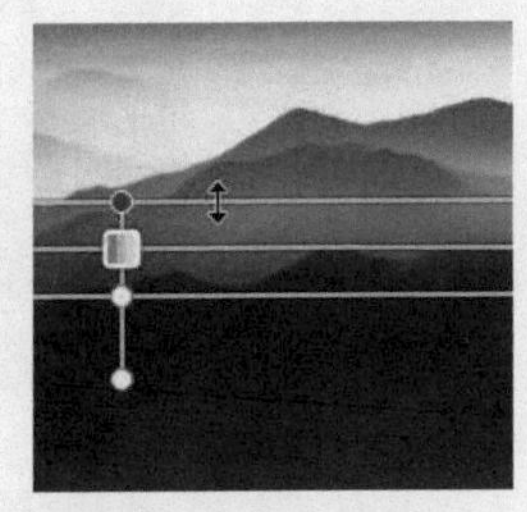

调整蒙版范围

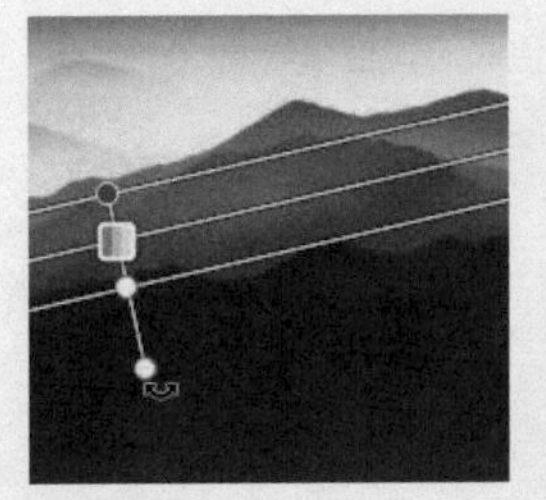

旋转蒙版

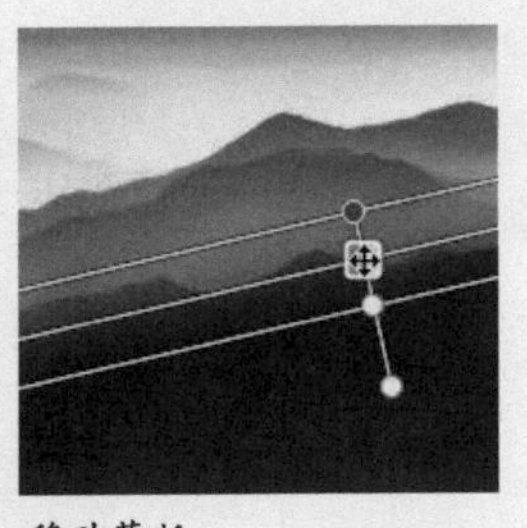

移动蒙版

蒙版与局部调整

蒙版在Photoshop中的用途非常多，可以控制调整图层、智能滤镜等的效果范围。Camera Raw中则通过画笔工具、亮度范围蒙版工具和颜色范围蒙版工具创建蒙版，进而实现对图像的局部调整。

12.3.1
实战：山居晨望（画笔工具）

Camera Raw中的蒙版是直接画（涂抹）在图像上的，并不需要图层来承载。其画笔工具可以像Photoshop中的画笔工具一样绘制蒙版范围。本实战使用该工具及调整选项，将照片调整为画意摄影效果，如图12-52所示。

图12-52

01 打开素材。执行“图层>智能对象>转换为智能对象”命令，将图像转换为智能对象，再执行“滤镜>Camera Raw”命令，打开“Camera Raw”对话框。单击预设按钮，显示预设面板，在图12-53所示的预设上单击，为图像铺上一层淡淡的棕灰色基调，如图12-54所示。

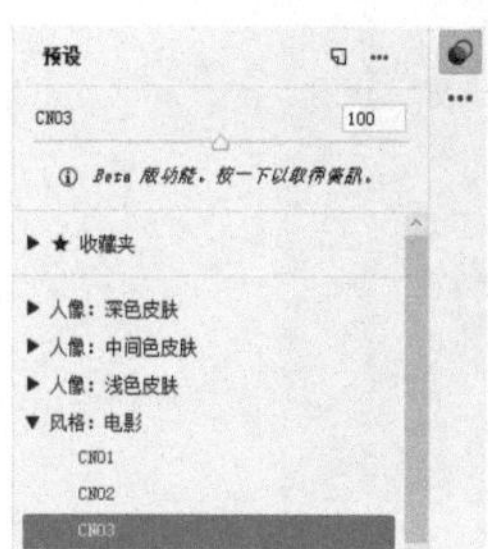

图12-53　图12-54

02 单击蒙版按钮，打开菜单，单击画笔工具，使用它绘制蒙版，如图12-55所示。调整“饱和度”和“去除薄雾”参数，如图12-56和图12-57所示。

图12-55

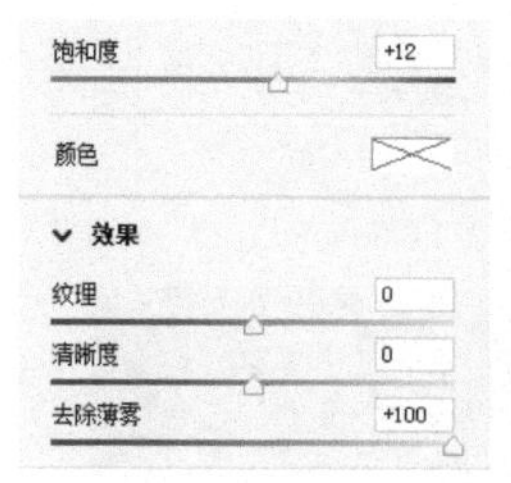

图12-56　图12-57

03 单击“减去”按钮，打开菜单，选择画笔工具，如图12-58所示。在图12-59所示的区域绘制蒙版，这里颜色太深了，从原有的蒙版中排除此处，便可让其恢复为调整前的效果，如图12-60所示。

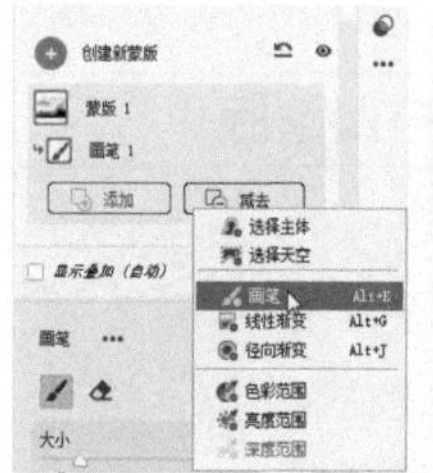

图12-58　图12-59　图12-60

04 单击蒙版按钮，打开菜单，选择画笔工具并绘制蒙版，如图12-61所示。提高“曝光”值，如图12-62所示，将此处调亮；提高“清晰度”值，进行锐化，如图12-63和图12-64所示。

图12-61　图12-62

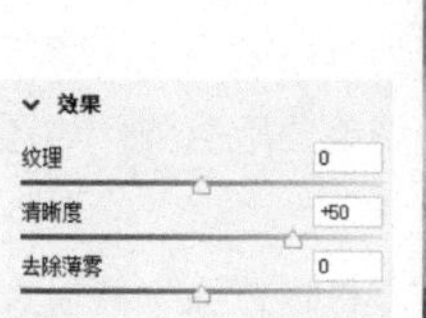

图12-63　图12-64

05 采用同样的方法使用画笔工具再绘制一个蒙版，如图12-65和图12-66所示。将“饱和度”值调高，如图12-67和图12-68所示。

图12-65

图12-66

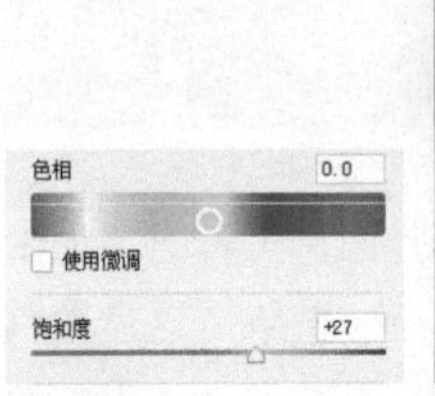

图12-67

图12-68

12.3.2

实战：驼队暮归（亮度范围+颜色范围蒙版）

扫 码 看 视 频

亮度范围工具可基于图像的亮度变化，在特定的亮度区域创建蒙版。颜色范围工具则能轻松地将一种颜色用蒙版覆盖住。当需要针对某个亮度或某种颜色进行局部调整时，这两个工具比画笔工具更有针对性，使用也更方便。图12-69所示为本实战效果。

图12-69

01 打开素材。执行“图层>智能对象>转换为智能对象”命令，再执行“滤镜>Camera Raw”命令，打开“Camera Raw”对话框。单击蒙版按钮，打开菜单，单击亮度范围工具，在太阳左侧单击，建立亮度取样点。勾选“显示明亮度图”选项，在这种状态下，图像会变为黑白效果，而蒙版区域会覆盖一层宝石红色，此时拖曳滑块调整蒙版范围，如图12-70所示。

02 取消“显示明亮度图”选项的勾选。将“色温”值设置为100，如图12-71所示。

图12-70

图12-71

03 单击蒙版按钮，打开菜单，单击色彩范围工具，在图12-72所示的位置单击，建立颜色取样点，设置参数如图12-73所示。

图12-72

提示

单击蒙版按钮，打开菜单，菜单中还包含深度蒙版。深度范围蒙版仅适用于具有嵌入深度图信息的照片，如使用Apple iPhone 7+、8+和X、XS、XS MAX，以及XR内置iOS相机应用程序中的肖像模式拍摄的HEIC照片。

图12-73

04 单击蒙版按钮，打开菜单，选择线性渐变工具，按住Shift键并拖曳鼠标，创建蒙版，如图12-74所示。调整“曝光”和“饱和度”参数，将天空上部调暗，以增强空间感，如图12-75和图12-76所示。

图12-74

图12-75 图12-76

12.3.3 实战：乡间意趣(天空调整)

01 打开照片素材，如图12-77所示。执行“滤镜>Camera Raw滤镜”命令，打开“Camera Raw”对话框，将“阴影”设置为83，让阴影区域的图像细节显现出来，如图12-78所示。

扫码看视频

图12-77

图12-78

02 单击蒙版按钮，打开菜单，单击选择天空按钮，将天空选中并创建蒙版，如图12-79所示。

图12-79

03 调整“色温”和“饱和度”值，让天空更加蔚蓝，霞光颜色更加突出、温暖，如图12-80所示。

图12-80

编辑图像

Camera Raw中的图像编辑工具可以裁剪图像、增强图像质量，以及修图、锐化和降噪。

12.4.1 裁剪和旋转照片

使用Camera Raw中的裁剪工具可以裁剪和旋转图像，如图12-81所示，其选项和操作方法与Photoshop中的裁剪工具相同（见245页）。只是编辑非RAW格式照片时，没有该工具。

图12-81

如果要进行旋转，也可以使用拉直工具拖曳，或者在“角度”选项中输入数值。单击“旋转和翻转”选项组中的按钮，则能以90°为基准旋转，或水平和垂直翻转。

12.4.2 实战：放大图像（增强功能）

Camera Raw中的“增强”功能可以提高图像的质量，生成清晰的细节，呈现更精准的边缘，改进颜色，并减少伪影。增强后图像的尺寸是原始图像的2倍，像素总量为原始图像的4倍。因此，该功能对于大型显示屏和大尺寸打印尤为有用。

01 在默认状态下，编辑RAW格式文件可以直接使用“增强”功能，但它不支持非原始文件，如 JPEG、TIFF等格式。要对这两种文件进行增强处理，需要执行“编辑>首选项>Camera Raw”命令，打开“Camera Raw首选项”对话框，在“JPEG和TIFF文件处理”下拉列表中，选择图12-82所示的选项。设置完成后，关闭并重新启动Photoshop。

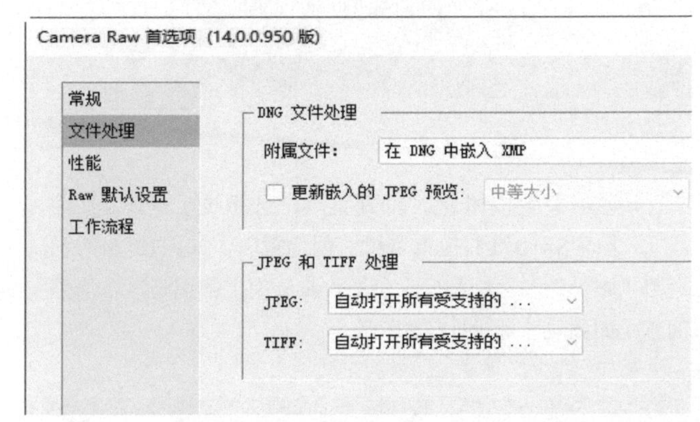

图12-82

02 将素材图片拖曳到Photoshop界面中，可运行 Camera Raw并打开文件。在胶片显示窗格中右键单击图像，打开上下文菜单，执行“增强”命令，如图12-83所示。

图12-83

03 弹出“增强预览”对话框后，勾选“超分辨率”选项，等待数秒（时长依计算机配置不同而有区别），预览窗口中会显示增强效果，如图12-84所示。在窗口中单击或进行拖曳，可以查看原始效果，如图12-85所示。通过对比可以看到，增强后图像的清晰度明显提升。单击“增强”按钮，之后单击“完成”按钮，为图像创建增强的DNG版本，增强的图像使用与原始图像相同的文件名，后缀为.dng。

04 重新打开“Camera Raw首选项”对话框，将修改的选项复原。关闭并重新启动Photoshop。打开这两个图像，按Alt+Ctrl+I快捷键，打开“图像大小”对话框，如图12-86和图12-87所示，可以看到，增强后图像的尺寸确实增加了一倍。

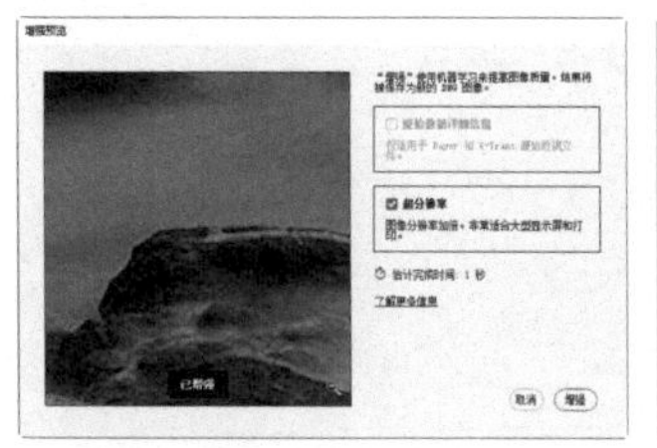

增强后的效果

图12-84

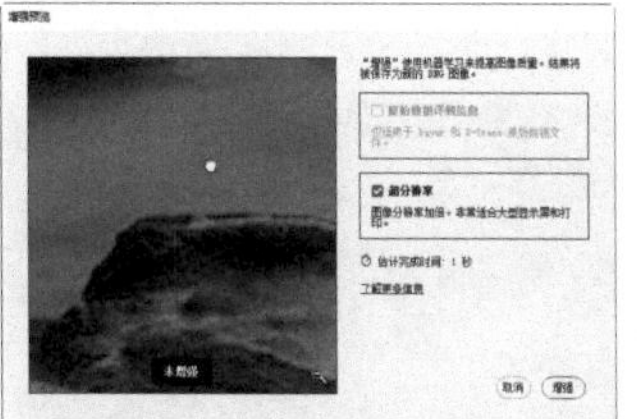

增强前的效果

图12-85

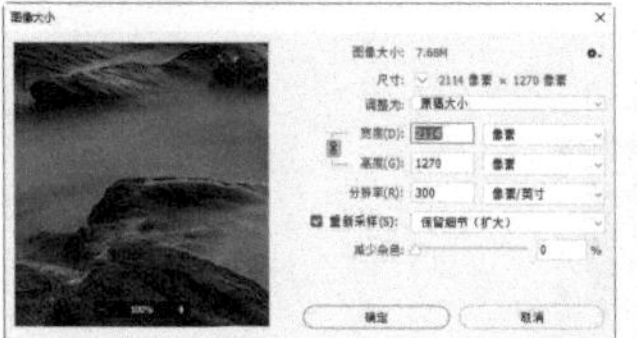

图12-86

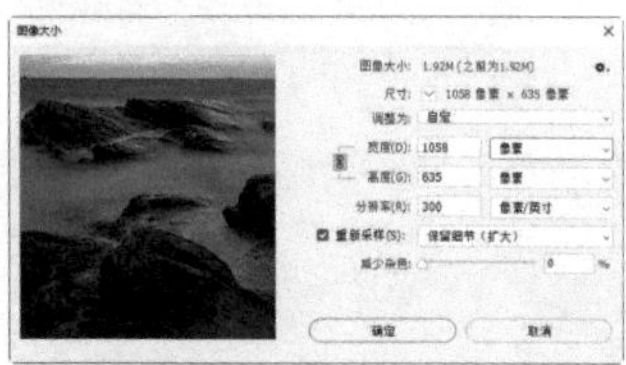

图12-87

提示

“原始细节”选项的增强效果与“超分辨率”选项类似，但增强后图像的分辨率与原始图像一致（即图像大小不变）。需注意的是，已增强的图像不能再进行增强。

12.4.3

实战：磨皮(污点去除工具+调整选项)

污点去除工具与修补工具用途差不多，但效果可以修改和删除，因此没有破坏性。下面使用它清除痘痘，并用Camera Raw中的选项磨皮，如图12-88所示。

扫码看视频

图12-88

01 执行“图层>智能对象>转换为智能对象”命令，将图像转换为智能对象，再打开“Camera Raw”滤镜对话框。选择污点去除工具，将鼠标指针放在一处痘痘上，用[键和]键调整工具大小，使其刚好能覆盖痘痘，如图12-89所示，单击后画面中会出现红色、绿色两个手柄及白色选框，绿色手柄及选框内的图像会复制到红色手柄处，将斑点遮盖住，如图12-90所示。如果修复效果不好，可以移动手柄，以便更好地匹配图像，或者按Delete键将其删除。

02 采用同样的方法将痘痘和色斑都清除，如图12-91所示。下面进行磨皮。单击蒙版按钮，打开菜单，选择画笔工具，在脸上绘制蒙版，如图12-92所示。

图12-89

图12-90

图12-91

图12-92

03 将“纹理”值调整为-100，即可磨皮。将“清晰度”值调整为-50，对皮肤进行柔化处理，如图12-93所示。

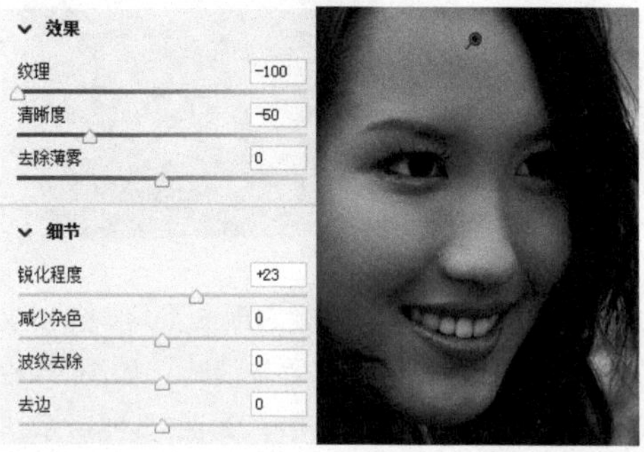

图12-93

04 使用画笔工具在牙齿上绘制蒙版，然后将牙齿调白，如图12-94所示。

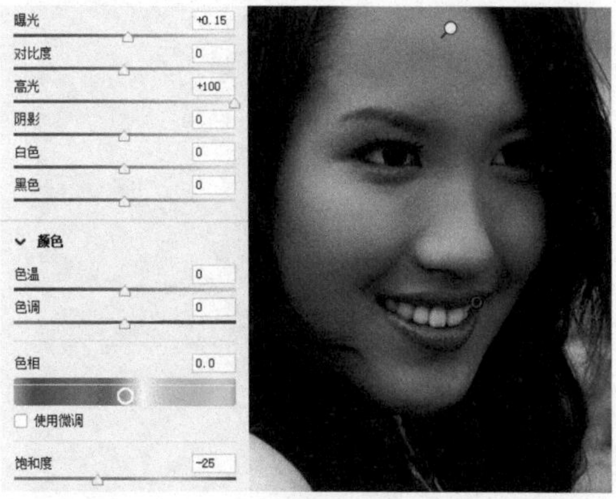

图12-94

05 将画笔调小，在眼珠上绘制蒙版，之后将眼珠调亮，如图12-95所示。

图12-95

06 单击编辑按钮，在“混色器”选项卡中提高红色的饱和度，之后提高橙色的明亮度，使肤色变白，如图12-96所示。

图12-96

07 单击蒙版按钮打开菜单，选择径向渐变工具并创建椭圆蒙版，将画面右侧的向日葵背景调暗，如图12-97所示。使用画笔工具在头发上绘制蒙版，如图12-98所示，提高“曝光”值并进行锐化，如图12-99和图12-100所示。

图12-97

图12-98

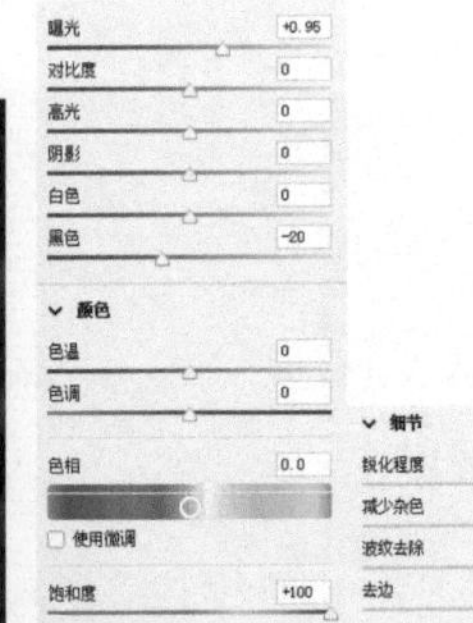

图12-99

图12-100

污点去除工具选项及使用技巧

选择污点去除工具后，可以设置工具的大小、羽化范围和不透明度。另外，还可以从“类型”下拉列表中选择修复方法。选择“仿制”选项，可直接将图像复制到需要修复的区域；选择“修复”选项，则可对纹理、光线、阴影进行智能匹配，使图像的融合效果更好。

如果需要修复的区域（如色斑）不明显，可以选择“可视化污点”选项，图像会变为黑白效果，在这种状态下，边线、污点等特别突出，如图12-101所示。拖曳该选项右侧的滑块还可以对阈值进行调整，以便查看传感器灰尘、斑点等瑕疵。

原图上有高压线塔

开启可视化污点功能

清除高压线塔

修复结果

图12-101

12.4.4 锐化和降噪（“细节”选项卡）

“细节”选项卡可以锐化、降噪及减少图像中的杂色，如图12-102所示。操作时可在窗口左下角单击，如图12-103所示，将视图比例调整到100%，这样才能更清楚地观察细节，避免调整幅度过大，反而使画质降低。

图12-102

图12-103

锐化

- 锐化：调整边缘的清晰度。该值为0时关闭锐化。
- 半径：调整应用锐化时的细节的大小。具有微小细节的图像设置较低的值即可，因为该值过大会导致图像内容不自然。
- 细节：可以调整在图像中锐化多少高频信息和锐化过程强调边缘的程度。较低的值将主要锐化边缘，以便消除模糊；较高的值会使图像中的纹理更加清楚。
- 蒙版：Camera Raw是通过强调图像边缘的细节来实现锐化效果的，将“蒙版”设置为0时，图像中的所有部分均接受等量的锐化；设置为100时，则可将锐化限制在饱和度最高的边缘附近，避免非边缘区域锐化。

减少杂色

- 减少杂色/细节/对比度：“减少杂色”选项可以减少明亮度杂色，即明度噪点（见305页）。“细节”选项可以控制明亮度杂色的阈值，适用于杂色照片。该值越高，保留的细节就越多，但杂色也会增多；该值越低，产生的效果就越干净，但也会消除某些细节。“对比度”选项控制明亮度的对比。该值越高，保留的对比度就越高，但可能会产生杂色（花纹或色斑）；该值越低，产生的效果就越平滑，但也可能使对比度较低。
- 杂色深度减低/细节/平滑度：“杂色深度减低”选项可以减少彩色杂色，即颜色噪点（见305页）。“细节”可以控制彩色杂色的阈值。该值越高，边缘保持得越细、色彩细节越多，但可能会产生彩色颗粒；该值越低，越能消除色斑，但可能会出现溢色。“平滑度”可以控制颜色的平滑效果。

12.4.5 添加颗粒和晕影（“效果”选项卡）

“效果”选项卡可以模拟胶片颗粒，获得特定电影的艺术效果。在进行大尺寸打印时，适当添加颗粒，可以遮盖由于放大而产生的不自然效果。添加晕影能将照片四周调暗，更好地突出视觉焦点，如图12-104~图12-106所示。

原图

图12-104

参数

图12-105

添加颗粒和暗角

图12-106

- 颗粒/大小/粗糙度：“颗粒”选项控制应用于图像的颗粒数量；“大小”选项用于控制颗粒的大小，指定为25%或更大的值，可能会导致图像模糊；“粗糙度”选项控制颗粒的匀称性，向左拖曳滑块可使颗粒更匀称，向右拖曳，则颗粒不匀称。
- 晕影选项组：可以添加晕影，并控制其圆度、羽化范围等属性，操作方法与“镜头校正”滤镜（见252页）相同。

12.4.6 实战：同时编辑多张照片

要点

Camera Raw的多照片编辑功能非常实用。例如，如果相机镜头上有灰尘，那么拍摄的所有照片都会在相同位置留下灰尘痕迹，利用多照片编辑功能，就可一次性将多张照片的灰尘清除。调色时也可以同时调整多张照片。

01 按Ctrl+O快捷键，弹出“打开”对话框，按住Ctrl键并单击图12-107所示的3张照片，按Enter键，在Camera Raw中将其打开。在胶片窗口中按住Ctrl键并单击这些照片，将其选中，如图12-108所示。

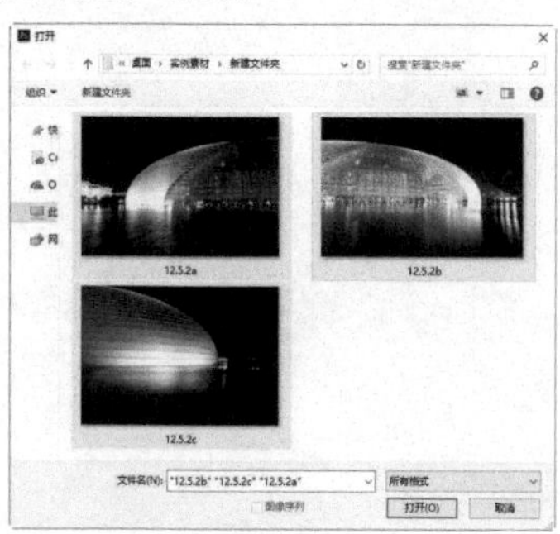

图12-107

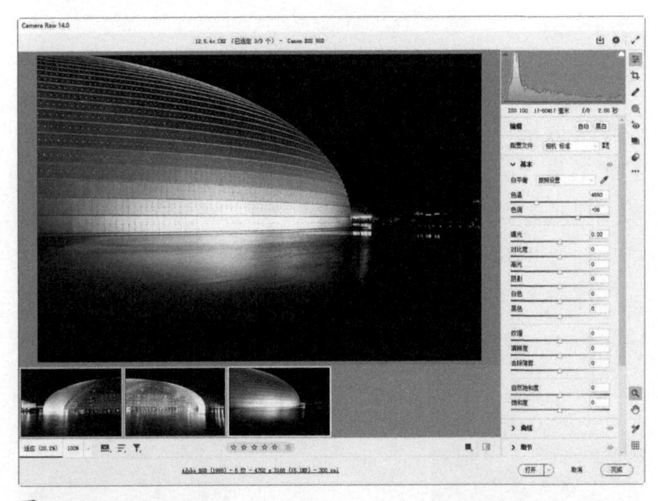

图12-108

02 在“颜色分级”选项卡中，分别调整阴影和高光颜色，如图12-109和图12-110所示，调整同时应用于全部所选照片，如图12-111所示。

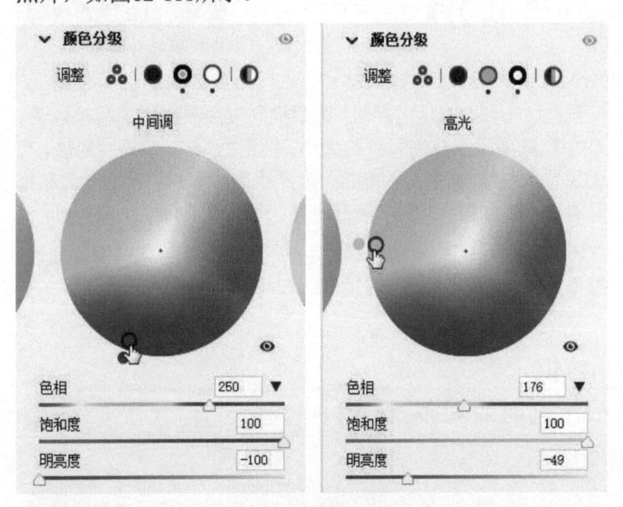

图12-109　　图12-110

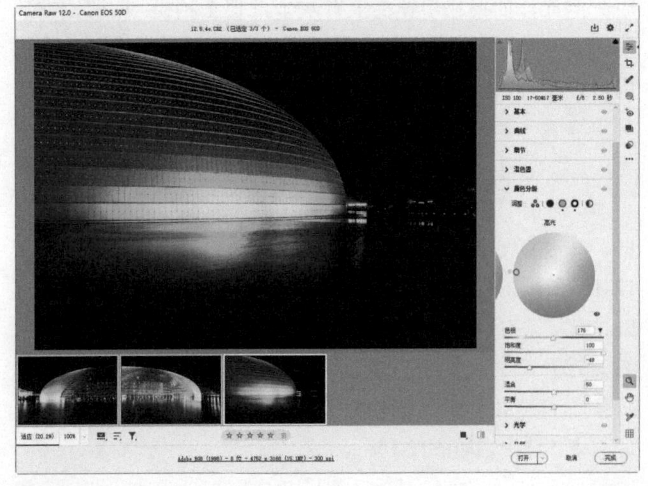

图12-111

12.4.7

实战：像动作功能一样将效果应用于其他照片

要点

如果有大量相似条件的照片需要处理，如在某一个地方拍摄的一批照片，曝光、色温上出现了相同问题，但照片的数量过多，不能一次性加载到Camera Raw中。这种情况该怎么办呢？下面就介绍一种类似Photoshop动作的功能，通过它将调整效果自动应用到其他照片上。

01 将需要处理的照片放到一个文件夹中。在Photoshop中执行“文件>在Bridge中浏览”命令，运行Bridge。单击文件夹中的一张照片，如图12-112所示，按Ctrl+R快捷键，在Camera Raw中打开它，此时便可进行编辑，如图12-113所示。单击“完成”按钮，关闭照片。

图12-112　　图12-113

02 在Bridge中将其他照片选中，单击鼠标右键，打开菜单，执行“开发设置>上一次转换”命令，如图12-114所示，即可将调整效果应用于所选照片，如图12-115所示（编辑后照片右上角会显示◉状图标）。如果要将照片恢复为原状，可以在Bridge中选择照片，打开“开发设置”菜单，执行“清除设置”命令。

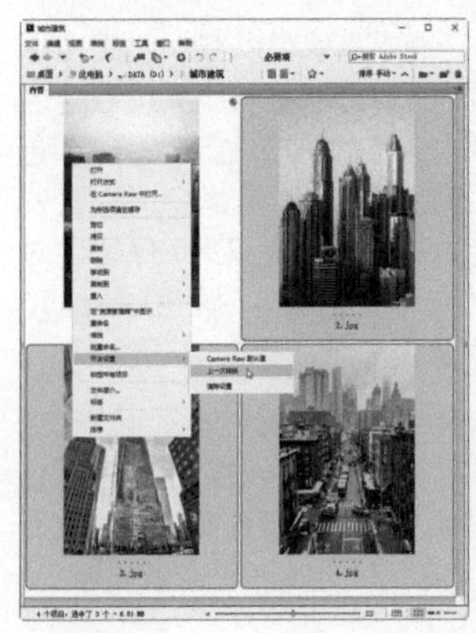

图12-114　　图12-115

针对特定相机和镜头进行校准

Camera Raw会不定期升级，以支持新型号的相机和镜头，而且每次升级也会补充配置文件，用以校准相机及校正镜头缺陷。

12.5.1 针对特定相机校准（“校准”选项卡）

有些型号的相机容易出现色偏，如果不幸“中招”，可真是令人头痛的事，毕竟更换相机比较麻烦。Camera Raw有一项非常贴心的功能，只需花一点点时间，便可轻松地解决这一难题。

首先使用Camera Raw打开此类相机拍摄的照片，展开“校准”选项卡，如图12-116所示。其中的“阴影”选项可校正阴影区域的色偏，下面几个选项可以对相机的红原色、绿原色和蓝原色（模拟不同类型的胶卷）进行调整。对色偏进行校准后，单击对话框右上角的⚙按钮，打开“Camera Raw首选项”对话框，选择相机型号并单击“创建默认设置”按钮，将这一设置保存，如图12-117所示。以后使用Camera Raw打开该相机拍摄的其他照片时，会自动校正照片的颜色。

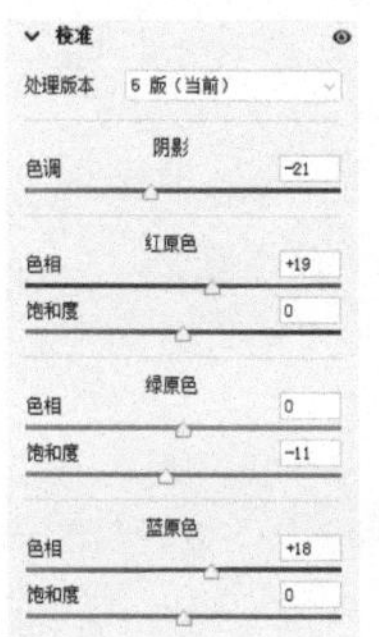

图12-116

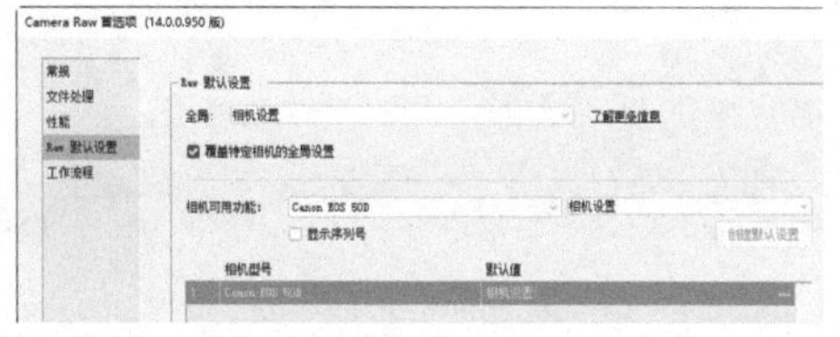

图12-117

12.5.2 校正镜头缺陷（“光学”选项卡）

“光学”选项卡可以解决镜头缺陷导致的色差、几何扭曲和晕影问题，也能够对图像中的紫色或绿色色相进行采样和校正（“去边”选项组）。它们与Photoshop中的“镜头校正”滤镜基本相同，使用方法可参考该滤镜*（见252页）*。该选项卡中包含不同相机及镜头的配置文件，可用于修复常见的镜头像差问题，只需勾选“使用配置文件校正”按钮，即可自动查找相应的配置文件并校正图像。

12.5.3 校正扭曲（“几何”选项卡）

使用不正确的镜头或相机晃动容易引起照片透视图倾斜，“几何”选项卡可自动校正此类照片，并支持手动拖曳滑块调整照片的垂直、水平透视，对其进行旋转、修改长宽比（即不等比拉伸）、等比缩放，以及进行横向和纵向补正，如图12-118所示。

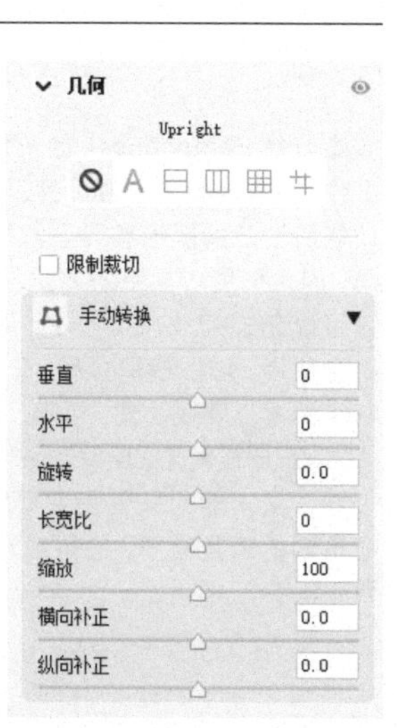

图12-118

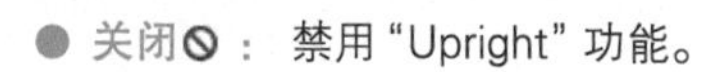

- 关闭⊘：禁用“Upright”功能。
- 自动A：应用一组平衡的透视校正。
- 水平⊟：应用透视校正以确保图像处于水平位置。
- 纵向⊞：应用水平和纵向透视校正。
- 完全⊞：应用水平、纵向和横向透视校正，如图12-119和图12-120所示。

未校正的图像

图12-119

完全校正的图像

图12-120

- 导向⌗：在照片上绘制两条参考线，标示出需与水平轴或垂直轴对齐的位置，照片会随之进行调整。
- 限制裁切：进行校正后勾选该选项，可快速移除白色边框。

路径与UI设计

【本章简介】

本章介绍Photoshop中的矢量功能。在实际工作中，App设计、UI设计、VI设计、网页设计等所涉及的图形和界面大多用矢量工具绘制，因为矢量功能绘图方便、容易修改，而且还可以无损缩放，加之与图层样式及滤镜等结合使用，可以模拟金属、玻璃、木材、大理石等材质；表现纹理、浮雕、光滑、褶皱等质感；以及创建发光、反射、反光和投影等特效。学好矢量功能的关键是掌握绘图方法，尤其是用钢笔工具绘图，需要经过大量练习才能得心应手。

【学习目标】

通过本章的学习，我们要掌握如何在Photoshop中绘制和编辑矢量图形。除此之外，还要了解UI设计基本流程，学会制作扁平化图标、游戏图标，以及App主页、网店详情页等。

【学习重点】

Photoshop 2022

13.1 矢量图形

学习矢量功能前先要了解矢量图形究竟是怎样一种对象，再由易到难，从最基础的图形开始练习绘图。

13.1.1

实战：制作邮票齿孔效果（自定形状工具+图框工具）

本实战使用Photoshop中预设的矢量图形制作邮票齿孔效果，如图13-1所示。由于邮票图形不用自己“画”，所以操作相对比较简单，但这并不代表绘制矢量图形没有难度。

扫码看视频

图13-1

01 打开素材，如图13-2所示。选择图框工具⊠，单击工具选项栏中的⊠按钮，在小羊图像上创建矩形图框，图框外的内容会被隐藏，同时，图像会转换为智能对象，如图13-3和图13-4所示。

图13-2

图13-3

图13-4

02 选择自定形状工具，在工具选项栏中选取“形状”选项，设置填充颜色为白色。单击“形状”选项右侧的按钮，打开形状下拉面板，选择邮票状图形，如图13-5所示。

图13-5

03 单击“背景”图层，如图13-6所示。在画布上按住 Shift 键并拖曳鼠标，绘制图形，如图13-7所示。

图13-6　图13-7

> 提示
>
> 绘制图形时，向上、下、左、右方向拖曳鼠标，可以拉伸图形。按住Shift键并拖曳，可以让图形保持原有的比例。

04 双击邮票形状图层，打开“图层样式”对话框，添加“投影”效果，如图13-8和图13-9所示。

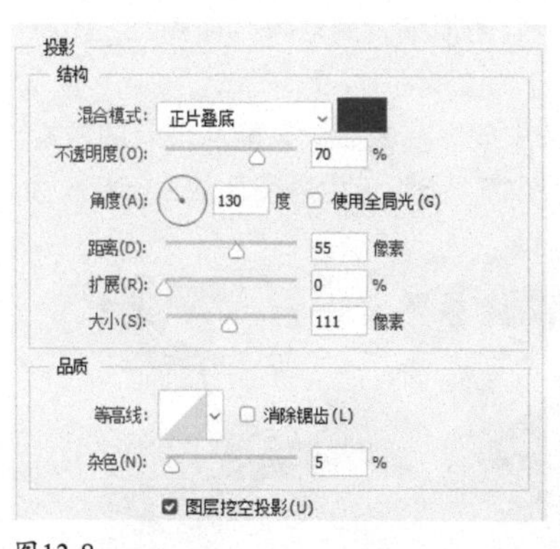

图13-8　图13-9

05 使用横排文字工具 T 添加文字，如图13-10所示。下面我们来替换图框中的图像。单击小羊所在的图层，如图13-11所示，使用“文件>置入嵌入的对象”命令，可在图框中重新置入一幅图像，如图13-12所示。

图13-10　图13-11　图13-12

13.1.2 小结

什么是矢量图形

矢量图形也叫矢量形状或矢量对象，是由被称作矢量的数学对象定义的直线和曲线构成的。在Photoshop中，矢量图形主要是指用钢笔工具 或形状工具绘制的路径和形状，以及加载到Photoshop中的由其他软件制作的可编辑的矢量素材。

从外观上看，路径是一段一段的线条状轮廓，各个路径段由锚点连接，路径的外形也通过锚点调节，如图13-13所示。

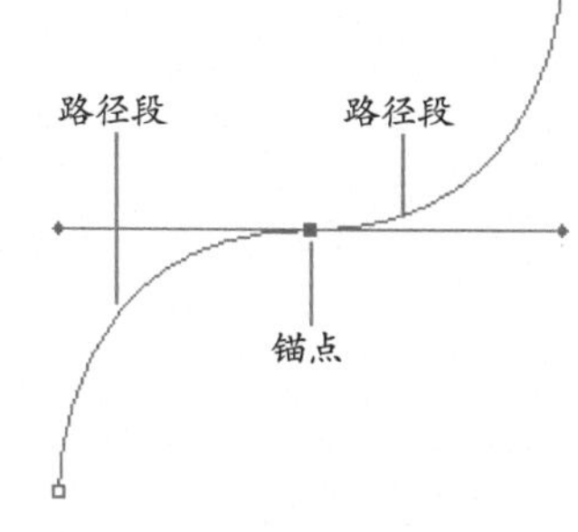

图13-13

路径可以变身为哪些对象

未填色或描边时，如果取消路径的选择，它就会自动“隐身”，看不到了。为防止它“逃遁”，在实际工作中会从路径中转换出6种对象，即选区、形状图层、矢量蒙版、文字基线、填充颜色的图像、用颜色描边的图像，如图13-14所示。通过这些转换，可以完成绘图、抠图、合成图像、创建路径文字等工作。

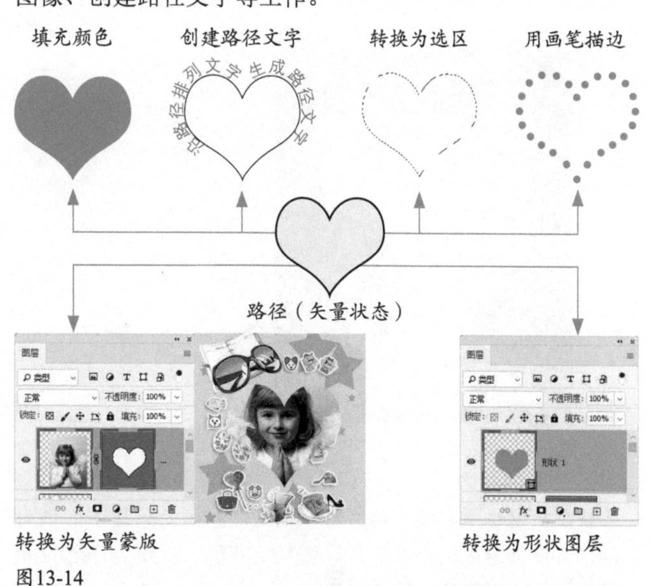

图13-14

矢量工具

以PSD、TIFF、JPEG和PDF格式保存文件时，可以存储路径。路径是矢量对象，创建和编辑它时，则需要用矢量工具。

矢量图形编辑类工具

- 添加锚点工具：可以在路径上添加锚点。
- 删除锚点工具：可以删除路径上的锚点。
- 转换点工具：可以转换锚点的类型，调整方向线进而改变路径形状。
- 路径选择工具：可以选择、移动路径，变换路径的形状。在进行路径运算时，也会用该工具选择路径。
- 直接选择工具：可以选择锚点，移动方向线进而改变路径形状。

提示

矢量类软件包括平面设计类的Illustrator、CorelDRAW等，工程和工业制图类的AutoCAD（现在工程制图中使用的绘图仪仍直接在图纸上绘制矢量图形），三维类的3ds Max等（三维模型的渲染也是二维矢量图形技术的扩展）。

绘图类（矢量）工具

- 钢笔工具：可以绘制直线路径、光滑的曲线路径和任何形状的图形。
- 弯度钢笔工具：比钢笔工具简单易用，适合绘制曲线，可编辑路径。
- 自由钢笔工具/磁性钢笔工具：使用自由钢笔工具可以徒手绘制路径。如果在工具选项栏中勾选“磁性的”选项，则可以转换为磁性钢笔工具，该工具可以自动识别对象的边缘。这两个工具的特点是使用起来比钢笔工具方便，缺点是准确度不高。
- 内容感知描摹工具：可以像磁性钢笔工具那样识别对象边缘，还可以预览和调整路径范围。
- 矩形工具、椭圆工具、多边形工具、直线工具：可以绘制矩形、圆角矩形、圆形、星形和直线等简单图形。
- 自定形状工具：可以绘制Photoshop预设的各种图形，也可以用加载的外部图形绘图。

·PS技术讲堂·

与位图相比，矢量图的特点

矢量图与位图是一对“欢喜冤家”。矢量图的最大优点是位图的最大缺点；矢量图的最大缺点反而是位图的最大优点。因此，它们谁也代替不了谁。

矢量图形的最大优点是与分辨率无关，无论怎样旋转和缩放都是清晰的，是真正能做到无损编辑的对象，如图13-15所示。因此，它常用于制作不同尺寸或以不同分辨率印刷的对象，如图标、Logo等。

位图在旋转和放大时，多出的空间需要新的像素来填充（见85页），而Photoshop无法生成原始像素，只能从现有的像素中取样，再生成新像素，这会导致图像就没有原来清晰了，这是位图的最大缺点。例如，图13-16所示为原图及放大600%后的局部，可以看到，图像细节已经模糊了。

图13-15

图13-16

位图的最大优点是可以展现丰富的颜色变化、细微的色调过渡和清晰的图像细节，完整地呈现真实世界中的所有色彩和景物，这也是它成为照片标准格式的原因。矢量图形也可以表现细腻效果，但在细节呈现上没有位图丰富，图形也过于复杂，这是其最大缺点。例如，图13-17所示的照片，用Illustrator转换为矢量图后，就变成图13-18所示的效果。可以看到，图像中原有细节已经被简化了。

除上述不同之外，这两种对象的来源、编辑方法、存储方式和应用等方面也有着本质的区别。

从来源上看，矢量图形只能通过软件（Illustrator、CorelDraw、FreeHand和AutoCAD等）生成。位图可以用数码相机、摄像机、手机、扫描仪等设备获取，也可用软件（如Photoshop中的绘画类工具）绘制出来。

从编辑方法上看，基于矢量图的绘图工具可以绘制出光滑流畅的曲线，也能准确地描摹对象的轮廓。在修改时，只需调整路径和锚点即可，非常方便。而基于位图的绘画类工具则以鼠标的运行轨迹进行绘画，很难控制，修改起来很不方便，会涉及选区、图层、颜色、形状等。因此，在绘图方面，矢量工具完胜位图工具。

从存储方面看，矢量图是用一系列计算指令来表示的图形，存储时保存的是计算机指令，所以只占用很小的空间。而位图在保存时要记录每一个像素的位置和颜色信息，现在即便是非常普通的数码照片也动辄几千万个像素，文件的信息量非常大，因此，位图会占用较大的存储空间。

图13-17　　图13-18

在应用方面，位图受到绝大多数软件和输出设备的支持，在软件间交换使用及浏览观看和编辑时都非常方便。矢量图没有那么好的兼容性，只在专业领域使用，而且Photoshop中很多功能也不能用于编辑它，如滤镜、画笔等。

绘图模式

Photoshop中的矢量工具不仅可以绘制矢量图，也能绘制位图，这取决于绘图模式如何设定。选取矢量绘图工具时，可以在工具选项栏中设置绘图模式。

13.2.1 绘图模式概述

矢量工具一般能创建3种对象——形状、路径和像素（前两种是矢量对象，后一种是图像），因此在操作前，需要“告诉”Photoshop我们需要绘制哪种对象，这就是选取绘图模式。

扫码看视频

使用“形状”模式绘制出的是形状图层，其轮廓是矢量图形，内部可用纯色、渐变和图案填充。创建后，形状图层同时出现在“图层”和“路径”面板中，如图13-19所示。

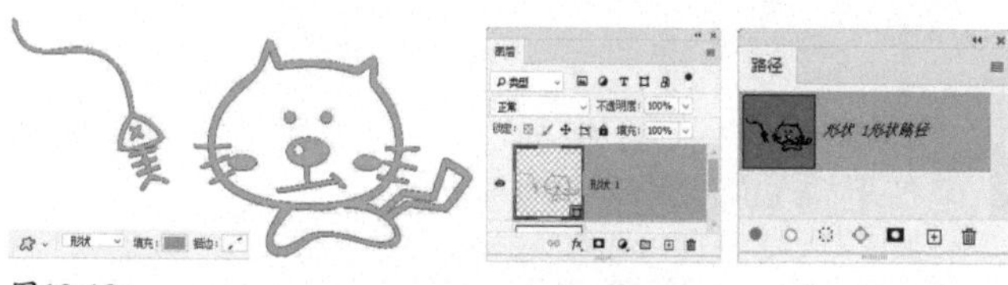

图13-19

> 提示
>
> 创建形状图层后，也可以执行“图层>图层内容选项”命令，打开“拾色器”对话框修改形状的填充颜色。

使用“路径”模式绘制出的是路径轮廓，只保存在“路径”面板中，如图13-20所示。绘制路径后，单击工具选项栏中的“选区”“蒙版”“形状”按钮，可将其转换为选区、矢量蒙版和形状图层。

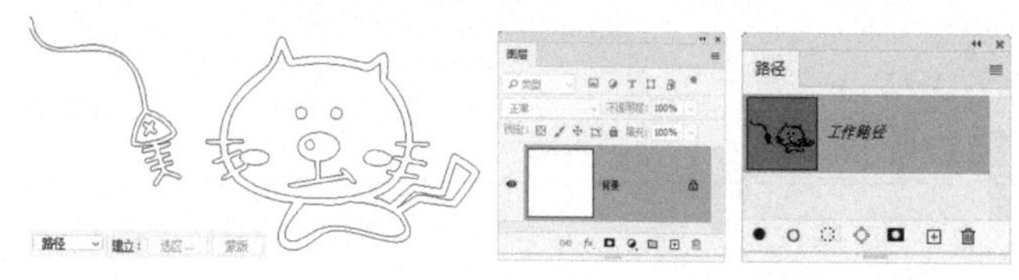

图13-20

使用“像素”模式，可以在当前图层中绘制出用前景色填充的图像，如图13-21所示。此时还可在工具选项栏中设置其混合模式和不透明度。如果想使图像的边缘平滑，可以勾选“消除锯齿”选项。

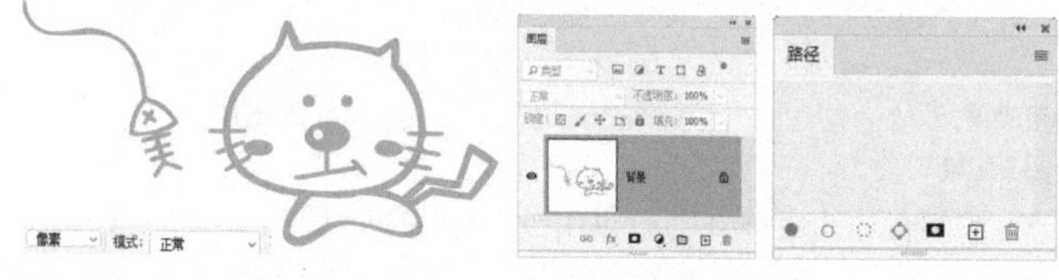

图13-21

13.2.2
填充图形

选择“形状”选项后，可单击“填充”和“描边”选项，在打开的下拉面板中选择用纯色、渐变或图案对图形进行填充和描边，如图13-22所示。图13-23所示为采用不同内容对图形进行填充的效果。如果要自定义颜色，可以单击按钮，打开“拾色器”对话框进行设置。

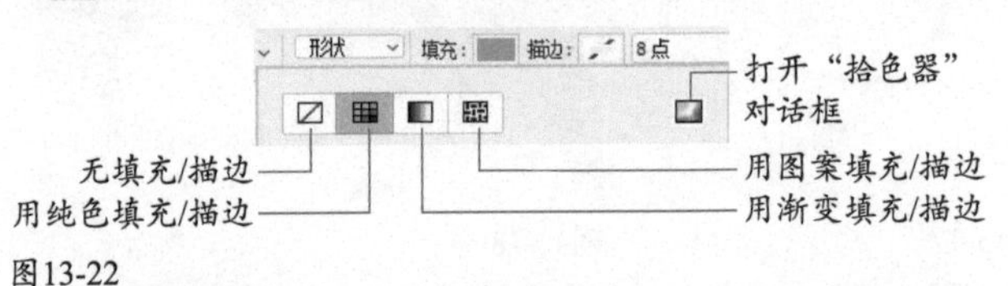

图13-22

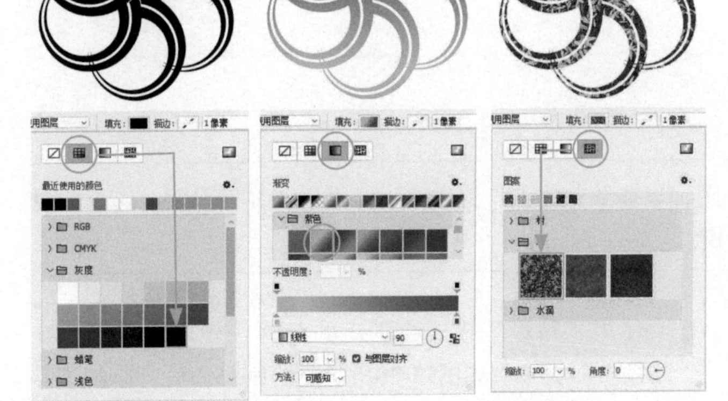

用纯色填充　用渐变填充　用图案填充

图13-23

13.2.3
描边图形

绘制形状时，可以在“描边”选项组中选择用纯色、渐变和图案为图形描边，如图13-24所示。

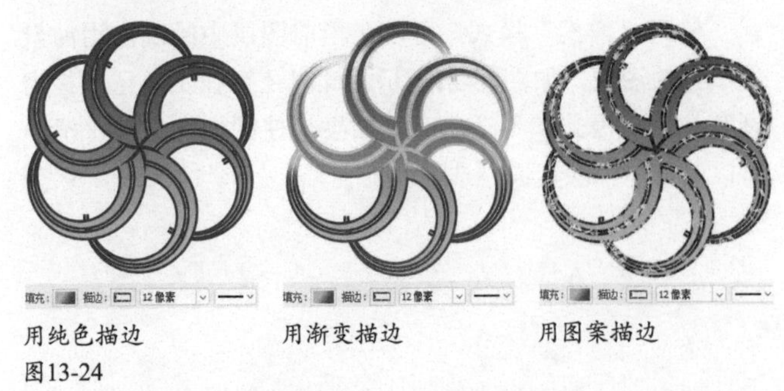

用纯色描边　用渐变描边　用图案描边

图13-24

“描边”右侧的选项用于调整描边粗细，如图13-25所示。单击第2个按钮，可以打开图13-26所示的下拉面板，修改描边样式和其他参数。

图13-25　图13-26

- 描边样式：可以选择用实线、虚线和圆点来描边路径，如图13-27所示。

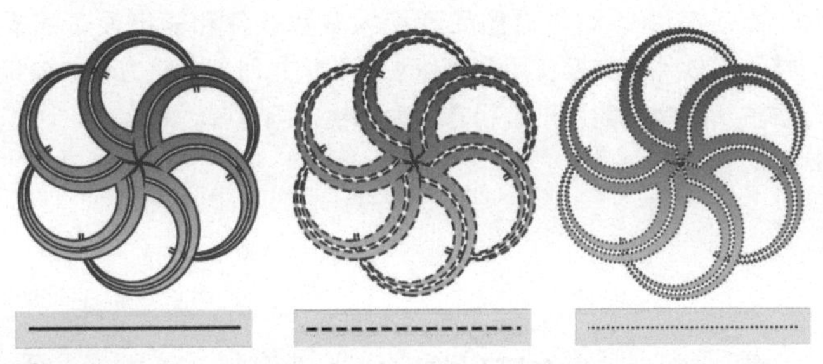

图13-27

- 对齐：单击按钮，可在打开的下拉列表中选择描边与路径的对齐方式，包括内部、居中和外部。
- 端点：单击按钮打开下拉列表可以选择路径端点的样式，包括端面、圆形和方形，效果如图13-28所示。

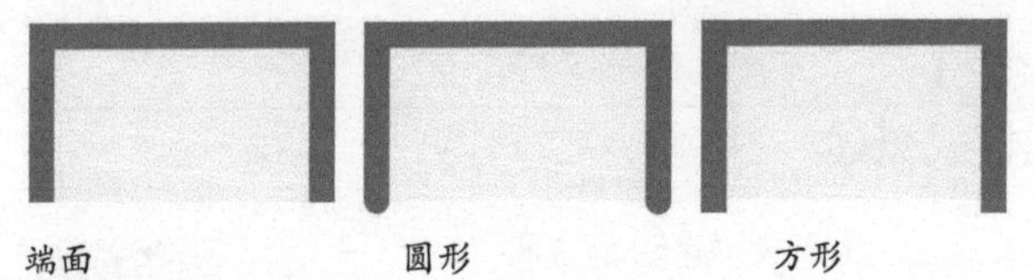

端面　圆形　方形

图13-28

- 角点：单击按钮，可以在打开的下拉列表中选择路径转角处的转折样式，包括斜接、圆形和斜面，效果如图13-29所示。

斜接　圆形　斜面

图13-29

- 更多选项：单击该按钮，可以打开“描边”对话框，该对话框中除包含前面的选项外，还可以调整虚线的间隙，如图13-30所示。

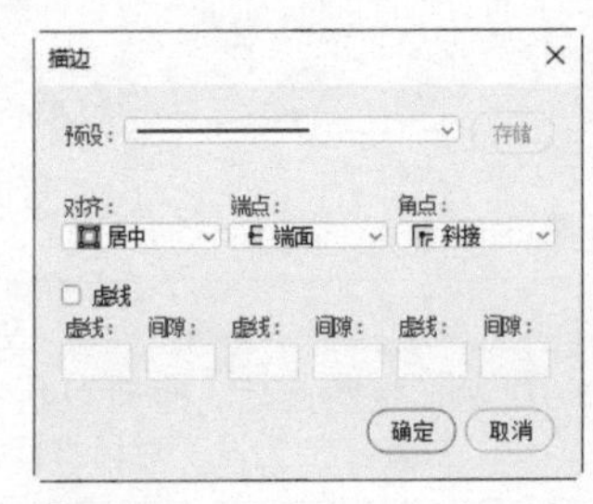

图13-30

用形状工具绘图

Photoshop中的形状工具有7个，可以绘制三角形、矩形、圆形、多边形、星形、直线和自定形状。其中的自定形状工具 还可绘制Photoshop中预设的图形、用户自定义的图形，以及从外部加载的图形。

13.3.1 创建直线和箭头

直线工具 ／ 用来创建直线和带箭头的线段，如图13-31所示。在它的工具选项栏中可以设置直线的粗细，在下拉面板中可以设置箭头选项，如图13-32所示。

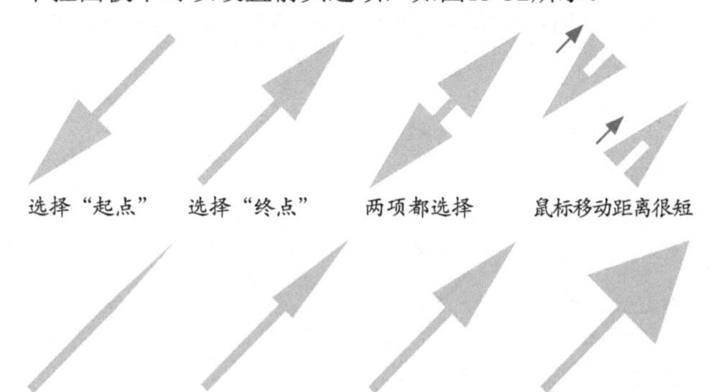

（在终点添加箭头，设置"长度"为1000%）"宽度"值分别设置为100%、300%、500%和1000%的箭头

（在终点添加箭头，设置"宽度"为500%）"长度"值分别设置为100%、500%、1000%和2000%的箭头

（在终点添加箭头，设置"宽度"为500%、"长度"为1000%）"凹度"值分别为-50%、0%、20%和50%的箭头

图13-31

- **粗细/颜色：** 可以设置路径的外观，即粗细和颜色。
- **实时形状控件：** 勾选该选项。绘图之后，路径上会显示实时形状控件，可用于调整形状（见339页）。
- **起点/终点：** 可以分别或同时在直线的起点和终点添加箭头。
- **宽度：** 可以设置箭头宽度与直线宽度的百分比（10%～1000%）。

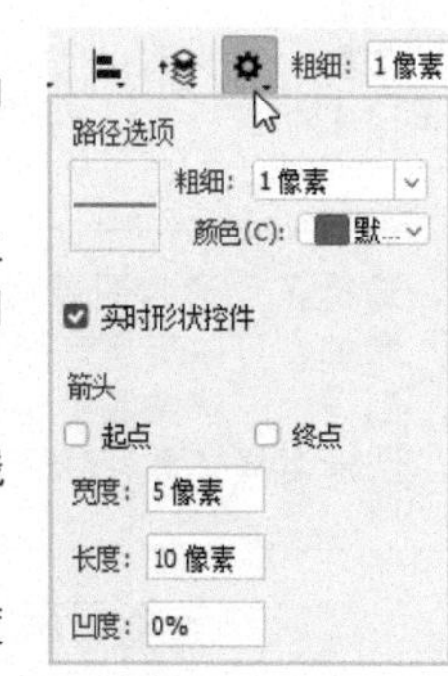

图13-32

- **长度：** 可以设置箭头长度与直线长度的百分比（10%～5000%）。
- **凹度：** 用来设置箭头的凹陷程度（-50%～50%）。该值为0%时，箭头尾部平齐；该值大于0%时，向内凹陷；该值小于0%时，向外凸出。

> *提示*
>
> 使用直线工具 ／ 时，按住Shift键并拖曳鼠标，可以创建水平、垂直或以45°角为增量的直线。

13.3.2 创建矩形和圆角矩形

矩形工具 □ 用来绘制矩形和圆角矩形。使用该工具时，拖曳鼠标可以创建矩形；按住Shift键并拖曳可以创建正方形；按住Alt键并拖曳，会以单击点为中心创建矩形；按住Shift+Alt键，则以单击点为中心创建正方形。单击工具选项栏中的 ⚙ 按钮，打开下拉面板，可以设置其他创建方法，如图13-33所示。

- **不受约束：** 可以通过拖曳鼠标创建任意大小的矩形和正方形，如图13-34所示。
- **方形：** 只创建任意大小的正方形，如图13-35所示。

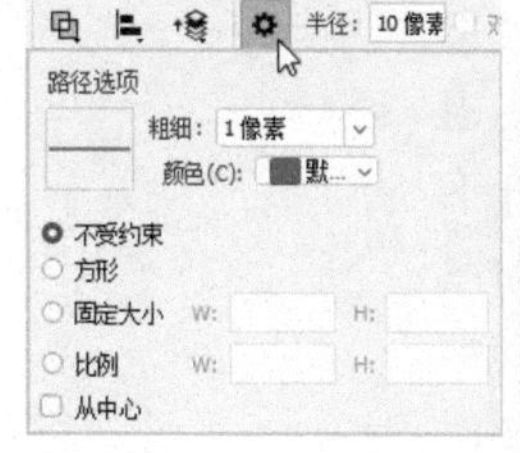

图13-33

图13-34

图13-35

- **固定大小：** 选取该选项，并在它右侧的文本框中输入数值（W为宽度，H为高度）后，在画板上单击，即可按照预设大小创建矩形。
- **比例：** 选取该选项，并在它右侧的文本框中输入数值（W为宽度比例，H为高度比例）后，拖曳鼠标时，无论创建多大的矩形，矩形的宽度和高度都保持预设的比例。
- **从中心：** 以任何方式创建矩形时，鼠标在画面中的单击点即为矩形的中心，拖曳鼠标时矩形将由该中心点向外扩展。

技术看板 创建圆角矩形

创建矩形后，可以在"属性"面板中设置圆角半径，将矩形转换为圆角矩形。

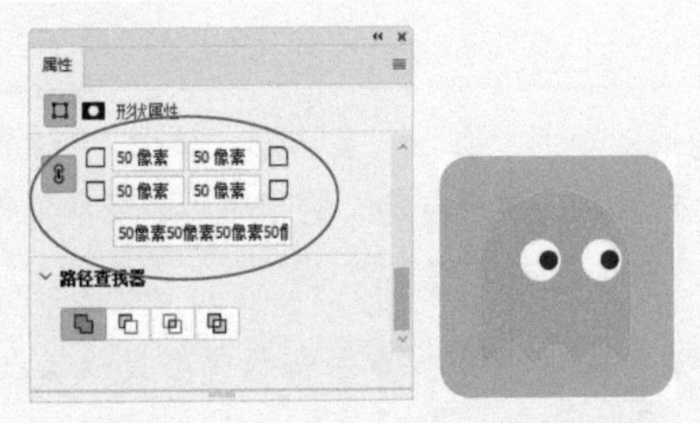

13.3.3 创建圆形和椭圆

椭圆工具 ○ 用来创建圆形和椭圆形，如图13-36所示。使用时，拖曳鼠标可以创建椭圆形；按住Shift键并拖曳，可以创建圆形。其选项及创建方法与矩形工具 □ 基本相同。

图13-36

13.3.4 创建三角形、多边形和星形

三角形工具△用来创建三角形，多边形工具 ⬡ 可以创建三角形、星形和多边形。

选择多边形工具 ⬡ 后，可以在工具选项栏 # 选项中设置多边形（或星形）的边数。如果要创建星形，还需单击工具选项栏中的 ✲ 按钮，打开下拉面板设置星形的比例等参数，如图13-37所示，效果如图13-38所示。其中还包含图形的粗细、颜色及创建方法，其他选项如下。

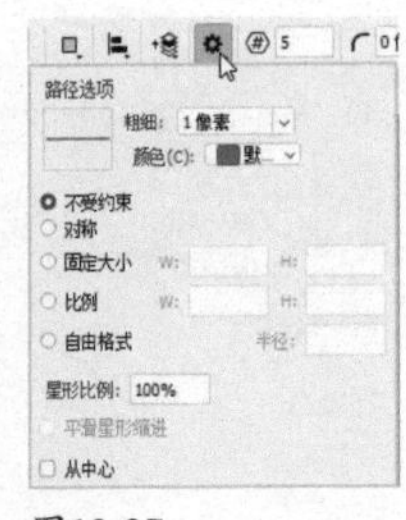

图13-37

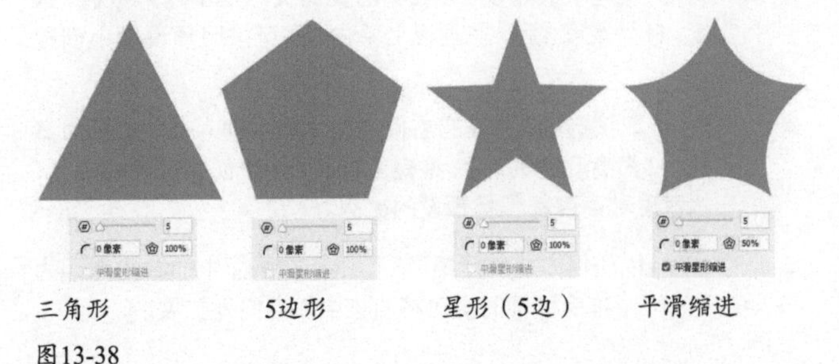

图13-38

- 星形比例：低于100%可生成星形。
- 平滑星形缩进：可在缩进星形边的同时使边缘圆滑。
- 从中心：从中心对齐星形。

13.3.5 实战：设计两款条码签

01 选择椭圆工具 ○，在工具选项栏中选取"形状"选项，设置描边颜色为黑色，宽度为5像素，按住Shift键拖曳鼠标创建圆形，如图13-39所示。

02 使用直接选择工具 ↖ 单击圆形底部的锚点，将其选中，如图13-40所示，按Delete键删除，得到一个半圆，如图13-41所示。

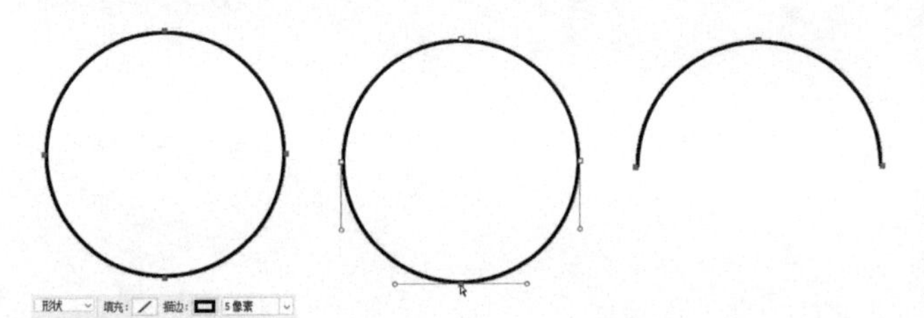

图13-39　图13-40　图13-41

03 执行"视图>显示>智能参考线"命令，开启智能参考线。选择矩形工具 □ 及"形状"选项，设置填充和描边颜色为黑色，创建几个矩形，如图13-42所示。有了智能参考线的帮助，可以轻松对齐图形。

04 按住Ctrl键并单击这几个矩形所在的形状图层，如图13-43所示，执行"图层>合并形状>统一形状"命令，将它们合并到一个形状图层中，如图13-44所示。

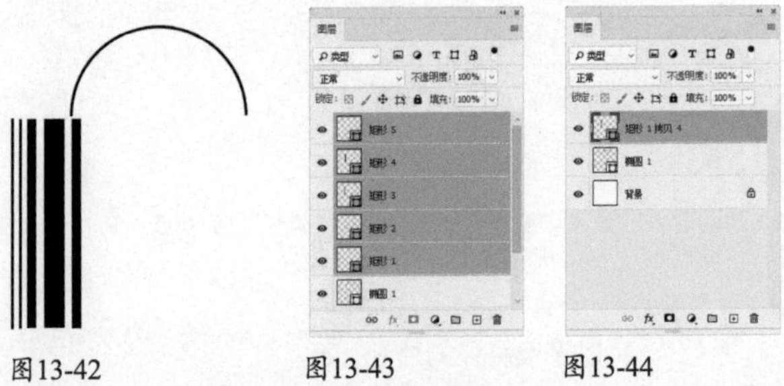

图13-42　图13-43　图13-44

提示

选择多个形状图层后，执行"图层>合并形状"子菜单中的命令，可以将所选形状合并到一个形状图层中，并进行图形运算（*见354页*）。

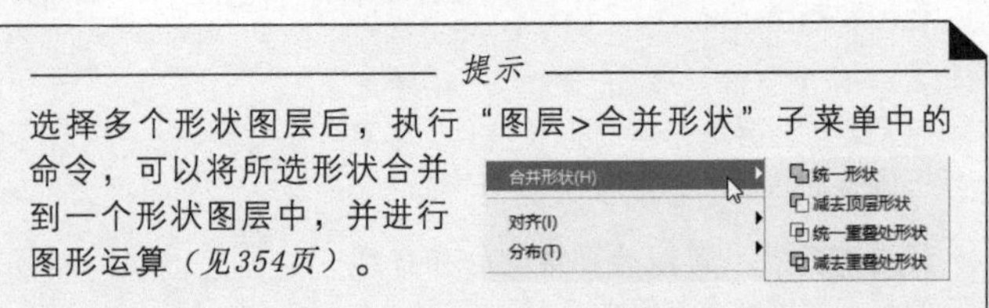

05 新建一个图层。修改矩形工具 □ 的填充和描边颜色，采用同样的方法再制作几组矩形，组成一个完

整的手提袋。使用横排文字工具 T 在手提袋的底部单击鼠标，然后输入一行数字，如图13-45所示。

图13-45

06 执行“图像>复制”命令，从当前文件中复制出一个相同效果的文件，用来制作咖啡杯。单击半圆形所在的形状图层，如图13-46所示，按Ctrl+T快捷键显示定界框，按住Shift键并拖曳，将其旋转-90°并移动到左侧，作为杯子的把手，如图13-47所示。按Enter键确认。选择矩形工具 ▭，设置描边宽度为15像素，将把手加粗，如图13-48所示。

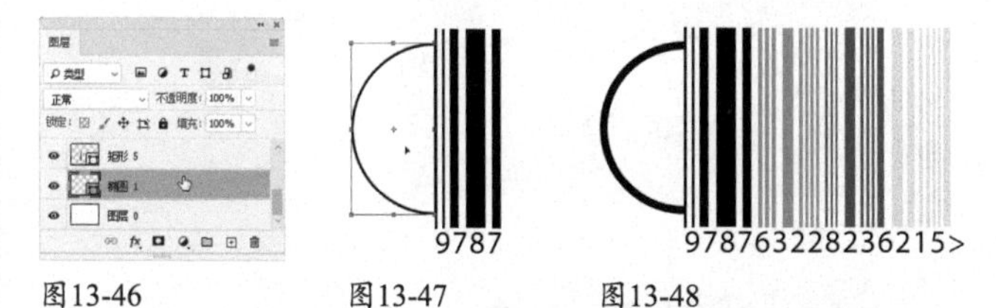

图13-46　图13-47　图13-48

07 创建一个矩形，如图13-49所示。按Ctrl+T快捷键显示定界框，按住Shift+Alt+Ctrl键并拖曳底部的控制点，进行透视扭曲，制作出小盘子，按Enter键确认，如图13-50所示。

图13-49

图13-50

13.3.6 保存形状

绘制图形后，执行“编辑>定义自定形状”命令，可将其保存到“形状”面板中，成为一个预设的形状。

13.3.7 加载外部形状库

单击“形状”面板右上角的 ≡ 按钮，打开面板菜单，如图13-51所示，执行“导入形状”命令，可以将本书配套资源中提供的形状库加载到该面板中，如图13-52和图13-53所示。如果从网上下载了形状库，也可以使用该命令进行加载。

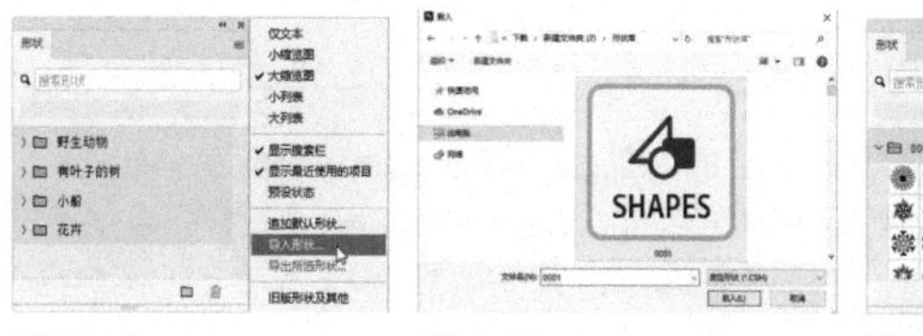

图13-51　图13-52　图13-53

加载形状库后，如果想将其删除，可先单击它所在的组图标 ⌄🗀，之后单击“形状”面板中的 🗑 按钮。

·PS技术讲堂·

中心绘图、动态调整及修改实时形状

从中心绘图并动态调整

当我们对齐图形时，一般是创建参考线或显示网格，之后以参考线和网格的交叉点为基准绘图。使用自定形状工具 和多边形工具 ⬡ 绘图时，图形是以鼠标单击点为中心向外展开的，因此，很容易就能对齐到交叉点上。但使用矩形工具 ▭ 、圆角矩形工具 ▢ 和椭圆工具 ○ 时，图形则是沿对角线方向展开的，如图13-54所示。如果也想从中心绘图，需要在拖曳鼠标的过程中按住Alt键，如图13-55所示。

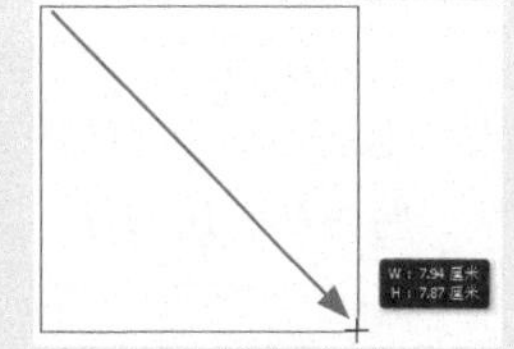
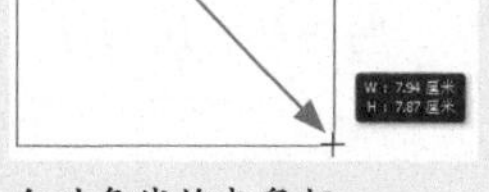

向对角线拖曳鼠标

图13-54

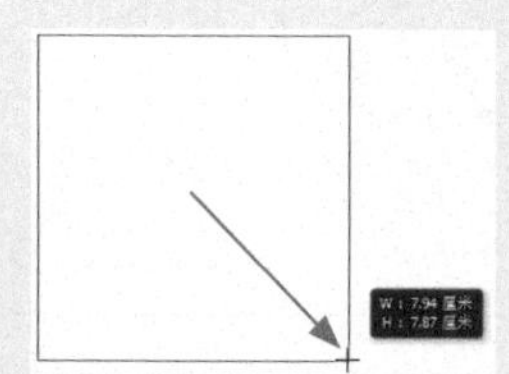

按住Alt键并向对角线拖曳鼠标

图13-55

采用动态绘图的方法，能够在绘图的过程中自由调整形状并移动其位置。其操作方法是：拖曳鼠标绘制形状时（不要放开鼠标左键），按住空格键并拖曳，此时可移动形状；放开空格键继续拖曳鼠标，可调整形状大小。连贯起来操作便可动态调整形状的大小及位置，如图13-56~图13-58所示。

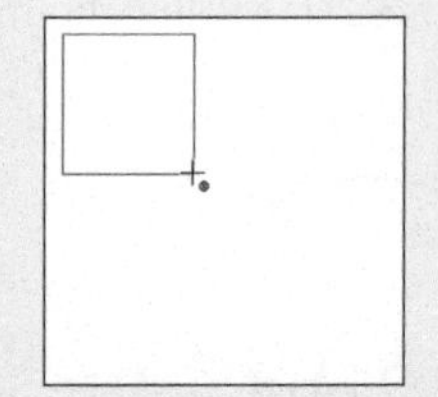

绘制矩形

图13-56

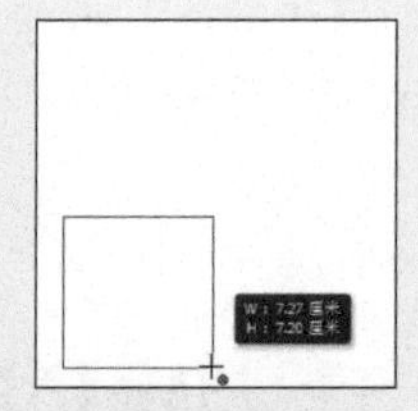

按住鼠标左键和空格键拖曳图形

图13-57

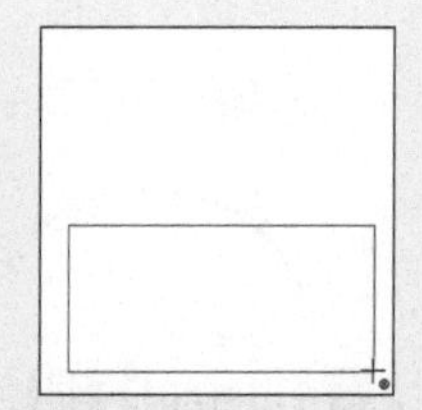

放开空格键拖曳鼠标重新调整矩形大小

图13-58

修改实时形状

创建形状图层或路径后的矩形、圆角矩形、三角形、多边形和直线，如图13-59所示。可以拖曳控件调整图形大小和角度，也可将直角改成圆角，如图13-60所示。

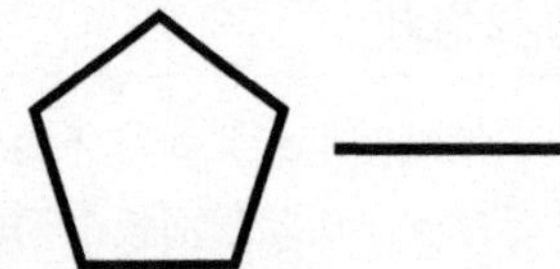

图13-59

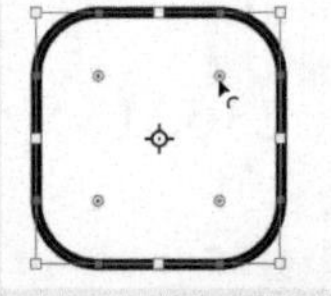
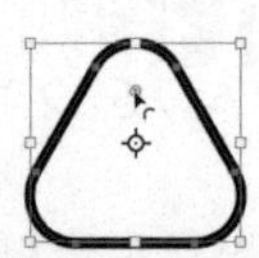
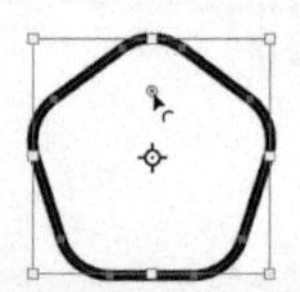
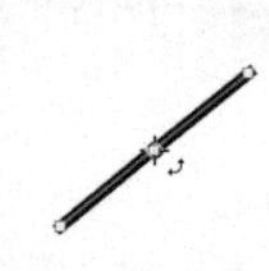

图13-60

用“属性”面板修改形状

创建形状图层或路径后，可以通过“属性”面板调整图形的大小、位置、填色和描边，如图13-61所示。

- W/H/X/Y：可以设置图形的宽度（W）和高度（H），水平位置（X）和垂直位置（Y）。
- 填充颜色/描边颜色：可以设置填充和描边颜色。
- 描边宽度/描边样式：可以设置描边宽度（40像素），选择用实线、虚线和圆点来描边（）。
- 描边选项：单击按钮，可在打开的下拉菜单中设置描边与路径的对齐方式，包括内部、居中和外部；单击按钮，可以设置描边的端点样式，包括端面、圆形和方形；单击按钮，可以设置路径转角处的转折样式，包括斜接、圆形和斜面。
- 修改角半径：创建矩形或圆角矩形后，可以调整角半径。如果要分别调整角半径，可单击按钮，解除参数的链接，之后输入数值，或者将鼠标指针放在角图标上进行拖曳，如图13-62所示。
- 路径查找器：即路径运算按钮，可以对两个或更多的形状和路径进行运算（见354页）。

图13-61

图13-62

用钢笔工具绘图

钢笔工具既可以绘图，也可用于抠图（见388页）。要想用好钢笔工具，需要从最基本的图形开始入手，包括直线、曲线和转角曲线，其他复杂的图形都由其演变而来。

13.4.1 路径的构成

学习钢笔工具之前，先要理解路径和锚点之间的关系。

路径段是由锚点连接而成的，锚点也标记了开放式路径的起点和终点，如图13-63所示。当然，路径也可以是封闭的，如图13-64所示。复杂的图形一般由多个相互独立的路径组成，这些路径称为子路径，如图13-65所示。

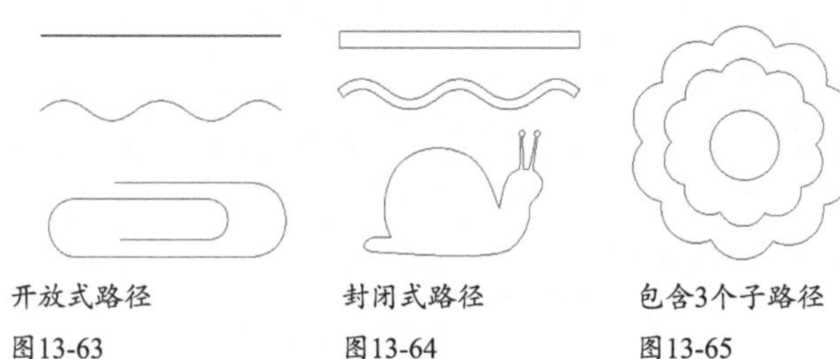

图13-63　图13-64　图13-65

锚点有两种类型，即平滑点和角点。平滑点连接平滑的曲线，如图13-66所示，角点连接直线和转角曲线，如图13-67和图13-68所示。

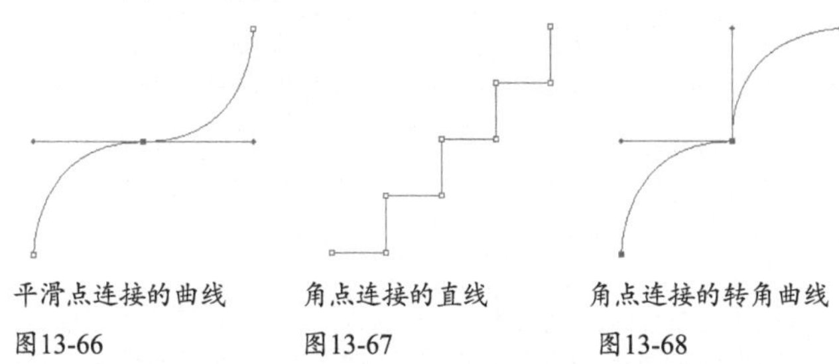

图13-66　图13-67　图13-68

在曲线路径段上，锚点上有方向线，方向线的端点是方向点，如图13-69所示，拖曳方向点可以拉动方向线，进而改变曲线的形状，在Photoshop中就是用这种方法修改路径的，如图13-70所示。

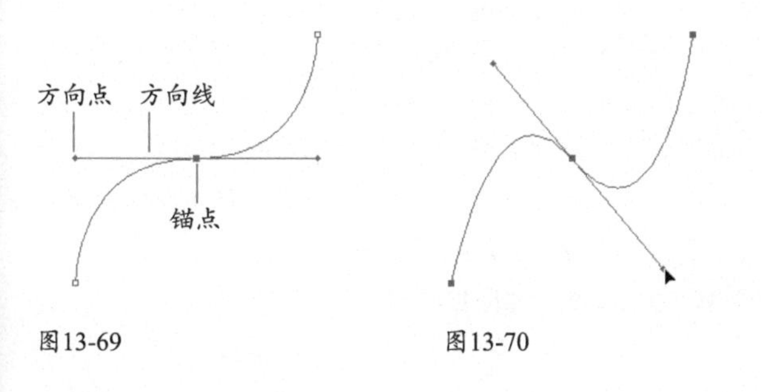

图13-69　图13-70

13.4.2

实战：绘制直线

扫码看视频

01 选择钢笔工具，在工具选项栏中选取"路径"选项。在画布上（鼠标指针变为状）单击，创建锚点，如图13-71所示。

02 放开鼠标左键，在下一位置按住Shift键（锁定水平方向）并单击，创建第2个锚点，两个锚点会连接成一条由角点定义的直线路径。在其他区域单击可继续绘制直线路径，如图13-72所示。操作时按住Shift键还可以锁定垂直方向，或以45°角为增量进行绘制。

03 如果要闭合路径，将鼠标指针放在路径的起点，当鼠标指针变为状时，如图13-73所示，单击即可，如图13-74所示。如果要结束一段开放式路径的绘制，可以按住Ctrl键（临时转换为直接选择工具）并在空白处单击。单击其他工具或按Esc键也可以结束路径的绘制。

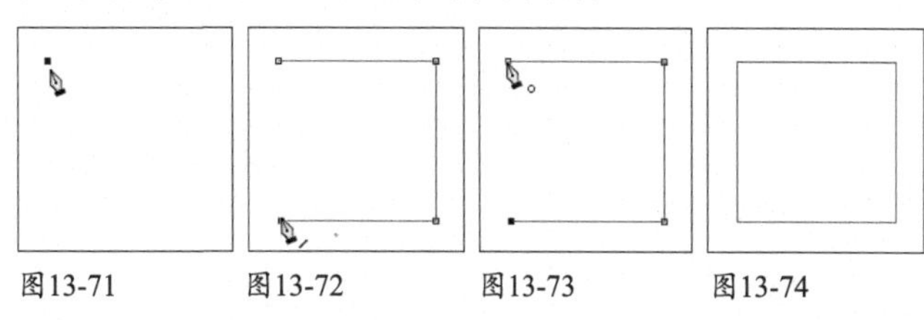

图13-71　图13-72　图13-73　图13-74

13.4.3

实战：绘制曲线

扫码看视频

使用钢笔工具绘制的曲线叫作贝塞尔曲线，它是由法国计算机图形学大师皮埃尔·贝塞尔（Pierre Bézier）在20世纪70年代早期开发的，其原理是在锚点上加上两个控制柄，无论调整哪个控制柄，另外一个始终与它保持在一条直线上并与曲线相切。贝塞尔曲线具有精确和易于修改的特点，被广泛地应用在计算机图形领域，如Illustrator、CorelDRAW、FreeHand、Flash和3ds Max等软件都包含绘制贝塞尔曲线的工具。

01 选择钢笔工具及"路径"选项。单击并向上拖曳鼠标，创建一个平滑点，如图13-75所示。

02 将鼠标指针移至下一位置上，如图13-76所示，单击并向下拖曳鼠标，创建第2个平滑点，如图13-77所示。在拖曳的过程中可以调整方向线的长度和方向，进而影响由下一个锚点生成的路径的走向，因此，要绘制出平滑的曲线，需要控制好方向线。

03 继续创建平滑点，即可生成一段光滑、流畅的曲线，如图13-78所示。

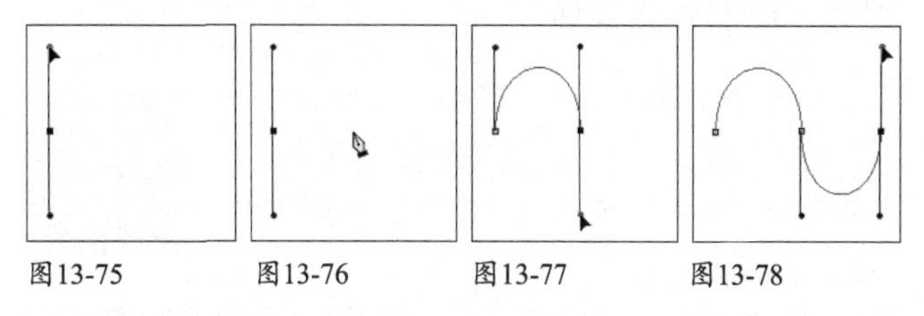

图13-75　图13-76　图13-77　图13-78

13.4.4

实战：在曲线后面绘制直线

扫码看视频

01 选择钢笔工具及"路径"选项。在画布上拖曳鼠标，绘制出一段曲线，如图13-79所示。将鼠标指针移动到最后一个锚点上，按住Alt键单击，如图13-80所示，将该平滑点转换为角点，这时它的另一侧方向线会被删除，如图13-81所示。

02 在其他位置单击（不要拖曳），即可在曲线后面绘制出直线，如图13-82所示。

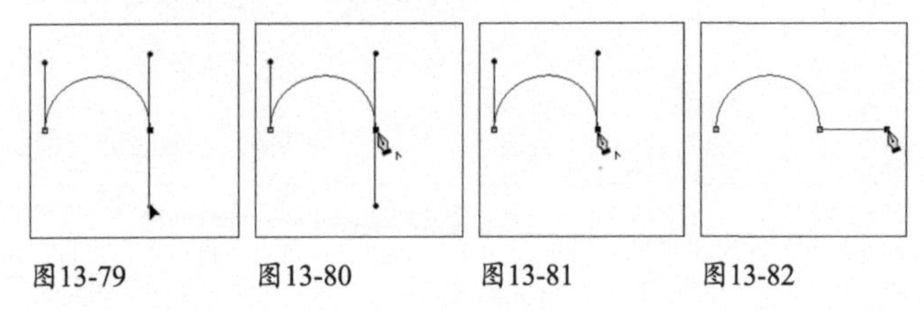

图13-79　图13-80　图13-81　图13-82

13.4.5

实战：在直线后面绘制曲线

扫码看视频

01 选择钢笔工具 及“路径”选项。在画布上单击，绘制一段直线路径。将鼠标指针放在最后一个锚点上，如图13-83所示，按住Alt键并拖曳鼠标，从该锚点上拖出方向线，如图13-84所示。

02 在其他位置拖曳鼠标，可以在直线后面绘制出曲线。如果拖曳方向与方向线的方向相同，可创建“S”形曲线，如图13-85所示；如果方向相反，则创建“C”形曲线，如图13-86所示。

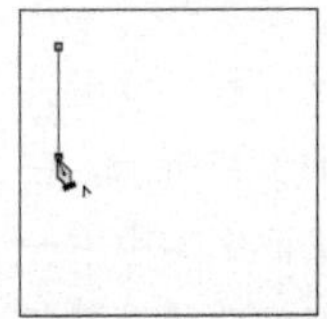

图13-83

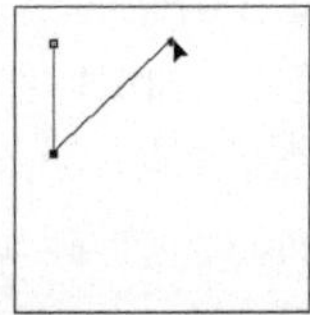

图13-84

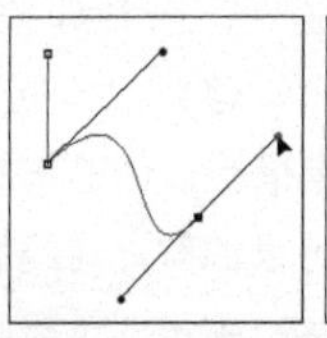

图13-85

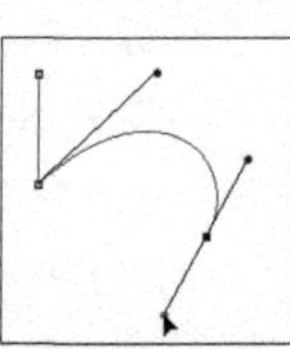

图13-86

13.4.6

实战：绘制转角曲线

扫码看视频

如果想绘制出与上一段曲线之间出现转折的曲线（即转角曲线），就需要在创建锚点前改变方向线的方向。下面就通过该方法绘制一个心形图形。

01 创建一个大小为788像素×788像素，分辨率为100像素/英寸的文件。执行“视图>显示>网格”命令，显示网格，通过网格辅助很容易绘制对称图形。当前的网格颜色为黑色，不利于观察路径，可以执行“编辑>首选项>参考线、网格和切片”命令，将网格颜色改为灰色，如图13-87所示。

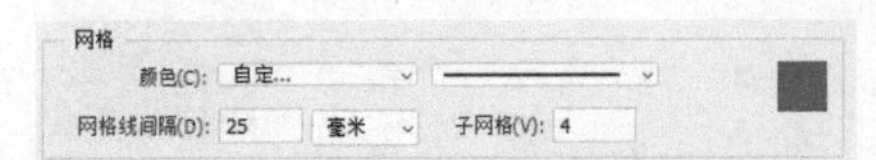

图13-87

02 选择钢笔工具 及“路径”选项。在网格点上单击并向画面右上方拖曳鼠标，创建一个平滑点，如图13-88所示。将鼠标指针移至下一个锚点处，单击并向下拖曳鼠标，创建曲线，如图13-89所示。将鼠标指针移至下一个锚点处，单击（不要拖曳鼠标）创建一个角点，如图13-90所示。这样就完成了心形右侧的绘制。

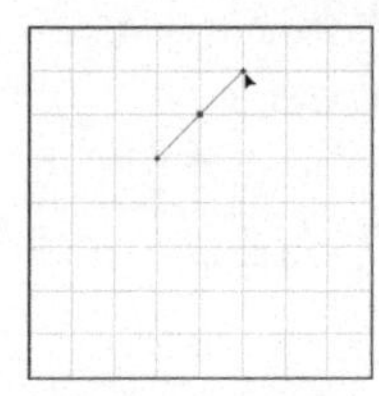

图13-88

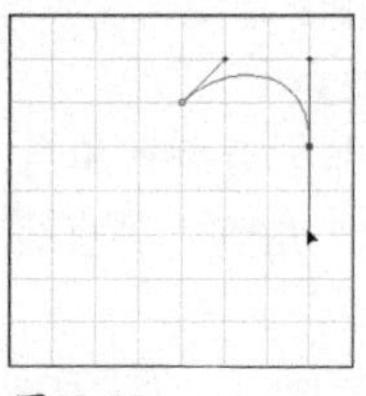

图13-89

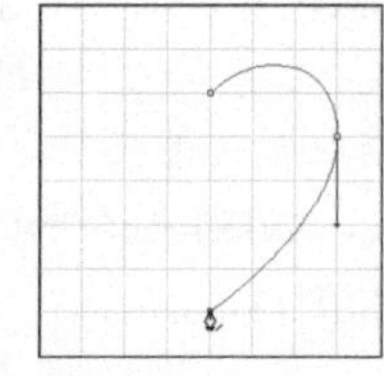

图13-90

03 在图13-91所示的网格点上向上拖曳鼠标，创建曲线。将鼠标指针移至路径的起点上，单击鼠标闭合路径，如图13-92所示。

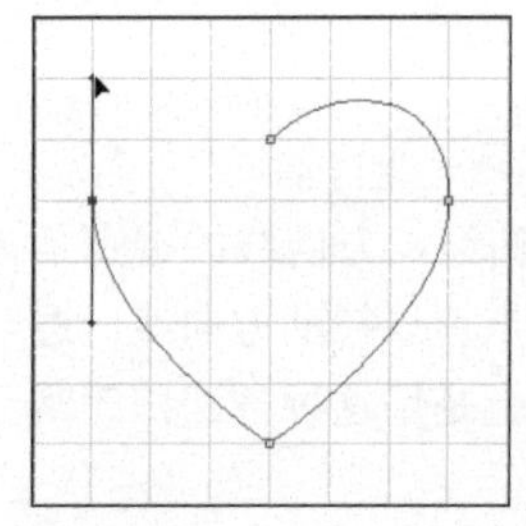

图13-91

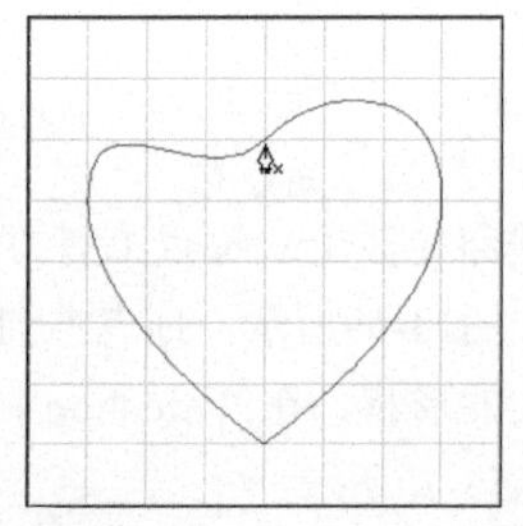

图13-92

04 按住Ctrl键（切换为直接选择工具 ）在路径的起始处单击，显示锚点，如图13-93所示。此时锚点上会出现两条方向线，将鼠标指针移至左下角的方向线上，按住Alt键切换为转换点工具 ，如图13-94所示。向上拖曳该方向线，使之与右侧的方向线对称，如图13-95所示。按Ctrl+’快捷键隐藏网格，完成绘制，如图13-96所示。

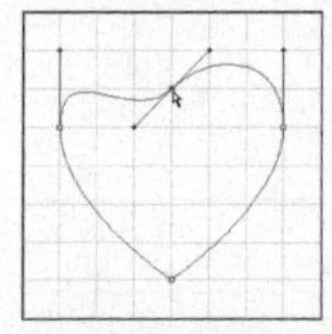

图13-93

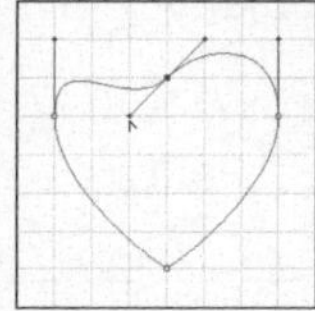

图13-94

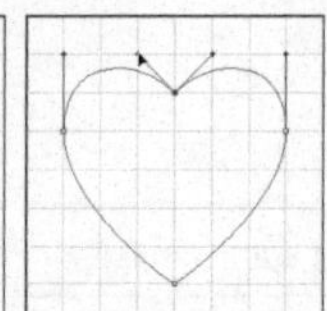

图13-95

图13-96

技术看板　预判路径走向

单击钢笔工具选项栏中的 按钮，打开下拉面板，勾选“橡皮带”选项，此后使用钢笔工具 绘制路径时，可以预先看到将要创建的路径段，从而判断出路径的走向。

13.4.7 用弯度钢笔工具绘图

使用钢笔工具绘图时，想要同时编辑路径，需要配合多个按键才能完成（见348页）。弯度钢笔工具可以直接编辑路径，而且使用它绘制的曲线，平滑度比钢笔工具绘制的好，但准确性差一些。

绘制路径

选择弯度钢笔工具后，在画布上单击创建第1个锚点，如图13-97所示。在其他位置单击，创建第2个锚点，它们之间会生成一段路径，如图13-98所示。如果想要路径发生弯曲，可在下一位置单击，如图13-99所示。拖曳鼠标，可以控制路径的弯曲程度，如图13-100所示。如果想要绘制出直线，则需要双击，然后在下一位置单击，如图13-101所示。完成绘制后，可按Esc键。

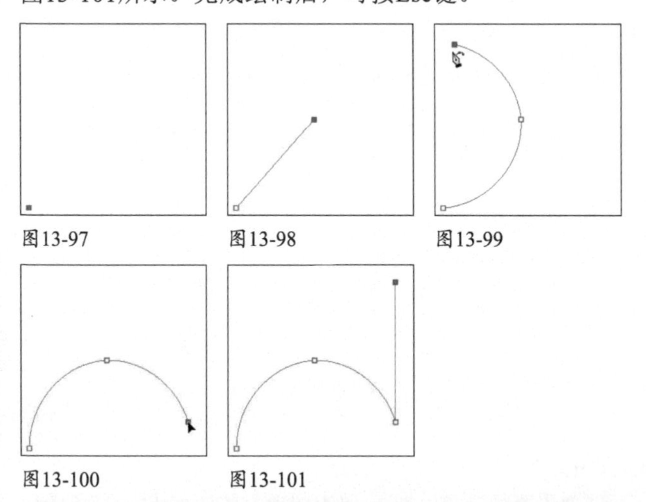

图13-97 图13-98 图13-99

图13-100 图13-101

编辑路径

如果要在路径上添加锚点，可以在路径上单击，如图13-102和图13-103所示。如果要删除一个锚点，可单击它，然后按Delete键，如图13-104和图13-105所示。拖曳锚点，可以移动其位置，如图13-106所示。双击锚点，可以转换其类型，即将平滑锚点转换为角点，如图13-107所示，或者相反。

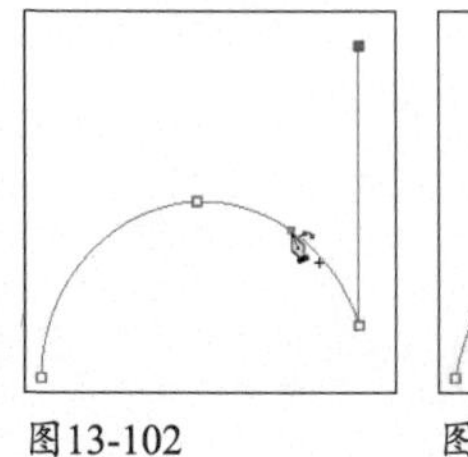

图13-102

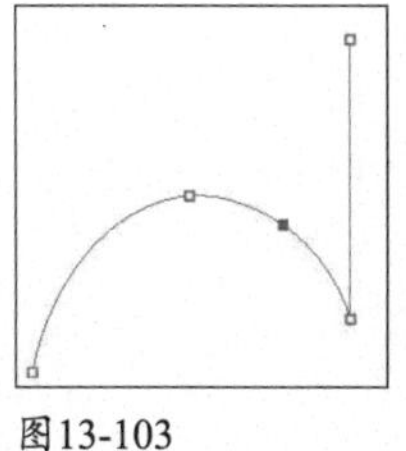

图13-103

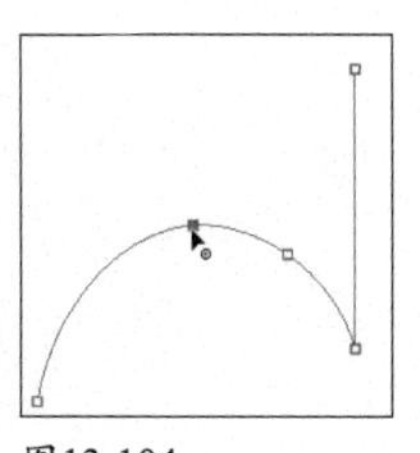

图13-104

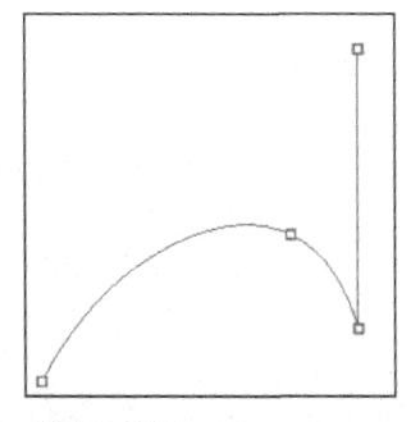

图13-105

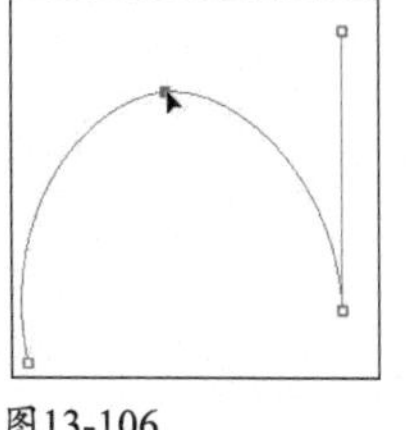

图13-106

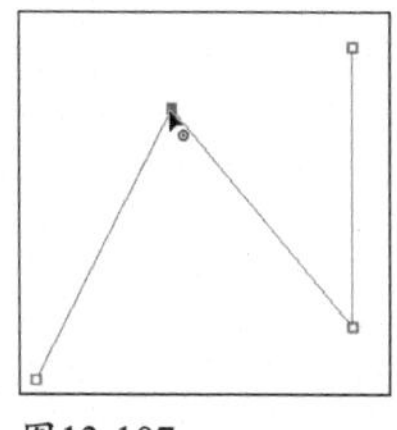

图13-107

技术看板 **让路径更易于识别**

使用钢笔工具、弯度钢笔工具、自由钢笔工具和磁性钢笔工具时，可以在工具选项栏中设置路径线条的粗细和颜色，使路径更加便于绘制和观察。

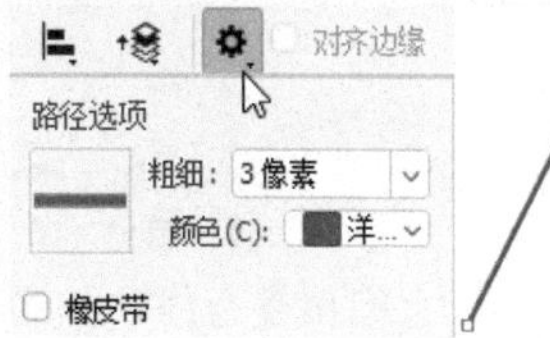

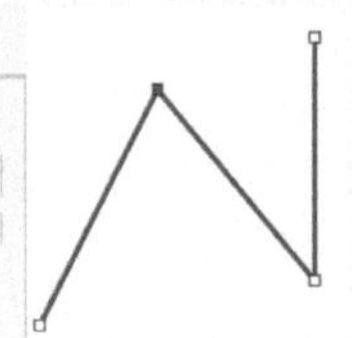

13.4.8 实战：绘制服装款式图

要点

服装款式图是以平面图形表现的含有细节说明的设计图，要求绘画规范、严谨、对称，线条表现要清晰、平滑、流畅，以便在企业生产中作为样图，起到规范指导的作用。本实战以参考线为辅助，绘制对称服装款式图，如图13-108所示。其中涉及一些很实用的小技巧，包括轻移锚点、复制一组路径、对称复制衣袖，以及路径描边技巧等。

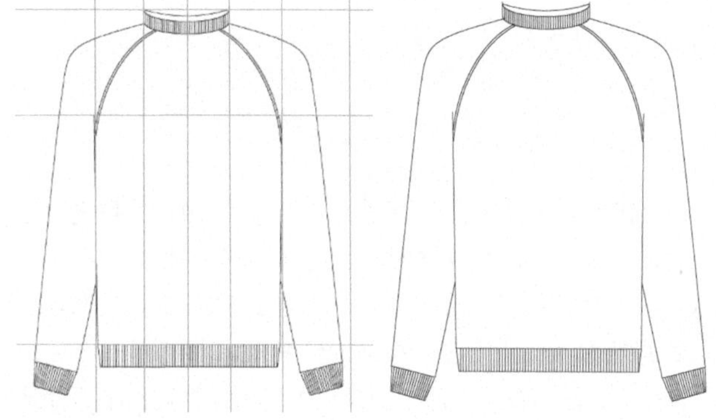

图13-108

01 按Ctrl+N快捷键，打开“新建文档”对话框，使用预设创建一个A4大小的文件。按Ctrl+R快捷键显示标尺，将鼠标指针放在标尺上，按住Shift键拖出参考线并定位在水平标尺100毫米处（按住Shift键以后，参考线会与刻度线对齐），如图13-109所示。再拖出一条参考线，定位在垂直标尺20毫米处，如图13-110所示。

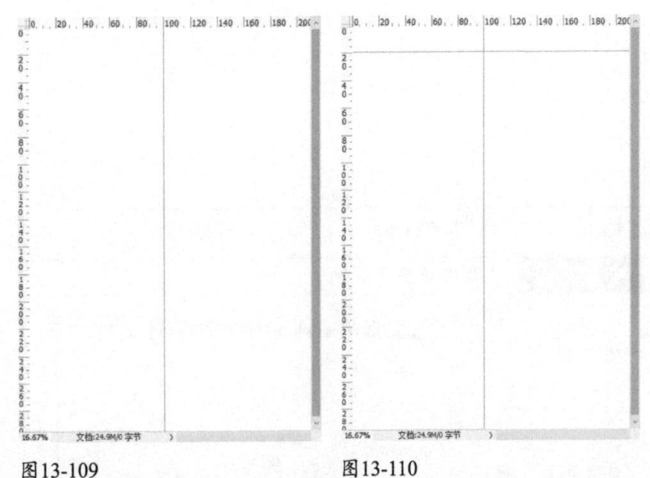

图13-109　图13-110

02 继续从标尺上拖出参考线，如图13-111所示。选择椭圆工具 及“路径”选项，绘制椭圆，如图13-112所示。使用直接选择工具 单击最上方的锚点，如图13-113所示，按Delete键删除，如图13-114所示。

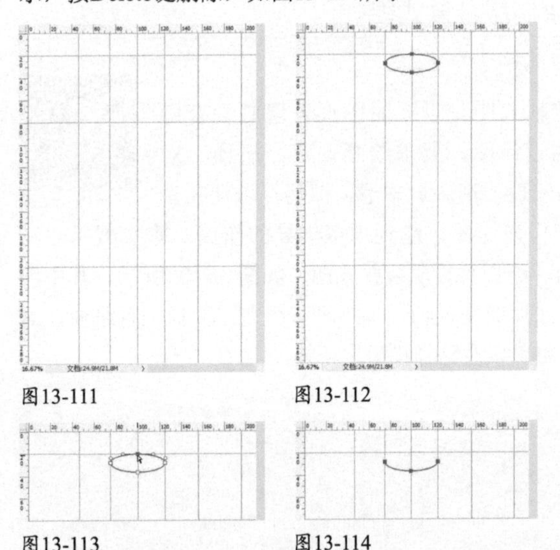

图13-111　图13-112

图13-113　图13-114

03 使用路径选择工具 单击路径，按住Alt键并拖曳，进行复制，如图13-115所示。选择钢笔工具 ，在工具选项栏中选取“路径”选项并勾选“自动添加/删除”选项。将鼠标指针放在锚点上方，鼠标指针变为 状时单击，如图13-116所示，然后在下面路径的锚点上单击，将这两条路径连接，如图13-117所示。采用同样的方法将左侧的两个锚点也连接起来，如图13-118所示。

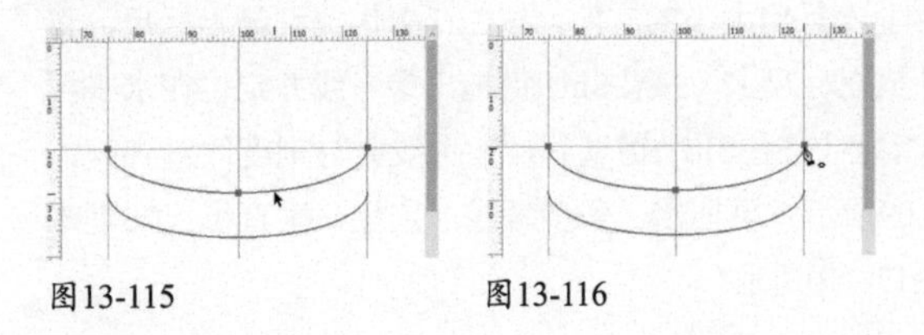

图13-115　图13-116

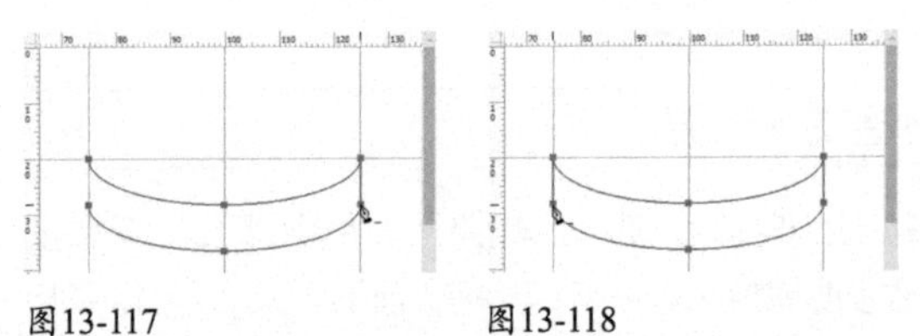

图13-117　图13-118

04 在衣领后方绘制一条曲线。下面制作衣领上的螺纹。按住Shift键并在衣领上绘制直线，如图13-119所示。使用路径选择工具 单击直线，按住Alt键并拖曳进行复制，如图13-120所示。

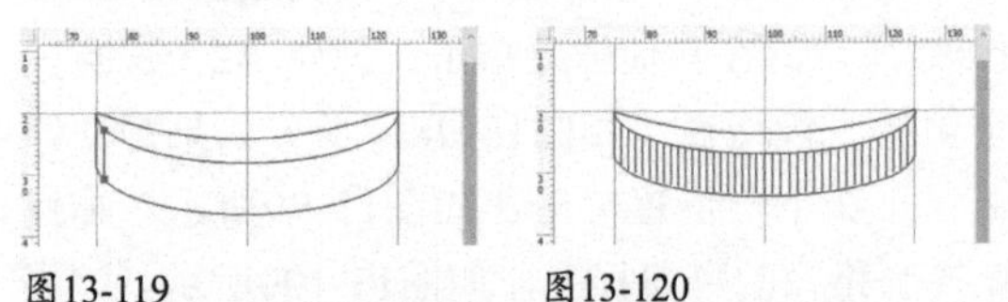

图13-119　图13-120

05 使用钢笔工具 按住Shift键并绘制直线，如图13-121所示。使用直接选择工具 单击左下角的锚点，按4下→键，对锚点进行轻微移动。单击右下角的锚点，按4下←键，以便使两个锚点的位置对称，如图13-122所示。

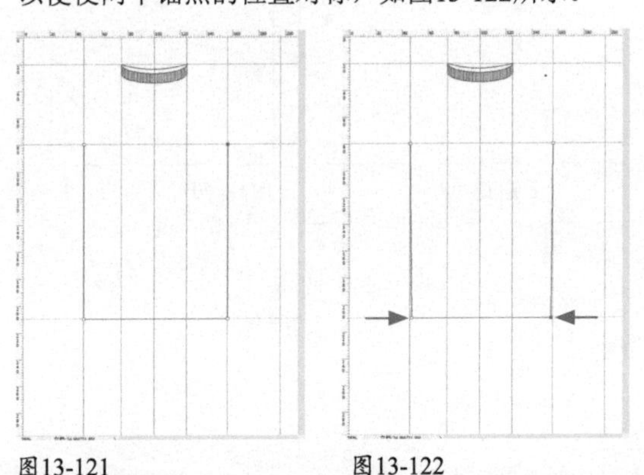

图13-121　图13-122

06 使用路径选择工具 单击图形，按住Alt键并拖曳图形进行复制，如图13-123所示。按Ctrl+T快捷键显示定界框，拖曳上方的控制点，将图形向下压扁，如图13-124所示。拖曳左、右两侧的控制点，将图形与上方矩形的边缘对齐，如图13-125和图13-126所示。按Enter键确认。

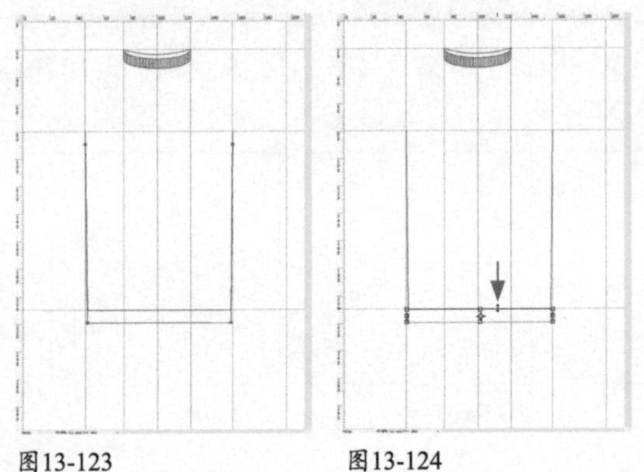

图13-123　图13-124

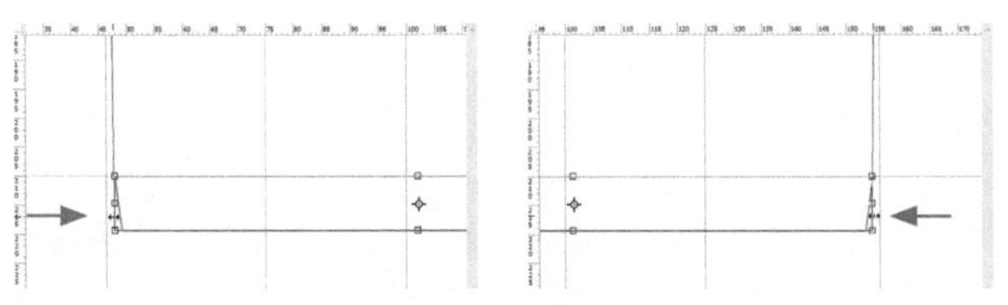

图13-125　　图13-126

07 使用钢笔工具 在图形内绘制一组直线，如图13-127所示。使用路径选择工具 拖曳出一个选框，将它们选取，然后按住Alt+Shift键并拖曳鼠标进行复制，如图13-128所示。

图13-127　　图13-128

08 使用钢笔工具 绘制袖子，如图13-129和图13-130所示。绘制直线，之后通过复制的方式铺满袖口，如图13-131所示。

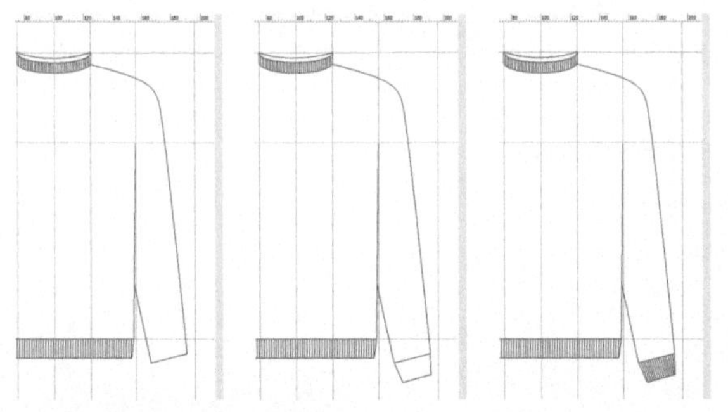

图13-129　　图13-130　　图13-131

09 使用钢笔工具 绘制一条曲线，如图13-132所示。使用路径选择工具 单击曲线，按住Alt键并拖曳曲线进行复制，如图13-133所示。复制曲线后，可以使用直接选择工具 调整锚点位置，让两条曲线平行。

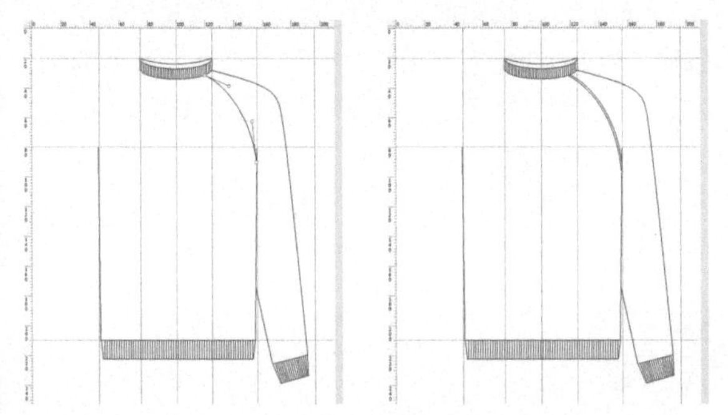

图13-132　　图13-133

10 使用路径选择工具 拖曳出一个矩形选框，选取组成袖子的所有图形，如图13-134所示。按住Shift键并单击上方的两条曲线，将它们也选中，如图13-135所示。

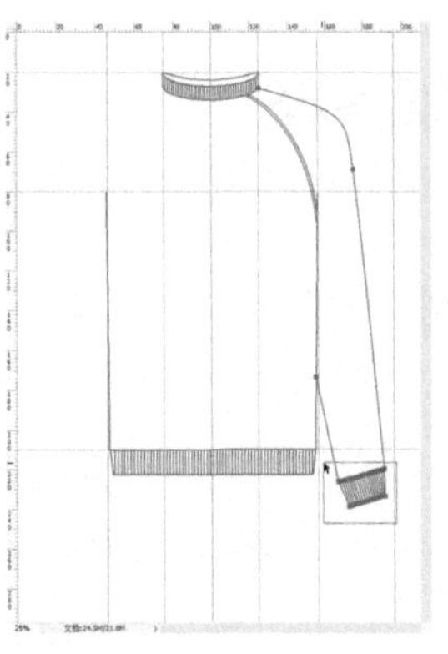

图13-134

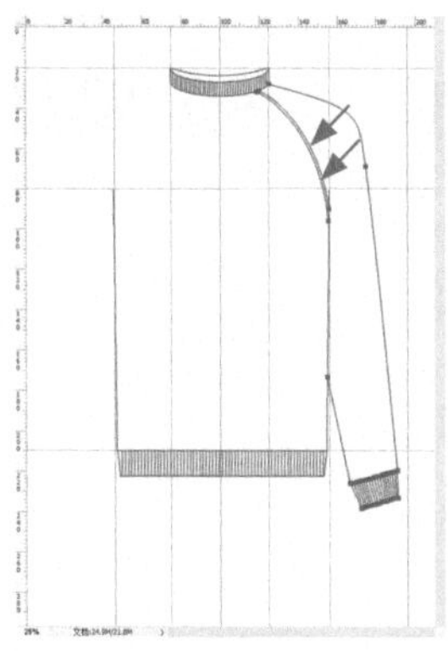

图13-135

11 按Ctrl+C快捷键复制，按Ctrl+V快捷键粘贴。按Ctrl+T快捷键显示定界框，单击鼠标右键，打开快捷菜单，执行“水平翻转”命令，翻转图形，如图13-136所示。按住Shift键并拖曳鼠标，将袖子移动到左侧对称的位置，如图13-137所示。按Enter键确认。

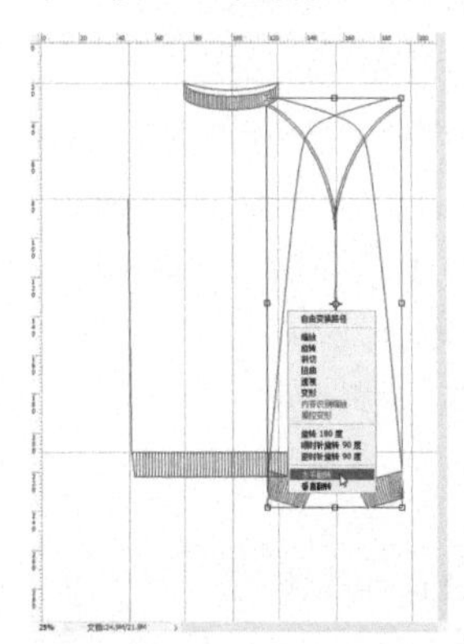

图13-136

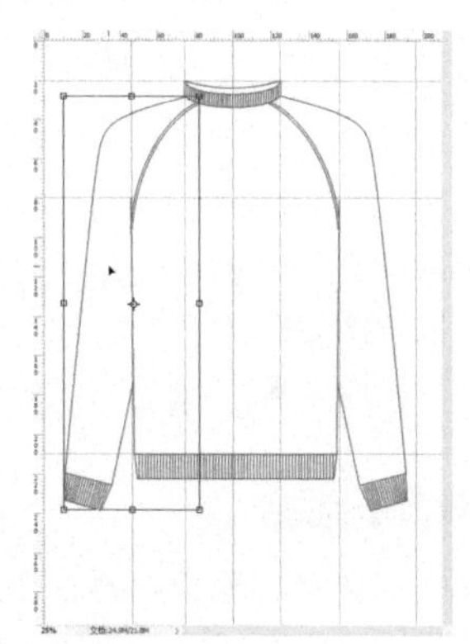

图13-137

12 按Ctrl+;快捷键隐藏参考线。选择铅笔工具 ，在工具选项栏中选择硬边圆笔尖，并调整大小为3像素，如图13-138所示。

13 按住Alt键，单击“路径”面板底部的 按钮，打开“描边路径”对话框，选择用铅笔工具描边路径，如图13-139所示。在“路径”面板底部的空白处单击，取消路径的显示，也可以按Ctrl+H快捷键隐藏路径。按Ctrl+;快捷键隐藏参考线。

图13-138

图13-139

13.5 编辑锚点和路径

使用钢笔工具 绘图或描摹对象的轮廓时，很难一次就绘制准确，多数情况下，还需要对锚点和路径进行编辑，才能得到所需图形。此外，对现有图形进行路径运算，还可生成新的图形。

·PS技术讲堂·

"路径"面板、路径层与工作路径

扫码看视频

"路径"面板

执行"窗口>路径"命令，打开"路径"面板，如图13-140所示。该面板中显示了存储的路径、当前工作路径、当前矢量蒙版的名称和缩览图。

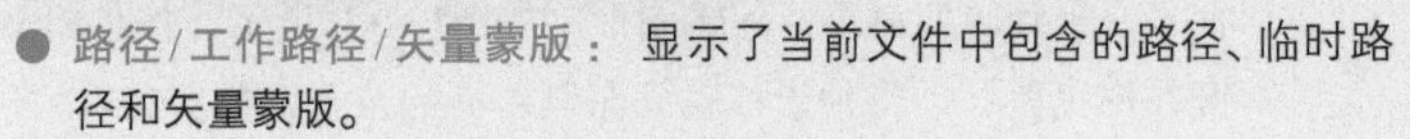

- 路径/工作路径/矢量蒙版：显示了当前文件中包含的路径、临时路径和矢量蒙版。
- 用前景色填充路径 ●：用前景色填充路径区域。
- 用画笔描边路径 ○：用画笔工具对路径进行描边。
- 将路径作为选区载入 ：将当前选择的路径转换为选区。
- 从选区生成工作路径 ：从当前的选区中生成工作路径。
- 添加蒙版 ：单击该按钮，可以从路径中生成图层蒙版，再次单击可生成矢量蒙版。
- 删除当前路径 ：删除当前选择的路径。

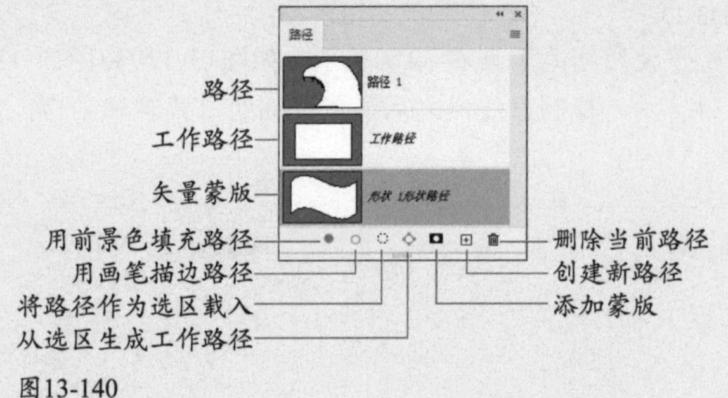

图13-140

管理路径层

单击"路径"面板中的 按钮，可以创建一个路径层，如图13-141所示。如果想在新建路径层时为路径命名，可以按住Alt键并单击 按钮，在打开的"新建路径"对话框中进行设置，如图13-142和图13-143所示。如果要修改路径层的名称，可在其名称上双击，在显示文本框中输入新名称并按Enter键。

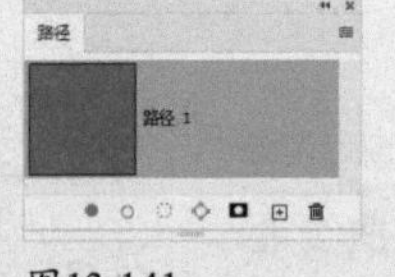

图13-141

新建路径

名称(N): 路径图形 1

确定

取消

图13-142

图13-143

当路径层较多时，按住Ctrl键并单击各个路径层，可以将它们同时选取，如图13-144和图13-145所示。在这种状态下，可以使用路径选择工具 和直接选择工具 编辑分属不同路径层上的路径，图13-146所示为同时选择两个路径层上的锚点。按Delete键，可以一次性将选取的路径层删除。按住Alt键并拖曳路径层，可以像复制图层一样复制路径层，如图13-147和图13-148所示。

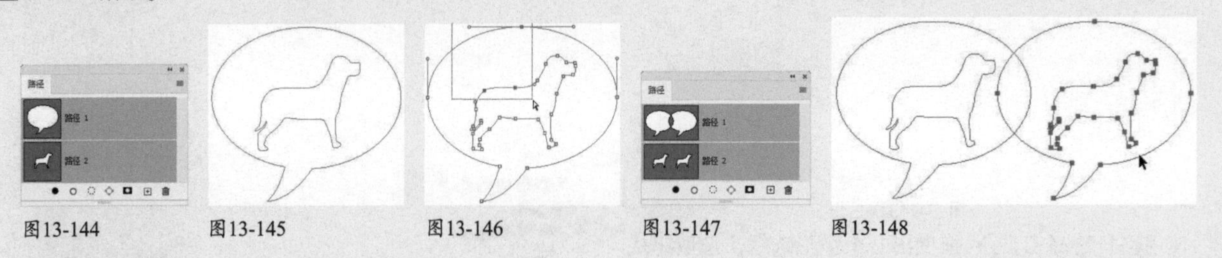

图13-144　图13-145　图13-146　图13-147　图13-148

管理工作路径

使用钢笔工具 或其他形状工具绘图前，如果单击"路径"面板中的 按钮再绘图，图形就会保存在路径层上，如图13-149所示；如果未单击 按钮而直接绘图，则图形会临时存储在工作路径层上，如图13-150所示。工作路径层是"临时工”，稍有不慎就会被“开除”。如单击“路径”面板的空白区域，如图13-151所示，之后绘制一个圆形路径，前一个图形就会被圆形替代，如图13-152所示。

图13-149　图13-150　图13-151　图13-152

有3种方法可以避免出现这种情况：对于已绘制好的工作路径，可将其所在的路径层拖曳到“路径”面板中的 ⊞ 按钮上，这时它的名称会变为“路径1”，表示已转换为正式的路径，即从“临时工”变为“正式工”了；如果路径层较多，拖曳的方法就比较麻烦，可以双击工作路径层，弹出“存储路径”对话框，为它设置一个名称，通过这种方法保存路径后，有利于查找；如果尚未绘图，可先单击 ⊞ 按钮，创建一个路径层，再绘制路径。

13.5.1 选择与移动路径

使用路径选择工具 ▶ 在路径上单击，即可选择路径，如图13-153所示。按住Shift键并单击其他路径，可以将其同时选取，如图13-154所示。拖曳出一个选框，则可将选框内的所有路径同时选取，如图13-155所示。

图13-153

图13-154

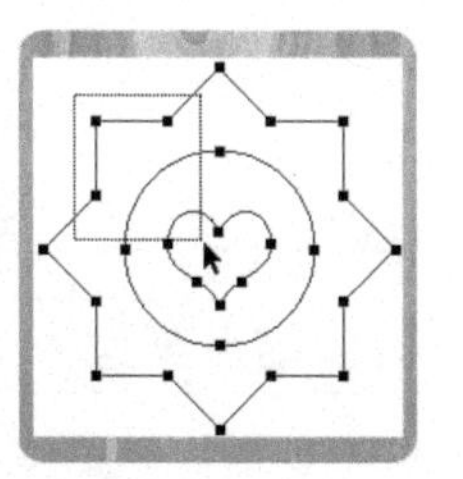
图13-155

选择一个或多个路径后，将鼠标指针放在路径上方，拖曳鼠标可以进行移动，如图13-156所示。如果只需移动一条路径，将鼠标指针放在该路径上方直接拖曳即可移动，如图13-157所示，不必先选取再移动。

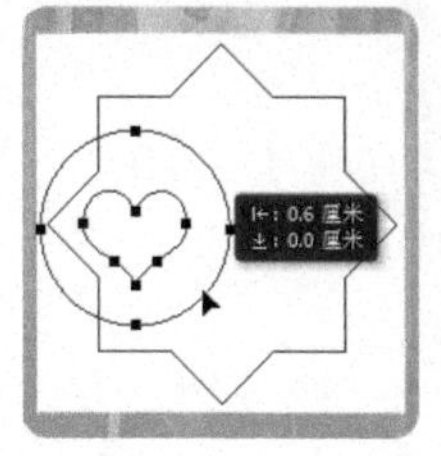
图13-156

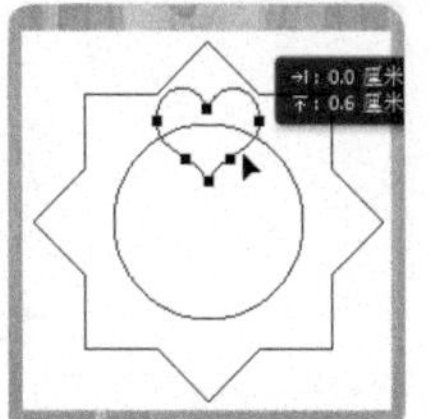
图13-157

13.5.2 选择与移动锚点和路径段

选择或移动锚点前，先要让锚点显示出来。

使用直接选择工具 ▷，将鼠标指针放在路径上，单击可以选择路径段并显示其两端的锚点，如图13-158所示。显示锚点后，如果单击它，便可将其选取（选取的锚点为实心方块，未选取的锚点为空心方块），如图13-159所示。如果拖曳它，则可将其移动，如图13-160所示。

图13-158

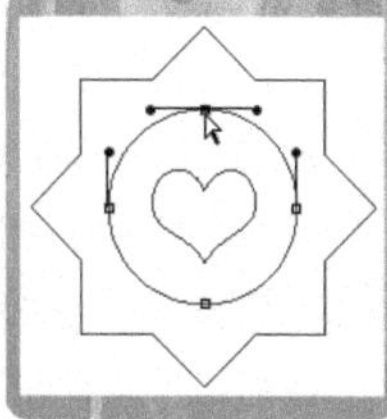
图13-159

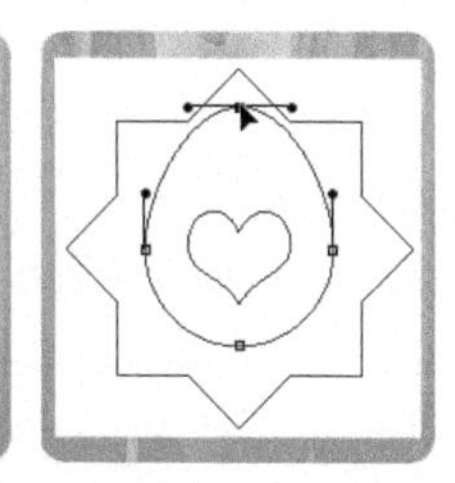
图13-160

需要注意的是，单击锚点并按住鼠标左键不放，之后进行拖曳，才能移动锚点。如果单击锚点，之后将鼠标指针从锚点上方移开，这时又想移动锚点，则需要将鼠标指针重新定位在锚点上，拖曳鼠标才能将其移动。否则，只能拖曳出一个矩形框（可框选锚点、路径、路径段）。此外，从选择的路径或路径段上移开鼠标指针后，再想移动，也要重新将鼠标指针定位在路径和路径段上才行。

路径段的选取方法比锚点简单，使用直接选择工具 ▷ 单击路径即可，如图13-161所示。在路径段上拖曳鼠标，则可将其移动，如图13-162所示。

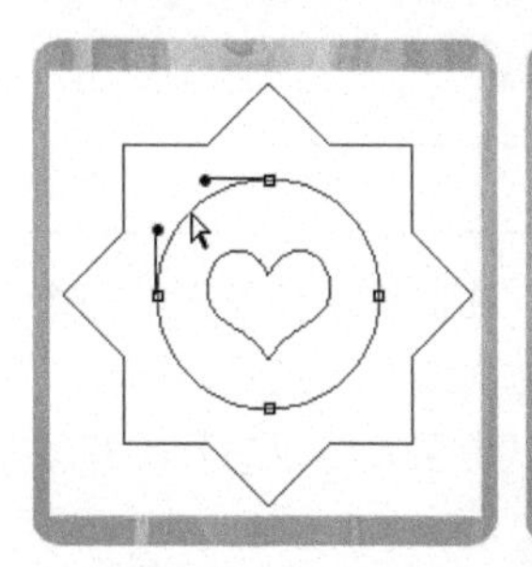
图13-161

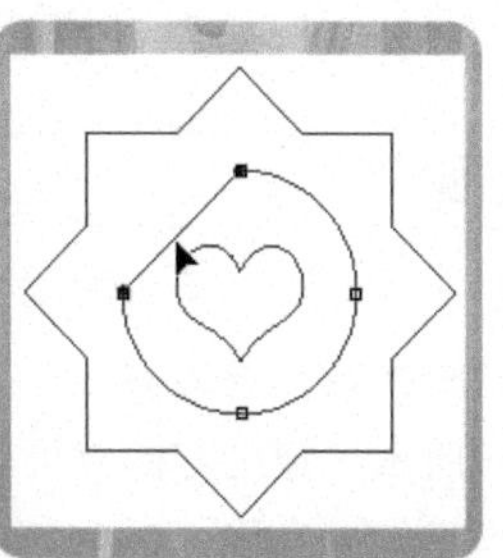
图13-162

如果想要选取多个锚点（或多条路径段），可以使用直接选择工具 ▷ 按住Shift键并逐个单击锚点（或路径段）。或者拖曳出一个选框，将需要选取的对象框选。如果要取消选择，在空白处单击即可。

13.5.3 添加和删除锚点

选择添加锚点工具，将鼠标指针放在路径上方，鼠标指针会变为状，如图13-163所示，此时单击可以添加一个锚点，如图13-164所示；如果进行拖曳，还可调整路径形状，如图13-165所示。

图13-163

图13-164

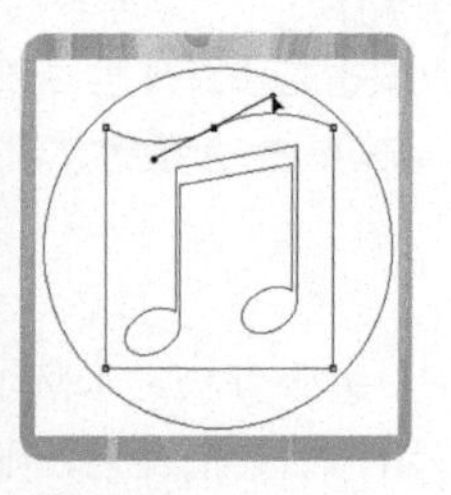

图13-165

选择删除锚点工具，将鼠标指针放在锚点上方，当鼠标指针变为状时，如图13-166所示，单击可删除该锚点，如图13-167所示。此外，使用直接选择工具选择锚点后按Delete键也可将其删除，但用这种方法操作时，锚点两侧的路径段也会同时被删除，导致闭合的路径变为开放的路径，如图13-168所示。

图13-166

图13-167

图13-168

> **提示**
>
> 适当减少锚点可降低路径的复杂度，使其更加易于编辑。尤其是曲线，锚点越少，曲线越平滑、流畅。

13.5.4 调整曲线形状

锚点分为平滑点和角点两种。在曲线路径段上，每个锚点还包含一条或两条方向线，方向线的端点是方向点，如图13-169所示。拖曳方向点可以调整方向线的长度和方向，进而改变曲线的形状。

直接选择工具和转换点工具都可用于拖曳方向点。其中，直接选择工具会区分平滑点和角点。对于平滑点，拖曳其任何一端的方向点时，都会影响锚点两侧的路径段，因此，方向线永远是一条直线，如图13-170所示。角点上的方向线可单独调整，即拖曳角点上的方向点时，只调整与方向线同侧的路径段，如图13-171所示。

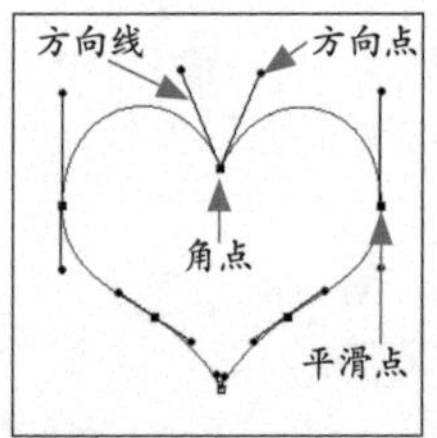

图13-169

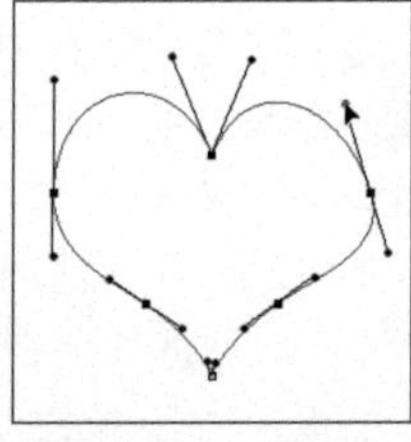

图13-170

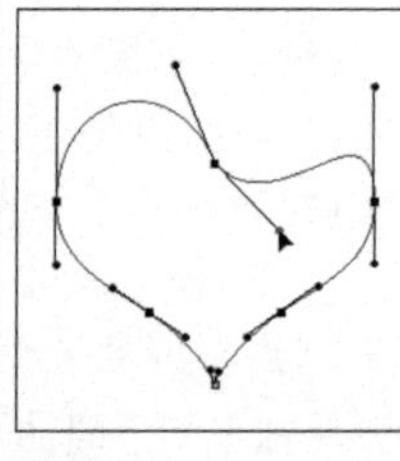

图13-171

转换点工具对平滑点和角点一视同仁，无论拖曳哪种方向点，都只调整锚点一侧的方向线，不影响另外一侧方向线和路径段，如图13-172和图13-173所示。

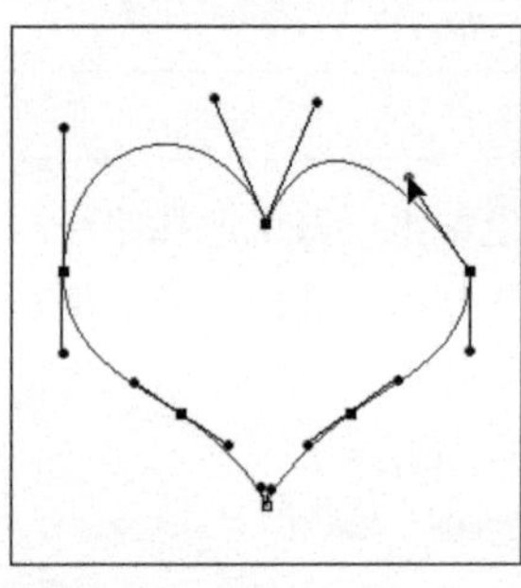

图13-172

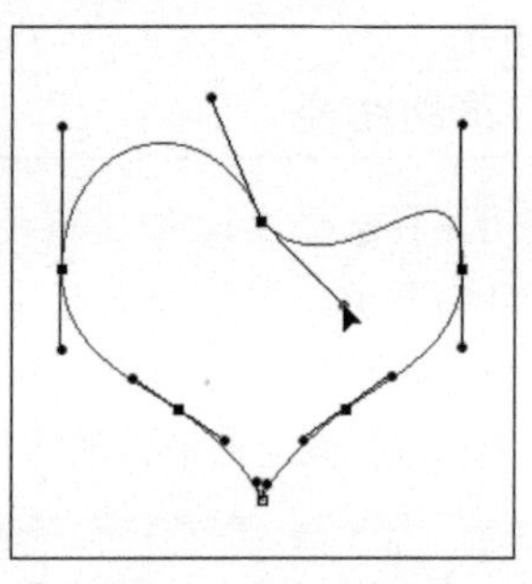

图13-173

13.5.5 转换锚点类型

转换点工具可以转换锚点的类型。选择该工具后，将鼠标指针放在锚点上方，如果这是一个角点，对其进行拖曳，可将其转换为平滑点，如图13-174和图13-175所示；如果这是一个平滑点，则单击可将其转换为角点，如图13-176所示。

图13-174

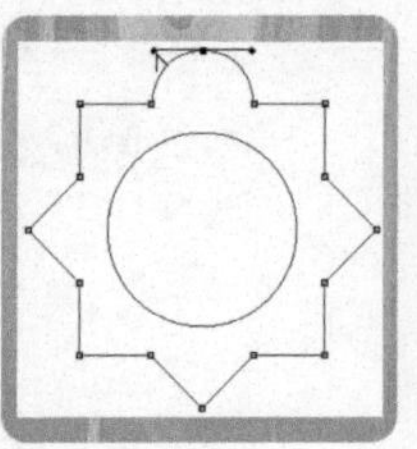

图13-175

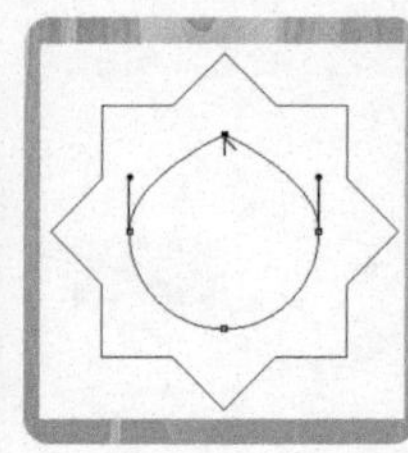

图13-176

13.5.6 实战：用钢笔工具编辑路径

前面介绍的所有操作都能用钢笔工具完成，就是说，使用该工具绘图时，就可同时编辑路径，而不必借助其他工具。这其中涉及一些技巧，需要反复练习才能熟练掌握。下面

扫码看视频

介绍具体操作方法。每完成一步，可以按Ctrl+Z快捷键撤销操作，将图形恢复为原样，再练习下一个技巧。

01 打开素材。单击“路径”面板中的路径层，在画布中显示它，如图13-177所示。选择钢笔工具 并勾选“自动添加/删除”选项。

02 首先学习怎样选取和移动路径。按住Ctrl+Alt键并单击路径，可将其选取，如图13-178所示。选取后按住Ctrl键单击路径并进行拖曳，可以进行移动，如图13-179所示。按住Ctrl键并在空白处单击结束编辑。

图13-177

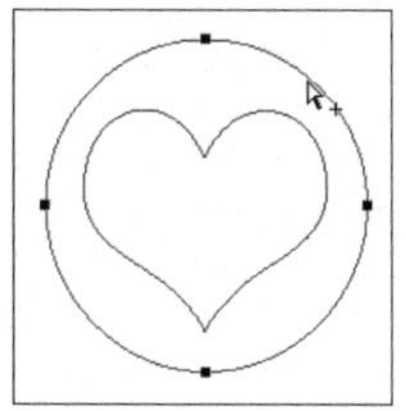
图13-178

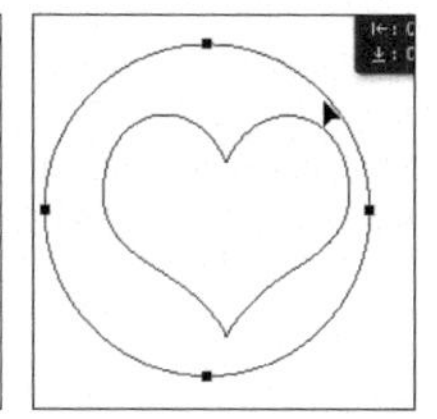
图13-179

03 下面练习路径段和锚点的移动方法。按住Ctrl键并单击路径，可以在选取路径段的同时显示锚点，如图13-180所示。此时按住Ctrl键单击路径段并进行拖曳，即可将其移动，如图13-181所示。按住Ctrl键并单击锚点，可以选取锚点，如图13-182所示。按住Ctrl键单击锚点并进行拖曳，则可以移动锚点。

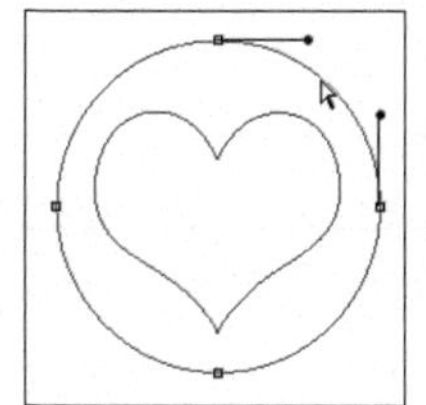
图13-180

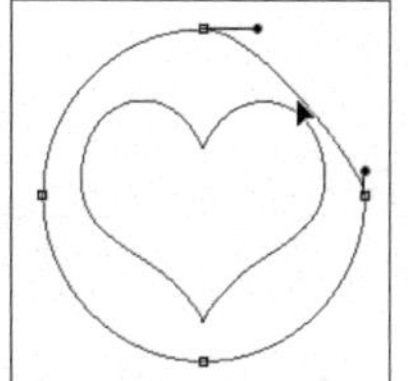
图13-181

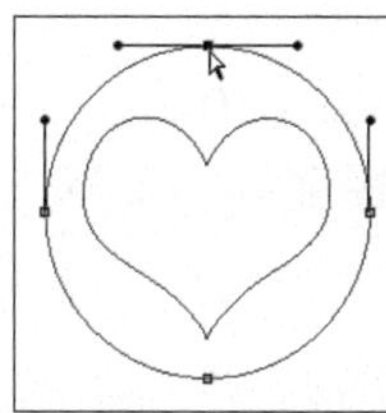
图13-182

04 如果要进行添加和删除锚点的操作，可以将鼠标指针放在路径段上，单击可以添加锚点，如图13-183所示。将鼠标指针放在锚点上，如图13-184所示，单击鼠标可将其删除，如图13-185所示。

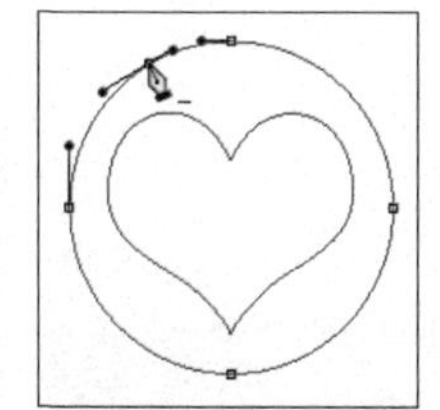
图13-183

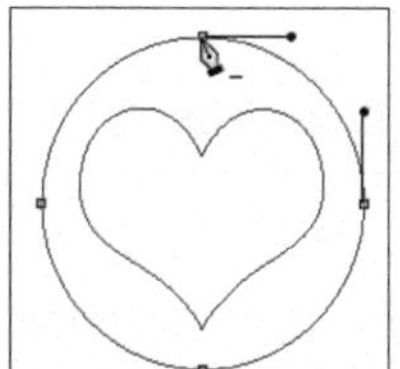
图13-184

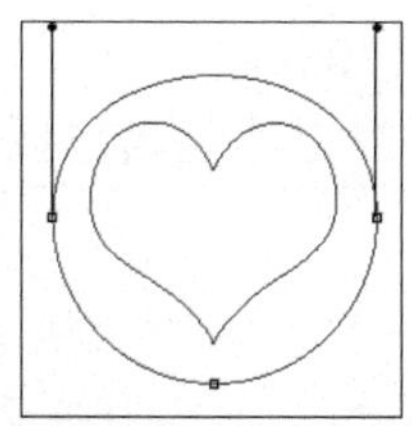
图13-185

05 按住Ctrl键并单击心形图形，将其选取。下面我们来学习怎样转换锚点的类型。将鼠标指针放在锚点上方，按住Alt键（临时切换为转换点工具 ）单击并拖曳角点，可将其转换为平滑点，如图13-186和图13-187所示；按住Alt键并单击平滑点，则可将其转换为角点，如图13-188所示。

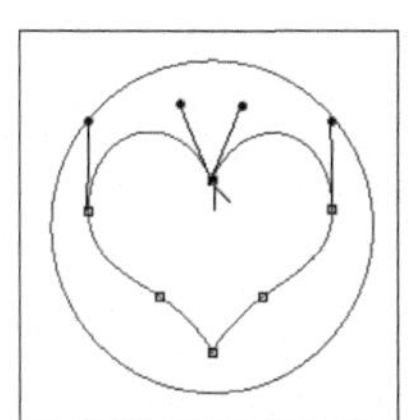
图13-186

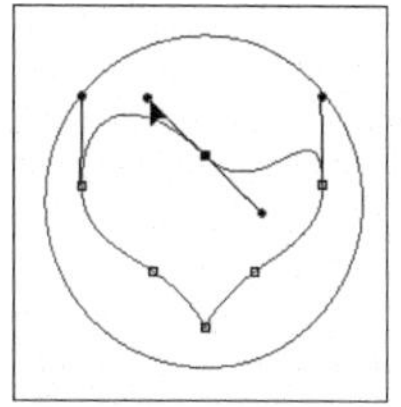
图13-187

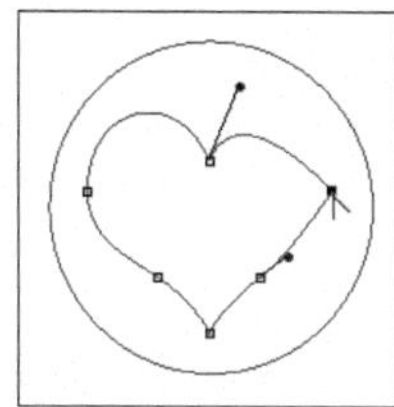
图13-188

06 下面学习怎样拖曳方向点。按住Ctrl键可临时切换为直接选择工具 ，此时可拖曳方向点。按住Alt键也可拖曳方向点。这两种方法的区别在于编辑平滑点，按住Ctrl键操作会影响平滑点两侧的路径段，如图13-189所示；按住Alt键操作只影响一侧的路径段，如图13-190所示。编辑角点时，二者相同。

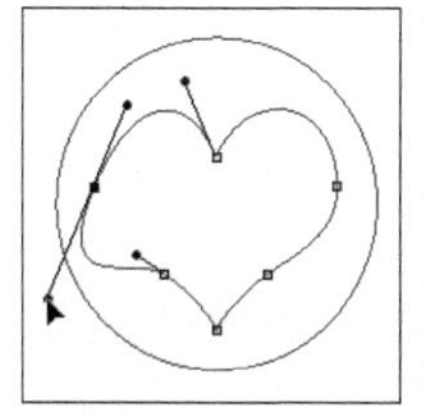
图13-189

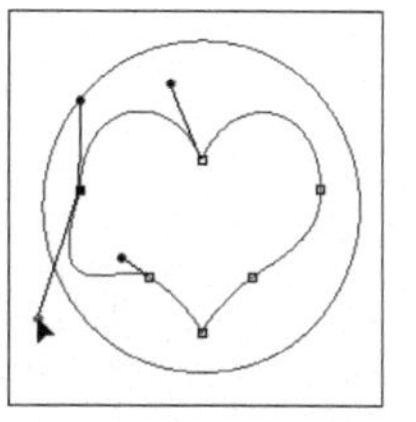
图13-190

技术看板 鼠标指针观察技巧

使用钢笔工具时 ，鼠标指针在路径和锚点上会呈现不同的显示状态，通过对鼠标指针的观察可以判断钢笔工具 此时的功能，从而更加灵活地使用它。

- ：鼠标指针显示为 状时，单击可以创建一个角点；拖曳鼠标可以创建一个平滑点。
- ：在绘制路径的过程中，将鼠标指针移至路径的起始位置的锚点上，鼠标指针变为 状时单击，可闭合路径。
- ：选择一条开放式路径，将鼠标指针移至该路径的一个端点上，鼠标指针变为 状时单击，之后便可继续绘制该路径。如果在绘制路径的过程中将鼠标指针移至另一条开放路径的端点，鼠标指针变为 状时单击，则可将这两段开放式路径连接成一条路径。

13.5.7 对齐和分布路径

使用路径选择工具 按住Shift键并单击画布上的多个子路径（或同一个形状图层中的多个形状），将其选取，单击工具选项栏中的 按钮，打开下拉面板，如图13-191所示，选择一个选项，即可让所选路径（或形状）对齐，或者按一定的规则均匀分布，如图13-192所示。其他效果可参见图层（见45页）。

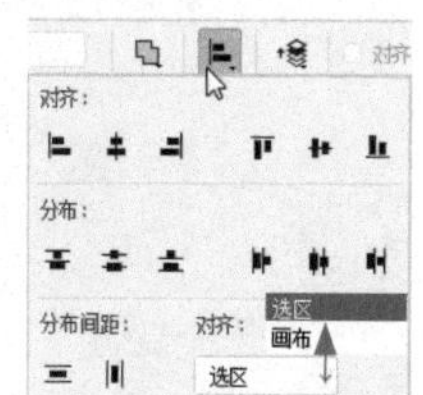

图13-191

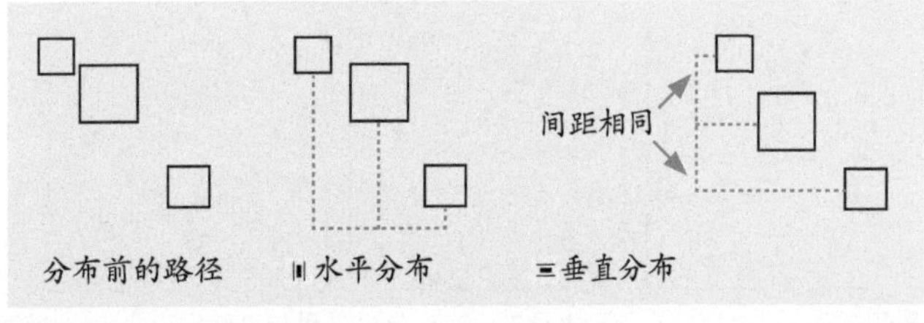

图13-192

只有同一个路径层中的多个路径，以及同一个形状图层中的多个形状才可进行上述操作。不同的路径层、不同的形状图层不能这样处理，如图13-193所示。

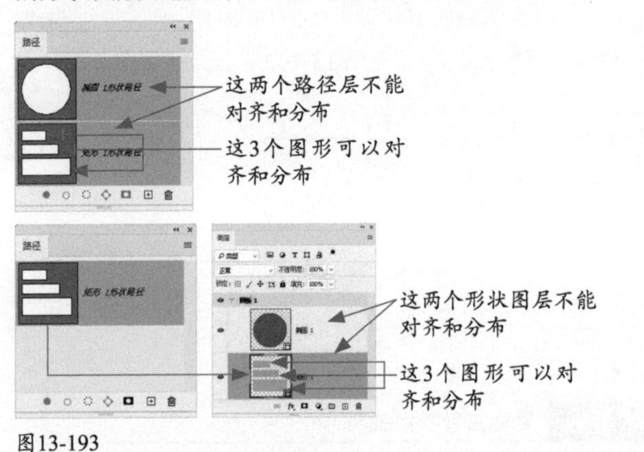

图13-193

> **提示**
>
> 至少选择3个路径才能进行路径分布操作。此外，选择“对齐到画布”选项，还可相对于画布来对齐或分布对象。例如，单击左边按钮，可让路径与画布的左边界对齐。

13.5.8 复制和删除路径

如果想在原位置复制路径，可以将路径层拖曳到“路径”面板中的 ⊞ 按钮上（工作路径需要拖曳两次）。此时复制出的路径与原路径重叠，但它们位于不同的路径层中，如图13-194所示。

如果不在意路径的位置，可以使用路径选择工具 单击画板中的路径，按住Alt键并进行拖曳，此时可沿拖曳方向复制出路径，但复制出的路径与原始路径位于同一个路径层中，如图13-195和图13-196所示。

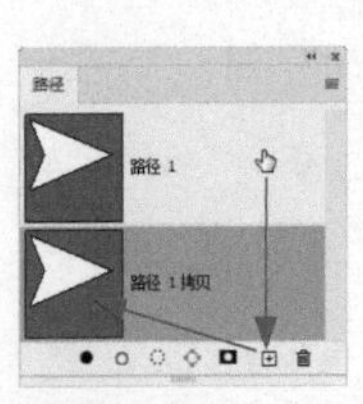

图13-194

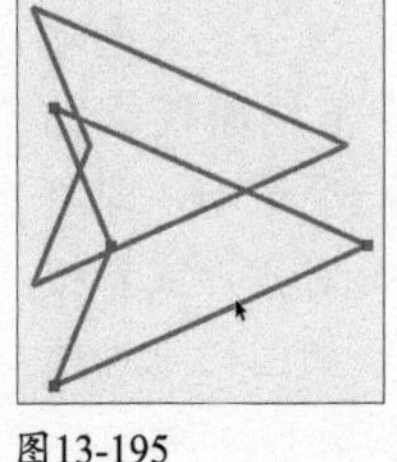

图13-195

图13-196

如果想将路径复制到其他打开的文件中，使用路径选择工具 将其拖曳到另一文件即可。操作方法与拖曳图像到其他文件是一样的（见73页）。

如果要删除文档窗口中的路径，可以使用路径选择工具 单击画布上的路径，再按Delete键。如果要删除“路径”面板中的路径层，可将其直接拖曳到 按钮上。

13.5.9 显示和隐藏路径

单击一个路径层，如图13-197所示，或单击画布上的路径，它便会始终显示，即使使用其他工具时也是如此。如果要保持路径的选取状态，但又不希望它对视线造成干扰，可以按Ctrl+H快捷键，将画布上的路径隐藏。再次按该快捷键可以重新显示路径。也可以在面板的空白处单击，如图13-198所示，取消选择路径层，此时画布上也不会显示路径。

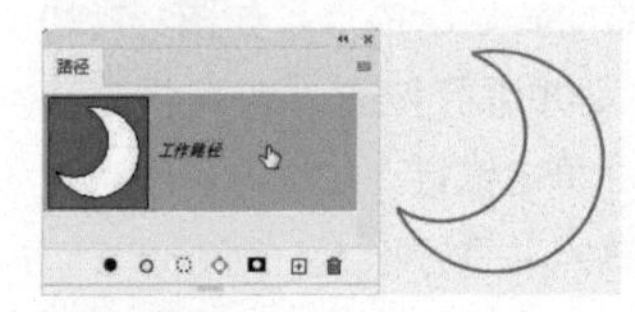

图13-197

图13-198

13.5.10 路径变换与变形方法

路径也可以像图像那样进行变换和变形处理，且处理方法相同（见74页）。操作时，在“路径”面板中选择路径，然后执行“编辑>变换路径”子菜单中的命令，或者选取画布上的路径后，按Ctrl+T快捷键，这样所选路径上就会显示定界框，此时拖曳定界框和控制点便可以对路径进行缩放、旋转、斜切和扭曲。

13.5.11 实战：路径与选区互相转换

扫码看视频

01 打开素材。使用魔棒工具 在背景上单击，选择背景，如图13-199所示。按Shift+Ctrl+I快捷键反选，将北极熊选取，如图13-200所示。单击“路径”面板中的 按钮，将选区转换为路径，如图13-201所示。在面板的空白处单击，取消路径的选取，如图13-202所示。

02 需要从路径中加载选区时，可以按住Ctrl键并单击路径层的缩览图，如图13-203和图13-204所示。虽然单击

“路径”面板中的路径层后，再单击 按钮也可载入选区，但这样操作会因选择了路径层而在文档窗口显示路径。

图13-199

图13-200

图13-201

图13-202

图13-203

图13-204

13.5.12

实战：制作花饰字(描边路径)

绘画和修饰类工具可以对路径进行描边，让路径轮廓变为可见的图像。Photoshop的笔尖种类非常多，只要善加利用，也可通过描边路径制作特效，如图13-205所示。

扫码看视频

图13-205

01 打开素材。单击路径层，如图13-206所示，画布上会显示所选的文字路径，如图13-207所示。

图13-206

图13-207

02 选择画笔工具 。打开“画笔”面板，执行“旧版画笔”命令，加载该画笔库，然后在“特殊效果画笔”组内选择“杜鹃花串”笔尖并设置直径为40像素，如图10-208所示。新建一个图层。调整前景色（R2，G125，B0）和背景色（R99，G140，B11）。打开“路径”面板菜单，执行“描边路径”命令，如图13-209所示，打开“描边路径”对话框，在“工具”下拉列表中选择“画笔”，如图13-210所示，单击“确定”按钮，对路径进行描边，效果如图13-211所示。

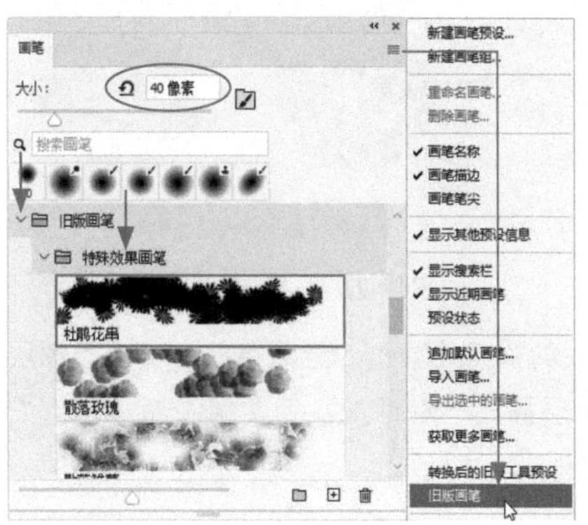

图13-208

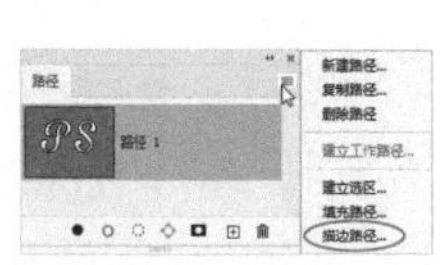

图13-209

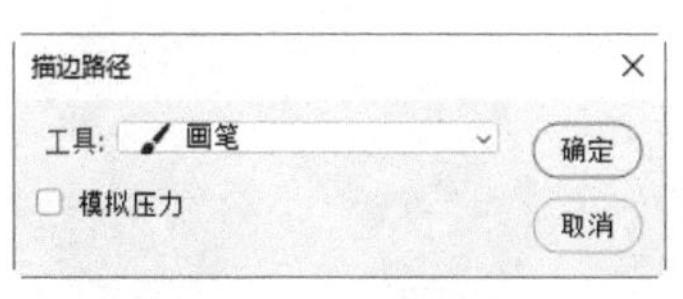

图13-210

图13-211

提示

在“描边路径”对话框中也可以选择其他绘画类工具来描边路径，只是在描边路径前，应事先设置好工具的参数。

03 新建一个图层。调整前景色（R190，G139，B0）和背景色（R189，G4，B0）。按住Alt键并单击“路径”面板中的 按钮，通过这种方法可以直接打开“描边路径”对话框，勾选“模拟压力”选项，如图13-212所示，使描边线条的粗细发生变化，效果如图13-213所示。

图13-212

图13-213

04 新建一个图层。设置前景色为白色，背景色为橙色（R243，G152，B0）。设置画笔工具 的直径为20像素，再次描边路径，效果如图13-214所示。按Ctrl+L快捷键，打开“色阶”对话

图13-214

框，增强对比度，如图13-215和图13-216所示。

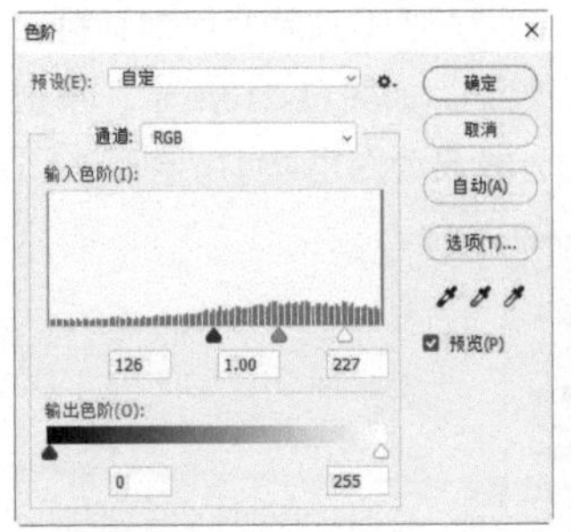

图13-215

图13-216

05 在“路径”面板的空白处单击，隐藏路径。双击“图层3”，打开“图层样式”对话框，为文字添加“投影”效果，如图13-217和图13-218所示。

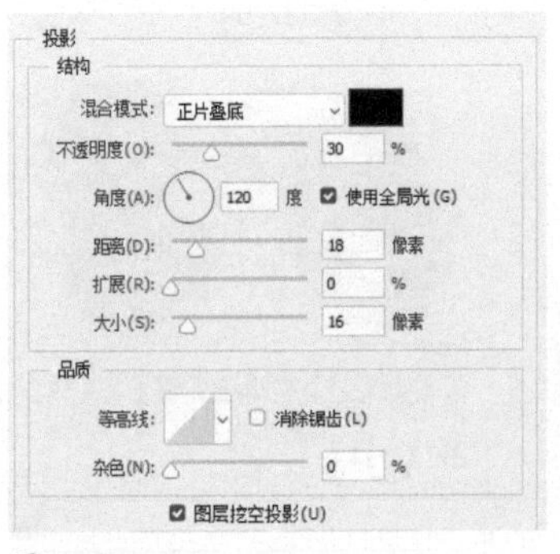

图13-217

图13-218

06 按住Alt键，将“图层 3”后面的效果图标 fx 拖曳给“图层 2”和“图层 1”，复制效果到这两个图层，使花朵字产生立体感，如图13-219和图13-220所示。

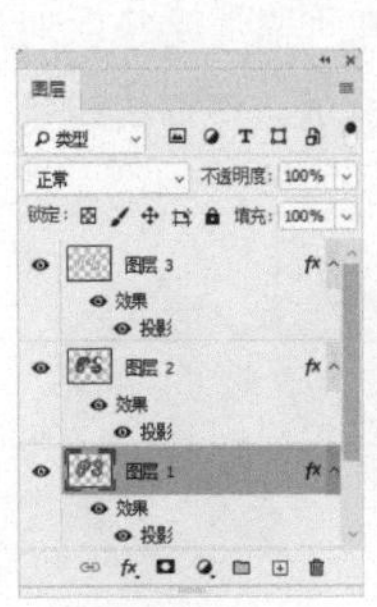

图13-219

图13-220

13.5.13

实战：制作高科技发光外套

科幻大片里经常会出现穿着发光外套，或挥动发光武器的人，科技感爆棚。本实战就来教大家制作一款发光外套，如图13-221所示。

扫码看视频

图13-221

01 打开素材。单击“调整”面板中的 ▦ 按钮，创建“颜色查找”调整图层，使用预设文件将图像调暗，如图13-222和图13-223所示。

图13-222

图13-223

02 使用画笔工具 🖌（柔边圆笔尖）在女孩面部区域涂抹黑色，恢复其亮度，如图13-224和图13-225所示。

图13-224

图13-225

03 使用钢笔工具沿衣服边缘绘制路径，如图13-226所示。新建一个图层。选择画笔工具并调整参数，如图13-227所示。

图13-226

图13-227

04 将前景色设置为白色，单击“路径”面板中的 按钮描边路径，如图13-228所示。

图13-228

05 新建一个图层，设置混合模式为“颜色减淡”。将前景色设置为洋红色（R255，G0，B145）。修改画笔工具参数，如图13-229所示。单击“路径”面板中的 按钮，用画笔描边路径。在“路径”层空白处单击，隐藏路径，如图13-230～图13-232所示。

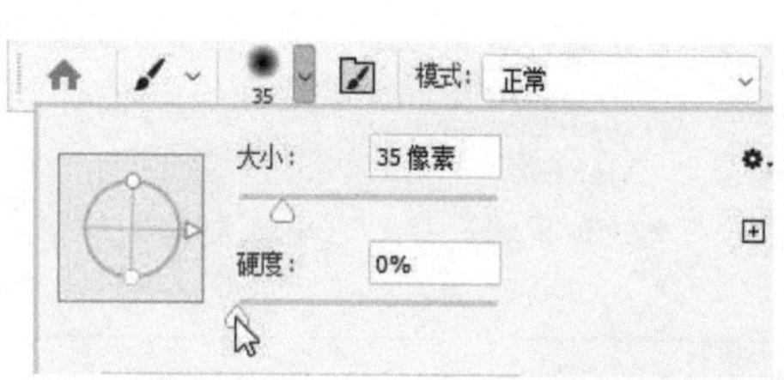

图13-229

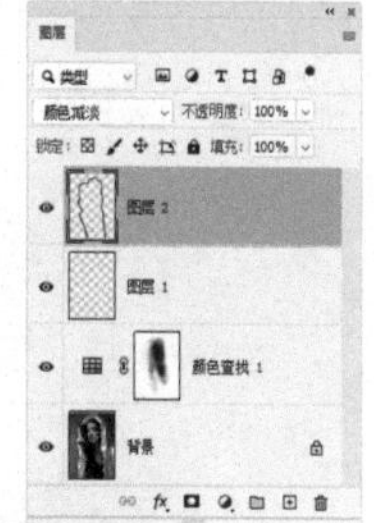
图13-230

图13-231

图13-232

06 执行“滤镜>模糊>高斯模糊”命令，对线条进行模糊，如图13-233和图13-234所示。

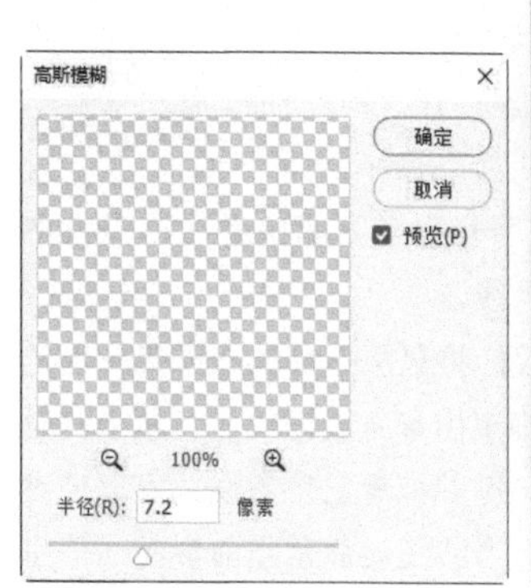

图13-233

图13-234

07 按Ctrl+J快捷键复制图层，再使用“高斯模糊”滤镜处理一遍，让光向外发散，如图13-235和图13-236所示。

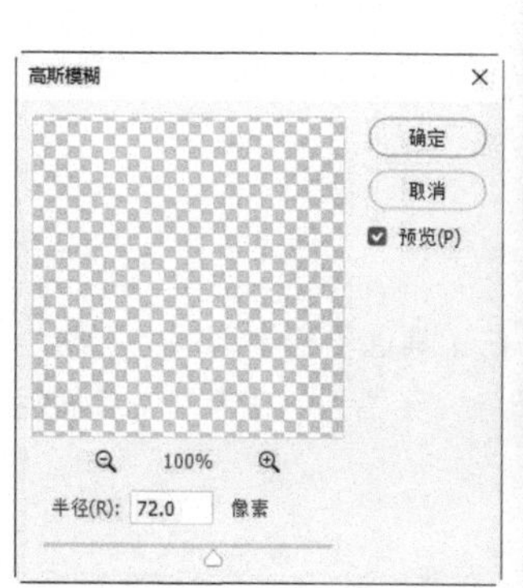

图13-235

图13-236

08 新建一个图层，设置其混合模式为“颜色减淡”。使用画笔工具绘制光效。为表现好光的变化，可以为图层添加蒙版，用画笔工具修改颜色范围，如图13-237和图13-238所示。

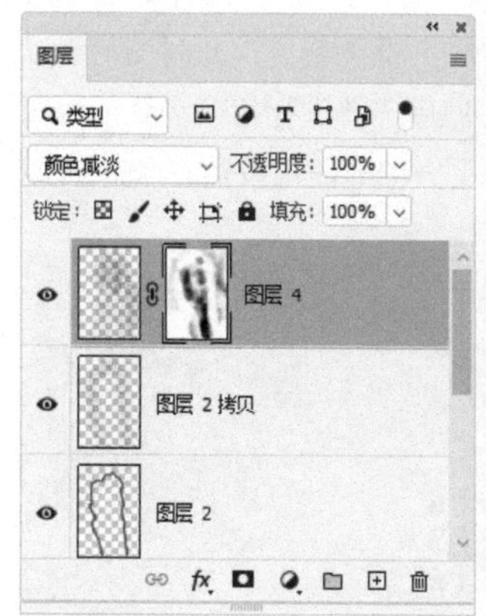

图13-237

图13-238

13.5.14

实战：用路径运算方法制作图标

01 按Ctrl+N快捷键，打开“新建文档”对话框，创建一个24厘米×24厘米、分辨率为72像素/英寸的RGB模式文件。打开“视图>显示”子菜单，看一下“智能参考线”命令前面是否有一个“√”，如果有就说明开启了智能参考线，没有的话，就单击该命令启用智能参考线。

扫码看视频

02 按Ctrl+R快捷键显示标尺，将鼠标指针放在窗口顶部的标尺上，按住Shift键并拖曳出参考线，放在12厘米的位置，如图13-239所示。按住Shift键并拖曳出参考线，可以使参考线与刻度对齐，另外，智能参考线还会显示当前参考线的坐标，这样就等于为准确定位参考线提供了双重保险。采用同样的方法，从窗口左侧的标尺拖曳出参考线，如图13-240所示。参考线的相交点就是画面的中心点。

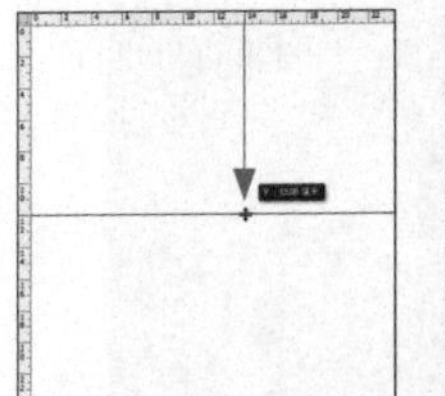
图13-239

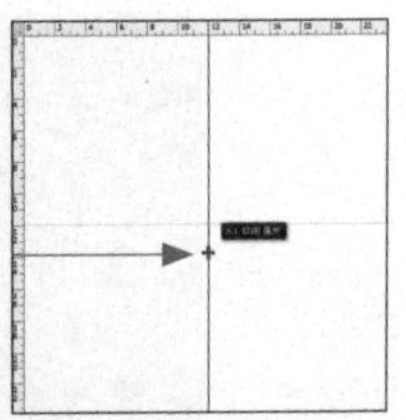
图13-240

03 选择自定形状工具。在工具选项栏中选项“形状”选项，设置填充颜色为蓝色，无描边。在形状下拉面板中选择图13-241所示的图形。

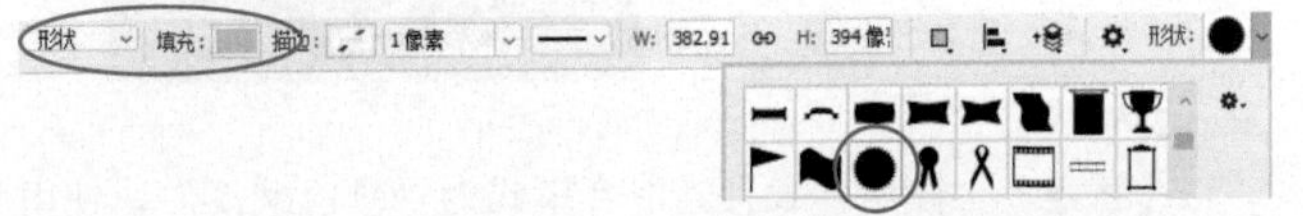

图13-241

04 将鼠标指针移动到中心点，按住Shift键拖曳出图形，如图13-242所示。选择双环图形，在工具选项栏中单击减去顶层形状按钮，如图13-243所示，将鼠标指针放在中心点，先拖曳鼠标，之后按住Shift键并继续拖曳，此时图形会以中心点为基准展开，放开鼠标左键后，会进行相减运算，如图13-244所示。操作时一定要先拖曳出图形，再按Shift键，否则这两个按键会影响运算结果。

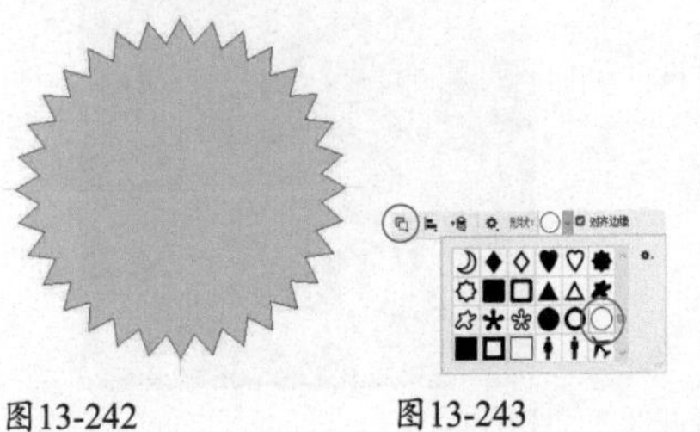
图13-242　图13-243

图13-244

05 选择五角星并单击排除重叠形状按钮，如图13-245所示。按住Shift键并绘制五角星，操作时可同时按住空格键拖曳图形，使其与外侧的圆环对齐，如图13-246所示。

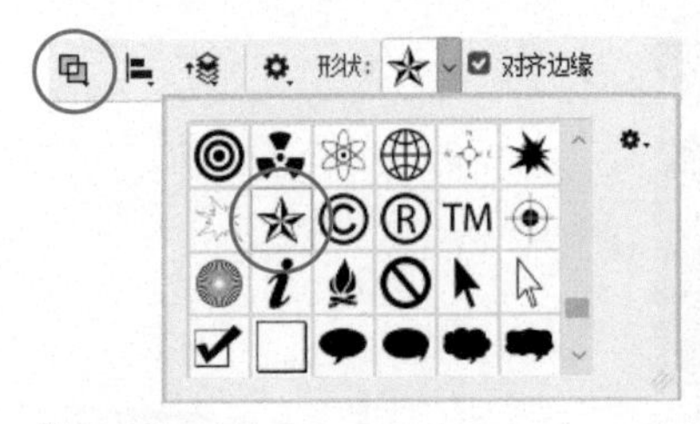

图13-245

图13-246

06 按Ctrl+R快捷键隐藏标尺，按Ctrl+;快捷键隐藏参考线，按Ctrl+H快捷键隐藏路径。打开“样式”面板菜单，执行“旧版样式及其他”命令，载入该样式库，单击“Web”样式组中的样式，如图13-247和图13-248所示，为图形添加效果。图13-249所示为添加其他样式创建的效果。

图13-247　图13-248　图13-249

技术看板　修改路径运算结果

路径是矢量对象，修改起来非常方便。例如，使用路径选择工具选择多个子路径后，单击工具选项栏中的运算按钮，便可修改运算结果。这是选区和通道无法实现的。

选择路径

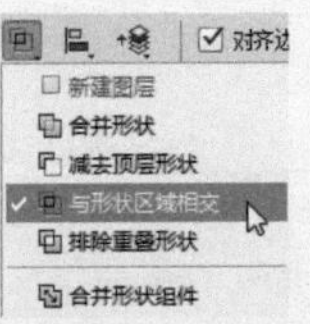

修改运算方法

当前运算结果

路径运算

使用选择类工具选取对象时，通常要对选区进行相加、相减等运算（见28页），以使其符合要求。路径也可以进行运算，原理与选区运算一样，只是操作方法稍有不同。

进行路径运算时至少需要两个图形，如果图形是现成的，使用路径选择工具将它们选取便可；如果是在绘制路径时进行运算，可先绘制一个图形，之后单击工具选项栏中的按钮，打开下拉菜单选择运算方法，如图13-250所示，再绘制另一个图形。

以图13-251所示的两个图形为例，不同的运算方法，会得到不同的图形，如图13-252所示。

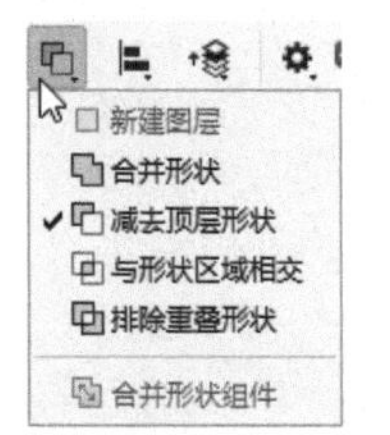

图13-250

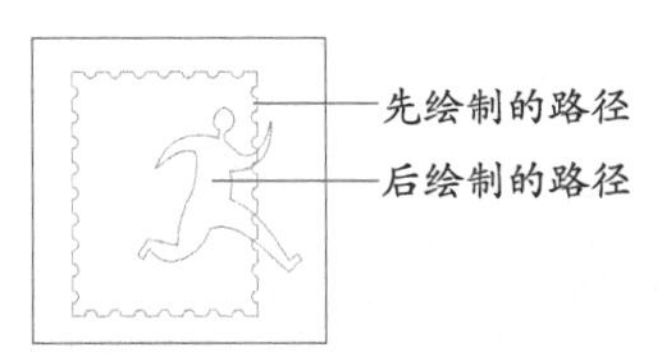

图13-251

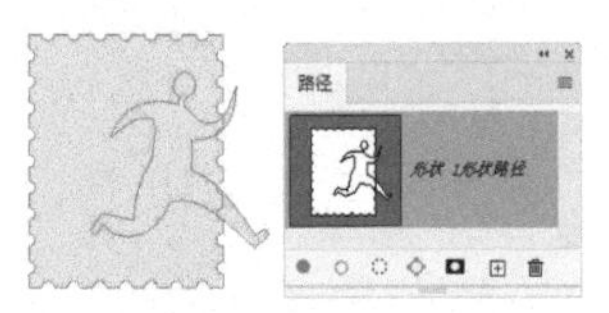

合并形状

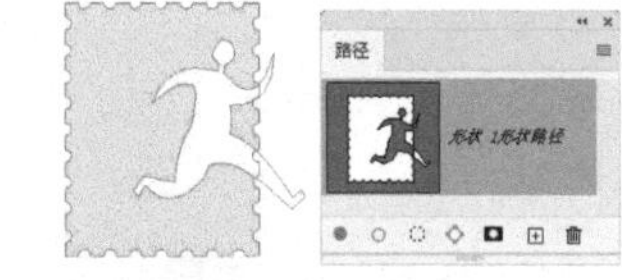

减去顶层形状

与形状区域相交

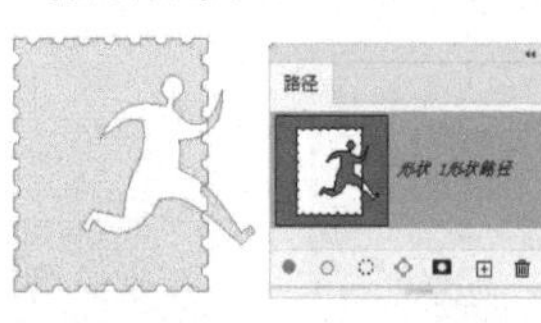

排除重叠形状

图13-252

- 新建图层 ：可以创建新的路径层。
- 合并形状 ：将新绘制的图形与现有的图形合并。
- 减去顶层形状 ：从现有的图形中减去新绘制的图形。
- 与形状区域相交 ：单击该按钮后，得到的图形为新图形与现有图形相交的区域。
- 排除重叠形状 ：单击该按钮后，得到的图形为合并路径中排除重叠的区域。
- 合并形状组件 ：可以合并重叠的路径组件。

13.5.15 调整路径的堆叠顺序

Photoshop中的图层按照其创建的先后顺序依次向上堆叠，路径也依照这一规则。但路径表现在两个方面：一是各个路径层的上下堆叠；二是同层路径的上下堆叠，也就是说，在同一个路径层中绘制多条路径时，这些路径也会按照创建的先后顺序堆叠。

进行路径相减运算时（单击减去顶层形状按钮），Photoshop会使用所选路径中的下层路径减去上层路径，因此，要想获得预期结果，就需要先将路径的堆叠顺序调整好。操作方法是：选择路径，然后单击工具选项栏中的按钮打开下拉菜单，执行一个需要的命令即可，如图13-253所示。

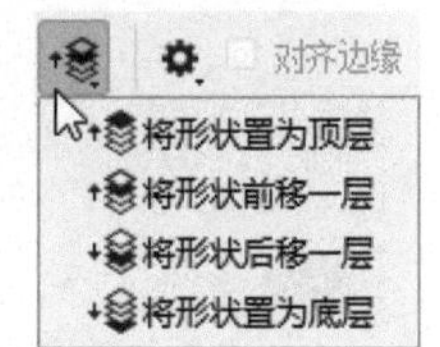

图13-253

13.5.16 实战：制作超酷打孔字（形状图层+形状运算）

本实战使用形状图层和图层样式制作打孔特效字，如图13-254所示。形状图层是将矢量图与位图合二为一，其形状轮廓是矢量对象，形状内部的填充内容则是位图对象。

图13-254

01 打开素材，如图13-255和图13-256所示。下面先根据文字的结构重新绘制路径，再为每个笔画添加图层样式，使文字呈现层次感。

图13-255

图13-256

02 将前景色设置为蓝色（R0，G183，B238）。选择矩形工具 及“形状”选项，根据字母“P”的笔画轮廓绘制一个矩形，在“图层”面板中会自动生成一个形状图层。在“属性”面板中设置填充为蓝色，无描边，圆角半径设置为30像素。如图13-257~图13-259所示。

图13-257 图13-258

图13-259

03 打开“路径”面板，单击“路径 1”，如图13-260所示，按Ctrl+C快捷键复制，在面板空白处单击，隐藏路径，如图13-261所示。使用路径选择工具 单击蓝色图形，如图13-262所示，按Ctrl+V快捷键，将复制的路径粘贴到该图形所在的形状图层中，如图13-263和图13-264所示。

图13-260　图13-261　图13-262

图13-263　图13-264

04 选择椭圆工具 ◯，在工具选项栏中选取“形状”选项，单击排除重叠形状按钮 ⧉，如图13-265所示。

图13-265

05 在画布上先拖曳鼠标，此时不要放开鼠标左键，按Shift键，这样可以将椭圆转换为圆形，放开鼠标后可创建打孔效果，如图13-266所示。使用路径选择工具 ▶ 在圆形路径上单击，将其选取，如图13-267所示，按Alt键并拖曳，复制到相应位置，得到图13-268所示的效果。

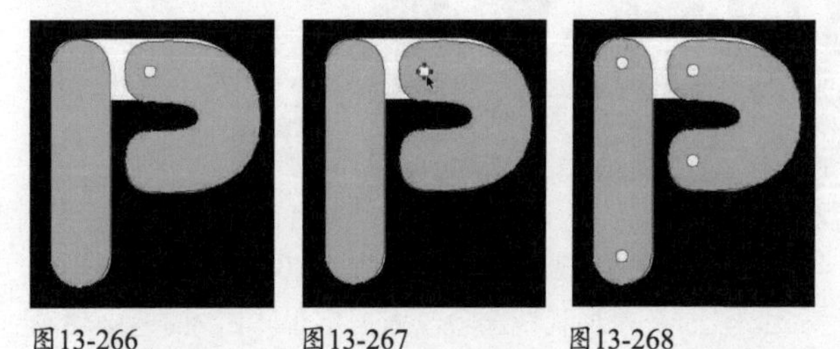

图13-266　图13-267　图13-268

06 双击“形状 1”图层，打开“图层样式”对话框，添加“投影”和“内发光”效果，参数设置如图13-269和图13-270所示。

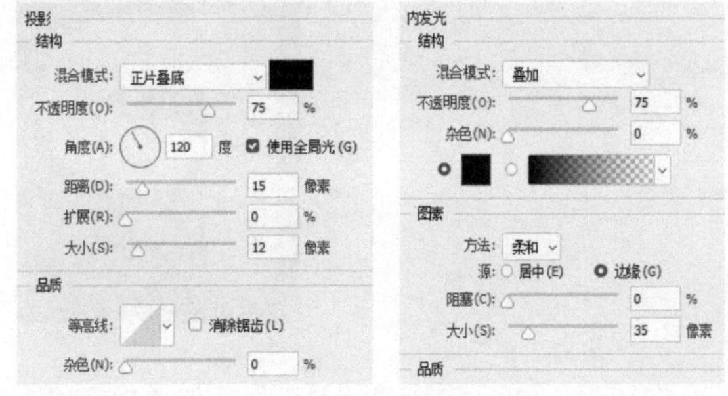

图13-269　图13-270

07 继续添加“斜面和浮雕”效果，使字母产生一定厚度，参数如图13-271所示。添加“光泽”效果，在字母表面创建光泽感，参数如图13-272所示，效果如图13-273所示。

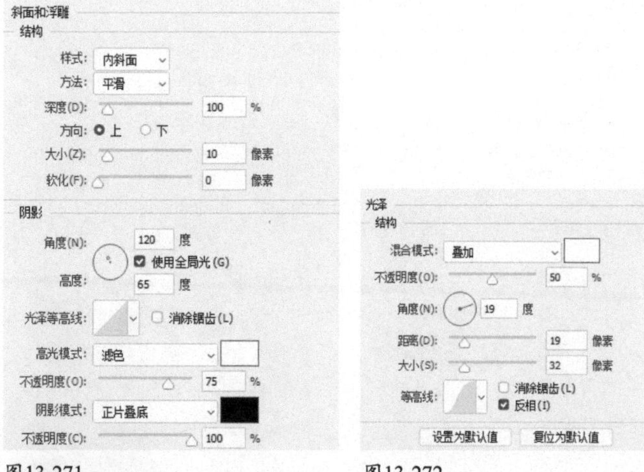

图13-271　图13-272

图13-273

提示

要改变路径形状的颜色，可先调整前景色（背景色），之后按Alt+Delete快捷键填充前景色（Ctrl+Delete快捷键可填充背景色）。

08 继续绘制路径，并以不同的颜色填充，组成完整的文字。可以按Ctrl+[或Ctrl+] 快捷键调整形状的前后位置。隐藏最底层的“PLAY”图层，效果如图13-274所示。

图13-274

09 为了便于区分字母，可以将组成每个字母的图层选取，按Ctrl+G快捷键编组。按住Shift键并选取这些图层组，如图13-275所示，按Alt+Ctrl+E快捷键盖印图层，将字母效果合并到一个新的图层中，如图13-276所示。

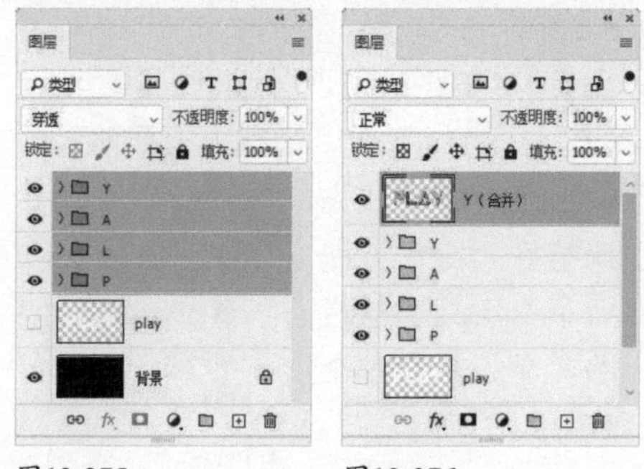

图13-275　图13-376

10 按Ctrl+J快捷键复制图层，单击图层左侧的眼睛图标 隐藏图层。选择第一个盖印的图层，如图13-277所示。执行“编辑>变换>垂直翻转”命令，翻转图像，使之成为倒影，如图13-278所示。

图13-277 图13-278

11 执行“滤镜>模糊>高斯模糊”命令，对倒影进行模糊，如图13-279和图13-280所示。

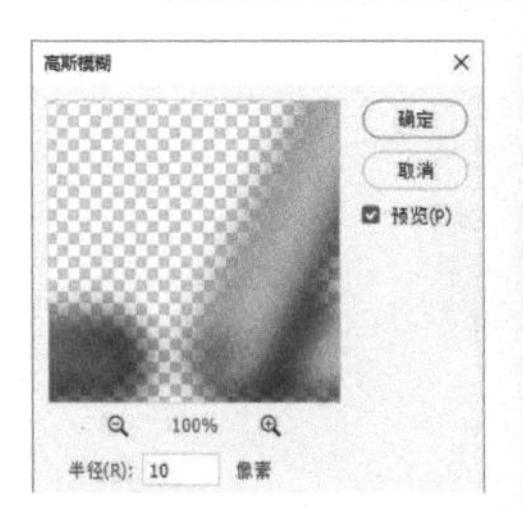

图13-279 图13-280

12 单击“图层”面板中的 按钮，添加图层蒙版。使用渐变工具 填充线性渐变，将字母的下半部分隐藏，如图13-281和图13-282所示。

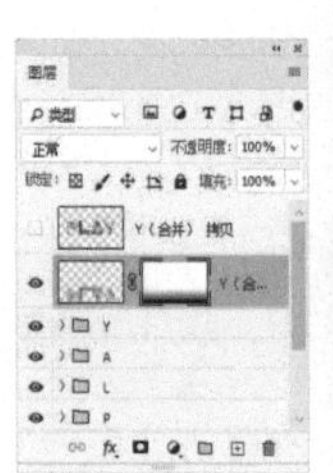

图13-281 图13-282

13 选择并显示另一个盖印的图层，按Shift+Ctrl+[快捷键将其移至底层，如图13-283所示。执行“滤镜>模糊>动感模糊”命令，设置参数如图13-284所示。再应用一次该滤镜，这次沿垂直方向模糊，如图13-285和图13-286所示。

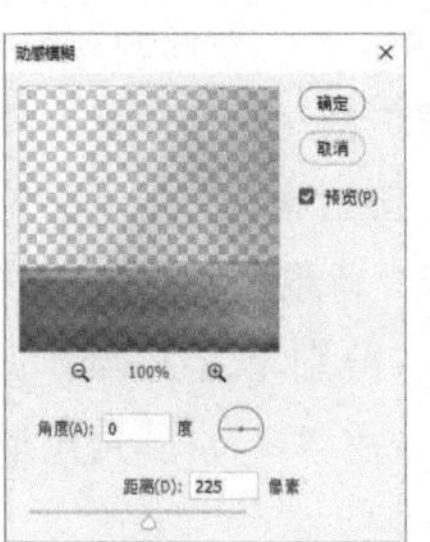
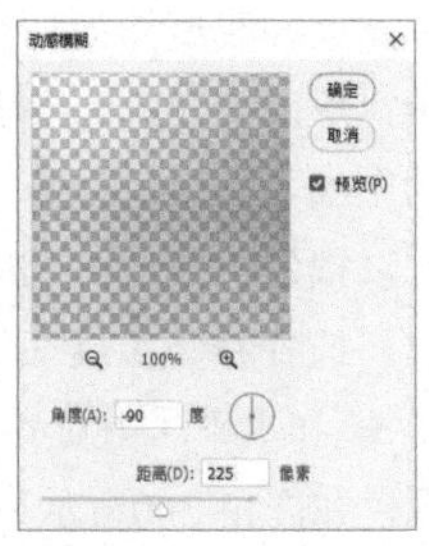

图13-283 图13-284 图13-285

图13-286

14 使用矩形选框工具 选取文字的下半部分，如图13-287所示。在“图层”面板最上方新建一个图层。将前景色设置为黑色。使用渐变工具 填充“前景色到透明渐变”，按Ctrl+D快捷键取消选择，效果如图13-288所示。

图13-287

图13-288

15 设置混合模式为“叠加”，不透明度为60%，按住Ctrl键并单击“PLAY”图层缩览图，如图13-289所示，加载选区。单击 按钮，基于选区生成图层蒙版，将选区外的图像隐藏，如图13-290和图13-291所示。打开飞鸟素材文件，将其拖入文件中，效果如图13-292所示。

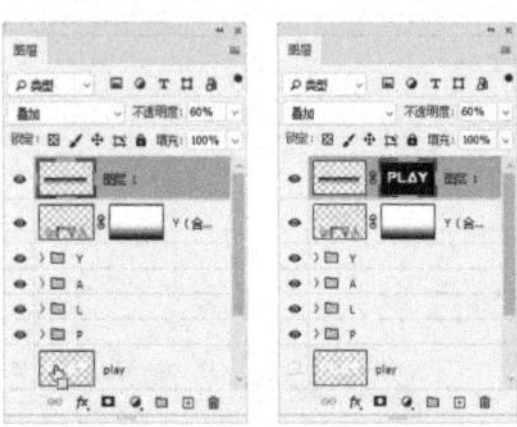
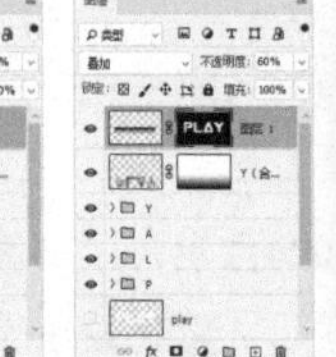

图13-289 图13-290 图13-291

图13-292

拟物图标：赛车游戏

难度：★★★★☆ 功能：滤镜、图层样式、蒙版

说明：先用滤镜制作一个纹理材质，再通过图层样式表现金属底版和文字的工业感。汽车用的是图片素材，通过蒙版进行遮挡，并适当调色，使其具有蒸汽朋克味道。

拟物图标是指模拟现实物品的造型和质感，适度概括、变形和夸张，通过表现高光、纹理、材质、阴影等效果对实物进行再现。拟物图标直观有趣、辨识度高，能让人一眼就认出是什么。在制作拟物图标时注重阴影与质感的表现，以体现真实物品的感觉。

13.6.1 制作金属纹理并定义为图案

01 按Ctrl+N快捷键，创建一个1024像素×1024像素、72像素/英寸的文件，如图13-293所示。将前景色设置为灰色（R179，G179，B179），按Alt+Delete快捷键填充灰色，如图13-294所示。

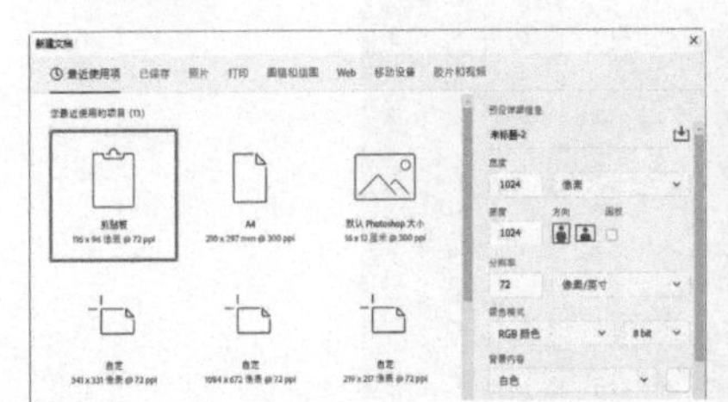

图13-293

图13-294

02 执行“滤镜>杂色>添加杂色”命令，在图像中添加单色杂点，如图13-295所示（“高斯分布”比“平均分布”效果更强烈）。执行“滤镜>模糊>动感模糊”命令，设置角度为45°，产生倾斜的纹理，如图13-296和图13-297所示。执行“编辑>定义图案”命令，将纹理定义为图案，如图13-298所示。在制作图标的文字和金属底版时会用到此纹理。

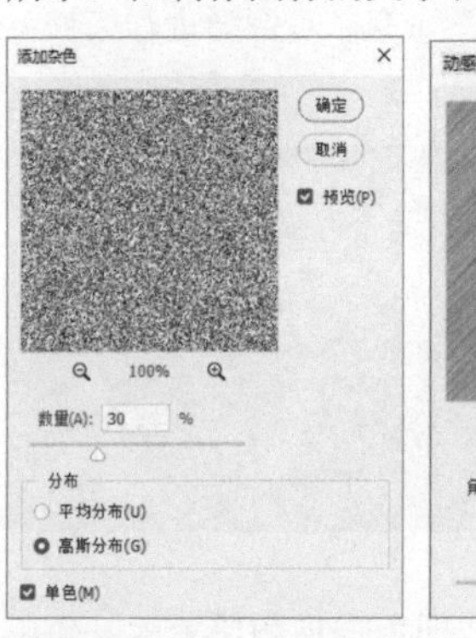

图13-295

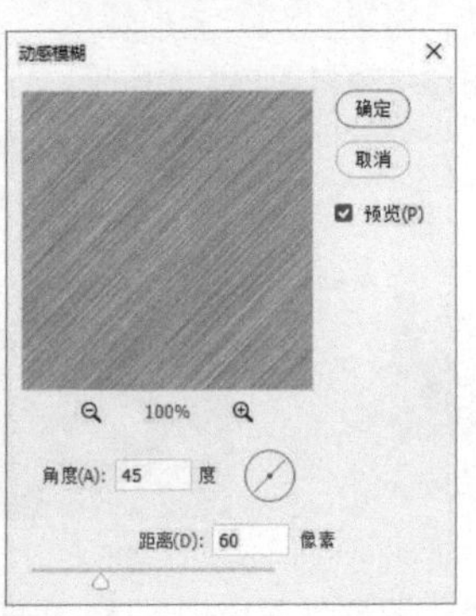

图13-296

图13-297

图13-298

13.6.2 制作金属底版

01 将图像填充为白色。选择矩形工具 及“形状”选项。在画布上单击，在弹出的“创建矩形”对话框中设置宽度和高度均为1024像素，半径为180像素，如图13-299所示，单击“确定”按钮，创建圆角矩形，“图层”面板中会自动生成一个形状图层。新创建的图形不会位于画板正中位置，可以按住Ctrl键并单击“背景”图层，将其与形状图层一同选取，选择移动工具 ，分别单击工具选项栏中的垂直居中按钮 和水平居中对齐按钮 ，将圆角矩形对齐到画板正中位置，如图13-300所示。

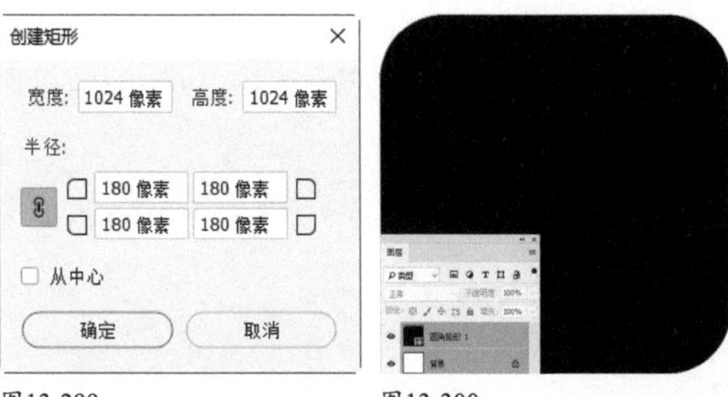

图13-299　　图13-300

02按Ctrl+J快捷键复制形状图层，如图13-301所示。使用矩形工具 在复制的形状图层上方绘制一个小一点的圆角矩形，使其与原来的图形相减。绘制前先在工具选项栏中选择“ 排除重叠形状”选项，如图13-302所示，然后在画面中单击，弹出“创建矩形”对话框，设置宽度和高度均为755像素，半径为150像素，如图13-303所示。

图13-301　　图13-302　　图13-303

03创建圆角矩形后，需要将其与该层中的大圆角矩形对齐。因为两图形在同一图层中，对齐方法较之前有所不同。选择路径选择工具 按住Shift键并单击这两个圆角矩形，在工具选项栏中选择“对齐到画布”选项，这是为了避免两图形居中对齐后偏离画布中心。再分别选择水平居中对齐 和垂直居中对齐 ，如图13-304和图13-305所示。由于下一图层的圆角矩形也为黑色，在图像窗口中看不出两图形相减的效果，可通过“图层”面板中的图层缩览图观察图像，如图13-306所示。

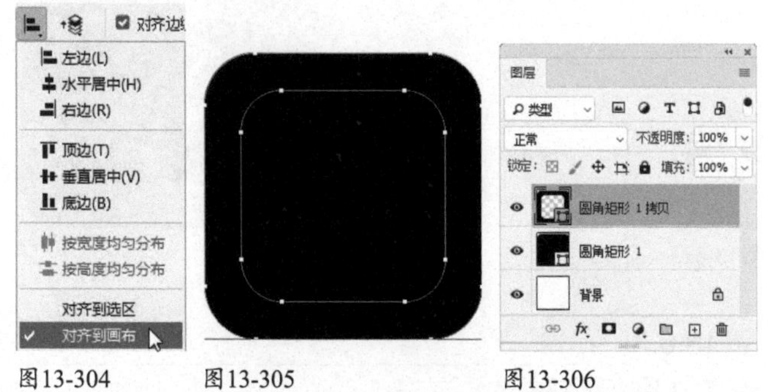

图13-304　　图13-305　　图13-306

04双击该图层，打开“图层样式”对话框，在左侧的列表中勾选“图案叠加”选项，设置混合模式为“正常”，不透明度为100%，在“图案”下拉列表中选择自定义的图案，如图13-307和图13-308所示。

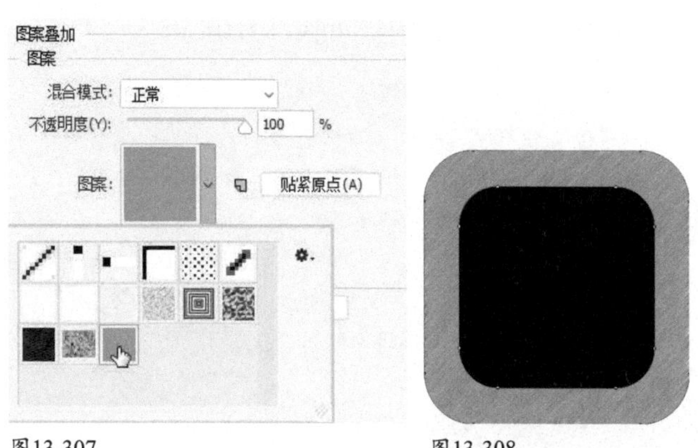

图13-307　　图13-308

05添加“描边”效果，如图13-309和图13-310所示。

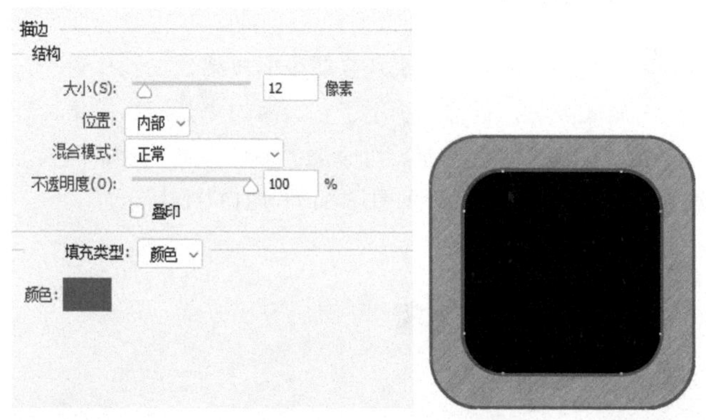

图13-309　　图13-310

06继续添加“斜面和浮雕”效果，如图13-311所示。高光颜色为白色，阴影颜色为接近黑色的深蓝色，以更好地表现金属的冷峻质感，如图13-312所示。

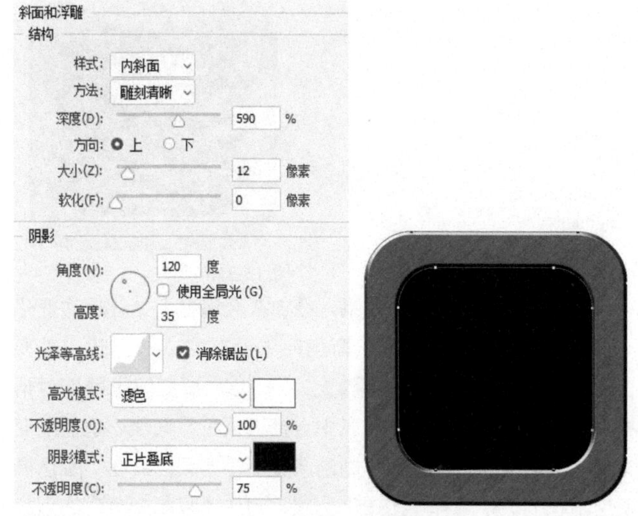

图3-311　　图13-312

07将视图比例放大，可以看到浮雕的斜面略显锐利，如图13-313所示，因此需要进一步调整。添加“等高线”效果，在浮雕效果基础上对斜面的高光和阴影进行修饰，如图

13-314所示，使过渡柔和自然，如图13-315所示。

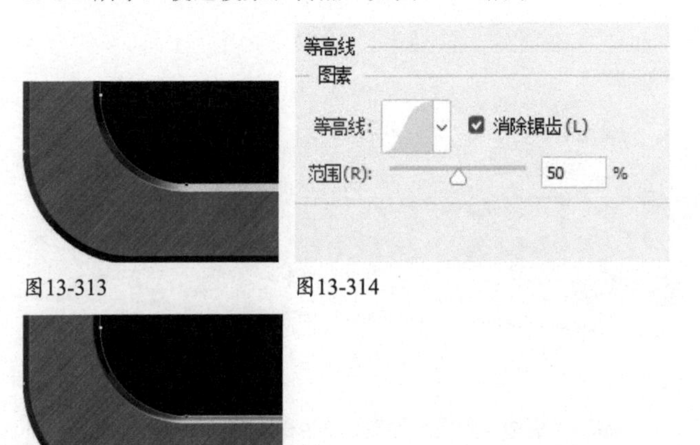

图13-313　图13-314

图13-315

08 “光泽”效果适合表现金属表面质感，在制作这个金属底版时，自然也少不了它。添加“光泽”效果，设置参数，如图13-316所示。再添加“颜色叠加”效果，为金属表面添加一层浅灰色，如图13-317和图13-318所示。

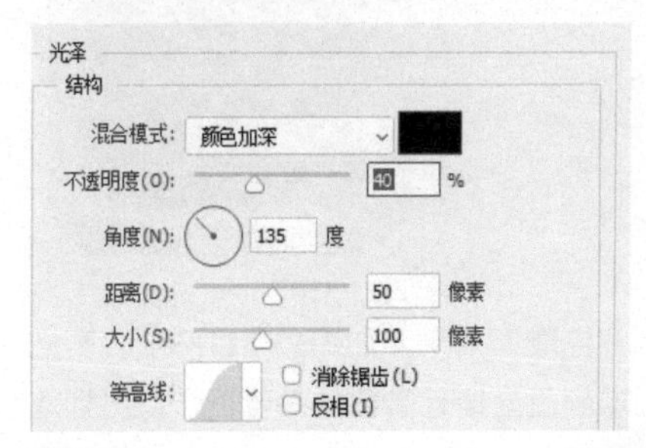

图13-316

图13-317　图13-318

09 添加“渐变叠加”效果，叠加在金属框上，让层次变化更丰富。这个渐变在渐变库中没有现成的样式，需要自己设置。单击渐变按钮，打开“渐变编辑器”对话框，在“渐变类型”下拉列表中选择“杂色”选项。杂色渐变有着丰富的变化，我们要定制的渐变不需要颜色。在“颜色模型”下拉列表中选择“HSB”选项，勾选“限制颜色”选项。H、S、B分别表示色调、饱和度、亮度，要为渐变去色，就得将饱和度降为0。将鼠标指针放在S（饱和度）滑杆右侧的白色滑块上，如图13-319所示，将其拖曳到左侧黑色滑块的位置，渐变即可变为无色，如图13-320所示。关闭“渐变编辑器”对话框，设置“渐变叠加”选项的其他参数，如图13-321和图13-322所示。

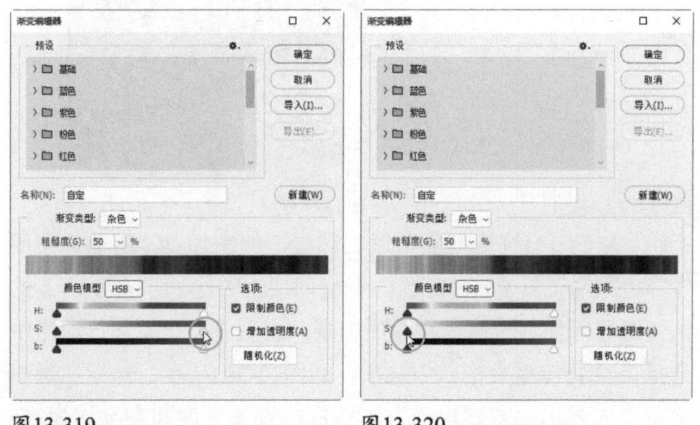

图13-319　图13-320

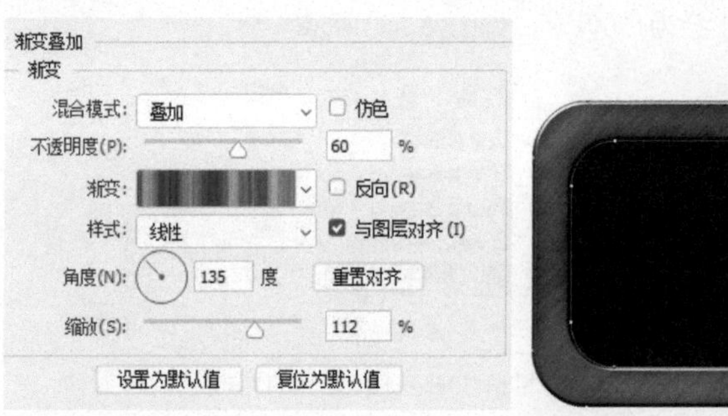

图13-321　图13-322

10 为图标添加“投影”效果，如图13-323和图13-324所示。图标与画布大小相同，投影效果并不能完全显示。将图标放在其他大一点的背景中时，可再根据背景色对投影的颜色、大小做进一步调整。

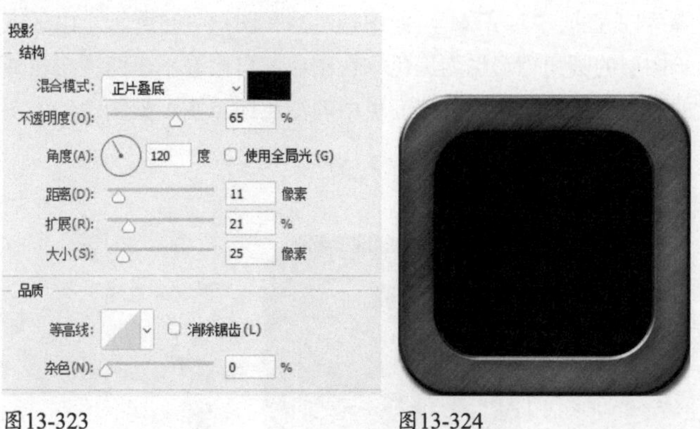

图13-323　图13-324

13.6.3 制作从图标中驶出的汽车

01 打开汽车素材。使用移动工具将汽车拖入图标文件中。用矩形选框工具框选右侧与金属框重叠的车身部分，如图13-325所示，再用椭圆选框工具◌（按住Alt键）在轮胎上创建一个选区，如图13-326所示，与矩形选区相减，如图13-327所示，这个选区内的图像就是要隐藏的。按住Alt键并单击“图层”面板中的 ◘ 按钮，基于选区创建一个反相的蒙版，如图13-328所示。

图13-325

图13-326

图13-327

图13-328

02 新建一个图层，设置不透明度为76%。按Alt+Ctrl+G快捷键创建剪贴蒙版。这个图层负责压暗车身的显示，使车身后部能够融入黑暗的背景中。而使用剪贴蒙版的意义则是可以放心大胆地去绘制，不用担心会影响到车身以外的部分。将前景色设置为黑色。选择渐变工具 ▣，在工具选项栏中单击线性渐变按钮 ▣，在渐变下拉面板中选择“前景色到透明渐变”。从画面右侧（轮胎位置）向左侧拖曳鼠标创建渐变，渐变范围约占画面的⅓。在左侧车头位置填充渐变，渐变范围较小，将车头适当压暗即可，如图13-329~图13-331所示。

图13-329

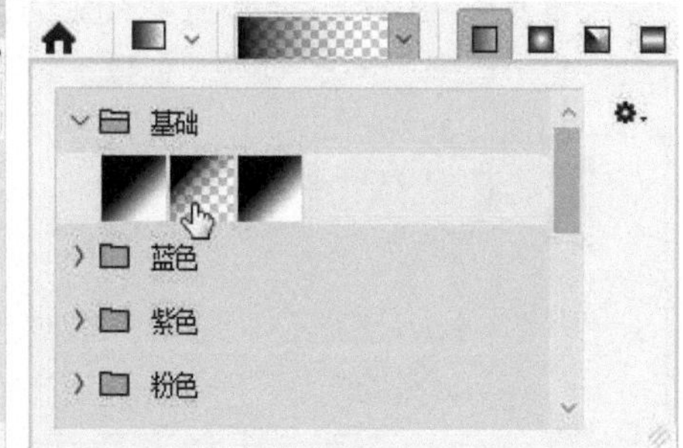

图13-330

图13-331

03 单击“调整”面板中的 ▦ 按钮，创建“曲线”调整图层，向下拖曳曲线，如图13-332所示，使汽车整体变暗，与图标的色调和金属质感更加协调。按Alt+Ctrl+G快捷键，将调整图层也创建到剪贴蒙版组中，如图13-333和图13-334所示。

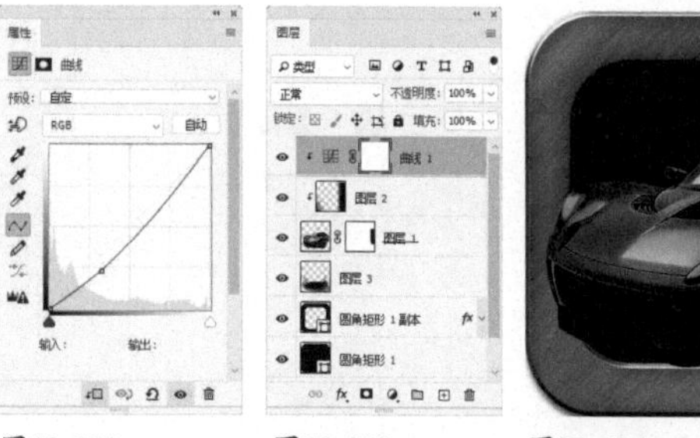

图13-332　图13-333　图13-334

04 在“汽车”图层下方新建一个图层，使用画笔工具 ✎ 绘制汽车投影，如图13-335和图13-336所示。

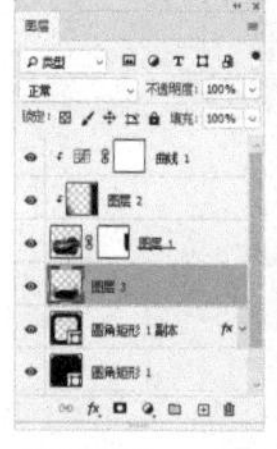

图13-335

图13-336

05 打开文字素材，将其拖入文件中。为文字添加图层样式，制作出金属感，如图13-337~图13-343所示。最后，将文字素材拖入车牌处，通过“自由变换”命令对其外观进行倾斜扭曲，使其与车牌贴合，如图13-344所示。

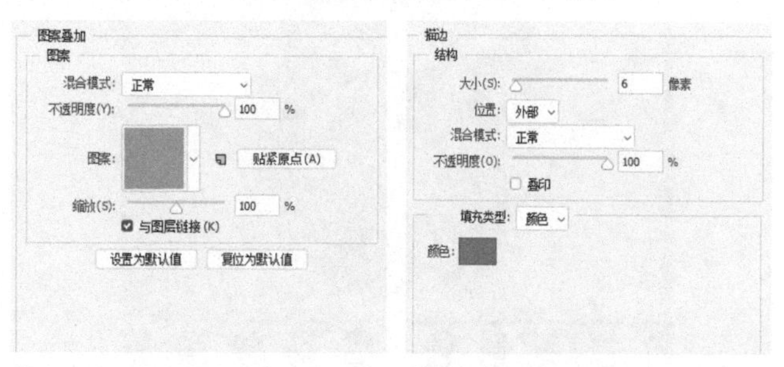

图13-337　图13-338

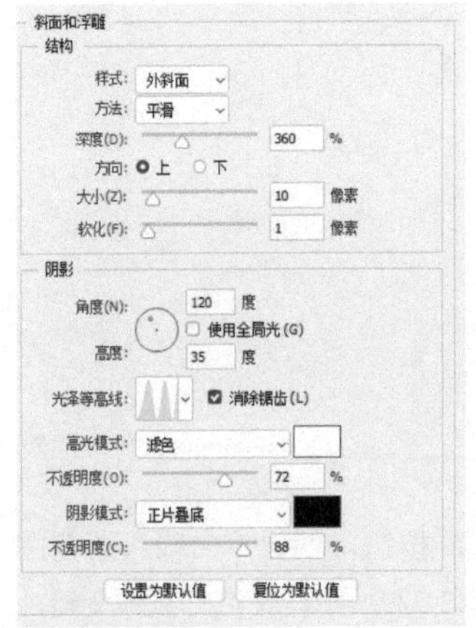

图13-339

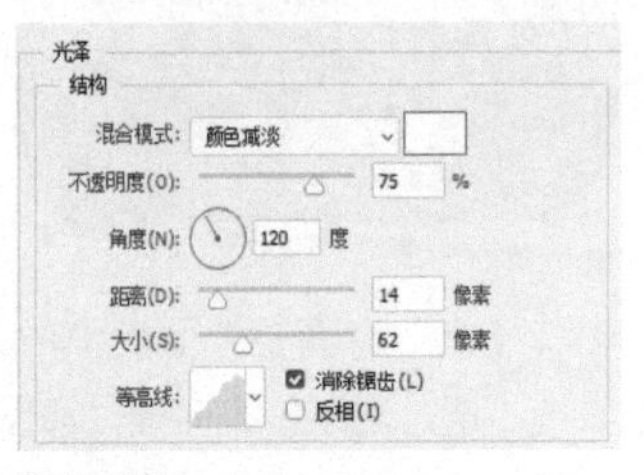

图13-340

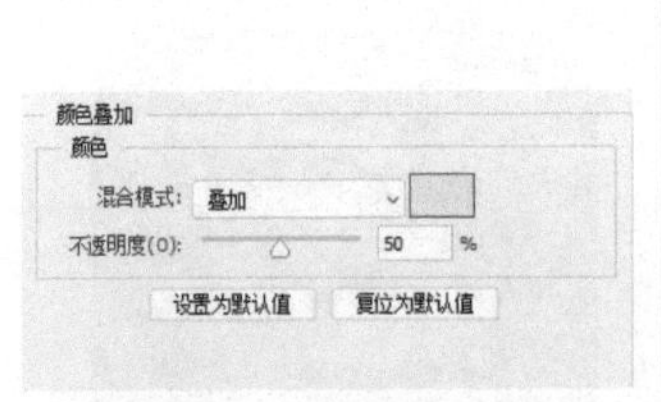

图13-341

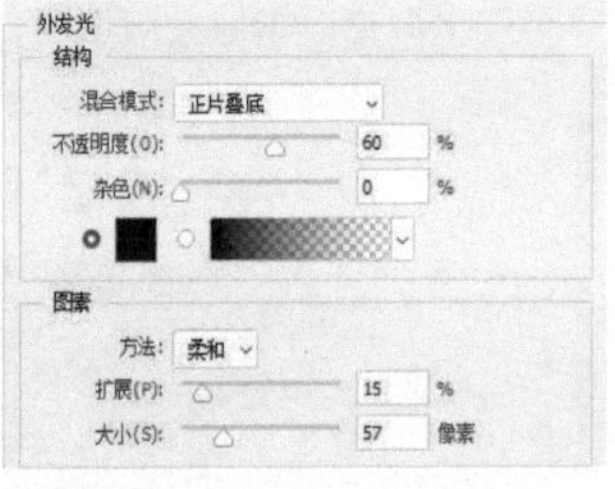

图13-342

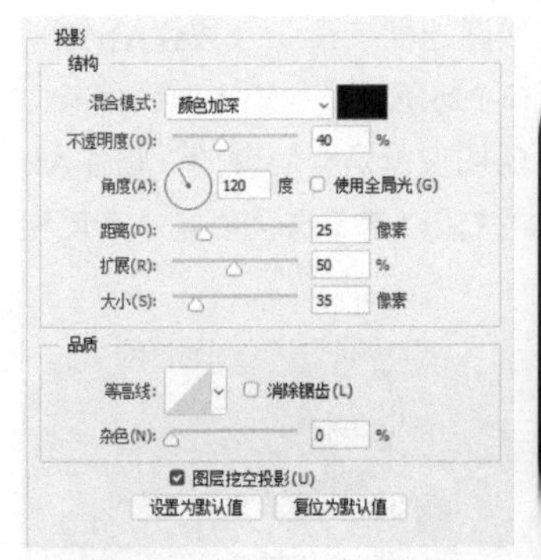

图13-343

图13-344

提示

配套资源中还提供了一个效果图素材文件，可以将图标拖入其中进行展示（需要添加一些渐变），以表现光影效果，其中还涉及图层样式的缩放和效果的调整。

拟物图标：玻璃质感卡通人

扫码看视频

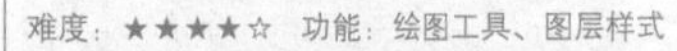

难度：★★★★☆ 功能：绘图工具、图层样式 说明：使用绘图工具绘制五官和头发形状，应用图层样式制作出具有立体感的、可爱有趣的卡通头像。

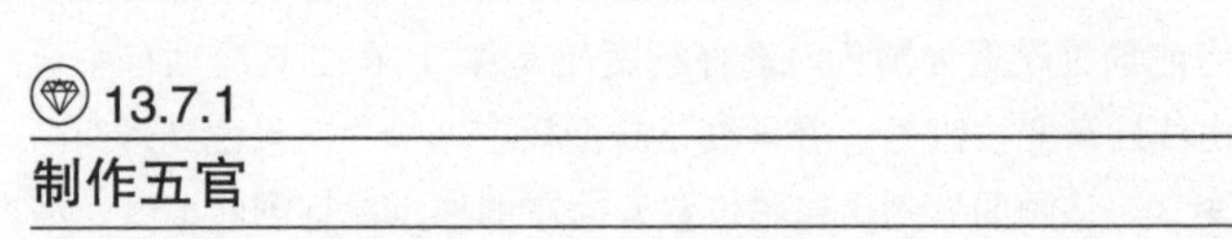

13.7.1 制作五官

01 按Ctrl+N快捷键，打开“新建”对话框，创建一个210毫米×297毫米、200像素/英寸的文件。

02 将前景色设置为白色。选择椭圆工具，在工具选项栏中选择“形状”选项，创建一个长度约3.5厘米的椭圆形，如图13-345所示。

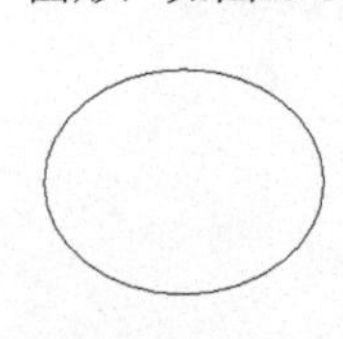

图13-345

03 双击该图层，在打开的“图层样式”对话框中分别勾选“投影”和“内阴影”效果，将投影的颜色设置为深棕色，而内阴影颜色设置为深红色，其他参数设置分别如图13-346和图13-347所示。

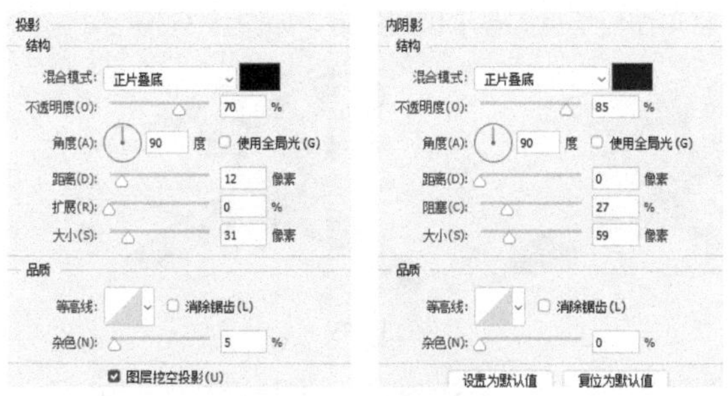

图13-346 图13-347

04添加“内发光”“斜面和浮雕”“等高线”效果，设置参数如图13-348~图13-350所示，制作出一个立体的图形效果，如图13-351所示。

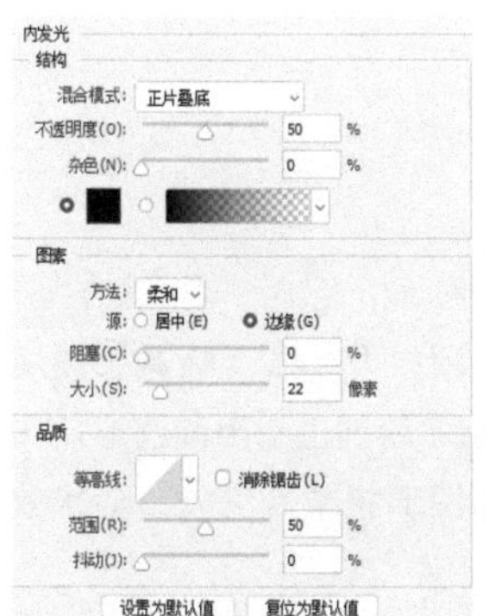

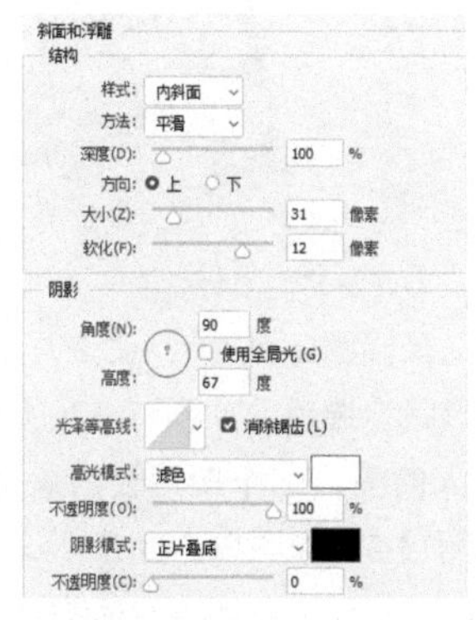

图13-348 图13-349

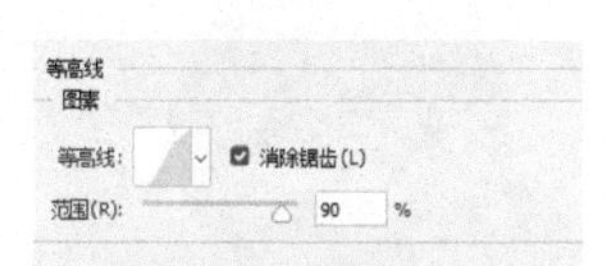

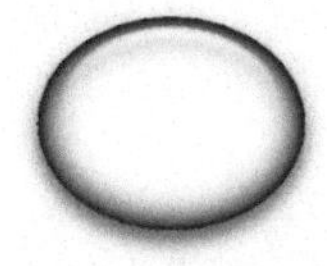

图13-350 图13-351

05选择工具选项栏中的“合并形状”选项，再绘制一个小一点的椭圆，这样它会与大椭圆位于同一个图层中，如图13-352和图13-353所示。

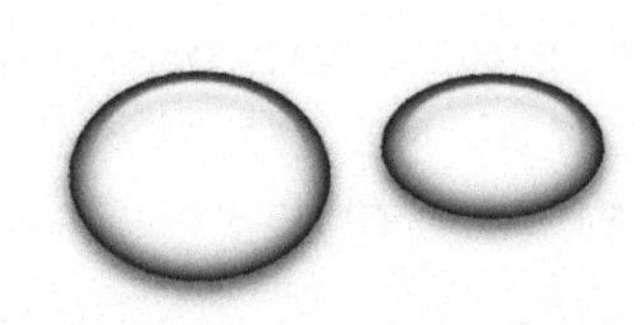

图13-352 图13-353

06单击“图层”面板底部的⊞按钮，新建一个图层。选择椭圆选框工具◯，按住Shift键并创建一个圆形。选择渐变工具，单击径向渐变按钮，再单击按钮打开“渐变编辑器”对话框，调整渐变颜色，如图13-354所示。在圆形选区内填充径向渐变，如图13-355所示。

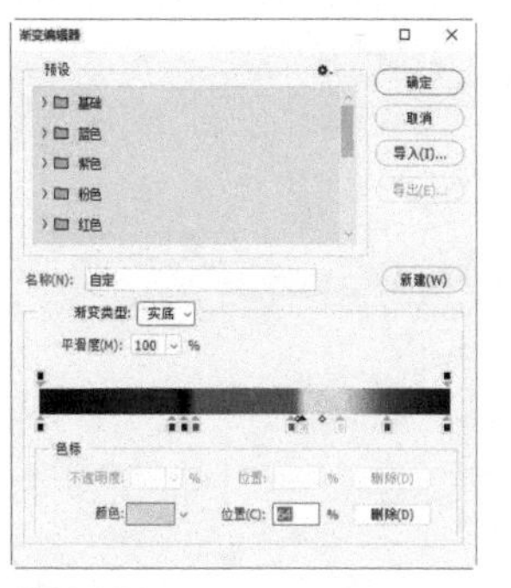

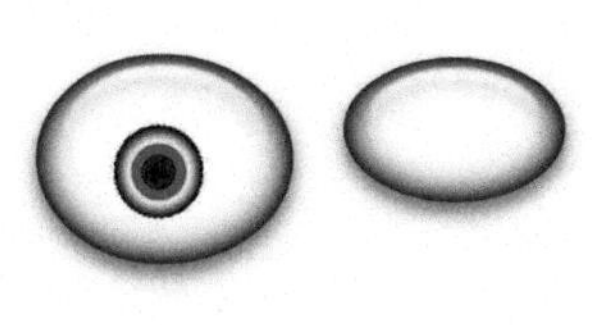

图13-354 图13-355

07依然保留选区的存在。选择画笔工具，设置大小为55像素，不透明度为80%，在选区内为眼珠点上高光，如图13-356所示。选择移动工具，按住Alt键并将眼珠图形拖曳到另一只眼睛上，进行复制，按Ctrl+D快捷键取消选择，如图13-357所示。

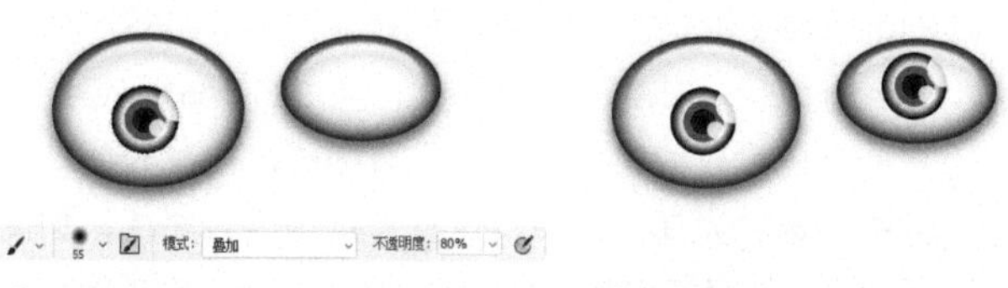

图13-356 图13-357

08选择自定形状工具，在形状下拉面板中选取“雨滴”形状，如图13-358所示，在眼睛中间绘制出图形，作为卡通人的鼻子，如图13-359所示。

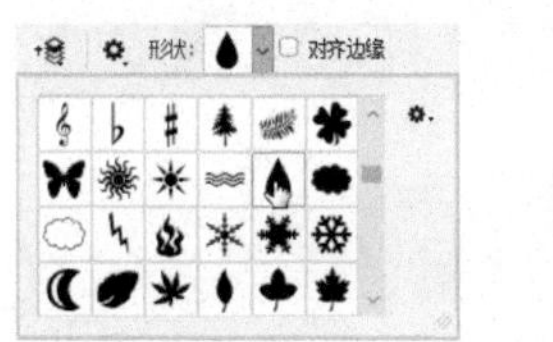

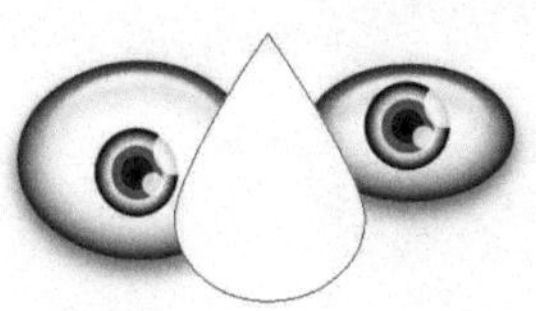

图13-358 图13-359

09按住Alt键将“形状1”图层后面的fx图标拖曳到“形状2”图层中，复制图层样式，如图13-360和图13-361所示。

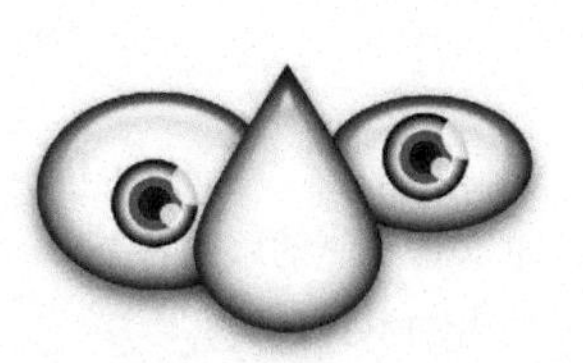

图13-360 图13-361

10双击该图层，打开“图层样式”对话框，勾选“外发光”效果，将发光颜色设置为红色，如图13-362所示。选择“渐变叠加”效果，单击渐变按钮打开“渐变编辑器”对话框，设置渐变颜色如图13-363和图13-364所示，使鼻子颜色呈现渐变过渡效果，如图13-365所示。

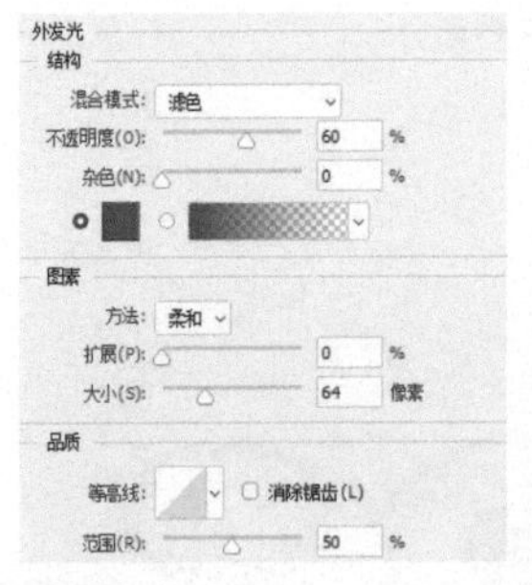

图13-362

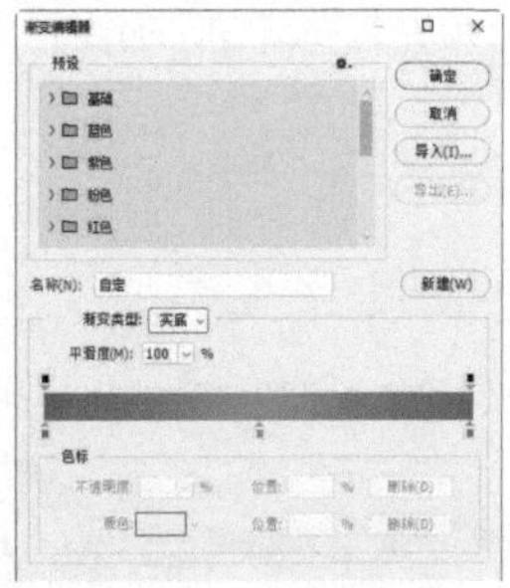

图13-363

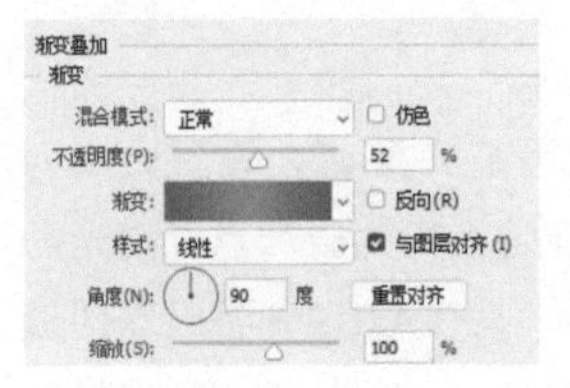

图13-364

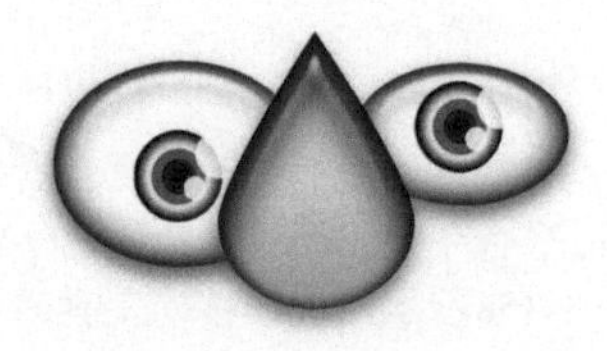

图13-365

11 使用钢笔工具 绘制眼眉，将“形状 2”图层的效果复制给眼眉图层。将前景色设置为深棕色（R106，G57，B6），按Alt+Delete快捷键填充前景色，如图13-366所示。

12 将前景色设置为黄色。双击眼眉图层，在打开的对话框中勾选“光泽”效果，设置发光颜色为红色，如图13-367所示。勾选“渐变叠加”效果，在“渐变”面板中选择“透明条纹渐变”，由于前景色为黄色，所以这个条纹也会呈现黄色，如图13-368和图13-369所示。

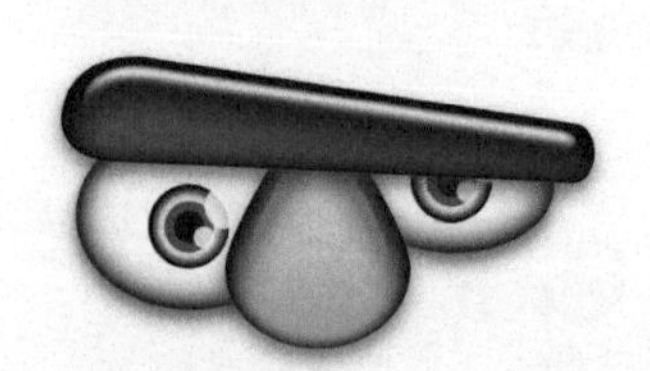

图13-366

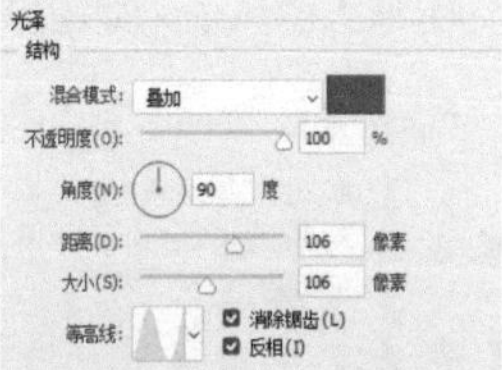

图13-367

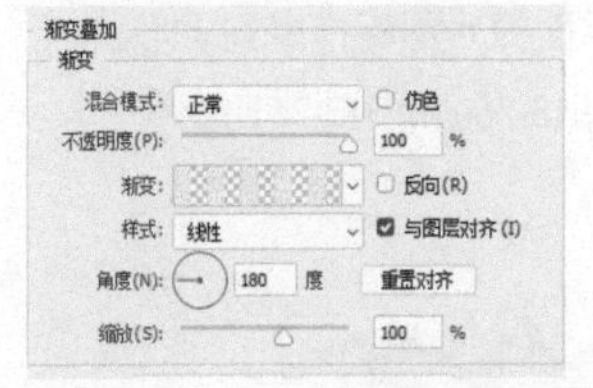

图13-368

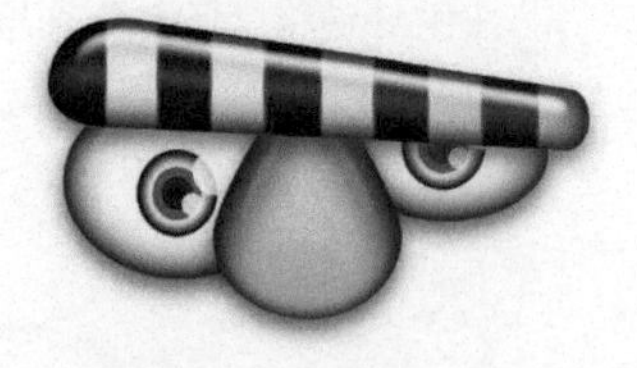

图13-369

13 单击外发光左侧的眼睛图标 ，将该效果隐藏，如图13-370和图13-371所示。

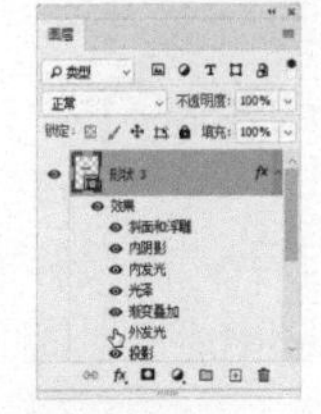

图13-370

图13-371

14 用同样的方法制作出胡须，如图13-372所示。将前景色设置为深棕色（R54，G46，B43），按Alt+Delete快捷键填充图形，将该图层拖曳到鼻子图层下方，如图13-373所示。

图13-372

图13-373

15 绘制出脸的图形，按Shift+Ctrl+[快捷键将其拖曳至底层。按住Alt键，将“形状 2”（鼻子）图层后面的 fx 图标拖曳到脸图层，如图13-374和图13-375所示。

图13-374

图13-375

16 选择椭圆工具 ，在工具选项栏中选择“ 减去顶层形状”选项，如图13-376所示。绘制出一个椭圆形，作为卡通人的嘴，这个图形会与脸部图形相减，生成凹陷状效果，如图13-377和图13-378所示。

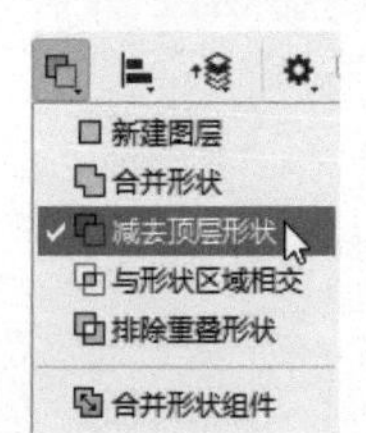

图13-376

图13-377

图13-378

13.7.2 制作领结和头发

01 绘制出衣领图形，将前景色设置为深紫色（R87，G60，B100），按Alt+Delete快捷键填充颜色，将该图层拖曳到脸部图层下方。添加“渐变叠加”效果，将渐变样式设置为“对称的”，如图13-379和图13-380所示。

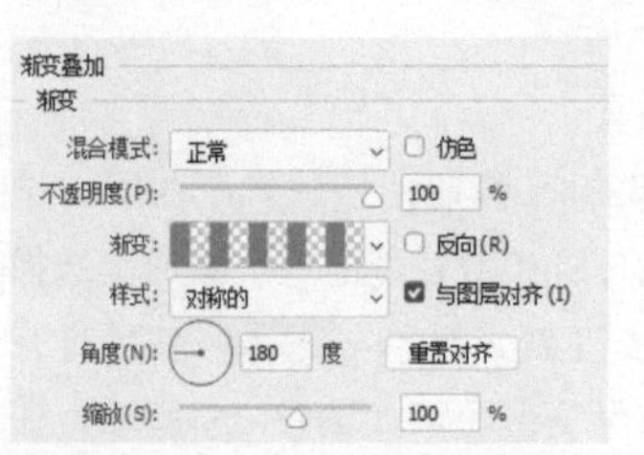

图13-379

图13-380

02 在形状下拉面板中选择“花1”图形，创建一个填充黄色的形状，如图13-381和图13-382所示。

图13-381　图13-382

03 按住Ctrl键并单击“形状 5”（脸部）图层，载入脸部选区，如图13-383所示。按住Alt键并单击面板底部的 按钮，基于选区创建一个反相蒙版，如图13-384所示。

图13-383　图13-384

04 选择矩形工具，设置半径为50像素，按住Shift键并绘制一个矩形并在“属性”面板中调成圆角，隐藏“渐变叠加”效果，如图13-385和图13-386所示。将前景色设置为黑色，在圆角矩形的下面绘制一个矩形，如图13-387所示。

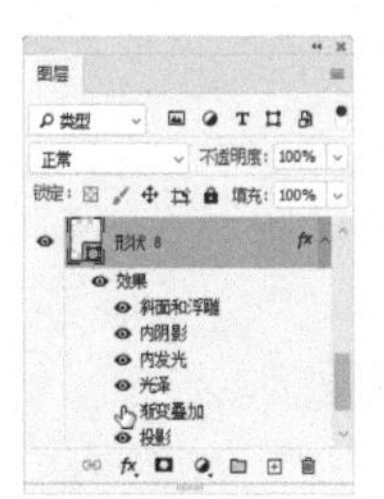

图13-385　图13-386　图13-387

05 在面部图层上方新建一个图层，如图13-388所示。选择椭圆工具及“像素”选项，在卡通人的脸上绘制一些粉红色的圆点，模拟雀斑，如图13-389所示。

图13-388　图13-389

Photoshop 2022 13.8

拟物图标：布纹图标

扫码看视频

难度：★★★★☆　功能：图层样式、画笔　说明：使用图层样式表现图标的布纹质感和立体效果。缝纫线则选用方头画笔模拟，让笔迹产生断点。

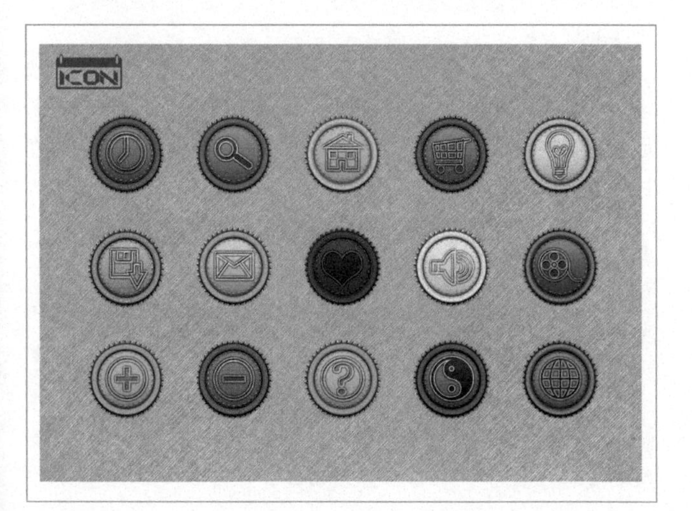

13.8.1 制作布纹

01 打开素材。将前景色设置为黄绿色（R177，G222，B32），背景色设置为深绿色（R42，G138，B20）。使用椭圆选框工具按住Shift键创建一个圆形选区。新建一个图层，选择渐变工具，填充线性渐变，如图13-390所示。

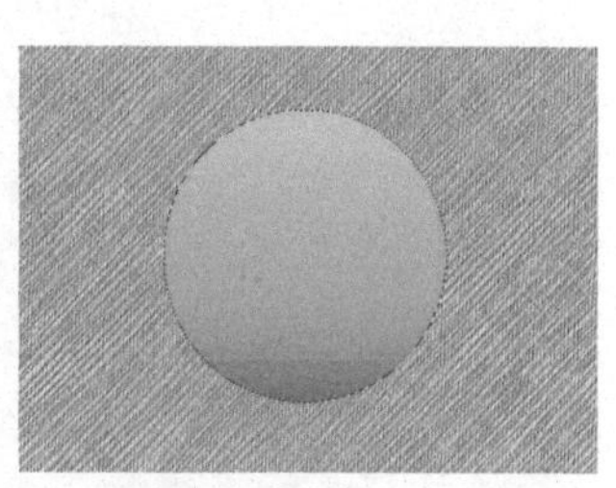

图13-390

02 双击该图层，打开“图层样式”对话框，在左侧的列表中勾选“投影”和“外发光”选项，添加这两种效果，如图13-391和图13-392所示。

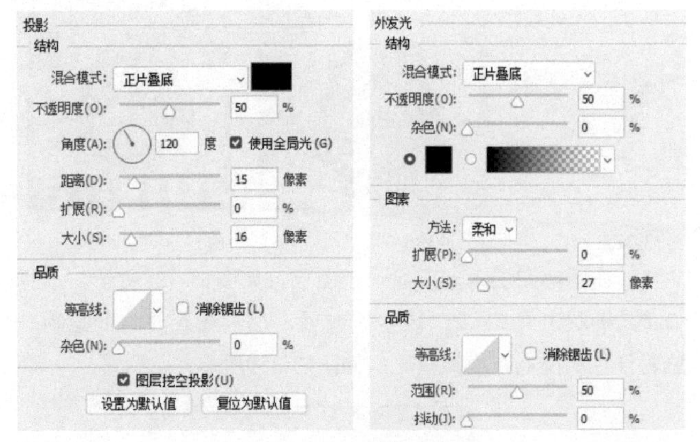

图13-391 图13-392

03 继续添加“内发光”“斜面和浮雕”“纹理”效果，在对话框中设置参数，制作带有纹理的立体效果，如图13-393~图13-396所示。

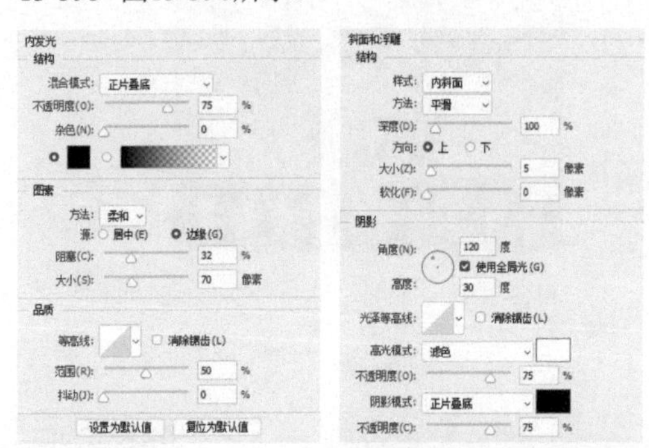

图13-393 图13-394

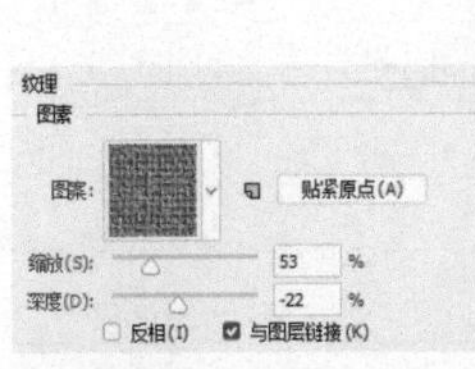

图13-395 图13-396

04 新建一个图层。使用椭圆选框工具绘制一个圆形选区，填充深绿色，如图13-397所示。

图13-397

05 执行“选择>变换选区”命令，在选区周围显示定界框，按住Alt+Shift键并拖曳定界框的一角，将选区等比缩小，如图13-398所示。按Enter键确认操作。按Delete键删除选区内的图像，形成一个环形，如图13-399所示。按Ctrl+D快捷键取消选择。

图13-398

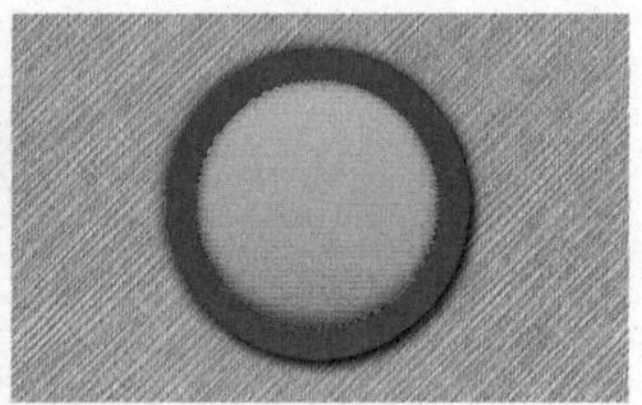

图13-399

06 双击该图层，打开“图层样式”对话框，添加“内发光”和“投影”效果，如图13-400~图13-402所示。

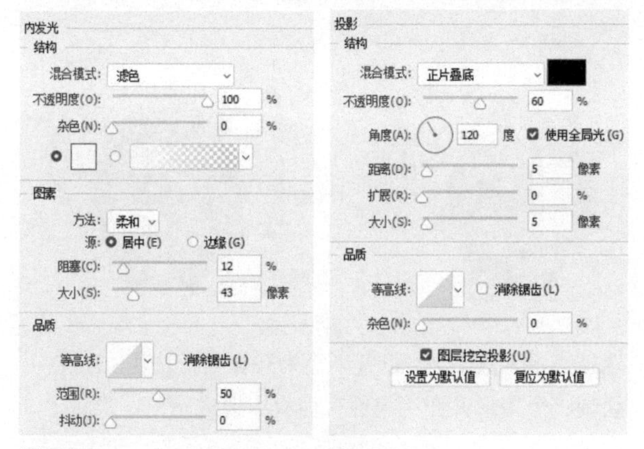

图13-400 图13-401

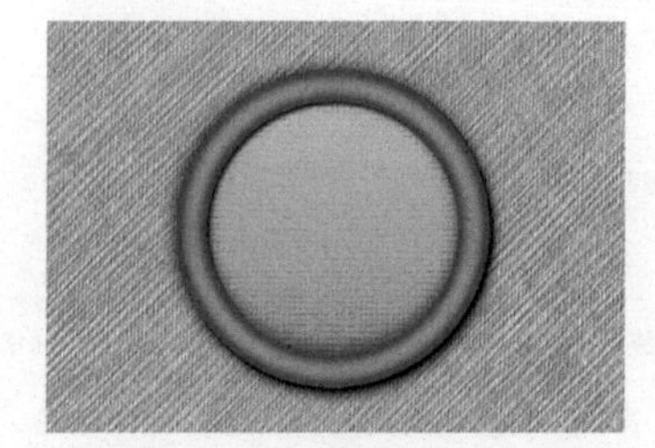

图13-402

07 选择椭圆工具，在工具选项栏中选择“路径”选项，按住Shift键并创建一个比圆环稍小点的圆形路径，如图13-403所示。新建一个图层，如图13-404所示。我们要在该图层上制作缝纫线。

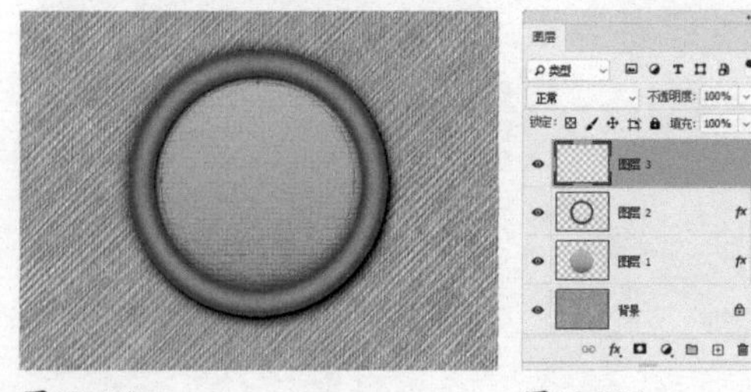

图13-403 图13-404

13.8.2 制作缝纫线

01 选择画笔工具，在工具选项栏的画笔下拉面板菜单中选择“旧版画笔”，加载该画笔库并选择一个方头画笔，如图13-405所示。打开“画笔设置”面板，设置画笔的大小、圆度和间距，如图13-406所示。勾选“形状动态”属性，然后在“角度抖动”下方的“控制”下拉列表中选择“方向”，如图13-407所示。

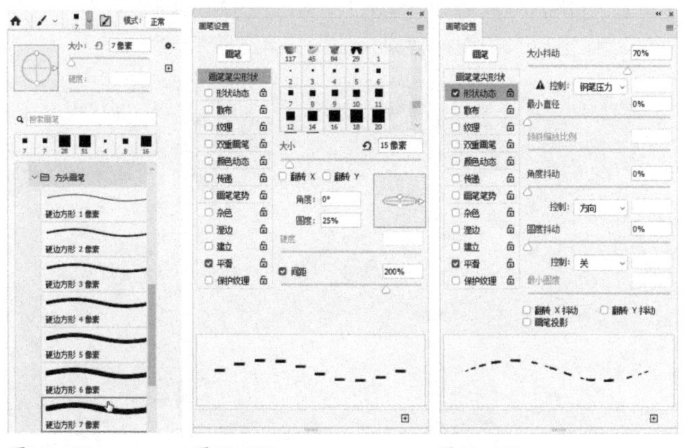

图13-405　图13-406　图13-407

02 将前景色设置为浅黄绿色（R204，G225，B152），单击“路径”面板底部的 ○ 按钮，用画笔描边路径，制作出虚线，如图13-408所示。在“路径”面板空白处单击，隐藏路径，如图13-409所示。

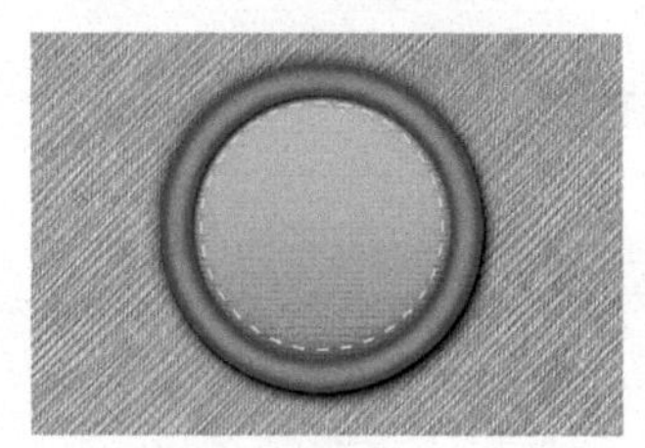

图13-408

图13-409

03 双击该图层，添加“斜面和浮雕”“投影”效果，如图13-410~图13-412所示。

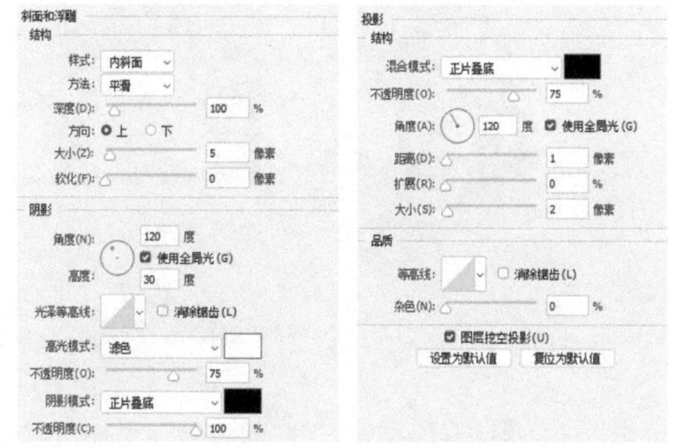

图13-410　图13-411

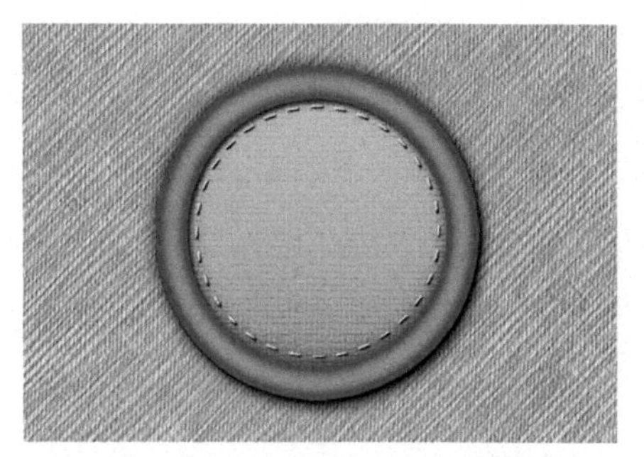

图13-412

04 按Ctrl+O快捷键，打开配套资源中的AI素材文件。使用矩形选框工具选取最左侧的图形，如图13-413所示。

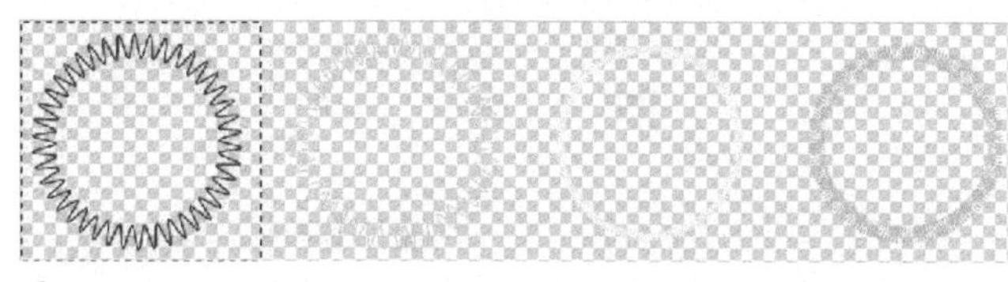

图13-413

05 使用移动工具将选区内的图形拖入图标文档中，按Shift+Ctrl+[快捷键将它移至底层，如图13-414所示。再选取素材文件中的第2个图形，拖入图标文件，放在深绿色曲线上面，如图13-415所示。依次将第3、第4个图形拖入图标文件中，放在图标图层的最上方，效果如图13-416所示。

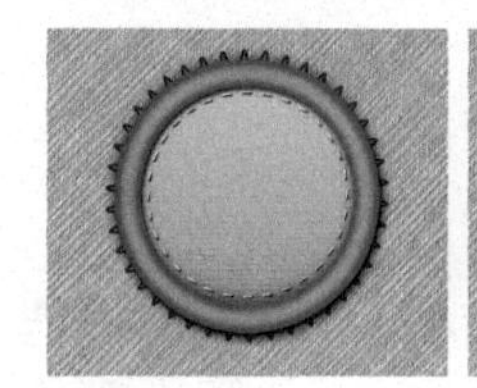

图13-414　图13-415

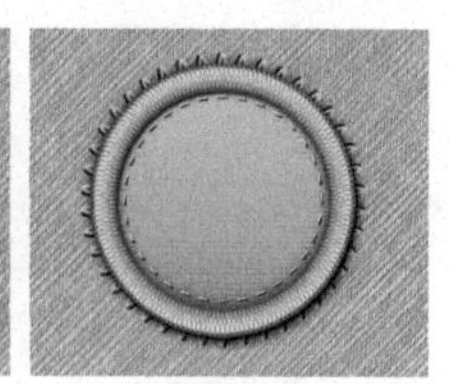

图13-416

13.8.3 制作凹凸纹样

01 选择自定形状工具，选取图13-417所示的图形。新建一个图层，绘制该图形，如图13-418所示。

图13-417

图13-418

02 设置该图层的混合模式为“柔光”，使图形显示出底纹效果，如图13-419和图13-420所示。

图13-419

图13-420

03 为该图层添加“内阴影”“外发光”“描边”效果，如图13-421~图13-424所示。

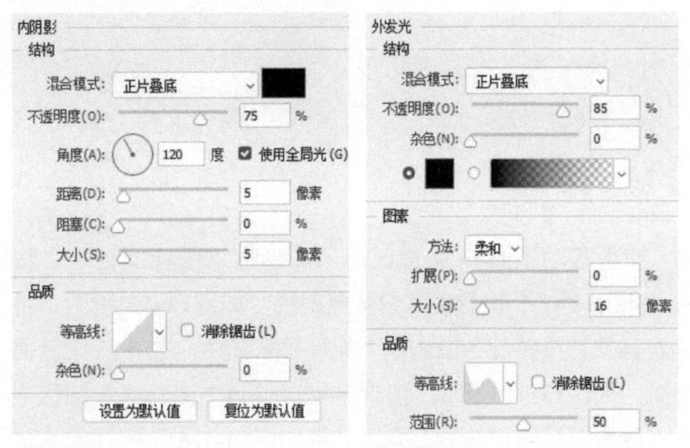

图13-421

图13-422

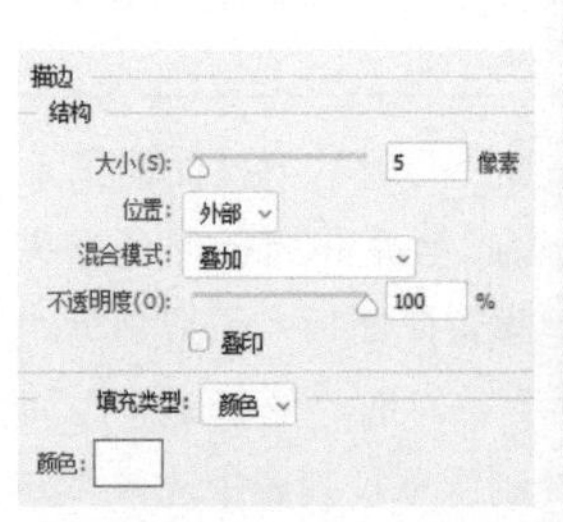

图13-423

图13-424

04 用相同的参数和方法，变换一下填充的颜色和图形，制作出更多的图标效果，如图13-425所示。

图13-425

社交类App：个人主页设计

难度：★★★☆☆　功能：矩形工具、渐变工具、蒙版、图层样式

说明：个人主页是集中展示个人信息的页面，由头像、个人信息和功能模块组成。这个App是养猫者“以猫会友”的社交类应用，以展示猫咪的日常生活趣事为主。

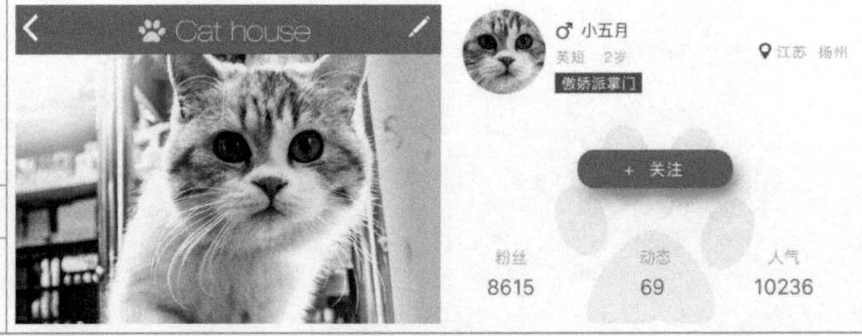

13.9.1 制作猫咪头像

01 新建一个文件。使用矩形工具 创建一个矩形，如图13-426所示。打开素材文件，使用移动工具 将猫咪素材拖入文件中，如图13-427所示，按Alt+Ctrl+G快捷键创建剪贴蒙版，如图13-428所示。

图13-426

图13-427

图13-428

02 将前景色设置为白色。选择渐变工具，在工具选项栏中单击按钮，打开渐变下拉面板，选择“前景色到透明渐变”渐变，在猫咪图像左上角填充径向渐变，如图13-429所示。调整前景色，单击工具选项栏中的线性渐变按钮，在猫咪右侧填充线性渐变，降低右侧背景的亮度，如图13-430所示。打开素材文件，将状态栏和导航栏拖入文件中，如图13-431所示。

图13-429 图13-430 图13-431

> 提示
>
> 状态栏（Status Bar）位于界面最上方，显示信息、时间、信号和电量等。它的规范高度为40像素。导航栏（Navigation Bar）位于状态栏下方，用于在层级结构的信息中导航或管理屏幕信息。左侧为后退图标，中间为当前界面内容的标题，右侧为操作图标。导航栏的规范高度为88像素。

03 选择椭圆工具，在画布上单击，弹出“创建椭圆”对话框，设置椭圆大小为144像素，如图13-432所示。使用椭圆选框工具在猫咪脸部创建一个选区，如图13-433所示，将鼠标指针放在选区内，按住Ctrl键并拖曳选区内的图像到当前文件中，按Alt+Ctrl+G快捷键创建剪贴蒙版，制作出猫咪的头像。按Ctrl+T快捷键显示定界框，按住Shift键并拖曳定界框的一角，将图像等比缩小，如图13-434所示。

图13-432 图13-433 图13-434

13.9.2 制作图标和按钮

01 选择自定形状工具，在形状下拉面板中选择“雄性符号”形状，如图13-435所示，在头像右上方绘制该形状，绘制时按住Shift键可锁定形状比例。选择横排文字工具 T，在画面中输入猫咪的名字、品种、年龄和个性特征等信息，都使用“苹方”字体，字号为28点，其他文字的字号为24点，颜色有深浅变化，白色文字用一个矩形色块作为背景，如图13-436所示。

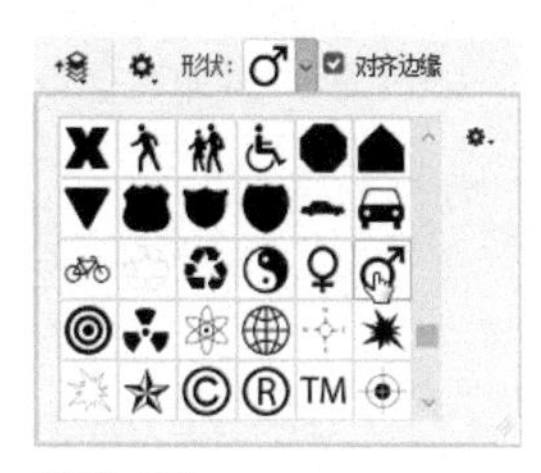

图13-435 图13-436

02 调整前景色（R153，G102，B102）。选择“雨滴”形状，如图13-437所示，在画面中绘制该形状，如图13-438所示。按Ctrl+T快捷键显示定界框，在图形上单击鼠标右键，打开快捷菜单，执行“垂直翻转”命令，如图13-439所示。按Enter键确认。

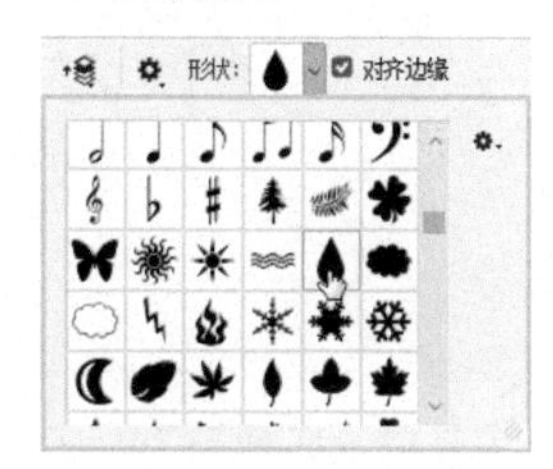

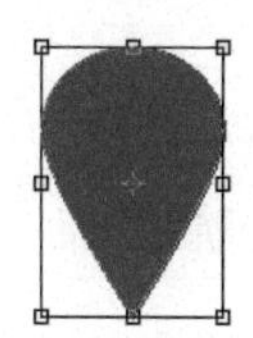

图13-437 图13-438 图13-439

03 选择椭圆工具，在工具选项栏中选择“排除重叠形状”选项，按住Shift键并绘制一个圆形，与雨滴图形相减，制作出地理位置图标，如图13-440所示。在图标右侧添加猫咪的地址，如图13-441所示。

图13-440 图13-441

04 在画面下方绘制爪印图形，如图13-442所示。使用矩形工具绘制一个圆角矩形按钮，如图13-443所示。

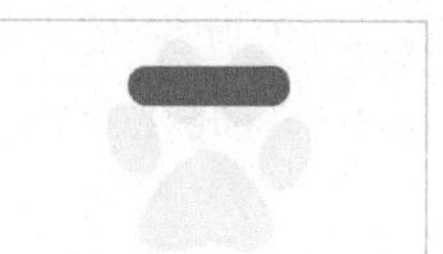

图13-442 图13-443

05 双击该图层，打开“图层样式”对话框，添加“投影”效果，如图13-444和图13-445所示。

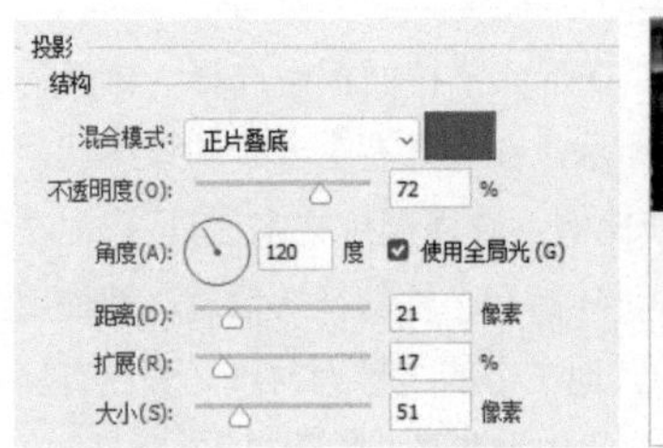

图13-444

图13-445

06 在按钮上添加白色文字，如图13-446所示。添加其他信息，如图13-447所示。

图13-446 图13-447

13.10 女装电商应用：详情页设计

扫码看视频

难度：★★★★☆ 功能：绘图工具、横排文字工具

说明：详情页用于向用户介绍产品，引导用户下单购买。在详情页中既要完美地展示产品，同时产品信息也要清晰，而且“加入购物车”按钮要格外醒目。

13.10.1 制作导航栏

01 打开素材文件，文件中包含了状态栏。选择矩形工具 ，在画布上单击，打开“创建矩形”对话框，创建一个750像素×88像素的矩形，填充浅灰色，如图13-448和图13-449所示。

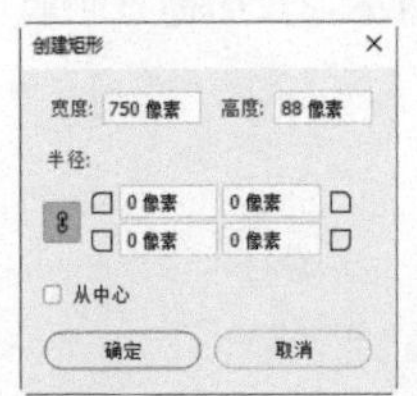

图13-448

图13-449

02 选择钢笔工具 ，在导航栏左侧绘制后退图标，在右侧绘制分享图标，如图13-450所示。

03 选择横排文字工具 T ，输入导航栏标题文字，以等量的间距作为分隔，如图13-451所示。

图13-450 图13-451

13.10.2 制作产品展示及信息

01 选择“背景”图层，填充浅灰色。打开服装详情页文件，如图13-452所示，按住Shift键并选取与人物及背景相关的图层，如图13-453所示，按Alt+Ctrl+E快捷键，将所选图层盖印到一个新的图层中。

图13-452 图13-453

02 使用移动工具 将盖印图层拖入文件中，调整其大小，作为服装的展示信息。使用矩形工具 在图片左下角绘制一个矩形，作为页码指示器，提示用户当前展示的是第一页视图，如图13-454所示。

图13-454

03 选择横排文字工具 T，输入服装的信息。标题文字可以大一点，如图13-455所示。与优惠相关的信息用红色，这样文字虽小也能足够吸引眼球，如图13-456所示。输入价格信息，如图13-457所示。文字有大小、深浅的变化，体现出信息传达的主次和重要程度。在设计时应了解用户的购买心理，主要文字突出显示，使用户能一眼看到，如图13-458所示。

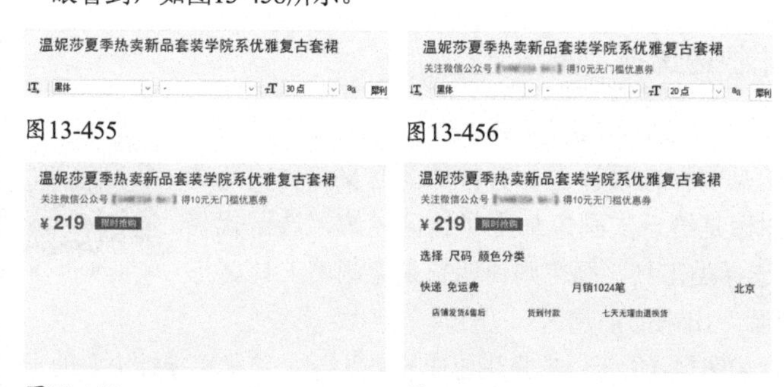

图13-455　图13-456　图13-457　图13-458

04 选择自定形状工具 ，选取图13-459所示的图形。在商家承诺的条款信息前面绘制形状，如图13-460所示。

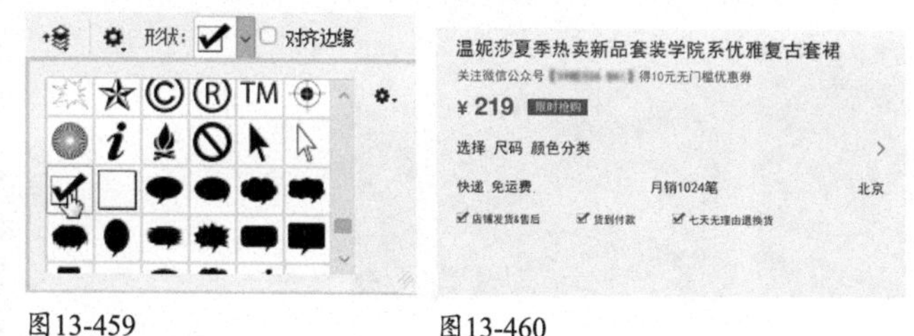

图13-459　图13-460

13.10.3 制作标签栏

01 用矩形工具 绘制两个白色的矩形，按Ctrl+[快捷键调整到文字下方，使文字阅读起来更加方便，尽量给用户创造良好的阅读体验。在画面中单击，打开“创建矩形”对话框，创建一个750像素×98像素的矩形，填充略深一点的灰色，如图13-461和图13-462所示。

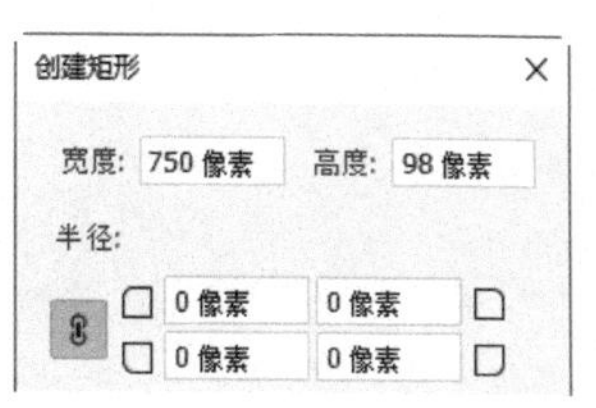

图13-461

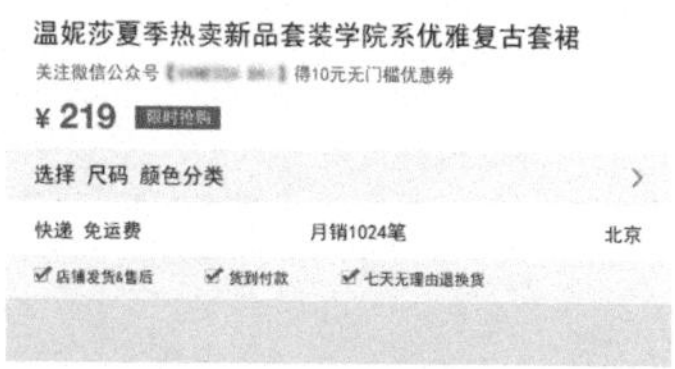

图13-462

02 用自定形状工具 绘制图标，客服、关注和购物车图标都来源于形状库，店铺图标可使用钢笔工具 绘制，如图13-463所示。输入标签名称，如图13-464所示。

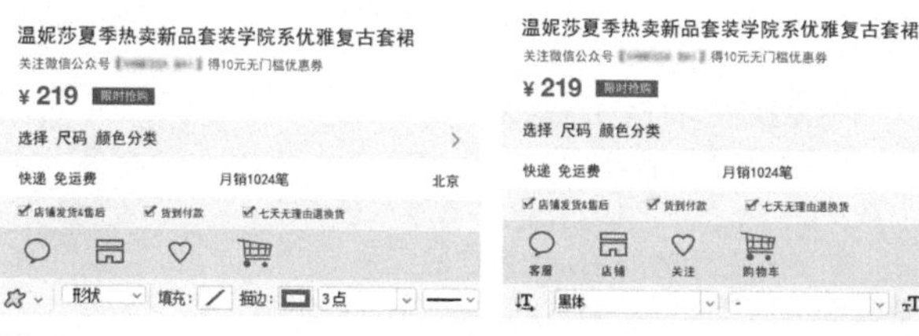

图13-463　图13-464

03 最后，输入文字“加入购物车”，将文字设置为白色，并用红色矩形作为背景，如图13-465和图13-466所示。

图13-465

图13-466

> **提示**
>
> 状态栏（Status Bar）位于界面最上方，显示信息、时间、信号和电量等。它的规范高度为40像素。导航栏（Navigation Bar）位于状态栏下方，用于在层级结构的信息中导航或管理屏幕信息。左侧为后退图标，中间为当前界面内容的标题，右侧为操作图标。导航栏的规范高度为88像素。

抠图技术

【本章简介】

本章介绍抠图技术。抠图难度较大，操作过程复杂，初学者最好不要尝试。

以笔者的经验，抠图是Photoshop中最难的技术之一。这里有图片的原因，如浓密的长发、透明或模糊的物体等，需要动用通道、混合模式、蒙版、钢笔等工具，且方法较多，极富挑战性；另外图像的唯一性，使抠某一个图像的技巧，并不能用于处理其他的同类图像。总之，挺让人头痛的。

本章，笔者将从分析图像、认识抠图规律入手，尝试探寻复杂表面后面蕴含的规律性东西，由浅入深，逐个介绍抠图方法。

【学习目标】

学会分析图像，找到其特点，掌握以下方法，用以抠不同类型的图像。

- 抠简单的不规则图像
- 抠边缘复杂的图像——鹦鹉、毛绒玩具、闪电、大树和变形金刚等
- 抠建筑
- 抠轮廓光滑的对象
- 抠宠物——长毛小狗
- 抠汽车及阴影
- 抠透明对象——酒杯、冰块和婚纱
- 抠像
- 抠发丝——用通道和“选择并遮住”命令两种方法处理

【学习重点】

抠图初探

在学习抠图之前，可以先思考这两个问题：对图像的特点是否有充分了解？对抠图工具又有多少认知呢？只有想清楚了，才能将抠图技术与不同类型的图像匹配好。

14.1.1

实战：抠鲨鱼（快速选择工具）

本例会用到快速选择工具和“选择并遮住”命令。Photoshop中的工具图标在设计上都有特殊的含义，如快速选择工具，其图标是给一支画笔加上了选区轮廓，选区代表着它的身份——选择类工具，画笔则说明它是像画笔工具那样使用的，但“画”出来的是选区。

01 打开素材，如图14-1所示。选择快速选择工具，将鼠标指针中心的十字线定位在要选取的对象上，圆形笔触的绘制范围完全位于鲨鱼内部，之后拖曳鼠标绘制选区，选区会向外扩展并自动查找边缘，以将鲨鱼选取，如图14-2所示。

图14-1

图14-2

02 该工具可以检索到鱼身的大面积区域，并创建选区，而细小的鱼鳍容易被忽略，如图14-3所示。单击工具选项栏中的按钮，按 [键，将笔尖宽度调到与鱼鳍相近，如图14-4所示，沿鱼鳍拖曳鼠标，选取鱼鳍，如图14-5所示。

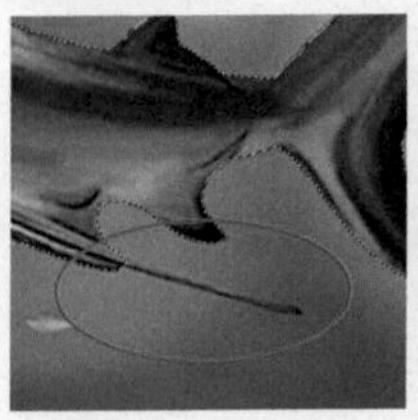

图14-3

图14-4

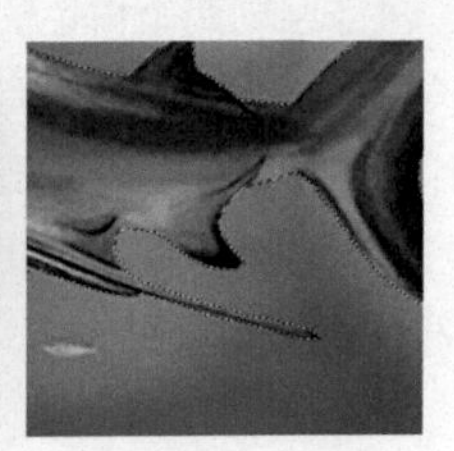

图14-5

03 单击“选择并遮住”按钮，切换到选择并遮住工作区。在“属性”面板中将视图模式设置为“黑白”，勾选“智能半径”选项，设置“半径”为8像素，“平滑”为2，以减少选区边缘的锯齿，设置“对比度”为23%，使选区更加清晰明确，如图14-6和图14-7所示。鲨鱼内部靠近轮廓处还有些许灰色，如图14-8所示，表示没有完全选取，选用快速选择工具并在这些位置单击，将它们添加到选区中，如图14-9所示。

图14-6　图14-7

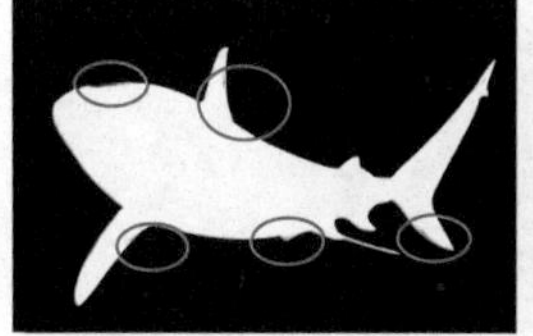
图14-8

图14-9

04 选取“图层蒙版”选项，如图14-10所示，按Enter键抠图，如图14-11和图14-12所示。

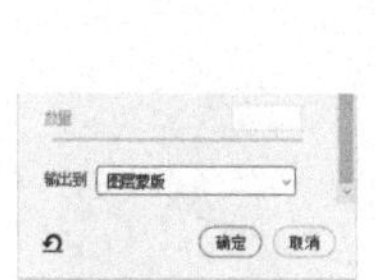
图14-10

图14-11

图14-12

05 打开素材，如图14-13和图14-14所示。使用移动工具将抠出的鲨鱼拖入素材图像中，如图14-15所示。

图14-13

图14-14

图14-15

06 为增加鲨鱼的气势和整个画面的张力，可对鲨鱼进行适当调整。按Ctrl+T快捷键显示定界框，拖曳右上角的控制点，进行顺时针旋转，如图14-16所示。按住Ctrl键并拖曳定界框的左上角，进行透视扭曲，以增大鲨鱼的头部，如图14-17所示，按Enter键确认，如图14-18所示。

图14-16

图14-17

图14-18

07 单击“调整”面板中的按钮，创建“颜色查找”调整图层，选择图14-19所示的预设文件进行调色，让画面呈现暖色调。为使人物不产生偏色，可以使用渐变工具在画面左下方填充灰色的线性渐变。在“鱼”图层组左侧单击，显示眼睛图标，以显示另外两条鲨鱼，如图14-20和图14-21所示。

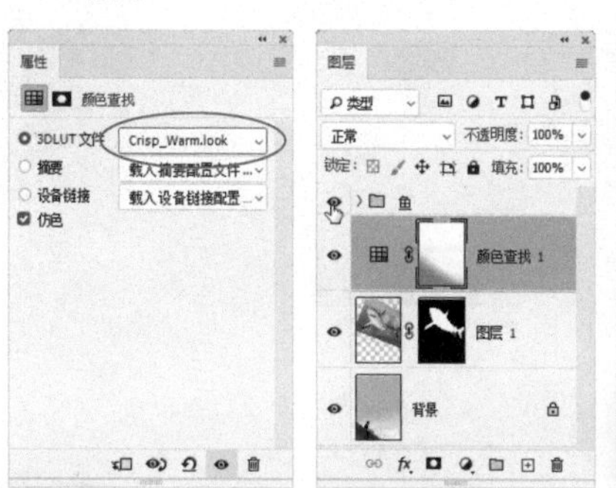
图14-19　图14-20

图14-21

快速选择工具选项栏

图14-22所示为快速选择工具的选项栏。其中有选区运算、“选择主体”和“选择并遮住”按钮，以及其他选择类工具，用法与快速选择工具相同，后面出现这些工具或选项时不赘述。

图14-22

- 选区运算按钮：可以进行选区运算。单击新选区按钮，可创建新选区；单击添加到选区按钮，可以在原选区的基础上添加绘制的选区；单击从选区减去按钮，可以在原选区的基础上减去当前绘制的选区。
- 下拉面板：单击按钮，可以打开与画笔工具类似的下拉面板（见104页），在面板中可以选择笔尖，设置笔尖的大小、硬度和间距。在绘制选区的过程中，按]键和[键可以调整笔尖大小。

● **增强边缘：** 勾选该选项，可以使选区边缘更加平滑。作用类似于“选择并遮住”对话框中的“平滑”选项（见419页）。

● **选择主体/选择并遮住：** 单击“选择主体”按钮，可以执行“选择主体”命令（见391页）。单击“选择并遮住”按钮，打开“选择并遮住”对话框（见416页），可以对选区进行平滑、羽化等处理。

14.1.2
小结

所谓抠图就是将图像从背景中分离出来。前面实战中的鲨鱼抠图并不复杂，但还是要经历初选（快速选择工具）和细化（“选择并遮住”命令）两个阶段，才能将其抠出来，由此可见，抠图并不简单。

抠图包含两层意思：其一是制作选区，将需要抠的对象选取，之后利用选区将所选图像分离到单独的图层上，或者使用蒙版将选区外的图像遮挡住。为什么要抠图呢？主要由于很多工作需要使用无背景的素材，如广告页、商品宣传单、网页Banner、书籍封面、商品包装等，如图14-23所示。涉及合成的部分，一般都会用到抠图技术。其二，在调色和使用滤镜时，若想控制影响范围，也要用选区来进行限定。虽然这没有将图像与背景分离，但抠图技术在其中也发挥着关键作用。

Banner

网店详情页

杂志封面

图14-23

·PS技术讲堂·

选区的“无间道”

扫码看视频

学习抠图，其实就是学习选区的创建和编辑技术。在学习之前，应该对选区有充分的了解才行。这是因为选区能以不同的“面貌”示人，颇有点“无间道”的意思，如果不了解其中的奥妙，就没有办法驾驭它。

选区的第1张“面孔”是一圈闪烁的“蚁行线”，这是最常见的，如图14-24所示，这是我们在图像上看到的。Photoshop中的选框类工具、套索类工具和魔棒类工具，以及“选择”菜单中的命令都可以编辑这种状态下的选区。

绘画和修饰类工具（如画笔工具、渐变工具、模糊工具、锐化工具、减淡工具、加深工具），以及种类繁多的滤镜不识别“蚁行线”。想用这些工具编辑选区，就得让选区变成它们能识别的“面孔”——图像。使用快速蒙版（见410页）可以将选区转换成为临时图像，如图14-25所示。转换以后，就能像编辑正常图像一样修改选区了。这是选区的第2张“面孔”。

图14-24

图14-25

快速蒙版虽然好用，但毕竟是一种临时性的转换工具，使用通道才能永久的把选区变成图像，如图14-26所示。这是选区的第3张“面孔”。Photoshop是图像编辑软件，在其全部功能中，图像编辑类所占的比重最大，因此，选区变为图像后，其编辑方法也能实现最大化。

选区的第4张“面孔”是路径。当单击“路径”面板中的 按钮时，选区就会变成矢量对象，如图14-27所示。有了这张“面孔”，就可以使用Photoshop中的矢量工具编辑它了。这具有重要的价值，如果把选区转换为图像看作是量变，那么将选区变为路径（见350页）就是质变，是对象从位图到矢量图的跨界。

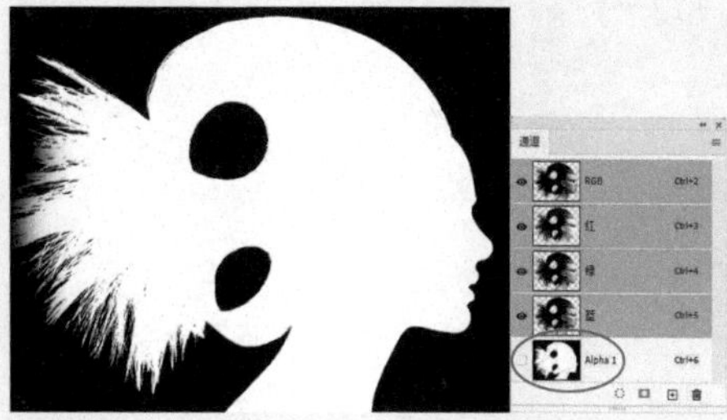

图14-26

图14-27

·PS技术讲堂·

从4个方面分析图像，找对抠图方法

选区就像一个神秘的精灵，有时在画面上闪烁、跳跃，有时又隐身到通道和蒙版中，或者干脆变身为矢量图形。选区转变形态之后，Photoshop中各种类型工具就能派上用场了，抠图方法也异彩纷呈。

图像是千差万别的，没有哪一种抠图技术能应对所有类型的图像，甚至抠某一个图像的方法，并不能用于其他的同类图像，因此，抠图之前要分析图像，抓住其特点，找到与之对应的最恰当的方法。此外，还要依据各种抠图技术的特点和适用范围，对图像进行分类，使技术与图像对应好、匹配上。

从形状特征入手

边界清晰、内部没有透明区域的图像很容易抠。如果对象外形为基本的几何形，则可以使用选框类工具（矩形选框工具 、椭圆选框工具 ）和多边形套索工具 选取，如图14-28和图14-29所示；如果对象为不规则形状，但边缘清晰，则可以使用对象选择工具 选取，如图14-30所示；如果对象边缘非常光滑，则可以使用钢笔工具 描绘其轮廓，如图14-31所示，再将轮廓转换为选区。

用椭圆选框工具选取篮球
图14-28

用多边形套索工具选取纸箱
图14-29

用对象选择工具选取
图14-30

用钢笔工具描绘轮廓
图14-31

边缘是否复杂

人像类、人和动物的毛发类、树木的枝叶等边缘复杂的对象，以及被风吹动的旗帜、高速行驶的汽车、飞行的鸟类等边缘模糊的对象都很难抠，简单的选框类工具无法“降服”它们。

“选择并遮住”命令和通道是抠边缘复杂类（如毛发）对象的主要工具，快速蒙版、“色彩范围”命令、“选择并遮住”命令、通道等则可以抠边缘模糊的对象。其中，快速蒙版适合处理边缘简单的对象；边缘复杂的可以使用“色彩范围”命令抠；“选择并遮住”命令要比前两种技术都强大，它对图像的要求非常简单，只要图像边缘与背景色之间有一定的差异，即使对象内部的颜色与背景颜色接近，也能很好地抠出来；通道是抠边缘模糊对象的非常有效的工具，它能处理好边缘的模糊程度。图14-32所示为不同类型的图像及适合采用的选择方法。

适合用快速蒙版选取

适合用“色彩范围”命令选取

适合用“选择并遮住”命令选取

适合用通道选取

图14-32

有没有透明区域

图像是由像素构成的，因此，选区选择的是像素，抠图抠出的也是像素。使用未经羽化的选区选取图像后，可将其完全抠出，如图14-33所示。就是说，未经羽化的选区对像素的选择程度是100%。如果低于100%，则抠出的图像会呈现透明效果，如图14-34所示。

羽化、“选择并遮住”命令和通道都能够以低于100%的选择程度抠图，因此适合抠有一定透明度的对象，如玻璃杯、冰块、烟雾、水珠、气泡等，如图14-35所示。尤其是通道，在处理像素的选择程度上具有非常强的可控性——改变通道中的图像的灰度，即可修改选区的选择程度（灰色越浅、选择程度越高）。

图14-33

图14-34

图14-35

色调差异能否最大化

在Photoshop内部（即通道中），不管多么绚丽的色彩，都被其视为黑白“素描”，所谓的红、橙、黄、绿、蓝、紫等颜色，只是不同明度的灰度而已。如果图像情况复杂，没有特别适合的抠图工具，可以考虑编辑通道，让对象与背景产生足够的色调差异，进而为抠图创造机会，如图14-36所示。

彩色图像

通道中的黑白图像

利用色调差异创建选区

图14-36

磁性套索工具、魔棒工具、快速选择工具、背景橡皮擦工具、魔术橡皮擦工具、对象选择工具、通道、混合颜色带、混合模式，以及“色彩范围”命令（部分功能）、“主体”命令、“选择并遮住”命令，都能基于色调差别生成选区。当背景简单，且对象色调与背景之间有明显差异时，可以使用魔棒工具或快速选择工具先将背景选取，如图14-37所示，再通过反选选中对象，如图14-38所示。当对象内部的颜色与背景的颜色比较接近时，魔棒工具就不太听话了，它往往只选择“容差”范围内的图像，而不去关心所选对象是不是我们需要的。在这种情况下，可以使用磁性套索工具选取对象，如图14-39所示。

图14-37

图14-38

图14-39

图像分析技巧

分析图像的技巧在于：如果不能使用工具直接选取对象，就找出它与背景之间存在的差异，再想办法用工具和命令让差异更明显，使对象与背景区分开，这样就好选取了。例如，图14-40所示是一个比较有难度的通道抠图案例。其难点体现在：在通道中，棕褐色毛发呈深灰色，白色毛发为白色和浅灰色，就是说，深色和浅色中都包含要抠的图像。此类毛发图像一般使用“计算”和“应用图像”命令抠，它们能对通道应用混合模式，进而增强色调差异。但在本案例中，上述方法的处理效果却很不理想，它们使得毛发边缘的灰色大量丢失。只能另想办法。

笔者想到了“通道混合器”命令。它可以创建高质量的灰度图像，而且能通过源通道向目标通道中增、减灰度信息，那么能不能用它制作两个高品质的灰度图像，一个针对棕褐色毛发，另一个针对白色毛发呢？结果是可行的，这两个图像制作好之后，粘贴到通道内，通过选区运算合二为一，便得到了完整的毛发选区，进而将对象抠出来了。

素材（毛发有棕褐色、有白色）

通道中的灰度图像

用“通道混合器”命令针对棕褐色和白色毛发制作的灰度图像，在通道中将两个选区（图像）合并

抠出的图像

将图像合成到新背景中进行检验

图14-40

提示

上面内容摘自《Photoshop 专业抠图技法》一书（李金明 编著）。此书对抠图技术的探讨更加系统，抠图实例也更丰富。

抠简单的几何图形和不规则图像

圆形、方形，以及轮廓为几何状或外形不规则但比较简单的图像都很容易抠，基本用一两个工具再配合选区修改命令就能完成。

14.2.1 矩形选框工具

矩形选框工具[]是Photoshop第一个版本就存在的元老级工具，它能创建矩形和正方形选区，适合选取门、窗、画框、屏幕、标牌等对象，也可以用于创建网页中使用的矩形按钮。图14-41所示为使用该工具选取部分人像，再与卡通画合成制作的拼贴效果。

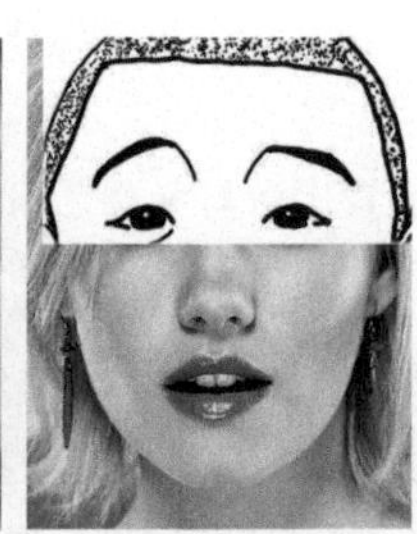

原图及拼贴效果

图14-41

使用该工具时，拖曳鼠标可以创建矩形选区，在此过程中，选区的宽度和高度可灵活调整；按住Alt键并拖曳鼠标，能以单击点为中心向外创建矩形选区；按住Shift键并拖曳鼠标，可以创建正方形选区；按住Shift+Alt键并拖曳鼠标，会以单击点为中心向外创建正方形选区。使用该工具及椭圆选框工具◯时，可配合按空格键来移动选区，调整其大小和位置。

技术看板　单行和单列选框工具

单行选框工具 和单列选框工具 分别能创建高度为1像素的矩形选区和宽度为1像素的矩形选区。适合在制作网格时使用，但不能用于选取图像。

单行选区　　单列选区

使用这两个工具时，在画布上单击即可。放开鼠标前拖曳鼠标，则可以移动选区。由于选区的宽度或高度只有1像素，当文件的尺寸较大和分辨率较高时，很可能看不到选区。遇到这种情况，需要按Ctrl++快捷键放大视图比例。

矩形选框工具选项栏

图14-42所示为矩形选框工具⬚的选项栏。在“样式”选项中可以设置选区的创建方法。选择“正常”选项，可以通过拖曳鼠标创建任意大小的选区；选择“固定比例”选项，可以在右侧的“宽度”和“高度”文本框中输入数值，创建固定比例的选区，如要创建一个宽度是高度两倍的选区，可以输入宽度2 、高度 1；选择“固定大小”选项，可以在“宽度”和“高度”文本框中输入选区的宽度值与高度值，此后只需在画板上单击鼠标，便可创建预设大小的选区；单击⇄按钮，可以切换“宽度”与“高度”的数值。

图14-42

提示

采用固定大小或固定长宽比的方式创建选区后，设置的数值会一直保留在选项内，并影响以后采用这两种方式创建的选区。因此，以后再使用这两种方式创建选区时，首先要看一看选项内的参数是否正确，以免制作的选区不符合要求。

14.2.2 实战：抠唱片（椭圆选框工具）

椭圆选框工具◯也是Photoshop的元老级工具，可以创建椭圆形和圆形选区，适合选取篮球、乒乓球、盘子等圆形对象。

扫码看视频

01 打开素材。选择椭圆选框工具◯，按住Shift键并拖曳鼠标创建圆形选区，选中唱片（可同时按住空格键移动选区，使选区与唱片对齐），如图14-43所示。

02 按住Alt键（进行减去运算）选取唱片中心的白色背景。这里还要用到一个技巧，就是按住Alt键并拖曳出选区后，再同时按住Shift键，就能创建圆形选区。松开鼠标按键，完成选区运算，如图14-44所示。

图14-43

图14-44

03 按Ctrl+J快捷键，抠出图像。单击“背景”图层左侧的眼睛图标👁，隐藏该图层，如图14-45和图14-46所示。

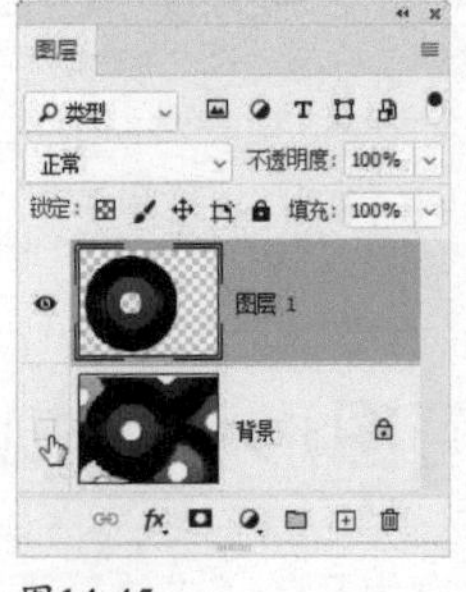

图14-45

图14-46

提示

椭圆选框工具◯也可以像矩形选框工具⬚那样通过4种方法使用：拖曳鼠标创建椭圆形选区；按住Alt键并拖曳鼠标，以单击点为中心向外创建椭圆形选区；按住Shift键并拖曳鼠标，创建圆形选区；按住Shift+Alt键并拖曳鼠标，以单击点为中心向外创建圆形选区。

14.2.3

实战：通过变换选区的方法抠图

前面学习了矩形和圆形对象的选取方法。然而，生活中很少有对象是这么标准的形状，更多的对象并不太方正，也不十分圆润。选取这样的对象时，需要对选区的大小、角度和位置作出调整。

扫码看视频

01 打开素材，如图14-47所示。麦田圈是一个有点倾斜的椭圆形。使用椭圆选框工具◯先创建一个选区，将其基本框选住，如图14-48所示。

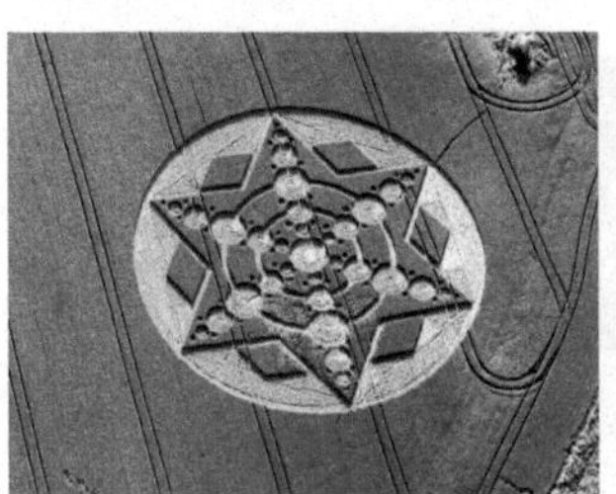

图14-47

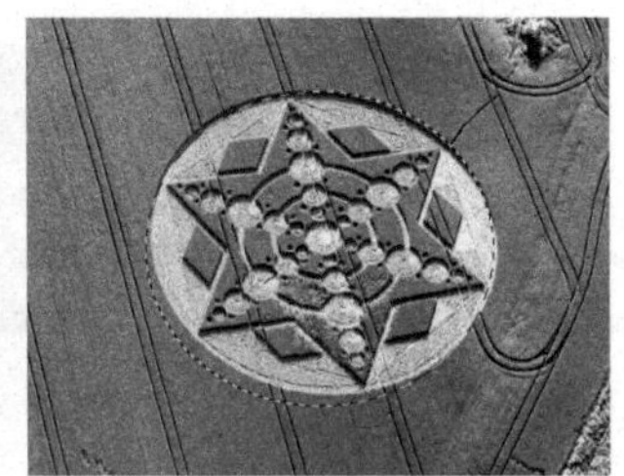

图14-48

02 执行“选择>变换选区”命令，此时选区上会显示定界框，拖曳控制点，进行旋转和拉伸，即可得到麦田圈的准确选区，如图14-49所示，按Enter键确认。

03 单击“图层”面板中的 ◘ 按钮创建蒙版，将选区外的图层隐藏，即可看到抠图效果，如图14-50所示。

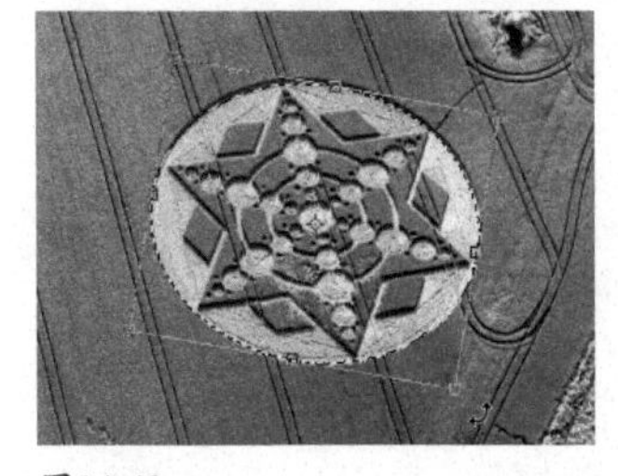

图14-49

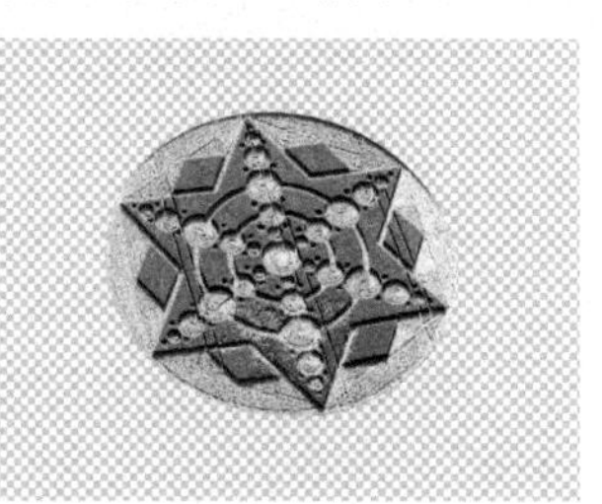

图14-50

提示

“变换选区”命令是专为选区配备的，操作时，选区内的图像不受影响。如果使用“编辑>变换”命令操作，则会同时对选区及选中的图像应用变换。

用“变换选区”命令扭曲选区

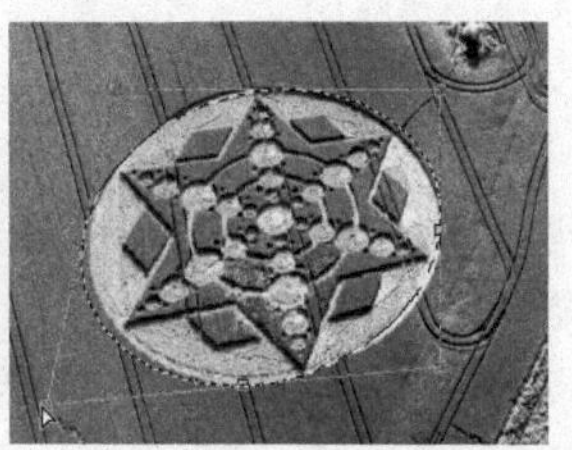

用“变换”命令扭曲选区和图像

·PS技术讲堂·

消除锯齿≠羽化

扫码看视频

消除锯齿选项

椭圆选框工具◯的选项栏中除“消除锯齿”选项外，其他均与矩形选框工具⬚相同，如图14-51所示。另外，套索工具、多边形套索工具、磁性套索工具和魔棒工具也都包含“消除锯齿”这一选项。

图14-51

什么是消除锯齿

消除锯齿只有在创建选区之后进行填充、剪切、复制和粘贴时才能体现出其作用。我们可以动手操作一下。首先创建一个分辨率为72像素/英寸、宽度和高度均为10像素的文件，然后按Ctrl+0快捷键，让文档窗口满屏显示，这样才能看清单个像素，之后使用椭圆选框工具◯拖曳鼠标创建圆形选区，如图14-52所示。松开鼠标左键后，选区会变为图14-53所示的形状。可以看到，圆形选区其实是锯齿状的。

为什么会变成这样呢？我们知道，图像的最小元素是像素（见83页），就是说最小的选择单位是1个像素，Photoshop无法选择和处理1/2或更小的像素。而像素为方块状，因此，在Photoshop中，无论什么样的选区，选择的都是方形像素，这就是圆形选区变成锯齿状的原因。

按Alt+Delete快捷键，用前景色（黑色）填充选区，此时消除锯齿将发挥作用了。如果创建该选区前未勾选“消除锯齿”选项，其填色后将是图14-54所示的效果；如果勾选了该选项，则填色后效果如图14-55所示。对比两图可以发现，勾选“消除锯齿”选项后所创建的选区，在进行填色时，边缘有许多灰色像素，由此可见，消除锯齿影响的是选区轮廓周边的像素，而非选区自身（因为这两种选区的形状相同）。

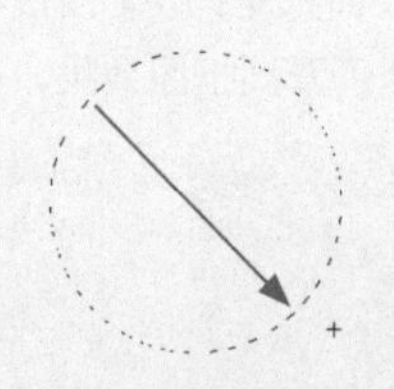

图14-52 图14-53

图14-54

图14-55

在该示例中，文件尺寸设置得非常小，为的是能够观察像素的变化，因此，即便启用了“消除锯齿”功能，我们仍能看到锯齿。但在正常情况下（将图像恢复为100%的比例显示），创建的选区要比这大得多，而有了这些灰色像素作过渡，圆形边缘的颜色就变得柔和了，锯齿也就不再明显，我们的眼睛观察不到那么细微的差别，也就看不出锯齿的存在了。

莫把消除锯齿当成羽化

羽化（见25页）与消除锯齿都能平滑硬边，但它们的原理和用途完全不同。

首先，从工作原理上来看，羽化是通过建立选区和选区周围像素之间的转换边界来模糊边缘的，而消除锯齿则是通过软化边缘像素与背景像素之间的颜色转换，使选区的锯齿状边缘得到平滑。

其次，羽化可以设置为0.2～250像素。羽化范围越大，选区边缘像素的模糊区域就越广，选区周边图像被模糊的区域也就越多，而消除锯齿是不能设置范围的，它是通过在选区边缘1个像素宽的边框中添加与周围图像相近的颜色，使颜色的过渡变得柔和。由于只有边缘像素发生改变，因而这种变化对图像细节的影响微乎其微。图14-56所示显示了二者的区别。

消除锯齿的范围只有1像素（左图），羽化的范围更广（右图）

图14-56

14.2.4 徒手绘制选区（套索工具）

Photoshop中有3种套索类工具，包括套索工具、多边形套索工具和磁性套索工具，它们可以像绳索捆绑物体一样，围绕对象创建不规则选区。其中套索工具能以最快的速度“捆绑”对象，但“绳索”非常松散，不能十分准确地选取对象。如果对被选取对象的边界没有过多要求，用它操作还是挺方便的。

扫码看视频

选择该工具后，拖曳鼠标可绘制选区，将鼠标指针拖曳至起点处放开鼠标左键，可以封闭选区，如图14-57~图14-59所示。如果在中途就释放鼠标，则会在当前位置与起点之间创建一条直线来封闭选区。

图14-57 图14-58

图14-59

在绘制选区的过程中，按住Alt键，然后松开鼠标左键（切换为多边形套索工具），此时单击，可以创建直线边界；放开Alt键又可恢复为套索工具，此时拖曳鼠标，可以继续绘制选区。

套索工具非常适合处理零星的选区，如选区范围内有部分漏选的区域，使用该工具并按住Shift键并在其上方画一个圈，即可将其添加到选区范围内。按住Alt键操作，则可从当前选区中排除所绘区域。在通道或快速蒙版中编辑选区时，零星区域也可以用该工具处理。

14.2.5 实战：抠魔方（多边形套索工具）

如果将套索工具比作绳索，那么多边形套索工具就有点像双节棍，当然，节数更多一些。它可以创建一段一段的、由直线相互连接而成的选区，更适合“捆绑”边缘为直线的对象。

扫码看视频

01 选择多边形套索工具，在魔方边缘的各个拐角处单击，创建选区，如图14-60和图14-61所示。

图14-60

图14-61

02 由于多边形套索工具是通过在不同区域单击来定位直线的，因此，即使放开鼠标，也不会像套索工具那样自动封闭选区。将鼠标指针拖曳至选区起点处单击可封闭选区，如图14-62和图14-63所示；若在其他位置双击，则会在双击点与起点之间创建直线来封闭选区。按Ctrl+J快捷键抠图，效果如图14-64所示。

图14-62

图14-63

图14-64

技术看板　创建选区和工具转换技巧

使用多边形套索工具时，按住Shift键操作，能以水平、垂直或以45° 角为增量创建选区。如果选区不准确，可以按Delete键，依次向前删除；若按住Delete键不放，则可删除所有直线段。按住Alt键并拖曳鼠标，可临时切换为套索工具创建选区；放开Alt键，在其他区域单击，又可以恢复为多边形套索工具，此时可继续创建直线选区。

14.2.6

实战：抠熊猫摆件（磁性套索工具+多边形套索工具）

磁性套索工具能自动检测和跟踪对象的边缘并创建选区。它就像哪吒手中的混天绫，扔出去便能将敌人捆绑住。如果对象边缘较为清晰，并且与背景色调对比明显，那么使用该工具可以快速选取对象。本实战使用该工具抠图，如图14-65所示。操作时可以通过快捷键转换工具，以提高效率。

图14-65

01 选择磁性套索工具并设置选项，如图14-66所示。将鼠标指针放在图14-67所示的位置，单击鼠标，然后紧贴熊猫边缘拖曳鼠标创建选区。Photoshop会在鼠标指针经过处放置一定数量的锚点来连接选区，如图14-68所示。

羽化：0像素　消除锯齿　宽度：10像素　对比度：5%　频率：11

图14-66

图14-67

图14-68

02 下面选取电话亭。按住Alt键并单击，切换为多边形套索工具，创建直线选区，如图14-69所示；放开Alt键并拖曳鼠标，切换回磁性套索工具，继续选取电话亭的弧形顶，如图14-70所示。

图14-69

图14-70

03 采用同样的方法创建选区，遇到直线边界就按住Alt键（切换为多边形套索工具）并单击，遇到曲线边界就放开Alt键并拖曳鼠标。图14-71所示为选区范围。

图14-71

04 按住Alt键，在熊猫手臂与字母的空隙处创建选区，将此区域排除到选区之外，如图14-72所示。按Ctrl+J快捷键，将选中的图像复制到新的图层中，完成抠图。

图14-72

> **提示**
>
> 如果想要在某一位置放置一个锚点，可以在该处单击；如果锚点的位置不准确，可以按Delete键将其删除，连续按Delete键可依次删除前面的锚点。如果在创建选区的过程中对选区不满意，但又觉得逐个删除锚点很麻烦，可以按Esc键，一次性清除选区。

磁性套索工具选项栏

在磁性套索工具的工具选项栏中，有3个可以影响其性能的重要选项，如图14-73所示。

羽化：0像素 消除锯齿 宽度：10像素 对比度：10% 频率：57 选择并遮住...

图14-73

- 宽度："宽度"指的是检测宽度，以像素为单位，范围为1像素～256像素。该值决定了以鼠标指针中心为基准，其周围有多少像素能够被工具检测到。输入"宽度"值后，磁性套索工具只检测鼠标指针中心指定距离以内的图像边缘。如果对象的边界清晰，该值可以大一些，以加快检测速度；如果边界不是特别清晰，则需要设置较小的宽度值，以便Photoshop能够准确地识别边界。图14-74和图14-75所示分别是设置该值为5像素和50像素检测到的边缘。

图14-74

图14-75

- 对比度：决定了选取图像时，对象与背景之间的对比度有多大才能被工具检测到，该值的范围为1%～100%。设置较高的数值时，只能检测到与背景对比鲜明的边缘，设置较低的数值时，则可以检测到对比不是特别鲜明的边缘。选择边缘比较清晰的图像时，可以使用更大的"宽度"和更高的"对比度"，然后大致跟踪边缘即可，这样操作速度较快。而对于边缘较柔和的图像，则要尝试使用较小的"宽度"和较低的"对比度"，以更加精确地跟踪边界。图14-76所示是设置该值为1%时绘制的部分选区，图14-77所示是设置该值为100%时绘制的部分选区。

图14-76

图14-77

- 频率：决定了磁性套索工具以什么样的频率放置锚点。它的设置范围为0～100，该值越高，锚点的放置速度就越快，数量也越多。
- 钢笔压力：如果计算机配置有数位板和压感笔，单击该按钮，则Photoshop会根据压感笔的压力自动调整工具的检测范围。例如，增大压力会导致边缘宽度减小。

> **技术看板　磁性套索工具使用技巧**
>
> 选择磁性套索工具后，鼠标指针会变为状，按CapsLock键，可以切换为一个中心带有十字的圆形⊕。圆形的范围代表了工具能够检测到的宽度，这对于在"宽度"值较小的状态下绘制选区是非常有帮助的。在创建选区时，还可以通过快捷键调整工具的检测宽度。例如，按]键，可以将边缘宽度增大1像素；按[键，则减小1像素；按Shift+]快捷键，可以将检测宽度设置为最大值（256像素）；按Shift+[快捷键，则设置为最小值（1像素）。

14.2.7

实战：抠雪糕（对象选择工具）

要点

扫码看视频

人工智能是当今世界上最热门的技术，Adobe公司在这方面自然不会落后，早在2016年11月，其就在美国圣地亚哥举办的MAX大会上发布了旗下首个基于深度学习和机器学习的底层技术开发平台——Adobe Sensei，并应用于Photoshop、Premiere、Illustrator等软件中。

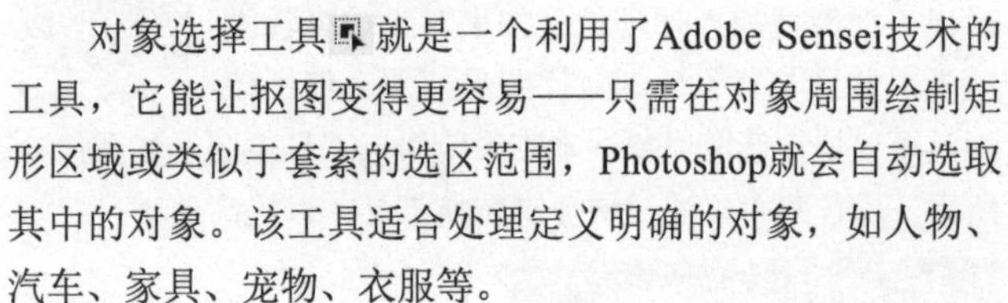

对象选择工具就是一个利用了Adobe Sensei技术的工具，它能让抠图变得更容易——只需在对象周围绘制矩形区域或类似于套索的选区范围，Photoshop就会自动选取其中的对象。该工具适合处理定义明确的对象，如人物、汽车、家具、宠物、衣服等。

01 打开素材，选择对象选择工具，勾选"对象查找程序"选项。将鼠标指针移动到雪糕上，检测到对象后，会在其上方覆盖蒙版，如图14-78所示。将鼠标指针移动到手上，并未显示蒙版，如图14-79所示，说明手没有被自动检测到。

02 在工具选项栏的"模式"下拉列表中选取"套索"选项，如图14-80所示。像使用套索工具一样围绕手和雪糕棍拖曳鼠标，如图14-81所示，松开鼠标左键后，即可将其选中，如图14-82所示。

图14-78

图14-79

对象查找程序 模式：套索 对所有图层取样 硬化边缘

图14-80

图14-81

图14-82

03 将鼠标指针移动到雪糕上，如图14-83所示，按住Shift键并单击，将其添加到选区中。单击 按钮，添加图层蒙版，完成抠图，如图14-84所示。

图14-83

图14-84

对象选择工具的选项栏

- 模式：选择“矩形”表示创建矩形选区；选择“套索”则可以像使用套索工具一样徒手绘制选区。
- 对所有图层取样：根据所有图层，而不仅仅是当前的图层来创建选区。
- 自动增强：可以减少选区边界的粗糙度。
- 减去对象：当有多选的区域需要从选区中排除时，通常都是单击从选区减去按钮，或者按住Alt键，在多选的区域绘制选区，进行选区运算。对象选择工具对相减运算进行了增强处理，即比其他工具多了一个“减去对象”选项，它能让选区运算更加准确，即使选区范围不那么合适，如选区范围大一些，也能得到很好的运算结果。

14.2.8 实战：抠信鸽（魔棒工具+选区修改命令）

扫码看视频

魔棒工具的使用方法非常简单，在图像上单击，就会选择与单击点色调相似的像素。当背景颜色变化不大，需要选取的对象轮廓清楚，与背景色也有一定的差异时，用该工具抠图还是非常方便的，如图14-85所示。

图14-85

01 选择魔棒工具。背景颜色变化很小，“容差”使用默认的32即可。勾选“消除锯齿”选项，确保选区边界平滑。为避免选取鸽子深色与天空颜色接近的区域，还要勾选“连续”选项。在图14-86所示的蓝天上单击创建选区。

02 执行两遍“选择>扩大选取”命令，向外扩展选区，将漏选的蓝天完全包含到其中，如图14-87所示。按Shift+Ctrl+I快捷键反选，选中鸽子。

图14-86

图14-87

03 现在还不能抠图，先执行“选择>修改>收缩”命令，将选区向内收缩3像素，如图14-88所示，之后再单击 按钮添加蒙版，将图像抠出来，如图14-89所示。在本实战中，收缩选区非常必要，如果不这样做，鸽子边缘会留有一圈天空颜色的边线，如图14-90所示（抠图后放在红色背景上更易观察）。排除这圈蓝边的最简单办法，就是把选区稍微缩小一点，抠图效果如图14-91所示。

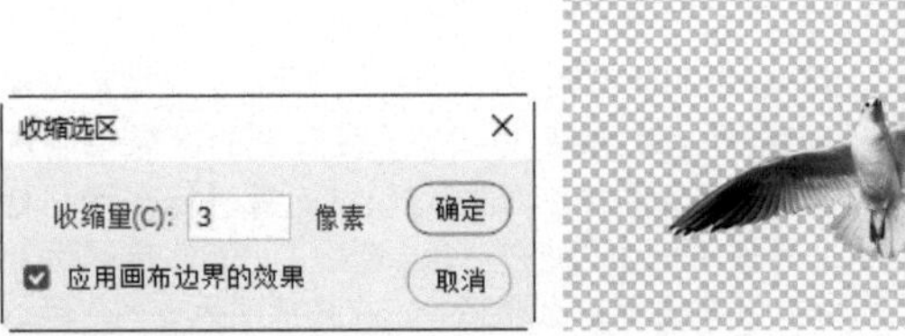

图14-88

图14-89

图14-90

图14-91

技术看板　扩大选取与选取相似

“选择”菜单中的“扩大选取”和“选取相似”命令都能用来扩展选区。它们的区别在于：执行“扩大选取”命令时，Photoshop会查找并选择与当前选区中的像素色调相近的其他像素，从而扩展选区，但只扩大到与原选区相连接的区域；而“选取相似”命令可将与原选区并不相邻的像素也选取，只要其与选区中的像素相似便可。哪些像素被认定为相似，可以在魔棒工具的“容差”选项中设置，该值越高，选区扩展的范围越大。

创建选区

“扩大选取”命令扩展结果

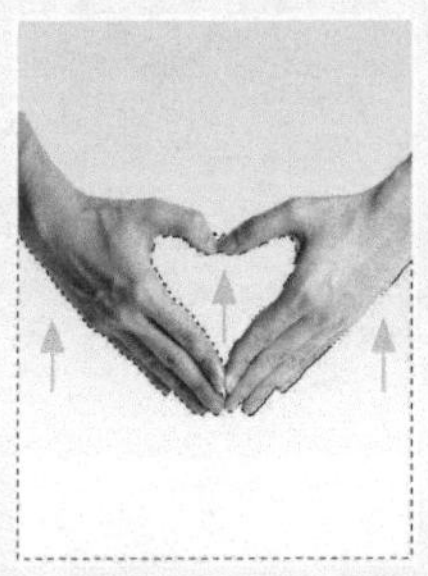

“选取相似”命令扩展结果

· PS技术讲堂 ·

容差对魔棒的影响

图14-92所示为魔棒工具的工具选项栏。“容差”选项非常重要，它决定了要选取的像素与选定的色调（即单击点）的相似程度。当该值较低时，只选择与单击点像素非常相似的像素；该值越高，对像素相似程度的要求越低，可以选择的范围就越广。因此，在同一位置单击，设置不同的“容差”值所选择的区域也不一样；同理，在“容差”值不变的情况下，单击的位置不同，选择的区域也会不同。

取样大小：3 x 3 平均　容差：30　消除锯齿　连续　对所有图层取样　选择主体　选择并遮住...

图14-92

“容差”的取值范围为0～255。0表示只能选择一个色调；默认值为32，表示可以选择32级色调；255表示可以选择所有色调。例如，设置“容差”为30，然后使用魔棒工具在一个灰度图像上单击，如果单击点的灰度为90，则选择范围为60～120，即从低于单击点30级灰度（90－30）到高于30级灰度（90＋30）之间的所有像素，如图14-93所示。

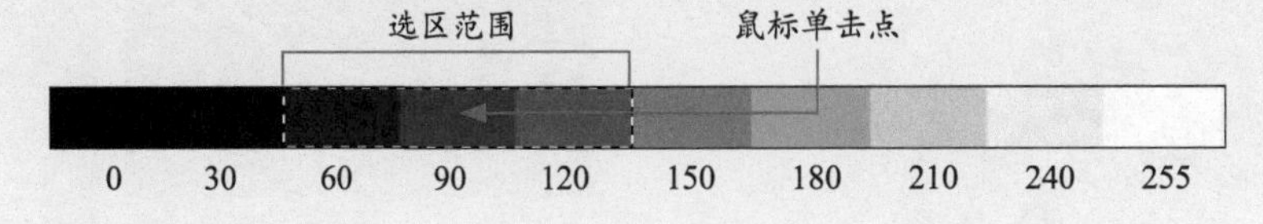

图14-93

彩色图像要复杂一些。使用魔棒工具在彩色图像上单击时，Photoshop先要分析各个颜色通道，之后才能决定选择哪些像素。以RGB模式的图像为例，它包含红（R）、绿（G）和蓝（B）3个颜色通道，假设将“容差”设置为10，然后在图像上单击。如果单击点的颜色值为（R50，G100，B150），那么Photoshop就会在红通道中选择R值为40～60的颜色，在绿通道中选择G值为90～110的颜色，在蓝通道中选择B值为140～160的颜色。

下面来看一个具体示例。将魔棒工具的“容差”值设置为50，之后在颜色为（R100，G0，B0）的色块上单击，可以将该色块与“容差”范围内的另外两处色块一同选取，如图14-94所示。图14-95所示为该图像各个颜色通道中的颜色值。

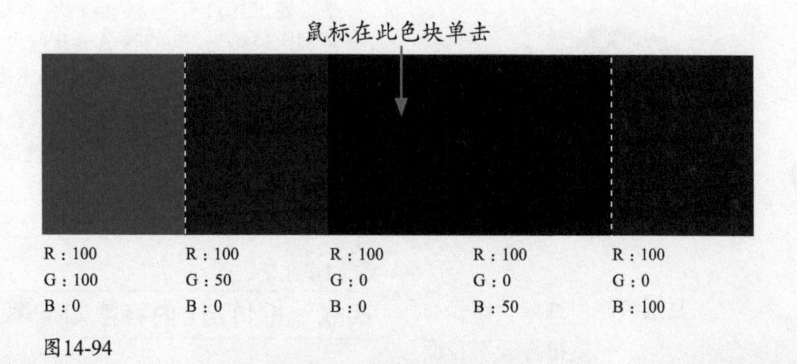

图14-94

R : 100	R : 100	R : 100	R : 100	R : 100
G : 100	G : 100	G : 100	G : 100	G : 100
B : 100	B : 100	B : 100	B : 100	B : 100

红通道

R : 100	R : 50	R : 0	R : 0	R : 0
G : 100	G : 50	G : 0	G : 0	G : 0
B : 100	B : 50	B : 0	B : 0	B : 0

绿通道

R : 0	R : 0	R : 0	R : 50	R : 100
G : 0	G : 0	G : 0	G : 50	G : 100
B : 0	B : 0	B : 0	B : 50	B : 100

蓝通道

图14-95

魔棒工具的其他选项

- **连续：** 默认状态下"连续"选项被勾选，表示魔棒工具只选择与单击点相连接且符合"容差"要求的像素；取消该选项的勾选时，则会选择整幅图像中所有符合要求的像素，包括没有与单击点连接的区域。
- **取样大小：** 用来设置取样范围。选择"取样点"，可以对鼠标指针所在位置的像素进行取样；选择"3×3平均"，可以对鼠标指针所在位置3个像素区域内的平均颜色进行取样。其他选项以此类推。
- **对所有图层取样：** 如果文件中包含多个图层，勾选该选项，可以选择所有可见图层上颜色相近的区域，如图14-96所示；取消勾选，则仅选择当前图层上颜色相近的区域，如图14-97所示。

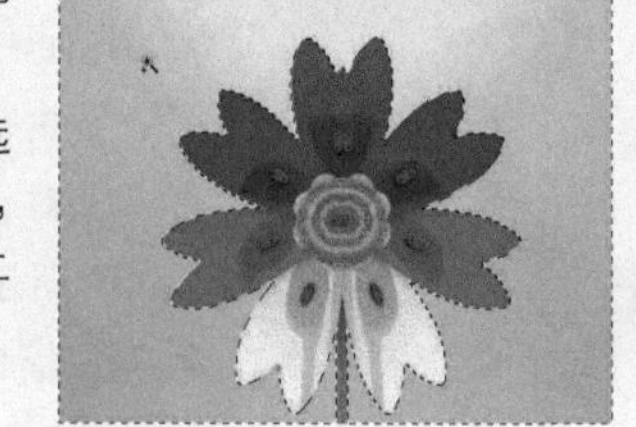

图14-96

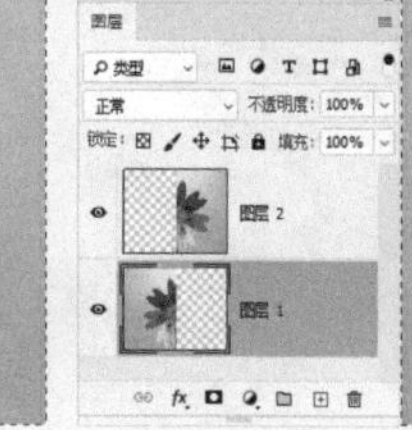

图14-97

抠轮廓光滑，边缘清晰的图像

钢笔类工具最适合抠轮廓光滑、边缘清晰的图像。其中的钢笔工具常与蒙版和通道等配合使用，即钢笔工具负责外轮廓，蒙版和通道负责图像内部的透明区域。

14.3.1

实战：抠苹果（自由钢笔工具、磁性钢笔工具）

要点

自由钢笔工具与套索工具的用法相同，即在画布上拖曳鼠标即可。使用时，如果需要封闭路径，可以将鼠标指针移动到路径的起点处，按住Alt键，鼠标指针变为状后松开鼠标左键。该工具的绘图速度比较快，但可控性较差，只适合绘制比较随意的图形。

自由钢笔工具可以转变成磁性钢笔工具。磁性钢笔工具与磁性套索工具的用法相同。下面用它抠苹果，如图14-98所示。

图14-98

01 选择自由钢笔工具，在工具选项栏中选取“路径”选项并勾选“磁性的”选项。单击按钮打开下拉面板，设置参数，如图14-99所示。

02 将鼠标指针放在苹果边缘，单击创建第一个锚点，然后松开鼠标左键，沿着苹果边缘拖曳，创建路径，如图14-100和图14-101所示。如果锚点的位置不正确，可以按Delete键删除。

03 当拖曳到路径的起点时，鼠标指针会就变为状，如图14-102所示，此时单击即可封闭路径，完成轮廓的描绘。按Ctrl+Enter快捷键，将路径转换为选区。按Ctrl+J快捷键抠图。

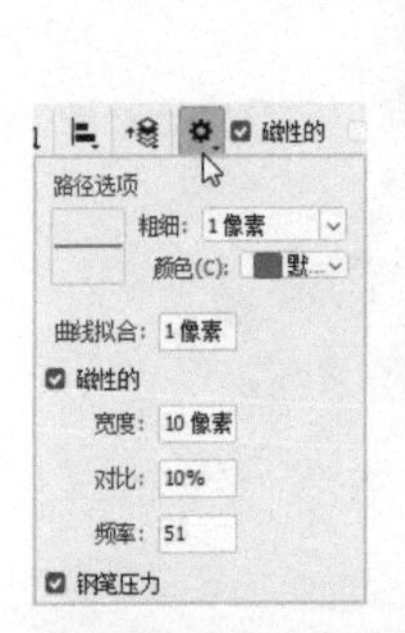

图14-99　图14-100

图14-101　图14-102

磁性钢笔工具选项

在磁性钢笔工具的下拉面板中，“曲线拟合”和“钢笔压力”是自由钢笔工具和磁性钢笔工具的共同选项，“磁性的”是控制磁性钢笔工具的选项。

- 曲线拟合：控制最终路径对鼠标或压感笔移动的灵敏度，该值越高，生成的锚点越少，路径越简单。
- “磁性的”选项组：“宽度”选项用于设置磁性钢笔工具的检测范围，该值越高，工具的检测范围就越广；“对比”选项用于设置工具对于图像边缘的敏感度，如果图像的边缘与背景的色调比较接近，可将该值设置得大一些；“频率”选项用于确定锚点的密度，该值越高，锚点的密度越大。
- 钢笔压力：如果计算机配置有数位板，可以选择“钢笔压力”选项，然后通过钢笔压力控制检测宽度，钢笔压力增加将导致工具的检测宽度减小。

14.3.2

实战：抠竹篮（内容感知描摹工具）

扫码看视频

内容感知描摹工具也能像磁性钢笔工具一样识别对象的边缘，并且支持预览及调整路径的范围，在这方面要比磁性钢笔工具强。本实战使用该工具抠竹篮，如图14-103所示。

图14-103

01 执行“编辑>首选项>技术预览”命令，打开“首选项”对话框，勾选“启用内容感知描摹工具”选项，如图14-104所示。关闭该对话框并重启Photoshop，这样才能显示内容感知描摹工具。

首选项

	技术预览
常规	☑ 使用修改键调板
界面	☑ 启用保留细节 2.0 放大
工作区	☑ 启用内容感知描摹工具
工具	
历史记录	

图14-104

02 打开素材。选择内容感知描摹工具。单击“细节”选项右侧的按钮，显示滑块并进行拖曳，调整边缘的检测量，同时观察图像，画面中的蓝色线条代表了路径，当竹篮外轮廓被路径包围时便可放开鼠标左键，如图14-105和图14-106所示。

图14-105　图14-106

提示

在“描摹”下拉列表中选择要检测的边缘类型（包括“详细”“正常”和“简化”），可以在处理描摹之前调整图像的细节化或纹理化程度。

描摹： 正常 细节： 50%

03 将鼠标指针移动到竹篮边缘，检测到的边缘会高亮显示，如图14-107所示。单击高亮部分，创建路径，如图14-108所示。继续创建路径，如图14-109和图14-110所示。

图14-107

图14-108

图14-109

图14-110

04 有两条路径断开了，需要连接上。连接之前先删除多余的路径段。按住Alt键，在图14-111所示的两段路径上单击，将它们删除，如图14-112所示。也可单击并沿路径拖曳鼠标进行删除。

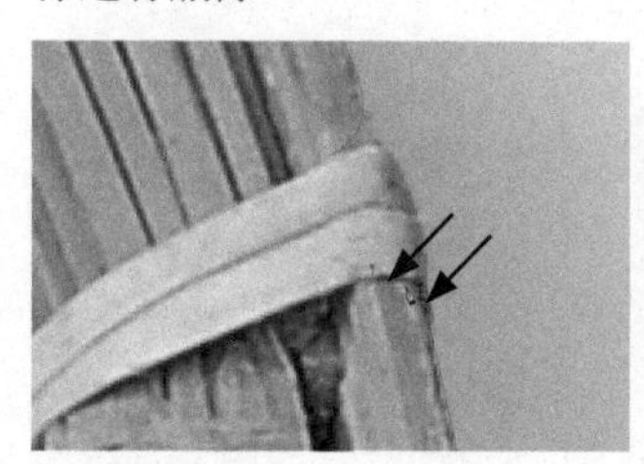

图14-111

图14-112

05 按住Ctrl键单击上段路径，显示锚点，如图14-113所示。按住Ctrl键拖曳到竹篮上，如图14-114所示。

图14-113

图14-114

06 放开Ctrl键，下面来连接路径。将鼠标指针移动到断开处，按住Shift键，出现粉红线时，如图14-115所示，单击进行连接，如图14-116所示。

图14-115

图14-116

07 采用同样的方法创建路径。在连接底部路径时，需要将“细节”值提高，否则检测不到边缘，如图14-117和图14-118所示。将路径封闭。

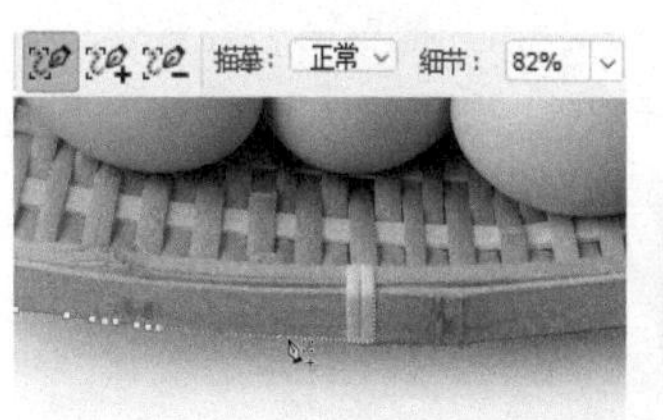

图14-117

图14-118

08 按Ctrl+Enter快捷键，将路径转换为选区。选择魔棒工具，设置“容差”值为32，按住Alt键在竹篮空隙单击，将空隙从现有选区中排除出去，如图14-119所示。单击“图层”面板中的按钮抠图。

图14-119

14.3.3 实战：抠陶罐（弯度钢笔工具）

弯度钢笔工具对于不会使用钢笔工具的用户非常友好，它很容易绘制曲线，且操作时无须切换工具就能编辑、添加和删除锚点。如果对象的轮廓比较圆润，外形也很简单，使用该工具抠图是比较轻松的，如图14-120所示。

扫 码 看 视 频

图14-120

01 打开素材。选择弯度钢笔工具，在对象边缘单击，放置锚点，如图14-121所示；移动鼠标，再次单击，定义第2个锚点并完成路径的第一段，如图14-122所示；继续移动鼠标，此时单击，可创建曲线路径，如图14-123所示。双击则生成直线路径。

图14-121　图14-122　图14-123

02 继续创建锚点，如图14-124所示。拖曳锚点可移动，如图14-125所示。绘制到瓶口处，如图14-126所示。

图14-124　图14-125　图14-126

03 在图14-127所示的锚点上双击，将该平滑锚点转换为角点。在瓶塞轮廓的各个转折处双击，绘制出直线路径，在路径的起点处双击，封闭路径，如图14-128所示。按Ctrl+Enter快捷键，将路径转换为选区。单击“图层”面板中的按钮抠图，如图14-129所示。

图14-127　图14-128　图14-129

提示

双击角点，可将其转换为平滑点。在路径上单击可添加锚点。单击锚点，按 Delete键可将其删除。

14.3.4

实战：抠瓷器工艺品（钢笔工具）

弯度钢笔工具只适合抠轮廓简单的对象，如果遇到外形复杂，且转折比较大的轮廓，需要不断移动锚点、修改路径，才能描绘准确，非常麻烦。此类对象应该用钢笔工具来抠，如图14-130所示。与其他抠图工具相比，钢笔工具绘制的路径转换出来的选区最明确，边缘也较为光滑，抠出的图像可以满足大画幅、高品质印刷要求。

图14-130

01 打开素材。选择钢笔工具，在工具选项栏中选取“路径”选项，并单击合并形状按钮，如图14-131所示。按Ctrl++快捷键，放大窗口的显示比例。在脸部与脖子的转折处向上拖曳鼠标，创建一个平滑点，如图14-132所示。在其上方拖曳鼠标，生成第2个平滑点，如图14-133所示。

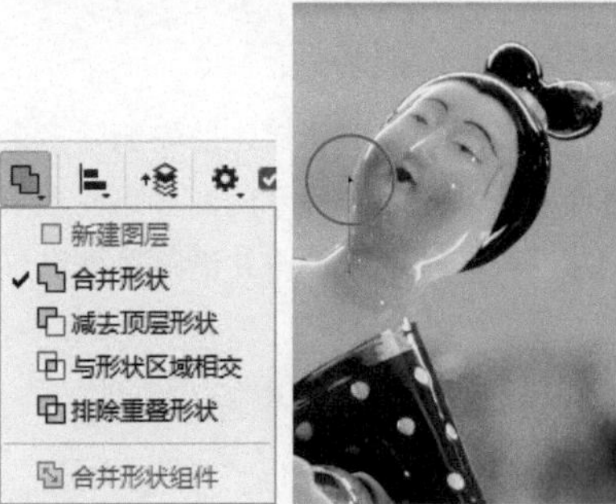

图14-131　图14-132　图14-133

02 在发髻底部创建第3个平滑点，如图14-134所示。由于此处的轮廓出现了转折，需要按住Alt键并在该锚点上单击一下，将其转换为只有一个方向线的角点，如图14-135所示，这样在绘制下段路径时就可以转折了。继续在发髻顶部创建路径，如图14-136所示。

图14-134

图14-135

图14-136

03 外轮廓绘制完成后，在路径的起点上单击，将路径封闭，如图14-137所示。下面进行路径运算，单击排除重叠形状按钮，如图14-138所示，在两只胳膊的空隙处绘制路径，把这两处图像排除出去，如图14-139和图14-140所示。

图14-137

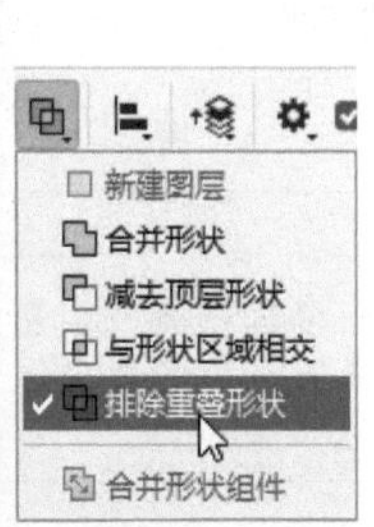

图14-138

图14-139

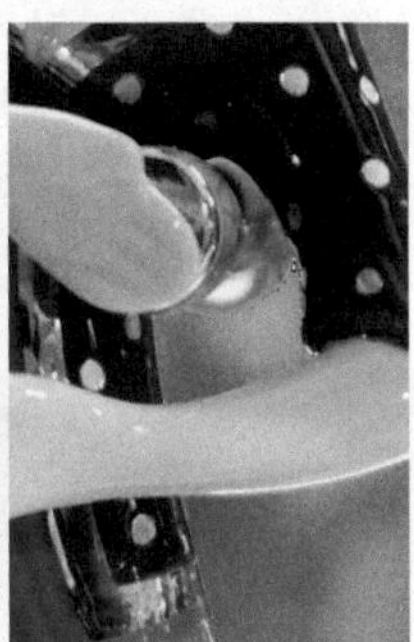
图14-140

> 提示
>
> 如果锚点偏离轮廓，可以按住Ctrl键，切换为直接选择工具，将其拖回到轮廓上。使用钢笔工具抠图时，最好通过快捷键来切换直接选择工具（按住Ctrl键）和转换点工具（按住Alt键），在绘制路径的同时便可对其进行调整。此外，还可以适时按Ctrl++快捷键和Ctrl+-快捷键放大、缩小视图比例，按住空格键可以移动画面，以便观察细节。

04 按Ctrl+Enter快捷键，将路径转换为选区，如图14-141所示。按Ctrl+J快捷键将图像抠出来，如图14-142所示。隐藏"背景"图层，图14-143所示为将抠出的图像放在新背景上的效果。

图14-141

图14-142

图14-143

14.3.5

实战：将汽车及阴影完美抠出（钢笔工具+通道）

要点

扫码看视频

本实战抠汽车及其阴影，如图14-144所示。一般抠图不抠阴影，但做图像合成时，后期制作的阴影的真实感不如原图，因此有时需要抠出阴影。

图14-144

汽车是典型的轮廓清晰、外形光滑的对象，而阴影则要表现出一定的透明度，且边缘要模糊，因此，汽车及汽车阴影需分开处理。素材中阴影的颜色及深浅都与背景接近，不太好处理，得借助阈值模式准确定位其范围，之后再从通道中将阴影提取出来。本书实战操作中多次用到通道，包括用色阶调整对比度时（见194页），面部修饰、磨皮时（见289页）等。虽然形式有一些变化，但原理是一样的。

01 先来抠汽车。选择钢笔工具 及“路径”选项，沿车身绘制路径，如图14-145所示。汽车顶部的天线较细，在后面处理阴影时会进行选取，现在不用管。

图14-145

02 按Ctrl+Enter快捷键，将路径转换为选区，如图14-146所示。按Ctrl+J快捷键，将车身抠出来，如图14-147所示。

图14-146

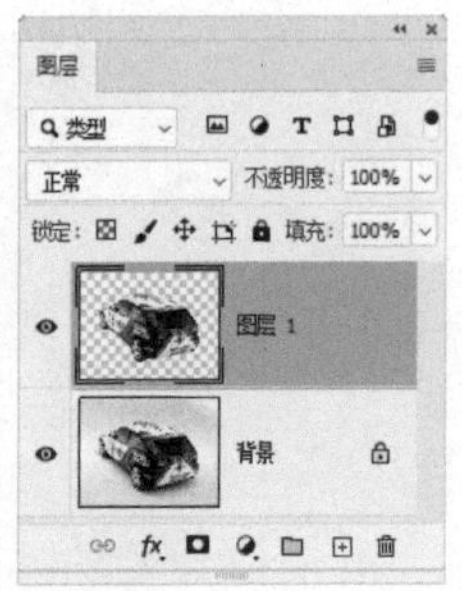

图14-147

03 将背景调整为白色，以便抠阴影。单击“调整”面板中的 按钮，创建“阈值”调整图层。将滑块拖曳到最右侧，如图14-148所示。在阈值状态下，图像会变为黑白效果，如图14-149所示。

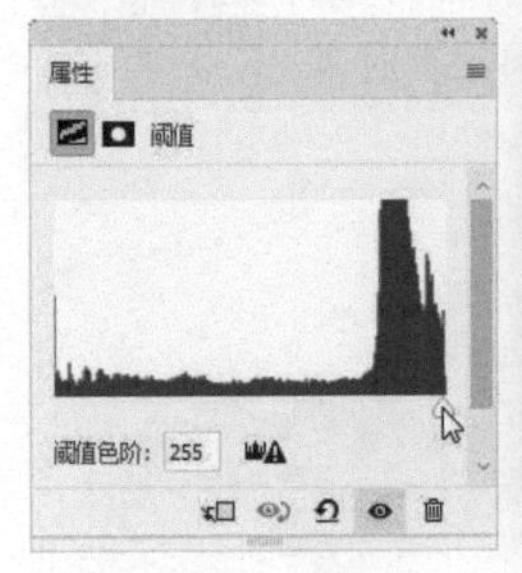

图14-148

图14-149

04 单击“背景”图层，再单击“调整”面板中的 按钮，在“背景”图层上方创建“色阶”调整图层，如图14-150所示。向左侧拖曳高光滑块，直至阴影完整显示，同时背景也变为白色，如图14-151和图14-152所示。

05 阴影的准确区域找到之后，将“阈值”调整图层删除。现在图像的背景变成了白色，汽车的阴影也完整而清晰，如图14-153所示，说明“色阶”参数恰当。

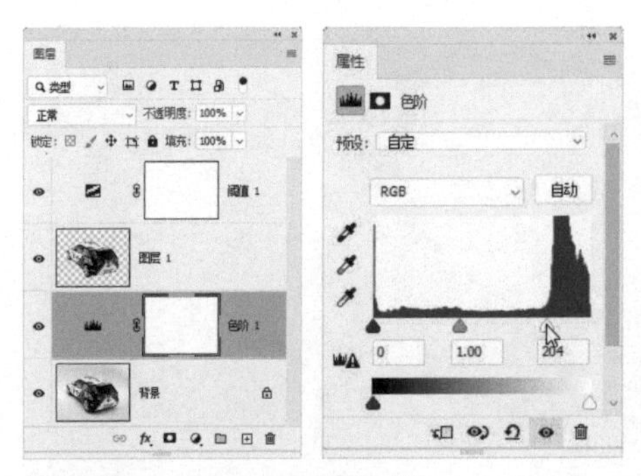

图14-150　图14-151

图14-152

图14-153

提示

“阈值”调整图层是一个辅助查找阴影的工具。创建它之后，就能在色调对比最为强烈的黑白图像状态下调整“色阶”，以确保准确地找到阴影边缘。

06 按Ctrl+3快捷键、Ctrl+4快捷键、Ctrl+5快捷键，查看红、绿、蓝通道中的图像，如图14-154~图14-156所示。注意观察阴影，其实差别不是特别大，但红通道效果最好。按Ctrl+2快捷键重新显示彩色图像。按住Ctrl键并单击红通道，如图14-157所示，从该通道的高光色调中转换出选区。

红通道

图14-154

绿通道

图14-155

蓝通道

图14-156

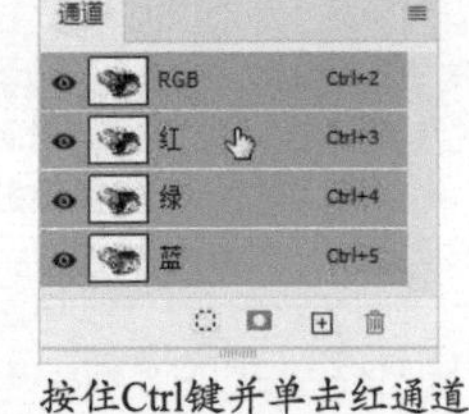

按住Ctrl键并单击红通道

图14-157

07 按Shift+Ctrl+I快捷键反选，将暗色调选取，这其中就包含了汽车的阴影、车身的暗色调区域，以及汽车天线。

08 在“图层1”下方创建一个图层。按D键将前景色设置为黑色，按Alt+Delete快捷键，在选区内填充黑色，如图14-158所示，然后取消选择。将“色阶”调整图层和“背景”图层隐藏。图14-159所示为汽车及其阴影的抠图效果。

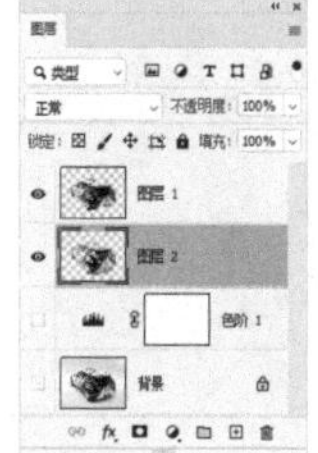

图14-158　图14-159

技术看板　检验抠图效果

为了验证阴影的透明度是否合适，可以在图像下方创建一个填充图层，观察汽车和阴影在不同颜色的背景上是什么效果，可以用黑色、白色，或互补色等。多切换颜色检验抠图效果是有好处的，因为同类色会掩盖瑕疵。例如，汽车是浅蓝色的，那么即使抠得不好，放在深蓝色背景上也不容易看出来，而放在黄色（蓝色的互补色）背景上抠图瑕疵就会非常明显。

抠毛发和边缘复杂的图像

边缘复杂的图像不太好抠，尤其是毛发，更考验抠图技术，本节的案例较之前的更有难度，技巧性也更强。

14.4.1 实战：用人工智能技术抠鹦鹉（“主体”命令）

要点

扫码看视频

本实战使用“主体”命令抠鹦鹉，如图14-160所示。“主体”是一个基于先进的机器学习技术的命令，非常智能，甚至会“自我学习”。就是说，使用它的次数越多，它的识别能力就越强。用它抠人像、动物、车辆、玩具等，效果都不错。

图14-160

01 执行“选择>主体”命令，只需等待1~2秒，便可选中鹦鹉，如图14-161所示。相比快速选择工具、对象选择工具等，在时间和选择精度上，“主体”命令都不逊色。但其创建的选区还不完美，其中有漏选的区域，边缘也需要修饰。

图14-161

02 执行“选择>选择并遮住”命令，切换到这一工作区。在“视图”下拉列表中选择“叠加”，选区外的图像上会覆盖一层红色。将不透明度调整为50%，降低颜色的覆盖力，让图像淡淡地显现出来，以便处理羽毛边缘，如图14-162和图14-163所示。

图14-162

图14-163

03 先使用快速选择工具将漏选的图像添加到选区中，如图14-164所示；再选择调整边缘画笔工具，将笔尖大小设置为10像素（也可用 [键和] 键调整），通过拖曳鼠标的方法处理羽毛边缘，将多余的背景抹掉，如图14-165和图14-166所示。鹦鹉嘴上部的白色边缘不整齐，用画笔工具修整，如图14-167所示。

图14-164

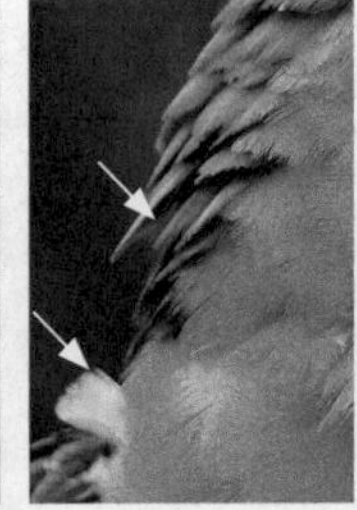
图14-165

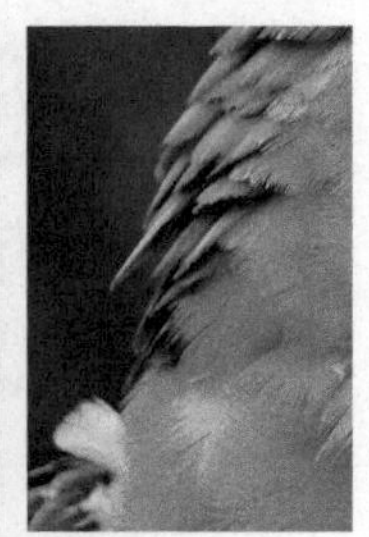
图14-166

图14-167

04 选取“净化颜色”选项，以更好地清掉边缘的绿色背景色。在“输出到”下拉列表中选择“新建带有图层蒙版的图层”选项，如图14-168所示。按Enter键将图像抠出，如图14-169所示。

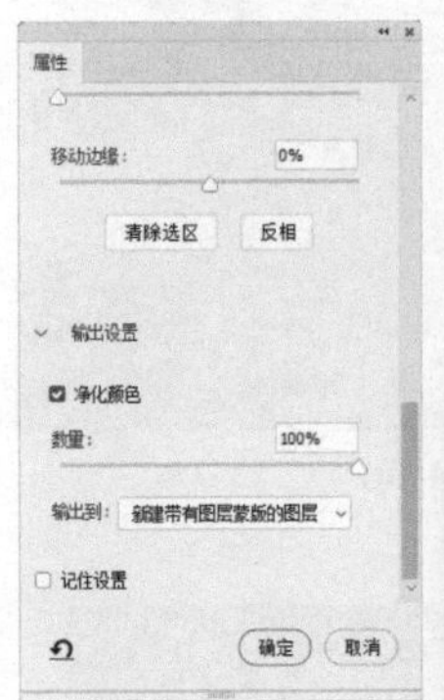

图14-168

图14-169

14.4.2 实战：抠毛绒玩具（“焦点区域”命令）

“焦点区域”是一个很有特点的抠图命令，它能自动识别位于焦点范围内的对象，并快速将其选取，同时排除那些次要的、虚化的图像。该命令比较适合抠大光圈镜头拍摄的照片（即主体清晰、背景虚化）。

本实战抠的是一个毛绒玩具，如图14-170所示。由于玩具长颈鹿与后面车及人的距离还不够远，所以背景的虚化效果不是特别强，但“焦点区域”命令仍能识别出来。

图14-170

01 执行“选择>焦点区域”命令，打开“焦点区域”对话框。在“视图”下拉列表中选择“叠加”并设置颜色的不透明度为50%，让非焦点区域的图像（即选区之外的）显现出来，以便观察和修改选区。勾选“自动”选项，Photoshop会识别图像中的焦点区域并将“焦点对准范围”参数调到最佳位置，如图14-171所示。现在长颈鹿除了身体下方及右侧的毛绒玩具局部，其他部分都被选中了，如图14-172所示。

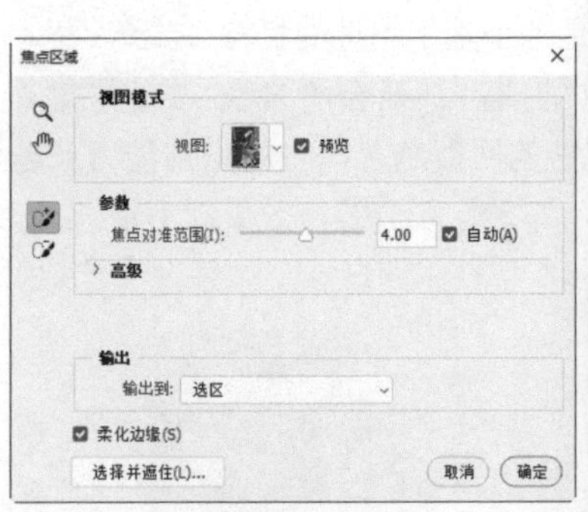

图14-171

图14-172

02 长颈鹿背部有一个白点，这是背景中车窗上的高光，使用焦点区域减去工具将其去除，如图14-173所示。将长颈鹿身体下方的背景及右侧的毛绒玩具抹掉，如图14-174所示。如果长颈鹿有被抹掉的部分，可以使用焦点区域添加工具将其恢复。这两个工具与快速选择工具的用法相同。

03 单击“选择并遮住”按钮，切换到这一工作区。使用调整边缘画笔工具在长颈鹿脖子的毛发边缘涂抹，把毛发间的背景清理掉，如图14-175和图14-176所示。选择画笔工具，按住Alt键，将蹄子下方的阴影抹掉，如图14-177所示。

图14-173

图14-174

图14-175

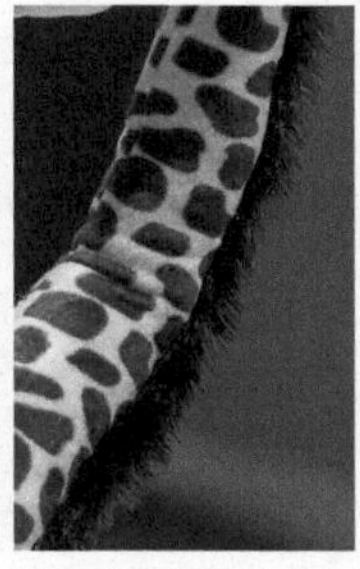
图14-176

图14-177

04 在“输出到”下拉列表中选择“新建带有图层蒙版的图层”选项，按Enter键抠图。将图像放在彩色背景上观察，如图14-178所示，可以看到抠得非常干净，毛发完整，边缘也没有杂色。“焦点区域”“选择并遮住”这两个命令配合起来抠图，效果真不错。

图14-178

“焦点区域”对话框选项

- **焦点对准范围**：可以扩大或缩小选区。将滑块拖曳到0，会选择整个图像；将滑块拖曳到最右侧，只会选择图像中位于最清晰焦点内的部分。
- **焦点区域添加工具/焦点区域减去工具**：可用于扩展和收缩选区范围。修改选区时，可以通过“预览”选项切换原始图像和当前选取效果，更简便的切换方法是按F键。
- **图像杂色级别**：如果选择区域中存在杂色，可以拖曳该滑块来进行控制。
- **自动**：“焦点对准范围”和“图像杂色级别”选项右侧都有“自动”选项。勾选该选项，Photoshop将自动为这些参数选择适当的值。
- **柔化边缘**：可以对选区边缘进行轻微的羽化。

提示

“视图”“输出到”选项与“选择并遮住”命令相同（见416页）。

14.4.3 选择天空

使用“编辑>天空替换”命令（见243页）替换图像中的天空时，如果没有合适的预设图片，可以执行“选择>天空”命令，自动识别图像中的天空并将其选取，之后用其他素材进行替换。

14.4.4 实战：1分钟快速抠闪电（混合颜色带）

要点

扫码看视频

本实战用混合颜色带抠闪电。混合颜色带是一种高级蒙版，能根据像素的亮度值来决定其显示还是隐藏，非常适合抠火焰、烟花、云彩等处于深色背景中的图像。其优点是抠图速度快，缺点是可控性不如图层蒙版，而且对图像有一定要求，在图像背景简单且有足够的色调差异时，才能发挥较好的作用。

01 打开素材，如图14-179所示。使用移动工具将闪电图像拖入城市夜景图像中，如图14-180所示。

图14-179

图14-180

02 双击闪电所在的图层，打开“图层样式”对话框。按住Alt键并拖曳“本图层”中的黑色滑块，将其分开后，将黑色滑块的右半边滑块向右侧拖曳至靠近白色滑块处。这样可以创建一个较大的半透明区域，使闪电周围的蓝色能够较好地融合到背景中，并且半透明区域还可以增加背景的亮度，体现出闪电照亮夜空的效果，如图14-181和图14-182所示。

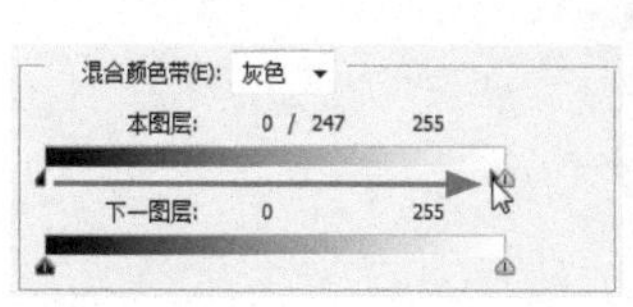

图14-181

图14-182

03 按两下Ctrl+J快捷键，复制闪电图层，让电光更强，如图14-183和图14-184所示。

图14-183

图14-184

> 提示
> 与图层蒙版类似，混合颜色带也只是隐藏像素，并不会将其删除。在任何时候，只要打开"图层样式"对话框，将滑块拖回起始位置，便能让隐藏的像素重新显示出来。

14.4.5

实战：抠大树（混合颜色带）

要点

扫码看视频

大树枝叶繁茂，细节多，是有代表性的复杂对象。这类对象好不好抠，关键看背景。如果背景也复杂，如树后面还有其他树、人或建筑等，则要花很大工夫才能抠出来。如果背景是天空，那就好办了，"色彩范围"命令、通道、混合颜色带等都能将其抠出。图14-185所示为使用混合颜色带的抠图效果。你绝对想象不到，这么复杂的大树一下就能抠出来！

图14-185

01 单击锁状图标🔒，如图14-186所示，将"背景"图层转换为普通图层，之后双击这一图层，如图14-187所示，打开"图层样式"对话框。

图14-186

图14-187

02 在"混合颜色带"列表中选择"蓝"（即蓝通道）。向左拖曳"本图层"下方的白色滑块，即可隐藏蓝天，如图14-188和图14-189所示。

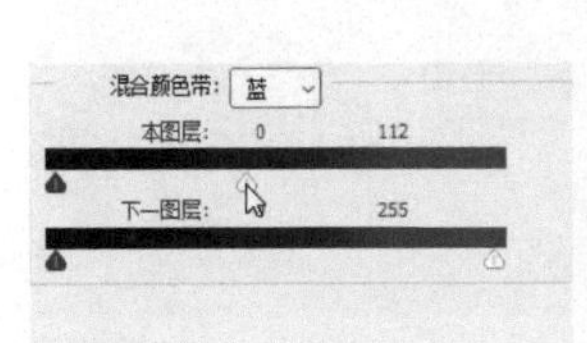

图14-188

图14-189

03 按住Alt键并单击滑块，将其分开，然后把右半边滑块稍微往右拖曳一点，这样可以建立一个过渡区域，防止枝叶边缘太过琐碎，如图14-190和图14-191所示。

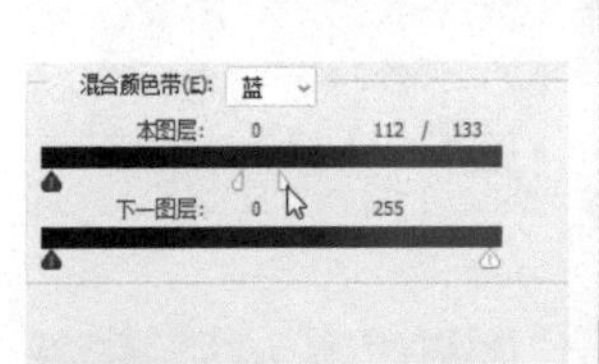

图14-190

图14-191

技术看板　通过盖印的方法获取抠图内容

观察图像缩览图可以看到，天空仍然存在，说明它只是被隐藏了。如果想让大树与天空真正分离，可以创建一个图层，然后按Alt+Shift+Ctrl+E快捷键，将当前抠图效果盖印到新建的图层中，这样既抠出了大树，原始图像还能保留下来。需要注意的是，如果同时调整了"本图层"和"下一图层"中的滑块，则盖印以后，只能删除"本图层"滑块所隐藏的区域中的图像。

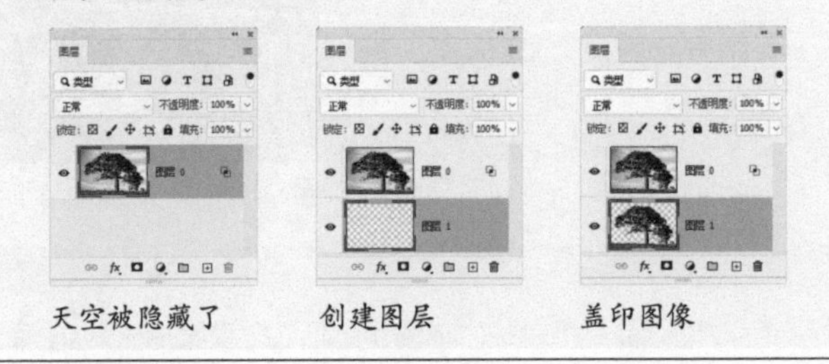
天空被隐藏了　创建图层　盖印图像

14.4.6

实战：抠变形金刚（魔术橡皮擦工具）

要点

扫码看视频

本实战使用魔术橡皮擦工具抠图，如图14-192所示。仔细观察该工具的图标，是不是魔棒工具和橡皮擦工具的组合？这说明该工具具备这两个工具的某些特性。在操作时，它会先像魔棒工具那样选取对象，再像橡皮擦工具那样将其擦除，由于这一过程是同步的，因此，不会显示选区。所以说魔术橡皮擦工具是一个添加了擦除功能的魔棒，其用途是擦除所选对象。

图14-192

魔术橡皮擦工具的使用方法很简单，在图像上单击便可，不必拖曳鼠标，Photoshop会将所有与单击点相似的像素都删除，使之成为透明区域。但如果是在“背景”图层或锁定了透明度的图层（单击“图层”面板中的按钮锁定透明度）上使用，则这些像素会被更改为背景色，“背景”图层也会自动转换为普通图层。

01 按Ctrl+J快捷键复制“背景”图层，以保留原始图像。单击“背景”图层的眼睛图标，将该图层隐藏，如图14-193所示。单击按钮，打开菜单，执行“纯色”命令，创建黑色填充图层。按Ctrl+[快捷键，将其调整到“图层1”下方，如图14-194所示。在其衬托下抠图，有任何一处不足都能在第一时间被发现。

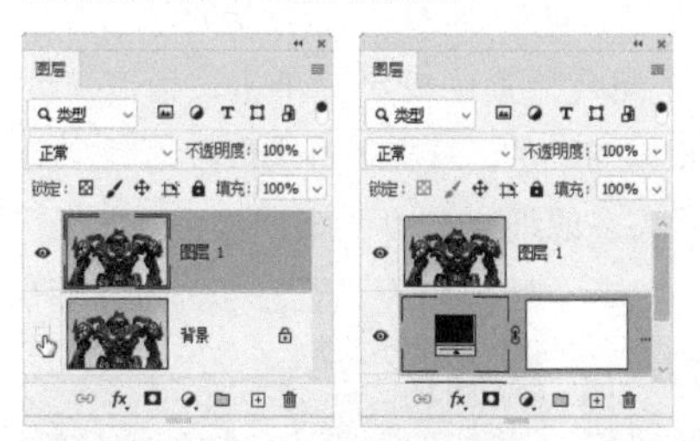

图14-193　图14-194

02 单击变形金刚所在的“图层1”。选择魔术橡皮擦工具，将“容差”设置为15，勾选“连续”选项，如图14-195所示，在背景上单击，将背景擦除，如图14-196所示。剩余的残留背景，使用橡皮擦工具擦掉（硬边圆笔尖），如图14-197所示。

容差：15　消除锯齿　连续　对所有图层取样　不透明度：100%

图14-195

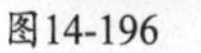

图14-196　图14-197

03 上一步完成了抠图，现在来检查一下效果。按Ctrl++快捷键放大视图比例，可以看到，变形金刚的轮廓不光滑，而且有一圈白边，如图14-198所示。按住Ctrl键并单击缩览图，如图14-199所示，将变形金刚的选区加载到画布上。

图14-198　图14-199

04 执行“选择>修改>平滑”命令，设置参数如图14-200所示，让选区变得平滑，这样在下一步添加蒙版时，变形金刚的轮廓就是光滑的了。执行“选择>修改>收缩”命令，将选区向内收缩2像素，如图14-201所示，让白边在选区外边。如果白边比较宽，可以将收缩量调大。单击按钮添加蒙版，将白边遮盖住。

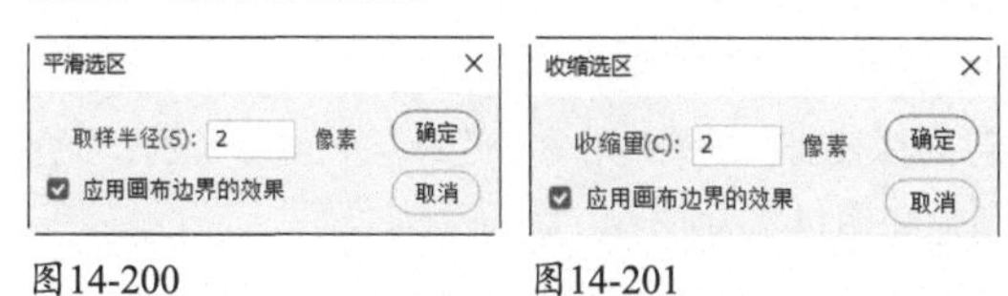

图14-200　图14-201

提示

魔术橡皮擦工具虽然简单方便，但太容易形成琐碎的边界（参见下面左图），必须对选区进行调整，才能改善效果。除了“选择>修改”子菜单中的几个命令外，还可以使用“选择并遮住”命令修改选区。

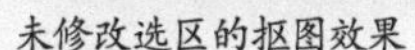

未修改选区的抠图效果　进行收缩和平滑处理后的效果

魔术橡皮擦工具的选项栏

在魔术橡皮擦工具的工具选项栏中，“不透明度”用来设置擦除强度，100%的不透明度将完全擦除像素，较低的不透明度可擦除部分像素，其效果类似于将所擦除区域的图层的不透明度设置为低于100%的数值。其他选项均与魔棒工具相同。

14.4.7 实战：抠宠物狗（背景橡皮擦工具）

要点

背景橡皮擦工具是一个智能橡皮擦，可自动识别对象边缘，并将指定范围内的图像擦除，适合处理边界清晰的图像。对象的边缘与背景的对比度越高，擦得越彻底。用它抠毛发，效果也不错，如图14-202所示。

扫码看视频

图14-202

该工具的鼠标指针是一个圆形，代表了工具的大小。圆形中心有一个十字线，擦除图像时，Photoshop会自动采集十字线位置的颜色，并将工具范围内（即圆形区域内）出现的类似颜色擦除。在进行操作时，只需沿对象的边缘拖曳鼠标涂抹即可，非常方便。

01 选择背景橡皮擦工具并单击连续按钮，设置“容差”值，如图14-203所示。

图14-203

02 将鼠标指针放在背景上，如图14-204所示，拖曳鼠标将背景擦除，如图14-205所示。背景的灰色调呈上深下浅变化，擦除时，可多次单击进行取样。但要注意，鼠标指针中心的十字线不能碰触毛发，否则会将毛发擦掉。

图14-204

图14-205

03 按住Ctrl键并单击“图层”面板中的⊞按钮，在当前图层下方新建一个图层，填充黑色。将前景色设置为绿色。选择画笔工具，选择柔边圆笔尖，将其调整为椭圆形并进行旋转，如图14-206所示，绘制出绿色渐变背景，如图14-207所示。

04 在新背景上，很容易就能发现宠物狗毛发抠得并不彻底，还残留一层淡淡的背景色需要处理。单击“图层0”图层，如图14-208所示。重新调整工具参数，单击背景色板按钮、选择“不连续”选项及勾选“保护前景色”选项，如图14-209所示。

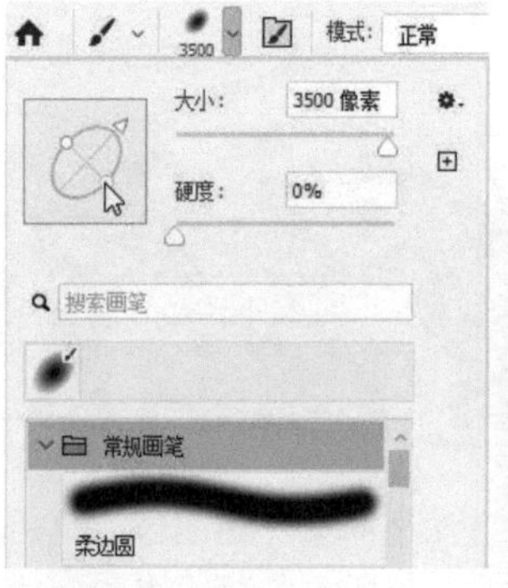

图14-206

图14-207

图14-208

图14-209

05 选择吸管工具，在狗的浅色毛发上单击，拾取颜色作为前景色，如图14-210所示。由于启用了“保护前景色”功能，因此在擦除时能避免伤害到宠物狗的毛发。按住Alt键并在残留的背景上单击，如图14-211所示，拾取颜色作为背景色，这样做的目的是配合背景色板，单击该按钮，就只擦除与拾取的背景色相似的颜色，这样能最大限度地减少狗毛发的损失，保证留有足够多的细节。

图14-210

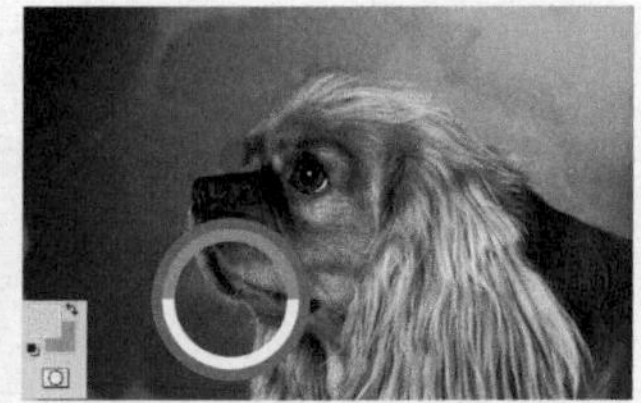

图14-211

06 使用背景橡皮擦工具处理狗身体边缘的毛发，将残留的背景擦除，如图14-212所示。毛发之外如果还有残留的背景图像，可以用橡皮擦工具擦掉。图14-213所示为抠出的图像在透明背景上的效果。

图14-212

图14-213

·PS技术讲堂·

背景橡皮擦的取样及限制方法

取样方法

背景橡皮擦工具比魔术橡皮擦工具功能强大，其选项也更复杂一些，如图14-214所示。在使用时，它会进行取样。取样是指使用某种方法采集图像中的颜色。背景橡皮擦工具以鼠标指针中的十字线作为取样点，以圆形鼠标指针为工具的作用范围。

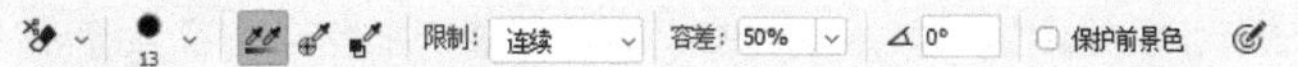

图14-214

单击连续按钮后，拖曳鼠标时可以连续对颜色取样，此时凡出现在鼠标指针中心十字线内，且符合“容差”要求的图像都会被擦除，如图14-215所示。当需要擦除多种颜色时，适合使用这种方式，但操作时需要特别留意，不要让鼠标指针中的十字线碰触到需要保留的图像。

图14-215

图14-216

图14-217

单击一次按钮时，只对鼠标单击点十字线处的颜色取样一次，如图14-216所示，之后只擦除与之类似的颜色。在这种状态下，鼠标指针是可以在图像上任意移动的，如图14-217所示。

单击背景色板按钮后，只擦除与背景色类似的颜色。操作前需要单击“工具”面板中的背景色块，打开“拾色器”对话框，然后将鼠标指针放在需要擦除的颜色上方，单击鼠标，将这种颜色设置为背景色，之后关闭“拾色器”对话框，再使用背景橡皮擦工具进行擦除。除此之外，也可以自定义取样颜色，这在处理多色背景时非常方便。例如，当需要擦除的图像中有白、蓝两种颜色时，由于色调差异较大，一次不容易清除干净，最好分开处理，此时可单击背景色板按钮，再使用吸管工具按住Alt键在白色背景上单击，拾取颜色作为背景色，如图14-218所示，之后在背景上拖曳鼠标，先将白色擦除，如图14-219所示。处理蓝色时，也是先使用吸管工具拾取蓝色作为背景色，再擦除，如图14-220和图14-221所示。

图14-218

图14-219

通过限制保护前景色

在背景橡皮擦工具的工具选项栏中，“限制”下拉列表中包含“不连续”“连续”和“查找边缘”3个选项，可以控制擦除的限制模式，即拖曳鼠标时，是擦除连接的像素还是出现在工具范围内的所有相似的像素。

选择“不连续”选项，可以擦除出现在鼠标指针范围内的任何位置的样本颜色；选择“连续”选项，只擦除包含样本颜色并且互相连接的区域；“查找边缘”选项与“连续”选项的作用有些相似，可以擦除包含取样颜色的连接区域，但同时能更好地保留形状边缘的锐化程度。如果想保护某种颜色，可以勾选“保护前景色”选项，之后使用吸管工具拾取这种颜色作为前景色，再进行擦除操作。

图14-220

图14-221

·PS技术讲堂·

魔术橡皮擦与背景橡皮擦的利弊探讨

在所有抠图工具中，只有魔术橡皮擦工具和背景橡皮擦工具能将图像直接从背景中抠出，这是因为背景都被它们擦掉了。虽然比较省事，但也有弊端。

这两个工具的好处是操作方法简单，比前面介绍的任何一个智能抠图工具都容易上手，而且可以快速清除背景图像。缺点也十分明显。首先，背景被擦掉意味着图像遭到了破坏，并且删除背景以后，也不利于后期调整；其次，它们对图像也有一定要求，即背景不能太过复杂，以单色为宜；最后就是其抠图精度不高。既然有这么多缺点，为什么还要介绍这两个工具呢？这是因为，抠图的目的是进一步使用图像，如用于合成、制作封面、制作商品目录等。从事摄影后期处理、平面设计、网页设计等工作时，在创意阶段，可以用这两个工具快速抠图，制作一些小样，看一看大致效果，之后再决定是否花工夫用其他方法细致抠图。

14.4.8 实战：抠古代建筑（“应用图像”命令）

要点

扫码看视频

本实战抠古代建筑（以下称古建），如图14-222所示。这张照片中的背景（天空）很简单，但琉璃瓦、飞檐上的走兽和照明线管比较复杂，而且轮廓清晰，用魔棒工具、快速选择工具、“色彩范围”命令、“选择并遮住”命令等抠图容易形成琐碎的边界，效果不好。这样的图像适合用传统技术——通道来抠。虽然有些难度，但全程可控。图14-223所示是做了一个图像合成，以检验抠图效果。可以看到，古建与新背景的结合浑然天成，建筑轮廓的准确度和光滑度都无可挑剔。

图14-222

图14-223

在Photoshop不断改进自动抠图工具，甚至应用人工智能技术的趋势下，传统的通道抠图仍有其优势，不能被替代。本书中除该案例外，后面还有几个实战也是用通道或通道与其他工具结合抠图的，对这些案例的练习有助于更加全面地掌握通道抠图技术。

01 按Ctrl+3快捷键、Ctrl+4快捷键、Ctrl+5快捷键，文档窗口中会显示红、绿和蓝通道中的灰度图像，如图14-224所示。

红通道　绿通道

蓝通道

图14-224

02 使用通道抠图之前要学会查看通道，发现其中包含的选区。在通道中，白色可以转换为选区。蓝通道中的天空接近白色，而且很容易处理成白色，那么只要再把古建处理为黑色就行了。将该通道拖曳到“通道”面板中的按钮上复制，得到“蓝 拷贝”通道，如图14-225所示。执行“图像>应用图像”命令，让该通道以“线性加深”模式与自身混合，如图14-226所示。当色调的对比度增强以后，背景（天空）更白，古建色调更深，如图14-227所示。

03 单击“确定”按钮关闭对话框。再使用“应用图像”命令处理一次，参数不变，效果如图14-228所示。

图14-225

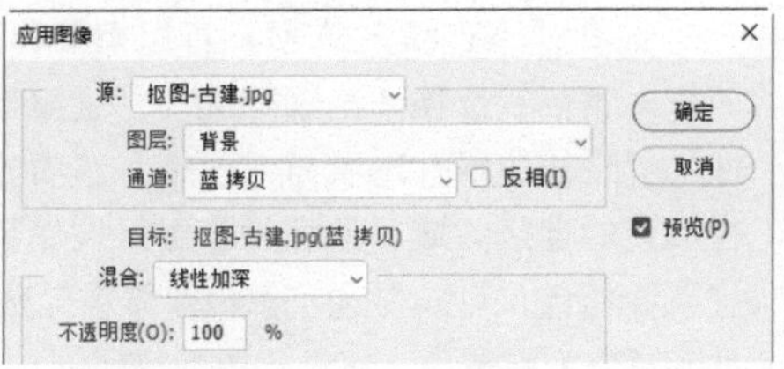

图14-226

图14-227

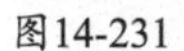
图14-228

04 按Ctrl+L快捷键，打开“色阶”对话框，用增强对比度的调整方法（即滑块向中间集中）将画面右下角的灰色（天空）调为白色，如图14-229和图14-230所示。

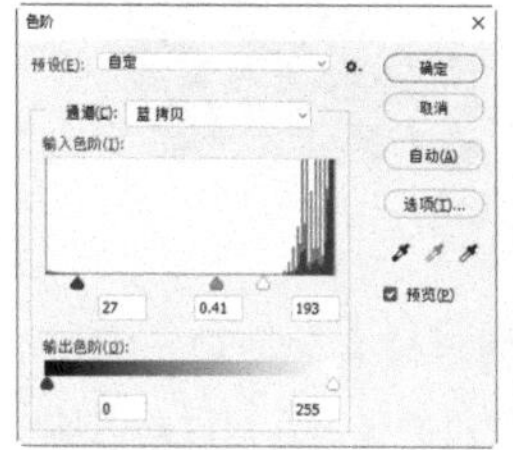
图14-229

图14-230

05 现在古建内部还有星星点点的白色存在，如图14-231所示，使用画笔工具涂黑。为避免遗漏（兽首上的高光点）和涂错位置，可以在RGB通道的左侧单击，显示出眼睛图标，如图14-232所示，这样会显示图像并与通道叠加，呈现的是快速蒙版状态，即在选区外的图像（古建）上覆盖一层淡淡的红色。将兽首上的高光点及其他白点上涂抹黑色，效果如图14-233和图14-234所示。

图14-231

图14-232

图14-233

图14-234

06 处理好以后，单击“通道”面板中的按钮，将通道转换为选区，如图14-235所示。按住Alt键并单击“图层”面板中的按钮，基于选区创建一个反相的蒙版，将选中的天空遮盖住，完成抠图，如图14-236所示。

图14-235

图14-236

·PS技术讲堂·

“应用图像”命令与颜色、图像和选区

扫码看视频

修改颜色

为图层设置混合模式后，可让其与下方所有图层混合，这是创建图像合成效果的常用方法。通道也可以进行混合，但主要用于调色和编辑选区（即抠图）。“应用图像”和“计算”命令都能混合通道，但方法不太一样。使用“应用图像”命令前，先要选择被混合对象。这里有一个技巧，单击一个颜色通道，如图14-237所示，之后在RGB复合通道的左侧单击，显示出眼睛图标，如图14-238所示。在这种状态下，当前选择的仍然是颜色通道，但文档窗口中显示的是彩色图像，这样操作时便能看到图像的颜色变化了。选择被混合的目标对象后，执行“图像>应用图像”命令，打开“应用图像”对话框，可看到3个选项组，如图14-239所示。

图14-237

图14-238

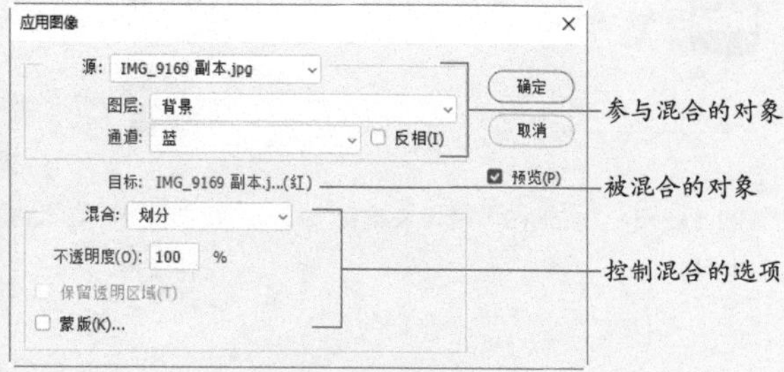

图14-239

“源”选项组是指参与混合的对象，“目标”选项组是指被混合的对象（即执行该命令前选择的通道），“混合”选项组用来控制二者如何混合。被混合的通道在打开对话框时就已选择好了，选择参与混合的对象后，设置一种混合模式即可。在混合模式的作用下，被混合的通道的明度发生改变，进而影响图像的颜色，如图14-240所示。如果要降低混合强度，可以调整“不透明度”值，该值越小，混合强度越弱，如图14-241和图14-242所示。

蓝通道采用“划分”模式混入红通道

图14-240

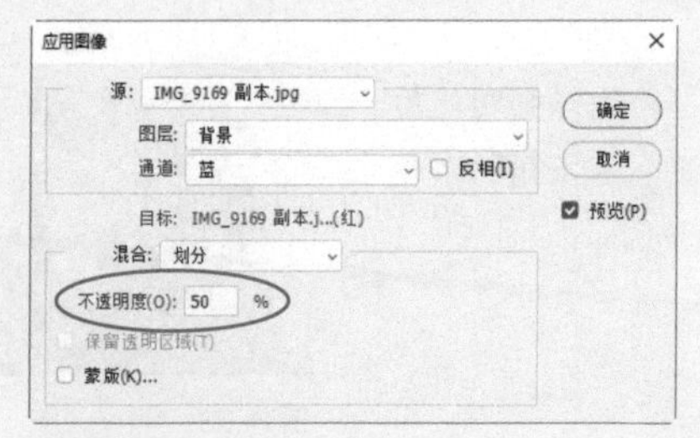

将不透明度设置为50%

图14-241

混合强度降低为之前的一半

图14-242

当图层中包含透明区域时，还可以勾选“保留透明区域”选项，将混合效果限定在图层的不透明区域。如果勾选“蒙版”选项，则会显示出隐藏的选项，此时可选择包含蒙版的图像和图层。在“通道”选项中可以选择颜色通道或Alpha通道作为蒙版，也可使用基于当前选区或选中图层（透明区域）边界的蒙版。“反相”选项可以反转蒙版。

修改图像

使用“应用图像”命令时，如果被混合的目标对象是图层，则会修改所选图层中的图像，其效果类似于在图层之间创建混合。但区别在于：图层间混合是可以修改和撤销的，而使用“应用图像”混合操作不能逆转，如图14-243和图14-244所示。

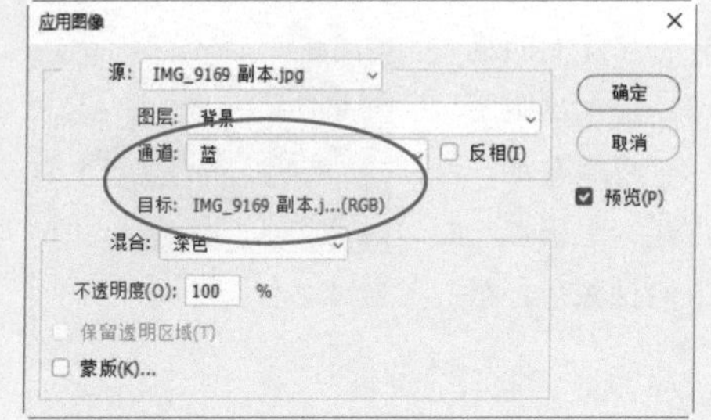

“应用图像”命令参数设置

图14-243

蓝通道混入“背景”图层

图14-244

修改选区

如果被混合的目标对象是Alpha通道，则会修改Alpha通道中的灰度图像，进而改变选区范围。有两种混合模式在修改选区时比较有用，即“相加”和“减去”模式（“图层”面板中没有“相加”模式）。它们与选区的加、减运算类似*（见28页）*，只是作用对象是通道，其结果影响的是选区，如图14-245~图14-247所示。

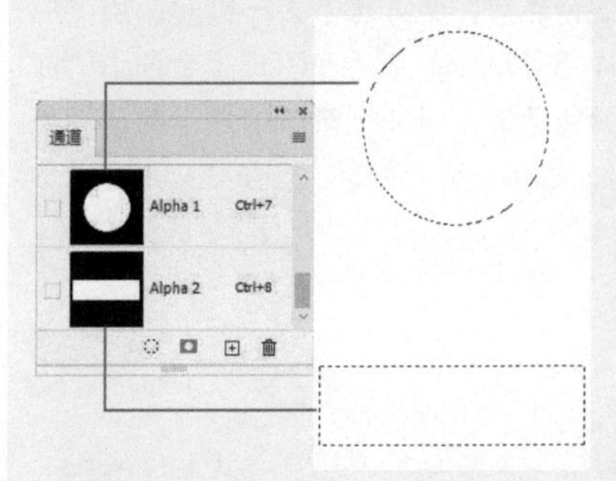

“Alpha 1”和“Alpha 2”通道及选区

图14-245

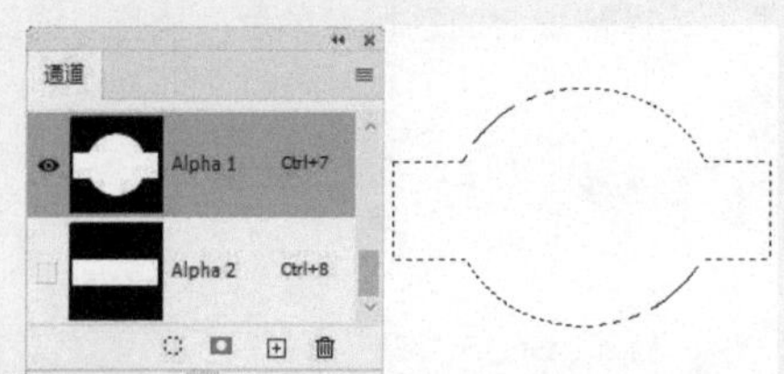

用“相加”模式混合

图14-246

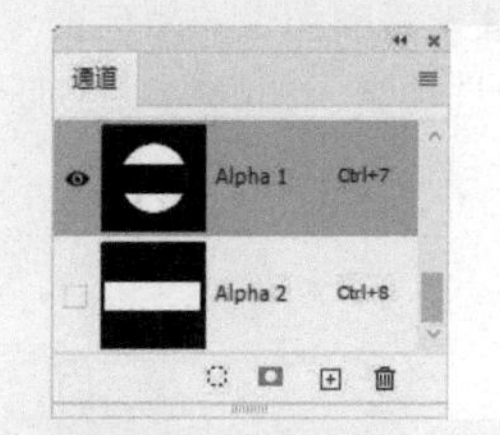

用“减去”模式混合

图14-247

14.5 抠透明图像

通道、“色彩范围”命令、“选择并遮住”命令和快速蒙版都可用于抠内部透明或边缘模糊的对象，其中通道的可控性最强，抠图效果最好，但初学者不太喜欢用它，因为用法比较难。确实，学通道抠图之前，得掌握画笔、图层蒙版、混合模式和曲线的用法，而这些功能个个都不简单。

14.5.1 实战：抠婚纱（钢笔工具+通道）

扫码看视频

01 打开素材，如图14-248所示。选择钢笔工具及“路径”选项。单击“路径”面板中的按钮，新建一个路径层。沿人物的轮廓绘制路径，描绘时要避开半透明的头纱，如图14-249和图14-250所示。

图14-248

图14-249

图14-250

02 按Ctrl+Enter快捷键将路径转换为选区，如图14-251所示。单击“通道”面板中的按钮，将选区保存到通道中，如图14-252所示。将蓝通道拖曳到按钮上进行复制，如图14-253所示。

图14-251

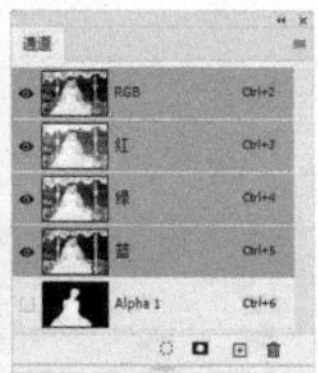
图14-252

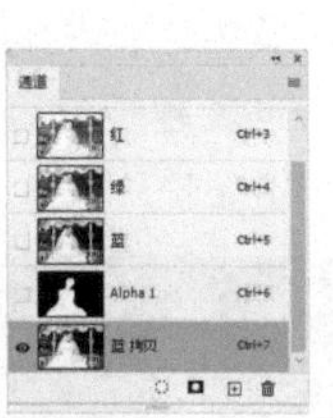
图14-253

03 使用快速选择工具选取女孩（包括半透明的头纱），按Shift+Ctrl+I快捷键反选，如图14-254所示。在选区中填充黑色，如图14-255和图14-256所示。取消选择。

图14-254

图14-255

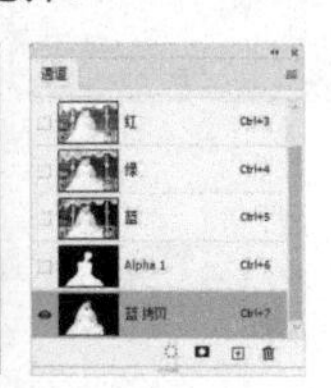
图14-256

04 执行“图像>计算”命令，让“蓝 拷贝”通道与“Alpha 1”通道采用“相加”模式混合，如图14-257所示。单击“确定”按钮，得到一个新的通道，如图14-258所示。

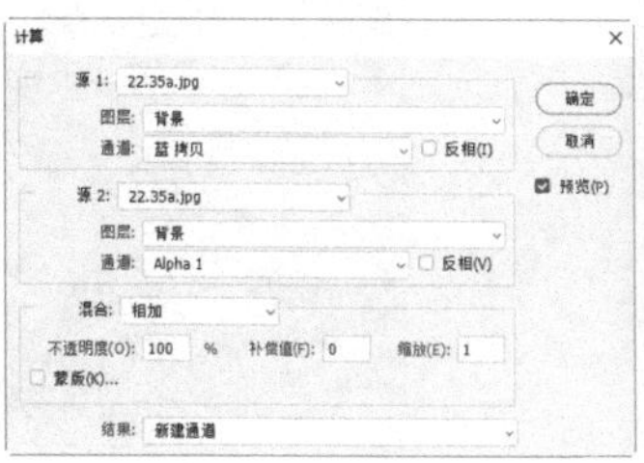
图14-257

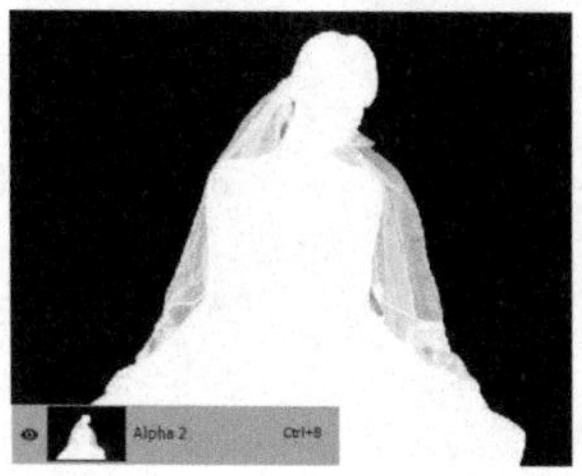
图14-258

05 当前显示的是通道图像，可单击“通道”面板底部的按钮，直接载入婚纱选区。按Ctrl+2快捷键显示彩色图像，如图14-259所示。打开素材，将抠出的婚纱图像拖入，如图14-260所示。

图14-259

图14-260

06 头纱还有些暗，添加“曲线”调整图层，如图14-261所示，调亮图像。按Ctrl+I快捷键将蒙版反相，使用画笔工具在头纱上涂抹白色，使头纱变亮，按Alt+Ctrl+G快捷键，创建剪贴蒙版，如图14-262和图14-263所示。

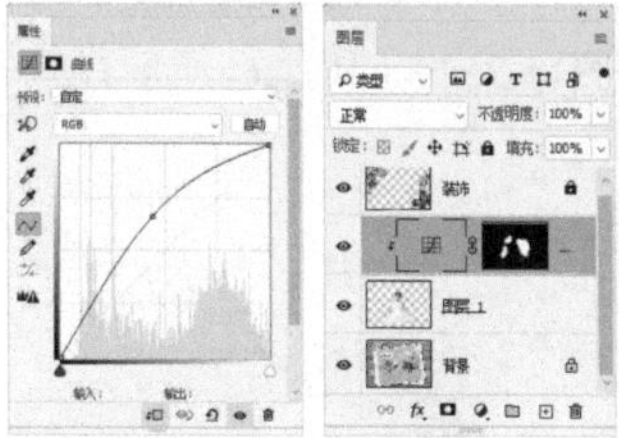
图14-261

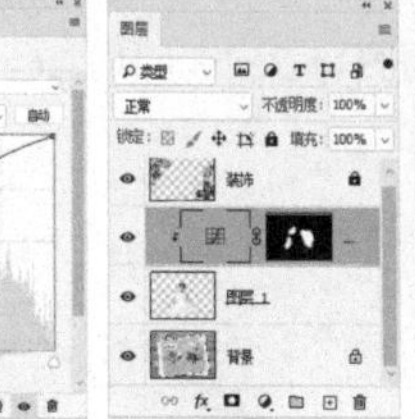
图14-262

图14-263

14.5.2 实战：抠酒杯和冰块（钢笔工具+“计算”命令）

要点

扫码看视频

本实战抠酒杯和冰块，如图14-264所示。酒是浅黄色的，冰块和杯子是无色的，三者都是透明物体。什么工具能抠透明物体呢？“色彩范围”命令、“选择并遮住”命令、混合颜色带、快速蒙版和通道都可以，但通道是首选，因为它能调整选择程度，进而控制图像的透明度。一般抠此类图片时，先看一看通道的情况，能用通道抠，就不用考虑其他方法。

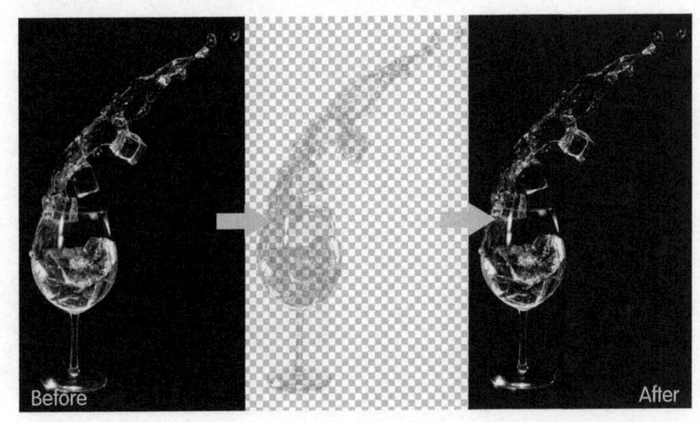

图14-264

01 使用钢笔工具描绘酒杯轮廓，如图14-265所示。按Ctrl+Enter快捷键将路径转换为选区，如图14-266所示。

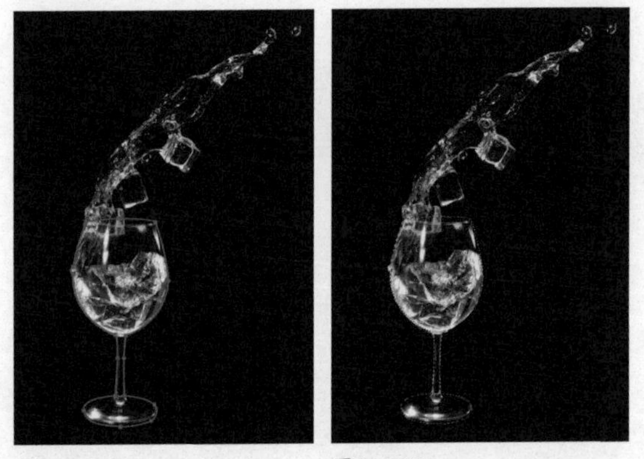

图14-265　图14-266

02 执行“选择>存储选区”命令，将选区命名为“酒杯”，保存到通道中，如图14-267和图14-268所示。

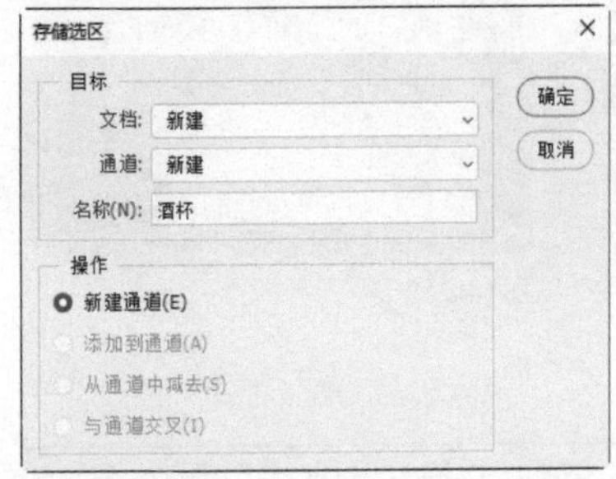

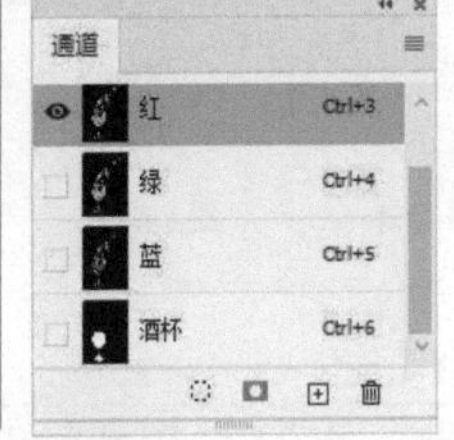

图14-267　图14-268

03 取消选择。下面制作酒和冰块的选区。使用快速选择工具选取杯子外边的酒和冰块，如图14-269所示。用“存储选区”命令将其保存到“通道”面板中，名称设置为“酒和冰块”，如图14-270所示。

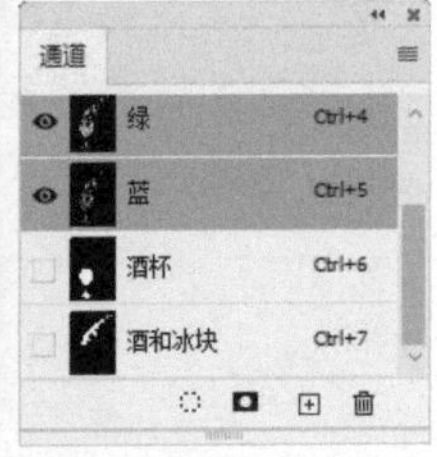

图14-269　图14-270

04 取消选择。执行“图像>计算”命令，打开“计算”对话框，让“酒杯”通道与“酒和冰块”通道中的选区相加，如图14-271所示，生成一个新的通道，它包含了要抠的全部图像，如图14-272所示。

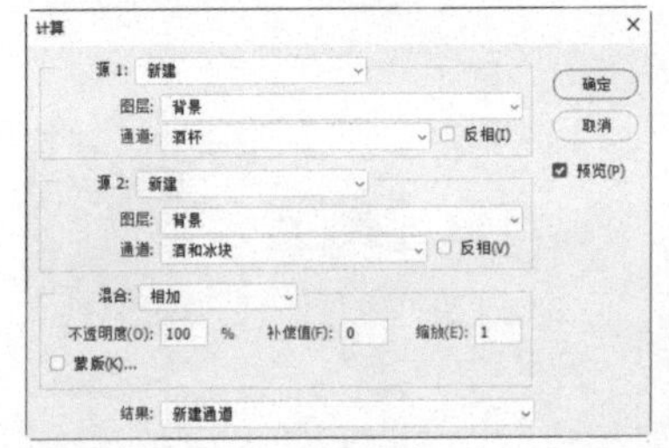

图14-271　图14-272

05 按Ctrl+3快捷键、Ctrl+4快捷键、Ctrl+5快捷键，文档窗口中会显示红、绿和蓝通道中的灰度图像，如图14-273所示。通过比较可以发现，蓝通道中酒杯和冰块的透明度最高，显然是不适合抠图的，因为越透明，杯子、冰块的细节越少，也就越难看清楚。相比之下，绿通道中图像的细节比较多，下面就从该通道中提取选区。

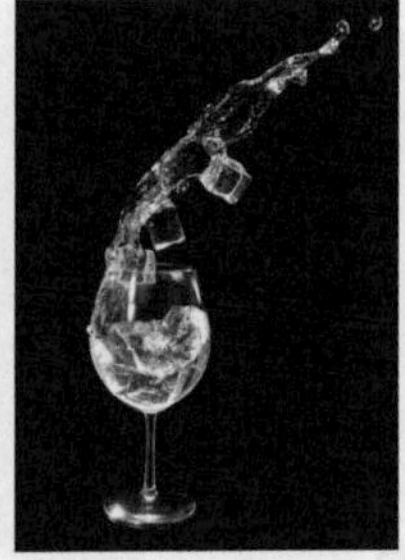

红通道　绿通道　蓝通道

图14-273

06 按Ctrl+2快捷键重新显示彩色图像。单击绿通道，如图14-274所示，按Ctrl+A快捷键全选，按Ctrl+C快捷键复制。单击“图层”面板中的按钮，添加蒙版，按住Alt键并单击蒙版缩览图，如图14-275所示，此时文档窗口中会显示蒙版图像，现在它还是一个白色的图像，按Ctrl+V快捷键将复制的绿通道图像粘贴到蒙版中，如图14-276所示。这样就用通道中的图像作为蒙版，将背景遮住了。

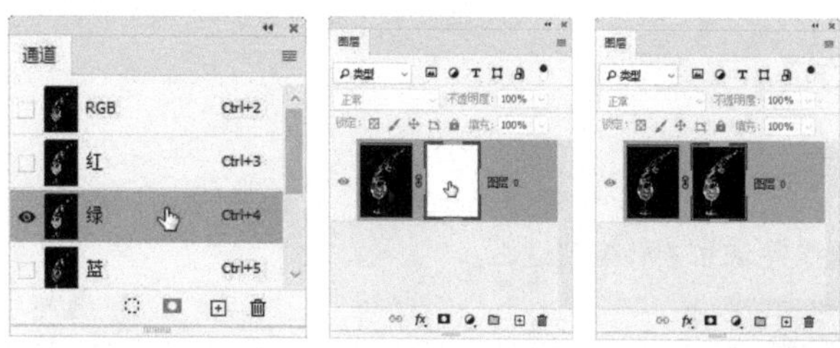

图14-274　图14-275　图14-276

07 按住Ctrl键并单击通道，如图14-277所示，将酒杯、酒和冰块的外轮廓选区加载到图像上，按Shift+Ctrl+I快捷键反选，填充黑色。取消选择。单击图层缩览图，结束蒙版的编辑，如图14-278和图14-279所示。

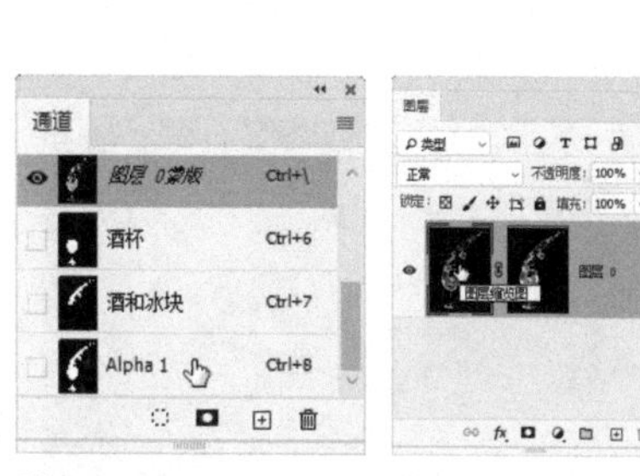

图14-277　图14-278

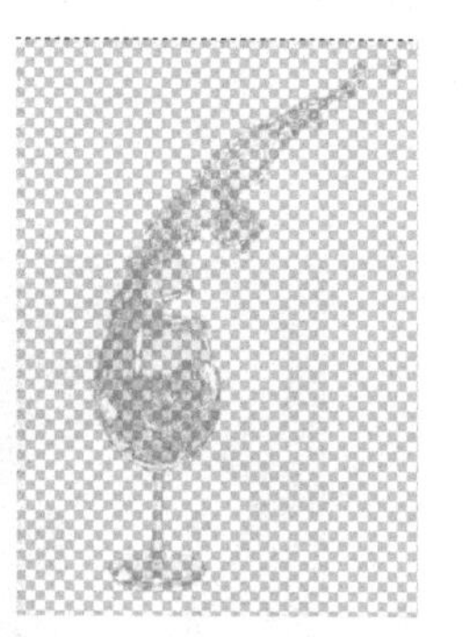

图14-279

> **提示**
>
> 这一步很关键，将轮廓以外的区域填充为黑色，可以确保抠出的图像中不会包含任何多余的背景。

08 在酒杯下层创建一个填充图层来验证抠图效果。如果感觉杯子等的透明度还是有点高，可以将抠好的图层复制一层，如图14-280和图14-281所示。

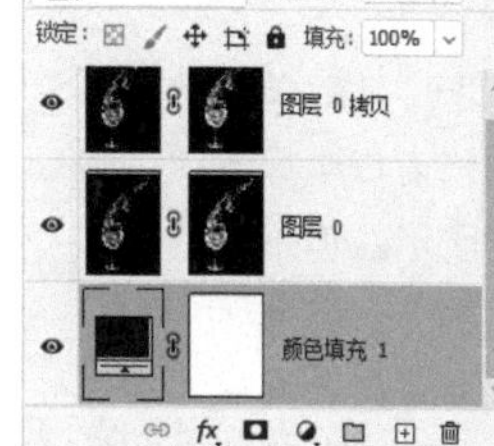

图14-280

图14-281

·PS技术讲堂·

“计算”命令

讲“计算”命令就不得不提“应用图像”命令，因为二者的功能和用途太相似了。例如，在“计算”对话框中，“图层”“通道”“混合”“不透明度”“蒙版”等选项均与“应用图像”命令相同，如图14-282所示，而且控制混合强度的方法（调整不透明度值）也一样。

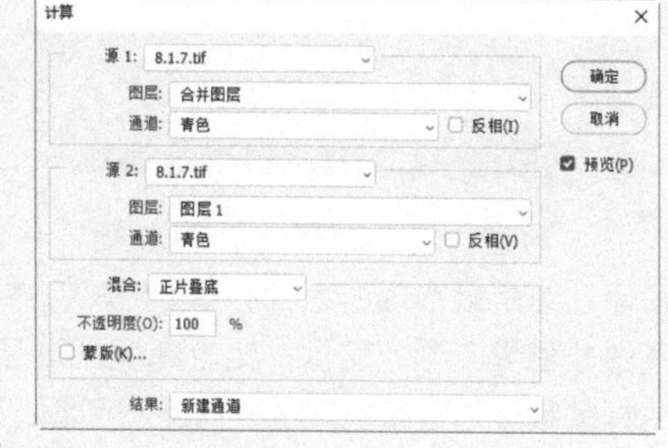

图14-282

“计算”命令既可以混合一个图像中的各个通道，也能让不同图像中的通道互相混合，而混合结果则可生成一个新的通道、选区或黑白图像。

使用它混合颜色通道时，混合结果会应用到一个新的Alpha通道中，并不改变颜色通道，因此，不会像“应用图像”命令那样修改图像的颜色。因而其主要用途就是编辑Alpha通道中的选区。

在操作方面，使用“应用图像”命令前，需要先选择要被混合的目标对象，之后打开“应用图像”对话框再指定参与混合的对象。“计算”命令没有这种限制，打开“计算”对话框后可以任意指定目标对象，从这方面看，该命令更灵活一些。但是如果要对同一个通道进行多次混合，使用“应用图像”命令就比“计算”命令方便，因为“计算”命令每操作一次就会生成一个通道，必须来回切换通道才能完成多次混合。

- **“源1”选项组/“源2”选项组**：“源1”选项组用来选择第一个源图像、图层和通道；“源2”选项组用于选取与“源1”选项组混合的第2个源图像、图层和通道，“源2”图像必须是打开的，并且与“源1”的图像具有相同尺寸和分辨率。
- **结果**：可以选择计算之后生成的对象。选择“新建通道”，可以从计算结果中创建一个新的通道，参与混合的两个通道不会受影响；选择“新建文档”，可以创建一个黑白图像；选择“选区”，可以创建一个选区。

·PS技术讲堂·

通道中黑、白、灰对应的选区范围

通道如何对应选区

将选区保存到通道中，便可得到一个灰度图像，反之，通道中的灰度图像也能转换成选区。

在通道中，黑色、白色、灰色分别对应了不同的选区范围。黑色代表选区外部；白色代表选区内部；黑白交界处则是选区边界；灰色是可以被部分选择的区域，即羽化区域，也可以看做是选择程度低于100%的区域。例如，图14-283所示为原图，在Alpha通道中制作一个从黑到白的灰度阶梯图像，如图14-284所示，加载选区之后，可以抠出图14-285所示的图像，从中可以看到通道中的灰度对应的抠图效果。

图14-283

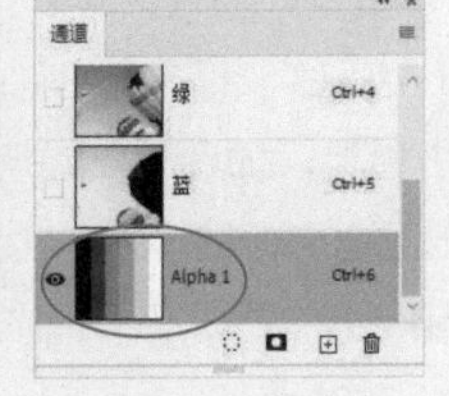

图14-284

图14-285

在显示图像的状态下编辑通道

需要处理某个Alpha通道中的选区时，就单击该通道，如图14-286所示，之后在文档窗口中显示的通道图像上进行修改，如图14-287所示。但是，在这种状态下看不到彩色图像，会给操作带来困难，如描绘图像边缘（选区边界）时没有办法准确定位。如果遇到这种情况，可在复合通道的左侧单击，让眼睛图标 显示出来，如图14-288所示，这样文档窗口中就会显示彩色图像，而选区之外的图像上则覆盖一层半透明的红色，如图14-289所示，这与快速蒙版状态下的选区完全一样*（见410页）*。

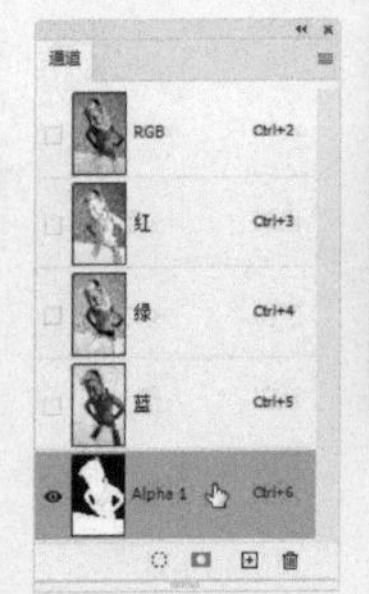

图14-286

图14-287

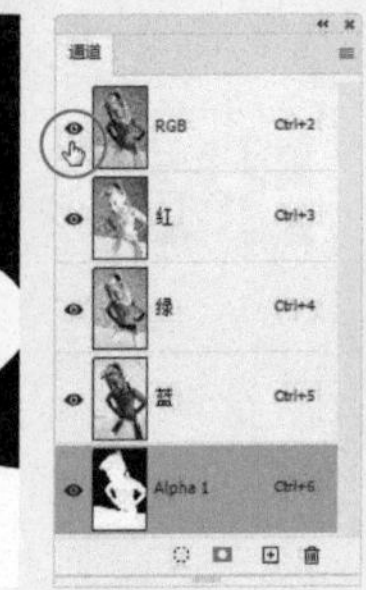

图14-288

图14-289

·PS技术讲堂·

选区与通道转换技巧

从通道中加载选区并进行运算

"通道"面板中有一个 ◌ 按钮，单击一个通道后，再单击 ◌ 按钮，便可将通道中的选区加载到画布上，如图14-290所示。这是最常规的选区加载方法，但并不好用，因为单击一个通道，就会选择这一通道，载入选区之后，还要切换回复合通道才能显示彩色图像，比较麻烦，如图14-291所示。最好的方法是按住Ctrl键并单击通道加载选区，如图14-292所示，这样就不必来回切换通道，而且还可通过不同的按键进行选区运算。例如，当图像上已有选区时，按住Ctrl+Shift键（鼠标指针变为 状）并单击通道，可以将其中的选区添加到现有选区中，如图14-293所示；按住Ctrl+Alt键（鼠标指针变为 状）单击，可以从现有选区中减去通道中的选区；按住Ctrl+Shift+Alt键（鼠标指针变为 状）并单击，得到的是它与画布上选区相交的区域。虽然在执行"选择>载入选区"命令加载选区时，也可以进行选

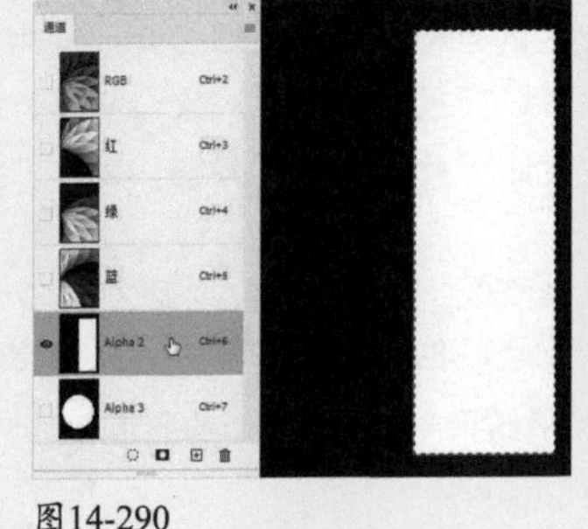

图14-290

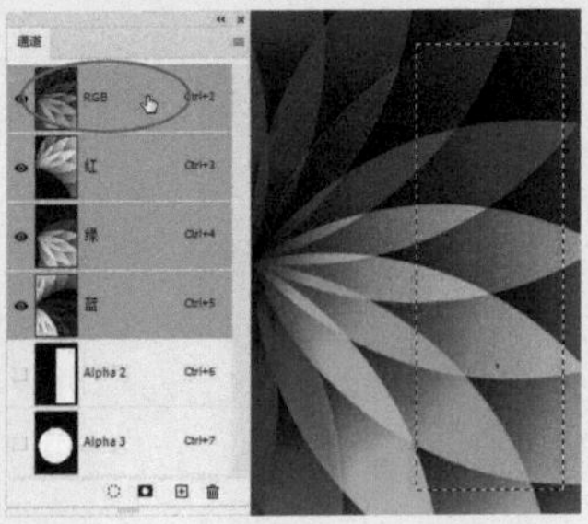

图14-291

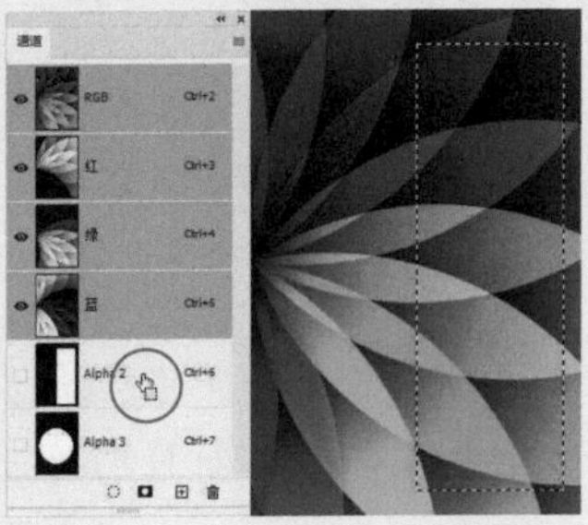

图14-292

区运算，但没有通过快捷按键操作方便。

从其他对象中加载选区

除通道外，从包含透明像素的图层、图层蒙版、矢量蒙版、路径层中也能加载选区。操作方法非常简单，只要按住Ctrl键并单击图层、蒙版或路径的缩览图即可，如图14-294所示。在操作时，还可以使用上面介绍的按键来进行选区运算。

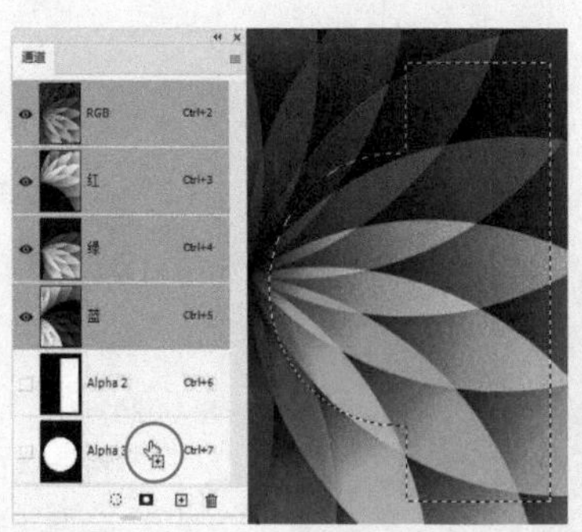

按住Ctrl+Shift键并单击通道

图14-293

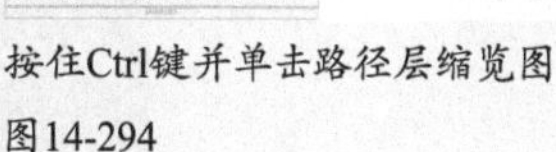

按住Ctrl键并单击路径层缩览图

图14-294

14.6 抠文字和图标

文字和图标与其他图像的抠法不太一样，因为它们不仅要求边界明确，而且轮廓要光滑。如果这两种对象比较简单，也可以使用钢笔工具抠，但速度较慢，不是好办法。下面介绍此类图像的抠图方法，既快捷，又不会出现瑕疵，而且抠好的素材无论是用于网页，还是用于印刷，都不会出问题。

14.6.1 实战：抠福字（混合颜色带）

要点

使用混合颜色带抠文字，不仅速度快，质量也非常高，如图14-295所示。由于它能创建羽化区域，抠边缘没有那么生硬的图像时，可以呈现轻微的柔边效果。

扫码看视频

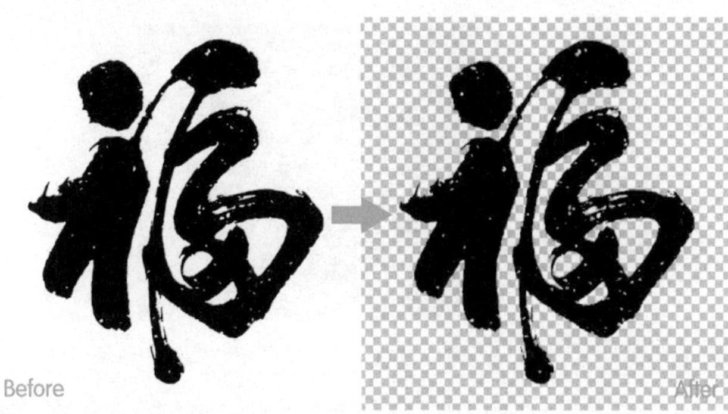

图14-295

01 单击锁状图标，如图14-296所示，将“背景”图层转换为普通图层。创建一个红色填充图层，并拖曳到最下方，如图14-297所示。

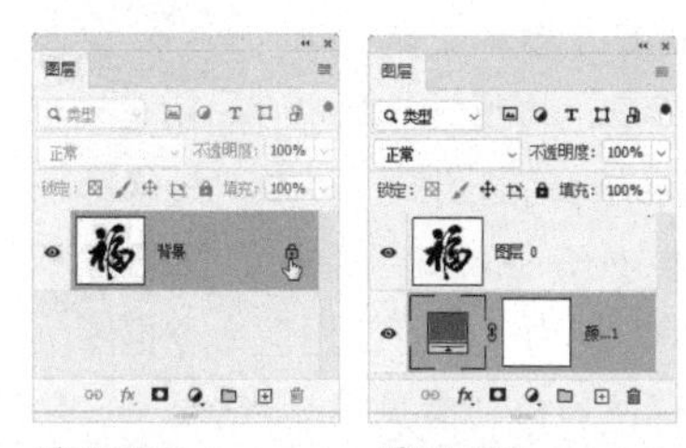

图14-296 图14-297

02 双击福字所在的“图层0”图层，打开“图层样式”对话框。将“本图层”下方的白色滑块向左侧拖曳，此时背景颜色会隐藏，下方填充图层的红色逐渐显现，如图14-298所示。注意观察文字边缘，当背景图像（白色）消失时放开滑块，如图14-299所示。

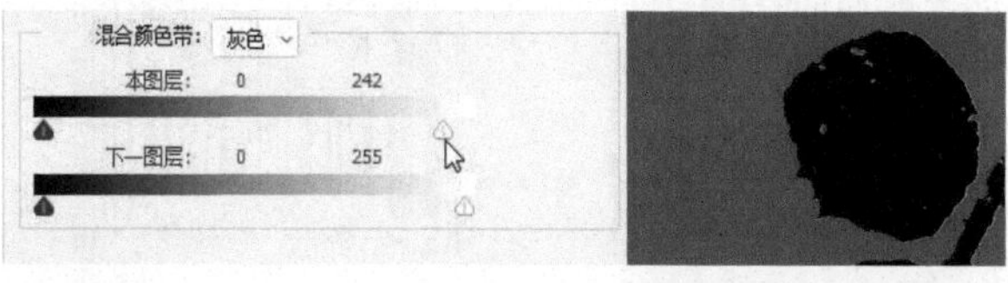

图14-298

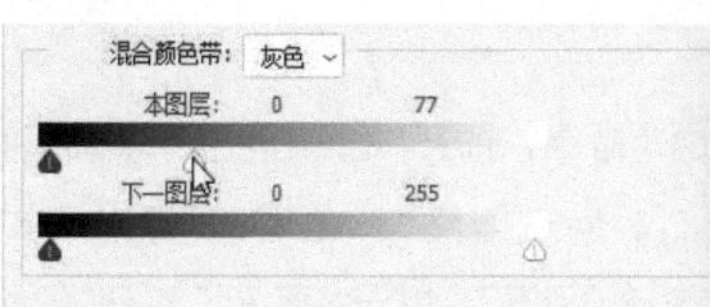

图14-299

03 现在文字就已经抠好了。但因为这是毛笔字，它的边缘应该柔和一些，太过清楚了会有锯齿感。按住Alt键并单击这个白色滑块，将其一分为二，再将分离出来的两个白色滑块往左右两侧各拖曳一点，建立一个过渡的羽化区域，便可在文字边缘生成轻微的模糊效果，如图14-300所示。

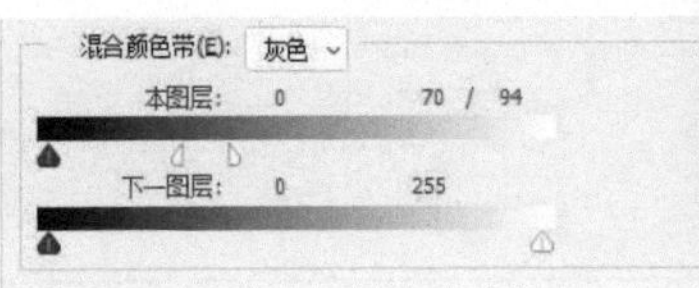

图14-300

14.6.2 实战：抠图标（"色彩范围"命令）

要点

一般情况下，单色背景上的图像比较容易抠，可以使用对象选择工具、魔棒工具、"色彩范围"命令等选取背景，再反转选区并抠图。但用这些方法处理边界明确的图像，以及对边缘准确度要求比较高的对象，如Logo、图标、文字时，效果并不好。下面这个实战就是这样，使用"色彩范围"命令抠图，结果问题很大，图形边缘有背景色（参见第3步结果）。是方法不对吗？不是的，只是在操作上没有根据图像的特点进行变通。其实只要把方法稍微改良一下，问题就能迎刃而解，如图14-301所示。

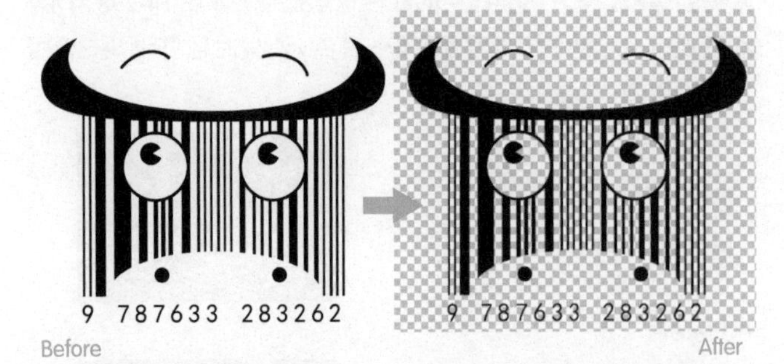

图14-301

01 执行"选择>色彩范围"命令，打开"色彩范围"对话框。在白色背景上单击，然后向右拖曳"颜色容差"滑块，如图14-302所示（白色代表选中的区域）。单击"确定"按钮关闭对话框，选取背景，如图14-303所示。

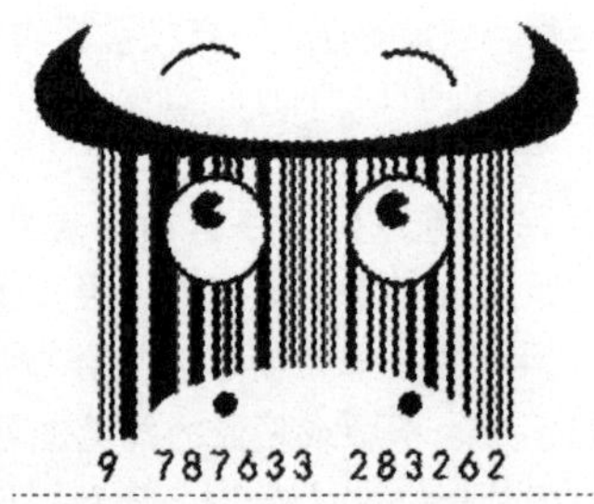

图14-302 图14-303

02 按住Alt键并单击 按钮，创建一个反相的蒙版，将选中的背景遮盖，完成抠图，如图14-304和图14-305所示。

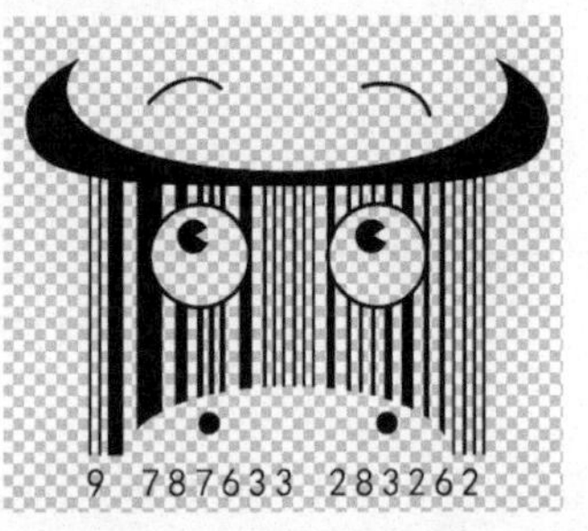

图14-304 图14-305

03 下面来看一看抠得是否干净。单击 按钮打开菜单，执行"纯色"命令，创建深灰色填充图层，如图14-306所示。按Ctrl+[快捷键，将其调整到最下方，如图14-307所示。在深灰色的衬托下，可以看到图形边缘有白边（即背景色），如图14-308所示。对于其他类型的图像，这意味着抠图失败了，但图标这类单色图像不一样，只要一个小技巧，就能扭转败局。

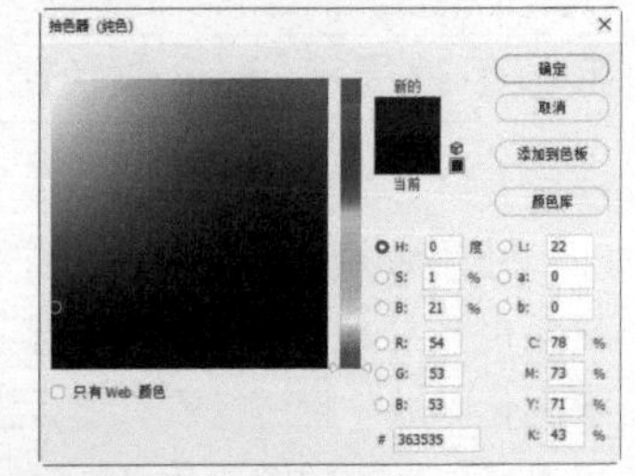

图14-306

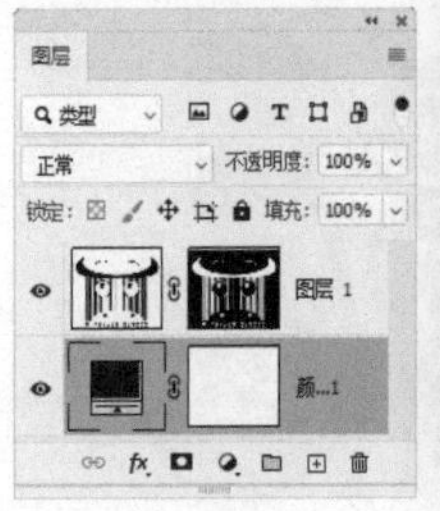

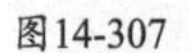

图14-307 图14-308

04 将图标所在的图层隐藏，然后按住Ctrl键并单击它的蒙版缩览图，如图14-309所示，将图标的选区加载到画布上，如图14-310所示。

05 创建一个黑色填充图层，选区会转换到它的蒙版中，如图14-311所示。由于脱离了原图标图层，就不存在背景颜色了，图标也就没有白边了，如图14-312所示。如果图标是其他颜色的，可创建与图标相同颜色的填充图层。

图14-309

图14-310

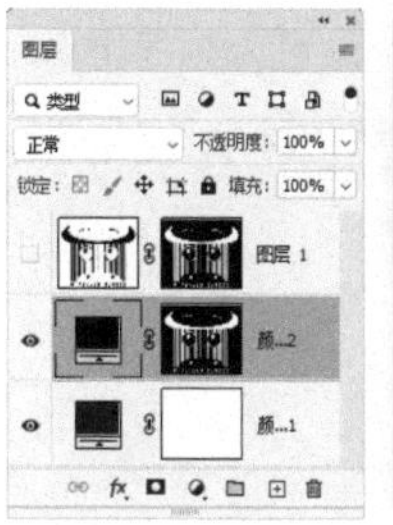

图14-311

图14-312

技术看板　快速修改图标颜色

一般公司对图标、Logo，以及公司名称的颜色（标准色）有很严格的要求，颜色上一般只允许使用专色，而且会提供专色色值。当需要按照相应规范设置图标颜色时，可以双击填充图层，打开“拾色器”对话框进行调整，非常方便。

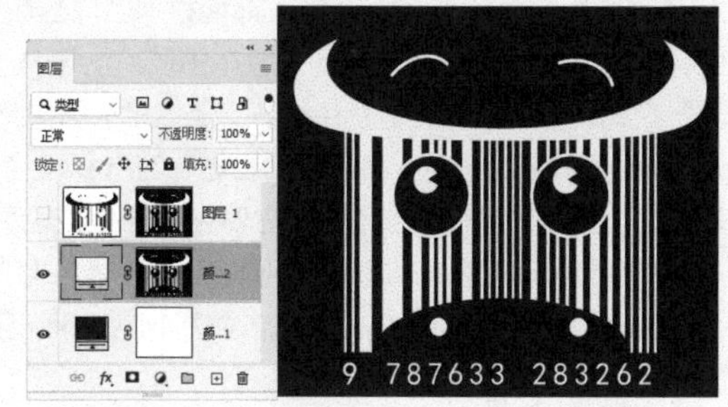

修改填充图层颜色即可改变图标颜色

·PS技术讲堂·

颜色取样方法

在“色彩范围”对话框中选取“选择范围”选项，可以看到选区的预览效果，即白色为选区范围、黑色是选区外部、灰色是羽化区域，如图14-313所示。如果勾选“图像”选项，则预览区还会显示彩色图像。

通常情况下，选区的创建主要依靠对话框中的吸管和“颜色容差”选项来设置，如图14-314所示。操作时，首先将鼠标指针移动到图像上，鼠标指针会变为状，此时单击即可拾取颜色，并选取所有与之相似的颜色。颜色范围可以在“颜色容差”选项中调整。如果要将其他颜色添加到选区中，可以使用添加到取样工具在其上方上单击；如果要在选区中排除某些颜色，可以使用从取样中减去工具处理。

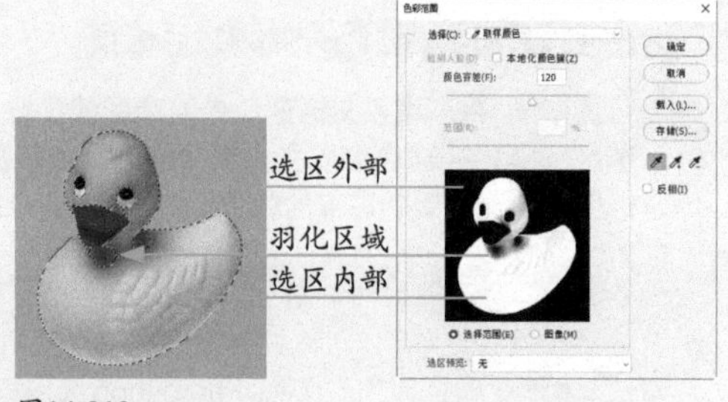

图14-313

除使用这几个吸管工具拾取颜色外，通过“选择”下拉列表中的选项还可以选取图像中的特定颜色，包括红色、黄色、绿色、青色、蓝色和洋红色，以及溢色（见239页）（“溢色”选项）和皮肤颜色（“肤色”选项）。图14-315所示为部分选项选取效果。此外，使用“高光”“中间调”“阴影”选项，还可选取图像中的高光、中间调和阴影区域，这3个选项在校正照片的影调时能用得上。

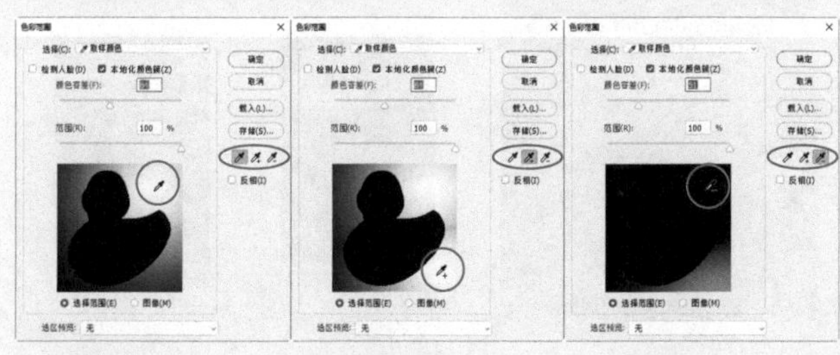

拾取颜色　添加颜色　减去颜色

图14-314

选择红色　选择黄色　选择高光

图14-315

·PS技术讲堂·

颜色容差与容差的区别

扫码看视频

何为颜色容差

“色彩范围”命令与魔棒工具都能根据图像的颜色范围创建选区，而且都可以通过容差大小定义颜色的选取范围，即容差值越高，所包含的颜色范围越广。魔棒工具“容差”选项的作用仅限于此，而“色彩范围”对话框中的“颜色容差”在此基础上还能控制颜色（其实是像素）的选择程度。从“色彩范围”对话框的预览图中就能看出来，当颜色的选择程度为100%时（即完全选择）会显示为白色；当选择程度为0%时（即没有被选择到）会显示为黑色；选择程度介于1%～99%之间时是未完全选取的颜色（像素），它们在预览图上是深浅不一的灰色，抠图时，可以呈现出一定程度的透明效果。

如果想更直观地感受二者的区别，可以将“色彩范围”命令的“颜色容差”与魔棒工具的“容差”设置为相同的数值，再分别创建选区（取样点相同），如图14-316和图14-317所示。从中可看到，魔棒工具无法选择部分颜色。

左图为使用“色彩范围”对话框中的吸管在图像上取样（“颜色容差”为120）。右图为抠出的图像，可以清楚地看到半透明的像素

图14-316

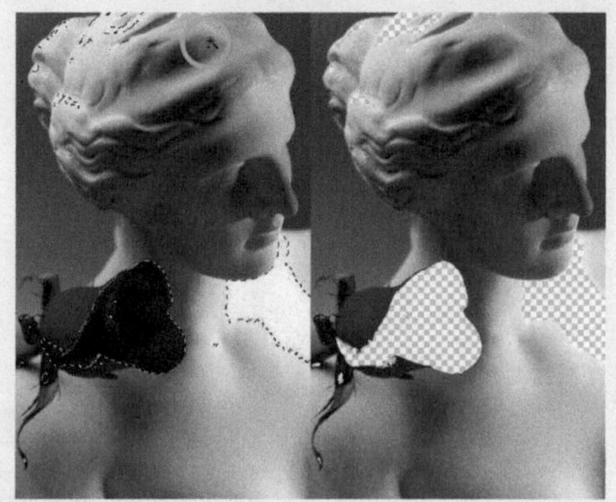

左图为使用魔棒工具单击（取样位置相同，“容差”为120）。右图为抠出的图像（没有半透明像素）

图14-317

“色彩范围”对话框中的其他选项

- 选区预览：用来设置文档窗口中的选区的预览方式。“无”表示不在窗口显示选区；“灰度”可以按照选区在灰度通道中的外观来显示选区；“黑色杂边”可以在未选择的区域上覆盖一层黑色；“白色杂边”可以在未选择的区域上覆盖一层白色；“快速蒙版”可以显示选区在快速蒙版状态下的效果，此时，未选择的区域会覆盖一层淡淡的红色。
- 检测人脸：选择人像或因需要调整肤色而选择皮肤时，勾选该选项，可以更加准确地选择肤色，如图14-318所示。
- 本地化颜色簇/范围：可以控制要包含在蒙版中的颜色与取样点的最大和最小距离，距离的大小通过“范围”选项设定。通俗说就是，勾选“本地化颜色簇”选项后，Photoshop会以取样点（鼠标单击处）为基准，只查找位于“范围”值之内的图像。例如，图14-319所示的画面中有两朵荷花，如果只想选择其中的一朵，可在它上方单击进行颜色取样，如图14-320所示，然后调整“范围”值来缩小范围，这样就能够避免选中另一朵荷花，如图14-321所示。

图14-318

图14-319

图14-320

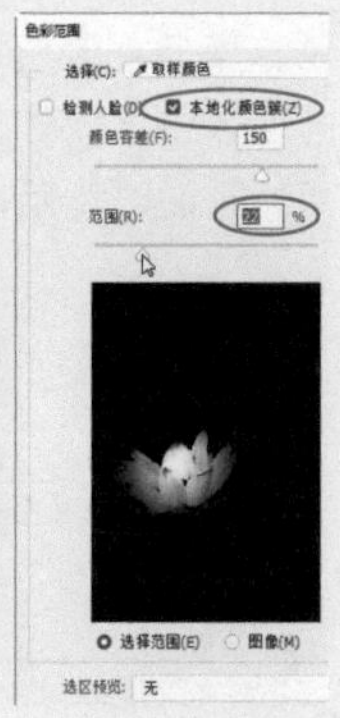

图14-321

- 存储/载入：单击“存储”按钮，可以将当前的设置状态保存为选区预设；单击“载入”按钮，可以载入预设文件。
- 反相：可以反转选区，相当于创建选区之后，执行“选择>反选”命令。

抠像

抠像就是抠人像，在抠图必修课里是最难的。男性图片比较好抠，女性就麻烦一些，主要是发丝长且纤细，细节较多。另外服饰中也有很多难以处理的部分，如纱裙、皮草、蕾丝边等。

14.7.1

实战：用“色彩范围”命令抠像

01 打开素材。执行“选择>色彩范围”命令，打开“色彩范围”对话框。在文档窗口中的人物背景上单击，对颜色进行取样，如图14-322和图14-323所示。

扫码看视频

图14-322

图14-323

02 单击添加到取样按钮，在右上角的背景区域内向下拖曳鼠标，如图14-324所示，将该区域的背景全部添加到选区中，如图14-325所示。从“色彩范围”对话框的预览区域中可以看到，背景全部变成了白色。

图14-324

图14-325

03 向左拖曳“颜色容差”滑块，让羽毛翅膀的边缘保留一些半透明的像素，如图14-326所示。单击“确定”按钮关闭对话框，选中背景，如图14-327所示。

图14-326

图14-327

04 执行“选择>反选”命令，将小女孩选中。图14-328所示为抠图效果。可以看到，图像边缘有一圈蓝边，并呈现半透明效果，这是原背景的颜色，虽然是刻意保留的，但仍然不美观，似乎抠图不彻底。其实不然，因为这一圈蓝色是羽毛、小女孩头发的边缘部分，是应该体现出柔和效果的，只要将蓝色去除，效果就完美了。

05 打开素材，使用移动工具将小女孩拖入素材中，如图14-329所示。执行“图层>图层样式>内发光”命令，打开“图层样式”对话框，为小女孩添加“内发光”效果，让发光颜色盖住图像边界的蓝色，如图14-330和图14-331所示。

图14-328

图14-329

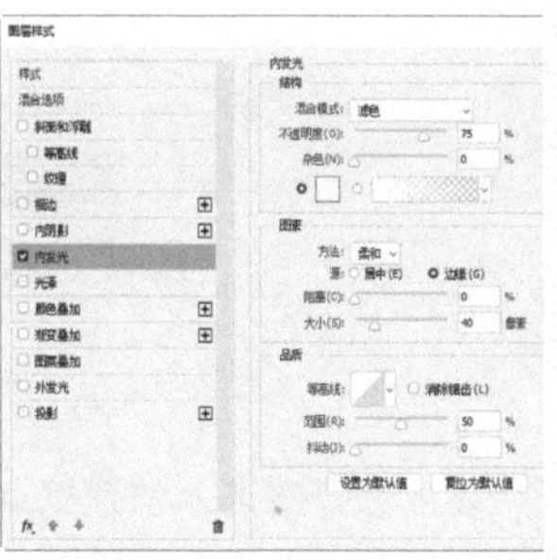
图14-330

图14-331

14.7.2

实战：用快速蒙版抠像

本实战使用快速蒙版抠图。快速蒙版能将选区转换成临时的蒙版图像，转换之后便可以像修改图层蒙版一样编辑选区，进而修改选区。在控制选区边界范围及调整羽化时，快速蒙版比“选择>修改”子菜单中的各个命令及“调整边缘”命令好用。

扫码看视频

01 使用快速选择工具选取小孩，如图14-332所示。下面制作投影的选区。投影不能完全选中，而是应使其呈现透明效果，否则为图像添加新背景时，投影效果会显得太过生硬，不真实。执行“选择>在快速蒙版模式下编辑”命令（也可以单击“工具”面板底部的按钮或按Q键），进入快速蒙版编辑状态，未选中的区域会覆盖一层半透明的颜色，被选择的区域显示为原样，如图14-333所示。

图14-332

图14-333

02 前景色会变为白色。选择画笔工具，在工具选项栏中将不透明度设置为30%，如图14-334所示，在投影上涂抹，将投影添加到选区中，如图14-335所示。如果涂抹到背景区域，可按X键将前景色切换为黑色，用黑色涂抹就能将多余内容排除到选区之外。

03 单击“工具”面板中的按钮退出快速蒙版，图14-336所示为修改后的选区。打开素材，使用移动工具将小孩拖入该素材，如图14-337所示。

图14-334

图14-335

图14-336

图14-337

·PS技术讲堂·

用快速蒙版编辑选区

扫码看视频

怎样编辑快速蒙版

创建选区后，如图14-338所示，按Q键进入快速蒙版模式，选区轮廓会消失，原选区内的图像正常显示，选区之外则覆盖一层半透明的淡红色，如图14-339所示，同时，“通道”面板中会出现一个临时的蒙版图像，如图14-340所示。在这种状态下，可以使用图像编辑工具，如画笔、渐变、滤镜、“曲线”等在文档窗口中编辑蒙版图像，就像修改图层蒙版或Alpha通道一样，方法相同，只是显示状态不太一样。例如，在图像上涂抹黑色时，图像上出现的是淡红色，代表选区范围正在缩小；在覆盖淡红色的区域涂抹白色，则图像会显现出来，因此可以扩展选区；涂抹灰色

图14-338

图14-339

图14-340

时，可以使宝石红色变淡，进而创建羽化区域。快速蒙版修改好之后，再按Q键将其转换为选区并进行抠图，如图14–341~图14–343所示。

在蒙版上填充线性渐变
图14-341

转换出的选区
图14-342

抠出的图像
图14-343

快速蒙版选项

双击“工具”面板中的以快速蒙版模式编辑按钮 ，打开“快速蒙版选项”对话框，可以设置快速蒙版的覆盖范围、颜色和不透明度等，如图14–344所示。

- 被蒙版区域： 被蒙版区域是指选区之外的区域。将“色彩指示”设置为“被蒙版区域”后，选区之外的图像将被蒙版颜色覆盖（参见图14–339）。
- 所选区域： 所选区域是指选中的区域。如果将“色彩指示”设置为“所选区域”，则选择的区域将被蒙版颜色覆盖，未被选择的区域显示为图像本身的效果，如图14–345所示。该选项比较适合在没有选区的状态下直接进入快速蒙版状态，然后在快速蒙版的状态下制作选区。
- 颜色/不透明度： 单击颜色块，可以打开“拾色器”对话框设置蒙版颜色，如果对象与蒙版的颜色非常接近，可以对蒙版颜色做出调整；“不透明度”选项用来设置蒙版颜色的不透明度。设置“颜色”选项和“不透明度”选项都只影响蒙版的外观，不会对选区产生任何影响。修改它们的目的是让蒙版与图像中的颜色对比更加鲜明，以便我们准确操作。

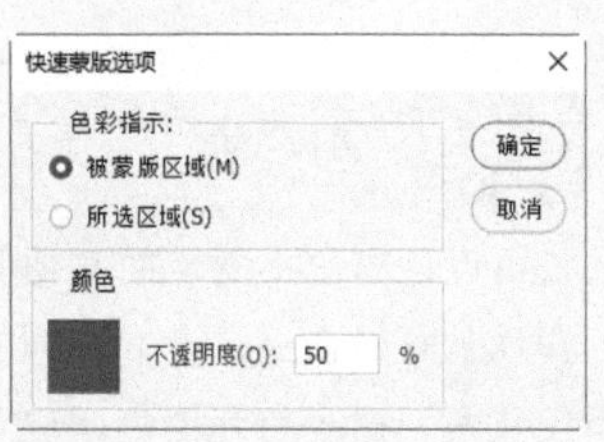

图14-344

图14-345

14.7.3 实战：抠长发少女（通道抠图）

要点

本实战抠长发少女，如图14-346所示。

扫码看视频

图14-346

先来分析图像。抠图中最难处理的是毛发，因为其细节多，且细小、琐碎，需要根据图像特点来寻找合适的方法。本实战素材中的头发与背景的色调有明显的差别，可以利用色调差异在通道中将背景处理为白色，让头发变为黑色，这样就好抠了。模特的服装轮廓并不复杂，可以用钢笔工具抠。因为前面有些实战已经用过此方法，不需要再重复练习了。所以本实战我们另辟蹊径，多学些方法总没坏处。

01 打开“通道”面板。先找出一个色调对比最清晰的通道来抠头发。分别单击红、绿、蓝通道，如图14-347~图14-349所示。

图14-347

图14-348

图14-349

02 可以看到，红通道中的头发色调太浅，不适合。绿通道和蓝通道中的头发都很清晰，但蓝通道中头发与背景的色调差别更明显，将蓝通道拖曳至面板中的 ⊞ 按钮上进行复制，如图14-350所示。

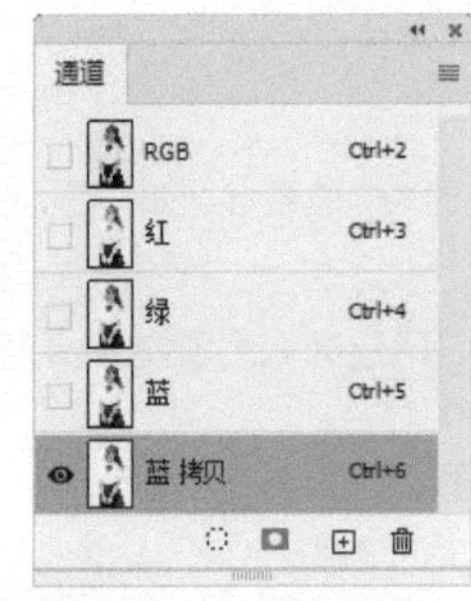
图14-350

03 执行“图像>应用图像”命令，打开“应用图像”对话框，将混合模式设置为“正片叠底”，如图14-351和图14-352所示。该模式可以让白色不变，而其他颜色变得更暗，进而增强对比度。再次执行该命令，设置相同的参数，如图14-353所示。此时不仅头发、裙子变为黑色，皮肤的色调也变深了，抠图的难度大大降低了。

04 上衣轮廓比较简单，可以使用快速选择工具选取，如图14-354所示。

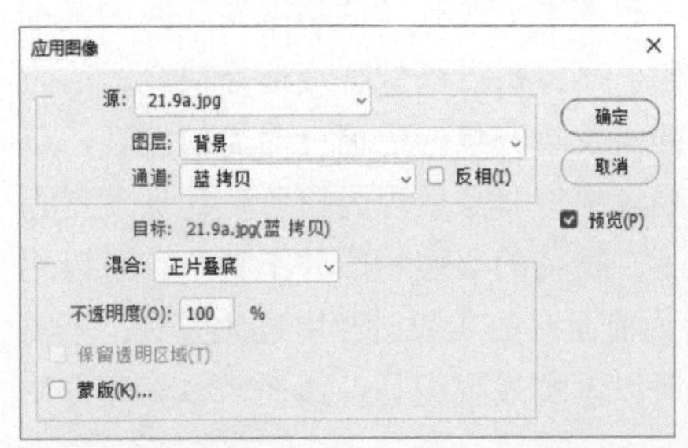
图14-351

图14-352

图14-353

图14-354

05 由于衣服与背景颜色相近，在处理右侧衣袖时会选取一些背景。选择多边形套索工具，按住Alt键并在多选的区域上创建选区，将其排除，如图14-355和图14-356所示。

图14-355

图14-356

06 单击工具选项栏中的“选择并遮住”按钮，切换到该工作区。在“视图”下拉列表中选择“黑白”模式，以便更好地观察图像，如图14-357所示。按Ctrl++快捷键，让窗口中的图像放大显示，可以看到选区边缘有锯齿，并不光滑，如图14-358所示。勾选“智能半径”选项并设置参数，让选区变得平滑，如图14-359和图14-360所示。单击“确定”按钮关闭对话框，按Ctrl+Delete快捷键填充黑色，如图14-361所示。按Ctrl+D快捷键取消选择。

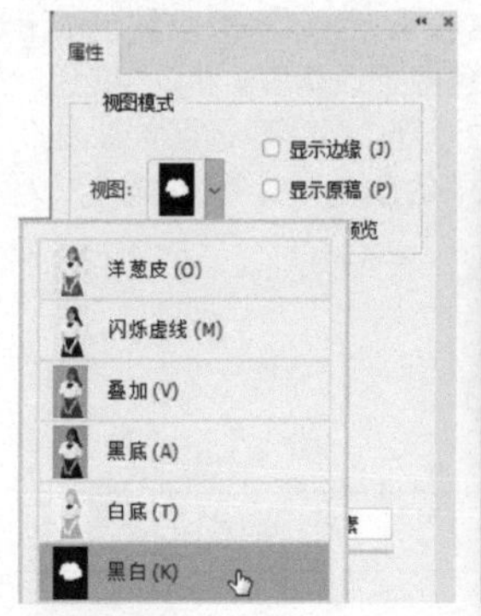
图14-357

图14-358

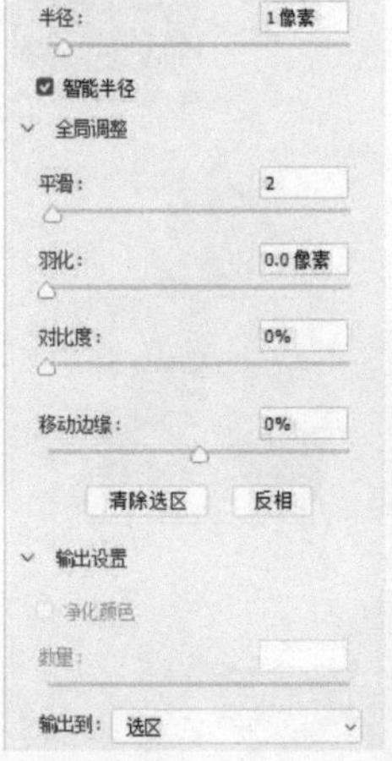
图14-359

图14-360

图14-361

07 按Ctrl+L快捷键打开“色阶”对话框，选择设置白场工具，在背景上单击，如图14-362所示，所有比该点亮的像素都会变为白色，如图14-363所示。在通道中，白色才是可以选中的区域，按Ctrl+I快捷键反相，使女孩变成白色，如图14-364所示。

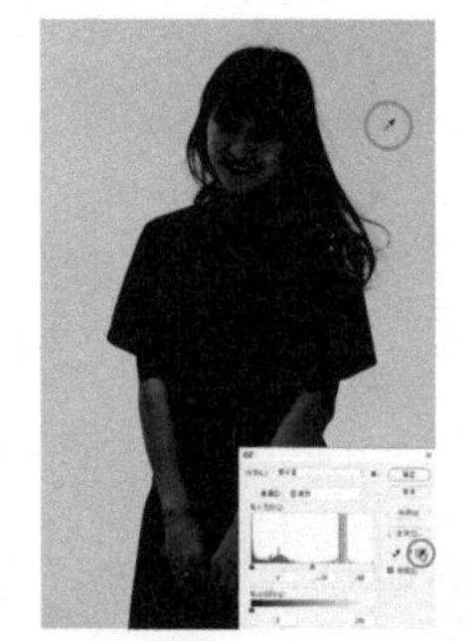
图14-362

图14-363

图14-364

08 接下来的工作就轻松多了。选择画笔工具，在工具选项栏中设置混合模式为“叠加”，不透明度为75%。在女孩脸上的灰色区域涂抹白色，如图14-365所示。由于设置为“叠加”模式，即便涂到黑色背景上，也不会有任何效果，可以放心大胆地操作。调整画笔工具不透明度的作用是使边缘线的对比不过于强烈。裙子可以使用多边形套索工具选取，如图14-366所示，填充白色，然后取消选择。边缘处的小部分灰色就更好处理了，如图14-367所示。

图14-365

图14-366

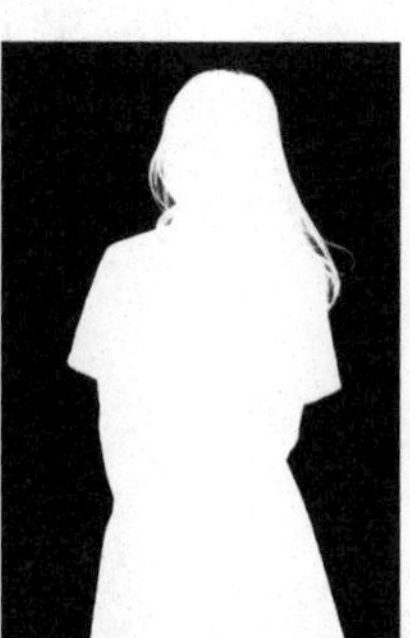
图14-367

09 单击“通道”面板中的按钮，从通道中加载选区，如图14-368所示。单击RGB复合通道或按Ctrl+2快捷键，显示彩色图像。单击“图层”面板中的按钮，基于选区创建蒙版，将背景隐藏，如图14-369所示。将窗口放大，再仔细检查一下抠图效果，如图14-370所示。

图14-368

图14-369

图14-370

14.7.4 实战：抠抱宠物的女孩（“选择并遮住”命令）

前一个实战学习了怎样使用通道抠图（重点是发丝），用的工具比较多，有一定难度。下面仍然抠长发女孩，如图14-371所示。这次使用“选择并遮住”命令。它虽然没有通道强大，但比通道简单，而且它还是一个基于人工智能技术在抠图应用上的典型工具。

图14-371

01 执行“选择>主体”命令，自动将女孩和狗选取，如图14-372所示。下面处理毛发选区。

02 执行“选择>选择并遮住”命令，切换到这一工作区。将“视图”设置为“叠加”，不透明度调整为50%，让选区外的图像淡淡地显现出来。选择调整边缘画笔工具，将笔尖设置为30像素（也可以按［键和］键调整其大小），如图14-373所示。处理左侧发丝，先将鼠标指针放在发丝空隙中的黑色背景上单击，如图14-374所示，然后拖曳鼠标，在发丝上涂抹，如图14-375所示。

图14-372

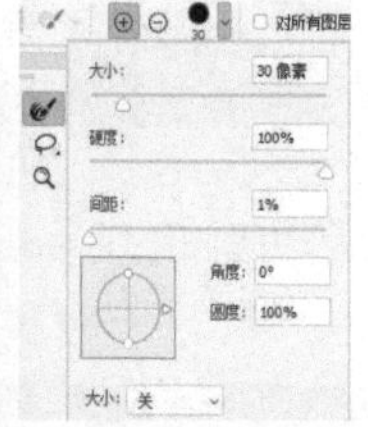

图14-373

图14-374

图14-375

03 处理头顶发丝也是同样操作。先在发丝空隙包含背景的区域单击，如图14-376所示，再拖曳鼠标涂抹，如图14-377所示。

图14-376

图14-377

04 使用画笔工具 在右侧发丝上涂抹，向外扩大选区，将发丝都包含进来，选区里有背景图像也没关系，可以使用调整边缘画笔工具 处理，如图14-378和图14-379所示。

图14-378

图14-379

05 使用调整边缘画笔工具 处理狗的边界。重点是狗的眉毛和胡须，如图14-380和图14-381所示。

图14-380

图14-381

06 勾选“净化颜色”选项，如图14-382所示，这样可以改善毛发选区，将断掉的选区自动连接起来。图14-383和图14-384所示为对照效果，在黑色背景下，区别非常明显。

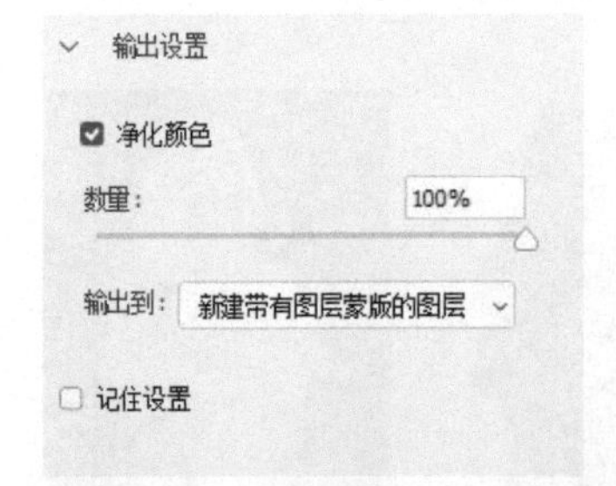

图14-382

净化颜色前
图14-383

净化颜色后
图14-384

07 在“输出到”下拉列表中选择“新建带有图层蒙版的图层”选项，按Enter键抠图，如图14-385所示。将图像放在黑色背景上观察效果，如图14-386所示。

图14-385

图14-386

08 发丝很完整，但还不够清晰，这很容易处理，按Ctrl+J快捷键，将抠好的图像再复制一层即可，如图14-387和图14-388所示。

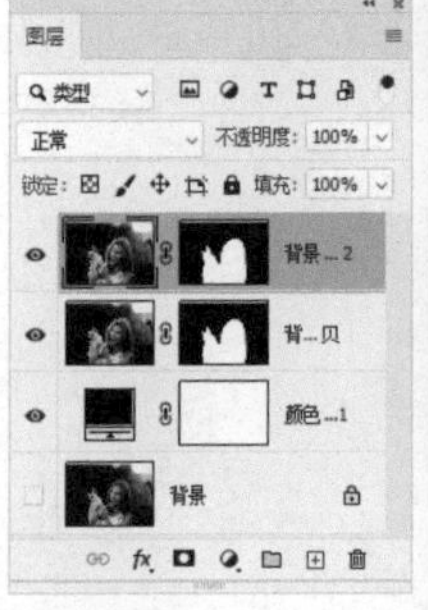

图14-387

图14-388

14.7.5

实战：抠男孩图像（钢笔工具+“选择并遮住”命令）

本实战使用钢笔工具及选区编辑命令抠图，如图14-389所示。Photoshop中有很多智能化工具，让抠图变得越来越简单，也为快速抠图提供了方便，但一定要用对工具。例如，在商业级层面（如海报）应用时，钢笔工具是其他任何工具都替代不了的，虽然麻烦些，但能确保一流效果。

扫码看视频

图14-389

01 打开素材。选择钢笔工具，在工具选项栏中选取“路径”选项，单击合并形状按钮，如图14-390所示。按Ctrl++快捷键放大视图，沿男孩轮廓绘制路径（避开头发和眼睫毛），如图14-391所示。

图14-390　图14-391

02 在工具选项栏中单击排除重叠形状按钮，如图14-392所示，在鞋带、胳膊等空隙处绘制路径，以便将它们从选区中排除出去，如图14-393~图14-395所示。

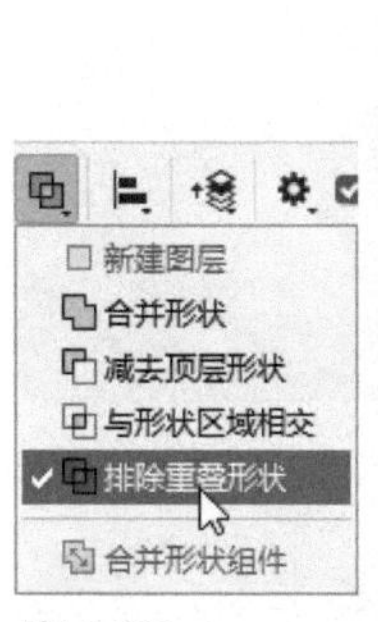

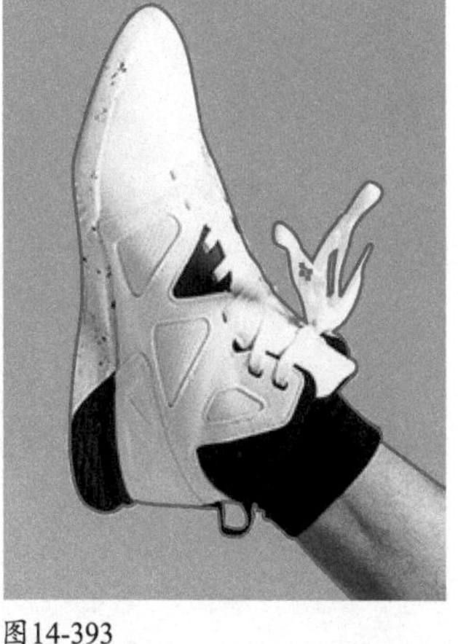
图14-392　图14-393

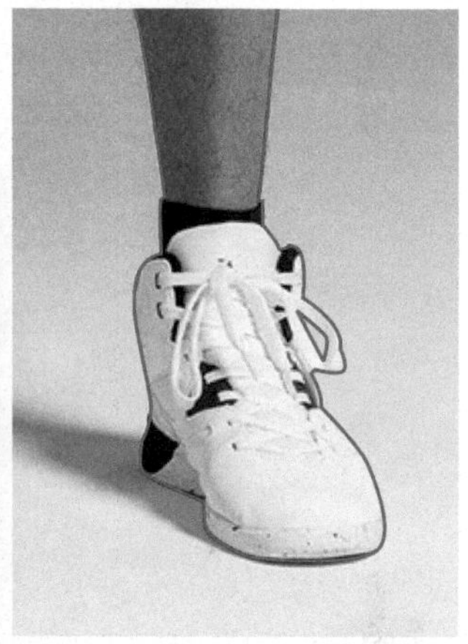
图14-394　图14-395

03 按Ctrl+Enter快捷键，将路径转换为选区，如图14-396所示。单击“通道”面板中的按钮，保存选区。按Ctrl+D快捷键取消选择。使用对象选择工具在头部拖曳鼠标，如图14-397所示，创建选区。

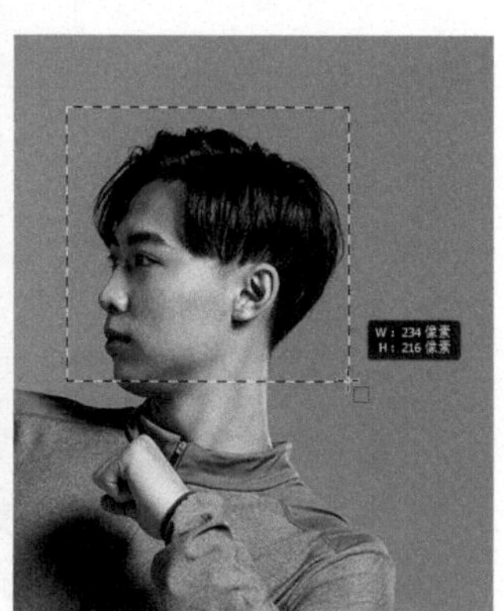
图14-396　图14-397

04 单击工具选项栏中的“选择并遮住”按钮，切换到该工作区。使用调整边缘画笔工具处理头发和眼睫毛，如图14-398所示。

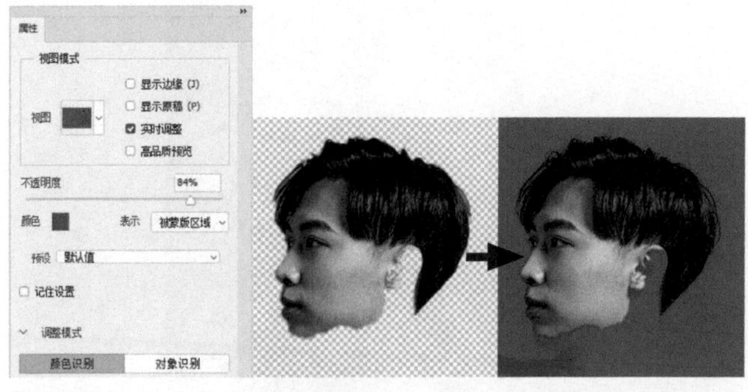

图14-398

05 在“输出到”下拉列表中选择“选区”选项，单击“确定”按钮。单击“通道”面板中的 ◘ 按钮，保存选区。按住Shift键和Ctrl键同时单击“通道”面板中保存的选区，如图14-399所示，将其加载到画布上并与当前选区相加，这样就得到了男孩的完整选区，如图14-400所示。

图14-399

图14-400

06 单击“图层”面板中的 ◘ 按钮，将选区外的背景隐藏，完成抠图，如图14-401所示。抠图后，即使不做合成，也应该将图像放在不同颜色的背景上检查一下，看看效果，检查有无需要完善的地方，以便做出修改，如图14-402所示。

图14-401

图14-402

技术看板　为所有对象生成蒙版

执行“图层>遮住所有对象”命令，可以为图层内检测到的所有对象生成蒙版。该命令基于Adobe Sensei功能，是人工智能技术在Photoshop中运用的一个范例。

·PS技术讲堂·

“选择并遮住”命令详解

“选择并遮住”命令包含抠图工具，能有效识别透明区域、毛发对象。抠此类对象时，可以先使用魔棒工具、快速选择工具或“色彩范围”命令创建一个大致的选区，再用“选择并遮住”命令进行细化。该命令还能编辑选区，对选区进行羽化、扩展、收缩和平滑处理。

视图模式

本章开始即介绍过，选区能够以“蚁行线”、快速蒙版、黑白图像等多种“面孔”出现。选区的这些形态有利于对其进行编辑，也为更好地观察其范围提供了帮助。“选择并遮住”命令能将选区的绝大多数面貌展现出来，如图14-403所示。其中比较特殊的是“洋葱皮”，它可将选区显示为动画样式的洋葱皮结构。

在修改选区时，在“叠加”模式下操作比较好（显示快速蒙版状态下的选区），因为这样能看到选区外的图像，处理选区边界时可以更准确。处理毛发和透明区域时，可以多切换到“黑白”模式观察细节，显示通道状态下的选区，以便看清选区的真实情况，检查选区边界是否光滑、位置对不对等，发现问题好及时处理。

选区处理好了，可以切换到“黑底”和“白底”模式，以观察抠好的图像在黑、白背景上是什么效果，有没有需要修改的地方。此外，如果当前图层不是“背景”图层，还可以选择“图层”选项，将选取的对象放在“背景”图层上观察。创建图像合成效果时，该选项比较有用，它能让我们看到图像与背景的融合是否完美。如果发现选区缺陷，在“选择并遮住”对话框中就可以修正。如果当前图层是“背景”图层，则可将选取的对象放在透明背景上。

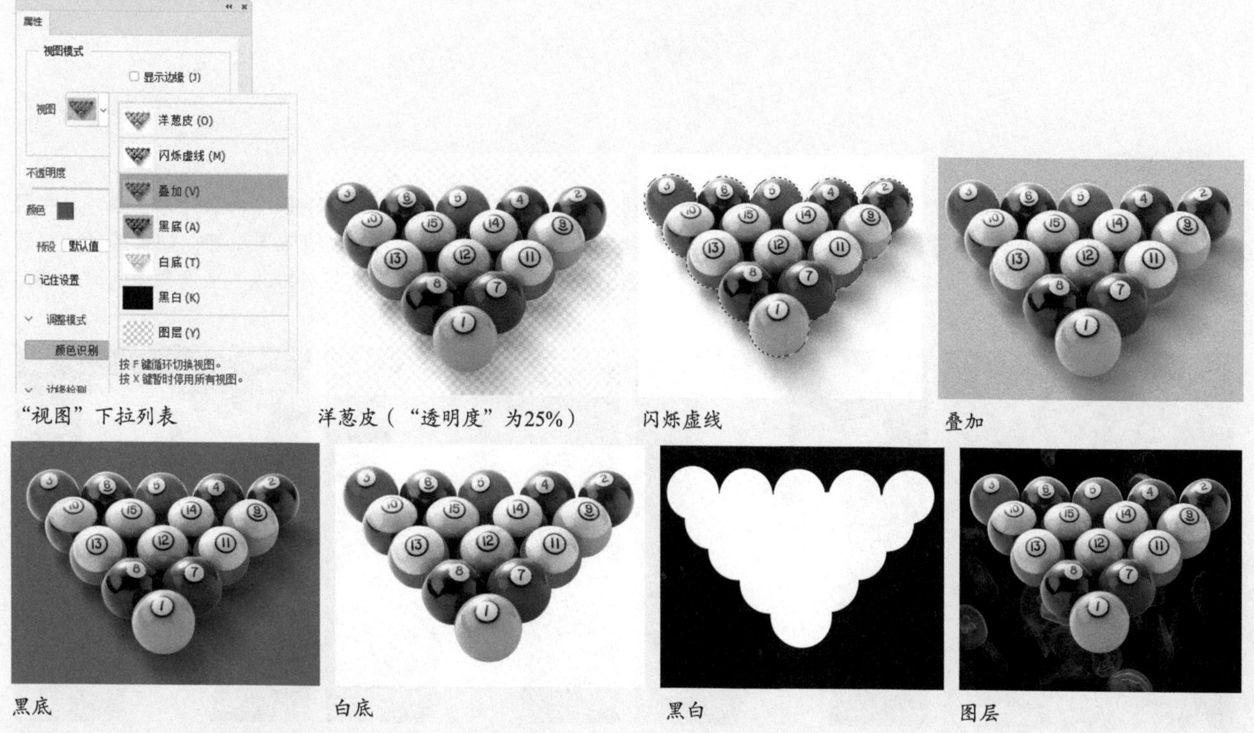

“视图”下拉列表　洋葱皮（“透明度”为25%）　闪烁虚线　叠加

黑底　白底　黑白　图层

图14-403

- 显示边缘：显示调整区域。
- 显示原稿：显示原始选区。
- 实时调整：实时更新效果。
- 高品质预览：勾选该选项后，在处理图像时，按住鼠标左键（向下滑动）可以查看更高分辨率的预览效果；取消勾选该选项后，向下滑动时，会显示更低分辨率的预览效果。
- 透明度：可以为所选视图模式设置透明度。

工具和选项栏

“选择并遮住”工作区中提供了与Photoshop类似的“工具”面板，如图14-404所示，以及工具选项栏。

从工具上看，它集成了快速选择工具、调整边缘画笔工具、画笔工具、对象选择工具、套索工具和多边形套索工具，以及文档导航工具（抓手工具/缩放工具）。工具的选项有所精简，只有工具大小调整选项、“对所有图层取样”选项和选区运算按钮。

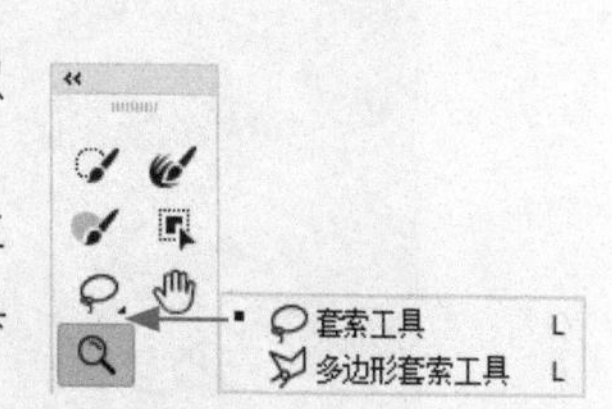

图14-404

这里有两个新工具。调整边缘画笔工具可以精确调整发生边缘调整的边框区域。如处理柔化区域（如头发或毛皮）可以向选区中加入准确的细节。画笔工具可用于完善细节，如使用快速选择工具（或其他选择工具）先进行粗略选择，再用调整边缘画笔工具对其进行调整，之后便可用画笔工具清理细节了。它可以按照以下两种简便的方式微调选区：在添加模式下，可绘制想要选择的区域；在减去模式下，可绘制不想选择的区域。

使用工具描绘细节时，建议将窗口放大再进行处理。虽然抓手工具和缩放工具负责此项工作，但用快捷键操作更方便（按Ctrl++快捷键放大、按Ctrl+-快捷键缩小、按住空格键移动画面）。

调整模式

“选择并遮住”命令提供了两种边缘调整方法，如图14-405所示。如果背景简单或色调对比比较清晰，可以单击“颜色识别”按钮，在此模式下操作。“对象识别”模式适合复杂的背景，如毛发类。

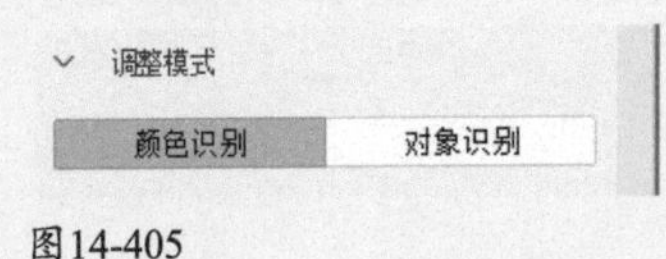

图14-405

边缘检测

在“属性”面板中，“半径”和“智能半径”选项可对选区边界进行控制，如图14-406~图14-409所示。其中“半径”选项可以确定发生边缘调整的选区边界的大小。如果选区边缘较锐利，则使用较小的半径值效果更好；如果选区边缘较柔和，则使用较大的半径为宜。“智能半径”选项允许选区边缘出现宽度可变的调整区域。在处理人的头发和肩膀时，该选项十分有用，它可以根据需要为头发设置比肩膀更大的调整区域。

选区

图14-406

半径5像素

图14-407

半径70像素

图14-408

半径70像素并勾选“智能半径”选项

图14-409

净化颜色及输出

“属性”面板中的“输出设置”选项组用于设置选区的输出方式及消除选区边缘的杂色，如图14-410和图14-411所示。

勾选“净化颜色”选项并拖曳“数量”滑块，可以将彩色边替换为附近完全选中的像素的颜色。如图14-412所示，轮廓有一圈黑边，进行颜色净化处理后，便可将其消除，如图14-413所示。

图14-410

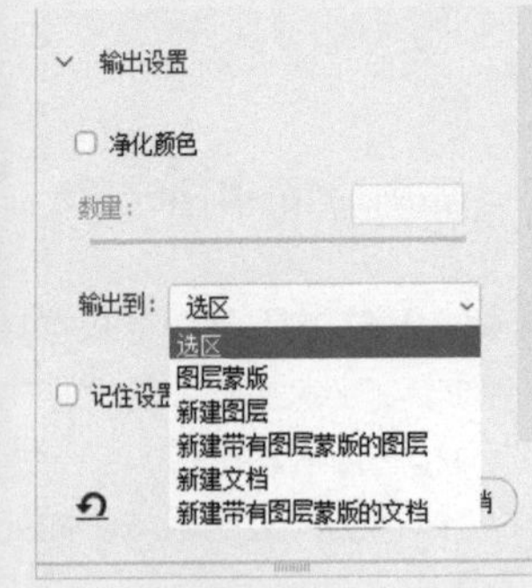

图14-411

图14-412

图14-413

选区编辑完成之后，可以在“输出到”下拉列表中选择输出方式，即得到修改后的选区或基于它创建蒙版，或者生成一个新图层或新文件。

·PS技术讲堂·

扩展、收缩、平滑和羽化选区

使用“选择并遮住”命令抠图时，可以对选区进行扩展、收缩、平滑和羽化处理，如图14-414所示。

扩展和收缩选区

“移动边缘”选项用来扩展和收缩选区。该值为负值时，选区向内移动（这有助于从选区边缘移去不想要的背景颜色）；为正值时，则向外移动。由于该选项以百分比为单位，因此，选区的变化范围比较小，只适合轻微移动。如果移动范围较大，建议使用“选择>修改”子菜单中的“扩展”和“收缩”命令操作，如图14-415~图14-417所示。

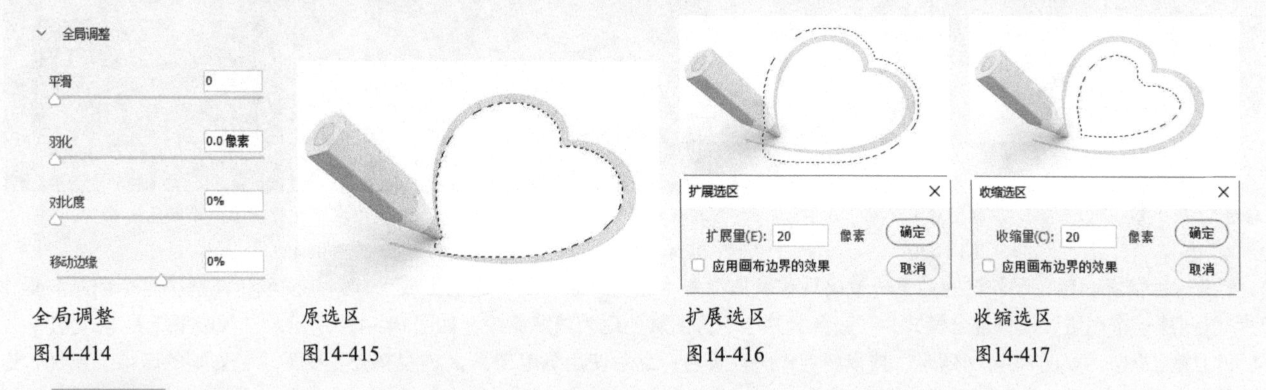

全局调整 图14-414　原选区 图14-415　扩展选区 图14-416　收缩选区 图14-417

平滑选区

使用魔棒工具或“色彩范围”命令选择图像时，如果选区边缘比较琐碎，可以使用“属性”面板中的“平滑”选项进行平滑处理，以减少选区的不规则区域，创建较为平滑的轮廓。但矩形选区不适合做平滑，因为其边角会变圆。

如果需要平滑的范围较大，则使用“选择>修改”子菜单中的“平滑”命令更有效。它是以像素为单位进行处理的，范围更广，但会加大选区的变形程度，如图14-418所示。

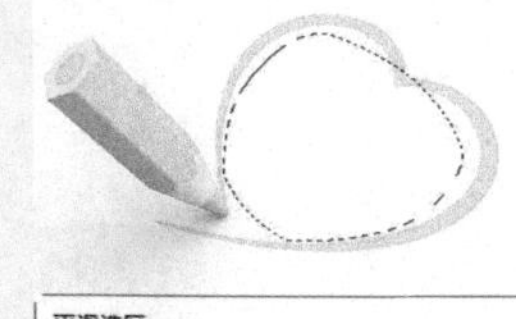

图14-418

羽化

调整“羽化”值（范围为0像素~1000像素），可以羽化选区，让选区边缘的图像呈现透明效果。调整“对比度”值，可锐化选区边缘并去除模糊，即消除羽化。因此，这两个选项是互相抵消的关系。

“羽化”“平滑”“移动边缘”等都是以像素为单位进行处理的。而实际的物理距离和像素距离之间的关系取决于图像的分辨率。例如，分辨率为300像素/英寸的图像中的5像素的距离要比72像素/英寸的图像中的5像素短。这是由于分辨率高的图像包含的像素多，因此像素点更小（见83页）。

技术看板 创建边界选区

创建选区后，执行“选择>修改>边界”命令，可以将选区的边界同时向内部和外部扩展，进而形成新的选区。在“边界选区”对话框中，“宽度”用于设置选区扩展的像素值，如将该值设置为30像素时，原选区会分别向外和向内扩展15像素。

创建选区

生成新的选区

·PS技术讲堂·

让抠好的图片与新环境更协调

毛发和透明对象极易受环境色影响，如图14-419所示，抠好之后，如图14-420所示，移入不同颜色的背景中，其效果大不一样，如图14-421和图14-422所示。

原图
图14-419

抠图效果
图14-420

在蓝色背景上效果没问题
图14-421

在黑色背景上发梢颜色发绿
图14-422

像这种情况，颜色不和谐的地方一般出现在发梢位置（透明对象则是其透明区域），为头发着色能解决这个问题。操作时可以创建一个图层，设置混合模式为“颜色”并与下方图层创建为剪贴蒙版，如图14-423所示；选择吸管工具，在头发接近边缘处单击，如图14-424所示，拾取颜色作为前景色；之后使用画笔工具在发梢处（受环境色影响的区域）涂抹，进行上色，以消除原环境色，如图14-425和图14-426所示。

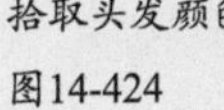
创建图层
图14-423

拾取头发颜色
图14-424

为发梢上色
图14-425

整体效果
图14-426

如果将图片放于与原背景色彩差异较大的素材中，头发还是与新背景格格不入，如图14-427所示，那么就该使用新背景中的“环境色”为发梢上色，如图14-428~图14-430所示。如果背景色调较亮，使用白色上色效果更好。以上可见，抠图之后，并不意味着完成了所有工作，后续还要根据使用情况做必要的处理。

发丝与背景颜色不协调
图14-427

拾取背景图片中的颜色
图14-428

为发梢上色
图14-429

修改后的整体效果
图14-430

14.7.6
实战：抠像并协调整体颜色（Neural Filters滤镜）

用抠好的图像做合成时，原图中的环境与新背景的差异越大，颜色和影调的调整难度也会越高。如果遇到这种情况，可以使用Neural Filters滤镜处理，它能让抠好的图像与另一个图像的颜色和色调相匹配，从而创造出完美的合成效果，如图14-431所示。该功能有点像“匹配颜色”命令，但是智能化程度更高。

图14-431

01 打开素材。执行“选择>主体”命令，将女孩选中。执行“选择>选择并遮住”，切换到该工作区。使用调整边缘画笔工具处理头发，如图14-432所示。

图14-432

02 在“输出到”下拉列表中选取“新建带有图层蒙版的图层”选项，单击“确定”按钮抠图，如图14-433所示。打开背景素材，使用移动工具将背景拖曳到女孩所在的文档中，如图14-434所示。

图14-433

图14-434

03 单击女孩所在的图层，将其选中，如图14-435所示。执行“滤镜>Neural Filters”命令，切换到该工作区。开启“协调”功能，选取新背景并设置参数，如图14-436所示。单击“确定”按钮，应用滤镜，效果如图14-437所示。

图14-435　图14-436

图14-437

04 单击智能滤镜的蒙版，如图14-438所示。使用画笔工具在女孩面部涂抹深灰色，减弱滤镜效果，将面部色调提亮，如图14-439所示。

图14-438

图14-439

文字与版面设计

【本章简介】

一幅作品能给人留下良好的印象，其中的创意、图像处理技巧等固然重要，文字的字体选择和版面设计也能产生很大影响。在前面的章节里，我们接触到了一些文字功能的知识，但比较零散。本章系统地介绍Photoshop中文字的创建和编辑方法，讲解如何编排文字、合理构图，设计出美观的版面。

【学习目标】

通过本章的学习，我们应该学会文字的各种创建方法，了解文字在版面中的编排规范及以下操作技巧。

- 制作宣传海报
- 制作文字面孔特效
- 制作奔跑的人形轮廓字
- 制作萌宠脚印字
- 在文字中加入Emoji表情符号
- 使用OpenType可变字体
- 从 Typekit 网站下载字体

【学习重点】

文字初探

Photoshop中有许多用于创建和编辑文字的工具和命令，在学习它们的使用方法之前，可以先了解一下文字的种类和变化形式。

15.1.1
实战：文字创意海报

扫码看视频

在前面的章节中，我们用到过一些文字，但这些文字多是“配角”，本节的实战则以文字为核心，使用点文字和图层蒙版制作一幅海报。

01 打开素材，如图15-1所示。执行“图像>图像旋转>顺时针90度”命令，旋转画布。选择横排文字工具 T 。在“窗口”菜单中打开“字符”面板，选择字体，设置大小、颜色和间距，如图15-2所示。单击工具选项栏中的 按钮，这样可以使文字居中排列，如图15-3所示。

图15-1

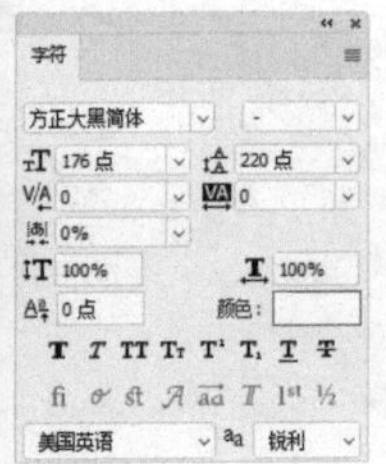

图15-2

图15-3

02 在画布上单击，画面中会出现闪烁的“I”形光标，它被称作“插入点”。输入文字“我们的”，如图15-4所示；按Enter键换行，再输入文字“PS”，如图15-5所示；继续换行，输入最后一组文字“世界”，如图15-6所示。

03 将鼠标指针移动到字符外，拖曳鼠标，调一调文字位置，如图15-7所示。单击工具选项栏中的 ✓ 按钮，结束编辑，创建点文字，此时还会创建一个文字图层，单击 按钮，为它添加图层蒙版。选择画笔工具 及硬边圆笔尖，将主要建筑物前方的文字涂黑，用蒙版将其遮盖，使文字看上去像被建筑遮挡了一样，如图15-8和图15-9所示。

图15-4

图15-5

图15-6

图15-7

图15-8

图15-9

提示

在远离文字处单击，或者单击其他工具按钮、按Enter键、按Ctrl+Enter快捷键都可结束文字操作。如果要放弃输入文字，可以单击工具选项栏中的 ⊘ 按钮，或按Esc键。

04 双击文字图层，打开"图层样式"对话框，添加"渐变叠加"效果，让远处的文字颜色变暗，以表现近实远虚的透视感，如图15-10和图15-11所示。

05 创建一个图层。按Alt+Ctrl+G快捷键，将其与下方的文字图层创建为剪贴蒙版组，如图15-12所示。选择画笔工具 及柔边圆笔尖，为被建筑遮挡的文字涂上浅灰色阴影，让文字与图片完美契合，就像原生的一样，如图15-13所示。

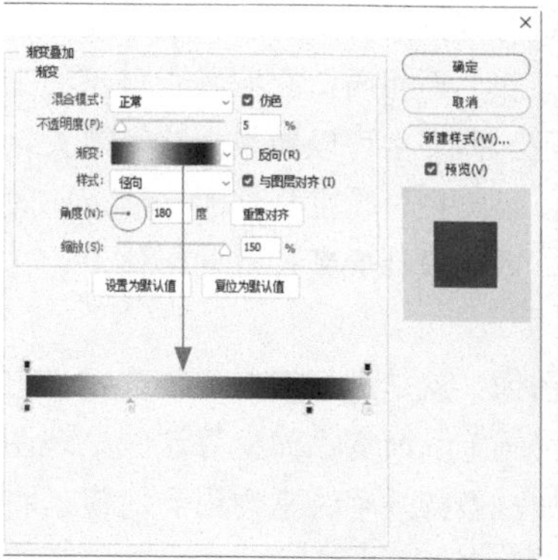

图15-10

图15-11

图15-12

图15-13

15.1.2 小结

文字的"近亲"

Photoshop中的文字是由以数学方式定义的形状组成的，也就是说，文字是一种矢量对象，与路径是"近亲"，因而也可以无损缩放，无限次修改，如图15-14所示。

文字放大（或缩小）时清晰度不变，文字属性（文字内容、颜色、字体等）也可随时修改

图15-14

不过文字与路径还是有区别的。从前面实战中便可感受到二者的创建和编辑方法并不相同，它们各有自己的工具和命令，而且不能互用。但文字可以转换为路径或矢量形状。转换之后，就能使用路径编辑工具修改文字，如改变其结构，制作成Logo，或者设计成新样式的字体，让文字变得新颖、独特。

文字也可以转换为图像，就是进行栅格化处理。当它转换为图像以后，可以用画笔、渐变、滤镜等这些处理图像的工具进行编辑。例如，做特效字时常会用到滤镜，将文字栅格化后便可为其添加滤镜。

提醒

需要注意的是，在将文字转换为形状或栅格化之前，最好复制一个文字图层，在图层副本上操作，原文字图层留作备份，以免将来需要修改文字时没有原文件，那样就只能重新输入文字了，如图15-15和图15-16所示。

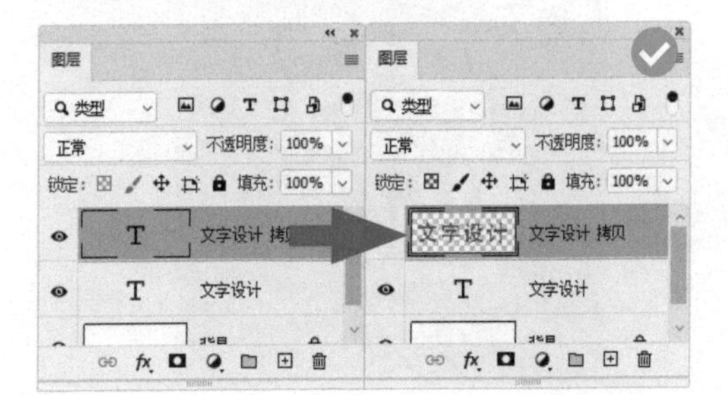

图15-15

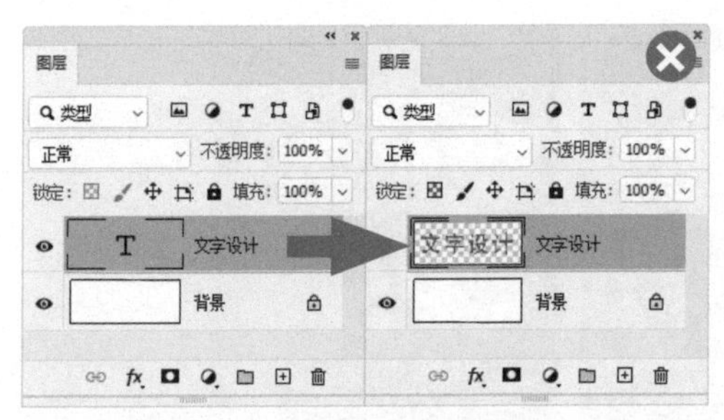

图15-16

还有就是，制作以文字为主的印刷品，如宣传册、宣传单、商品目录等，还是应该使用InDesign、Illustrator这类专门的排版软件或矢量软件，Photoshop在文字编排方面没有它们好用。笔者就经常遇到学员求救，用Photoshop做的菜单、商品目录等图文排得一团糟，文字用错了编排方法，很难对齐，改起来都不如用Illustrator重做简单。

此外，名片也尽量用矢量软件做，如图15-17和图15-18所示。因为名片中的文字通常比较细小，Photoshop文件里的文字在打印时质量不高，容易出现文字模糊的问题。

图15-17　　图15-18

·PS技术讲堂·

文字创建方法

在Photoshop中可以通过3种方法创建文字：以任意一点为起始点创建横向或纵向排列文字（称为“点文字”），在矩形范围框内排布文字（称为“段落文字”），以及在路径上方或在矢量图形内部排布文字（称为“路径文字”）。

Photoshop中有4个文字工具，其中的横排文字工具 T 和直排文字工具 ↓T 都能以上述方法创建文字。横排文字蒙版工具 T 和直排文字蒙版工具 ↓T 则用来创建文字状选区。这两个工具都挺“鸡肋”的，用处不大。因为用横排文字工具 T 和直排文字工具 ↓T 创建的文字中也可以加载选区，而且在修改文字内容时，选区也会随之而改变。它们唯一的可取之处，就是能在图层蒙版和Alpha通道中创建文字。

·PS技术讲堂·

让文字的外观发生变化

简单的文字排列方式

扫码看视频

文字最基本的排列形式有两种：横向排列和纵向排列。这是点文字和段落文字呈现的效果，如图15-19所示。点文字属于“一根筋”的性格，它只知道沿水平或垂直方向排列，只要不停止输入，它就会一直排列下去，整体效果比较单一。段落文字会将所有文字都限定在矩形文字框内，其整体形状呈方块状。段落文字要比点文字"聪明"一些，即撞了南墙（文字框）知道回头（可自动换行），因而不会将文字排到画布外边。段落文字方便进行大段和多段文字的输入与管理，但其文字外观较点文字并没有多大突破。很显然，这两种文字排列方式都缺少变化，只能满足最基本的使用需要。

点文字

点文字

段落文字

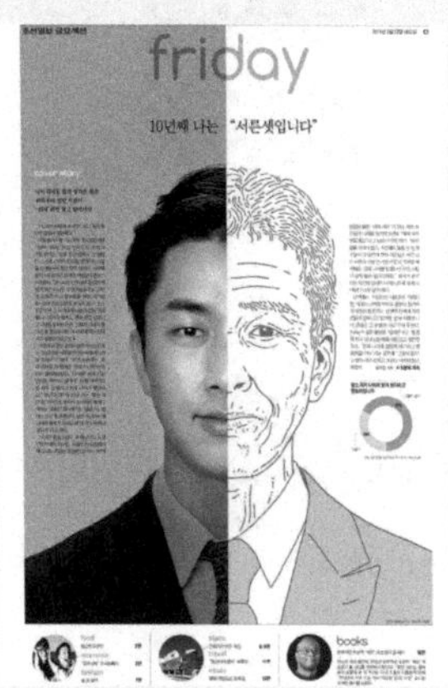

段落文字

图15-19

图形化文字

能让排列形式出现变化的是路径文字。用路径来控制文字，能让文字的布局随着路径变化，文字的排列形状一下子就变得"可塑"了。

路径文字包含两种变化样式：一种是让文字在封闭的路径内部排列，如图15-20和图15-21所示，文字的整体形状可以与路径的外形一致，如路径是心形的，那么文字也排成心形，其原理是以路径轮廓为框架在其中排布段落文字，当框架（即路径轮廓的形状）发生改变时，其中的文字便会自动排布，以与之相适应；另一种是在路径上方排布文字，文字能随着路径的弯曲而起伏、转折，如图15-22所示，其原理是以路径为基线排布点文字，这种状态下的点文字不仅可以沿路径排列，还能翻转到路径另一侧。

图15-20

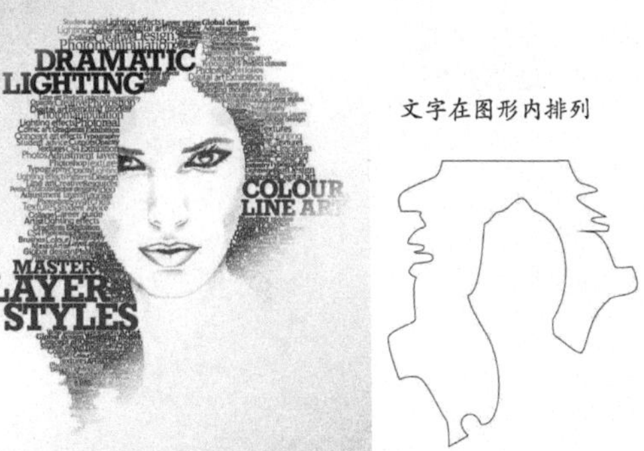

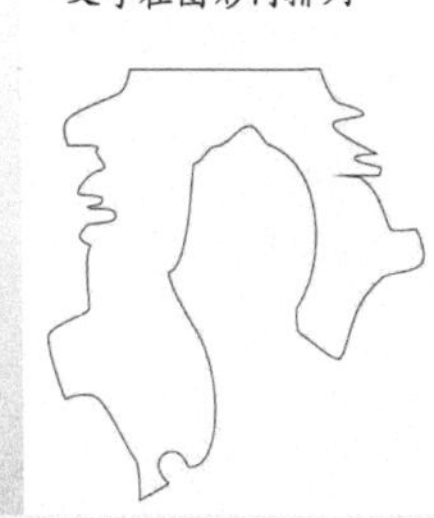

图15-21

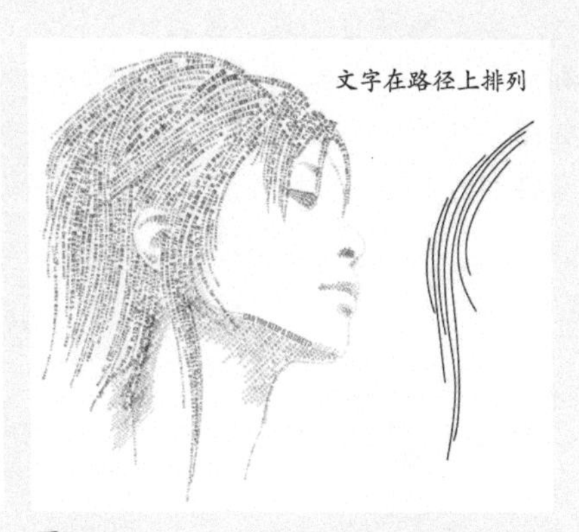

图15-22

文字变形

有一点要注意，路径虽然能让文字排成曲线、圆环或其他形状，但只是整个文本的外观出现了变化，其中的文字本身并没有变形。如果想让文字也变形，就要通过"文字变形"命令进行处理。该命令与Illustrator中的"封套扭曲"异曲同工——将文字"塞入"封套中，使其按照封套的形状产生扭曲变形，如图15-23所示。

点文字、段落文字和路径文字都可以使用"文字变形"命令进行处理，让文字变为扇形、弧形等形状。"文字变形"命令可以创建15种效果，图15-24（拱形扭曲）和15-25所示（拱形+水平扭曲）为部分效果。想突破其限制，做更大的变形，如图15-26和图15-27所示，则需要将文字转换为形状图层，或者从文字中生成路径，再对形状和路径进行编辑。

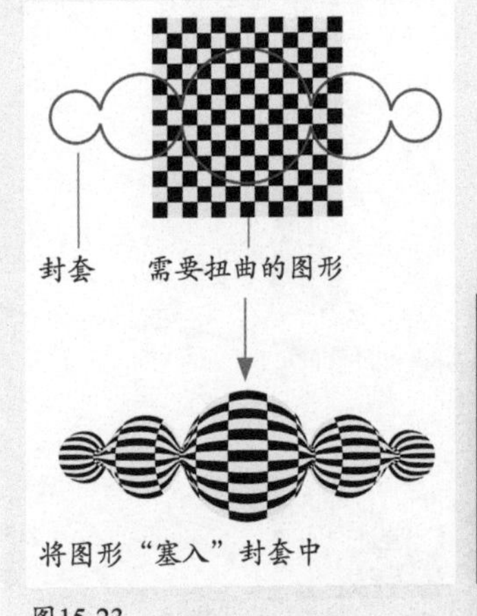

图15-23

图15-24

图15-25

图15-26

图15-27

创建与编辑点文字和段落文字

创建点文字、段落文字、路径文字之后，只要没有栅格化，任何时候都可以修改。下面介绍点文字和段落文字的编辑方法。

15.2.1

实战：选取和修改文字

点文字适合处理字数较少的标题、标签和网页上的菜单项，以及海报上的宣传主题，如图15-28和图15-29所示。这种文字在输入时需要手动按Enter键换行。

图15-28

图15-29

01 打开素材。选择横排文字工具 T ，在文字上拖曳鼠标指针选取需要修改的文字，如图15-30所示。

02 在这种状态下，可以在工具选项栏中修改字体和文字大小等，如图15-31所示。如果输入文字，则可替换所选文字，如图15-32所示。按Delete键，可以删除所选文字，如图15-33所示。单击工具选项栏中的 ✓ 按钮，或在画布外单击，结束编辑。

图15-30

图15-31

图15-32

图15-33

03 如果想在现有的文本中添加文字，可以将鼠标指针放在文字上，当鼠标指针变为“I”状时，如图15-34所示，单击鼠标，设置文字插入点，如图15-35所示，之后便可输入文字了，如图15-36所示。

图15-34

图15-35

图15-36

> 提示
>
> 在使用横排文字工具 T 在文字中单击，设置插入点后，再单击两下，可以选取一段文字；按Ctrl+A快捷键，可以选取全部文字。此外，双击文字图层中的“T”字缩览图，也可以选取所有文字。

15.2.2

实战：修改文字颜色

扫 码 看 视 频

01 打开素材，如图15-37所示。选择横排文字工具 T ，在文字上方拖曳鼠标，选取文字。所选文字的颜色会变为原有颜色的补色，即黄色文字变为蓝色，如图15-38所示。

图15-37

图15-38

02 在这种状态下，使用“颜色”或“色板”面板修改颜色时，看不到文字真正的颜色。例如，在“颜色”面板中颜色虽然调为红色，如图15-39所示，但文字上显示的是其补色（青色），如图15-40所示。只有单击工具选项栏中的 ✓ 按钮确认之后，文字才能显示真正的颜色。

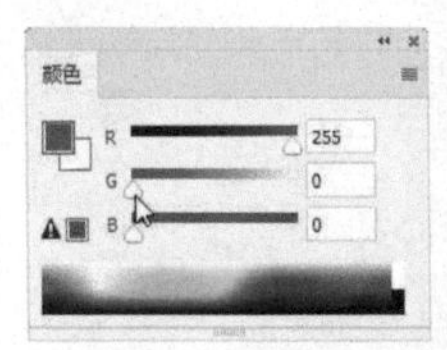

图15-39

图15-40

03 要想实时显示文字颜色，需要打开“拾色器”对话框。单击工具选项栏中的文字颜色图标，如图15-41所示，打开“拾色器”对话框，此时再调整颜色即可，如图15-42和图15-43所示。单击 ✓ 按钮确认修改。

图15-41

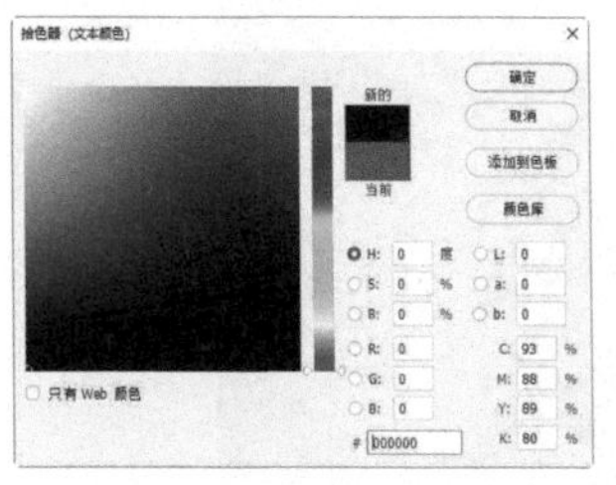

图15-42

图15-43

> 提示
>
> 选取文字后，按Alt+Delete快捷键，可以使用前景色填充文字；按Ctrl+Delete快捷键，则使用背景色填充文字。如果只是单击了文字图层，使其处于选取状态，而并未选择个别文字，则用这两种方法都可以填充图层中的所有文字。

15.2.3

实战：文字面孔特效（段落文字及特效）

扫 码 看 视 频

宣传单、说明书等设计稿中的文字比较多，如果用点文字处理，非常耗费时间，在对齐时也很麻烦。以上任务适合用段落文字输入和管理。段落文字能自动换行，十分方便，只是要开始新的段落时，需要按Enter键。本实战用它制作一个特效，在女孩脸上贴文字，文字之外呈现镂空效果，如图15-44所示。

图15-44

01 为了让效果真实，文字要依照脸的结构扭曲才行，这个效果用“置换”滤镜能做出来。首先制作用于置换的图像。打开素材，执行“图像>复制”命令，复制出一幅图像。执行“图像>调整>黑白”命令，使用默认参数即可，创建黑白效果，如图15-45和图15-46所示。

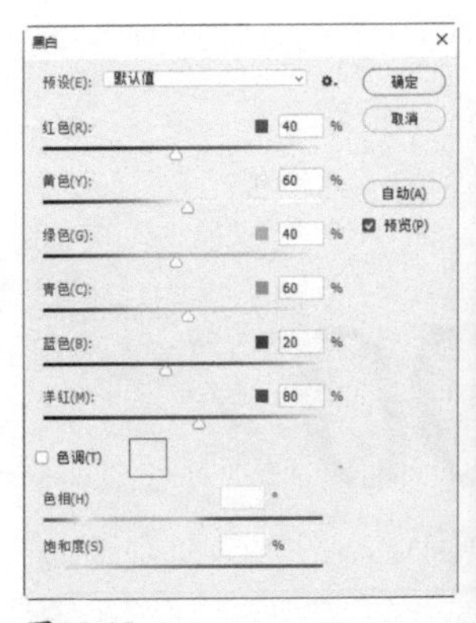

图15-45

图15-46

02 执行“滤镜>模糊>高斯模糊”命令，让图像变得模糊一些，如图15-47和图15-48所示，这样在扭曲文字时，能让效果柔和，否则文字会比较散碎。按Ctrl+S快捷键，将图像保存为PSD格式。

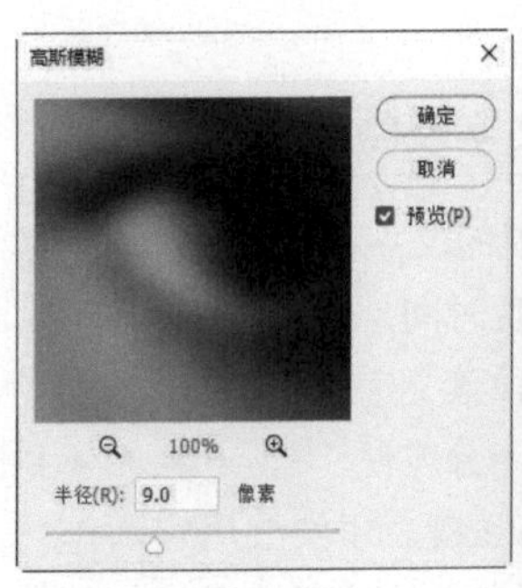

图15-47

图15-48

03 选择横排文字工具 T 。在“字符”面板中选择字体，设置大小、颜色和间距，如图15-49所示。单击工具选项栏中的 按钮，如图15-50所示，让文字居中排列。

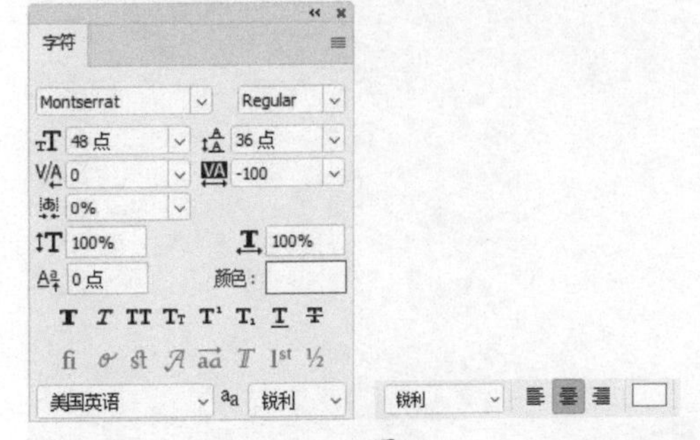

图15-49　　图15-50

04 拖曳出一个定界框，如图15-51所示，放开鼠标左键，会出现“I”形光标，执行“文字>粘贴Lorem Lpsum”命令，用 Lorem Ipsum 占位符文本填满文本框，如图15-52所示。单击工具选项栏中的✓按钮，完成段落文本的创建。

05 按Ctrl+G快捷键，将该图层编入图层组中。双击图层组，如图15-43所示，打开“图层样式”对话框，添加“投影”效果，如图15-54和图15-55所示。

图15-51

图15-52

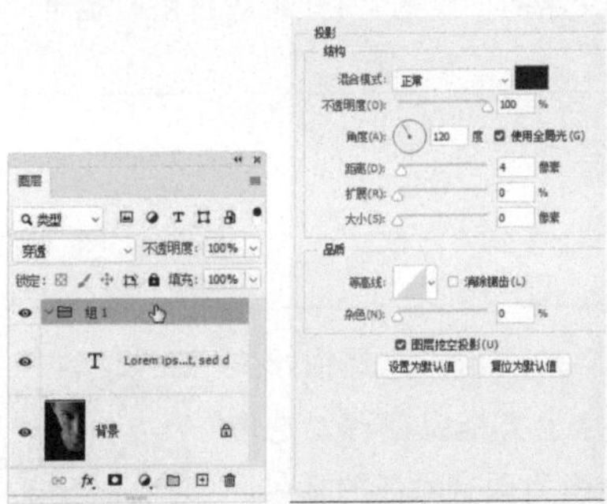

图15-53　　图15-54

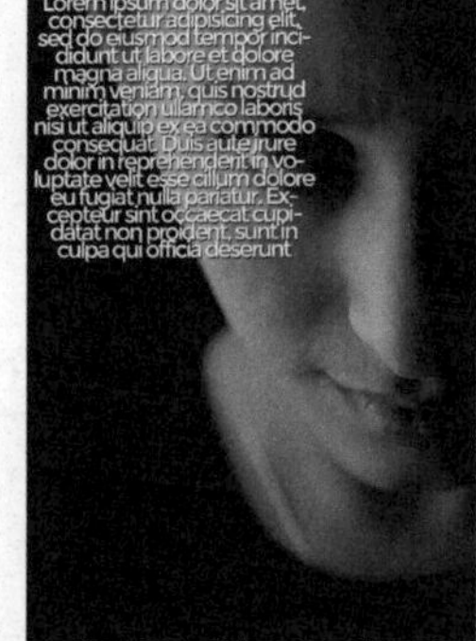

图15-55

06 选择移动工具 ，按住Alt键并拖曳文字，对文字进行复制，如图15-56所示。再复制出两组文字，之后按Ctrl+T快捷键显示定界框，将一组文字旋转，另一组放大，如图15-57所示。

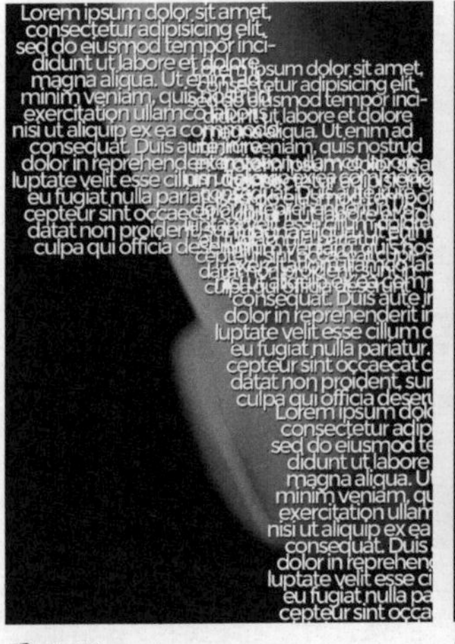

图15-56

图15-57

07 将图层组关闭，如图15-58所示。单击 按钮，为图层组添加图层蒙版，如图15-59所示。使用画笔工具 将面孔之外的文字涂黑，通过蒙版将其隐藏，如图15-60所示。

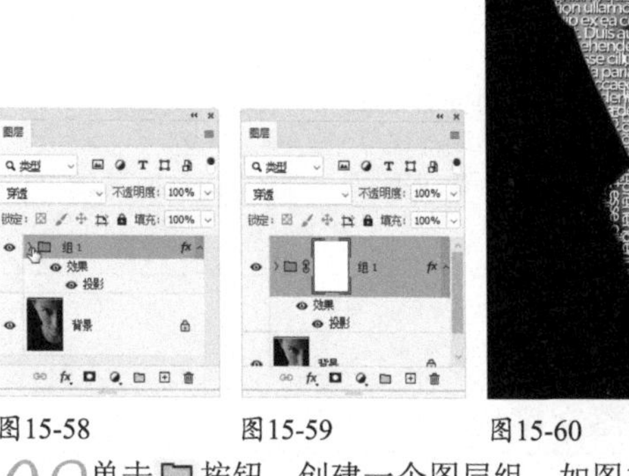
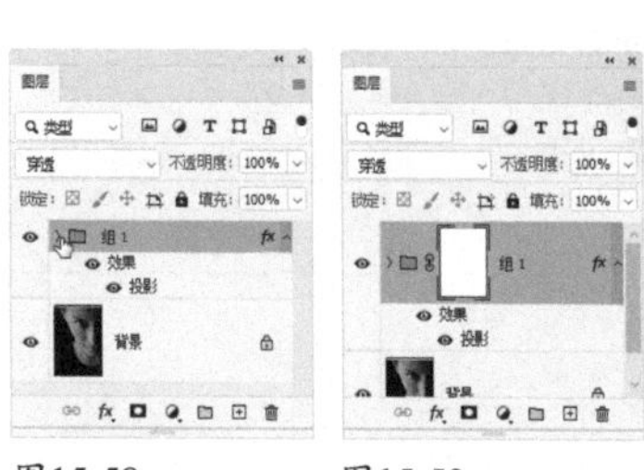

图15-58　图15-59

图15-60

08 单击 按钮，创建一个图层组，如图15-61所示。在黑色背景上单击，输入文字，如图15-62所示。一定要在远离文字的地方单击，否则会选取段落文本。之后，再将文字拖曳到图15-63所示的位置。

图15-61　图15-62　图15-63

09 双击该文字图层，添加“描边”和“投影”效果，如图15-64~图15-66所示。

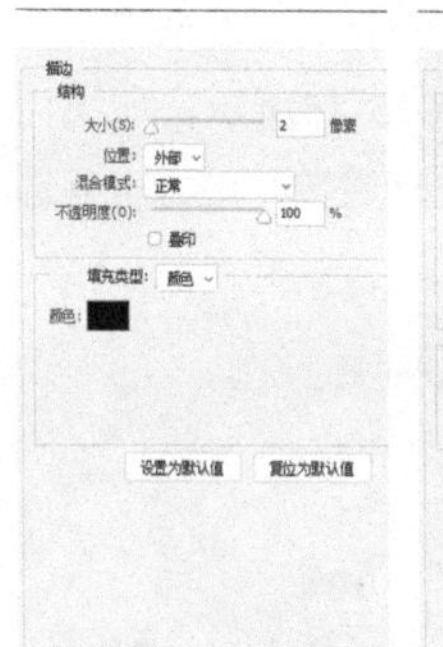

图15-64

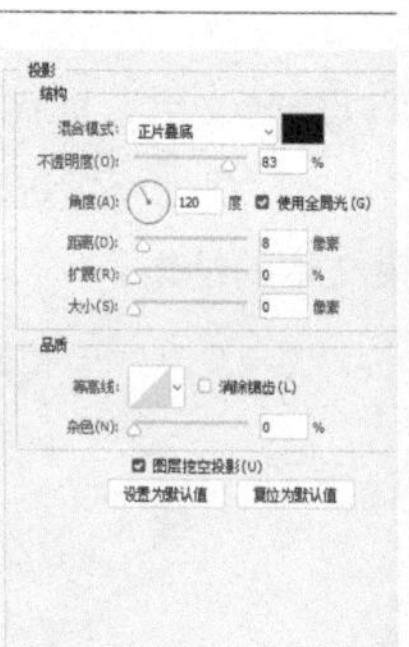

图15-65

图15-66

10 选择移动工具 ，按住Alt键并拖曳文字，进行复制。按Ctrl+T快捷键显示定界框，调整文字大小和角度，将其放在额头、鼻梁颧骨和锁骨上，图15-67所示为文字具体的摆放位置，当前效果如图15-68所示。

11 单击“背景”图层的眼睛图标 ，将该图层隐藏，如图15-69所示。按Shift+Alt+Ctrl+E快捷键，将所有文字盖印到一个新的图层中，如图15-70和图15-71所示。

图15-67

图15-68

图15-69

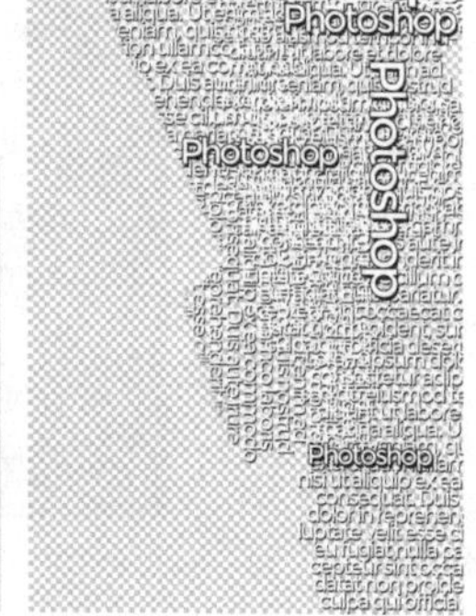

图15-70

图15-71

12 执行“滤镜>扭曲>置换”命令，设置参数，如图15-72所示，单击“确定”按钮，弹出下一个对话框，选择之前保存的黑白图像，如图15-73所示，用它扭曲文字，如图15-74所示。

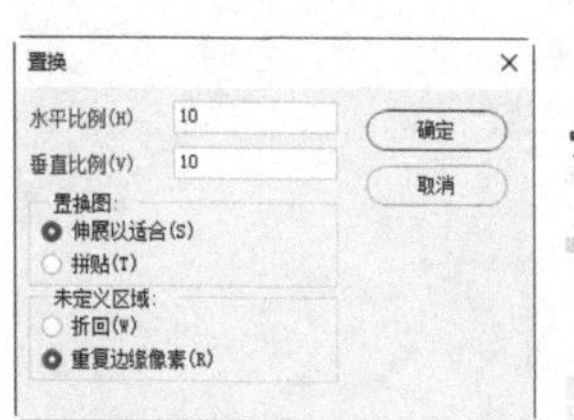

图15-72

图15-73

图15-74

13 按住Ctrl键并单击 按钮，在当前图层下方创建新的图层，按Alt+Delete快捷键为其填充前景色（黑色），如图15-75和图15-76所示。选择并显示“背景”图层，如图15-77所示。按Ctrl+J快捷键复制，按Shift+Ctrl+]快捷键将其移动到最顶层，设置混合模式为“正片叠底”，如图15-78和图15-79所示。

图15-75

图15-76

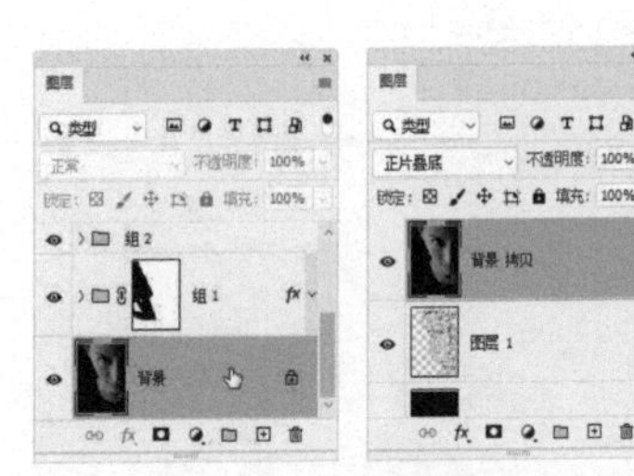
图15-77　　图15-78

图15-79

14 单击“调整”面板中的 按钮，创建“曲线”调整图层。将曲线右上角的控制点往左侧拖曳，如图15-80所示，使色调变亮一些，这样人物的面孔就更清晰了，如图15-81所示。

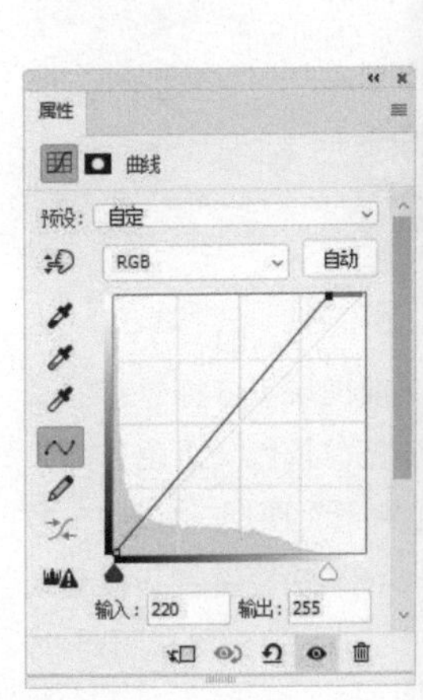

图15-80　　图15-81

技术看板　定义段落文字的范围

段落文字可以通过两种方法来创建。第1种方法是使用横排文字工具 T 拖曳出任意大小的定界框，用以存放文字；第2种方法是在拖曳时按住Alt键，弹出“段落文字大小”对话框后，精确设置文字定界框大小。

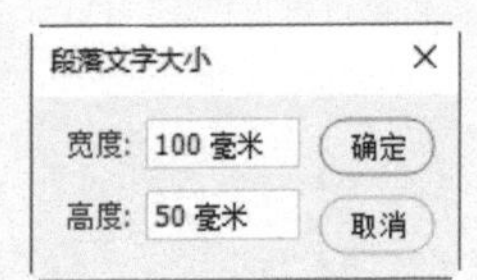

15.2.4

实战：编辑段落文字

01 使用横排文字工具 T 在文字中单击，设置插入点，同时显示文字的定界框，如图15-82所示。拖曳控制点，调整定界框的大小，文字会重新排列，如图15-83所示。

图15-82

图15-83

02 将鼠标指针放在定界框右下角的控制点上，单击并按住Shift+Ctrl键拖曳，可以等比缩放文字，如图15-84所示。如果没有按住Shift键，则文字会被拉宽或拉长。

03 将鼠标指针放在定界框外，当指针变为弯曲的双向箭头时拖曳鼠标，可以旋转文字，如图15-85所示。如果同时按住Shift键，则能够以15°角为增量进行旋转。单击工具选项栏中的 ✓ 按钮，结束文本的编辑。

图15-84　　图15-85

提示

定界框既用来存放文字，也用来限定文字范围。当定界框被调小而不能显示全部文字时，它右下角的控制点会变为 ⊞ 状。如果出现该标记，则应该拖曳控制点，将定界框范围调大，以便让隐藏的文字显示出来；或者将文字的字号调小也可。

15.2.5 转换点文本、段落文本、水平文字和垂直文字

单击点文本所在的图层，执行“文字>转换为段落文本”命令，可将其转换为段落文本。对于段落文本，可以执行“文字>转换为点文本”命令，将其转换为点文本。要注意的是，转换前应调整定界框范围，使所有文字在都显示出来，否则转换后溢出定界框外的字符将被删除。

使用“文字>文本排列方向”子菜单中的“横排”和“竖排”命令，可以让水平文字和垂直文字互相转换。

用路径文字和变形文字增加版面变化

路径文字是Photoshop CS版本中的功能，在这之前，只有矢量软件才能制作这种文字。创建路径文字（点文字和段落文字也可）后，通过变形处理，可以制作成变形文字。

15.3.1 实战：沿路径排列文字

在路径上输入文字时，文字的排列方向与路径的绘制方向一致。因此，在绘制路径时，一定要从左向右进行，切记！这样文字才能从左向右排列，否则会在路径上颠倒。

扫码看视频

01 打开素材，如图15-86所示。选择钢笔工具及“路径”选项，沿手的轮廓从左向右绘制路径，如图15-87所示。

图15-86

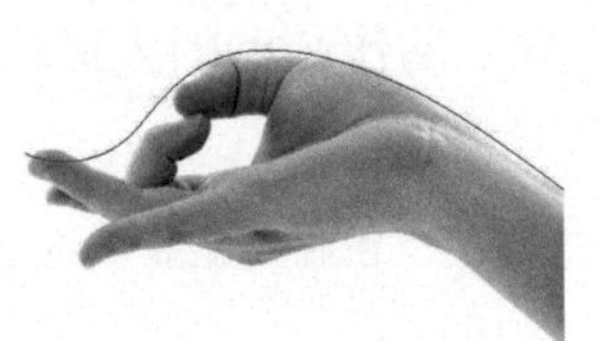
图15-87

02 选择横排文字工具 T，设置字体、大小和颜色，如图15-88所示。将鼠标指针放在路径上，当鼠标指针变为状时，如图15-89所示，单击设置文字插入点，画面中会出现闪烁的“I”形光标，此时输入文字即可沿着路径排列，如图15-90所示。

03 选择直接选择工具或路径选择工具，将鼠标指针定位到文字上，当鼠标指针变为状时，如图15-91所示，沿路径拖曳鼠标，可以移动文字，如图15-92所示。

04 向路径的另一侧拖曳文字，可以翻转文字，如图15-93所示。在“路径”面板的空白处单击，将画面中的路径隐藏。

图15-88

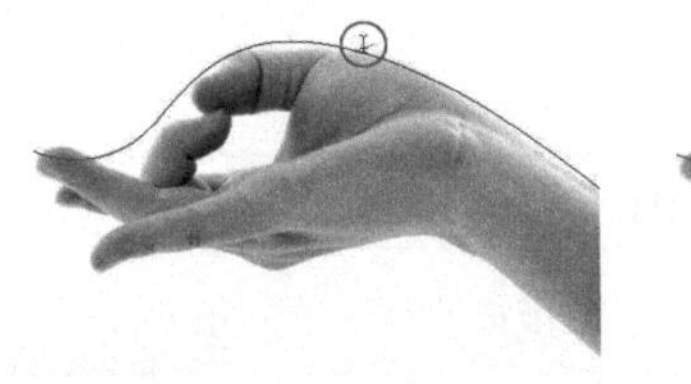
图15-89

图15-90

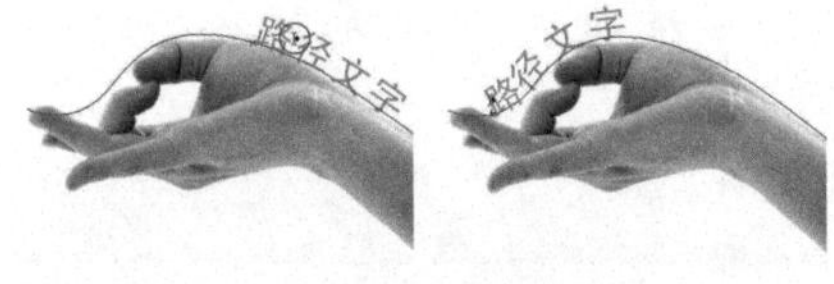
图15-91 图15-92

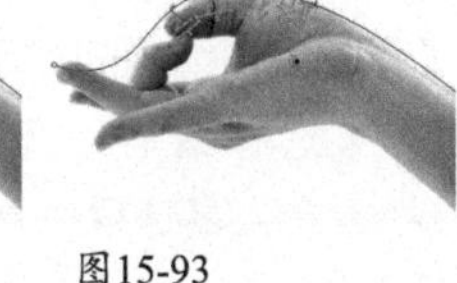
图15-93

> 提示
>
> 如果文字在路径上方排列，那么它就是点文字；如果文字在封闭的路径内部，则它是段落文字。

15.3.2 实战：编辑文字路径

在路径的转折处，文字会因“拥挤”而出现重叠。采用增加文字间距（见436页）的方法可以解决这个问题，但文字的排列可能会很不均匀。修改路径形状，让转折处变得平滑顺畅也是一个办法，但文字的整体外观可能会有所改变。

扫码看视频

01 打开素材。单击文字图层，在画布上会显示路径，如图15-94和图15-95所示。

图15-94

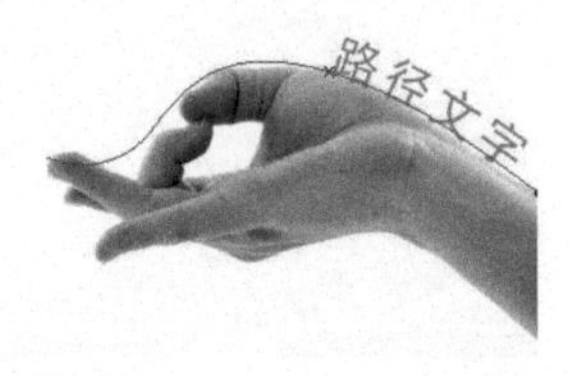

图15-95

02 使用直接选择工具 单击路径，显示锚点，如图15-96所示。

03 移动锚点或调整方向线修改路径的形状，文字会沿修改后的路径重新排列，如图15-97和图15-98所示。

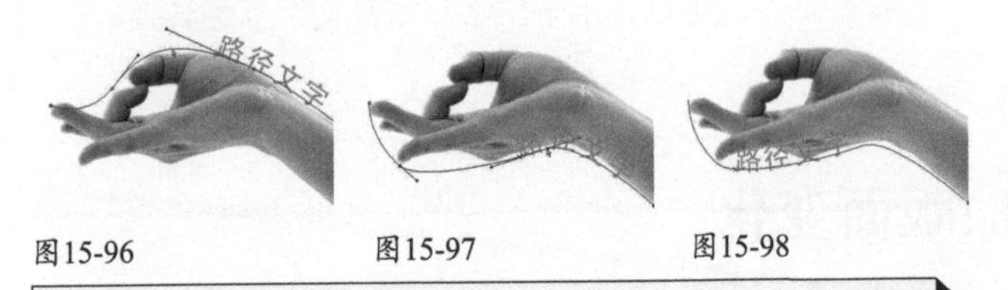

图15-96　　图15-97　　图15-98

> **提示**
>
> 在创建路径文字时，会基于鼠标所单击的路径生成一条新的文字路径。编辑该路径才能修改文字的排列形状，原始路径与路径文字并不相关。

15.3.3

实战：用路径文字制作图文混排效果

如果客户只给了一张图片和说明文字，怎么才能表现创意？只能在文字的版面排布上下功夫。本实战即是一例，文字沿着人像轮廓排列，使排版立刻变得生动、有趣，一下就解决了素材过于简单的难题。

扫码看视频

01 选择钢笔工具 并在工具选项栏中选取“路径”及“合并形状”选项，围绕人物绘制一个封闭的图形，如图15-99所示。绘制直线轮廓时，需同时按住Shift键操作。

图15-99

02 选择横排文字工具 T，在“字符”面板中设置字体、大小、颜色和间距等，如图15-100所示。单击“段落”面板中的 按钮，让文字左右两端与定界框对齐，如图15-101所示。将鼠标指针移动到图形内部，鼠标指针会变为 状，如图15-102所示。需要注意的是，鼠标指针不能放在路径上，否则文字会沿路径排列。

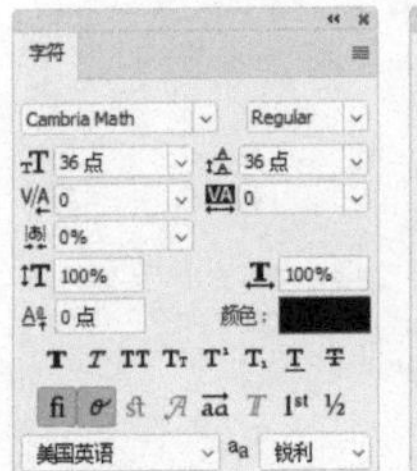

图15-100

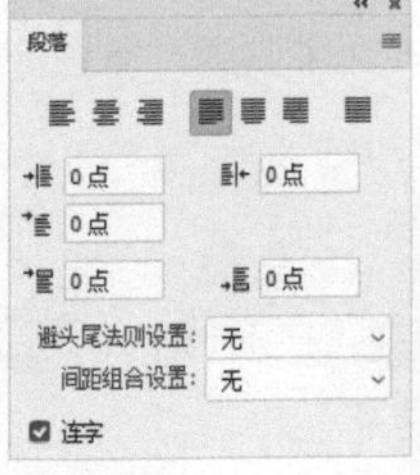

图15-101

图15-102

03 单击显示定界框并自动填充占位符文字，如图15-103所示。执行两次“文字>粘贴Lorem Lpsum”命令，让占位符文字填满定界框，如图15-104所示。单击 ✓ 按钮，结束文本的编辑。

图15-103

图15-104

04 新建一个图层。在右侧空白处输入点文字，如图15-105和图15-106所示。

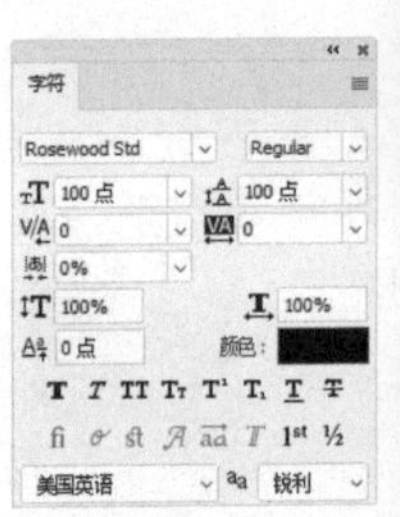

图15-105

图15-106

15.3.4

实战：制作奔跑的人形轮廓字

01 打开素材。单击“路径”面板中的路径层，在画布上显示路径，如图15-107和图15-108所示。

扫码看视频

图15-107　　图15-108

02 将前景色设置为蓝色（R38，G164，B253）。选择横排文字工具 T，设置字体、大小及间距，单击 T 按钮，让文字的角度发生倾斜，如图15-109所示。将鼠标指针移动到路径上，当鼠标指针变为 状时，如图15-110所示，单击设置文字插入点，然后输入文字，如图15-111所示。

03 单击 ✓ 按钮结束文字的输入。单击文字图层左侧的眼睛图标 ，隐藏图层，如图15-112所示。再次单击“路径1”层，显示路径，如图15-113所示。在人物腿部的小路径上单击，在路径上输入文字。路径文字全部显示的效果如图15-114所示。

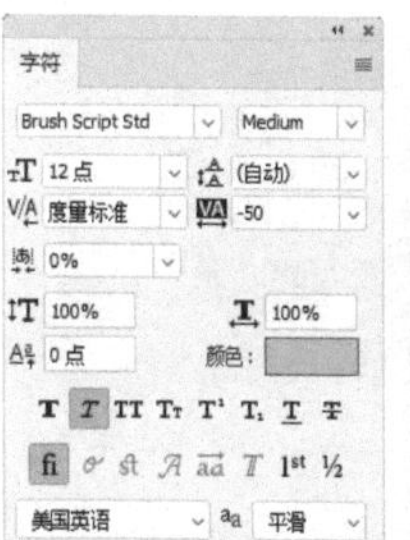

图15-109

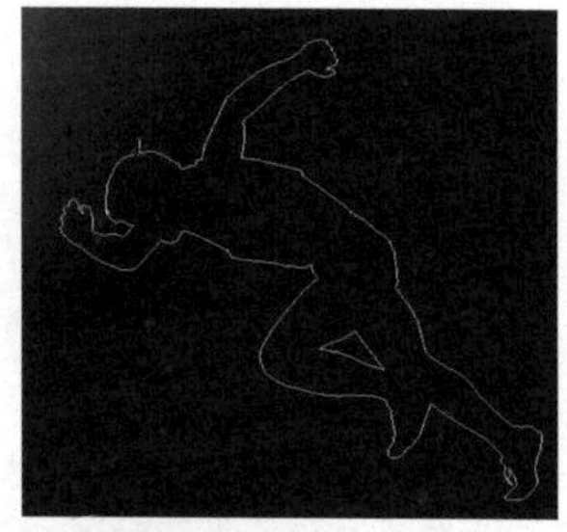

图15-110

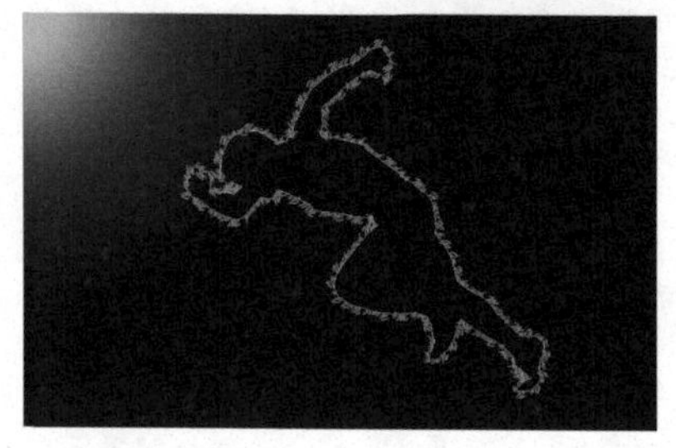

图15-111

图15-112 图15-113

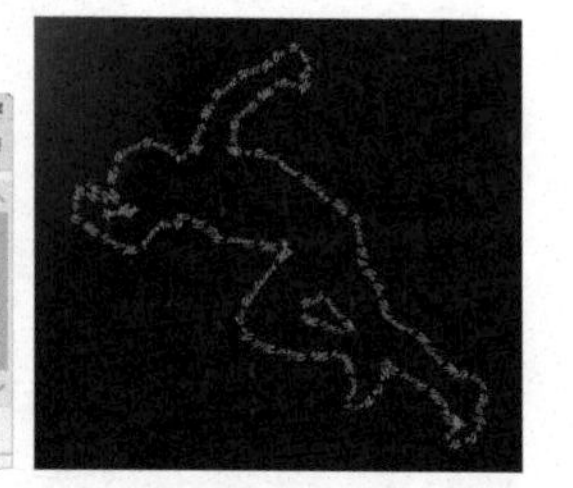

图15-114

04 将两个路径文字图层隐藏，如图15-115所示。单击“路径”面板中的“路径2”层，显示该路径，如图15-116和图15-117所示。

图15-115

图15-116

图15-117

05 将鼠标指针移动到路径内，当鼠标指针变为⌶状时单击并输入文字，如图15-118和图15-119所示。显示全部文字的效果如图15-120所示。使用移动工具✥将文字的位置略向上调整，避免与路径文字重叠，如图15-121所示。

06 在画面空白位置单击，输入一组数字。按Ctrl+A快捷键选取全部数字，在工具选项栏中设置字体、大小及颜色，如图15-122所示。执行“图层>栅格化>文字”命令，将文字转换为普通图层。选择椭圆选框工具◌，按住Shift键并创建圆形选区，选中数字，将鼠标指针在选区内拖曳，可移动选区的位置，使数字位于选区的右下方，如图15-123所示。

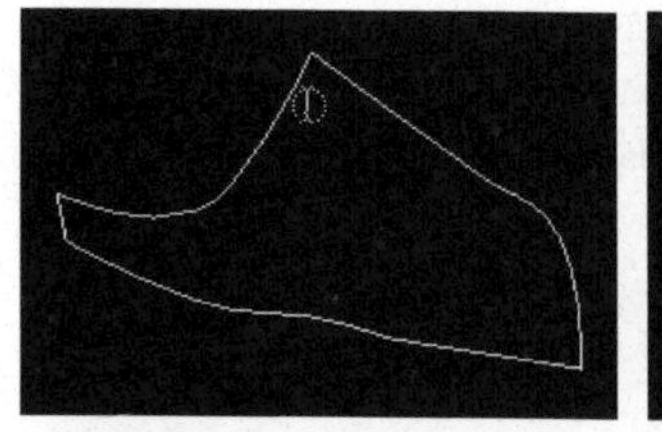

图15-118

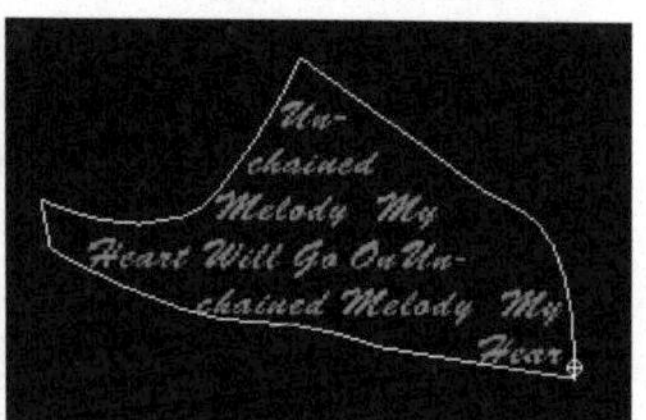

图15-119

图15-120

图15-121

图15-122

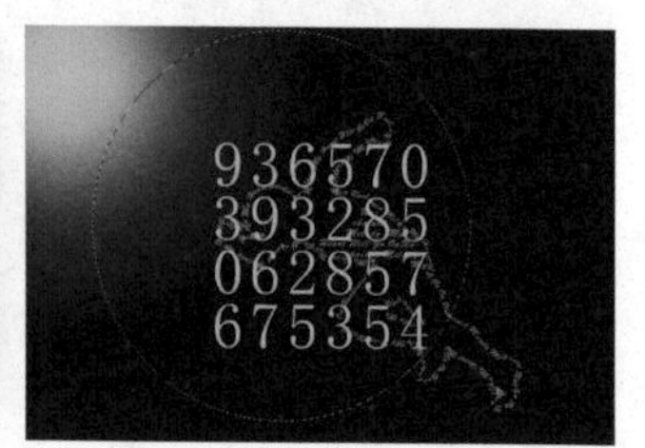

图15-123

07 执行“滤镜>扭曲>球面化”命令，使文字产生球面膨胀效果，如图15-124和图15-125所示。为了增强球面化效果，可再次应用该滤镜。

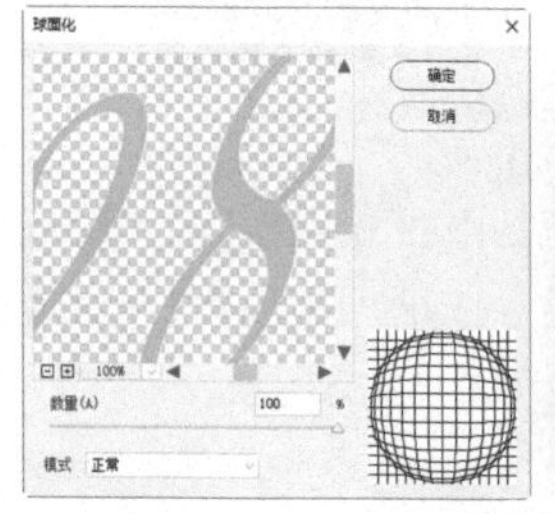

图15-124

图15-125

08 按Ctrl+D快捷键取消选择。设置该图层的不透明度为20%，使用移动工具✥将数字拖曳到左上角，如图15-126所示。

图15-126

15.3.5
实战：制作萌宠脚印字（变形文字）

Photoshop中提供了15种预设的变形样式，可以让点文字、段落文字和路径文字产生扇形、拱形、波浪形等形状的变形。此外，在使用横排文字蒙版工具 和直排文字蒙版工具 创建选区时，在文本输入状态下也可以进行变形。

01 打开素材（包含萌宠脚印及文字），如图15-127所示。单击文字图层，如图15-128所示。

图15-127

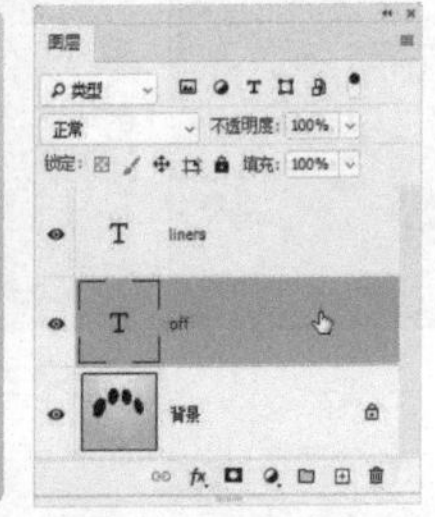

图15-128

02 执行“文字>文字变形”命令，打开“变形文字”对话框，在“样式”下拉列表中选择“扇形”，并调整变形参数，如图15-129和图15-130所示。

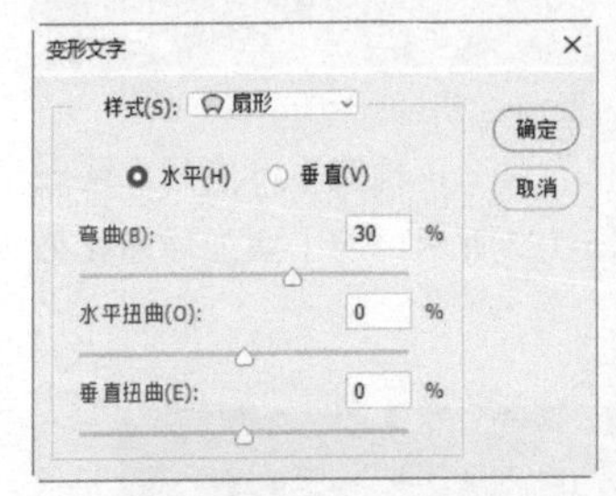

图15-129

图15-130

03 创建变形文字后，在它的缩览图中会出现出一条弧线，如图15-131所示。双击该图层，打开“图层样式”对话框，添加“描边”效果，如图15-132和图15-133所示。

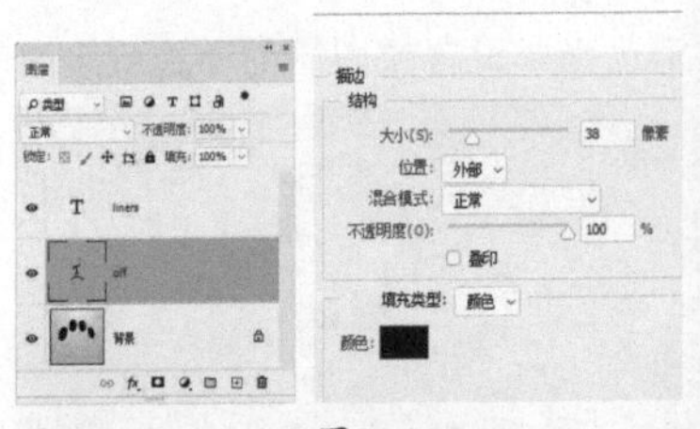

图15-131　图15-132

图15-133

04 选择另外一个文字图层，执行“文字>文字变形”命令，打开“变形文字”对话框，选择“膨胀”样式，创建收缩效果，如图15-134和图15-135所示。

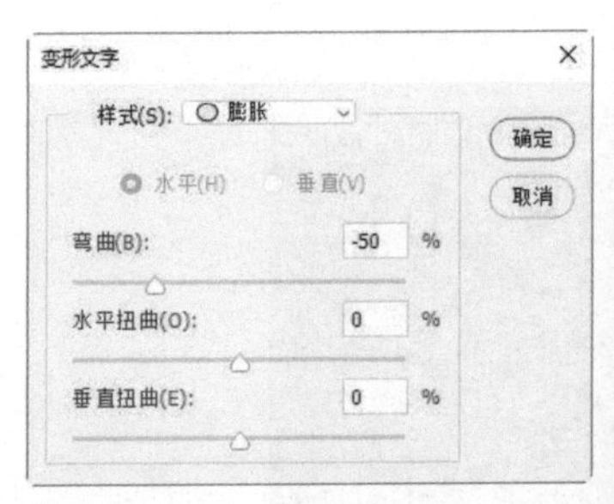

图15-134

图15-135

05 将前景色设置为黄色，如图15-136所示。新建一个图层，设置混合模式为“叠加”，如图15-137所示。选择画笔工具 及柔边圆笔尖，在文字、脚掌顶部点几处亮点作为高光，如图15-138所示。

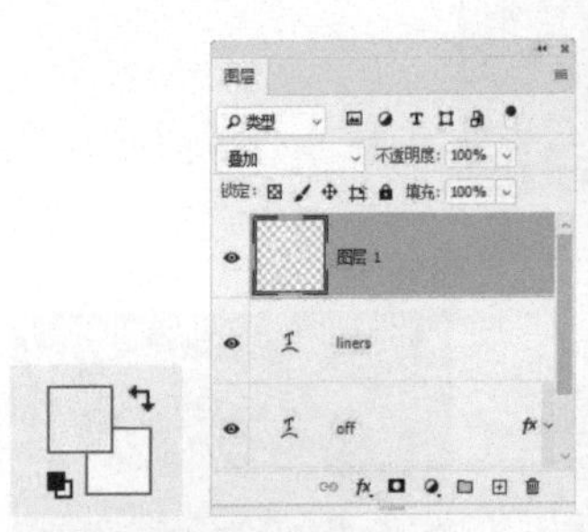

图15-136　图15-137

图15-138

“变形文字”对话框选项

- 样式：在该下拉列表中可以选择15种文字变形样式，效果如图15-139所示。

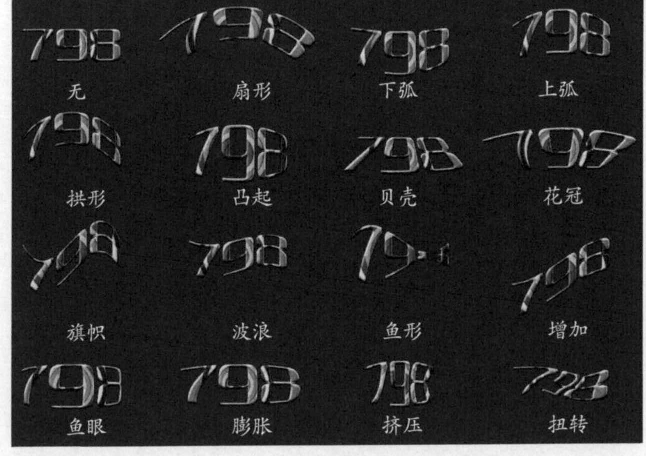

图15-139

- 水平/垂直：选择“水平”，文本扭曲的方向为水平方向；选择“垂直”，扭曲方向为垂直方向，如图15-140所示。
- 弯曲：用来设置文本的弯曲程度。
- 水平扭曲/垂直扭曲：可以让文本沿水平或垂直方向产生透视扭曲的效果，如图15-141所示。

图15-140

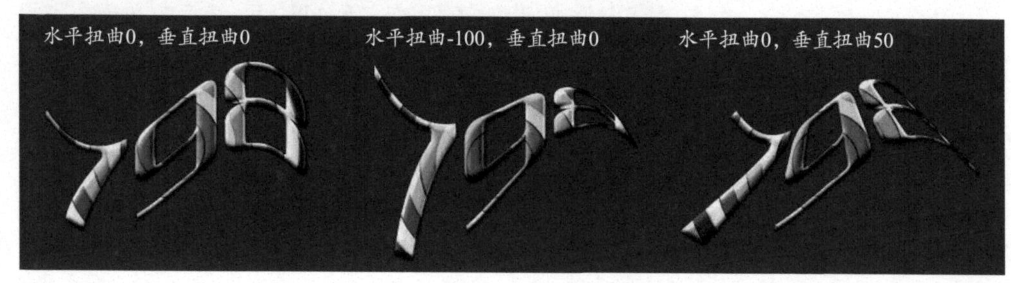

图15-141

技术看板　重置和取消变形

如果要修改变形参数，可以执行“文字>文字变形”命令，或者选择横排文字工具 T 或直排文字工具 ↓T，再单击工具选项栏中的创建文字变形按钮 ⌶，打开“变形文字”对话框，此时便可修改参数，也可以在“样式”下拉列表中选择其他样式。如果要取消变形，将文字恢复为变形前的状态，可以在“变形文字”对话框的“样式”下拉列表中选择“无”，然后单击“确定”按钮，关闭对话框。

调整版面中的文字

在文字工具选项栏，以及“字符”面板中都可以设置文字的字体、大小、颜色、行距和字距。这些属性既可以在创建文字之前设置好，也可以在创建文字之后再修改。在默认状态下，修改属性的操作会影响所选文字图层中的所有文字，如果只想改变部分文字，可以提前用文字工具将它们选取。

15.4.1 调整字号、字体、样式和颜色

在文字工具选项栏中可以选择字体，设置文字大小和颜色，以及进行简单的文本对齐，如图15-142所示。

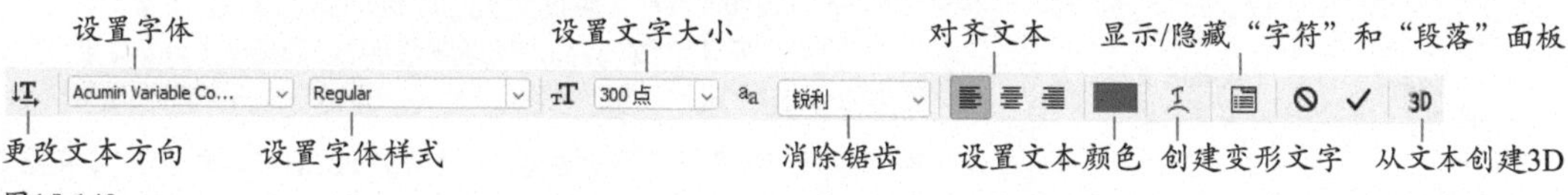

图15-142

- **更改文本方向** ↓T：单击该按钮，或者执行“文字>文本排列方向”子菜单中的命令，可以让横排文字和直排文字互相转换。
- **设置字体**：在该下拉列表中可以选择字体。选择字体的同时可查看字体的预览效果。如果字体太小，看不清楚，可以打开“文字>字体预览大小”子菜单，选择“特大”或“超大”选项，查看大字体。
- **设置字体样式**：如果所选字体包含变体，可以在该下拉列表中进行选择，包括Regular（常规）、Italic（斜体）、Bold（粗体）和Bold Italic（粗斜体）等，如图15-143所示。该选项仅适用于部分英文字体。如果所使用的字体（英文字体、中文字体皆可）不包含粗体和斜体样式，可以单击“字符”面板底部的仿粗体按钮 **T** 和仿斜体按钮 *T*，让文字加粗或倾斜。

Regular　Italic　Bold　Bold Italic

图15-143

- **设置文字大小：** 可以设置文字的大小，也可以直接输入数值并按Enter键来进行调整。
- **消除锯齿：** 可以消除文字边缘的锯齿（*见446页*）。
- **对齐文本：** 根据输入文字时鼠标单击的位置对齐文本，包括左对齐文本、居中对齐文本和右对齐文本。
- **设置文本颜色：** 单击颜色块，可以打开“拾色器”对话框设置文字颜色。
- **创建变形文字：** 单击该按钮，可以打开“变形文字”对话框，为文本添加变形样式，创建变形文字。
- **显示/隐藏“字符”和“段落”面板：** 单击该按钮，可以打开和关闭“字符”和“段落”面板。
- **从文本创建3D：** 从文字中创建3D模型。

技术看板　文字编辑技巧

●调整文字大小：选取文字后，按住Shift+Ctrl键并连续按>键，能够以2点为增量将文字调大；按Shift+Ctrl+<快捷键，则以2点为增量将文字调小。

●调整字间距：选取文字后，按住Alt键并连续按→键可以增加字间距；按Alt+←快捷键，则可以减小字间距。

●调整行间距：选取多行文字后，按住Alt键并连续按↑键可以增加行间距；按Alt+↓快捷键，则可以减小行间距。

15.4.2 调整行距、字距、比例和缩放

在“字符”面板中，字体、样式、颜色、消除锯齿等选项与文字工具选项栏中的选项相同。除此之外，它还可以调整文字的间距、对文字进行缩放，以及为文字添加特殊样式等，如图15-144所示。

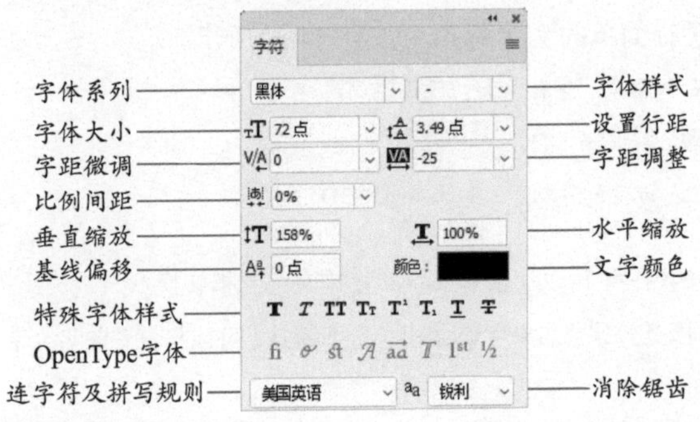

图15-144

- **设置行距：** 可以设置各行文字之间的垂直间距。默认选项为“自动”，此时Photoshop会自动分配行距，它会随着字体大小的改变而改变。在同一个段落中，可以应用一个以上的行距量，但文字行中的最大行距值决定该行的行距值。图15-145所示是行距为72点的文本（文字大小为72点），图15-146所示是行距调整为100点的文本。

图15-145 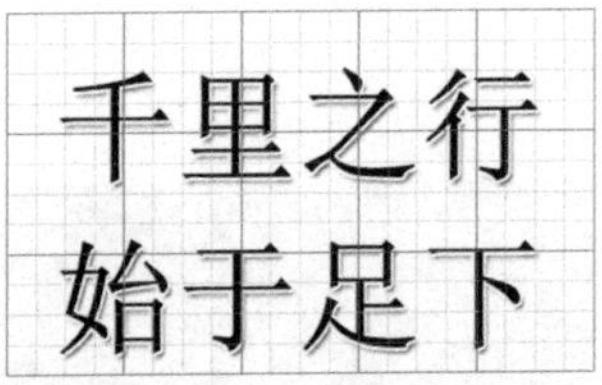　图15-146

- **字距微调：** 用来调整两个字符之间的间距。操作方法是，使用横排文字工具 T 在两个字符之间单击，出现闪烁的“I”形光标后，如图15-147所示，在该选项中输入数值并按Enter键，以增加（正数）字距，如图15-148所示，或者减少（负数）这两个字符之间的间距量，如图15-149所示。此外，如果要使用字体的内置字距微调，可以在该下拉列表中选择“度量标准”选项；如果要根据字符形状自动调整间距，可以选择“视觉”选项。

图15-147 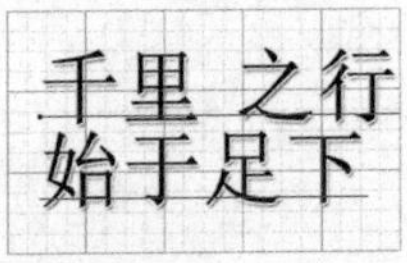　图15-148 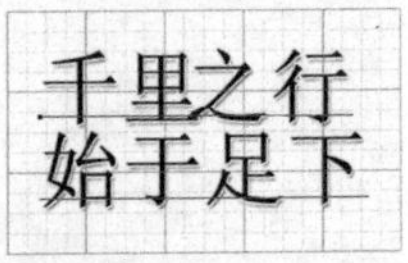　图15-149

- **字距调整：** 字距微调只能调整两个字符之间的间距，而字距调整则可以调整多个字符或整个文本中所有字符的间距。如果要调整多个字符的间距，可以使用横排文字工具 T 将它们选取，如图15-150所示；如果未进行选取，则会调整文中所有字符的间距，如图15-151所示。

图15-150 　图15-151

- **比例间距：** 可以按照一定的比例来调整字符的间距。在未进行调整时，比例间距值为0%，此时字符的间距最大；设置为50%时，字符的间距会变为原来的一半；当设置为100%时，字符的间距变为0。由此可知，比例间距只能收缩字符之间的间距，而字距微调和字距调整既可以缩小间距，也可以扩大间距。
- **垂直缩放/水平缩放：** 垂直缩放可以垂直拉伸文字，不会改变其宽度；水平缩放可以在水平方向上拉伸文字，不会改变其高度。当这两个百分比相同时，可进行等比缩放。
- **基线偏移：** 使用文字工具在图像中单击设置文字插入点时，会出现闪烁的“I”形光标，光标中的小线条标记的便是文字的基线（文字所依托的假想线条）。在默认状态下，绝大部分文字位于基线之上，小写的g、p、q位于基线之下。调整字符的基线可以使字符上升或下降。
- **OpenType字体（*见442页*）：** 包含当前 PostScript 和 TrueType 字体不具备的功能，如花饰字和自由连字。
- **连字符及拼写规则：** 可对所选字符进行有关连字符和拼写规则的语言设置。Photoshop 使用语言词典检查连字符连接。

·PS技术讲堂·

快速找到自己需要的字体

文字是设计作品的组成要素，很多设计师会安装大量字体，以满足不同风格作品的需要。但是字体多了以后，会占用较多内存，导致在查找字体时，更新的速度变慢。此外，要在几百种字体中找到所需的那种，也是一件很麻烦的事。所以，非工作需要，字体不要安装太多。如果字体较多且无法避免，可以使用下面的方法进行快速查找。

如果知道字体名称，可以在字体列表中单击并输入其名称进行查找，如图15-152所示。如果某个字体经常使用，可以打开文字工具选项栏或"字符"面板的字体列表，在其左侧的☆状图标上单击，这时图标会变为★状，如图15-153所示，表示字体已经被收藏了；之后单击"筛选"选项右侧的★图标，字体列表中就只显示被收藏的字体，一目了然，如图15-154所示。取消收藏也很简单，单击字体左侧的★图标便可。

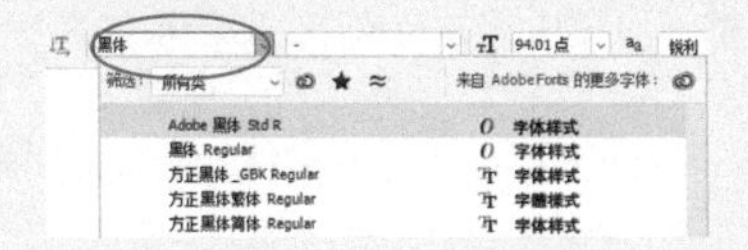

图15-152

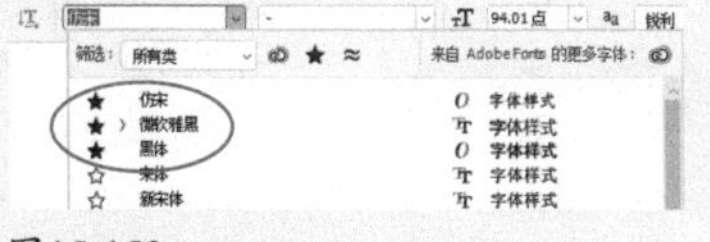

图15-153

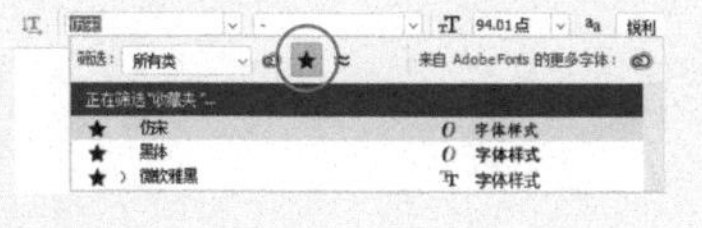

图15-154

另外，也可以对字体进行筛选和屏蔽，就像屏蔽和隔离图层一样（见44页）。例如，单击按钮，可以显示Adobe Fonts字体；单击≈按钮，可以显示视觉效果与选中的字体类似的字体，如图15-155和图15-156所示；在"筛选"下拉列表中还可以选择不同种类的字体，如图15-157所示。

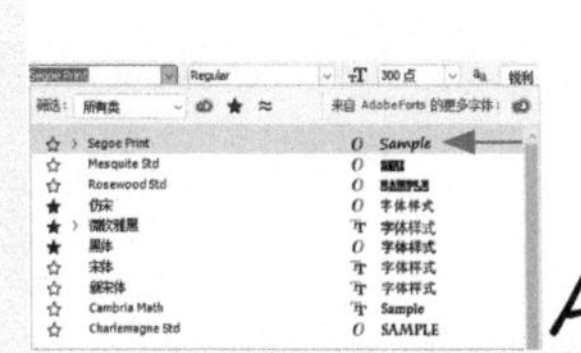

当前选择的字体

图15-155

视觉效果与之相近的字体

图15-156

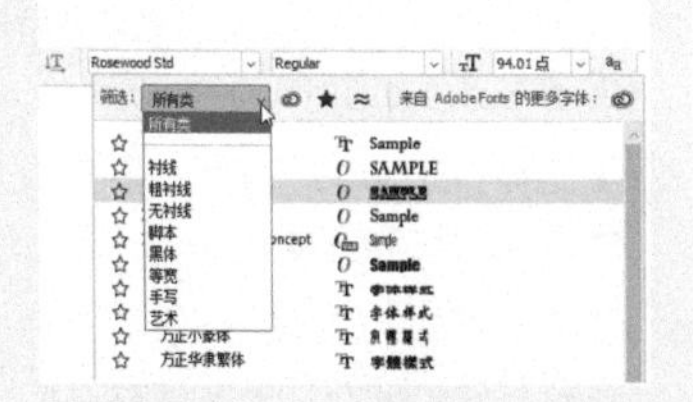

筛选字体

图15-157

美化段落

在输入文字时，每按一次Enter键，便切换一个段落。"段落"面板可以调整段落的对齐、缩进和文字行的间距等，让文字在版面中显得更加规整。

15.5.1 "段落"面板

图15-158所示为"段落"面板。

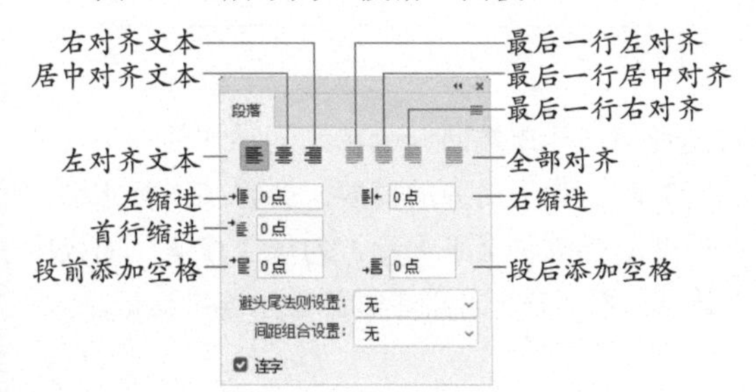

图15-158

"段落"面板只能处理段落，不能处理单个或多个字符。如果要设置单个段落的格式，可以用文字工具在该段落中单击，设置文字插入点并显示定界框，如图15-159所示；如果要设置多个段落的格式，要先选择这些段落，如图15-160所示；如果要设置全部段落的格式，则可以在"图层"面板中选择该文本图层，如图15-161所示。

图15-159 图15-160 图15-161

15.5.2
段落对齐

“段落”面板最上面一排按钮用来设置段落的对齐方式，它们可以将文字与段落的某个边缘对齐。

- 左对齐文本：文字的左端对齐，段落右端参差不齐，如图15-162所示。
- 居中对齐文本：文字居中对齐，段落两端参差不齐，如图15-163所示。
- 右对齐文本：文字的右端对齐，段落左端参差不齐，如图15-164所示。

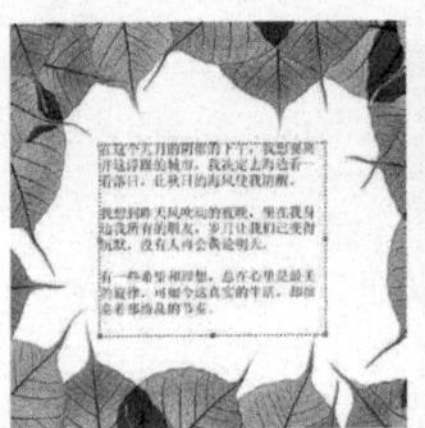
图15-162

图15-163

图15-164

- 最后一行左对齐：段落最后一行左对齐，其他行左右两端强制对齐，如图15-165所示。
- 最后一行居中对齐：段落最后一行居中对齐，其他行左右两端强制对齐，如图15-166所示。
- 最后一行右对齐：段落最后一行右对齐，其他行左右两端强制对齐，如图15-167所示。
- 全部对齐：在字符间添加额外的间距，使文本左右两端强制对齐，如图15-168所示。

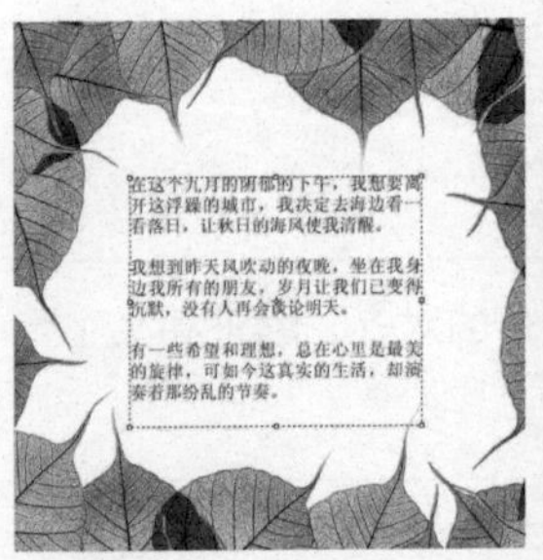
图15-165

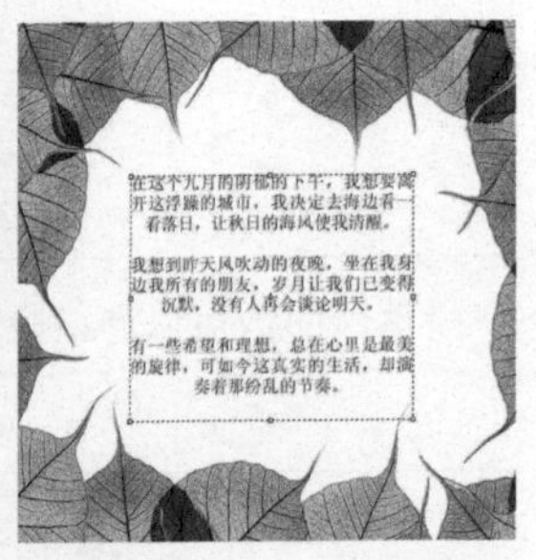
图15-166

图15-167

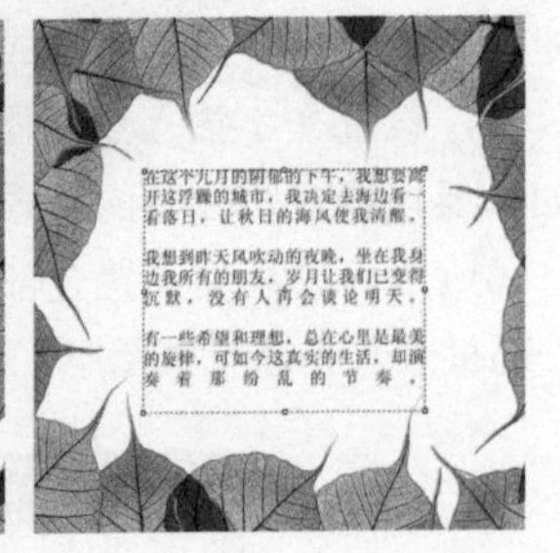
图15-168

15.5.3
段落缩进

缩进用来调整文字与定界框之间或与包含该文字的行之间的间距量。它只影响所选择的一个或多个段落，因此，各个段落可以设置不同的缩进量。

- 左缩进：横排文字从段落的左边缩进，直排文字从段落的顶端缩进，如图15-169所示。
- 右缩进：横排文字从段落的右边缩进，直排文字则从段落的底部缩进，如图15-170所示。
- 首行缩进：缩进段落中的首行文字。对于横排文字，首行缩进与左缩进有关，如图15-171所示；对于直排文字，首行缩进与顶端缩进有关。如果将该值设置为负值，则可以创建首行悬挂缩进。

图15-169

图15-170

图15-171

15.5.4
设置段落的间距

“段落”面板中的段前添加空格按钮和段后添加空格按钮用于控制所选段落的间距。图15-172所示为选择的段落，图15-173所示为设置段前添加空格为30点的效果，图15-174所示为设置段后添加空格为30点的效果。

图15-172

图15-173

图15-174

15.5.5
连字标记的用处

连字符是在每一行末端断开的单词间添加的标记。在将文本强制对齐时，为了对齐的需要，会将某一行末端的单词断开，断开的部分移至下一行，勾选“段落”面板中的“连字”选项，即可在断开的单词间显示连字标记。

·PS技术讲堂·

版面中的文字设计规则

字体和字号（文字大小）

在做版面设计时，为了能够准确传达信息，需要使用恰当的字体。在字体选择上，可以基于这样的原则——文字量越多，越应该使用简洁的字体，以避免阅读困难，造成眼睛疲劳。由图15-175所示可以看到，笔画变细之后，文字更易阅读了。如果阅读文字的目标群体是老年人和小孩子，则应使用大一些的字号或粗体字，因为在相同字号的情况下，粗体字更易识别。

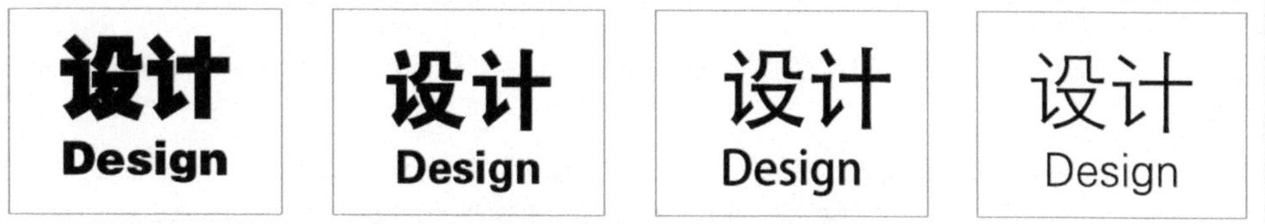
设计
Design
设计
Design
设计
Design
设计
Design
粗黑　大黑　黑体　细黑

图15-175

行距也很重要。首先，行与行之间不宜拉得太大，如果从一行末到下一行视线的移动距离过长，就会增加阅读难度，如图15-176所示。反之，行与行之间也不宜贴得过紧，否则影响视线，让人不知道正在阅读的是哪一行，如图15-177所示。一般来说，最合适的行距是文字大小的1.5倍，如图15-178所示。

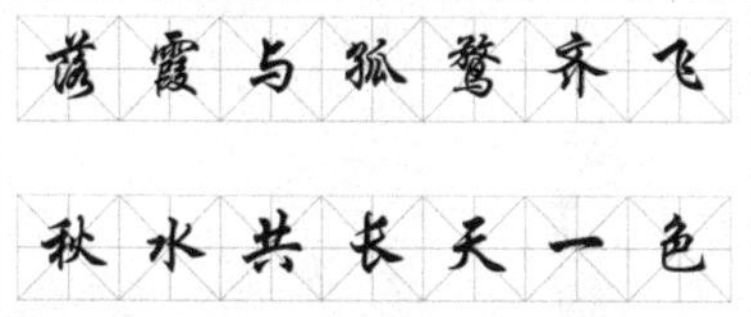
落霞与孤鹜齐飞
秋水共长天一色
图15-176

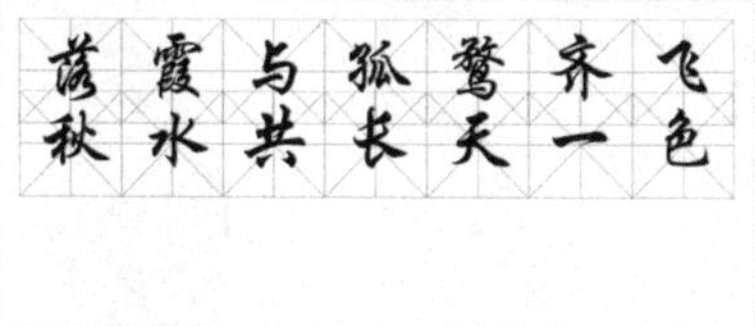
落霞与孤鹜齐飞
秋水共长天一色
图15-177

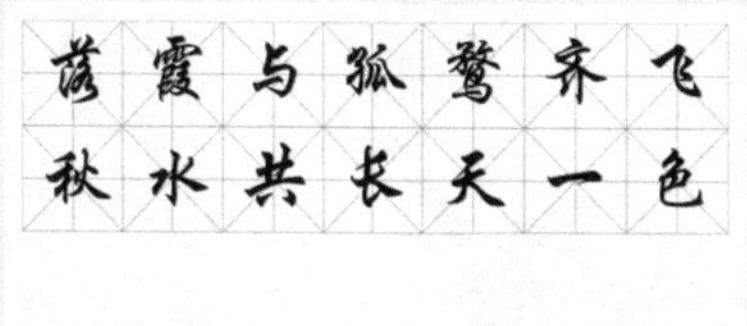
落霞与孤鹜齐飞
秋水共长天一色
图15-178

如果有标题，则应该醒目一些，但不能过于突出，以免破坏整体效果。如果需要突出标题，可以使用文字加粗、放大、换颜色，或者加边框或底色等方法进行处理，如图15-179所示。

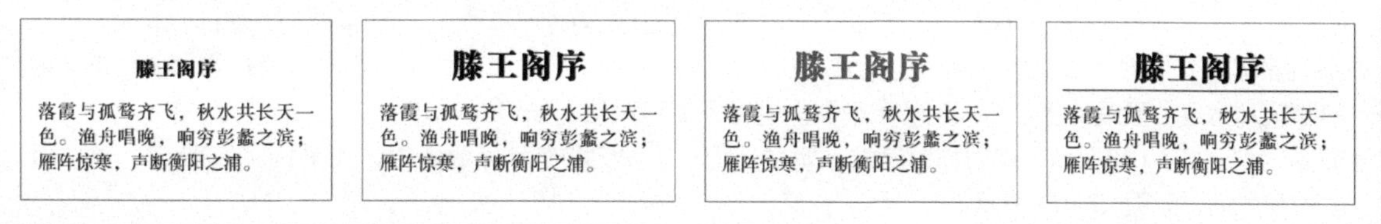
滕王阁序
落霞与孤鹜齐飞，秋水共长天一色。渔舟唱晚，响穷彭蠡之滨；雁阵惊寒，声断衡阳之浦。
滕王阁序
落霞与孤鹜齐飞，秋水共长天一色。渔舟唱晚，响穷彭蠡之滨；雁阵惊寒，声断衡阳之浦。
滕王阁序
落霞与孤鹜齐飞，秋水共长天一色。渔舟唱晚，响穷彭蠡之滨；雁阵惊寒，声断衡阳之浦。
滕王阁序
落霞与孤鹜齐飞，秋水共长天一色。渔舟唱晚，响穷彭蠡之滨；雁阵惊寒，声断衡阳之浦。
标题加粗　标题放大　标题换色　标题加底线

图15-179

文字颜色

想将某些文字与其他文字有效区分开，或者需要特别强调时，较常用的方法是修改这一部分文字的颜色，如图15-180所示。这其中包含一定的规则：首先保证颜色整体协调；其次修改颜色的文字要有意义，因为改变颜色会赋予文字特别的含义，如果没有任何意图地修改文字颜色，则会影响信息的正确传达。

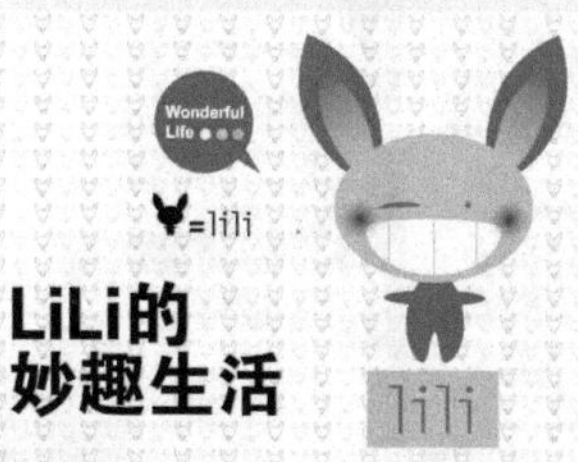

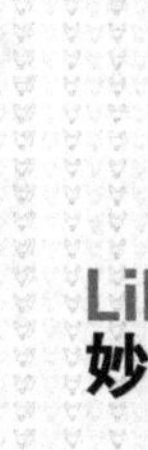

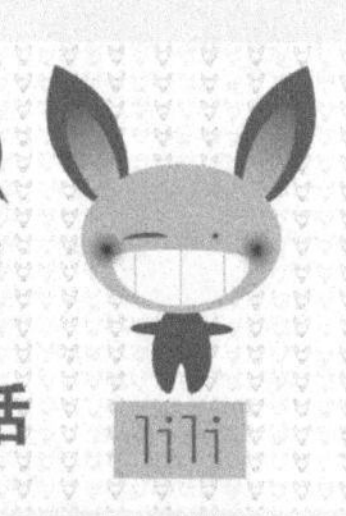

Wonderful Life
=lili
LiLi的
妙趣生活
lili
Wonderful Life
=lili
LiLi的
妙趣生活
lili
原图（左图）/改变几个关键字的颜色，使标题醒目又有变化（右图）

图15-180

颜色的使用还要考虑文字的可辨识度。例如，字号小的文字不宜用浅色，深色才更容易识别。如果字号较小、颜色较浅，选用的又是较细的字体，看着就比较费劲，观众没有耐心阅读，文字也就失去其意义。

还有，在彩色背景上，文字经常进行反白处理。选用较粗的字体，如黑体、粗宋体就比较容易辨识，而仿宋、报宋等过于纤细的字体则会降低文字的辨识度。印刷的时候，文字周围的颜色会向内“吃掉”一部分白色，使文字看上去更细。外形很漂亮但很难分辨的字体，在设计上是不可取的。

·PS技术讲堂·

版面设计中的点、线和面

点、线、面是版面设计的构成要素。点是最基本的形，可以是一个文字、一个图形或色块，如图15-181所示。点既可作为视觉中心，也可以与其他形态相互呼应，起到平衡画面、烘托氛围的作用。大点与小点还能形成对比关系。点在版面上的集散与疏密，则会给人带来空间感。

线是分割画面的主要元素。在构图时，可以选择一根突出的线条来引导视线，使整个画面由原来的杂乱无章变得简洁有序，具有节奏感和韵律感。

不同形状的线具有不同的含义，给人以不同的感受。水平的线可以表现平稳和宁静，能缓和人的情绪；对角线很有活力，适合表现运动，如图15-182所示；曲线能表现柔和、婉转的效果和优雅的女性美，如图15-183所示；会聚的线适合表现深度和空间效果，如图15-184所示；螺旋线会产生独特的导向效果，能在第一时间吸引注意力。此外，画面中的色彩、图形的边缘、文字以及各种点，在人们头脑中也可以形成心理连接线，即形成无形的线。

图15-181

图15-182

图15-183

图15-184

面是各种基本形态和形式中最富于变化的元素，在版面编排中包含了点和线的所有性质，在视觉上要比点、线更强烈。面有一定的长度和宽度，受线的界定而呈现一定形状。圆形具有运动感，如图15-185所示；三角形则有稳定性、均衡感；方形具有平衡感，如图15-186所示；规则的面简洁、明了，给人以安定和有秩序的感觉，如图15-187所示；自由面则让人感觉柔软、轻松和生动，如图15-188所示。

图15-185

图15-186

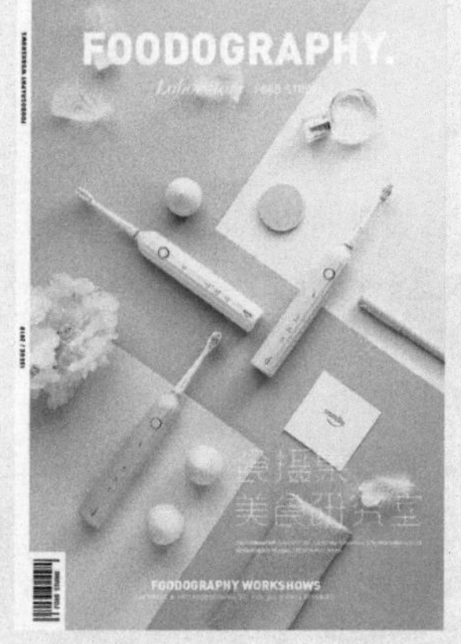

图15-187

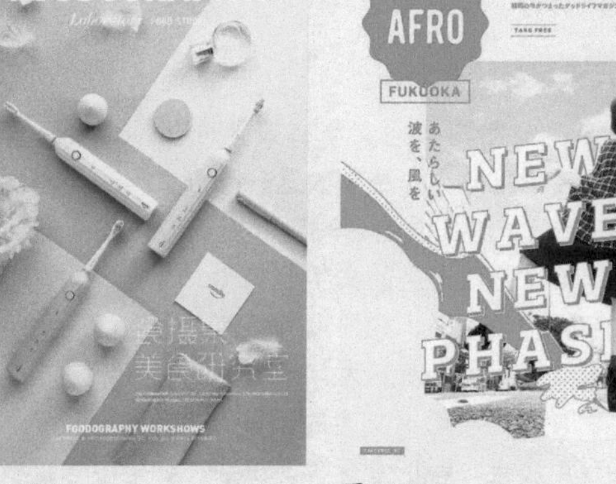

图15-188

·PS技术讲堂·

版面编排构成形式

网格型版面是最常见的设计方法之一。将版面划分为若干网格形态，用网格来限定图文信息位置，可以使版面显得充实、规范、理性而富有条理，适合内容较多、图形较繁杂的广告、宣传单等，如图15-189所示。但如果编排过于规律化，容易造成单调的视觉印象。对网格的大小、色彩进行变化处理，可以增加版面的趣味性，如图15-190所示。

标准型是一种简单而规则化的版面编排形式。图形在版面中上方，占据大部分位置，其次是标题和说明文字等，如图15-191所示。这种编排具有良好的安定感，观众的视线以自上而下的顺序移动，符合人们认识思维的逻辑顺序。

标题位于中央或上方，占据版面的醒目位置，便是标题型构图，如图15-192所示。这种编排形式首先引起观众对标题的注意并留下明确印象，再让观众通过图形获得感性形象认识，激发兴趣，进而阅读版面下方的内容，从而获得一个完整的认识。

图15-189

图15-190

图15-191

图15-192

中轴型是一种对称的编排形式，版面上的中轴线可以是有形的，也可以是隐形的。这种编排方式具有良好的平衡感，如图15-193所示。

放射型版面结构可以统一视觉中心，具有多样而统一的综合视觉效果，能产生强烈的动感和视觉冲击力，但极不稳定，在版面上安排其他构成要素时，应作平衡处理，如图15-194所示。

切入型是一种不规则的、富于创造性的编排方式。在编排时刻意将不同角度的图形从版面的上、下、左、右方向切入版面中，而图形又不完全进入版面，余下的空白位置配置文字，如图15-195和图15-196所示。这种编排方式可以突破版面的限制，在视觉心理上扩大版面空间，给人以空畅之感。

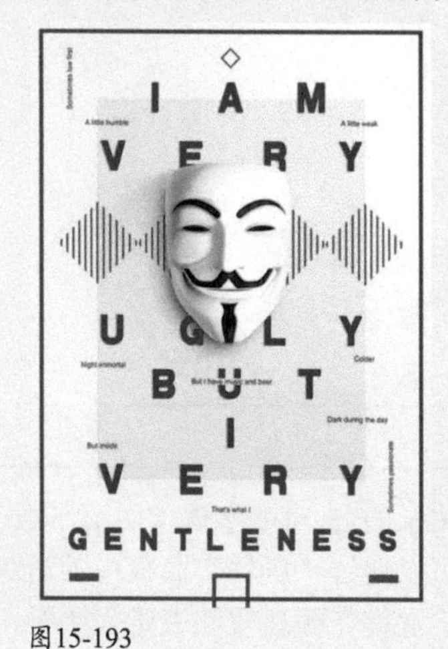

图15-193

图15-194

图15-195

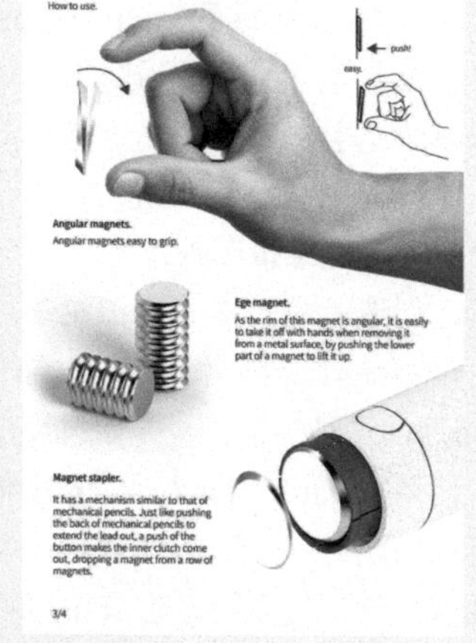

图15-196

使用特殊字体

在文字工具选项栏和“字符”面板的字体下拉列表中，每个字体名称的右侧都用图标标识出它属于哪种类型。其中，比较特殊的几种字体有OpenType、OpenType SVG和OpenType SVG emoji。

15.6.1 OpenType字体

在字体列表中，带有 O 状图标的是OpenType字体。这是一种Windows和Macintosh操作系统都支持的字体。也就是说，如果在文件中使用这种字体，则不论是在Windows操作系统，还是Macintosh操作系统的计算机中打开，文字的字体和版面都不会有任何改变，也不会出现字体替换或其他导致文本重新排列的问题。

使用OpenType字体时，还可在“字符”面板或“文字>OpenType”子菜单中选择一个选项，为文字设置格式，如图15-197和图15-198所示。

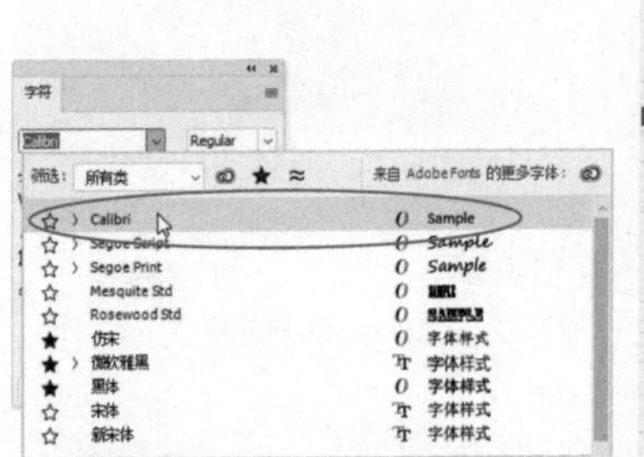

图15-197

图15-198

15.6.2 OpenType SVG字体

带有 状图标的是OpenType SVG字体。它有两个分支，在文字列表中的区别也很明显，一种在 图标右侧显示渐变文字 SAMPLE ，这是Trajan Color Concept 字体。另一种显示 状符号，这是Emoji字体。Emoji（绘文字——绘指图画，文字指的是字符）是表情符号的统称，创造者是日本人栗田穰崇，最早在日本计算机及手机用户中流行。自苹果公司发布的iOS 5输入法中加入了Emoji后，这种表情符号开始风靡全球。

使用Trajan Color Concept字体时，可得到立体效果的文字，如图15-199所示。并且选取这种文字以后，还会自动显示一个下拉面板，在其中可以为字符选择多种颜色和渐变效果，如图15-200所示。

图15-199

图15-200

Emoji 字体是 “符号大杂烩”，包含表情符号、旗帜、路标、动物、人物、食物和地标等图标。这些符号只能通过“字形”面板使用，无法用键盘输入。操作时，可以使用横排文字工具 T 在画布上或文本中单击，设置文字插入点，之后打开“字形”面板，选择Emoji字体，面板中就会显示各种图标，双击图标，即可将其插入文本中，如图15-201~图15-204所示。

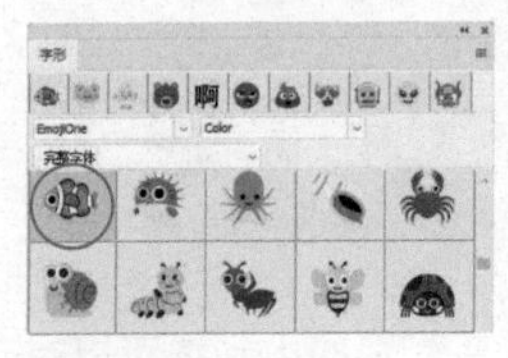

图15-201

图15-202

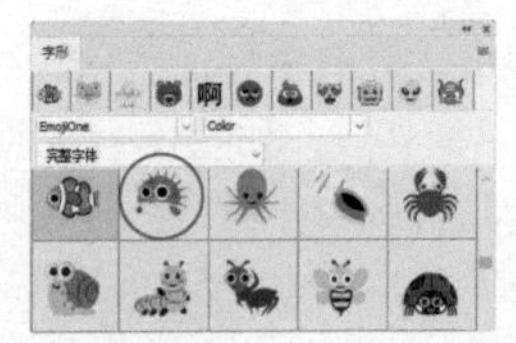

图15-203

图15-204

15.6.3 OpenType可变字体

带有 状图标的是OpenType可变字体，如图15-205所示。使用这种字体时，可以通过“属性”面板中的滑块调整文字的直线宽度、文字宽度、倾斜度和视觉大小等，如

图15-206和图15-207所示。

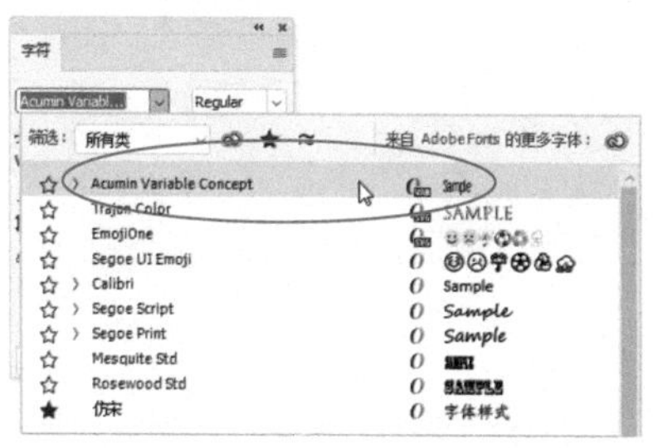

图15-205

图15-206

调整前的文字

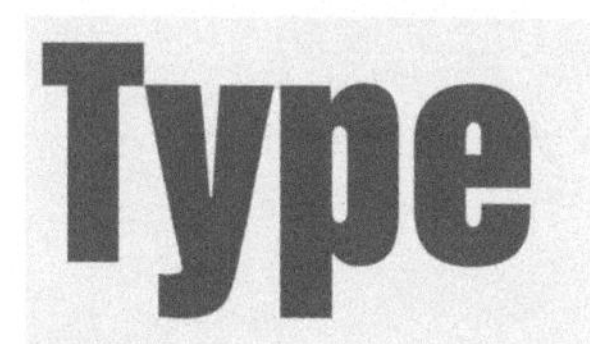

直线宽度900

宽度80

倾斜12

图15-207

15.6.4 从 Typekit 网站下载字体

对于从事设计工作的人来说，字体当然是越多越好，因为字体越多，创作空间就越大。Adobe提供了大量字体，可以执行“文字>来自Adobe Fonts的更多字体”命令，链接到Typekit 网站进行选择和购买。启动同步操作后，Creative Cloud 桌面应用程序会将字体同步至我们的计算机，并在“字符”面板和选项栏中显示。

15.6.5 使用特殊字形

在“字符”面板或文字工具选项栏中选择一种字体以后，“字形”面板中会显示该字体的所有字符，如图15-208所示。字形由字体所支持的 OpenType 功能进行组织，如替代字、装饰字、花饰字、分子字、分母字、风格组合、定宽数字、序数字等。

使用“字形”面板可以将特殊字符，如上标和下标字符、货币符号、数字、特殊字符及其他语言的字形插入文本中，如图15-209和图15-210所示。

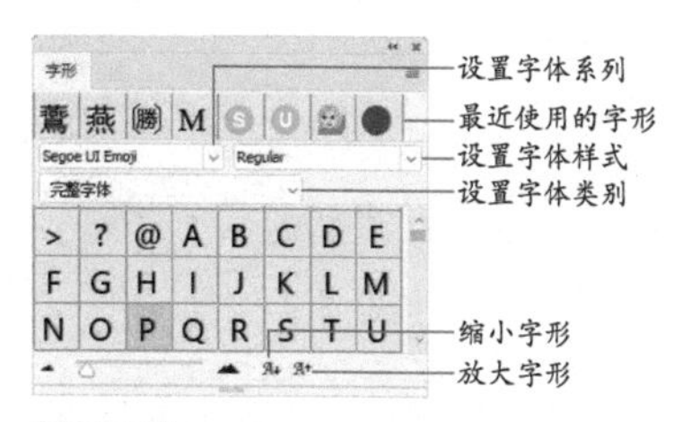

图15-208

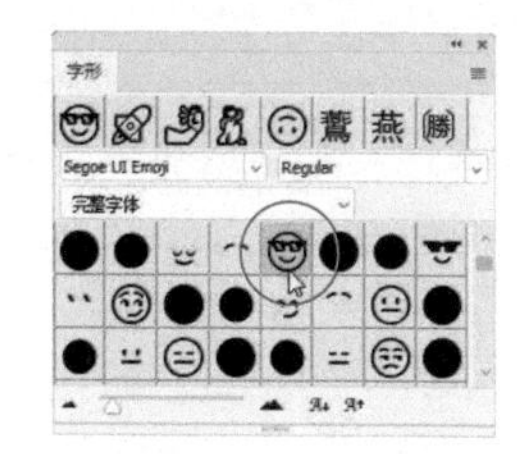

图15-209

图15-210

在“字形”面板中，如果字形右下角有一个黑色的方块，就表示该字形有可用的替代字。在方块上单击并按住鼠标左键，便可弹出窗口，将鼠标指针拖曳到替代字的上方并释放，可将其插入文本中，如图15-211所示。

选择文字

用替代字形替代文字

图15-211

15.6.6 创建上标、下标等特殊字体样式

很多单位刻度、化学式、数学公式，如立方厘米（cm^3）、二氧化碳（CO_2），以及某些特殊符号（™ © ®），会用到上标、下标等特殊字符。通过下面的方法可以创建此类字符。首先用文字工具将其选取，然后单击“字符”面板下面的一排“T”状按钮，如图15-212所示。图15-213所示为原文字，图15-214所示为单击各按钮所创建的效果。

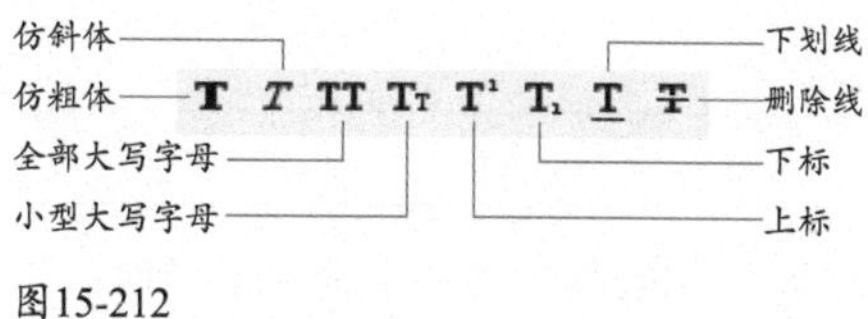

图15-212

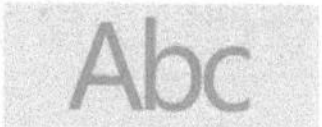

图15-213

Abc Abc ABC Abc Abc Abc Abc Abc

仿粗体 仿斜体 全部大写字母 小型大写字母 上标 下标 下划线 删除线

图15-214

使用字符和段落样式

“字符样式”和“段落样式”面板可以保存文字样式，并可快速应用于其他文字、线条或文本段落，从而极大地节省操作时间。

15.7.1 创建字符样式和段落样式

字符样式是字体、大小、颜色等字符属性的集合。单击“字符样式”面板中的 ⊞ 按钮，即可创建一个空白的字符样式，如图15-215所示，双击该样式，打开“字符样式选项”对话框可以设置字符属性，如图15-216所示。

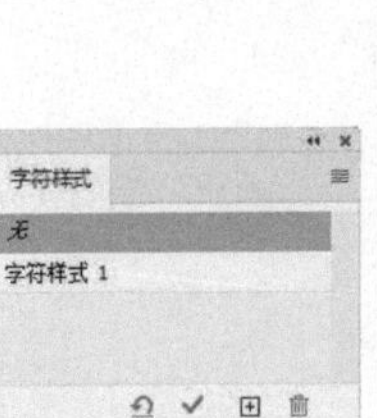

图15-215

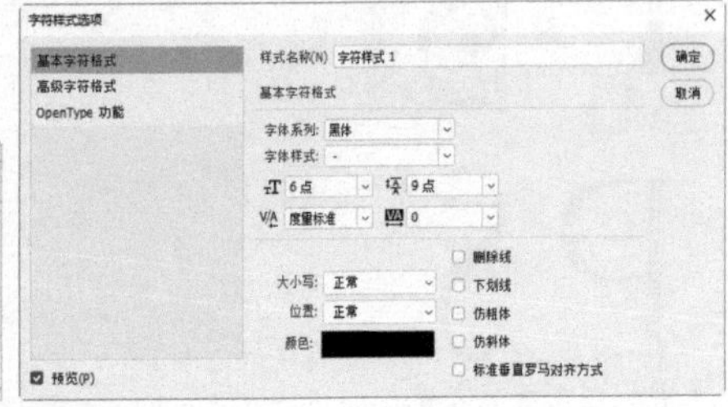

图15-216

对其他文本应用字符样式时，只需选择文字图层，如图15-217所示，再单击“字符样式”面板中的样式即可，如图15-218和图15-219所示。

图15-217

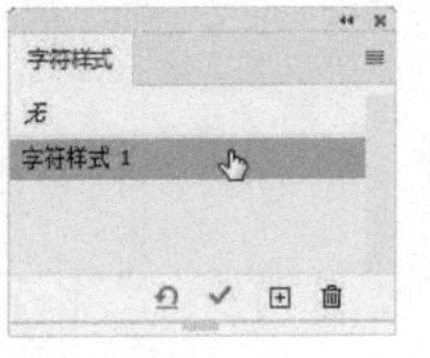

图15-218

图15-219

段落样式的创建和使用方法与字符样式相同。单击“段落样式”面板中的 ⊞ 按钮，创建空白样式，然后双击该样式，可以打开“段落样式选项”对话框设置段落属性。

15.7.2 存储和载入文字样式

当前的字符和段落样式可存储为文字默认样式，它们会自动应用于新的文件，以及尚未包含文字样式的现有文件。如果要将当前的字符和段落样式存储为默认文字样式，可以执行“文字>存储默认文字样式”命令。如果要将默认字符和段落样式应用于文件，可以执行“文字>载入默认文字样式”命令。

文字修改命令

除了可以在“字符”和“段落”面板中编辑文本，还可通过相关命令编辑文字，如匹配字体、进行拼写检查、查找和替换文本等。

15.8.1 管理缺失字体

在打开一个文件时，如果其中的文字使用了当前操作系统中没有的字体，Photoshop 会在Typekit中搜索缺失字体，找到后便会用其进行替换。如果未找到，则会弹出一条警告信息，告知如果变换文字图层，则文件可能会看起来像素化或出现模糊的情况。

如果想用系统中的字体替换缺少的字体，可以执行“文字>管理缺失字体”命令。

15.8.2 更新文字图层

在导入在旧版Photoshop中创建的文字时，执行“文字>更新所有文字图层”命令，可以将其转换为矢量对象。

15.8.3 匹配字体

当我们在杂志、网站、宣传品的文本中发现心仪的字体时，高手凭经验便可知道使用的是哪种字体，或者找到与之类似的字体，而“小白”则只能靠猜。这里介绍一个技巧，可自动识别字体或快速找到相似字体。

打开需要匹配字体的文件，如图15-220所示。执行“文字>匹配字体”命令，画面上会出现一个定界框，拖曳其控制点，使其靠近文本的边界，以便Photoshop减少分析范围，更快地出结果。Photoshop会识别图像上的字体，并在弹出的“匹配字体”对话框中将其匹配到本地或是Typekit上相同或是相似的字体，如图15-221所示。

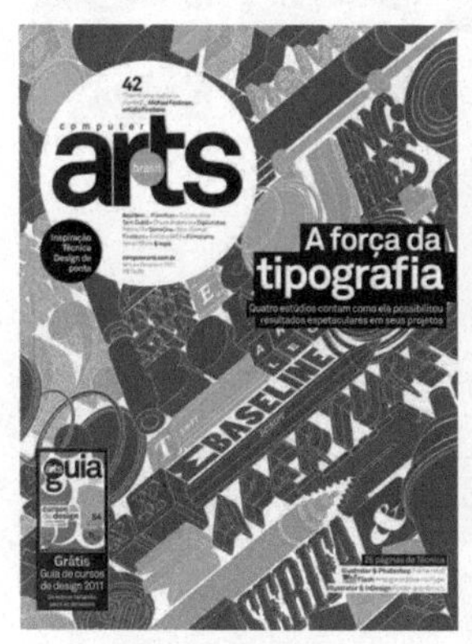

图15-220

图15-221

如果只想列出计算机中的相似字体，可以取消勾选“显示可从Typekit 同步的字体”选项。如果文字扭曲或呈现一定的角度，应先拉直图像或校正图像透视*（见80、250页）*，再匹配字体，这样识别的准确度更高。

“匹配文字”命令借助神奇的智能图像分析，只需使用一张拉丁文字体的图像，Photoshop就可以利用机器学习技术来检测字体，并将其与计算机或 Typekit 中经过授权的字体相匹配，进而推荐相似的字体。遗憾的是，该功能目前仅可用于罗马/拉丁字符，还不支持汉字。

15.8.4 拼写检查

执行“编辑>拼写检查”命令，可以检查当前文本中的英文单词拼写是否有误。图15-222所示为“拼写检查”对话框。当发现错误时，Photoshop会将其显示在“不在词典中”列表内，并在“建议”列表中给出修改建议。如果被查找到的单词拼写正确，可单击“添加”按钮，将它添加到Photoshop词典中。以后再查找到该单词时，Photoshop会将其视为正确的拼写形式。

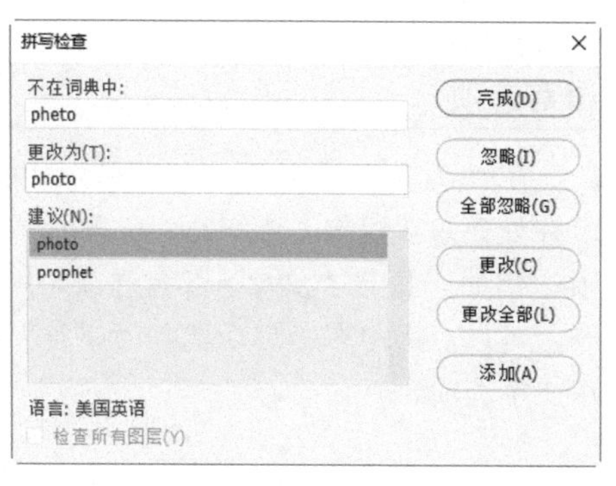

图15-222

15.8.5 查找和替换文本

相对于只能检查英文单词的“拼写检查”命令，“编辑”菜单中的“查找和替换文本”命令更有用。有需要修改的文字（包括汉字）、单词和标点时，可以通过该命令，让Photoshop来检查和修改。

图15-223所示为“查找和替换文本”对话框。在“查找内容”文本框内输入要替换的内容，在“更改为”选项内输入用来替换的内容，然后单击“查找下一个”按钮，Photoshop会搜索并突出显示查找到的内容。如果要替换内容，可以单击“更改”按钮；如果要替换所有符合要求的内容，可单击“更改全部”按钮。需要注意的是，已经栅格化的文字不能进行查找和替换操作。

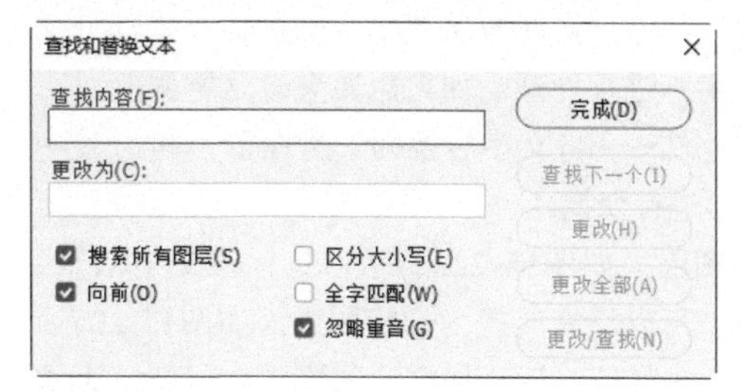

图15-223

15.8.6 无格式粘贴文字

在复制文字以后，执行“编辑>选择性粘贴>粘贴且不使用任何格式”命令，将其粘贴到文本中时，可去除源文本中的样式属性并使其适应目标文字图层的样式。

15.8.7
语言选项

在“文字>语言选项”子菜单中，Photoshop提供了多种处理东亚语言、中东语言、阿拉伯数字等文字的选项。例如，执行“文字>语言选项>中东语言功能”命令，可以启用中东语言功能，“字符”面板中会显示中东文字选项。

15.8.8
基于文字创建路径

选择一个文字图层，如图15-224所示，执行“文字>创建工作路径”命令，可以基于文字生成工作路径，原文字图层保持不变，如图15-225所示。生成的工作路径可以应用填充和描边功能，或者通过调整锚点得到变形文字。

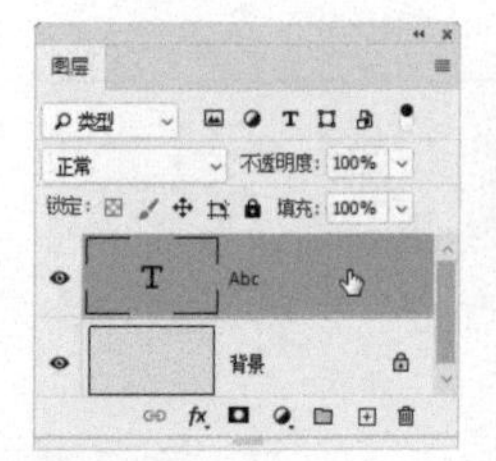
图15-224

图15-225

15.8.9
将文字转换为形状

在进行旋转、缩放和倾斜操作时，无论哪种类型的文字，Photoshop都将其视为完整的对象，而不管其中有多少个文字。因此，不支持对文本中的单个文字（泛指部分文字，非全部文字）进行处理。如果想要突破这种限制，可以采取折中的办法——将文字转换为矢量图形，再对其中的单个文字图形进行变换。

选择文字图层，如图15-226所示，执行“文字>转换为形状”命令，可以将它转换为形状图层，如图15-227所示。文字转换为矢量图形后，原文字图层不会保留，无法修改文字内容、字体、间距等属性，因此，在将文字转换为图形前，最好复制一个文字图层留作备份。

图15-226

图15-227

15.8.10
消除锯齿

文字虽然是矢量对象，但需要转换成像素，之后才能在计算机的屏幕上显示或打印到纸上。在转换时，文字的边缘容易出现硬边和锯齿。在文字工具选项栏、“字符”面板和“文字>消除锯齿”子菜单中都可以选择方法来消除锯齿。

选择“无”选项，表示不对锯齿进行处理，如果文字较小，如创建用于Web的小尺寸文字时，选择该选项，可以避免文字边缘因模糊而看不清楚。

选择其他几个选项时，Photoshop会让文字边缘的像素与图像混合，产生平滑的边缘。其中，“锐利”选项会使文字边缘显得最为锐利；“犀利”选项表示文字边缘以稍微锐利的效果显示；“浑厚”选项会使文字看起来粗一点；“平滑”选项会使文字边缘显得柔和。图15-228所示为具体效果。

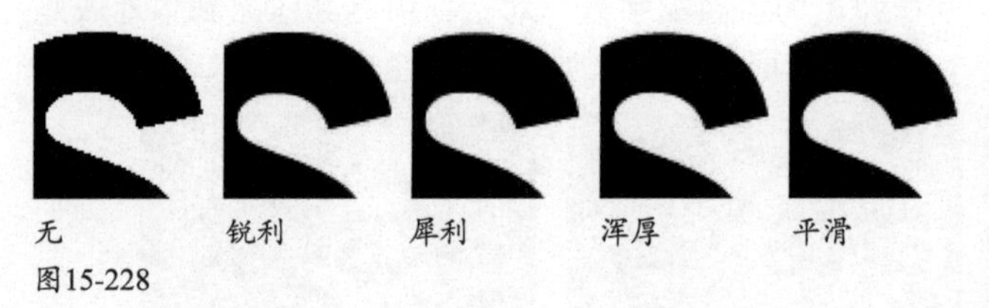

图15-228

15.8.11
栅格化文字图层

Photoshop中的文字在未进行栅格化以前是矢量对象，可以随时修改文字内容、颜色和字体等属性，也可以任意旋转、缩放而不会出现锯齿（即文字保持清晰，不会模糊）。

栅格化是指将矢量对象像素化。对于文字，就是将文字转变为图像，这意味着可以用绘画工具、调色工具和滤镜等编辑文字图像。但文字的属性不能再进行修改，而且旋转和缩放时也容易造成清晰度下降，使文字模糊。

如果要进行栅格化，可以在“图层”面板中选择文字图层，然后执行“文字>栅格化文字图层”命令，或“图层>栅格化>文字”命令，如图15-229和图15-230所示。

图15-229　图15-230

文本与图框

图框工具⊠与图层蒙版类似，可以遮盖图像，但操作更简单，而且还可以替换图像内容，特别适合在图文混排的版面中使用。

15.9.1

实战：将文字转换为图框

01 打开素材。按Ctrl+J快捷键复制“背景”图层。在当前图层下方创建图层。使用矩形选框工具⬚选取右半边图像，如图15-231和图15-232所示。按Alt+Delete快捷键填充前景色（黑色）。取消选择。

扫码看视频

图15-231

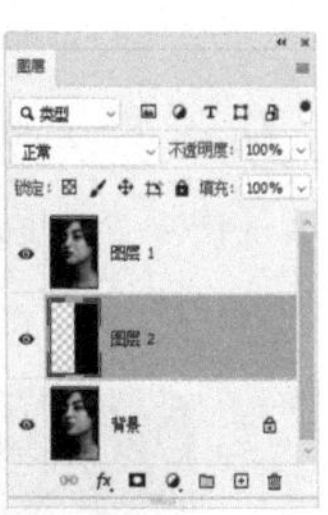

图15-232

02 使用横排文字工具 T 输入文字，如图15-233所示。执行“图层>新建>转换为图框”命令，在弹出的对话框中可以设置图框的宽度和高度。使用默参数，单击“确定”按钮，将文字转换为图框，如图15-234所示。

图15-233

图15-234

提示

单击图框图层，可同时选取图框及其中的图像；如果只想选择图像，可在文档窗口中双击图像；如果只想选择图框，可单击图框缩览图，或者在文档窗口中单击图框边框。

03 单击“调整”面板中的■按钮，创建“渐变映射”调整图层，选取预设渐变，如图15-235所示。设置该图层的混合模式为“滤色”。

04 单击“调整”面板中的曲线按钮，创建“曲线”调整图层，将色调调暗，如图15-236和图15-237所示。

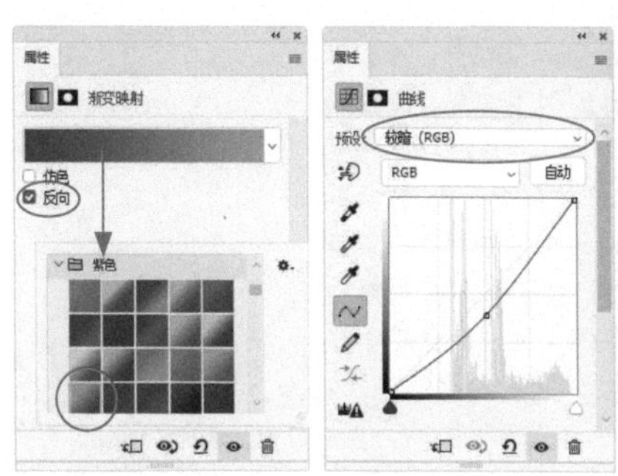

图15-235 图15-236

图15-237

15.9.2

图框创建与编辑方法

使用图框工具⊠在图像上方创建图框，或执行“图层>新建>来自图层的画框”命令，即可将图框外的图像隐藏，同时，图像会转换为智能对象。

图框有两种基本形状——矩形和圆形，图15-238所示为矩形图框。除此之外，也可以使用钢笔工具、自定形状工具等创建形状图层，之后执行“图层>新建>转换为图框”命令，将形状转换为图框，如图15-239所示。

图框的最大优点是换图方便。例如，执行“文件”菜单中的“置入链接的对象”或者“置入嵌入的对象”命令，可以在图框中置入其他图像，如图15-240所示。将图像拖曳到“图层”面板中的图框图层上，可以替换图框内的对象。

图15-238

图15-239

图15-240

第16章 综合实例(1)

【本章简介】

本章为综合实例，是本书的收尾部分。这么厚的一本书，能学下来，真的很不容易，非常感谢您的坚持。

回顾过往，我们会有这样的体会：从完全不懂PS，到掌握了Photoshop应用技巧，并具备了一定经验，整个过程中，我们都在重复着两件事，学习和实战(即实践)。其实，想要学好Photoshop，靠的就是这个简单、朴素的道理，这也是本书的要义所在。

本书综合实例共50个(另一部分在电子文档中)。综合实例用到的工具多、技术全面，可以锻炼我们整合不同功能、调动各种资源的能力。在演练过程中，可充分了解视觉效果的实现方法，以及背后的技术要素，在各个功能之间搭建连接点，将它们融会贯通，通过练习，发现规律，总结经验。

【学习目标】

本章提供了以下综合实例。我们可以通过练习，获得全面的提升，进阶成为PS高手。

- 牛奶字
- 球面极地特效
- 超震撼冰手、铜手特效
- 绚彩玻璃球
- 公益广告
- CG风格插画
- 绘制动漫美少女

【学习重点】

制作超可爱牛奶字

扫码看视频

难度：★★★☆☆ 功能：通道、滤镜和图层样式

说明：在通道中为文字制作立体效果，载入选区后应用到图层中，再用绘制的圆点制作出奶牛花纹。

01 打开素材，如图16-1所示。单击“通道”面板中的 ⊞ 按钮，新建一个通道，如图16-2所示。选择横排文字工具 **T**，在工具选项栏中设置字体及大小，在画布上单击并输入文字，结束后单击 ✓ 按钮。由于是在通道中输入的文字，所以它会呈现选区状态。在选区内填充白色，按Ctrl+D快捷键取消选择，如图16-3所示。

图16-1

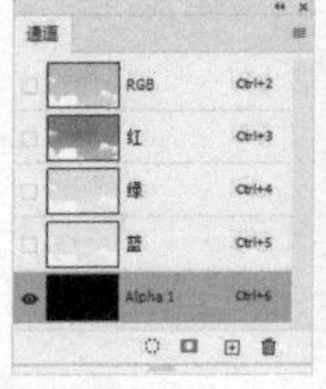

图16-2

图16-3

02 将“Alpha 1”通道拖曳到面板底部的 ⊞ 按钮上复制。按Ctrl+K快捷键，打开“首选项”对话框，在左侧列表的“增效工具”中，选取“显示滤镜库的所有组和名称”选项，以便让“塑料包装”滤镜出现在滤镜菜单内，然后关闭对话框。执行“滤镜>艺术效果>塑料包装”命令，参数设置如图16-4所示，效果如图16-5所示。

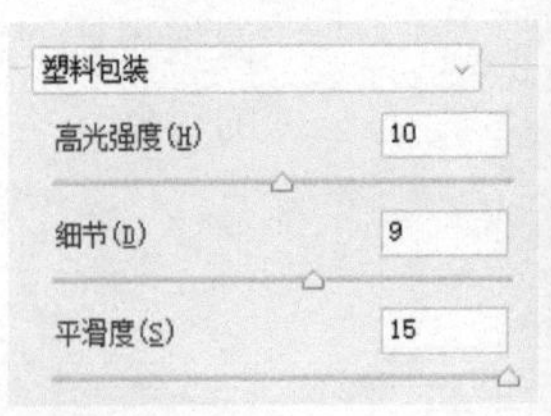

图16-4

图16-5

03 按住Ctrl键并单击“Alpha 1拷贝”通道，载入该通道中的选区，如图16-6所示。按Ctrl+2快捷键返回RGB复合通道，显示彩色图像，如图16-7所示。

04 新建一个图层，在选区内填充白色，如图16-8和图16-9所示。按Ctrl+D快捷键取消选择。

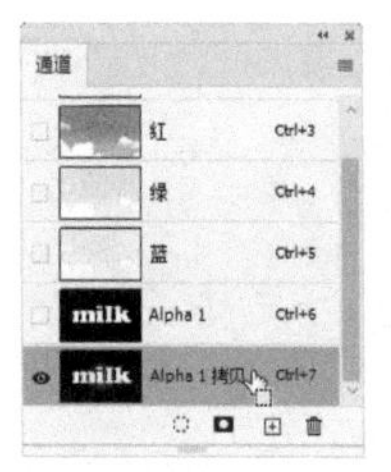
图16-6

图16-7

图16-8

图16-9

05 按住Ctrl键并单击“Alpha 1”通道，从该通道中加载选区，如图16-10所示。执行“选择>修改>扩展”命令，扩展选区范围，如图16-11和图16-12所示。

图16-10

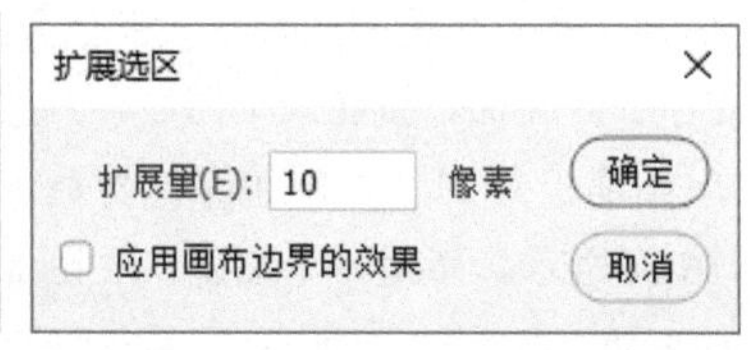

图16-11

图16-12

06 单击“图层”面板中的 按钮，基于选区创建蒙版，如图16-13和图16-14所示。

图16-13

图16-14

07 双击文字所在的图层，打开“图层样式”对话框，分别添加“投影”“斜面和浮雕”效果，如图16-15~图16-17所示。

08 新建一个图层。将前景色设置为黑色，选择椭圆工具 ，在工具选项栏中选择“像素”选项，按住Shift键并绘制几个圆形，如图16-18所示。

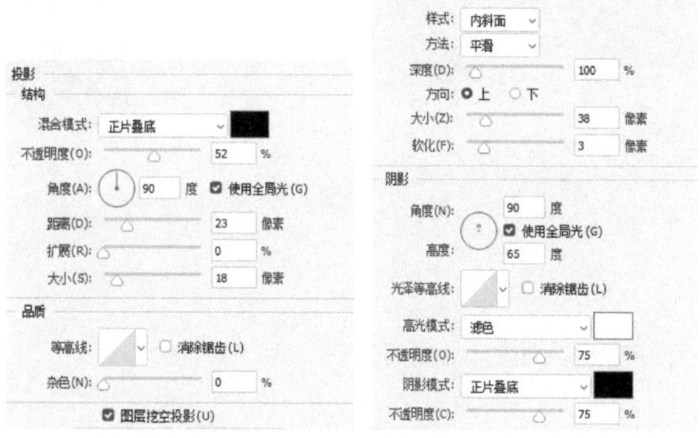

图16-15　图16-16

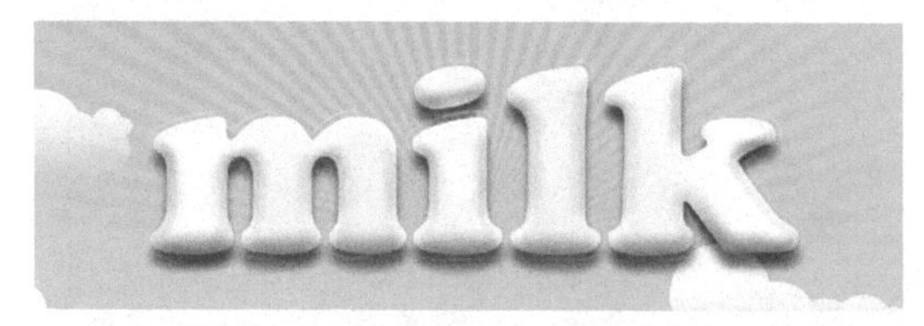
图16-17

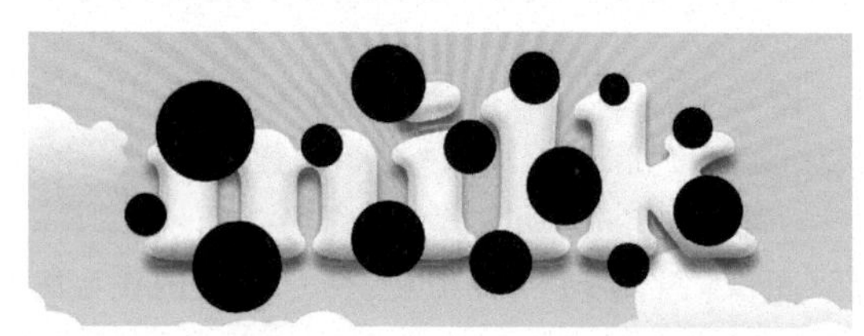
图16-18

09 执行“滤镜>扭曲>波浪”命令，对圆点进行扭曲，如图16-19和图16-20所示。

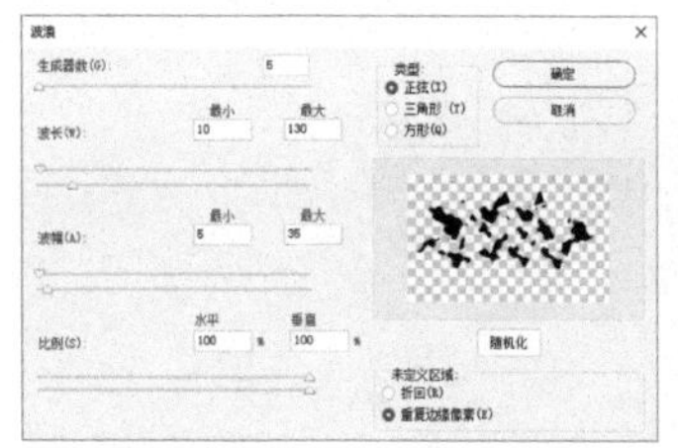
图16-19

图16-20

10 按Ctrl+Alt+G快捷键创建剪贴蒙版，将花纹的显示范围限定在下面的文字区域内，如图16-21所示。在画布上添加其他文字，显示“热气球”图层，如图16-22所示。

图16-21

图16-22

制作球面极地特效

扫 码 看 视 频

难度：★★★☆☆ 功能："图像大小"命令、滤镜

说明：调整图像大小、通过极坐标命令制作极地效果。

01 打开素材，如图16-23所示。

图16-23

02 执行“图像>图像大小”命令，单击 按钮，让它弹起，以解除宽度和高度之间的关联。设置“宽度”为60厘米，使之与“高度”相同，如图16-24和图16-25所示。

03 执行“图像>图像旋转>180度”命令，将图像旋转180°，如图16-26所示。

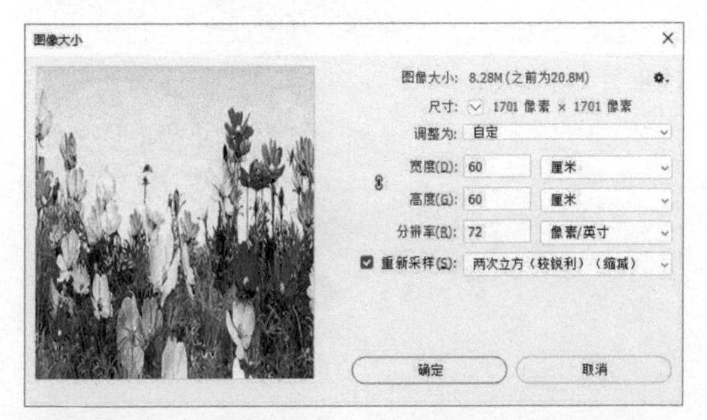

图16-24

图16-25

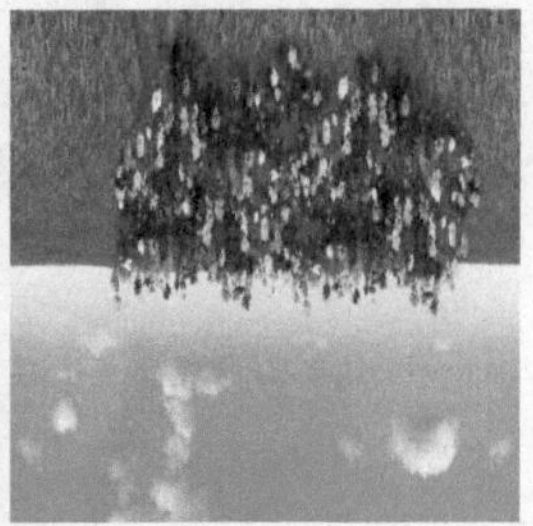

图16-26

04 执行“滤镜>扭曲>极坐标”命令，在打开的对话框中选取“平面坐标到极坐标”选项，如图16-27所示，效果如图16-28所示。

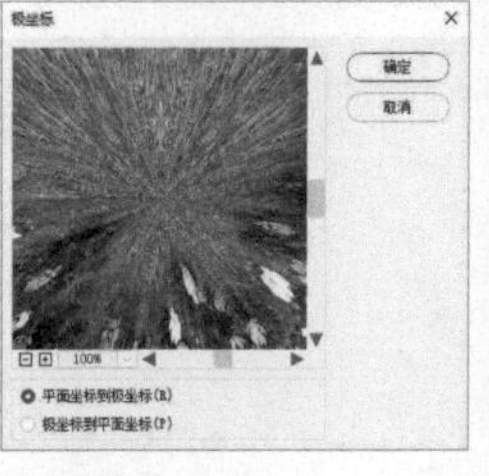

图16-27

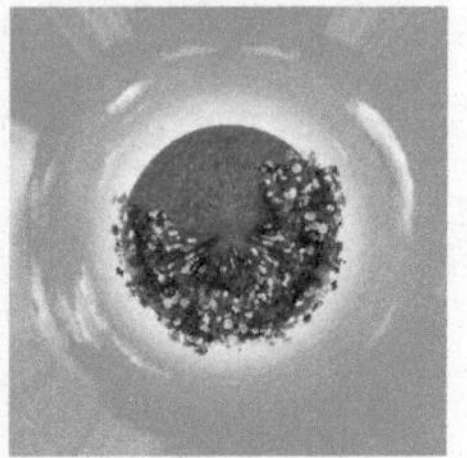

图16-28

05 打开素材，将极地效果拖入该素材中。按Ctrl+T快捷键显示定界框，单击鼠标右键，在打开的快捷菜单中执行“水平翻转”命令，再将图像放大并调整角度，如图16-29所示，按Enter键确认。新建一个图层，设置混合模式为“柔光”。使用画笔工具 在球形边缘涂抹黄色，绘制出发光效果，如图16-30所示。新建一个图层，在画面上方涂抹蓝色，下方涂抹橘黄色，如图16-31所示。

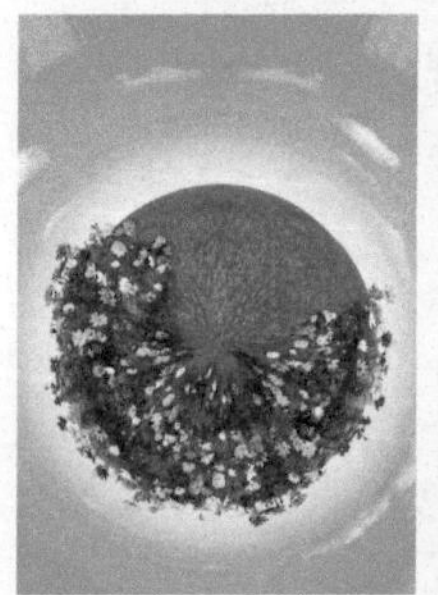

图16-29

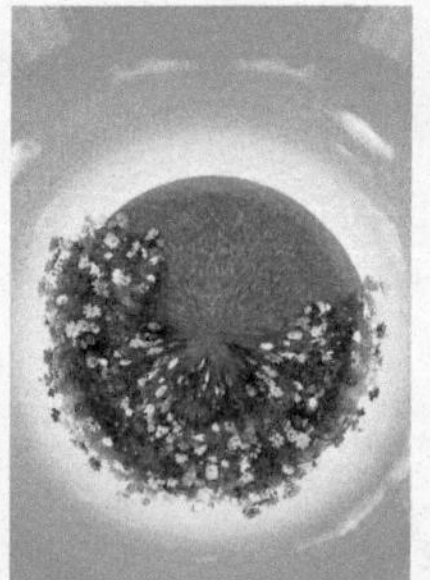

图16-30

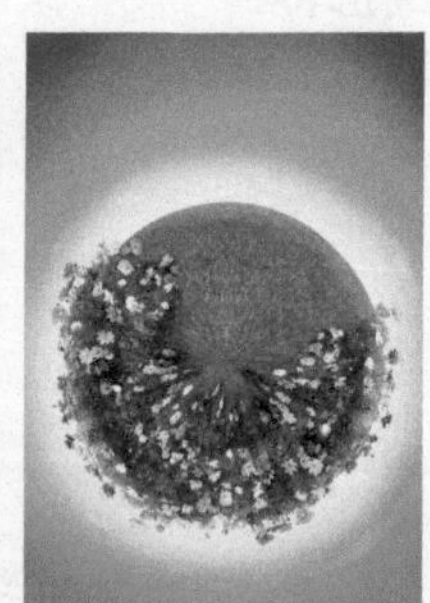

图16-31

06 在“组 1”左侧单击，显示该图层组，如图16-32和图16-33所示。

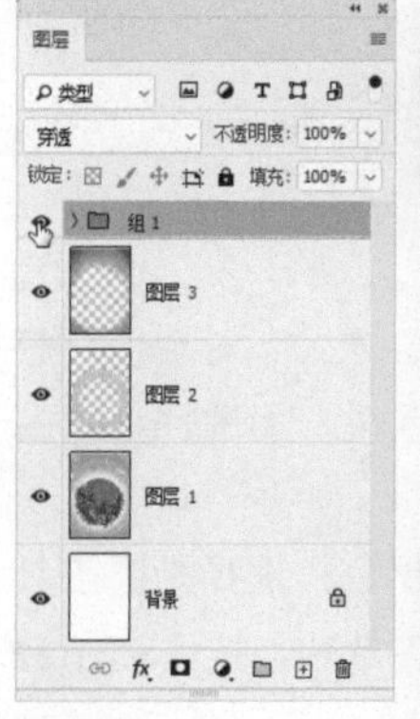

图16-32

图16-33

制作超震撼冰手特效

难度：★★★★★ 功能：图层样式、混合颜色带和滤镜

说明：通过滤镜表现冰的质感，使用图层样式制作水滴效果。

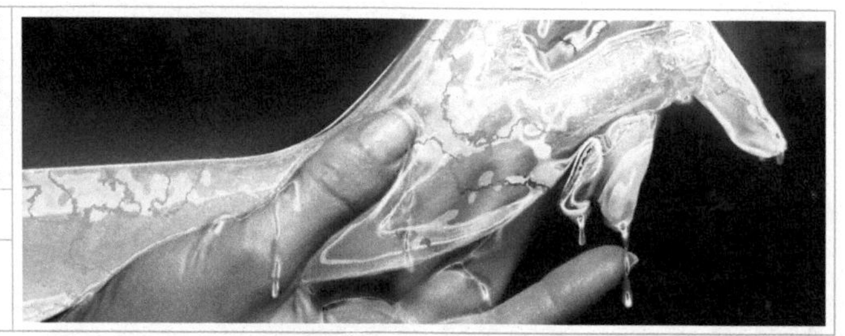

01 打开素材。单击“路径”面板中的“路径 1”，在画布上显示路径，如图16-34和图16-35所示。

图16-34

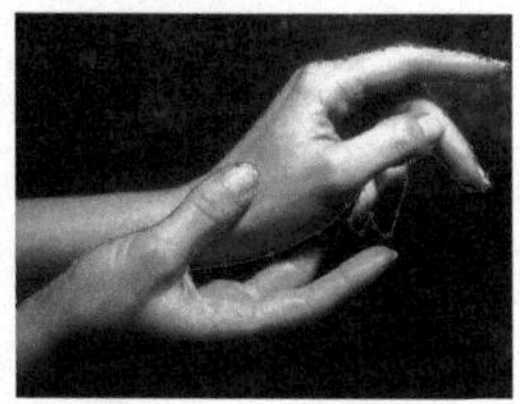
图16-35

02 单击“路径”面板中的◌按钮，从路径中加载选区。连续按4次Ctrl+J快捷键，将选区内的图像复制到新的图层中，依次修改图层名称为“手”“质感”“轮廓”“高光”。选择“质感”图层，将“高光”和“轮廓”图层隐藏，如图16-36所示。

03 执行“滤镜>滤镜库”命令，打开“滤镜库”对话框，在“艺术效果”滤镜组中找到“水彩”滤镜，制作斑驳效果，如图16-37和图16-38所示。

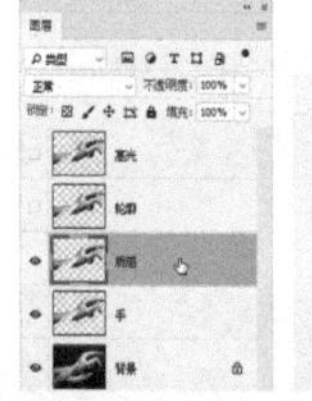
图16-36

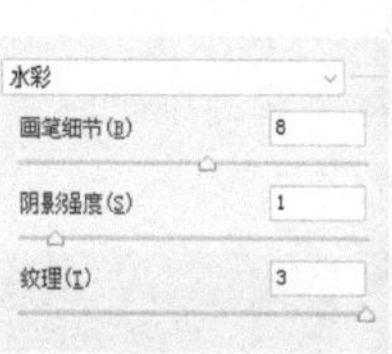

图16-37

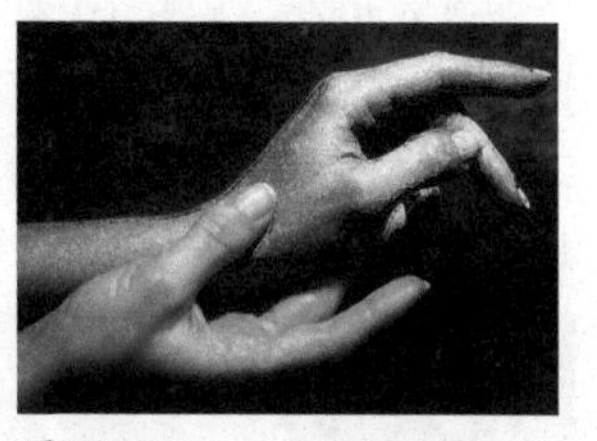
图16-38

04 双击该图层，打开“图层样式”对话框，按住Alt键并拖曳“本图层”的黑色滑块，将滑块分开并向右侧拖曳，如图16-39所示，隐藏图像中较暗的像素，如图16-40所示。

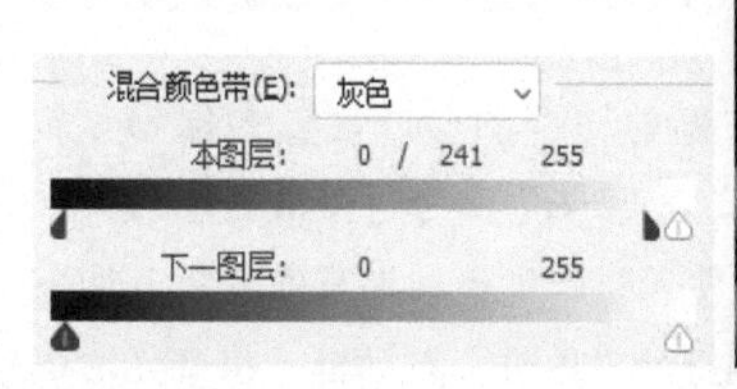

图16-39

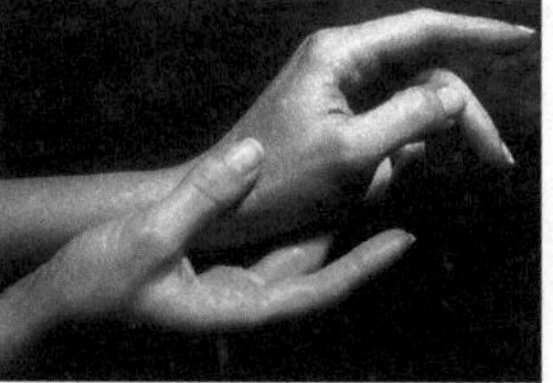
图16-40

05 选择并显示“轮廓”图层，如图16-41所示。执行“滤镜>滤镜库”命令，在“风格化”滤镜组中找到“照亮边缘”滤镜，设置参数，如图16-42和图16-43所示。按Shift+Ctrl+U快捷键去色，设置该图层的混合模式为“滤色”，效果如图16-44所示。

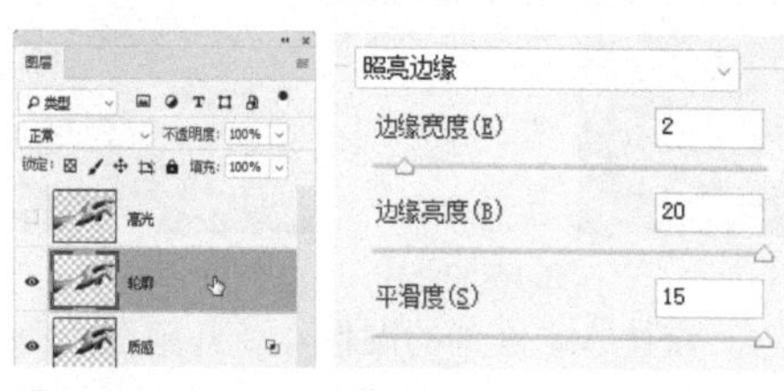

图16-41 图16-42

图16-43

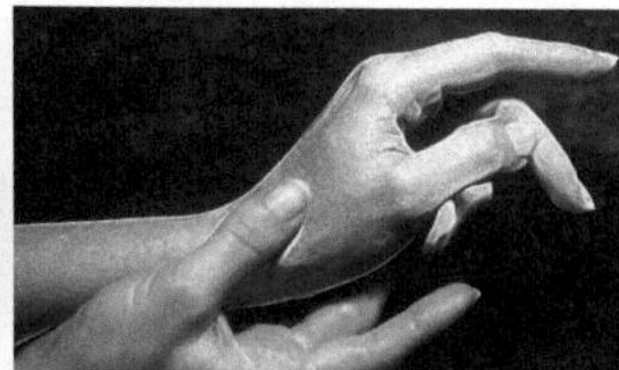
图16-44

06 选择并显示“高光”图层，如图16-45所示。打开“滤镜库”，在“素描”滤镜组中找到“铬黄渐变”滤镜，设置参数如图16-46所示，效果如图16-47所示。设置该图层的混合模式为“滤色”，效果如图16-48所示。

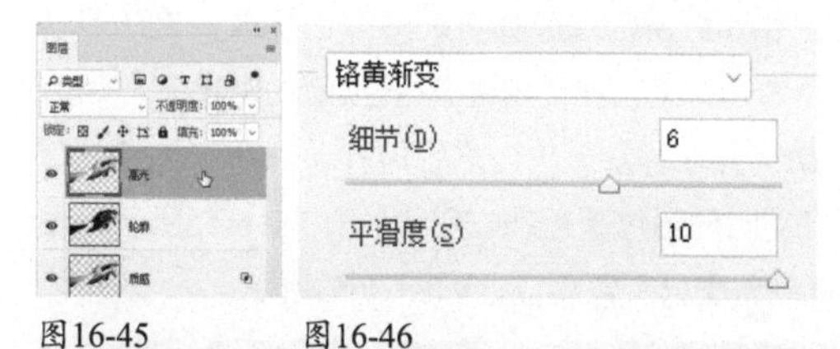

图16-45 图16-46

图16-47

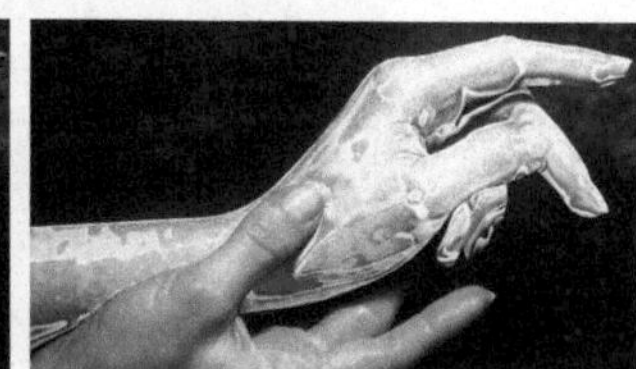
图16-48

07 按Ctrl+L快捷键打开“色阶”对话框，向右侧拖曳阴影滑块，将图像调暗，如图16-49和图16-50所示。

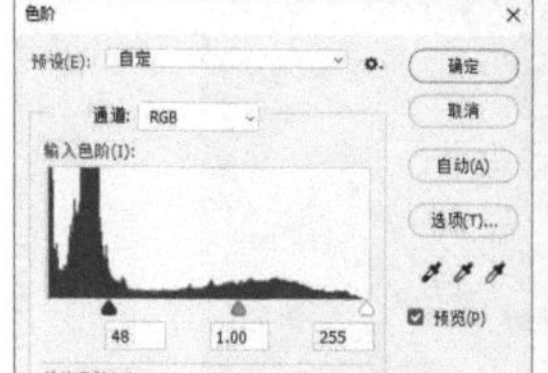

图16-49

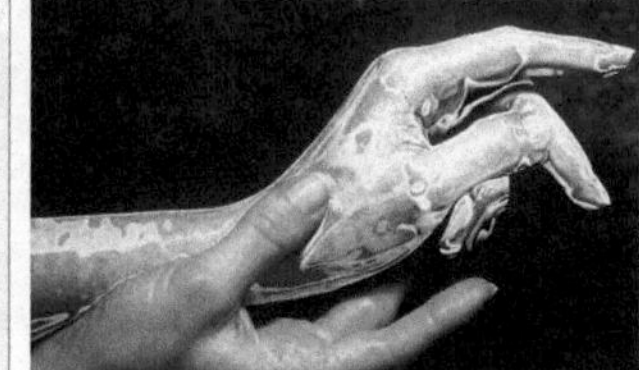
图16-50

08 选择“轮廓”图层。按Ctrl+T快捷键显示定界框，分别拖曳定界框的左边和上边的控制点，增加图像的长度和宽度，使冰雕轮廓大于手的轮廓，如图16-51所示。

09 单击“调整”面板中的 按钮，创建“色相/饱和度”调整图层，如图16-52所示。

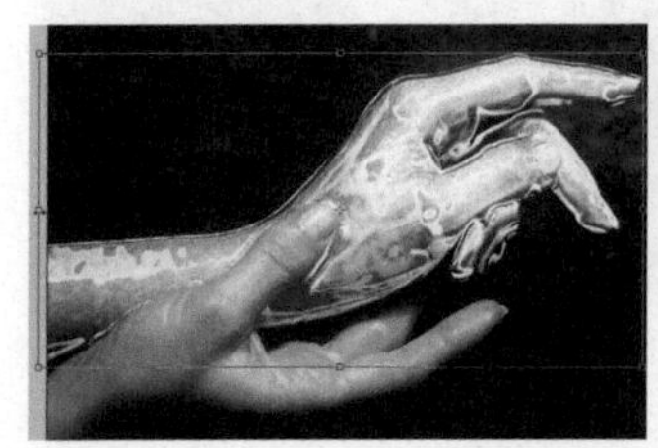

图16-51

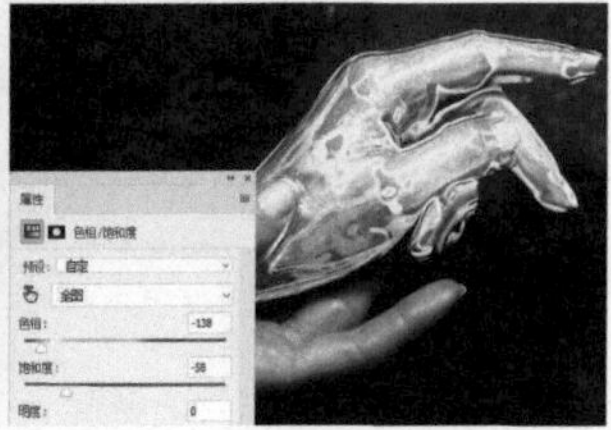

图16-52

10 使用画笔工具 涂抹冰雕以外的图像，将其隐藏。可以降低工具的不透明度，在食指和中指上涂抹灰色（蒙版中的灰色区域为半透明区域），这样就会显示出淡淡的蓝色，如图16-53和图16-54所示。

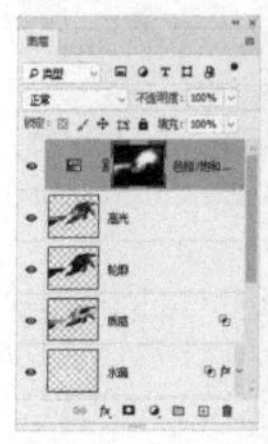

图16-53

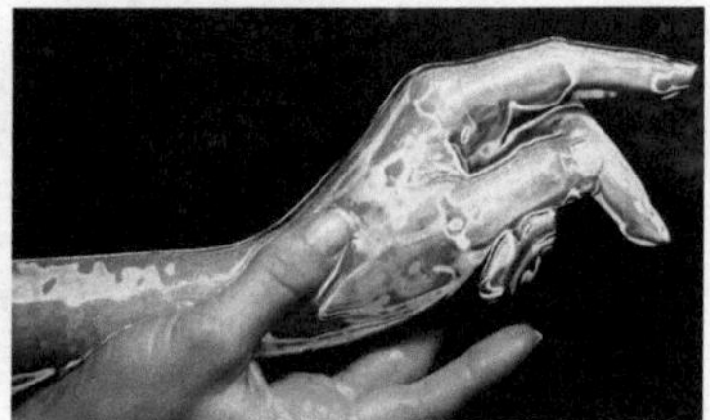

图16-54

11 选择“手”图层，将其他图层隐藏，锁定该图层的透明区域，如图16-55所示。选择仿制图章工具 ，在工具选项栏中设置直径为90像素，在“样本”下拉列表中选择“所有图层”。按住Alt键并在背景上单击进行取样，然后在左手图像上拖曳鼠标，将复制的图像覆盖在左手上，如图16-56所示。继续复制图像，直到将整只手臂填满，如图16-57所示。

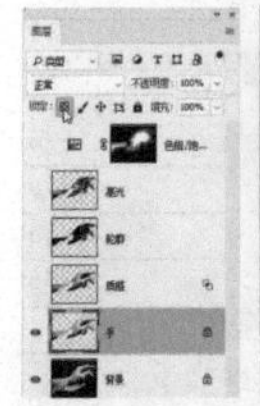

图16-55

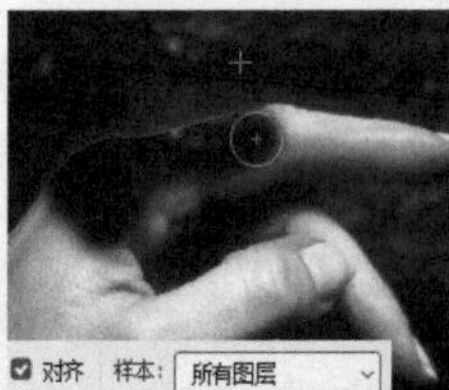

图16-56

图16-57

12 将之前隐藏的图层显示出来。选择“质感”图层，设置混合模式为“明度”，如图16-58和图16-59所示。

图16-58

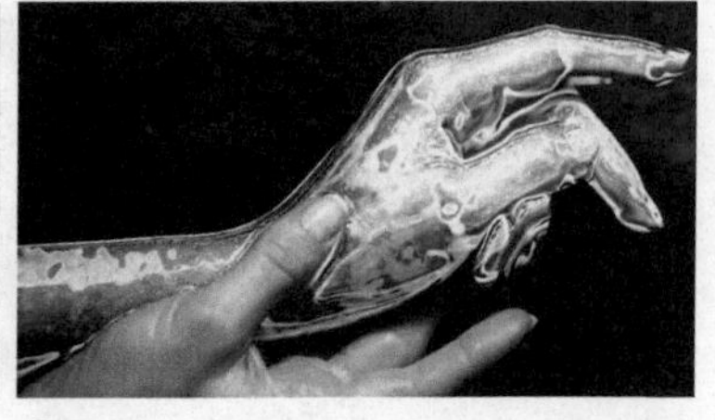

图16-59

13 按住Ctrl键并单击“图层”面板中的 按钮，在当前图层下方新建一个图层，设置名称为“白色”。按住Ctrl键并单击“手”图层的缩览图，加载选区，填充白色，如图16-60和图16-61所示。按Ctrl+D快捷键取消选择。

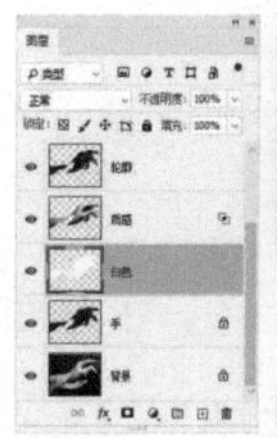

图16-60

图16-61

14 如果左手是透明的，那么被其遮挡的右手手指也应依稀可见。使用画笔工具 涂抹右手手指，图16-62所示为单独显示该图层的效果，图16-63所示为整体效果。

图16-62

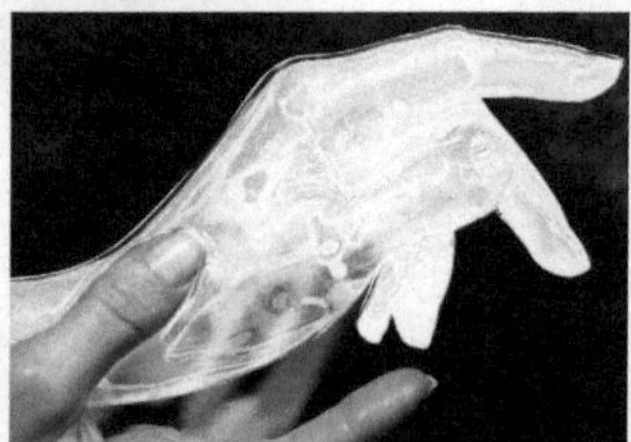

图16-63

15 设置该图层的不透明度为80%。单击“图层”面板中的 按钮添加蒙版，使用灰色和黑色涂抹手指，使这部分区域不至于太亮，如图16-64所示。新建一个图层，设置不透明度为40%。按住Ctrl键并单击“手”图层缩览图，加载选区，按Shift+Ctrl+I快捷键反选，使用画笔工具 （柔边圆，200像素，不透明度30%）在冰雕周围绘制发光区域，如图16-65所示。按Ctrl+D快捷键取消选择。

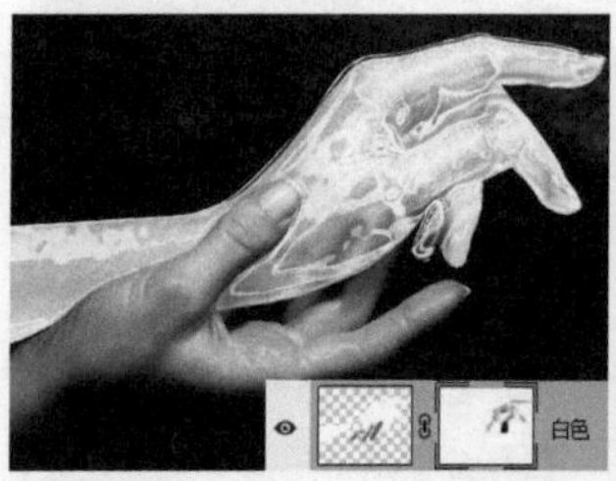

图16-64

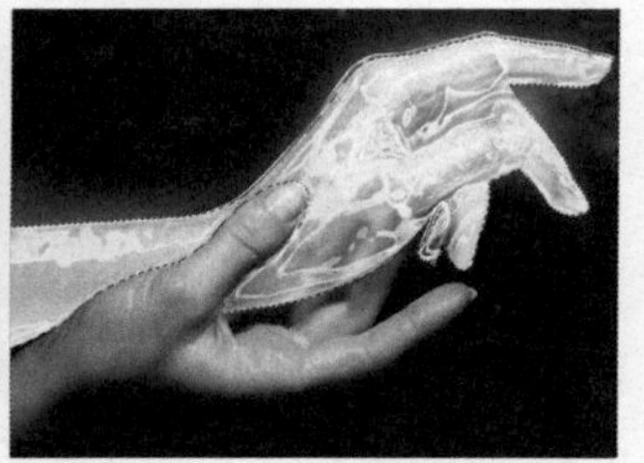

图16-65

16 在“高光”图层上方新建一个图层，设置名称为“裂纹”。执行“滤镜>渲染>云彩”命令，生成云彩效果。再执行“分层云彩”命令，使云彩产生更加丰富的变化，如图16-66所示。按Ctrl+L快捷键打开“色阶”对话框，将高光滑块拖曳到直方图最左侧，如图16-67所示，效果如图16-68所示。

17 设置该图层的混合模式为“颜色加深”，按Alt+Ctrl+G快捷键，将它与下面的图层创建为一个剪贴蒙版组，如图16-69和图16-70所示。

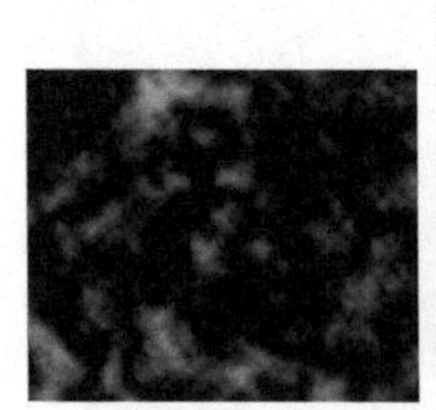

图16-66

图16-67

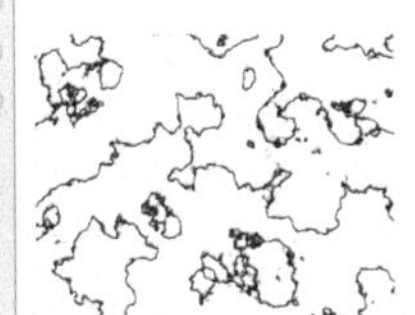

图16-68

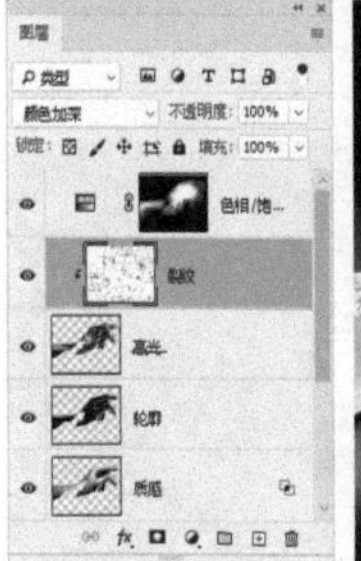

图16-69

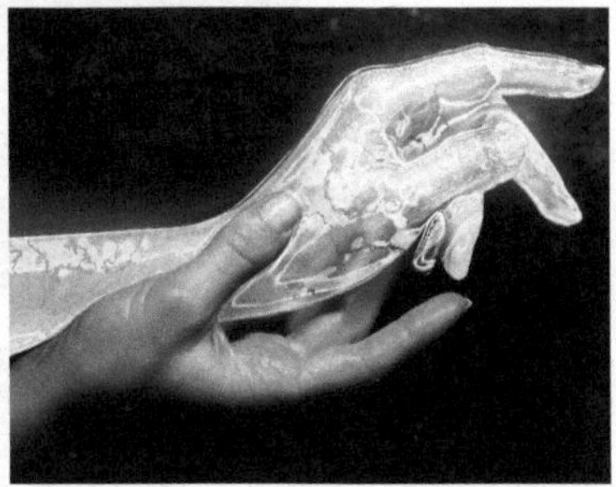

图16-70

18 在“质感”图层下方新建一个图层。使用画笔工具 在冰雕上绘制白色线条。使用涂抹工具 修改线的形状，让它成为冰雕融化后形成的水滴，如图16-71所示。设置该图层的填充不透明度为50%，如图16-72所示。

图16-71

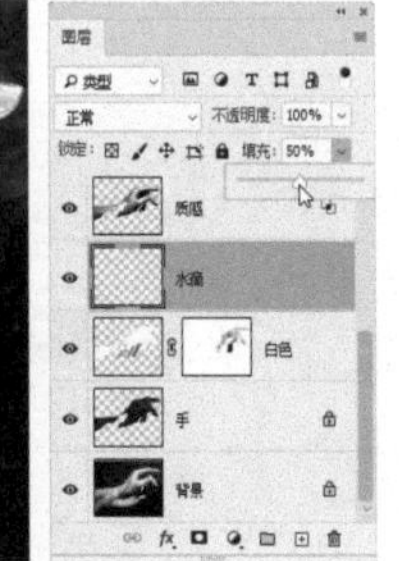

图16-72

19 双击该图层，打开“图层样式”对话框，分别添加“投影”“斜面和浮雕”“等高线”效果，设置参数，如图16-73~图16-75所示，效果如图16-76所示。

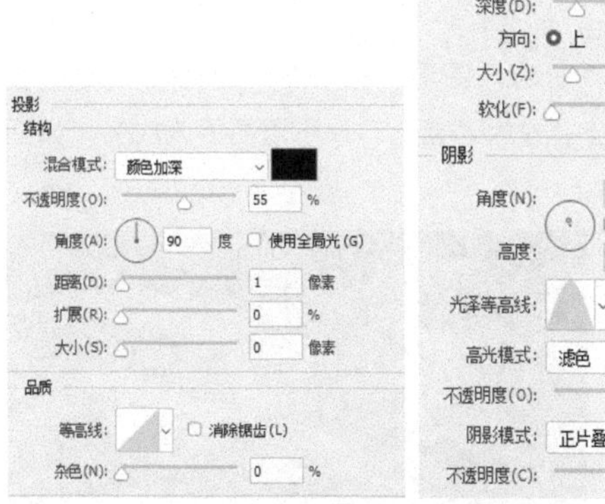

图16-73

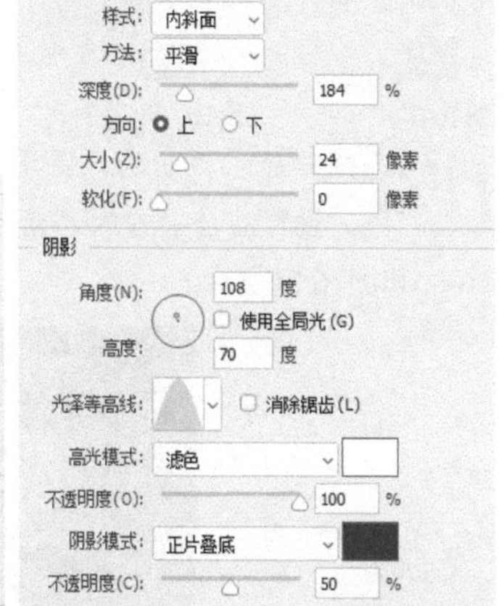

图16-74

图16-75

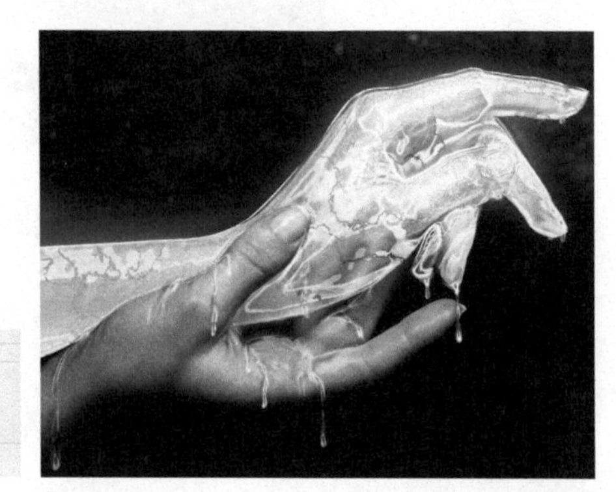

图16-76

制作铜手特效

扫码看视频

难度：★★★☆☆　功能：滤镜、混合模式

说明：通过滤镜表现金属质感，通过混合模式表现光泽。

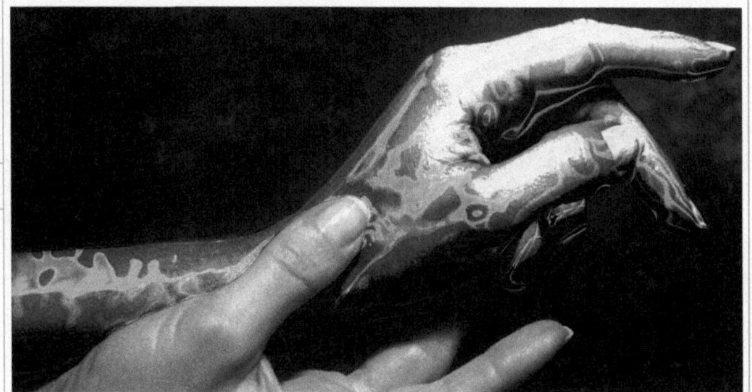

01 使用上一实例的素材操作，并从路径中加载选区。连续按3次Ctrl+J快捷键，将选区内的图像复制到新的图层中，修改图层名称，如图16-77所示。选择“颜色”图层，将其他两个图层隐藏，如图16-78所示。

02 设置前景色为棕色（R148，G91，B31），背景色为深棕色（R41，G26，B8）。按住Ctrl键并单击“颜色”图层缩览图，加载左手选区。使用渐变工具 填充线性渐变，如图16-79所示。按Ctrl+D快捷键取消选择。

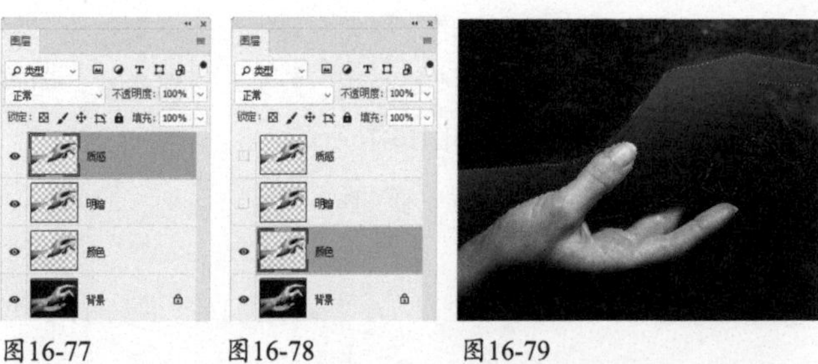

图16-77　图16-78　图16-79

03 选择并显示“明暗”图层，按Shift+Ctrl+U快捷键去色，设置混合模式为“亮光”，不透明度为80%，如图16-80和图16-81所示。

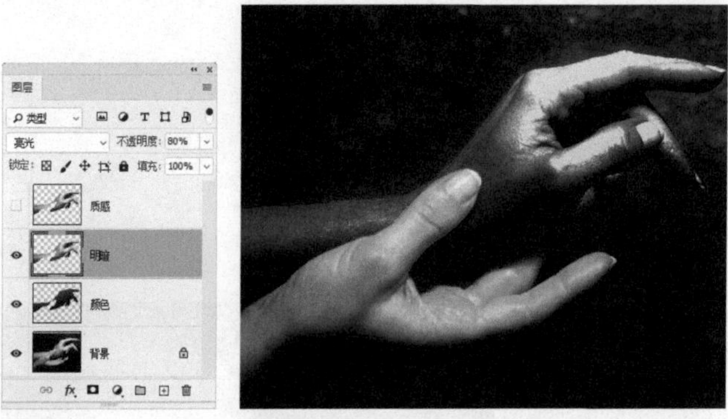

图16-80　图16-81

04 选择并显示“质感”图层。执行“滤镜>素描>铬黄渐变”命令，制作肌理效果，如图16-82所示。设置该图层的混合模式为“颜色减淡”，不透明度为45%，效果如图16-83所示。

05 按住Ctrl键并单击“质感”图层缩览图，加载左手选区。在“质感”图层下方新建一个图层。使用画笔工具在手的暗部涂抹白色，如图16-84所示。按Ctrl+D快捷键取消选择。设置该图层的混合模式为“柔光”，不透明度为80%，表现出暗部细节，如图16-85所示。

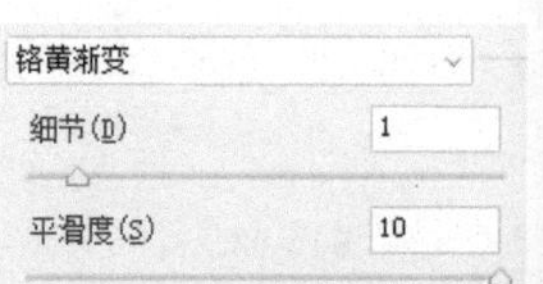

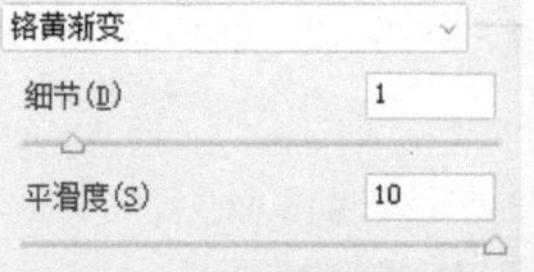

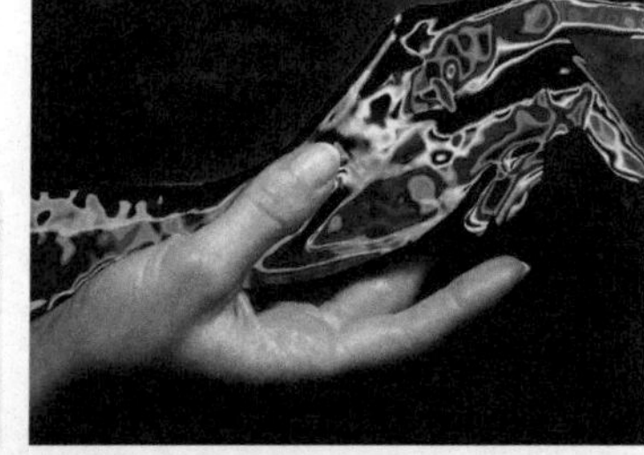

图16-82　图16-83

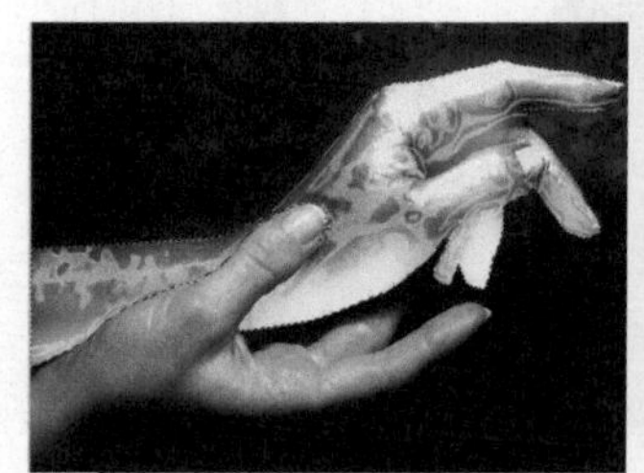

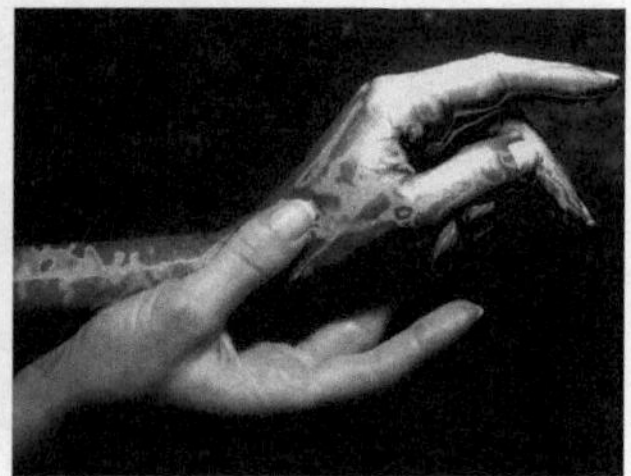

图16-84　图16-85

06 再次加载左手选区。单击“调整”面板中的按钮，创建“色相/饱和度”调整图层，设置饱和度参数为+30，如图16-86所示，同时，选区将转换为调整图层的蒙版，如图16-87所示，效果如图16-88所示。

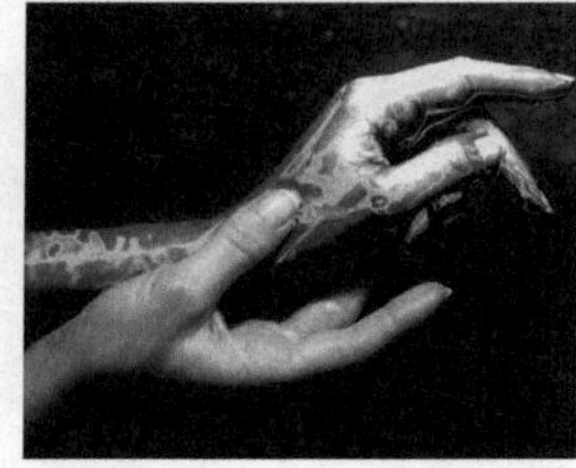

图16-86　图16-87　图16-88

制作绚彩玻璃球

难度：★★★★☆　功能：滤镜、渐变、图层转换

说明：通过滤镜表现球体纹理，用画笔与渐变工具绘制明暗，表现光泽感。

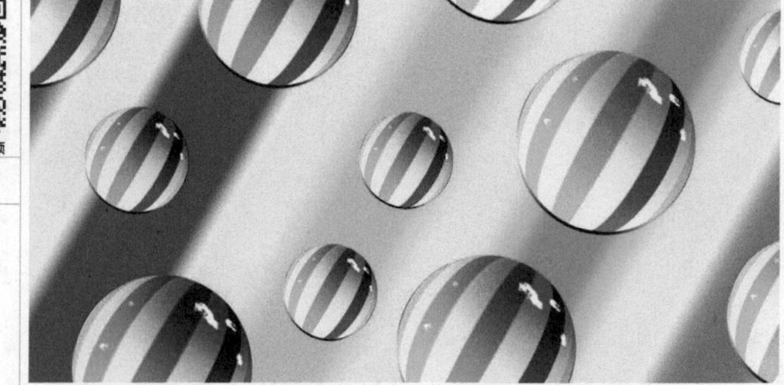

01 按Ctrl+N快捷键，打开“新建文档”对话框，在“预设”下拉列表中选择“Web”选项，在“大小”下拉列表中选择1024×768，创建一个文件。将前景色设置为浅绿色（R232，G250，B208），按Alt+Delete快捷键填色，如图

16-89所示。新建一个图层，如图16-90所示。

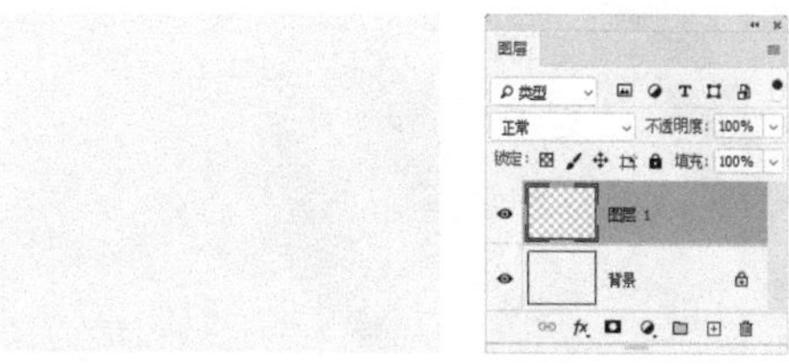

图16-89　　图16-90

02 将前景色设置为黑色。选择渐变工具，在“渐变”面板菜单中选择“旧版渐变”命令，加载该渐变库，之后选择“透明条纹渐变”，如图16-91所示，按住Shift键并从左至右拖曳鼠标填充渐变，如图16-92所示。

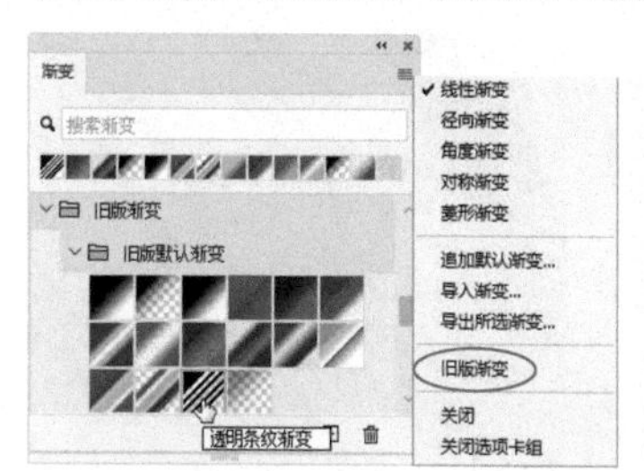

图16-91

图16-92

03 单击 按钮，将图层中的透明区域锁定，如图16-93所示。分别将前景色调整为橘红色、红色、绿色、蓝色和橙色，使用画笔工具为条纹重新着色，如图16-94所示。

图16-93

图16-94

04 按Alt+Shift+Ctrl+E快捷键盖印图层，如图16-95所示。按Ctrl+T快捷键，显示定界框，拖曳定界框的右边，调整图像的宽度，使条纹变细，如图16-96所示。按Enter键确认。

图16-95

图16-96

05 选择移动工具，按住Alt+Shift键并向右侧拖曳图像进行复制，同时，“图层”面板中会新增一个图层，如图16-97所示。仔细观察图像的中间区域，其他条纹边缘都很柔和，而橘红色条纹边缘过于锐利，如图16-98所示。

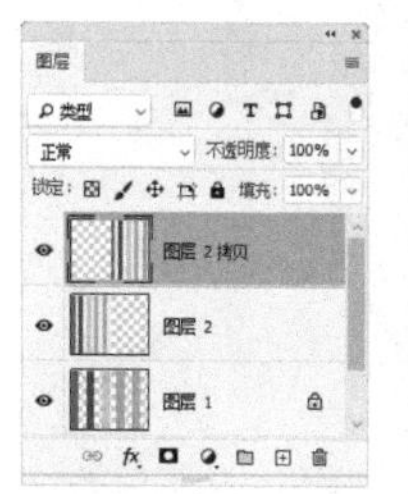

图16-97

图16-98

06 按Ctrl+[快捷键，将“图层2 拷贝”下移一个堆叠顺序，如图16-99所示。使用移动工具调整位置，向左拖曳将橘红色条纹隐藏在后面，如图16-100所示。

图16-99

图16-100

07 按住Ctrl键并单击“图层 2”，同时选取这两个图层，如图16-101所示，按Ctrl+E快捷键合并，如图16-102所示。

图16-101

图16-102

08 选择椭圆选框工具，按住Shift键并创建一个圆形选区，如图16-103所示。执行“滤镜>扭曲>球面化”命令，设置“数量”为100%，如图16-104所示，效果如图16-105所示。再次应用该滤镜，增强膨胀程度，使条纹的扭曲效果更明显，如图16-106所示。

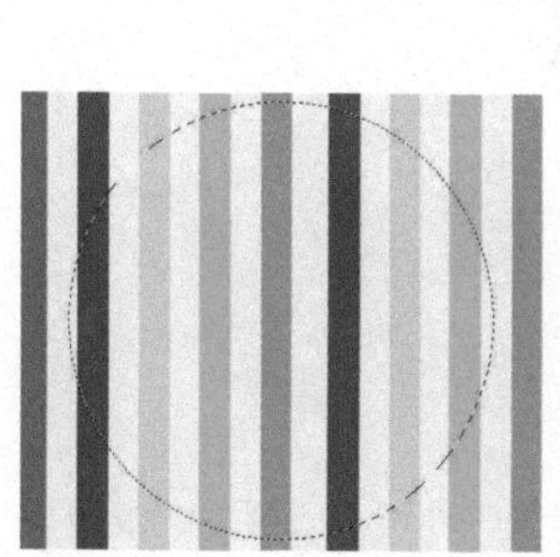

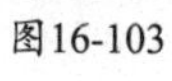

图16-103

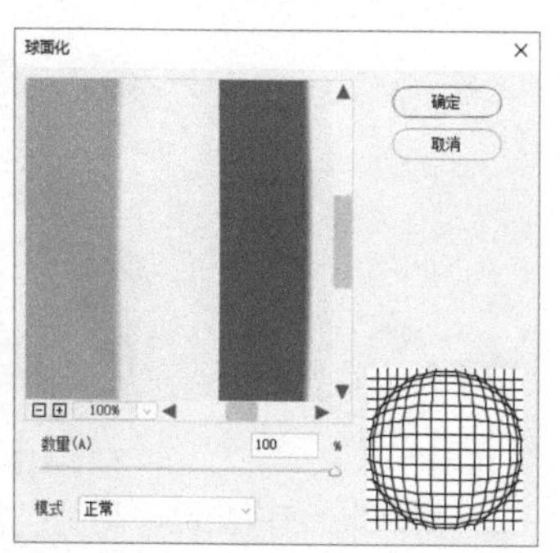

图16-104

图16-105　图16-106

09 按Shift+Ctrl+I快捷键反选，按Delete键删除选区内的图像，按Ctrl+D快捷键取消选择，如图16-107所示。

10 单击“图层 2”左侧的眼睛图标，隐藏该图层，选择“图层 1”，如图16-108所示。按Ctrl+E快捷键向下合并。按住Alt键并双击“背景”图层，将其转换为普通图层，如图16-109所示。

图16-107

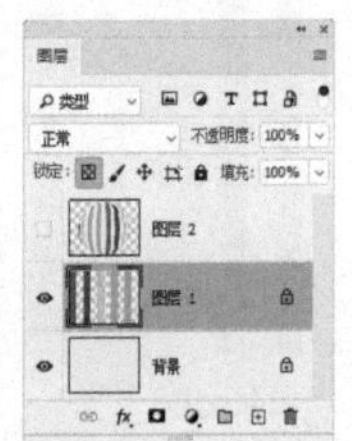

图16-108

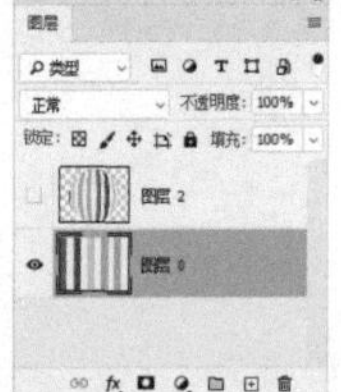

图16-109

11 按Ctrl+T快捷键显示定界框，将鼠标指针放在定界框的一角，按住Shift键拖曳鼠标，将图像旋转30°，如图16-110所示；再按住Alt键并拖曳定界框边缘，将图像放大，布满画面，如图16-111所示。

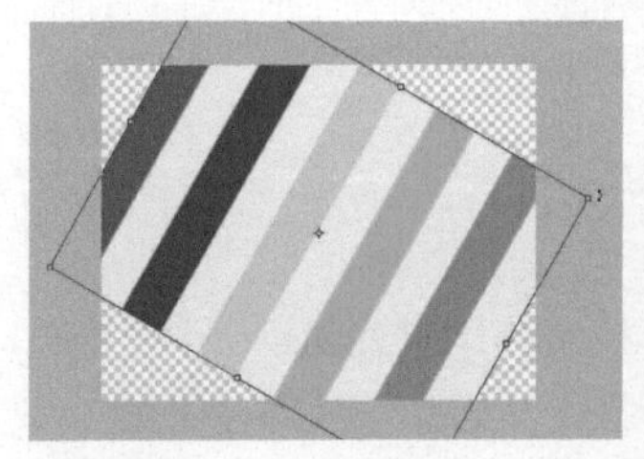

图16-110

图16-111

12 执行“滤镜>模糊>高斯模糊”命令，设置“半径”为15像素，如图16-112所示，效果如图16-113所示。

图16-112

图16-113

13 按Ctrl+J快捷键，复制“背景”图层，设置它的混合模式为“正片叠底”，不透明度为60%，如图16-114和图16-115所示。

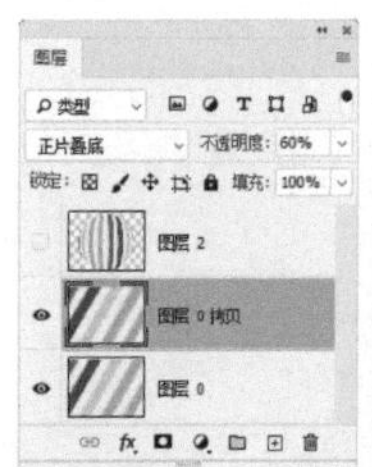

图16-114

图16-115

14 按Ctrl+E快捷键向下合并图层，如图16-116所示。执行“图层>新建>背景图层”命令，将该图层转换为“背景”图层。选择并显示“图层 2”，如图16-117所示。通过自由变换调整圆球的大小和角度，如图16-118所示。

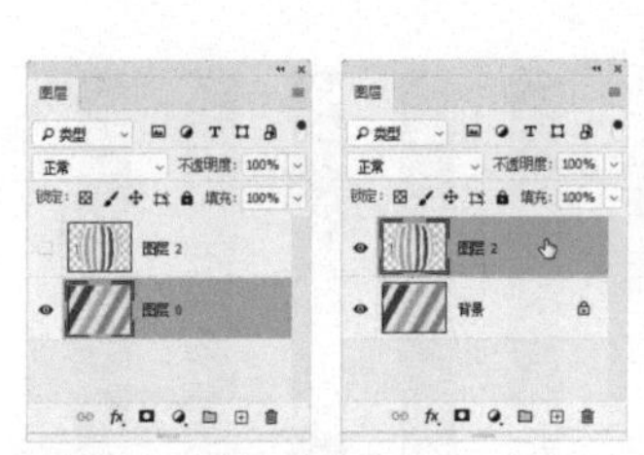

图16-116　图16-117

图16-118

15 选择画笔工具，设置不透明度为20%。新建一个图层，按Alt+Ctrl+G快捷键创建剪贴蒙版，如图16-119所示。在圆球的底部涂抹白色，如图16-120所示，顶部涂抹黑色，表现出明暗过渡效果，如图16-121所示。

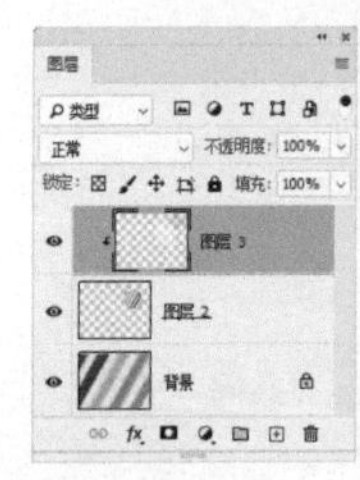

图16-119

图16-120

图16-121

16 新建一个图层，并创建剪贴蒙版。选择椭圆工具，在工具选项栏中选取“像素”选项，按住Shift键并绘制一个黑色的圆形，如图16-122所示。使用椭圆选框工具创建一个选区，将大部分圆形选取，仅保留一个细小的边缘，如图16-123所示。按Delete键删除图像，按Ctrl+D快捷键取消选择，如图16-124所示。

图16-122

图16-123

图16-124

17 单击“图层”面板顶部的 按钮，锁定该图层的透明区域。使用画笔工具 涂抹白色，由于画笔工具设置了不透明度，因此，在黑色图形上涂抹白色时，会表现为灰色，这就使原来的黑边有了明暗变化，如图16-125所示。新建一个图层，将画笔工具的不透明度设置为100%，在“画笔设置”面板中选择“半湿描边油彩笔”，如图16-126所示。为圆球绘制高光，效果如图16-127所示。

图16-125

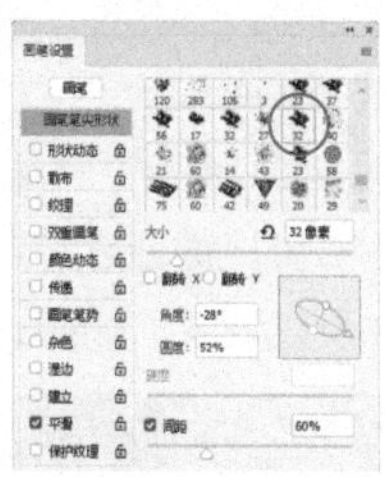
图16-126

图16-127

18 按住Shift键并单击“图层 2”，选取所有组成圆球的图层，按Ctrl+E快捷键合并。选择移动工具 ，按住Alt键并拖曳画面中的圆球进行复制，按Ctrl+L快捷键打开“色阶”对话框，将阴影滑块和中间调滑块向右侧拖曳，使圆球色调变暗，如图16-128和图16-129所示。

19 采用同样的方法复制圆球，调整大小和明暗，效果如图16-130所示。

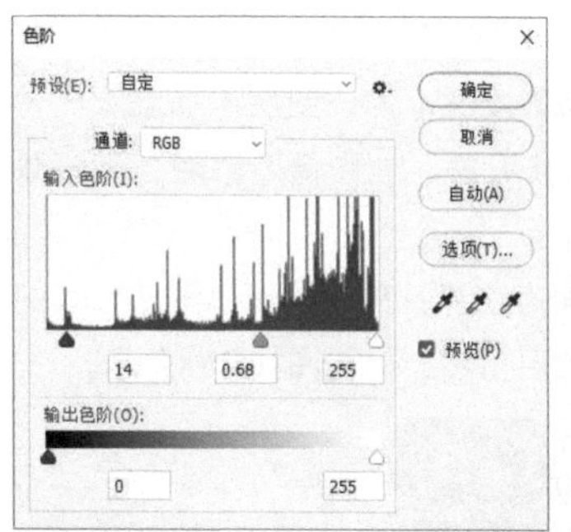

图16-128

图16-129

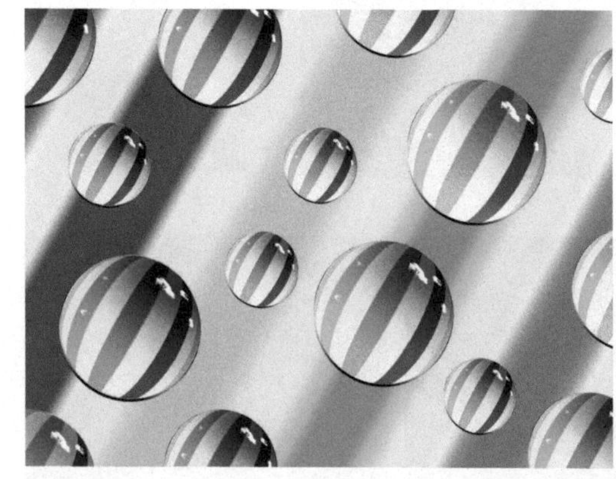
图16-130

公益广告：拒绝象牙制品

扫码看视频

难度：★★★★★ 功能：蒙版、混合颜色带

说明：使用蒙版、混合颜色带进行图像合成，在图像上叠加纹理，表现裂纹效果。

01 按Ctrl+O快捷键，打开素材，可以看到大象位于一个单独的图层中，如图16-131和图16-132所示。先来营造场景氛围，再制作破损和残缺的部分。

图16-131

图16-132

02 选择“背景”图层。将前景色设置为灰褐色（R76，G67，B52）。使用渐变工具 填充倾斜的线性渐变，如图16-133和图16-134所示。

图16-133

图16-134

03 打开素材，使用移动工具✥将其拖入大象文件中，如图16-135所示。单击 ◘ 按钮，为该图层添加蒙版。使用画笔工具🖌在地面周围涂抹黑色，使图像能够融合到背景中，如图16-136和图16-137所示。

04 新建一个图层。在画面底部涂抹黑色（可以降低工具的不透明度，使颜色过渡更自然），如图16-138所示。

图16-135

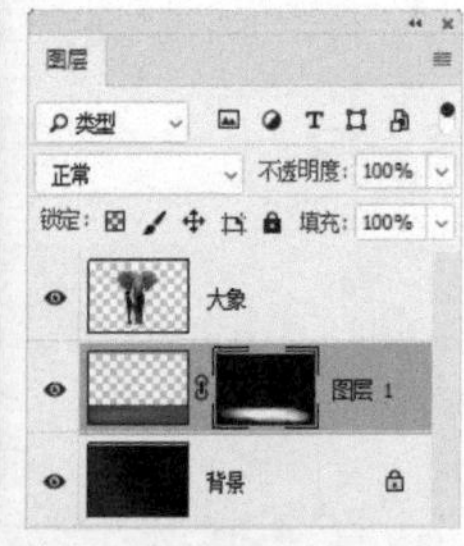
图16-136

图16-137

图16-138

05 选择套索工具ᑫ，设置羽化参数为2像素，在大象左侧耳朵上创建一个选区，如图16-139所示。按住Alt键并单击 ◘ 按钮，基于选区创建一个反相的蒙版，将选区内的图像隐藏，如图16-140所示。

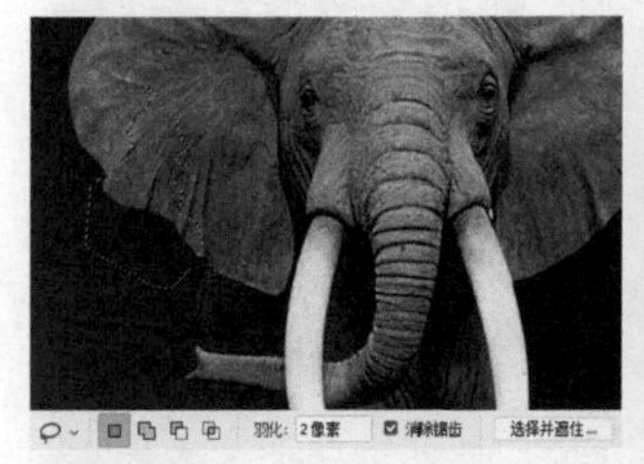
图16-139

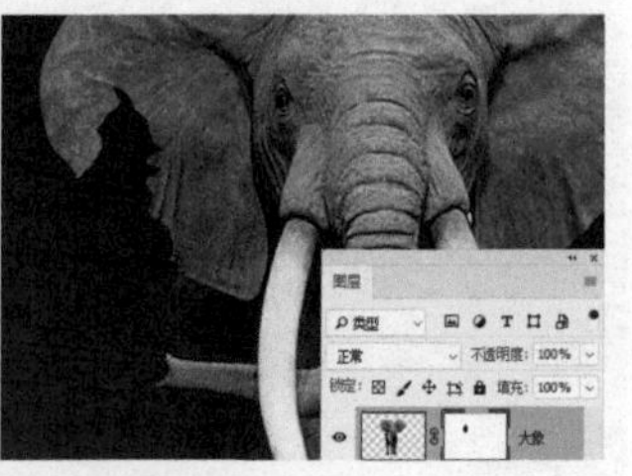
图16-140

06 分别在大象的右耳和两条后腿处创建选区，在选区内填充黑色，使这部分区域隐藏，制作出断裂的效果，如图16-141~图16-144所示。

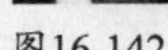
图16-141

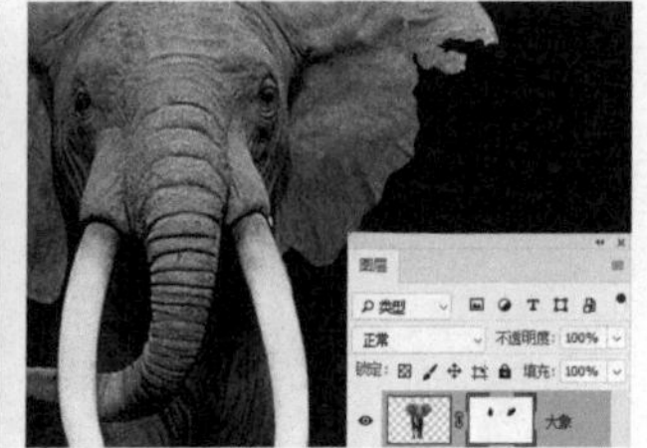
图16-142

图16-143

图16-144

07 打开纹理素材，如图16-145所示。将其拖入大象文件中，按Alt+Ctrl+G快捷键创建剪贴蒙版，设置混合模式为“正片叠底”，生成裂纹效果，如图16-146所示。

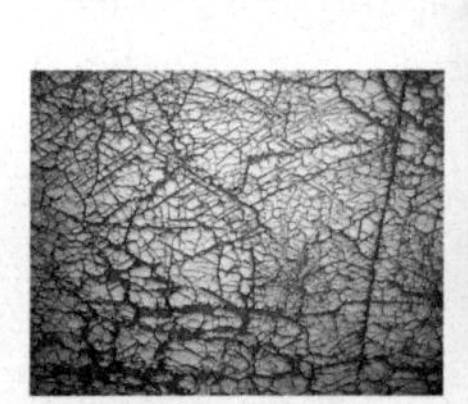
图16-145

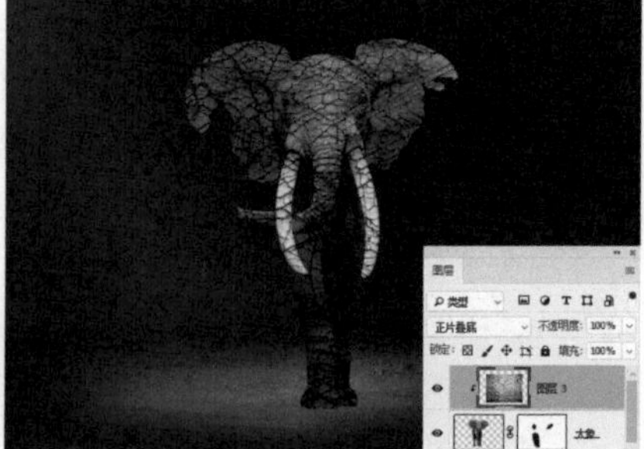
图16-146

08 创建并编辑蒙版，隐藏部分纹理。打开一个素材，如图16-147所示。将其拖入大象文件，按Ctrl+T快捷键显示定界框，先调整图像角度，如图16-148所示。单击鼠标右键，在打开的快捷菜单中执行“变形”命令，如图16-149所示，显示变形网格，拖曳锚点使图像中的光线呈垂直方向照射，如图16-150所示。按Enter键确认。

图16-147

图16-148

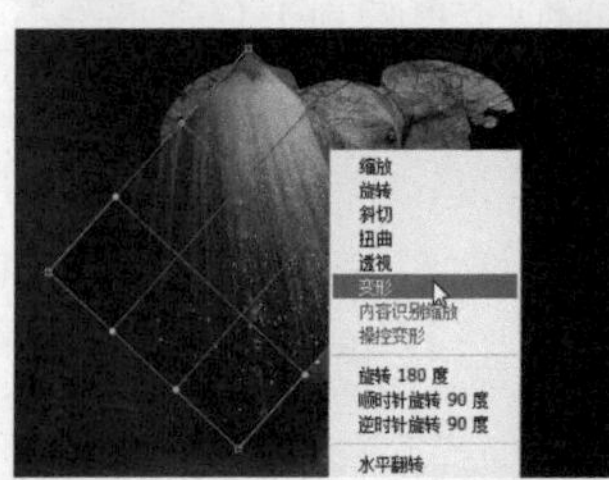
图16-149

图16-150

09 双击该图层，打开“图层样式”对话框，按住Alt键并拖曳“本图层”的黑色滑块，隐藏该图层中所有比该滑块所在位置暗的像素，使图像能更好地融合到背景中，如图16-151和图16-152所示。

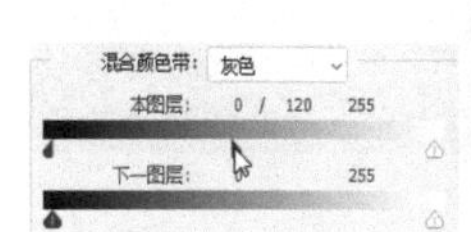

图16-151

图16-152

10 创建蒙版，使用画笔工具在图像的边缘涂抹黑色，将边缘隐藏，如图16-153和图16-154所示。

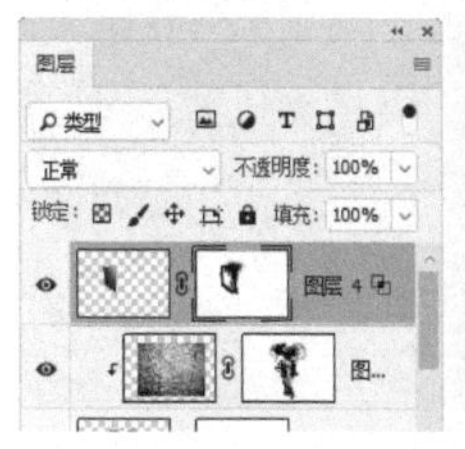

图16-153

图16-154

11 打开素材，如图16-155所示。将其拖入大象文件中并调整角度，如图16-156所示。设置混合模式为“滤色”，创建蒙版，将多余的图像隐藏，如图16-157和图16-158所示。

图16-155

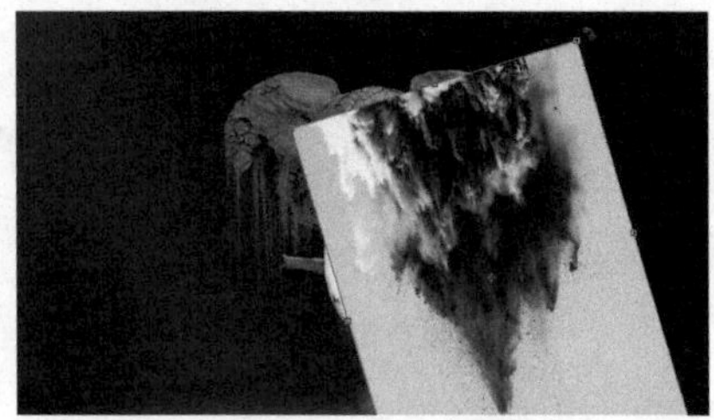

图16-156

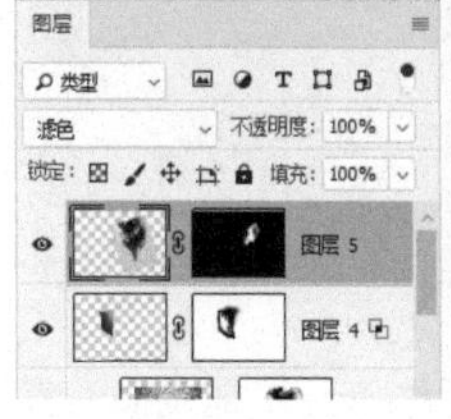

图16-157

图16-158

12 在“图层”面板中选择大象左耳上尘土所在的图层，按住Alt键并向上拖曳，复制该图层，如图16-159所示。将其移至大象右耳处。双击该图层，对“混合颜色带”参数进行调整，向右拖曳“本图层”的黑色滑块，更多地隐藏当前图层的背景区域，如图16-160所示。

13 打开素材，如图16-161所示，将其拖入大象文件后，创建蒙版，将土堆底边隐藏，使其与背景的土地融为一体，如图16-162所示。

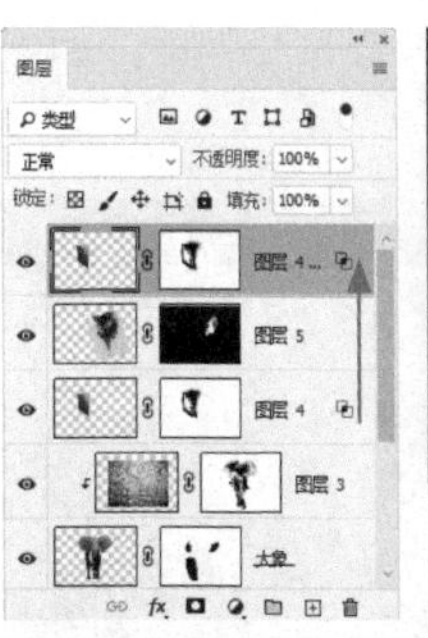

图16-159

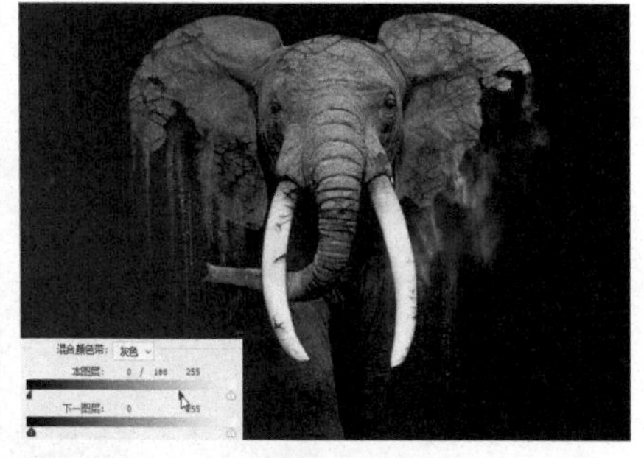

图16-160

图16-161

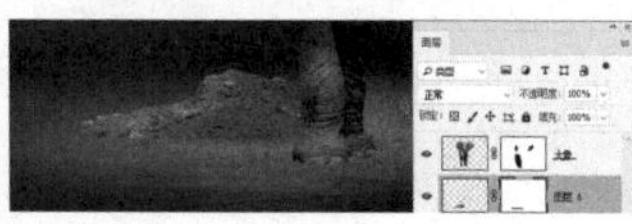

图16-162

14 按住Ctrl键并单击“大象”图层缩览图，加载大象的选区，如图16-163和图16-164所示。

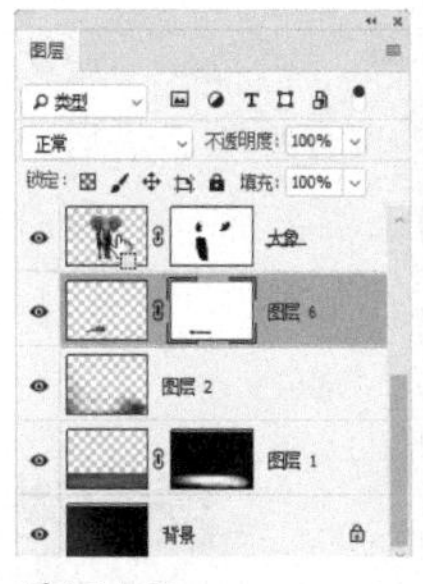

图16-163

图16-164

15 新建一个图层。在选区内填充黑色，按Ctrl+D快捷键取消选择。按Ctrl+T快捷键显示定界框，拖曳定界框将图像缩小，如图16-165所示；按住Ctrl键并拖曳定界框的一角，对图像进行变形处理，如图16-166所示。按Enter键确认。

图16-165

图16-166

16 执行“滤镜>模糊>高斯模糊”命令，设置半径为8像素，如图16-167所示，使投影边缘变得柔和。设置该图层的不透明度为45%。创建蒙版，使用画笔工具（不透明度30%）在投影上涂抹黑色，表现出明暗变化，如图16-168所示。

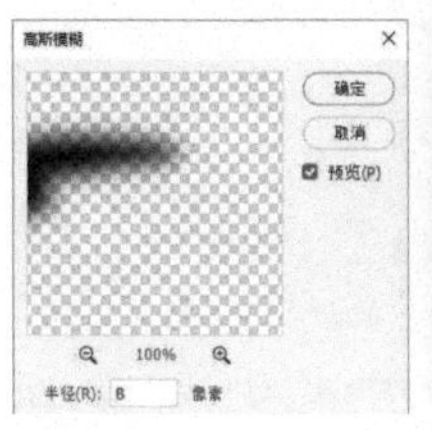

图16-167

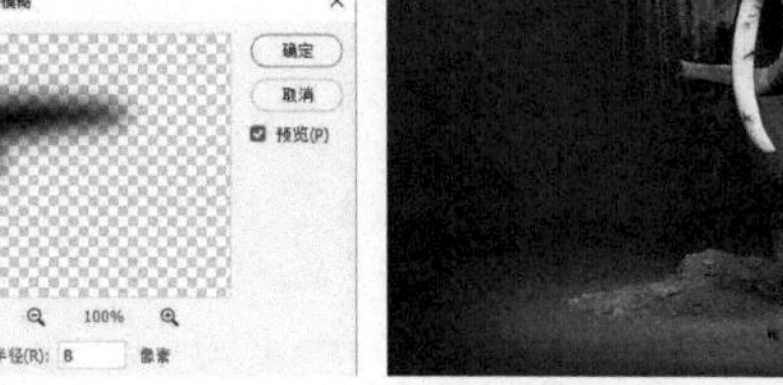

图16-168

17 打开素材，将“土石”图层组拖入大象文件中，如图16-169和图16-170所示。

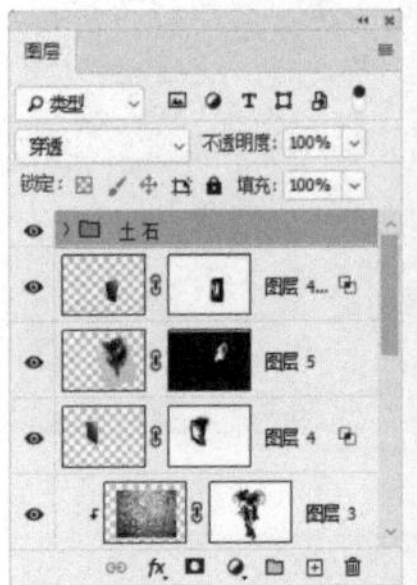
图16-169

图16-170

18 新建一个图层。选择多边形套索工具（羽化50像素）创建3个选区，如图16-171所示。填充白色，制作出3束从左上方照射下来的光线，如图16-172所示。

19 设置该图层的混合模式为“柔光”，不透明度为40%，如图16-173所示。使用橡皮擦工具（柔角，不透明度为30%）修饰大象身上的光线，将多余的部分擦除。最后，使用画笔工具在画面左上角及地面的土堆上涂抹一些白色，营造一个柔和的光源氛围，如图16-174所示。

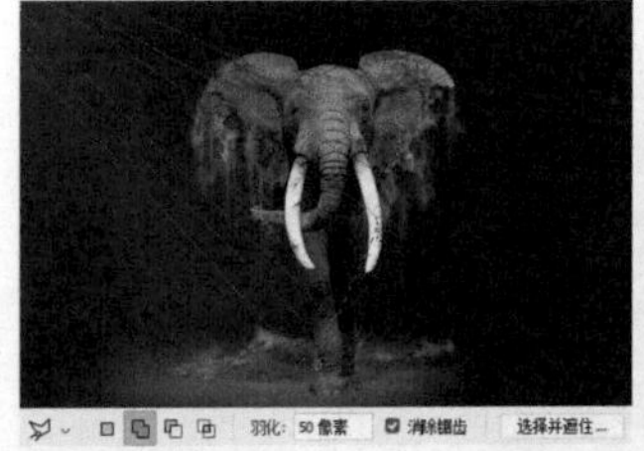
图16-171

图16-172

图16-173

图16-174

影像合成：CG风格插画

难度：★★★★★ 功能：蒙版、“色阶”和“色彩范围”命令

说明：灵活编辑图像、合成图像，注意影调的表现。

01 按Ctrl+O快捷键，打开素材，如图16-175和图16-176所示。

图16-175

图16-176

02 按Ctrl+L快捷键打开“色阶”对话框，向左拖曳高光滑块，提高图像的亮度，如图16-177和图16-178所示。

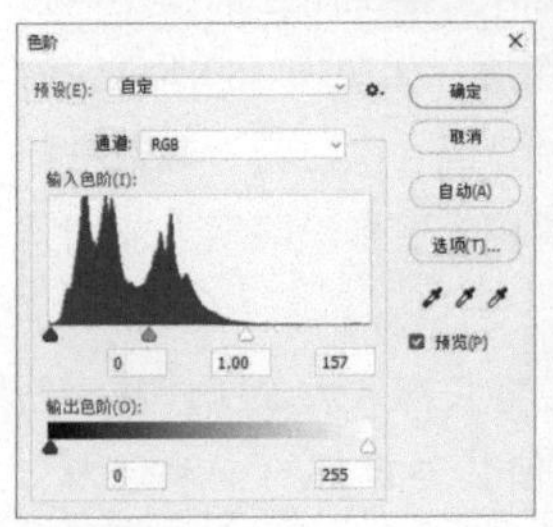
图16-177

图16-178

03 打开树皮素材，如图16-179所示。使用移动工具 将其拖入人物文件中，如图16-180所示。

图16-179　图16-180

04 设置图层的混合模式为“浅色”，不透明度为60%。按Alt+Ctrl+G快捷键创建剪贴蒙版。单击 按钮添加图层蒙版。使用画笔工具 在树皮周围涂抹黑色，将边缘隐藏，使纹理融入皮肤中，如图16-181和图16-182所示。

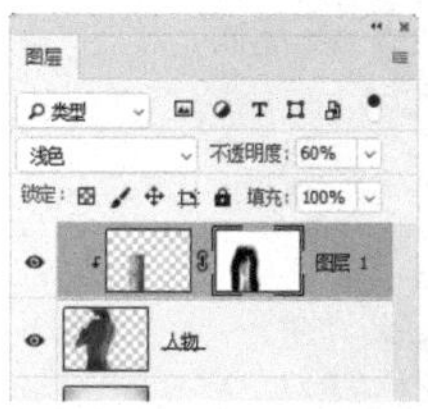

图16-181　图16-182

05 打开素材，如图16-183所示，将山峦图像拖到人物文件中。执行“编辑>变换>旋转90度（顺时针）”命令，将图像旋转，设置混合模式为“强光”，使山峦融入人物皮肤中，如图16-184所示。

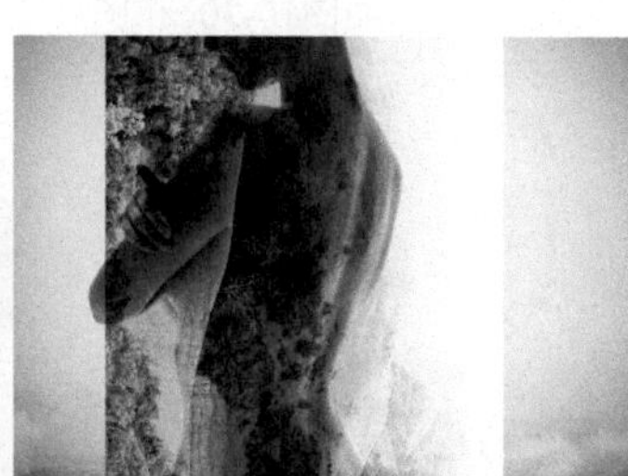

图16-183　图16-184

06 按Alt+Ctrl+G快捷键创建剪贴蒙版，将超出人物区域的图像隐藏，如图16-185和图16-186所示。单击 按钮添加蒙版，使用画笔工具 在手臂、面部涂抹黑色，将这些区域的山峦隐藏，如图16-187和图16-188所示。

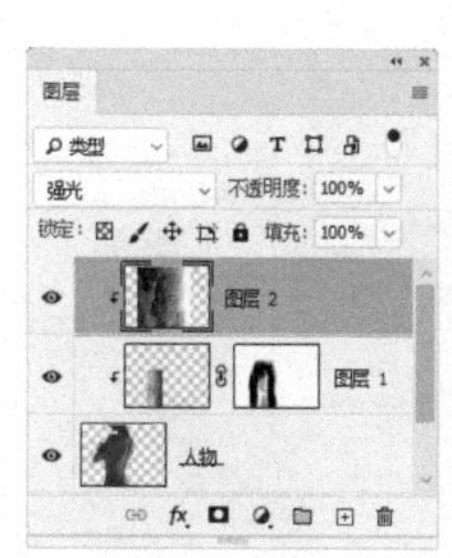

图16-185　图16-186

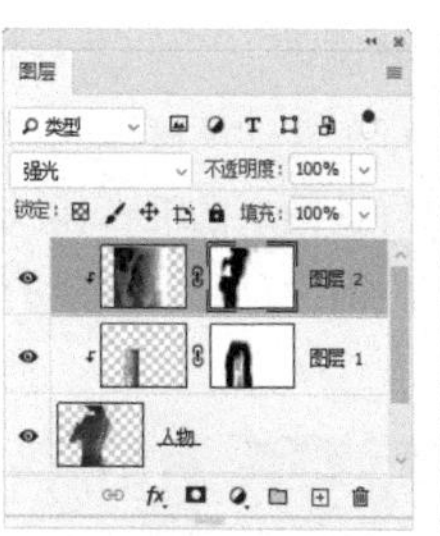

图16-187　图16-188

> **提示**
>
> 在表现山峦与人物皮肤衔接的位置时，可以将画笔工具 的“不透明度”设置为20%，进行仔细刻画。需要显示山峦时可用白色进行涂抹，要更多地显示皮肤时，则用黑色涂抹，尽量使山峦图像有融入皮肤的感觉。

07 将笔尖调小，并将不透明度设置为100%，用白色在手指上涂抹，使手指皮肤也呈现山峦的颜色，人物就处理好了，如图16-189和图16-190所示。

图16-189　图16-190

08 下面添加云彩、飞鸟和各种花朵元素，使画面内容丰富，呈现唯美意境。打开云朵素材，如图16-191所示。按Shift+Ctrl+U快捷键去色，将当前图像转换为黑白效果，如图16-192所示。

图16-191　图16-192

09 按Ctrl+L快捷键打开“色阶”对话框，单击设置黑场工具 ，在图16-193所示的位置单击，将灰色映射为黑色，如图16-194所示。

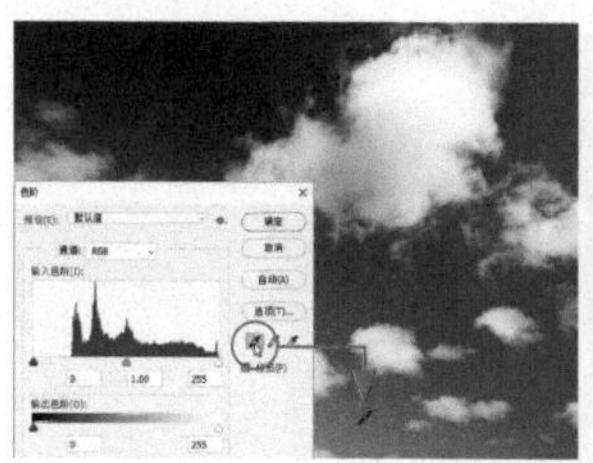

图16-193　图16-194

10 使用移动工具 ✥ 将云朵图像拖入人物文件中。按Ctrl+T快捷键显示定界框，拖曳控制点，将图像的高度适当调小，按Enter键确认，如图16-195所示。设置该图层的混合模式为“滤色”，这样可以隐藏黑色像素，在画面中只显示白色的云彩，如图16-196所示。

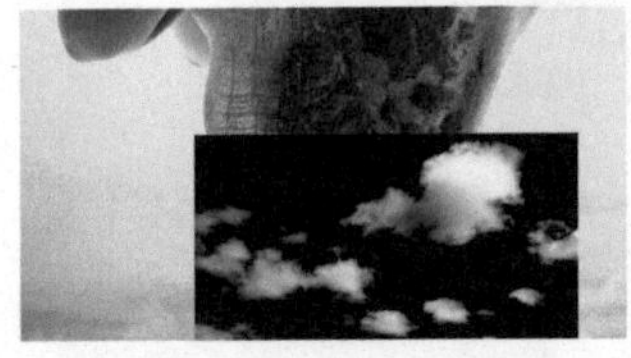
图16-195

图16-196

11 云彩边缘太过整齐了，使用橡皮擦工具 ◆（柔边圆笔尖）擦一擦，如图16-197所示。

图16-197

12 打开一个素材，如图16-198所示。使用移动工具 ✥ 将枝叶图像拖入人物文件中，放置在手臂上面，如图16-199所示。

图16-198

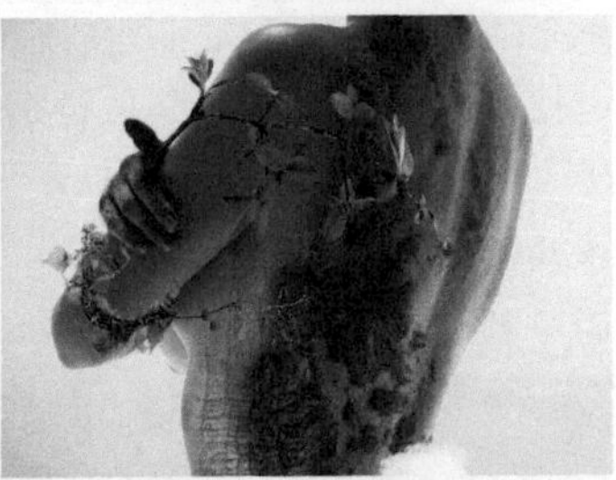
图16-199

13 按住Ctrl键并单击“图层”面板中的 ⊞ 按钮，在当前图层下方创建一个图层，如图16-200所示。按住Ctrl键并单击“枝叶”图层，从该图层中加载选区，如图16-201和图16-202所示，填充黑色，按Ctrl+D快捷键取消选择。按Ctrl+T快捷键显示定界框，按住Ctrl键并拖曳定界框的一角，对图像进行变换，如图16-203所示。按Enter键确认。

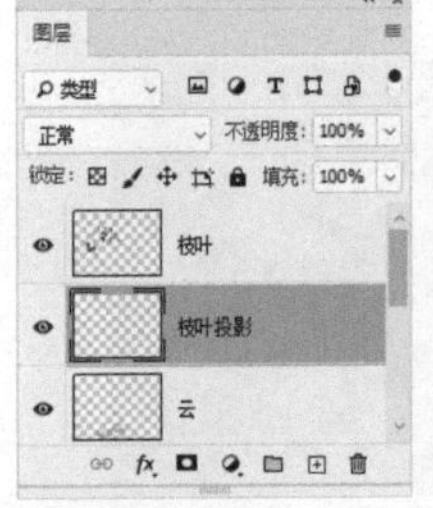

图16-200

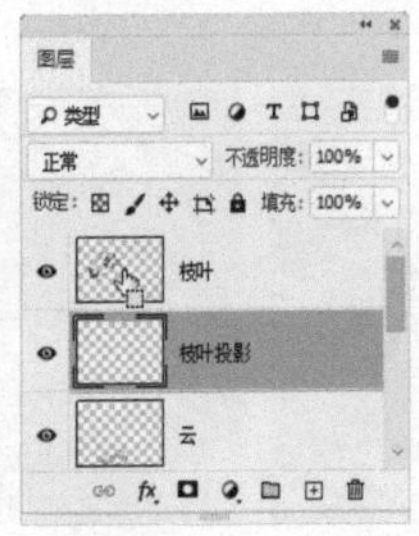

图16-201

图16-202

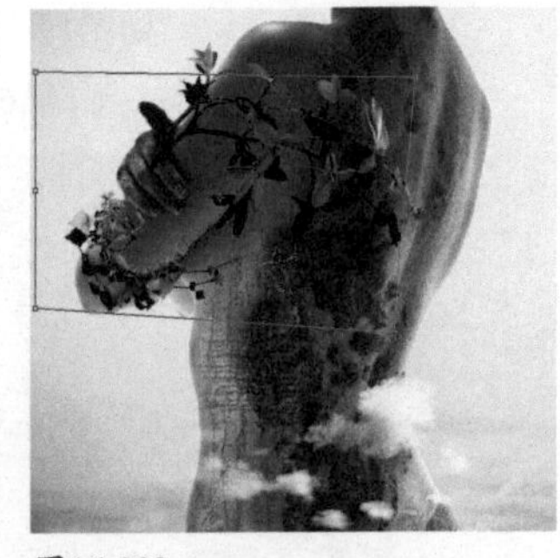
图16-203

14 执行“滤镜>模糊>高斯模糊”命令，设置半径为10像素，如图16-204和图16-205所示。

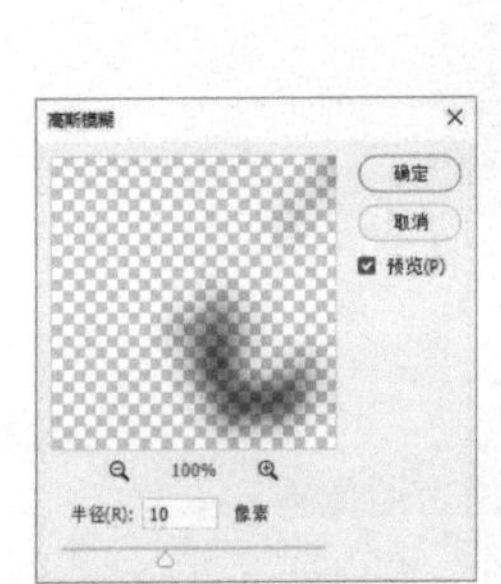

图16-204

图16-205

15 设置该图层的混合模式为“正片叠底”，不透明度为30%，如图16-206和图16-207所示。

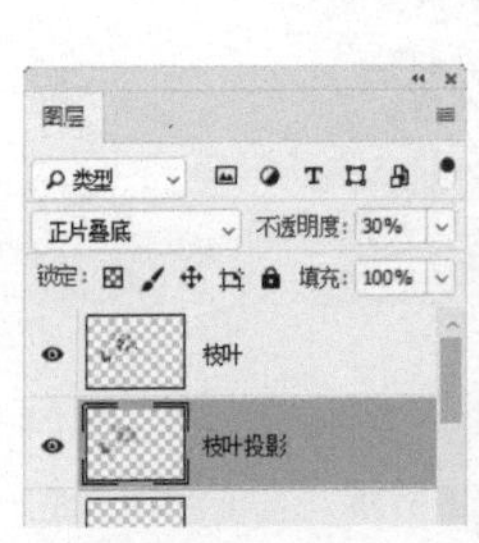

图16-206

图16-207

16 打开素材，如图16-208所示。先来调整一下花环的颜色，使其与制作的插画色调协调。按Ctrl+U快捷键打开“色相/饱和度”对话框，设置参数，如图16-209所示。

图16-208

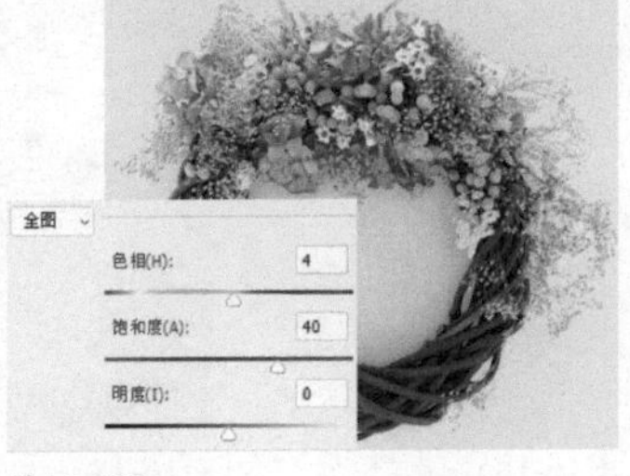

图16-209

17 按Ctrl+L快捷键，打开“色阶”对话框，将阴影滑块和高光滑块向中间拖曳，以便增强色调的对比度，如图16-210和图16-211所示。

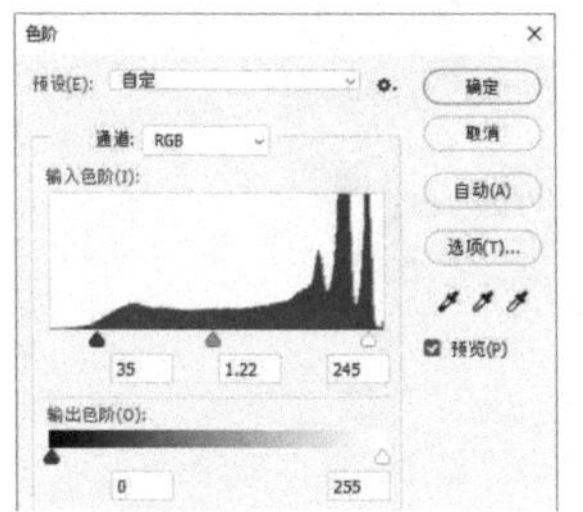

图16-210

图16-211

18 执行“选择>色彩范围”命令，打开“色彩范围”对话框，在画面的背景区域单击，进行取样，将“颜色容差”设置为75，如图16-212和图16-213所示。在预览框内可以看到花环外面的背景已被选取，花环里面的背景呈现灰色，说明未被全部选取。单击添加到取样工具，在花环里面的背景上单击，如图16-214所示，将这部分图像添加到选区内。在预览框内可以看到，原来的灰色区域已变为白色，如图16-215所示。

图16-212

图16-213

图16-214

图16-215

19 单击“确定”按钮，选区效果如图16-216所示。按Shift+Ctrl+I快捷键将花环选取，如图16-217所示。

图16-216

图16-217

20 按住Ctrl键并将选区内的花环拖入人物文件。按Ctrl+T快捷键显示定界框，将图像进行水平翻转，再调整角度和位置，如图16-218和图16-219所示。按Enter键确认。

图16-218

图16-219

21 选择移动工具，按住Alt键并拖曳图像进行复制，如图16-220所示。使用橡皮擦工具将花环上的花朵擦除，再调整花环的大小和角度，组成发髻的形状。使用“色相/饱和度”命令调整花环的颜色，使其与人物的色调相统一，效果如图16-221所示。在发髻下方新建一个图层，使用画笔工具（柔边圆笔尖）绘制发髻的投影，如图16-222所示。

22 打开素材，如图16-223所示，将其拖入人物文件，最终效果如图16-224所示。

图16-220

图16-221

图16-222

图16-223

图16-224

动漫设计：绘制美少女

难度：★★★★★ 功能：画笔工具、钢笔工具

说明：充分利用路径轮廓绘画，对路径填色，以及将路径转换为选区，以限定绘画范围。用钢笔工具绘制发丝，进行描边处理，表现出头发的层次感。

01 打开素材。“路径”面板中包含卡通少女外形轮廓素材，这是用钢笔工具绘制的。轮廓绘制并不需要特别的技巧，只要能熟练使用钢笔工具就能很好地完成。下面学习上色技巧。单击“路径1”，在画面中显示路径，如图16-225和图16-226所示。

图16-225

图16-226

02 新建一个图层，命名为“皮肤”，如图16-227所示。将前景色设置为淡黄色（R253，G252，B220）。使用路径选择工具在脸部路径上单击，选取路径。单击“路径”面板中的按钮，用前景色填充路径，如图16-228所示。

图16-227

图16-228

03 选择身体路径，填充皮肤色（R254，G223，B177），如图16-229所示。选择脖子下面的路径，如图16-230所示，单击“路径”面板底部的按钮，将路径转换为选区，如图16-231所示。使用画笔工具在选区内绘制暖褐色，选区中间位置的颜色稍浅，按Ctrl+D快捷键取消选择，如图16-232所示。用浅黄色表现脖子和锁骨，如图16-233所示。

图16-229

图16-230

图16-231

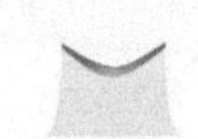

图16-232

图16-233

04 按住Ctrl键并单击“图层”面板中的按钮，在当前图层下方新建一个图层，命名为“耳朵”，如图16-234所示。在“路径”面板中选取耳朵路径，填充颜色（比脸部颜色略深一点），如图16-235所示。

图16-234

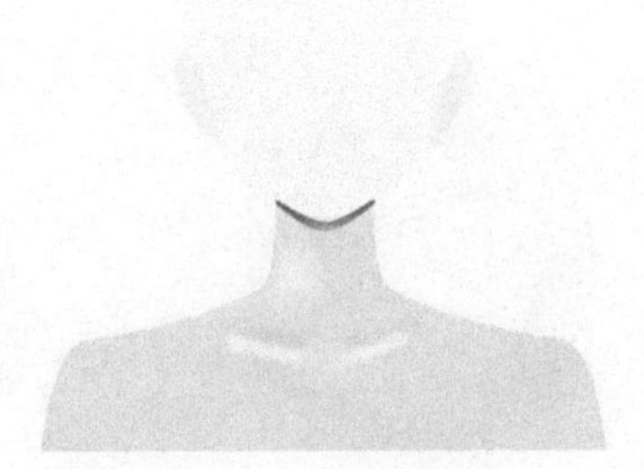

图16-235

提示

设置前景色时可以先使用吸管工具拾取皮肤色，再打开“拾色器”对话框将颜色调暗。调整笔尖大小时，可以按 [键（调小）和] 键（调大）来操作。

05 在“皮肤”图层上方新建一个图层，命名为“眼睛”。选择眼睛路径，如图16-236所示，单击“路径”面板中的按钮，将路径转换为选区，用淡青灰色填充选区，如图16-237所示。使用画笔工具在眼角处涂抹棕色，如图16-238所示。取消选择。

图16-236

图16-237

图16-238

06 使用椭圆选框工具创建一个选区，如图16-239所示。单击工具选项栏中的从选区减去按钮，再创建一个与当前选区重叠的选区，如图16-240所示，通过选区相减运算得到月牙状选区，填充褐色，如图16-241所示。

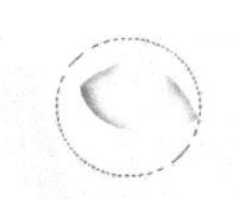
图16-239

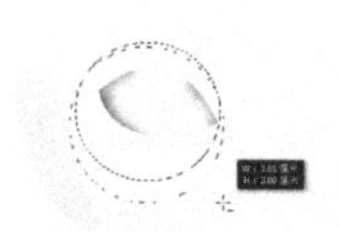
图16-240

图16-241

07 选择路径选择工具 ，按住Shift键并选取眼睛、眼线及睫毛等路径，如图16-242所示，为它们填充栗色，如图16-243所示。在“路径”面板空白处单击，取消路径的显示，如图16-244所示。

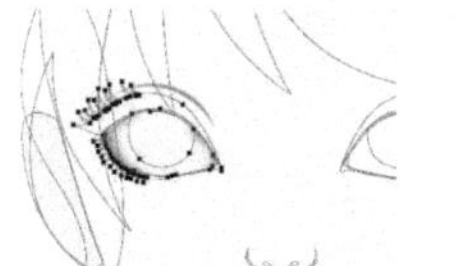
图16-242

图16-243

图16-244

08 单击 按钮，锁定该图层的透明区域，如图16-245所示。使用画笔工具 （柔边圆，40像素，不透明度80%）分别在上、下眼线处涂抹浅棕色。适当降低工具的不透明度，可以使绘制的颜色过渡更自然，如图16-246所示。

图16-245

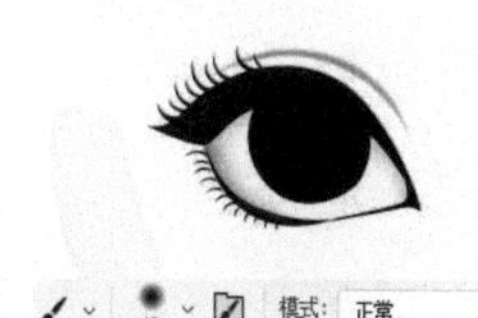
图16-246

09 按] 键将笔尖调大，在眼珠里面涂抹桃红色，如图16-247所示。选择椭圆选框工具 （羽化2像素），按住Shift键并创建一个选区，如图16-248所示，填充栗色。按Ctrl+D快捷键取消选择，如图16-249所示。

图16-247

图16-248

图16-249

10 使用加深工具 沿着眼线涂抹，对颜色进行加深处理，如图16-250所示。将前景色设置为淡黄色。选择画笔工具 ，设置混合模式为“叠加”，在眼球上单击，制作出闪亮的反光效果，如图16-251所示。

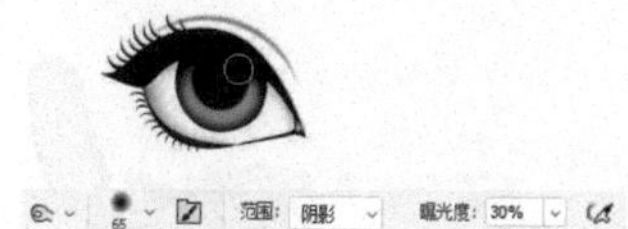
图16-250

图16-251

11 使用画笔工具 （混合模式为“正常”）在眼球上绘制白色光点，如图16-252所示。设置工具的混合模式为“叠加”，不透明度为66%，将前景色设置为黄色（R255，G241，B0），在眼球上涂抹黄色，如图16-253所示。

图16-252

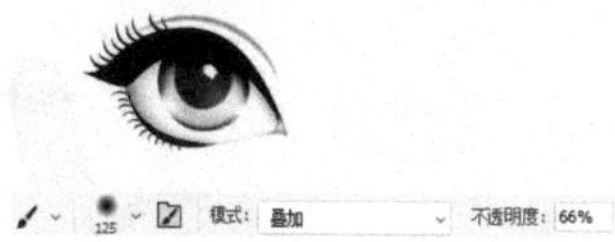

图16-253

12 新建一个图层。先使用画笔工具 画出眼眉的一部分，如图16-254所示；再使用涂抹工具 在笔触末端按住鼠标左键拖曳，涂抹出眼眉形状，如图16-255所示。使用橡皮擦工具 适当擦除眉头与眉梢的颜色，如图16-256所示。

图16-254

图16-255

图16-256

13 按住Ctrl键并单击“眼睛”图层，如图16-257所示。按Alt+Ctrl+E快捷键盖印图层，将眼睛和眼眉合并到一个新的图层中。执行“编辑>变换>水平翻转”命令，使用移动工具 将图像拖曳到脸部右侧，如图16-258所示。

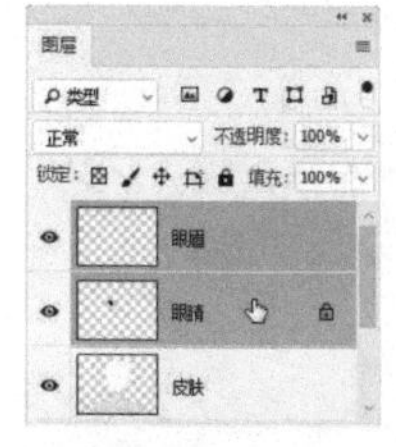
图16-257

图16-258

14 单击“路径”面板中的路径层，显示路径。使用路径选择工具 选取鼻子路径，如图16-259所示。在“图层”面板中新建一个名称为“鼻子”的图层，用浅褐色填充路径区域，如图16-260所示。

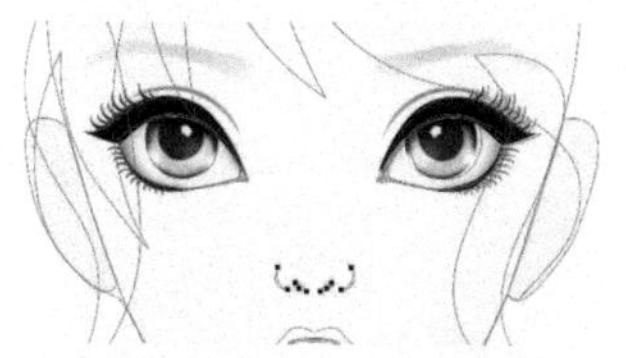
图16-259

图16-260

15 新建图层用以绘制嘴部，同样是用选取路径进行填充的方法，如图16-261和图16-262所示。表现牙齿和嘴唇时则需要将路径转换为选区，使用画笔工具 在选区内绘制出明暗效果，如图16-263~图16-266所示。

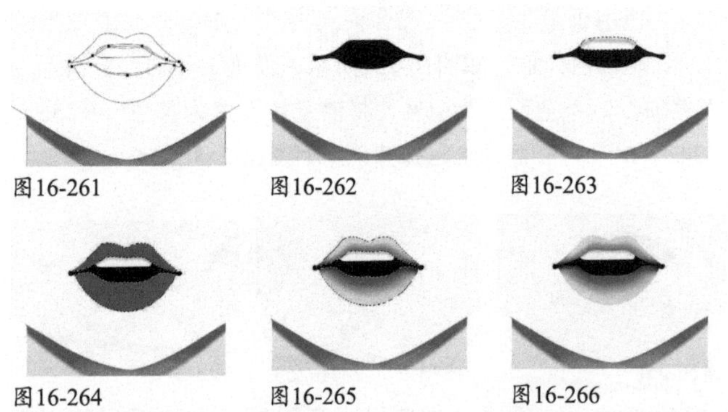

图16-261　图16-262　图16-263

图16-264　图16-265　图16-266

16 使用吸管工具 拾取皮肤色作为前景色。在“画笔设置”面板中选择“半湿描油彩笔”笔尖，如图16-267所示，在嘴唇上单击，表现纹理感。绘制时可降低画笔的不透明度，使颜色有深浅变化，并能表现嘴唇的体积感，此外还要根据嘴唇的弧线调整笔尖的角度，如图16-268所示。

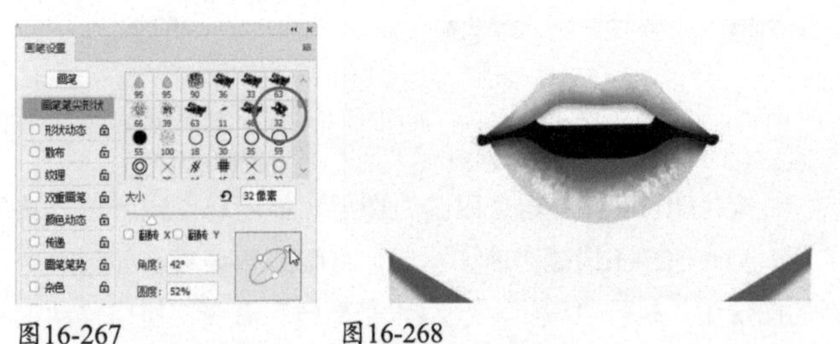

图16-267　图16-268

17 分别选取“皮肤”和“耳朵”图层，绘制出五官的结构，如图16-269和图16-270所示。

图16-269　图16-270

18 选择头发路径，如图16-271所示。在“图层”面板中新建一个名称为“头发”的图层，用黄色填充路径区域，如图16-272所示。

图16-271

图16-272

19 单击“路径”面板中的 ⊞ 按钮，新建一个路径层，如图16-273所示。选择钢笔工具 及“路径”选项，绘制头发，用以表现层次感，如图16-274所示。

图16-273　图16-274

20 单击“路径”面板中的 ⬚ 按钮，将路径转换为选区。新建一个图层。在选区内填充棕黄色，使用橡皮擦工具 （柔边圆笔尖，不透明度20%）适当擦除，使颜色产生明暗变化，如图16-275所示。按Ctrl+D快捷键取消选择，效果如图16-276所示。

图16-275　图16-276

21 分别创建一个新的路径层和图层，使用钢笔工具 绘制发丝，如图16-277所示。将前景色设置为褐色。选择画笔工具 ，在画笔下拉面板中选择“硬边圆压力大小”笔尖，设置大小为4像素，如图16-278所示。按住Alt键并单击“路径”面板底部的 ⬚ 按钮，打开“描边路径”对话框，勾选“模拟压力”选项，如图16-279所示，描绘发丝路径，如图16-280所示。

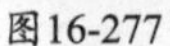

图16-277

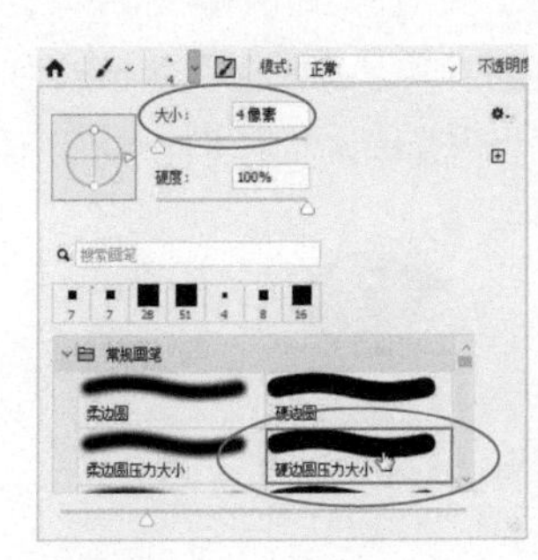

图16-278

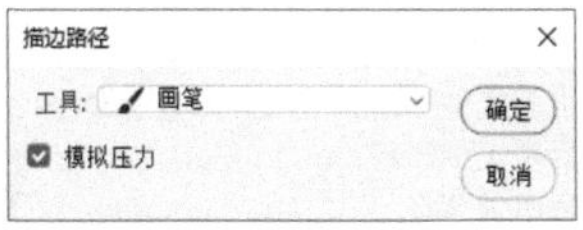

描边路径
工具: 画笔
确定
模拟压力
取消

图16-279

图16-280

22 选择“头发”图层，使用加深工具涂抹，加强头发的层次感，如图16-281所示。绘制出脖子后面的头发，如图16-282所示。

图16-281

图16-282

23 打开素材，如图16-283所示。将“花”组拖入人物文件中，如图16-284所示。

图16-283

图16-284

24 按Alt+Ctrl+E快捷键，将“花”组中的图像盖印到一个新的图层中，按住Ctrl键并单击该图层缩览图，加载所有花朵装饰物的选区，如图16-285所示。按住Alt+Shift+Ctrl键并单击“头发”图层缩览图，进行选区运算，得到的选区用来制作花朵在头发上形成的投影，如图16-286所示。

图16-285

图16-286

25 将盖印的图层删除，创建一个新图层。在选区内填充褐色，按Ctrl+D快捷键取消选择，如图16-287所示。执行“滤镜>模糊>高斯模糊”命令，对图像进行模糊处理，如图16-288所示。

图16-287

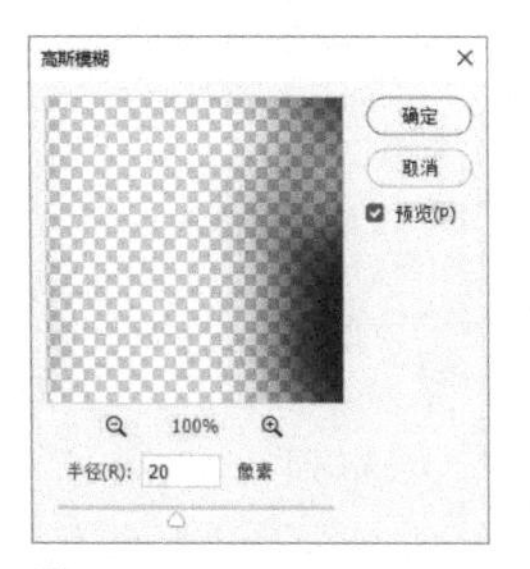

图16-288

26 设置该图层的混合模式为“正片叠底”，不透明度为35%。按Ctrl+[快捷键，将其移动到“花”组的下方。使用移动工具将投影略向下拖曳，如图16-289和图16-290所示。选择“背景”图层，填充肉粉色（R248，G194，B172），如图16-291所示。

图16-289

图16-290

图16-291

提示

本书综合实例共50个，由于篇幅所限，另外42个以电子文档的形式提供，连同实例的素材、效果和教学视频等均在附赠的配套资源中。这些实例涵盖特效、抠图、插画、合成、标志、VI、UI、App、网店装修等不同门类。

索引

工具/快捷键

面板/快捷键

菜单命令/快捷键

“文件”菜单

“编辑”菜单

“图像”菜单

“图层”菜单

“文字”菜单

“选择”菜单

“视图”菜单

“增效工具”菜单

“窗口”菜单

“帮助”菜单

“滤镜”菜单

注：除上述滤镜外，其他滤镜均在配套资源的“Photoshop 2022滤镜”电子文档中。

注：Adobe已从Photoshop 22.5版本开始移除3D功能。虽然Photoshop 2022中保留了3D工具、面板和命令，但均不能正常使用，基于此，本书已将3D功能剔除。